Wolfgang Schweizer
MATLAB® Kompakt
De Gruyter Studium

Weitere empfehlenswerte Titel

MATLAB® – Simulink® – Stateflow®
Grundlagen, Toolboxen, Beispiele
Anne Angermann, Michael Beuschel, Martin Rau,
Ulrich Wohlfarth, 2020
ISBN 978-3-11-064107-3, e-ISBN 978-3-11-063642-0,
e-ISBN (EPUB) 978-3-11-063671-0

Multiraten Signalverarbeitung, Filterbänke und Wavelets
verständlich erläutert mit MATLAB/Simulink
Josef Hoffmann, 2020
ISBN 978-3-11-067885-7, e-ISBN 978-3-11-067887-1,
e-ISBN (EPUB) 978-3-11-067901-4

Project Optimization
Using MATLAB and SOLVER
Reyolando M.L.R.F. Brasil, Marcelo Araujo da Silva, 2021
ISBN 978-3-11-062561-5, e-ISBN (PDF) 978-3-11-062562-2,
e-ISBN (EPUB) 978-3-11-062567-7

C-Programmieren in 10 Tagen
Eine Einführung für Naturwissenschaftler und Ingenieure
Jan Peter Gehrke, Patrick Köberle, Christoph Tenten, 2020
ISBN 978-3-11-048512-7, e-ISBN (PDF) 978-3-11-048629-2,
e-ISBN (EPUB) 978-3-11-049476-1

Wolfgang Schweizer

MATLAB® Kompakt

—

7., aktualisierte und erweiterte Auflage

DE GRUYTER
OLDENBOURG

Autor

Prof. Dr. Wolfgang Schweizer
Tübingen
schweizer.wolfgang@gmail.com

MATLAB and Simulink are registered trademarks of The MathWorks, Inc. See, www.mathworks.com/trademarks for a list of additional trademarks. The MathWorks Publisher Logo identifies books that contain MATLAB and Simulink content. Used with permission. The MathWorks does not warrant the accuracy of the text or exercises in this book. This book's use or discussion of MATLAB and Simulink software or related products does not constitute endorsement or sponsorship by The MathWorks of a particular use of the MATLAB and Simulink software or related products.
For MATLAB® and Simulink® product information, or information on other related products, please contact:

The MathWorks, Inc.
3 Apple Hill Drive
Natick, MA, 01760-2098 USA
Tel: 508-647-7000; Fax: 508-647-7001
E-mail: info@mathworks.com; Web: www.mathworks.com

ISBN 978-3-11-074170-4
e-ISBN (PDF) 978-3-11-074178-0
e-ISBN (EPUB) 978-3-11-074190-2

Library of Congress Control Number: 2021949200

Bibliografische Information der Deutschen Nationalbibliothek
Die Deutsche Nationalbibliothek verzeichnet diese Publikation in der Deutschen Nationalbibliografie; detaillierte bibliografische Daten sind im Internet über http://dnb.dnb.de abrufbar.

© 2022 Walter de Gruyter GmbH, Berlin/Boston
Druck und Bindung: CPI books GmbH, Leck

www.degruyter.com

Vorwort zur siebten Auflage

Die siebte Auflage wurde der aktuellen MATLAB-Version 9.10 (R2021a) angepasst, beschreibt aber auch Abweichungen der Vorgängerversionen. Seit 2006 erscheinen pro Jahr zwei Releases gekennzeichnet durch Jahr und die Buchstaben a und b. Zum Beispiel erschien die MATLAB-Version 7.2 mit dem Rel. 2006a und 7.3 mit 2006b und so fort.

Ziel dieser Auflage ist es, die gesamte Breite und Vielfalt von MATLAB[1] aufzuzeigen. Allein die alphabetische Dokumentation der MATLAB-Befehle (MATLAB-Reference) umfasst heute mehr als 15.000 Seiten. Die Fülle an MATLAB-Befehlen erlaubte es daher nicht, im Rahmen dieses Buches alle Funktionen in aller Tiefe zu besprechen. Die Neuerungen seit der letzten Buch-Auflage wie beispielsweise App Designer, Live Editor oder Uifigure-Objekte usf. werden im Buch ausführlich besprochen.

Die Beispiele des Buches sind per Download über das Internet auf der Homepage des de Gruyter Verlags www.degruyter.com sowie meiner Web-Seite https://wolfgang-schweizer.de zugänglich. Den Buchbeispielen wurden noch einige weitere, ergänzende Beispiele beigefügt. Ein grafisches User-Interface – natürlich in MATLAB geschrieben – unterstützt die einfache Zuordnung der Beispiele zu den Kapiteln bzw. MATLAB-Befehlen.

Für Verbesserungsvorschläge und Hinweise auf noch vorhandene Fehler bin ich dankbar. Ich habe eine große Zahl von Zuschriften bei den vorangegangenen Auflagen erhalten, für die ich mich an dieser Stelle bedanke. Dem De Gruyter Verlag danke ich für die Bereitschaft, dieses Buch zu verlegen und Frau Skambraks, Frau Webster und Herrn Milla für ihre hilfreiche Unterstützung.

Tübingen · Wolfgang Schweizer

---

[1] MATLAB® ist ein eingetragenes Warenzeichen von The MathWorks, Inc.

https://doi.org/10.1515/9783110741780-202

Vorwort zur ersten Auflage

Dieses Buch wurde für alle diejenigen geschrieben, die nach einer kompakten und vollständigen Übersicht zu MATLAB suchen.

In den vergangenen Jahren habe ich mehreren hundert Ingenieure(inne)n, Wissenschaftler(inne)n und Techniker(inne)n in Einführungs- und Fortgeschrittenenkursen die Grundlagen von MATLAB vermittelt. Dabei wurde immer wieder der Wunsch nach einer deutschsprachigen Übersicht zu MATLAB geäußert. Diese Lücke soll durch dieses Buch geschlossen werden.

Die üblichen Bücher zu MATLAB beschreiben in aller Regel entweder Anwendungen in bestimmten Bereichen oder dienen als Einführung in MATLAB. Das Ziel des vorliegenden Buches ist, neben einer knappen Einführung als vollständige Übersicht mit Beispielen zu dienen und richtet sich an alle, die MATLAB nutzen, unabhängig von ihrem jeweiligen Arbeitsgebiet, gleichgültig ob beispielsweise Finanzanwender, Wissenschaftler in Industrie oder Hochschule, Ingenieur oder Psychologe an einem Max-Planck-Institut. Die MATLAB-Dokumentation kann und will es nicht ersetzen. Die Beschreibungen basieren auf der Version 7.0.1, enthalten aber ergänzende Informationen zu den Vorgängerversionen ab Rel. 6.1. Die Beispiele und beschriebene Syntax wurden unter den Betriebssystemen Windows 2000, XP, Linux unter 32Bit und teilweise 64Bit getestet.

Da dieses Buch in meiner Freizeit entstand, möchte ich am Schluss noch meiner Frau Ursula für ihre Geduld und ihr Verständnis für manch durchschriebenes Wochenende danken.

Inhaltsverzeichnis

1 Einführung

Dieses Buch richtet sich an alle MATLAB-Anwender – unabhängig von ihrem Kenntnisstand oder dem verwendeten Betriebssystem. Der Text basiert auf der MATLAB-Version 9.10 (R2021a), berücksichtigt aber auch die Vorgängerversionen.

1.1 Erläuterungen zum vorliegenden Text

Dieses **erste Kapitel** dient neben den Erläuterungen zum Aufbau des Buches einer kurzen, an konkreten Beispielen orientierten Einführung in das Arbeiten mit MATLAB. In Tab. (1.1) sind Tipps zu verschiedenen MATLAB-Aufgaben gelistet und in Tab. (1.2) Hinweise zur Bewältigung spezifischer grafischer Herausforderungen. Im Abschnitt 1.3 finden sich Tipps zur Effizienzsteigerung und die Tabellen (4 - 13) bieten eine Liste ausgewählter und grundlegender MATLAB-Kommandos und die Tabellen (14) und (15) eine Liste von Befehlen rund um Grafiken und Diagramme.

Im **zweiten Kapitel** werden die grundlegenden grafischen Oberflächen von MATLAB vorgestellt. Themen sind u.a.

- Der MATLAB-Desktop, MATLAB's integrierte Benutzeroberfläche
- Das Erstellen eigener Toolboxen, also umfangreicher Erweiterungen
- Der MATLAB-Editor mit Debugger und der Live Editor
- Das Erstellen eigener Berichte
- MATLAB-Code testen: Code-Analyzer und Profiler
- Integrierte Plot Tools beispielsweise für statistische Analysen oder Interpolationen
- Das interaktive Importieren von Daten

Das **dritte Kapitel** ist allgemeinen Kommandos gewidmet wie
- Hilfe erfragen und Beispiele finden
- Variablen löschen, Daten laden und speichern
- Suchpfade löschen und setzen, um beispielsweise m-Files zu finden
- Kommandos zum Interagieren mit dem Betriebssystem
- Kommando-basiertes Debuggen von MATLAB-Dateien
- Beurteilen von m-Files auf Effizienz

Das **vierte Kapitel** ist den „Operatoren und Sonderzeichen" gewidmet. Beispielsweise den unterstützten arithmetischen und logischen Operatoren, Vergleichsoperatoren und Mengen-Operatoren. Mengen-Operatoren werden in ihrer Bedeutung häufig unterschätzt. Intelligent genutzt können sie die Effizienz von Programmen steigern.

https://doi.org/10.1515/9783110741780-001

Matrizen oder allgemeiner Arrays sind ein zentraler Begriff für MATLAB. Matrizen und grundlegende Operationen mit Matrizen werden im **fünften Kapitel** besprochen. Themen sind hier u.a.

- Die verschiedene Formen der Indizierung (Zeile-Spalte, lineare oder logische Indizierung) und Array-Umformungen
- Erstellen linearer und logarithmisch verteilter Vektoren
- Replizieren von Arrays
- Das große Feld „Zufallsmatrizen"
- aber auch elementare Eigenschaften von Arrays wie Größe und das Überprüfen ihrer Werte.

Stringfunktionen sowie Zeichenketten sind Thema des **sechsten Kapitels**. Hier findet sich u.a.

- Das Erstellen von Zeichenketten
- Ausdrücke vergleichen, Zeichen-Muster suchen und erstellen
- Das Konvertieren in andere Datentypen

Themen des **siebten Kapitels** sind zum Beispiel
- Polynome und Rechnen mit Polynomen
- Interpolationen wie Fast-Fourier, Spline oder Oberflächen-Interpolationen
- Computational Geometry wie geometrischen Analysen, Triangulationen, Voronoi-Darstellungen oder auch Graphen und Netzwerke.

Im **achten Kapitel** geht es um die verschiedenen Formen der Datenanalyse, z. Bsp.

- Funktionen zur statistischen Analyse
- Fehlerhafte Daten bereinigen
- Histogramme erstellen
- Daten filtern, Trends beseitigen
- Fourieranalysen durchführen
- Zeitreihen erstellen und bearbeiten

MATLAB ist auch eine Programmiersprache mit typischen Elementen wie Schleifenkonstrukten oder bedingten Entscheidungen. MATLAB bietet sowohl die Möglichkeit Skripte als auch Funktionen selbst zu programmieren. Wichtiger Unterschied zwischen Skripten und Funktionen ist der Ort, wo die jeweiligen Variablen abgespeichert werden. Diesem Themenkomplex wendet sich das **neunte Kapitel** zu. Schlagworte sind hier u.a.
- for, while, if-else Konstrukte, switch-case oder try-catch
- Funktionen und Unterfunktionstechniken, Nested Functions
- Function Handles und Anonyme Funktionen
- Variable Anzahl an Funktionsargumenten
- Prüfen der Funktionseingaben, Fehlermeldungen und -erfassung

Im **zehnten Kapitel** werden Fragen der Linearen Algebra wie
- Lösen linearer Gleichungen
- Matrix-Faktorisierungen
- Eigenwertprobleme
- spezielle Matrizen (Hankel, Hadamard, Hilbert etc.)
angesprochen.

Im **elften Kapitel** werden u.a.
- Befehle zur Optimierung, wie beispielsweise Minimumsuche
- numerische Integration
- und das große Feld „Lösen von Differentialgleichungen"
diskutiert.

Viele Matrizen haben nur wenige Elemente ungleich null, beispielsweise bei Finiten Element Berechnungen. In diesen Fällen wird bei der Abspeicherung aller Elemente unnötig hoher Speicherplatz verbraucht, Berechnungen werden häufig ineffizient. Als Lösung bietet MATLAB dünn besetzte Matrizen (sparse), die mit den dazugehörigen Routinen in **Kapitel zwölf** behandelt werden.

Gegenstand des **13. Kapitels** sind mathematische Funktionen wie beispielsweise trigonometrische Funktionen, Bessel- und Gamma-Funktionen, Elliptische Integrale, Legendre-Polynome oder zahlentheoretische Funktionen.

Ein Bild sagt bekanntlich mehr als tausend Worte. **Kapitel 14–17** ist grafisch orientierten Fragestellungen gewidmet. Der Schwerpunkt in Kapitel 14 liegt u.a. auf

- zweidimensionalen Liniengrafiken; Farbe, Strichdicke und Datenmarker
- Achsen, ihre Beschriftung und Plots mit mehreren Achsen
- Text in Plots einfügen, beispielsweise Datenpunkte beschriften

Weiter geht es in Kapitel 15 beispielsweise mit 3-D Plots, sowohl Linienplots als auch Flächengrafiken. Farbskalierungen und Farbbalken, Transparenz und Beleuchtung. In Kapitel 16 werden dann ausgewähltere Themen wie

- Balkendiagramme, Kuchen-, Treppen- und Streuplots
- Höhenlinienplots
- Geschwindigkeitplots, Schnitte, Strömungsbilder
- Volumenvisualisierungen
- Images
- das Erstellen von Animationen
- Geographische Plots

in 2- und 3-D Umgebung besprochen. Die Frage „wie sind grafische Objekte aufgebaut" behandelt das 17. Kapitel. Hier werden die grundlegenden Eigenschaften und wie sie verändert werden können diskutiert und die hierarische Struktur erläutert. Kurzum die Objekt-Handles sind Thema dieses Kapitels.

Objekt-Handles spielen auch eine gewichtige Rolle beim Erstellen von grafischen Benutzeroberflächen, den GUIs. In **Kapitel 18** werden u.a.

- das Erstellen von GUI-Objekten wie Schaltflächen, editierbare Textfelder, Tabellen usf. besprochen
- vorgefertigte Dialogboxen vorgestellt
- die Gruppierung von GUI-Objekten diskutiert
- und nützliche Hilfsfunktionen angesprochen.

Dass grafische Benutzeroberflächen nicht nur händisch erstellt werden können zeigt das **Kapitel 19** in dem das Arbeiten mit dem App-Designer an konkreten Beispielen durchgespielt wird.

Kommen wir zum **Kapitel 20**. Themen sind hier z. Bsp.
- das Lesen und Schreiben formatierter und binärer Daten
- Big Data Analysen (verwalten und bearbeiten)
- Bilddateien verwalten
- Internet- und FTP-Zugriff
- Umgang mit ausgewählten Dateien wie CDF-, FITS, XML- und HDF-Files.
Audio- und Video-Anwendungen sind der Themenkreis in **Kapitel 21**.

Eines der umfangreichsten Kapitel ist das **Kapitel 22** zu Datenklassen und Objekte. Diese Kapitel ist von der Buchplatzierung her eines der schwierigsten gewesen. Behandelt werden hier u.a.

- numerische Datentypen, Fließkommazahlen und ganze Zahlen (integer), binäre und hexadezimale Formate
- Containervariablen wie Zellvariablen und Strukturen
- Tabellen und Zeittabellen
- kategoriale Variablen (häufig effizienter als Character-Arrays)
- eine Übersicht zur objektorientierten Programmierung
- Map-Container, sogenannte key-indizierte Objekte.

U.a. Zeitfunktionen wie Datumsdarstellungen, kalendarische Daten und Operationen finden sich in **Kapitel 23**.

Das Testen von Programmen dient der robusten und sicheren Programmierung. Modultests sowohl prozedural als auch objektorientiert sind der Themenkreis von **Kapitel 24**, ergänzt u.a. durch Performance Tests.

MATLAB verknüpfen mit Nicht-MATLAB-Anwendungen ist der letzte Themenbereich. In **Kapitel 25** wird die MEX-Funktionalität - das Einbinden externe FORTRAN- oder C-Programme - sowie der Zugriff auf dynamical-link-libraries (Windows) oder shared-objects (Linux) vorgestellt. Auf Java und Python in MATLAB zugreifen ist das Thema von **Kapitel 26** und schließlich Server- und Client Anwendungen auf der Basis von ActiveX unter MS Windows Betriebssystemen in **Kapitel 27**. Beschlossen wird das Buch mit einigen Literatur- und Internethinweisen.

Seit einigen Jahren können sogenannte Hardware Support Packages, beispielsweise zur Anbindung eines Arduino-Boards, herunter geladen werden. Die Vielzahl dieser Möglichkeiten würden den Rahmen dieses Buches bei Weitem sprengen. MathWorks unterstützt auch den Zugriff auf eine Cloud Infrastruktur. Auch bei diesem Themenkreis kann ich nur auf die entsprechende MathWorks Seite https://de.mathworks.com/solutions/cloud.html verweisen.

Ein weitere umfangreicher Themenbereich, die **objektorientierte Programmierung**, wird nur in Kapitel 22 und verstreut im Rahmen spezieller Fragestellungen an einigen anderen Buchstellen angesprochen. Ein detaillierte Behandlung scheitert auch hier am notwendigen Umfang.

Bei der Fülle der Themen war es nicht möglich, Teilthemen immer eindeutig einem Themenblock zuzuordnen. Teilweise mag die Zuordnung willkürlich erscheinen, teilweise hat dies zu gewollten Überlappungen und Mehrfachnennungen geführt. Innerhalb eines Themenkomplexes sind die einzelnen Begriffe teilweise nach Anwendungen, teilweise alphabetisch strukturiert. Beim Umfang dieses Buches werden sicherlich auch einige Tippfehler meine Kontrolle überlebt haben. Bei Fehlern bitte ich den Leser um Nachsicht. Allen Verbesserungsvorschlägen und Korrekturen für zukünftige Auflagen stehe ich aufgeschlossen gegenüber.

Die Beispiele des Buches, ergänzt durch ein grafisches User-Interface mit einem alphabetischen Index, stehen per download sowohl auf der Verlagsseite www.degruyter.com als auch auf meiner Web-Seite www.wolfgang-schweizer.de zur Verfügung.

Tabelle 1.1: *Liste ausgewählter Aufgaben/Tipps*

TIPP:	
Mehrfache Berechnungen mit identischen Array-Elemente vermeiden `unique`, `uniquetol`	S. 86
Daten nach Gruppen zur effizienten Berechnung einteilen, `findgroups`, `splitapply`	S. 541ff
Elemente zweier Arrays direkt mit eigener MATLAB-Funktion verknüpfen, `bsxfun`	S. 540
Zufallssequenzen erstellen und identisch wiederholen	S. 103
Ungeordnete Messwerte plotten, `sort`	S. 167
Erstellen regelmäßig unterteilter Vektoren, `linspace`, `logspace`	Kap. 5.2.3
Verketten von Arrays, `cat`, `[ ]`	S. 94
Überprüfen von Arrays nach Datentypen, `validateattributes`	Kap. 5.3.4
Prüfen von Eingabeargumenten u. Arrays `inputParser`	S. 209ff
Programm gesteuert Variablen oder Files erstellen, `eval`	S. 197
Parametrisierte Funktionen erstellen	S. 205
Bereinigung von Datenfehlern `rmmissing`, `fillmissing`	S. 162ff
Bottelnecks in Programmen ermitteln, Profiler	Kap. 3.9.2
Programm-Code analysieren, Code-Analyzer	Kap 2.3
Robuste Applikationen erstellen, Fehler erfassen; MException Objekt	Kap. 9.5.4
Robuste Applikationen erstellen, Fehler abfangen; `try-catch`	Kap. 9.1.5
Länderspezifische Datenformate einlesen, `textscan`	S. 474
Professionelle Bildschirmausgabe `fprintf`	S. 476

Tabelle 1.2: *Liste ausgewählter grafischer Aufgaben: Welche Objekte - welche Eigenschaften werden benötigt?*

ICH WILL:	
Gemeinsame Eigenschaften setzen	Kap. 17.1.2, default···
Hintergrundfarbe - Figure Window	Kap. 17.1.3, Color
Daten verwalten mit grafischem Objekt	z. Bsp. UserData Kap. 17.1.3
Ausdruck beeinflussen	Kap. 17.1.3, Paper ···
Achsen oben/unten, rechts/links setzen	Kap. 17.2.1, X/Y/ZAxisLocation
Beschriftung Achsenskalierungen schräg	Kap. 17.2.1, X/Y/ZTickLableRotation
Achsen grafischer Objekte miteinander verknüpfen	linkaxes, Kap. 17.3.10
Achsen direkt mit Daten verknüpfen	linkdata, S. 426
Datum als Achsenbeschriftung	Kap. 23.2.3
Mehrspaltige Titel und Legenden legend, title, subtitle	Kap. 14.2.11
Gemeinsame Farbbalken erstellen	S. 342 u. Abb. (15.4).
Gitterlinien nur in eine Richtung	Kap. 17.2.1, X/Y/ZGrid
Farbabfolge einzelner Linien setzen	Kap. 17.2.1, ColorOrder
Mehrere Variablen mit gemeinsamer x-Achse plotten	stackedplot S. 321
Transparente Bildüberlagerung	Beispiel zu Abb. (8.1) FaceAlpha, EdgeColor
Transparente Bildkennzeichnung	Beispiel zu Abb. (17.11) Face-, EdgeColor, FaceAlpha
Erstellen mehrfarbiger Linien	Beispiel zu Abb. (17.10)
Auf Objekt-Handle Array zugreifen	set s. Kap. 17.4.2
Überlappende Achsenpaare	Beispiel zu Abb. (14.6)
Mauszeiger für Figure-Window erstellen	siehe S. 398
Handle eines Uifigures setzen	siehe S. 394
Datenpunkte mit Textlabel versehen	Beispiel zu Abb. (14.7)
Höhenlinienplot mit Beschriftung	contour clabel Abb. (16.7)
Beispiel: Fahrplan visualisieren	S. 387
Abfrage Abbildung vor Schließen Speichern?	S. 457

1.2   Erste Schritte mit MATLAB

MATLAB wurde Ende der siebziger Jahre für Matrix-Berechnungen entwickelt, die Bezeichnung rührt von **Matrix Lab**oratory her. MATLAB bietet eine breite Palette unterschiedlicher Funktionalitäten und ist in vielen Bereichen der Industrie, Forschung und Lehre zum numerischen Standardwerkzeug geworden. Je nach gewähltem Betriebssystem öffnen Sie MATLAB durch Doppelklick auf ein Icon oder durch Aufruf aus einer Shell. MATLAB meldet sich mit der in Abb. (2.1) dargestellten Benutzeroberfläche, die als integrierte Entwicklungsumgebung dient. Bestandteil dieser Benutzeroberfläche ist das MATLAB Command Window, in dem am MATLAB-Doppelprompt die Befehlseingaben erfolgen.

Die Buchbeispiele sind per Download verfügbar und tragen die Dateierweiterung „.m" (Skripte und Funktionen) oder „.mlx" (Live Skripte oder Live Funktionen). Per Doppelklick oder über >> edit ... lassen sie sich jeweils öffnen. Abb. (1.1) zeigt den Editor. In der Toolbar befindet sich der Button „Run and Advance". Durch ihn lassen sich einzelnen durch das %%-Symbol getrennten Sektionen per Mausklick ausführen und zum nächsten Abschnitt springen. Ähnlich geht man im Live-Editor vor. Unter SECTION ⇒ „Run and Advance" werden die einzelnen Abschnitte ausgeführt und das Ergebnis wird im Live-Editor auf der rechten Seite dargestellt. Beide Editoren werden ausführlicher in Kap. (2.2.1) und (2.2.4) besprochen.

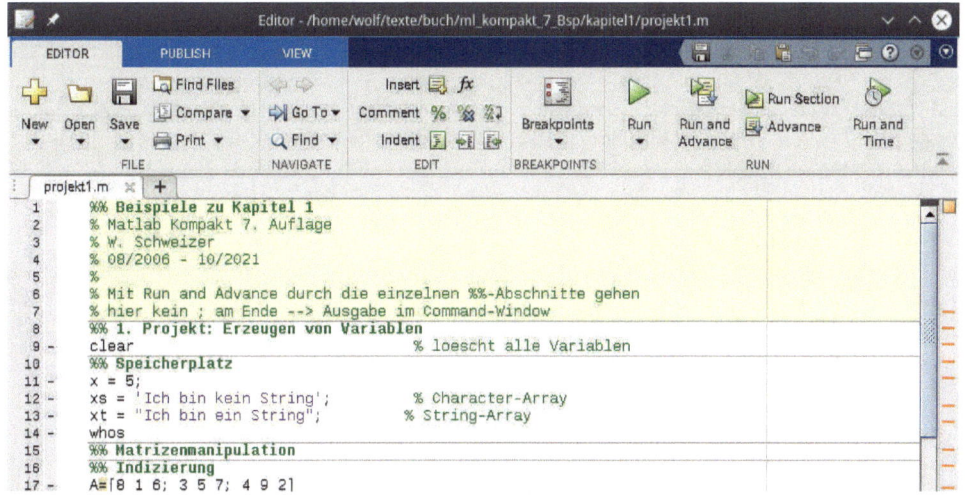

Abbildung 1.1: *Der MATLAB-Editor: Das Skript ist durch den %%-Symbol in einzelne Abschnitte aufgeteilt, die sich mittels „Run and Advance" ausführen lassen, um dann zum nächsten Abschnitt zu springen.*

1.2.1   1. Projekt: Erzeugen von Variablen

Variablen werden am MATLAB-Doppelprompt >> erzeugt und müssen mit einem Buchstaben beginnen. Dabei unterscheidet MATLAB zwischen Groß- und Kleinschreibung. >> x=5; ordnet der Variablen „x" den Wert 5 zu. Das Semikolon unterdrückt die Ausgabe im Command Window. Per Voreinstellung ist „x" vom Typ double und belegt 8 Byte Speicherplatz. Character-Variablen werden mittels Hochkommas erzeugt (>> xs='Ich bin kein String') und benötigen pro Element 2 Byte Speicherplatz;

```
>> x = 5;                        % Double
>> xs = 'Ich bin kein String';   % Character-Array
>> xt = "Ich bin ein String";    % String oder Text-Array
>> whos
```

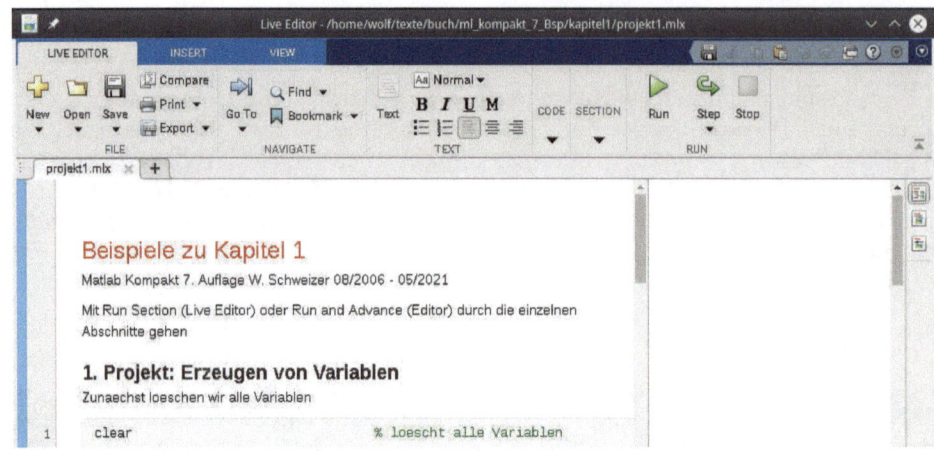

Abbildung 1.2: *Im Live-Editor sind die einzelnen aktiven Abschnitte farbig gekennzeichnet. Unter SECTION ⇒ „Run and Advance" lassen sich die einzelnen Sektionen ausführen und der nächste Bereich wird aktiv.*

Name	Size	Bytes	Class	Attributes
x	1x1	8	double	
xs	1x19	38	char	
xt	1x1	172	string	

Entsprechend ergeben sich im obigen Beispiel 19 Elemente und folglich 38 Bytes. Mit whos können die bereits existierenden Variablen aufgelistet werden. String-Arrays werden via >> xt = ''String'' erzeugt und wurden mit dem Rel. 2016b eingeführt. Zuvor wurden die Character-Variablen auch als String-Variablen bezeichnet.

Matrizenmanipulation. Matrizen werden mit eckigen Klammern erzeugt, die Verwendung des Doppelpunkts erlaubt die Ausgabe von Matrixbereichen:

```
>> A=[8 1 6; 3 5 7; 4 9 2]
A =
     8     1     6
     3     5     7
     4     9     2
>> A(1,2) % 1 Element
ans =
     1
>> A(1,:) % eine Zeile
ans =
     8     1     6
```

```
>> A(:,2) % eine Spalte
ans =
     1
     5
     9
>> A(1:2,2:3) % ein Bereich
ans =
     1     6
     5     7
```

Spalten werden durch Leerzeichen oder Kommas voneinander getrennt, Zeilen durch

Semikolon oder ein Return. Der erste Index bestimmt die Zeile, der zweite die Spalte. Alternativ ist auch eine lineare Indizierung möglich:

```
>> A(3)                          >> A([1 4 5 9])
ans =                            ans =
     4                                8    1    5    2
```

Hier wird die Matrix wie ein Spaltenvektor betrachtet (s. Kap. 5.1).

Matrizen können nicht nur vom Typ „full" sein. Insbesondere für große dünn besetzte Matrizen ist **sparse** eine Speicherplatz sparende Alternative. Für Character Arrays muss wie für numerische Matrizen die Zeilendimension jeder Spalte gleich sein und umgekehrt. Bei Texten ist dies häufig nicht gegeben. char ist in solchen Fällen hilfreich.

```
>> Ac = ['abcd';'efgh';'ijkl']
Ac =
abcd
efgh
ijkl

>> Afehler=['ich bin';'ungleich';'lang']

Error using vertcat
Dimensions of matrices being concatenated are not consistent.

>> Asogehts=char('ich bin','ungleich','lang')
Asogehts =
ich bin
ungleich
lang
```

Zusätzlich zur ganzzahligen Indizierung erlaubt MATLAB auch logische Indizes. Hier steht die „0" für falsch, alle wahren Elemente werden zurückgegeben.

```
>> A>=5          % welche Elemente sind groeser oder gleich 5?
ans =                   % die Matrix A hat die Werte
     1    0    1        %      8    1    6
     0    1    1        %      3    5    7
     0    1    0        %      4    9    2

>> B=rand(3)     % Auswahl derjenigen Elemente von B fuer die A>=5 ist
B =
    0.9501    0.4860    0.4565
    0.2311    0.8913    0.0185
    0.6068    0.7621    0.8214

>> Baus=B(A>=5)  % Bedingung A>=5 ergibt logisches Array
Baus =
```

```
     0.9501
     0.8913
     0.7621
     0.4565
     0.0185
                                    % Indexsuche
>> ind=find((A>5)&(A<8))            % Die Elemente 7 und 8 haben die
ind =                               % Werte 6 und 7
       7
       8

>> [zeile,spalte]=find((A>5)&(A<8))  % oder die zugehoerigen
zeile =      spalte =                % Zeilen- und
     1            3                   % Spaltenindizes sind:
     2            3
```

In Kapitel 5.2 findet sich eine umfangreiche Liste elementarer Matrizen wie die Einheitsmatrix eye oder die Nullmatrix zeros. Normalverteilte Zufallsmatrizen lassen sich mit randn und gleichverteilte mit rand berechnen. fliplr und flipud führen links-rechts-bzw. oben-unten-Vertauschungen aus; transponieren lassen sich Matrizen mittels Aht = A' (hermitesch adjungierte Matrizen) und At = A.' (transponierte Matrizen).

MATLAB unterscheidet bei Matrixoperationen zwischen der elementweisen (Punkt-) Operation und der Matrixoperation. Beispielsweise ist die Matrixmultiplikation

$$C_{i,j} = \sum_k A_{i,k} B_{k,j} \tag{1.1}$$

über C = A * B definiert und die elementweise oder Arraymultiplikation

$$C_{i,j} = A_{i,j} B_{i,j} \tag{1.2}$$

über C = A .* B. Analoges gilt für das Potenzieren und das Teilen.

Zell-, Struktur- und Tabellenvariablen. Neben Matrizen und höher dimensionalen Arrays (mehr als 2 Indizes) unterstützt MATLAB unter anderem Zell-, Struktur- und Tabellenvariablen (cell, structure, table), die unterschiedliche Datentypen gleichzeitig verwalten können.

```
                    Zellen
>> Zell={1:5,'Ich bin eine Zellvariable';A,B}
Zell =
    [1x5 double]    [1x25 char  ]
    [3x3 double]    [3x3  double]
                  Strukturen
>> Str.name='Strukturvariable';
>> Str.vek=1:5;
>> Str.A = A;
```

```
>> Str.nochwas = B;

>> Str
Str =
        name: 'Strukturvariable'
         vek: [1 2 3 4 5]
           A: [3x3 double]
     nochwas: [3x3 double]
```
                          Tabellen
```
>> Wer = {'Otto';'Gabi';'Udo'};
>> Alter = [27;43;25];
>> WieAlt = table(Wer,Alter)

WieAlt =
     Wer        Alter

    _____      _____

    'Otto'      27
    'Gabi'      43
    'Udo'       25

>> WieAlt(2,:)

ans =
     Wer        Alter

    _____      _____

    'Gabi'      43
```

Zellvariablen werden mit geschweiften Klammern erzeugt und Strukturvariablen durch Variablen- und Feldnamen, die durch einen Punkt voneinander getrennt sind sowie Tabellen durch das Schlüsselwort `table`.

1.2.2 2. Projekt: Grafiken erstellen

Dieser Abschnitt soll das prinzipielle Arbeiten mit einfachen grafischen Aufgaben zeigen. Tiefer gehende Details und Beschreibungen finden sich in den Kapiteln 14 bis 19.

`plot(x)` plottet den Vektor „x" gegen seinen Index. Halblogarithmische Darstellungen lassen sich mit `semilogx` und `semilogy`, doppeltlogarithmische mit `loglog` erzeugen.

```
>> x=[0:8 7:-1:2 3:6 5 4 5 5 5];
>> plot(x)
>> plot(x,'*')
```

plottet einzelne Datenpunkte, Abb (1.3). Tabelle (14.1) listet die unterstützten Symbole für die Datenpunkte und Linientypen auf.

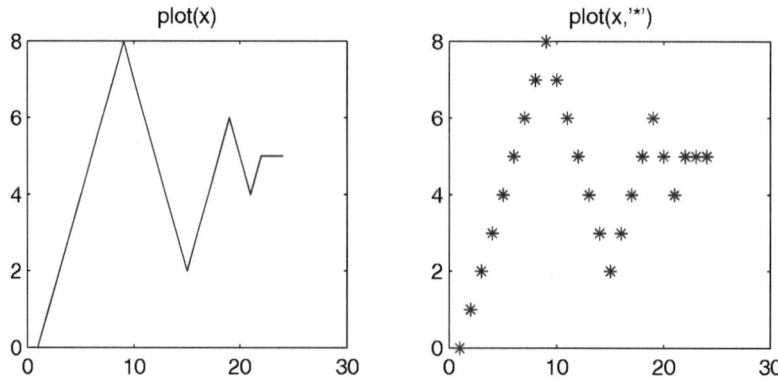

Abbildung 1.3: >> *x=[0:8 7:-1:2 3:6 5 4 5 5 5];*

Größere Punktewolken lassen sich besser mit `scatter` darstellen. Sollen mehrere Plots in einer Abbildung ausgeführt werden, so können entweder mehrere Wertepaare in einem Plotkommando übergeben werden `plot(x1,y1, x2,y2, ...)` oder das Figure Window kann mit `hold on` vor dem Löschen geschützt werden. `hold off` schaltet diese Eigenschaft wieder ab. Eine weitere Möglichkeit ist, mit `subplot` das Figure Window in einzelne Teilfenster zu unterteilen.

Betrachten wir als Beispiel eine gedämpfte Schwingung

$$y(t) = exp(-\kappa t)sin(\omega t + \phi) \qquad \text{mit} \qquad \omega = \sqrt{\omega_0^2 - \kappa^2} \quad . \tag{1.3}$$

κ ist die Dämpfung und ω_0 die dämpfungsfreie Eigenfrequenz, ϕ eine Phasenverschiebung. Dies führt zu drei unterschiedlichen Bereichen: gedämpfte Schwingung, aperiodischer Grenzfall und Kriechfall. Diese drei Fälle sollen mit MATLAB dargestellt werden.

```
omega0=1;
k=[0.2 1 3];
n=0;
for kappa=k              % kappa -> Laufvariable, k die Werte
    n=n+1;
    omega=sqrt(omega0^2-kappa^2);
    t=0:0.01:8*pi;
    if (omega==0)        % ist omega 0 wird die folgende Zeile ausgefuehrt
        y=exp(-kappa.*t).*t;       % sonst else
    else
        y=exp(-kappa.*t).*sin(omega*t)/omega;
    end
    if n==1
        subplot(2,2,1:2)
    else
        subplot(2,2,n+1)
    end
```

```
    plot(t,y)
    axis tight
    legend(['\kappa = ',num2str(kappa)])
end
```

Zuerst werden entsprechend Gl. (1.3) die Konstanten definiert. Die For-Schleife läuft über die drei unterschiedlichen Fälle, die durch die entsprechenden Gleichungen ausgewertet werden. Für den Schwingungsfall soll das Fenster doppelt so breit sein wie für die anderen beiden, Abb. (1.4). Dies wird durch subplot(2,2,1:2) erreicht. subplot(n,m,q) teilt das Figure Window in n (hier 2) Zeilen und m (hier 2) Spalten, der dritte Wert zählt die einzelnen aktiven Teilfenster von links nach rechts und von oben nach unten durch.

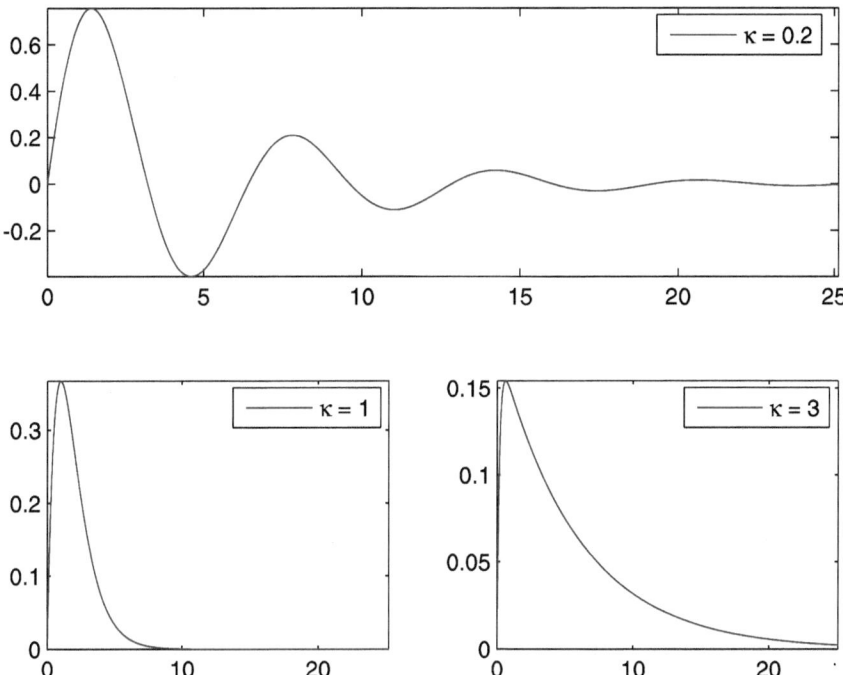

Abbildung 1.4: *Die obere Abbildung stellt den Schwingungsfall dar, geplottet in den durch subplot(2,2,1:2) erzeugten Bereich; links unten der aperiodische Grenzfall (subplot(2,2,3)) und rechts unten der Kriechfall (subplot(2,2,4)).*

Dreidimensionale Liniengrafiken lassen sich mit plot3 erzeugen. Während Liniengrafiken über Vektoren errichtet werden, werden Flächengrafiken über Arrays erzeugt. Betrachten wir das folgende Beispiel (Abb. (1.5)):

```
>> % Daten fuer 3d-Linienplot       >> % Daten fuer Flaechenplot
>> x=-1:0.05:1;                      >> [X,Y] = meshgrid(x,y);
>> y=x;
```

```
>> z=x.^2 + y.^2;                    >> Z=X.^2 + Y.^2;

>> whos
   Name      Size                    Bytes  Class

   X         41x41                    13448  double array
   Y         41x41                    13448  double array
   Z         41x41                    13448  double array
   x         1x41                       328  double array
   y         1x41                       328  double array
   z         1x41                       328  double array

Grand total is 5166 elements using 41328 bytes

>> subplot(1,2,1)                    >> subplot(1,2,2)
>> plot3(x,y,z)                      >> surf(X,Y,Z)
```

Weitere häufig für Flächengrafiken genutzte Befehle sind `mesh(X,Y,Z)`, das eine Gittergrafik erstellt, `surfc(X,Y,Z)`, das zusätzlich Kontourlinien hinzufügt und `contour(X, Y, Z)` für einen Kontourplot. Weitere Details finden sich insbesondere in Kap. 15.

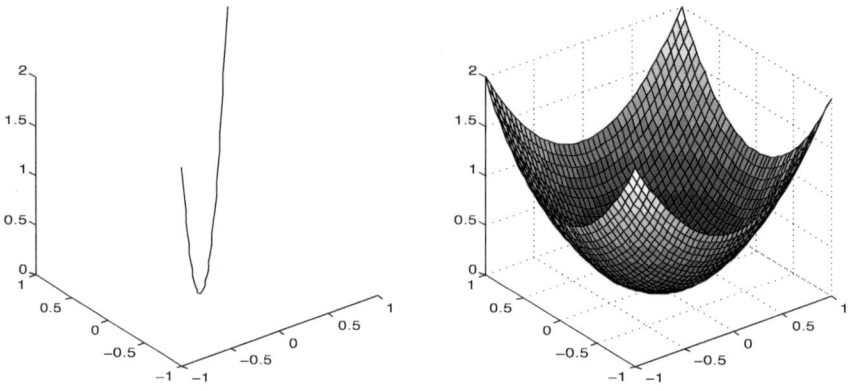

Abbildung 1.5: *Links ein 3-D-Linienplot erzeugt mit plot3(x,y,z) und rechts die entsprechende Flächendarstellung surf(X,Y,Z).*

Neben einfachen Grafiken bietet MATLAB die Möglichkeit der Animation mit `movie`[1], umfangreiche Volumenvisualisierungsmöglichkeiten und Vieles mehr. Als letztes Beispiel betrachten wir eine tanzende Lissajous-Figur, s. Abb. (1.6).

```
figure
phi = linspace(0,2*pi,200);    % 200 aequidistante Winkelwerte
x = sin(2*phi);                % die x-Koordinate
k=0;                           % Laufvariable der Einzelbilder
```

---

[1]Im Live Editor abhängig vom verwendeten Release

```
for phase = phi                 % die Phase der y-Koordinate
    k=k+1;
    y = sin(4*phi+phase);
    plot(x,y)
    F(k) = getframe;            % die Einzelbilder werden gespeichert
end

title('movie wird abgespielt')
movie(F)
```

For-Schleifen in MATLAB erlauben die Übergabe ganzer Arrays oder wie hier im Beispiel eines Vektors. (Ein Beispiel zur quantemechanischen Wellenausbreitung ist bei den
Beispiel-Files.)

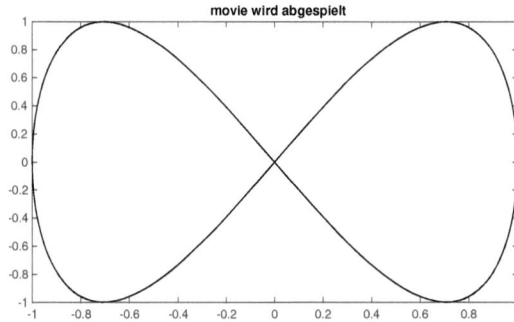

Abbildung 1.6: *Lissajous-Figur, Mo-*
vie zum Startzeitpunkt.

Das nächste Projekt „Lösung eines dynamischen Systems" wird ebenfalls auf grafische
Darstellungen zurückgreifen.

1.2.3   3. Projekt: MATLAB-Funktionen am Beispiel „Lösung eines dynamischen Systems"

Im Rahmen dieses Beispielprojekts werden wir Skripte, MATLAB-Funktionen und „function functions" diskutieren. Skripte und MATLAB-Funktionen sind lesbare Files, die ausführbaren Code enthalten. Skripte unterscheiden sich von Funktionen „optisch" durch
das fehlende Schlüsselwort `function`. Einer der wichtigsten Unterschiede ist der Ort,
an dem die Variablen abgespeichert werden. Funktionen haben ihren eigenen lokalen
Speicherbereich. Skripte haben keinen eigenen Speicherbereich. Ihre Variablen werden
entweder im Base Space, dem Speicherbereich des MATLAB Command Windows oder,
falls sie von einer Funktion aufgerufen werden sollten, im Function Space der aufrufenden Funktion abgespeichert. Variablen sind stets lokal, sofern sie nicht explizit als global
deklariert wurden. Function functions sind MATLAB-Funktionen, die wiederum Funktionen als Argument enthalten. Ein Beispiel dafür sind die Differentialgleichungslöser
ode···, ein Anwendungsbeispiel sind dynamische Systeme.

Dynamische Systeme werden durch gewöhnliche Differentialgleichungen beschrieben. MATLAB bietet zur Lösung gewöhnlicher Differentialgleichungen die ode-Familie, die in Kapitel 11.3 ausführlich beschrieben ist. Als einfaches Beispiel betrachten wir das reale ebene Pendel:

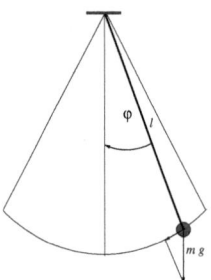

Abbildung 1.7: *Das ebene Pendel.*

Auf unseren (punktförmigen) Ball der Masse m wirkt die Schwerkraft mg mit g der Erdbeschleunigung. Bei Auslenkung um den Winkel φ wirkt die rücktreibende Kraft $mg\sin\varphi$ und längs der Schnur $mg\cos\varphi$. Damit erhalten wir die Bewegungsgleichung zu

$$\ddot{\varphi} = -\frac{g}{l}\sin\varphi \ . \tag{1.4}$$

Bei kleiner Auslenkung ist die Periode $T = 2\pi\sqrt{\frac{l}{g}}$ bei größeren Auslenkungen führt die nichtlinearisierte Pendelgleichung auf ein vollständiges elliptisches Integral der ersten Gattung. Die Differentialgleichungen (1.4) untersuchen wir im Folgenden numerisch (MATLAB-Programm `realesPendelDGL.m`). Das Ergebnis der numerischen Rechnung zeigt Abb. (1.8).

Die MATLAB-ode-Familie vermag nur Differentialgleichungssysteme 1. Ordnung zu lösen. Mittels

$$y(1) = \varphi \qquad \text{und} \qquad \text{y}(2) = \ddot{\varphi} \tag{1.5}$$

wird Gl. (1.4) auf ein Differentialgleichungssystem 1. Ordnung transformiert und durch folgende MATLAB-Funktion repräsentiert:

```
function dy = realesPendelDGL(t,y,Vorf)
% Differentialgleichung

dy(1) = y(2);            % y1 = phi; y2 = dphi/dt
dy(2) = -Vorf*sin(y(1)); % vorf=g/l
%
dy = dy.';
```

Aufgerufen wird diese Funktion durch das folgende Skript `realesPendel.m`.

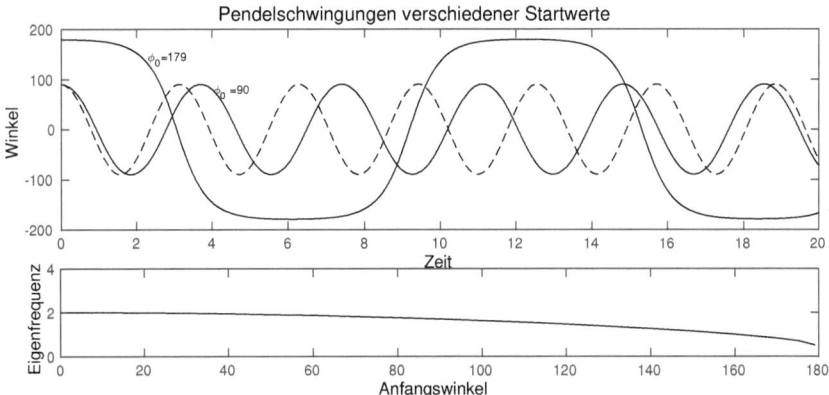

Abbildung 1.8: *Schwingungsverläufe für das ebene Pendel für unterschiedliche Startwinkel. Oben ist die Schwingungsamplitude in Abhängigkeit von der Zeit für verschiedene Startwinkel aufgetragen. Die gestrichelte Linie zeigt die Näherung für das mathematische Pendel. Bei einem Startwinkel von 180° würde das Pendel auf dem Kopf stehen und keine Schwingung mehr ausführen. Unten sind die Eigenfrequenzen in Abhängigkeit des Startwinkels φ aufgetragen. Je höher der Startpunkt ist, umso kleiner wird die Eigenfrequenz, d.h. um so langsamer schwingt das Pendel.*

```
%% Differentialgleichung loesen
y0 = [0.5*pi;0];                     % Anfangswerte
tmax=20;                             % Maximale Simulationsdauer
Vorf = 4;                            % omega0^2 -> g/l
options = odeset('RelTol',1e-8,'AbsTol',1e-8);
[t,y] = ode45(@(t,y) realesPendelDGL(t,y,Vorf),[0,tmax],y0,options);
%% Visualisieren
x1=sin(y(:,1));
x2=-cos(y(:,1));
figure(1),plot(x1,x2),hold on, plot(x1(1),x2(1),'pr'),axis equal, shg
figure(2)
subplot(2,1,1)
plot(t,y(:,1)/pi*180),hold on
plot(t,y0(1)/pi*180*cos(sqrt(Vorf)*t),'m'),shg
```

„options" ist eine Struktur, die die Defaultoptionen des Lösungsalgorithmus überschreibt. Im Beispiel haben wir die absolute und relative Toleranzen neu gesetzt. Die anonymen Funktion `@(t,y) realesPendelDGL(t,y,Vorf)` liefert ein Function Handle zurück, das sicherstellt, dass die Funktion, die das zu lösende Differentialgleichungssystem definiert vom Differentialgleichungssolver `ode...` auch gefunden wird. „(t,y) " sind die Übergabeparameter mittels denen die Funktionen `ode45` und `realesPendelDGL` miteinander kommunizieren und „Vorf" ein fester Parameter, der an die Funktion `realesPendelDGL` übergeben wird. Der Parameter „tmax" legt die Integrationsdauer fest und „y0" die Anfangswerte. Da es sich um ein Skript handelt, sind die Lösungen im Base Space

(MATLAB Command Window) verfügbar.

Die „function-function" `ode45` verfügt über eine optimierte Schrittweitesteuerung. Soll dagegen ein bestimmter Pendelausschlag berechnet werden benötigen wir zusätzlich eine Eventfunktion, die es erlaubt, numerisch exakt einen bestimmten Punkt anzusteuern. Die Eventfunktion wird über `odeset` festgelegt. Hier nutzen wir sie, um die Periode des realen Pendels zu bestimmen. Zur numerischen Bestimmung der Periode muss genau eine vollständige Schwingung erfasst werden. Hier die Fortsetzung des Skripts:

```
%% Bestimmen der Eigenfrequenzen
% die Eventfunktion sorgt fuer einen Abbruch der Berechnung nach genau
% einer Periode
winkel = [0.01 0.1 1, 10:10:170, 175, 179]; % Startwinkel
n=0;
for k=winkel
    n=n+1;
    y0 = [k/180*pi;0];
    options = odeset('RelTol',1e-8,'AbsTol',1e-8,...
            'event',@(t,y) realesPendelevent(t,y,y0(1)));
    [t2,y2,te,ye,ie] = ode45(@(t,y) realesPendelDGL(t,y,Vorf),...
            [0,tmax],y0,options);
    omega(n) = 2*pi/(te(2)-te(1));
end
figure(2),
subplot(2,1,2)
plot(winkel,omega),shg
figure(2),subplot(2,1,1)
plot(t2,y2(:,1)/pi*180,'g')
```

Für das numerisch exakte Erreichen des Nulldurchgangs sorgt die Event-Funktion `realesPendelevent.m`:

```
function [eventwert, isterminal, richt] = realesPendelevent(t,y,awert)

eventwert = y(1);
isterminal = 0;
richt = -1;
```

„eventwert" legt den Punkt (= 0) fest, der erreicht werden soll; „isterminal" ob die Berechnung beendet werden soll (1) oder fortgesetzt (0) und „richt" ob die Richtung des Durchlaufens des Eventwertes beliebig ist (0), nur in positive (zunehmend +1) oder nur in negative (abnehmend −1) Richtung registriert werden soll.

Der allgemeine Aufruf einer Funktion wird durch das Schlüsselwort `function` eingeleitet. Die Rückgabewerte [r1,...] = funktionsname(x1,x2,...) stehen auf der linken Seite in eckiger [r1,...], die Eingabewerte (x1,...) auf der rechten Seite in runder Klammer. Zusätzlich wird eine variable Anzahl von Variablen via `varargin` und `varargout` unterstützt. Die übergebene Anzahl wird in der vordefinierten Variablen `nargin` abgespeichert und in `nargout` die Anzahl der Rückgabevariablen, mit der die Funktion aufgerufen wird. Innerhalb einer Funktion sind `varargin` und `varargout` Zellvariablen.

1.2.4   4. Projekt: Polynome und Interpolationen

MATLAB ist eine numerische Programmiersprache – mit einer Ausnahme: den Polynomen, die auch symbolisch ausgewertet werden können. MATLAB beherbergt mehrere
Funktionen, die als Argument ein Polynom erwarten. Dazu werden die Polynomkoeffizienten entsprechend der folgenden Zuordnung

$$a_n x^n + a_{n-1} x^{n-1} + \cdots + a_1 x^1 + a_0 x^0 \leftrightarrow [a_n \; a_{n-1} \; \cdots \; a_1 \; a_0]$$

einem Array zugewiesen. Betrachten wir als Beispiel die Funktion $p(x) = x^4 - 3x^3 + 7x$
und berechnen deren Nullstellen und Extrema.

```
px=[1 -3 0 7 0];  % repraesentiert das Polynom x^4 - 3x^3 + 7x
nullst=roots(px)  % rootsberechnet die Nullstellen
    0.0000 + 0.0000i
    2.1395 + 0.9463i
    2.1395 - 0.9463i
   -1.2790 + 0.0000i

dpx=polyder(px)   % polyder berechnet die erste Ableitung
    4    -9     0     7  % 4x^3 - 9x^2 +7

dpxnull=roots(dpx)% die Extrema sind durch deren Nullstellen gegeben
    1.5061 + 0.1661i
    1.5061 - 0.1661i
   -0.7622 + 0.0000i

ddpx=polyder(dpx) % Minima oder Maxima --> zweite Ableitung berechnen
   12   -18     0    % 12x^2 - 18x

polyval(ddpx,dpxnull(3))  % den zugehoerigen Wert berechnen
   20.6914                % > 0, es liegt ein Minimum vor.
```

Die Funktion `polyfit` erlaubt einen Polynomfit an einen bestehenden Datensatz. Dabei ist die wahre Kunst, ein Polynom möglichst niedriger Ordnung zu finden, das den
Fit zufrieden stellend bewerkstelligt. Polynome hoher Ordnung führen häufig zu uner-
wünschten Oszillationen. Der Aufruf lautet `pfit = polyfit(x,y,n)`. Dabei bezeichnen
„x" und „y" die zu fittenden Daten, „n" die Polynomordnung und „pfit" das Fit-Polynom.

Die Funktionen `interp1`, `interp2`, `interp3` und `interpn` erlauben Interpolationen an
einen gegebenen Datensatz. Der Datensatz muss dabei der gewählten Dimension entsprechen. Ein Beispiel ist:

```
[X,Y,Z] = peaks(10);          xi=-3:0.2:3;
subplot(1,2,1)                yi=xi;
surf(X,Y,Z)                   [Xi,Yi]=meshgrid(xi,yi);
title('original')            Zi=interp2(X,Y,Z,Xi,Yi);
% Interpolation                %   Alternativ
```

```
%zi=interp2(X,Y,Z,xi,yi');          surf(Xi,Yi,Zi)
%figure,surf(xi,yi',zi)             title('Interpolation')
subplot(1,2,2)
```

Das Ergebnis zeigt Abb. (1.9).

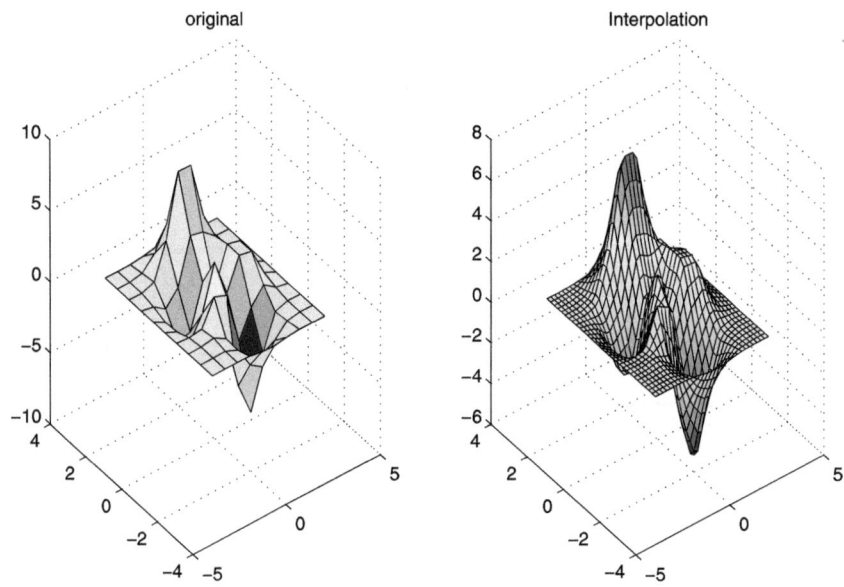

Abbildung 1.9: *Beispiel zur 2-D-Interpolation. Beim Aufruf von* **interp2** *muss für die Interpolationspunkte entweder eine Matrix übergeben werden oder alternativ ein Zeilen- und ein Spaltenvektor.*

1.2.5   5. Projekt: Datenanalyse, Laden und Speichern

In diesem Abschnitt sollen an einem Beispiel eine Fourieranalyse, Datenspeichern und -laden aufgezeigt werden.

Der Datenfile „panbsp.mat" enthält die Orts- und Impulsvariablen eines nichtlinearen zweidimensionalen Systems - wie in der Praxis häufig üblich - in nicht-äquidistanten Zeitschritten. Die Daten können auch selbst mittels der ergänzenden Beispiele (zusätzliches Projekt 3) berechnet werden. Abb. (1.10) zeigt das Ergebnis der Fourieranalyse.

Mittels `load panbspdat.mat` werden die Daten geladen. $y(1) = \mu$ und $y(2) = \nu$ sind die Orts- und $y(3), y(4)$ die zugehörigen Impulskoordinaten. Die Auswertung liefert das folgende Skript:

```
ti=linspace(t(1),t(end),length(t));
% Da die urspruenglichen Daten nicht aequidistant in der Zeit sind
% wird in einem ersten Schritt ein gleich grosser aequidistanter
```

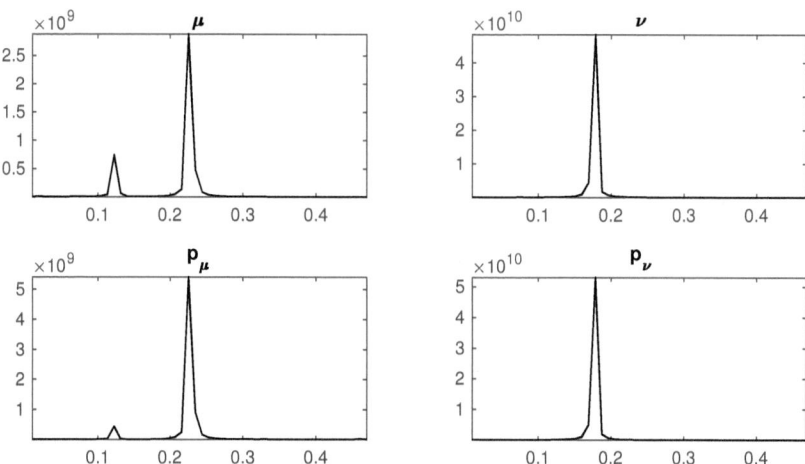

Abbildung 1.10: *Fourieranalyse der Bewegung.*

```
% Zeitvektor erzeugt.
for k=1:4
    yi1=interp1(t,y(:,k),ti);
    % mittels Interpolation werden die zugehoerigen Daten berechnet.

    nfour=2^floor(log2(length(t)));
    % fft Berechnung ist optimal bei einer Laenge 2^n
    yf1=fft(yi1,nfour);
    % fft Berechnung und Powerspektrum
    Pyf1=yf1.*conj(yf1);
    % Berechnung des zugehoerigen Frequenzvektors (x-Achse)
    f=(1:nfour/2)/nfour/(ti(2)-ti(1));

    % Plotten und Beschriften
    % Nur die ersten 50 Werte sind interessant
    subplot(2,2,k)
    plot(f(1:50),Pyf1(1:50))
    axis tight
    switch k
        case 1
            title('\mu')
        case 2
            title('\nu')
        case 3
            title('p_\mu')
        case 4
```

```
        title('p_\nu')
    end
    % Bestimmen der beiden maximalen Fourierkomponenten
    m1(k)=max(Pyf1(1:20));
    m2(k)=max(Pyf1(1:100));
    index1=find(m1(k)==Pyf1(1:100));
    index2=find(m2(k)==Pyf1(1:100));
    fm1(k)=f(index1)  % Position 1. Frequenzmaxima
    fm2(k)=f(index2)  % Position 2. Frequenzmaxima
end
```

MAT-Files sind binäre, vom Betriebssystem unabhängige MATLAB-Daten-Files, die mit dem Kommando `save datname` erzeugt werden können und alle MATLAB-Datentypen sowie deren Variablennamen abspeichern. Mit `save fourierana m1 fm1` werden die Variablen „m1", „f1" in den File fourierana.mat abgespeichert. Mit `load fourierana` lassen sich alle Variablen wieder laden, mit `load fname v1 v2` nur die Variablen „v1" und „v2" aus dem MAT-File fname. In analoger Weise kann auch eine Auswahl von Variablen abgespeichert werden, `save fname v1 v2`. Mit `whos -file filename` kann der Inhalt des MAT-Files Filename überprüft werden, Beispiel:

```
>> whos -file panbspdat.mat
    Name            Size                    Bytes  Class

    epsilon         1x1                         8  double array
    h               1x4                        32  double array
    options         1x1                      2752  struct array
    t          492422x1                   3939376  double array
    tmax            1x1                         8  double array
    y          492422x4                  15757504  double array
    y0              1x4                        32  double array
    z               1x2                        16  double array
    zwi             1x1                         8  double array

Grand total is 2462148 elements using 19699736 bytes
```

Die Operatorform `altvar=load('mymatfile')` bildet den Inhalt von „mymatfile" auf die Struktur „altvar" ab. Als Feldnamen dienen dabei die ursprünglichen Variablennamen. Dies ist insbesondere dann nützlich, wenn Variablen geladen werden sollen, deren Namen bereits vergeben sind.

1.3   Tipps zur Effizienzsteigerung

Geschwindigkeits- und Speicheroptimierung. Das größte Optimierungspotential liegt nicht im Computer oder in der Programmiersprache, sondern in der Art wie programmiert wird. In MATLAB ist es meist vorteilhaft zu vektorisieren, also nicht per

Schleifenkonstrukt zu programmieren, sondern Matrizen, Vektoren und so fort in einem Programmierschritt zu erzeugen. Ausnahmen können Operationen mit extrem großen Variablen sein. Sollte Vektorisierung nicht gelingen bzw. ineffizient sein, dann sollte stets der notwendige Speicherbereich prealloziert werden, also beispielsweise durch eine Nullmatrix der erwarteten Größe. Einige Funktionen, die die Vektorisierung unterstützen, sind in Tabelle (1.3) aufgelistet.

Tabelle 1.3: *Einige* MATLAB-*Funktionen zur Optimierung.*

Funktion	Kurzbeschreibung
all, any	Test auf verschwindende Matrixelemente
cumsum	kumulative Summe
cumprod	kumulatives Produkt
diff	Differenzen und approximative Ableitungen
find	Indexsuche
ind2sub	Lineare Indizes sind effizienter
sub2ind	ind2sub und sub2ind: Indexkonvertierung
ipermute	inverse Permutation
permute	gewöhnliche Permutation
logical	logische Variablen erzeugen
meshgrid	vgl. Grafik, aber auch statt Doppelsummen
ndgrid	Arrayerzeugung
prod	Produktbildung
repmat	Matrizenreproduktion
reshape	Matrizenumbildung
shiftdim	Dimensionsverschiebung
sort	Sortieren in aufsteigender Reihe
sparse	Dünn besetzte Matrizen (Umkehrung full)
squeeze	Dimensionsreduktion
sum	Summenbildung

Für numerische Daten ist die Standardeinstellung 8-Byte-Genauigkeit (double). Wird diese Genauigkeit nicht benötigt, kann mittels Typkonvertierung auch 4-Byte-Genauigkeit (single) gewählt werden oder sogar auf einen der ganzzahligen Datentypen int($\cdot$) und uint($\cdot$) ausgewichen werden. Dies vermindert nicht nur den benötigten Speicherbedarf deutlich, sondern kann auch die Abarbeitung beschleunigen. Allerdings ist bei Integer-Datentypen zu beachten, dass nur die elementaren Rechenoperationen unterstützt werden. Ähnliche Überlegungen gelten auch für Zellvariablen und Strukturen. Hier sollte der Speicherplatz mit dem Befehl `A = cell(m,n)` bzw. `A = struct($\cdots$)` vorbelegt werden.

MATLAB bietet unterschiedliche Formen der Indizierung von Arrays. Die lineare Indizierung ist effizienter als die Zeilen-Spalten Indizierung; Logische Indizierung erlaubt, Elemente nach spezifischen Kriterien auszusieben. MATLAB verwaltet Arrays intern spaltenweise. Daten in Spaltenform zu verwalten ist daher effizienter. Liegt ein hoher Anteil an verschwindenden Matrixelementen vor, dann sollte der Typ `sparse` verwendet werden. Dabei ist allerdings zu beachten, dass Matrixoperationen, beispielsweise mehrfachen Multiplikationen, unter Umständen zu vollen Matrizen und damit zu einem erhöhten Speicherverbrauch führen.

MATLAB ist eine Interpretersprache, allerdings werden Codeteile wie for-loops intern pre-kompiliert. Skripte werden zeilenweise Funktionen in ihrer Gesamtheit interpretiert. MATLAB-Funktionen sind effizienter als Skripte. Zudem bieten sie eine höhere Sicherheit, da Variablen in MATLAB lokal sind und Funktionsvariablen im eigenen Function Space abgespeichert werden.

Zum Speichern und Laden von Variablen eignen sich besonders die MATLAB-Routinen `load` und `save`, da sie rascher auf Variablen zugreifen als die anderen Input/Output-Routinen. Darüber hinaus haben sie den Vorteil, dass MAT-Files bei allen von MATLAB unterstützten Betriebssystemen unter MATLAB eingelesen werden können.

Die vereinfachte `switch`-Anweisung wird rascher abgearbeitet als `if -- elseif -- else`-Abfragen. `try catch`-Umgebungen sind ebenfalls zeiteffizienter als Variablenprüfungen vom Typ `nargchk`, `nargoutchk` und `isa` bzw. `class`. Allerdings sind solche Prüfungen im Regelfall nicht sehr umfangreich.

Daten werden bei PCs in einem virtuellen Adressraum abgespeichert. Für eine Variable muss dabei ein zusammenhängender Speicherbereich zur Verfügung stehen. Out-of-Memory-Fehler lassen sich durch die Verwendung kleiner Variablen statt großer verhindern. Insbesondere Struktur- und Zellvariablen benötigen mehr Speicherplatz als ihr „Nettoinhalt". Auf den Vorteil der Preallozierung wurde bereits oben hingewiesen. Zusätzlich kann die Verwendung von `pack` die Speichernutzung optimieren. Gegebenenfalls kann auch das Starten von MATLAB mit der Option `-nojvm` (no java virtual machine) zu einem größeren nutzbaren Speicherbereich führen. Dies gilt insbesondere für Linux-Rechner. Die Größe des zur Verfügung stehenden Speicherbereichs wird auch durch den „Java Heap Space" beeinflusst. Dessen Größe lässt sich mittels der Präferenzen unter `Preferences` ⇒ `General` ⇒ `Java Heap Space` einstellen.

MATLAB erlaubt die Verwendung von Multistatement-Lines, also mehrere Befehle durch Komma getrennt in einer Zeile. Mehrfachbefehle sollten im Regelfall vermieden werden. Zum Einen wird dadurch die Lesbarkeit eines Programms erschwert, zum Anderen gibt es einige Funktionalitäten, die zeilenorientiert sind, beispielsweise der Debugger. Breakpoints können nur zu Beginn einer Zeile gesetzt werden. Folglich schränken Multistatement-Lines die Debug-Möglichkeiten ein. Ähnliche Einschränkungen gelten auch für das Code Coverage Tool, mit dem der Anteil der ausgeführten Zeilen (nicht Befehle!) getestet wird.

Ausgabe professionell gestalten. MATLAB bietet mit `disp` eine einfache Möglichkeit, Ergebnisse formatiert auszugeben. Ein professionelleres Bild gewinnt man mit `fprintf` und `sprintf` (statt `num2str` oder `int2str`). Eine detaillierte Diskussion findet sich in den Kapiteln 9.5 und 20.

Variablenübergabe. Variablen in MATLAB-Funktionen sind stets lokal, sofern sie nicht global definiert sind. Dies hat zur Folge, dass unter Umständen viele Variablen übergeben werden müssen. Nested Functions sind in den Speicherbereich der übergeordneten Funktion eingebettet und kennen deren Variablen ebenfalls. Sollen umfangreiche Daten in mehreren Teilprogrammen genutzt werden, dann bieten Nested Functions eine bequeme Möglichkeit, auf diese Variablen direkt und ohne die Notwendigkeit der globalen Deklaration zuzugreifen. Nested Functions kennen alle Variablen der übergeordneten Funktion, die zum Zeitpunkt der Deklaration der Nested Function existieren (vgl. Kap. 9.4). Die Verwendung globaler Variablen sollte prinzipiell vermieden werden.

Indexgymnastik. In vielen Fällen erwartet eine Funktion einen Spaltenvektor. Die Zuordnung `x = x(:)` stellt sicher, dass ein Spaltenvektor vorliegt. MATLAB-Funktionen, die Matrizen spaltenweise auswerten, können mittels „:" in einem Schritt die gesamte Matrix auswerten. Beispiel:

```
>> A=magic(4)
A =
    16     2     3    13
     5    11    10     8
     9     7     6    12
     4    14    15     1

>> max(A)        % berechnet spaltenweise die Maxima
ans =
    16    14    15    13

>> max(max(A))   % Das absolute Maximum
ans =
    16

>> max(A(:))     % Einfacher mit dem :-Operator
ans =
    16
```

Der „:"-Operator erlaubt auch die Form einer Matrix beizubehalten. Beispiel:

```
>> A=rand(3,4)
A =
    0.9501    0.4860    0.4565    0.4447
    0.2311    0.8913    0.0185    0.6154
    0.6068    0.7621    0.8214    0.7919

>> b=A; % wie A, aber fortlaufende Werte
>> b(:)=1:numel(b)
b =
     1     4     7    10
     2     5     8    11
     3     6     9    12
```

Damit erspart man sich die ineffizientere Verwendung von `reshape`.

Sollen Zeilen oder Spalten repliziert werden, so bietet sich dafür `repmat` an, dessen Effizienz deutlich optimiert wurde. Beispiel:

```
>> b
b =
     1     4     7    10
     2     5     8    11
     3     6     9    12
>> B=repmat(b,8,3);

>> whos
  Name      Size                    Bytes  Class

    b        3x4                        96  double array
    B       24x12                     2304  double array
```

Endliche Genauigkeit beachten. Die maximale Genauigkeit unter MATLAB ist durch die 8-Byte-Darstellung der Zahlen gegeben. Dies bedeutet, dass nur solche Zahlen exakt wiedergegeben werden können, die eine exakte Bit-Darstellung erlauben wie etwa ganze Zahlen oder durch $1/2, 1/4, \cdots$ darstellbare rationale Zahlen. Beispielsweise ergibt wegen der endlichen Auflösung $(0.7 + 0.6 - 0.3)$ nicht exakt 1:

```
>> 1 == (0.7 + 0.6 - 0.3)          ans =
                                        0
```

Statt identischer Abfragen sollen daher stets Ungleichungen gewählt werden, also im Beispiel

```
>> abs(1 - (0.7 + 0.6 - 0.3)) < eps(2)
ans =
     1
```

wobei die Schranke durch eine sinnvolle Grenze gegeben sein muss. `eps(x)` liefert die 8-Byte-Genauigkeit der Zahl x. Da bei Vergleichen mehrerer Zahlen im Spiel sind, darf diese Grenze nicht zu eng gesteckt werden. Bit-bedingte Abweichungen können sich ja auch aufaddieren.

Characters. In Kapitel 6 werden die Character- und Stringfunktionen diskutiert. Mehrere Funktionen können vergleichbare Aufgaben übernehmen. So ist beispielsweise für das Zusammenpacken mehrerer Character-Variablen [$\cdots$] effizienter als `strcat`. Je nach Anwendung sind kategoriale Variablen, `categorical`, effizienter als Character-basierte Ausdrücke (vgl. Kap. 22.5). Dies betrifft insbesondere Untersuchungen diskreter Merkmale bei textbasierten Daten.

Für jede Art von Pattern Matching sollte `regexp` benutzt werden, das eine Fülle sehr effizienter Möglichkeiten bietet. `strcmp` vergleicht Characters effizienter als `isequal`. Der Code wird rascher abgearbeitet und ist auch besser verständlich. Falls zwischen Groß- und Kleinschreibung beim Vergleich nicht unterschieden wird, ist `strcmpi` günstiger als `strcmp`.

Mit seinen vielen Funktionalitäten bietet MATLAB häufig mehrere Möglichkeiten, ein Problem zu lösen. Bei den Alternativen sollte neben der Geschwindigkeit auch die Lesbarkeit des Programms im Vordergrund stehen. Im Zweifelsfall lässt sich die Effizienz durch ein kleines Testprogramm, in dem die Alternativen mehrfach ausgeführt werden, und durch Messen der Abarbeitungszeit mit den Befehlen `tic` und `toc` testen. Um gleiche Bedingungen zu gewährleisten, sollte bei Arrays stets Speicher prealloziert und andere Anwendungen abgeschaltet werden, sonst kann das Ergebnis leicht verfälscht werden und zu falschen Schlüssen führen. Eine professionelle Alternative bietet das Testen mit `runperf`, Kap. 24.3.

1.4 Tabellarische Übersicht ausgewählter MATLAB-Kommandos

In den folgenden Tabellen sind einige häufig genutzte MATLAB-Befehle aufgelistet. Die Übersicht ist unvollständig und soll nur einen raschen Überblick leisten.

Tabelle 1.4: *Allgemeine MATLAB-Befehle.*

Funktion	Kurzbeschreibung
clear	Löschen von Variablen
clc	Löschen des Command Windows, Variablen bleiben unberührt
Esc	(Taste drücken) Befehlszeile löschen
format	Numerisches Format festlegen
dir	Auflisten des Verzeichnisses
doc	Aufruf der Dokumentation, Beispiel: doc yyaxis
edit	Aufruf des Editors
help	Hilfeaufruf, Beispiel: help yyaxis
load	Laden von Variablen
save	Speichern der Variablen
which	Lokalisierung von Variablen und Files
whos	Übersicht der Variablen
lookfor	Hilfe nach Schlüsselwort suchen
;	Unterdrücken der Bildschirmausgabe
[]	Erzeugen von Arrays
{ }	Erzeugen von Zellvariablen
Tabulator	Vervollständigen von Teilausdrücken
Pos1/Ende	(Taste) zum Anfang (Ende) eines Ausdrucks springen
Strg C	Programme abbrechen

Tabelle 1.5: *Matrix- und Arrayoperationen.*

Matrix	Array .-Operator	Kurzbeschreibung	Erläuterung an einem Beispiel
$+,-$	$+,-$	Addition und Subtraktion	
$*$	$.*$	Multiplikation	$(A*B)_{m,n} = \sum_k A_{m,k} * B_{k,n}$
$\wedge$	$.\wedge$	Potenzieren	
$\backslash$	$.\backslash$	Linksinverse	aber
$/$	$./$	Rechtsinverse	
$'$	$.'$	Transponieren	$(A .* B)_{m,n} = A_{m,n} * B_{m,n}$

Tabelle 1.6: *Polynome.*

Funktion	Kurzbeschreibung	Beispiel
conv	Polynommultiplikation	$p(x) = 3x^2 - 5x + 7$
deconv	Polynomdivision, Dekonvolution	in MATLAB
poly	Charakteristisches Polynom	`px = [3 -5 7]`
polyfit	Polynomfit	`x = -2:0.1:2`
polyval	Polynomauswertung	`y = polyval(px,x)`
roots	Nullstellen eines Polynoms	`null = roots(px)`

Tabelle 1.7: *Datenanalyse.*

Funktion	Kurzbeschreibung	Funktion	Kurzbeschreibung
max	Maximum bestimmen	min	Minimum bestimmen
mean	Mittelwert	median	Median berechnen
movmean	gleitender Mittelwert	movmedian	gleitender Median
sort	Daten aufsteigend sortieren	std	Standardabweichung
sum	Summe bilden	prod	Produkt berechnen
cumsum	kumulative Summe	cumprod	kumulatives Produkt
diff	Differenz, numerische Ableitung	gradient	Numerischer Gradient
corrcoef	Korrelationskoeffizienten	cov	Kovarianzmatrix
filter	Filtern eines Signals	filter2	2d digitales Filtern
abs	Absolutwert	angle	Phasenwinkel
fft	1-D-Fast-Fouriertransformation	ifft	inverse FFT
fft2	2-D-Fast-Fouriertransformation	ifft2	inverse 2-D-FFT
fftn	n-D-Fast-Fouriertransformation	ifftn	inverse n-D-FFT
timeseries	Zeitreihenobjekt erzeugen	datetime	Zeitvariablen erstellen

Tabelle 1.8: *Integration und Interpolation.*

Funktion	Kurzbeschreibung	Beispiel
quadgk	Integration (Gauss-Kronrod)	w = quad(@fun,a,b)
integral	adaptive Integration	w = integral(@fun,a,b)
integral2	2-D-Integration	
quad2d	planare 2-D-Integration	
integral3	3-D-Integration	
interp1	1-D-Interpolation	yi = interp1(x,y,xi)
interp2	2-D-Interpolation	x,y Datensatz
interp3	3-D-Interpolation	yi Interpolationswerte an
interpn	n-dimensionale Interpolation	Stützstellen xi
griddedInterpolant	n-dimensionale Interpolation	
interpft	Fourier-basierte Interpolation	
pchip	kubisch-hermitesche Interp.	yi = pchip(x,y.xi)
makima	modifizierte kub.-herm. Interp.	
spline	Spline-Interpolation	

Tabelle 1.9: *Matrixfunktionen.*

Funktion	Kurzbeschreibung	Aufruf: Matrix A
chol	Choleski-Zerlegung	R = chol(A)
det	Determinante einer Matrix	Adet = det(A)
diag	Auslesen des Diagonalteils oder	Adiag = diag(A)
	Erzeugen einer Diagonalmatrix	neu = diag(Adiag)
eig	Eigenwerte berechnen	[a,b] = eig(A)
eigs	Eigenwerte dünn besetzter Matrizen	
full	Matrix aus dünn besetzter Matrix	A = full(As)
inv	Inverse berechnen	Ainv = inv(A)
lu	LU-Zerlegung	statt inv besser \
norm	Vektor- und Matrixnorm	an = norm(A,p)
qr	QR-Zerlegung	
rank	Rang einer Matrix	
repmat	Replizieren eines Arrays	B = repmat(A, m, n,...)
reshape	Umordnen einer Matrix	B = reshape(m,n,A)
schur	Schurzerlegung	
sparse	dünn besetzte Matrix erzeugen	As = sparse(A)
svd	Singulärwertzerlegung	
gallery	Testmatrizen erstellen	

Tabelle 1.10: *Differentialgleichungen.*

Funktion	Kurzbeschreibung
ode45, ode23, ode113 ode15s, ode23s ode23t, ode23tb ode15s, ode23t	Anfangswertprobleme: Systeme gewöhnlicher Differentialgleichungen steife Differentialgleichungen moderat steife Differentialgleichungen Index 1 differential-algebraische Gleichungen
dde23 bvp4c, bvp5c pdepe	gewöhnliche Differentialgleichungen mit Verzögerung Randwertprobleme gewöhnlicher Differentialgleichungen partielle Differentialgleichungen

Tabelle 1.11: *Daten Ein- und Ausgabe.*

Funktion	Kurzbeschreibung	Funktion	Kurzbeschreibung
readmatrix	Matrix einlesen	writematrix	Matrix in File schreiben
fopen	Daten-File öffnen	fprintf	Textdatei schreiben
fread	Binäre Datei lesen	fscanf	Textdatei lesen
fwrite	Binäre Datei schreiben	importdata	Daten einladen
imread	Bilddateien lesen	imwrite	Bilddateien schreiben
load	MAT-File laden	save	MAT-File schreiben
textscan	Formatierte Daten lesen	readtable	Tabellen lesen

Tabelle 1.12: *Rundungen.*

Funktion	Kurzbeschreibung	Funktion	Kurzbeschreibung
round	gegen nächste ganze Zahl runden	fix	gegen Null runden
floor	gegen $-\infty$ runden	ceil	gegen $+\infty$ runden

Tabelle 1.13: *Mengenoperationen.*

Funktion	Kurzbeschreibung	Funktion	Kurzbeschreibung
union	Vereinigungsmenge	intersect	Schnittmenge
setdiff	Differenzmenge	setxor	ausschließendes Oder
ismember	Zugehörigkeit eines Elements	unique	eindeutige Werte/Elemente

Tabelle 1.14: *Plot-Routinen.*

Funktion	Kurzbeschreibung	Beispiel
plot	2-D-Linienplot	`plot(x,y,'mp:')`
yyaxis	2-D-Linienplot, 2 y-Achsen	x,y Datensatz
polar	Polarkoordinatenplot	'mp:', Farbe, Datenpunkte, Linie
semilogx	halblogarithmischer Plot (x-Achse)	
semilogy	halblogarithmischer Plot (y-Achse)	
loglog	doppeltlogarithmischer Plot	
fplot	Funktionsplot	`fplot(@fn,-2,2)`
ezpolar	Funktions-Polarplot	plottet fn $= 0$ von $-2...2$
histogram	Histogramm	`y=rand(10000,1)`, `histogram(y)`
bar	Balkenplot	
stairs	Treppenplot	
pie	Kuchenplot	
scatter	Streudiagramm	(scatter3)
quiver	Vektorfelddiagramm	`quiver(x,y,u,v)`
contour	Isoliniendiagramme	
movie	Animation abspielen	
plot3	3-D-Linienplot	`plot3(x,y,z,'mp:')`
mesh	3-D-Gitterlinien-Flächenplot	x=-2:0.1:2, y=x
surf	3-D-Flächenplot	`[X,Y]=meshgrid(x,y)`
surfc	3-D-Flächen-Konturplot	Z = X.$\wedge$2 Y.$\wedge$2
slice	Schnitte zur Volumenvisualisierung	
streamline	Stromliniendiagramm	
meshgrid	Erzeugen der 2-D-Arrays	mesh(X,Y,Z), surf(X,Y,Z)

Tabelle 1.15: *Plot-Hilfsfunktionen.*

Funktion	Kurzbeschreibung	Funktion	Kurzbeschreibung
title	Titel erstellen	legend	Legende hinzufügen
grid	Gitterlinien	text	Text einfügen
gtext	mauspositionierter Text	hold	Abbildung erhalten
x-,y-,zlabel	Achsen beschriften	subplot	Mehrfachabbildungen
linkaxes	Achsen synchronisieren	linkdata	Achse mit daten verknüpfen
drawnow	Neues Rendering erzwingen	pause	Ausführung verlangsamen
gcf	aktuelles Figure Handle	gca	aktuelles Achsen Handle
gco	aktuelles Objekt Handle	axis	automatische Achsenkalierung
shg	Abbildung in Vordergrund	x/y/zlim	manuelle Achsenskalierung
figure	Figure erstellen		oder in Vordergrund
clf	Grafik löschen	close	Grafik schließen

2 Grafische Utilities

2.1 Übersicht

Dieser Abschnitt dient einer Übersicht über die MATLAB-Oberfläche (Desktop) und ihrer Grundelemente Command Window, Command History, Workspace Browser und Current Folder. Gegenstand sind außerdem wichtige grafische Benutzeroberflächen wie Help Browser, Variable Editor, Editor und Debugger, Code Analyzer und den Profiler, das interaktive Einlesen von Daten sowie die Plot- und Ausgabe-Tools beispielsweise für HTML-, LATEX- oder Worddokumente.

Eine rasche Einführung in die verschiedenen Funktionalitäten bieten die Video Tutorials. Über das „?", s. Abb. (2.1), öffnet sich die Dokumentation: Klicken auf „Explore MATLAB" ⇒ „Get Started" führt auf eine Liste mit Tutorials und auf der rechten Seite zu „MATLAB Onramp" ein interaktives Lernportal und darunter zwei Videos. (Bei älteren Releases variiert der Weg dorthin geringfügig.)

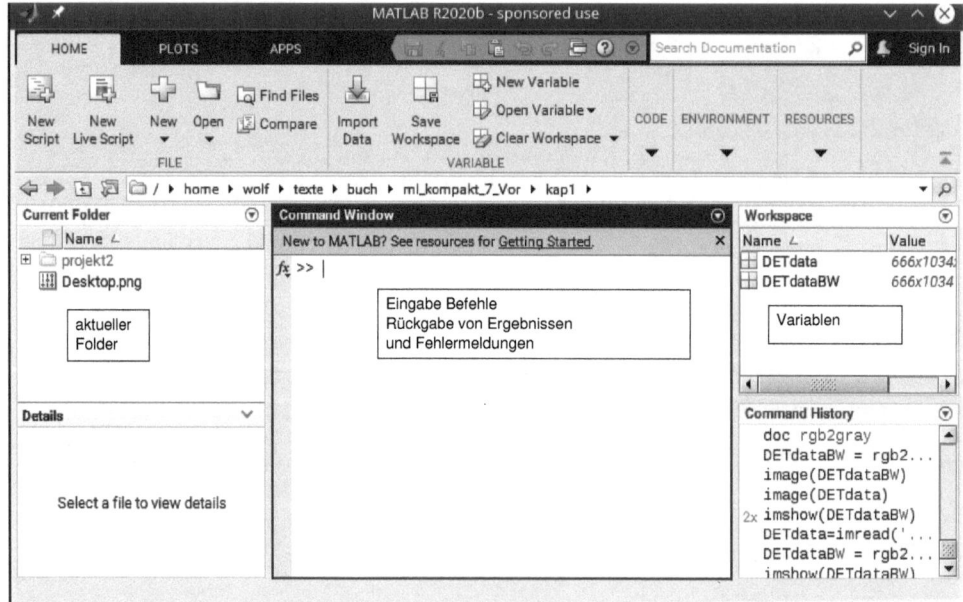

Abbildung 2.1: *Die aktuelle MATLAB-Oberfläche (Desktop)*

https://doi.org/10.1515/9783110741780-002

2.1.1 Der MATLAB Desktop

Nach einem Doppelklick auf das MATLAB Icon oder dem Aufruf aus einer Shell unter Linux öffnet sich die MATLAB-Oberfläche, auch als MATLAB Desktop bezeichnet, die eine integrierte Entwicklungsumgebung darstellt. Abb. (2.1) zeigt einen möglichen Aufbau, der allerdings mit den installierten Produkten variiert. Die Bedienelemente der Werkzeugleiste (Toolstrip), Abb. (2.2), sind in Registerkarten (Tabs) organisiert. Je nach installierten Produkten und Anwendungen können weitere Registerkarten dazu kommen.

Die Registerkarte „HOME", s. Abb. (2.1), ist in einzelne Sektionen unterteilt. Links der File-Bereich, der es erlaubt Dateien zu öffnen, zu erstellen und miteinander zu vergleichen. Unter „New" lassen sich per Knopfdruck verschiedene Templates im Editor erzeugen, die Figure-Umgebung und der App Designer öffnen. Die Sektion „VARIABLE" stellt Funktionalitäten zum Importieren (s. Abschnitt 2.5 Interaktiver Daten Import), Erstellen, Speichern, Löschen und Öffnen (vgl. 2.1.5 Variable Editor) von Daten zur Verfügung. Der Bereich „CODE" dient dem Analysieren von Programmen mit dem Code Analyzer „Analyze Code", dem Testen auf Effizienz mit dem Profiler „Run and Time" sowie dem Löschen einzelner Befehle des Command Windows oder der Command History. Die Möglichkeiten MATLAB-Code zu analysieren und die Effizienz zu testen, werden im Abschnitt 2.3 vorgestellt. Die Sektion „ENVIRONMENT" erlaubt das aktuelle Layout, Abb. (2.3), der MATLAB-Oberfläche abzuspeichern, bereits existierende Layouts zu öffnen und die einzelne Grundelemente der MATLAB-Entwicklungsumgebung ab- bzw. auszuwählen. Die grafischen Benutzeroberflächen zur Festlegung der Präferenzen, beispielsweise Schriftgröße, numerisches Format, usf. und dem Aufbau des MATLAB-Pfads können ebenfalls per Mausklick in der Sektion „ENVIRONMENT" geöffnet werden. „Add-Ons" unterstützt beispielsweise das Erstellen von Apps, Toolboxen und das Herunterladen von Hardware-Support-Packages. Hardware-Support-Packages dienen dem Einbinden von Arduino Boards, Raspberry Pis und anderen Hardwarepro-

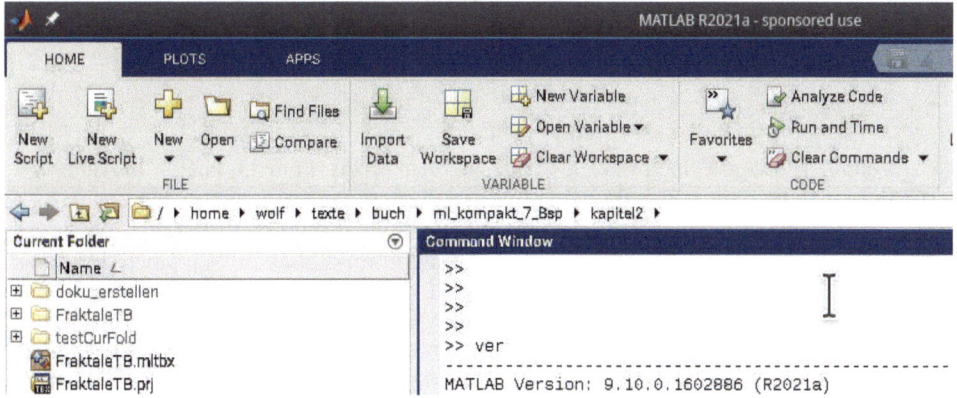

Abbildung 2.2: *Die Werkzeugleiste der* MATLAB-*Oberfläche ist u.a. mittels Registerkarten nach verschiedenen Anwendungen strukturiert, die wiederum in einzelne Sektionen unterschiedlicher Funktionsgruppen unterteilt sind.*

dukten. Der letzte Bereich "RESOURCES", erlaubt per Mausklick die Hilfe aufzurufen, Support zu erfragen, einen Einführungskurs zu MATLAB und anderen Produkten aufzurufen und die MATLAB-Nutzer (Community) Seite zu öffnen. Dort findet sich u.a. auch die Seite „File Exchange" mit von MATLAB Nutzern frei zur Verfügung gestellten Funktionalitäten.

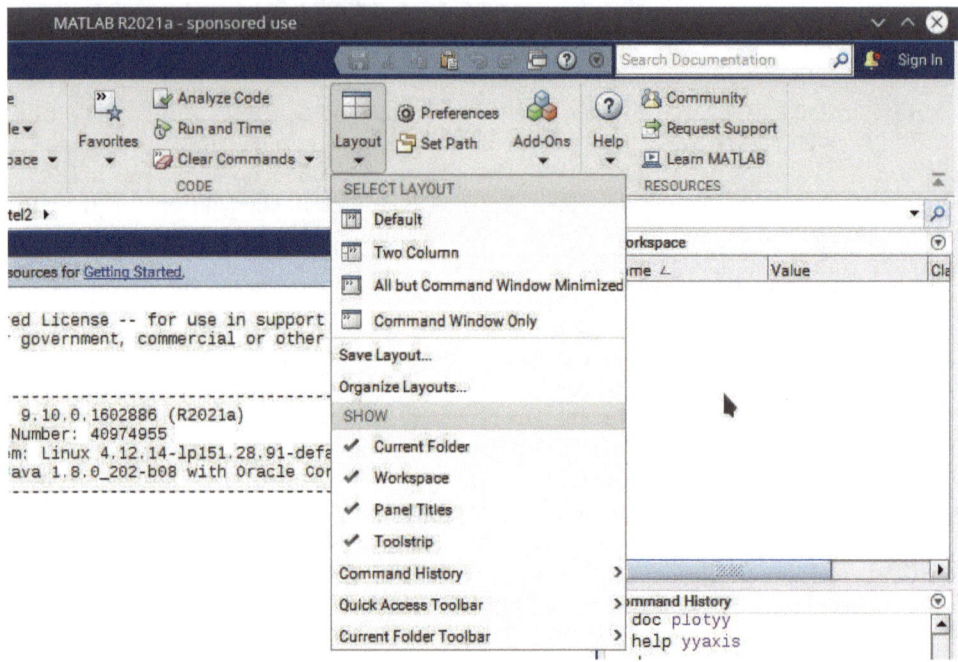

Abbildung 2.3: *Unter "HOME" befindet sich das Menü Layout mit dem sich selbsterstellte Desktop-Layouts speichern und laden lassen. Mit der Pfeiltaste lässt sich in jeder Desktop-komponente ein Dialogfenster öffnen mit dem sich beispielsweise diese Komponente ausdocken läßt.*

Wo und wie kann man das Erscheinungsbild des Desktop anpassen?

Die einzelnen Elemente des Desktops lassen sich beliebig anordnen. Soll beispielsweise die Command History neben das Command Window verschoben werden, so wird die Kopfleiste der Command History einfach mit der linken Maustaste festgehalten und an den entsprechende Ort verschoben. Unter dem Menüpunkt „Layout" läßt sich dieses neue Erscheinungsbild des Desktops unter einem geeigneten Namen abspeichern und später wieder laden, Abb. (2.3). Außerdem lassen sich hier auch die einzelnen Elemente an- und abwählen. Eine weitere Gestaltungsmöglichkeit bieten die Pfeiltaste der einzelnen Desktop-Elemente. Durch anklicken öffnet sich ein Dialogfenster, das es beispielsweise erlaubt das jeweilige Teilfenster ab- bzw. anzudocken. Diese Dock-Möglichkeit besteht auch für eigene Abbildungen (Figure), Editor und Variable Editor. Beim Schließen von MATLAB wird das letzte Layout abgespeichert und beim nächsten Starten automatisch verwendet.

Seit dem MATLAB-Rel. 7.9 werden eigene Tastaturkürzel (keyboard shortcuts) unterstützt. Unter Preferences → Keyboard → Shortcuts können unter „Action Name" verschiedene Aktionen ausgewählt werden und über das +-Symbol mit einem Tastaturkürzel verknüpft werden. Im darüber liegenden Fenster wird über das Tastatursymbol die Zahl der notwendigen Tastendrücke ausgewählt und die entsprechende Wunschkombination eingegeben. Konflikte werden gegebenenfalls im darunter befindlichen Fenster „All possible conflicts" angezeigt.

PLOTS. Die Plotmöglichkeiten der Registerkarte „PLOTS" werden über den Workspace Browser und Variable Editor genutzt.

Das Command Window. Das Command Window dient dem Aufruf von MATLAB-Befehlen, Erzeugen von Variablen und dem Anzeigen von Ergebnissen. Die Eingabe erfolgt hinter dem MATLAB-Doppelprompt >>, s. Abb. (2.1). Befehle müssen nicht vollständig ausgeschrieben werden, die Tab-Taste vervollständigt bei Eindeutigkeit einen Befehl oder gibt eine Liste in einem kleinen separaten Fenster aus. Während dem Schreiben von Befehlen geht ein kleines Hilfefenster mit Hinweisen zu den möglichen Funktionsargumenten auf. Zu früheren Eingaben kann mit den Cursortasten zurückgeblättert werden. Ist bereits ein Teil eines Kommados eingegeben, springt MATLAB mit der Cursortaste direkt zu dem letzten Befehl, der mit derselben Zeichenfolge startete. Erzeugte Variablen werden im Workspace Window aufgelistet, Befehle in der Command History. Der Befehl `commandwindow` öffnet das MATLAB Command Window bzw. bringt es in den Vordergrund. Mit `get(0,'CommandWindowSize')` wird die aktuelle Zahl der Spalten und Zeilen ausgegeben, die von der momentanen Größe abhängt.

Klickt man auf das vor dem Doppelprompt stehende Symbol „fx" öffnet sich der Function Browser, mit einem Suchfeld zur Eingabe von Suchbegriffen und einem Inhaltsverzeichnis zum Durchblättern. Der Function Browser kann auch mit der Tastenkombination „Umschalttaste, F1" geöffnet werden und dient der raschen Hilfe. Per Mausklick auf den Suchbegriff öffnet sich ein Hilfefenster mit einer kurzen Beschreibung, die vollständige Dokumentation der ausgewählten Funktion kann aus dem Hilfefenster durch Klick auf den Link „More Help" geöffnet werden.

Command History. Hier werden die im Command Window eingegebenen Befehle zur Wiederverwendung nach dem Datum geordnet abgespeichert. Durch Doppelklick können diese Befehle direkt ausgeführt werden und mit der linken Maustaste in das Command Window zur erneuten Bearbeitung verschoben werden. Die linke Maustaste gemeinsam mit der Shift- oder der Steuerungstaste erlaubt die Auswahl von Gruppen der im History Window gespeicherten Kommandos. Mit der rechten Maustaste öffnet sich ein Fenster, das das Kopieren der ausgewählten Befehle, das direkte Erzeugen von Skripten, Live-Skripten und Favorites oder das Löschen aus der Command History erlaubt. Eigene Favorites (Shortcuts) lassen sich auch durch einfaches Verschieben ausgewählter Befehlsfolgen auf den Favorites-Button erzeugen. >> `commandhistory` öffnet die Command History bzw. bringt sie in den Vordergrund.

Der Workspace Browser. Der Workspace Browser zeigt die aktuellen Variablen des Base-Speicherbereichs (Command Window) oder beim Debuggen die des zugehörigen Funktionsspeicherraums an. Die Variablen sind alphabetisch geordnet, können aber auch durch Anklicken der Spaltenüberschriften nach den damit verknüpften Eigenschaften umgeordnet werden. Anklicken der Pfeiltaste öffnet ein selbsterklärendes Fenster mit dem sich beispielsweise alle Variablen abspeichern lassen.

Durch Markieren einer oder mehrerer Variablen mit Hilfe der Maus- und Umschalt-
oder Steuertaste werden unter der Registerkarte „PLOTS" für das Plotten geeignete
Graphen aktiv, die per Mausklick ausgeführt werden können. In der Sektion „Selection"
sind die ausgewählten Variablen aufgelistet. MATLAB erkennt dabei automatisch, ob
der Variablentyp zum Plotten geeignet ist oder nicht. Alternativ kann ein Dialogfenster durch Anklicken der Variablen im Workspace Browser mit der rechten Maustaste
geöffnet werden. Mit der linken Maustaste können Variablen in das Command Window
beispielsweise als Argument einer Funktion verschoben werden. Durch Doppelklick auf
eine Variable öffnet sich der Variable Editor.

Current Folder. Verzeichnisse werden in einer Baumstruktur aufgelistet und Funktionen, Skripte und Klassen etc. durch unterschiedliche Icons grafisch hervorgehoben.
Mittels Doppelklick kann direkt in Unterverzeichnisse gesprungen werden. Die erste
Hilfezeile ausführbarer MATLAB-Dateien wird als Informationszeile im darunterliegen-
den Fenster ausgegeben. Dort finden sich auch Informationen zu anderen Dateien wie
Inhaltsangaben zu Mat-Files. Durch Doppelklick auf eine Variable wird diese Variable
aus der Mat-Datei geladen.

Klicken auf die Pfeiltaste öffnet ein Dialogfenster, s. Abb. (2.4), das erlaubt Dateien
zu vergleichen (Compare) und verschiedene Reports zu erstellen. Der Code Compati-
bility Report listet Syntax Fehler, Inkompatibilitäten oder auch neue MATLAB Befehle
auf, die den Code optimieren. Der Code Analyzer Report (s. Abschnitt 2.3) führt einen
Effizienztests des Codes durch. Der TODO/FIXME Report durchforstet die Files des
Verzeichnisses und gibt zu allen Files, in denen das Schlüsselwort TODO oder FIX-
ME verwandt wurde, die relevanten Zeilenpositionen aus. Der Help Report erstellt eine
Liste aller Files ergänzt durch den Help Block (der erste Kommentarzeilenblock in MAT-
LAB-Files). Der Contents Report erstellt eine Übersichtsliste der Files; die erste Kom-
mentarzeile wird bei MATLAB-Dateien mit ausgegeben. Der Dependency Report zeigt

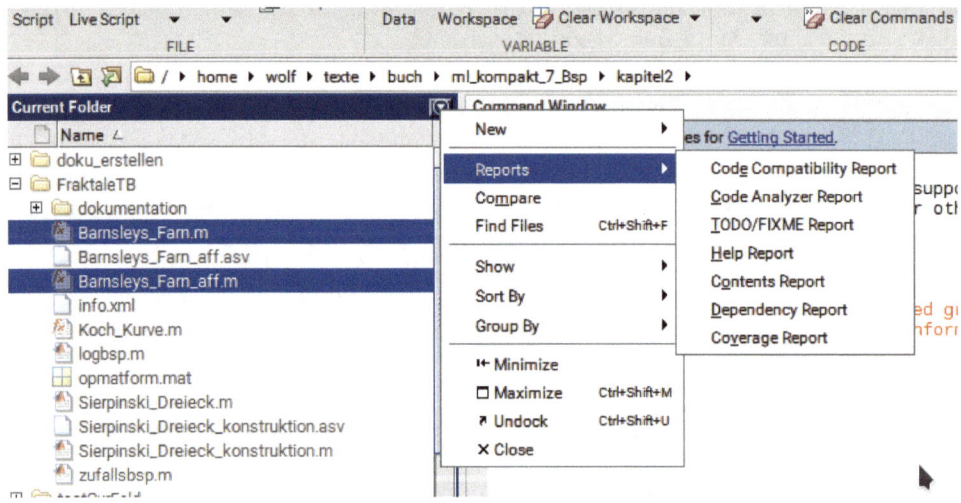

Abbildung 2.4: *Current Folder Browser mit dem über die Pfeiltaste geöffneten Dialogfenster.*

in einem eigenen Fenster die wechselseitigen Abhängigkeiten der MATLAB-Dateien auf. Der Coverage Report testet, welcher Programmanteil in MATLAB-Dateien tatsächlich ausgeführt worden ist. „Find Files" öffnet eine grafische Umgebung zum Suchen nach Dateien oder Verzeichnissen.

MATLAB kann nur diejenigen Dateien ausführen, die entweder über den MATLAB-Suchpfad bekannt sind oder im aktuellen Verzeichnis liegen. Um einige der obigen Reports ausführen zu können, müssen gegebenenfalls Verzeichnisse über „Set Path" unter der Registerkarte „HOME" hinzugefügt werden.

File Comparison Tool. Über „Compare" öffnet sich ein Dialogfenster zur Auswahl der zu vergleichenden Dateien oder Verzeichnisse. Alternativ kann auch eine Datei oder ein Verzeichnis mit der rechten Maustaste ausgewählt werden und im sich öffnenden Dialogfenster unter „Compare Against" die zu vergleichende Datei/Verzeichnis, oder beide Dateien werden markiert und via rechten Maustaste über „compare selected files" Zeile für Zeile miteinander verglichen. Im sich öffnenden Vergleichsfenster wird das Ergebnis farbig dargestellt und man kann durch Mausklick auf den Dateinamen direkt in den Editor springen bzw. durch Klicken auf die Zeilennummer in die zugehörige Codezeile, die im MATLAB-Editor farbig gekennzeichnet wird. Mit Hilfe des Merge Buttons können Programmzeilen von links nach rechts kopiert werden. Eine Umkehrung ist nur durch Vertauschen der linken mit der rechten Seite via Swap Sides möglich. Unter dem Menüpunkt „View" sind verschiedene selbsterklärende Einstellungen wie „Filter" möglich.

Mit >> `filebrowser` wird der Current Folder Browser aus dem Command Window heraus aktiviert.

2.1.2 Versionskontrolle

MATLAB unterstützt verschiedene Systeme zur Versionskontrolle. Unter Präferenzen „General" → „Source Control" kann entweder „Enable MathWorks ..." oder „None" ausgewählt werden. Um MATLAB zur Versionskontrolle zu nutzen: Rechtsklick in Current Folder → SourceControl → Manage Files auswählen. Es öffnet sich dann das Fenster „Manage Files Using Source Control" und dort lassen sich die folgende Systeme auswählen: „Git"(JGit Vers. 5.0.1 und libgit2 Vers. 1.00), SVN 1.9 (Subversion) und „Command-Line SVN integration". In diesem Fall muss allerdings SVN Client auf dem Rechner installiert sein. Nach der Wahl des Systems zur Versionskontrolle kann auf der grafischen Benutzeroberfläche der Repository-Pfad und das Sandbox-Verzeichnis per Dialog aus gewählt werden. Ist beides eingerichtet öffnet sich bei Rechtsklick auf Current Folder unter „Source Control" ein Auswahlmenü mit den verschiedenen Möglichkeiten wie „Fetch", „Push" etc. Ein Beispiel zeigt Abb. (2.5). Nützlich im Zusammenhang mit Versionskontrolle ist auch das Comparison Tool zum Dateivergleich (s.o.).

2.1.3 Hilfe und Dokumentation

Neben dem `help`-Kommando verfügt MATLAB über eine sehr umfangreiche on- und offline Dokumentation. In den Präferenzen läßt sich die jeweilige Priorität auswählen. Im folgenden beschränke ich mich im Wesentlichen auf die lokal installierte Dokumentation. Die Web-basierte Alternative, eröffnet zusätzlich die Möglichkeit die Dokumentation nicht installierter Produkte zu nutzen.

Unter der Registerkarte „HOME" in der Sektion „RESOURCES" befindet sich das ?-Symbol mit dem man direkt in Dokumentation springt sowie das Menü „Help" mit den Auswahlpunkten Dokumentation, Examples (für die dokumentierten Beispiele), aber auch ergänzende Punkte wie Support Web Site oder Check for Updates mit denen man auf die entsprechenden Internetseiten geführt wird.

Mit dem Sprung in die Dokumentation kann man über die Produktliste interessierende Themen aufrufen. Über die gelbe Sterntaste können eigene Favoriten dazu gefügt werden. Im Suchfeld können geeignete Suchbegriffe eingegeben werden. Alternativ können Suchbegriffe im MATLAB-Desktop direkt unter „Search Documentation" übergeben werden. Im Hauptfenster befindet sich eine kurze Beschreibung der Treffer. Durch Anklicken springt man in das entsprechende Fenster. Auf der linken Seite besteht die Möglichkeit eine Verfeinerung des Suchergebnisses nach Produkten, Kategorien und Typen durchzuführen.

Zur Dokumentation gehört eine vollständige Funktionsübersicht der einzelnen MATLAB-Kommandos, die stets aus einer schlagwortartigen Funktionsbeschreibung, einer Übersicht der erlaubten Syntax, aus einer ausführlichen Beschreibung, gegebenenfalls

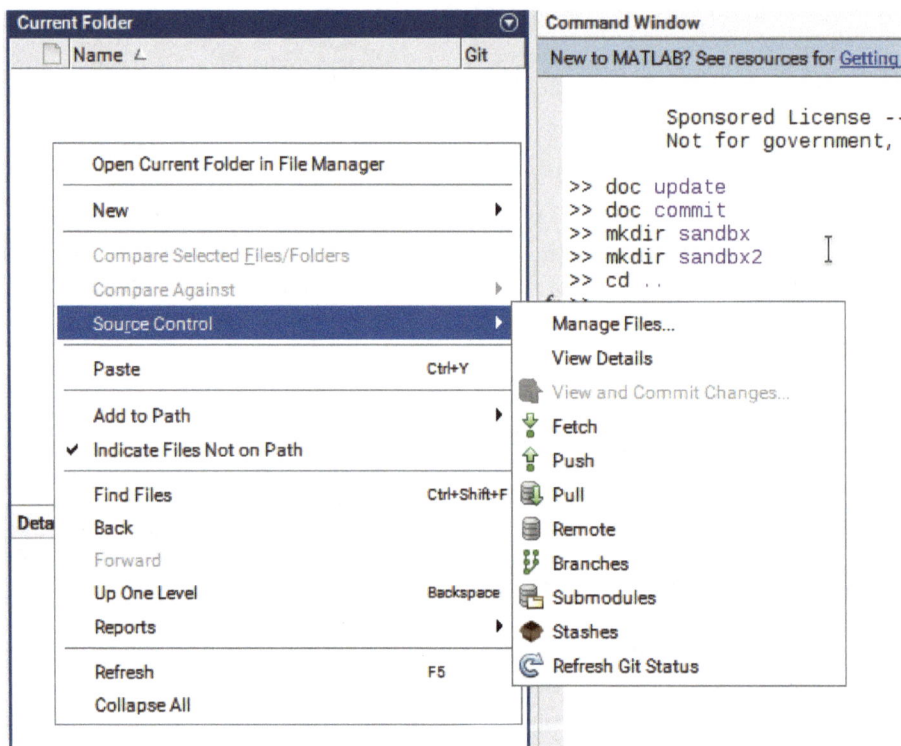

Abbildung 2.5: *Dialogfenster für die Versionskontrolle mittels Git.*

ergänzenden Hinweisen, einem Beispielteil und einem Verweis auf verwandte MATLAB-Kommandos sowie in einigen Fällen aus ergänzenden Literaturangaben besteht. Der Beispielteil erlaubt das Austesten des Befehls. Hier einfach mit der linken Maustaste markieren, mit der rechten Maustaste ergibt sich dann die Möglichkeit, den markierten Teil zu kopieren oder im MATLAB Command Window auszuführen und dort zum weiteren Experimentieren geeignet zu verändern. An die entsprechende Stelle in der Dokumentation kann direkt mit dem Befehl `doc befehl` gesprungen werden, wobei „befehl" für den Namen des Kommandos steht. Mit der rechte Maustaste öffnet sich ein Dialogfenster beispielsweise zum Suchen innerhalb der Seite, zum Drucken und Speichern der Information. In dem mit der Lupe gekennzeichneten Feld kann wieder eine Suche über die gesamte Dokumentation durchgeführt werden.

Die lokal verfügbare Dokumentation wird durch pdf-Dokumentationen im Internet ergänzt. Nach der Auswahl des interessierenden Produkts auf der Startseite der Dokumentation, beispielsweise MATLAB , befindet sich in der untersten Zeile die Auswahl PDF Documentation. In der untersten Zeile kann eine Übersicht aller MATLAB-Funktionen ausgerufen werden.

2.1.4 Eigene Applikationen und Toolboxen erstellen

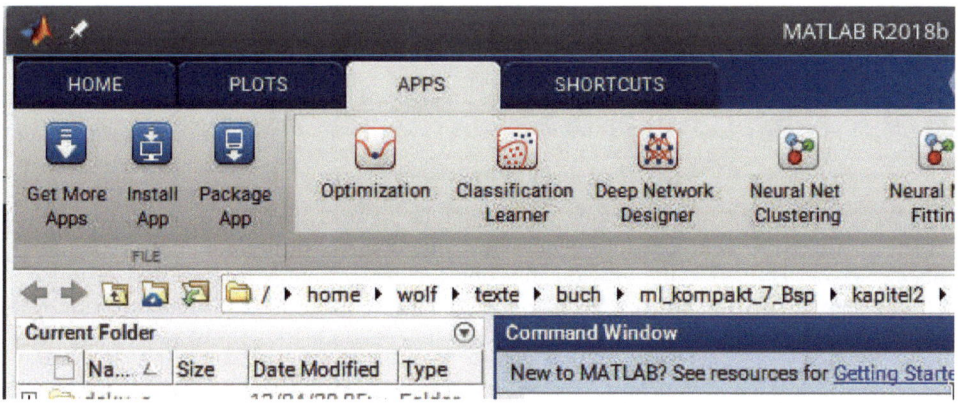

Abbildung 2.6: *Unter der Registerkarte „Apps" befinden sich auf grafischen Benutzeroberflächen basierende Anwendungen aller installierten Produkte sowie selbst erstellte Applikationen.*

Applikationen (Apps) verwalten und erstellen. Die dritte Registerkarte „APPS" ist den Applikationen (Apps) vorbehalten, aufgeteilt in die Bereiche „FILE" und "APPS", Abb. (2.6). Ab dem Rel. 2020a lässt sich hier zusätzlich der Appdesigner, Kap. (19), öffnen. Applikationen (Apps) sind auf grafische Benutzeroberflächen basierende Anwendungen.

In der Sektion „APPS", Abb. (2.6), können eigene Anwendungen mit eingebunden werden. Klicken auf ein Symbol öffnet die zugehörige App und Klicken auf die rechte Pfeiltaste öffnet alle verfügbaren Anwendungen. Ganze Bereiche lassen sich über das Top-Symbol nach oben bewegen. Durch Klicken mit der rechten Maustaste können ausgewählte Applikationen den Favoriten oder der „Quick Access Toolbar" (über dem Bereich Layout, Abb. (2.3) hinzugefügt werden.

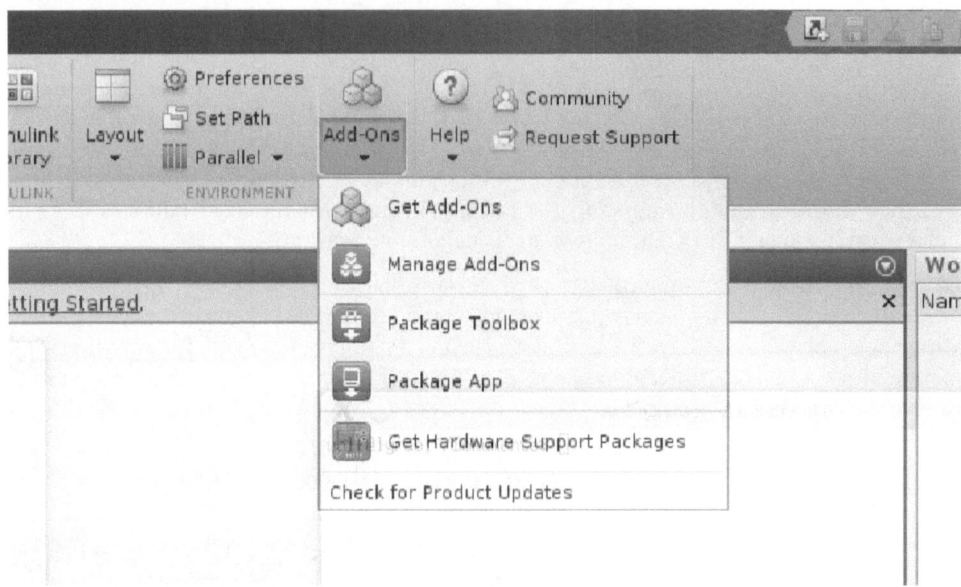

Abbildung 2.7: *Unter „Add-Ons" befindet das Menü Package Toolbox aber auch weiter Funktionalitäten wie beispielsweise der Download-Button zum Herunterladen der Hardware-Support-Packages.*

Apps basieren auf grafischen Benutzeroberflächen. In Kap. (18) wird das händische Erstellen und in Kap. (19) das Erstellen mit Hilfe des Appdesigners diskutiert. Mittels „Package App" kann ein Installationsfile der ausgewählten App erstellt werden. Klicken auf „Package App" öffnet ein Dialogfenster auf dem links die Hauptfunktion (Add main file) eingegeben wird. Dieser „Main-File" wird automatisch analysiert und erkannte externe Unterfunktionen dazugepackt. Nicht erkannte Abhängigkeiten wie Unterfunktionen, die sich nicht im MATLAB-Pfad befinden müssen von Hand eingegeben werden. In der Mitte wird der Name der App festgelegt und eine ergänzende Beschreibung übergeben. Durch Klicken auf „Package" werden in diesem Verzeichnis zwei Files mit dem Namen der Applikation und der Dateierweiterung .mlappinstall und .prj erzeugt. Der File .mlappinstall enthält alle Informationen und erlaubt auch anderen Benutzern ein einfaches installieren der App. Bei der Datei .prj handelt es sich um den Projektfile, nützlich beispielsweise bei einem Update der App. Der Projektfile öffnet sich per Doppelklick und enthält alle notwendigen Informationen zum Erstellen des Installationsfiles via „Package".

„Install App" dient dazu den App-Installer aufzurufen und das erstellte App zu installieren. MATLAB-basierte Apps werden automatisch in der MATLAB-Root installiert. Der Befehl >> `matlabroot` liefert den absoluten Pfad des Root-Verzeichnisses zurück. Der Installationspfad lässt sich auch verändern. über „HOME" ⇒ Preferences ⇒ Add-Ons kann der Installationspfad angepasst werden.

Verbleibt noch der Menüpunkt „Get More Apps". Damit lassen sich per Mausklick über das MathWorks File Exchange Portal im Internet zur Verfügung gestellte Apps einbinden.

Eigene Toolboxen erstellen. Unter dem Menü „Add-Ons", Abb. (2.7), findet sich das Symbol „Package Toolbox". Mit dessen Hilfe lassen sich selbst erstellte Toolboxen in einem Installationsfile einbinden und verteilen. Eine Toolbox besteht aus Funktionalitäten und einer Hilfe eingebunden in die MATLAB-Dokumentation. Ein Beispiel (FraktaleTB) findet sich in den beigefügten Dateien. Ein umfangreiches Beispiel (Special Functions in Physics) auf meiner Home-Page https://wolfgang-schweizer.de/books/special-functions-in-physics-with-matlab/.

Wie ist die prinzipielle Vorgehensweise?

- Anlegen eines Toolbox-Ordners mit einem geeigneten Namen. In diesem Verzeichnis wird die Datei „info.xml" erstellt. Außerdem werden die zugehörigen m-Files (gegebenenfalls in Unterordnern strukturiert) in dieses Verzeichnis kopiert.

- Anlegen eines Dokumentationsverzeichnisses im Toolbox-Ordner. Im Dokumentationsverzeichnis wird die Datei „helptoc.xml" erstellt sowie die html-Files der Hilfe.

- Unter „Add-Ons" auf „Package Toolbox" klicken. Es öffnet sich eine selbsterklärendes Fenster „Package a Toolbox" in dem die Toolbox Informationen eingegeben werden. Klicken auf „Package" erstellt einen Installationsfile `NameTB.mltbx`, der an andere Nutzer weitergegeben werden kann und alle Funktionalitäten und Dokumentationen der Toolbox umfasst. Installiert wird durch Doppelklick.

`verstb = matlab.addons.toolbox.toolboxVersion('NameTB.mltbx')` gibt die Version der Toolbox zurück.

info.xml Die im Toolbox-Ordner residierende Datei „info.xml" hat eine streng vorgeschriebene Form und enthält Informationen über Release, Toolbox Name und Ort der Hilfe. Hier ein Beispiel:

```
<productinfo xmlns:xsi="http://www.w3.org/2001/XMLSchema-instance"
    xsi:noNamespaceSchemaLocation="optional">
    <?xml-stylesheet type="text/xsl"href="optional"?>
    <matlabrelease>2015b</matlabrelease>
    <name>FraktaleTB</name>
    <type>toolbox</type>
    <icon></icon>
    <help_location>dokumentation</help_location>
</productinfo>
```

Ein Template befindet sich in der MATLAB-Dokumentation.

Erstellen der Toolbox-Dokumentation. Die Dokumentation besteht aus html-Dateien, die die einzelnen Funktionen und Toolbox Eigenschaften beschreiben. Diese html-Dateien können direkt entworfen werden oder auch mittels der Publish-Funktionalität (s. 2.2.1) erstellt werden. Beispielsweise kann ein Dummy-Verzeichnis erstellt werden in das die m-Files der Toolbox kopiert werden und mit geeigneten zusätzlichen Hilfetexten versehen werden. Hier können auch weitere nur für die Dokumentation vorgesehene m-Dateien erstellt werden. Mittels „Publish" werden dann die html-Dateien erzeugt und in das Dokumentationsverzeichnis der Toolbox kopiert. In diesem Verzeichnis wird auch der File „helptoc.xml" erstellt, der alle Metainformationen zur Dokumentation enthält. Auch dazu ein Beispiel:

```
<?xml version='1.0' encoding="utf-8"?>
<toc version="2.0">
    <tocitem target="FracTB.html">Fraktale Toolbox
        <tocitem target="Anfang.html"
            image="HelpIcon.GETTING_STARTED">Getting Started Guide
            <tocitem target="functionlist.html">Liste der
                            MATLAB-Files</tocitem>
        </tocitem>
        <tocitem target="Barnsleys_Farn.html">Barnsleys Farn</tocitem>
            <tocitem target="Koch_Kurve.html">Koch Kurve</tocitem>
            <tocitem target="Sierpinski_Dreieck.html">Sierpinski
                            Dreieck</tocitem>
            <tocitem target="logbsp.html">Logistische
                            Abbildung</tocitem>
            <tocitem target="Undokumentiertes.html">Wat
                            n dat?</tocitem>
    </tocitem>
</toc>
```

Die Dokumentation kann auch noch mittels `builddocsearchdb('Absoluter Pfad')` durch eine Hilfsdatenbank ergänzt werden. Um aus jedem Verzeichnis Zugriff auf die Toolbox zu haben, müssen die Toolboxdirectories in den MATLAB-Suchpfad eingebunden werden. Sowohl beim Erstellen von Applikationen als auch von Toolboxen werden zusätzlich Projektdateien mit der Dateierweiterung „.prj" erstellt, die alle notwendigen Informationen enthalten und die wieder mit dem Toolbox- bzw. Applikationsfenster geladen werden können. Die Toolbox-Dokumentation findet sich als zusätzlicher Link (Supplemental Software) auf der Hauptseite der Doku.

2.1.5   Der Variable Editor

Der Variable Editor, Abb. (2.8), (früher Array Editor) dient dem Visualisieren und interaktiven Editieren von Workspace-Variablen und wird durch Klicken auf die Variable im Workspace geöffnet. Alternativ kann der Variable Editor mittels `openvar('name')` aus dem Command Window geöffnet werden. „name" ist der Name der Variablen. Der Variable Editor kann wie bereits erwähnt am MATLAB Desktop angedockt werden. Spalten im Editor lassen sich kopieren, löschen und teilen. Durch Auswahl einzelner Elemente, ganzer Spalten oder Zeilen durch Klicken auf den nummerierten Spaltenkopf bzw. Zeile können über „New from Selection" neue Variablen erstellt werden. Exceldaten lassen sich unter Windows-Betriebssystemen mit Copy und Paste in den Variable Editor kopieren. Dies funktioniert auch unter Linux und Windows mit LibreOffice. Mittels „Insert" und „Delete" lassen sich interaktiv Zeilen und Spalten einfügen bzw. löschen. Mit

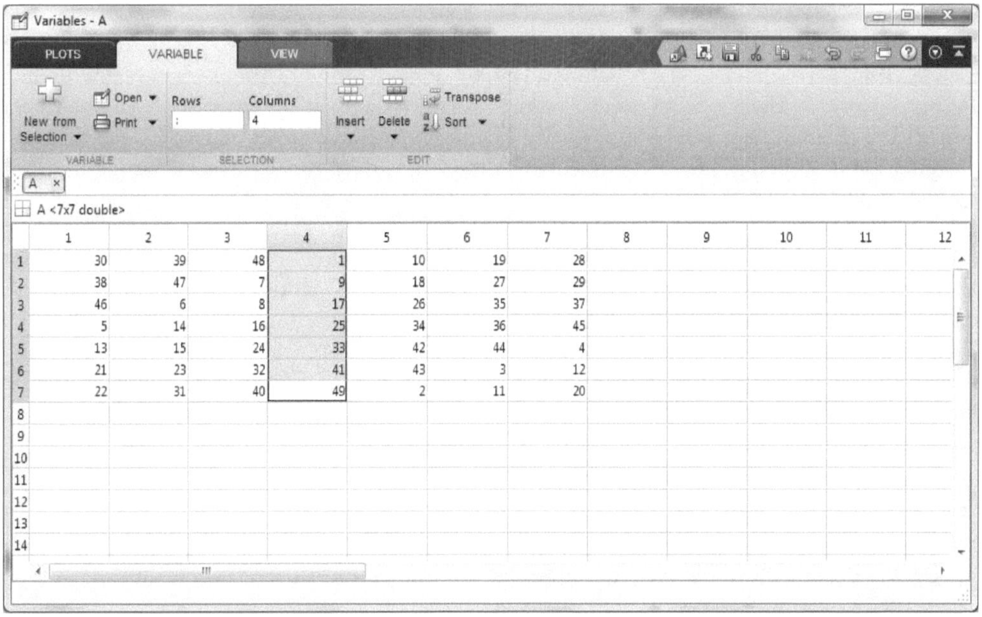

Abbildung 2.8: *Der Variable Editor ist ebenfalls mittels geeigneter Registerkarten strukturiert.*

Hilfe der Maus und der Umschalt- bzw. Steuertaste können beliebige einzelne Elemente, Zeilen oder Spalten zur weiteren Bearbeitung ausgewählt werden. Mit der rechten Maustaste läßt sich zu ausgewählten Elementen ein Dialogfenster öffnen, das neben dem Kopieren und Ausschneiden auch das Ersetzen der Werte durch Nullen erlaubt. *Achtung, Veränderungen werden stets sofort wirksam und die ursprüngliche Variable überschrieben.*

Nach Auswahl einer Spalte erlaubt das Sort-Menü das Umsortieren in auf- bzw. absteigender Reihenfolge nach der ausgewählten Spalte. Bei gleichen Werten innerhalb der Spalte kann auch nach mehreren Spalten sortiert werden. Um nach Zeilen zu sortieren, muss zunächst das Array transponiert werden (Transpose). Jetzt kann man wieder nach Spalten sortieren und erneutes transponieren vervollständigt das Sortieren nach Zeilen.

Die Registerkarte „PLOTS", erlaubt per Mausklick geeignete Plots zu erstellen und die Registerkarte „VIEW", beispielsweise das Zahlenformat zu verändern.

2.2 Der MATLAB Editor, Debugger und Live Editor

Der MATLAB Editor und Debugger, Abb. (2.9), dient u.a. dem Schreiben von MATLAB-Skripten und -Funktionen sowie dem grafischen Debuggen. Mit dem Live Editor werden Live Skripte und Live Funktionen erstellt und dient gegebenfalls zum Debuggen.

2.2.1   Der Editor

Der Editor hebt die MATLAB-Schlüsselworte oder Kommentare in unterschiedlichen Farben hervor, erkennt aber auch andere Formate wie beispielsweise HTML. Unter den Präferenzen lassen sich verschiedene Grundeinstellungen wie Auswahl des Editors, Dateisprache, Zeilenlänge usf. einstellen. Aufgerufen wird der Editor entweder mit
```
>> edit fname
```
zum Editieren des Files „fname", aus dem Desktop unter HOME → New bzw. Open und dem sich öffnenden Auswahlfenster oder durch Klicken auf einen File im Current Folder Browser. Mit „Find Files" unter der Registerkarte „HOME" öffnet sich ein Dialogfenster, das es beispielsweise erlaubt nach Dateien, die einen bestimmten Text enthalten zu suchen und sie mit Edit zu öffnen. Mit der Tastenkombination „Ctrl 0" springt man direkt aus dem Editor in das MATLAB Command Window und mit „Ctrl-Shift 0" wieder zurück. Der Editor ist ebenfalls mittels verschiedener Registerkarten und Sektionen strukturiert und läßt sich an das MATLAB-Desktop andocken.

Die Registerkarte „EDITOR" des Editors ist in die Sektionen „FILE", „NAVIGATE", „EDIT", „BREAKPOINTS" und „RUN" aufgeteilt. Die Sektion „FILE" enthält im Wesentlichen dieselben Funktionen wie die gleichnamige Sektion unter „HOME" ergänzt durch die selbsterklärenden Menüs „Save" und „Print".

Die Sektion „NAVIGATE" erlaubt mit „Go To" im File zu navigieren und Bookmarks per Mausklick, in der durch den Cursor ausgewählten Programmzeile zu setzen und mit „Find" Text zu suchen und gegebenenfalls zu ersetzen. Die Suche ist dabei nicht auf die aktuelle Datei („Look in:") beschränkt.

Die Sektion „EDIT" bietet Hilfestellungen zum Editieren. Kommentarzeilen werden in MATLAB mit einem %-Zeichen und Zellen mit einem Doppel-%-Zeichen eingeleitet, siehe Abb. (2.9). Die Strukturierung in Zellen erlaubt es, Teilbereiche eines MATLAB-Skripts auszuführen und Reports geeignet zu formatieren, s. Abschnitt 2.2.3. „Insert" fügt zwei %-Zeichen ein, „Comment" erlaubt das Hinzufügen bzw. Löschen von Kommentarzeichen und -blöcken, dazu muss der entsprechende Textbereich zuvor markiert werden.

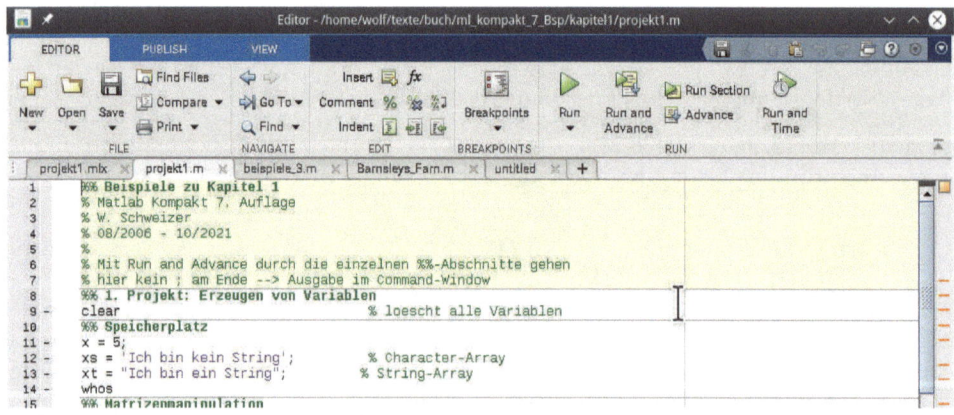

Abbildung 2.9: Der MATLAB *Editor im Cell Mode.*

Das Symbol mit den übereinander liegenden %-Zeichen hängt eine nachfolgende Kommentarzeile an ihren direkten Vorgänger an. Mit „indent" lassen sich markierte Textbereiche einrücken bzw. rückgängig machen. Einfacher ist das Einrücken markierter Textbereiche über die Tabulatortaste und das Rückgängig machen mit Umschalttaste plus Tabulatortaste.

Den Abschnitt „BREAKPOINTS" werden wir im nächsten Abschnitt diskutieren. „RUN" enthält verschiedene Alternativen zum Ausführen der Datei. Das Menü „Run" führt die Datei aus und speichert sie gegebenenfalls zuvor ab. Im Menüpunkt zu „Run" finden sich auch Debug-Hilfen wie beispielsweise „Pause on Errors". Der Button „Run and Time" ruft den Profiler auf und liefert Informationen über die notwendigen Ausführungszeiten einzelner Programmschritte. Mit „Run and Advance" wird die aktuelle Zelle ausgeführt und in die nachfolgende Zelle (%%) gesprungen. „Run Section" führt die aktuelle Zelle aus und mit „Advance" springt man in die nachfolgende Zelle.

Die Registerkarte „PUBLISH" dient dem Erstellen von Berichten, s. Abschnitt „Berichte erstellen". Bleibt noch „VIEW". Im MATLAB-Editor werden einzelne zusammengehörige Programmblöcke wie Unterfunktionen, Schleifen usf. über eine Baumstruktur visualisiert. Diese Bereiche lassen sich in ihre einzelnen Programmschritte auflösen (Expand) oder zu einer Zeilen komprimieren (Collapse)[1]. Außerdem läßt sich unter „VIEW" festlegen wie mehrere geöffnete Dateien im Editor angeordnet sind, ob eine einzelne Datei aufgespalten sein soll, ob die Zeilennummern angezeigt werden sollen (Display) und ob die Dateien in alphabetischer Reihenfolge angeordnet sein sollen..

Eine wichtige Eigenschaft des Editors ist die integrierte Code Analyse, s. Abschnitt 2.3. Permanent wird der eingetippte Code auf Korrektheit überprüft und Fehler in der rechten Spalte rot, Warnungen und Verbesserungsvorschläge in orange markiert. Legt man den Mauszeiger über eine Markierung öffnet sich die zugehörige Fehlermeldung bzw. ein Verbesserungsvorschlag wird angezeigt. Seit dem MATLAB-Rel. 7.9 kann durch Mausklick ein Hilfefenster geöffnet werden bzw. der Vorschlag per Mausklick angenommen und automatisch umgesetzt werden. Werden keine Fehler gefunden erscheint im Editor ein grünes Quadrat. Diese Code Analyse kann allerdings keine Laufzeitfehler aufdecken. Dies ist dem Debugger vorbehalten.

2.2.2 Der grafische Debugger

Der Editor bietet zusätzlich viele Möglichkeiten zum Aufspüren von Laufzeitfehlern und dient als grafischer Debugger, s. Abb. (2.10). Breakpoints zum Unterbrechen des Programmflusses lassen sich entweder durch Klick vor die Zeilennummer oder über das Menü Breakpoints setzen. Starten des Programms öffnet eine zusätzliche Sektion „DEBUG" in der Werkzeugleiste des Editors. Grafisch gesteuert kann dann eine Funktion schrittweise („Step") oder von Breakpoint zu Breakpoint springend („Continue") durchlaufen werden. Mit „Step In" werden Unterfunktionen bzw. die sich hinter MATLAB-Befehlen verbergenden Funktionen im Editor geöffnet und hinein und mit „Step Out" wieder herausgesprungen. Mit „Run to Cursor" wird das Programm bis zur aktuellen Position des Cursors abgearbeitet. Zusätzlich gibt es in der Sektion „DEBUG"

---

[1]Verbergen sich darunter mehr als 8 Zeilen erhöhen Unterprogramme u.U. Lesbarkeit und Plegbarkeit.

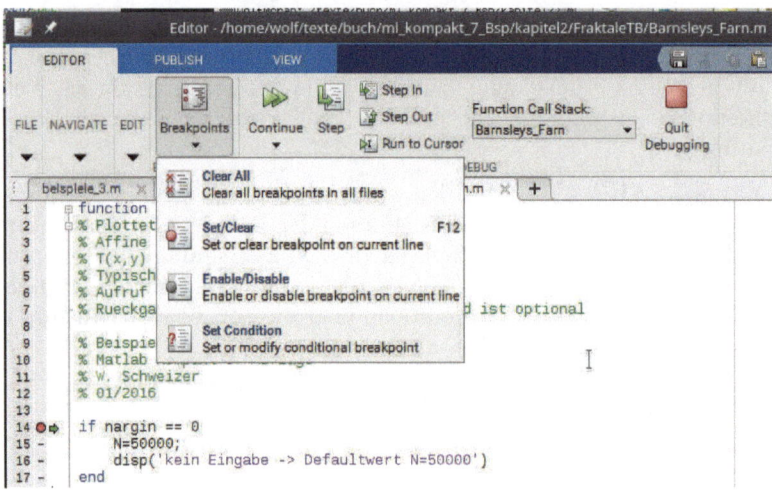

Abbildung 2.10: *Setzen von Breakpoints zum Debuggen.*

das Auswahlmenü „Function Call Stack" mit dem die Funktion ausgewählt wird deren Variablen im Workspace Browser angezeigt werden sollen. Desweiteren erscheint im Command Window der Debug-Prompt K>>; dort können die Variablen der im Function Call Stack angezeigten Funktion aufgerufen und während des Programmablaufs verändert werden (vgl. Kap. 3.8). Breakpoints sind zeilenorientiert und im Regelfall kann pro Zeile nur ein Breakpoint stehen. Eine Ausnahme bilden anonyme Funktionen. In Zeilen mit anonymen Funktionen können mehrere Breakpoints auftreten. Mehrfache Breakpoints werden im Editor blau, einfache rot hervorgehoben.

Die einzelnen Auswahlpunkte im Menü „Breakpoints" sind selbsterklärend. Über „Set Condition" können Conditional Breakpoints mit beliebige logischen Bedingungen gesetzt werden. Zusätzlich können Programmunterbrechungen unter „Continue" beim Auftreten von Fehlern, Warnungen, NaNs (not a number) und unendlicher Werte (inf) erfolgen. Diese Punkte können auch im Editor ohne Debug-Modus im Run-Menü ausgewählt werden. Insbesondere der Punkt „Pause on Errors" ist hilfreich, um ein Programm an der ersten fehlerhaften Stelle zu stoppen.

Nicht gelöschte Breakpoints bleiben beim Speichern eines Programms erhalten. Daher sollten alle Breakpoints nach Beseitigung der Laufzeitfehler eines Programms gelöscht werden. Andernfalls springt man beim erneuten Aufruf dieses Programms wieder in den Debug-Modus. Breakpoints werden gelöscht durch Klicken auf den Breakpoint oder über das Menü „Breakpoints".

2.2.3   Berichte erstellen

Seit dem MATLAB-Rel. 8.0 ist das Erstellen von Berichten unter der Registerkarte „PUBLISH" angesiedelt. Eine wichtige Rolle spielen die %%-Zeichen in der zu publizieren-den Datei, Abb. (2.11). Die %%-Zeichen dienen als Titel des Reports bzw. als Kapi-

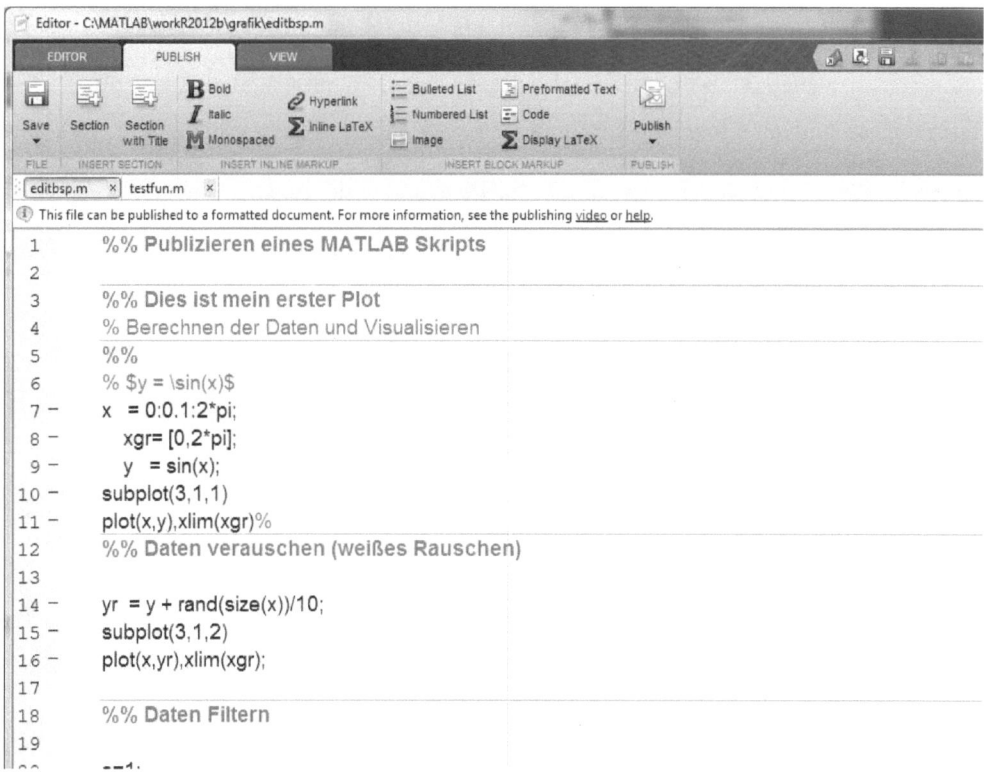

Abbildung 2.11: *Registerkarte „PUBLISH" mit einem Beispielskript.*

telüberschriften. Zu Beginn wird daraus ein Inhaltsverzeichnis erstellt, das bei HTML-Dokumenten mit Hyperlinks versehen ist. Die Kommentare und die Programmzeilen werden als Text aufgenommen, Figures grafisch eingebunden und Ergebnisse, die im MATLAB Command Window ausgegeben werden, ebenfalls in dem Bericht festgehalten. Das Schriftbild verändern, Hyperlinks und LaTeX-Gleichungen einfügen wird in der Sektion „INSERT INLINE MARKUP" per Mausklick unterstützt. Ein Beispiel für eine LaTeX-Gleichung zeigt Abb. (2.11), Zeile 5 und 6. Das Erstellen von Listen, das Einfügen von Bildern (Image) und Code wird unter „INSERT Block MARKUP" unterstützt. Erlaubte Bildformate sind png, jpeg, bmp und tiff. Die Auswahl erfolgt über „Publish" → „Edit Publishing Options ···" im Fenster „Edit Configurations". Hier werden die verschiedenen Eigenschaften ausgewählt. Um aus MATLAB-Funktionen Berichte zu erstellen, wird im Feld „MATLAB-Expression" der Name der Funktion mit Übergabe- und gegebenenfalls Rückgabewerte eingetragen. Die Übergabewerte müssen entweder zuvor im MATLAB Command Window erstellt werden oder im Feld „MATLAB-Expression". Achtung, in diesem Fall werden die Variablen ebenfalls im Basespace abgespeichert, d.h. im Command Window zuvor erstellte Variablen gleichen Namens überschrieben. Unter „Output settings" wird das Dateiformat ausgewählt. Unterstützt werden die Formate HTML, xml, LaTeX, doc (Word), ppt (PowerPoint) und pdf. Um Grafiken in den

Bericht einzubinden, wird unter „Figure settings" unter anderem eines der oben bereits erwähnte Bildformate ausgewählt. Nicht immer soll in einem Bericht der Programmcode offen gelegt werden. Unter „Code settings" läßt sich dies unter anderem einstellen.

Wird bei aufeinander folgenden Plot-Befehlen keine neue Figure-Umgebung geöffnet, wird die zuvor erstellte Abbildung durch den nachfolgenden Plot-Befehl überschrieben und nur die zuletzt generierte Abbildung in den Bericht aufgenommen. Um dies zu verhindern dient der MATLAB-Befehl snapnow. snapnow führt dazu, dass Abbildungen sofort in den Bericht aufgenommen werden, unabhängig davon, ob dieselbe Figure-Umgebung anschließend weiter genutzt wird oder nicht.

```
...
plot(x,y)
snapnow
plot(x,z)
snapnow
...
```

Ohne snapnow würde im erstellten Bericht nur die durch plot(x,z) erstellte Abbildung erscheinen, mit snapnow dagegen beide.

Zum automatischen Erstellen von Berichten kann der Befehl publish verwandt werden. Die allgemeine Syntax zum Erzeugen eines Reports im voreingestellten Format ist wohin=publish ('Datei') und um ein anderes Format zu wählen publish('Datei', 'format'). Der optionale Rückgabewert „wohin" enthält den absoluten Pfad des Reportverzeichnisses; „Datei" ist entweder der Name eines MATLAB-Skripts oder einer MATLAB-Funktion. Im Falle einer Funktion muss „Evaluate Code" abgewählt werden. Dies kann mittels publish('Datei','evalCode',false) erfolgen. Die allgemeine Syntax zur Übergabe von Eigenschaftspaaren ist publish('Datei', 'Eigen', wert). „Eigen" und „wert" sind dabei identisch zu den unten aufgelisteten Feldnamen und ihren erlaubten Werte. Mit publish('Datei', 'options') lassen sich verschiedene Optionen übergeben. „options" ist eine Struktur mit den erlaubten Feldnamen:

- „format" und den Werten „html", „doc", „ppt", „pdf ", „xml" oder „latex".
- „stylesheet" mit einem XSL Dateinamen zum Einbinden eigener Styles im HTML- oder XML-Format.
- „outputDir" zur Angabe eines Ausgabeverzeichnisses. Für Unterordner können relative Pfade, sonst müssen absolute Pfade angegeben werden.
- „imageFormat", das Bildformat für Images. Voreinstellung ist „epsc2" für LaTeX, sonst „png"; unterstützt werden alle von print oder imwrite unterstützten Formate, je nach Wert der figureSnapMethod. Mit der MATLAB-Version 7.8 kamen als weitere Eigenschaften „entireFigureWindow" und „entireGUIWindow" hinzu, um die gesamte Figure-Umgebung bzw. das gesamte grafische User-Interface abzubilden. Ist das Ausgabeformat ein Worddokument, werden alle von Microsoft Office unterstützten Bildformate unterstützt. Für PowerPoint Folien png, jpg, bmp und tiff, für pdf-Dokumente bmp und jpg und für xml-Dokumente png.
- figureSnapMethod kann entweder den Wert „print", „getframe", „entireFigureWindow" oder „entireGUIWindow" (Default) haben.

- useNewFigure kann die Werte „true" oder „false" haben.

- maxHeight, die maximale Höhe ist eine positive Zahl, die Einheit ist Pixel. Ebenso ist

- maxWidth eine positive Zahl in Pixel.

- showCode entscheidet, ob der MATLAB Code gezeigt wird oder nicht und kann die logischen Werte „true" oder „false" haben.

- evalCode entscheidet, ob der MATLAB Code ausgeführt wird und kann die logischen Werte „true" oder „false" haben und

- codeToEvaluate dient der Festlegung weiterer Codes, der ausgeführt werden soll.

- catchError entscheidet, ob der Report auch bei Auftreten von Fehlern erstellt werden soll und bindet gegebenfalls die Fehlermeldung in den Report mit ein. catchError kann die Werte „true" (Report wird auch bei Fehler erstellt) oder „false" haben.

- createThumbnail mit den Werten „true" oder „false" legt fest ob ein Miniaturbild erstellt werden soll.

- maxOutputLines legt die maximale Zahl der ausgegebenen Zeilen fest und ist per Voreinstellung unbeschränkt (inf).

Code wiedergewinnen. Beim Erstellen von Reports wird je nach Einstellung der MATLAB-Code offen gelegt. Aus einem HTML-Dokument läßt sich dieser ausführbare Code mittels `grabcode` wieder auslesen und eine m-Datei erzeugen. Mit `grabcode` (`'was'`) wird der Editor geöffnet und aus „was" der entsprechende Code erzeugt. „was" ist dabei entweder eine html-Datei oder eine URL-Adresse. Optional kann auch ein Rückgabewert vorgegeben werden, in diesem Fall wird der Code in eine String-Variable abgespeichert.

2.2.4 Der Live-Editor

Der Live Editor stellt eine Plattform dar, die zum Erstellen, Bearbeiten, Ausführen, Debuggen und Publizieren von Live-Skripten und -Funktionen dient. Auf der linken Seite befinden sich die Codezeilen und Kommentartexte auf der rechten Seite werden bei der Ausführung von Skripten die Ergebnisse dargestellt, vg. Abb. (2.12). Live-Programme tragen die Endung .mlx und lassen sich über den MATLAB-Desktop unter „HOME" erstellen.

Der Live Editor ist wie der Standard Editor in einzelne Segmente aufgeteilt. Links das Segment „FILE" entspricht im Wesentlichen dem Standard Editor, erlaubt aber zusätzlich unter „Save" ⇒ „Save As" das Live Skript und seine Ergebnisse als pdf-, docx-, html- oder LaTex-Dokument zu publizieren. Live Skripte werden ähnlich den Skripten in einzelne Sektionen aufgeteilt, die jeweils einzeln ausgeführt werden können. Unter „SECTION" Section Break anklicken teilt das Skript an der Cursorstelle in eine neue Sektion. An Stelle von Kommentarzeilen werden in Live Programmen Texte über den Button „Text" eingefügt. Ausgeführt wird das Programm über den Run-Button vollständig, oder unter „SECTION" über Run Section bzw. Run and Advance sektionsweise.

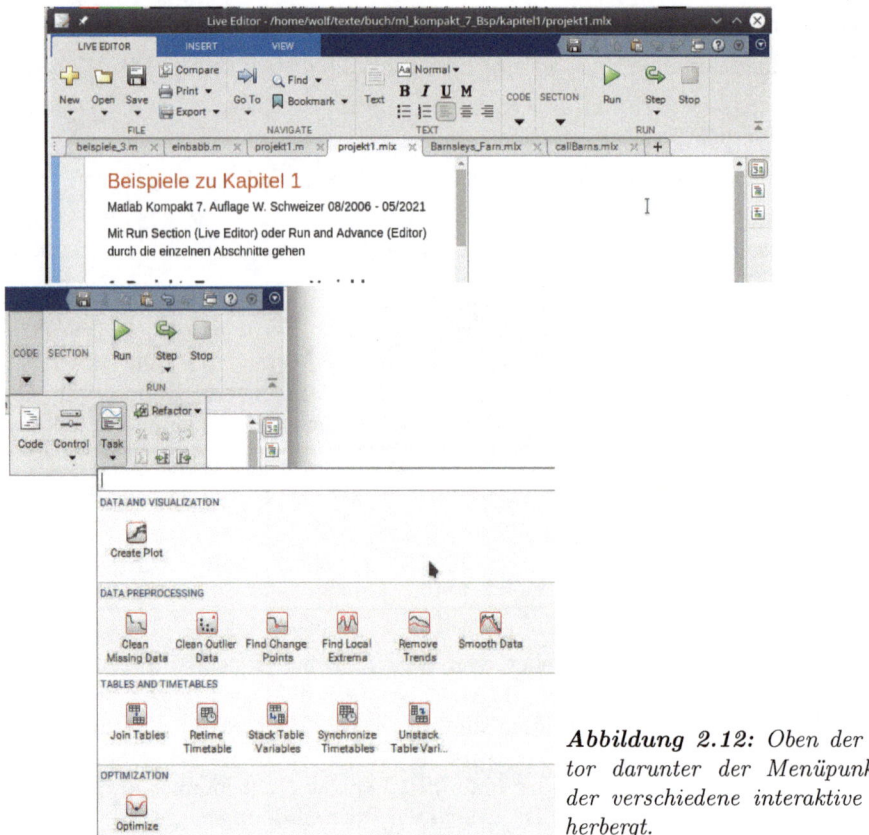

Abbildung 2.12: Oben der Live Editor darunter der Menüpunkt „Task„, der verschiedene interaktive Tools beherbergt.

Unter „NAVIGATE" können „Bookmarks" gesetzt werden, die ein einfacheres Navigieren innerhalb des Live Editors erlauben. Dazu wird der Cursor auf die entsprechende Zeile gesetzt und unter „Bookmark" SET/CLEAR angeklickt.

Das Menü „CODE" bietet viele interessante Möglichkeiten, s. Abb. (2.12) unten. Der Punkt Code erlaubt ein Einrücken des Programm-Codes. Control enthält die folgenden interaktive Elemente zur Dateneingabe: Schieberegler, Drop Down Menü, Check Box, Editierfeld und ein Button. Dazu wird die entsprechende Variable in den Code eingefügt, z. Bsp. x = und dahinter per Mausklick das gewünschte grafische Element. Das zugehörige Menü öffnet sich automatisch und erlaubt geeignete Werte zu setzen. Unter dem Punkt Task, s. Abb. (2.12) unten, verbergen sich mehrere Apps zur interaktiven Auszuführung verschieden Aufgaben:

- Create Plot: Erstellen von Plots per Mausklick

- Clean Missing Data: Ersetzen oder Beseitigen fehlender Daten. Dafür stehen verschiedene Methoden wie Interpolationen, nächster Nachbar-Wert, gleitender Mittelwert etc. zur Verfügung.

- Clean Outlier Data: Glätten verrauschter Daten und Beseitigen von Ausreißern.

- Find Change Points: Auffinden abrupter Datensprünge.

- Find Local Extrema: Auffinden lokaler Extrema wie Minima und Maxima.

- Remove Trends: Beseitigen polynomialer Trends in Daten.

- Smooth Data: Filtern verrauschter Daten. Dafür stehen verschiedene Filtertechniken wie gleitender Mittelwert, Gauss-Filter oder polynomiale Filter etc. zur Auswahl.

- Join Tables: Interaktive Verknüpfung zweier Tabellen.

- Retime Timetable: Resampeln oder Aggregieren von Timetables.

- Stack Table Variable: Kombinieren von Tabellen.

- Synchronize Timetables: Timetables kombinieren.

- Unstack Table Variables: Tabellendaten einer Tabelle auf mehrere Tabellen verteilen.

- Optimize: Minimieren einer Funktion mit oder ohne Zwangsbedingungen. (Benötigt u.U. die Optimization Toolbox.)

An der unteren Linie einiger Apps befindet sich in der Mitte ein Pfeil, der den zugehörigen Programmcode offen legt.

Unter Live Skripts können vergleichbare Aufgaben wie unter gewöhnlichen Skripts ausgeführt werden. Da die Ergebnisse im Editor auf der rechten Hälfte dargestellt werden, die sich ähnlich wie ein grafisches User-Interface verhält, können Animationen via `movie`, je nach Release zu Problemen führen. Figure-Umgebungen lassen sich außerhalb des Live-Editors aus Live-Skripten mittels `figure('visible','on')` erstellen. Die Animation läuft dann außerhalb des Live Editors ab.

Live Functions lassen sich ähnlich den Live Skripts erstellen. Die Darstellung der Ergebnisse erfolgt allerdings nicht im Live Editor. Live Functions sollten daher stets aus einem Live Skript heraus aufgerufen werden. Die Ergebnisse werden dann in dem aufrufenden Live Skript dargestellt.

Live Programme lassen sich ebenfalls debuggen. Dazu wird die entsprechende Zeile bis zu der der Code laufen soll angeklickt und dann der Run-Button gedrückt. Der Programmfluss wird an dieser Stelle unterbrochen. Wie beim Standard Debugger erscheint im Command Window der Debug-Prompt K>> mit denselben Funktionalitäten. Der bisherige Run-Button im Live Editor wird zum Continue Button. Unter Step kann der Programmcode schrittweise ausgeführt werden oder in Funktionen hinein und heraus gesprungen werden. Alternativ taucht bei Funktionsaufrufen ein grüner Pfeil auf, um in die Funktion zu springen und dort den Debug-Vorgang fort zusetzen. Klicken mit der rechten Maustaste auf den Breakpoint öffnet ein Auswahlfenster, das es z. Bsp.

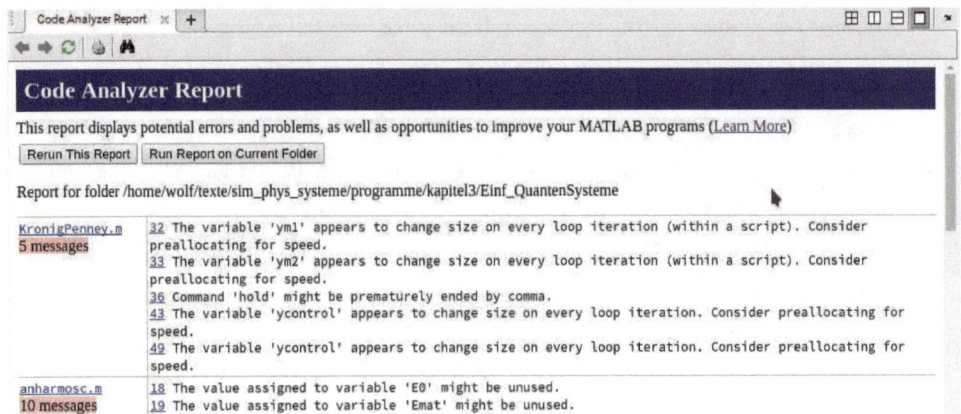

Abbildung 2.13: *Code Analyzer: Der Code Analyzer interpretiert den Code und gibt geeignete Verbesserungsvorschläge aus. Durch Klicken auf die Zeilennummer springt man in den Editor und die zugehörige Zeile wird farbig hervor gehoben.*

erlaubt logische Bedingungen zu setzen oder diesen Breakpoint oder alle Breakpoints zu löschen.

2.3   MATLAB Code testen

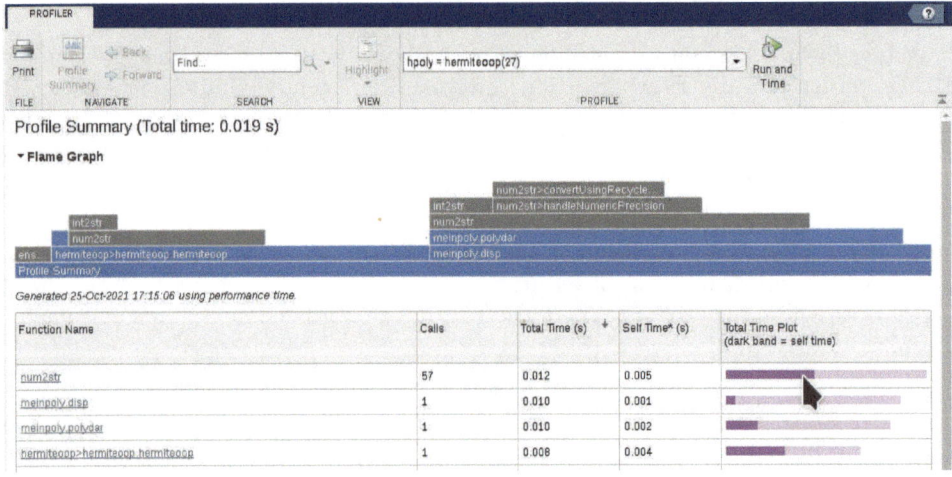

Abbildung 2.14: *Der Profiler ermittelt den Zeitverbrauch einzelner Codezeilen und untersucht die Überdeckung des Codes. Das Ergebnis wird sowohl grafisch als auch für jeden Programmteil gelistet. Klicken auf diese Programmteile zeigt weitere Details. So lassen sich die Problemstellen eines Programms hinsichtlich Effizienz aufdecken und Programme optimieren.*

Mit Hilfe der Präferenzen (unter „HOME" → „Environment" → „Preferences" → „Code Analyzer") lassen sich die Voreinstellungen der Code Analyse verändern. Aufgerufen wird der Code Analyzer entweder über den Current Folder Browser (rechte Maustaste, Reports) oder in der Sektion „CODE". Der Code Analyzer prüft alle M- und MLX-Dateien des aktuellen Verzeichnisses. Der Code Analyzer gibt neben Informationen zur Codeverbesserung auch Informationen über nicht genutzte Variablen. Ein Beispiel zeigt Abb. (2.13). Alternativ kann eine Analyse des Codes (auch für einzelne Files) aus der Kommandozeile mittels `checkcode` (vgl. Kap. 3.9.3) bzw. bei älteren Releases mittels `mlint` gestartet werden.

Der Profiler dient dem Effizienztest von MATLAB-Skripten und -Funktionen und kann sowohl von der Kommandozeile aus via `profile viewer`[2] gestartet werden als auch über „HOME" → Sektion „CODE" → „Run and Time". In der Sektion Profile wird der Funktionsaufruf eingetragen, mit „Run and Time" gestartet, vgl. Abb (2.14) (bei älteren Releases „Run this Code"). Die einzelnen Programmzeilen werden aufgelistet. Desweiteren wird der Code überprüft und gegebenenfalls Verbesserungsvorschläge gemacht. Dies ist Aufgabe des im Profiler integrierten Code Analyzers. Das ebenfalls integrierte „Coverage Tool" gibt Auskunft über den Grad des überdeckten Codes. Der letzte Teil besteht aus einem detaillierten Listing des Codes mit der Häufigkeit des Aufrufs und der benötigten Ausführungszeit, sichtbar nach Klicken auf die gelisteten Programmteile.

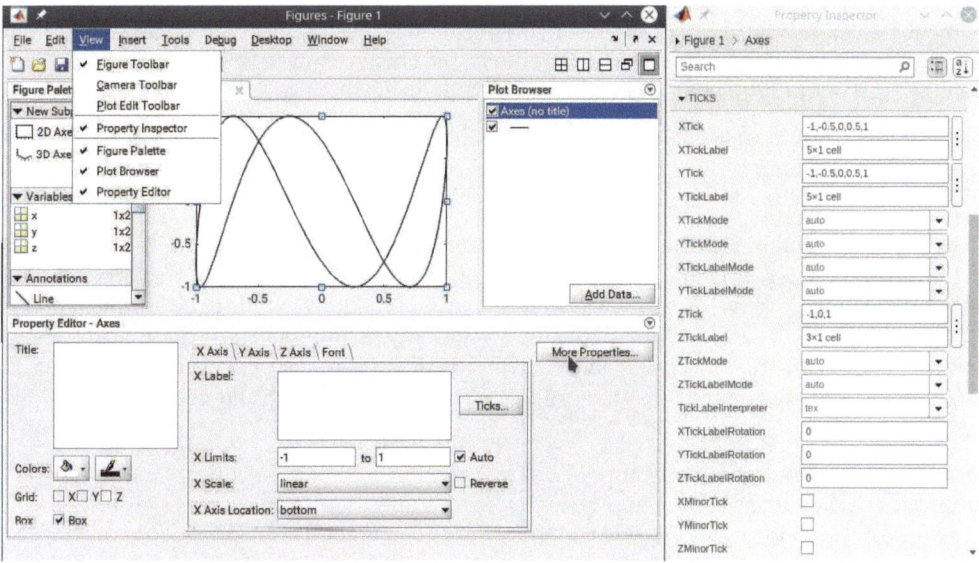

Abbildung 2.15: *Tools zur Bearbeitung der Figure-Umgebung. Unter View lassen sich die „Figure Palette" (links), der „Plot Browser" (rechts) und der „Property Editor" öffnen. Klicken auf* `More Properties` *öffnet den zugehörigen „Property Inspector".*

---

[2]Die Funktion `profile` wird in Kap. (3.9.2) besprochen.

2.4   Die Plot Tools

Bilder (Images) oder Abbildungen werden im Figure Window dargestellt. Neben seiner Aufgabe, die Ebene für die grafische Darstellung bereitzustellen, bietet das Figure Window noch weitere Eigenschaften, Abb. (2.15). Das Menü „View" stellt die Figure Palette, den Property Editor sowie den Plot Browser bereit. Mittels der Figure Palette lassen sich der Abbildung unter „Annotations" Linien, Pfeile, Text Boxen usw hinzu fügen. Die Variablen können mit der Maustaste markiert und dann beispielsweise über die rechte Maustaste geplottet werden oder auch direkt mit der Maus auf die Figure Oberfläche gezogen werden. New Subplots erlaubt die Figure Oberfläche weitere Subplots hinzuzufügen. Mit Hilfe der Maus können die Achsensysteme verschoben oder auch gelöscht werden. Die Daten können entweder über „Add Data" im Plot Browser oder über die Figure Palette den Subplots hinzugefügt werden. Der Property Editor erlaubt die verschiedenen Eigenschaften der Abbildung zu verändern. Soll beispielsweise die Beschriftung der Koordinatenstriche verändert werden, öffnet sich durch Klicken auf die Achsen der „Property Editor - Axes" und die grundlegenden Eigenschaften sind frei zugänglich. Alle Eigenschaften können über den Property Inspector verändert werden, der sich über More Properties öffnet. Desweiteren lässt sich unter „View" die Plot Edit Toolbar öffnen und die Hintergrundfarbe und Schrift verändern oder auch Annotation-Objekte (Pfeil etc.) setzen. Die Camera Toolbar wird ebenfalls über das Menü „View" geöffnet. Die Camera Toolbar erlaubt per Mausklick Lichtobjekte zu installieren, Blickwinkel zu verändern, Abbildungen zu rotieren und vieles mehr. (Versuchen Sie einmal das Folgende: `peaks` ⇒ Camera Toolbar ⇒ Orbit Camera anklicken (ganz links) ⇒ mit der Maus die Abbildung andrehen.)

Das Menü „Insert" erlaubt das interaktive Einfügen von beispielsweise Legende und Farbbalken. Einfacher ist es mit der Maus auf das jeweilige grafische Element, das bearbeitet werden soll zu klicken und im Property Editor die Veränderungen vorzunehmen.

Unter „Tools" finden sich beispielsweise Eigenschaften wie „Pan" zum Verschieben von Plotlinien, die interaktiven Tools „Basic Fitting" zur Interpolation von Vektordaten und das Data Statistics Tool zur interaktiven statistischen Analyse. Unter „File" besteht die Möglichkeit, mit „Generate Code" das grafische Layout in einem M-File abzuspeichern und so bei zukünftigen vergleichbaren Aufgaben auf ein vorgefertigtes Plotlayout in Form einer MATLAB-Funktion zuzugreifen. Es müssen nur noch die neuen Daten übergeben werden.

Statistische Analyse. Im Figure Window kann unter „Tools" das Data Statistics Tool zur statistischen Auswertung geplotteter Daten aufgerufen werden. Das Data Statistics Tool erlaubt, bei mehreren überlagerten Datensätzen einen Datensatz auszuwählen und elementare statistische Daten wie Minimum, Maximum, arithmetischer Mittelwert, Median, Standardabweichung, den am häufigsten auftretenden Wert (mode), sowie den Wertebereich zu berechnen. Das Ergebnis wird automatisch mittels farbiger Linien dem Plot beigefügt und kann als Strukturvariable im MATLAB Command Window (Base Space) abgespeichert werden. Die statistische Analyse wird auch bei der automatischen Codeerzeugung „Generate Code" mit eingebunden.

Interpolationen. Unter „Tools" befindet sich ebenfalls das Basic Fitting Tool, das interaktives Fitten erlaubt. Zur Verfügung stehen neben Polynomfits von erster bis zehnter

Ordnung Spline Interpolation und Shape Preserving Interpolation. Die Interpolations-
gleichung kann in die Bildoberfläche eingespielt werden und wird beim Ausdrucken auch
übertragen. Die Fit-Ergebnisse, die Norm des Residuums und der R-Wert lassen sich in
einer Strukturvariablen abspeichern. Das Residuum kann zusätzlich geplottet werden.
In einer weiteren auffaltbaren Spalte lassen sich einzelne Fit-Werte berechnen, plotten
und gegebenenfalls abspeichern. Das Interpolationsverfahren steht auch nach der automatischen Codeerzeugung „Generate M-File" im erzeugten MATLAB-Programm zur
Verfügung.

Verknüpfung mit den Plot-Daten. Sowohl in der Werkzeugleiste der Figure-Oberfläche als auch unter „Tools" kann die Eigenschaft „Link" bzw. „Link Plots" und
„Brush" bzw. „Brush/Select Data" ausgewählt werden. Durch Anwählen der „Link Plot"-
Eigenschaft werden die Plot-Daten direkt mit dem Plot verknüpft, d.h. bei Änderung
der Daten wird auch der Plot automatisch mit angepasst. Mit dem Brush-Tool lassen
sich Daten im Plot kennzeichnen und mit rechtem Mausklick öffnet sich ein Dialogfenster, das es unter anderem erlaubt, den ausgewählten Datenpunkt in eine Variable
abzuspeichern oder Ausreißer zu löschen. Der „Data Cursor" erlaubt mittels Mausklick,
die Werte eines Datenpunkts offen zu legen. Mit der rechten Maustaste auf diesen Datenpunkt öffnet sich ein weiteres Dialogfenster, mit dem sich beispielsweise die Datenwerte
in eine Variable abspeichern oder alle Anzeigewerte löschen lassen.

Viele der weiteren Tools, wie „Layout Grid" zur Erstellung eines Gitters über die gesamte
Bildumgebung, das „Align Tool" zur Anordnung grafischer Objekte oder das „Pin Tool"
zur Anbindung eines grafischen Objekts an einen Datenpunkt, testet man am besten
an einer einfach zur erstellende Grafik aus.

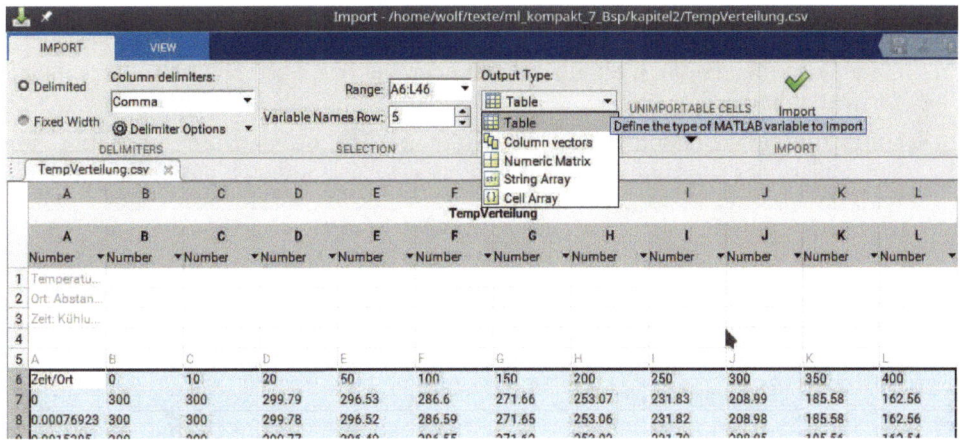

Abbildung 2.16: *Interaktiver Daten Import.*

2.5   Interaktiver Daten Import

Daten können interaktiv mit dem Import Wizard eingelesen werden, der sich entweder über den Befehl `uiimport`, durch Doppelklicken oder rechtsklicken auf einen Daten-File im Current Folder Browser oder unter „HOME" in der Sektion „VARIABLE" durch klicken auf „Import Data" öffnen läßt. Unterstützt werden unter anderem ASCII-Files, Binären Dateien (mat), Excel-Files, im Clipboard abgespeicherte Daten, wav-Dateien, Bilddateien oder HDF-Daten, um nur einen kleinen Ausschnitt zu nennen. Lesen wir als Beispiel, an dem sich viele Stolperstellen aufzeigen lassen, die Datei „TempVerteilung.csv" Schritt für Schritt ein, Abb. (2.16).

- Klicken auf „Import Data" öffnet nach Auswahl des Datei (TempVerteilung.csv) den Import Wizard. Dezimalseparator ist bei diesem Datenfile der Punkt und Spaltenseparator das Komma.

- Bei einer deutschen Einstellung des Betriebssystems ist der Dezimalseparator das Komma. Je nach Release wird das automatisch erkannt. Falls nicht: Spaltenseparator und Dezimalseparator dürfen nicht identisch sein. Unter „Delimiter Options" (alt: More Options) kann der Dezimalseparator auf den Punkt (Period) umgestellt werden. Unter „Column Delimiters" kann nun das Komma gewählt werden. (Wurde der Dezimalseparator nicht umgestellt, öffnet sich ein entsprechendes Hinweisfenster.)

- Unter „Variable Names Row" wird die Kopfzeile ausgewählt, im Beispiel 5.

- Unter „Range" wird der einzulesende Datenbereich ausgewählt, hier A6 : L46.

- In der Sektion „IMPORTED DATA" wird der Variablentyp in dem die Daten abgelegt werden sollen ausgewählt. Bei „Column vectors" werden die Daten in Spaltenvektoren abgespeichert, bei „Table" wird eine Tabelle angelegt. Als Variablennamen dienen die Spaltenbezeichnungen bei der Wahl Spaltenvektoren, sonst der Dateinamen.

- Unter „Import Selection" kann ausgewählt werden, ob die Daten importiert werden sollen oder für zukünftige automatisierte Anwendungen ein Skript oder eine Funktion erzeugt werden soll.

In vielen Fällen erkennt der Import Wizard den Datentyp automatisch und führt alle Einstellungen selbständig aus. Die Voreinstellung (bei früheren Releases) „Treat Multiple Delimiters as One" betrachte ich allerdings sehr kritisch und rate dazu sie gegebenenfalls abzuwählen.

In unserem bisherigen Beispiel haben wir Zahlen eingelesen; über den Spalten steht daher die Auswahl „Number". Dies führt dazu, dass der Tabellenkopf in der ersten Spalte unleserlich zusammen gedrängt ist, Abb. (2.16). Zum raschen Lesen empfiehlt es sich, kurz auf „Fixed Width" zu wechseln. Texte unter der Einstellung „Number" werden als „NaN" (Not a Number) eingelesen, beispielsweise „Zeit/Ort" in unserem obigen Datenbeispiel. Will man Texte einlesen muss die entsprechende Spalte von Number auf Text umgestellt werden. Häufig wollen wir zusätzlich zu den numerischen Daten nur die Spaltenüberschriften einlesen. Die Auswahl der entsprechenden Zeile erfolgt über „Range".

3 Allgemein nützliche Kommandos

3.1 MATLAB-Hilfe und allgemeine Informationen

3.1.1 Befehlsübersicht

Online-Help builddocsearchdb, demo, doc, docsearch, echodemo, help, helpdlg, look-for, playshow, syntax

Versionsinfos isstudent, ver, version, verLessThan

Variablen who, whos, workspace

3.1.2 Demos

>> demo bzw. demo 'matlab' öffnet das MATLAB-Demo-Fenster. Sind weitere Produkte installiert so kann an Stelle von 'matlab' auch 'simulink' oder 'toolbox' stehen.

Mit playshow demoname kann direkt ein Demo mit dem Namen „demoname" gestartet werden; mit echodemo demoname wird das Demo Schritt für Schritt ausgeführt, und soll das Demo ab dem n-te Schritt ausgeführt werden: >> echodemo demoname n.

3.1.3 Hilfe suchen und erstellen

Hilfe: doc und help. >> doc öffnet das MATLAB Help Window. Mit >> doc befehl kann die Dokumentation zu befehl angefordert werden. Das Dokumentationsfenster enthält den Menüpunkt „Search" zur Volltextsuche. Dieser Menüpunkt kann über die (obsolete) Funktion docsearch direkt angesprungen werden. Via docsearch begriff oder docsearch ('beg1 beg2 ...') können auch Suchbegriffe „begriff" bzw. „beg1, beg2, ..." übergeben werden, zusätzlich sind die Suche einschränkende logische Operatoren „AND", „NOT" und „OR" erlaubt: >> docsearch('beg1 beg2 LOGOP beg3'). „LOGOP" bezeichnet den logischen Operator.
Beispielsweise werden mit >> docsearch('plot AND export') alle Seiten aufgelistet, in denen die beiden Begriffe „plot" und „export" auftauchen.

>> help listet alle Help Topics im Command Window auf.

>> help toolbox, z. Bsp. >> help stats, listet alle Befehle der entsprechenden Toolbox, im Beispiel die Statistics Toolbox, auf. Mit >>help befehl wird die Hilfe zum Kommando „befehl" ausgegeben. „Help" liest dazu die Kommentarzeilen des ersten zusammenhängenden Kommentarblocks der entsprechenden Funktion bzw. mittels help

https://doi.org/10.1515/9783110741780-003

`fname > subname` der Unterfunktion (local function) „subname" der Funktion „fname"
aus. (Genau so können auch in eigenen Funktionen Hilfetexte eingebunden werden.)

helpdlg. `helpdlg` öffnet eine Help Dialog Box. (Für Details s. Kap. 18.2.8)

Hilfe zur Syntax. `>> help syntax` bietet eine knappe Hilfestellung zu der unter
MATLAB gültigen Syntax.

Hilfsdatenbank erstellen. `builddocsearchdb Verzeichnis` erstellt eine Dokumen-
tationsdatenbank; „Verzeichnis" ist der absolute Pfad zu den Help-Dateien, die in die
HTML-Dokumentation mit eingebunden werden sollen. `builddocsearchdb` erzeugt im
lokalen Verzeichnis ein Unterverzeichnis mit dem Namen „helpsearch_v3"[1], in dem sich
eine Datei „segment_3" mit den Informationen befindet. Einbinden dieses Verzeich-
nispfads in die Datei „info.xml" erlaubt das Erstellen einer eigenen HTML-basierten
Dokumentation, die in den MATLAB-Hilfe-Browser mit eingebunden wird. (Vgl. auch
„Eigene Toolboxen erstellen " Abschnitt 2.1.4)

3.1.4   M-Files nach Schlüsselbegriffen durchsuchen

`doc` und `help` sind nützliche Kommandos, sofern man den Namen des Befehls kennt,
zu dem man Hilfe sucht. Doch was, wenn man zwar Vorstellungen über die gewünschte
Funktionalität hat, nicht aber den Namen weiß?

`>> lookfor XYZ` durchsucht die erste Kommentarzeile des Hilfetextes aller im MAT-
LAB-Pfad verzeichneten M-Files nach dem String `XYZ`. (Schreiben Sie also in die erste Kommentarzeile ihrer eigenen m-Skripte geeignete Suchbegriffe.) `>> lookfor XYZ
-all` erweitert diese Suche auf den ersten Kommentarblock aller im MATLAB-Pfad ver-
zeichneten M-Files. Noch hilfreicher als das an Kommandozeilen orientierte „lookfor"
ist die Suchfunktion (search) des Online-Hilfefensters unter dem „Search"-Register.

3.1.5   Versionen

`>> ver` liefert die Versionsnummer der installierten Version von MATLAB sowie installierte Toolboxen und Blocksets zurück. Über einzelne installierte Toolboxen bzw.
Blockset erhält man mit ver('name') Auskunft.

`verLessThan(toolbox, version)` gibt eine logische 1 zurück wenn die Version der
Toolbox älter ist als die mit Version vorgegebene Versionsnummer.

`>> version` liefert die Versionsnummer von MATLAB zurück. Mit `>> [v,d]=version`
erhält man zusätzlich das Erstellungsdatum der verwendeten Version von MATLAB und
mit `>> version -java` die von MATLAB verwendete Version der Java Virtual Machine.

```
>> [v,d] = version
v =
    '9.10.0.1602886 (R2021a)'
d =
    'February 17, 2021'
```

---

[1] die Bezeichnung v3 ist Release abhängig

Folgende Argumente können alternativ übergeben werden: `version('-date')` liefert das Releasedatum, `version('-release')` die Releasenummer, `version('-description')` eine Release-Beschreibung und `version('-java')` die verwendete Java-Version zurück.

```
>> version('-description')   % leer fuer das Hauptrelease
ans =
    'Update 7'
```

Mit `>> l = isstudent` wird getestet, ob die Student Version von MATLAB vorliegt. Bei der Student Version ist $l = 1$ sonst 0.

3.1.6   Variablen auflisten

who und whos. `>> who` listet kurz und knapp die gegenwärtig im Command Window existierenden Variablen auf.

`>> whos` zeigt eine detaillierte Liste der gegenwärtig im Command Window existierenden Variablen. Mit `whos -file filename` wird der Inhalt des MAT-Files „filename" aufgelistet, ohne dass die Variablen gespeichert werden.

workspace. `>> workspace` öffnet den Workspace Browser, s.S. 35, mit einer detaillierten Liste (wie `whos`) der im Command Window existierenden Variablen. Zusätzlich bietet der Workspace Browser noch die Möglichkeit, per Mausklick Variablen abzuspeichern und Daten-Files zu laden.

3.2   Voreinstellungen und Verfügbarkeit von Toolboxen

Die Files – sofern vorhanden – „finish.m", „matlabrc.m", „pathdef.m" und „startup.m" legen die Voreinstellungen von MATLAB fest und befinden sich standardmäßig im Unterverzeichnis $matlabroot\toolbox\local (MS Windows) bzw. $matlabroot/toolbox/local für Unix-Systeme, wobei beispielsweise bei Linux als Standardpfad $matlabroot für /usr/local/MATLAB/R2021a steht. Zur Startzeit wird von MATLAB automatisch der M-File „matlabrc.m" ausgeführt und sofern existent der File „startup.m".

finish. „finish.m" kann vom User angelegt werden. Beim Beenden von MATLAB wird dieses Skript dann ausgeführt. Im Verzeichnis $matlabroot\toolbox\local befinden sich zwei vorgefertigte Dateien „finishsav.m" und „finishdlg.m" zum Abspeichern der erzeugten Variablen bzw. zum Öffnen eines Dialogfensters beim Schließen von MATLAB. Genutzt werden können diese Files nach Umbenennung in „finish.m".

matlabrc. Zur Startzeit führt MATLAB automatisch den File „matlabrc.m" aus. Dieser File setzt die MATLAB-Pfade, legt die Default-Größe der Figures fest und setzt einige weitere Standardeinstellungen. Veränderungen sollten bei Bedarf nicht in diesem File, sondern am File „startup.m" durchgeführt werden.

pathdef. Im File „pathdef.m" sind die gesamten Pfade festgelegt. MATLAB nutzt diesen File beispielsweise zur Festlegung der Suchpfade beim Aufruf einzelner Kommandos. Veränderungen wie das Hinzufügen eigener Pfade, das Entfernen von Pfaden oder auch die Umstrukturierung, um beispielsweise die Suchreihenfolge zu beeinflussen, werden am besten mit dem „Set Path" Window durchgeführt, das sich im Command Window - Menü „HOME" - Sektion „Environment" befindet.

startup. Der File „startup.m" wird – sofern vorhanden – zur Startzeit nach dem File „matlabrc" ausgeführt und erlaubt es, eigene Kommandos zur Startzeit ausführen zu lassen.

license. >> `license` zeigt die Lizenznummer von MATLAB an. >> `license('inuse')` listet die aktuell genutzten Toolboxen auf und `license('test', tool)` testet, ob „tool" zur Verfügung steht. Steht das Produkt zur Verfügung, liefert MATLAB eine „1" zurück, sonst eine „0".

```
>> license('test','simulink')
ans =
     1
```

3.3   Laden, beenden und sichern

3.3.1   Befehlsübersicht

Löschen clear, clearvars, exit, onCleanup, quit, clc, home

Speichern pack, save, saveas, saveobj

Laden load, loadobj, matfile

3.3.2   Variablen löschen

>> `clear` löscht alle Variablen im Workspace; >> `clear name` löscht nur die Variable bzw. kompilierte M-Files oder MEX-Files mit dem Namen `name`. Zusätzlich sind noch Wildcards (*) erlaubt. Globale Variablen müssen mit dem Bezeichner `global` gelöscht werden, sofern sie nicht nur lokal im Workspace gelöscht werden sollen. Des Weiteren können noch die folgenden Schlüsselworte gesetzt werden:

>> `clear all` löscht alle Variablen, gegenwärtig kompilierte Funktionen und MEX-Files aus dem Speicher und hinterlässt einen leeren Workspace.

>> `clear classes` löscht wie `clear all` alle Variablen, aber zusätzlich noch alle MATLAB-class-Definitionen.

>> `clear functions` löscht alle gegenwärtig kompilierten MATLAB-Funktionen und MEX-Funktionen aus dem Speicher sowie gesetzte Breakpoints und reinitialisiert persistente Variablen.

>> `clear import` löscht die Java Import Liste.

>> `clear variables` löscht alle Variablen des Workspaces.

>> `clear -regexp Aus1 ... Ausn` löscht alle Variablen, die einen der regulären Ausdrücke „Aus1 ... Ausn" enthalten.

>> `clear mex` gibt den durch Variablen von MEX-Funktionen belegten Speicher wieder frei.

>> `clearvars v1 v2` löscht die Variablen „v1,v2" des aktiven Speicherbereichs. `clearvars -eigenschaft` unterstützt die Eigenschaften „global" zum Löschen globaler Variablen, „regexp" zum Löschen aller Variablen, die mit einem vorgegebenen Suchstring übereinstimmen und „except", die die anschließende Variablenliste vor dem Löschen bewahrt.

`C = onCleanup(S)` wird innerhalb einer Funktion verwendet und legt die Abschlussbzw. Aufräumarbeiten beim Beenden dieser Funktion durch Ausführen von „S" fest. „S" ist ein Function Handle oder eine anonyme Funktion. Der Rückgabewert „C" ist ein Objekt der onCleanup-Klasse.

Bildschirm löschen. `clc` steht für **C**lear **C**ommand **W**indow und löscht die Oberfläche des Eingabefensters, ohne eine der Variablen zu löschen. `home` bewegt den Cursor in die linke obere Ecke. Dies ermöglicht im Gegensatz zu `clc`, auch weiterhin zu alten Eingaben zu scrollen.

3.3.3   MATLAB beenden: exit und quit

>> `exit` beendet MATLAB und entspricht >> `quit`. `quit` beendet MATLAB nachdem der File „finish.m" – sofern vorhanden – ausgeführt worden ist. `quit cancel` kann nur in finish.m benutzt werden und unterbindet das Beenden von MATLAB via `quit`.

>> `quit force` dient zum Beenden von MATLAB ohne Ausführung von „finish.m".

3.3.4   Variablen speichern, laden und verändern

load. `load` dient zum Laden von Variablen von der Festplatte.

>> `load` lädt alle Variablen des MAT-Files matlab.mat.

>> `load filename` lädt alle Variablen von `filename` oder `filename.mat`. Ohne Fileattribute oder mit dem Fileattribut „mat" erwartet load, dass die Variablen im binären MATLAB-Format „mat" abgespeichert sind. Bei anderen File-Extensions erwartet load eine ASCII-Datei. filename kann neben dem eigentlichen Filenamen eine vollständige Pfadangabe enthalten.

>> `load filename X Y Z` lädt nur die Variablen X Y Z der Datei „filename".

>> `load filename -ascii` veranlasst `load`, die Datei als ASCII-Datei zu behandeln und

>> `load filename -mat` als MAT-Datei unabhängig von der tatsächlich vorliegenden File-Extension.

Die Reihenfolge von Filename und Bezeichner kann dabei umgekehrt werden. `load -ascii` ... speichert alle Daten des Files in einem einzigen zweidimensionalen Double Array, wobei der Filename als Variablenname dient. `load filename.ext` liest ASCII-Files mit durch Leerzeichen separierten Spalten ein. Der Name der Variablen ist gleich dem Filenamen. MATLAB-Kommentare (%) werden dabei ignoriert. An Stelle der obigen Formen kann auch die funktionale Darstellung, beispielsweise `load('filename.mat', '-mat')`, gewählt werden. Dies ermöglicht es, via `>> x=load('filename.dat', '-ascii')` die in „filename.dat" gespeicherte Variable der Variablen „x" zuzuweisen oder via `varstr = load('filename')` mit „filename" eine Struktur „varstr" zu erstellen, deren Feldnamen durch die gespeicherten Variablennamen gegeben ist.

save, saveas. `save` ist das Gegenstück zu `load` und dient dem Abspeichern aller oder eines Teils der Variablen, z. Bsp., `save filename X Y Z`. Alternativ kann „save" mit Argumenten, `save('filename', 'options', ...)`, aufgerufen werden. Eine Übersicht aller Optionen ist in Tabelle (3.1) aufgelistet. Ist „s" eine skalare Struktur, dann werden mit `save('filename', '-struct', 's')` alle Felder der Struktur als individuelle Variablen mit dem Feldnamen als Variablennamen abgespeichert und mit `save('filename', '-struct', 's', 'f1', 'f2', ...)` nur die Felder s.f1, s.f2 etc.

Werden unter 64-bit-Betriebssystemen für ein 32-bit-Betriebssystem zu große Variablen angelegt, so werden unter einem 32-bit-Betriebssystem diese Variablen beim Laden aus einer MAT-Datei abgeschnitten. MATLAB gibt in solchen Fällen eine Warnung aus.

`saveas` dient dem Abspeichern von Grafiken in unterschiedlichen Formaten und wird im Detail in Kapitel 14.3 besprochen.

matfile. `matfile` erlaubt Variablen in einem Mat-File zu verändern, ohne die Variable zuvor zu laden. Mittels `m = matfile('opmatform','Writable',true)` wird eine Struktur „m" erzeugt, die es erlaubt, auf die im Mat-File „opmatform" abgespeicherten Variablen direkt zuzugreifen.

```
>> x=3;
>> y=5;
>> save opmatform      % erstellt Mat-File
>> m = matfile('opmatform','Writable',true)
   ...
   Properties.Writable: true
                    x: [1x1 double]
                    y: [1x1 double]
   ...
>> m.x = magic(4);     % Ueberschreiben von x
>> m

m =

   ...
   Properties.Writable: true
                    x: [4x4 double]
                    y: [1x1 double]
   ...
```

Tabelle 3.1: Optionen zu `save` · · ·-option.

OPTION	BEDEUTUNG
-append	Daten werden an bereits bestehenden MAT-File angehängt
v1, v2, ...	speichern der Variablen v1, v2, ...
'-regexp' e1, e2, ...	speichern der Variablen, die die regulären Ausdrücke e1 oder e2, ... enthalten
-struct	speichert die Felder skalarer Strukturen als individuelle Variablen ab
structName	Name der Struktur s. -struct
fieldName	Feldname s. -struct
-ascii	8-stelliges ASCII-Format
-ascii -double	16-stelliges ASCII-Format
-ascii -tabs	Trennung durch Tabulator, 8 Stellen
-ascii -double -tabs	Trennung durch Tabulator, 16 Stellen
-mat	Default MAT-Format
-v4	MATLAB Version 4 MAT-Format
-v6	MATLAB Version 5 - 6 MAT-Format
-v7	MATLAB Version 7.0 - 7.2 MAT-Format
-v7.3	MATLAB Version 7.3 MAT-Format, unterstüzt größer 2 GByte

Der Befehl `matfile` ermöglicht es außerdem Variablen mittels Zeilen-Spalten Indizierung teilweise zu laden:

```
>> m.x

ans =

    16     2     3    13
     5    11    10     8
     9     7     6    12
     4    14    15     1

>> neux = m.x(2,:)

neux =

     5    11    10     8
```

Nicht unterstützt werden allerdings Zellen in Zellvariablen, Felder in Structur-Arrays, Tabellen und eigene Objekte.

pack. >> `pack` dient zur Speicheroptimierung im Workspace. Dazu werden alle Variablen auf die Festplatte in einem temporären File mit der File-Kennung „tmp" abgespeichert und anschließend wieder neu geladen und der tmp-File gelöscht. Insbesondere nach Manipulationen mit vielen Arrays kann dies den verbrauchten Speicher optimieren. Mit >> `pack filename` lassen sich alle Workspace-Variablen optimiert in „filename.mat" abspeichern. Aus diesem MAT-File lassen sich dann – wie beschrieben – alle oder einzelne Variablen mit `load` wieder laden.

3.3.5   Laden und Speichern von Objekten: loadobj und saveobj

MATLAB folgt in der Struktur einzelner Datentypen den Konzepten objektorientierter Programmiersprachen. `loadobj` und `saveobj` dient der Festlegung eigener Methoden, die von `load` und `save` genutzt werden sollen. Dabei wird `loadobj` zum Laden von Objekten aus bzw. `saveobj` zum Speichern von Objekten in einen .mat-File genutzt.

3.4   Allgemeine Kommandos und Funktionen

3.4.1   Befehlsübersicht

Editieren edit (s. Kap. 2.2)

Lokalisieren und Auflisten inmem, type, what, which

Kompilieren; C und Fortran mex (s. Kap. 25)

Pseudocode pcode

Funktionsabhängigkeiten matlab.codetools.requiredFilesandProducts

Files öffnen open, winopen

3.4.2   Lokalisieren und auflisten

inmem. `inmem` listet alle Funktionen auf, die sich gegenwärtig im Speicher befinden. >> `[M,X,J]=inmem` liefert mit „M" ein Cell Array von Strings mit den Namen aller gegenwärtig geladenen M-Files, „X" listet die MEX-Files auf und „J" enthält die Namen aller gegenwärtig geladener Java-Klassen.

type. >> `type filename.ext` listet den Inhalt der Datei „filename.ext" auf. Ohne Extension sucht `type` nach einem M-File mit dem Namen „filename".

what und which. `what` listet den Inhalt des momentanen Verzeichnisses auf. s = `what('dirname')` gibt den Inhalt des Verzeichnisses „dirname" als Struktur „s" geordnet nach m-, mlapp, mat-, mex-, mdl-, slx-, p-, class- und package-files zurück, sofern dieses Verzeichnis im MATLAB-Suchpfad gespeichert ist.

>> `which name` gibt bei m-, mlx, p-, slx- und mdl-Files deren Position an, sofern sich die Datei entweder im lokalen Verzeichnis oder das Verzeichnis im MATLAB-Suchpfad befindet. Bei Built-In-Funktionen wird je nach Release entweder der Hinweis „built-in function" ausgegeben oder die Files haben die Datei-Erweiterung „bi". Bei Variablen wird „name is a variable" zurückgegeben. >> `which name -all` listet nicht nur den ersten gefundenen Treffer auf, sondern durchforstet den gesamten Suchpfad. `which fun1 in fun2` liefert den Pfad der von der Funktion „fun2" aufgerufenen Funktion „fun1". `which` unterstützt auch die Operatorform `str = which(...)` mit dem String „str" als Rückgabewert.

```
>> which x
x is a variable.
>> which plot
built-in (/usr/local/MATLAB/R2021a/toolbox/matlab/graph2d/plot)
>> which plotyy
... /MATLAB/R2021a/toolbox/matlab/graph2d/plotyy.m
```

3.4.3 Dateien in Abhängigkeit der File-Kennung öffnen

>> `open name.ext` öffnet das Objekt „name" entsprechend der File-Kennung „ext". Die M-Files werden im M-File Editor geöffnet, MAT-Files werden geöffnet und die im MAT-File gespeicherten Variablen werden im Workspace abgespeichert. *.fig-Files werden im Figure Window geöffnet und numerische Arrays im Array Editor. Mit Hilfe des Array Editors lassen sich Zahlen auch in einem anderen Format darstellen, ohne das Format im Command Window verändern zu müssen. HTML-Dokumente (name.html) werden im Help Browser von MATLAB geöffnet. An Stelle der obigen Form kann auch die funktionale Form gewählt werden. Files, die nicht im MATLAB-Suchpfad verzeichnet sind, können beispielsweise via `open('C:\work\nocheinfile.slx')` geöffnet werden, wobei die File-Extension `*.slx` einen Simulink-File kennzeichnet, der dann unter Simulink geöffnet wird. Die Funktionalität von `open` steht außerdem über das MATLAB Command Window oder das Help Window Verfügung. `winopen(dn)` öffnet die Datei „dn" entsprechend der File-Endung in einer Windows-Applikation und wird nur unter MS-Windows-Betriebssystemen unterstützt. Beispielsweise wird der File „schrott.doc" in Microsoft Word geöffnet.

3.4.4 Pseudo-Code erzeugen

MATLAB ist eine Interpreter-Sprache. Ruft man eine MATLAB-Funktion oder ein Skript auf, so wird in einem ersten Schritt die Syntax überprüft und in einen vor-interpretierten (pre-parsed) Code übersetzt. Im zweiten Durchlauf wird dann dieser Code zur Programmausführung genutzt. Der Befehl `pcode` führt genau diesen ersten Interpreterschritt aus und erzeugt einen Pseudo-Code. Der erzeugte File bewahrt dabei den ursprünglichen Namen, erhält aber als File-Kennung „*.p". Da pcode plattform-unabhängig und ähnlich einem binären Code unleserlich ist, bietet sich hier eine einfache

Möglichkeit, die Funktionalität, die in einem m-Skript offen gelegt ist, verborgen und geschützt weiterzugeben.

3.4.5   Abhängigkeiten aufdecken

`[funList,ProList] = matlab.codetools.requiredFilesandProducts('fname.m')` listet alle mit der Funktion „fname.m" verknüpften Funktionen („funList") und Produkte auf. Als Argument kann auch eine Zellvariable mit einer Liste von Funktionsnamen übergeben werden und zusätzlich ein Qualifier `matlab. ...(...,'toponly')` so dass nur die zur Ausführung von „fname.m" unmittelbar notwendigen Funktionen und Produkte aufgelistet werden (s. auch Dependency Report S. 36).

3.5   Setzen und Löschen der Suchpfade

MATLAB nutzt einen Suchpfad, um beispielsweise Variablen oder M-Files zu finden. Dabei sucht MATLAB nach folgender Hierarchie:

1. Variable im Workspace
2. Funktionen importierter Packages
3. In einer MATLAB-Funktion: Nested Functions - Unterfunktionen
4. File im Unterverzeichnis „private"
5. Methoden einer Klasse
6. Konstruktor einer Klasse in @-Verzeichnissen
7. Funktionen in aktuellen Verzeichnis
8. File im Suchpfad

Der erste gefundene Treffer wird ausgeführt. Existieren mehrere Dateien mit demselben Namen unter Punkt 7 und 8, so gilt folgende Regel:
1. built-in Funktionen
2. mex-Files
3. Simulink-Funktionen (Dateierweiterung .slx oder . mdl)
4. Apps (.mlapp-Files), die mit dem App Designer erstellt wurden
5. .mlx-Files
6. Pcode (.p Files) und zuletzt
7. MATLAB-Files (.m).

MATLAB warnt nicht vor Doppelvergabe von Namen. Es empfiehlt sich daher stets, vor einer Namensvergabe mit >> `which name -all` zu testen, ob der Name bereits vergeben ist, bzw. eigene Unterfunktionen in speziellen Unterverzeichnissen mit Namen „private" zu speichern.

Existieren mehrere Funktionen desselben Namens im MATLAB Search Path, so wird MATLAB nur die zuerst gefundene Funktion beim Aufruf ausführen. Built-in Functions und Pcode, oder auch andere ausführbare Funktionen wie MEX-Files, können nicht direkt von der Help-Funktion genutzt werden. Insbesondere bei solchen Funktionen werden zur Bereitstellung der Hilfe parallel namensgleiche .m-Dateien erstellt. Solche Konstrukte werden als „shadowed" bezeichnet.

3.5.1 Befehlsübersicht

Matlab-Pfade addpath, genpath, path, pathtool, path2rc, rehash, rmpath, restore-defaultpath, savepath, userpath

Java-Pakete import (s. Kap. 26.2.1)

3.5.2 Verzeichnis hinzufügen

addpath. `>> addpath('directory')` bzw. `>> addpath dir1 dir2 dir3 ... -flag` fügt dem Suchpfad das Verzeichnis „directory" bzw. die Folder „dir1", „dir2" usf. hinzu. Ohne flag werden die Verzeichnisse stets an die Spitze des Pfadverzeichnisses gestellt. Setzt man flag gleich „1" oder „end", so werden die entsprechenden Verzeichnisse an das Ende des Suchpfads gesetzt und für flag gleich „0" oder „begin" an den Anfang des Pfades. Die Pfadangabe unterscheidet sich je nach Betriebssystem. Beispielsweise für Windows c:\matlab\ und für UNIX bzw. Linux Betriebssysteme /home/wolf/matlab/. Eine Alternative zu addpath ist die „Set Path" Dialog-Box im File-Menü des Matlab Desktops.

genpath. `>> genpath` erzeugt einen Pfadstring. `genpath directory` bzw. `p=genpath('directory')` bildet rekursiv einen Pfadstring, der aus allen Verzeichnissen besteht, die im Pfadverzeichnis unterhalb dem Verzeichnis „directory" angesiedelt sind, und ordnet diesen der Variablen „p" zu.

path2rc, savepath. `>> path2rc` ruft `savepath` auf und zeigen identisches Verhalten. `savepath` speichert den aktuellen Matlab-Suchpfad in den File „pathdef.m". Mit `savepath anDir/anDatei` kann der Suchpfad auch im File „anDatei.m" im Verzeichnis „anDir" abgespeichert werden. `savepath` gibt bei Erfolg eine 0 zurück, sonst eine 1. Das Kommando „savepath" kann insbesondere im File „finish.m" sinnvoll eingesetzt werden, der stets ausgeführt wird, wenn Matlab beendet wird und finish.m sich im Matlab-Suchpfad befindet.

3.5.3 Suchpfade

Das Kommando `path` erlaubt sowohl das Setzen neuer Suchpfade als auch die Auflistung bereits bestehender Pfade. Mit `>> path` werden alle Suchpfade aufgelistet und beispielsweise mit `>> path(path,'/home/wolf/mat_compakt')` unter UNIX der Pfad mat_compakt des Users „wolf" hinzugefügt. Diesen neuen Pfad kennt Matlab erst nach einem Neustart oder nach Ausführung des Kommandos `>> rehash`. Auch beim Nachinstallieren von Toolboxen sollte das `rehash`-Kommando mit dem Attribut „toolboxcache" ausgeführt werden (vgl. Tabelle (3.2)).

`>> pathtool` öffnet die Set Path Dialog-Box und erlaubt per Mausklick und Browser neue Pfade hinzuzufügen, zu entfernen oder in ihrer Position innerhalb des Suchpfads zu verändern. Diese Dialogbox kann auch unter der Matlab Registerkarte „Home" via „Set Path" geöffnet werden.

rehash. Rehash lädt die Funktions- und Filesystem-Caches neu. Eine Liste der möglichen Argumente ist in Tabelle (3.2) aufgeführt.

Tabelle 3.2: Bedeutung der Rehash-Argumente.

TYP	BEDEUTUNG
rehash	Update von Files und Klassen für Verzeichnisse im MATLAB search path, aber außerhalb matlabroot/toolbox unter Berücksichtigung des Zeitstempels.
rehash path	Wie rehash ohne Argument und ungeprüft.
rehash toolbox	Update auch von Verzeichnissen innerhalb von matlabroot/toolbox. Dies kann insbesondere dann notwendig werden, wenn Files nachinstalliert oder entfernt werden.
rehash toolboxcache	Wie rehash toolbox, zusätzlich wird noch der cache file upgedated. Entspricht der Update-Funktionalität im „Preference Window".

rmpath und restoredefaultpath. `>> rmpath directory` löscht „directory" aus dem Pfadverzeichnis. `>> restoredefaultpath matlabrc` restauriert den Suchpfad, so dass ausschließlich installierte MathWorks-Produkte darin aufgelistet werden. Nachdem aufgetretene Probleme beseitigt sind, sollte `savepath` ausgeführt werden oder die Set Path Dialog-Box.

userpath. `>> userpath` liefert das Nutzer-spezifische Verzeichnis zurück, das MATLAB beim Starten dem MATLAB-Suchpfad hinzufügt. Mit `userpath('neupfad')` wird ein neuer Pfad „neupfad" gesetzt, mit `userpath('reset')` wird die Betriebssystem abhängige Voreinstellung gesetzt und mit `userpath('clear')` der zuletzt mit „userpath" gesetzte Pfad gelöscht.

3.6 Kontrolle des Command Windows

3.6.1 Befehlsübersicht

beep   echo   diary   format   more

3.6.2 Töne erzeugen: beep

`>> beep` erzeugt den computereigenen Piepston. `beep off` schaltet den Piepston ab und `beep on` wieder an.

3.6.3 MATLAB-Ablauf verfolgen und protokollieren

echo. `echo` kontrolliert die Bildschirmausgabe von MATLAB-Skripten zur Laufzeit. Standardmäßig erfolgt keine Bildschirmausgabe bei der Abarbeitung von MATLAB-Skripten. `echo on` bzw. `echo off` schaltet die Bildschirmausgabe an und aus. `echo` funktioniert auch als Toggle-Kommando, d.h. der erste Aufruf schaltet die Bildschirmausgabe an, der zweite wieder ab und so fort. Mittels `echo meinefunktion` $\cdots$ lässt sich die Bildschirmausgabe der MATLAB-Funktion „meinefunktion" und mit `echo all` $\cdots$ aller Funktionen kontrollieren. Dabei steht $\cdots$ für „on", „off" oder bleibt leer (Toggle). Echo kann auch im Preference-Editor (Edit $\to$ Preferences) fest voreingestellt werden.

Seitenweise Ausgabe: more. $>>$ `more on`, $>>$ `more(n)` dient der seitenweise bzw. n-zeiligen Ausgabe im Command Window. Mit $>>$ `more off` wird die formatierte Ausgabe wieder abgeschaltet. Die aktuelle Einstellung lässt sich mit $>>$ `get(0,'more')` erfragen.

diary. `diary` erlaubt es, eine interaktive MATLAB-Sitzung als ASCII-Datei zu protokollieren. Mit `diary filename` bzw. `diary('filename')` wird eine ASCII-Datei mit dem Namen „filename" angelegt. Diary kann sowohl als Toggle-Kommando als auch mit „on" bzw. „off" gestartet bzw. beendet werden.

3.6.4 Zahlenformat setzen

Unabhängig vom dargestellten Format führt MATLAB alle Berechnungen mit der Genauigkeit „double" (15 Stellen) gemäß der Spezifikation durch die Gleitpunktnorm IEEE aus, sofern die Variable nicht vom Typ „single" ist oder ein Integerformat gewählt wurde. Ist das Ergebnis ganzzahlig, so gibt MATLAB eine ganze Zahl aus. Ist das Ergebnis eine reelle Zahl, dann gibt MATLAB standardmäßig das Resultat auf 4 Dezimalen gerundet aus und zwar für Werte kleiner oder gleich 0.001 bzw. größer oder gleich 1000 und nicht ganzzahlig in der exponentiellen Darstellung. Mit `format Typ` wird das gewünschte Ausgabeformat gewählt. Die bestehenden Möglichkeiten sind in Tabelle (3.3) aufgelistet.

Tabelle 3.3: *Liste der Zahlenformate.*

TYP	AUSGABE	BEISPIEL: PI
+	+ oder − oder Leerzeichen	+
bank	3 Ziffern	3.14
compact	unterdrückt Leerzeilen	
hex	Hexadezimale Darstellung	400921fb54442d18
long	15 Ziffern	3.14159265358979
longE	Exponentialdarstellung	3.141592653589793e+00
longG	long oder long e	3.14159265358979
longEng	Exponentialdarstellung	3.14159265358979e+000
loose	fügt Leerzeilen hinzu	
rat	(rational) rationale Approximation	355/113
short	5-ziffrige Darstellung	3.1416
shortE	Exponentialdarstellung	3.1416e+00
shortG	short oder short e	3.1416
shortEng	Exponentialdarstellung	3.1416e+000

Das gewählte Ausgabeformat kann auch über die Registerkarte „Home" „Preferences"
→ „Command Window" eingestellt werden. Das Standardformat ist „short" und „loose".

Seit dem Release 2021a wird via `fmt` = `format` ein DisplayFormatOption Objekt „fmt"
der aktuellen Formateinstellung zurückgegeben.

3.7 Kommandos zum Betriebssystem

3.7.1 Befehlsübersicht

File-Handling copyfile, delete, fileattrib, isfile, movefile, visdiff

Folder-Handling cd, dir, isdir, isfolder, ls, mkdir, pwd, recycle, rmdir

Betriebssystem !, computer, dos, ismac, ispc, isunix, maxNumCompThreads, memory, perl, system, unix, winqueryreg

Umgebungsvariable getenv, setenv

3.7.2 Informationen zum Computer

$\gg$ `[str,maxsize,endian]` = `computer` gibt Auskunft über den verwendeten Computer („str"), über die maximale Größe der adressierbaren Arrays („maxsize") und
über das verwandte Maschinenformat für binäre Files („endian"). Typische Werte sind
$maxsize = 2.8174e + 14$ und $endian = L$ (little-endian byte ordering). Die Systemarchitektur kann auch über str = computer('arch') abgefragt werden.

MATLAB ist eine 64-Bit Anwendung. Unter n-Bit-Betriebssystemen ist der theoretisch
maximal adressierbare Speicherbereich maxsize = $2^n - 1$ bit. Der maximale adressierbare Speicherbereich legt auch die maximale Größe der Variablen, also Matrizen, Arrays, Strukturen und Zell-Variablen fest. MATLAB besitzt keine eigene Speicherverwaltung. Da Windows-Betriebssysteme zusätzlich für Variablen einen zusammenhängenden
Speicherblock benötigen, wird dieser theoretisch mögliche Wert deutlich unterschritten.
Themen zu Speicherplatz findet man unter `docsearch('Strategies for Efficient`
`Use of Memory')`. Die Größe des Java-Heap-Spaces entscheidet auch über den verfügbaren Speicherplatz. Seine Größe kann über die Registerkarte „Home" „Preferences"
→ „General" → „Java Heap Memory" eingestellt werden. Bei „Out-Of-Memory Errors"
empfiehlt es sich, mit dessen Größe zu experimentieren.

Der Aufruf $\gg$ `memory` unter MS Windows liefert unter anderem Detailinformationen
über den von MATLAB genutzten Speicherbereich, den insgesamt zur Verfügung stehenden Speicherbereich, sowie die maximale Größe eines Arrays. Unterstützt werden die
Rückgabewerte „Nutzer" und „System" via `[Nutzer, System]` = `memory` für System-
bzw. Nutzer-bezogene Speicherplatzinformationen.

`maxNumCompThreads` kontrolliert die bei Aufgaben verwendete Zahl der Threads sowohl
aktiv als auch passiv. Mit N = `maxNumCompThreads` wird die aktuelle Zahl „N" abgefragt, mit AltN = `maxNumCompThreads(N)` die maximale Zahl auf „N" gesetzt und der

vorherige Wert „AltN" zurück gegeben. `AltN = maxNumCompThreads('automatic')`
setzt die Zahl der verwendeten Threads auf die maximal verfügbare. Per Default nutzt
MATLAB die Multithreading Eigenschaften des verwendeten Computers. Soll nur ein
Thread für Berechnung genutzt werden, sollte MATLAB mit der Option „-singleComp-
Thread" gestartet werden.

3.7.3   File-Handling: copyfile, movefile und delete

Kopieren. `>> copyfile myfile mynewdirectory` kopiert den File „myfile" in das
Verzeichnis „mynewdirectory". `>> copyfile myfile mynewfile` erstellt eine Kopie von
„myfile" unter dem Namen „mynewfile" im selben Verzeichnis.

`>> [status,msg,msgid]=copyfile('Quelle','Ziel',...)` kopiert den File „Quelle"
in das Verzeichnis „Ziel" oder den File „Ziel" und liefert eine Statusmeldung und beim
Scheitern eine Fehlermeldung zurück. War der Kopiervorgang erfolgreich, hat „status"
den Wert 1, andernfalls 0, und msg enthält eine Fehlermeldung, beispielsweise

```
msg =
Source file, /home/wolf/texte/buch/source,
does not exist or is unreadable.
Cannot copy file, "/home/wolf/texte/buch/source"
to "/home/wolf/texte/buch/matta/dest".
```

Der optionale Rückgabeparameter msgid enthält eine „message-id", die die Fehlerursa-
che schlagwortartig beschreibt (z. Bsp. MATLAB:COPYFILE:CannotFindFile).

Verschieben. `movefile` folgt derselben Syntax wie `copyfile`, dient aber nicht dem
Kopieren, sondern dem Verschieben von Dateien.

Löschen. `>> delete filename` löscht den File „filename". „Delete" erlaubt auch die
Verwendung von Wildcards (*).

fileattrib. Der Befehl `fileattrib` lehnt sich an das DOS-Kommando „attrib" bzw. an
das UNIX-Kommando „chmod" an. Die allgemeine Syntax ist
`>> [status,msg,msgid] = fileattrib('name', 'attrib', 'users', 's')`.
Bei Erfolg hat „Status" den Wert 1, sonst 0, und in msg und msgid sind Informationen
zum aufgetretenen Fehler enthalten.

Der Befehl `fileattrib` allein liefert Informationen zum momentanen Verzeichnis und
`fileattrib('name')` zum File „name" zurück. Über die Argumente „attrib" und
„users" werden die Eigenschaften des Files „name" entsprechend verändert. (Die Eigenschaft „user" existiert nur für UNIX-Betriebssysteme.) Mögliche Werte sind:

„ATTRIB"	BEDEUTUNG	„USERS"	BEDEUTUNG
a	Archiv (Windows)		nur UNIX
h	versteckt (Windows)	a	alle User
s	SysteM-File (Windows)	g	Gruppe
w	Schreibzugriff	o	alle anderen User
x	ausführbare Datei (UNIX)	u	User

Ist „name" ein Verzeichnis, dann legt das Argument „s" fest, dass die Eigenschaft „attrib" auf alle Dateien des Verzeichnisses angewandt wird.

Unter Linux führt das Kommando „fileattrib" unter Umständen zu einer Fehlermeldung. In diesem Fall kann der Grund eine falsch gesetzte Environment-Variable „LANG" sein. Mit setenv LANG C unter der tcshrc und export LANG=C unter der BASH-Shell kann diese Variable entsprechend korrigiert werden. Verschiedene Toolboxen unter MATLAB nutzen diesen Befehl, um beispielsweise bei Code-Generierung automatisch Default-Verzeichnisse und Files zu erzeugen.

3.7.4   Verzeichnisse

dir, ls und isdir. >> dir listet alle Dateien des aktiven Verzeichnisses auf.

>> files = dir('mydir') liefert ein Structure Array mit den Feldnamen „name", „date", „bytes", „isdir" und „datenum". Ohne Angabe eines Zielverzeichnisses wird das aktuelle Verzeichnis verwendet, „mydir" kann auch der Name einer einzelnen Datei sein. files.name enthält eine Liste aller Dateien und Unterverzeichnisse des gewählten Verzeichnisses (hier „mydir"), files.date und files.bytes die zugehörigen Erzeugungszeiten und Größen der Files und Verzeichnisse und files.datenum das Datum im seriellen Format.

>> ls listet wie „dir" unter UNIX- und Linux-Betriebssystemen alle Dateien und Unterverzeichnisse des aktuellen Verzeichnisses auf. >> isdir(dir) ist wahr, wenn „dir" ein Verzeichnis ist, und liefert eine Eins zurück, sonst eine Null.

cd. >> cd gibt das aktuelle Verzeichnis aus. Mit cd('directory') oder cd directory wechselt man vom aktiven Verzeichnis in das Verzeichnis „directory". cd .. wechselt in das darüber liegende Verzeichnis.

Folder Handling: Erzeugen und Löschen. >> mkdir dirname erzeugt das Verzeichnis „dirname" und [status, msg, msgid] = mkdir('mutterdir','dirname') erzeugt das Verzeichnis „dirname" im Verzeichnis „mutterdir" und liefert den Status und im Falle des Scheiterns eine Fehlermeldung in „msg" zurück. (Zu msgid vgl. copyfile.) rmdir folgt derselben Syntax wie mkdir, dient aber dem Löschen eines Verzeichnisses. pwd gibt das aktuelle Arbeitsverzeichnis an.

Papierkorb. recycle erlaubt es, einen „Papierkorb" in MATLAB an- bzw. abzuschalten. Mit S = recycle on bzw. off wird die Papierkorbfunktionalität an- bzw. ausgeschaltet und ohne Argument der Status abgefragt, der in der Variablen „S" abgespeichert wird. Bei „on" werden gelöschte Dateien in ein temporäres Verzeichnis verschoben.

3.7.5   Betriebssystemebene

Betriebssystemkommandos. >> [status,result] = dos('command') führt ein Kommando auf der Betriebssystemebene unter Windows aus. Status ist 1 bei erfolgreicher Ausführung des Kommandos, sonst 0; „result" enthält das Ergebnis des Betriebssystembefehls. Die Option „-echo" erzwingt die Ausgabe im MATLAB Command Window. Mit winqueryreg werden Informationen aus der MS Windows Registry ausgelesen. info = winqueryreg('name', 'rootkey', 'subkey') speichert die Key-Namen aus „rootkey\subkey" in der Zellvariablen „info", info = winqueryreg('rootkey', 'subkey', 'valname') dient dem Key „valname" und info = winqueryreg('rootkey', 'subkey') den Registry Keys ohne Namen. Hier ist zu beachten, dass in „name" und „rootkey" zwischen Groß- und Kleinschreibung unterschieden wird.

>> [status,result] = unix('command','-echo') ist das UNIX-Pendant zum Befehl → dos.

>> [status,result] = system('command') führt ein Systemkommando aus und gibt eine Statusmeldung zurück. Bei Erfolg ist status = 0, sonst ungleich 0 und result enthält das Ergebnis des Systemkommandos.

>> !command · · ·: Das Ausrufezeichen übergibt den Rest der Eingabezeile zur Ausführung an das Betriebssystem.

getenv, setenv. >> getenv 'name' bzw. n = getenv('name') durchsucht die Environment-Variablen des Betriebssystems nach dem string „name" und liefert dessen Wert zurück. setenv('name',wert) setzt die Environment-Variable „name" auf „wert" und setenv('name') auf „ '' ".

ispc, isunix, ismac. >> ispc liefert den logischen Wert 1 zurück, wenn es sich um die PC-Version von MATLAB handelt, sonst 0. >> isunix liefert den logischen Wert 1 zurück, wenn es sich um die UNIX- oder Linux-Version von MATLAB handelt, sonst 0 und ismac beantwortet dieselbe Frage für Macintosh OS X.

3.7.6 Perl

>> erg=perl('plfile',arg1,arg2,· · ·) ruft die Datei „plfile" auf und übergibt die Argumente „argi" an das Perl-Skript. Ausgeführt wird dieses Perl-Skript von dem betriebssysteminternen Perl, und das Ergebnis wird in der MATLAB-Variablen „erg" gespeichert.

3.8 Debuggen von M-Files

MATLAB stellt einen eigenen leistungsstarken Editor/Debugger zur Verfügung. Die Aufgabe eines Debuggers ist, Fehler in bestehenden Programmcodes aufzudecken. Dies ist sowohl innerhalb des Editors (vgl. 2.2) als auch Kommandozeilen-orientiert möglich. Zur Fehlersuche können in einem ersten Schritt auch die Strichpunkte am Zeilenende weggelassen werden, um Zwischenergebnisse im MATLAB Command Window anzuzeigen, oder die Funktion „echo" (Kap. 3.6.3) oder „keyboard" (siehe Kap. 9.6) genutzt werden. Der Editor wird entweder über >> edit oder „HOME" → New geöffnet. Aktiviert man die Option „Enable datatips in edit mode" unter „preferences → Editor/Debugger → display", so kann man sich den Inhalt der Variablen im Debugger anschauen. Im Editor Window lassen sich unter Breakpoints Marken setzen, an denen der Programmablauf unterbrochen wird. Im MATLAB Command Window erscheint dann der Prompt K >>; mit K >> return wird der Debug-Mode unterbrochen und die Berechnung im Normal-Mode fortgesetzt, mit K >> dbcontinue die Berechnung im Debug-Mode fortgesetzt und mit dbquit kehrt man aus dem Debugger Mode wieder in den normalen Arbeitsmode zurück. Alle MATLAB-Befehle können auch im Debugger Mode K >> genutzt werden. Neben den grafischen Debug-Möglichkeiten des Editor existieren die folgenden

Kommandozeilen orientierten Alternativen:

3.8.1   Befehlsübersicht

Breakpoints dbclear, dbstatus, dbstop

Speicherbereich dbdown, dbstack, dbup

Debuggen dbcont, dbmex, dbquit, dbstep

Hilfe dbtype, debug

3.8.2   Debugger: db-Kommandos

Breakpunkte setzen und löschen: dbclear und dbstop

dbclear. K >> dbclear option entfernt gesetzte Breakpoints. Wählbare Optionen sind in Tab. (3.4) aufgelistet. Steht in einer MATLAB-Funktion oder einem Skript clear all werden nicht nur alle Variablen, sondern auch alle Breakpoints gelöscht.

Tabelle 3.4: Liste der Optionen zum Kommando dbclear (vgl. auch dbstop).

>> dbclear	ENTFERNT
all	alle Breakpoints in allen M-Files
in mfile	alle Breakpoints in „mfile"
in datei -completenames	alle Breakpoints in „datei", wobei „datei" für einen vollständigen Pfadnamen steht
in mfile at nr	den Breakpoint in „mfile" in Zeile „nr"
in mfile at subfun	all Breakpoints der Unterfunktion „subfun"
in mfile at nr@	den Breakpoint der anonymen Funktion in Zeile „nr"
in mfile at nr@n	den Breakpoint der n-ten anonymen Funktion in Zeile „nr"
if error	die „if error" Breakpoints
if error m-ID	die „if error m-ID" Breakpoints
if caught error	die „if error" Breakpoints innerhalb einer try-catch Umgebung
if caught error m-ID	die „if error m-ID" Breakpoints innerhalb einer try-catch Umgebung
if warning	„if warning" Breakpoints
if warning m-ID	die „if warning m-ID" Breakpoints
if naninf	die Dbstop-Punkte „if naninf"
if infnan	die Dbstop-Punkte „if infnan"

dbstop. >> dbstop option ist die Kommandozeilen orientierte Alternative zum Setzen der Breakpoints via Editor/Debugger. Es gibt folgende Optionen (vgl. auch Tabelle (3.4)):

>> `dbstop in mfile` setzt einen Breakpoint in der ersten ausführbaren Zeile von `mfile`. Der entsprechende M-File muss sich dabei im Suchpfad des gegenwärtig genutzten Verzeichnisses befinden. >> `dbstop in mfile at lineno` wie `dbstop in mfile`, setzt den Breakpoint aber in der Zeile `lineno`. >> `dbstop in mfile at subfun` wie `dbstop in mfile`, setzt den Breakpoint in der ersten ausführbaren Zeile der Unterfunktion `subfun`.

>> `dbstop if error` unterbricht die Ausführung eines M-Files beim Auftreten eines Runtime Errors und geht in den Debugger Mode. Fehler, die mit einem try ... catch-Block abgefangen werden, werden nicht erfasst. >> `dbstop if caught error` wie `dbstop if error`, es werden aber auch Runtime-Fehler eines try ... catch-Blocks mit berücksichtigt. >> `dbstop if warning` unterbricht die Ausführung eines M-Files beim Auftreten einer Runtime-Warnung. Sowohl bei „if error", „if caught error" als auch bei „if warning" können zusätzlich durch Doppelpunkte strukturierte „message-IDs" zur Identifizierung gesetzt werden, „if error m-ID", beispielsweise `dbstop if error` `ML_A:variable:positiv` (vgl. Fehlermeldungen Kap. 9.5.3).

>> `dbstop if naninf` unterbricht die Ausführung eines M-Files und wechselt in den Debugger-Modus beim Auftreten von Polen (unendliche Werte).

>> `dbstop if infnan` unterbricht die Ausführung eines M-Files und wechselt in den Debugger-Modus, sobald der Fehler „ist keine Zahl" (is not a number = nan) auftritt.

>> `dbstop in nonmfile` unterbricht die Ausführung eines M-Files an der Stelle, an der die ausführbare Datei „nonmfile" aufgerufen wird und wechselt in den Debugger-Modus.

Mit Hilfe von `s=dbstatus` können alle Breakpoints in der Struktur „s" abgespeichert werden. Zu einem späteren Zeitpunkt kann diese Information wieder mit `dbstop(s)` in die M-Datei eingelesen werden. Nach Erzeugen der Struktur „s" zusätzlich in den M-File eingefügte Breakpoints bleiben dabei unberührt.

dbcont. K >> `dbcont` setzt einen M-File nach der Unterbrechung an einem Breakpoint wieder fort. Alternativ dazu lässt sich im Editor/Debugger „Continue" im „Debug-Menü" anwählen. (Vgl. das Beispiel im nächsten Abschnitt „dbdown".)

Springen zwischen Speicherräumen: dbdown und dbup. K >> `dbdown` wechselt vom gegenwärtig genutzten Speicherraum zum Speicherraum des aufgerufenen M-Files. MATLAB unterscheidet zwischen dem Speicherraum des Command Windows oder eines MATLAB-Skripts (base workspace) und dem einer „m-function". Die Kommandos `dbdown` und `dbup` sind besonders im Zusammenhang mit dem Debuggen globaler Variablen von Interesse. Der Befehl K >> `dbup` wechselt in den Base Workspace zurück.

Beispiel: Das MATLAB-Programm „debugbsp" wird im Debugger Mode aufgerufen und im Editor wurden Breakpoints zur Programmunterbrechung gesetzt. Im Base Workspace existiert die Variable n mit dem Wert „2" und im M-File Function Workspace ebenfalls, jedoch mit dem Wert „4".

```
>> debugbsp(4) % Aufruf im Command Window

K>> dbup

In base workspace.
```

```
K>> n
n =
    2
```

Durch den Befehl K >> `dbup` sind wir in den Base Workspace gewechselt. Dort hat die Variable n den Wert 2.

```
K>> dbdown
```

```
In workspace belonging to
```

```
C:\MATLAB\work\buch\mat_kompakt\debugbsp.m.
```

```
K>> n
n =
    4
K>> dbcont
```

Durch den Befehl K >> `dbdown` sind wir in den M-File Workspace zurückgekehrt, n hat dort den Wert 4. K >> `dbcont` setzt die Berechnung bis zum nächsten Breakpoint fort.

dbmex. >> `dbmex option` dient dem Debuggen von MEX-Files unter UNIX und Linux. Zum Debuggen von MEX-Files muss MATLAB mit der Option MATLAB debugger aus der Shell gestartet werden, wobei „debugger" den Namen des Debuggers bezeichnet. `dbmex on` schaltet den Debugger-Modus ein. Weitere Optionen sind: `off` zum Ausschalten des Debuggers, `stop` um zum Debugger Prompt zurückzukehren sowie `print` zum Anzeigen der MEX-Debugger-Informationen.

dbquit. K >> `dbquit` beendet den Debugger Mode und `dbquit('all')` den Debugger Mode in allen beim gegenwärtigen Test beteiligten Dateien.

dbstack. K >> `dbstack` gibt die Zeilenummer und den Namen des M-Files zurück.

K >> `[ST,I] = dbstack` gibt die Zeilenummer und den Namen des M-Files als m×1-Struktur in `ST` zurück und mit `I` die Ziffer des genutzten Workspaces.

dbstatus. K >> `s = dbstatus` listet alle Breakpoint-Informationen als m×1-Struktur in der Variablen „s". `dbstatus` unterstützt Nested und Anonyme Funktionen.

>> `dbstatus Dateiname` listet alle Zeilennummern der gesetzten Breakpoints des M-Files „Dateiname" auf. Die Zeilennummern dienen dabei als Hyperlink und erlauben durch Anklicken mit der Maus, direkt an die entsprechende Position im Editor zu springen.

>> `dbstatus('-completenames')` liefert für alle Breakpoints die vollständige Pfadangabe. Beispielsweise befinden sich in den Beispielen zu Kapitel 3 zwei MATLAB-Funktionen mit Breakpoints. Eine davon enthält eine Nested Function als Unterfunktion.

```
>> dbstatus('-completenames")
Breakpoint for ... \kapitel3\debugbsp.m>debugbsp is on line 18.
Breakpoint for ... \kapitel3\nestedbsp.m>nestedbsp is on line 12.
```

Da Breakpoints mit abgespeichert werden, ist es gegebenenfalls nützlich vor Weitergabe alle Dateien kurz auf verbliebene Breakpoints zu testen.

dbstep. K >> `dbstep` führt die nächste ausführbare Zeile aus, K >> `dbstep n` die nächsten n ausführbaren Zeilen und K >> `dbstep in` führt die nächste ausführbare Zeile aus. Handelt es sich dabei um den Aufruf eines weiteren M-Files, dann wird im Gegensatz zu „dbstep" ohne Option die erste ausführbare Zeile des gerufenen M-Files ausgeführt. K >> `dbstep out` führt den Rest der aktuellen Funktion aus und wartet unmittelbar nach dem Verlassen der Funktion; Breakpoints werden beachtet.

dbtype. >> `dbtype filename` listet den M-File „filename" mit Zeilennummer auf. Im Debugger Mode wird mit K >> `dbtype` der aktuelle File mit Zeilennummer ausgegeben und für `dbtype n1 n2` die Programmzeilen n1 $\cdots$ n2 mit Zeilennummer.

debug. >> help debug listet die verfügbaren Debugger-Kommandos auf.

3.9   Beurteilen von M-Files

3.9.1   Befehlsübersicht

Effizienz testen profile, profsave

Test auf Probleme checkcode, mlint, mlintrpt

3.9.2   Effizienz testen: Der Profiler

Mit `profile` bietet MATLAB ein Handwerkszeug zur Optimierung von M-Files an. Als grafisches Tool dient dazu neben dem Profiler auch der Code Analyser, Kap. (2.3). Der Profiler erstellt eine detaillierte Liste, welchen Anteil jeder genutzte Befehl bzw.

Tabelle 3.5: Grundlegende Optionen zum Kommando `profile`.

profile	ERLÄUTERUNG
viewer	öffnet das Profiler User Interface
on	startet den Profiler
off	beendet den Profiler
status	liefert den aktuellen Status des Profilers
clear	löscht die erfassten statistischen Daten
resume	startet den Profiler erneut unter Beibehaltung der bereits ermittelten Daten
info	stoppt den Profiler und speichert das Ergebnis
on -history	startet den Profiler, berichtet exakte Abfolge aller Funktionsaufrufe einschließlich Entry und Exit Events.

jeder aufgerufene File an der gesamten Ausführungszeit hat. In Tabelle (3.5) sind die wichtigsten Optionen aufgelistet. Die grafische Benutzeroberfläche zum Profiler kann auch via „Run and Time", s. S. 53, aufgerufen werden. Der befehlsbasierte Aufruf ist insbesondere innerhalb von Funktionen wie beispielsweise bei Callbacks nützlich.

Mit `profile on` wird der Profiler aktiviert und anschließend die zu untersuchende MAT-LAB-Funktion gestartet. `erg = profile('info')` stoppt den Profiler und speichert das Ergebnis in der Struktur erg ab:

```
>> erg = profile('info')
erg =
       FunctionTable: [257x1 struct]
     FunctionHistory: [4x8460 double]
      ClockPrecision: 1.0000e-06
          ClockSpeed: 3.4001e+09
                Name: 'MATLAB'
            Overhead: 0
```

Der aktuelle Status des Profilers, wie beispielsweise das eingestellte Level, wird mit `was = profile('status')` in der Struktur „was" abgespeichert.

`profsave` führt `profile('info')` aus und erstellt einen HTML-basierten Bericht im Internet Browser. `profsave(profinfo)` speichert die Profiler-Informationen in der Struktur „profinfo" und `profsave(profinfo,dirname)` erlaubt zusätzlich die Übergabe eines Verzeichnisses „dirname", in dem die Einzelinformationen abgespeichert werden. (Vgl. Abb. (2.14) und Abb. (2.13).)

3.9.3   Test auf Probleme: checkcode, mlint und mlintrpt

`>> checkcode('mfilename')` ist der Nachfolger von `mlint` und führt eine detaillierte Analyse des oder der M-Files „mfilename" auf potentielle Probleme und ineffiziente Programmierung durch; „mfilename" kann auch eine Zellvariable mit mehreren Dateinamen sein, alternativ kann auch eine Liste von Dateinamen übergeben werden. Programmzeilen, die mit dem „Nicht-Prüf Pragma" %#ok abgeschlossen werden, bleiben ungeprüft. Mit Hilfe der Präferenzen zum Code Analyzer, vgl. Kap. (2.3), können zu `checkcode` Konfigurationsfiles erstellt werden. In den „Preferences" lassen sich die Eigenschaften des Code Analyzers individuell modifizieren und unter dem Werkzeugsymbol via „Save As" als .txt-Datei abspeichern (beispielsweise meiana.txt) und wiederverwenden. Mittels `checkcode('mfilename', '-config=meiana.txt')` kann die selbst erstellte Konfigurationsdatei „meiana.txt" auch direkt für die Codeanalyse aufgerufen werden. Optionale Rückgabewerte sind `[msg, pfad] = checkcode(···)` wobei „msg" die Analyse enthält und „pfad" den absoluten Pfad. Weiter Optionen sind in Tabelle (3.6) aufgelistet,

`>> [msgList, lineList, colList] = mlint('mfilename')` untersucht den M-File „mfilename" auf Probleme und ineffiziente Programmierung. Die Rückgabewerte sind dabei optional. msglist enthält die Nachrichten, lineList und colList geben die entsprechende Zeile bzw. Spalte aus.

Tabelle 3.6: *Optionen zu* `msg = checkcode('mfilename','-opt')`.

-opt	ERLÄUTERUNG
-struct	Rückgabe der Informationen in einer Struktur
-string	Rückgabe der Informationen als String
-id	wie -struct, aber zusätzlich ein mit der Information verknüpftes ID-Feld
-notok	Schließt alle Zeilen ein, auch solche, die das „Nicht-Prüfen Pragma" %#ok enthalten.
-fullpath	Übergabe des vollständigen Pfadnames
-cyc	Übergabe einer Komplexitätskennziffer. Vermeiden Sie hohe Ziffern (< 10)
-modcyc	Modifizerte zyklomatische Komplexität
-config	Übergabe eines eigenen Konfigurationsfiles

`mlintrpt` entspricht dem Code Analyzer Tool und führt über alle M-Files im aktuellen Verzeichnis den Befehl `checkcode` aus und erstellt im MATLAB Web-Browser einen Bericht, s. Abb. (2.13). Per Mausklick kann man direkt in den MATLAB Editor und an die aufgelistete Position im ausgewählten M-File springen. Mit `mlintrpt(mname,'file')` wird die Datei „mname" und mit `mlintrpt(mverzname,'dir')` werden alle M-Files im Verzeichnis „mverzname" auf Warnungen und Fehler untersucht. Als dritte Option kann auch eine Textdatei „meiana.txt" mit Voreinstellungen zum Code-Analyzer (s.o.) übergeben werden, `mlintrpt(·, ·, 'meiana.txt')`. Befindet sich die Textdatei nicht im aktuellen Verzeichnis, muss der absolute Pfad mit angegeben werden.

4 Allgemeine Operatoren und Sonderzeichen

MATLAB steht für **Matrix Lab**oratory und daher basieren MATLAB-Operationen historisch auf Matrixoperatoren. So ist das übliche Produkt das Matrizenprodukt, definiert durch

$$(AB)_{ij} = \sum_k A_{ik} B_{kj} \quad .$$

4.1 Arithmetische Operatoren

Sofern es einen mathematischen Unterschied gibt, unterscheidet MATLAB zwischen der elementweisen oder Array-Operation und der Matrix-Operation durch einen vorangestellten Punkt. Beispielsweise ist die Multiplikation von Matrizen durch `A * B` gegeben, die elementweise Multiplikation jedoch durch `A .* B`.

4.1.1 Befehlsübersicht

Addition und Subtraktion minus, plus, uminus, uplus, $+$, $-$

Multiplikation times, mtimes, *, .*

Potenzen mpower, power, $\wedge$, .$\wedge$

Inverse idivide, ldivide, .\, mldivide, \, mrdivide, /, rdivide, ./

Kroneckerprodukt kron

4.1.2 Grundrechenarten

Addition und Subtraktion. Matrizen werden elementweise addiert. Mithin gibt es keinen Unterschied zwischen der Matrizenaddition und der Array-Addition.

`C=plus(A,B)` ist dasselbe wie `C=A+B` und `C=minus(A,B)` ist dasselbe wie `C=A-B`. Zur Addition und Subtraktion von Objekten dienen die unären Operatoren `uplus` und `uminus`.

Multiplikation. `mtimes` ist die Matrizen- und `times` die Array-Multiplikation. D.h.
`>> C=mtimes(A,B)` ist dasselbe wie `C=A*B` und `C=times(A,B)` ist dasselbe wie `C=A.*B`.

Potenzen. `mpower` ist die Matrizen- und `power` die Array-Potenzierung.
D.h. `C=mpower(A,n)` ist dasselbe wie `C=A^n` und `C=power(A,n)` ist dasselbe wie `C=A.^n`.
Entweder muss dabei „n" oder „A" ein Skalar sein, der komplex sein darf.

https://doi.org/10.1515/9783110741780-004

4.1.3   Berechnung der Inversen

Betrachten wir die folgende Gleichung

$$x = A\,y$$

mit den Vektoren x, y und einer nicht notwendigerweise invertierbaren Matrix A. Gilt

$$B\,x = y\quad,$$

dann ist B die Linksinverse der Matrix A. Für (N×N)-Matrizen wird die Links- bzw.
Rechtsinverse durch Gauß'sche Elimination berechnet, für nicht-quadratische (M×N)-
Matrizen durch einen Least Square Fit.

`mldivide(A,B)` ist dasselbe wie `A\B` und `mrdivide(A,B)` wie `A/B`, wobei `\B` die Links-
und `/B` die Rechtsinverse der Matrix B ist. Die entsprechende elementweise Array-
Operation erhält man mit `ldivide(A,B)` bzw. `A.\B` und `rdivide(A,B)` bzw. `A./B`. Für
Objekte muss die Operatorschreibweise benutzt werden.

Die MATLAB-Funktion `idivide` dient der elementweisen Integerdivision mit zusätzlicher
Übergabe von Rundungsoptionen. Die Syntax lautet `C=idivide(A,B,opt)`. „opt" ist
optional und kann die folgenden Werte haben: 'fix' entspricht der Defaulteinstellung
und rundet stets gegen Null. 'round' steht für das Standardrunden, 'floor' für runden
gegen $-\infty$ und 'ceil' rundet gegen $+\infty$. `C=A./B` entspricht `C=idivide(A,B,'round')`.
Mindestens eine der Variablen „A", „B" muss ganzzahlig sein.

4.1.4   Das Kroneckerprodukt

`>> K=kron(X,Y)` berechnet das Kroneckerprodukt der Matrizen X und Y.

Beispiel. Berechnung einer Matrix, deren einzelne Zeilen aus den ganzzahligen Vielfa-
chen der ersten Zeile besteht:

```
>> format compact
>> x=rand(1,4)              % Zufallsvektor
x =
    0.8214    0.4447    0.6154    0.7919
>> y=kron([1:length(x)]',x)  % Vielfaches von x
y =
    0.8214    0.4447    0.6154    0.7919
    1.6428    0.8894    1.2309    1.5839
    2.4642    1.3341    1.8463    2.3758
    3.2856    1.7788    2.4617    3.1677
```

4.2   Vergleichsoperatoren

MATLAB besitzt die folgenden Vergleichsoperatoren:

OPERATOR	SYMBOL	BEDEUTUNG
eq	==	gleich
ne	~=	ungleich
ge	>=	größer gleich
lt	<	kleiner als
gt	>	größer als
le	<=	kleiner gleich

Ist eine Bedingung wahr, so liefert MATLAB eine „1" zurück, andernfalls eine „0". Vergleiche können sowohl mit Arrays als auch mit Skalaren durchgeführt werden. Arrays müssen allerdings dieselbe Dimension haben.

Beispiel.

```
>> x=[1 2 3];
>> y=[1 2.5 3];
>> xeqy=eq(x,y)
xeqy =
       1      0      1

>>  xneqy=x~=y
xneqy =
       0      1      0
```

4.3   Logische Operatoren

MATLAB erlaubt die folgenden logischen Operationen:

OPERATOR	SYMBOL	BEDEUTUNG
and	&	logisches Und
	&&	logisches Und (short circuit)
or	|	logisches Oder
	||	logisches Oder (short circuit)
not	~	logisches Nicht
xor		logisches Exklusiv Oder
any		wahr, wenn ein beliebiges Element eines Vektors ungleich null ist
all		wahr, wenn alle Elemente eines Vektors ungleich null sind

Die logische Abfrage A && B ist dann wahr, wenn beide Bedingungen A und B wahr sind. Ist A falsch, ist auch A && B falsch und folglich gibt es keinen Grund, die Bedingung B zu testen. Die Short Circuit Und- und Oder-Operatoren &&, || testen die zweite Bedingung nur dann, wenn dies aus logischen Gründen notwendig ist, sonst nicht.

Beispiel: xor. Verknüpft man zwei Vektoren mit einem Exklusiv Oder, so ist die entsprechende Komponente des Ergebnisvektors wahr (1), wenn eine der beiden Komponenten von Null verschieden ist, sonst 0.

```
>> x=[1 0 4 5 0 8];
>> y=[3 2 1 7 0 0];
>> xor(x,y)
ans =
     0     1     0     0     0     1
```

Beispiel: Abschnittsweise Definition einer Funktion. Das folgende MATLAB-Skript erzeugt die Funktion in Abbildung (4.1).

```
x=linspace(0,2*pi);
dpi=pi/8;
y1=sin(x).*or((x<(pi/2-dpi)),(x>(pi/2+dpi)))...
    .*or((x<(3*pi/2-dpi)),(x>(3*pi/2+dpi)));
y2=sin(pi/2-dpi).*((x>(pi/2-dpi))-(x>(pi/2+dpi)))...
    -sin(pi/2-dpi) .* ...
    ((x>(3*pi/2-dpi))-(x>(3*pi/2+dpi)));
```

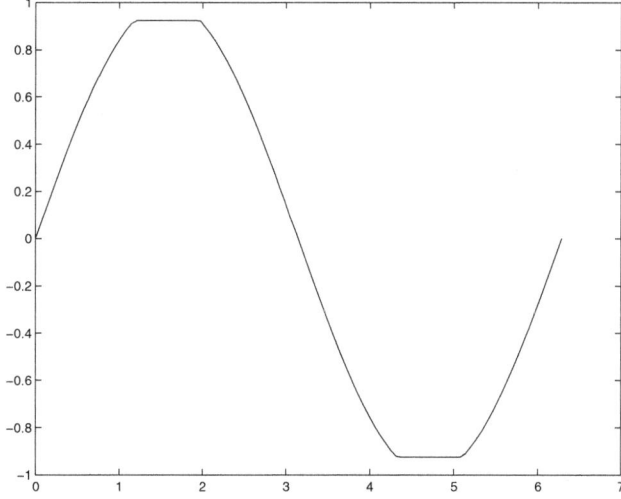

Abbildung 4.1: *Beispiel für die Anwendung logischer Operatoren und Vergleichsoperatoren zur Berechnung einer abschnittsweise definierten Funktion.*

```
y=y1+y2;
plot(x,y)
```

Der Ausdruck $(x < (\pi/2 - dpi))$ ist 1, wenn x kleiner als $(\pi/2 - dpi)$ ist, und der Ausdruck $(x > (\pi/2 + dpi))$ ist 1 für x größer als $(\pi/2 + dpi)$. Auf Grund der „Oder"-Bedingung erhalten wir zwischen $(\pi/2 - dpi)$ und $(\pi/2 + dpi)$ 0, sonst eine 1; Ähnliches gilt für die zweite „or"-Bedingung. $y1$ ist folglich in diesen beiden Zwischenbereichen 0. $y2$ erhalten wir aus folgender Überlegung: $x > (\pi/2 - dpi)$ liefert eine 1 für x größer als $(\pi/2 - dpi)$ und $x > (\pi/2 + dpi)$ ist gleich 1 für x größer als $(\pi/2 + dpi)$. Bilden wir die Differenz, so ergibt der gesamte Ausdruck eine 0 für x größer $(\pi/2 + dpi)$. Eine ähnliche Konstruktion gilt für das Intervall um $3\pi/2$.

4.4   Die bitweisen Operatoren

4.4.1   Befehlsübersicht

logische Operatoren bitand, bitor, bitxor

Bit-Operatoren bitcmp, bitget, bitshift, bitset, swapbytes

4.4.2   Die logischen bitweisen Operatoren

Die logischen bitweisen Operatoren unterstützen nur ganze positive Zahlen. Bei bitweisen logischen Operatoren wird die ganze Zahl zunächst in ihre binäre Darstellung gewandelt und dann die entsprechende logische Operation ausgeführt und die Zahl wieder zurück konvertiert.

bitand	Bit-weises Und
bitor	Bit-weises Oder
bitxor	Bit-weises Exklusiv Oder

4.4.3   Bit-Operatoren

bitget und bitset. `>>bitget(A,pos)` gibt den Bitwert von „A" an der Stelle „pos" zurück und `>>bitset(A,pos,v)` an der Stelle „pos" den Bitwert „v" ein. „v" muss entweder den Wert 0 oder 1 haben. Ohne „v" wird eine 1 an die Position „pos" geschrieben.

bitcmp. `>>bitcmp(A,n)` gibt das Bit-weise Komplement von „A" als n-bit floating point integer zurück.

bitshift. `>> C = bitshift(A,k,n)` gibt den Wert von „A" um k bit verschoben zurück. Standardmäßig ist $n = 53$. Für $k > 0$, also eine Verschiebung nach links, entspricht dies der Multiplikation mit 2^k und für $k < 0$ (Rechts-Verschiebung) einer Division mit 2^k.

swapbytes `>> y = swapbytes(x)` bildet die Byteordnung des Arrays „x" von Little Endian auf Big Endian und umgekehrt ab.

4.5   Mengen-Operatoren

4.5.1   Befehlsübersicht

intersect, ismember, ismembertol, setdiff, setxor, union, unique, uniquetol

4.5.2   Schnitt- und Vereinigungsmenge

Schnittmenge: intersect und setxor. >> `intersect(A,B)` berechnet die Schnittmenge von A mit B. A und B müssen entweder Vektoren sein oder beliebige Arrays (kategorial, Tabellen, etc.) derselben Spaltendimension. Hier werden dann mit `intersect(A,B,'rows')` gleiche Zeilen ausgegeben. `[c,ia,ib] = intersect(a,b)` liefert die entsprechenden Spaltenindizes als Vektoren zurück, so dass $c = a(ia)$ und $c = b(ib)$ bzw. $c = a(ia,:)$ und $c = b(ib,:)$ gilt. Mit dem Rel. 2012a kam als weitere Möglichkeit ein Ordnungsargument hinzu mit den Werten 'stable' und 'sorted', beispielsweise `[c,ia,ib] = intersect(a,b,'stable')`. Bei 'stable' wird die Ordnung der Eingabewerte für die Ausgabe beibehalten, bei 'sorted' werden die Werte in „c" in aufsteigender Reihenfolge sortiert. Mittels `... = intersect(..., 'legacy')` werden die Eigenschaften von `intersect` auf die Releases vor R2012b eingefroren.

`setxor` gibt diejenigen Werte zurück, die nicht in der Schnittmenge enthalten sind, liefert also das Komplement zu „intersect". Der Aufruf und die Möglichkeiten sind identisch zum Befehl „intersect".

Vereinigungsmenge: union. `union` ist die Vereinigungsmenge und folgt der Notation von „intersect".

4.5.3   Teilmengen

ismember und setdiff. >> `TF = ismember(A,S,'rows')` gibt Auskunft, ob der Vektor oder das Array A in S enthalten ist (zu „rows" vgl. intersect). Eine Toleranzschwelle „tol" erlaubt der Befehl `TF = ismembertol(A,S,tol)`.

`setdiff(A,B,'···')` ist das Gegenstück zu „ismember" und liefert die Elemente von A zurück, die nicht in B enthalten sind und unterstützt dieselben Eigenschaften wie `intersect`.

Beispiel.

```
>> x=[1 2.0 3 4.0 5.0 6];
>> y=[1 2.5 3 4.5 5.5 6 7 8 9];

>> [c,index]=setdiff(x,y)
c =
     2     4     5
index =
     2     4     5

>> ctest=x(index)
```

```
ctest =
   2    4    5
```

Das 2., 4. und 5. Element von „x" sind nicht in „y" enthalten. Wenden wir den Index-vektor „index" auf „x" an, so erhalten wir gerade „ctest = c".

unique. unique liefert dieselben Elemente zurück ohne Wiederholung. Die Bezeich-nungen folgen „intersect". Eine Toleranzschwelle „tol" erlaubt der Befehl [B,in,im] = uniquetol(A,tol).

Beispiel.

```
>> A                                        1
A =                                         2
    8    3    4                             2
    1    5    9
    6    7    2
    6    7    2                  >> Atest=B(im,:)
>> [B,in,im]=unique(A,'rows')   Atest =
B =                                 8    3    4
    1    5    9                      1    5    9
    6    7    2                      6    7    2
    8    3    4                      6    7    2
in =                             >> Btest=A(in,:)
    2                            Btest =
    4                                1    5    9
    1                                6    7    2
im =                                 8    3    4
    3
```

„unique" liefert nur diejenigen Zeilen von A zurück, die einmal vorkommen. Dabei wer-den die einzelnen Zeilen nach aufsteigender Reihenfolge des Zeilenkopfes geordnet. Die Indexvektoren „in" und „im" erfüllen wieder (vgl. das Kommando intersect) A=B(im,:) und B=A(in,:). unique und uinquetol lassen sich sehr gewinnbringend bei umfang-reichen Berechnungen mit Arrays einsetzen, bei denen sich einzelne Werte mehrfach wiederholen.

4.6   Sonderzeichen

Die in MATLAB verwendeten Sonderzeichen sind in Tabelle (4.1) aufgelistet. Siehe eben-so die Abschnitte 4.1–4.3 über arithmetische, Vergleichs- und logische Operatoren.

4.7   Ausgewählte Variablen und Konstanten

Die in MATLAB verwendeten Konstanten und vordefinierten Variablen sind in Tabelle (4.2) aufgelistet, die extremalen Werte für ganze Zahlen in der Tabelle (4.3).

Tabelle 4.1: *Verzeichnis der Sonderzeichen.*

[]	Zur Erzeugung von Arrays
	Rückgabewerte von Funktionen
()	Ansprechen einzelner Elemente in Arrays
	Arithmetische Regeln
	Funktionsargumente
{}	Zell-Arrays, Tabellen
=	Zuordnung, z. Bsp. x=y
'	Komplex Konjugierte einer Matrix
	die Transponierte wird mit .' erzeugt
	Characters, z. Bsp. 'Text'
.	Dezimalpunkt
	zur elementweisen Operation, z. Bsp. .*
	Kennzeichnung von Feldern in Strukturen
	Zugriff auf Variablen in Tabellen
..	cd .. wechselt in das darüber liegende Verzeichnis
...	Fortsetzungszeichen
,	Zur Trennung von Matrizenindizes
	und Funktionsargumenten
;	Am Befehlsende zur Unterdrückung der Bildschirmausgabe
	Innerhalb von Klammern als Zeilenende
%	Beginn eines Kommentars
%{	Beginn eines Blockkommentars
%}	Ende eines Blockkommentars
%%	Beginn einer neuen Section
!	Befehl wird auf der Betriebssystemebene ausgeführt

Beispiele. Wird eine Variable, hier x, vorgegeben so wird dieser Variablen die Lösung zugeordnet:

```
>> x=5*3
x =
    15
```

Ohne Angabe einer Variablen wird stets ans (für answer) gewählt:

```
>> 5*3
ans =
    15
```

Bei Division durch null ist die Lösung unendlich:

Tabelle 4.2: *Verzeichnis der Konstanten und vordefinierten Variablen.*

ans	Ist bei interaktiven Rechnungen keine Variable angegeben, wird automatisch die Variable ans erzeugt
eps	Genauigkeit bei floating point Operationen (PC/Linux: $2.2204 10^{-16}$) `eps('single')`: $1.1921e - 07$
i	Imaginäre Einheit $\sqrt{(-1)}$
inf	„Unendlich"
isfinite	wahr (=1) für endliche Ausdrücke
isinf	falsch (=0) für endliche Ausdrücke
isnan	falsch (=0) für Zahlen
j	Imaginäre Einheit $\sqrt{(-1)}$
NaN	„Not-a-Number" Ergebnis nicht definierter arithmetischer Operationen
pi	$= 3.1415926535897\ldots$
realmax	größte positive Zahl (PC/Linux: $1.7977 10^{308}$) `realmax('single')`: $3.4028e + 38$
realmin	kleinste positive Zahl (PC/Linux: $2.2251 10^{-308}$) `realmin('single')`: $1.1755e - 38$
why	erzeugt auf nahezu jede „Frage" eine knappe „Antwort"

Tabelle 4.3: *Verzeichnis der extremalen ganzzahligen Werte.*

X	intmax('x')	intmin('x')
int8	127	-128
uint8	255	0
int16	32767	-32768
unit16	65535	0
int32	2147483647	-2147483648
uint32	4294967295	0
int64	9223372036854775807	-9223372036854775808
uint64	18446744073709551615	0

```
>> x=1/0
Warning: Divide by zero.
x =
   Inf

>> isinf(x)
ans =
    1
```

Trotzdem ist x eine Zahl:

```
>> isnan(x)
ans =
     0
>> atan(x)
ans =
    1.5708
```

Maschinengenauigkeit: eps, realmin und realmax. Die endliche Maschinengenauigkeit führt bei Rechenoperationen zu Rundungsfehlern. Ist x eine reelle Zahl und bezeichne $\mathcal{M}(x)$ die Rundung von x zur nächstgelegenen Maschinenzahl, dann ist der Rundungsfehler durch

$$\frac{|\mathcal{M}(x) - x|}{|x|} < eps \tag{4.1}$$

beschränkt. Unter MATLAB ist die Maschinengenauigkeit für double-Zahlen eps $= 2^{-52} \approx 2.2 \cdot 10^{-16}$ und die größte zur Verfügung stehende Maschinenzahl realmax $= 2^{1024} \approx 1.7977 \cdot 10^{308}$ sowie die kleinste realmin $\approx 2.2251 \cdot 10^{-308}$. MATLAB folgt dabei dem ANSI/IEEE Standard 754-1956 für Rechnerarithmetik und Gleitpunktzahlen. Nach diesem Standard sind double-Zahlen durch folgendes Format gegeben:

V	e	M
1 Bit	11 Bit	52 Bit

Dabei bezeichnet „V" das Vorzeichen, „e" den Exponenten und „M" die Mantisse und es gilt $-1022 \leq e \leq 1023$.

Die Befehle eps, realmin und realmax erlauben als optionale Argumente „double" (default) und „single" sowie eps(x) mit einem beliebigen Array „x". In diesem Fall wird die Auflösung bezüglich der Variablen „x" ausgegeben.

```
>> % 8 Byte Genauigkeit
>> eps(1)          >> eps(100)        >> eps(0.01)
ans =              ans =              ans =
   2.2204e-16         1.4211e-14         1.7347e-18

>> % 4 Byte Genauigkeit
>> eps(single(1))  >> eps(single(100)) >> eps(single(0.01))
ans =              ans =              ans =
   1.1921e-07         7.6294e-06         9.3132e-10
```

5   Matrizen und numerische Arrays

5.1   Arrayindizes und Matrixumformungen

5.1.1   Befehlsübersicht

Arrayindizes end, ind2sub, sub2ind

Logische Arrays false, true

Darstellungsänderungen accumarray, cat, circshift, flip, fliplr, flipud, reshape, rot90, shiftdim, squeeze

Subarrays blkdiag, diag, find, tril, triu

5.1.2   Arrayindizes

MATLAB kennt drei verschiedene Möglichkeiten Arrays zu indizieren. Die Zeilen-Spalten, die lineare und die logische Indizierung. Bei der Zeilen-Spalten Indizierung greifen wir auf die einzelnen Elemente durch ihre Zeilen-Spalten Position zu. Zusammenhängende Blöcke können mittels des :-Operators herausgegriffen werden.

```
>> a4=magic(4)        % Beispielmatrix
a4 =
    16     2     3    13
     5    11    10     8
     9     7     6    12
     4    14    15     1
>> v1=a4(:,3:end)     % alle Zeilen, 3te - letzte Spalte
v1 =
     3    13
    10     8
     6    12
    15     1
```

Das Schlüsselwort **end** steht für den maximalen Indexwert eines Arrays. Mit **end** kann auch gerechnet werden. Ist „A" ein multidimensionales Array, dann führt >> b = A(i1, i2, ..., **end**, ij, ...) in der Position „end" zum zugehörigen maximalen Indexwert und beispielsweise „end-1" zum vorletzten Wert.

https://doi.org/10.1515/9783110741780-005

In MATLAB werden intern Arrays spaltenweise verwaltet. D.h. ein Array wird auf einen korrespondierenden Vektor abgebildet. (Diese Art der internen Arrayverwaltung ist dieselbe wie unter FORTRAN.) Betrachten wir dazu das folgende Beispiel:

$$a4 = \begin{pmatrix} \boxed{16}_{1,1}^{1} & \boxed{2}_{1,2}^{5} & \boxed{3}_{1,3}^{9} & \boxed{13}_{1,4}^{13} \\ \boxed{5}_{2,1}^{2} & \boxed{11}_{2,2}^{6} & \boxed{10}_{2,3}^{10} & \boxed{8}_{2,4}^{14} \\ \boxed{9}_{3,1}^{3} & \boxed{7}_{3,2}^{7} & \boxed{6}_{3,3}^{11} & \boxed{12}_{3,4}^{15} \\ \boxed{4}_{4,1}^{4} & \boxed{14}_{4,2}^{8} & \boxed{15}_{4,3}^{12} & \boxed{1}_{4,4}^{16} \end{pmatrix}$$

Arrayelemente können daher sowohl mit den Multiindizes (tiefgestellt) als auch mit den linearen Indizes (hochgestellt) adressiert werden:

```
>> a4(2,4)      >> a4(14)
ans =           ans =
      8               8
```

Das Indexpaar (Zeile,Spalte)=(2,4) führt im obigen Beispiel zum selben Matrixelement wie der lineare Index 14. Zwischen beiden Indexsystemen vermitteln die Befehle `ind2sub` und `sub2ind`. >> `[i1,i2,i3,...,in] = ind2sub(siz,ind)`, dabei sind „siz" ein n-dimensionaler Vektor, der die Arraydimensionen angibt, „ind" der lineare Index und die Rückgabewerte „[i1, ..., in]" die Multiindizes, im Falle einer Matrix folglich [Spaltenindex, Zeilenindex]. Die Umkehrabbildung ist >> `ind = sub2ind(siz,i1, i2,...,in)`, die Bedeutung der Variablen entspricht der von `ind2sub`.

Beispiel. Die Multiindizierung (Zeile, Spalte) von Arrays eignet sich besonders, um zusammenhängende Gruppen wie Zeilen, Spalten oder Untermatrizen aus einem Array auszuschneiden. Einzelne nicht zusammenhängende Elemente werden mit der linearen Indizierung angesprochen:

```
>> a4
a4 =
    16     2     3    13
     5    11    10     8
     9     7     6    12
     4    14    15     1
>> a4([1, 3, 11 : 13])
ans =
    16     9     6    15    13
```

5.1.3 Logische Arrays und logische Indizierung

`true` ist eine Abkürzung für `logical(1)` und `false` für `logical(0)`. A = `true(d1, d2, ..., dn)` erzeugt ein logisches n-dimensionales Array der Größe d1×d2×···dn mit dem Wert 1 und A = `true(size(B))` ein logisches Array mit dem Wert „1" derselben Größe wie „B". Das Gegenstück zu `true` ist `false`, das dieselben Argumente erlaubt, nur sind hier die Werte 0. `true( )` bzw. `false( )` ist bedeutend schneller als `logical(ones( ))` bzw. `logical(zeros( ))`.

Ein logisches Array derselben Größe wie das anzusprechende Array kann auch zur Indizierung verwandt werden:

```
>> Atest = [1 2; 3 4]     >> Aind = logical([0 1;1 0])
Atest =                   Aind =
     1     2                   0     1
     3     4                   1     0

>> Atest(Aind)
ans =
     3
     2
```

Mittels logischer Indizierung lässt sich auch ein logisches Sieb zur Auswahl bestimmter Element konstruieren. Nehmen wir an, wir wollten in der Matrix „B" alle Elemente zu Null setzen, für die die Elemente der gleichgroßen Matrix „A" eine vorgegebene logische Bedingung erfüllen. (Im Beispiel alle Elemente zwischen 3 und 8.)

```
>> A = magic(3)           >> B = randn(3)
A =                       B =
     8     1     6             0.5377     0.8622    -0.4336
     3     5     7             1.8339     0.3188     0.3426
     4     9     2            -2.2588    -1.3077     3.5784


>> B(A>3 & A< 8) = 0
B =
    0.5377     0.8622          0
    1.8339          0          0
         0    -1.3077     3.5784
```

5.1.4   Darstellungsänderungen

accumarray. `accumarray(ind,dat)` erzeugt eine Matrix und ordnet die übergebenen Daten „dat" den durch die Indizes „ind" festgelegten Elementen zu. „ind" hat dabei die Struktur [Zeilenindex, Spaltenindex], kann aber auch höher dimensional sein. Alle anderen Elemente werden per default mit „0" aufgefüllt.

```
>> ind = [1 2  5;1 2 5 ]';
>> dat = [10.1 10.2 10.3 ]';
>> A  = accumarray(ind, dat)
A =
   10.1000          0          0          0          0
         0    10.2000          0          0          0
```

```
      0         0         0         0         0
      0         0         0         0         0
      0         0         0         0   10.3000
```

Über mehrfach vorkommende Indexpaare wird summiert:

```
>> ind = [1 2 5 5;1 2 5 5]';
>> dat = [10.1 10.2 10.3 10.4]';
>> A  = accumarray(ind, dat)
A =
   10.1000         0         0         0         0
         0   10.2000         0         0         0
         0         0         0         0         0
         0         0         0         0         0
         0         0         0         0   20.7000
```

`A = accumarray(ind,val,sz)` erzeugt ein Array der Größe „sz". „sz" muss ein Zeilenvektor sein mit derselben Spaltenzahl wie „ind" und die einzelnen Elemente von „sz" müssen mindestens so groß wie der maximale Wert von „ind" sein. `A = accumarray(ind, val,sz,fun)` führt bezüglich mehrfach vorkommender Indizes die Funktion „fun" aus. „fun" ist dabei das zugehörige Function Handle. Die Standardeinstellung ist „fun=@sum", die Funktion „fun" muss natürlich einen Vektor akzeptieren und einen Skalar zurückgeben. Mit `A = accumarray(ind,val,size,fun,wert)` haben die Elemente nicht aufgeführter Indizes den Wert „wert" statt „0".

```
>> A  = accumarray(ind, dat,[5,5],@min,nan)
A =
   10.1000       NaN       NaN       NaN       NaN
       NaN   10.2000       NaN       NaN       NaN
       NaN       NaN       NaN       NaN       NaN
       NaN       NaN       NaN       NaN       NaN
       NaN       NaN       NaN       NaN   10.3000
```

Mit der Eigenschaft „issparse", `A = accumarray(ind,val,size,fun,wert,issparse)`, wird eine dünnbesetzte Matrix dann erzeugt, wenn „issparse" den logischen Wert 1 hat, und für 0 eine volle Matrix. „ind" kann für jeden der oben beschriebenen Fälle auch eine Zellvariable mit mehreren Indexvektoren der gleichen Länge sein. Je nach Übergabeargument ist der Rückgabewert ein multidimensionales Array. Beispielsweise führt

```
>> in1 = [1 2 5 5]';
>> in2 = [1 2 5 5]';
>> dat = [10.1 10.2 10.3 10.4]';
>> A  = accumarray({in1,in2}, dat);
```

zum selben Ergebnis wie das obige Beispiel. Dagegen wäre „A" mit n Indexvektoren „in1, in2, ..., inn" ein n-dimensionales Array.

Erzeugen multidimensionaler Arrays. >> C = cat(n, A1, A2, A3, A4, ...) erzeugt aus den Eingangsarrays das n-dimensionale Array „C". Alle „Ai" müssen dabei für $n \geq 3$ dieselben Größen haben. cat(2,A,B) entspricht [A,B] und cat(1,A,B) [A;B]. Hier müssen nur die Spalten- bzw. Zeilendimensionen in Übereinstimmung sein. Zellvariablen „Z" oder Strukturvariablen „S" mit Feldnamen „feld" lassen sich mittels cat(n,Z{:}) bzw. cat(n,S,feld) in n-dimensionale Arrays wandeln. squeeze(A) entfernt stumme Indizes.

Beispiel.

```
   >> Z={magic(3),round(50*randn(3))}
Z =
     [3x3 double]     [3x3 double]
>> AZ=cat(4,Z{:})
AZ(:,:,1,1) =
       8     1     6
       3     5     7
       4     9     2
AZ(:,:,1,2) =
       9   -29     6
      -9   109    53
      36    -7     3
>> % Es werden keine 4 Indizes benoetigt
>> AZ=squeeze(AZ)
AZ(:,:,1) =
       8     1     6
       3     5     7
       4     9     2
AZ(:,:,2) =
       9   -29     6
      -9   109    53
      36    -7     3
```

Indexgymnastik. >> B = circshift(A, sh) führt eine Verschiebung der Zeilen von „A" um „sh" durch. Für $sh = 1$ wird die erste Zeile zur zweiten, die zweite zur dritten und so fort, bis schließlich die letzte Zeile zur ersten wird. Für negative Werte wird die Verschiebung in die andere Richtung durchgeführt; werden zwei Werte übergeben, $sh = [zi, si]$, bezieht sich der erste Wert auf den Zeilen- und der zweite auf den Spaltenindex. Seit dem Rel. 2016a kann auch die Dimension bezüglich der verschoben werden soll übergeben werden, B = circshift(A, sh, dim). $dim = 1$ führt zu einer Verschiebung der Zeilen (das bisherige Verhalten), $dim = 2$ zu einer Verschiebung der Spalten und so fort.

>> B = flip(A), erzeugt ein Array derselben Größe aber die Elemente sind in umgekehrter Reihenfolge. Dabei operiert flip bezüglich der ersten Diemnsion, also der Spalten bei einer Matrix. Mit B = flip(A, dim) bestimmt „dim" bezüglich welcher Dimension die Array-Elemente umgekehrt werden sollen. (Spalten: dim = 1, Zeilen: dim = 2, ...). B = flipud(A) entspricht dim = 1 und B = fliplr(A) $dim = 2$.

>> B = reshape(A, m, n, ...) ordnet die Elemente des Arrays „A" zu einem m×n×...-Array um. Die Zahl der Elemente in „A" und „B" muss identisch sein. Das Array wird spaltenweise durchlaufen. Für eine, aber nur eine der neuen Dimensionen kann ein Platzhalter „[ ]" gesetzt werden. MATLAB berechnet dann diese Dimension aus der Forderung, dass „A" und „B" dieselbe Zahl an Elementen haben müssen. Das Ergebnis muss für den Platzhalter ganzzahlig sein.

Beispiel: reshape. Ein 3-D-Array „A" wird in eine Matrix mit der Spaltendimension 4 gewandelt. Via Platzhalter „[ ]" wird die Zeilendimension von MATLAB berechnet.

```
>> A                             >> B=reshape(A,[],4)
A(:,:,1) =                       B =
      16     2     3    13             16     3    22    45
       5    11    10     8              5    10    30    20
       9     7     6    12              9     6    39    44
       4    14    15     1              4    15    46     2
A(:,:,2) =                              2    13    36    17
      22    36    45    17             11     8     8    40
      30     8    20    40              7    12    20     0
      39    20    44     0             14     1    46     6
      46    46     2     6
```

>> B = rot90(A,k) rotiert die Matrix „A" entgegen dem Uhrzeigersinn um $k \cdot 90°$. Die Variable „k" ist optional, der Standardwert ist 1.

shiftdim verschiebt die Dimension eines Arrays „A". Ist „A" beispielsweise ein 3-D-Array mit „z" Zeilen, „s" Spalten und „k" Ebenen, dann ist shiftdim(A,1) ein 3-D-Array mit „s" Zeilen, „k" Spalten und „z" Ebenen. Allgemein gilt: shiftdim(A,n) verschiebt die Dimension um „n" für positive ganze Zahlen nach rechts und für negative nach links. [B,n] = shiftdim(A) erzeugt ein Array „B" mit derselben Elementzahl wie „A", aber alle führenden stummen Indizes sind entfernt. Die Zahl ist in „n" gespeichert.

Beispiel: shiftdim.

```
>> A=round(50*rand(1,1,3))       >> [B,n]=shiftdim(A)
A(:,:,1) =                       B =
      10                               10
A(:,:,2) =                             10
      10                               30
A(:,:,3) =                       n =
      30                                2
```

5.1.5   Subarrays

M = blkdiag(a,b,c,d,...) konstruiert eine blockdiagonale Matrix aus den Einträgen „a", „b" und so fort, wobei blkdiag auch auf geeignete Character-Arrays angewandt werden kann und nicht nur auf numerische Matrizen beschränkt ist. Ein Beispiel dokumentiert am einfachsten, was unter blockdiagonal zu verstehen ist:

Beispiel.

```
>> a=1; b=rand(2)
b =
    0.9708    0.7889
    0.9901    0.4387
>> c=[1 0
      3 4];
>> M = blkdiag(a,b,c)
M =
    1.0000         0         0         0         0
         0    0.9708    0.7889         0         0
         0    0.9901    0.4387         0         0
         0         0         0    1.0000         0
         0         0         0    3.0000    4.0000
```

Ist „v" ein Vektor, dann erzeugt X = diag(v) eine Diagonalmatrix aus den Werten von „v". X = diag(v,k) erzeugt eine quadratische Matrix, bei der die k-te Nebendiagonale aus den Elementen von „v" besteht und alle anderen Werte null sind. Für positive ganze Zahlen „k" wird die obere und für negative die untere Nebendiagonale erzeugt. Umgekehrt lässt sich auch aus einer Matrix ein Vektor erzeugen. v = diag(X,K) bildet nach denselben Regeln aus der k-ten Nebendiagonale der Matrix „X" einen Vektor und v = diag(X) aus der Diagonalen.

[m,n] = find(X) findet die Zeilen- und Spaltenindizes derjenigen Matrixelemente von „X", die ungleich null sind. l = find(X) führt zum selben Ergebnis, allerdings in der linearen Indizierung eines Arrays. Sollen nicht nur die Indizes der nicht-verschwindenden Matrixelemente, sondern auch deren Werte zurückgegeben werden, so sind drei Rückgabeparameter notwendig:

[m,n,x] = find(X). [...] = find(X,k,'first') bzw. [...] = find(X,k,'last') liefert die ersten „k" bzw. letzten „k" Matrixelemente ungleich null. find kann auch zum Suchen beliebiger Werte oder Bedingungen genutzt werden. X==a ist dann wahr, wenn ein Element „X" den Wert „a" besitzt. Das logische Array hat folglich an allen Stellen, an denen die Bedingung wahr ist, eine 1, an allen anderen eine Null. find liefert dann genau diejenigen Indizes und (indirekt) Werte, die die vorgegebene Bedingung erfüllen.

Beispiel: find. Gesucht sind all diejenigen Werte einer Matrix, die größer als 3 sind.

```
>> Af
Af =
     1     0     2
     0     0     1
     3     0     0
     4     0     5

>> l=find(Af>3)        >> w=Af(1)
l =                    w =
```

```
        4                      4
       12                      5
```

Dreiecksmatrizen. `L = tril(X)` und `U = triu(X)` liefert die untere bzw. obere Dreiecksmatrix der Matrix „X". Wie im Fall **diag** lässt sich die auszuschneidende Matrix
durch die Übergabe einer positiven oder negativen Zahl nach oben oder unten verschieben: `Lk = tril(X,k)` bzw. `Uk = triu(x,k)`.

```
>> X=rand(4)
X =
     0.4983     0.9601     0.2679     0.2126
     0.2140     0.7266     0.4399     0.8392
     0.6435     0.4120     0.9334     0.6288
     0.3200     0.7446     0.6833     0.1338
>> Lk=tril(X,-2)
Lk =
          0          0          0          0
          0          0          0          0
     0.6435          0          0          0
     0.3200     0.7446          0          0
```

5.2   Elementare Matrizen

5.2.1   Befehlsübersicht

Basismatrizen eye, ones, zeros

Verteilungsvektoren linspace, logspace, :

Vervielfachung repmat, repelem, meshgrid

Frequenzvektoren freqspace

Zufallsmatrizen rand, randn, randi, randperm, RandStream, rng

5.2.2   Basismatrizen

`ones(d1, d2,..., dn)` bzw. `zeros(d1, d2,..., dn)` erzeugt n-dimensionale Arrays,
bei denen alle Elemente den Wert 1 bzw. 0 haben. `x = ones(size(A))` bzw. `x =
zeros(size(A))` erzeugt ein Array, das aus lauter Nullen bzw. Einsen besteht mit
derselben Dimension wie das Array „A".

`eye(n)` ergibt eine n×n-Einheitsmatrix, `eye(n,m)` erzeugt für den quadratischen Un-
terblock eine Einheitsmatrix, die zusätzlichen Zeilen bzw. Spalten werden mit Nullen
aufgefüllt.

x = eye(size(A) erzeugt eine Matrix der Größe „A", die größte quadratische Untermatrix bildet wieder eine Einheitsmatrix, der gegebenenfalls verbleibende Rest wird
mit Nullen aufgefüllt. Drei oder höher dimensionale Arrays werden von eye nicht unterstützt.

```
>> eye(6,3)
ans =
     1     0     0
     0     1     0
     0     0     1
     0     0     0
     0     0     0
     0     0     0
```

eye, ones und zeros erlauben zusätzlich den Qualifier „classname" mit den Werten
„double", „single", „int8", „uint8", „int16", „uint16", „int32", „uint32", „int64" oder „uint64"
zu übergeben. Die erzeugte Matrix ist dann vom Typ „classname". Beispiel:

```
>> Ad = zeros(4,5);            % double
>> Aui = zeros(4,5,'uint64');  % uint64

>> whos
  Name            Size                     Bytes  Class

  Ad              4x5                        160  double array
  Aui             4x5                        160  uint64 array
```

Mit dem Qualifier „like" können die Eigenschaften einer anderen Variablen übergeben
werden. Beispiel:

```
>> ones(2,3,'like',[1 i])
ans =

   1.0000 + 0.0000i   1.0000 + 0.0000i   1.0000 + 0.0000i
   1.0000 + 0.0000i   1.0000 + 0.0000i   1.0000 + 0.0000i
```

5.2.3   Verteilungsvektoren

>> y = linspace(a,b,n) erzeugt einen n-dimensionalen Zeilenvektor y, dessen Nach-
barelemente einen äquidistanten Abstand haben. Die untere Intervallgrenze (y(1)) ist
„a", die obere (y(n)) „b". Der Parameter „n" ist optional. Die Standardeinstellung ist
100. linspace empfiehlt sich dann, wenn die Zahl der Elemente feststeht. Ist dagegen
der äquidistante Abstand „dy" fix, so ist der „Doppelpunktoperator" vorzuziehen:

>> y=a:dy:b. „dy" ist optional, für y=a:b ist die Schrittweite 1. „b" ist die obere Schran-
ke und wird nicht überschritten.

```
>> y1=0.5:3.4
y1 =
    0.5000    1.5000    2.5000

>> y1=0.5:0.6:3.4
y1 =
    0.5000    1.1000    1.7000    2.3000    2.9000
```

Das logarithmische Pendant zu `linspace` ist `>> y = logspace(a,b,n)`. Hier wird ein logarithmisch verteilter n-dimensionaler Zeilenvektor in den Grenzen 10^a bis 10^b erzeugt. „n" ist optional, der Defaultwert ist 50. `y = logspace(a, pi, n)` erzeugt einen Vektor mit Werten zwischen 10^a und π.

```
>> z=logspace(0,pi,5)
z =
    1.0000    1.3313    1.7725    2.3597    3.1416
```

Mit Hilfe des Kommandos `log10` können anstelle der Potenzwerte direkt die linke und rechte Intervallgrenze eingegeben werden.

Beispiel. Erzeugen eines logarithmisch verteilten Vektors $x_0 \leq x \leq x_1$. Wegen $x_i = 10^{\log_{10} x_i}$ bietet sich folgende Lösung an:

```
>> x = logspace(log10(2),log10(3),4)

x =
    2.0000    2.2894    2.6207    3.0000
```

5.2.4   Vervielfachung

meshgrid. `meshgrid` erzeugt aus einem oder bis zu drei Vektoren eine Matrix bzw. ein 3-D-Array durch geeignete Wiederholung der Zeile bzw. Spalte des Vektors. `y1 = meshgrid(x1)` erzeugt aus dem n-dimensionalen Vektor eine n×n-Matrix. `[y1, y2] = meshgrid(x1, x2)` generiert aus den Vektoren „xi" korrespondierende Matrizen „yi". Ist „x1" ein n-dimensionaler Vektor und „x2" m-dimensional, dann sind die Matrizen n×m-dimensional. `[y1, y2, y3] = meshgrid(x1, x2, x3)` erzeugt die dazugehörigen 3-D-Arrays. Die Dimensionen ergeben sich wie im oberen Fall gemäß den zugehörigen Vektoren. Hauptanwendungsbereiche der Funktion `meshgrid` liegen im Bereich der 3-D-Visualisierung und -Interpolation, sie kann aber auch gewinnbringend zur Vektorisierung bestehenden Codes eingesetzt werden.

```
>> x=0:0.5:2
x =
         0    0.5000    1.0000    1.5000    2.0000
>> y=0:1:3
y =
```

```
        0     1     2     3
>> [X,Y] = meshgrid(x,y)
X =
          0    0.5000    1.0000    1.5000    2.0000
          0    0.5000    1.0000    1.5000    2.0000
          0    0.5000    1.0000    1.5000    2.0000
          0    0.5000    1.0000    1.5000    2.0000
Y =
     0     0     0     0     0
     1     1     1     1     1
     2     2     2     2     2
     3     3     3     3     3
```

repmat und repelem. $>>$ B = repmat(A, m n p...) repliziert das (multidimensionale) Array „A" m×n×p×...-fach zu einem multidimensionalen Array B. **repelem** folgt der gleichen Syntax wie **repmat** wiederholt jedoch die einzelnen Elemente m×n×p×...-fach. Beispiel:

```
>> A = rand(2)    % 2x2 Zufallsmatrix
A =
    0.3816    0.7952
    0.7655    0.1869

>> B = repmat(A,4,2)
B =
    0.3816    0.7952    0.3816    0.7952
    0.7655    0.1869    0.7655    0.1869
    0.3816    0.7952    0.3816    0.7952
    0.7655    0.1869    0.7655    0.1869
    0.3816    0.7952    0.3816    0.7952
    0.7655    0.1869    0.7655    0.1869
    0.3816    0.7952    0.3816    0.7952
    0.7655    0.1869    0.7655    0.1869

>> C = repelem(A,4,2)
C =
    0.3816    0.3816    0.7952    0.7952
    0.3816    0.3816    0.7952    0.7952
    0.3816    0.3816    0.7952    0.7952
    0.3816    0.3816    0.7952    0.7952
    0.7655    0.7655    0.1869    0.1869
    0.7655    0.7655    0.1869    0.1869
    0.7655    0.7655    0.1869    0.1869
    0.7655    0.7655    0.1869    0.1869
```

5.2.5   Frequenzvektoren

Die Funktion `freqspace` wird insbesondere im Umfeld der Signal- und Bildverarbeitung als Hilfsfunktion bei der Filterung im Frequenzbereich angewandt. `[f1,f2] = freqspace(n)` erzeugt einen äquidistanten Vektor „f1=f2" mit den Elementen $\frac{-n+1}{n}, \frac{-n+3}{n}, \cdots, \frac{n-1}{n}$ für n ungerade und $\frac{-n}{n}, \frac{-n+2}{n}, \cdots, \frac{n-2}{n}$ für n gerade.

`f = freqspace(n)` erzeugt einen Frequenzvektor mit Wertebereich $0, \frac{2}{n}, \frac{4}{n}, \cdots 1$. Für 2-D-Anwendungen gilt `[f1,f2] = freqspace([n,m])`, „f2" wird bezüglich der Zeilendimension „n" und „f1" bezüglich der Spaltendimension „m" ausgewertet.

`[X,Y] = freqspace(...,'meshgrid')` entspricht der Hintereinanderausführung von „freqspace" und „meshgrid" und erzeugt aus den äquidistanten Frequenzvektoren „fi" das zugehörige Gitter. `f = freqspace(n,'whole')` berechnet n äquidistante Werte $0, \frac{2}{n}, \frac{4}{n}, \cdots, \frac{2(n-1)}{n}$.

5.2.6   Zufallsmatrizen

Die grundlegenden Funktionen zum Erstellen von Zufallszahlen sind `rand` (gleichverteilt), `randn` (normalverteilt), `randi` (gleichverteilte ganze Zahlen) und `randperm` (Zufallspermutation ganzer Zahlen). Der wiederholte Aufruf beispielsweise der Funktion `rand` erzeugt eine Abfolge von Zufallszahlen. Dieser „Strom" basiert auf der Klasse `RandStream`. Die Eigenschaften, beispielsweise der Startwert (seed), werden durch die Funktion `rng` kontrolliert, die mit dem Rel. 2011a eingeführt wurde.

Normal- und gleichverteilte Zufallsmatrizen. Mit `rand` lassen sich gleichverteilte und mit `randn` normalverteilte Arrays erzeugen. Beide Funktionen erlauben identische Argumente. Als Beispiel sei daher nur der Fall gleichverteilter Zufallszahlen betrachtet. Mit `>> A = rand(n)` wird eine n×n-Zufallsmatrix und mit `A = rand(d1, d2, ..., dn)` ein d1×d2···×dn-dimensionales Zufallsarray erzeugt, d.h. einen Zufallsvektor erhält man mittels `A = rand(1,n)`. `A = rand(..., 'double')` bzw. `A = rand (..., 'single')` erlaubt das Erzeugen von Matrixelementen mit 8 Byte (Standardgenauigkeit) bzw. 4 Byte Genauigkeit. `A = rand (..., 'like', x)` erstellt ein Zufallsarray vom selben Objekttyp wie „x". Mittels `rand(s,...)` werden Zufallszahlen aus dem Zufallszahlenstrom „s" erzeugt. „s" ist ein RandStream-Objekt.

Gleichverteilte ganze Zufallszahlen. `randi(imax)` erzeugt gleichverteilte ganze Zufallszahlen zwischen 1 und „imax". Mit `randi(imax,n)` wird eine n×n-Matrix und mit `randi(imax,n,m,p,..)` ein n×m×p×··· ganzzahliges Zufallsarray erzeugt. Der Defaultdatentyp ist double obwohl ganze Zahlen vorliegen. Mit `randi(...,'class')` lässt sich der Datentyp einstellen. Unterstützt werden bis auf „uint64" alle Datentypen. Alternativ kann auch der Aufruf `randi(..., 'like', x)` gewählt werden. Es wird dann ein ganzzahliges Zufallsarray vom selben Objekttyp wie „x" erstellt. Mittels `randi([imin,imax],...)` werden gleichverteilte Zufallszahlen im Intervall imin··· imax erzeugt und mit `randi(s,...)` lässt sich das RandStream-Objekt „s" übergeben.

Zufallspermutationen. `randperm(k)` erzeugt eine Zufallsfolge der Zahlen von $1 \cdots k$ und `randperm(k,n)` wählt $n \leq k$ Werte aus dieser Zufallsfolge aus. Mit `randperm(s,...)` lässt sich wieder ein RandStream-Objekt „s" übergeben.

Seed und Zufallsverfahren: rng. Zufallszahlen sind nur pseudo-zufällig, d.h. folgen einem deterministischen Berechnungsverfahren. `rng` legt das verwendete Zufallsverfahren und implizit den Startwert der Zufallsfolge (Seed) fest. Mit `es = rng` werden in der Struktur „es" die aktuellen Einstellungen gespeichert. `rng(sd)` setzt die Seed „sd" für den Zufallsgenerator. Mit `rng('shuffel')` wird die Seed auf der aktuellen Zeit basierend gewählt und damit bei jedem Start eine andere Zufallssequenz erzeugt. D. h., beispielsweise für gleichverteilte Zufallszahlen entspricht `rng('shuffel')` dem veralteten `rand('seed',sum(100*clock))`. Mittels `rng(sd,generator)` bzw. `rng('shuffel', generator)` wird das verwendete Zufallsverfahren ausgewählt. Zur Verfügung stehen:

- 'twister': Mersenne Twister Verfahren
- 'simdTwister': SIMD-orientiertes Mersenne Twister Verfahren
- 'combRecursive': Kombinierte multiple rekursive Generatoren
- 'multFibonacci': Multiplikativer lagged Fibonacci-Generator
- 'philox': Philox 4x32 Zufallsgenerator, geeigent für GPU Anwendungen
- 'threefry': Threefry 4x64 Zufallsgenerator, geeigent für GPU Anwendungen
- 'v5uniform': unter MATLAB-5 verwendeter Zufallsgenerator für gleichverteilte Zufallszahlen
- 'v5normal': unter MATLAB-5 verwendeter Zufallsgenerator für normalverteilte Zufallszahlen
- 'v4': Zufallsgenerator unter MATLAB-4.

Via `rng('default')` lassen sich die Voreinstellungen wieder setzen und mittels `rng(es)` die zuvor abgespeicherten Einstellungen.

Mittelwert und Standardabweichung einer Normalverteilung setzen.
`xn = randn(n,1)` berechnet einen n-komponentiger Vektor normalverteilter Zufallszahlen mit Mittelwert 0 und Standardabweichung 1, und mittels `xn = a .* randn(n,1) + b` mit Mittelwert „b" und Standardabweichung „a". Soll die Zufallssequenz jeweils mit derselben Zufallszahl starten führt man zuerst den Befehl `rng(0,'twister')` aus. Selbstverständlich kann auch ein anderes Zufallsverfahren aus der obigen Liste verwandt werden.

Einstellen der Eigenschaften der Zufallswerte. Zufallszahlen werden nach einem bestimmten deterministischen Algorithmus berechnet, sind - wie bereits erwähnt - nur Pseudo-Zufallszahlen. Die Klasse `RandStream` dient der Festlegung dieser Eigenschaften und unterstützt zusätzliche Algorithmen und Funktionalitäten. Einige der zusätzlichen Verfahren erlauben es, zu einer ausgewählten Zufallssequenz aus einer Reihe berechneter Zufallssequenzen zurückzuspringen (Substream). In einem ersten Schritt erstellen wir ein Zufallsobjekt (Stream) mit Hilfe des `RandStream` Konstruktors: `mStream = RandStream('mlfg6331_64');`. Das Argument legt dabei das verwendete Verfahren fest. (Eine Übersicht folgt unten.) Mit `rand(mStream,1,3)` wird nun eine lokale Zufallsabfolge generiert. Was bedeutet das? Schauen wir uns das folgende Beispiel an:

```
% RandStream erstellt lokale Zufallssequenz
```

```
mStream = RandStream('mlfg6331_64');
        % mit Konstruktor Zufallsobjekt erstellen
rand(mStream,1,3)        % Ausfuehren
ans =
    0.6986    0.7413    0.4239

rand                     % rand unabhaengig von mStream
ans =
    0.8147

rand(mStream,1,3)        % "mStream-Abfolge" wird fortgesetzt
ans =
    0.6914    0.7255    0.4391

rand                     % rand bleibt unabhaengig vom lokalen mStream
ans =
    0.9058
```

Eine zusätzliche Funktionalität, ist die Möglichkeit Substreams zu erstellen und zu ihnen zurückzuspringen:

```
>> s = RandStream('mlfg6331_64');        % RandStream-Objekt erzeugen
>> RandStream.setGlobalStream(s);        % Zum Standardverfahren machen

>> % Die Substream Indizes k setzen und zuge\"orige Zufallssequenz
>> % berechnen
>> for k=1:5
>>      s.Substream=k;
>>      [k, rand(1,k)]
>> end

% fuehrt zum Ergebnis
...

ans =
    3.0000    0.0261    0.2530    0.0737
ans =
    4.0000    0.3220    0.7405    0.1983    0.1052
ans =
    5.0000    0.2067    0.2417    0.9777    0.5970    0.4187

>> s.Substream=3;  % Auswahl einer Sequenz
>> rand(1,5)       % Wiederholen von Sequenz 3 mit den selben
                   % Startwerten aber laengere Sequenz

ans =
    0.0261    0.2530    0.0737    0.7119    0.0048
```

Wir sehen, der Substream 3 wird wiederholt und entsprechend fortgesetzt.

Mit dem Aufruf `s = RandStream('Verf','Param1',Wert1,...)` wird ein RandStream-Objekt „s" erzeugt, das auch als Argument an die Zufallsfunktionen `rand`, `randn`, `randi` und `randperm` übergeben werden kann. „Verf" legt das Berechnungsverfahren, „Param·" die Parameter und „Wert·" die zugehörigen Werte fest. Unterstützt werden die folgenden Verfahren:

- „mt19937ar" Mersenne-Twister-Verfahren (Standard). Dem bisherigen Aufruf für den Start der Zufallssequenz `rand('twister',5489)` entspricht nun `RandStream ('mt19937ar', 'Seed', 5489)`.

- „mcg16807" Multiplikativer kongruenter Generator

- „mlfg6331_64" Multiplikativer lagged Fibonacci-Generator, unterstützt die Substream-Eigenschaft

- „mrg32k3a" Kombinierte multiple rekursive Generatoren, unterstützt die Substream-Eigenschaft

- „shr3cong" Marsaglia-SHR3-Generator, basierend auf der Überlagerung linearer kongruenter Generatoren

- „swb2712" Äquivalent zum MATLAB-5-Zufallsgenerator, der bisher mittels `rand ('state',0)` aufgerufen wurde. Dieser Initialisierung des Zufallsgenerators entspricht nun `RandStream('swb2712','Seed',0)`.

- „dsfmt19937" SIMD-basiertes schnelles Mersenne Twister Verfahren.

- „Philox4x32_10" Zufallsgenerator, geeignet für gPU Anwendungen

- „Threefry4x64_20" Zufallsgenerator, geeignet für gPU Anwendungen

Die `RandStream` Klasse unterstützt die folgenden Methoden:

- RandStream: Konstruktor zum Erstellen eines Objekts der Klasse RandStream

- RandStream.create: Erstellen mehrerer unabhängiger Objekte; Beispiel `[s1, s2] = RandStream.create('mlfg6331_64','NumStreams',2)`.

- set und get: Mit `get(s)` bzw. `get(s,'Eigen')` werden alle Eigenschaften bzw. die Eigenschaft „Eigen" des RandStream-Objekts „s" ausgelesen und mit `set(s, 'Eigenschaft1',Wert1,...)` die entsprechenden Werte gesetzt. (Eine Liste unterstützter Eigenschaften s.u.)

- list: `RandStream.list` listet alle verfügbaren Zufallsverfahren auf.

- getGlobalStream und setGlobalStream ermittelt bzw. setzt das Standardverfahren. Mit `s = RandStream.getGlobalStream` erhält man das aktuell verwendete Zufallsverfahren, mit `bs = RandStream.setGlobalStream(s)` wird das neue Verfahren „s" gesetzt und das bisher genutzte „bs" zurückgeliefert.

- reset(s) bzw. reset(s,seed) setzt das aktuelle Verfahren auf den Anfangswert zurück.

- rand, randn, randi und randperm können als Argument mit einem RandStream-Objekt „s" aufgerufen werden, beispielsweise randperm(s,n). Die Zufallsberechnung folgt dann dem durch das RandStream-Objekt „s" festgelegten Berechnungsverfahren und Eigenschaften.

Die von RandStream-Objekten unterstützten Eigenschaften auf die beispielsweise mit set- und get-Methoden zugegriffen werden kann, sind:

- Type: Verwendeter Zufallsalgorithmus (vgl. RandStream.list)
- Seed: Festlegen des Anfangswertes der Zufallssequenz
- NumStreams und StreamIndices: Zahl der erzeugten Zufallssequenzen und zugehöriger Index. Beispiel: s2 = RandStream.create('mlfg6331_64','NumStreams', 3, 'StreamIndices',2);
- State: Interner Zustand des Zufallsgenerators
- Substream: Substream-Index, der verwendet werden soll (s.o.)
- NormalTransform: (Bisher RandnAlg) Algorithmus, der zur Berechnung normalverteilter Zufallszahlen verwandt werden soll. Zur Auswahl stehen „Ziggurat", „Polar" und „Inversion".
- Antithetic: Logischer Wert, der festlegt ob antithetische Zufallszahlen erzeugt werden sollen.
- FullPrecision: Logischer Wert, der festlegt ob die Zufallszahlen mit maximaler Genauigkeit berechnet werden.

5.3 Elementare Eigenschaften von Arrays

5.3.1 Befehlsübersicht

Arraygröße length, ndims, numel, size, strlength

Logische Arrayfunktionen iscolumn, isempty, isequal, isequaln, isfloat, isinteger, islogical, ismatrix, isnumeric, isrow, isscalar, isvector, logical

Prüfen von Arrays validateattributes, validatestring

5.3.2 Arraygröße

n = length(A) liefert als Antwort die höchste Dimension eines d-dimensionalen Arrays „A", l = strlength(As) die Zahl der Characters der Stringvariablen „As" und d = ndims(A) die Dimension „d" des Arrays, mindestens jedoch 2.

```
Beispiel fuer das Verhalten von length und strlength
ca = 'WieLangBinIch?';      % Character Array
length(ca)                  ans = 14
```

```
strlength(ca)                    ans = 14
cc = {'WieLangBinIch?'};         % Zellvariable
length(cc)                       ans = 1
strlength(cc)                    ans = 14
sa = "WieLangBinIch?";           % String Array
length(sa)                       ans = 1
strlength(sa)                    ans = 14
                    ABER
sa2 = ["Wie" "Lang" "Bin" "Ich" "?"]; % String Array
length(sa2)                         ans = 5
strlength(sa2)                      ans = 1x5
                            3    4    3    3    1
```

s = size(A) ermittelt alle Dimensionen des d-dimensionalen Arrays „A" und [n1, n2,
..., ni] = size(A) die ersten $i \leq d$ Dimensionen des d-dimensionalen Arrays. Mit
m = size(A,dim) lässt sich die Größe des Arrays längs der Dimension „dim" abfragen. n = numel(A) ermittelt die totale Zahl der Elemente des Arrays „A" und nt =
numel(A,varargin) erlaubt, mit „varargin" eine Indexliste zu übergeben. Beispiel:

```
a=magic(4);b=rand(4);c=randn(4);
abc=cat(4,a,b,c);
n=numel(abc,1:2,3:4,1:4)
n =
    16
```

5.3.3   Logische Arrayfunktionen

Die in Tabelle (5.1) aufgeführten logischen Funktionen sind alle vom Typ isnumeric(A)
und erlauben als Argument ein beliebiges Array, das elementweise ausgewertet wird. Ist
die Frage wahr, wird der Antwort eine logische „1" (true), sonst eine logische „0" (false)
zugeordnet.

Tabelle 5.1: Einfache logische Arrayabfragen.

FUNKTION	BEDEUTUNG: IST WAHR	FUNKTION	BEDEUTUNG: IST WAHR
isempty	wenn das Array leer ist	isscalar	für 1×1-Matrizen
isfloat	für floating points	isvector	für Vektoren
isinteger	für ganze Zahlen	isrow	für Zeilenvektoren
islogical	für logische Arrays	iscolumn	für Spaltenvektoren
isnumeric	für numerische Werte	ismatrix	für Matrizen

ie = isequal(A,B,...) liefert eine „1" zurück, wenn die Arrays identisch gleich sind,
andernfalls eine „0". Ist eines der Elemente vom Typ „nan" (not-a-number), ist die
Antwort auch bei identischen Arrays „false" (0). Um solche Fälle abzufangen, dient
ie = isequaln(A,B,...).

al = logical(A) wandelt ein Array in ein logisches Array, das beispielsweise zur logischen Indizierung eines anderen Arrays verwandt werden kann.

```
>> x=-2:0.5:2
x =
  Columns 1 through 7
   -2.0000   -1.5000    -1.0000    -0.5000
                     0    0.5000     1.0000
  Columns 8 through 9
    1.5000    2.0000
>> xl=logical(x)
1x9 logical array
xl =
     1   1   1   1   0   1   1   1   1
```

Alle Elemente ungleich null werden dabei einer logischen „1" zugeordnet:

```
>> y=rand(1,length(x))
y =
  Columns 1 through 6
  0.8132  0.0099  0.1389  0.2028  0.1987  0.6038
  Columns 7 through 9
  0.2722  0.1988  0.0153
>> yaus=y(xl)
yaus =
  Columns 1 through 6
  0.8132  0.0099  0.1389  0.2028  0.6038  0.2722
  Columns 7 through 8
  0.1988  0.0153
```

Nur diejenigen Elemente werden bei der logischen Indizierung zurückgegeben, bei denen der Indexwert „wahr" (1) ist.

5.3.4   Prüfen von Arrays

Die Funktion `validateattributes` prüft nach, ob ein Array „A" einer vorgegebenen Klasse angehört und bestimmte festgelegte Eigenschaften erfüllt. Seine besondere Stärke spielt `validateattributes` im Zusammenhang mit Funktionen und der Überprüfung der Eingabeargumente aus. (Vgl. dazu auch `inputParser`, S. 209). Der allgemeine Aufruf lautet `validateattributes(A, klasse, eigenschaft, fname, varname, ort)`. „fname, varname, ort" sind optionale Argumente.

„A" ist das zu überprüfende Array, „klasse" eine Zellvariable, die die erlaubten Klassen auflistet und „eigenschaft" eine Zellvariable mit den geforderten Eigenschaften. Beispiel:

```
>> z = pi;
>> validateattributes(z, {'double','uint8'},{'>=', 50}
??? Expected input to be an array with all of the values >=50.
```

Unterstützt werden alle in MATLAB erlaubten Klassen: 'numeric' (jeder beliebige numerische Wert, dazu gehört auch inf), 'single', 'double', 'int8', 'int16', 'int32', 'int64' und die entsprechenden uint-Klassen, 'logical', 'char', 'struct', 'cell', 'function_handle' sowie eigene Klassennamen. Eigenschaften sind beliebig kombinierbar. Dabei werden beispielsweise die folgenden Eigenschaften unterstützt: {'>', N}, {'>=', N}, {'<=', N}, {'<', N}, '2d' (d.h. erlaubt sind Skalare, Vektoren und Matrizen), 'column' (Spaltenvektoren), 'even' (geradzahlig einschließlich 0), 'finite', 'integer', 'nonempty', 'nonnan', 'nonnegative', 'nonsparse', 'nonzero', 'odd' (ungeradzahlig), 'positive' (d.h. streng größer 0), 'real', 'row' (Zeilenvektor), 'scalar', {'size', [m,n,···]} (fest vorgeschriebene Arraygröße) und 'vector' (Skalar, Zeilen- oder Spaltenvektor); N ist eine Zahl.

Das Haupteinsatzgebiet für `validateattributes` sind Funktionen. Das optionale Argument „ort" ist eine ganze Zahl, die die Position von A in der Argumentliste einer Funktion angibt. `validateattributes(A, klasse, eigenschaft, ort)` liefert gegebenenfalls eine Fehlermeldung zurück, die die Position der fehlerhaften Variablen in der Argumentliste angibt. `validateattributes(A, klasse, eigenschaft, fname)`, der String „fname" ist der Name der Funktion, in der die Arrayprüfung durchgeführt wurde und `validateattributes(A, klasse, eigenschaft, fname, varname)` „varname" der Name der zu testenden Variablen. Beide Werte werden im Falle eines Fehlers zurückgegeben. Dies ist insbesondere bei umfangreichen Variablenlisten hilfreich.

`welcher = validatestring(As, mitwas, fname, varname, ort)` ist ähnlich aufgebaut wie `validateattributes`. Wieder sind „fname, varname, ort" optionale Argumente mit derselben Bedeutung wie unter `validateattributes` und mit den gleichen Aufrufmöglichkeiten. „As" ist der zu testende Textstring und „mitwas" eine Zellvariable, die die Vergleichstexte enthält. Das Rückgabeargument „welcher" gibt den übereinstimmenden String zurück. Beispiel

```
>> x = validatestring('stimmts', {'nein', 'stimm'})
??? Expected argument to match one of these strings:
    nein, stimm
The input, 'stimmts', did not match any of the valid strings

>>  x = validatestring('stimmts', {'nein', 'stimmts'})
x =
    stimmts
```

6 Stringfunktionen

6.1 Zeichenketten-Funktionen

Character-Arrays werden in MATLAB mit Hilfe einfacher Anführungszeichen (Hochkommas) erzeugt.

```
>> a=['abcd'
      'efg']
??? Error using vertcat
Dimensions of arrays being concatenated are not consistent.
```

Für sie gelten dieselben Regeln wie für numerische Arrays, d.h. jede Zeile hat dieselbe Spaltendimension und umgekehrt.

```
>> a=['abcd'
      'efg ']


a =
abcd
efg
```

String-Arrays wurden mit dem Rel. R2017a eingeführt und werden mittels Anführungszeichen erstellt:

```
>> a=["abcd"
      "efg"];
```

Hier können die einzelnen Einträge eine unterschiedliche Anzahl von Zeichen (Characters) haben. Jeder in Anführungszeichen stehender Teil ist ein Element des String-Arrays.

Häufig werden die Character-Arrays auch als Zeichenarrays und die String-Arrays als Zeichenfolgenarrays bezeichnet. Betrachten wir das folgende Beispiel,

```
>> ca = ['abc';'cde'];
>> sa = ["abc";"cde"];
>> whos
  Name       Size            Bytes  Class     Attributes

  ca         2x3                12  char
  sa         2x1               204  string
```

dies ist der Grund, weshalb ich mich zu der Bezeichung Character-Array und String-Array[1] auch im Deutschen entschieden habe. Die einzelnen Zeichen a, b, ... sind aber

---

[1]unabhängig von der Dimension

https://doi.org/10.1515/9783110741780-006

Characters. Zeichenketten sind Character-Vektoren und werden auch als Strings bezeichnet. Wie der Befehl oben zeigt brauchen String-Arrays deutlich mehr Speicher als ihr Character Pendant.

6.1.1 Befehlsübersicht

Zeichenketten erzeugen char, cellstr, newline, string, strings

Leerstellen blanks, deblank, pad, strip, strtrim, strjust

Konvertieren double, convertCharsToStrings, convertStringsToChars, convertContainedStringsToChars

Tests ischar, iscellstr, isletter, isspace, isstring, isstringscalar, isstrprop

Ausdrücke finden contains, count, matches, regexp, regexpi, regexprep, regexptranslate, strfind, strtok

Ausdrücke vergleichen endsWith, startsWith, strcmp, strncmp, strcmpi, strncmpi

Muster erstellen und suchen pattern, alphanumericsPattern, characterListPattern, digitsPattern, lettersPattern, whitespacePattern, wildcardPattern, optionalPattern, possessivePattern, caseSensitivePattern, caseInsensitivePattern, asFewOfPattern, asManyOfPattern, regexpPattern, maskedPattern, namedPattern

Begrenzungsmuster alphanumericBoundary, digitBoundary, letterBoundary, whitespaceBoundary, lineBoundary, textBoundary, lookAheadBoundary, lookBehindBoundary

Zeichen zusammenfügen/trennen append, char, extract, extractAfter, extractBefore, extractbetween, join, plus, split, compose, splitlines, strcat, strjoin, strsplit

Zeichen ersetzen replace, replaceBetween, reverse, strrep

Groß- und Kleinbuchstaben upper, lower

6.1.2 Zeichenketten erzeugen

`zx = char(ix)` wandelt den ganzzahligen Integer-ASCII-Code „ix" in die entsprechenden Zeichen „zx" um.

```
>> ascii = char(reshape(32:127,32,3)')

ascii =
 !"#$%&'()*+,-./0123456789:;<=>?
@ABCDEFGHIJKLMNOPQRSTUVWXYZ[\]^_
`abcdefghijklmnopqrstuvwxyz{|}~˜?
```

Die Umkehrung leistet `double`. `c = cellstr(S)` wandelt eine Character-Matrix in eine Zellvariable. Dabei wird jede Zeile ein eigenes Element der Zellvariablen. Mit `char` wird das Ergebnis wieder umgekehrt und ein Character-Array erzeugt. `a = newline` erzeugt den Character (ASCI-Code 10) für einen Zeilenumbruch.

`As = string(A)` wandelt das Array „A" in ein String-Array und `As = string(A, zfmt)` das datetime oder duration Array „A" in ein String-Array, wobei das Format durch „zfmt" gegeben ist. Beispiel: `d = datetime; As = string(d,'dd-MMM-yyyy')`

`As = strings(n1,n2,..)` erzeugt ein leeres Strings-Array der Dimension n1×n2×···. Das Argument ist optional, `As = strings` erzeugt einen String ohne Character.

6.1.3   Leerstellen optimieren

`blanks(n)` erzeugt einen String mit n Leerzeichen.

`a = deblank(b)` entfernt die Leerzeichen am Ende eines Strings, Character-Arrays (falls möglich) oder String-Arrays „b". Ist „b" eine Zellvariable, dann wirkt `deblank` elementweise. `a = strtrim(b)` entfernt die führenden und schließenden Leerzeichen. `a = strjust(b,'eig')`; ist „b" eine Character-oder String-Matrix, deren einzelne Zeilen entweder mit Leerzeichen beginnen oder enden, dann orientiert `strjust` entsprechend dem optionalen Argument „eig" die Zeilen um. Voreinstellung ist „right" für rechtsbündig, „left" für linksbündig und „center" für zentriert.

`a = pad(b)` fügt den einzelnen Strings Leerzeichen hinzu. „b" kann dabei ein Character-Vektor, ein String-Array oder ein Zellarray sein. Bei einem String-Array werden soviele Leerzeichen hinzugefügt, dass die Strings einer Spalte gleich lang werden. Mit `a = pad(b, nleer)` werden „nleer" (ganze Zahl) Leerzeichen hinzugefügt. Leerstellen lassen sich an anderen Positionen mittels `a = pad(b, wo)` hinzufügen. Unterstützte Werte sind 'left', 'right' und 'both'. „nleer" und „wo" kann auch kombiniert werden. Sollen keine Leerzeichen sondern andere Characters „c" verwendet werden, so ist dies via `a = pad(..., c)` möglich.

`a = strip(b)` entfernt führende oder abschließende Leerzeichen an String-Arrays, Character-Vektoren oder Zellarrays. Mittels `a = strip(b, wo)` kann festgelegt werden, wo die Leerzeichen entfernt werden sollen. „wo" kann die Werte 'left', 'right' oder 'both' annehmen.

6.1.4   Konvertieren

`double(a)` wandelt die String-Variable „a" in den korrespondierenden ASCII Code. Das Ergebnis ist vom Typ „double". `double` kann auch auf andere Datentypen wie beispielsweise int8 zum Konvertieren in eine Double-Zahl angewandt werden.

`[B1,...,Bn] = convertCharsToStrings(A1,...,An)` wandelt Character-Arrays und Zellarrays von Character-Vektoren in String-Arrays um. Alle anderen Variablentypen bleiben unverändert. Die Umkehrung ist `[A1,...,An] = convertStringsToChars(B1, ..., Bn)`.

`[A1,...,An] = convertStringsToChars(B1,...,Bn)` konvertiert String-Arrays in Character-Arrays. Die Variablen „Bi" können auch Zellarrays oder Strukturen sein. In diesem Fall werden die String-Arrays innerhalb der einzelnen Elemente oder Felder in Character-Arrays gewandelt.

6.1.5 Tests

Die im Folgenden aufgelisteten Befehle dienen zum Testen und liefern ein logisches Wahr (1) wenn die Bedingung wahr ist, sonst ein logisches Falsch.

- `ischar(A)`, Test auf Character-Array
- `iscellstr(A)` ist wahr, wenn die Eingabe eine Zellvariable bestehend aus Strings ist.
- `isletter(a)` testet den Inhalt auf Buchstaben.
- `isspace(A)` dient dem Detektieren von Leerzeichen in Character-Arrays.
- `isstring(A)` testet, ob ein String-Array vorliegt.
- `isstringScalar(A)` prüft ob das String-Array „A" aus nur einem Element besteht. Ein Element ist beispielsweise ``AuchIchBinNur Ein Element``.
- `tf = isstrprop(a,'kategorie')` testet ob der String „a" der Kategorie „kategorie" angehört. Zurück geliefert wird ein logisches Array „tf" derselben Größe wie „a". Unterstützt werden die folgenden Kategorien:
  - alpha: Wahr für Buchstaben
  - alphanum: für alphanumerische Zeichen
  - cntrl: für Kontrollzeichen wie Zeilenumbrüche
  - digits: für numerische Zeichen
  - graphic: für grafische Zeichen
  - lower: für Kleinbuchstaben
  - print: für grafische Zeichen und Zeilenumbrüche
  - punct: für Satzzeichen (z. Bsp. ?)
  - wspace: für Leerzeichen einschließlich {$'$ $'$, $'\backslash$t$'$, $'\backslash$n$'$, $'\backslash$r$'$, $'\backslash$v$'$, $'\backslash$f$'$}
  - upper: für Großbuchstaben
  - xdigit: für diejenigen Elemente, die gültige hexadezimale Zahlen sind.

6.1.6 Ausdrücke finden

contains, count, matches. Die Funktionen `contains`, `count` und `matches` können zum Suchen von Mustern verwandt werden. Im Folgenden ist „sa" ein String-Array und „mu" ein String oder ein Pattern-Objekt, das mit dem Befehl `pattern` erstellt wurde (s.u.). Alle drei MATLAB-Funktionen haben denselben Aufbau `wf = funktion(sa, mu)` oder `wf = funktion(sa, mu, 'IgnoreCase',true)` falls zwischen Groß- und Kleinbuchstaben nicht unterschieden werden soll.

- `contains` prüft spaltenweise, ob das Muster „mu" im String-Array enthalten ist. Der Rückgabewert „wf" ist ein logischer Vektor entsprechend der Anzahl der Spalten.

- `count` zählt spaltenweise wie oft „mu" in den Strings enthalten ist. Der Rückgabewert ist ein Integer-Vektor.

- `matches` prüft nach, ob der String „mu" im String-Array „sa" enthalten ist und liefert ein logisches Array derselben Größe wie „sa" zurück.

regexp, regexpi, regexprep. Die Funktionen `regexp`, `regexpi` und `regexprep` können zum Suchen und Ersetzen regulärer Ausdrücke in Strings verwandt werden. Reguläre Ausdrücke können beliebige Abfolgen einzelner Character sein. Mit Hilfe der folgenden Operatoren können flexibel reguläre Ausdrücke erzeugt werden:

`.`: Jeder einzelne Character einschließlich Leerstellen. Beispielsweise steht „..olf" für jeden beliebigen Ausdruck, der mit zwei Zeichen beginnt und mit „olf" endet.

`[abc]`: Alternativ (a oder b oder c) jeder Character aus der Klammer, beispielsweise steht „[RW]olf" für Rolf oder Wolf.

`[^abc]`: Jeder Character, der nicht in der Klammer steht.

`[^a-f]`: Jeder Character, der zwischen a und f steht (a und f können beliebig andere Buchstaben sein),

`\s`: Jeder Leerzeichen-Character (Leerstellen, Tabs, Zeilenumbrüche, ...).

`\S`: Jeder Nicht-Leerzeichen-Character (vgl. Tab. (6.1)).

`\w`: Äquivalent zu `[a-zA-Z_0-9]`.

`\W`: Nicht `\w`.

`\d`: Äquivalent zu `[0-9]`.

`\D`: Nicht `\d`.

Tabelle 6.1: *Liste besonderer Character.*

OPERATOR	AUFGABE
`\a`	Alarm
`\b`	Backspace
`\e`	Escape
`\f`	Seitenvorschub
`\n`	neue Zeile
`\r`	Wagenrücklauf
`\t`	horizontaler Tabulatorschritt
`\v`	vertikaler Tabulatorschritt
`\oN`	Character des oktalen Werts N
`\o{N}`	wie `\oN`
`\xN`	Character des hexadezimalen Werts N
`\n{N}`	wie `\xN`
`\char`	literaler Character. Hat ein Character eine besondere Bedeutung, so lässt sie sich mit `\` ausschalten.

Spezielle Character sind in Tabelle (6.1) aufgelistet. MATLAB unterstützt auch die in
Tabelle (6.2) aufgelisteten logischen Operatoren in regulären Ausdrücken.

Tabelle 6.2: *Logische Operatoren.*

OPERATOR	AUFGABE
(expr)	Erzeugen eines Tokens (s.u.)
(?:expr)	Gruppieren ohne ein Token zu erzeugen
(?>expr)	atomare Gruppierung
(?#expr)	Einfügen eines Kommentars
expr1|expr2	„expr1" oder „expr2"
^expr	expr soll nur zu Beginn des Suchstrings verglichen werden
expr$	expr soll nur am Ende des Suchstrings verglichen werden
\ <expr	expr soll zu Beginn eines Wortes verglichen werden
expr\ >	expr soll am Ende eines Wortes verglichen werden
\ <expr\ >	expr soll exakt auf ein Wort abgebildet werden.

Lookaround-Operatoren besitzen genau zwei Elemente: Das Vergleichs- und das Test-
muster. Unterstützt werden die folgenden Operatoren:

- expr1(?=expr2): Teste Ausdruck expr1, wenn er von expr2 gefolgt wird.

- expr1(?!expr2): Teste Ausdruck expr1, wenn er nicht von expr2 gefolgt wird.

- (?<=expr1)expr2: Teste Ausdruck expr2, wenn expr1 vorausgeht.

- (?<!expr1)expr2: Teste Ausdruck expr2, wenn expr1 nicht vorausgeht.

Quantifier legen fest, wie viele Instanzen eines einzelnen regulären Ausdrucs getroffen
werden müssen oder sollen. Tab. (6.3) listet die unterstützten Quantifier auf.

Beispiel: quantifier. (vgl. regexp und Tab. (6.3))

```
>> such='a(bcdef)?'; % Der Suchstring
>> finden='a'; % Darin wird gesucht
>> regexp(finden,such,'match') %
ans =
    'a'

>> such='abcdef'; % Dagegen
>> regexp(finden,such,'match')
ans =
    {}
>> % such muss hier vollstaendig in finden
   %                        enthalten sein.
```

Token. Das letzte wichtige Begriffsbild im Zusammenhang mit regulären Ausdrücken
sind Token. (Die Konstruktionselemente, die Token erlauben, sind erst im Zusammenhang mit MATLAB-Befehlen sinnvoll nutzbar. Es empfiehlt sich daher, die folgenden

Tabelle 6.3: *Liste der Quantifier. „expr" ist das zugehörige Character-Array, das vervielfältigt werden soll.*

OPERATOR	BEDEUTUNG
expr?	identisch zu expr{0,1}, vgl. Beispiel muss 0 oder einmal getroffen werden
expr*	identisch zu expr{0,} muss 0 oder häufiger getroffen werden
expr+	identisch zu expr{1,} muss mindestens einmal getroffen werden
expr{n}	muss exakt n-mal getroffen werden
expr{n,}	muss mindestens n-mal getroffen werden
expr{n,m}	muss mindestens n-mal und darf höchstens m-mal getroffen werden
qu_expr	steht für einen der oberen 6 Ausdrücke der linken Spalte, die zusätzlich noch mit einem „?" (lazy quantifier) oder „+" (possessive quantifier) erweitert werden können.

Begriffsbilder zu überfliegen und nach der Diskussion von `regexp` nochmals hierher zurückzukehren.)

Jedes Suchmuster „xyz" lässt sich durch Einklammern „(xyz)" in ein Token wandeln. Mehrere Token lassen sich hintereinander schalten,beispielsweise „(aus1)(aus2)(aus3)". Den einzelnen Token wird von links nach rechts entsprechend ihrer Position eine Zahl zwischen 1 und 255 zugeordnet. Es werden folgende Operatoren unterstützt:

- \n: Das n-te Token wird über \n angesprochen.

- $n: Einfügen des n-ten Tokens bei einem Treffer. Wird nur von `regexprep` unterstützt.

- (?<name>xyz): dem Token wird ein Name zugeordnet.

- \k<name>: das Token wird über seinen Namen „name" angesprochen.

- (?(tok)xyz): Wenn ein Token „tok" erzeugt wird, wird „xyz" gesucht.

- (?(tok)xyz1|xyz2): Wenn ein Token „tok" erzeugt wird, suche den erste String „xyz1", sonst „xyz2".

regexp und regexpi. Die Funktionen `regexp` und `regexpi` dienen dem Suchen bestimmter Zeichen in Strings. `regexp` unterscheidet im Gegensatz zu `regexpi` zwischen Groß- und Kleinbuchstaben. Bei beiden ist der Aufruf identisch, es genügt daher, eine der beiden genauer vorzustellen.

Die einfachste Form ist `s = regexp('ausdr','sstr')`. Hier wird der Suchstring „sstr" im vorgegebenen Ausdruck „ausdr" gesucht und die Anfangsposition zurückgegeben. Mit `[s1, s2, ...] = regexp('ausdr','sstr','q1', 'q2', ..., 'once')` lassen sich bis zu sieben zusätzliche Qualifier „qi" übergeben. Die Rückgabeargumente korrespondieren zu den Qualifiern und treten in derselben Reihenfolge auf. Die „qi" können folgende Werte sein:

- start: Anfangsindex des Treffers
- end: Endindex des Treffers
- tokenExtents: Zell-Array mit den Start- und Endindizes jedes Substrings in „ausdr", das ein Token in „sstr" trifft. Bei gemeinsamer Verwendung dieser Option und der Option „once" ist ab Rel. 7.2 der Rückgabewert ein Array vom Typ Double und kein Zell-Array mehr.
- match: Zell-Array, das den Text jedes Substrings von „ausdr" enthält, der „sstr" trifft.
- tokens: Zell-Array mit dem Text jedes Tokens.
- names: Structure-Array mit den Namen und dem Text jedes benannten Tokens.
- split: Zell-Array, das den Text jedes Substrings von „ausdr" enthält, der mit „sstr" nicht übereinstimmt. (split wird seit Version 7.5 unterstützt.)

Beispiel.

```
>> ausdr='ehne mehne muh und raus bist du';
>> sstr='\w*(e|u)\w*';
>> [m,s,e] = regexp(ausdr,sstr,'match',...
>>                      'start','end')
m =
    'ehne'  'mehne'  'muh'  'und'  'raus'  'du'
s =
    1     6    12    16    20    30
e =
    4    10    14    18    23    31
```

Der Suchstring „sstr" besteht aus \w, also allen Buchstaben und Ziffern, „*" beliebig oft, „(e|u)" es muss „e" oder „u" vorhanden sein und wieder \w*. „bist" ist das einzige Wort, das die Suchbedingungen nicht erfüllt. Lassen wir das erste \w oder das zweite weg, so würden die Buchstaben vor oder nach den Vokalen „e" bzw. „u" fehlen. „s" sind die Start- und „e" die Endindizes der Treffer.

regexprep. s = regexprep('ausdr','sstr','repstr',options) ersetzt alle in „ausdr" vorkommenden „sstr" durch „repstr". „options" ist optional und kann die folgenden Werte haben:

- „ignorecase": unterscheidet beim Vergleich von „ausdr" und „sstr" nicht zwischen Groß- und Kleinschreibung.
- „preservecase": unterscheidet beim Vergleich von „ausdr" und „sstr" nicht zwischen Groß- und Kleinschreibung, erhält aber Groß- und Kleinschreibung beim Ersetzen (vgl. Beispiel).
- „once": nur der erste Treffer wird ersetzt.
- „n": nur der n-te Treffer wird ersetzt.
- „warnings": alle verdeckten Warnungen werden ausgegeben
  ```
  >> ausdr='Gross oder klein';
  >> sstr='(g\w*|k\w*)';
  ```

```
>> regexprep(ausdr,sstr,'A','preservecase')
ans =
A oder a
```

„(g\w*|k\w*)" steht für „g" oder „k" gefolgt von beliebigen Buchstaben oder Ziffern. Ohne „preservecase" würde nur „klein" ersetzt werden, mit „preservecase" wird für den Suchstring die Groß- und Kleinschreibung bedeutungslos, aber beim Ersetzen berücksichtigt.

regexptranslate. `regexptranslate` dient der Übersetzung eines Strings in einen regulären Ausdruck. Die Wirkungsweise dieses Befehls wird am einfachsten an einem kleinen Beispiel deutlich:

```
>> String = 'ich bin ein String';
>> such='ei';
>> ant = regexp(String,such)
     ant =
           9
```

`regexp` und andere Befehle dieser Familie haben keine Probleme, reguläre Ausdrücke zu finden. In Strings treten aber häufig Formatierungssymbole oder Wildcards auf:

```
>> String = 'ich bin \n ein String'
>> such='\n'
>> ant = regexp(String,such)
     ant =
           []
```

Solche Ausdrücke können nicht gefunden werden. `regexptranslate` übersetzt die Suchstrings in reguläre Ausdrücke:

```
>> suchneu = regexptranslate('escape',such)
     suchneu =
           \\n
>> ant = regexp(String,suchneu)
     ant =
           9
```

Die Syntax lautet `suchneu = regexptranslate(typ, such)`, dabei ist „such" der ursprüngliche und „suchneu" der neue Suchstring. „typ" kann entweder 'escape' oder 'wildcard' sein. Im ersten Fall ('escape') werden Sonderzeichen wie „$", „.", „[" usw. durch ein „\" ergänzt und im zweiten Fall ('wildcard') Ausdrücke wie „*" und „?" durch einen Punkt. Ausdrücke, die bereits einen Punkt enthalten wie „.*", werden durch einen zusätzlichen Backslash „\" erweitert. Für viele Fälle schließt „wildcard" den Typ „escape" mit ein und ist allgemeiner anwendbar. `regexptranslate` erlaubt eine automatisierte Suche. Reguläre Ausdrücke werden unverändert zurückgegeben.

strfind. `k = strfind('str','was')` sucht „was" in „str" und gibt bei Erfolg die entsprechenden Startindizes zurück. „str" kann auch ein Zell-Array mit String-Variablen sein, der Rückgabewert ist in diesem Fall ebenfalls eine Zellvariable, das lässt sich auch via `k = strfind('str',was,'ForceCellOutput',cellOutput)` erzwingen.

strtok. token = strtok('str') gibt den ersten Token im String „str" zurück. Per
default wird als Trennzeichen das Leerzeichen benutzt. Mit token = strtok('str',
Tz) kann auch ein anderes Trennzeichen als Vektor „Tz" übergeben werden. [token,
rem] = strtok(...) liefert neben dem ersten Token den Rest des Strings in „rem"
zurück.

6.1.7　Ausdrücke vergleichen

endswith, startswith. wf = endswith(str,mu) prüft nach, ob die Strings „str" mit
dem Muster „mu" enden und liefert ein logisches wahr oder falsch zurück. „str" kann
ein String-Array, ein Character-Vektor oder ein Zellvariable mit Character-Vektoren
sein. Mittels = endsWith(str,mu,'IgnoreCase',true) wird Groß- und Kleinschreibung ignoriert. startwith ist genau gleich aufgebaut wie endswith und prüft nach, ob
„str" mit „mu" beginnt.

strcmp, strncmp, strcmpi,strncmpi. k=strcmp('str1','str2') vergleicht die beiden Strings „str1" und „str2" miteinander und liefert ein logisches Wahr (1), wenn sie
identisch sind, sonst ein Falsch (0). „str1" und „str2" können auch Zellvariablen derselben Dimension sein, die dann komponentenweise verglichen werden. Der Rückgabewert
ist ein logisches Array. k = strncmp('str1', 'str2', n) vergleicht nur die ersten „n"
Character und kann wie strcmp auch auf Zellvariablen ausgedehnt werden. strcmpi
und strncmpi werden wie strcmp und strncmp aufgerufen, unterscheiden aber nicht
zwischen Groß- und Kleinschreibung.

6.1.8　Muster erstellen und suchen

Am einfachsten lassen sich die folgenden Befehle durch eine kurze Aufgabenstellung
verstehen. Wir wollen nach einem Muster in einem Text suchen, der mit dem String
„S." beginnt, gefolgt von 3 Ziffern. Beispiel:

```
dertext = ["S.119 Gauss" "S.163 Paracylindrische Funktionen"
           "S.228 Bernoulli Funktionen" "Index am Ende S.277ff"];
```

Wir müssen also ein Muster erzeugen, das drei verschiedene Ziffern enthalten kann:
muster = "S." + digitsPattern(3); „muster" ist ein Pattern-Objekt.

```
extract(dertext,muster)
ans =
  2x2 string array
    "S.119"    "S.163"
    "S.228"    "S.277"
```

Muster (patterns) dienen zum Suchen und Abgleichen von Text. Dafür stehen die folgenden MATLAB-Funktionen zur Verfügung: „mu" ist jeweils das Pattern-Objekt.

- mu = pattern(txt) erstellt ein Pattern-Objekt aus dem String oder Character-
  Vektor „txt".

- mu = alphanumericsPattern erzeugt ein Pattern-Objekt zum Erkennen beliebiger alphanumerischer Muster, mu = alphanumericsPattern(N) alphanumerischer Muster aus genau „N" Zeichen und mu = alphanumericsPattern(Nmin,

Nmax) alphanumerischer Muster aus mindestens „Nmin" und höchsten „Nmax"
Buchstaben und Ziffern.

- `mu = characterListPattern(Char)` erzeugt ein Pattern-Objekt zum Erkennen
  der in „Char" gelisteten Character sowie `mu = characterListPattern(sChar, eChar)` der zwischen dem Startwert „sChar" und Endwert „eChar" liegenden Character. „sChar" und „eChar" müssen in aufsteigender Reihenfolge im Sinne des
  ASCII-Codes sein.

- `mu = digitsPattern` erzeugt ein Pattern-Objekt zum Erkennen von Ziffern und
  ist gleich aufgebaut wie `alphanumericsPattern`: `mu = digitsPattern(N)` und
  `mu = digitsPattern(Nmin,Nmax)`.

- `mu = lettersPattern` ist für Buchstaben das Pendant zu `mu = digitsPattern`
  und unterstützt dieselben Argumente und

- `mu = whitespacePattern` das Gegenstück für die Leerzeichen.

- `mu = wildcardPattern` erzeugt ein Pattern-Objekt, dass dazu dient eine möglichst geringe Anzahl an Characters auszuwählen. `mu = wildcardPattern(N)`
  dient dem Erkennen von „N" Character. Beispielsweise wird für N=3 und dem Text
  `"WasAlles"` `"Was"` und `"All"` ausgewählt. `mu = wildcardPattern(Nmin,Nmax)`
  bildet ein Muster von mindestens Nmin und maximal Nmax Zeichen und `mu = wildcardPattern(..., "Except", aussermu)` schließt das Pattern-Objekt „aussermu" aus.

Die verschiedenen Pattern-Befehle können auch additiv zusammengefügt werden. Beispiel:

```
>> mu = wildcardPattern(2) + digitsPattern(3);
>> extract(dertext, mu)
ans =
  2x2 string array
    "S.119"    "S.163"
    "S.228"    "S.277"
```

`mu = regexpPattern(regaus)` wandelt reguläre Ausdrücke „regaus" in ein Muster „mu"
um. (Reguläre Ausdrücke s. S. 113ff.) Es werden noch die folgenden Eigenschaftswerte-
Paare unterstützt, `mu = regexpPattern(regaus,eig,wert)`: `"DotExceptNewline"` mit
den Werten „true" (es werden keine Zeilenumbrüche registriert) oder „false" (Default),
`"FreeSpacing"` kann „true" sein (Leerzeichen und Kommentare bleiben unberücksichtigt) oder „false" (Default), `"IgnoreCase"` bei „true" wird Groß- und Kleinschreibung
ignoriert, Voreinstellung ist „false" und `"Anchors"` zum Nutzen der Metazeichen ˆ und
$ mit den Werten 'text' (Default) zur Festlegung von Anfang und Ende eines Textes
oder 'line' um Beginn und Ende einer Linie innerhalb eines Textes festzulegen.

- `omu = optionalPattern(mu)` wandelt das Muster „mu" in ein optionales Muster;
  Beispiel:

```
>> mu = wildcardPattern(2) + digitsPattern(3) + optionalPattern("ff");
>> extract(dertext, mu)
ans =
```

```
2x2 string array
   "S.119"    "S.163"
   "S.228"    "S.277ff"
```

- pmu = possessivePattern(mu) erzeugt ein Suchmuster, bei dem bei einem Teil-erfolg nicht zurückgeblickt wird. Beispiel:

```
>> mu = alphanumericsPattern + digitsPattern;
>> mup = possessivePattern(alphanumericsPattern) + digitsPattern;
>> extract(dertext, mu)              >> extract(dertext, mup)
ans =                                ans =
   2x2 string array                     2x2x0 empty string array
      "119"    "163"
      "228"    "277"
```

- nmu = caseSensitivePattern(mu) erzwingt Groß- und Kleinschreibung zu be-achten, die Umkehrung ist nmu = caseInsensitivePattern(mu)
- nmu = asFewOfPattern(mu) legt fest, dass so wenige aufeinanderfolgende In-stanzen des Muster „mu" wie möglich (einschließlich 0) beachtet werden; nmu = asFewOfPattern(mu,minmu) legt die minimale Zahl und nmu = asFewOfPattern (pat,minmu,maxmu) zusätzlich die maximale Anzahl an Wiederholungen fest.
- nmu = asManyOfPattern(mu) ist das Gegenstück zu asFewOfPattern und legt fest, dass die maximal mögliche Zahl an aufeinanderfolgende Instanzen des Muster „mu" beachtet werden. asManyOfPattern unterstützt dieselben Argumente wie asFewOfPattern
- nmu = maskedPattern(mu,maske) dient dazu komplexe Muster prägnanter dar-zustellen. Typische Beispiele sind verschachtelte Muster. „maske" (optional) ist ein String-Array dass beim Aufruf des Musters „nmu" angezeigt wird und am besten einen beschreibenden Character hat.
- nmu = namedPattern(mu,name,besch) hat wie maskedPattern die Aufgabe kom-plexe Muster verständlich darzustellen. „name" und „besch" sind optionale String-Arrays, die als Stellvertreter (name) für ein Muster dienen mit einer verständlichen Kurzbeschreibung (besch).

6.1.9   Begrenzungsmuster

Begrenzungsmuster sind beispielsweise die direkten Grenzen zwischen zwei unterschied-lichen Typen von Characters. Nehmen wir als Beispiel „dertext" von oben. Vor den Ziffer ist ein Punkt und danach ein Leerzeichen. Begrenzen wir als Beispiel die erste und die letzte Ziffern durch ein „Z":

```
>> mu = digitBoundary;
>> replace(dertext,mu,"Z")
ans =
   2x2 string array
      "S.Z119Z Gauss"                  "S.Z163Z Paracylindrische Fun..."
      "S.Z228Z Bernoulli Funktionen"   "Index am Ende S.Z277Zff"
```

Alle folgenden Befehle erlauben ein optionales Argument mit dem festgelegt wird, ob
der Beginn des Musters ('start'), sein Ende ('end') oder die Defaulteinstellung beides
('either') erfasst werden sollen und lassen sich mit dem ~-Operator negieren.

- `mu = alphanumericBoundary` erfasst die Grenze zwischen alphanumerischen Zeichen und nicht-alphanumerischen Zeichen,

- `mu = digitBoundary` zwischen Ziffern und Nicht-Ziffern,

- `mu = letterBoundary` zwischen Buchstaben und Nicht-Buchstaben,

- `mu = whitespaceBoundary` zwischen Leerzeichen und sichtbaren Zeichen.

- `mu = lineBoundary` Erfasst den Beginn und das Ende einer Zeile oder Spalte. Für ein String-Array ist das der Beginn und das Ende der einzelnen Strings.

- `mu = textBoundary` Erfasst den Beginn und das Ende eines Texts.

Die folgenden beiden Befehle dienen dazu den Beginn oder das Ende eines vorgegebenen
Musters auszuwählen. Beide Funktionen können mit dem ~-Operator negiert werden.

- `nmu = lookAheadBoundary(mu)` erfasst die Grenze vor dem Muster „mu" und

- `nmu = lookBehindBoundary(mu)` nach dem Muster „mu". Beispiel:

```
>> mu = digitsPattern(1) + " ";
>> mun = lookBehindBoundary(mu);
>> replace(dertext,mun,": ")
ans =
  2x2 string array
    "S.119 : Gauss"                "S.163 : Paracylindrische Fu..."
    "S.228 : Bernoulli Funktionen" "Index am Ende S.277ff"
```

6.1.10   Zeichen zusammenfügen/trennen

`str = append(str1, ...,strn)` fügt die Strings zu einem String zusammen. Die „stri"
können dabei String-Arrays, Zellvariablen oder Character-Arrays sein. Der Typ von
„str" hängt von den Eingabewerten ab. Ist einer der Eingabewerte ein String-Array
so ist die Ausgabe ebenfalls ein String-Array; ist keines ein String-Array und eines
eine Zellvariable wird ein Zellarray zurückgegeben und sind alles Character-Vektoren
ist auch die Ausgabe ein Character-Vektor.

Für `C = char(A1, ...,An)` werden die Eingabearrays „Ai" zusammengefügt und als
Character-Array zurück gegeben. Ein Array vom Datentyp double wird dabei als ASCII-
Code interpretiert, unterschiedliche Größen durch Leerzeichen ausgeglichen. Beispiel:

```
>> A1 = ['was ','gibt',' das?']; A2 = [91 98 99 100;88 89 90 93];
>> A = char(A1,A2)
A =
  3x13 char array
    'was gibt das?'
    '[bcd          '
    'XYZ]          '
```

nStr = extract(str,mu) und nStr = extract(str,pos) extrahiert Teilstrings aus
Strings und zwar entweder vorgegeben durch ein Muster „mu" oder einen Character an
der Position „pos". (Beispiele finden sich oben.) extractAfter und extractBefore unterstützen dieselben Argumente wie extract extrahieren die Teilstrings aber nach bzw.
vor der festgelegten Position. Eine ähnliche Aufgabe erfüllt extractBetween hier müssen jedoch Start- (s) und Endpositionen (e) vorgegeben werden: nStr = extractBetwe-
en(str,smu,emu) und nStr = extractBetween(str,spos,epos). nStr = extract-
Between(...,'Boundaries',bounds) erlaubt zusätzlich die Grenzpositionen entweder
auszuschließen (bounds = 'exclusive') oder einzuschließen (bounds = 'inclusive').

nStr = join(str) bindet aufeinanderfolgende Strings zu einem String mit einem Leerzeichen dazwischen zusammen. Das Leerzeichen durch andere Symbole „s" zu ersetzen,
ist via nStr = join(str,s) möglich und die Richtung bezüglich der die Strings verknüpft werden sollen mittels ... = join(..., dim). (Bei einer Matrix ist die Voreinstellung dim = 2, also zeilenweise, dim = 1 ist spaltenweise.)

Mit plus, + lassen sich String-Arrays und Muster zusammenfügen. Beispiele finden
sich oben.

Mit nStr = split(str) lässt sich „str" an den Leerzeichen zu einem neuen String aufspalten. „str" kann ein String-Array, Character-Vektor oder ein Zellarray von Character-
Vektoren sein. Mittels nStr = split(str, s) lassen sich auch ein andere Trennsymbole „s" festlegen und wie bei join auch zusätzlich die Richtung längs der „str" aufgespalten
werden soll. In allen Fällen muss die Zahl der Trennsymbole in der gewählten Richtung
gleich sein. Mit [nStr, sm] = split(...) kann das jeweils verwendete Trennsymbol
„sm" zurückgegeben werden.

Mit Hilfe des Befehls compose lassen sich Formatspezifikationen auf Strings übertragen.
Beispielsweise steht \n für einen Zeilenumbruch.
str = compose("1x1 String in" + "\n" + "zwei Zeilen")
erzeugt einen String über zwei Zeilen. Mit nstr = splitlines(str) wird „str" an den
Zeilenumbrüchen zu einem String-Array umgebaut. Im obigen Beispiel entsteht ein 2x1
String-Array.

Cstr = strjoin(C,'Trenn') erstellt aus der Zellvariable „C" die Stringvariable „Cstr".
„Trenn" ist das optionale Trennsymbol. Beispiel:

```
>> C = {'schwarz','rot','gold'};
>> Cstr = strjoin(C,'?')
Cstr =
schwarz?rot?gold
```

Die Umkehrung ist C = strsplit(Cstr, 'Trenn'). Wiederum ist das Trennsymbol
„Trenn" optional. Ohne vorgegebenes Trennsymbol wird die Stringvariable „Cstr" entweder an den Leerstellen oder an „'\\', '\0', '\a', '\b', \f', '\n', '\r', '\t' oder '\v" aufge-
brochen und auf die Zellvariable „C" abgebildet. Zusätzlich kann noch ein Eigenschafts-
Werte-Paar „'CollapseDelimiter'" mit dem Wert 1 (true, Default) oder 0 (false) und
„'DelimiterType'" mit den Werten „'Simple'" (Default) oder „'RegularExpression'" übergeben werden. „'CollapseDelimiter'" entscheidet ob aufeinanderfolgende Trennsymbole
unterdrückt (true) oder zu einem eigenen Element in der Zellvariablen werden und

„'DelimiterType'“, ob es sich bei dem Trennsymbol um ein Literal oder einen regulären Ausdruck handelt.

`sn = strcat(s1, s2, s3, ...)` fügt die Strings horizontal zusammen und `char` Character vertikal. Je nach Eingabetypen ist „sn“ entweder eine String-Array (mindestens ein „si“ ist ein String-Array) oder eine Zellvariable (kein String-Array mindestens ein Zellarray) oder ein Character-Array (alle „si“ sind Character-Arrays).

6.1.11 Zeichen ersetzen

`nStr = replace(str,alt,neu))` ersetzt in einem String „str“ alle Teilstrings „alt“ durch „neu“.

Eine vergleichbare Aufgabe hat `nStr = replaceBetween(str,smu,emu,neu)`. Hier werden in „str“ alle Teilstrings zwischen dem Startstring „smu“ und dem Endstring „emu“ durch „neu“ ersetzt, bzw. zwischen den Positionen „sPos“ und „ePos“, `nStr = replaceBetween(str,sPos,ePos,neu)`. Wie bei `extractBetween` können die Grenzpositionen entweder ausgeschlossen (bounds = 'exclusive') oder einbezogen (bounds = 'inclusive') werden, `nStr = replaceBetween(..., 'Boundaries',bounds)`.

`nStr = reverse(str)` kehrt die Reihenfolge der Zeichen in den einzelnen Strings um.

strrep. `str = strrep(str1, str2, str3)` ersetzt alle Vorkommnisse von „str2“ in „str1“ durch „str3“.

Groß- und Kleinbuchstaben tauschen. `t = upper('str')` ersetzt alle Kleinbuchstaben durch Großbuchstaben und `t = lower('str')` umgekehrt. „t“ und „str“ können auch Zell-Arrays sein. `t = deblankl('str')` konvertiert Groß- in Kleinbuchstaben und entfernt alle Leerstellen.

6.2 Umwandlung von Zeichenketten

Die folgenden Funktionen dienen zum Wandeln von String-Variablen in andere Datentypen und zurück: num2str, int2str, mat2str, str2double, str2num, native2unicode, unicode2native.

`str = int2str(N)` wandelt die ganze Zahl „N“ in den String „str“. „N“ kann auch eine Integermatrix sein. Dieselbe Aufgabe erfüllt `str = num2str(A)` für numerische Arrays. Hier können noch weitere optionale Argumente übergeben werden. `str = num2str(A,genau)` legt die Anzahl der zu nutzenden Ziffern mit der Variablen „genau“ fest und `str = num2str(A,format)` legt das zu nutzende Format entsprechend `fprintf` fest. Die Umkehrung zu num2str ist `x = str2num('str')`, mit der ein Character-Array in ein Double Array gewandelt wird. `str = mat2str(A,n)` wandelt die Matrix mit n Stellen Genauigkeit in ein String Array. „n“ ist optional. Mit der Option 'class', `str = mat2str(A,'class')` wird zusätzlich als Information der Datentyp in das Character-Array mit aufgenommen.

```
>> A=uint8(magic(4))

A =

   16    2    3   13
    5   11   10    8
    9    7    6   12
    4   14   15    1

>> str=mat2str(A,'class')

str =

uint8([16 2 3 13;5 11 10 8;9 7 6 12;4 14 15 1])
```

x = str2double('str') konvertiert eine String-Variable in eine Double-Zahl. „str"
kann auch eine Zellvariable sein, x ist dann ein Double Array. Nicht konvertierbare
Elemente werden in NaNs gewandelt. x = str2num('str') wandelt den String „str" in
eine Double-Zahl. „str" kann dabei beispielsweise eine vordefinierte Zahl wie „pi" sein.
Bei str2double würde dies zu NaN führen.

Unicode Strings lassen sich mittels der Funktionen unicode2native und native2-
unicode von einer vorgegebenen Kodierung in das MATLAB eigene Format wandeln und
umgekehrt. zif = unicode2native(str) wandelt die Unicode-Character-Variable „str"
in die unter MATLAB verwandten ASCII-Ziffern um. Mit zif = unicode2native(str,
encoding) wird die Unicode-Character-Variable „str" in die entsprechend kodierte Darstellung gewandelt. Unterstützt wird beispielsweise „UTF-8", „latin1", „US-ASCII",
„Shift_JIS" und „windows-1252". Die Umkehrung erfolgt mit native2unicode. str =
native2unicode(zif) wandelt die Zahlen von $0 \cdots 255$ in Unicode Characters und str
= native2unicode(zif,encoding) unterstellt, dass die Ziffern der Kodierung „encoding" folgen.

7 Polynome, Interpolationen und Computational Geometry

7.1 Polynome

7.1.1 Befehlsübersicht

Polynomauswertung poly, polyval, polyvalm, roots

Produkte und Division cond, deconv

Ableitung und Integration polyder, polyint

Polynomfit residue, polyfit

7.1.2 Darstellung und Auswertung von Polynomen

Polynome werden in MATLAB durch einen Zeilenvektor repräsentiert, wobei die Komponenten die Koeffizienten des Polynoms in absteigender Reihenfolge darstellen. Das Polynom $p(x) = x^4 + 7x^3 - 5x + 3$ wird durch den Zeilenvektor p=[1 7 0 -5 3] repräsentiert. Ein Polynom n-ter Ordnung besitzt n reelle oder komplexe, einfache oder mehrfache Nullstellen. Die Funktion `roots` erlaubt die numerische Berechnung dieser Nullstellen (s.a. S. 259 `fzero`). Das Ergebnis wird als Spalte ausgegeben.

```
>> p=[1 7 0 -5 3]
p =
     1     7     0    -5     3
>> r=roots(p)
r =
  -6.8853
  -1.1411
   0.5132 + 0.3441i
   0.5132 - 0.3441i
```

Mit `poly` lassen sich die Nullstellen wieder zum Polynom wandeln.[1]

```
>> poly(r)
ans =
    1.0000    7.0000    0.0000   -5.0000    3.0000
```

Die Berechnung einzelner Polynomwerte x zum Polynom p erlaubt `polyval(p,x)`. Ein Beispiel zeigt Abb. (7.1).

---

[1] Charakteristisches Polynom s. S. 245

https://doi.org/10.1515/9783110741780-007

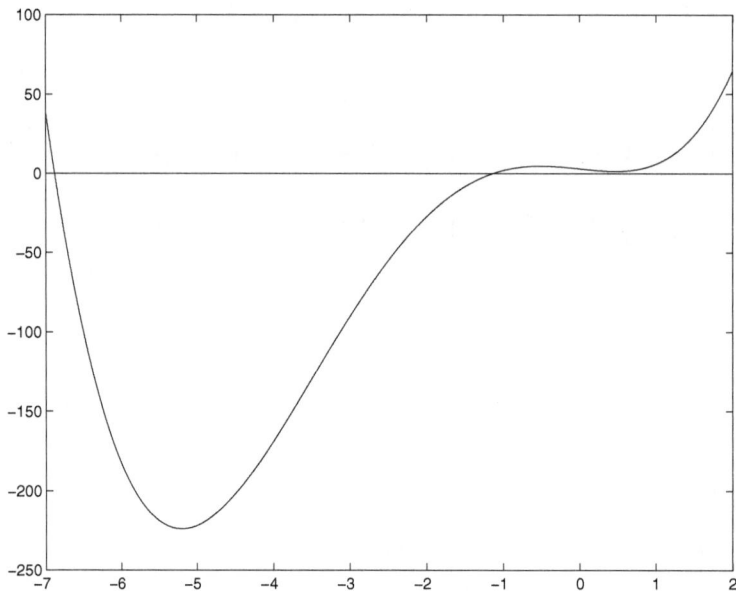

Abbildung 7.1: *Beispiel zu* `polyval(p,x)`. *Es wurden die folgenden* MATLAB-*Kommandos genutzt:* >> `x=-7:0.002:2;` >> `plot(x,polyval(p,x,[-7 2],[0 0]))` *mit* >> `p=[1 7 0 -5 3]`.

Die allgemeine Syntax lautet >> `[y,delta] = polyval(p,x,S,mu);` dabei bezeichnet „p" das auszuwertende Polynom, „x" das Polynomargument, „S" die optionale Ausgabestruktur, die von polyfit (s. S. 128) zu Fehlerangaben, y ± delta, genutzt wird. Mit mu=$[\mu_1\mu_2]$ wird an Stelle von x (x-μ_1)/μ_2 ausgewertet. Sinnvoll sind beispielsweise Anwendungen mit μ_1 als Hauptwert und μ_2 als Standardabweichung:

```
>> mu1=mean(x)
mu1 =
    -2.5000
>> mu2=std(x)
mu2 =
     2.5989
>> y=polyval(p,3,[],[mu1 mu2]);
```

Matrixpolynome. `polyval(p,x)` wertet eine Matrix x elementweise aus. Eine Matrixmultiplikation erlaubt dagegen `polyvalm`. Den Unterschied zeigt das folgende Beispiel auf:

```
>> MA=magic(2)        % Matrix
MA =
     1     3
     4     2
>> charp=poly(MA)     % charakteristisches Polynom
```

```
charp =
     1    -3    -10
>> polyval(charp,MA)  % elementweise Auswertung
ans =
   -12   -10
    -6   -12
>> polyvalm(charp,MA) % Matrixmultiplikation
ans =
     0     0
     0     0
```

MA ist eine willkürlich gewählte Matrix, deren charakteristisches Polynom durch das Array „charp" gegeben ist. Mit „polyval" wird diese Matrix elementweise durch ihr eigenes charakteristisches Polynom ausgewertet, „polyvalm" führt dagegen eine Matrixmultiplikation aus. Nach dem Satz von Cayley-Hamilton erhalten wir eine Nullmatrix.

7.1.3   Polynommultiplikation und -division

Mit der Funktion p=conv(p1,p2) kann man Polynome miteinander multiplizieren und mit [q,r]=deconv(p1,p2) p1 durch p2 dividieren. Dabei repräsentiert der Vektor „q" das Polynom und „r" das Restpolynom.

7.1.4   Symbolische Ableitung und Integration eines Polynoms

Symbolische Differentiation und Integration erlauben die Kommandos polyder und polyint.

k = polyder(p)	Ableitung des Polynoms p
k = polyder(a,b)	Ableitung des Produktpolynoms a*b
[q,d] = polyder(b,a)	Ableitung des rationalen Ausdruckes b/a
	q ist das Zähler- und d das Nennerpolynom

$\gg$ pi = polyint(p,k) integriert das Polynom p mit der Integrationskonstanten k. k ist optional und wird bei Fehlen zu Null gesetzt.

7.1.5   Residuen und Polynomfit

Residuum. Der Befehl residue bildet einen Polynom-Quotienten auf eine Pol-Residuum-Darstellung ab. Das Polynom $x_1(t) = 5t^3 + 3t^2 - 2t + 7$ wird in MATLAB durch

```
>> x1=[5 3 -2 7];
```

und $x_2(t) = -4t^3 + 8t + 3$ durch

```
>> x2=[-4 0 8 3];
```

dargestellt.

```
>> [r,p,k]=residue(x1,x2)
r =                  p =              k =
   -1.4167              1.5737           -1.2500
   -0.6653             -1.1644
    1.3320             -0.4093
```

liefert das Residuum r, die Pole p und den direkten Term k, gemäß

$$\frac{x_1(t)}{x_2(t)} = \sum_{k=1}^{3} \frac{r_k}{t - p_k} + k(t) \quad , \tag{7.1}$$

und mit >> [x1,x2] = residue(r,p,k) erhalten wir aus Residuum r, Pol p und direktem Term k den rationalen Polynomausdruck x_1/x_2 zurück.

Polynomfit. polyfit dient zum Fitten eines Polynoms an eine Kurve bzw. Datenpunkte x, y. Die Datenpunkte dürfen komplex sein. Die Syntax ist >> [p,s,mu] = polyfit(x,y,n). Dabei bezeichnen x und y die zu approximierenden Daten, n den Polynomgrad und p das Approximationspolynom. s und mu sind optional. s ist eine Struktur, die mittels polyval Fehleraussagen liefert, und $mu = [\mu_1, mu_2]$ gibt den Hauptwert μ_1 und die Standardabweichung μ_2 an. Eine komfortable Alternative bietet das grafische Tool „Basic Fitting" (vgl. Abschnitt 2), das im Plot Window unter „Tools" zu finden ist. Dazu plottet man die Datenpunkte mit plot(x,y).

7.2   Interpolation

Neben der an Kommandozeilen orientierten Interpolation eröffnet das Tool „Basic Fitting" (Abschnitt 2.4) ebenfalls Möglichkeiten zur Dateninterpolation.

7.2.1   Befehlsübersicht

Polynominterpolationen polyfit

Hermite-Interpolation pchip, makima

FFT-Interpolation interpft

Spline-Interpolation spline, ppval, mkpp, unmkpp

Padé-Approximation padecoef

Mehrdimensionale Interpolation interp1, interp2, interp3, interpn, griddedInterpolant

Flächeninterpolation griddata, griddatan, scatteredInterpolant

7.2.2 Polynominterpolationen

Verschiedene Polynominterpolationen lassen sich mit dem unter „Polynomfit" bereits angesprochenen Befehl `polyfit(x,y,n)` realisieren. Wegen der allgemeinen numerischen Bedeutung seien hier weitere Beispiele aufgelistet. Im Folgenden bezeichne $y = f(x)$ die zu fittende Funktion und x den entsprechenden Funktionswert mit Grenzen $a \leq x \leq b$.

Lagrange-Interpolation. Lagrange-Interpolationen sind Polynominterpolationen mit äquidistanten Knoten. In MATLAB lassen sich Lagrange-Interpolationspolynome n-ter Ordnung mittels `polyfit(xi,yi,n-1)` realisieren, dabei ist `xi=linspace(a,b,n)` und `yi=f(xi)`.

Chebyshev-Interpolation. Im Gegensatz zu Lagrange-Knoten sind die Chebyshev-Knoten gemäß

$$xi_k = \frac{a+b}{2} - \frac{b-a}{2} \cos\left(\frac{k\pi}{n}\right) \quad k = 0, \ldots, n \tag{7.2}$$

verteilt. Eine Chebyshev-Interpolation ist folglich durch

```
xi = (a+b)*0.5 - (b-a)*0.5*cos(pi*[0:n]/n);
                        % Cheb. Knoten
yi = f(xi);             % Funktionswerte
p  = polyfit(xi,yi,n)   % Cheb. Interpolation
```

gegeben. Ähnliche Eigenschaften zeigt die modifizierte Chebyshev-Interpolation mit Knotenpunkten:

$$xi_k = \frac{a+b}{2} - \frac{b-a}{2} \cos\left(\frac{2k+1}{n+1}\frac{\pi}{2}\right) \quad k = 0, \ldots, n \,. \tag{7.3}$$

7.2.3 Hermite-Interpolationspolynome

`pchip` dient der kubischen Hermite-Interpolation (*P*iecewise *c*ubic *H*ermite *i*nterpolating *p*olynomial) und `makima` einer modifizierten Akima kubischen Hermite Interpolation[2], die weniger streng der Ableitung folgt und dadurch Extrema besser folgt, s. Abb (7.2). Die Syntax ist beiden Funktionen identisch daher beschränken wir uns auf `pchip`. Die allgemeine Syntax ist `yi = pchip(x,y,xi)` zur Berechnung interpolierter Werte „yi" an den Stützstellen „xi" und `pp = pchip(x,y)` zur Berechnung der Polynomstruktur. „pp" ist dabei eine Struktur, die neben allgemeinen Informationen die Position der Knotenpunkte als Vektor und das korrespondierende hermitesche Interpolationspolynom als Matrix beinhaltet. Hermitesche Interpolationspolynome haben im Vergleich zu Langrangeschen Interpolationspolynomen den Vorteil, dass neben den Datenpunkten auch die ersten Ableitungen korrekt interpoliert werden. Bei Spline-Interpolationen sind zusätzlich noch die zweiten Ableitungen glatt. Der Vorteil von Hermite-Interpolationspolynomen liegt in ihrer geringeren Neigung zum Überschwingen. Zudem lassen sie sich im Regelfall rascher als Spline-Interpolationen berechnen.

---

[2]Die modifizierte Akima Interpolation berücksichtigt die erste Ableitung gewichtet.

Die Runge-Funktion. Die Runge-Funktion

$$f(x) = \frac{1}{1 + 25x^2} \quad -1 \leq x \leq +1 \tag{7.4}$$

hat die bemerkenswerte Eigenschaft, dass bei einer Lagrange-Interpolation mit äquidistanten Knoten, im Grenzfall beliebig vielen Knoten, der Fehler an den Rändern divergiert. Dies wird auch als Runges Phänomen bezeichnet. Die Runge-Funktion bietet sich daher als einfacher Test zu Interpolationstechniken an. Die Lagrange-Interpolation zu n Datenpunkten (x, y) lässt sich unter MATLAB mittels p=polyfit(x,y,n-1) realisieren. Einen Vergleich mit einer abschnittsweisen kubischen Hermite-Interpolation yi = pchip(x,y,xi) zeigt Abb. (7.2), mit äquidistanten Interpolationspunkten xi. Das kleine Fenster zeigt zusätzlich in der Nähe des Maximums der auf der Funktion makima basierende Interpolation. Das folgende Programmfragment zeigt die Berechnung unter MATLAB:

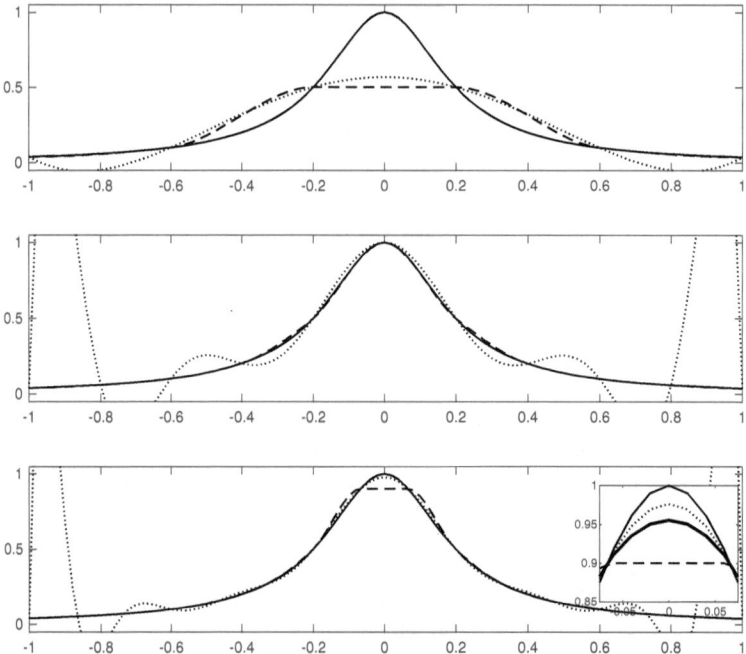

Abbildung 7.2: *Vergleich einer Lagrange- mit einer Hermite-Interpolation, von oben nach unten für einen Interpolationsfit der Ordnung 5, 10 und 15. Die durchgezogene Linie bezeichnet die Runge-Funktion, die gestrichelte Linie die Hermite- und die gepunktete Linie die Lagrange-Interpolation. Im kleinen Fenster ist um $x = 0$ zusätzlich die* makima-*basierte Interpolation (dick) dargestellt. Sie liegt zwischen der Hermite- und der Lagrange-Interpolation.*

```
%  n= 6, 11, 16
x=linspace(-1,1,n); % Datenpunkte x
y=1./(1+25*x.^2);   %           und  y
p=polyfit(x,y,n-1); % Polynomfit
yp=polyval(p,xi);   % Plotwerte xi, yp
yph=pchip(x,y,xi);  % Hermite-Fit
%  Plotkommandos
```

Ein ähnlich günstiges Interpolationsverhalten wie Lagrange-Interpolationspolynome zeigen auch die nicht äquidistanten Chebyshev- und trigonometrischen (FFT) Interpolationen.

7.2.4   FFT-Interpolation

Periodische Funktionswerte lassen sich am günstigsten durch Approximation mit trigonometrischen Funktionen interpolieren. Die eindimensionale Interpolationsfunktion `interpft` führt in einem ersten Schritt eine Fast-Fourier-Transformation (FFT) aus, interpoliert im Fourierraum und führt anschließend eine Rücktransformation aus. Die allgemeine Syntax ist $>>$ `yi=interpft(y,n,dim)`, dabei sind y die zu interpolierenden Datenpunkte über einem äquidistanten Träger, n die Zahl der äquidistant zu berechnenden Interpolationswerte, yi der n-dimensionale Interpolationsvektor. Ist y ein mehrdimensionales Array, legt das optionale Argument dim die Dimension fest, längs der die Interpolation durchgeführt werden soll.

Bei der Überlagerung periodischer Funktionen unterschiedlicher Frequenz können die einzelnen Stützstellen mehrdeutig werden. Dies führt zu fehlerhaft interpolierten Werten. Der numerische Effekt wird „Aliasing" genannt und lässt sich beispielsweise bei dem scheinbaren Rückwärtslaufen von Kutschenrädern beobachten.

Beispiel. Abb. (7.3) zeigt ein Beispiel für Aliasing. In der oberen Hälfte sind die Funktionen $\sin(5x)$ und $-\sin(3x)$ geplottet. Die Kreise zeigen die Positionen der ausgesuchten Datenpunkte zur Interpolation der Funktion

$$f(x) = \sin(x) + \sin(5x)\,. \tag{7.5}$$

Nach einer Fourier-Transformation sind an diesen Punkten $\sin(5x)$ und $-\sin(3x)$ nicht unterscheidbar. Das Interpolationsergebnis (gestrichelt) sowie die verwendeten Interpolationswerte (o) sind in der unteren Bildhälfte dargestellt.

Fourier-Interpolation zu Abb. (7.3):

```
xdat=linspace(0,1,9);  % Auswahl der
xdat=xdat(1:length(xdat)-1);   % Knotenpunkte
ydat=sin(2*pi*xdat)+sin(10*pi*xdat); % Datenwerte

xp=0:0.01:1;                   % Plotpunkte
yi=interpft(ydat,length(xp)); % FFT-Interpolation
```

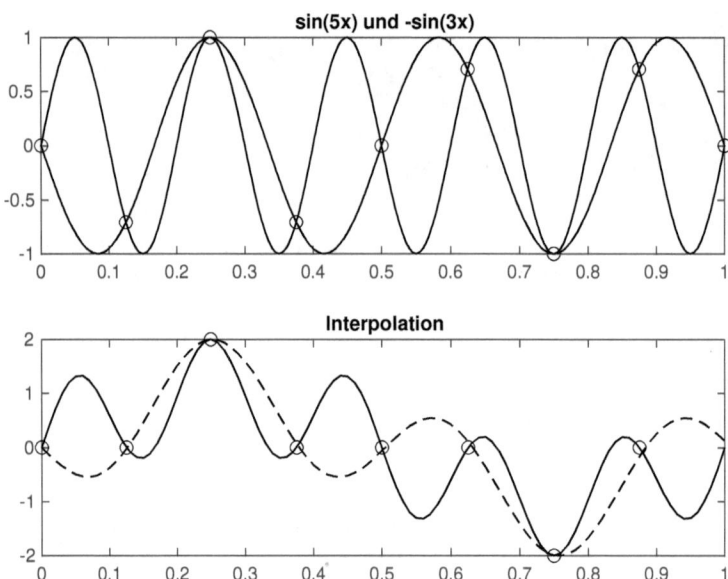

Abbildung 7.3: *Beispiel zu numerischen Problemen mit der FFT-Interpolation. Oben: Problem der Fourier-Transformation; Unten: Interpolationsergebnis. Durchgezogene Linie: Ausgangsfunktion, gestrichelt: Interpolation, o: Interpolationspunkte.*

7.2.5   Spline-Interpolation

Kubische Splines spielen als Interpolationsverfahren eine besonders wichtige Rolle, da sie hinsichtlich ihrer Empfindlichkeit bezüglich Datenschwankungen und des erforderlichen Rechenaufwands besonders robust sind. Im Vergleich zu Hermite-Interpolationen sind bei kubischen Spline-Interpolationen die zweiten Ableitungen stetig und bei glatten Ausgangsdaten das Resultat genauer.

`>> yi = spline(x,y,xi)` dient der kubischen Spline-Interpolation. (x, y) sind die n-dimensionalen Interpolationsdaten, xi die Interpolationspunkte, an denen yi berechnet wird. `yi = spline(x,y,xi)` ist dasselbe wie `yi = ppval(spline(x,y),xi)`.

`>> pp = spline(x,y)` dient der Berechnung der stückweise auf Intervallen definierten Polynomapproximation. „pp" ist eine Struktur, deren Felder unter anderem die Knotenpunkte sowie die Polynomkoeffizienten als Matrix enthält. „y" kann auch ein $d_1 \cdots \times d_m \times n$-Array sein. In diesem Fall wird die Splineinterpolation über alle Dimensionen $d_k, k = 1 \cdots m$ ausgeführt.

`v = ppval(pp,xx)` bzw. `v = ppval(xx,pp)` liefert die Funktionswerte der stückweise auf Intervallen definierten Polynomapproximation „pp" an den Stützstellen xx. Polynomapproximationen „pp" können mittels der Funktionen `interp1`, `pchip`, `spline` und `mkpp` berechnet werden. Mit Hilfe der Spline-Funktion `v = ppval(spline(x,y),xx)` werden multidimensionale Argumente unterstützt. Das folgende Beispiel zeigt die Integration über wenige Messpunkte.

```
>> y=[0; sort(rand(10,1))]; % diskrete Messwerte
>> x=0:length(y)-1;
>> pp = spline(x,y);        % Splineinterpolation
>> integ = integral(@(x) ppval(pp,x),0,10,1e-10) % Integration
```

`pp = mkpp(breaks,coefs)` dient zur Erzeugung eines stückweise auf Intervallen definierten Polynoms. Der streng monoton ansteigende Vektor „breaks" enthält die (l+1)-Knotenpunkte und die (l×n)-Matrix „coefs" repräsentiert die Polynomapproximationen. `pp = mkpp(breaks,coefs,d)` dient der Erzeugung einer vektorwertigen Polynomapproximation. D.h. „coefs" ist ein (d×l×n)-dimensionales Array, das zu jeweils einem festgehaltenen Wert zu d ein stückweise definiertes Polynom repräsentiert.

`[breaks,coefs,l,k,d] = unmkpp(pp)` stellt die Umkehrung zu „mkpp" dar, erzeugt also aus dem stückweise definierten Polynom, repräsentiert durch die Struktur „pp", die korrespondierenden Array- und Dimensionswerte.

7.2.6 Padé-Approximation von Zeitverzögerungen

Übertragungsfunktionen in der Regelungstechnik beinhalten häufig eine Zeitverzögerung $\exp(-s \cdot T)$. Die Funktion `padecoef` berechnet deren Padé-Approximation, also eine rationale Näherung an $\exp(-s \cdot T)$. Der Aufruf lautet `[zae,nen] = padecoef(T,N)`, dabei ist „T" die Zeitverzögerung, „N" die Ordnung, „zae" das zugehörige Zähler- und „nen" das entsprechende Nennerpolynom. Ordnungen $N > 10$ sind numerisch problematisch und sollten vermieden werden.

7.2.7 Uni- und multivariate Interpolation

Die `interp`-Funktionsfamilie dient der n-dimensionalen (multivariaten) Interpolation von Datenpunkten und wird ergänzt durch die `griddedInterpolant Klasse`, die eine Interpolationsfunktion für n-dimensionalen Gitterdaten erstellt.

interp1 steht für eindimensionale (univariate) Probleme zur Verfügung. Die allgemeine Syntax ist `>> yi = interp1(x,y,xi,method,zus)`. (x,y) ist der zu interpolierende Datensatz, dabei ist der Stützstellenvektor x optional. Ist y ein n-dimensionaler Vektor, dann wird mit `yi = interp1(y,xi)` x intern zu $(1 \cdots n)$ gesetzt, ist y ein $n \times d_1 \cdots \times d_m$-Array, wird die Interpolation über alle Spalten $d_k, k = 1 \cdots m$ ausgeführt. Die Interpolationswerte yi werden an den Punkten xi berechnet. Tabelle (7.1) listet die zur Verfügung stehenden Interpolationsverfahren (`method`) auf. Mit `pp = interp1(x,y,method,'pp')` wird mittels der Methode „method" eine stückweise Polynomapproximation „pp" berechnet, die mit `ppval` ausgewertet werden kann. Der optionale Parameter „zus" kann die Werte „extrap" oder einen beliebigen Zahlenwert, „inf" oder „nan" annehmen. Im Fall „extrap" werden außerhalb des Stützstellenintervalls x liegende Werte mit dem unter „method" festgelegten Verfahren extrapoliert. Hat „zus" beispielsweise den Wert 0, dann werden alle außerhalb des Intervalls x liegenden Interpolationswerte yi zu Null gesetzt.

interp2. Die Funktion „interp2" dient der zweidimensionalen Interpolation. Die dabei verwendeten Datenpunkte müssen als Matrizen vorliegen, ähnlich wie sie mit „meshgrid"

Tabelle 7.1: *Interpolationsverfahren zu interp1.*

Methode	Bedeutung
'nearest'	Nächste-Nachbar-Approximation
'linear'	Lineare Interpolation (default)
'spline'	Kubische Spline-Interpolation
'pchip'	Kubische Hermite-Interpolation
'makima'	Modifizierte Akima-Interpolation
'cubic'	gegenwärtig identisch 'pchip'
'next'	Nachfolger-Nachbar-Interpolation
'previous'	Vorgänger-Nachbar-Interpolation
'v5cubic'	MATLAB 5 kubische Convolution

erzeugt werden.

$\gg$ Zi = interp2(X,Y,Z,Xi,Yi,'method') liefert die zu Xi, Yi korrespondierenden interpolierten Werte Zi zurück. (X, Y, Z) repräsentiert die zu interpolierende Funktion, X und Y müssen monoton sein. Die zur Verfügung stehenden Interpolationsverfahren („method") sind in Tabelle (7.2) aufgelistet. Werte außerhalb der Interpolationsebene führen zu „nans" (not-a-number). Mit Zi = interp2(X,Y,Z,Xi,Yi,'method',Extrapolwert) wird für alle Werte außerhalb der Interpolationsebene der numerische Wert („Extrapolwert") zurückgegeben. Extrapolation wird nur für „spline" und „makima" unterstützt.

Beispiel zu interp2.

```
>> %   X Y Z  Datenpunkte
>> [X,Y] = meshgrid(-2:0.5:2);
>> Z= X.^2 + Y.^2;
>> %   Interpolationswerte
>> [Xi,Yi] = meshgrid(-2:0.25:2);
>> Zi=interp2(X,Y,Z,Xi,Yi,'spline');
```

Das Ergebnis der Interpolation zeigt Abb. (7.4).

Tabelle 7.2: *Interpolationsverfahren zu interp2, interp3 und interpn.*

Methode	Bedeutung
'nearest'	Nächste-Nachbar-Approximation
'linear'	Bilineare Interpolation (default)
'spline'	Kubische Spline-Interpolation
'cubic'	Kubische Interpolation
'makima'	Modifizierte Akima-Interpolation

Zi = interp2(Z,Xi,Yi) unterstellt, dass (X, Y) ganzzahlige Matrizen repräsentieren, deren Werte durch die Dimension von Z gegeben sind. Zi = interp2(Z,n) berechnet durch n-fache Rekursion eine n-fache Verfeinerung des durch Z vorgegebenen Gitters.

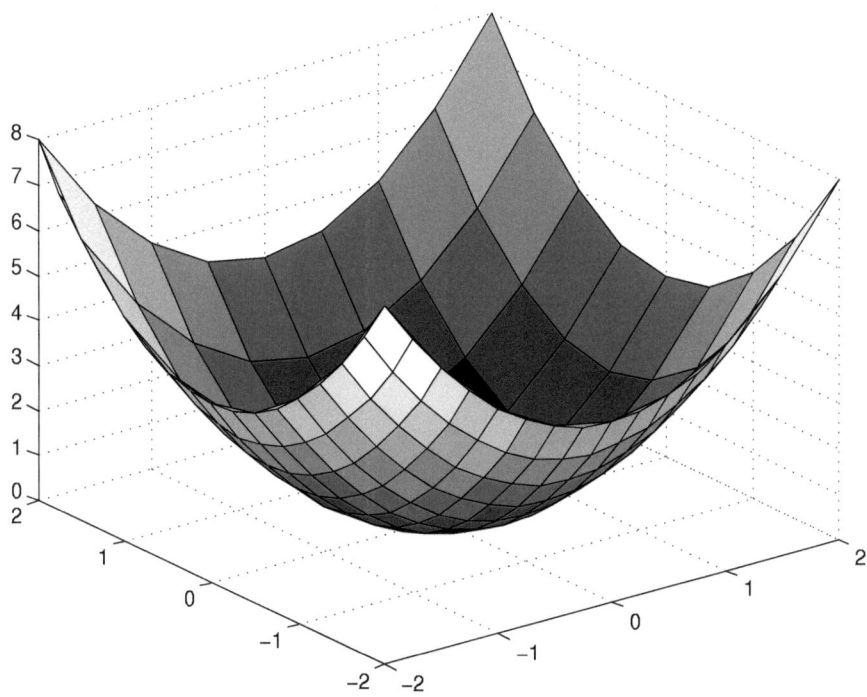

Abbildung 7.4: *Beispiel zur zweidimensionalen Interpolation. Die Innenseite zeigt die Ausgangswerte, die Unterseite die Interpolation* `Zi = interp2(X,Y,Z,Xi,Yi,'spline')`.

interp3. `>> VI = interp3(X,Y,Z,V,XI,YI,ZI,'method')` dient der dreidimensionalen Interpolation. Die 3-D-Arrays (X, Y, Z, V) sind die Datenwerte zur Interpolation, die Interpolation wird an den Raumpunkten (XI, YI, ZI) ausgeführt. Extrapolation wird nur für „spline" und „makima" unterstützt. Ansonsten gilt für Werte außerhalb des Interpolationsraums wie unter `interp2` entweder „nans" oder via `VI = interp3(···,'method',Extrapolwert)` gleich dem numerischen Wert „Extrapolwert". Alle dreidimensionalen Arrays können mit Hilfe der Funktion „meshgrid" erzeugt werden (`>> [X3a,X3b,x3c] = meshgrid(x1,x2,x3)`, dabei sind $(x1, x2, x3)$ drei Vektoren, $(X3a, X3b, X3c)$ die korrespondierenden 3-D-Arrays.) Tab. (7.2) listet die zur Verfügung stehenden Verfahren. Analog zu „interp2" gibt es auch im Dreidimensionalen die Kurzformen `VI = interp3(V,XI,YI,ZI)` und `VI = interp3(V,ntimes)`.

interpn. Zur n-dimensionalen Interpolation steht die Funktion
`VI = interpn(X1,X2,X3,...,V,Y1,Y2,Y3,...,'method')`
zur Verfügung. Wie im Zwei- und Dreidimensionalen bietet MATLAB als Interpolationsverfahren die in Tab. (7.2) gelisteten Methoden, sowie die Kurzformen
`VI = interpn(V,Y1,Y2,Y3,...)` und `VI = interpn(V,ntimes)` (siehe „interp2").
$X·, Y·, V$ sind n-dimensionale Arrays, Werte außerhalb des Interpolationsbereichs folgen denselben Regeln wie unter `interp3` und es wird wieder `VI = interp3(···,'method',Extrapolwert)` unterstützt.

Die griddedInterpolant Klasse. `griddedInterpolant` erzeugt eine Interpolationsfunktion „F" zur Berechnung von Interpolationspunkten auf multidimensionalen Gittern. F = griddedInterpolant(X1,X2,...,Xn,V,meth) berechnet eine Interpolationsfunktion über die n-dimensionalen Gitterarrays, so dass V = F(X1,X2,...Xn) gilt. Die Gitterarrays können mittels [X1,X2,...,Xn] = ndgrid(x1,x2,...,xn) berechnet werden, wobei „xi" die korrespondierenden Gittervektoren sind. Die Argumente „Xi" sind optional. Fehlen sie, so werden als Voreinstellung Gittervektoren xi = 1:size(V,i) verwendet. Als Interpolationsmethoden „meth" (optionales Argument) stehen 'nearest' (nächste Nachbar Interpolation), 'linear' (Voreinstellung), 'next', 'previous', 'spline', 'pchip', 'makima' und 'cubic' zur Verfügung, vgl. Tab. (7.1). Dieselben Methoden (zusätzlich 'none') können auch zur Extrapolation via F = griddedInterpolant(..., meth,Extrapolmethod) genutzt werden. Das folgende Beispiel führt zum selben Ergebnis wie in Abb. (7.4) dargestellt.

```
%   X Y Z  Datenpunkte
[X,Y] = ndgrid(-2:0.5:2);
Z= X.^2 + Y.^2;
F = griddedInterpolant(X,Y,Z,'cubic'); % Interpolationsfunktion
%   Interpolationswerte
[Xi,Yi] = ndgrid(-2:0.25:2);
Zi=F(Xi,Yi);
surf(Xi,Yi,Zi)
```

7.2.8   Oberflächeninterpolation

Messdaten liegen im Regelfall nicht in einem regelmäßigen Gitter vor. Deren direkte Visualisierung stößt daher auf Probleme. griddata erlaubt eine Interpolation von Messdaten auf einem regelmäßigen Gitter.

$>>$ ZI = griddata(x,y,z,XI,YI): (x, y, z) sind dabei die Ausgangsvektoren mit $z = f(x, y)$, (XI, YI) das Gitter, wie es typischerweise mit „meshgrid" erzeugt wird, und ZI die Interpolationswerte an den Gitterpunkten. Alternativ können auch Vektoren (xi, yi) übergeben werden. „griddata" übernimmt die Aufgabe von „meshgrid" und erzeugt alle notwendigen Matrizen XI, YI und ZI: $>>$ [XI,YI,ZI] = griddata(x,y,z,xi,yi). In diesem Fall muss xi ein Zeilen- und yi ein Spaltenvektor sein, andernfalls sind die Rückgabewerte Vektoren und keine Matrizen. Optional kann noch das Argument „method", [...] = griddata(..., method), übergeben werden. Als Interpolationverfahren (method) stehen folgende Methoden zur Verfügung: „linear" für eine dreiecksnetzbasierte lineare Interpolation (default), „cubic" für eine dreiecks-basierte kubische Interpolation, „nearest" für eine Nächste-Nachbar-Interpolation, „natural" für eine Voronoi-Interpolation und „v4" für das MATLAB-4-Griddata-Verfahren.

Beispiel.

```
>> % Erzeugen der Beispieldaten
>> x=rand(100,1);
>> y=rand(100,1);
>> z=sin(2*pi*x).*cos(pi*x);
>> % Interpolationsbereich
>> xi=linspace(min(x),max(x),50);
```

```
>> yi=linspace(min(y),max(y),50);
>> % Interpolation
>> [XI,YI,ZI] = griddata(x,y,z,xi,yi','cubic');
>> % Visualisierung
>> mesh(XI,YI,ZI)
>> hold on
>> % Originaldaten
>> plot3(x,y,z,'.','MarkerSize',10)
```

Das Ergebnis ist in Abb. (7.5) dargestellt.

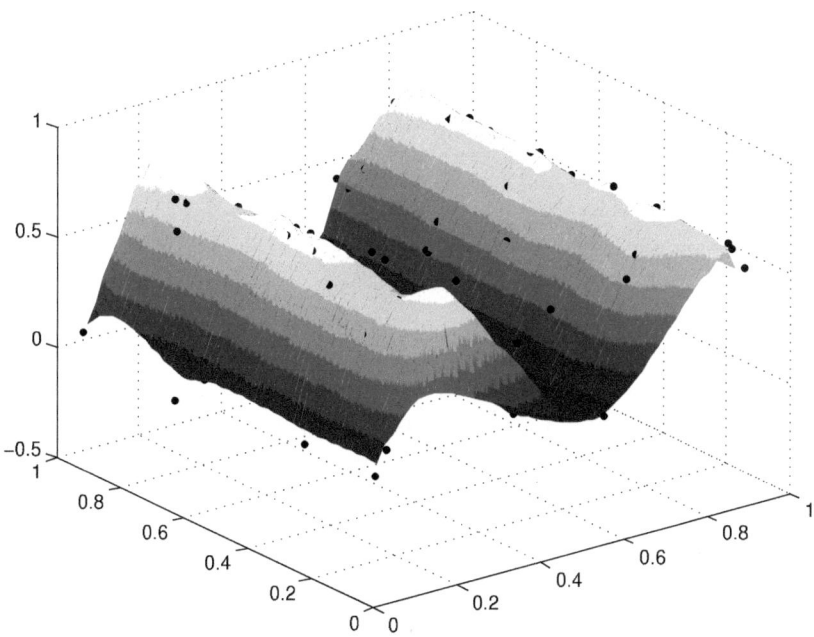

Abbildung 7.5: *Beispiel zur zweidimensionalen Gitterinterpolation mit* `griddata` *oder* `scatteredInterpolant`. *Die Punkte zeigen die Originalwerte.*

Hyperflächen. Neben Flächen-Interpolationsverfahren stellt MATLAB die Funktion `griddatan` für Hyperflächen zur Verfügung. Für Interpolationen auf Hyperflächen $y = f(x)$ dient `yi = griddatan(x,y,xi,'methode', options)`. „x" ist eine m×n dimensionale Matrix, die die m-Punkte im n-dimensionalen Raum repräsentiert und „y" ein m-dimensionaler Vektor der Hyperfläche, „xi" eine p×n dimensionale Matrix. An den korrespondierenden p Punkten im n-dimensionalen Raum werden dann die p-Werte „yi" gefittet. Als Interpolationsmethode „'methode'" (optional) stehen eine lineare Interpolation, „linear" (default), sowie eine Nächste-Nachbar-Interpolation, „nearest", zur Verfügung. Alle Verfahren basieren auf Delaunay-Triangulationen. „options" ist ebenfalls optional und ist eine Zellvariable mit erweiterten Optionen wie unter 7.3.3 erwähnt, beispielsweise >> `YI = griddatan(X,Y,XI,'linear','Qt','Qbb','Qc');`.

scatteredInterpolant. Die Klasse `scatteredInterpolant` dient der Interpolation 2−

oder 3−dimensionaler Daten. Ähnlich `griddedInterpolant` erstellt `scatteredInter-`
`polant` ein Objekt „F", das unabhängig von den Interpolationspunkten mehrfach verwendet werden kann. F = `scatteredInterpolant(x,y,z,v)` erstellt ein Interpolati-
onsobjekt für das gilt $v = F(x, y, z)$, wobei im zweidimensionalen Fall „z" entfällt. Alternativ kann auch eine Matrix „M" übergeben werden, deren Zeilen durch „(x,y,z)" gegeben
sind. Mittels F = `scatteredInterpolant(..., methode)` können folgende Interpolationsmethoden ausgewählt werden: Eine lineare Interpolation ('linear', default), eine
Nächste-Nachbar ('nearest') oder eine Voronoi-Methode ('natural'). Als Extrapolati-
onsmethode „extra", F = `scatteredInterpolant(..., methode, extra)` stehen „'linear'" und "'nearest'" zu Verfügung, mit "'none'" wird eine Extrapolation ausgeschlossen und gegebenenfalls NaN zurück gegeben. Das folgende Beispiel zeigt die prinzipielle
Vorgehensweise und das Ergebnis Abb. (7.5).

```
% Erzeugen der Beispieldaten
x = rand(100,1);
y = rand(100,1);
V = sin(2*pi*x).*cos(2*pi*y);


% Anwenden des Konstruktors
F = scatteredInterpolant(x,y,V,'natural');


% Erstellen des Interpolationsbereichs
xi=linspace(min(x),max(x),50);
yi=linspace(min(y),max(y),50);
[Xi, Yi] = meshgrid(xi,yi); % vorgegebene Gitterebene


Zi = F(Xi,Yi); % Interpolationswerte berechnen


% Visualisierung
figure
surf(Xi,Yi,Zi), shading interp
hold on
% Originaldaten
plot3(x,y,V,'.k','MarkerSize',10)
hold off


F
F =
    scatteredInterpolant with properties:
                    Points: [100x2 double]
                    Values: [100x1 double]
                    Method: 'natural'
        ExtrapolationMethod: 'linear'
```

Auf die Eigenschaften könnte auch beispielsweise mittels `F.Method` etc. zugegriffen werden.

7.3 Geometrische Analyse

7.3.1 Befehlsübersicht

Delaunay-Triangulation delaunay, delaunayn, delaunayTriangulation

> **Nächste Punkte** dsearchn
> **Innere Punkte** tsearchn
> **delaunayTriangulation Methoden** convexHull, isInterior, voronoiDiagram

Triangulation triangulation (Superklasse zu delaunayTriangulation)

> **triangulation Methoden** barycentricToCartesian, cartesianToBarycentric, circumcenter, edgeAttachments, edges, faceNormal, featureEdges, freeBoundary, incenter, isConnected, nearestNeighbor, neighbors, pointLocation, size, vertexAttachments, vertexNormal

konvexe Hülle convhull, convhulln

Voronoi-Darstellung voronoi, voronoin

Polygone alphashape, inpolygon, nsidedpoly, polyarea, polyshape, rectint

Visualisierungen triplot, trimesh, trisurf, tetramesh

7.3.2 Triangulationen

Delaunay Triangulation. Sind mehrdimensionale Datenpunkte nicht gitterförmig angeordnet, so wird häufig eine Zerlegung des Definitionsgebietes vorgenommen, bei der die Knotenpunkte (Stützstellen) die Eckpunkte des Teilbereichs bilden. Im Zweidimensionalen werden bevorzugt Dreiecksnetze gewählt. Die Delaunay-Triangulation ist dadurch definiert, dass für alle erzeugten Dreiecke gilt, dass ihr jeweiliger Umkreis keine weiteren Datenpunkte enthält. Die Syntax ist `tri=delaunay(x,y)`; (x,y) sind n-dimensionale Vektoren, tri ist eine $(n+1) \times 3$-Matrix. Jede Zeile enthält die Indizes zu den Vektoren (x,y), die ein Delaunay-Dreieck bilden. D.h. ein Dreieck ist durch die Eckpunkte

$$(x_{tri(m,1)}, y_{tri(m,1)})(x_{tri(m,2)}, y_{tri(m,2)})(x_{tri(m,3)}, y_{tri(m,3)})$$

mit $m \in [1 : n+1]$ beschrieben.

Für drei- und höherdimensionale Datensätze lässt sich die Delaunay-Triangulation mit `>> tes = delaunay(x,y,z)` bzw. `tn = delaunayn(X)` fortsetzen (Tessalation). Zu (x,y,z) bzw. zur m×n-Matrix X werden damit die Eckpunkte der zugehörigen Simplices berechnet. Der Aufbau von „tes" bzw. „tn" ist analog zum zweidimensionalen Fall.

`k = dsearchn(X,tn,XI)` liefert den Index desjenigen Punkts X im n-dimensionale Raum zurück, der Xi am nächsten ist. X ist eine m×n und Xi eine p×n Matrix. „tn" ist die zu X gehörige mit `delaunayn` erzeugte Triangulation. In `k = dsearchn(X,T,XI,akH)` steht „akH" für eine beliebige Zahl oder „nan". Befindet sich der n-dimensionale Punkt *XI* außerhalb der konvexen Hülle, so nimmt „k" den skalaren Wert „akH" an. k = dsearchn(X,XI) dient der Bestimmung des nächsten Punktes ohne den Umweg einer Tessalation. Das Berechnungsverfahren ist deutlich rascher. [k,d] = dsearchn(X,...) berechnet zusätzlich den euklidischen Abstand von *X* zum nächsten Nachbarpunkt.

t = tsearchn(X,tn,XI) berechnet den Index des den Punkt *XI* einhüllenden Simplex. Für Punkte außerhalb der konvexen Hülle liefert tsearchn den Wert „nan" zurück; [t,P] = tsearchn(X,tn,XI) liefert zusätzlich die zu *XI* korrespondierenden barizentrischen Koordinaten.

Die Klasse delaunayTriangulation. delaunayTriangulation dient der 2- bzw. 3d-Triangulation. Eine Delaunay-Zerlegung „DTri" eines vorgegebenen Gebiets kann mittels Dtri = delaunayTriangulation(P,C) bzw. Dtri = delaunayTriangulation(x,y,C) berechnet werden. Dabei ist für n-Berandungspunkte „P" eine $n \times 2$- bzw. $n \times 3$-Matrix, je nachdem, ob ein zwei- oder dreidimensionales Gebiet vorliegt. Der optionale Parameter „C" ist nur im zweidimensionalen erlaubt und ermöglicht es aus einem vorgegebenen zweidimensionalen Gebiet ein Teilgebiet auszuschneiden. „C" ist eine $m \times 2$-Matrix, die als Zwangsbedingung die m Eckpunkte des Teilgebietes beschreibt. Dtri = delaunayTriangulation(x,y,z) berechnet eine 3d Delaunay Triangulation aus den Spaltenvektoren x, y und z. Dl = delaunayTriangulation() erzeugt ein leeres Objekt. „Dtri" ist ein Objekt der delaunayTriangulation-Klasse. Mittels Dtri.Constraints kann auf die oben erwähnte Matrix „C", mittels DTri.Points auf die Ausgangsdatenpunkte und auf das Ergebnis der Triangulation via DTri.ConnectivityList (alt: DTri.Triangulation) zugegriffen werden. Alternativ können die Werte der Triangulation auch mittels den zugehörigen Indizes ausgelesen werden. DTri(k,:) beschreibt dabei das k-te Dreieck bzw. Tetraeder und DTri(k,i) den i-ten Vertex des k-ten Elements.

Die Klasse delaunayTriangulation unterstützt neben Methoden seiner Superklasse triangulation die folgenden Methoden:

- [K Fl] = convexHull(DTri) berechnet die konvexe Hülle des Objekts „DTri". K sind die dazugehörigen Indizes, d.h. „DTri.X(K,i)" (2d: i=1,2; 3d: i=1,2,2) sind die Eckpunkte der konvexen Hülle, die sich durch
  plot(DTri.Points(K,1),DTri.Points(K,2),'m')
  plotten lässt. Die von der konvexen Hülle umfasste Fläche wird in dem optionalen Rückgabeargument „Fl" abgelegt.

- drin = isInterior(DTri) beantwortet die Frage, ob ein Delaunay-Dreieck innerhalb (logischer Rückgabewert 1) oder außerhalb (logische 0) eines durch eine Zwangsbedingung festgelegten Teilgebiets liegt. Unterstützt werden nur zweidimensionale Gebiete.

- [V, R] = voronoiDiagram(DTri) berechnet die Voronoi-Vertizes „V" und Voronoi-Regionen „R". „R" ist eine Zellvariable, deren i-tes Element mit dem i-ten Punkt DTri.X(i) verknüpft ist und die Indizes der zugehörigen Voronoi-Vertizes „V" enthält.

Die Klasse triangulation Die Klasse triangulation dient topologischen und geometrischen Untersuchungen zu Triangulationen in zwei- und dreidimensionalen Gebieten.

Von ihr abgeleitet ist die Klasse `delaunayTriangulation`. Der allgemeine Aufruf lautet `TR = triangulation(Tri, x,y)` bzw. `TR = triangulation(Tri, x,y,z)`. „TR" ist das korrespondierende zwei- bzw. dreidimensionales Objekt. „Tri" ist die Triangulationsmatrix und für zweidimensionale Gebiete $m \times 3$-dimensional. Jede Zeile bestimmt ein Dreieck, wobei die einzelnen Spaltenwerte die Indizes der Vertex-Koordinaten „x,y" festlegen. Hat beispielsweise die 4. Zeile von Tri `Tri(4,:)` die Werte $[1, 3, 7]$ dann sind die Ecken des 4. Dreiecks durch $(x(1), y(1))$, $(x(3), y(3))$, $(x(7), y(7))$ gegeben. Ähnliches gilt für dreidimensionale Gebiete, nur kann jetzt die Triangulationsmatrix auch Tetraeder beschreiben. In diesem Fall hat sie die Größe $m \times 4$, sonst $m \times 3$. An Stelle der Koordinaten in Spaltenform kann auch wieder eine einzige Matrix „X" `TR = triangulation(Tri, X)` übergeben werden.

Die Klasse `triangulation` und damit auch die Objekte der Klasse delaunyTriangulation unterstützen die folgenden Methoden:

- Baryzentrische Koordinaten: Die Methode „cartesianToBarycentric" dient der Umwandlung von kartesischen Koordinaten in baryzentrische Koordinaten und „barycentricToCartesian" ist die entsprechende Umkehrung. Der Aufruf lautet `b = cartesianToBarycentric(TR, SI, xc)` für die Berechnung der baryzentrischen Koordinaten; die Umkehrung zur Berechnung kartesischer Koordinaten ist `xc = barycentricToCartesian(TR, SI, b)`. „TR" ist das Triangulationsobjekt, das mit dem Konstruktor `triangulation` oder `delaunayTriangulation` berechnet wurde, „SI" ist ein Spaltenvektor, der die Triangulationsdreiecke bzw. -tetraeder (Simplex) festlegt. D.h., beispielsweise für den Wert 3 wird der durch die dritte Zeile von TR.ConnectivityList ausgewählte Simplex für die Umrechnung herangezogen. „b" und „xc" sind die baryzentrischen bzw. kartesischen Koordinaten. Im folgenden Beispiel wurden das erste und das vierte Dreieck ausgewählt:

```
>> % Ausgw\"ahlte Punkte
>> x = [0; 6; 10.5; 11; 22];
>> y = [3; 0; 8; 6; 8];
>> plot(x,y,'p'), hold on, shg % Darstellen der Punkte

>> DTri = delaunayTriangulation(x,y); % Delaunay-Triangulation
>> triplot(DTri), shg % Visualisieren

>> % Beispiel Klasse Triangulation
>> TR = triangulation(DTri.ConnectivityList,x,y)
>> % Berechnung der Baryzentrischen Koordinaten
>> B = cartesianToBarycentric(TR, [1;4], [15 7;12 5])
   B =
      -0.6585    0.5366    1.1220
       0.2321    0.1964    0.5714
>> TR.ConnectivityList(1,:)  % 1. Dreieck ausgewaehlt
  ans =
         1     2     3
>> TR.ConnectivityList(4,:)  % 4. Dreieck ausgewaehlt
  ans =
```

```
       2      5     4
>> % Umkehrung -> kartesische Koordinaten
>> c = barycentricToCartesian(TR, [1;4], B)
 c =
    15     7
    12     5
```

Das Ergebnis ist in Abb. (7.6) dargestellt.

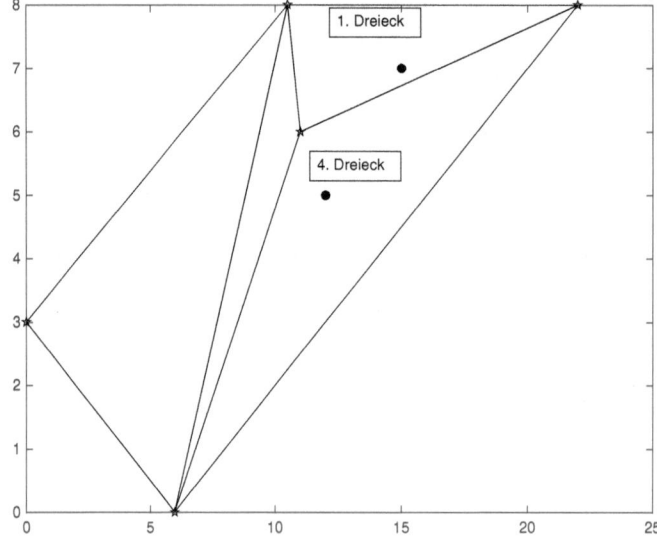

Abbildung 7.6: *Beispiel zur Triangulation und baryzentrischen Koordinaten. Die Sterne sind die vorgegebenen Eckpunkte, die Triangulation wurde mit* `treeplot` *dargestellt. Die Punkte wurden als Beispielpunkte für die Berechnung der baryzentrischen Koordinaten ausgewählt.*

- `nP = nearestNeighbor(DTri, W)`, `nP = nearestNeighbor(DTri, wx,wy)` oder `nP = nearestNeighbor(DTri, wx,wy,wz)` liefert die Indizes „nP" der zu den ausgewählten Punkten „W..." nächstgelegenen Punkte von „DTri.Points" zurück. Haben wir n Punkte ausgewählt, dann kann je nach Dimension des Gebiets entweder eine $n \times 2$- bzw. $n \times 3$-Matrix „W" mit den Koordinaten der Punkte übergeben werden, oder die entsprechenden n-komponentigen Spaltenvektoren „wx,..." zu den jeweiligen Raumrichtungen. `[nP,eD] = nearestNeighbor(···)` gibt zusätzlich in „eD" die euklidischen Abstände zwischen den ausgewählten Punkten zurück.

- `[wopu,BC] = pointLocation(DTri,pu,...)` liefert die Indizes „wopu " des den Punkt „pu" umgebenden Dreiecks im zweidimensionalen bzw. Tetraeders im dreidimensionalen Fall. Liegt ein Punkt außerhalb der konvexen Hülle wird ein „NaN" zurückgegeben. Wie im Fall `nearestNeighbor` kann „pu" entweder eine Matrix sein oder die zugehörigen Komponentenvektoren in Spaltenform. Das optionale Argument „BC" gibt die zugehörigen barizentrischen Koordinaten zurück.

- `[cc,rc] = circumcenter(TR, SI)` berechnet den Kreis- bzw. Kugelmittelpunkt „cc" des Umkreises des ausgewählten Dreiecks bzw. Tetraeders. „TR" und „SI" haben dieselbe Bedeutung wie zuvor, „rc" ist der zugehörige Radius.

- `SI = edgeAttachments(TR, si1, si2)` berechnet die Indizes „SI" der Simplices, die sich in gemeinsamen Ecken berühren. Die Ecken der Dreiecke und Tetraeder lassen sich durch ein gemeinsames sich dort berührendes Simplexpaar festlegen. „si1, si2" sind Index-Spaltenvektoren der Simplices, die die ausgewählten Ecken charakterisieren.

- `ec = edges(TR)` liefert die Ecken der Triangulation „TR" zurück. Bei insgesamt n Möglichkeiten die Ecken mit Nachbarecken zu verbinden, ist „ec" eine $n \times 2$-Matrix mit den Indizes der Vertizes, also den Indizes der Eigenschaft „TR.X".

- `fn = faceNormal(TR, ti)` liefert die Normaleneinheitsvektoren der durch den Indexspaltenvektor „ti" der Triangulationsmatrix „TR.Triangulation" ausgewählten Dreiecke zurück. Bei m ausgewählten Dreiecken ist „fn" eine $m \times 3$-Matrix.

- `FE = featureEdges(TR, fa)` berechnet die Kanten einer Dreieckstriangulation im Dreidimensionalen. Die Matrix „FE" enthält diejenigen Kanten der Triangulation, deren Nebenwinkel einen Flächenwinkel besitzt, der von π um einen Winkel größer als „fh" abweicht.

- `[fb, fe] = freeBoundary(TR)` liefert die äußere Begrenzungslinie bzw. -fläche zurück. „fb" ist eine Matrix mit den zu den Vertizes korrespondierenden Indizes und „fe" ist eine Matrix mit den zugehörigen kartesischen Koordinaten.

- `[ik, rik] = incenter(TR, SI)` berechnet die Zentren „ik" und die Radien „rik" der Inkreise der ausgewählten Dreiecke bzw. Tetraeder „SI".

- `istE = isConnected(TR, v1, v2)` prüft nach, ob zwei Vertizes eine gemeinsame Ecke besitzen. „v1,v2" sind Spaltenvektoren, deren Indizes die Zeile von TR.X festlegen. „istE" ist ein logischer Vektor mit den Einträgen 1 und 0, je nachdem, ob zwei Vertizes eine gemeinsame Ecke besitzen.

- `SN = neighbors(TR, SI)` liefert die Nachbarsimplices zu den durch den Indexvektor „SI" vorgegebenen Simplices. „SN" ist eine Matrix, die in jeder Zeile die zugehörigen Nachbarsimplices als Zeilenindex von TR.ConnectivityList zurückgibt. Vertizes der Hülle besitzen keine Nachbarn und führen daher zu NaN.

- `d = size(TR)` ermittelt die Dimensionen „d" von TR.ConnecticityList.

- `SI = vertexAttachments(TR, vi)` bestimmt die mit einem vorgegebenen Vertex verknüpften Simplices. „vi" ist ein Spaltenvektor, der die Zeilenindizes zu TR.Points enthält und „SI" eine Zellvariable, die die zugehörge Simplexinformation wieder in Form der Zeilenindizes zu TR.ConnectivityList enthält.

- `vn = vertexNormal(TR, vi)` berechnet den Einheitsnormalenvektor zu den in „vi" festgelegten Vertices.

7.3.3 Konvexe Hülle und Voronoi-Darstellungen

Konvexe Hülle. Die konvexe Hülle ist die äußere Begrenzungslinie eines Datensatzes und kann mit `[K,a] = convhull(x,y)` bzw. mittels `[K,a] = convhull(x,y,z)`

für dreidimensionale Anwendungen (s.a. `convexHull`) berechnet werden. Dabei sind
(x, y, z) Vektoren gleicher Länge. „K" enthält die Indizes des den Datensatz umfassenden Polygonzugs und „a" ist optional und enthält die Fläche des begrenzten Gebietes.
Der Aufruf `[K,a] = convhull(···,'simplify',logicalvar)` erlaubt zusätzlich, die
Ausgabe nicht-beitragender Vertices zu unterdrücken. Mit `[K,v] = convhulln(X)` lässt
sich die Berechnung ins n-Dimensionale fortsetzen. X ist die korrespondierende m×n-
Datenmatrix, „K" enthält wieder die Indizes des Begrenzungssimplex und „v" (optional)
das zugehörige Volumen.

Voronoi-Diagramme. Sind x und y zwei gleichlange Vektoren, dann plottet
`>> voronoi(x,y)` (s.a. `voronoiDiagram`) das korrespondierende Voronoi-Diagramm.
Zur Triangulation wird die Funktion „delaunayn" aufgerufen. Stattdessen kann auch
die korrespondierende Triangulationsmatrix „tri" `voronoi(x,y,tri)` übergeben werden, sowie mit `voronoi(..., 'LineSpec')` der Linien- und Datenstil der zu plottenden Linien und Punkte festgelegt werden. Bei einem Rückgabewert werden die Linien-
Handles zurückgegeben, `h = voronoi(...)`, bei zwei Rückgabewerten werden statt das
Voronoi-Diagramm zu plotten `[vx,vy] = voronoi(...)`, die Vertizes der Voronoi-Ecken
zurückgegeben. `plot(vx,vy,'-',x,y,'.')` erzeugt dann das Voronoi-Diagramm. Die
entsprechende n-dimensionale Fortsetzung ist `[V,C] = voronoin(X)`, dabei sind „X"
eine m×n-Matrix, „V" die Koordinaten der Voronoi-Vertizes und „C" eine Zellvariable,
deren einzelne Zellelemente die entsprechenden Indizes der Voronoi-Simplizes zu „V"
enthalten.

Erweiterte Optionen. Zu den MATLAB-Befehlen `convhulln`, `delaunayn`, `griddatan`
und `voronoin` existieren weitere Optionen, die unter http://www.qhull.org im Detail
beschrieben sind. Der prinzipielle Aufruf ist `rueck = befehl(···,Opt)`, dabei steht
`befehl` für einen der oben aufgelisteten MATLAB-Befehle, und „Opt" ist ein Zell-Array
mit den gewählten Optionen. Die unterstützten Optionen sind „Qt" (triangulierte Ausgabe), „Qbb" (Skalierung der letzten Koordinate), „Qc" und „Qx" (betrifft koplanare Punkte). Eine rasche Übersicht findet man unter http://www.qhull.org/html/qh-optq.htm.

7.3.4 Polygone

Die Funktion inpolygon, Syntax `in = inpolygon(X,Y,xv,yv)`, dient zur Detektion von
Punkten innerhalb eines Polygons. „xv" und „yv" sind die x- und y-Koordinaten des Polygons, „X" und „Y" die zu testenden Werte. Sind „X" und „Y" n-dimensionale Vektoren,
dann ist auch der Rückgabewert „in" ein n-dimensionaler Vektor. Dabei gilt

$$in = \begin{cases} 1 & \text{innerhalb} \\ 0.5 & \text{auf dem Rand} \\ 0 & \text{außerhalb} \end{cases} \text{des Polygons}.$$

Die Fläche des Überlaps zwischen zwei Rechtecken lässt sich mittels `area = rect-int(A,B)` berechnen. Dabei sind „A" und „B" Positionsvektoren. Positionsvektoren sind
4-dimensionale Vektoren mit den Werten [x0 y0 b h]. (x0,y0) sind die (x,y)-Koordinaten
der linken unteren Ecke, b ist die Breite und h die Höhe des Rechtecks. Ist „A" eine

n×4- und „B" eine m×4-Matrix, dann ist „area" eine n×m-Matrix und jede Zeile von
„A" bzw. „B" wird als ein Positionsvektor eines Rechtecks betrachtet. D.h. area(i,j) ist
die Fläche des Überlaps des Rechtecks „A(i,:)" mit „B(j,:)".

>> A=polyarea(x,y,dim) berechnet die Fläche des Polygons, repräsentiert durch die
Vektoren „x" und „y". „dim" ist optional. Sind „x" und „y" multidimensionale Arrays,
dann legt „dim" die Dimension fest, längs der polyarea operiert.

Die Funktion pg = nsidepoly(n, eig, wert) erzeugt ein reglemäßiges Polygon aus
n gleichlangen Seiten. Die folgenden optionalen Eigenschafts-Werte-Paare werden unterstützt: 'Center' mit einem zweikomponentigen Zeilenvektor, der das Zentrum des
Polygons festlegt, 'Radius' mit einem positive Skalar, der den Umfangskreis festlegt
und 'SideLength' mit einem positiven Skalar für die Seitenlänge.

Die Funktion alphaShape erzeugt ein Objekt der Klasse „alphaShape" zur Beschreibung und Visualisierung von Polygonen und Polyedern aus Punkten im 2- und 3-
dimensionalen. polyshape erzeugt ein polyshape-Objekt zur Beschreibung von 2d-
Polygonen. Beide Funktionen unterstützen eine Fülle von Objektfunktionen zur Modifikation des geometrischen Objekts, zur Berechnung geometrischer Werte oder zur
Visualisierung.

7.3.5   Visualisierungen und Tetraeder-Darstellungen

Dreiecksplot. triplot erzeugt einen Dreiecksplot. Ein Beispiel zeigt Abb. (7.6).
triplot(TRI,x,y) plottet eine Dreiecksüberdeckung; „x" und „y" sind die Koordinaten, die Zeilen der m×3-dimensionalen Matrix „TRI" legen mittels Koordinatenin-
dizes die Dreiecke fest wie oben unter triangulation beschrieben; „Tri" entspricht
DTri.ConnectivityList, wobei „Dtri" ein Objekt der Klasse delaunayTriangulation
ist, das auch direkt übergeben werden kann, triplot(DTri). Mit triplot(..., color) können Farben und mit triplot(..., 'param','wert', 'param','wert',...)
Parameter übergeben werden, wie sie auch von Linien-Objekten unterstützt werden (vgl.
Kap. 14.1.1). Einen Handle-Objekt der Dreieckslinien erhält man mit h = triplot(...).

trimesh(TRI,X,Y,Z) dient der Triangulierung im Dreidimensionalen und, sehen wir
einmal von der dritten Dimension ab, folgt exakt dem Aufruf und den Möglichkeiten
von triplot. Dasselbe gilt auch für trisurf. Während trimesh eine Gittertriangulie-
rung zeigt, führt trisurf zu einer Flächendarstellung vergleichbar den Unterschieden
zwischen mesh und surf (vgl. Kap 15.1.4). Wird kein Farbvektor „color" übergeben, so
ist die Farbe proportional zur Höhe „Z".

Tetraeder-Darstellungen. tetramesh(T,X,c) dient der Überdeckung des Raumes
mit Tetraedern. Die m×4-Matrix „T" definiert die Tetraeder und kann beispielsweise mit
delaunay erzeugt werden. Eine Zeile von „T" bestimmt die Tetraeder-Ecken, „X" ist die
zugehörige n×3-Koordinatenmatrix und der optionale m-dimensionale Indexvektor „c"
ordnet den einzelnen Tetraedern entsprechend der verwendeten Farbmatrix Farben zu.
Mit h = tetramesh(...) erzeugt man einen Handle-Objekt der erzeugten Tetraeder.
Eigenschaften können via tetramesh(...,'param','wert',...) übergeben werden,
wobei die Eigenschaften von Patch-Objekten (s. Kap. (17.3.5)) unterstützt werden.

7.4   Graphen und Netzwerke

Unter einem Graphen verstehen wir eine Menge von miteinander durch Kanten verknüpfte Knoten. Ein typisches Anwendungsbeispiel ist die Suche nach der kürzesten Route zwischen zwei Orten oder die Bestimmung einer kürzesten Rundreise. Die Entwicklung der Graphentheorie geht auf das Jahr 1736 zurück. Damals zeigte Leonard Euler, dass eine Lösung des Königsberger Brückenproblems (Problemstellung: Rundgang durch Königsberg bei dem jede Brücke genau einmal benutzt wird) nicht möglich ist. Graphen stehen in MATLAB seit dem Rel. 2015b zur Verfügung.

7.4.1   Befehlsübersicht

Konstruktion graph, digraph

Knoten und Kanten verändern addnode, rmnode, addedge, rmedge, numnodes, numedges, findnode, findedge, reordernodes, subgraph

Algorithmische Graphentheorie bfsearch, dfsearch, maxflow, conncomp, minspantree, toposort, isdag, transclosure, transreduction, shortestpath, shortestpathtree, distances

Matrix Darstellungen adjacency, incidence, laplacian

Informationen zu Knoten degree, neighbors, indegree, outdegree, predecessors, successors

Grafische Darstellung plot, labeledge, labelnode, layout, highlight

7.4.2   Konstruktion eines Graphen

In der Graphentheorie unterscheiden wir zwischen einem gerichteten und einem ungerichteten Graphen, je nachdem ob zwischen der Kante vom Knoten 1 nach Knoten 2 und Knoten 2 nach 1 unterschieden wird oder nicht. Ungerichtete Knoten werden mit dem Befehl `graph` erstellt und gerichtete Knoten mittels `digraph`. Da beide Befehle derselben Syntax folgen, genügt es als Beispiel im Wesentlichen nur `graph` zu betrachten mit einigen ergänzenden Anmerkungen zu `digraph`.

`G = graph` erzeugt ein leeres Objekt „G" der Klasse „graph" und `Gi = digraph` der Klasse „digraph". `G = graph(A)` erzeugt einen gewichteten Graphen aus der Adjazenzmatrix „A". Die Adjazenzmatrix ist eine symmetrische Matrix. Ihre Zeilenzahl legt die Anzahl der Knoten fest. Ist beispielsweise `A(1,4) = 0` so besteht zwischen dem Knoten 1 und 4 keine Kante (Verbindung). Das Gewicht einer Kante ist durch den zugehörigen Wert der Adjazenzmatrix bestimmt. Ein Anwendungsbeispiel ist die Suche nach der kürzestens Verbindung (Routenplaner) zwischen zwei Orten. Hier steht das Gewicht für die jeweilige Entfernung bzw. bei unterschiedlichen Straßentypen für die korrespondierende Reisezeit. Beispiele:

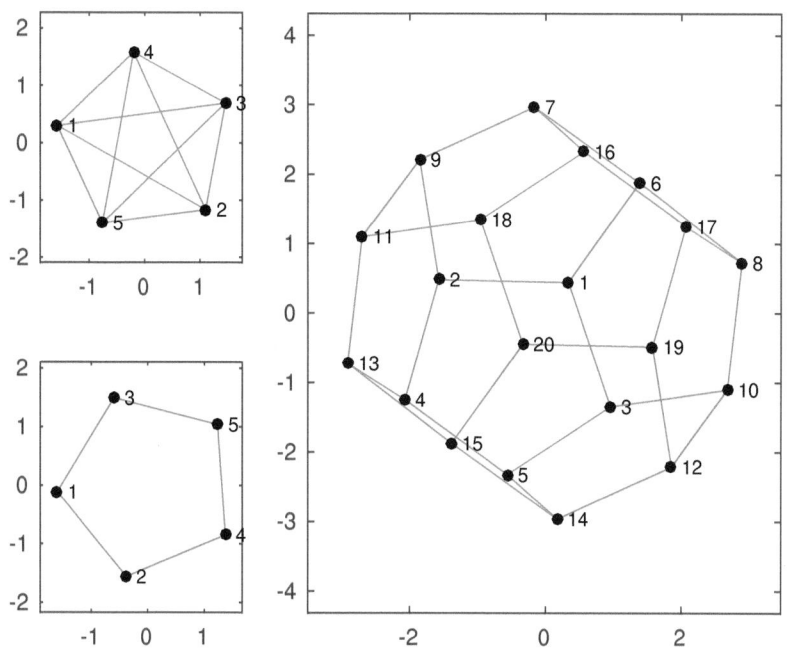

Abbildung 7.7: *Links oben der Graph „g", bei dem alle Knoten miteinander vernüpft sind. Links unten „g2" bzw. „g3" und rechts der Graph „g4".*

```
%% Alle Knoten sind miteinander verbunden
n = 5;
A = ones(n);
A = A -diag(ones(length(A),1))
g = graph(A);
figure, plot(g), axis equal, shg
%% Nur die aesseren Linien
A2 = [0 1 1 0 0 ; ...
      1 0 0 1 0 ; ...
      1 0 0 0 1 ; ...
      0 1 0 0 1 ; ...
      0 0 1 1 0];
 g2 = graph(A2);
 figure, plot(g2), axis equal, shg
 %% Unterschiedliche Gewichte der Kanten
A3 = [0 1 5 0 0
      1 0 0 2 0
      5 0 0 0 4
      0 2 0 0 3
      0 0 4 3 0]
g3 = graph(A3);
```

```
figure, plot(g3), axis equal, shg
%% Beispiel Dodekaeder
A4 = zeros(20);
A4(1,2)=1; A4(1,3)=1; A4(1,6) =1;
A4(2,1)=1; A4(2,4)=1; A4(2,9) =1;
...
```

        siehe download Beispiel

```
...
A4(19,17)=1; A4(19,20)=1; A4(19,12) =1;
A4(20,19)=1; A4(20,18)=1; A4(20,15) =1;
g4 = graph(A4);
figure, plot(g4), axis equal, shg
```

Das Ergebnis zeigt Abb. (7.7).

Mittels G = graph(A, kname) können Knotennamen übergeben werden. „kname" ist eine Zellvariable. An Stelle einer symmetrischen Matrix kann auch eine Dreiecksmatrix „A" treten, G = graph(A,...,uplo). „uplo" kann die Werte „upper" oder „lower" annehmen und legt fest, ob es sich um eine obere oder untere Dreiecksmatrix handelt. Die Diagonalelemente der Matrix „A" führen zu Schleifen (Schlingen). Mittels G = graph(A,...,'OmitSelfLoops') werden Schleifen unterbunden.

An Stelle der Adjazenzmatrix können auch die Knotenpaare „(s,t)" treten. „s" und „t" müssen gleich groß sein und können entweder ein numerisches Array, ein Stringarray (von mir nicht empfohlen) oder eine Zellvariable aus Strings sein. Beispielsweise führt s = [1,1,2,3,4] und t = [2,3,4,5,5] ebenfalls zu dem Graphen in Abb. (7.7) links unten. Optional können Gewichte "gew" und Knotennamen „kname", G = graph(s, t,gew,kname), übergeben werden oder sofern „(s,t)" numerische Werte sind die Anzahl der Knoten „aknot", G = graph(s,t,gew,aknot). Alternativ kann auch eine Kantentabelle „ktable" und optional eine Knotentabelle „ntable" genutzt werden, G = graph(ktable,ntable). In allen Fällen wird wieder die Eigenschaft G = graph(..., 'OmitSelfLoops') unterstützt. Da es sich bei „G" um ein Objekt der Klasse „graph" handelt, können auf die Eigenschaften (Attribute) „Edges" (Kanten) und „Nodes" (Knoten) auch mittels G.Edges bzw. G.Nodes zugegriffen werden.

Gerichtete Graphen werden mittels digraph erzeugt. Sowohl ungerichtete als auch gerichtete Graphen, G = digraph(A,...), lassen sich mit Hilfe der Adjazenzmatrix „A" erstellen. Für gerichtet Graphen ist „A" allerdings nicht mehr symmetrisch, da die Gewichte in den gegenläufigen Richtungen sich unterscheiden können. Ein Beispiel ist der zweite Graph von links in Abb. (7.8). Alle Eigenschaften wie unter graph werden unterstützt nur kann als Adjazenzmatrix „A" jetzt keine Dreiecksmatrix mehr übergeben werden. Ebenfalls unterstützt wird die Übergabe von Knotenpaaren G = digraph(s,t,...) und Kantentabellen G = digraph(ktable, ...) wie für ungerichtete Graphen.

7.4.3   Knoten und Kanten verändern

rmnode und addnode. Ein Knoten kann sowohl durch seine laufende Nummer als auch durch seinen Namen identifiziert werden, im Folgenden als „KId" abgekürzt. Mittels

H = rmnode(G, KIds) werden die durch „KIds" festgelegten Knoten entfernt und mittels H = addnode(G, KIds) hinzugefügt. „KIds" kann entweder ein numerischer Vektor mit den Kennziffern oder eine Zellvariable mit den Namen der Knoten sein. Ist „dazu" eine positive ganze Zahl dann wird mittels H = addnode(G, dazu) dem Graphen „G" die Anzahl „dazu" an Knoten hinzugefügt. Sind Knotennamen bereits vergeben, dann erhalten die neuen Knoten den Namen 'Node_' mit einer fortlaufenden Nummer. Beispielsweise kann mittels >> G.Nodes.Names(7) auf den Namen des 7.ten Knotens zugegriffen und gegebenenfalls überschrieben werden. Sind mit den Knoten bestimmte Eigenschaften verknüpft dann können via H = addnode(G, nodeP) neue Knoten mit entsprechenden Eigenschaften hinzugefügt werden; „nodeP" ist eine Tabelle. Beispiel:

```
G = graph({'A','A','B','C'},{'B','C','D','B'});  % Graph erstellen
G.Nodes.Eig = {'ja';'nein';'unb';'ja'}           % + Eigenschaften

ans =
    Name       Eig

    ----       ------

    'A'        'ja'
    'B'        'nein'
    'C'        'unb'
    'D'        'ja'

                            % Tabelle neuer Knoten mit Eigenschaften
NodeP = table({'E'; 'F'},{'ja' ;'nein'},'VariableNames',{'Name' 'Eig'})
NodeP =
    Name       Eig

    ----       ------

    'E'        'ja'
    'F'        'nein'
G = addnode(G, NodeP);    % Knoten hinzufuegen
```

rmedge und addedge. Kanten können entweder durch die Angabe der zugehörigen Knotenpaare „(s,t)", H = rmedge(G,s,t), oder dem entsprechenden Zeilenindex „idx" der Kantentabelle, H = rmedge(G,idx), entfernt werden. In ähnlicher Art und Weise können Kanten via, H = addedge(G,s,t,w), hinzugefügt werden, wobei der Gewichtsvektor „w" optional ist. Alternativ können Kanten auch mittels der Tabelle „neuKant", H = addedge(G,neuKant), hinzugefügt werden, wobei „neuKant" denselben Aufbau hat wie die ursprüngliche Kantentabelle.

Knoten- und Kantenanzahl. n = numnodes(G) bestimmt die Anzahl „n" der Knoten und n = numedges(G) der Kanten von „G".

Knoten und Kanten suchen. k = findnode(G,knotId) liefert die Knotennummern „k" der in „knotId" festgelegten Knoten. „knotId" ist eine Zellvariable mit den Namen der gesuchten Knoten. Existiert ein Knoten nicht, so ist k = 0.

Jede Kante eines Graphen ist durch ein Knotenpaar eindeutig festgelegt und wird durch eine bestimmte Zeile der Kantentabelle beschrieben. `idxKant = findedge(G,s,t)` liefert die Zeilennummern der Kantentabelle, der durch die zugehörigen Knotenpaare „(s,t)" festgelegten Kanten und `[sI,tI] = findedge(G)` liefert die Indizes der zugehörigen Knotenpaare „sI, tI" aller Kanten des Graphen „G". Ist „idxKant" ein Indexvektor, der ausgewählte Zeilen der Kantentabelle festlegt, dann liefert `[sI,tI] = findedge(G,idxKant)` die Indizes der zugehörigen Knotenpaare zurück.

Graphen umordnen und Teilgraphen auswählen.
Mit `[H, iper] = reordernodes(G,neuord)` werden die Knoten des Graphen „G" umgeordnet. „neuord" ist ein ganzzahliger Vektor der ursprünglichen Knotennummern in der neuen Reihenfolge, „H" der neue Graph und „iper" (optional) der zugehörige Permutationsvektor der Zeilen der Kantentabelle. Sind den Kanten keine zusätzlichen Eigenschaften wie beispielsweise Gewichte zugeordnet, wird „iper" nicht unterstützt. Beispiel:

```
>> s = [1 1 1 2 5 3 6 4 7 8 8 8];
>> t = [2 3 4 5 3 6 4 7 2 6 7 5];
>> G = graph(s,t);
>> order = [7 2 3 4 8 1 5 6];
>> [G, idx] = reordernodes(G,order)
Output argument "ind" (and maybe others) not assigned during call
to "graph/reordernodes".

>> % ABER
>> G.Edges.Eig=rand(length(s),1);     % Eigenschaft setzen
>> [G, idx] = reordernodes(G,order)   % kein Fehler

G = ....
```

`H = subgraph(G, ausknot)` wählt aus dem Ausgangsgraphen „G" den durch die Knotenindizes „ausknot" festgelegten Teilgraphen aus.

7.4.4   Algorithmische Graphentheorie

Breitensuche und Tiefensuche   Mit dem Befehl `bfsearch` wird eine Breitensuche und mit `dfsearch` eine Tiefensuche durchgeführt. Beide Befehle folgen dem gleichen Aufrufmuster. `v = bfsearch(G,s)` bzw. `v = dfsearch(G,s)` durchsucht den Graphen „G" beginnend am Knoten „s". Der Rückgabevektor „v" enthält die Knotenindizes entsprechend der vorgegebenen Suche. Mit `T = b/dfsearch(G,s,events)` wird die Ausgabe „T" entsprechend den vorgegebenen Ereignissen in „events", s. Tab (7.3), modifiziert. Mit `T = d/bfsearch(... ,'Restart',true)` wird die Suche mit einem neuen Knoten fortgesetzt falls die ursprünglichen Suche keinen weiteren Knoten mehr erreichen kann. Damit wird sichergestellt, dass die Suche alle Knoten erfasst. Beispiel:

```
s = [1 1 2 3 3 3 4 6];           % Beispielgraph
t = [2 4 5 5 6 7 4 1 4];

G = digraph(s,t);                % gerichteter Graph!
plot(G)                          % Visualisierung
T = bfsearch(G,1)                % Breitensuche
```

```
T =

     1
     2                                 % Dies sind die
     4                                 % vom Knoten 1
     5                                 % erreichbaren Nachbarknoten

events = {'startnode','edgetonew'};   % Welche Ereignisse sollen
T = bfsearch(G,1,events)              % ausgegeben werden
 T =

        Event         Node       Edge

        ---------     ----       ----------

        startnode       1        NaN      NaN
        edgetonew     NaN          1        2
        edgetonew     NaN          1        4
        edgetonew     NaN          1        5

% Die Knoten 3, 6 und 7 wurden nicht durchlaufen
T = bfsearch(G,1,events,'restart',true)   % Stellt sicher, dass
 T =                                       % alle Knoten durchlaufen
        Event         Node       Edge      % werden

        ---------     ----       ----------

        startnode       1        NaN      NaN
        edgetonew     NaN          1        2
        edgetonew     NaN          1        4
        edgetonew     NaN          1        5
        startnode       3        NaN      NaN
        edgetonew     NaN          3        6
        edgetonew     NaN          3        7
```

Maximaler Fluss und minimaler Schnitt. Mittels
[mf,Gf,mss,mst] = maxflow(G,s,t,algo) wird der maximale Fluss und der korrespondierende minimale Schnitt berechnet. „G" bezeichnet den Graphen, „s,t" die beiden
Knoten zwischen denen die Berechnung durchgeführt werden soll. „s,t" kann entweder
ein Skalar oder eine Stringvariable sein. Für ungewichtete Graphen wird für jede Kante
das Gewicht zu 1 gesetzt. Das optionale Übergabeargument „algo" bietet für gerichtete
Graphen unterschiedliche Algorithmen an. Zur Auswahl steht

- 'searchtrees' (Voreinstellung) nutzt einen Boykov-Kolmogorov Algorithmus.

- 'augmentpath' basiert auf einem Ford-Fulkerson Algorithmus. Die Laufzeit ist dabei quadratisch zur Zahl der Knoten. Nicht unterstützt werden gerichtete Graphen
  mit parallelen Kanten in unterschiedliche Richtung.

- 'pushrelabel' basiert auf einem Goldberg-Tarjan Algorithmus und unterstützt keine gerichteten Graphen mit parallelen Kanten in unterschiedliche Richtung. Die
  Knoten werden geeignet umetikettiert.

Tabelle 7.3: *Unterstützte Ereignisse (events) zu* `T = bfsearch(G,s,events)` *bzw.* `T = dfsearch(...)`

EVENT	BEDEUTUNG/AUSGABE T
'discovernode' 'finishnode' 'startnode'	(Default) Rückgabe der gefundenen Knoten Alle von einem Knoten ausgehenden Kanten wurden durchlaufen Ausgabe des Startknoten (vgl. 'Restart' true) T: Rückgabe der Knoten entweder als laufende Nummer oder als Zellvariable mit Knotennamen
'edgetonew' 'edgetodiscovered' 'edgetofinihed'	Kante zu einem noch nicht durchlaufenen Knoten Kante zu einem bereits durchlaufenen Knoten Kante zu einem Endknoten T: Matrix oder Zellvariable
 'allevents'	Mehrere Events werden als Zellvariable übergeben T: Tabelle Alle Events und folglich T Tabelle

Die Rückgabeargumente „GF, mss und mst" sind alle optional. Die skalare Größe „mf" gibt den maximalen Fluss an und „Gf" den zugehörigen gerichteten Graphen; „mss, mst" die Ausgangs- und Zielknoten des korrespondierenden minimalen Schnitts. „mss, mst" können je nach vorliegendem Graphen Skalare, ganzzahlige Vektoren, Strings oder Zellvariablen sein.

Zusammenhangskomponenten. Unter der Zusammenhangskomponente eines ungerichteten Graphen versteht man die Menge derjenigen Knoten, die durch einen Pfad miteinander verknüpft sind. Bei gerichteten Pfaden spricht man von stark zusammenhängend wenn die beiden Knoten in beide Richtungen miteinander verknüpft werden können, besteht dagegen nur ein Weg in eine Richtung so bezeichnet man die Zusammenhangskomponente als schwach zusammenhängend.

`bins = conncomp(G,Name,Wert)` gibt die Zusammenhangskomponenten eines Graphen „G" in Form einer Kennziffer „bins" zurück. „Name, Wert" sind optional und können die folgenden Werte annehmen: 'OutputForm', 'vector' (Default) für die Rückgabe eines ganzzahligen Vektors, 'OutputForm', 'cell' falls die Ausgabe in eine Zellvariable geschrieben werden soll. Für gerichtete Graphen dient das Wertepaar 'Type', 'strong' (Default) zur Ermittlung stark zusammenhängender und 'Type', 'weak' zur Bestimmung schwach zusammenhängende Komponenten.

Minimaler Spannbaum. `[B, vor] = minspantree(G,Name,Wert)` berechnet den minimalen Spannbaum „B" des ungerichteten Graphen „G". Das Wertepaar „Name, Wert" ist optional und kann die Werte 'Method', 'dense' (Default) für einen Prim-Algorithmus und 'Method', 'sparse' für einen Kruskal-Algorithmus annehmen. Der optionale Rückgabewert „vor" liefert als Vektor den zugehörigen Vorgängerknoten zurück.

Topologische Sortierung Der Befehl `[n,H] = toposort(G, 'Order', algo)` dient der topologischen Sortierung gerichteter azyklischer Graphen „G". Das Wertepaar „'Order', algo" ist optional und dient der Festlegung des Sortieralgorithmus. „algo" kann die Werte 'fast' (Default) und 'stable' annehmen. Bei bereits sortierten Graphen erhält 'stable' die Nummerierung der Knoten. Das Rückgabeargument „n" ist ein Vektor mit der Knotennummer in topologischer Sortierung und „H" (optional) der sortierte Graph. Beispiel:

```
G = digraph([1, 2, 2, 4],[2, 3, 4, 3]); %gerichteter Graph
G.Nodes.Name = {'A';'B';'C';'D'}
figure, plot(G), title('G'),shg
[n,H] = toposort(G);          % Topologische Sortierung
figure, plot(H), shg
G.Nodes.Name(3,:)
    'C'
H.Nodes.Name(3,:)    %Aber
    'D'
```

isdag. w = isdag(G) liefert 'wahr' zurück falls „G" ein azyklischer gerichteter Graph ist, sonst ein logisches 'falsch'.

Transitive Hülle. Der Befehlt H = transclosure(G) legt im gerichteten Graphen „H" alle Verbindungsmöglichkeiten der Knoten des gerichteten Graphen „G" explizit offen und H = transreduction(G) liefert den Graphen „H" mit der kleinstmöglichen Zahl an Kanten zurück, der die selben Verbindungen erlaubt wie „G".

Kürzester Pfad. [kpf, l] = shortestpath(G,s,t,'Method',algo) bestimmt den kürzesten Pfad für den Graphen „G" zwischen dem Startknoten „s" und dem Endknoten „t". Bei ungewichteten Graphen werden die Gewichte für alle Kanten gleich 1 gesetzt. „kpf" enthält die Knoten des kürzesten Pfads entweder als ganzzahliger Vektor oder Zellvariable mit den Knotennamen. „l" ist optional und liefert die Länge des Pfads. Ebenso ist das Wertepaar „'Method', algo" optional und legt den Berechnungsalgorithmus fest. Zur Verfügung steht 'auto' als Voreinstellung, 'unweighted' beruhend auf einer Breitensuche, 'positive' basierend auf einem Dijkstra-Algorithmus, für gerichtete Graphen ein Bellman-Ford Algorithmus via 'mixed' und 'acyclic' ein Berechnungsverfahren optimiert für azyklische gerichtete Graphen.

[baum,l] = shortestpathtree(G,s,t,'Name',wert) ist ähnlich aufgebaut wie **shortestpath** und unterstützt auch dieselben Berechnungsalgorithmen liefert aber den gerichteten Graphen „baum" zurück. „t" kann nun leer sein, in diesem Fall werden die kürzesten Pfade zu allen vom Startknoten „s" aus erreichbaren Knoten berechnet oder entweder „s„ oder „t" kann auch mehrere Knoten enthalten und daher auch ein Vektor oder ein Zellvariable mit den Knotennamen sein. Zusätzlich zu den Berechnungsverfahren ('Name' = 'Method') werden auch verschiedene Ausgabeformen ('Name' = 'OutputForm') unterstützt; wert: 'tree' (Voreinstellung), 'cell' Rückgabe in Form einer Zellvariable wobei baum{k} den kürzesten Pfad von s nach t(k) bzw. s(k) nach t liefert; existiert kein Weg ist baum{k} leer. Zusätzlich kann der Rückgabewert auch ein Vektor ('vector') sein. In diesem Fall gilt baum(s) = 0, ist der Knoten k kein Bestandteil des Pfades ist baum(k) = NaN und baum(l) liefert den Vorgängerknoten von l auf dem kürzesten Weg von s → t falls s nur einen Startknoten enthält und bei mehreren Startknoten den Nachfolgerknoten.

Die Länge der kürzesten Pfade „d(i,j)" zwischen allen Knotenpaaren (i,j) ermittelt die Funktion d = distances(G), mit „G" der zugehörige Graph. Der allgemeine Aufruf

lautet d = distances(G,s,t,'Method',algo). „s" bezeichnet die Quellknoten und „t"
die Zielknoten. „s, t" sind entweder Vektoren oder Zellvariablen mit den Knotennamen.
Sollen alle Knoten betrachtet werden kann auch der Qualifier 'all' verwendet werden.
Mit dem optionalen Wertepaar „'Method',algo" kann der Berechnungsalgorithmus ausgewählt werden. Zur Verfügung steht die Voreinstellung 'auto', die den optimalen Algorithmus aus den folgenden Wahlmöglichkeiten auswählt, 'unweighted' beruhend auf
einer Breitensuche, 'positive' basierend auf einem Dijkstra-Algorithmus und für gerichtete Graphen 'mixed' beruhend auf einem Bellman-Ford Algorithmus.

7.4.5   Matrix Darstellungen

A = adjacency(G) bestimmt die zum Graphen „G" gehörige Adjazenzmatrix „A", I =
incidence(G) die Inzidenzmatrix „I" und L = laplacian(G) die Laplacematrix. Alle
drei Matrizen sind dünn besetzt.   Die Berechnung der Laplacematrix ist auf ungerichtete Graphen beschränkt.

7.4.6   Informationen zu Knoten

Gr = degree(G,kIds) bestimmt den Grad eines oder mehrerer Knoten eines ungerichteten Graphen, EinGr = indegree(G,kIds) den Eingangs- und AusGr = outde-
gree(G,kIds) den Ausgangsgrad der Knoten eines gerichteten Graphen. Der Rückgabewert ist ein Vektor, „G" der Graph und „kIds" eine Liste der zu untersuchenden
Knoten und optional. Werden keine Knoten festgelegt wird der Grad aller Knoten zurückgeliefert.

Für ungerichtete Graphen „G" liefert nIds = neighbors(G,kId) alle Nachbarkno-
ten „nIds" des Knoten „kId" und für gerichtete Graphen „G" vorIds = predeces-
sors(G,kId) die Vorgänger „vorIds" und nachIds = successors(G,kId) die Nachfolger „nachIds" des Knotens „kId" zurück. Die Rückgabewerte sind jeweils Vektoren und
„kId" entweder ein Skalar oder ein String.

7.4.7   Grafische Darstellung

Mit dem Befehl plot(G) wird der Graph „G" visualisiert, Abb. (7.8). Ähnlich dem
plot-Befehl in Abschnitt 14.1.1 erlaubt auch die überladene Methode plot für Graphen
Linienfarben, Marker- und Linienstile, Tab. (14.1), sowie Wertepaare plot(G,'Eigenschaft',Wert) und Achsenobjekte „ah" plot(ah,...) zu übergeben und GraphPlot-
Objekte „h", h = plot(G,...), zurückzugeben. Weitere Eigenschaften sind in den Tabellen (14.2) und (7.4) aufgelistet. Beispiele, Abb. (7.8):

```
A = randi(10,5);      % Beispielgraph erstellen
A = A + A';
A = A - diag(diag(A));
g1 = graph(A);        % Visualisierung Kanten: Gewichte + Fraben
figure, p=plot(g1,'EdgeLabel',g1.Edges.Weight, ...
                'EdgeCData',ceil(g1.Edges.Weight)), shg
axis equal
```

```
shg
%
A = randi(5,3);         % Beispiel gerichteter Graph
A = (A + A')/2;
A = A - diag(diag(A));
A(2,1) = 0;
A(3,2) = 0;
A(1,3) = 1.5;
g4 = digraph(A);
figure, plot(g4,'EdgeLabel',g4.Edges.Weight), axis equal, shg
```

Beschriften ausgewählter Kanten und Knoten. Mittels `labeledge(h,s,t,Labels)` bzw. `labeledge(h,idx,Labels)` lassen sich ausgewählte Kanten beschriften. „h" ist das zugehörige GraphPlot-Objekt, „s,t" die zu den Kanten gehörigen Knotenbezeichner bzw. „idx" die zugehörigen Kantenindizes und „Labels" die gewünschte Beschriftung, ein String oder eine Zellvariable mit Strings. Mit `labelnode(h, kIds, Labels)` werden ausgewählte Knoten beschriftet. „kIds" ist eine Liste der zu beschriftenden Knoten, die entweder die Knotennummern (Vektor) oder -namen (Zellvariable) enthält.

Graphen gestalten. Mit dem Befehl `layout(h)` wird das Graphendesign des Graph-Plot-Objekts „h" durch eine automatische Layout-Methode angepasst. Der allgemeine Aufruf ist `layout(h,methode,Name,Wert)`. Bis auf „h" sind alle anderen Eingabeargumente optional mit folgender Bedeutung; Methode:

- 'auto' ist die Voreinstellung und entspricht `layout(h)`.

- 'circle': Alle Knoten werden auf einem Umkreis mit Radius 1 um das Zentrum des Graphen platziert.

Tabelle 7.4: Zusätzliche Eigenschaften der überladenen Methode `plot` *für Graphen. Voreinstellung in eckiger Klammer. Weitere Eigenschaften in Tab. (14.2).*

BEZEICHNER	BEDEUTUNG	WERT
ArrowSize	Größe der Pfeile (pt)	reelle Zahl [7]
EdgeAlpha	Transparenz der Kanten	$0, \cdots, 1$ [0.5]
EdgeCData	Farben kantenspezifisch	Vektor (Zeilenindex der Colormap)
EdgeColor	einheitliche Kantenfarbe	RGB-Triplet Bsp. [1 0 0]
		Linienfarbensymbol Bsp. 'r'
	String: 'flat'	EdgeCData nutzen
	String: 'none'	keine Kanten
EdgeLabel	Kantenbeschriftung	Vektor, Zellvariable m. Namen
EdgeLabelMode	Auswahl	['manual'], 'auto'
NodeCData	Farben knotenspezifisch	vgl. EdgeCData
NodeColor	einheitliche Knotenfarbe	vgl. EdgeColor
NodeLabel	Knotenbeschriftung	vgl. EdgeLable
NodeLabelMode	Auswahl	vgl. EdgeLabelMode

- 'force': Benachbarte Knoten erfahren eine Anziehung und entfernte Knoten eine Abstoßung. Zusätzliche können noch die folgenden Namen-Werte Paare übergeben werden: 'Iterations', Zahl (Voreinstellung 100); 'XStart', XData, 'YStart', Ydata, wobei „XData, YData" für die x-Koordinaten bzw. y-Koordinaten der Knoten in der gewünschten Reihenfolge steht und genauso viele Elemente wie Knoten enthält. Beispiel: `layout(h,'force','XStart',h.XData,'YStart',h.YData);`

- 'layered': Layout, das die hierarchischen Strukturen aufdeckt. Zusätzlich werden die folgenden Namen-Werte Paare unterstützt: 'Direction' mit den Werten 'down' (Default), 'up', 'left' und 'right' je nachdem wie die hierarchischen Strukturen angeordnet sein sollen. 'Sources', KIds Festlegung derjenigen Knoten „KIds", die in der ersten Struktur enthalten sein sollen und das Gegenstück 'Sinks', KIds zur Festlegung der Knoten der letzten hierarchischen Struktur. 'AssignLayers' mit den Werten 'auto' wählt die kompakteste Darstellung der folgenden beiden Werten automatisch; 'asap' jeder Knoten wird der ersten möglichen Struktur zugeordnet unter der Voraussetzung, dass alle Vorgängerknoten früheren Strukturen zugeordnet wurden und die Umkehrung 'alap' - so spät wie möglich unter der Voraussetzung, dass alle Nachfolgerknoten in späteren hierarchischen Strukturen angeordnet sind.

- 'subspace': Der Graph wird in einem höher-dimensionalen Hyperraum dargestellt und dann auf die zweidimensionale Ebene projiziert, mit dem Paar 'Dimension', dim, wobei „dim" die Dimension des Hyperraum ist und mindesten den Wert 2 hat und höchstens gleich der Zahl der Knoten sein kann. Voreinstellung: Minimum aus 100 und Anzahl der Knoten.

`highlight(h,KIds)` hebt die Knoten „KIds" des Graph-Plot Objekts „h" hervor und `highlight(h,G)` die Knoten und Kanten des Graphen „G" sowie `highlight(h,s,t)` die durch die Knoten „(s,t)" festgelegten Kanten. Zusätzlich können noch via `highlight(...,Eig,Wert)` die folgenden Eigenschafts-Werte Paare übergeben werden: 'Edgecolor', 'NodeColor' s. Tabelle (7.4), sowie 'LineStyle', 'LineWidth', 'Marker' und 'MarkerSize' vgl. Abschnitt (14.1.1). Beispiel, s. Abb. (7.8):

```
%% Beispiel Layout und Highlight
s = [1 1 1 1 6 6 6  6  6  9 3];
t = [2 3 4 5 6 7 8 9 10 11 10 5];
g5 = graph(s,t);  % Beispielgraph
                  % Beispiel: Layout
figure, h = plot(g5);
layout(h,'force','XStart',h.XData([6:11,1:5]), ...
                 'YStart',h.YData([6:11,1:5]));
                  % Beispiel highlight
figure, h2 = plot(g5);
sH = [1 1 1 1 3];
tH = [2 3 4 5 5];
highlight(h2,sH,tH);
```

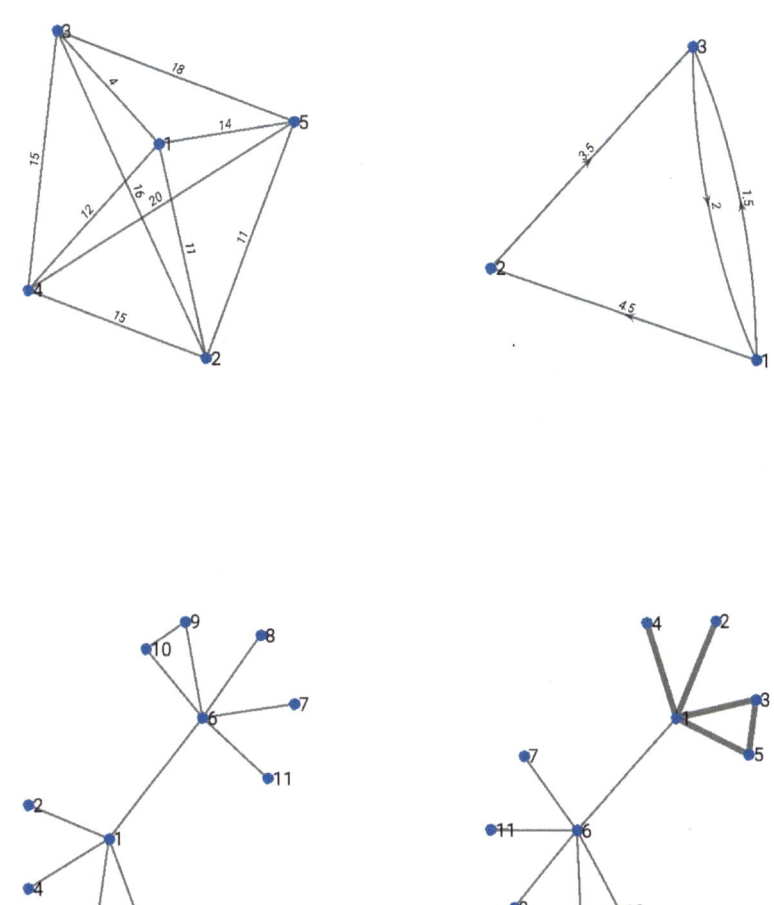

Abbildung 7.8: *Beispiel: Plot-Graph Objekte. Von links oben nach rechts unten: Ein ungerichteter und ein gerichteter Graph mit Kantenbeschriftung; 3. Graph: Layout mit „force"* *hierarchisch strukturiert; 4. Graph: Teilstruktur mit „highlight" hervorgehoben.*

8 Datenanalyse und Fourier-Transformationen

8.1 Grundlegende Datenanalyse

8.1.1 Befehlsübersicht

Statistik max, min, islocalmax, islocalmin, maxk, mink, bounds, mean, movmean, median, movmedian, movmad, mode, std, movstd, var, movvar

Daten reinigen missing, standardizeMissing, fillmissing, ismissing, rmmissing, filloutliers, isoutlier, rmoutliers, ischange

Histogramme histogram, histogram2, histcounts, discretize, histcounts2, fewerbins, morebins, polarhistogram (s. S. 360)

Sortierroutinen sort, sortrows, issorted, issortedrows, topkrows

Summen und Produkte sum, prod, cumsum, cumprod, movsum, movprod

Numerische Integration trapz, cumtrapz

8.1.2 Statistische Maßzahlen

Neben den im Folgenden aufgeführten MATLAB-Kommandos bietet das Figure Window unter „Tools" ⇒ „Data Statistics" ebenfalls die Möglichkeit, elementare statistische Analysen durchzuführen.

Extremalwerte. Die Befehle `max` und `min` dienen der Berechnung maximaler bzw. minimaler Werte, `islocalmax` und `islocalmin` der Frage nach lokalen Extremalwerten und `maxk`, `mink` der Berechnung der k größten bzw. kleinsten Elemente und `bounds` Minimum und Maximum eines Arrays. Die Syntax der Funktionen zu „max" ist identisch der zu den „min" Funktionen, es genügt daher, jeweils nur einen von beiden stellvertretend zu besprechen.

Die MATLAB-Funktionen `max`, `min`, `maxk`, `mink` und `bounds` unterstützen neben numerischen und logischen Arrays auch kategoriale Variablen, datetime- und duration-Arrays. Bei komplexen Werten wird der Betrag betrachtet.

`am = max(A)` berechnet den maximale Wert des Vektors „A". Ist „A" eine Matrix, so werden die Spaltenmaxima berechnet und mittels `am = max(A(:))` der maximale Wert eines beliebig dimensionalen Arrays. Eine Alternative dazu ist `am = max(A,[],'all')`.Ist

https://doi.org/10.1515/9783110741780-008

A ein n-dimensionales Array, so legt dim, `am = max(A,[],dim)`, die Dimension fest, längs der das Maximum gesucht wird. Ist „dim" ein ganzzahliger Vektor so wird das Maximum über die durch „dim" festgelegten Dimensionen gesucht. Beispiel:

```
>> A = rand(4,5,3);
>> max(A)
ans(:,:,1) =
    0.9134    0.6324    0.9706    0.9572    0.9595
ans(:,:,2) =
    0.9340    0.7577    0.7060    0.8235    0.9502
ans(:,:,3) =
    0.7952    0.6463    0.7547    0.6551    0.9597

>> max(A,[],[1,2])
ans(:,:,1) =         ans(:,:,2) =         ans(:,:,3) =
    0.9706              0.9502              0.9597
```

`am = max(A,B)` vergleicht die Matrizen „A" und „B" elementweise und liefert den jeweils größeren Wert zurück. „A" und „B" müssen dabei Matrizen identischer Größe sein.

Mit `[am, index] = max(···)` werden nicht nur die maximalen Werte, sondern zusätzlich noch die Zeilen-Indizes (index) mit zurückgegeben und mit `[am, index] = max(A,[],...'linear')` die linearen Indizes.

Ist einer der Werte „NaN" ist das Ergebnis ebenfalls „NaN". Not-A-Number Einträge werden mittels `am = max(...,'omitnan')` ignoriert und mittels `am = max(..., 'includenan')` berücksichtigt.

`ak = maxk(A,k)` liefert die k größten Elemente von A. `maxk` und `mink` folgt bezüglich Vektoren, Matrizen und multidimensionalen Arrays denselbe Regeln wie `max` bzw. `min`. Mit `ak = maxk(A,k,dim)` wird die Dimension längs der die k größten Werte bestimmt werden sollen festgelegt.

`ak = = maxk(...,'ComparisonMethod',c)` legt die Methode fest nach der die Werte ausgewählt werden. Zur Verfügung steht für „c" 'abs' (absoluter Wert) und 'real' (Realteil).

`[ak, index] = maxk(...)` gibt zusätzlich die Indizes der k Werte zurück.

`[miA, maA] = bounds(A)` liefert die kleinsten „miA" und die größten Werte „maA" des Arrays „A" zurück. `bounds` folgt dabei für Vektoren, Matrizen und multidimensionalen Arrays denselben Regeln wie `max`. `[...] = bounds(A,'all')`, `[...] = bounds(A,dim)` und `[...] = bounds(... 'omitnan')` bzw. 'includenan' folgen denselben Regeln wie unter `max` beschrieben.

`islocalmax` und `islocalmin` geben ein logisches Array zurück dessen Elemente eine logische 1 sind wenn ein Maximum bzw. ein Minimum vorliegt. Unterstützt werden neben numerischen und logischen Arrays, Tabellen und Zeittabellen. Die Syntax ist `wf = islocalmax(A)`, die Auswertung folgt längs der höchsten Dimension bzw. längs „dim" mittels `wf = islocalmax(A,dim)`. `islocalmax` und `islocalmin` unterstützen noch verschiedene Eigenschafts-Werte Paare und werden insbesondere vom Live Editor (im MATLAB Desktop New Live Script ⇒ INSERT ⇒ Task ⇒ Find Local Extrema) unterstützt auf den ich für weitere Details verweise.

Mittelwerte und Häufungspunkt. `mean` und `median` folgen im Wesentlichen derselben Syntax.

`am = mean(A)` berechnet spaltenweise das arithmetische Mittel der Matrix A. Ist „A"
ein n-dimensionales Array, so wird mit dem Skalar dim, `am = mean(A,dim)`, festgelegt,
längs welcher Dimension das arithmetische Mittel gebildet wird. Ist „dim" ein ganzzahliger Vektor, so werden wie unter `max` die Dimensionen festgelegt längs derer der
Mittelwert gebildet werden soll. `mean` und `median` unterstützen ebenfalls „omitnan" und
„includenan", s. `max`. Zusätzlich kann man bei `mean` den Datentyp des Rückgabewerts
via `am = mean(..., RType)` festlegen. „RType" kann folgende Werte haben:

- 'default' Rückgabewert vom Datentyp double, außer die Eingabewerte sind vom
  Datentyp single, duration oder datetime. In diesen Fällen entspricht 'default' 'native'.

- 'double' Rückgabewert vom Typ double. Die Datentypen duration und datetime
  werden nicht unterstützt.

- 'native' Rückgabewert vom selben Datentyp wie die Eingabewerte, außer der Eingabewert ist von Typ logical (Rückgabe double) oder char, das nicht unterstützt
  wird.

Beispiel:

```
x = 'WolfgangSchweizer';
a = mean(x)
a =
   104.0588

a = mean(x,'native')
Error using sum
Native accumulation on char array is not supported.
...
```

Zur Median-Berechnung dient die Funktion `median`, der Aufruf ist identisch zu „mean",
allerdings ist der Rückgabewert vom selben Datentyp wie der Eingabewert.

Mittels `movmean` kann ein gleitender Mittelwert und via `movmedian` ein gleitender Median berechnet werden. Damit lässt sich sehr einfach ein Medianfilter realisieren, s. S. 443.
Beide Funktionen folgen derselben Syntax. Es genügt folglich `movmean` zu betrachten.

`M = movmean(A,k)` berechnet den gleitenden Mittelwert über das Array „A" mit einer
Fensterlänge „k". „A" wird dabei bezüglich der höchsten Dimension (bei Matrizen spaltenweise) ausgewertet. `M = movmean(A,[kb kf])` berechnet den gleitenden Mittelwert
über eine Fensterlänge $kb+kf+1$ und schaut dabei „kb" Elemente zurück und „kf" Elemente vorwärts. Mittels `M = movmean(... ,dim)` „dim" ein ganzzahliger Skalar oder
Vektor erlaubt wie unter `max` beschrieben die Auswahl der Dimension(en). Mittels `M =
movmean(..., 'omitnan')` bleiben NaN-Werte unberücksichtigt; Default ist 'includenan'. Zusätzlich werden die Eigenschafts-Werte Paare `M = movmean(...,Eig,wert)`
  'Endpoints' mit den Werten 'shrink' (Einschränken der Fenstergröße), 'discard' (kein
Werteberechnung wenn die Fensterlänge unterschritten wird), 'fill' (Fehlende Elemente
mit NaNs ergänzen) und „numerischer oder logischer Skalar" (Fehlende Elemente mit

diesem Wert ersetzen).
'SamplePoints' ein Vektor v derselben Länge wie der Bereich über den die Mittelwertbildung ausgeführt wird, der die Position der Daten repräsentiert und insbesondere für
nicht-äuidistante Positionen wichtig ist, vgl. Fig. (8.2). Genommen wird dann jeweils
der Bereich $v_i \pm k/2$.

Die mittlere absolute Abweichung vom Median ist für einen Vektor x definiert durch
$median_k(|x - median_k(x)|)$ und kann via M = movmad(A,k) berechnet werden. movmad
folgt exakt derselben Syntax wie movmean oder movmedian.

>> hwert = mode(A) berechnet spaltenweise den am häufigsten auftretenden Wert.
Wie im Falle der Funktion max werden durch den zusätzlichen Parameter „dim" (ganzzahliger Skalar oder Vektor), hwert = mode(A,dim) multidimensionale Arrays unterstützt und mit hwert = mode(A,'all') das gesamte Array ausgewertet. Mit [hwert,
woft] = mode(A,···) wird in „woft" abgespeichert wie oft der häufigste Wert „hwert"
auftrat, und mit [hwert, woft, gsoft] = mode(A,···) werden in der Zellvariable „gs-
oft" alle Werte abgespeichert, die genauso häufig wie „hwert" auftraten.

8.1.3   Standardabweichung

Zur Berechnung der Standardabweichung eines statistischen Ensembles gibt es zwei
unterschiedliche Definitionen:

$$\text{w} = 0: \qquad s = \sqrt{\frac{1}{n-1} \sum_{i=1}^{n} (x_i - <x>)^2} \quad \text{und} \qquad\qquad (8.1)$$

$$\text{w} = 1: \qquad s = \sqrt{\frac{1}{n} \sum_{i=1}^{n} (x_i - <x>)^2} \quad \text{mit} \quad <x> = \frac{1}{n} \sum_{i=1}^{n} x_i \, .$$

Die Syntax ist s = std(A, w), „A" bezeichnet dabei das statistische Ensemble und
„w" kann die Werte 0 und 1 annehmen entsprechend obigen Gleichungen (default ist
null) oder ein positiver Gewichtsvektor derselben Länge wie die Berechnungslänge von
var. Desweiteren wird wie unter max s = std(A,w,'all'), s = std(A,w,dim) und s
= std(...,'omitnan') bzw. 'includenan' (default) unterstützt. Für „A" ein multidimensionales Array folgt std denselben Regeln wie max.

Die Varianz ist das Quadrat der Standardabweichung und wird mittels der Funktion
var berechnet. Die Syntax folgt dabei exakt der von std.

Eine gleitende Standardabweichung bzw. gleitende Varianz kann mit Hilfe der Funktionen movstd und movvar berechnet werden. Sehen wir von der Variablen „w" ab (s.
std), folgen beide Funktionen derselbe Syntax wie movmean: M = movstd(A,k), M =
movstd(A,[kb kf]), M = movstd(...,w), M = movstd(...,w,dim), M = movstd
(...,'omitnan') und 'includenan' und M = movstd(...,eig,wert). Dasselbe gilt für
movvar.

8.1.4   Daten reinigen

Fehlende Werte. Ist „x" ein Variable dann erzeugt `x(i) = missing` einen fehlenden Wert an der Position „i". Für Variablen vom Typ double, single, duration und calendarDuration wird der Wert von x(i) durch „NaN"ersetzt, für datetime-Arrays durch „NaT", für kategoriale Variablen durch ein „<undefined>" und für Stringvariablen durch „<missing>". Eine ähnliche Aufgabe übernimmt `standardizeMissing`.

`B = standardizeMissing(A,indi)` ersetzt alle durch „indi" festgelegten Werte durch den für diesen Variablen Typ festgelegten 'fehlenden Wert'. Hat beispielsweise indi den Wert x, dann werden für ein Double-Array alle auftretenden Werte x durch NaN ersetzt. „indi" kann dabei je nach Variablentyp auch ein numerisches Array oder eine Zellvariable sein.

`B = standardizeMissing(A,indi,'DataVariables',tabkopf)` legt in Tabellen und Zeittabellen fest in welchen Tabellenspalten „tabkopf" die Werte „indi" durch einen Missing-Eintrag ersetzt werden sollen. „tabkopf" ist dabei eine Zellvariable mit den Namen der Tabellenköpfe (Variable Names).

`[F, TF] = fillmissing(A,'constant',v)` ersetzt fehlende Werte in A durch v. Für mehrdimensionale Arrays kann v auch ein Vektor sein. Die Position korrespondiert dann zum Spaltenindex. Für Tabellen und Zeittabellen kann v eine Zellvariable mit den Elementen zu jeder Tabellenspalte sein. „F" ist die korrigierte Variable und „TF" ein logisches Array mit einer 1 an den ersetzten Positionen. `... = fillmissing(A,methode)` unterstützt die folgenden Methoden: 'previous' (der letzte nicht-fehlende Wert wird gewählt), 'next' (der nächste nachfolgende nicht-fehlende Wert wird gewählt), 'nearest' (der nächste nicht-fehlende Wert wird gewählt), 'linear' (lineare Interpolation über benachbarte Werte), weitere Interpolationsverfahren sind 'spline', 'pchip' und 'makima'. Mit `... = fillmissing(A,movmethod,fenster)` stehen die gleitenden Verfahren 'movmean' und 'movmedian' zur Verfügung; „fenster" ist die dabei die Fensterlänge, also beispielsweise 3.

Eigene Verfahren können mittels `... = fillmissing(A,fillfun,gapwindow)` genutzt werden. „fillfun" ist das Function-Handle zur nutzenden Funktion und „gapwindow"der feste Bereich um den fehlenden Wert, der von „fillfun" genutzt werden soll. Das Function-Handle „fillfun" muss drei Eingabeargumente haben: „xs, ts" Vektoren der Länge des „gapwindows" mit den Beispieldaten und ihrer Position sowie der Position der fehlenden Daten „tq".

`... = fillmissing(...,dim)` legt die Dimension „dim" längs der `fillmissing` operiert fest und `... = fillmissing(...,eig,wert)` unterstützt folgende Eigenschafts-Werte-Paare: 'SamplePoints' und ein Vektor mit den Positionen der Daten in A (x-Werte, Default [1,2,3,...]). 'DataVariable' mit den Tabellenvariablen, die genutzt werden sollen. Zur Festlegung wie die Randwerte behandelt werden sollen 'EndValues' mit den Werten 'extrap' (wie die gewählte Methode), 'previous', 'next', 'nearest', 'none' (nicht ersetzen) oder ein Skalar (durch diesen konstanten Wert ersetzen).

`TF = ismissing(A)` gibt ein logisches Array zurück mit einer logischen 1 an der Position fehlender Werte in „A" und sind in „A" fehlende Werte durch „indi" gekennzeichnet übernimmt diese Aufgabe `TF = ismissing(A,indi)`.

`[R, TF] = rmmissing(A)` entfernt fehlende Werte aus „A". Ist „A" beispielsweise eine

Matrix bedeutet dies, dass jede Zeile gelöscht wird, die einen fehlenden Werte enthält. „TF" ist ein logisches Array, das für entfernte Positionen eine logische 1 aufweist. ... = `rmmissing(A,dim)` wird die Dimension „dim" ausgewählt längs der `rmmissing` operiert und ... = `rmmissing(...,eig,wert)` unterstützt die folgenden Eigenschafts-Werte-Paare: 'MinNumMissing' mit einem positiven ganzzahligen Wert, der festlegt wieviele fehlenden Werte mindestens existieren müssen bevor beispielsweise eine Zeile entfernt wird und 'DataVariables' mit den Tabellenvariablen längs der operiert werden soll.

Im Live Editor findet sich unter Task eine grafischen Benutzerfläche zu fehlenden Werten „Clean Missing Data" sowie eine weitere grafischen Benutzerfläche „Clean Outlier Data" zur Behandlung von Ausreißern.

Ausreißer sind per Voreinstellung dadurch definiert, dass sie mehr als der dreifache Wert der skalierten mittlere absolute Abweichung (MAD) vom Median entfernt sind (vgl. `movmad`), mit Skalierungsfaktor c=-1/(sqrt(2)*erfcinv(3/2)) $(1, 4826)$.

B = `filloutliers(A,Methode)` findet Ausreißer und ersetzt sie durch einen Wert entsprechend der gewählten Methode. Zur Wahl steht: ein numerischer skalarer Wert, 'center' (Mittelwert der Suchmethode), 'clip' (Schwellenwerte der Suchmethode), 'previous' (der letzte Nicht-Ausreißer), 'next' (der nächste nachfolgende Nicht-Ausreißer), 'nearest' (der nächste Nicht-Ausreißer), und wie unter `fillmissing` die Interpolationsverfahren 'linear', 'spline', 'pchip' und 'makima'.

Mittels B = `filloutliers(A,Methode,Such)` kann die Methode „Such" zur Definition eines Ausreißers gewählt werden. Zur Auswahl steht 'median' (die Voreinstellung), 'mean' (Abweichung größer 3 Standardabweichung vom Mittelwert), 'quartiles' (Abweichung größer als der 1,5-fache Wert des Quartilabstands von der unteren bzw. oberen Quartil), 'grubbs' (Ausreißertest nach Grubbs), 'gesd' (ähnlich dem Test nach Grubbs). B = `filloutliers(A,Methode,'percentiles',Pmarke)` „Pmarke" sind die Prozentmarken (z. Bsp. [10, 90]) der Perzentile. Ausreißer sind dann Punkte außerhalb dieses Bereichs. Mit B = `filloutliers(A,Methode,movmethod,fenster)` werden die gleitenden Verfahren 'movmean' oder 'movmedian' mit einer Fensterlänge „fenster" zur Bestimmung eines Ausreißers genutzt.

B = `filloutliers(...,dim)` legt fest längs welcher Dimension `filloutliers` operieren soll und mittels B = `filloutliers(...,eig,wert)` werden die folgenden Eigenschafts-Werte-Paare unterstützt: 'SamplePoints' und ein Vektor mit den Positionen der Daten in A (x-Werte, Default [1,2,3,...]). 'DataVariable' mit den Tabellenvariablen, die genutzt werden sollen. 'ThresholdFactor' mit einem positiven Skalar zur Festlegung der Grenzwerte, 'MaxNumOutliers' mit einem positiven Skalar, der die maximale Zahl der Ausreißer bei der 'gesd'-Methode festlegt. 'OutlierLocation' mit einem logischen Array derselben Größe wie „A". Ausreißer werden durch eine logische 1 gekennzeichnet.
[B,TF,L,U,C] = `filloutliers(...)` unterstützt die folgenden Rückgabewerte: „B" der korrigierte Rückgabewert zu „A", „TF" ein logisches Array das die Positionen der Ausreißer zeigt, „L" und „U" die untere und obere Schranke und „C" der Mittelwert.

[TF,L,U,C] = `isoutlier(A,...)` sucht die Ausreißer in Datensätzen, dabei werden die selben Verfahren wie unter `filloutliers` unterstützt und bis auf das korrigierte Array dieselben Rückgabewerte.

[B, TF] = `rmoutliers(A,...)` sucht und entfernt Ausreißer, dabei werden die selben Methoden wie unter `isoutlier` unterstützt.

`[TF,S1,S2]` = `ischange(A)` findet plötzliche Änderungen in Datensätzen und liefert an der Position eine logische 1 in „TF" zurück. „S1, S2" sind Vektoren mit dem Mittelwert und der Varianz. Mittels `TF` = `ischange(A,Methode)` kann die Methode zur Bestimmung abrupter Änderungen ausgewählt werden. Zur Verfügung steht 'mean', 'variance' und 'linear' (plötzliche Änderungen der Steigung und konstanter Datenbereiche). `TF = ischange(...,dim)` wählt die Dimension aus längs der `ischange` operiert. Wie `filloutliers` unterstützt `... = ischange(...,Eig,Wert)` die folgenden Eigenschafts-Werte-Paare: 'SamplePoints', 'DataVariables', 'Threshold' mit einem positiven Skalar (Default 1) und 'MaxNumChanges' mit einer positiven ganzen Zahl, die maximale Anzahl an Änderungen festlegt.

Plötzliche Änderungen in Datensätzen aufzufinden wird auch durch eine grafische Benutzeroberfläche „Find Change Points" im Live Editor unter Task unterstützt.

8.1.5   Histogramme

Ein Histogramm ist eine grafische Darstellung einer Häufigkeitstabelle. Ist „x" ein n×m-Array, dann erstellt `histogram(x)` ein Histogramm des Spaltenvektors `x(:)`. Die Anzahl der Intervalle wird automatisch in Abhängigkeit der Anzahl der Werte gesetzt. Mittels `histogram(x, xn)` können die Histogramm-Intervalle von Hand gesetzt werden. Ist „xn" eine ganze Zahl, wird der Wertebereich von „x" in xn äquidistante Intervalle eingeteilt. Ist „xn" ein Vektor, so werden die Intervallgrenzen entsprechend dem vorgegebenen Vektor gewählt. Dies hat den Vorteil, dass unterschiedliche Intervallbreiten zur Histogrammzählung genutzt werden können.

Mittels `histogram('BinEdges',ig,'BinCounts',ix)` werden die Intervallgrenzen „ig" gesetzt. „ig" ist ein Vektor, der die linken Grenzen setzt und mit dem letzten Wert die rechte Grenze des letzten Intervall. „ix" ist der Vektor, der die Höhe der jeweiligen Intervalle vorgibt, also um ein Element kleiner als „ig".

Mittels `histogram(C)` wird ein Histogram über die kategoriale Variable „C" erstellt. `histogram(C, Ka)` „Ka" ist optional und listet die zu wählenden Kategorien auf. `histogram('Categories',Ka,'BinCounts',ix)` ist das Pendant zu 'BinEdges' für kategoriale Variablen.

`histogram(ah,...)` erlaubt ein Histogramm in eine bereits bestehende Abbildung mit dem Achsenobjekt „ah" zu plotten.

Das folgende Beispiel untersucht, wie stark eine vorgegebene Verteilung von einer exponentiellen Verteilung abweicht. Dazu wurde ein Histogramm mit einer äquidistanten Intervalleinteilung mit einem Histogramm mit logarithmischer Intervalleinteilung verglichen und überlagert. (Die Eigenschaft „FaceAlpha" regelt die Durchsichtigkeit.)

Beispiel: Überlagerung zweier Histogramme.

```
% xe ist die vorgegebene Verteilung
% xlog dient der Intervalleinteilung von xe
xe=exp(2*rand(1,100000));
xlog=logspace(log10(1), ...
    log10(max(xe)),25);
h1 = histogram(xe,25);
h1.FaceAlpha = 0.2;
```

```
h1.EdgeColor = 'b'
hold on
h2 = histogram(xe,xlog);
h2.FaceAlpha = 0.2;
h2.EdgeColor = 'r'
hold off
```

Das Ergebnis ist in Abb. (8.1) dargestellt.

Mit `h = histogram(...)` wird ein Histogram-Objekt „h" erstellt, auf dessen Eigenschaften mittels `h.Eigen` zugegriffen werden kann (s. obiges Beispiel). Mit `set(h)` erhält man eine Liste mit den möglichen Werten bzw. Datentypen. Neben den Eigenschaften der Bar- oder Stair-Objekte die unterstützt werden, S. 413 ff, hier eine Auswahl typischer Eigenschaften:

Intervalle: „NumBins" (Anzahl der Klassenintervalle), „BinWidth" (Breite), „BinEdges" (Vektor mit den linken Intervallgrenzen und der letzten rechten Grenze), „BinLimits" (2-komponentiger Vektor, minimaler und maximaler Grenzwert des Histogramms) und „BinLimitsMode". „BinMethod" (Optimierung der Intervallbreite bzw. -anzahl): „auto" (Voreinstellung), „scott" (Scotts Regel, geeignet für Normalverteilungen), „fd" (Friedman-Diaconis Regel, geringe Sensitivität gegenüber Ausreißern), „integers" (für ganzzahlige Datensätze), „sturges" (Sturges Regel) und „sqrt" (wurzelbasierten Algorithmus). Für Datetime-Daten: 'second', 'minute', 'hour', 'day', 'week', 'month', 'quarter', 'year', 'decade', 'century' und für Duration-Daten: 'second', 'minute', 'hour', 'day' und 'year'.
Die Zahl der Intervalle lässt sich auch mit `n = morebins(h)` bzw. `n = fewerbins(h)` um 10% gerundet auf die nächst höhere bzw. niedrigere ganze Zahl verändern.
Darstellung: „DisplayStyle" mit den Werten 'bar' und 'stairs.
Normierung: „Normalization" mit den Werten „count" (Voreinstellung, Anzahl der Elemente in jedem Intervall wird direkt genutzt), „probability" (relative Anzahl an Elementen in jedem Intervall), „countdensity" (Anzahl an Elementen gewichtet mit der Intervallbreite), „pdf" (relative Anzahl an Elementen gewichtet mit der Intervallbreite), „cumcount" (kumulative Anzahl an Elementen) und „cdf" (kumulative relative Anzahl an Elementen).
Orientierung der Intervalle: „Orientation" mit den Werten 'vertical' (Default) und 'horizontal'.
Alle Eigenschaften können auch als Eigenschafts-Werte-Paare `histogram(..., eig, wert)` übergeben werden.

histcounts. `[n, edges] = histcounts(x)` bzw. `[n, ka] = histcounts(C)` für kategoriale Variablen ermittelt die Anzahl der Elemente „n" pro Histogramm Intervall „edges" bzw. „ka". `histcounts` folgt der selben Syntax wie `histogram` und unterstützt dieselben Eingabeargumente abgesehen von „('BinEdges',ig,'BinCounts',ix)" und dem Pendant für kategoriale Variablen. Als Eigenschafts-Werte-Paare werden „BinLimits", „BinMethod", „BinWidth" und „Normalization" unterstützt mit denselben Werten wie unter `histogram` beschrieben.

Gruppieren von Daten. Mit Hilfe der Funktion `Y = discretize(X,ig)` wird das numerische Array „X" entsprechend den Intervallgrenzen „ig" in die einzelnen Intervalle aufgeteilt. „ig" kann eine Zahl sein für konstante Intervalle oder ein Vektor mit den Inter-

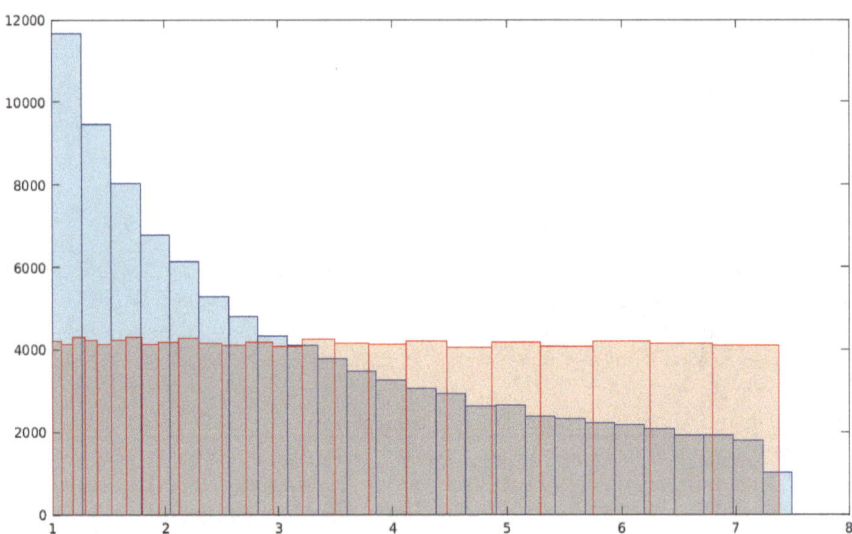

Abbildung 8.1: *Beispiel zur Überlagerung zweier Histogramme.*

vallgrenzen. Unterstützt werden auch duration und datetime Arrays. Der Rückgabewert
„Y" ist gleich groß wie „X" und liefert den zugehörigen Intervallindex zurück. Mittels `Y`
`= discretize(X,ig,iw)` kann zu jedem Intervall ein Wert „iw" übergeben werden. „Y"
liefert nun den korrespondierenden Intervallwert. Multidimensionale Arrays „X" werden
zeilenweise ausgewertet. `Y = discretize(X,ig, 'categorical',ka_na)` erstellt eine
kategoriale Variable „Y" und nutzt die in der optionalen Zellvariablen „ka_na" vorgegebenen Namen für die einzelnen Kategorien. Für duration und datetime Arrays können
Zeitformate übergeben werden. `Y = discretize(...,'IncludedEdge',grenze)` legt
fest, ob zum Intervall die linke (grenze='left', Default) oder die rechte Intervallgrenze
('right') gehört. Geht beispielsweise das erste Intervall von $1 \cdots 3$, so gehört der X-Wert
3 im Fall „right" zum ersten Intervall sonst zum Zweiten.

Zweidimensionale Histogramme werden via `h = histogram2(X,Y,n)` unterstützt.
„X,Y" sind die in x- bzw. y-Richtung zu plottenden Verteilungen, „n"(optional) ist eine
ein- oder zweikomponentige Variable, die die Anzahl der Intervalle festlegt und „h" das
zugehörige Histogram2-Objekt. Mittels `histogram2(X,Y,Xn,Yn)` können die Intervalle in x- und y-Richtung vorgegeben werden und mittels `histogram2(...,Eig,Wert)`
Eigenschafts-Werte Paare. Es werden wieder dieselben Eigenschaften wie unter **histogram** unterstützt, teilweise aber nur ein Teil der Werte oder angepasst an die 3d-
Darstellung wie beispielsweise „DisplayStyle" mit „bar3" und „tile". In eine bereits bestehende Abbildung mit dem Achsenobjekt „ah" kann mittels `histogram2(ah,...)`
geplottet werden. Die Funktionen `n = fewerbins(h,dir)` und `n = morebins(h,dir)`
können wieder zur Erhöhung bzw. Erniedrigung der Intervallzahl genutzt werden. „h"
ist nun ein Histogram2-Objekt und das optionale Argument „dir" legt gegebenenfalls
fest in welche Richtung die Intervallzahl verändert werden soll und hat die Werte 'x',
'y' oder 'both'.

`histcounts2` ist ähnlich aufgebaut wie sein ein-dimensionales Pendant `histcounts` und folgt den gleichen Regeln wie `histogram2`. Mit `[n,Xi,Yi,Xb,Yb] = histcounts2(X, Y,nb)` bzw. `[n,Xi,Yi,Xb,Yb] = histcounts2(X,Y,Xn,Yn)` wird wieder die Anzahl bzw. der Wert im (i,j)-ten Intervall zurückgegeben. „n" ist nun entsprechend der Größe der Übergabevektoren „X, Y" eine Matrix. „nb" bzw. „Xn, Yn" legen die Intervalle fest und sind optional. „Xi, Yi" enthält die rechten Intervallgrenzen in die x- und y-Richtung und „Xb, Yb" (optional) ist ein Indexarray derselben Dimension wie „X, Y" und gibt an, zu welchem Histogrammintervall das korrespondierende Element gezählt wird, d.h. `nnz(Xb == i & Yb == j)` gibt die Anzahl der Elemente im (i.j)-ten Intervall. Eigenschafts-Werte Paare werden wieder mittels `[...] = histcounts2(...,Eig,Wert)` unterstützt und zwar die zwei zweikomponentigen Vektoren 'XBinLimits' und 'YBin-Limits' , die die Grenzen festlegen, 'BinMethods' (s. `histogram`), der zweikomponentige Vektor 'BinWidth', der die Breite der Intervalle in die jeweiligen Richtungen festlegt und 'Normalization' wie unter `histogram` beschrieben.

8.1.6 Sortier-Routinen

`sort` dient der Sortierung der Elemente eines Arrays in auf- oder absteigende Ordnung. Die allgemeine Syntax ist `[B,IX] = sort(A,dim,rich)`. „IX", „dim" und „rich" sind optional. Ist „A" ein Array so wird optional spaltenweise in aufsteigender Reihenfolge sortiert. Alternativ legt „dim" fest, längs welcher Dimension sortiert werden soll, „rich" kann die beiden Werte „ascend" für aufsteigende (default) und „descend" für abfallende Reihenfolge haben. In „IX" wird der korrespondierende Index abgebildet. Dies kann sehr gewinnbringend beispielsweise bei Messwerterfassung zur grafischen Darstellung genutzt werden. Unterstützt werden je nach Release alle numerischen Datentypen, logical, char, String-Zellvariablen, categorical, datetime und duration. NaNs, undefinierte kategoriale oder datetime Elemente werden je nach Sortierrichtung am Ende oder Anfang platziert, s. „MissingPlacement". Mittels `... = sort(..., eig,wert)` werden die folgenden Eigenschafts-Werte-Paare unterstützt: (Voreinstellung 'auto')
„MissingPlacement" entscheidet wo fehlende Werte platziert werden; 'auto' (am Ende für aufsteigende und am Anfang für abfallende Sortierrichtung), 'first' (am Anfang) und 'last (am Ende).
„ComparisonMethod" entscheidet nach welchen Kriterien sortiert wird; 'auto' für reelle Werte nach dem Realteil und komplexe nach dem Betrag, 'real' nach dem Realteil und 'abs' nach dem Betrag.

Beispiel. Seien „x" und „y" zugehörige Messwerte. Da „x" i.A. nicht nach aufsteigenden Werten geordnet ist, führt `plot(x,y)` zu einer eher unschönen Darstellung. Mit

```
>> [x,index] = sort(x);
>> y=y(index);
>> plot(x,y)
```

erhält man dagegen die gewohnte und erwartete Darstellung.

`>> [B,index] = sortrows(A,column)` ordnet die Zeilen von „A" in aufsteigender Reihenfolge. „index" und „column" sind optional. „index" enthält wieder die korrespondierenden Indizes von „A", das optionale Argument „column" legt fest, nach welcher Spalte

„A" zeilenweise sortiert werden soll. `sortrows` unterstützt wie `sort sortrows(...,` `rich)` und dieselben Eigenschaft-Werte-Paare. Tabellen und Zeittabellen „tbl" werden via `... = sortrows(tbl)` unterstützt. Als Optionale Argumente kommen die Zeilennamen dazu.

Mittels `[B,index] = topkrows(A,k)` werden die ersten k Zeilen sortiert. `topkrows` unterstützt dieselben optionalen Argumente wie `sortrows` sowie die Eigenschaft „ComparisonMethod".

>> `tf = issorted(A)` liefert für „A" eine logische „1" zurück, wenn „A" in aufsteigender Reihenfolge sortiert ist, sonst eine Null und `tf = issorted(A, 'rows')`, wenn die Matrix „A" zeilenweise sortiert ist. Wie `sort` unterstützt `issorted` die optionalen Argumente „dim" und „rich" allerdings zusätzlich zu 'ascend' und 'descend', 'monotonic' für monotone Reihen, 'strictascend' für streng aufsteigende, 'strictdescend' für streng abfallende und 'strictmonotonic' für streng monotone Folgen. Als Eigenschafts-Werte-Paare werden wie unter `sort` mit denselben Werten 'MissingPlacement' und 'ComparisonMethod' unterstützt.

`tf = issortedrows(A)` prüft ob eine Matrix oder Tabelle bezüglich ihrer Zeilen sortiert ist. `issortedrows` unterstützt dieselben optionalen Argumente wir `sortedrows` und für „rich" dieselben Werte wie `issorted`. Als Eigenschafts-Werte-Paare werden wie unter `sort` mit denselben Werten 'MissingPlacement' und 'ComparisonMethod' unterstützt.

8.1.7   Summen und Produkte von Array-Elementen

Summen: sum, cumsum und movsum. >> `B=sum(A)` berechnet spaltenweise die Summe des Arrays „A". Ist die Variable ein multidimensionales Array, so legt der Parameter „dim" in `B=sum(A,dim)` fest, längs welcher Dimension die Summe gebildet werden soll. Ist „dim" ein ganzzahliger Vektor wird die Summe über alle durch „dim" festgelegten Elemente gebildet. `B=sum(A,'all')` berechnet die Summe über alle Elemente und entspricht `B=sum(A(:))`. Unterstützt werden alle numerischen Datentypen, sowie logical, char und duration. Außerdem kann der Datentyp des Rückgabewerts via `B = sum(..., RType)` festlegt werden. „RType" kann folgende Werte haben:

- 'default' Rückgabewert vom Datentyp double, außer die Eingabewerte sind vom Datentyp single oder duration. In diesen Fällen entspricht 'default' 'native'.

- 'double' Rückgabewert vom Typ double. Der Datentyp duration wird nicht unterstützt.

- 'native' Rückgabewert vom selben Datentyp wie die Eingabewerte, außer für den Datentyp char, der nicht unterstützt wird.

Enthält das Array nans, so kann mit Hilfe des nan-flags, `B = sum(...,'nan-flag)`, 'includenan' oder 'omitnan' festgelegt werden, ob NaNs berücksichtigt oder verworfen werden sollen.

>>`B=cumsum(A,dim)` (dim optional und ganzzahliger Skalar) folgt derselben Syntax wie `sum`, berechnet aber die kumulative Summe $B_i = \sum_{n=1}^{i} A_n$. Für „dim=1" werden die Spaltensummen, für „dim=2" die Zeilensummen usf. berechnet. `cumsum` unterstützt

via `sum` das „nan-flag". Mittels B = cumsum(..., 'reverse') kann die Richtung der Summenbildung umgekehrt werden.

M = movsum(A,k) führt eine gleitenden Summenbildung über k-Elemente aus. Die Summationslänge wird verringert wenn an den Endpunkten nicht genügend Elemente zur Verfügung steht und für multidimensionale Arrays spaltenweise ausgeführt. Für ungerade k ist das Summationsfenster um das aktuelle Element zentriert und für k gerade um das aktuelle Element und sein Vorgänger. Mittels M = movsum(A,[kb kf]) wird die Summation über „kb" Vorgänger und „kf" Nachfolger gebildet, also über kb+kf+1 Elemente. Mittels M = movsum(...,dim) kann die Dimension ausgewählt werden längs der die gleitende Summenbildung ausgeführt werden soll und wie in `sum` wird das nan-flag unterstützt. Via M = movsum(...,eig,wert) werden dieselben Eigenschafts-Werte-Paare „Endpoints" und „SamplePoints" unterstützt wie unter `movmean` S. 160 besprochen.

Produkte: prod, cumprod und movprod. `prod` berechnet die Produkte eines Arrays und folgt dabei exakt der gleichen Syntax wie `sum`. Unterstützt werden alle numerischen Datentypen. Während Fakultäten sich mit Hilfe der Funktion „factorial" berechnen lassen, können Doppelfakultäten und Faktorielle mit der Funktion „prod" berechnet werden.

```
>> n=7;
>> x=prod(1:2:n);    % x!! Doppelfakultaet
>> k=3;
>>                   % Faktorielle:
>> y=prod(n-k+1:n);  % n*(n-1)*...*(n-k+1)
```

`cumprod` berechnet das kumulative Produkte eines Arrays und folgt exakt derselben Syntax wie `cumsum`.
`movprod` führt eine gleitende Produktbildung aus und folgt dabei derselben Syntax wie `movsum`.

8.1.8   Numerische Integration

MATLAB bietet zur numerischen Integration mehrere Funktionen, die in Kapitel 11.2 behandelt werden, sowie eine Trapezintegration, der wir uns nun widmen.

Die allgemeine Syntax ist Z = trapz(X,Y,dim), „X" und „dim" sind dabei optionale Argumente. `trapz(Y)` integriert längs des Vektors „Y" mit Schrittweite 1, während mit `trapz(X,Y)` die Integrationsschrittweite durch X bestimmt ist. „X" muss dabei nicht zwangsläufig äquidistant sein und darf komplex sein. Ist „Y" ein Array, so wird bei einer Matrix „Y" spaltenweise ausgewertet, „dim" legt wieder gegebenenfalls die Dimension fest.

Beispiel. In folgendem Beispiel berechnen wir das Integral von

$$\int_0^\pi \sin^n(x)dx \quad \text{mit} \quad 1 \leq n \leq 5 \,.$$

```
>> x=linspace(0,pi,200);
>> y=sin(x);
>> ya=[y;y.^2;y.^3;y.^4;y.^5];
>> whos
  Name        Size              Bytes  Class

  x           1x200              1600  double array
  y           1x200              1600  double array
  ya          5x200              8000  double array

Grand total is 1400 elements using 11200 bytes

>> trapz(x',ya)
??? Error using ==> trapz
length(x) must equal length of first non-singleton
                              dim of y.
```

Die Berechnung erfolgt spaltenweise, daher diese Fehlermeldung. Also muss entweder „ya" transponiert werden oder die Variable „dim=2" gesetzt werden:

```
>> trapz(x',ya')
ans =
    2.0000    1.5708    1.3333    1.1781    1.0667

>> trapz(x',ya,2)
ans =
    2.0000
    1.5708
    1.3333
    1.1781
    1.0667
```

$\gg$ B=cumtrapz(X,Y,dim) berechnet die kumulative Integration. Die Syntax folgt dem Befehl trapz. Im obigen Beispiel wäre der Rückgabewert „B" eine 200×5-Matrix.

8.2   Korrelation und Kovarianz

Die Kovarianzfunktion für zwei statistische Ensembles $x^{(1)}$, $x^{(2)}$ ist durch

$$cov(x^{(1)}, x^{(2)}) = \frac{1}{n-1} \sum_{i=1}^{n} (x_i^{(1)} - \langle x^{(1)} \rangle)^* (x_i^{(2)} - \langle x^{(2)} \rangle) \qquad (8.2)$$

definiert, mit dem Erwartungswert

$$\langle x \rangle = \frac{1}{n} \sum_{i=1}^{n} x_i \ .$$

In MATLAB ist die Kovarianzmatrix durch den Befehl `c = cov(x,y)` realisiert. „x" und „y" sind dabei Vektoren gleicher Länge. Mit `c = cov(x)` und „x" eine Matrix wird deren Kovarianz bzw. im Falle eines Vektors dessen Varianz berechnet. Für eine Matrix wird dabei jede Spalte als eine Variable betrachtet. `cov(..., 0)` ist dasselbe wie `cov(...)`, wohingegen für `cov(..., 1)` die Kovarianzmatrix mit der Anzahl der Elemente n skaliert wird. NaN-Werte lassen sich mit Hilfe des nan-flags `c = cov(...,nan-flag)` 'includenan' oder 'omitrows' berücksichtigt oder Zeilen vollständig verwerfen und mit 'partialrows' Zeilen, die nans enthalten paarweise verwerfen.

Die Kreuzkovarianz oder Autokovarianz ist gegeben durch

$$c_{x,y}(m) = \sum_{n=0}^{n-m-1} (x_{n+m} - \langle x \rangle)(y_n - \langle y \rangle)^* \text{ und } c_{x,y}(-m) = c_{x,y}(m)^* \quad (8.3)$$

und wird in MATLAB mittels `[c,lag] = xcov(x,y)` berechnet und die Autokovarianz via `[c,lag] = xcov(x)`. „lag" ist dabei die Verschiebung oder lag.
Mittels `... = xcov(...,maxlag)` wird die maximale Verschiebung auf $-$maxlag $\cdots$ maxlag beschränkt. Die Skalierung kann via `... xcov(...,scaleopt)` gesetzt werden. „scaleopt" kann die Werte 'none' (Voreinstellung), 'biased' (verringert den Kreuzkovarianzwert mit zunehmender Verschiebung, 'unbiased' (erwartungstreue Schätzung der Kreuzkovarianz), 'normalized' oder 'coeff' (Normierung der Autokorrelation auf 1 für lag $= 0$).

Die (unnormierte) Kreuzkorrelation zweier Signale ist durch

$$\varphi_{x,y}(m) = \sum_{i=0}^{n-1} x(i+m)y(i) \quad (8.4)$$

gegeben und wird in MATLAB durch `[phi, lag] = xcorr(x,y)` berechnet. Die Kreuzkorrelation `xcorr` folgt exakt derselben Syntax wie die Kreuzkovarianz.

Korrelationen sind ein Maß für den Gleichlauf zweier Größen. `R = corrcoef(x)` liefert die Korrelationskoeffizienten „R" der Matrix „x" zurück. Wieder werden die Spalten als Variablen und die Zeilen als die einzelnen statistischen Beobachtungen betrachtet. Zwischen den Matrixelementen des Korrelationskoeffizienten und denen der Kovarianzmatrix `c=cov(x)` besteht der folgende Zusammenhang

$$R_{i,j} = \frac{c_{i,j}}{\sqrt{c_{i,i}c_{j,j}}} . \quad (8.5)$$

Die Korrelationskoeffizienten zweier Vektoren „x" und „y" derselben Länge lassen sich mittels `R = corrcoef(x,y)` berechnen.

`[R,P]=corrcoef(...)` ermöglicht einen Hypothesentest auf keine Korrelation (Nullhypothese); „P" beherbergt hier den statistischen p-Wert. Zu einem 95%-Konfidenzintervall lassen sich mittels `[R,P,un,ob]=corrcoef(...)` die obere und untere Grenzen „ob" und „un" berechnen. Eigenschafts-Werte-Paare werden durch `[...] = corrcoef(...,`

`Eig,wert,...)` unterstützt. Für „Eig" gleich „Alpha" muss „wert" zwischen 0 und 1 liegen und legt das Konfidenzlevel $100 * (1 - \text{alpha})\%$ fest. Für „Eig" gleich „rows" sind die unterstützten Werte „all" (default, nans werden berücksichtigt), „complete" Zeilen mit „nans" bleiben unberücksichtigt, oder „pairwise", um nur solche Zeilenpaare auszuwerten, die beide keine „nans" enthalten, annehmen.

8.3 Finite Differenzen – numerische Ableitung

MATLAB besitzt die Befehle `diff`, `gradient` und `del2` zur Differenzenbildung bzw. numerischen Ableitung, zur Berechnung des Gradienten und des diskreten Laplace-Operators.

`y=diff(x)` berechnet die Differenz zwischen aufeinanderfolgenden Vektorelementen „x". Ist „x" eine Matrix, so erfolgt die Differenzbildung zwischen benachbarten Zeilen. Mit `zc=diff(y)./diff(x)` lässt sich beispielsweise die Ableitung dy/dx numerisch berechnen und mit `y=diff(x,n)` rekursiv die n-fache Differenz. Bei jeder Differenzbildung erniedrigt sich die Dimension des Rückgabewertes um 1. `y=diff(x,n,dim)` berechnet rekursiv die n-te Differenz längs der durch „dim" festgelegten Dimension.

Der Gradient einer Funktion F von n Variablen ist durch

$$\nabla F = \sum_{i=1}^{n} \frac{\partial F}{\partial x_i} \vec{e_i} \, , \tag{8.6}$$

mit Einheitsvektoren $\vec{e_i}$, gegeben. `FX = gradient(F)` berechnet die erste Komponente und `[Fx,Fy,Fz,...] = gradient(F)` alle als Rückgabewert aufgeführten Komponenten. Dabei wird dem ersten Wert die erste Ortsableitung, dem zweiten die zweite und so fort zugeordnet, unabhängig von der gewählten Namensgebung der Variablen. Mit `[...] = gradient(F,h1,h2,...)` wird die genutzte numerische Differenz (Spacing) zur Berechnung der Ableitung festgelegt. Wird nur ein Spacing „h" übergeben, dann wird für alle Komponenten derselbe Wert benutzt.

Mit `L = del2(u)` erlaubt MATLAB eine approximative Berechnung des Laplace-Operators. Für eine n-dimensionale Funktion gilt

$$L = \frac{\nabla^2 u}{2n} = \frac{1}{2n} \sum_{i=1}^{n} \frac{\partial^2 u}{\partial x_i^2} \, . \tag{8.7}$$

Wieder lässt sich mit `L = del2(U,hx,hy,hz,...)` das Spacing für die numerische Approximation zu jeder Dimension oder skalar festlegen.

8.4 Winkel zwischen Unterräumen

`>> theta = subspace(A,B)` berechnet den Winkel zwischen Unterräumen, definiert durch die Spalten der Matrizen „A" und „B". Für Spaltenvektoren „A" und „B" ist $\theta = \cos^{-1}(A' * B)$, d.h. für linear abhängige Vektoren null und für orthogonale $\pi/2$.

8.5 Filter

8.5.1 Befehlsübersicht

Filterfunktionen filter, filter2

Faltung conv, conv2, convn, deconv

Trend detrend

8.5.2 Filterfunktionen

Filter dienen dem Dämpfen bzw. Hervorheben bestimmter Signalbereiche. Ist $x(n)$ das Eingangssignal zum Zeitpunkt t_n und $y(n)$ das Ausgangssignal, so folgt die in MATLAB implementierte Filterfunktion `filter` der Differenzengleichung

$$y(n) = \sum_{i=1}^{nb+1} b(i)x(n+1-i) - \sum_{j=1}^{na} a(j+1)y(n-j) \quad . \tag{8.8}$$

Der Aufruf in MATLAB lautet >> y = filter(b,a,x). Das Eingangssignal „x" darf ein komplexes Array sein und wird spaltenweise abgearbeitet. Ist $a(1) \neq 1$, so werden die Filterkoeffizienten mit $a(1)$ normiert; $a(1) = 0$ führt zu einer Fehlermeldung. Mit [y,zf] = filter(b,a,X,zi) lassen sich Anfangsbedingungen „zi" übergeben. „zi" ist dabei ein Vektor der Länge $max(length(a), length(b)) - 1$, „zf" der Antwortvektor der Filterverschiebung. Mit [...] = filter(... ,dim) kann für Arrays „x" die Dimension „dim" übergeben werden, längs der die Filterung erfolgt. Abb. (8.3) zeigt eine Fourieranalyse des folgenden Filterbeispiels.

Filterbeispiel.

```
f0=128;            % Erzeugung des Ausgangssignals
Fs=8192;
Ts=1/Fs;
t=0:Ts:1-Ts;
y=sin(2*pi*f0*t);
sound(y,Fs)        % Lautsprecherausgabe

b,a                % Butterworth-Filterkoeffizienten
b =
   1.0e-03 *
   0.0728     0.2911     0.4366     0.2911     0.0728


a =
   1.0000    -3.4873     4.5893    -2.6989     0.5981

ys=randn(1,Fs);    % Stoersignal
yf=y+3*ys/10;
```

```
ygf=filter(b,a,yf); % Filtersignal
```

```
ygfi = fliplr(ygf); % Phasenverschiebung rueckg"angig machen
ygf2=filter(b,a,ygfi);    % durch 2 x filtern
ygf2 = fliplr(ygf2);
```

filter2. Die MATLAB-Funktion `filter2` dient dem zweidimensionalen digitalen (FIR) Filtern. Die allgemeine Syntax ist `>> Y = filter2(h,X,shape)`, dabei bezeichnet „h" die Filtermatrix, „X" die zu filternden Daten. Das Argument „shape" ist optional mit den Werten „full" (liefert die volle 2-d Filterdaten zurück), „same" (dies ist die Standardeinstellung und führt zum zentralen Anteil) und „valid" (liefert nur Teile der Filterdaten ohne zero-padding zurück).

8.5.3   Faltung

conv dient der Faltung und (mathematisch identisch) der Polynommultiplikation. Seien „u" und „v" zwei n-dimensionale Vektoren, dann ist `>> w = conv(u,v)` gemäß

$$
w_k = \sum_{j=\max(1,k+1-n)}^{\min(k,n)} u_j \cdot v_{k+1-j} \tag{8.9}
$$

definiert. Seit dem Rel. 7.8 unterstützt „conv" den optionalen Parameter „shape" `C = conv(..., 'shape')`. Hat „shape" den Wert „full" (default), so wird die volle 2-D-Faltung berechnet, mit „same" der zentrale Anteil und mit „valid" nur der Anteil ohne zero-padding.

`>> C = conv2(A,B)` berechnet die zweidimensionale Faltung der Matrix „A" mit „B". `C = conv2(z,s,A)` faltet die Matrix „A" mit dem Vektor „z" entlang der Zeilen und mit dem Vektor „s" längs der Spalten. Ist „z" ein Zeilen- und „s" ein Spaltenvektor, dann gilt $conv2(z,s,A) = conv2(z*s,A)$. `>> C = conv2(..., 'shape')` unterstützt ebenfalls den optionalen Parameter „shape"(s.o.).

Beispiel.

```
>> A = rand(2);
>> B = rand(3);
>> C = conv2(A,B)
```

```
C =
      0.0403      0.2103      0.3536      0.2528
      0.0426      0.3407      0.9386      0.6249
      0.1545      0.7347      0.8096      0.5474
      0.1484      0.2959      0.2312      0.1429
```

```
>> Cs = conv2(A,B,'same')
```

```
Cs =
```

```
      0.3407    0.9386
      0.7347    0.8096
```

$\gg$ C = convn(A,B) berechnet die n-dimensionale Faltung der Arrays A und B. Wie „conv" erlaubt auch „convn" den optionalen Parameter „shape" mit denselben Parametern. $\gg$ [q,r] = deconv(v,u) erlaubt eine Dekonvolution oder Polynom-Division, dabei gilt $v = u \cdot q + r$.

8.5.4 Polynomiale Trends entfernen

Mit Hilfe der Funktion detrend lassen sich polynomiale Trends in einem Vektor beseitigen. Zu y = detrend(x) berechnet MATLAB über einen Least Square Fit eine optimierte Gerade durch die ursprünglichen Datenpunkte „x" und subtrahiert diese Ausgleichsgerade. Ist „x" eine Matrix operiert detrend spaltenweise. Für y = detrend(x, n) wird „x" um ein Polynom n-ter Ordnung korrigiert. Ein Beispiel zeigt Abb. (8.2) für n=2. Mit y = detrend(x, n, bp) wird „x" abschnittsweise korrigiert. „bp" ist dabei ein Indexvektor, der die jeweiligen Abschnitte festlegt. NaN-Werte bleiben mittels y = detrend(...,'omitnan') unberücksichtigt und werden mit der Voreinstellung 'includenan' berücksichtigt. Als Eigenschafts-Werte-Paare y = detrend(...,Eig, wert) werden 'Continous' mit den Werten true (Trend muss stetig sein) und 'false' (Unstetigkeiten sind erlaubt) sowie 'SamplePoints' und ein Vektor, der die Positionen auf der x-Achse repräsentiert, vgl. Abb. (8.2).

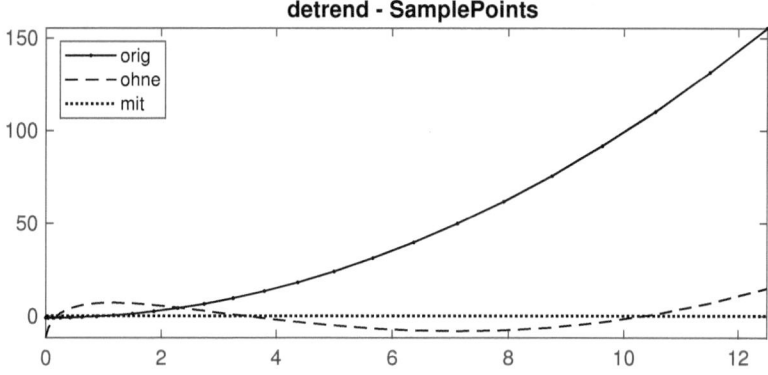

Abbildung 8.2: Beispiel detrend: Die durchgezogene Linie ist der Ausgangsvektor ein Polynom 2. Ordnung. Die zugehörigen x-Werte sind nicht äquidistant. Die gestrichelte Linie repräsentiert detrend(y,2) und die punktierte detrend(y,2,'SamplePoints',x) und deckt damit die Bedeutung von 'SamplePoints' für nicht-äquidistante x-Werte auf.

8.6 Fourier-Transformationen

Die Fourieranalyse ist eines der wichtigsten Werkzeuge im Umfeld Signal- und Datenverarbeitung im Frequenzbereich. fft und ifft und ihre 2- bzw. n-dimensionalen

Varianten `fft2`, `ifft2`, `fftn` und `ifftn` erlauben eine diskrete bzw. inverse diskrete Fast-Fourier-Transformation. Mit der Rel. 2020a kam mit `nufft`[1] und `nufftn` diskrete Frourier Transformationen mit nicht-äuidistanten Wertbereichen dazu.

Zur Berechnung diskreter Fourier-Transformationen sind bei der direkten Auswertung $2N^2$ Rechenoperationen (N Zahl der Fourierkoeffizienten) notwendig, beim FFT-Algorithmus ist die Zahl der Rechenschritte dagegen proportional $N \log_2 N$. FFT-Algorithmen erweisen sich daher als sehr effizient, insbesondere bei einer Signallänge von 2^n. Der Aufruf in MATLAB lautet $>>$ `y = fft(x)`. „x" ist das zu transformierende Signal, „y" die Transformierte. Beide Vektoren haben dieselbe Länge und wie in MATLAB notwendig werden die Indizes von 1 bis N gezählt. Daher sind die Fourierkoeffizienten y_k im Bereich $1 \leq k < \frac{N}{2}$ symmetrisch (komplex konjugiert für reelle Signale) zu $\frac{N}{2} < k < N$. Ein Beispiel zeigt Abb. (8.3). `y = fft(x,n)` berechnet die n-Punkt-FFT-Transformierte. Ist die Vektorlänge von „x" kleiner n, so wird „x" für die Transformation mit Nullen aufgefüllt, ist „x" größer, wird „x" entsprechend abgeschnitten. Ist „x" eine Matrix, so wird die Fourier-Transformation spaltenweise ausgeführt. `y = fft(x,[],dim)` bzw. `y = fft(x,n,dim)` operiert längs der Dimension „dim". Mittels `x = ifft(y)` wird die inverse diskrete Fast-Fourier-Transformation berechnet, die dieselben Argumente wie die Funktion `fft` erlaubt. Zusätzlich wird noch die Eigenschaft `x = ifft(...,'symmetric')` unterstützt, die das zu transformierende Signal explizit symmetrisiert und dadurch Rundungsfehler minimiert. `x = ifft(...,'nonsymmetric')` entspricht dem Aufruf von `ifft` ohne dieses zusätzliche Argument.

Beispiel: Fourieranalyse eines Signals. Das folgende Beispiel basiert auf dem Beispiel zur Filterung S. 173. Das Ergebnis ist in Abb. (8.3) dargestellt.

```
% y ist das ungestoerte Signal
% yf ist das verrauschte Signal
% ygf ist das gefilterte Signal

uy=fft(y);                      % Fourieranalyse Signal

uyf=fft(yf);                    % Fourieranalyse Stoersignal

uygf=fft(ygf);                  % Fourieranalyse Filtersignal

% Graphische Darstellung
subplot(3,1,1)
semilogy(0:Fs/2,abs(uy(1:Fs/2+1)))
axis([0 Fs/2 0.5 0.5e05])
set(gca,'Ytick',[1 1.e04])
title('Signal')
subplot(3,1,2)
semilogy(0:Fs/2,abs(uyf(1:Fs/2+1)))
axis([0 Fs/2 0.5 0.5e05])
set(gca,'Ytick',[1 1.e04])
```

---

[1] nonuniform fast Fourier transform

```
title('Verrauschtes Signal')
subplot(3,1,3)
semilogy(0:Fs/2,abs(uygf(1:Fs/2+1)))
axis([0 Fs/2 0.5 0.5e05])
set(gca,'Ytick',[1 1.e04])
xlabel('Frequenz')
title('Gefiltertes Signal')
```

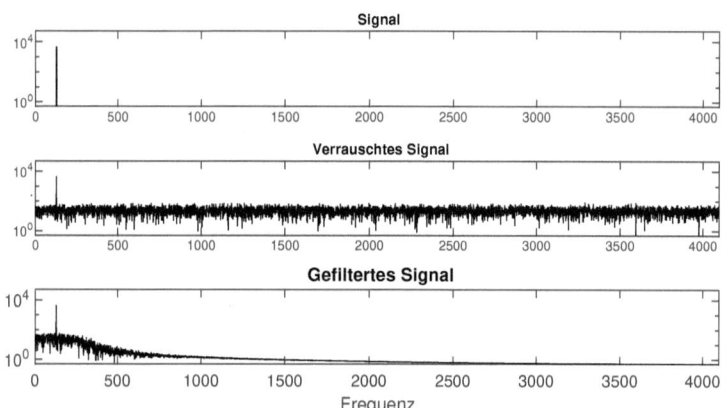

Abbildung 8.3: *Von oben nach unten: Fourieranalyse (Powerspektrum) des ungestörten, des verrauschten und des gefilterten Signals in semilogarithmischer Darstellung. (Vgl. Filterbeispiel in Kap. 8.5.2*

y = fft2(x) und y = fft2(x,m,n) dient der zweidimensionalen diskreten Fast-Fourier-Transformation. Die erste Variante führt die vollständige Transformation aus, die zweite bildet „x" auf eine n×n-Matrix ab. Ist „x" größer als m×n, wird „x" auf den entsprechenden Wertebereich eingeschränkt, ist „x" kleiner, werden die fehlenden Werte durch Nullen ergänzt. Die inverse zweidimensionale diskrete Fast-Fourier-Transformation lässt sich mittels x = ifft2(y) bzw. x = ifft2(y,m,n) berechnen. ifft2 erlaubt wieder zusätzlich die Eigenschaften „symmetric" und „unsymmetric" wie die Funktion ifft. Der praktische Algorithmus basiert auf der eindimensionalen FFT bzw. IFFT. fft(X) berechnet die Fourier-Transformation spaltenweise. Das Ergebnis wird mit „.'" (real) transponiert und dann erneut die eindimensionale diskrete Fast-Fourier-Transformation ausgeführt: fft2(x) ↔ fft(fft(x).').'.

Eine multidimensionale (inverse) diskrete Fast-Fourier-Transformation lässt sich mit y = fftn(x) bzw. y = fftn(x,siz) (x = ifftn(y), x = ifftn(y,siz)) bewerkstelligen. Wie im Zweidimensionalen gibt die optionale Variable „siz" die Dimensionen vor, d.h. entweder wird das Argument gemäß „siz" eingeschränkt oder mit Nullen aufgefüllt. Die praktische Berechnung läuft wieder ähnlich dem zweidimensionalen Fall durch die einzelnen Dimensionen mittels der eindimensionalen diskreten FFT. ifftn unterstützt wieder wie ifft die Eigenschaften „symmetric" und „unsymmetric".

Die FFT-Transformation eines N-dimensionalen Signals in MATLAB folgt (ohne padding) der Gleichung

$$y(k) = \mathrm{fft}(x(n))$$

(8.10)

$$= \sum_{n=1}^{N} x(n) \exp\left(-2\pi i \frac{(n-1)(k-1)}{N}\right) \qquad k = 1, 2, \cdots, N \ .$$

Hat der Vektor x die Länge N, so hat auch die Transformierte y dieselbe Länge. Die Inverse würde noch mit $1/N$ skaliert. Die Funktion `fftshift` verschiebt y um die Hälfte, so dass die oberen $N/2 + 1$ Elemente positiven Frequenzen zugeordnet werden und die untere Hälfte negativen. Dies wird beispielhaft in Abb. (8.4) dokumentiert. Die allgemeine Syntax ist `>> y = fftshift(x,dim)`, „x" ist dabei das Ergebnis von `fft`, `fft2` oder `fftn`. Das Argument „dim" ist optional und legt bei multidimensionalen Arrays „x" die Dimension fest, längs der `fftshift` operiert. Die Umkehrfunktion ist `ifftshift` und erlaubt exakt dieselben Argumente wie `fftshift`.

Beispiel zu fftshift: Das folgende Beispiel dokumentiert die Wirkungsweise von `fft-shift`. Zur Illustration wurde die exakt analytisch Fourier-transformierbare Funktion $\exp(-at)$ gewählt:

$$\frac{1}{i\omega + a} = \int_{-\infty}^{+\infty} \exp(-at) \quad a \geq 0, \ t \geq 0 \ .$$

(8.11)

Die Berechnung der Abb. (8.4) erfolgte mit dem folgenden MATLAB-Skript:

```
n=512;   % Zweierpotenz aus Effizienzgruenden
t=linspace(0,6,n); % Entwicklungspunkte
f=exp(-2*t); % Funktionsentwicklung
ts=t(2)-t(1); % Sample-Zeit
fs=2*pi/ts;   % Sample-Frequenz

uf=fft(f);
ufs=fftshift(uf)*ts; % Verschiebung und Skalierung

fa=fs/n*[-n/2:n/2-1]; % Frequenzachse
ff=1./(2 + i*fa);   % analytisches Ergebnis
pli=[1:10:240,241:272,273:10:512,512];
plot(fa,abs(ff),fa(pli),abs(ufs(pli)),'d')
scal=max(abs(ff))/max(abs(uf)); % Skalierungsfaktor
hold on
plot(fa,abs(uf)*scal,'--')
hold off
axis([-270,270,0,0.52])
xlabel('Frequenz')
```

Das Array „pli" schränkt die Zahl der zu plottenden Fourierelemente so stark ein, dass sowohl das analytische als auch das numerische Ergebnis sichtbar bleiben und die Rauten nicht vollständig die durchgezogene Linie überdecken.

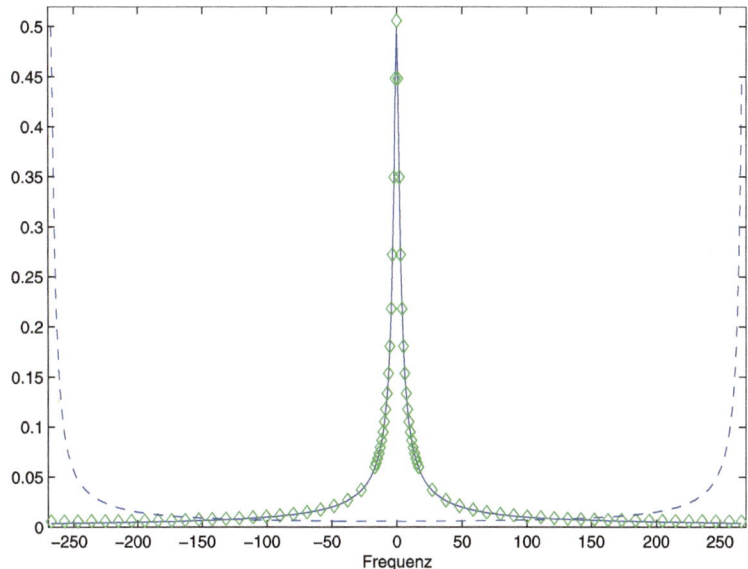

Abbildung 8.4: *Durchgezogene Linie: analytisches Ergebnis; Rauten: FFT-SHIFT-Ergebnis; gestrichelte Linie: FFT-Ergebnis.*

FFT-Routinen optimieren. `fftw` erlaubt die Optimierung von Berechnungen mit `fft`, `ifft`, `fft2`, `ifft2`, `fftn` und `ifftn`.

`fftw('planner', method)` legt das Verfahren für Fourier-Berechnungen fest. Dies ist insbesondere für Berechnungen, bei denen die Signallänge keine Zweierpotenz ist, zur Beschleunigung der Abarbeitungszeit von Interesse. „method" kann die Werte „estimate", „measure", „patient", „exhaustive" und „hybrid" haben. Nach dem Aufruf von `fftw` wird bei der nächsten Fourier-Berechnung die damit festgelegte Methode angewandt. Bei der ersten Berechnung wird ein geeigneter Algorithmus selbstständig gesucht. Dies hat zur Folge, dass die erste Fourier-Berechnung verhältnismäßig lange dauert. Mit „estimate" wird kein Algorithmus gesucht, mit „measure" werden einige Algorithmen getestet und mit „patient" und „exhaustive" werden noch zusätzliche Algorithmen in den Performancetest einbezogen. Die Voreinstellung ist seit dem Rel. 7.3 „estimate" und war zuvor „hybrid". Die Wahl „hybrid" entspricht für Signallängen kleiner oder gleich 8192 „measure" und für längere Signale „estimate". `method = fftw('planner')` gibt die aktuelle Einstellung zurück.

Für double-Berechnungen werden mit `str = fftw('dwisdom')` oder `str = fftw('wisdom')` die internen Informationen der FFTW-Datenbank in der String-Variablen „str" für den späteren Gebrauch abgespeichert und `fftw('dwisdom', str)` lädt die Informationen der String-Variablen „str". `fftw('dwisdom', '')` oder `fftw('dwisdom', [])` löscht die interne FFTW-Datenbank. Anstelle von doubles kann mittels „swisdom" auch mit einfacher Genauigkeit (singles) gerechnet werden. Die praktische Vorgehensweise zur späteren Nutzung eines optimierten FFT-Algorithmus ist, zunächst mit `str =`

`fftw('wisdom')` und `save str` die Informationen in einen MAT-File abzuspeichern und sie später mit `load str` und `fftw('wisdom', str)` wieder zu nutzen. Beispiel:

```
>> f0=128; Fs=16384; Ts=1/Fs;    % Erzeugen eines Testsignals
>> t=0:Ts:1-Ts;
>> y=sin(2*pi*f0*t);
>> uy=fft(y);
>> ux=zeros(size(y));            % Speicher preallozieren
>> tic,ux=ifft(uy);toc
Elapsed time is 0.004278 seconds. % Zeit ohne fftw-Optimierung
>> fftw('planner','patient')
>> tic,ux=ifft(uy);toc
Elapsed time is 4.357311 seconds. % Zeit zur fftw-Optimierung
>> tic,ux=ifft(uy);toc
Elapsed time is 0.001239 seconds. % Zeit nach fftw-Optimierung
>> str = fftw('wisdom');
```

Nicht-äuidistante Fast Fourier-Transformationen. `y = nufft(x,t)` berechnet die Fourier transfomierte „y" von „x" an den Abtastpunkten „t" und `y = nufft(y,t,f)` führt die Fouriertransformation an den Abfragepunkte „f" basierend auf den Abtastpunkten „t" durch. Mittels `y = nufft(y,[],f)` wird die Transformation ohne Abtastpunkte durchgeführt. Für Arrays kann wieder via `y = nufft(y,...,dim)` die Dimension ausgewählt werden, längs der die Transformation ausgeführt werden soll und `Y = nufft(X)` entspricht der Standardfunktion `fft`. `nufftn` ist die n-dimensionale Variante einer nicht-äuidistante diskreten Fast Fourier-Transformationen. Bis auf die Tatsache, dass der Parameter „dim" entfällt, ist die Syntax identisch zu `nufft`. Abtast- und Abfragepunkte können unterschiedlich lang sein und werden als Zellvariable übergeben, z.Bsp. für 3d `y = nufftn(x,t1,t2,t3)` mit x ein 3d-Array.

8.7   Zeitreihen

Unter einer Zeitreihe versteht man eine Folge von Beobachtungen einer oder mehrerer Größen zu unterschiedlichen Zeitpunkten. Die Beobachtungen können beispielsweise physikalischer, technischer, ökonomischer oder demografischer Natur sein. Beispiele sind Sonnenfleckenhäufigkeiten, dendrologisch datierte Baumringe, lokale Wetterdaten, Temperaturmessreihen zur Erfassung der globalen Erwärmung, Therapieverläufe in der Medizin, Beschäftigungszahlen, Aktienkurse oder Umlaufrenditen festverzinslicher Wertpapiere. Diese willkürliche Aufzählung zeigt, dass Zeitreihen in unterschiedlichsten Bereichen auftreten und legt nahe, dass je nach Anwendungsgebiet unterschiedliche Analyseverfahren angewandt werden. In MATLAB werden Zeitreihen als Objekte definiert und mittels Methoden bearbeitet. Die arithmetischen Operationen stehen als überladene Methoden zur Verfügung. Die folgende Liste ist eine Auswahl der zur Verfügung stehenden Methoden.

8.7.1   Befehlsübersicht

Erzeugen und Verwalten timeseries, get, set, tsprops

Arithmetische Operatoren $+, -, .*, *, ./, /, .\backslash, \backslash$

Allgemeine Eigenschaften getdatasamplesize, getqualitydesc, isempty, length

Plotten von Zeitreihen plot

Datenmanipulation addsample, ctranspose, delsample, getsample, resample, transpose, append

Zeit lesen und setzen getabstime, getsampleusingtime, setabstime

Bearbeiten von Zeitreihen detrend, filter, getinterpmethod, idealfilter, setinterpmethod, synchronize

Ereignisse addevent, delevent, gettsafteratevent, gettsafterevent, gettsbeforeatevent, gettsbeforeevent, gettsbetweenevents, tsdata.event

Statistische Untersuchungen iqr, max, mean, median, min, std, sum, var

Zeitreihengruppen verwalten tscollection, get, isempty, length, set, size

Zeitreihengruppen bearbeiten addsampletocollection, addts, delsamplefromcollection, getabstime, getsampleusingtime, gettimeseriesnames, horzcat, plot, removets, resample, setabstime, settimeseriesnames, append, vertcat

8.7.2 Grundlegende Eigenschaften von Zeitreihen

Erzeugen von Zeitreihen. Zeitreihen sind Objekte und werden mit dem Konstruktor timeseries erzeugt. >> ts = timeseries erzeugt ein leeres Zeitreihenobjekt „ts". Mit ts = timeseries(name) wird ein leeres Zeitreihenobjekt „ts" mit dem Namen „name" erzeugt. Daten lassen sich Zeitreihenobjekten mit dem Befehl ts = timeseries(data) zuordnen. Als zugehöriger Zeitwert wird der ersten Zeile von „data " die Zeit 0 zugeordnet, für allen weiteren Zeilen wird die Zeit in aufsteigender Reihenfolge um je 1 Sekunde erhöht. Mittels >> ts = timeseries(data,zeit) kann zusätzlich ein Zeitvektor „Zeit" übergeben werden. Soll der Zeitvektor aus Datumsangaben aufgebaut sein, so sollte ein von MATLAB unterstütztes Datumsformat (vgl. Tabelle (8.1)) gewählt werden und „Zeit" eine Zellvariable sein:

```
zeit = {'01/01/2006','03/15/2006','06/15/2006','09/15/2006'};
ts=timeseries(magic(4),zeit,'name','TestReihe')
  timeseries

  Common Properties:
          Name: 'TestReihe'
          Time: [4x1 double]
      TimeInfo: [1x1 tsdata.timemetadata]
          Data: [4x4 double]
      DataInfo: [1x1 tsdata.datametadata]

  More properties, Methods
```

Doppelklicken im Workspace Browser auf ein Zeitreihenobjekt öffnet den Variabel-Editor in einer übersichtlichen Darstellung und erlaubt einige Bearbeitungsmöglichkeiten.

Tabelle 8.1: *Unterstützte Datumsformate für Zeitreihenobjekte.*

FORMAT	BEISPIEL
dd-mmm-yyyy HH:MM:SS	01-Apr-2006 13:45:12
dd-mmm-yyyy	01-Apr-2006
mm/dd/yy	04/01/06
mm/dd	04/01
HH:MM:SS	13:45:12
HH:MM:SS PM	1:45:12 PM
HH:MM	13:45
HH:MM PM	1:45 PM
mmm.dd,yyyy HH:MM:SS	Apr.01,2006 13:45:12
mmm.dd,yyyy	Apr.01,2006
mm/dd/yyyy	04/01/2006
dabei steht	
d,m,y für	Tag, Monat, Jahr
H,M,S für	Stunde, Minute, Sekunde

Zeitreihenobjekte können mit weiteren Attributen versehen werden. Zu jedem Daten-element kann eine Qualitätskennziffer via `ts = timeseries(data,zeit,qualitaet)` übergeben werden. Die Variable „qualitaet" hat einen Wertebereich von -128 bis 127 und ist entweder ein Vektor von derselben Größe wie der Zeitvektor „zeit" oder ein Array der Größe „data". Zusätzlich zu dieser Qualitätsvariablen muss der Zeitreihe eine Zuordnung zu den Werten bekannt sein. Diese Zuordnung besteht einmal aus den in „qualitaet" auftretenden Werten sowie einer entsprechenden Beschreibung. Im folgenden Beispiel werden die Qualitätskennziffern $-1, 0, 1$ übergeben und deren Bedeutung in den Feldern „QualityInfo.Code" und „QualityInfo.Description" festgelegt.

```
ts=timeseries(magic(4),zeit,[-1;0;1;-1],'name','TestReihe');
ts.QualityInfo.Code=[-1 0 1];
ts.QualityInfo.Description={'schlecht','mittel','gut'};
```

Auslesen lassen sich diese Informationen mit dem Befehl `getqualitydesc` (s.u.) oder der get-Methode. Weitere Attribute lassen sich mittels `ts = timeseries(..., 'ei-genschaft', 'wert')` oder `ts.eigenschaft = ...` übergeben. „eigenschaft" kann u.a. „IsTimeFirst", „IsDatenum" oder das bereits oben genutzte „name" sein. In diesem Fall ist „wert" eine String-Variable mit dem vergebenen Namen. Die logische Eigen-schaft „IsTimeFirst" kann entweder den Wert 1 haben, dann ist die erste Dimension der Daten-Samples mit der Zeit assoziiert, oder den Wert 0, dann ist die letzte Di-mension mit der Zeit verknüpft. Für eine Matrix bedeutet dies, dass im ersten Fall die Zeilen die Daten-Samples sind und im zweiten Fall die Spalten. Die logische Ei-genschaft „IsDatenum" legt fest, ob die übergebene Zeit dem MATLAB-Datumsformat folgt (Wert 1) oder nicht (Wert 0). Eine allgemeine Hilfe zu Zeitreihenobjekten liefert
`>> help timeseries/tsprops` .

Die get- und set-Methode. Mit `attri = get(ts,'eigenschaft')` oder alternativ `attri = ts.eigenschaft` wird der zu „eigenschaft" gehörende Wert ausgelesen und

der Variablen „attri" zugeordnet. Eine vollständige Übersicht aller Attribute erhält man
über get(ts).

```
>> get(ts)
              Events: []
                Name: 'TestReihe'
            UserData: []
                Data: [4x4 double]
            DataInfo: [1x1 tsdata.datametadata]
                Time: [4x1 double]
            TimeInfo: [1x1 tsdata.timemetadata]
             Quality: [4x1 double]
         QualityInfo: [1x1 tsdata.qualmetadata]
          IsTimeFirst: 1
   TreatNaNasMissing: 1
              Length: 4
```

Mit >> ts.eigenschaft = wert oder set(ts,'eigenschaft','wert') wird dem Attribut „eigenschaft" der Wert „wert" zugeordnet. Im Argument von set können auch
mehrere Eigenschaften mit ihrem zugehörigen Wert aufgelistet werden. set(ts) liefert
alle Eigenschaften des Objekts „ts" und set(ts,'eigenschaft') den mit „eigenschaft"
verknüpften Datentyp.

```
>> a=set(ts,'Data')
a =
[4x4 double]
```

Arithmetische Operatoren. Die arithmetischen Operatoren $+, -, .*, *, ./, /, .\setminus$ und $\setminus$
liegen als überladene Methoden vor und können direkt auf Zeitreihenobjekte angewandt
werden. D.h. beispielsweise, dass bei einer Multiplikation ts3 = ts1 .* ts2 die Daten
elementweise multipliziert werden. Die zugehörigen Zeiten müssen bis auf einen konstanten Unterschied in Übereinstimmung sein, andernfalls erfolgt eine Fehlermeldung: To
arithmetically combine time series, their time vectors must be the same
within a scalar offset. ...

Allgemeine Eigenschaften von Zeitreihen. Daten-Samples einer Zeitreihe sind alle Daten, die zu einer festen Zeit gehören. Für ts = timeseries(magic(4), zeit,
'name', 'TestReihe') ist dies gerade eine Zeile der Matrix „magic(4)".
getdatasamplesize(ts) liefert als Antwort die Größe jedes Daten-Samples, hier $1, 4$.

In ts.QualityInfo.Code und ts.QualityInfo.Description sind die Qualitätsinformationen bestehend aus Qualitätsziffer und zugehöriger Bedeutung niedergelegt. out =
getqualitydesc(ts) liefert die Beurteilung jedes Daten-Samples zurück. Beispielsweise für „ts"(s.o.):

```
out = getqualitydesc(ts)
out =
    'schlecht'
    'mittel'
    'gut'
    'schlecht'
```

`ts.length == 0` prüft, ob „ts.Data" leer ist. Ist dies wahr, ist der Rückgabewert 1, sonst 0. `ts.length` liefert die größte Länge des Zeitvektors.

Zeitreihen plotten. `plot(ts)` plottet die Zeitreihe „ts". Als x-Achse wird die Zeit in genau der Form gewählt, wie sie an „ts" übergeben wurde. Werte zwischen den Daten-Samples werden in der Abbildung entweder linear interpoliert oder der Vorgängerwert wird beibehalten. Genau wie beim Standardbefehl `plot(x,y)` können Datenmarker, Farben und Linientyp der Interpolationslinie übergeben werden, vgl. Tabelle (14.1).

8.7.3   Daten und Zeiten manipulieren

Daten-Sample bearbeiten. Mit `ts = addsample(ts,'feld1','wert1','feld2',` `'wert2',...)` können dem Zeitreihenobjekt „ts" weitere Daten-Samples hinzugefügt werden. Die übergebenen Werte müssen dabei mit den bereits vorliegenden in Übereinstimmung sein. Beispiel: `ts = addsample(ts,'Time','11-Oct-2005','Data',` `[1 2.3])` führt zu einer Fehlermeldung, da die bestehenden Daten-Samples von „ts" aus 4 Werten und nicht nur aus 2 bestehen. Alternativ kann auch eine Struktur „s" mit den Feldern „s.time", „s.data", „s.quality" und „s.overwriteflag" übergeben werden, `ts =` `addsample(ts,s)`. „s.quality" und „s.overwriteflag" sind optional. Ist „s.overwriteflag" auf 1 gesetzt, werden bereits vorhandene Daten überschrieben. Ohne gesetztes „overwriteflag" können Daten-Samples nicht überschrieben werden.

Mit `ts = delsample(ts, 'Index', n)` oder `ts = delsample(ts, 'Value', zeit)` wird das Daten-Sample, das zum n-ten Zeitwert gehört, bzw. das Daten-Sample zur Zeit „zeit" gelöscht.

`ts2 = getsample(ts,na)` erzeugt ein neues Zeitreihenobjekt „ts2". „na" ist dabei das Index-Array, das die auszulesenden Daten-Samples von „ts" festlegt.

Mit `ts2 = resample(ts,zeit)` wird durch lineare Interpolation ein neues Zeitreihenobjekt zu den übergebenen Zeiten „zeit" erzeugt. Mit `ts2 = resample(ts, zeit,` `interpmethode, qucode)` kann optional eine andere Interpolationsmethode gewählt werden. Zur Auswahl steht „linear" für eine lineare Interpolation und „zoh" (zero order hold), wenn der Vorgängerwert beibehalten werden soll. Neben der Interpolationsmethode kann noch ein Qualitätsvektor „qucode" übergeben werden.

Daten manipulieren. Mit `ts2 = ctranspose(ts)` wird das Zeitreihenobjekt „ts" transponiert, d.h., der „IsTimeTrue"-Wert in sein Gegenteil verkehrt. War die Zeit bisher beispielsweise mit dem ersten Index der Daten verknüpft, werden die Daten so umgeordnet, dass die Zeit nun mit dem letzten Index verknüpft wird. `ctranspose` entspricht `ts'`. `transpose` liegt für Zeitreihenobjekte ebenfalls als überladene Methode vor und entspricht `ctranspose` und ist identisch zu `ts.'`.

`tsa = append(ts1,ts2,...)` erlaubt das Zusammenfügen mehrerer Zeitreihenobjekte „ts" zu einem Objekt. Dabei müssen die Daten-Samples gleich groß sein. Die Zeit des letzten Daten-Samples in „ts1" muss vor der Zeit des ersten Daten-Samples in „ts2" liegen oder gleich sein. Die Zeitvektoren können unterschiedlich lang sein.

Zeit lesen und setzen. Mit `ze = getabstime(ts)` wird der Zeitvektor des Objekts „ts" in die Zellvariable „ze" geschrieben. Mit dem Feld „ts.timeinfo.startdate" kann das

Startdatum und mit „ts.timeinfo.format" das Zeitformat festgelegt werden. Mit `ts = setabstime(ts,zeit)` und `ts = setabstime(ts,zeit,Format)` lassen sich Zeitvektor und Datumsformat übergeben. Mit `tsneu = getsampleusingtime(ts,zeit)` wird aus „ts" das Daten-Sample zur Zeit „zeit" ausgelesen und mit `tsneu = getsampleusingtime(ts,zeit0,zeit1)` alle Daten-Samples, die zwischen den beiden Zeiten „zeit0" und „zeit1" liegen.

```
>> zeit = {'01-Jan-2006','15-Mar-2006','15-Jun-2006','15-Sep-2006'};
>> ts=timeseries(magic(4),zeit,[-1;0;1;-1],'name','TestReihe');
>> ts.QualityInfo.Code=[-1 0 1];
>> ts.QualityInfo.Description={'schlecht','mittel','gut'};
>> % Auslesen aller Samples zwischen: '01-Jan-2006' und '03-Apr-2006'
>> ts2 = getsampleusingtime(ts,'01-Jan-2006','03-Apr-2006')


Time Series Object: unnamed

Time vector characteristics

        Length                2
        Start date            01-Jan-2006 00:00:00
        End date              15-Mar-2006 00:00:00

Data characteristics

        Interpolation method  linear
        Size                  [2  4]
        Data type             double
```

8.7.4   Bearbeiten von Zeitreihen

Trends und filtern. Zeitreihen enthalten typischerweise neben dem eigentlichen Signal noch weitere stochastische Elemente. Das Herauslesen von Trends und das Filtern von Zeitreihen ist daher häufig geübte Praxis.

`ts = detrend(ts1,Method)` „Method" kann entweder den Wert „constant" oder „linear" haben. Im ersten Fall wird der Mittelwert abgezogen, im zweiten eine angefittete Gerade. Optional ist noch als Drittes ein Index-Argument erlaubt, das festlegt, ob über die Spalten oder Zeilen gefittet werden soll. Mehr als zweidimensionale Datenfelder (Matrizen) werden nicht unterstützt.

Die Filterkoeffizienten der `filter`-Funktion für Zeitreihen erfüllen ebenfalls Gleichung (8.8). Die Syntax lautet `ts2=filter(ts1,b,a)` bzw. `ts2=filter(ts1,b,a,Index)`, mit den Filterkoeffizienten „a", „b" und den Zeitreihenobjekten „ts". „Index" legt wieder fest, ob die Daten-Samples Zeilen- oder Spalten-orientiert sind.

Mit dem Befehl `idealfilter` lässt sich ein idealer Bandpassfilter oder Kerbfilter (notch) realisieren. Die Syntax lautet `ts2 = idealfilter(ts1,Intervall,FilterType)`. „ts" bezeichnet die zu filternde bzw. die gefilterte Zeitreihe, „Intervall" legt die n Filterintervalle mit jeweils Frequenzanfangs- und -endwert fest und ist eine n×2-Matrix. „Fil-

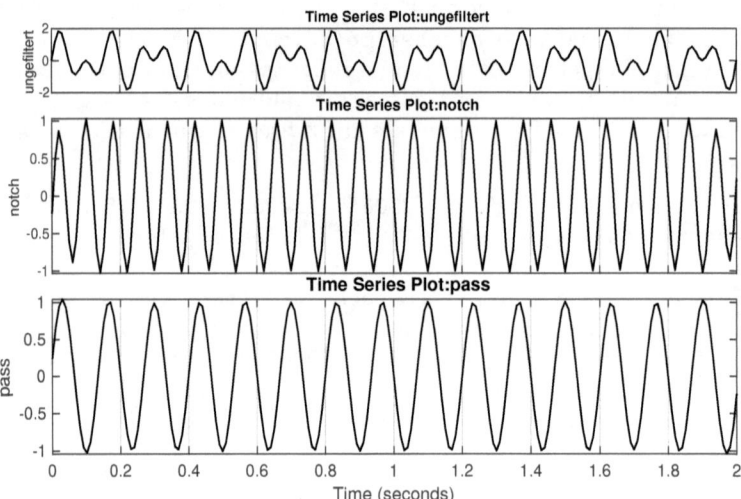

Abbildung 8.5: *Von oben nach unten: Das Ausgangssignal sowie das mit einem Kerb- (notch) und das mit einem Bandpassfilter (pass) gefilterte Signal. Deutlich ist der Unterschied zwischen beiden Filtern zu erkennen. Der Notchfilter filtert den im Intervall liegenden Bereich aus, der Bandpassfilter lässt dagegen gerade diesen Anteil durch.*

terType" bestimmt den Filtertyp und kann entweder „pass" oder „notch" sein. Handelt es sich um mehrdimensionale Daten-Samples, dann legt das ganzzahlige Array „Index" in `ts2 = idealfilter(ts1,Intervall,FilterType,Index)` fest, über welche Daten-Samples gefiltert wird. Ist `ts.IsTimeFirst` wahr, so wird über die durch Index festgelegten Spalten gefiltert, sonst über die Zeilen.

Beispiel: Filtern einer Zeitreihe. In dem folgenden Beispiel sind zwei Sinuswellen so überlagert, dass die eine Frequenz innerhalb des Intervalls und die zweite außerhalb des vorgegebenen Intervalls liegt. Das Ergebnis ist in Abb. (8.5) dargestellt.

```
% Ueberlagerung zweier Sinuswellen
fs=100;         % Samplefrequenz
t=0:1/fs:2;
f1=7.5;         % Frequenzen
f2=12.5;
data=sin(2*pi*f1*t) + sin(2*pi*f2*t);
%               Ausgangsdatensatz
ts=timeseries(data,t,'name','ungefiltert');
subplot(5,1,1)
plot(ts);
% Die Eckfrequenzen schliessen gerade f1 ein
interval=[5 10];
tsnotch = idealfilter(ts,interval,'notch');
tsnotch.name='notch';
```

```
tspass =  idealfilter(ts,interval,'pass');
tspass.name='pass';
subplot(5,1,2:3)
plot(tsnotch)
subplot(5,1,4:5)
plot(tspass)
shg  % Abbildung in Vordergrund
```

Interpolationsmethoden. Mit `getinterpmethod(ts)` wird die Interpolationsmethode ausgelesen und mit `ts = setinterpmethod(ts,Method)` gesetzt. Zur Auswahl stehen die lineare Interpolation (Method = 'linear') oder das Beibehalten des Vorgängerwerts (Method = 'zoh'). Dies wirkt sich beispielsweise beim Plotten von Zeitreihen aus. Mit der Interpolationsmethode „zoh" erhält man treppenartige Abbildungen. Mit `ts = setinterpmethod(ts,fhandle)` wird das Function Handle „fhandle" einer externen Interpolationsroutine übergeben. `tsdata.interpolation` ist ein Objekt, das die Interpolationsmethode einer Zeitreihe festlegt. Dieses Objekt umfasst ein Function Handle, eine String-Variable, die den Namen der Interpolationsmethode festlegt, und gegebenenfalls weitere Informationen in „UserData". Mit `interpObj = tsdata.interpolation(fhandle)` wird ein tsdata.interpolation-Objekt erzeugt, das ebenfalls zur Festlegung eigener Interpolationsroutinen via `ts = setinterpmethod(ts,interpObj)` genutzt werden kann. Das folgende Beispiel zeigt das prinzipielle Vorgehen. Das Ergebnis ist in Abb. (8.6) dargestellt.

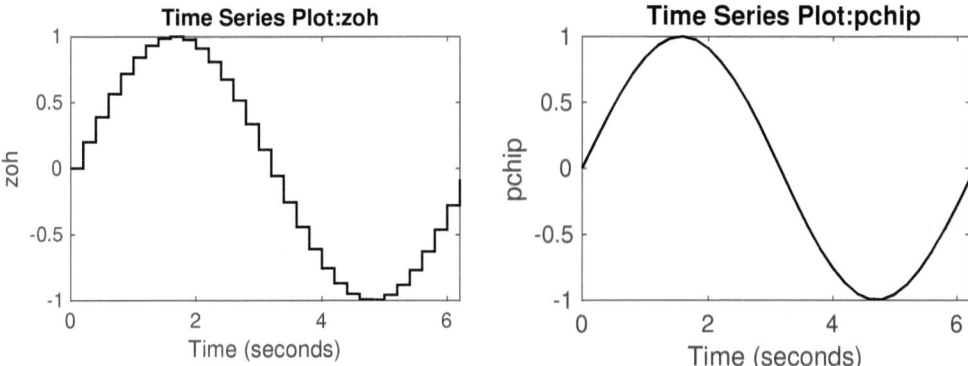

Abbildung 8.6: Dieselbe Zeitreihe mit zwei unterschiedlichen Interpolationsverfahren dargestellt. Links `tszoh = setinterpmethod(ts,'zoh')` und rechts eine Hermitesche Interpolation mittels `tspchip = setinterpmethod(ts,interpObj)`

```
% Ausgangsdaten
t=0:0.2:2*pi;
y=sin(t);
ts=timeseries(y,t);
% Interpolationsverfahren auf ein Standardverfahren setzen
tszoh = setinterpmethod(ts,'zoh');
tszoh.name='zoh';
subplot(1,2,1)
```

```
plot(tszoh)
% function handle erzeugen fuer Hermitesches Interpolationsverfahren
fhandle = @(x,y,xi) pchip(x,y,xi);
% tsdata.interpolation Objekt erzeugt
interpObj = tsdata.interpolation(fhandle);
% externes Interpolationsverfahren uebergeben
tspchip = setinterpmethod(ts,interpObj);
tspchip.name='pchip';
subplot(1,2,2)
plot(tspchip),shg
```

Synchronisieren zweier Zeitreihen. [ts3,ts4] = synchronize(ts1,ts2,verfahren) dient dem Synchronisieren zweier Zeitreihen „ts1" und „ts2", d.h., die erzeugten Zeitreihen „ts3", „ts4" sind genau gleich lang. Als Verfahren stehen „union" (die Zeitwerte der beiden Ausgangsreihen werden vereinigt), „intersect" (es wird die Schnittmenge aus den beiden Zeitwerten gebildet) und „uniform" zur Verfügung. Für Letzteres ist ein weiteres Argumentenpaar notwendig, das die Zeitschrittweite „sw" festlegt: [ts3,ts4] = synchronize(ts1,ts2,uniform,'interval',sw). Zur Synchronisation sind unter Umständen Interpolationen notwendig. synchronize erlaubt daher weitere Wertepaare, [ts3,ts4] = synchronize(···,'eigenschaft',wert). „eigenschaft" kann sein: 'InterpMethod' mit dem Wert 'linear' oder 'zoh', 'QualityCode' mit ganzen Zahlen zwischen $-128 \cdots 127$ und 'KeepOriginalTimes' mit den logischen Werten 'true' oder 'false', je nachdem, ob die neuen Zeitreihen die ursprünglichen Zeitwerte beibehalten sollen. Außerdem ist 'toleranz' mit „wert" als reeller Zahl möglich, die die Genauigkeit festlegt, mit der zwei Zeitwerte als unterschiedlich betrachten werden.

8.7.5   Ereignisse festlegen

Ereignisse markieren einen bestimmten Zeitpunkt in einer Zeitreihe. Dies kann beispielsweise zur Visualisierung beim Plotten oder zur Synchronisation genutzt werden. Dazu fügt addevent einer Zeitreihe ein tsdata.event-Objekt hinzu.

e = tsdata.event(name,zeit) erzeugt ein Event-Objekt „e" mit dem Namen „name" und der Zeit „zeit". Ist „zeit" eine serielle Zeit, so wird dies durch die Eigenschaft „datenum" gekennzeichnet. e = tsdata.event(name,zeit,'datenum') ist beispielsweise:

```
>> e = tsdata.event('Tsunami',732874,'datenum')

    EventData: []
         Name: 'Tsunami'
         Time: 0
        Units: 'days'
    StartDate: '16-Jul-2006 00:00:00'
```

„EventData" sind beliebige vom Benutzer dem Ereignis zugeordnete Daten, die keinen direkten Einfluss auf die Zeitreihe haben, >> e.EventData = {'Wellengang',2.5; 'Richter',6.2};. „Name", „Units" und „StartDate" sind selbsterklärend, „Time" ist eine reelle Zahl, die diejenige Zeit angibt, zu der das Ereignis relativ zum Startdatum stattfindet.

Nachdem ein Event-Objekt erzeugt worden ist, kann es einem Ereignis „ts" via `ts` `= addevent(ts,e)` hinzugefügt werden. Alternativ kann auch in einem Schritt ein Event-Objekt erzeugt und einer Zeitreihe hinzugefügt werden, `ts = addevent(ts,` `name, zeit)`. Mit `>> ts.e` lässt sich ein Event auf dem Command Window anzeigen. Mit `addevent` lassen sich auch mehrere Ereignisse der Zeitreihe hinzufügen, die sich mit `ts = delevent(ts,eventname)` wieder entfernen lassen. „eventname" ist dabei der Name des Ereignisses. Sollen mehrere Ereignisse in einem Schritt entfernt werden, so ist „eventname" eine Zellvariable mit allen zu entfernenden Eventnamen. `ts =` `delevent(ts,eventname,n)` entfernt das n-te Event-Objekt des Events mit dem Namen „eventname".

Bei den folgenden Befehlen kann „event" entweder ein `tsdata.event`-Objekt oder ein String mit einem Event-Namen sein. Aufgabe dieser Befehle ist es, unter bestimmten Bedingungen Ereignisse durch neue Zeitreihen zu erzeugen. Der Aufbau ist `tsneu =` `befehl(ts,event)` oder `tsneu = befehl(ts,event,n)`; „n" legt dabei fest, wie häufig das Ereignis stattfinden muss, damit „befehl" aktiv wird oder nicht mehr aktiv wird.

`gettsafterevent`: Die neue Zeitreihe wird erzeugt, nachdem das Ereignis stattgefunden hat.

`gettsafteratevent`: Die neue Zeitreihe wird ab dem Zeitpunkt erzeugt, an dem das Ereignis stattfindet.

`gettsbeforeevent`: Die neue Zeitreihe wird bis zu dem Zeitpunkt erzeugt, an dem das Ereignis stattfindet.

`gettsbeforeatevent`: Die neue Zeitreihe wird bis zu dem Zeitpunkt erzeugt, an dem das Ereignis stattfindet einschließlich dieses Zeitpunktes.

`tsneu = gettsbetweenevents(ts,event1,event2)` bzw. `tsneu = gettsbetween-` `events(ts,event1,event2,n1,n2)` folgen der obigen globalen Beschreibung. Hier müssen allerdings zwei Ereignisse festgelegt gelegt werden. Die Zeitreihe „ts" wird dabei auf die neue Zeitreihe „tsneu" zwischen den beiden Ereignissen abgebildet.

8.7.6 Statistische Untersuchungen

Die Befehle zu statistischen Untersuchungen von Zeitreihenobjekten sind alle in der Form `y = befehl(ts,'eigen1','wert1', ···)` aufgebaut, wobei die Eigenschaftswertepaare optional sind. Bei allen Befehlen stehen die folgenden Eigenschaften und Werte zur Auswahl:

„MissingData" sind fehlende Daten in Form von „nans" (not a number). Mögliche Werte sind 'remove', dies ist die Defaulteinstellung, d.h., der fehlende Wert bleibt unberücksichtigt, oder 'interpolate', d.h., bei der Berechnung wird entsprechend der gewählten Interpolationsmethode interpoliert.

Mit der Eigenschaft „Quality" werden wieder ganzzahlige Arrays (wie oben besprochen) zur Qualitätskennzeichnung übergeben.

Mit „Weighting" und 'time' werden die Daten entsprechend dem Zeitabstand gewichtet. Bei äquidistanten Zeitschritten gibt es keinen Unterschied zur Voreinstellung 'none'.

Maxima, Minima und Summen lassen sich mittels `y = max(ts,···)`, `y = min(ts,···)` bzw. `y = sum(ts,···)` berechnen. Standardabweichung und Varianz eines Zeitreihenobjekts sind durch `y = std(ts,···)` bzw. `y = var(ts,···)` gegeben, den arithmetischen Mittelwert, Median und Interquartile erhält man durch `y = mean(ts,···)`, `y = median(ts,···)` und `y = iqr(ts,···)`. Alle Berechnungen werden dabei jeweils über einen Datensatz gebildet. Liegt beispielsweise ein m×n-Daten-Array vor und ist „IsTimeFirst" 'true', dann wird das Daten-Array spaltenweise ausgewertet, der Rückgabewert „y" ist folglich ein n-dimensionaler Vektor, sonst wird das Daten-Array zeilenweise ausgewertet und „y" ist m-dimensional.

8.7.7 Zeitreihengruppen erzeugen und verwalten

Zeitreihengruppen erzeugen Mit dem Befehl `tsc = tscollection(zr)` kann ein Zeitreihengruppen-Objekt erzeugt werden; „zr" ist entweder eine Zeitreihe oder eine Zellvariable mit mehreren Zeitreihen mit identischen Zeitvektoren. `tsc = tscollection(zeit)` erzeugt eine leere Zeitreihengruppe mit dem Zeitvektor „zeit". Parameter, `tsc = tscollection(zeit,Para1,wert1,···)`, lassen sich wieder paarweise als Wertepaar übergeben. Erlaubt sind „name" und „IsDatenum", die dieselbe Bedeutung haben wie bei den Zeitreihenobjekten, vgl. `timeseries`. Auf einzelne Eigenschaften kann wie bei Zeitreihenobjekten über die Feldnamen zugegriffen werden.

Dabei werden nachfolgende Attribute unterstützt: Selbsterklärend sind `tsc.Name` und `tsc.Time`. `tsc.TimeInfo` ist ein Metadatenobjekt mit nachfolgenden Eigenschaften: `tsc.TimeInfo.Units` ist die Zeiteinheit, die Wochen ('weeks'), Tage ('days'), Stunden ('hours'), Minuten ('minutes'), Sekunden ('seconds'), Millisekunden ('milliseconds') und Nanosekunden ('nanoseconds') unterstützt. `tsc.TimeInfo.Start` die Startzeit und `tsc.TimeInfo.End` die nur lesbare Endzeit. `tsc.TimeInfo.Increment` ist die Zeitschrittweite und `tsc.TimeInfo.Length` ist die Länge des Zeitvektors.

Die folgenden beiden Werte treten nur dann auf, wenn die Zeit in einem der unterstützten Kalenderformate vorliegt. `tsc.TimeInfo.Format` speichert das verwendete Datumsformat und `tsc.TimeInfo.StartDate` das Startdatum. `tsc.TimeInfo.UserData` enthält beliebige Daten, die mit „TimeInfo" verwaltet werden sollen.

Zeitreihengruppen verwalten. `get` und `set` werden in genau derselben Weise verwandt wie im Fall der Zeitreihenobjekte (s.o.). `isempty(tsc)` liefert ein logisches 'true' zurück falls die Zeitreihengruppe „tsc" leer ist; `length(tsc)` gibt die Anzahl der Elemente des Zeitvektors zurück und `size(tsc)` die Größe der Zeitreihengruppe.

8.7.8 Zeitreihengruppen bearbeiten

Zeitreihengruppen erweitern und verkleinern Zeitreihengruppen können auf zwei Arten erweitert oder verkleinert werden. Einmal können den bereits bestehenden Zeitreihen weitere Daten-Samples hinzugefügt bzw. gelöscht werden oder weitere Zeitreihen der gleichen Zeitlänge. Besteht das Zeitgruppenobjekt „tsc" aus n Zeitreihen „ts$i$", $i = 1 \cdots n$, so kann jede dieser Zeitreihen mit dem Namen „ts$i$name" mittels `tsc = addsampleto-collection(tsc,'Time',zeit,ts1name,ts1data,···,tsnname,tsndata)` um ein Daten-Sample „ts*i*data" erweitert werden. Mit der Eigenschaft „Time" wird der Vektor „zeit" dem bestehenden Zeitvektor hinzugefügt. Zu jeder Zeitreihe können zusätzlich noch Qualitätsinformationen in Form der bereits beschriebenen Qualitätsziffern, die in einem Zell-Array abgespeichert sind, mitgegeben werden. Mit `tsc = delsample-fromcollection(tsc,'Index',N)` bzw. `tsc = delsamplefromcollection(tsc, 'Value',zeit)` können Daten-Samples aus allen Zeitreihen der Zeitreihengruppe entfernt werden. Die zugehörigen Zeiten werden entweder über die Indizes des Zeitvektors festgelegt („Index" mit ganzzahligem Vektor „N") oder über die expliziten Zeitwerte („Value", „zeit").

Mit `tsc = addts(tsc, ts)` wird die Zeitreihengruppe um das Zeitreihenobjekt „ts" erweitert. Sollen gleichzeitig mehrere Zeitreihenobjekte hinzugefügt werden, dann ist „ts" eine Zellvariable mit den einzelnen Zeitreihenobjekten. Mit `tsc = addts(tsc, ts, Name)` können zusätzlich noch Namen festgelegt werden. „Name" ist hier eine Zellvariable. An Stelle von Zeitreihenobjekten können auch direkt Daten-Samples „data" und zugehörige Namen „Name" übergeben werden, `tsc = addts(tsc, data, Name)`. In all diesen Fällen muss die jeweilige Größe der Daten-Samples der Zeitreihen dem Zeitvektor des Zeitreihengruppen-Objekts entsprechen. Mit `tsc = removets(tsc, Name)` wird die Zeitreihe mit dem Namen „Name" gelöscht.

Zeitreihen plotten. Mit `plot(tsc.Name)` wird die Zeitreihe mit dem Namen „Name" der Zeitreihengruppe „tsc" geplottet.

Manipulation der Daten und Zeiten von Zeitreihengruppen. Die Befehle `getabstime`, `setabstime`, `getsampleusingtime`, `resample` und `append` bzw. `vertcat` sind äquivalent zu ihren Zeitreihenpendants aufgebaut. An Stelle der Zeitreihenobjekte treten nun Zeitreihengruppen-Objekte. Dort, wo unterschiedliche Variablen zu jeder Zeitreihe übergeben werden müssen, sind einzelne Werte in Zellvariablen eingebettet. Die Syntax folgt der bereits bei den Zeitreihenobjekten besprochenen.

Während `append` die Daten-Samples um neue Zeitspalten erweitert, fügt `tsc=horzcat(tsc1, tsc2,···)` mehrere Zeitreihengruppen-Objekte zu einem neuen Zeitreihengruppen-Objekt zusammen. Die Zeitvektoren aller Zeitreihengruppen müssen identisch sein. Als überladene Methode entspricht `vertcat` tsc = [tsc1;tsc2;...] und `horzcat` tsc = [tsc1,tsc2,...]. „tsc" sind Zeitreihengruppen-Objekte.

`tsnam = gettimeseriesnames(tsc)` gibt die Namen der Zeitreihenobjekte der Zeitreihengruppe „tsc" in der Zellvariablen „tsnam" zurück und `tsc = settimeseriesna-mes(tsc,'alte','neue')` ersetzt den bisherigen Namen „alte" des zugehörigen Zeitreihenobjekts durch den Namen „neue".

```
>> tsc = tscollection({ts,ts2});
>> alte = gettimeseriesnames(tsc)
alte =
    'TestReihe'    'Zufall'

>> tsc = settimeseriesnames(tsc,'TestReihe','magic');
```

9 MATLAB als Programmiersprache

Ziel ist dieses Kapitels ist das eigene Entwerfen von MATLAB-Programmen. Ausgeschlossen bleibt zunächst die Objektorientierte Programmierung, die Gegenstand des Kapitels·22.7 ist.

9.1 Entscheidungen und Schleifen

MATLAB bietet die Möglichkeit, den sequentiellen Ablauf eines Programms durch Verzweigungen und Schleifen zu beeinflussen. Insbesondere Schleifen sollten jedoch gründlich überdacht werden, da vektorisierte Programme sehr viel effizienter abgearbeitet werden (vgl. Kap. 9.1.2).

9.1.1 Befehlsübersicht

Schleifen for, while

Bedingungen try – catch, if – else – elseif, switch – case – otherwise

Schlüsselbegriffe break, continue, end, return

Das Schlüsselwort **end** kennzeichnet das Ende von Schleifen und Verzweigungen sowie von Nested Functions.

9.1.2 Schleifen: for und while

Schleifen dienen dazu, eine Gruppe von Anweisungen mehrfach auszuführen. In Schleifen können auch die Kommandos **break**, **continue** und **return** genutzt werden (s. unten).
for. Die Syntax für eine For-Schleife ist

```
for variable = ausdruck
    Anweisungen
end
```

Beispiel.

```
for k=1:100001
    x(k)=(k-1)*k
end
```

https://doi.org/10.1515/9783110741780-009

Sehr viel effizienter und übersichtlicher ist die Vektorisierung dieses Codes:

```
n=1:100001;
y=(n-1).*n
```

In den wenigen Fällen, in denen eine Vektorisierung nicht möglich sein sollte, empfiehlt es sich, vor der Abarbeitung der Schleife das entsprechende Array beispielsweise durch x=zeros(1,100001) zu erzeugen, d.h. entsprechenden Speicher zu allozieren. In der Vektorisierung steckt das weitaus größte Kapital zur effizienten Programmierung! „ausdruck" kann eine (fast) beliebige Variable sein, die gegebenenfalls spaltenweise abgearbeitet wird:

```
ausdruck = {'xyl',magic(4),1};  % ist hier eine Zellvariable
n = 0;
for k = ausdruck
    n = n+1;
    x(n) = k;                  % wieder eine Zellvariable
end
```

while. Die Syntax für eine While-Schleife ist

```
while ausdruck
    Anweisungen
end
```

Die While-Schleife wird ausgeführt, so lange der „ausdruck" wahr ist.

Beispiel.

```
a=4;
b=100;
while(a<b)
    b=b/2;
end
```

In diesem Beispiel wird die While-Schleife erst abgebrochen, wenn Bedingung (a<b) nicht mehr erfüllt (false) ist. While 1 würde folglich zu einer unendlich langen Schleife führen.

continue. continue übergibt die Kontrolle wieder an die nächste Schleifen-Iteration. (Vgl. das Beispiel in Kap. 9.1.3)

9.1.3   Entscheidung: if

Die (bedingte) Anweisung if wertet einen logischen Ausdruck aus und verzweigt zu einer Gruppe von Anweisungen, sofern der Ausdruck wahr ist.

Einseitige Auswahl. Die Syntax für eine einseitige Auswahl ist

```
if Bedingung
    Anweisungen;
end
```

Ist die Bedingung wahr (ungleich 0), so werden alle Anweisungen zwischen `if` und `end` ausgeführt.

Mehrseitige Auswahl. `else` und `elseif` erlauben die Verknüpfung mehrerer Alternativen:

```
if Bedingung(1)
    Anweisungen 1;
elseif Bedingung(2)
    Anweisungen 2;
else
    Anweisungen 3;
end
```

Bei `elseif` werden die Bedingungen nacheinander ausgewertet. Ist die erste Bedingung wahr, so wird nur der erste Anweisungsblock ausgeführt, alle weiteren werden nicht mehr getestet. Ist Bedingung (1) falsch, aber Bedingung (2) wahr, so werden die Anweisungen 2 ausgeführt, sind beide Bedingungen falsch wird Anweisung 3 befolgt.

Beispiel. Das folgende kleine Beispiel   führt zu

```
a=2;                                        b =
b=10;
while(a<b)                                      5
    b=b/2                                   a =
    if(a<2)
        continue                               1
    end                                     b =
    a=a-1
end                                            2.5000
                                            b =

                                               1.2500
                                            b =

                                               0.6250
```

Beim ersten Schleifendurchlauf ist die if-Bedingung nicht erfüllt, folglich wird a um 1 erniedrigt. Bei allen folgenden Schleifen ist a<2, die if-Bedingung wahr. Daher wird die Anweisung `continue` ausgeführt, d.h. die Kontrolle sofort an die While-Schleife übergeben und a nicht um eins erniedrigt.

9.1.4   Fallunterscheidung: switch

Stellen wir uns die folgende Problemstellung vor: Je nach Wert einer Variablen soll eine bestimmte Gruppe von Anweisungen ausgeführt werden. Das entsprechende Konstrukt heißt `switch`. Die Sprungmarken werden durch `case` festgelegt. Dabei wird (im Gegensatz zur Programmiersprache C) nur die erste Übereinstimmung ausgeführt. Wird keine der durch „case" definierten Sprungmarken erfüllt, wird ähnlich dem Schlüsselwort „else" unter „if" durch `otherwise` eine alternative Gruppe von Anweisungen definiert. Switch wird durch `end` beendet. Die Syntax ist

```
switch Variable
    case Fall 1
        Anweisungen 1
```

```
case Fall 2
    Anweisungen 2
        ⋮
otherwise
    sonstige Anweisungen
end
```

Beispiel.

```
x=2;
switch x
  case 0
      disp('x ist Null');
  case 1
      disp('x ist Eins');
  case 2
      disp('x ist Zwei');
  otherwise
      disp('keine Ahnung was x ist');
end
```

```
x ist Zwei
```

9.1.5 Ausnahmen: try und catch

Die try/catch-Anweisung ist MATLABs Analogon zu Javas Mechanismus zum Exception Handling. Try stellt einen Codeblock zur Verfügung, der so lange ausgeführt wird, bis die Aufgabe abgearbeitet ist oder es zu einer Fehlermeldung kommt. Dann wird der catch-Block ausgeführt. Der catch-Block erlaubt auch die Rückgabe eines MException-Blocks (s. 9.5.4), `catch ME`. Die im try-Block erzeugte Fehlermeldung wird in der String-Variablen lasterr gespeichert. Die allgemeine Syntax ist

```
try
    Anweisungsblock
catch
    Anweisungsblock
end
```

Beispiel.

```
x=5;
try
    while (x>=0)
        x=x-1;
        if(x<1)
            error('x sollte positiv sein')
        end
        z{x}=rand(x);
    end
```

```
catch
    disp('catch: Ein Fehler ist aufgetreten')
    whos z
end
```

```
catch: Ein Fehler ist aufgetreten
  Name       Size             Bytes  Class
    z         1x4               688  cell
```

```
lasterr
ans =
x sollte positiv sein
```

Oben steht der Code gefolgt vom Ergebnis. x ist zunächst 5, eine Zufallsmatrix der
Dimension 4 wird durch rand(x) erzeugt. x wird in jeder Schleife um 1 erniedrigt, bis
schließlich eine Matrix der Dimension 0 erzeugt werden soll. Dies wird durch die if-
Bedingung einem Fehler zugeordnet, der vom try/catch-Block aufgefangen wird. Die
Fehlermeldung wird in „lasterr" gespeichert. (Natürlich sollte man so nicht program-
mieren.)

9.1.6   Break und return

Break beendet die Ausführung einer For- oder While-Schleife. Bei geschachtelten Schleifen springt break nur aus der innersten Schleife heraus.

return dient zum Rücksprung aus einer Unterfunktion zur Mutterfunktion, zum Beenden einer Funktion[1] sowie zur Rückkehr zum interaktiven Mode oder zum Verlassen
des Debugger Modus (vgl. Kap. 3.8). Return kann auch zum Auffangen von Fehlern
genutzt werden sowie innerhalb von Bedingungsblöcken wie if und case.

9.2   Ausführen von Zeichenketten und Matlab-Ausdrücken

9.2.1   Befehlsübersicht

Variablenzuordnung assignin

Stringevaluation eval, evalc, evalin, feval

Funktionsausführung builtin, run

9.2.2   Variablenzuordnung: assignin

Das Kommando assignin dient zum Transponieren von Daten aus dem Function
Workspace in den Matlab Workspace (base) und innerhalb einer Unterfunktion zum

---

[1]Achtung, dies kann zu Fehler führen da beispielsweise Rückgabewerte nicht berechnet werden; also
besser vermeiden.

Verändern einer Variablen im Speicherraum der Mutterfunktion (caller). Allerdings macht dies den Code meist sehr viel intransparenter. Ein besserer Weg sind daher meist „nested functions", s. S. 201.

Syntax: `assignin(ws,'var',val)` ordnet der Variablen „var" im Workspace „ws" den Wert „val" zu.

Beispielsweise ordnet der Aufruf `assignin('base','xb',xf)` in einer MATLAB-Funktion im MATLAB Base Space (Command Window) der Variablen „xb" den in der Funktion berechneten Wert „xf" zu.

9.2.3 String-Evaluation

eval, evalc und evalin. Die Funktion `eval` wertet Character-Variablen mit Hilfe des MATLAB Interpreters aus. Dies kann zur automatischen Erzeugung von Datei- oder Variablennamen genutzt werden. Allgemein sollte die eval-Familie wegen der geringeren Effizienz nur dann verwendet werden wenn keine Alternative dazu besteht.

Beispiele

```
>> eval('x=5')
x =
     5
```

Programmgesteuerte Kennzeichnung von Files oder Variablen:

```
namen = {'T','P','Dreh','Fehler'};
wert = {'127 C','2.375 Pa',10000*rand(1,5),randn(1,5)};
>> for n = 1:length(namen)
eval(['motorkz',namen{n}, ' = ', 'wert{n}'])
end

motorkzT =
    '127 C'
motorkzP =
    '2.375 Pa'
motorkzDreh =
    1.0e+03 *
    8.1472    9.0579    1.2699    9.1338    6.3236
motorkzFehler =
    -1.3077   -0.4336    0.3426    3.5784    2.7694
```

evalc.

```
>> x=eval('t=5')
Incorrect use of '=' operator ...
% dagegen funktioniert
>> x = eval('rand(4)');
```

Die Auswertung einer „eval"-Operation kann nicht einer Variablen zugeordnet werden. Diese Aufgabe übernimmt `evalc`.

Syntax: `[x,raus1,raus2,...,rausn] = evalc(text)`, das Ergebnis ist in der Variablen „x" als Character Array abgespeichert.

Beispiel

```
>> x=evalc('t=5')
x =
t =
     5
```

„t" ist eine reelle Zahl und „x" ein Character Array.

evalin. `evalin` verknüpft die Funktionalität von „eval" mit „assignin". Die Syntax ist `evalin(ws,'text')`, wobei „text" die String-Variable ist, die von „eval" ausgeführt wird, und zwar im Workspace „ws".

feval. Das Kommando `feval` führt eine Funktion aus.

Syntax: `[y1,y2,...,yn] = feval('meinefunk',x1,x2,...,xn)` bzw. `[y1,y2,...,yn] = feval(@meinefunk,x1,x2,...,xn)` d.h. „feval" führt die Funktion „meinefunk" mit den Argumenten (x1, x2, ..., xn) aus und liefert die entsprechenden Ergebnisse [y1, y2, ..., yn] zurück. Die auszuführende Funktion kann dabei entweder durch ihren Namen „meinefunk" oder durch ihr Function Handle (vgl. Kap. 9.3.3) „@meinefunk" festgelegt sein.

9.2.4 Funktionsausführung

builtin. In überladenen Methoden wird das zu der Methode gehörende Programm und nicht das ursprüngliche MATLAB-Kommando ausgeführt. Der Befehl `builtin` erlaubt das ursprüngliche MATLAB-Funktion an Stelle der überladenen Methode auszuführen. Syntax: `[z1,z2,...,zn] = builtin(function,x1,x2,...,xn)`.
Beispiel:

```
>> sin=3; % sinnvoll ?
          % Anwendungsbeispiele stammen eher aus der
          % Objekt-Orientierte Programmierung
>> sin(pi/3) % führt zu Fehlermeldung
Array indices must be positive integers or logical values.
...
>>  y=builtin('sin',pi/3) % dagegen
 y =
     0.8660
```

run. `run meinskript` führt das MATLAB-Skript „meinskript" aus. „meinskript" kann auch Pfadangaben enthalten. In diesem Fall wechselt MATLAB zu dem zu „meinskript" gehörenden Verzeichnis und kehrt nach Beenden des Skripts wieder in das ursprüngliche Verzeichnis zurück.

9.3 Skripte, Funktionen und Variablen

MATLAB ist eine Programmiersprache mit vielfältigen Möglichkeiten. In diesem Abschnitt werden wir einige grundlegende Aspekte der Programmierung mit MATLAB diskutieren.

9.3.1 Die MATLAB Execution Engine

Mit MATLAB 6.5 wurde der JIT Accelerator eingeführt, der u.a. die Abarbeitung von M-Files beschleunigt. Mit >> `feature jit on/off` und >> `feature accel on/off` lässt sich der JIT Accelerator an- und ausschalten. Seit dem Rel. 2015b wird die Programmausführung durch die MATLAB Execution Engine deutlich beschleunigt. Dies zahlt sich insbesondere dann aus, wenn der Code mehrfach aufgerufen und kompilierter Code wiederverwendet wird.

9.3.2 Skripte

MATLAB-Skripte enthalten eine Folge von MATLAB-Kommandos, die bei Aufruf des Skripts ausgeführt werden. Die Files haben wie die MATLAB-Funktionen die Kennzeichnung .m (M-Files) und werden ohne diese Extension aufgerufen. Im Gegensatz zu Funktionen besitzen Skripte keinen eigenen Speicherbereich. D.h. werden Skripte beispielsweise aus dem Command Window aufgerufen, werden ihre Variablen im „Base Space" abgespeichert. %-Zeichen dienen als Kommentare und mit Hilfe des %%-Symbols können Skripte in einzeln ausführbare Codesegmente aufgeteilt werden.

9.3.3 Funktionen

In MATLAB dienen Funktionen zur Erweiterung des bereits vorhandenen Befehlumfangs. Mit Funktionen lassen sich Argumente übergeben, Algorithmen ausführen und Funktionswerte berechnen. Die Deklaration eines Function Files erfolgt mit dem Schlüsselwort `function`. Die Syntax ist `function [y1,y2,...,yn] = funcname(x1,x2,···,xm)`. Dabei bezeichnet (x1,x2,···,xm) die Funktionsargumente, „funcname" den Funktionsnamen und [y1,y2,...,yn] die Rückgabewerte.

Beispiel. Die folgende m-Funktion

```
function [Kzins,Kn] = spar(K0,zins,lz)
% Berechnung des Ertrags
% Kzins Zinsertrag mit Zinseszins
% Endkapital nach n Jahren
% Eingabewerte:
%           K0 Anfangskapital
%           Zinssatz in Prozent
%           Laufzeit in Jahren

lz=floor(lz);
fac=zins/100+1;

Kn=K0*fac^lz;
Kzins=Kn-K0;
```

berechnet aus den Eingangswerten Zinsertrag und Endkapital. Der mit % gekennzeichnete Block dient als Help-Teil:

```
>> help spar

    Berechnung des Ertrags
    Kzins Zinsertrag mit Zinseszins
    Endkapital nach n Jahren
    Eingabewerte:
                    K0 Anfangskapital
                    Zinssatz in Prozent
                    Laufzeit in Jahren
```

Die erste Zeile wird auch als H1-Zeile bezeichnet, die im Current Folder angezeigt und auch bei der Suche mit `lookfor` genutzt wird. Die Funktion „spar" liefert mit

```
>> [Kn,Kdiff]=spar(1000,3,5)
Kn =
   159.2741
Kdiff =
   1.1593e+03
```

den Ertrag einer Sparanlage nach fünf Jahren mit einer 3-prozentigen jährlichen Verzinsung. Weitere Unterfunktionen lassen sich innerhalb einer MATLAB Function wieder mit dem Bezeichner „function" aufrufen.

Unterfunktionen. Funktionen beginnen mit dem Schlüsselwort `function`. Unterfunktionen (auch als lokale Funktionen bezeichnet) können sequentiell in eine MATLAB-Funktionsdatei eingebettet werden und beginnen wieder mit dem Schlüsselwort `function`. An dieser Stelle endet die darüberstehende Funktion.

```
function [r1,r2] = myfun(y1,y2)
% dies ist die Hauptfunktion
% hier stehen irgendwelche Berechnungen
% a, b, c ist berechnet worden

[u1,u2,u3]  = mysub(a,b,c)

% die Unterfunktion mysub wird aufgerufen
% hier gehen die Berechnungen der Hauptfunktion weiter

function [s1,s2,s3] = mysub(x1,x2,x3)
% dies ist die Unterfunktion
% x1,x2,x3 wird a,b,c zugeordnet
% hier wird s1,s2,s3 berechnet
% es gibt kein ''end'' myfun endet mit dem neuen Schlüsselwort function
% mysub wenn die Datei zu Ende ist oder wieder eine neue
% Unterfunktion mit dem Schlüsselwort function beginnt
```

Alle Variablen im obigen Beispiel sind lokale Variablen. Die Variablen der Hauptfunktion werden im Speicherbereich der Hauptfunktion abgelegt, die der Unterfunktion in deren eigenem Speicherbereich.

Bei der Übergabe von Variablen verwendet MATLAB eine Kombination von call-by-value und call-by-reference, die als shared-data-copy bezeichnet wird. MATLAB übergibt Variablen, die nicht verändert werden, als Zeiger und Variablen, die geändert werden, als Wert, d.h., im Speicherbereich der Funktion wird eine Kopie erstellt. Das Konzept „shared-data-copy" ist besonders nützlich bei Nested Functions, also bei verschachtelten Unterfunktionen, die mit dem MATLAB Rel. 7 eingeführt wurden.

Nested Function. Bei vielen Anwendungen werden große Variablen einer Hauptfunktion genutzt, ohne dass diese Werte im Laufe der Berechnung verändert werden. Dies ist das Haupteinsatzgebiet für eine Nested Function, die durch call-by-reference in der Lage ist, in den Speicherbereich ihrer Hauptfunktion zu blicken.

Nested Functions beginnen erneut mit dem Schlüsselwort `function`, enden aber mit `end`. Die Hauptfunktion muss dann ebenfalls mit dem Schlüsselwort `end` geschlossen werden. Herkömmliche Unterfunktionen haben ihren eigenen Speicherbereich. Das heißt, Variablen der Hauptfunktion und der Unterfunktion, die nicht `global` definiert sind, kennen sich auch nicht. Der Speicherbereich der Nested Functions ist dagegen eingebettet in den Speicherbereich der Hauptfunktion. Das heißt, die Nested Function kennt diejenigen Variablen der Hauptfunktion, die bis zum Ort ihrer Definition von der Hauptfunktion angelegt worden sind. Das folgende Beispiel zeigt den prinzipiellen Aufbau:

```
function nestbsp(x)
% Hauptfunktion
a=3;  % nicht in nested definiert
y=mynest(x)

    function z=mynest(x)
        % nested function
        z=a*x;
        % Variable a der Hauptfunktion ist bekannt!
    end % nested function wird geschlossen

disp('fertig')  % hier wird die Hauptfunktion
                %                  fortgesetzt
end             % Schluss mit Hauptfunktion
```

Wie schaut das Speicherkonzept aus dem Blickwinkel der Hauptfunktion aus? Dies verdeutlicht am besten das folgende Beispiel:

```
1    function y=nestedbsp(x)

2    a=3;
3    z=a*x;

4    function k=nestedsub
5        b=3;
6        k=b*z;
7        % haupt        % führt zu Fehler, wird erst nach der
8                        % nested function angelegt, vgl. Zeile 14
```

```
 9    end
10    %b              % führt zu Fehler, b noch nicht bekannt
11    b = [];         % b wird initialisiert
12    y=nestedsub;
13    b               % jetzt sieht die Hauptfunktion
14                    % den Speicher der nested function
15    haupt=4;
16    end
```

Ein Auskommentieren der Zeile 7 führt zu dem Fehler „Unrecognized function or variable
"haupt"". Die Nested Function kennt nur diejenigen Variablen, die vor ihrer Definition
in der darüberliegenden Ebene, also ihrer Hauptfunktion, angelegt worden sind. Das
Auskommentieren der Zeile 10 führt zum selben Fehlertyp. Die Hauptfunktion sieht die
Variablen der Nested Function erst, nachdem die Nested Function „nestedsub" aufgerufen worden ist und nachdem die Variable in der Hauptfunktion initialisiert wurde. Dies
erfolgt in Zeile 11, nach Zeile 12 kann folglich auf den Wert der Variablen der Nested
Function zugegriffen werden. Das Konzept lässt sich iterativ fortsetzen. An die Hauptfunktion können sich weitere Unterfunktionen anschließen, die dann ebenfalls mit dem
Schlüsselwort end abgeschlossen werden müssen und die ihren eigenen Speicherbereich
haben. Tiefer verschachtelte Unterfunktionen sehen die direkt über ihnen liegende Ebene als „ihre" Hauptfunktion an. Der Gültigkeitsbereich erstreckt sich nur auf die direkt
darüber liegende Ebene und alle darunter liegenden.

Wird eine Funktion beendet, so werden üblicherweise alle Variablen des Speicherbereichs mit Ausnahme der persistenten Variablen gelöscht. Auf Nested Functions kann
normalerweise nur innerhalb des MATLAB-Files zugegriffen werden. Die weiter unten
beschriebenen Function Handles erlauben aber auch einen direkten Zugriff auf beliebige
Unterfunktionen. Wird das Function Handle einer Nested Function erzeugt und nach
außen als Rückgabewert zur Verfügung gestellt, kann auf die Nested Function direkt zugegriffen werden. Dies würde auch für allgemeine Unterfunktionen gelten. Da die Nested
Function jedoch Variablen ihrer Hauptfunktion nutzt, stellt MATLAB diese Variablen so
lange zur Verfügung, so lange das Function Handle der entsprechenden Nested Function
existiert; es gibt also den Speicherbereich der Hauptfunktion nicht vollständig frei.

Nested Functions können nicht innerhalb von Schleifen und Kontrollstrukturen wie for,
while, if ..., switch ... oder try ... definiert werden - verwenden ja.

Unterfunktionstechniken. Unterfunktionen (lokale Funktionen) müssen nicht zwangsläufig in der gleichen Datei angesiedelt sein. Dies gilt nicht für Nested Functions, da sie
am Speicherbereich der Hauptfunktion partizipieren.

Wo sollte eine Unterfunktion stehen? Einmal benutzte und kleine Unterfunktionen können in der gleichen Datei wie die Hauptfunktion stehen. Sollte dieselbe Unterfunktion
von mehreren Hauptfunktionen genutzt werden oder sehr umfangreich sein, empfiehlt es
sich, die Unterfunktion in einen eigenen File zu schreiben und in einem Unterverzeichnis mit dem Schlüsselname „private" zu speichern. Dateien, die in „private directories"
angesiedelt sind, sind nur für MATLAB-Funktionen des darüberliegenden Verzeichnisses sichtbar und haben eine höhere Priorität als Dateien, die erst über den MATLAB-
Suchpfad gefunden werden würden.

Function Handle. Function Handle ist ein MATLAB-Datentyp, der alle Informationen enthält, um eine Funktion einschließlich überladener Methoden aufzurufen. Ein Function Handle wird mittels

```
>> fhand = @funcname
```

erzeugt, dabei steht „funcname" für den Namen der Funktion. Mehrere Function Handles lassen sich in einer Zellvariablen zusammenfassen und in einem MAT-File speichern. Mit den Befehlen „str2func" und „func2str" lassen sich Funktionsnamen in Function Handles und umgekehrt konvertieren. Wann immer es möglich ist, sollten statt Funktionsnamen Function Handles verwendet werden, da sie einen breiteren Anwendungsbereich (Beispiel Private Functions und Unterfunktionen) haben und die Performance, insbesondere bei wiederholten Funktionsaufrufen, verbessern. Da Function Handles die gesamten Pfadinformationen beinhalten, können Namenskonflikte zwischen gleichlautenden Funktionen vermieden werden. Function handles müssen insbesondere im Fall von Function-Functions, also Funktionen, die mittels Funktionsargumente Funktionen aufrufen, genutzt werden. Ein Beispiel ist die ode-Familie.

str2func, func2str und functions. `fhandle = str2func('str')` erzeugt ein Function Handle aus dem Funktionsnamen „str" und ist äquivalent zu `fhandle=@str`. `S = functions(fhandle)` bildet alle verfügbaren Informationen wie Pfad, Filenamen überladene Methode etc. in der Struktur „S" ab. `functions` ist für Debug-Aufgaben gedacht und sollte nicht in Programmen eingesetzt werden. Die Umkehrung von `str2func` ist `fn = func2str(fh)`, womit das Handle wieder in einen Funktionsnamen übersetzt wird.

Anonyme Funktionen. Mit MATLAB 7.0 wurde ein weiteres Funktionskonzept eingeführt: Die anonyme Funktion. Die Syntax ist `fhandle = @(argliste) ausdruck`. Das Rückgabeargument ist ein Function Handle. Anonyme Funktionen werden vom Debugger unterstützt. Mit Hilfe der Funktion `deal` lassen sich auch Vektorfunktionen erstellen, `fhandle = @(argliste) deal(ausdruck1, ausdruck2, ...)`. Die folgenden Beispiele zeigen mehrere Anwendungsszenarien auf:

Beispiel: Anonyme Funktionen.

```
>> % Erzeugen einer anonymen Funktion
>> einfpol = @(x,y) (x.^2 - y.^2)
einfpol =
    @(x,y) (x.^2 - y.^2)

>> whos
  Name          Size      Bytes   Class
  einfpol       1x1          32   function_handle
```

Das Rückgabeargument ist vom Typ Function Handle. Der Aufruf erfolgt wie bei einer „normalen" Funktion.

```
>> x=-2:0.1:2;
>> y=x;
>> [X,Y]=meshgrid(x,y);
>> Z=einfpol(X,Y);
>> surfc(X,Y,Z)
```

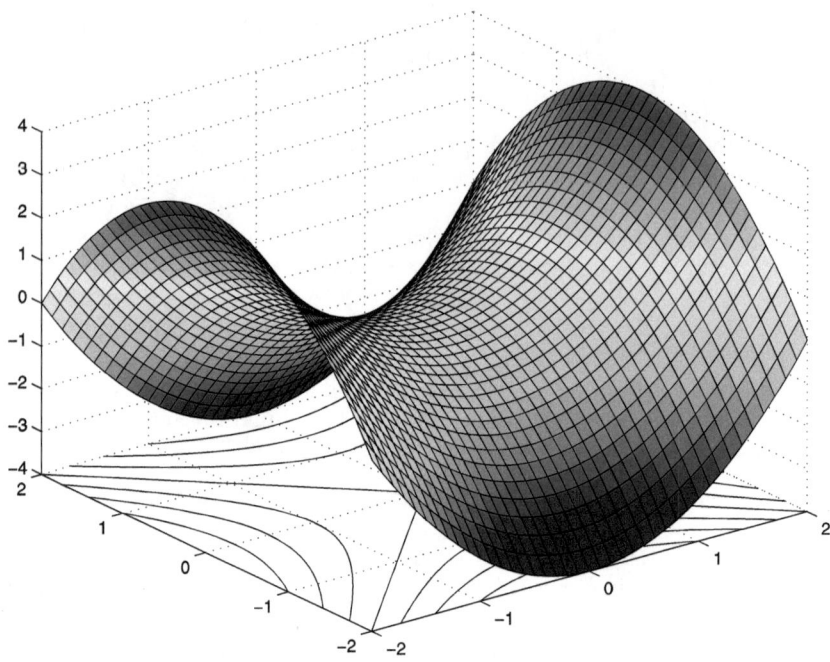

Abbildung 9.1: *Hyperboloid berechnet mittels der anonymen Funktion* `einfpol = @(x,y)` `(x.^2 - y.^2)`.

Das Ergebnis zeigt Abbildung (9.1).

```
%% Anonyme Funktionen II
% Funktion mit mehreren Rueckgabewerten nutzen

x = randn(100,1);  % Testdaten

mini = @(x) min(x.^2 -1);

[xmin, xid] = mini(x)
xmin =
   -0.9999
xid =
    90


%% Anonyme Funktionen III
% Mehrere Ausdruecke gleichzeitig auswerten

fl2ord = @(x,y) deal(x.^2 + y.^2 , x.^2 - y.^2);

x=-2:0.1:2;
```

```
y=x;
[X,Y]=meshgrid(x,y);

[Z1, Z2] = fl2ord(X,Y);

figure, surfc(X,Y,Z1)
figure, surfc(X,Y,Z2)
```

Funktionen parametrisieren. Viele MATLAB-Funktionen rufen externe Funktionen mit nur einem Übergabeargument auf. Hat die Funktion mehrere weitere Parameter können diese Parameter zu Beginn festgelegt werden und der Aufruf über eine anonyme Funktion erfolgen. Beispiel:

```
lambda = 0.5;
f = 3;              % lambda und f sind fest verdrahtet
funpara = @(t) sin(2*pi*f*t).*exp(-lambda*t);
```

Ändern die Parameter ihre Werte muss das Function Handle erneut erstellt werden.

9.3.4   Globale Variablen

Sollen mehrere Funktionen auf dieselbe Variable zugreifen, so genügt es, die betreffende Variable `global` zu definieren. Dies gilt auch für die Kommunikation mit dem Workspace. Die Syntax ist `global x`. Zu beachten ist dabei folgendes: In einer Funktion sei eine Variable „x" definiert. Der zugehörige Speicherraum ist der Function Space. Wird diese Variable als global deklariert `global x`, so wird sie wie alle globalen Variablen im Global Space gespeichert und mit der Funktionsvariablen „x" über einen Zeiger verknüpft. Eine Variable „x" des Base Space (dies ist der zum MATLAB Command Window und zu aus dem Command Window aufgerufenen MATLAB-Skripten gehörige Speicherraum) ist nach wie vor lokal. Erst nachdem auch, beispielsweise im MATLAB Command Window, „x" global definiert wurde, werden das „x" der Funktion und das „x" des Command Windows aufeinander abgebildet (vgl. auch assignin). Globale Variablen sollten aber, der höheren Programmiersicherheit wegen, sparsam eingesetzt werden. Für Unterfunktionen innerhalb einer Funktionsdatei bieten Nested Functions eine sinnvolle Alternative zu globalen Variablen.

9.3.5   Persistente Variablen

Variablen in Funktionen sind ohne explizite Deklaration lokal. Ruft man die Funktion auf, so ist zunächst auch bei jedem wiederholten Aufruf eine Variable nicht mit einem Wert vorbelegt. Persistent definierte Variablen – Syntax `persistent x` – sind dagegen mit einem Wert belegt, der auch bei einem erneuten Aufruf der Funktion noch bekannt ist. Persistente Variablen sind trotzdem lokal, d.h. nur in der entsprechenden Funktion bekannt. Variablen mit demselben Namen in anderen Unterfunktionen werden nicht überschrieben. Der Wert wird erst nach Schließen der Funktion gelöscht (vgl. auch `mlock`, nächster Abschnitt).

Beispiel. Problem: Wie oft wird eine Funktion von anderen Funktionen aufgerufen? Eine lokal definiert Laufvariable wird bei jedem Aufruf zurückgesetzt.

```
function x=wieoft(k)

persistent nn       % Deklaration der Variablen nn

if(isempty(nn))     % ist nn leer
    nn=0;           % wird nn mit 0 initialisiert
end
nn=nn+1;            % hier wird hochgezaehlt

%%%%  Weitere Programmteile
```

9.3.6   Schutz von M-Files

mlock. `mlock` schützt den Speicherbereich eines gerade ausgeführten M-Files vor Löschen.

mislocked. `>>mislocked('funname')` ist wahr, falls die Funktion mit Name „funname" mit mlock geschützt ist, andernfalls falsch und eine Null wird zurück geliefert.

munlock. Mit `>>munlock('funname')` wird der Schutz des Funktionsspeichers, der zu „funname" gehört, aufgehoben.

mfilename. `mfilename` liefert den Namen des gerade ausgeführten M-Files zurück.

9.3.7   Namenstest

Befehlsübersicht. exist, iskeyword, isvarname, namelengthmax, matlab.lang.makeUniqueStrings, matlab.lang.makeValidNames

exist. `exist name` prüft, ob „name" existiert. Die möglichen Rückgabewerte sind in Tabelle (9.1) aufgelistet. Mittels `exist name typ` kann die Prüfung auf einen bestimmten Typus eingeschränkt werden, s. Tabelle (9.2). Der Aufruf kann alternativ auch über die funktionale Form `was = exist('name','typ')` erfolgen.

Tabelle 9.1: *Verzeichnis der Rückgabewerte von* `exist name`

0	existiert nicht
1	Variable name existiert im Workspace
2	name ist ein m-, mlx- oder mlapp-File oder von nicht-registriertem Typ wie mat-, fig-, txt- oder pdf-Files.
3	name ist ein mex-File innerhalb des MATLAB-Suchpfades
4	name ist ein Simulink Modell oder eine Simulink Bibliothek im Suchpfad
5	name ist eine Built-In-Funktion
6	name ist ein p-file im MATLAB-Suchpfad
7	name ist ein Verzeichnis
8	name ist eine Java-Klasse

iskeyword. `iskeyword('str')` ist wahr (1), falls „str" ein MATLAB-Schlüsselwort ist, andernfalls falsch (0). Eine Liste aller Schlüsselwörter erhält man mit:

Tabelle 9.2: *Verzeichnis der unterstützen Einschränkungen von* `exist name typ`

typ	Es wird nur getestet in
builtin	Built-In Functions
class	Klassen
dir	Verzeichnissen
file	Dateien oder Verzeichnissen
var	Variablen

```
>> iskeyword                          'function'
ans =                                 'global'
    'break'                           'if'
    'case'                            'otherwise'
    'catch'                           'parfor'
    'classdef'                        'persistent'
    'continue'                        'return'
    'else'                            'spmd'
    'elseif'                          'switch'
    'end'                             'try'
    'for'                             'while'
```

Variablennamen. `isvarname('str')` prüft ob „str" ein gültiger Variablenname ist. Beispiele:

```
> isvarname name                      >> isvarname 3name
ans =                                 ans =
    1                                     0
```

Variablen dürfen nicht mit einer Zahl beginnen und nicht mehr als 63 Zeichen umfassen. MATLAB unterscheidet zwischen Groß- und Kleinschreibung, „Name" und „name" sind zwei unterschiedliche Variablen.

Der bisherige Befehl `genvarname` wurde durch `matlab.lang.makeUniqueStrings` und `matlab.lang.makeValidNames` ersetzt. Mittels
`U = matlab.lang.makeUniqueStrings(S)` wird aus dem String „S" ein eindeutiger String „U" konstruiert bzw. mittels
`N = matlab.lang.makeValidNames(S)` ein gültiger Namen „N". Sollen Strings „nicht-die" ausgeschlossen werden, so kann eine String oder eine Zellvariable mit Strings übergeben werden `U = matlab.lang.makeUniqueStrings(S, nichtdie)`. Ist „S" ein Zellarray und sollen nicht alle Elemente in eindeutige Strings überführt werden, so legt ein Indexvektor „iv" via `U = matlab.lang.makeUniqueStrings(S, iv)` fest, welche Strings bearbeitet werden. Beide Funktionen unterstützen noch weitere Eigenschaften.

namelengthmax. `namelengthmax` liefert die maximale Länge (63 Zeichen), die zur Unterscheidung eines Namens (Variablen, Files, ...) erlaubt ist, zurück.

9.4   Funktionsargumente

9.4.1   Befehlsübersicht

Anzahl der Funktionsargumente nargin, narginchk, nargout, nargoutchk

Variable Anzahl der Funktionsargumente varargin, varargout

Namen der Funktionsargumente inputname

Prüfen der Eingabeargumente arguments, inputParser

9.4.2   Anzahl der Funktionsargumente

`narginchk` und `nargoutchk` prüfen auf korrekte Anzahl der Ein- bzw. Ausgabewerte einer Funktion. Die Syntax ist bei beiden gleich: `narginchk(min,max)`, wobei min die minimale und max die maximale Zahl der erlaubten Variablen angibt. Wird die Zahl unter- oder überschritten führt dies zu einer Fehlermeldung „not enough ···" bzw. „too many ···".

`nargin` gibt die Zahl der tatsächlichen Eingabe- und `nargout` der tatsächlichen Ausgabewerte in MATLAB-Funktionen an. Beide erlauben auch als Übergabeargument einen Funktionsnamen bzw. Function Handle und liefern dann die Anzahl der Argumente der Funktionsdeklaration.

9.4.3   Variable Anzahl der Funktionsargumente

`varargin` und `varargout` dienen als Funktionsargument bei einer variablen Anzahl von Ausgabe- bzw. Eingabewerten. Dies eröffnet effiziente Anwendungsmöglichkeiten. Beispielsweise berechnet die Funktion „eig" Eigenwerte und Eigenfunktionen. Stellt man nur eine Rückgabevariable zur Verfügung, so werden nur die Eigenwerte, bei zwei Rückgabevariablen werden Eigenwerte und Eigenfunktionen berechnet. Eine variable Anzahl von Ein- oder Ausgabewerten findet sich bei vielen MATLAB-Funktionen. Das folgende Beispiel dokumentiert die Anwendungsmöglichkeiten:

```
function x1=varein(varargin);
narginchk(2,3)                 % Test auf 2-3 Eingabewerte
if nargin==2
    x1=varargin{1}*varargin{2}';
else
    x1=varargin{1}*varargin{2}'*varargin{3};
end
```

`varargin` ist eine Zellvariable, die in den einzelnen Zell-Elementen die Eingabewerte enthält. `nargin` ist gleich der Anzahl der tatsächlich eingegebenen Werte.

```
 >> xaus=varein(x,y)
xaus =
   385
```

Eine falsche Zahl von Eingabewerten führt zu einer Fehlermeldung ... `Not enough input arguments` oder `Too many input arguments`.

Mit dem Rel. 7.9 wurde mit dem ∼-Symbol eine weitere Möglichkeit eingeführt, Variablen zu ignorieren. Sowohl bei den Rückgabewerten, als auch bei den Übergabeparametern besteht die Möglichkeit als Platzhalter für eine nicht interessierende Variable das ∼-Symbol zu verwenden. Der Aufruf lautet `>> [r1, r2, noe, r3] = meinfun(x,z)`, wobei „noe" im Beispiel die nicht-interessierende Variable ist. Der Nachteil, „noe" verbraucht unnötig Speicherplatz. Mit Hilfe des ∼-Symbols als Platzhalter, `>> [r1, r2, ∼, r3] = meinfun(x,z)`, wird unnötiger Speicherplatzverbrauch vermieden. Die gleiche Möglichkeit besteht für die Eingabe-Variablen.

9.4.4   Namen der Funktionsargumente

`inputname(n)` kann nur innerhalb einer MATLAB-Funktion verwandt werden und liefert den Namen der beim Funktionsaufruf verwendeten n-ten Variablen zurück. Dies kann beispielsweise für Prüfzwecke verwandt werden.

9.4.5   Prüfen der Eingabeargumente

Eingabevariablen können seit dem Rel. 2019b deklariert werden. Dazu wird vor der ersten ausführbaren Programmzeile ein Block

```
arguments
    ein1 (dim) datentyp {validator} = standardwert
    ....
    einn ...
end
```

„dim" ist die erlaubte Größe der Variablen wie sie auch von `size(ein1)` ausgegeben würde. Für eine beliebige Dimension dient der Doppelpunkt-Operator. Beispielsweise für eine Matrix `(4,:)`. „datentyp" ist der Klassenname wie er beispielsweise bei `who` in der Spalte CLASS angezeigt wird, beispielsweise single. Zumindest muss das Eingabearguemnt in diesen Datentyp gewandelt werden können. „validator" umfasst festgelegte Kennworte zur Validierung des Eingabearguemnts. Die Liste besteht aus mehr als 30 Kennworten wie beispielsweise `mustBePositive` oder `mustBeGreaterThan`. „standardwert" ist eine typischer Wert oder Ausdruck, der mit den vorherigen Festlegungen in Einklang sein muss. Alle Spezifikationen in `arguments` sind optional. Sollten sich von den Eigenschaften her gleichartige Variablen wiederholen ist auch `arguments repeating` erlaubt.

MATLAB bietet mit dem Befehl `error` (Kap. 9.5.3) in Verbindung mit logischen Abfragen umfassende Möglichkeiten, Eingabeargumente zu prüfen und damit robust und sicher zu programmieren. Die oben diskutierte variable Anzahl von Eingabevariablen erlaubt es, für bestimmte Parameter voreingestellte Werte zu definieren. Beide Konzepte spiegeln sich in dem Befehl `inputParser` wider. `inputParser` erlaubt, optionale und zwingend erforderliche Eingabeparameter einer Funktion festzulegen.

- Erster Schritt ist mit `p = inputParser` die Definition eines leeren inputParser-Objekts „p".

- Jetzt stehen mit den Methoden `addOptional`, `addParameter` (veraltet `addParam-Value`) und `addRequired` Prüfungsfunktionen für die Eingangsargumente zur Verfügung.

- Die Methode `parse` prüft die Argumentliste.

Optionale Argumente können mittels `p.addOptional(einarg, vorein, pruef)` bzw. `addOptional(p, einarg, vorein, pruef)` festgelegt werden. „einarg" ist das optionale Eingabeargument, „vorein" der Defaultwert und „pruef" (optional) ein Handle oder eine anonyme Funktion, die einen logischen Test der geforderten Eigenschaften des Eingabearguments durchführt. Für alle folgenden Ausdrücke gilt ebenfalls die Alternative `p.ausdruck(...)` oder `ausdruck(p, ...)`.

`p.addParameter(einarg, vorein, pruef)` hat eine `p.addOptional` vergleichbare Aufgabe. Der Unterschied liegt im Funktionsaufruf. Bei `p.addOptional` wird nur der Wert des zugehörigen Arguments übergeben, bei `p.addParameter` der Name des Arguments und dessen Wert. Betrachten wir dazu das folgende Beispiel:

```
function [y,p] = inputparserbsp(f,was,varargin)


% Beispiel zur Klasse inputParser
% Berechnung eines verrauschten Sinus oder Kosinus
% W. Schweizer, MATLAB kompakt 5./7. Auflage


p = inputParser; % Erzeugen einer Instanz der Klasse inputParser

p.addRequired('f',@isnumeric); % Festlegen der notwendigen Argumente
p.addRequired('was', @ischar); % Festlegen der notwendigen Argumente


        % optionales Argument
switch was
    case 'sin'
        ausg='sin';
    case 'cos'
        ausg='cos';
    otherwise
        ausg='rand';
end

p.addOptional('leg',ausg, @ischar);
%p.addParameter('leg',ausg, @ischar);


        % mit p.addOptional Uebergabe eines Wertes
        % mit p.addParameter Uebergabe eines Wertepaares


p.FunctionName='inputparserbsp';
p.parse(f,was,varargin{:});   % Pruefen der Argumentliste


x=f*linspace(0,2*pi);
```

```
switch was
    case 'sin'
        y = sin(x);
    case 'cos'
        y = cos(x);
    otherwise
        y = rand(size(x));
end

y = y + randn(size(x))/10;

plot(x,y)
legend(p.Results.leg),shg
```

Mit dem Funktionsaufruf >> [r1,r2]=inputparserbsp(3,'cos'); nimmt die Variable „leg" den Wert von „ausg" , in diesem Fall „cos" an, dagegen mit >> [r1,r2]=inputparserbsp(3,'cos','verrauscht'); den Übergabewert „verrauscht". Hätten wir an Stelle von p.addOptional('leg', ausg, @ischar); in „inputparserbsp" p.addParameter('leg', ausg, @ischar); gewählt, wäre der korrekte Aufruf [r1,r2]=inputparserbsp(3,'cos','leg', 'verrauscht');. p.addParameter ist beim Auftreten mehrerer optionaler Eingabeparameter nützlich, da es nicht mehr auf die Reihenfolge sondern nur noch auf die Variablen-Werte Paare ankommt.

Zusätzlich zu den oben gelisteten Eingabewerten erlaubt addParameter ein Prioritätswertepaar addParameter(..., 'PartialMatchPriority', prioWert). „prioWert" ist eine positive ganze Zahl, die die Priorität bei Konflikten mit nur teilweise übereinstimmenden Parameternamen festlegt. Bei Mehrdeutigkeiten und gleichen Prioritäten führt dies zu einer Fehlermeldung, sonst zu einer Warnung.

p.addRequired(einarg, pruef) legt die zwingend notwendigen Eingabeargumente fest und das optionale pruef testet sie wieder auf Korrektheit und p.parse(Argumentliste) prüft die übergebene Argumentliste.

Das inputParser-Objekt „p" hat noch die folgenden Eigenschaften, die mittels p.eigenschaft = wert übergeben werden können, bzw. zurückgeliefert werden: „CaseSensitive" legt fest, ob zwischen Groß- und Kleinschreibung unterschieden wird und kann die logischen Werte „true" oder „false" annehmen. Die Voreinstellung ist „false". „FunctionName" legt den Funktionsnamen fest, der bei einer Fehlermeldung ausgegeben wird. „KeepUnmatched" bestimmt, ob eine Fehlermeldung erfolgen soll, wenn die Funktion mit einem Argument aufgerufen wird, das nicht im inputParser-Objekt definiert worden ist. Die Voreinstellung ist „true", d.h. dies führt nicht zu einer Fehlermeldung. „PartialMatching" legt fest, ob eine teilweise Übereinstimmung von Parameternamen akzeptabel ist. Die Voreinstellung ist „true". c = p.Parameter gibt in der Zellvariablen „c" die Namen der im inputParser-Objekt verwalteten Eingabeargumente zurück. erg = p.Results erzeugt eine Strukturvariable „erg", deren Feldname durch die Variablennamen gegeben ist mit dem Wert des zugehörigen Eingabearguments. p.StructExpand erlaubt die Übergabe einer Struktur an Stelle einzelner Argumente. Die Voreinstellung ist „true". erg = p.Unmatched liefert in der Strukturvariablen „erg" die nicht erfassten Eingabewerte zurück und vor = p.UsingDefaults diejenigen Variablen, die nicht übergeben worden sind und von denen die vordefinierten Werte benutzt wurden.

9.5   Meldungen und Ausgaben

9.5.1   Befehlsübersicht

Allgemeine Ausgaben disp, display, fprintf, sprintf

Fehler und Warnungen assert, error, lasterror, lastwarn, rethrow, warning

Ausnahmen und Fehler MException

9.5.2   Ausgabe

Ist „x" ein Array, so zeigt `disp(x)` den Inhalt ohne den Namen „x" an und `display(x)`
mit dem Variablennamen; zusätzlich kann noch ein Ausgabename „an", `display(x,an)`,
übergeben werden. `fprintf` und `sprintf` erlauben mehr professionelle Ausgaben. Beide
Befehle werden im Detail in Kap. 20.1.4 und 20.1.5 besprochen.

9.5.3   Fehlermeldung und Warnung

`error` zeigt eine Fehlermeldung an und reicht die Kontrolle an das Keyboard zurück.
`warning` gibt Warnungen aus, `warning off` schaltet die Warnungen ab und `warning
on` wieder an. Beide Funktionen folgen derselben Syntax. Es genügt daher `error` näher
zu betrachten.

Mit `error(Info)` wird zusätzlich die Fehlerinformation „Info" ausgegeben. Formatierungsanweisungen „ai", die denen von `sprintf` folgen, lassen die Ausgabe mittels
`error(Info,a1,a2,..)` professioneller erscheinen. Zusätzlich kann noch als erstes Argument ein durch Doppelpunkte strukturierter Fehlerbezeichner „message_id" erzeugt
werden, `error('message_id',Info,a1,a2,...)`. Dieselbe Information lässt sich auch
alternativ in eine Struktur packen (s.u.). `error`- und `warning`-Funktionen sind insbesondere im Hinblick auf eine robuste Programmierung wichtig. Dort treten sie sehr
häufig gemeinsam mit if-Schleifen und logischen Abfragen auf.

Beispiel: Error.

```
>> x=pi;
>> if x>0
      error('ML:variable:positiv','Die Variable ist positiv')
   end
Die Variable ist positiv
>> r=lasterror
r =
        message: 'Die Variable ist positiv'
     identifier: 'ML:variable:positiv'
          stack: [0x1 struct]
```

`lastwarn` gibt einen String zurück, der die letzte Warnung enthält und `lasterror`
eine Struktur mit Informationen zum letzten Fehler. Da `lasterror` zukünftig nicht

mehr unterstützt wird, ist `MException.last` vorzuziehen, das allerdings nur aus dem Command-Window heraus genutzt werden kann. `rethrow` liefert den letzten Fehler zurück und lässt sich insbesondere in einer try-catch ME Umgebung sinnvoll einsetzen, s. S. 214.

`assert(bedingung)` erzeugt eine Fehlermeldung wenn eine Bedingung verletzt wird. Dies lässt sich in ähnlicher Art und Weise wie das Beispiel oben einsetzen. Die allgemeine Syntax folgt der von `error` und ist `assert(bedingung, 'message_id', Info, a1, a2, ...)`.

Beispiel: Fehlermeldung mit Bedingung abfragen.

```
>> x=pi;
>> assert(x<0,'ML_A:variable:positiv','Die Variable ist positiv')
Die Variable ist positiv
>> r = MException.last
r =

  MException with properties:

       identifier: 'ML_A:variable:positiv'
          message: 'Die Variable ist positiv'
            cause: {}
            stack: [0x1 struct]
       Correction: []
```

Wurde an Stelle der einzelnen Argumente in `error` bzw. `assert` eine Struktur übergeben, so akzeptiert diese Struktur die Felder „message", „message_id" und „stack". „stack" ist wiederum eine Struktur, die aus den Feldern „file" (Dateiname), „line" (Zeile, in der der Fehler auftrat) und „name" (Name der Funktion) besteht.

9.5.4 Ausnahmen und Fehler

Mit der MATLAB-Version 7.5 wurden die Möglichkeiten zur Fehleranalyse durch die Klasse `MException` deutlich erweitert. Mittels `ME = MException(identifier, infostr)` bzw. `ME = MException(identifier, infoformat, s1, s2, ...)` wird ein MException-Objekt erzeugt. „identifier" ist wie bei `error` ein String, der als strukturierter Fehlerbezeichner dient, zum Beispiel „MeinTB:Positive Zahl:HierNichtErlaubt". „infostring" ist ein String, der den Benutzer über den Fehler informiert. „infoformat" ist ein Formatstring, der der Notation von `sprintf` folgt und „si" die bei Fehler auszugebende Information. Der Rückgabewert enthält als Eigenschaften oder Attribute den „identifier" mit dem Fehlerbezeichner, „message" mit der Fehler- oder Ausnahmemeldung, „stack" eine Struktur mit Informationen über den Dateinamen und die zum Fehler gehörende Zeilennummer und „cause" ein Zell-Array mit weiteren Fehlern, die zu einem Programmabbruch führen. Beispiel (MExceptionBsp.m):

```
msg1 = 'MeinTB:PositiveZahl:HierNichtErlaubt';
Info1 = 'Zahl positiv';
PosFehl = MException(msg1,Info1);
x = 5;
```

```
if x > 0
    throw(PosFehl)
end
% Aufruf des Files MExceptionBsp führt zu
Error using MExceptionBsp (line 6)
Zahl positiv
```

MException-Objekte werden durch folgende überladene Methoden unterstützt:

- neu_ME = addCause(ur_ME, cause_ME) erzeugt ein neues MException-Objekt „neu_ME" durch Erweitern des cause-Attributs von „ur_ME" durch das von „cause_ME".

- corr_ME = ME.addCorrections(obj) erstellt ein korrigiertes MException-Objekt auf der Basis der „matlab.lang.correction. ..." Klassen, „obj" ist das Objekt dieser Klasse.

- Vergleich zweier MException-Objekte auf Gleichheit ME1 == ME2 bzw. TF = isequal(ME1, ME2) oder auf Ungleichheit ME1 $\sim$= ME2.

- Report = getReport(ME) Ausgabe einer formatierten Fehlermeldung. Seit dem Rel. 7.7 werden zusätzlich die folgenden Optionen unterstützt: Report = getReport(ME,type), „type" kann entweder „basic" sein, dann wird die Zeilennummer in der der Fehler auftaucht und eine Fehlermeldung ausgegeben, bei „extended" werden ergänzende Informationen aus dem Stack ausgelesen. Mittels Report = getReport(ME,type, 'hyperlinks', wert) wird festgelegt, ob die Fehlermeldung mit Hyperlinks zur zugehörigen Zeilennummer versehen sein soll. „wert" kann dabei die Werte 'on', 'off' oder 'default' haben.

- rethrow(ME) beendet die gegenwärtige aktive Funktion basierend auf dem Fehlerobjekt „ME", das zuvor in einem try-catch-Block abgefangen worden ist und gibt die Kontrolle entweder an die Tastatur oder an einen abschließenden catch-Block. Im Gegensatz zu throw und throwAsCaller verändert rethrow nicht das stack-Feld.

- throw(ME) beendet die gegenwärtige aktive Funktion basierend auf dem Fehlerobjekt „ME" und gibt die Kontrolle entweder an die Tastatur oder an einen abschließenden catch-Block.

- throwAsCaller(ME) beendet die gegenwärtige aktive Funktion basierend auf dem Fehlerobjekt „ME" und gibt die Kontrolle entweder an die Tastatur oder an einen abschließenden catch-Block. Im Unterschied zu throw wird in das stack-Feld die Funktion eingetragen, die die Funktion, in der der Fehler auftrat, aufgerufen hat.

- MException.last liefert die letzte Fehlermeldung zurück und MException.last('reset') löscht diese Information. „last" sollte nur aus dem Command Window heraus angewandt werden.

Der besondere Vorteil der MException-Objekte gegenüber der error-Funktion liegt im Erstellen von anwendersicheren Programmen oder eigenen Toolboxen in Verbindung mit der try-catch-Umgebung und den throw-Methoden. Sicherer deswegen, weil die Möglichkeiten der Fehlerberichterstattung größer sind und der Umgang mit auftretenden Fehlern deutlich mehr Möglichkeiten zulässt. Mit catch ME wird ein MException-Objekt ausgegeben, das Informationen über den im try-Block abgefangenen Fehler enthält. Sind verschiedene Fehler möglich könnten beispielsweise im catch-Block über die Fehler-ID, ME.indentifier, und einen switch-case Block unterschiedliche Anweisungen ausgeführt werden.

```
function x=rethrowbsp(x,y)
% Aufruf: x = linspace(-2,2,25); x = rethrowbsp(x,x)
try
    z=x.*y;
    surf(x,y,z)
catch ME
    [x,y] = meshgrid(x,y);
    disp(['ID: ' ME.identifier])
    rethrow(ME)  % um den Unterschied zu sehen einmal auskommentieren
end
z = x.*y;
surf(x,y,z),shg
```

9.6 Interaktiver Input

input	wartet auf eine Eingabe
keyboard	gibt die Kontrolle an die Tastatur
pause	wartet bis zum Tastendruck
pause(n)	Pause für n Sekunden
pause off	schaltet die Pause-Funktionalität ab, mit „on" wieder an
pause query	gibt den Status aus
uicontrol	erzeugt ein User-Interface-Kontroll-Objekt
uimenu	dient der Erzeugung von Menüs im Figure-Fenster

Details und Anwendungen zu uicontrol und uimenu werden in den Kap. 18 besprochen.

keyboard dient innerhalb eines M-Files zur Übergabe der Kontrolle an die Tastatur, die weitere Berechnung wird unterbrochen. Dies kann insbesondere zum Debuggen von M-Files genutzt werden. Mittels >> return wird die Kontrolle wieder an den ursprünglichen M-File zurückgegeben.

10 Lineare Algebra

10.1 Vektoren und Matrizen

10.1.1 Befehlsübersicht

Die Norm norm, normest, normest1, vecnorm

Daten normieren und reskalieren normalize, rescale

Von Spur bis Determinante det, rank, sprank, trace

Null- und orthogonale Räume null, orth, rref

10.1.2 Die Norm

Das MATLAB-Kommando norm kann sowohl auf Vektoren als auch auf Matrizen angewandt werden, nicht jedoch auf höher dimensionale Arrays.

Vektornorm. norm(x) ist identisch mit norm(x,2) und ergibt die Euklidische Norm $\sqrt{\sum_i x_i^2}$ eines Vektors x. norm(x,p) ist durch $\left(\sum_i |x_i|^p\right)^{1/p}$ mit $1 \leq p < \infty$ definiert. norm(x, inf) liefert das maximale absolute und norm(x,-inf) das minimale absolute Element des Vektors x.

Beispiel.

```
>> x=[1 -2 3]
x =
     1    -2     3
```

```
>> norm(x)              >> norm(x,2)
ans =                   ans =
    3.7417                  3.7417
```

```
>> norm(x,1.34)
ans =
    4.6716
```

```
>> norm(x,inf)          >> norm(x,-inf)
ans =                   ans =
    3                       1
```

https://doi.org/10.1515/9783110741780-010

Zur Berechnung der vektorbasierten Norm eines Arrays dient `vecnorm`. `N = vecnorm(A)` berechnet die Euklidische Norm eines Arrays spaltenweise und `N = vecnorm(A,p)` die p-Norm. Für multidimensionale Arrays wird mittels `N = vecnorm(A,p,dim)` die Dimension ausgewählt längs der die Norm berechnet werden soll.

Matrixnorm. Die Vektornorm ist durch die euklidische Länge des Vektors bestimmt. Zu Matrixnormen gibt es unterschiedliche Definitionen wie beispielsweise die Supremumsnorm, die Spaltensummennorm und die Zeilensummennorm. Die allgemeine Syntax ist `n = norm(A,p)`, dabei bezeichnet „A" die Matrix, „p" einen optionalen Parameter mit der folgenden Bedeutung:

p = 1   die 1-Norm, das ist die Spaltensummennorm, definiert durch

$$\|A\|_1 = \max_j \sum_{i=1}^{n} |a_{ij}|,$$

p = 2   die 2-Norm. Dies ist dasselbe wie `n = norm(A)`:

$$\|A\|_2 = \max_{x \neq 0} \frac{\|Ax\|}{\|x\|},$$

p = inf   die Zeilensummennorm, definiert durch

$$\|A\|_\infty = \max_i \sum_{j=1}^{n} |a_{ij}| \quad \text{und}$$

p = 'fro'   die Frobenius-Norm, definiert durch

$$\|A\|_{fro} = \sqrt{\sum_{(i,j)=1}^{n} A_{ij} \cdot A_{ji}}.$$

Insbesondere für große, dünn besetzte Matrizen ist die Funktion `normest` geeignet, die die 2-Norm einer Matrix näherungsweise berechnet. `n2 = normest(S,tol)` schätzt die 2-Norm der Matrix „S" mit der Genauigkeit „tol". „tol" ist ein optionaler Parameter mit Defaultwert 10^{-6}. `[n2, v] = normest(...)` liefert zusätzlich noch die Zahl der notwendigen Iterationen „v". Eine vergleichbare Aufgabe für die 1-Norm erfüllt `n1 = normest1(A)`. Mit `n1 = normest1(afun,T,x0,p1,p2,...)` kann auch eine Funktion „afun" aufgerufen werden. „pi" sind Parameter, die an „afun" weitergereicht werden. „T" verändert die Zahl der Spalten in der Iterationsmatrix bei der näherungsweisen Berechnung, „xo" legt für die Iteration eine Anfangsmatrix fest. `[n1, v, w, it] = normest1(A, ...)` berechnet die optionalen Rückgabeparameter „v", „w" und „it", mit der Eigenschaft `w = A*v`, `norm(w, 1) = n1 * norm(v, 1)`. „it(1)" gibt die Zahl der Iterationen und „it(2)" die Zahl der Matrixmultiplikationen wieder.

10.1.3   Daten normieren und neu skalieren

`normalize` dient der Normalisierung oder Standardisierung von Daten. Die Eingabevariablen können dabei sowohl multidimensionale Arrays als auch Tabellen und Zeittabellen sein. `N = normalize(A)` gibt den Z-Score bzw. die standardisierten Werte zurück.

Matrizen und Tabellen werden spaltenweise ausgewertet. Mittels `N = normalize(A, dim)` kann die Dimension längs der operiert werden soll festgelegt werden. Für eine Variable x ist der Z-Score z durch $z = \frac{x - <x>}{\sigma(x)}$ definiert mit $<x>$ dem Erwartungswert und $\sigma(x)$ der Standardabweichung.

Mittels `normalize(..., methode)` werden die folgenden Methoden unterstützt: Die Defaulteinstellung ist 'zscore'; 'norm' die Standardisierung basiert für `normalize(..., 'norm')` auf der Euklidischen Norm und für `normalize(..., 'norm',p)` auf der p-Norm.

Für `normalize(..., 'scale')` wird eine Skalierung mittels der Standardabweichung durchgeführt und für 'range' werden die Daten auf den Wertebereich [0,1] skaliert. 'center' zentriert die Daten so, dass der Mittelwert gleich Null ist und 'medianiqr' zentriert und skaliert die Werte so, dass der Medianwert verschwindet und der Interquartilsabstand gleich 1 wird.

Die verschiedenen Methoden können durch weitere Angaben ergänzt werden, wie beispielsweise `normalize(..., 'norm',p)` auf die p-Norm. Für die Methode 'scale' kann mittels `normalize(...,'scale',wie)` für wie='mad' der MAD-Wert (s. median), wie='first' das erste Element, wie='iqr' der Interquartilsabstand oder ein eigenes numerisches Array gewählt werden. Bei 'range' kann mittels [a,b] auf ein anderes Intervall skaliert werden und 'center' erlaubt beispielsweise mittels 'median' die Zentrierung auf einen verschwindenden Median-Wert. Die Werte für die Zentrierung „C" und die Skalierung „S" werden via `[N,C,S] = normalize(...)` zurückgeliefert.

Die Funktion `B = rescale(A)` dient der Skalierung der Arrayelemente von „A" auf den Wertebereich [0,1]; eine beliebiger Wertebereich zur Skalierung auf [a,b], $a < b$ kann mittels `B = rescale(A,a,b)` gewählt werden. `B = rescale(A,'InputMin',vmin,'InputMax',vmax)` dient für eine spalten- oder zeilenorientierte Skalierung auf [0,1]. Sind „vmin, vmax" Spaltenvektoren, `vmin = min(A,[],2)`, `vmax = max(A,[],2)`, wird eine zeilenorientierte Skalierung durchgeführt und für Zeilenvektoren, `vmin = min(A)`, `vmax = max(A,2)`, ist die Skalierung spaltenweise orientiert. Sind „vmin, vmax" nicht mit den extremalen Arraywerten verknüpft, werden ihre Werte als extremale Werte angenommen und jedes größere Arrayelement in der entsprechenden Zeile bzw. Spalte gleich 1 gesetzt und jedes kleinere gleich 0.

10.1.4   Von Spur bis Determinante

`d = det(X)` berechnet die Determinante einer quadratischen Matrix X. Die Berechnung der Determinante ist numerisch problematisch. Für Aussagen zur Kondition einer Matrix ist daher `cond` besser geeignet.

Der Rang einer Matrix gibt die Zahl der linear unabhängigen Spalten bzw. Zeilen einer Matrix an und wird mit `>> r = rank(X,tol)` berechnet. Der Parameter „tol" ist optional für die Genauigkeit der Berechnung mit Standardtoleranz `max(size(A)) *norm(A) *eps`.

`r = sprank(A)` ist der strukturelle Rang einer dünn besetzten Matrix (sparse) und ist stets größer oder gleich dem Rang der Matrix A.

`t = trace(A)` berechnet die Spur einer Matrix, also die Summe der Diagonalelemente.

10.1.5   Null- und orthogonale Räume

Eine m×n-Matrix A kann als eine lineare Abbildung von einem n-dimensionalen in einen m-dimensionalen Raum aufgefasst werden

$$A \cdot \vec{x} = \vec{y} \,. \tag{10.1}$$

Der Urbild- oder Zeilenraum wird von den n-dimensionalen Vektoren $\vec{x}$, der Bild- oder Spaltenraum von den m-dimensionalen Vektoren $\vec{y}$ aufgespannt. Unter dem Nullraum oder Kern von A bezeichnen wir

$$Null(A) = \{(\vec{x})|A \cdot \vec{x} = \vec{0}\} \,. \tag{10.2}$$

In MATLAB ist dies mit NA = null(A) realisiert. „NA" enthält dann eine orthonormale Basis, die den Nullraum aufspannt. Mit NA = null(A, 'r') lässt sich eine Basis für den Nullraum aus der Echelon-reduzierten Form berechnen. Der Bildraum von A ist durch

$$Bild(A) = \{\vec{y}|\vec{y} = A \cdot \vec{x}\} \tag{10.3}$$

definiert, eine orthonormale Basis des Bildraumes ist durch BA = orth(A) gegeben.

[R,jb] = rref(A,tol) ergibt die reduzierte Row-Echelon-Form von „A", berechnet mittels Gauß-Jordan-Elimination. „jb" und „tol" sind optional. „tol" ist der Toleranzparameter mit Standardwert (max(size(A))*eps*norm(A,inf)). R(1:length(jb), jb) ist eine Einheitsmatrix, die Länge des Vektors „jb" ergibt den Rang der Matrix. Praktische Anwendung findet die Echelon-Form als Entscheidungshilfe, ob ein Gleichungssystem exakt lösbar ist oder nicht.

Beispiel: Lösbarkeit eines linearen Gleichungssystem. Gegeben sei ein lineares Gleichungssystem der Form

$$A \cdot \vec{x} = \vec{b} \,. \tag{10.4}$$

Zur Entscheidung, ob das Gleichungssystem lösbar ist, berechnen wir die zeilenreduzierte Echelon-Form des Paares [A,b].

```
>> A=magic(4)    % 1. Beispiel  A*x = b
A =
    16     2     3    13
     5    11    10     8
     9     7     6    12
     4    14    15     1
>> rank(A)
ans =
     3
>> b=rand(4,1)
```

```
b =
    0.8913
    0.7621
    0.4565
    0.0185
>> rref([A b])  % nicht exakt loesbar
ans =
    1.0000         0         0    1.0000         0
         0    1.0000         0    3.0000         0
         0         0    1.0000   -3.0000         0
         0         0         0         0    1.0000

>> B=randn(4) % 2. Beispiel   B*x = b
B =
    1.0668    0.2944   -0.6918   -1.4410
    0.0593   -1.3362    0.8580    0.5711
   -0.0956    0.7143    1.2540   -0.3999
   -0.8323    1.6236   -1.5937    0.6900
>> rref([B b])
ans =
    1.0000         0         0         0    8.8212
         0    1.0000         0         0    3.1303
         0         0    1.0000         0    1.1646
         0         0         0    1.0000    5.9924
>> rank(B)
ans =
     4
```

Im Fall der Matrix „A" besteht die letzte Zeile bis auf das Diagonalelement aus lauter Nullen. Das lineare Gleichungssystem kann folglich nur näherungsweise berechnet werden.

Testen wir das Ergebnis. Aus $A \cdot \vec{x} = \vec{b}$ folgt – so die Inverse existiert: $\vec{x} = A^{-1} \cdot \vec{b}$. In MATLAB lässt sich dies mit Hilfe des \-Operators (vgl. nächster Abschnitt) auch für nicht-invertierbare Matrizen näherungsweise lösen.

```
>> xA=A\b    % Unser 1. Beispiel v.o.
Warning: Matrix is close to singular or badly
                                scaled.
         Results may be inaccurate.
                   RCOND = 1.306145e-17.
xA =
    1.0e+14 *
    1.6792
    5.0375
   -5.0375
   -1.6792
>> resA=sum(abs(b.^2-(A*xA).^2)) % Das Residuum
```

```
resA =
    2.7549

>> xB=B\b    % Unser 2. Beispiel v.o.
xB =
    8.8212   % keine Kommentare von MATLAB
    3.1303
    1.1646
    5.9924
>> resB=sum(abs(b.^2-(B*xB).^2)) % Numerisch exakt
resB =
    1.7486e-15
```

10.2 Matrizen und lineare Gleichungen

10.2.1 Befehlsübersicht

Kondition cond, condest, equilibrate, rcond, isIllConditioned (s. decomposition)

Faktorisierungen chol, cholupdate, decomposition, ichol, ilu, linsolve, lu, ldl, qr, qrupdate

Inverse inv, pinv, /, \

Least-Square Algorithmen lsqminnorm, lsqnonneg, lscov

Lineare Zuordnung matchpairs

10.2.2 Kondition

Bei einer vorgegebenen Aufgabe liegen die Schwierigkeiten, die Lösung zu ermitteln, nicht immer in den zugrunde liegenden Formeln bzw. genutzten Algorithmen. Häufig ist das Problem auch bei exakter Rechnung anfällig gegen Schwankungen in den Eingangsdaten. Bei Matrizen stellt sich die Frage, wie nahe diese einer singulären Matrix kommen. Beide Eigenschaften bzw. Problemkreise werden mit dem Synonym Kondition belegt. Ein schlecht konditioniertes Problem, bzw. eine schlecht konditionierte Matrix, zeichnet sich durch eine Empfindlichkeit gegenüber geringen Änderungen aus.[1]

Die Konditionszahl einer Matrix gegenüber Inversion ist ein Maß für die Sensitivität der Lösung eines linearen Gleichungssystems und wird in MATLAB mit `c = cond(A,p)` berechnet. Dabei ist „A" die Matrix, der Parameter „p" optional, die erlaubten Werte (1, 2, 'fro', inf) durch die Matrixnorm festgelegt. `cond(A, p)` ist gegeben durch `norm(A,p)*norm(inv(A),p)`.

`c = condest(A)` liefert die Konditionszahl einer quadratischen Matrix basierend auf der Spaltensummennorm (1-Norm) und ist besonders für dünn besetzte (sparse) Matrizen

---

[1] `isIllConditioned` s. S. 226

geeignet. `[c,v] = condest(A)` berechnet zusätzlich einen approximativen Nullvektor, $A \cdot v \approx 0$, für große „c". Mit `c = condest(A,t)` wird ein positiver ganzzahliger Parameter „t" übergeben (default: 2), der die Zahl der Spalten der Iterationsmatrix verändert. Ein höherer Wert kann die Genauigkeit erhöhen, kostet aber dafür mehr Rechenzeit. Die obere Grenze ist gleich der Dimension der quadratischen Matrix „A".

`c1 = rcond(A)` berechnet die reziproke 1-Norm-Konditionszahl beruhend auf einem LAPACK-Schätzer. Für kleine Matrizen ist das Ergebnis reziprok zu dem von `condest`. Das heißt, wohl-konditionierte Matrizen haben in beiden Fällen einen Wert nahe eins, für schlecht konditionierte wird c1 sehr klein, c (cond oder condest) dagegen sehr groß. `rcond` ist effizienter als `cond`, aber dafür sind die Ergebnisse eher ungenauer.

Bei mäßiger Konditon erlaubt `equilibrate` eine Matrix-Skalierung zur Verbesserung der Lösbarkeit eines linearen Problems, insbesondere für große dünnbesetzte Matrizen. Ausgangspunkt ist die Umformulierung des Problems

$$A \cdot x = b \quad \rightarrow \quad B \cdot y = d \qquad \text{mit} \tag{10.5}$$

$B = R \cdot P \cdot A \cdot C$ mit ein wenig Matrix-Gymnastik folgt $d = R \cdot P \cdot b$ und die ursprünglich gesuchte Lösung $x = C \cdot y$. Dabei ist die neue Matrix B eine Matrix mit Diagonalelementen 1 und alle anderen Elemente kleiner 1. P ist eine Permutationsmatrix enthält folglich in jeder Spalte nur eine Eins sonst Nullen und R und C sind Diagonalmatrizen in denen die Zeilen- und Spaltenskalierung steckt. Die Berechnung erfolgt via `[P,R,C] = equilibrate(A)`.

10.2.3 Matrix-Faktorisierung

Matrix-Faktorisierungen spielen bei der optimierten Lösung eines linearen Gleichungssystems $A\vec{x} = \vec{b}$ eine gewichtige Rolle. Je nach Eigenschaften der Systemmatrix „A" lassen sich Berechnungsaufwand und Lösungsstabilität bzw. -genauigkeit entscheidend beeinflussen.

LU-Zerlegung. Unter einer LU-Zerlegung versteht man die Faktorisierung einer Matrix in eine untere Dreiecksmatrix mit Einsen in der Diagonalen und eine obere Dreiecksmatrix. MATLAB führt eine Modifikation davon aus. `[L,U] = lu(A)` ergibt eine obere Dreiecksmatrix U und eine Permutation einer unteren Dreiecksmatrix, wobei die ursprünglichen Einsen der Diagonale nun auf den entsprechend permutierten Positionen zu finden sind.

```
>> A=magic(4)
A =
    16     2     3    13
     5    11    10     8
     9     7     6    12
     4    14    15     1
>> [L,U] = lu(A)
L =
    1.0000         0         0         0
    0.3125    0.7685    1.0000         0
    0.5625    0.4352    1.0000    1.0000
```

```
        0.2500      1.0000          0           0
U =
       16.0000      2.0000      3.0000     13.0000
             0     13.5000     14.2500     -2.2500
             0           0     -1.8889      5.6667
             0           0           0      0.0000
>> L*U
ans =
          16           2           3          13
           5          11          10           8
           9           7           6          12
           4          14          15           1
```

[L,U,P] = lu(A) berechnet eine obere Dreiecksmatrix L mit Einsen in der Diagonale, eine untere Dreiecksmatrix und eine Permutationsmatrix, so dass L*U = P*A gilt. Zur Speicherplatzoptimierung kann die Permutationsinformation auch als Vektor zurück gegeben werden, [L,U,P] = lu(A,'vector'). Y = lu(A) nutzt die LAPACK LU-Zerlegung. Da die Diagonalelemente der unteren Dreiecksmatrix aus Einsen besteht, können die obere und untere gemeinsam in einer Matrix derselben Größe wie der Ausgangsmatrix abgespeichert werden. D.h. der obere Dreiecksteil einschließlich der Diagonalen entspricht U und der untere L, deren Diagonale noch durch Einsen ergänzt werden muss.

[L,U,P,Q] = lu(S) dient der LU-Zerlegung dünn besetzter (sparse) Matrizen. L und U sind die untere und obere Dreiecksmatrix, P und Q Permutationsmatrizen, so dass P*S*Q = L*U gilt. Mit [L,U,P,Q,R] = lu(S) wird zusätzlich eine diagonale Skalierungsmatrix berechnet, so dass P*R\S*Q = L*U gilt.

LU-Zerlegungen lassen sich mittels vollständiger Gaußscher Elimination durchführen, vorausgesetzt, dass das Diagonalelement (Pivotelement), nach dem die Umformung ausgeführt wird, ungleich null ist. Die Gauß-Elimination bricht zwingend dann ab, wenn das Pivotelement null wird. Eine Skalierung ist dann nicht mehr möglich. Selbst wenn kein Pivotelement zu null wird, können im Falle sehr kleiner Elemente numerische Instabilitäten auftreten. Zur Stabilisierung werden daher zusätzliche Zeilenvertauschungen ausgeführt, mit dem Ziel möglichst große Pivotelemente zu erhalten. Bewährt hat sich Partielle Pivotisierung. Ein zusätzlicher Gewichtsfaktor entscheidet, ob das aktuelle Diagonalelement zur Umformung genutzt wird oder ob eine Zeilenpermutation erfolgt. [L,U,P] = lu(S, t) kontrolliert mit dem Faktor $0 \leq t \leq 1$ die Pivotisierung. Pivotisierung erfolgt dabei dann, wenn das eigentlich Pivotelement t-mal kleiner als ein anderes Element derselben Spalte unterhalb der Diagonale ist. Standardwert ist $t = 1$, $t = 0$ unterdrückt partielle Pivotisierung. UMFPACK bietet Routinen zur Lösung unsymmetrischer, dünn besetzter Matrizen. [L,U,P,Q] = lu(A,t) setzt auf diesen Routinen auf. Partielle Pivotisierung wird wieder durch den Faktor „t" mit Defaultwert 0.1 gesteuert und es gilt P*S*Q = L*U.

[L,U,P] = ilu(A,setup) berechnet eine unvollständige LU-Faktorisierung für dünn besetzte Matrizen. „L,U" sind eine untere und oberer Dreiecksmatrix und „P" ist eine Permutationsmatrix. „setup" ist eine Struktur mit maximal fünf Feldern: „type" legt die Art der Faktorisierung fest und kann die Werte „nofill" (im Faktorisierungsprozess wird kein fill-in zugelassen), „crout" (ein Crout-Verfahren wird angewandt) oder die

Standardeinstellung „ilutp" (Thresholding und Pivoting wird unterstützt) annehmen. „droptol" ist ein positiver Skalar, der die Toleranz festlegt; Voreinstellung ist 0. „milu" steht für eine modifizierte unvollständige LU-Faktorisierung und kann die Werte „row" (Zeilensummen modifiziert), „column"(Spaltensummen modifiziert) oder „off" für ausgeschaltet annehmen. Das Feld „udiag" ist entweder „1" oder „0", für „1" wird jedes Diagonalelement mit dem Wert null durch den Toleranzwert ersetzt. „thresh" steht für die Pivotschwelle mit Werten zwischen null und eins.

x = linsolve(A,b) löst ein lineares Gleichungssystem der Form $A\vec{x} = \vec{b}$ via LU-Zerlegung. linsolve führt bei numerischen Problemen, wie schlecht konditionierten Matrizen, zu einer Warnung. Mit [x, r] = linsolve(A,b) wird eine Warnung unterdrückt und stattdessen die Reziproke „r" der Konditionszahl von „A" ausgegeben. x = linsolve(A, b, opts) löst das lineare Gleichungssystem mit dem durch „opts" festgelegten Solver. „linsolve" testet nicht (!), ob die durch „opts" erwarteten Eigenschaften von „A" auch tatsächlich erfüllt werden, führt also gegebenenfalls zu fehlerhaften Ergebnissen. Die Struktur opts kann die folgenden Felder mit den Werten true oder false haben: „LT" A ist eine untere, „UT" A ist eine obere Dreiecksmatrix; „UHESS" A ist eine obere Hessenbergform; „SYM" A ist reell-symmetrisch oder hermitesch; „POSDEF" A ist positiv definit; „RECT" ist allgemein quadratisch und „TRANSA", das transponierte Problem A'*x = b soll gelöst werden. Als Erläuterung der Eigenschaften wurde jeweils die Bedeutung von „true" aufgeführt. „False" gehört zur Verneinung der aufgelisteten Eigenschaften. Der Aufruf lautet also beispielsweise

```
>> opts.UT = true; opts.TRANSA = true;
>> x = linsolve(A,b,opts)
```

Choleski-Zerlegung.   Eine wichtige Klasse von Systemmatrizen sind die positiv definiten, symmetrischen Probleme. In diesem Fall lässt sich das Problem mit einer Choleski-Zerlegung effizient lösen. Ausgangspunkt ist:

$$
\begin{aligned}
A\vec{x} &= \vec{b} \\
A &= L' \cdot L \quad \text{Choleski-Zerlegung} \\
L' \cdot L\vec{x} &= \underbrace{L'\vec{y}}_{y \text{ bestimmen}} \\
\underbrace{L\vec{x}}_{x \text{ bestimmen}} &= \vec{y}
\end{aligned}
\tag{10.6}
$$

L = chol(A) führt eine Choleski-Zerlegung für hermitesche Matrizen aus. Ist „A" positiv definit, gilt L'*L = A. Mit [L,p] = chol(A) ist p=0 für positiv definite Matrizen, sonst ist p eine positive ganze Zahl und L eine obere Dreiecksmatrix der Ordnung q=p−1, so dass L'*L = A(1:q,1:q) gilt.

Das Pendant zu ilu für dünn besetzte (sparse) symmetrische Matrizen ist ichol. L = ichol(A) führt eine unvollständige Choleski-Faktorisierung aus, wobei „L" nun eine untere Dreiecksmatrix ist. L = ichol(X,opt) erlaubt die Übergabe einer Struktur „opt" mit den Feldern:

„type", das die Art der Faktorisierung festlegt mit den Werte 'nofill' (im Faktorisierungs-verfahren wird kein fill-in zugelassen) oder 'ict' (es wird eine partielle Pivotisierung mit Thresholding durchgeführt). Den Unterschied zeigt das folgende Beispiel:

```
A = sprandsym(1000,1e-2,1e-4,1); %Testmatrix
figure, spy(A)
%%
opt.type='nofill';
Lnein = ichol(A,opt)  % Fehlermeldung:
              Error using ichol
              Encountered nonpositive pivot.
%%
opt.type='ict';
Lja = ichol(A,opt);    % keine Fehlermeldung
figure, spy(Lja)
```

„droptol" legt die verwendete Threshold-Toleranz für `opt.type='ict'` fest und ist ein positiver Skalar.

„michol" für eine modifizierte unvollständige Choleski-Zerlegung (vgl. `ilu`) mit den Wer-ten 'on' und 'off' (Voreinstellung).

„diagcomp" erlaubt eine konstante Verschiebung aller Diagonalelemente der Matrix „A" um einen positiven Wert ap. D.h. an Stelle der Matrix „A" wird `A + ap*diag(diag(A))` faktorisiert.

„shape" kann die Werte 'upper' und 'lower' annehmen. Für `opt.shape = 'upper'` wird die obere Dreieckshälfte der Faktorisierungsmatrix „A" gewählt und die Choleski-Matrix „L" ist eine obere Dreiecksmatrix für den Defaultwert 'lower' entsprechend die untere Dreiecksmatrix.

Hermitesch indefinite Matrizen. Indefinite Matrizen wie $\begin{pmatrix} 0 & 1 \\ 1 & 0 \end{pmatrix}$ erlauben keine LDL'-Zerlegung. LAPACK bietet zur Lösung solcher Probleme Routinen an, die auf dem Bunch-Kaufman-Verfahren basieren. Die MATLAB-Funktion `ldl` wiederum beruht auf diesen LAPACK-Routinen. Mit `[L,D,P] = ldl(A)` wird eine Faktorisierung der hermitesch indefiniten Matrix „A" durchgeführt, so dass $P'AP = LDL'$ gilt, mit „L" untere Dreiecksmatrix, „D" block-diagonal und „P" eine Permutationsmatrix. Alternativ kann die Permutationsinformation via `[L,D,P] = ldl(A,'vector')` als Vektor gewon-nen werden und mit dem Parameter „upper", `[U,D,P] = ldl(A,'upper')` an Stelle einer unteren eine obere Dreiecksmatrix „U". Der Parameter „vector" ist auch in die-sem Fall erlaubt. „D" und „P" sind optionale Rückgabeparameter und können auch wegfallen. Reelle und nur reelle dünn besetzte Matrizen werden durch folgenden Auf-ruf unterstützt: `[L,D,P,S] = ldl(A);` „S" ist dabei eine Skalierungsmatrix und es gilt $P'SASP = LDL'$.

QR-Zerlegung. QR-Zerlegungen gehören zu den wichtigsten und am häufigsten ge-nutzten Algorithmen der numerischen Algebra. Bei einer QR-Zerlegung wird eine Matrix „A" in eine obere Dreiecksmatrix „R" und eine orthogonale Matrix „Q" zerlegt, $A = Q \cdot R$. Eine QR-Zerlegung wird in MATLAB mittels `[Q,R] = qr(A)` umgesetzt. „A" darf dabei sowohl eine volle als auch eine dünn besetzte (sparse) Matrix sein. `[Q,R] = qr(A,0)` führt eine ökonomische Version des QR-Algorithmus aus. Ist A eine n×m-Matrix mit

$n > m$, dann ist Q eine n×m-Matrix und R m×m; für $n \leq m$ sind beide Varianten identisch. [Q,R,E] = qr(A,.) berechnet für volle (full) Matrizen eine zusätzliche Permutationsmatrix, so dass A*E = Q*R, bzw. in der ökonomischen Variante A(:,E) = Q*R gilt.

X = qr(A) berechnet für volle Matrizen „A" die QR-Zerlegung basierend auf LAPACK-Routinen, so dass die untere Dreiecksmatrix von „X" „R" ergibt. Für dünn besetzte Matrizen „A" ist „R" eine obere Dreiecksmatrix, mit R'*R = A'*A.

Für [C,R] = qr(A,B) mit „A" dünn und „B" derselben Zeilenzahl wird die orthogonale Transformation „Q" ohne deren explizite Berechnung zu „B" geschlagen, so dass C = Q'*B gilt. Hauptanwendungsgebiet ist die Lösung des linearen Gleichungsproblems $A\vec{x} = \vec{b}$ mittels eines Least Square Fits in zwei Schritten. Erster Schritt ist die Berechnung von [C,R] = qr(A,B), zweiter Schritt ist die Least-Square-Lösung mit Hilfe des Backslash-Operators x = R \ C.

$$Ax = \vec{b} \qquad\qquad (10.7)$$
$$Q \cdot R\vec{x} = \vec{b}$$
$$R\vec{x} = \underbrace{Q' \cdot \vec{b}}_{=C}$$
$$\vec{x} = R\backslash C$$

R = qr(A,0) und [C,R] = qr(A,B,0) sind wieder die ökonomischen Varianten für dünn besetzte Probleme.

[Q2,R2] = qrupdate(Q,R.u,v) erlaubt ein Update der QR-Zerlegung von A +u* v', mit [Q,R] = qr(A) (A volle Matrix) und „u", „v" Spaltenvektoren geeigneter Länge.

dA = decomposition(A) führt eine Matrixfaktorisierung durch, so dass das ursprüngliche lineare Problem $A \cdot x = b$ mittels x = dA\b gelöst werden kann. „A" ist dabei eine Matrix und „dA" ein Decomposition-Objekt. Mittels
dA = decomposition(A,was) stehen verschiedene Verfahren zur Faktorisierung zur Verfügung: was = 'auto' ist die Voreinstellung und wählt automatisch eine Verfahren aus. was = 'qr' steht für eine QR-Zerlegung, 'cod' für eine vollständige orthogonale Zerlegung, 'lu', 'ldl', 'chol' haben dieselbe Bedeutung wie die bereits diskutierten Befehle, 'triangular' für triangulare Matrizen A, 'permutedTriangular' für eine permutierte triangulare Matrix, 'banded' für eine gebänderte Matrix, 'hessenberg' für eine Hessenbergform und 'diagonal' für eine Diagonalmatrix. Mittels
da = decomposition(A,was,'upper') bzw. da = decomposition(A,was,'lower') kann man noch festlegen ob nur der obere oder untere Dreiecksteil von A zur Faktorisierung verwandt werden soll. Weitere Eigenschaft-Werte Paare lassen sich mittels
dA = decomposition(...,eig,wert) festlegen. Beispiele sind die Pivottoleranz für eine LU-Faktorisierung 'LUPivotTolerance' oder für eine LDL-Faktorisierung LDLPivot-Tolerance mit Werten zwischen 0 und 0.5 bzw. für eine LU-Faktorisierung wie oben beschrieben. Weiter Eigenschaften finden sich in der Dokumentation.

tf = isIllConditioned(dA), „dA" ein Decomposition-Objekt, liefert ein logisches wahr, wenn die ursprüngliche Matrix A schlecht konditioniert ist. Weitere überladene

Methoden zu decomposition sind mldivide (Bsp. x = mldivide(dA,b)), mrdivide und ctranspose.

10.2.4   Inverse, Pseudoinverse und Backslash-Operator

inv und pinv. A = inv(B) dient der Berechnung der Matrixinversen „A" von „B" und setzt auf LAPACK-Routinen auf. Die Inverse sollte im Regelfall nicht zur Lösung linearer Gleichungsprobleme $A\vec{x} = \vec{b}$ genutzt werden, da der Backslash-Operator für solche Berechnungen meist günstiger ist.

B = pinv(A, tol) ist die Moore-Penrose-Pseudoinverse „B" einer Matrix „A". Der Toleranzparameter „tol" ist dabei optional mit Standardwert max(size(A)) * norm(A) * eps. Ist eine Matrix invertierbar, dann ist ihre Pseudoinverse identisch der Inversen. Für nicht invertierbare Matrizen hat „B" dieselbe Dimension wie die Transponierte von „A" und erfüllt die Bedingungen

$$A \cdot B \cdot A = A \wedge B \cdot A \cdot B = B$$
$$A \cdot B \wedge B \cdot A \qquad \text{hermitesch.}$$

pinv ist insbesondere dann von Interesse, wenn das lineare Gleichungssystem $A \cdot \vec{x} = \vec{b}$ keine eindeutige Lösung hat und $\vec{x}$ so bestimmt werden soll, dass zusätzlich die Norm von $\vec{x}$ minimal wird. In den meisten anderen Fällen ist der \-Operator vorzuziehen.

Slash- und Backslash-Operator. Die Rechtsinverse B einer Matrix A erfüllt die Bedingung $A \cdot B = E$ mit der Einheitsmatrix E. In MATLAB ist dies mit dem Slash-Operator B / A realisiert. Numerisch werden Berechnungen mit / durch Transponieren auf Berechnungen mit \ zurückgeführt, weshalb nur der Backslash-Operator ausführlich besprochen wird. Neben der Matrix-orientierten Operation gibt es bei beiden noch die elementweise Operation, die mit dem .-Operator eingeleitet wird.

```
   >> A=rand(4)
A =
       0.0153      0.4660      0.2026      0.6813
       0.7468      0.4186      0.6721      0.3795
       0.4451      0.8462      0.8381      0.8318
       0.9318      0.5252      0.0196      0.5028
>> Bop = A/A       % Einheitsmatrix
Bop =
       1.0000           0           0           0
      -0.0000      1.0000      0.0000      0.0000
       0.0000      0.0000      1.0000     -0.0000
            0           0           0      1.0000
>> Bmp = A ./ A  % Einsmatrix
Bmp =
       1      1      1      1
       1      1      1      1
       1      1      1      1
       1      1      1      1
```

Die Linksinverse ist durch die umgekehrte Operation wie oben definiert. Ist die Linksinverse gleich der Rechtsinversen, war die Matrix invertierbar. Häufigste Anwendung
für den Backslash-Operator ist die Lösung des linearen Gleichungsproblems $A \cdot \vec{x} = \vec{b}$,
gegeben durch x = A \ b. Je nach Eigenschaften von „A" nutzt dabei MATLAB unterschiedliche Berechnungsverfahren.

Berechnungsverfahren des \-Operators. Für lineare Gleichungssysteme $A \cdot \vec{x} = \vec{b}$
gibt es dann eine eindeutige Lösung, wenn die Matrix A quadratisch ist und maximalen Rang hat. Für überbestimmte Systeme existiert keine Lösung, für unterbestimmte
keine eindeutige Lösung. Ist die Matrix A schlecht konditioniert, ist die Berechnung
mittels der numerischen Inversen der Matrix A numerisch instabil. An Stelle des linearen Gleichungssystems wird daher – unabhängig von der exakten Lösbarkeit – die
korrespondierende Least-Square-Fit-Aufgabe

$$A \cdot \vec{x} = \vec{b} \Rightarrow \min\{\|A\vec{x} - \vec{b}\|\} \tag{10.8}$$

betrachtet. Für über- und unterbestimmte Systeme kann alternativ zum Backslash-
Operator auch die Moore-Penrose-Pseudoinverse genutzt werden:

$$A\vec{x} = \vec{b} \Rightarrow A'A\vec{x} = A'\vec{b} \tag{10.9}$$

$$\vec{x} = \underbrace{(A' \cdot A)^{-1} A'}_{\text{pinv(A)}} \vec{b} \quad ;$$

abgesehen von der Forderung $\|\vec{x}\|$ minimal ist der \-Operator numerisch effizienter.
Formal gilt

$$A\vec{x} = \vec{b} \Rightarrow \vec{x} = \underbrace{A^{-1}\vec{b}}_{\to A\backslash b} \quad , \tag{10.10}$$

die formale Invertierung wird numerisch mit „\" umgesetzt.

Der Backslash-Operator testet zunächst die Eigenschaften der Systemmatrix „A". Dabei
werden folgende Fälle unterschieden und Lösungsstrategien angewandt:

- „A" ist quadratisch

    - und triangular oder Permutation einer triangularen Matrix: Lösung durch
      Rückpermutation.

    - symmetrisch und positiv definit: Lösung durch eine Choleski-Zerlegung.

    - A ist unterhalb der ersten unteren Nebendiagonale null: Hessenberg-Lösungs-
      algorithmus

    - und erfüllt keine der oben aufgelisteten Eigenschaften: Gauß-Elimination.

- „A" ist nicht quadratisch. In diesem Fall erfolgt die Lösung über eine QR-Zerlegung
  und orthogonale Transformationen.

Beispiel. Lösung der Aufgabe $A\vec{x} = \vec{b}$.

(a) für ein überbestimmtes System:

```
>> A=[1 1 -1;2 1 1;1 0 3;1 2 3];
>> b=rand(4,1)
b =
      0.6038
      0.2722
      0.1988
      0.0153
>> xp=pinv(A)*b              >> xb=A\b
xp =                         xb =
      0.2716                       0.2716
      0.0061                       0.0061
     -0.0814                      -0.0814
>> norm(xp)                  >> norm(xb)
ans =                        ans =
      0.2836                       0.2836
>> norm(A*xp-b)             >> norm(A*xb-b)
ans =                        ans =
      0.3580                 0.3580
```

(b) für ein unterbestimmtes System:

```
>> A=[1 1 -1;2 1 1;1 0 3;1 2 3]';
>> b=rand(3,1)
b =
      0.7468
      0.4451
      0.9318
>> xp=pinv(A)*b              >> xb=A\b
xp =                         xb =
      0.0590                       0.3271
      0.2145                            0
      0.1730                       0.3607
      0.0858                       0.0590
>> norm(xp)                  >> norm(xb)
ans =                        ans =
      0.2946                       0.4905
>> norm(A*xp-b)             >> norm(A*xb-b)
ans =                        ans =
    2.4825e-16               1.2413e-16
```

In beiden Fällen wurde ein Zufallsvektor „b" gewählt. Das Residuum, gleichgültig ob mit der Moore-Penrose-Pseudoinverse oder dem Backslash-Operator berechnet, unterscheidet sich nicht signifikant. Die Norm des Lösungsvektors ist jedoch im zweiten Fall wie erwartet für die Moore-Penrose-Pseudoinverse kleiner. Vom praktischen Gesichtspunkt ist bei solch kleinen Problemen die Effizienzfrage bedeutungslos. Für sehr große Probleme würden Berechnungen mit dem Backslash-Operator deutlich rascher abgearbeitet als mit `pinv`.

10.2.5   Least Square Fit

`>> [x,dx] = lscov(A,b,V)` ermittelt eine Least-Square-Fit-Lösung „x" von $A\vec{x} = \vec{b} + \vec{e}$, dabei ist „A" eine m×n-Matrix mit m > n, „e" ein normalverteilter Vektor mit Mittelwert 0 und Kovarianz „V". Es handelt sich folglich um ein überbestimmtes Problem. Das Rückgabeargument „dx" ist optional und gibt den Standardfehler wieder. Der verwendete Algorithmus lässt sich mittels `>> [x,dx] = lscov(A,b,V,'option')` festlegen. „option" kann entweder gleich „chol" sein, dann wird eine Choleski-Zerlegung verwandt, oder gleich „orth" für orthogonale Zerlegungen. Orthogonale Zerlegungen eignen sich insbesondere für schlecht konditionierte Probleme. Die gewichtete Least-Square-Fit-Lösung $\min\{(b - Ax)' \cdot w \cdot (b - Ax)\}$ des Eigenwertproblems $A\vec{x} = \vec{b}$ kann mittels `[x,dx] = lscov(A,b,w)` mit „w", dem positiv definiten Vektor der Länge m, berechnet werden. Weitere optionale Rückgabewerte bei allen obigen Varianten sind die quadratische Abweichung „mse" und die approximative Kovarianzmatrix „Cx" von „x", `[x,dx,mse,Cx] = lscov(···)`.

`x = lsqnonneg(C,d,options)` löst das Least-Square-Fit-Problem $\min\{\|C \cdot \vec{x} - \vec{d}\|\}$ mit „x" ein positiver und „d" ein reeller Vektor. „C" ist eine reelle Matrix; es werden auch dünnbesetzte Matrizen unterstützt. Die Struktur „options" ist ein optionaler Parameter, der mit `optimset`, s. S. 259, bevölkert werden kann. `lsqnonneg` unterstützt die Eigenschaft „options.Display" mit den Werten „off" (keine Ausgabe), „final" (Ausgabe des Ergebnisses) und „notify" (Standardeinstellung), bei der die Ausgabe nur im Falle der Konvergenz erfolgt, sowie die Eigenschaft „options.TolX", mit der die Mindesttoleranz für die Berechnungsgenauigkeit übergeben wird. Die Eingabevariablen können auch in eine Struktur „problem" mit den Feldern C, d, `problem.solver = 'lsqnonneg'` und options gepackt werden: `... = lsqnonneg(problem)`. Die Task „Otimize" des Live Editors bietet als Solver auch `lsqnonneg` an.

`lsqnonneg` unterstützt die folgenden optionalen Rückgabewerte `[x,resnorm,residual,exitflag,output,lambda] = lsqnonneg(...)`. „resnorm" enthält die 2-Norm des Residuums, „residual" das Residuum, „exitflag" hat einen positiven Wert für konvergierte Lösungen und ist sonst null, „output" ist eine Struktur mit den Informationen genutzter Algorithmen (output.algorithm) und Zahl der Iterationen (output.iterations). Der letzte Wert „lambda" enthält die Lagrangeschen Multiplikatoren, mit lambda(k) < 0, wenn x(k) approximativ verschwindet, und lambda(k) approximativ null für positive Lösungen x(k).

Beispiel. Das folgende Beispiel vergleicht die berechneten Ergebnisse mittels `lsqnonneg`, `pinv` und \ miteinander. `lsqnonneg` führt dabei zu einem positiven Ergebnis, das Residuum ist dafür i.A. nicht minimal.

```
>> C = [
    0.0372    0.2869
    0.6861    0.7071
    0.6233    0.6245
    0.6344    0.6170];
>> d = [
```

```
    0.8587
    0.1781
    0.0747
    0.8405];
>> x = [C\d pinv(C)*d lsqnonneg(C,d)]
  x =
   -2.5627   -2.5627         0
    3.1108    3.1108    0.6929

>> [norm(C*x(:,1)-d) norm(C*x(:,3)-d)]
ans =
    0.6674    0.9118
```

x = lsqminnorm(A,b) bestimmt die Least-Square-Fit Lösung zu $A\vec{x} = \vec{b}$ und im Falle mehrerer Lösungen zu $\|\vec{x}\|$ minimal. „A" kann eine volle oder dünnbesetzte komplexe Matrix sein, ist „b" eine Matrix so wird sie spaltenweise ausgewertet. Mittels x = lsqminnorm(A,B,tol) kann die Toleranz zur Bestimmung des Rangs von A gesetzt werden und via x = lsqminnorm(..., 'warn') wird eine Warnung im rang-defizienten Fall ausgegeben (Voreinstellung ist 'nowarn').

10.2.6   Lineare Zuordnung

Das lineare Zuordungsproblem stammt aus dem Bereich Operations Research. Ein Anwendungsbeispiel ist das klassische Transportproblem. Eine Lösung bietet die Funktion [M, uZ, uS] = matchpairs(K,uK,ziel). „K" ist die Matrix des Zuordnungsproblems (Beispiel Kosten oder Gewinne) und kann auch eine dünn besetzte Matrix sein; „uK" sind die Kosten der Nicht-Zuordnung, und „ziel" ist optional mit den Werten 'min' (Default) oder 'max', je nachdem ob die Zuordnung bezüglich minimaler Werte oder maximaler Werte erfolgen soll. Der Rückgabewert „M" ist die zwei-spaltige Zuordnungsmatrix. In der ersten Spalte sind die Zeilenindizes in der zweiten Spalte die zugehörigen Spaltenindizes von K. Beispiel: Erträge einer Umzugsfirma mit mehreren Standorten.

```
rng default                    % Damit das Beipiel immer klappt
StandOrt = {'Fra';'Stgt';'Muc';'Ber'}; % Standorte der Moebelwagen
F1 = randi([1000,2500],4,1);    % Ertrag fuer Fahrtziel F1 ... F6
F2 = randi([1000,2500],4,1);
F3 = randi([1000,2500],4,1);
F4 = randi([1000,2500],4,1);
F5 = randi([1000,2500],4,1);
F6 = randi([1000,2500],4,1);
% Table nur zur Verdeutlichung:
MoebelW = table(StandOrt,F1,F2,F3,F4,F5,F6)
M = [F1,F2,F3,F4,F5,F6];        % cost-Matrix
Kosten = 2400;                  % darunter lohnt es sich nicht
[WM,uZ,uS]=matchpairs(M,Kosten/2,'max') % Ertrag soll maximiert werden
% MoebelW =
%     StandOrt     F1      F2      F3      F4      F5      F6
```

```
%       {'Fra' }    2222    1949    2437    2436    1633    1984
%       {'Stgt'}    2359    1146    2448    1728    2374    1053
%       {'Muc' }    1190    1418    1236    2201    2189    2274
%       {'Ber' }    2370    1820    2456    1212    2440    2401
% WM =
%
%       2    3              'Stgt' Fahrt F3
%       1    4              'Fra'  Fahrt F4
%       4    5              'Ber'  Fahrt F5
% uZ =
%
%       3                  'Muc' keine Fahrt lohnt
% uS =
%
%       1                  F1
%       2                  F2
%       6                  F6    andere Fahrten lohnen sich mehr
```

10.3   Modifikation von Matrix-Faktorisierungen

10.3.1   Befehlsübersicht

Choleski-Modifikationen cholupdate

QR-Modifikationen qrdelete, qrinsert, qrupdate

Ebene Givens-Rotationen planerot

Diagonale und Blockdiagonale balance, cdf2rdf, rsf2csf

10.3.2   Choleski-Modifikationen: cholupdate

cholupdate führt eine Rang-1-Modifikation der ursprünglichen Choleski-Zerlegung aus. Ist R = chol(A) die ursprüngliche Choleski-Zerlegung der Matrix „A", dann ist R1 = cholupdate(R,x,+) ein oberer Dreiecks-Choleski-Faktor zu A + x'*x, mit „x" ein Spaltenvektor; das +-Zeichen ist dabei optional. R1 = cholupdate(R,x,'-') führt eine Rang-1-Modifikation zu A - x'*x aus. Dabei erfolgt eine Fehlermeldung, wenn „R" kein gültiger Choleski-Faktor oder „R1" nicht positiv definit ist. Mit [R1,p] = cholupdate(R,x,'-') wird die Fehlermeldung unterdrückt. Ist „p=0", dann ist R1 ein Choleski-Faktor zu A - x'*x; ist „p" größer null, ist R1 ein Choleski-Faktor zur ursprünglichen Matrix „A". Ist „p=1", ist „R1" nicht positiv definit und bei „p=2" war die obere Dreiecksmatrix „R" kein gültiger Choleski-Faktor. cholupdate beruht auf Algorithmen von LINPACK.

10.3.3   QR-Modifikationen

`[Q1,R1] = qrdelete(Q,R,j,'col')` „Q", „R" ist die QR-Zerlegung einer Matrix A und „Q1", „R1" die QR-Zerlegung einer Matrix, die durch Entfernen der j-ten Spalte von „A" entstand. Das Argument „col" ist optional. Das entsprechende Pendant, bei dem die j-te Zeile von A entfernt worden ist, ist `[Q1,R1] = qrdelete(Q,R,j,'row')`; „row" ist hier zur Unterscheidung zwingend vorgeschrieben.

Die Umkehrung zu `qrdelete` ist `qrinsert`. Sind „Q", „R" die QR-Faktoren einer Matrix A, dann sind „Q1", „R1" aus `[Q1,R1] = qrinsert(Q,R,j,x,'col')` die QR-Faktoren der Matrix, die aus „A" durch Ergänzung mit dem Spaltenvektor „x" vor der j-ten Spalte erzeugt worden ist. Das Flag „col" ist wieder optional. Das Zeilengegenstück ist `[Q1,R1] = qrinsert(Q,R,j,x,'row')`.

`[Q1,R1] = qrupdate(Q,R,u,v)` ist ein Rang-1-Update der QR-Faktorisierung einer Matrix `A + u*v'`, wobei „u" und „v" Spaltenvektoren geeigneter Größe sind.

10.3.4   Ebene Givens-Rotationen

`[G,y] = planerot(x)` führt eine plane Givens-Rotation aus, so dass `y(2) = 0` ist. Dabei gilt `y = G*x`, mit „x" ein 2-komponentiger (komplexer) Spaltenvektor und „G" orthogonal (hermitesch).

10.3.5   Diagonale und Blockdiagonale

Hauptaufgabe der Funktion `balance` ist die Verbesserung der Genauigkeit bei Eigenwertberechnungen. Dazu wird eine diagonale Skalierung ausgeführt. `[T,B]=balance(A)` führt eine Ähnlichkeitstransformation aus, so dass `B = T\A*T` gilt. „A" und „B" haben dieselben Eigenwerte – interessant ist `balance` insbesondere für schlecht konditionierte Matrizen A. Ist „A" symmetrisch, sind A und B identisch und T ist die Einheitsmatrix. `[S,P,B] = balance(A)` berechnet separat Skalierungsvektor „S" und Permutationsvektor „P". Es gilt `T(:,P) = diag(P)` und `B(P,P) = diag(1./S)*A*diag(S)`. `B = balance(A)` liefert nur die ähnliche Matrix „B" und `B = balance(A,'noperm')` führt die Ähnlichkeitstransformation ohne Permutation der Zeilen und Spalten aus.

Komplexe versus reale Darstellung. Sind „vc" und „dc" die Eigenvektoren und die diagonale komplexe Eigenwertmatrix, dann konvertiert `[vr,dr] = cdf2rdf(vc,dc)` in eine reelle blockdiagonale Darstellung. `[uc,tc] = rsf2csf(ur,tr)` transformiert die reelle Schur-Form „ur", „tr" (vgl. `schur`) in eine komplexe.

10.4   Eigenwertprobleme

10.4.1   Befehlsübersicht

Eigenwerte condeig, eig, eigs, ordeig, ordqz, polyeig, poly, qz

Singulärwertzerlegung gsvd, svd, svds, svdsketch

Hessenberg-Form hess

Schur-Form ordschur, schur

10.4.2   Eigenwerte

Sei A eine quadratische Matrix. Dann sind ihre Eigenwerte λ und Eigenvektoren $\vec{x}$ durch die Eigenwertgleichung

$$A\vec{x} = \lambda\vec{x} \tag{10.11}$$

definiert. Die Menge aller Eigenwerte bezeichnet man als Spektrum der Matrix. MATLAB bietet mit den Kommandos `eig` und `eigs` komfortable Wege, um die Eigenwerte voller oder dünn besetzter Matrizen zu berechnen. Die Kondition einer Matrix hinsichtlich ihrer Eigenwerte kann mittels `[v,d,s] = condeig(A)` bestimmt werden. „s" ist dabei die Konditionszahl, die durch den reziproken Kosinus zwischen den Linkseigenwerten und den Rechtseigenwerten gegeben ist. Hohe Konditionswerte s implizieren entartete oder fast entartete Eigenwerte. Die Rückgabewerte „v" und „d" sind optional und entsprechen `[v,d] = eig(A)`.

`d = eig(A)` dient der Berechnung der Eigenwerte „d" einer vollen Matrix und `[v,d] = eig(A)` berechnet zusätzlich noch die Eigenvektoren der Matrix „A". „d" ist in diesem Fall eine Diagonalmatrix, kann aber via `[v,d] = eig(A,'vector')` auch als Vektor ausgegeben werden. Bei den Berechnungen wird automatisch mittels „balance" (s.o.) eine für Eigenwertberechnungen optimierte Ähnlichkeitstransformation ausgeführt. Mit dem Flag „nobalance" `[v,d] = eig(A, 'nobalance')` wird diese Transformation untersagt. Mittels `[v,d] = eig(A,B)` lässt sich das verallgemeinerte Eigenwertproblem

$$A\vec{v} = d \cdot B\vec{v} \tag{10.12}$$

lösen. Für verallgemeinerte Eigenwertprobleme gibt es noch ein zusätzliches Flag `[v,d] = eig(A,B,'flag')` mit den Werten „chol" für eine Choleski-Zerlegung oder „qz" für einen QZ-Algorithmus. Die Choleski-Zerlegung wird standardmäßig genutzt für hermitesche Matrizen A und hermitesche, positiv definite Matrizen B. Allgemein verwendet die Funktion `eig` je nach Eigenschaft der Matrix „A" unterschiedliche LAPACK-Routinen. Mittels `[v,d,w] = eig(...)` lassen sich die Links- („v") und die Rechtseigenvektoren („w") berechnen. `eig` kann zwar auch zur Eigenwertberechnung dünn besetzter (sparse) Matrizen verwendet werden, `eigs` ist allerdings in diesem Fall vorzuziehen.

Eigenwerte dünn besetzter Matrizen. Dünn besetzte Matrizen, also Matrizen vom Typ „sparse" sind meist zu groß, um das gesamte Eigenwertspektrum zu berechnen. Häufig interessiert auch nur ein Teil des Spektrums. Beispielsweise sind für Matrizen, die aus Finite-Elemente-Anwendungen stammen, nur die niedrigsten Eigenwerte tatsächlich konvergent.

`d = eigs(A)` berechnet die sechs betragsmäßig größten Eigenwerte und `[v,d] = eigs(A)` zusätzlich die dazu korrespondierenden Eigenvektoren. `[...] = eigs(A,B)` löst das verallgemeinerte Eigenwertproblem. „B" muss von derselben Dimension wie „A" sein.

`eigs(A,k)` bzw. `eigs(A,B,k)` berechnet die k größten Eigenwerte und
`eigs(...,k,sigma)` k Eigenwerte nach folgenden Regeln:
Ist „sigma" ein Skalar, dann werden die k Eigenwerte mit dem betragsmäßig geringsten Abstand zu „sigma" berechnet. Hat „sigma" den Wert „largestabs" (alt 'lm'), dann werden die k betragsmäßig größten Eigenwerte ermittelt. Dies entspricht der Defaulteinstellung.

„smallestabs" (veraltet 'sm') führt zu den k betragsmäßig kleinsten Eigenwerten.

„largestreal" (la) berechnet die Eigenwerte mit dem größten Realteil und „smallestreal" (sa) mit dem kleinsten Realteil und „bothendsreal" (be) zu den k Eigenwerten von beiden Enden des Spektrums bezüglich dem Realteil.

Für nicht-symmetrische Probleme kann „sigma" zusätzlich für komplexe Matrizen A die Werte „largestimag" (li) für die Eigenwerte mit dem größten Imaginärteil, „smallestimag" (si) mit den kleinsten Imaginärteilen und für reelle Matrizen A „bothendsimag" als Gegenstück zu „bothendsreal". annehmen.

Tabelle 10.1: *Eigenschaften und ihre Werte zu* `eigs`. *Die Standardeinstellungen stehen in eckigen Klammern.*

EIGENSCHAFT	BEDEUTUNG UND WERTE
'Tolerance'	Toleranz zur Konvergenz; reeller Skalar [1e-14]
'MaxIterations	Maximale Anzahl der Iterationen; reeller Skalar [300]
'SubspaceDimension'	Maximale Dimension des Krylov-Raums; [max(2*k,20)], für k Eigenwerte
'StartVector'	Startvektor für die Krylov-Iteration; [Zufallsvektor]
'FailureTreatment'	Umgang mit nichtkonvergenten Eigenwerten; durch Nan Ersetzen; ['replacenan'] in der Ausgabe beibehalten; 'keep' nicht ausgebene; 'drop'
'Display'	Diagnostische Informationen ausgeben; logische [0] oder 1
'IsFunctionSymmetric'	Symmetrie der Matrix Afun; logische 0 oder 1
'IsCholesky'	Cholesky-Zerlegung für B; logische 0 oder 1
'CholeskyPermutation'	Vektor zur Cholesky-Permutation; [1:n]
'IsSymmetricDefinite'	Ist B positive, symmetrische, definite Matrix; logische 0 oder 1

Zusätzlich lassen sich noch Optionen `[...] = eigs(..., options)` übergeben. „options" ist dabei eine Struktur. Empfohlen ist als Alternative Eigenschafts-Werte-Paare, die via `... = eigs(A,k,sigma,eig,wert)` übergeben werden und in Tabelle (10.1) gelistet sind. Anstelle einer Matrix „A" akzeptiert `eigs` auch den Aufruf einer Funktion. Der allgemeinste Aufruf ist `eigs(Afun,n,B,k,sigma,options,p1,p2...)`. „pi" sind Parameter, die an die Funktion „Afun" weitergereicht werden. Je nach Argumentliste muss Afun entweder `A*x` (kein Sigma festgelegt oder nicht 'smallesttabs'), oder `A\x` für sigma=0 oder „smallestabs", `(A - sigma*I)\x` bzw. `(A - sigma*B)\x` für nichtverschwindendes Sigma zurückliefern. Die Berechnungen basieren auf einem Krylov-Schur Verfahren.

Beispiel: Diskretisierung der Poissongleichung.

```
A=gallery('poisson',100);
        % duenn besetzte 10.000 x 10.000 Matrix
        % Die groessten drei erhalten wir mit:

eig1=eigs(A,3,'largestabs','Display',1);

        % Display liefert Informationen ueber
        %       Typ Eigenwert-Aufgabe
        %       Maximale Anzahl an Iterationen etc
        %       Informationen zu den einzelnen Iterationen
        %       und schliesslich
        %       Iteration  95: 3 of 3 eigenvalues converged.

eig1 =

    7.9981
    7.9952
    7.9952

% Mit eigs(A,k, sigma)} k"onnen wir eine andere Auswahl treffen

eig2=eigs(A,3,1.5,'Display',1);

        % Wieder allgemeine Informationen
        % Computing 3 eigenvalues closest to 1.5.
        % ...
        % Iteration   3: 3 of 3 eigenvalues converged.

eig2 =

    1.5015
    1.5015
    1.5029
```

Eigenwerte quasitriangularer Matrizen. E = ordeig(T) berechnet die Eigenwerte einer quasitriangularen Schur-Matrix T und E = ordeig(AA,BB) die verallgemeinerten Eigenwerte des quasitriangularen Matrixpaares „AA,BB". Quasitriangulare Matrizen sind keine echten Dreiecksmatrizen. Für eine zufriedenstellende Effizienz sollten jedoch nicht zu viele Elemente ungleich null außerhalb des Dreiecksanteils existieren.

QZ-Faktorisierung.   Zur Lösung eines verallgemeinerten Eigenwertproblems Gleichung (10.12) werden häufig verallgemeinerte reelle Schur-Zerlegungen des Paares (A, B) betrachtet. Diese Zerlegung kann durch eine modifizierte Form des QR-Algorithmus durchgeführt werden, die auch als QZ-Iteration oder QZ-Zerlegung bezeichnet wird. MATLAB bietet dazu die Funktion [AA,BB,Q,Z] = qz(A,B), mit „AA", „BB" obere Quasi-Dreiecksmatrizen und „Q", „Z" unitär, so dass

$$Q \cdot A \cdot Z = AA \quad \wedge \quad Q \cdot B \cdot Z = BB$$

gilt. [AA,BB,Q,Z,v,w] = qz(A,B) berechnet zusätzlich reelle Matrizen „v", „w", deren Spalten verallgemeinerte Eigenvektoren sind. Für reelle Matrizen „A", „B" kann zusätzlich noch ein Flag, qz(A,B,flag), mit folgender Bedeutung übergeben werden: „complex" (default) erzeugt eine komplexe Zerlegung mit Dreiecksmatrix „AA", „real" eine reelle quasitriangulare Matrix „AA"; d.h. „AA" enthält 2×2- oder 1×1-Diagonalblöcke. Ist „AA" triangular, dann gilt alpha = diag(AA), beta = diag(BB) mit A*v*diag(beta) = B*v*diag(alpha) und diag(beta)*w'*A = diag(alpha)*w'*B sowie die Eigenwerte aus alpha./beta. Ist „AA" quasitriangular, so müssen zunächst die 2×2-Diagonalblöcke in Diagonalform gebracht werden, um die Eigenwerte zu ermitteln. Der verwendete Algorithmus basiert auf LAPACK-Routinen.

ordqz dient zum Umordnen der Eigenwerte der QZ-Faktorisierung. [AAS,BBS,QS,ZS] = ordqz(AA,BB,Q,Z,select): Die Eingangsvariablen (rechte Seite) stammen aus der ursprünglichen QZ-Zerlegung. Die Matrizen „AAS" ··· „ZS" erfüllen dieselben Matrixgleichungen wie die Matrizen der ursprünglichen QZ-Zerlegung. „select" ist ein logischer Vektor, der die Eigenwert-Cluster gemäß E = eig(AA,BB), E(select) auswählt. Statt der Auswahl mit einem logischen Vektor besteht auch eine qualitative Auswahl der Eigenwerte λ mit einem Schlüsselwort sw [...] = ordqz(AA,BB,Q,Z,keyword), das die folgende Werte annehmen kann: „lhp" für den Realteil $\lambda < 0$, „rhp" für einen positiven Realteil, „udi" für abs(λ) < 1 und „udo" für Eigenwerte, die außerhalb des Einheitskreises liegen abs(λ) ≥ 1. [...] = ordqz(AA,BB,Q,Z,clusters) ordnen mehrere Cluster in einem Schritt um. „cluster" ist dabei ein Indexvektor, der die betrachteten Cluster festlegt.

Beispiel.

```
>> %      verallgemeinertes Eigenwertproblem:
>> A  % linke Seite
A =
      1090        900        725        690        820
       850       1075        815        720        765
       700        840       1145        840        700
       765        720        815       1075        850
       820        690        725        900       1090

>> B  % rechte Seite
B =
    0.1682     0.6756          0          0          0
    0.6756     0.9087     0.6992          0          0
         0     0.6992     0.8837     0.7275          0
         0          0     0.7275     0.7065     0.4784
         0          0          0     0.4784     0.3072

>> [AA,BB,Q,Z,v,w] = qz(A,B)    % QZ-Zerlegung
AA = 1.0e+03 *
    2.6674     0.6045    -1.2487     0.0608     2.9316
         0    -0.1731     0.0126     0.0032     0.0790
         0          0    -0.1890    -0.0478     0.1105
         0          0          0     0.4689     0.0053
         0          0          0          0     0.6282
```

```
BB =
    0.7496      0.1397     -0.0713     -0.0061      1.4898
         0      0.1219      0.0121     -0.1942      0.1556
         0           0      0.4691     -0.0271     -0.1541
         0           0           0      1.1516     -0.0770
         0           0           0           0      1.0843
Q, Z, v, w  =   ....  % fuer das Beispiel nicht wichtig

    % logischer Vektor [0 1 0 1 1] zur Umordnung
>> [AAS,BBS,QS,ZS]=ordqz(AA,BB,Q,Z,[0 1 0 1 1])
AAS =
   1.0e+03 *
   -0.1719     -0.0117     -0.0104      0.5972     -0.3832
         0      0.4677     -0.0365     -0.2367      0.2386
         0           0      0.6496      2.4764     -1.6857
         0           0           0      2.3815     -1.5369
         0           0           0           0     -0.2067

BBS =
    0.1210      0.1824      0.0164      0.1544     -0.0482
         0      1.1486     -0.1336     -0.0464      0.1556
         0           0      1.1213      1.2764     -0.7418
         0           0           0      0.6692     -0.2224
         0           0           0           0      0.5131

%  unwesentliche Ergebnisse ausgespart    .....

>> AA./BB   % liefert die Eigenwerte
ans =
   1.0e+04 *
    0.3558      0.4328      1.7508     -1.0006      0.1968
       NaN     -0.1421      0.1046     -0.0016      0.0507
       NaN         NaN     -0.0403      0.1766     -0.0717
       NaN         NaN         NaN      0.0407     -0.0069
       NaN         NaN         NaN         NaN      0.0579

>> AAS./BBS
ans =
   1.0e+03 *
   -1.4206     -0.0642     -0.6328      3.8672      7.9560
       NaN      0.4071      0.2730      5.1057      1.5338
       NaN         NaN      0.5793      1.9401      2.2724
       NaN         NaN         NaN      3.5585      6.9105
       NaN         NaN         NaN         NaN     -0.4028

% logischer Vektor [0 1 0 1 1] fuehrt zu:
% (22) -> (11) | (44) -> (22) | (55) -> (33)
```

Die Funktion `qzord` ordnet die Eigenwerte entsprechend der im Beispiel angegebenen Liste um.

Eigenwerte von Matrizenpolynomen. Mit `[x,e] = polyeig(A0,A1,...Ap)` bietet MATLAB die Möglichkeit, polynomiale Eigenwertprobleme

$$\sum_{k=0}^{p} \left(\lambda^k A_k\right) \cdot x = 0$$

zu lösen. „Ak" sind die Eingangsmatrizen derselben Ordnung n; die optionale $n \times (n \cdot p)$-Rückgabematrix „x" enthält in ihren Spalten die Eigenvektoren und der Rückgabevektor „e" ($n \cdot p$-dimensional) die Eigenwerte. Für p=0 liegt ein gewöhnliches Eigenwertproblem vor, für p=1 ein verallgemeinertes und für n=1 ein gewöhnliches Nullstellenproblem für ein Polynom p-ter Ordnung. Mit `[x,e,s] = polyeig(A0,A1,...Ap)` lassen sich zusätzlich noch die Konditionalzahlen zu den Eigenwerten zurückgeben. Die Umkehrung zu `polyeig` bietet `p = poly(nullst)`, das aus vorgegebenen Nullstellen das zugehörige Polynom wieder rekonstruiert.

10.4.3 Singulärwertzerlegung

Zu einer m×n-Matrix A existieren orthogonale Matrizen U und V, so dass

$$A = UDV^t \qquad D \quad \text{diagonal} \tag{10.13}$$

gilt. Die so erhaltene Zerlegung heißt Singulärwertzerlegung von A. Das bedeutet, die Diagonalelemente von D sind die Wurzeln der Eigenwerte von A^tA. Der entsprechende Aufruf in MATLAB lautet `[U,D,V] = svd(A)`. Ist man nur an den Singulärwerten interessiert, genügt `D = svd(A)`. Mit `[U,D,V] = svd(A,0)` bzw. `... = svd(A,'econ')` lässt sich eine reduzierte Zerlegung berechnen. Der Lösungsalgorithmus basiert auf QR-Zerlegungen. Sind zur Konvergenz mehr als 75 QR-Iterationen notwendig, dann wird die Lösung mit einer Fehlermeldung „Solution will not converge" abgebrochen.

Für eine verallgemeinerte Singulärwertzerlegung zweier Matrizen A, B gleicher Spaltendimension unter folgenden Bedingungen:

$$A = UCX^+ \tag{10.14}$$
$$B = VSX^+ \quad \text{mit} \tag{10.15}$$
$$C^tC + S^tS = I \quad \text{und} \tag{10.16}$$

U und V unitär, steht das MATLAB-Kommando `gsvd` zur Verfügung. Die vollständige Syntax lautet `[U,V,X,C,S] = gsvd(A,B,0)`, wobei die „0" wie für `svd` im Falle der reduzierten Berechnung gesetzt wird. Ist man nur an den verallgemeinerten Singulärwerten interessiert, genügt `si = gsvd(A,B)`, mit `si = sqrt(diag(C'*C./diag(S'*S))`.

`[U,D,V] = svdsketch(A)` schätzt die Singulärwertzerlegung von „A" auf der Basis einer Zerlegung $U \cdot D \cdot V^t$ mit geringerem Matrixrang. Mittels `[U,D,V] = svdsketch(A,tol)` kann die Toleranz (Voreinstellung $eps(class(A))^{1/4}$) für die Abschätzung festgelegt werden. Via [U,D,V] = svdsketch(A,tol,eig,wert) werden verschiedene Eigenschafts-Werte Paare unterstützt. Die wichtigste ist die Zahl der Iterationen, die zur Bestimmung von „D" genutzt werden: 'MaxIterations' mit einer positiven ganzen Zahl. Zur Fehlerkontrolle kann ein weiterer Rückgabewert [U,D,V,apFehl] = svdsketch(...) „apFehl" genutzt werden, der den relativen approximativen Fehler in jeder Iteration auflistet.

Singulärwertzerlegung dünn besetzter Matrizen. Für dünn besetzte Matrizen A führt D = svds(A) auf die fünf größten Singulärwerte. svds(A,k) berechnet die k größten Singulärwerte. Andere Kriterien können mittels svds(A,k,sigma) festgelegt werden: „sigma" = 'largest' (Voreinstellung) die k größten Singulärwerte, 'smallest' die k kleinsten, 'smallestnz' die k kleinsten ungleich Null und für einen skalaren Wert s die k Singulärwerte, die am nächsten an s liegen. Analog zu svd sind weitere Rückgabewerte möglich: [U,D,V] = svds(A,...) sowie [U,D,V,fl] = svds(A,...). Ist „fl" Null sind alle Singulärwerte konvergiert andernfalls nicht.

Ist A eine m×n dünn besetzte Matrix, dann ist U eine m×k-Matrix mit orthonormalen Spalten, D k×k diagonal und V n×k ebenfalls mit orthonormalen Spalten. U*D*V' ist dann eine rang-nächste Approximation an A. svds basiert auf eigs zur Berechnung der Singulärwerte. Es werden daher auch ähnliche Eigenschaft-Werte Paare wie 'Tolerance', 'MaxIterations' und 'SubspaceDimension', s. Tab. (10.1), unterstützt, sowie 'LeftStart-Vector' oder (nicht beide) 'RightStartVector' zusammen mit einem Startvektor für den Beginn der Iteration.

10.4.4 Hessenberg- und Schur-Form

Hessenberg-Form. Eine Hessenberg-Matrix hat die folgende Form

$$
H = \begin{pmatrix}
h_{11} & h_{12} & h_{13} & \cdots & h_{1n} \\
h_{21} & h_{22} & h_{23} & \cdots & h_{2n} \\
0 & h_{32} & h_{33} & \cdots & h_{3n} \\
\vdots & \vdots & \ddots & \ddots & \vdots \\
0 & 0 & 0 & h_{n-1n} & h_{nn}
\end{pmatrix} ,
\tag{10.17}
$$

d.h., alle Matrixelemente unterhalb der ersten unteren Nebendiagonalen sind null. Symmetrische und hermitesche Matrizen haben eine tridiagonale Hessenberg-Form. QR-Algorithmen werden typischerweise nicht direkt programmiert, sondern laufen vielmehr über eine Hessenberg-Form. Mit [P, H] = hess(A) wird die Hessenberg-Form H der Matrix A und die unitäre Transformationsmatrix P berechnet, so dass A = P*H*P'. Das Rückgabeargument „P" ist optional. Der Algorithmus zur Berechnung der Hessenberg-Form beruht auf LAPACK-Routinen.

[HA,TB,Q,Z] = hess(A,B) mit quadratischen Matrizen „A,B" berechnet eine obere Hessenberg-Matrix „HA", eine untere Dreiecksmatrix „TB" und unitäre Matrizen „Q,Z", so dass gilt $Q \cdot A \cdot Z = HA$ und $Q \cdot B \cdot Z = TB$.

Schur-Form. Eigenwertzerlegungen einer Matrix A beruhen auf Ähnlichkeitstransformationen $A = T\Lambda T^{-1}$ zur Bestimmung der diagonalen Eigenwertmatrix Λ. Zwei

Schwierigkeiten können dabei auftreten: Nicht immer existiert eine solche Zerlegung und nicht immer sind solche Berechnungen numerisch stabil. Eine numerisch zufrieden stellende Alternative ist die Berechnung der Schur-Form. Jede Matrix lässt sich durch eine unitäre Ähnlichkeitstransformation $A = TOT^\dagger$ in eine obere Dreiecksmatrix O transformieren, deren Diagonalelement die Eigenwerte von A sind.

`O = schur(A)` liefert die Schur-Form O der Matrix A. Besitzt A komplexe Eigenwerte, dann lassen sich mit `O = schur(A, flag)` zwei unterschiedliche Darstellungen der Schur-Form berechnen: Hat „flag" den Wert „complex", dann ist O triangular und komplex, und für „real" hat O 2×2-Diagonalblöcke, deren Eigenwerte die komplexen Eigenwerte der Matrix A liefern. Die Funktion `rsf2csf` konvertiert die reelle Schur-Form in ihr komplexes Gegenstück. Mit `[U,O] = schur(A,...)` wird zusätzlich die unitäre Transformationsmatrix U, `A = U*O*U'`, berechnet.

`[US,OS] = ordschur(U,O,ews)` ordnet die Eigenwerte entsprechend dem Indexvektor „ews" um.

Beispiel.

```
>> A=magic(4);      % Testmatrix
>> [U,O]=schur(A)
U =
    -0.5000   -0.8236   -0.1472   -0.2236
    -0.5000    0.4236    0.3472   -0.6708
    -0.5000    0.0236    0.5472    0.6708
    -0.5000    0.3764   -0.7472    0.2236


O =
    34.0000    0.0000    0.0000    0.0000
         0    8.9443   13.4164   -0.0000
         0         0   -8.9443    0.0000
         0         0         0    0.0000

>> % Umordnung: 0 an oberster Stelle
>> [US,OS]=ordschur(U,O,[1 3 2 4])
US =
    -0.2236    0.8236   -0.1472   -0.5000
    -0.6708   -0.4236    0.3472   -0.5000
     0.6708   -0.0236    0.5472   -0.5000
     0.2236   -0.3764   -0.7472   -0.5000

OS =
     0.0000   -0.0000   -0.0000   -0.0000
         0    8.9443  -13.4164    0.0000
         0         0   -8.9443   -0.0000
         0         0         0    34.0000
```

Zur Auswahl bestimmter Eigenwertregionen kann mit `[US,OS] = ordschur(U,O,sw)` ein Schlüsselwort „sw" übergeben werden. Bezeichnet E die Eigenwerte, dann wird für sw gleich „lhp" die Eigenwertregion (left-half plane) real(E) < 0, für „rhp" (right-half plane) real(E) > 0, für „udi" das Innere des Einheitskreises abs(E) < 1 und für „udo" dessen Äußeres abs(E) $\geq$ 1 ausgewählt.

[US,OS] = ordschur(U,O,clusters) ordnet die Schur-Form bezüglich mehrerer Cluster in einem Schritt um. „clusters" ist dabei ein Vektor der Cluster-Indizes.

10.5   Matrix-Funktionen

Die Mehrzahl der MATLAB-Funktionen führt Matrizenargumente elementweise und nicht im Sinne einer Matrixmultiplikation aus. Beispielsweise führt exp(A) zu

$$\begin{pmatrix} \exp(A_{11}) & \cdots & \exp(A_{1m}) \\ \vdots & \ddots & \vdots \\ \exp(A_{n1}) & \cdots & \exp(A_{nm}) \end{pmatrix}.$$

Die Exponentialfunktion im Sinne einer Matrixmultiplikation sollte dagegen durch

$$\sum \frac{1}{\nu!} A^\nu$$

gegeben sein. Für verschiedene Funktionen gibt es daher das entsprechende Matrixpendant. y = expm(A) berechnet die Exponentialfunktion der Matrix „A" und y = logm(A) deren Logarithmus. Hat „A" negative Eigenwerte, so produziert logm die entsprechenden komplexen Werte. Ist, [y,fl] = logm(A), „fl" gleich Null, dann wurde der Algorithmus erfolgreich durchgeführt und ist fl" gleich 1 mussten zu viele Berechnungen durchgeführt werden, „y" kann trotzdem korrekt sein. Das Berechnungsverfahren basiert auf dem Parlett-Algorithmus.

y = sqrtm(A) liefert die Matrixwurzel der Matrix „A". [y,err] = sqrtm(A) unterdrückt wiederum Warnmeldungen und gibt dafür das relative Residuum „err" zurück und [y,alpha,kon]=sqrtm(A) den Stabilitätsfaktor „alpha" und die Konditionszahl „kon".

Beispiel. Dürers magisches Quadrat magic(4) ist eine schlecht konditionierte Matrix. Berechnen wir die Matrixwurzel, so zeigt sich dies an einer hohen Konditionszahl „kon":

```
>> A=magic(4)
A =
    16     2     3    13
     5    11    10     8
     9     7     6    12
     4    14    15     1
>> [y,alpha,kon] = sqrtm(A)
y = ....
alpha =
    1.6017
```

```
kon =
   7.6311e+07

>> As
As =
   16    0    0    0
    0   11    0    0
    0    0    6    0
    0    0    0    1
>> [y,alpha,kon] = sqrtm(As)
y =
   4.0000        0        0        0
        0   3.3166        0        0
        0        0   2.4495        0
        0        0        0   1.0000
alpha =
   1.6710
kon =
   1.7445
```

Dagegen ist die Wurzel einer Diagonalmatrix trivial, die Konditionszahl entsprechend klein.

Eine Verallgemeinerung auf beliebige Matrixfunktionen ist [y, fl] = funm(A,fun). „A" ist die auszuwertende Matrix, „fun" die Funktion, zu der das entsprechende Matrixpendant berechnet werden soll, „y" der Wert der Matrixfunktion, und der optionale Parameter „fl" ist 0 wenn die Berechnung erfolgreich war, sonst 1. Direkt unterstützt werden die Funktionen exp, log, sin, cos, sinh und cosh. Selbstgeschriebene Funktionen (s. Beispiel unten) y = myfun(x,k) müssen nicht nur die Funktion selbst berechnen sondern auch alle Ableitungen. myfun muss daher als erstes Argument einen Vektor und als zweite Argument eine ganze Zahl „k" akzeptieren, die die k-te Ableitung zurückliefert.

Beispiel.

```
   >> A=pi*rand(3)
A =
   0.5997   0.5366   1.0683
   2.6511   3.1237   0.9871
   0.5463   1.3816   1.1469
>> ys = sin(A) % elementweise
ys =
   0.5644   0.5112   0.8764
   0.4711   0.0179   0.8345
   0.5195   0.9822   0.9115

>> [y, err] = funm(A, @sin) % Matrixergebnis
y =
  -0.1471  -0.4683   0.5163
```

```
      -0.1497    -0.3751    -1.0720
      -0.8229    -0.3241     0.2231
err =
     0


>> %%%   2. Beispiel    ABER
>> A=pi*rand(2,3)
A =
     2.9849     1.9065     2.8001
     0.7261     1.5268     2.3942


>> [y, err]=funm(A,@sin)   % Matrixoperation
% Error using funm (line 152)
% First input must be a single or double square matrix.
```

Für die elementweise Operation ist die Dimension der Matrix „A" gleichgültig. Für die korrespondierende Matrixoperation müssen im Regelfall Potenzen der Argumentmatrix gebildet werden und folglich ist die Matrixfunktion nur für quadratische Matrizen definiert. funm unterstützt noch Optionen wie Beispielsweise options.Display = 'on' zur Ausgabe entsprechender Informationen. Parameter p1, ..., pn werden an die Funktion „fun" mittels ... = funm(A,fun,options,p1, ...,pn) übergeben.

Beispiel eigene Funktion mit Parameterübergabe: sin(f*x)

```
function y = mysin(x,k,f)
    % wir benoetigen die Ableitungen (k) von sin(f*x)
    y = f^k*sin(f*x + k*pi/2);  % k-te Ableitung von sin(f*x)
end


%   funm mit Parameteruebergabe f
A = linspace(0,2,49)*pi; A = reshape(A,7,7);  % Test-Matrix
options.Display = 'on';                        % Info zur Berechnung
f = 3;                                         % extra Parameter
y = funm(A,@mysin,options,f);                  % Matrixoperation
```

10.6   Spezielle Matrizen

10.6.1   Befehlsübersicht

Charakteristisches Polynom compan

Testmatrizen gallery, rosser, vander, wilkinson

Hilbertmatrizen hilb, invhilb

Ausgewählte Matrizen hankel, hadamard, toeplitz

Magische Quadrate magic

Binomialkoeffizienten pascal

10.6.2   Das charakteristische Polynom

Ist „A" eine n×n-Matrix mit Eigenwerten λ, dann gilt

$$p_A(\lambda) = det(A - \lambda * I_n) = 0 \,. \tag{10.18}$$

I_n ist die n-dimensionale Einheitsmatrix und p_A das korrespondierende charakteristische Polynom. A = `compan(p)` bildet das Polynom „p" auf die Matrix „A" ab, so dass die Eigenwerte von „A" gleich den Nullstellen von „p" sind. (Streng genommen ist „A" ein Vertreter aus der Klasse aller ähnlichen Matrizen, da Ähnlichkeitstransformationen die Eigenwerte erhalten.)

Beispiel: Charakteristisches Polynom. Betrachten wir als Beispiel das Polynom

$$p(x) = x^4 - 5x^2 + 4 \,. \tag{10.19}$$

In MATLAB wird dieses Polynom durch den Vektor `>> p=[1 0 -5 0 4];` repräsentiert. Seine Nullstellen können mittels

```
>> lapoly=roots(p)
lapoly =
    2.0000
    1.0000
   -2.0000
   -1.0000
```

berechnet werden. Die dazu korrespondierende Matrix mit denselben Eigenwerten:

```
>> Ala = compan(p)
Ala =
     0     5     0    -4
     1     0     0     0
     0     1     0     0
     0     0     1     0
>> laAla=eig(Ala)
laAla =
    2.0000
    1.0000
   -2.0000
   -1.0000
```

Aus einem Polynom lässt sich die korrespondierende Eigenwertmatrix berechnen und ebenso erlaubt MATLAB, aus den Eigenwerten einer Matrix das zugehörige charakteristische Polynom zu konstruieren:

```
>> pAla =poly(laAla)
pAla =
    1.0000    0.0000   -5.0000   -0.0000    4.0000
>> % zum Vergleich Ausgangspolynom war
>> p
p =
     1     0    -5     0     4
```

Und damit schließt sich der Kreis. `compan` und `poly` erlauben, das jeweils korrespondierende Objekt zu berechnen.

10.6.3   Testmatrizen und die „Toolbox Gallery"

Die Funktion `gallery` bietet eine umfangreiche Liste unterschiedlicher Testmatrizen. Die allgemeine Syntax ist `[y1, y2, y3, ...] = gallery('typfun', p1, p2, ...)`, wobei „typfun" den Typ der Testfunktion festlegt. Eine Liste ist in Tab. (10.2) aufgeführt. Die Input-Parameter „pi" und die Rückgabewerte „yi" hängen vom jeweilig gewählten Testproblem ab. Zusätzlich kann noch ein Klassenparameter `[y1, y2, y3, ...] = gallery('typfun', p1, p2, ..., 'class')` übergeben werden. „class" kann entweder 'single' für 4-Byte-Genauigkeit der erzeugten Matrizen oder 'double' (Voreinstellung, 8-Byte-Genauigkeit) sein.

Tabelle 10.2: *Liste der Testmatrizen.*

binomial	cauchy	chebspec	chebvand	chow	circul
clement	compar	condex	cycol	dorr	dramadah
fiedler	forsythe	frank	gearmat	grcar	hanowa
house	integerdata	invhess	invol	ipjfact	jordbloc
kahan	kms	krylov	lauchli	lehmer	leslie
lesp	lotkin	minij	moler	neumann	normaldata
orthog	parter	pei	poisson	prolate	randcolu
randcorr	randhess	randjorth	rando	randsvd	redheff
riemann	ris	rosser	sampling	smoke	toeppd
toeppen	tridiag	triw	unifromdata	vander	wathen
wilk	wilkinson				

Gallery. `gallery(3)` erzeugt eine schlecht konditionierte 3×3-Matrix und `gallery(5)` ein für Eigenwertprobleme interessantes Beispiel.

binomial `A = gallery('binomial',n)` erstellt eine Matrix mit der Eigenschaft, dass $A \cdot A$ eine Diagonalmatrix mit Diagonalelementen $(n-1)^2$ ergibt.

cauchy. `C = gallery('cauchy',x,y)` erzeugt eine n×n-Matrix mit den Elementen

$$C_{i,j} = \frac{1}{x_i + y_j} \qquad 1 \le i, j \le n \,,$$

wobei „x", „y" Vektoren der Länge n sind. Sind beides Skalare, so werden diese als `1:x` und `1:y` interpretiert. „y" ist ein optionales Argument, fehlt es, wird $x = y$ gesetzt. Explizite Gleichungen sind sowohl für die Inverse als auch für die Determinante bekannt. Sind „x" und „y" streng isoton, dann ist die Cauchy-Matrix C streng positiv. Unterscheiden sich alle Elemente von „x" von allen von „y", ist die Determinante ungleich null.

chebspec. `C = gallery('chebspec',n,sw)` führt zu Chebyshevs spektraler Ableitungsmatrix der Ordnung n. Für „sw=0" gilt $C^n = 0$ und für „sw=1" ist „C" wohl konditioniert und der Realteil der Eigenwerte ist streng negativ.

chebvand. Die Matrix `C = gallery('chebvand', p)` ist durch $C_{i,j} = T_{i-1}(p_j)$ gegeben, dabei ist „p" ein Vektor und T das Chebyshev-Polynom der Ordnung $i - 1$. Ist „p" eine ganze Zahl, werden „p" gleichverteilte Punkte aus dem Intervall [0,1] gewählt. Mit `C = gallery('chebvand', m, p)` und m eine ganze Zahl wird „C" eine m×n-Matrix mit Länge n des Vektors „p".

chow. `A = gallery('chow',n,alpha,delta)` erzeugt eine singuläre Toeplitz-Matrix mit unterer Hessenberg-Form. Die Matrix „A" ist durch $A = H(\alpha) + \delta \cdot I_n$ gegeben, mit $H_{i,j}(\alpha) - \alpha^{i-j+1}$ und I_n der Einheitsmatrix. Die Standardwerte für „alpha" (α) und „delta" (δ) sind „1" und „0".

circul. Zirkulante Matrizen sind Toeplitz-Matrizen, die dadurch ausgezeichnet sind, dass ihre Eigenvektoren sich mit den Spalten einer Fouriermatrix identifizieren lassen. `C = gallery('circul',v)` berechnet eine zirkulante Matrix, deren erste Zeile durch den Vektor „v" gegeben ist. Ist „v" ein Skalar, dann gilt `C = gallery('circul',1:v)`

clement. `A = gallery('clement',n,sym)` liefert eine n×n-tridiagonale Matrix mit Nullen auf der Hauptdiagonalen und bekannten Eigenwerten. Für ungerade „n" wird „A" singulär. Für „sym=0" (default) ist die Matrix unsymmetrisch, sonst symmetrisch.

compar. `A = gallery('compar',A,1)` bildet die Diagonalelemente von „A" auf ihren Absolutwert ab und ersetzt in jeder Zeile alle anderen Werte durch den maximalen absoluten Wert dieser Zeile multipliziert mit Minus eins. Dreiecksmatrizen werden wieder triangular.
`gallery('compar',A)` ist in MATLAB-Schreibweise durch `diag(B) - tril(B,-1) - triu(B,1)` mit `B = abs(A)` gegeben und ist dasselbe wie `gallery('compar',A,0)`.

condex. `A = gallery('condex',n,k,theta)`, $1 \leq k \leq 4$, erzeugt schlecht konditionierte invertierbare n×n-Matrizen. Der skalare Parameter „theta" hat den Standardwert 100.

cycol. Erzeugt eine m×n-Matrix, deren Spalten sich zyklisch wiederholen. Syntax: `A = gallery('cycol',[m n],k)`, „m" und „n" sind ganze Zahlen, die die Zeilen- und Spaltendimension festlegen. Ein Zyklus besteht aus einer normalverteilten Zufallsmatrix `randn(m,k)`, wobei der Parameter „k" optional ist und per default durch `round(n/4)` festgelegt ist.

dorr. `[c,d,e] = gallery('dorr',n,theta)` bzw. `A = gallery('dorr',n,theta)` erzeugt eine schlecht konditionierte, diagonal dominante, dünn besetzte, tridiagonale n×n-Matrix. Der Standardwert für „theta" ist 0.01. „d" ist der Diagonalvektor, „c" der untere und „e" der obere Nebendiagonalvektor. „A" ist vom Typ sparse.

dramadah. `A = gallery('dramadah',n,k)` erzeugt eine n×n-Toeplitz-Matrix aus lauter Nullen und Einsen. Der Absolutwert der Determinante ist „1", die Matrix ist zwar schlecht konditioniert aber invertierbar. Der Standardparameter „k" (Standardwert 1) legt den Typ fest. k=1: Frobeniusnorm größer $c \cdot 1.75^n$, Konstante c, Inverse ganzzahlig. k=2: Obere Dreiecksmatrix, Inverse ganzzahlig. k=3: det(A) ist die n-te Fibonacci-Zahl.

fiedler. Die Fiedler-Matrix lässt sich mittels `A = gallery('fiedler',c)` berechnen, wobei „c" ein Vektor der Länge n ist und „A" eine n×n-symmetrische Matrix mit Elementen $|n_i - n_j|$. Ist c ein Skalar, gilt A = gallery('fiedler',1:c). Die Matrix A hat einen dominanten positiven Eigenwert, alle anderen Eigenwerte sind negativ.

forsythe. A = gallery('forsythe',n,alpha,lambda) erzeugt eine n×n-Matrix, die bis auf A(n,1) = alpha einem Jordan-Block mit Eigenwert lambda entspricht. Die Defaultwerte für die optionalen Argumente „alpha" und „lambda" sind sqrt(eps) und 0. Das charakteristische Polynom von A ist durch $\det(A - tI_n) = (\lambda - t)^n - \alpha * (-1)^n$ gegeben.

frank. Eine berühmte Testmatrix für Eigenwert-Solver ist die n×n obere Hessenberg-Matrix F = gallery('frank',n,k) (Frank-Matrix) mit Determinante 1. Für $k = 1$, sind die Elemente an der Gegendiagonale gespiegelt. Die Eigenwerte von F lassen sich aus den Nullstellen von Hermite-Polynomen berechnen. Sie sind positiv und kommen in reziproken Paaren vor. Für n ungerade ist folglich ein Eigenwert gleich 1.

gearmat. Die n×n-Gear-Matrix lässt sich mittels A = gallery('gearmat',n,i,j) berechnen. „A" enthält Einsen in der oberen und unteren Nebendiagonalen, $sign(i)$ an der Stelle $(1, |i|)$ und $sign(j)$ an der Position $(n, n + 1 - |j|)$, sonst lauter Nullen. Per default sind die Argumente „i" und „j" n und $-n$. Alle Eigenwerte sind von der Form $2 \cdot \cos(a)$ und die Eigenvektoren von der Form $[\sin(w+a), \sin(w+2 \cdot a), \cdots, \sin(w+n \cdot a)]$.

grcar. A = gallery('grcar',n,k) berechnet eine n×n-Toeplitz-Matrix mit -1 für die unteren, 1 für die oberen Nebendiagonalelemente und die Diagonalelemente. Der Standardwert für den optionalen Parameter „k" ist 3.

hanowa. A = gallery('hanowa',n,d) liefert eine n×n-Block-Matrix, aus 2×2-Blöcken; „n" muss daher gerade sein.

house. In [v,beta,s] = gallery('house',x,k) ist „x" ein n-dimensionaler Spaltenvektor. Die Householder-Matrix H ist durch $H = I_n - beta \cdot v \cdot v^t$ gegeben, wobei „v" und „beta" so gewählt sind, dass $H \cdot x = s \cdot e_1$, mit e_1 der erste n-dimensionale Einheitsspaltenvektor, $|s| = |x|^2$. „k" (Standardwert 0) bestimmt das Vorzeichen von „s":

$$\text{sign}(s) = \begin{cases} -\text{sign}(x_1) \text{ für } k = 0 \\ \text{sign}(x_1) \text{ für } k = 1 \\ 1 \text{ für } k = 2 \end{cases}$$

integerdata. A = gallery('integerdata',imax,[m,n,...],j) erstellt ein m×n× · · ·-Array mit gleichverteilten ganzen Zufallszahlen zwischen $1 \cdots imax$. „j" entspricht der Seed.

invhess. A = gallery('invhess',x,y) ist die Inverse einer oberen Hessenberg-Matrix, wobei „x" ein Vektor der Länge n ist und „y" ein Vektor der Länge n–1. Der untere Dreiecksanteil ist ones(n,1)*x' und der streng obere Anteil [1 y]*ones(1,n).

invol. A = gallery('invol',n) erzeugt eine n×n-Matrix in Involution, $A \cdot A = I_n$.

ipjfact. [A,d] = gallery('ipjfact', n, k) ergibt eine n×n-Hankel-Matrix „A". „d" ist die Determinante von „A". Für den Standardwert k = 0 sind die Elemente von „A" durch $A_{i,j} = (i + j)!$ und für k = 1 durch $A_{i,j} = \frac{1}{i+j}$ gegeben.

jordbloc. A = gallery('jordbloc', n, lambda) liefert einen n×n-Jordanblock mit Eigenwerten lambda (default ist 1).

kahan. A = gallery('kahan',n,theta,pert) führt zu einer unteren trapezoidalen n×n-Matrix. Wertebereich für theta: $0 < theta < \pi$, Standard ist 1.2, Standardwert für pert ist 25.

kms. A = gallery('kms', n, rho) berechnet die n×n-Kac-Murdock-Szego-Toeplitz-Matrix mit $A_{i,j} = \rho^{|(i-j)|}$, „rho" reell, Standardwert 0.5. Für komplexe „rho" gilt dieselbe Gleichung bis auf den Umstand, dass die untere Dreiecksmatrix komplex konjugiert ist.

krylov. B = gallery('krylov', A, x, j) berechnet die Krylov-Matrix

$$[x, Ax, A^2 x, \cdots, A^{j-1} x]$$

mit „A" n×n-Matrix und „x" Vektor der Länge n. Standardeinstellung: x = ones(n,1), j = n. B = gallery('krylov',n) ist identisch B = gallery('krylov',(randn(n))).

lauchli. A = gallery('lauchli', n, mu) berechnet eine (n + 1)×n-Matrix (Lauchli-Matrix). „A" hat die folgende Form

$$A = \begin{pmatrix} 1 & 1 & 1 & \cdots & 1 \\ \mu & 0 & 0 & \cdots & 0 \\ 0 & \mu & 0 & \cdots & 0 \\ \vdots & \vdots & \vdots & \ddots & \vdots \\ 0 & 0 & 0 & 0 & \mu \end{pmatrix}$$

und ist ein Beispiel für numerische Probleme, die man sich mit Matrixprodukten der Art $A' \cdot A$ einhandeln kann. In diesem Fall entstehen Summen der Form $1 + \mu^2$. Ist $|\mu|$ klein, kann dies zu numerisch bedingten Ungenauigkeiten führen.

lehmer. A = gallery('lehmer',n) führt zu einer n×n-symmetrischen, positiv definiten Matrix, der Lehmer-Matrix mit Elementen $A_{i,j} = \frac{i}{j}$ für $j \geq i$. Die Lehmer-Matrix „A" ist streng positiv, die Inverse tridiagonal und zu numerischen Tests analytisch berechenbar.

leslie. Hinter dieser n×n-Matrix L = gallery('leslie',a,b) verbirgt sich das Leslie-Populations-Modell mit mittleren Geburtsraten $a > 0$ (n-dimensionaler Zeilenvektor) und mittleren relativen Überlebensraten $0 < b \leq 1$ ((n-1)-dimensionaler Zeilenvektor). L = gallery('leslie',n) erzeugt eine Leslie-Matrix, bei der alle Elemente der Vektoren „a" und „b" eins sind; n bezeichnet die Dimension und muss ganzzahlig sein.

lesp. A = gallery('lesp',n) erzeugt eine n×n-tridiagonale Matrix mit reellen Eigenwerten gleichförmig approximativ im Intervall $[-2n - 3.5, -4.5]$ verteilt.

lotkin. Hilbert-Matrizen sind Matrizen mit Elementen $a_{i,j} = 1/(i + j - 1)$. A = gallery('lotkin',n) erzeugt eine Lotkin-Matrix, die aus einer Hilbert-Matrix besteht, bei der die erste Zeile durch lauter Einsen ersetzt worden ist. Die Inverse ist ganzzahlig und explizit berechenbar. Numerisch interessant ist der Test auf Ganzzahligkeit des Invertieralgorithmus.

minij. A = gallery('minij',n) erzeugt eine n×n-symmetrische, positiv definite Matrix mit Elementen A(i,j) = min(i,j).

moler A = gallery('moler', n, alpha) erzeugt eine symmetrische, positiv definite n×n-Matrix A = U'*U, mit U = gallery('triw', n, alpha). Für alpha = −1 gilt $A_{i \neq j} = \min(i,j) - 2$ und $A_{i,i} = i$. (Cleve Moler ist der „Erfinder" von MATLAB.)

neumann. C = gallery('neumann',n) erzeugt eine dünn besetzte n×n-singuläre Matrix, die von der Diskretisierung eines von-Neumann-Problems mit einer 5-Punkt-Gleichung auf einem regulären Gitter herrührt. „n" muss daher eine quadratische ganze Zahl sein oder ein ganzzahliger 2-elementiger Vektor.

normaldata. A = gallery('normaldata',[m,n,...],j) erstellt ein $m \times n \times \cdots$-Array mit normalverteilten Zufallszahlen zwischen $1 \cdots imax$. „j" entspricht der Seed.

orthog. Q = gallery('orthog',n,k) erzeugt für $k > 0$ orthogonale Matrizen und für $k < 0$ diagonal umskalierte, ursprünglich orthogonale Matrizen. Für „k" sind folgende Werte erlaubt:

$$
Q_{r,s} = \begin{cases}
\sqrt{\dfrac{2}{n+1}} \cdot \sin(\dfrac{rs\pi}{n+1}) & : k = 1 \\[2ex]
\dfrac{2}{\sqrt{(2n+1)}} \sin(\dfrac{2rs\pi}{2n+1}) & : k = 2 \\[2ex]
\dfrac{1}{\sqrt{n}} \exp(2\pi i \dfrac{(r-1)(s-1)}{n}) & : k = 3 \\[2ex]
\text{Permutation einer unteren Hessenberg-Matrix} & : k = 4 \\[2ex]
\sin(2\pi \dfrac{(r-1)(s-1)}{n}) + \cos(2\pi \dfrac{(r-1)(s-1)}{n}) & : k = 5 \\[2ex]
\sqrt{2/n} \cos(\dfrac{(r-1/2)(s-1/2)\pi}{n}) & : k = 6 \\[2ex]
\cos(\dfrac{(r-1)(s-1)\pi}{n-1}) & : k = -1 \\[2ex]
\cos(\dfrac{(r-1)(s-\frac{1}{2})\pi}{n}) & : k = -2
\end{cases}
$$

parter. C = gallery('parter',n) erzeugt eine Matrix mit Elementen $C_{i,j} = \frac{1}{i-j+0.5}$. C ist eine Cauchy- und Toeplitz-Matrix. Viele singuläre Werte von C, svd(C), sind nahe π.

pei. A = gallery('pei',n,alpha) führt zu einer symmetrischen Matrix (Pei-Matrix) der Form

$$
A = \begin{pmatrix} \alpha & 0 & \cdots & 0 \\ 0 & \alpha & \cdots & 0 \\ \vdots & \vdots & \ddots & 0 \\ 0 & 0 & \cdots & \alpha \end{pmatrix} + \begin{pmatrix} 1 & 1 & \cdots & 1 \\ 1 & 1 & \cdots & 1 \\ \vdots & \vdots & \vdots & \vdots \\ 1 & 1 & \cdots & 1 \end{pmatrix},
$$

n bestimmt die Dimension, der Skalar „alpha" den Wert der Diagonalkomponente. Die Pei-Matrix ist für „alpha" gleich null oder $-n$ singulär.

poisson. A = gallery('poisson',n) liefert eine Block-tridiagonale, dünn besetzte Matrix der Dimension n^2, die von der Diskretisierung der Poisson-Gleichung auf einem $n \times n$-Gitter mit einem 5-Punkt-Operator herrührt.

prolate. A = gallery('prolate',n,w) führt zu einer $n \times n$-prolaten, schlecht-konditionierten, symmetrischen Toeplitz-Matrix; w (defaultwert 0.25) ist ein skalarer, komplexer Parameter. Für $0 < w < 0.5$ ist „A" positiv definit mit nicht-entarteten Eigenwerten im Intervall $[0,1]$ mit einer Tendenz zur Clusterung nahe null und eins.

randcolu. A = gallery('randcolu',n) ergibt eine n×n-Zufallsmatrix mit normierten Spalten. gallery('randcolu',x) führt zu einer n×n-Zufallsmatrix. x muss ein n-dimensionaler, positiver Vektor ($n > 1$) sein, dessen Norm gerade „n" ergibt. Die singulären Werte von „A" sind durch den Vektor „x" gegeben.
gallery('randcolu',x,m), mit $m \geq n$, erzeugt eine m×n-Matrix. Weitere Optionen liefert der zusätzliche Parameter „k", der die Werte null (default) und eins haben kann: gallery('randcolu',x,m,k). (Siehe den nächsten Punkt „randcorr".)

randcorr. gallery('randcorr',n) ergibt eine n×n-Korrelationsmatrix mit gleichförmig verteilten Zufallseigenwerten. gallery('randcorr',x) erzeugt eine Zufallskorrelationsmatrix, deren Eigenwerte durch den positiven Vektor „x" mit Dimension > 1 gegeben sind. Die Summe der Vektorelemente muss gerade dessen Dimension ergeben. Weitere Optionen liefert der zusätzliche Parameter „k", der die Werte null (default) und eins haben kann: gallery('randcorr',x,m,k). Für k=0 ist die Berechnung zusätzlich mit einer zufälligen orthogonalen Ähnlichkeitstransformation und mit Givens-Rotationen verknüpft, für k=1 ist die Transformation unterdrückt.

randhess. H = gallery('randhess',n) führt zu einer n×n-reellen, orthogonalen oberen Zufalls-Hessenberg-Matrix und H = gallery('randhess',x), mit „x" ein beliebiger reeller Vektor der Dimension $n > 1$, führt zu einer Matrix H, die aus einem Produkt von n-1 Givens-Rotationen gebildet wird und „x" als Parameter nutzt.

randjorth. H = gallery('randjorth',n) führt zu einer n×n j-orthogonalen Zufalls-Matrix.

rando. A = gallery('rando',n,k) ergibt eine diskrete, gleichverteilte n×n-Zufallsmatrix mit den Werten

$$A_{i,j} = \begin{cases} 0 \vee 1 & : k = 1 \\ -1 \vee 1 & : k = 2 \\ -1 \vee 0 \vee 1 & : k = 3 \end{cases}.$$

Hat n=[r,s] zwei Elemente, dann wird eine r×s-Zufallsmatrix erzeugt.

randsvd. A = gallery('randsvd',n,kappa,mode,kl,ku) führt zu einer gebänderten n×n-, oder, falls n=[r,s] 2-elementig und ganzzahlig ist, zu einer r×s-Zufallsmatrix mit vorbestimmten singulären Werten. kappa = cond(A) bestimmt die Kondition der Matrix A, „kl" und „ku" die Zahl der unteren (kl) und oberen (ku) Bänder. „ku" ist optional mit dem Standardwert „kl". Fehlen beide Werte, wird eine volle Matrix erzeugt. „mode" führt für

1   zu einem großen singulären Wert
2   zu einem kleinen singulären Wert
3   zu geometrisch verteilten singulären Werten
4   zu arithmetisch verteilten singulären Werten
5   zu logarithmisch gleichverteilten singulären Zufallswerten.

Für negative Werte ($-5 \cdots -1$) wird der Absolutbetrag zur Bestimmung der singulären Werte benutzt und die Reihenfolge der Diagonaleinträge gegenüber den positiven Werten umgekehrt. Der Standardwert für „kappa" ist $\sqrt{\frac{1}{\text{eps}}}$. Für negative „kappa" wird eine

volle, symmetrischen, positiv definiten Zufallsmatrix erzeugt. In `gallery('randsvd',n,`
`kappa,mode,kl,ku,method)` legt „method" das Berechnungsverfahren fest. Standardwert ist null; ein alternatives, für hohe Dimensionen sehr viel rascheres Berechnungsverfahren wird für „method=1" genutzt.

redheff. `A = gallery('redheff',n)` führt zur Redheffer-Matrix mit Werten

$$A_{i,j} = 1 \text{ für } j = 1 \vee \frac{j}{i} \text{ ganzzahlig, sonst} \quad A_{i,j} = 0 .$$

riemann. `A = gallery('riemann',n)` erzeugt eine Riemann-Matrix mit `A = B(2:n+1,`
`2:n+1)` und Elementen

$$B_{i,j} = i - 1 \text{ für } \frac{j}{i} \text{ ganzzahlig, sonst} \quad B_{i,j} = -1 .$$

ris. `A = gallery('ris',n)` führt zu einer symmetrischen n×n-Hankel-Matrix mit Elementen

$$A_{i,j} = \frac{0.5}{n - i - j + 1.5} .$$

Die Eigenwerte von „A" häufen sich um $\pm\pi$.

rosser. `A = rosser` erzeugt die 8×8-Rosser-Matrix mit ganzzahligen Elementen.

sampling `A = gallery('sampling'x)` führt für einen n-komponentigen Vektor „x" zu
einer n×n-Matrix mit `A(i,j) = x(i)/(x(i) - x(j))` für i≠j mit Diagonalelementen
gegeben durch die jeweiligen Spaltensummen.

smoke. `A = gallery('smoke',n)` berechnet eine komplexe n×n-Matrix mit Einsen in
der oberen Nebendiagonale; $A_{n,1} = 1$ und die Diagonalelemente sind die n-ten Wurzeln
aus 1.

```
>> A = gallery('smoke',4)          >> A.^4
A =                                ans =
      i    1    0    0                  1    1    0    0
      0   -1    1    0                  0    1    1    0
      0    0   -i    1                  0    0    1    1
      1    0    0    1                  1    0    0    1
```

`A = gallery('smoke',n,1)` unterscheidet sich von
`A = gallery('smoke',n)` durch $A_{n,1} = 0$.

toeppd. `A = gallery('toeppd',n,m,w,theta)`
ist eine n×n-symmetrische, positiv semi-definite Toeplitz-Matrix, gebildet aus, je nach
Wert von theta, m Rang 2 oder m Rang 1 symmetrischen, positiv semi-definiten Toeplitz-
Matrizen. Per default ist m=n, w und theta sind m-dimensionale, gleichverteilte Zufalls-
vektoren.

toeppen. P = gallery('toeppen',n,a,b,c,d,e) liefert eine dünn besetzte penta-diagonale Toeplitz-Matrix mit den Werten $P_{3,1} = a, P_{2,1} = b, P_{1,1} = c, P_{1,2} = d$ und $P_{1,3} = e$, mit a, b, c, d und e Skalare. Standardwerte sind $(a, b, c, d, e) = (1, -10, 0, 10, 1)$.

tridiag. A = gallery('tridiag',c,d,e) führt zu einer tridiagonalen dünn besetzten Matrix mit unterer Nebendiagonale c, Diagonale d und oberer Nebendiagonale e. Die Vektoren c und e müssen um ein Element kleiner als d sein.

A = gallery('tridiag',n,c,d,e), mit c, d und e Skalare, erzeugt eine n×n tridiagonale Toeplitz-Matrix mit festen Diagonal- und Nebendiagonalelementen. Die Eigenwerte dieser Matrix sind durch

$$d + 2\sqrt{c \cdot e} \cos\frac{k\pi}{n+1} \quad k = 1 \cdots n$$

gegeben.

triw. A = gallery('triw',n,alpha,k) liefert eine obere Dreiecksmatrix mit Einsen in der Diagonale und α in den ersten $k \geq 0$ Nebendiagonalen. Hat n=[r,s] zwei ganzzahlige Elemente, so wird eine r×s-Matrix erzeugt.

uniformdata. A = gallery('uniformdata',[m,n,...],j) erstellt ein m×n× ··· -Array mit gleichverteilten Zufallszahlen. „j" entspricht der Seed.

vander. A = gallery('vander',c) bzw. A =vander(c) führt zu einer Vandermonde-Matrix, deren zweitletzte Spalte durch c gegeben ist. Die j-te Spalte ist durch

$$A_{i,j} = c_i^{n-j}$$

bestimmt.

wathen. A = gallery('wathen',nx,ny) ergibt eine n×n-, dünn besetzte Zufallsmatrix, mit $n = 3nx \cdot ny + 2nx + 2ny + 1$. A ist die Massenmatrix eines regulären nx-ny-Gitters eines zweidimensionalen Finiten Elements der Serendipity-Klasse mit 8 Knoten. Die Dichte $\rho(nx, nz)$ ist zufällig gewählt.

A = gallery('wathen',nx,ny,1) erzeugt eine diagonal skalierte Matrix (die Diagonalelemente sind 1), so dass die Eigenwerte im Intervall [0.25, 4.5] liegen.

wilk. [A,b] = gallery('wilk',n) erzeugt mehrere von Wilkinson (The Algebraic Eigenvalue Problem, Oxford University 1965, p 308) diskutierte Matrizen. Für n sind die Werte 3, 4, 5, und 21 erlaubt.

wilkinson. w = wilkinson(n) erzeugt eine n×n-Wilkinson-Matrix. Wilkinson-Matrizen sind tridiagonale Matrizen, deren Eigenwerte paarweise sich nur geringfügig voneinander unterscheiden. Wilkinson-Matrizen eignen sich daher besonders zum Testen von Eigenwertroutinen.

10.6.4   Hilbert-Matrizen

hilb, invhilb. H = `hilb(n)` berechnet die n×n-Hilbert-Matrix, deren Elemente durch

$$H_{i,j} = \frac{1}{i+j-1}$$

definiert sind und die für große n schlecht konditioniert ist. Hi = `invhilb(n)` liefert für $n \leq 15$ die exakte inverse Hilbert-Matrix, sonst eine Approximation.

10.6.5   Ausgewählte Matrizen

Die Hankel-Matrix. Eine Hankel-Matrix ist eine symmetrische Matrix, deren Gegendiagonalelemente konstant sind. Die Syntax ist h = `hankel(c)`, wobei „c" ein n-dimensionaler Vektor ist, der die erste Spalte festlegt. Mit h = `hankel(c,r)` wird eine Matrix erzeugt, deren erste Spalte durch den Vektor „c" und deren letzte Zeile durch den Vektor „r" bestimmt wird. Bei einem Elementkonflikt hat „c" Priorität.

Beispiel.
```
>> a1=hankel(1:3)
a1 =
     1     2     3
     2     3     0
     3     0     0
>> a1=hankel(1:3,7:10)
Warning: Last element of input column does not
            match first element of input row.
         Column wins anti-diagonal conflict.

a1 =
     1     2     3     8
     2     3     8     9
     3     8     9    10
```
Die Hadamard-Matrix. Hadamard-Matrizen finden Anwendung beispielsweise in der Kombinatorik, der Signalverarbeitung oder zur Beschreibung von Quantencomputern (Q-Bits). In der Literatur sind sowohl mit $1/\sqrt{n}$ (n die Matrixdimension) normierte Hadamard- als auch unnormierte Hadamard-Matrizen gebräuchlich. MATLAB verwendet die nicht-normierte Form. Interpretieren lassen sich Hadamard-Matrizen als Rotationen um 45°. Für nicht-normierte Hadamard-Matrizen sind die Elemente entweder 1 oder -1 und die Matrix erfüllt $H \cdot H' = n \cdot I_n$. Der Aufruf in MATLAB lautet H = `hadamard(n)`.

Die Toeplitz-Matrizen. Eine Matrix der Form

$$T = \begin{pmatrix} t_0 & t_1 & \cdots & t_{n-1} \\ t_{-1} & t_0 & \ddots & \vdots \\ \vdots & \ddots & \ddots & t_1 \\ t_{1-n} & \cdots & t_{-1} & t_0 \end{pmatrix}$$

heißt Toeplitz-Matrix und ist eindeutig durch die Angabe einer Zeile und einer Spalte bestimmt. Die Syntax lautet `T = toeplitz(c,r)` mit dem Spaltenvektor „c" und dem Zeilenvektor „r". Bei Elementkonflikten hat „c" Vorrang. Eine symmetrische oder hermitesche Toeplitz-Matrix wird mittels `T = toeplitz(r)` erzeugt.

10.6.6   Magische Quadrate

Magische Quadrate sind n×n-Matrizen, bei denen Spalten- und Zeilen-, Diagonal- und Gegendiagonalsumme identisch sind. Die Syntax ist `M = magic(n)` mit $n \geq 3$. Das Magische Quadrat zu $n = 4$ heißt auch Dürers magisches Quadrat.

Beispiel.

```
>> A=magic(4)  % Duerers Quadrat
A =
    16     2     3    13
     5    11    10     8
     9     7     6    12
     4    14    15     1
>> sum(A)      % die Spaltensummen
ans =
    34    34    34    34
>> sum(A')     % die Zeilensummen
ans =
    34    34    34    34
>> sum(diag(A)) % die Diagonalsumme
ans =
    34
>> sum(diag(rot90(A))) % Gegendiagonale
ans =
    34
```

10.6.7   Binomialkoeffizienten

Pascals Matrix der Ordnung n besteht aus den Binomialkoeffizienten, die auch als Pascalsches Dreieck bekannt sind. `A=pascal(n)` erzeugt eine n×n-Matrix, deren Elemente durch die Binomialkoeffizienten gegeben sind. Das Pascalsche Dreieck wird dabei durch die Gegendiagonale aufgespannt. Darüber hinaus sind die Binomialkoeffizienten unvollständig. `A=pascal(n,1)` liefert den unteren Dreiecks-Choleski-Faktor und `A=pascal(n,2)` eine transponierte und permutierte Version von `A=pascal(n,1)`. A ist dabei eine kubische Wurzel der n-dimensionalen Einheitsmatrix.

```
>> A4 =pascal(4) % Die Binomialkoeffizienten
A4 =
     1     1     1     1
     1     2     3     4
     1     3     6    10
     1     4    10    20
```

```
>> a32=pascal(3,2) % eine dritte Wurzel aus eye(3)
a32 =
     1     1     1
    -2    -1     0          >> a32*a32*a32  % Test auf dritte Wurzel
     1     0     0             ans =
                                    1     0     0
                                    0     1     0
                                    0     0     1
```

10.7   Logische Abfragen und Bandbreite

Die folgenden logischen Abfragen testen bestimmte Eigenschaften der Matrix „A". Der Rückgabewert ist dabei ein logisches wahr oder falsch:

`tf = isdiag(A)`	ist diagonal
`tf = isbanded(A,u,o)`	gebändert (u: unten, o: oben)
`tf = issymmetric(A)`	ist symmetrisch
`tf = issymmetric(A,'skew')`	ist schiefsymmetrisch
`tf = ishermitian(A)`	ist hermiteschsch
`tf = ishermitian(A,'skew')`	ist schiefhermitsch
`tf = istril(A)`	ist untere Dreiecksmatrix
`tf = istriu(A)`	ist obere Dreiecksmatrix
`[o,u] = bandwidth(A)`	liefert die obere untere Bandbreite

11 Optimierung, Integration und Differentialgleichungslöser

11.1 Optimierung

11.1.1 Befehlsübersicht

Lokale Minima fminbnd, fminsearch (s. auch Live Editor → Task → Optimize)

Nullstellensuche fzero (s. auch Live Editor → Task → Optimize)

Wahlmöglichkeiten optimget, optimset

Parameter- und Variablensuche symvar

11.1.2 Lokale Minima

fminbnd und fminsearch dienen der Bestimmung des kleinsten Funktionswerts innerhalb eines vorgegebenen Intervalls bzw. der Bestimmung eines Minimums einer Funktion. Während fminbnd innerhalb eines vorgegeben Intervalls mit einer Variablen agiert, sucht fminsearch das Minimum einer Funktion ohne Nebenbedingungen. Zu fminsearch sind mehrere Variablen erlaubt. (Weitere Routinen zur Optimierung bieten die Optimization und Global Optimization Toolbox.)

Der allgemeinste Aufruf ist [x,fval,exitflag,output] = fminbnd(fun,x1,x2,options), die einfachste Variante x = fminbnd(fun,x1,x2). „fun" steht für die auszuwertende Funktion, „x1" und „x2" für die Intervallgrenzen. „fun" kann sowohl ein Function Handle einer M-File-Funktion als auch einer anonymen Funktion sein.

```
>> %   Beispiel Funktionsminimum ausserhalb
>> %   der vorgegebenen Intervallgrenzen
>> fm = @(x) (x-3).^2;
>> [x, fval, exitflag, output] = fminbnd(fm, 4,6)
x =
     4

fval =
     1

exitflag =
```

https://doi.org/10.1515/9783110741780-011

```
1
```

```
output =
    iterations: 21
     funcCount: 24
      algorithm: 'golden section search,
                 parabolic interpolation'
        message: [1x111 char]
```

Das Minimum der Funktion liegt bei 3, die vorgegebenen Intervallgrenzen schließen das Funktionsminimum nicht ein. In einem solchen Fall liefert MATLAB als kleinsten möglichen Wert eine der beiden Intervallgrenzen, je nach Verhalten der Funktion. Dieses Beispiel dokumentiert ein häufiges Missverständnis bei der Anwendung von `fminbnd`. `fminbnd` bestimmt nicht das Minimum einer Funktion, vielmehr den kleinsten Funktionswert innerhalb eines Intervalls, was nicht zwangsläufig ein Minimum der Funktion sein muss!

Der optionale Rückgabewert „feval" ist der Funktionswert an der Stelle x. „Exitflag" kann Werte > 0 (konvergierte Lösung), $= 0$ (maximal erlaubte Zahl der Funktionsberechnungen erreicht) oder < 0 (keine Konvergenz) annehmen. „Output" ist eine Struktur mit den Feldern „iterations" (Zahl der Iterationen), „funcCount" (Zahl der Funktionsberechnungen), „algorithm" (Informationen über den verwendeten Algorithmus) und „message" mit Informationen zum Stoppkriterium, beispielsweise „Optimization terminated: the current x satisfies the termination criteria using OPTIONS.TolX of 1.000000e-04".

Der optionale Eingabewert „options" ist eine Struktur, die die Übergabe von Optionen ermöglicht. Diese Struktur wird am besten mit `optimset`, s. S. 259, erstellt oder verändert.

Alternativ ist auch die Syntax `... = fminbnd(problem)` erlaubt. „problem" ist eine Struktur mit den Feldern objective (Zielfunktion), x1, x2, options (wie oben bereits beschrieben und das Feld problem.solver = 'fminbnd'.

Für Zielfunktionen, die zusätzliche Eingabewerte (Parameter) besitzen führt der Weg am besten über eine anonyme Funktion. Ein Beispiel dazu ist beigefügt. (a = 3; `fun = @(x) fminbndtest(x,a)`).

Der allgemeinste Aufruf zu `fminsearch` ist `[x, fval, exitflag, output] = fminsearch(fun,x0,options)` bzw. `... = fminsearch(problem)`. „feval", „exitflag", „output", „options" sind wieder optional. Ihre Bedeutung entspricht der von `fminbnd`. Der einzige Unterschied, problem.solver = 'fminsearch'. `fminsearch` sucht das Minimum einer skalaren Vektorfunktion „fun". D.h. der Funktionswert ist ein Skalar, die Argumente dürfen Vektoren sein. „x0" ist der Startwert für die Minimumsuche. `fminsearch` sucht nach einem lokalen Minimum. Der Algorithmus basiert auf einer Nelder-Mead-Simplex-Suche. Beispiel:

```
% Als Testfunktion dient die Booth-Funktion
options = optimset('Display','iter','TolX',1e-10);
fun =@(x)(x(1) + 2*x(2) - 7).^2 + (2*x(1) + x(2) -5).^2; % -5 ... 5
[y,fval] = fminsearch(fun,[2;4],options)
```

11.1.3 Nullstellensuche

`[x, fval, exitflag, output] = fzero(fun, x0, options)` bzw.
`... = fzero(problem)` ermittelt die Nullstelle der skalaren Funktion „fun". „fun" kann eine M-File-Funktion oder ein Function Handle sein, „x0" ist der Startwert für die Nullstellensuche oder ein entsprechendes Intervall, also ein zweielementiger Vektor. In diesem Fall muss die Funktion „fun" an den Intervallgrenzen unterschiedliche Vorzeichen haben. Die Eingabevariable „options" ist optional und legt die Optimierungsparameter fest, s. `optimset`. Werte und Bedeutung entsprechen denen der Funktion `fminbnd` bis auf problem.solver = 'fzero'.

Die Nullstelle wird in „x" abgespeichert, alle anderen Rückgabewerte sind optional. „feval" ist der Wert der Funktion an der ermittelten Nullstelle, „exitflag" ist positiv, wenn eine Nullstelle gefunden wurde, sonst negativ; „output" enthält wieder Informationen zum Berechnungsverlauf: output.algorithm (der verwendete Algorithmus), output.funcCount (Zahl der Funktionsberechnungen), output.iterations (Zahl der durchgeführten Iterationen), output.intervaliterations (Zahl der Iterationen um ein Intervall zu finden, falls notwendig) und output.message mit Informationen zum Stoppkriterium.

`fzero` findet nur solche Nullstellen, die mit einem Vorzeichenwechsel der Funktion einhergehen, Berührpunkte mit der Achse, also Extrema werden nicht gefunden.

Beispiel.

```
>> x = fzero(@cos,[1 5])
??? Error using ==> fzero
The function values at the interval endpoints must differ in sign.
```

Bei der Vorgabe eines Intervalls muss die untersuchte Funktion unterschiedliche Vorzeichen an den Intervallgrenzen annehmen.

11.1.4 Wahlmöglichkeiten: optimset und optimget

`optimget` und `optimset` dienen dem bequemen Auslesen bzw. Setzen von Optionen zu den MATLAB-Funktionen `fminbnd`, `fminsearch`, `fzero` und `lsqnonneg`. Mit `eigschaft = optimget(options,'param')` wird der Wert des Feldes options.param ausgelesen. Ist das Feld leer, wird dem Rückgabewert „eigschaft" in dieser Variante `>> eigschaft = optimget(options,'param',wert)` der Wert „wert" zugeordnet.

`optimset(optimfun)` liefert eine Liste erlaubter Felder mit den Standardwerten zur Optimierungsfunktion „optimfun". Beispiel:

```
options=optimset('fzero')
options =
  struct with fields:
        Display: 'notify'
     MaxFunEvals: []
         MaxIter: []
          TolFun: []
            TolX: 2.2204e-16
```

```
FunValCheck: 'off'
  OutputFcn: []
   PlotFcns: []
```

„Display" bestimmt die Tiefe der Ausgabe. Der Defaultwert ist 'notify', eine Ausgabe erfolgt nur bei Nicht-Konvergenz, 'final' nur das Endresultat wird ausgegeben, 'off' ('none') keine Ausgabe, 'iter' jeder Itarationsschritt wird angezeigt. „MaxFunEvals" bestimmt die maximale Zahl der Funktionsauswertungen, „MaxIter" die maximale Zahl der Iterationen, „TolFun" die Abbruchstoleranz für die Funktionswerte und „TolX" die Abbruchstoleranz für die Funktionsargumente. „TolFun" und „TolX" sind „oder"-Toleranzen. Das bedeutet, es genügt, dass eine der beiden Toleranzen erfüllt ist. „FunValCheck" prüft, ob die Zielfunktion gültige Werte liefert, und gibt bei „on" eine Fehlermeldung bei „nan" oder komplexen Funktionswerten aus. „OutputFcn" ist eine selbst-definierte oder von MATLAB bereitgestellte Funktion, die nach jedem Iterationsschritt aufgerufen wird. Dies erlaubt die Definition eigener Abbruchkriterien. „PlotFcns" erlaubt das Plotten ausgewählter Informationen nach jedem Iterationsschritt. Vordefiniert ist „ optimplotx" (plottet den aktuellen Punkt), „ optimplotfval" (plottet den Funktionswert) und „ optimplotfunccount" (plottet die kumulative Anzahl der Funktionsberechnungen). Die Plotfenster sind dabei mit einem Stop- und Pause-Button versehen. Bei zusätzlicher Installation der Optimization Toolbox besitzt die Optionsstruktur weitere Felder, die aber in MATLAB unbesetzt sind und daher hier auch nicht aufgelistet werden.

options = optimset('param1',v1, 'param2',v2, ...) erzeugt die Struktur „options", bei der die Parameterfelder „parami" mit den Werten „vi" belegt sind, und options = optimset(oldopts, 'param1',v1, ...) überschreibt das zu „parami" gehörige Feld der ursprünglichen Struktur „oldopts" mit dem neuen Wert „vi" und speichert die gesamte Struktur in der Rückgabestruktur „options" ab. Alternativ zu diesem Befehl ist options = optimset(oldopts,newopts), bei dem alle Felder von „newopts" die entsprechenden Felder von „oldopts" überschreiben und das Ergebnis der Struktur „options" zugeordnet wird.

11.1.5　Parameter- und Variablensuche

>> symvar 'expr' bzw. s = symvar('expr') analysiert den MATLAB-Ausdruck „expr" und findet die verwendeten Variablen, die in der Zellvariablen „s" abgespeichert werden.

```
>> s=symvar('exp(-i*2*pi*x/x0')
s =
    'x'
    'x0'
```

11.2　Numerische Integration

11.2.1　Befehlsübersicht

Eindimensionale Integration integral, quadgk, (veraltet: quad, quadl, quadv)

Mehrdimensionale Intergration integral2, integral3, quad2d, (veraltet: dblquad, triplequad)

Zur eindimensionalen numerischen Integration stehen die Funktionen `integral` und `quadgk` zur Verfügung. `quad`, `quadv`, `quadl` sind veraltet an ihrer Stelle sollte `integral` verwandt werden. Zur zwei- und dreidimensionalen Integration dienen `integral2` und `integral3` sowie `quad2d` zur Integrationen über nicht rechtwinkligen Gebieten.

11.2.2 Eindimensionale Integration

Quadraturen dienen der Berechnung bestimmter Integrale

$$F = \int_a^b f(x)dx \quad .$$

Die Funktion `quadgk` basiert auf einer Gauss-Kronrod-adaptiven Quadratur 15. und 7. Ordnung. Die allgemeine Syntax lautet `[Q, fehler] = quadgk(f,a,b,eig1,wert1, eig2,wert2,...)`. „f" ist ein Function Handle, „a" und „b" sind die Integrationsgrenzen und „Q" das Integrationsergebnis; alle anderen Parameter sind optional. „fehler" gibt den approximativen absoluten Fehler bei der Berechnung an. An Eigenschaften werden unterstützt: „AbsTol"(absolute Toleranz), „RelTol" (relative Toleranz), „Waypoints" (Zwischenpunkte) und „MaxIntervalCount". Bei den Toleranzen handelt es sich um Doubles oder Singles. Waypoints: Hat die auszuwertende Funktion Unstetigkeiten, so kann ein Vektor mit der Position dieser Unstetigkeiten für eine abschnittsweise Integration übergeben werden. Die Eigenschaft „MaxIntervalCount" legt die maximale Zahl der erlaubten Intervalle fest; Voreinstellung ist 650.

Die Standard-Funktion zur numerischen Integration ist `integral`. Der allgemeine Aufruf ist `Q = integral(f,a,b,eig,wert)` mit den optionalen Eigenschafts-Wertepaare „eig, wert". Unterstützt werden die folgenden Eigenschaften „eig": 'AbsTol' (Absolute Toleranz), 'RelTol' (Relative Toleranz), 'Waypoints' (vgl. `quadgk`) und 'ArrayValued' mit den Werten false und true. Ist 'ArrayValued' true gesetzt, so kann eine Integration über eine Arraywertige Funktion durchgeführt werden.

```
>> fh = @(x) sin(magic(3)*x);  % Arraywertige Funktion
>> fh(pi/2)
ans =
   -0.0000    1.0000    0.0000
   -1.0000    1.0000   -1.0000
   -0.0000    1.0000    0.0000

>> Q = integral(fh,0,pi,'ArrayValued',true)  % Integration
Q =
    0.0000    2.0000    0.0000
    0.6667    0.4000    0.2857
   -0.0000    0.2222   -0.0000
```

Oszilliert die Funktion stark, ist eine sehr hohe Genauigkeit erforderlich oder weist die Funktion Unstetigkeiten auf, so ist im Regelfall `quadgk` effizienter. Beispiel einer stark oszillierenden Funktion:

```
>> f = @(x)sin(x.^2);
>> tic;[Q,fehler]=quadgk(f,0,16*pi);toc,Q,fehler
Elapsed time is 0.012 seconds.
Q =
    0.6196
fehler =
    3.2269e-09
>> tic;Q=integral(f,0,16*pi);toc,Q
Elapsed time is 0.015 seconds.
Q =
    0.6196
```

11.2.3   Mehrdimensionale Integration

F=integral2(f, xa,xb,ya,yb,eig,wert) dient der zwei- und
F=integral3(f, xa,xb,ya,yb,za,zb, eig, Wert) der dreidimensionalen Quadratur. „f" ist die zu integrierende Funktion (Function Handle), „xa", ... „zb" sind die Integrationsgrenzen, alle weiteren Argumente sind optional. Die Funktionen integral·unterstützen die folgende Eigenschaften: 'AbsTol' (Absolute Toleranz), 'RelTol' (Relative Toleranz) und 'Method' mit den Werten 'auto', 'tiled' und 'iterated'. Bei 'tiled' wird das Integrationsgebiet auf eine rechteckige Form transformiert und in kleinere rechteckige Teilbereiche aufgeteilt. In diesem Fall müssen die Integrationsgrenzen endlich sein. Bei 'iterated' wird die Funktion integral aufgerufen, um jeweils die äußere bzw. innere Integration auszuführen. Die Integrationgrenzen können unbeschränkt sein.

Integration einer parametrisierten Funktion. Durch Bildung einer anonymen Funktion können die Parameter einer parametrisierten Funktion direkt an „f" weiter gereicht werden.

```
f1=2; f2=3;            % Parameter
f = @(x,y) sin(f1*x) .* cos(f2*y);
F = integral2(f,0,pi/7,0,pi/8)
```

quad2d. [Q, fehler] = quad2d(f,a,b,c,d, para1,wert1,para2,wert2,...) berechnet das Integral der Funktion „f" über die planare, nicht zwangsläufig rechteckige Region $a \leq x \leq b, c(x) \leq y \leq d(x)$. „f" ist wieder ein Function Handle, „c" und „d" können sowohl Skalare als auch Function Handles sein. Alle anderen Übergabeargumente wie auch der Rückgabewert „fehler" sind optional. Als Parameter „para·" können die absolute Fehlertoleranz „AbsTol" (Voreinstellung 10^{-5}), die relative Toleranz „RelTol", die maximale Zahl der Funktionsevaluationen „MaxFunEvals" (Default 2000), die logische Eigenschaft „FailurePlot" und „Singular" übergeben werden. Ist „FailurePlot" „true" so wird bei Überschreiten der maximalen Zahl an Funktionsberechnungen der kritische Integrationsbereich grafisch dargestellt. Treten an den Integrationsrändern Singularitäten auf, so sollte die Eigenschaft „Singular" zu wahr („true") gesetzt werden. quad2d optimiert die Berechnung dann durch geeignete Transformationen. Der Rückgabewert „fehler" gibt approximativ eine obere absolute Fehlergrenze aus.

Betrachten wir als Beispiel die Integration eines Paraboloids über das in Abb. (11.1) dargestellte Integrationsgebiet.

```
>> % Festlegung der Integrationsgrenzen
>> c = @(x)-1-cos(2*x);
>> d = @(x) cos(x)
>> % Darstellung der Integrationsgrenzen
>> plot(x,c(x),x,d(x)), shg

>> % zu integrierende Funktion
>> f = @(x,y) x.^2 + y.^2;

>> % Integrationsergebnis
>> format long
>> [Q,fehler] = quad2d(f,-pi/2,pi/2,c,d)
   Q =
        5.010300579658805
   fehler =
        1.142575112796440e-06

>>   [Q,fehler] = quad2d(f,-pi/2,pi/2,c,d,'AbsTol',1e-08)
   Q =
        5.010300586221998
   fehler =
        1.178215149830043e-09
```

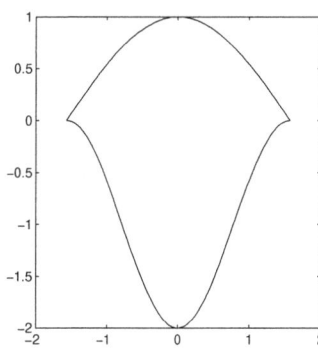

Abbildung 11.1: *Integrationsgrenzen des Beispiels zu* quad2d

11.3 Anfangswertprobleme

11.3.1 Befehlsübersicht

Allgemeine Solver ode45, ode23, ode113

DAE und steife Probleme ode23t, ode15s

Steife Probleme ode23tb, ode23s

Implizite Differentialgleichungen ode15i, decic

Verzögerte Differentialgleichungen dde23, ddesd, ddensd, ddeget, ddeset,

Optionen odeget, odeset

In Tabelle (11.1) sind die in MATLAB verfügbaren Verfahren zur Lösung von Anfangs-wertproblemen (gewöhnliche Differentialgleichungen) mit einer knappen Charakterisie-rung aufgelistet.

Tabelle 11.1: *Übersicht der verfügbaren Löser zu gewöhnlichen Differentialgleichungen.*

BEFEHL	KURZERLÄUTERUNG
ode45	Runge-Kutta-Verfahren: Dormand-Prince-Paar
	Eignung: Nicht-steife Probleme, Standardsolver
ode23	Runge-Kutta-Verfahren: Bogacki-Shampine-Paar
	Eignung: Nicht- oder schwach steife Probleme
ode23tb	Implizites Runge-Kutta-Verfahren
	Anwendung: Steife Differentialgleichungen
ode23t	Trapezverfahren
	Geeignet für DAE-Gleichungen vom Index 1 (singuläre
	Massenmatrix) und schwach steife Probleme
ode23s	Modifiziertes Rosenbrock-Verfahren
	Eignung: Steife Differentialgleichungen mit niederer Toleranz
ode15s	Rückwärtsintegration mit numerischer Differentiation
	DAE-Gleichungen vom Index 1, steife Differentialgleichungen
ode113	Adams-Moulton Bashforth Prediktor-Korrektor-Methode
	Eignung: Nicht-steife Probleme hoher Genauigkeit
ode15i	Numerische Differentiation
	Anwendung: Implizite DAE-Gleichungen zum Index 1
dde23	Basiert auf ode23
	Lösung konstant verzögerter Differentialgleichungen
ddesd	Runge-Kutta-Verfahren 4. Ordnung
	Lösung verzögerter Differentialgleichungen
ddensd	Approximation mittels retardierter Differentialgleichung
	Lösung allgemein verzögerter Differentialgleichungen

11.3.2 Allgemeine Syntax der ode-Solver

Wegen der Ähnlichkeit der Syntax hier zunächst eine Übersicht zu den `ode**`-Lösern und deren Optionen. Spezifische Aspekte werden in den folgenden Unterkapiteln besprochen.

Das Anfangswertproblem (auch Cauchy-Problem genannt) besteht daraus, die Lösung einer gewöhnliche Differentialgleichung (ODE) mit vorgegebenen Anfangswerten

$$\dot{\vec{x}} = f(\vec{x}, t) \qquad \text{mit } \vec{x}(t_0) = \vec{x_0} \tag{11.1}$$

zu bestimmen. MATLAB bietet dazu die in Tabelle (11.1) aufgelisteten Verfahren. Die allgemeine Syntax ist `[t,x,te,xe,ie] = solver(odefun,tint,x0,options)`, der einfachste Aufruf `[t,x] = solver(odefun,tint,x0)`. „solver" steht für einen der `ode**`-Löser aus Tabelle (11.1) und „odefun" für das zu lösende Differentialgleichungssystem, das als ein Differentialgleichungssystem erster Ordnung formuliert sein muss. „odefun" ist entweder der Name der entsprechenden Funktion oder (besser!) das zugehörige Function-Handle, „tint" das Zeitintervall über die die Integration ausgeführt werden soll und „x0" der Anfangswertevektor. Zusätzliche Parameter „pi" der Funktion „odefun" werden via `solver(@(t,y) odefun(t,y,p1,p2,...), ...)` durchgereicht.

Beispiel: Formulierung der zu lösenden Differentialgleichung. Betrachten wir als Beispiel eine gedämpfte Schwingung

$$\ddot{x} + 2\gamma\dot{x} + \omega^2 x = 0 \tag{11.2}$$

mit dämpfungsfreier Eigenfrequenz ω und Reibungskoeffizient γ. Mit $x = x_1$ und $\dot{x} = x_2$ folgt daraus

$$\dot{x_1} = x_2 \tag{11.3}$$
$$\dot{x_2} = -\omega^2 x_1 - 2\gamma x_2 \,. \tag{11.4}$$

Die korrespondierende MATLAB-Funktion mit dem Namen „daschw" hat das folgende Aussehen:

```
function dx = daschw(t,x,omega,gamma)

% W. Schweizer
% Beispiel ode-solver gedaempfte Schwingung
% omega Frequenz, gamma Daempfung
% x ist ein 2d-Spaltenvektor, dx seine Ableitung
A=[0 1;-omega.^2 -2.*gamma];
dx = A * x;
```

„odefun" ist der Name der zur Differentialgleichung korrespondierenden Funktion. D.h. wegen der zusätzlichen Parameter „@(t,y) daschw(t,y,omega,gamma)". „tint" bezeichnet das Zeitintervall, über dem die Lösung bestimmt werden soll, erlaubt aber auch streng monoton ansteigende, diskrete Zeitwerte `[t0 t1 ... tn]`. In diesem Fall wird die Berechnung unabhängig von den vorgegebenen Zeitpunkten „ti" mit der geschätzten optimierten Schrittweite durchgeführt, die Rückgabewerte auf die vorgegebenen Zeitpunkte „ti" geeignet interpoliert. „x0" bezeichnet die Anfangswerte des Differentialgleichungssystems und „option" eine Struktur, in der die gewählten Optionen festgelegt werden. Wird hier nichts übergeben, werden die Voreinstellungen gewählt. Die verfügbaren Optionen können mit `odeget` angeschaut und die entsprechende Struktur mit `odeset` gesetzt werden. Details werden wir weiter unten diskutieren. „pi" sind Parameter, die direkt an die Funktion „odefun" weitergereicht werden. Die Rückgabeparameter „t" und „y" sind die berechneten Lösungen „y" des Systems zu den Zeiten „t".

Beispiel: Berechnung der Lösung.

```
>> x0=[0 1];     % Anfangswerte
>> ts=[0 10];    % Berechnungsintervall
>> omega=1;      % Parameter zu daschw
>> gamma=1;      % Parameter zu daschw
>>               % Loesung
>> [t,x]=ode45(@(t,y) daschw(t,y,omega,gamma),ts,x0);
>> plot(t,x)     % Visualisierung zeitaufgeloest
>> % Orts-, Geschwindigkeitsdarstellung
>> plot(x(:,1),x(:,2))
```

MATLAB erlaubt zusätzlich noch den Aufruf einer Eventfunktion zur Steuerung des Berechnungsablaufs. „te", „ye" und „ie" enthalten in diesem Fall Informationen zu den Nullstellen „ye(te)" der ie-ten Eventfunktion.

Mit einem Rückgabeparameter, `sol = solver(...)`, wird die Lösung in der Struktur „sol" gespeichert. „sol.x" enthält die vom Löser gewählten Zeitschritte als Zeilenvektor, „sol.y" die zugehörige Lösungsmatrix und „sol.solver" den Namen des verwendeten Algorithmus. „sol.stats" ist wiederum eine Struktur mit Informationen zu der Zahl der Funktionsberechnungen, der Iterationen und den gescheiterten Schritten. „sol.exdata" ist eine Struktur, deren drei Feldelemente den Namen der aufgerufenen MATLAB-Funktion, die Anfangsbedingungen und die Optionen enthält. Die Struktur „sol.idata" erlaubt es, mittels der Funktion `deval`, s. S. 281, die berechnete Lösung in jedem Zwischenpunkt zu interpolieren.

Optionen. An die in Tabelle (11.1) aufgelisteten Solver lassen sich über eine Struktur Optionen übergeben. Der Befehl `odeset` ohne Rück- oder Eingabevariable listet die möglichen Eigenschaften auf. Die Voreinstellungen werden dabei in geschweifter Klammer und der Typ in eckiger Klammer angezeigt.

```
>> odeset
           AbsTol: [ positive scalar or vector {1e-6} ]
           RelTol: [ positive scalar {1e-3} ]
       NormControl: [ on | {off} ]
       NonNegative: [ vector of integers ]
         OutputFcn: [ function_handle ]
         OutputSel: [ vector of integers ]
            Refine: [ positive integer ]
             Stats: [ on | {off} ]
       InitialStep: [ positive scalar ]
           MaxStep: [ positive scalar ]
               BDF: [ on | {off} ]
          MaxOrder: [ 1 | 2 | 3 | 4 | {5} ]
          Jacobian: [ matrix | function_handle ]
          JPattern: [ sparse matrix ]
        Vectorized: [ on | {off} ]
              Mass: [ matrix | function_handle ]
  MStateDependence: [ none | {weak} | strong ]
```

```
    MvPattern: [ sparse matrix ]
  MassSingular: [ yes | no | {maybe} ]
  InitialSlope: [ vector ]
        Events: [ function_handle ]
```

Die absoluten und relativen Toleranzen „AbsTol" und „RelTol" sind „Oder-Toleranzen".
Das bedeutet, dass es hinreichend ist, wenn eine von beiden erfüllt ist. Typischerweise
werden Nulldurchgänge von den absoluten Toleranzen und große Werte von den relativen Toleranzen dominiert. „NormControl" dient der Fehlerkontrolle der Norm der
Lösung. Sind e_i die relativen Fehler der i-ten Komponente der Lösung y, dann muss
(bei NormControl on) $||e|| \leq \max\{\text{RelTol} \cdot ||y||, \text{AbsTol}\}$ erfüllt sein. „OutputFcn" ist
eine Funktion, die nach jedem Integrationsschritt aufgerufen wird. Sie kann eine selbst-
definierte Funktion, oder aber auch eine MATLAB-Funktion wie beispielsweise odeplot
sein. „OutputSel" ist ein Indexvektor, der festlegt, welche Komponenten der Lösung
der Output-Funktion zur Verfügung stehen sollen. „Refine" liefert eine Verfeinerung der
Rückgabewerte via Interpolation. „Stats" legt fest, ob der Löser ergänzende Informationen zur Berechnungseffizienz zurückliefern soll. „InitialStep" schlägt die Länge des ersten
Iterationsschritts vor. Ist der Schritt zu groß, wird er vom Solver verworfen und ein klei-
nerer Schritt gewählt. „MaxStep" legt die maximal erlaubte Schrittweite fest. Die beiden
Eigenschaften „BDF" und „MaxOrder" sind nur für ode15s relevant und werden daher
weiter unten besprochen. „Jacobian", „JPattern" und „Vektorized" sind nur für die Solver
ode15s, ode23s, ode23t und ode23tb relevant und werden daher im Abschnitt „Steife Probleme" diskutiert. Die Eigenschaften „Mass", „MStateDependence", „MvPattern",
„MassSingular" und „InitialSlope" sind insbesondere im Hinblick auf DAE-Systeme interessant und werden daher in diesem Unterkapitel betrachtet. „Events" erlaubt zusätzlich
eine Eventfunktion zu nutzen. Ist diese Eigenschaft „on", dann untersucht der Löser in
jedem Berechnungschritt den Eventvektor auf einen Nulldurchgang. Die Eventfunktion liefert dabei drei Rückgabewerte: `[ew, ist, dir] = eventfcn(t,y)`. „ew" ist der
erwähnte Eventvektor. Für „ist≠0" (isterminal) wird die Integration der Differentialgleichung bei detektiertem Nulldurchgang beendet, „dir" (direction) legt die Richtung
des Nulldurchgangs fest; $(-1, +1, 0)$ steht dabei für negative, positive Richtung oder
jeder Nulldurchgang zählt.

Beispiel: Eventfunktion. Die gedämpfte Schwingung soll nur bis zum ersten Nulldurchgang mit negativer Steigung berechnet werden. Der Aufruf ist in diesem Fall

```
>> options=odeset('Events','bsp_events');
>> x0=[0 1];
>> ts=[0 10];
>> omega=1;
>> gamma=0.5;
>> [t,x]=ode45(@(t,y) daschw(t,y,omega,gamma),ts,x0,options);
```

mit der Funktion

```
function [value,isterminal,direction] = ...
        bsp_events(t,y,varargin)


% Beim Durchlaufen des Nulldurchgangs
```

```
% mit negativer Steigung
% soll die Integration beendet werden.
value = y(1);      % Schwingungsamplitude
isterminal = 1;    % stop Integration
direction = -1;    % negative Richtung
```

Die Integration wird folglich beim ersten Nulldurchgang mit negativer Steigung (hier beim Durchlaufen von der positiven zur negativen y-Achse) beendet.

Das Gegenstück zu `odeset` ist das Kommando `op=odeget(options,'name')` bzw. `op=odeget(options,'name',default)`. Die erste Möglichkeit liefert den Wert der Eigenschaft „name". Ist dieser Wert in der Option noch nicht belegt, so wird mit der zweiten Version der Wert „default" zurückgegeben.

Beispiel. In „options" wurde die relative Toleranz mit

```
>> options=odeset(options,'RelTol',1e-06);
```

auf 10^{-6} gesetzt. `odeget` liefert mit

```
>> optwas=odeget(options,'RelTol',1e-03)
optwas =
    1.0000e-06
```

den gesetzten Wert zurück. Wäre diese Eigenschaft noch nicht belegt gewesen, so wäre die Antwort 10^{-3} gewesen.

11.3.3 Allgemeine Solver: ode45, ode23, ode113

Die Löser `ode45` und `ode23` beruhen auf einem Runge-Kutta-Fehlberg-Verfahren. Für Runge-Kutta n-ter beziehungsweise $(n+1)$-ter Ordnung gilt für die Lösung y

$$y(x_0 + h) = y_{exact} + kh^{n+1}$$
$$\tilde{y}(x_0 + h) = y_{exact} + \tilde{k}h^{n+2} \,,$$

mit unbekannten Fehlerkoeffizienten k und $\tilde{k}$, da

$$y(x_0 + h) - \tilde{y}(x_0 + h) = kh^{n+1} - \tilde{k}h^{n+2} \approx kh^{n+1}$$

$$\Rightarrow k \approx \frac{y - \tilde{y}}{h^{n+1}}.$$

Sei ϵ der maximal erlaubte Fehler. Dann ist

$$\epsilon = |y(x_0 + h_{neu}) - \tilde{y}(x_0 + h_{neu})| = kh_{neu}^{n+1}$$
$$= \frac{h_{neu}^{n+1}}{h^{n+1}} |y(x_0 + h) - \tilde{y}(x_0 + h)|$$

und folglich

$$h_{neu}^{n+1} = \frac{\epsilon h^{n+1}}{|y(x_0 + h) - \tilde{y}(x_0 + h)|} \; . \tag{11.5}$$

Der Vorteil ist offensichtlich. Die Kombination unterschiedlicher Ordnungen erlaubt eine fehlerangepasste Optimierung der Schrittweite. Der Nachteil ist, dass $f(y,t)$ statt n-mal $(2n+1)$-mal berechnet werden muss. Dieses Problem lässt sich durch Auswahl angepasster Zwischenwerte lösen; das Verfahren wird als Runge-Kutta-Fehlberg-Algorithmus bezeichnet und benötigt nur $(n+1)$-Berechnungsschritte. MATLAB nutzt für `ode45` ein Dormand-Prince- und für `ode23` ein Bogacki-Shampine-Paar. Die Ziffern bezeichnen die Ordnung des Lösers.

`ode113` ist ein Adams-Bashforth-Moulton-Solver, basiert also auf einem Mehrschrittverfahren und eignet sich insbesondere für hohe Toleranzen.

Alle drei Solver sind für Standardaufgaben geeignet, nicht aber für steife oder differentialalgebraische Systeme. `ode23` ist effizienter, wenn geringe Toleranzen notwendig sind und bietet sich auch als Löser für schwach steife Systeme an. (Hier ist jedoch meine erste Wahl `ode23tb`.) Eine Übersicht der unterstützten Eigenschaften ist in Tabelle (11.2) aufgelistet, den allgemeinen Aufruf s.o.

11.3.4 DAE und steife Probleme: ode23t, ode15s

`ode15s` basiert auf einem Mehrschrittverfahren variabler Ordnung, das auf einem numerischen Differentiationsansatz beruht. Im Gegensatz dazu sind Runge-Kutta-Verfahren Einschrittverfahren. `ode15s` unterstützt als einziger Solver die Eigenschaft „BDF". Für „BDF" „on" wird an Stelle des voreingestellten numerischen Differentiationsverfahrens eine numerische Rückwärtsdifferentiation, ein Gear-Algorithmus, gewählt und mit „MaxOrder" die maximale Ordnung festgelegt. „ode15s" ist eine der Alternativen, wenn `ode45` nur sehr ineffizient arbeitet. Bei geringer Toleranz ist unter Umständen `ode23s` effizienter. Hier hilft nur ein rasches Durchtesten der einzelnen Solver. Auf `ode15s` greift auch der partielle Differentialgleichungslöser `pdepe` zurück.

Differentialalgebraische Gleichungen (DAE) vom Index 1 lassen sich sowohl mit `ode15s` als auch mit `ode23t` lösen. Der Löser `ode23t` beruht auf einem Trapezansatz und ist auch für schwach steife Probleme geeignet.

Beide Löser unterstützten die Eigenschaften „Mass", „MStateDependence", „MvPattern" und „MassSingular", vgl. Tabelle (11.2). „Mass" hat als Wert entweder eine Matrix oder eine MATLAB-Funktion, die den Wert der Massenmatrix $M(t,x)$ zurückliefert. Damit lassen sich Differentialgleichungsprobleme der Form

$$M(t,x)\dot{x} = f(x,t) \tag{11.6}$$

lösen. Zusätzlich werden singuläre Massenmatrizen unterstützt, d.h. DAE-Systeme vom Index 1. Der Funktionsaufruf erfolgt mit `@mymass`, die Funktion hat die folgende Form: `function m = mymass(t,x)`. Die Eigenschaft „MassSingular" hat die Werte „yes", „no"

Tabelle 11.2: Übersicht der unterstützten (x) Optionen der verschiedenen ode-Löser.

PARAMETER	45, 23, 113	15s	23s	23t	23tb
RelTol	x	x	x	x	x
AbsTol	x	x	x	x	x
NormControl	x	x	x	x	x
OutputFcn	x	x	x	x	x
OutputSel	x	x	x	x	x
Refine	x	x	x	x	x
Stats	x	x	x	x	x
Events	x	x	x	x	x
MaxStep	x	x	x	x	x
InitialStep	x	x	x	x	x
Jacobian	-	x	x	x	x
JPattern	-	x	x	x	x
Vectorized	-	x	x	x	x
Mass	x	x	x	x	x
MStateDependence	x	x	-	x	x
MvPattern	-	x	-	x	x
MassSingular	-	x	-	x	-
InitialSlope	-	x	-	x	-
MaxOrder	-	x	-	x	-
BDF	-	x	-	-	-

oder „maybe" (Voreinstellung). „maybe" testet, ob ein DAE-System vorliegt. Hängt die Massenmatrix nicht von der Systemvariablen „x" ab, dann kann der Wert von „MState-Dependence" auf „none" gesetzt werden, die Funktion „mymass" hängt dann nur noch von der Zeit „t" ab. Die beiden weiteren Einstellmöglichkeiten „weak" und „strong" indizieren eine schwache oder starke Abhängigkeit von der Massenmatrix. Bei einer starken Abhängigkeit der Massenmatrix von „x" kann – falls erfüllt – noch die Eigenschaft „Mv-Pattern" übergeben werden. Der Wert von „MvPattern" ist eine dünn besetzte Matrix „S" mit den Werten „1". S(i,j)=1 bedeutet, dass für alle „k" die (i,k)-Komponente von „M(t,x)" nur von der j-ten Komponente von „x" abhängt. Ein Beispiel zeigt das MAT-LAB-Demo `burgersode`.

11.3.5   Steife Probleme: ode23tb, ode23s

`ode23tb` basiert auf einem impliziten Runge-Kutta-Löser, dessen erste Stufe einer Trapezformel folgt und dessen zweite einer Rückwärtsdifferentiation zweiter Ordnung. Für niedere Toleranzen ist `ode23tb` häufig effizienter als `ode15s` und eignet sich wie dieser für steife Differentialgleichungssysteme. `ode23s` basiert auf einem Runge-Kutta-Rosenbrock-Verfahren, ist also ein Einschrittverfahren und für manche steifen Probleme effizienter als `ode15s`, dies gilt insbesondere bei einer konstanten Massenmatrix. Aber hier heißt es einfach testen.

Die `ode23x`-Solver und `ode15s` unterstützen die Eigenschaften „Jacobian", JPattern" und „Vectorized". Für ein System aus n gewöhnlichen Differentialgleichungen

$$
\begin{pmatrix} \dot{x}_1(t) \\ \dot{x}_2(t) \\ \vdots \\ \dot{x}_n(t) \end{pmatrix} = \begin{pmatrix} f_1(x_1, x_2, \cdots, x_n, t) \\ f_2(x_1, x_2, \cdots, x_n, t) \\ \vdots \\ f_n(x_1, x_2, \cdots, x_n, t) \end{pmatrix} \tag{11.7}
$$

besteht die Jacobi-Matrix

$$
J = \begin{pmatrix} \dfrac{\partial f_1}{\partial x_1} & \dfrac{\partial f_1}{\partial x_2} & \cdots & \dfrac{\partial f_1}{\partial x_n} \\ \dfrac{\partial f_2}{\partial x_1} & \dfrac{\partial f_2}{\partial x_2} & \cdots & \dfrac{\partial f_2}{\partial x_n} \\ \vdots & \vdots & \ddots & \vdots \\ \dfrac{\partial f_n}{\partial x_1} & \dfrac{\partial f_n}{\partial x_2} & \cdots & \dfrac{\partial f_n}{\partial x_n} \end{pmatrix} \tag{11.8}
$$

aus den partiellen Ableitungen nach den Variablen „xi". „Jacobian" kann im Falle einer konstanten Jacobi-Matrix auf eine Matrix verweisen oder mittels eines Function Handles auf eine Funktion, die dann die jeweilig aktuelle Jacobi-Matrix berechnet. Ist die Jacobi-Matrix dünn besetzt, dann ist „JPattern" eine dünn besetzte Matrix „S". Für S(i,j)=1 hängt $f_i(\vec{x}, t)$ nur von der j-ten Komponente von x ab.

Die Voreinstellung für die Eigenschaft „Vectorized" ist „off". Für „on" erwartet der Aufruf `odefun(t,[x1,x2,...])` als Ergebnis `odefun(t,x1)`, `odefun(t,x2)`,..., d.h. die Differentialgleichungsfunktion liefert auf einmal ein ganzes Array von Spaltenvektoren zurück.

11.3.6 Implizite Differentialgleichungen: ode15i

Die Funktion `ode15i` dient der Lösung impliziter gewöhnlicher Differential- und differentialalgebraischer Gleichungen vom Index 1. Der Funktionsaufruf
`[t,x] = ode15i(odefun,tspan,x0,xp0,options)`
folgt der im Abschnitt „Allgemeine Syntax ..." diskutierten Beschreibung. Zusätzlich zu den Anfangsbedingungen „x0" treten hier noch die Anfangsbedingungen für die ersten Ableitungen „xp0" hinzu. Wie bei den anderen ode-Funktionen können im Falle von Ereignisfunktionen zusätzlich die eventspezifischen Rückgabeparameter „te", „ye" und „ie" auftreten bzw. als Rückgabeparameter auch eine Strukturvariable gewählt werden. Von den Optionen werden folgende Einstellungen unterstützt: Zur Fehlerkontrolle „AbsTol", „RelTol" und „NormControl"; die Rückgabeeigenschaften „OutputFcn", „OutputSel", „Refine" und „Stats"; die ergänzenden Schrittweitekontrollen „InitialStep" und

„MaxStep"; die Jacobi-Matrix mit „Jacobian", „JPattern" und „Vectorized" sowie die Ereignisfunktionen „Events".

Implizite Differentialgleichungen haben die folgende Form

$$f(\vec{x}, \dot{\vec{x}}, t) = 0 \,, \tag{11.9}$$

und genau in dieser Form muss auch die von `ode15i` aufgerufene Funktion definiert sein. Die übergebenen Anfangswerte $\vec{x}_0$ und $\dot{\vec{x}}_0$ zum Zeitpunkt t_0 müssen konsistent sein, d.h. $f(\vec{x}_0, \dot{\vec{x}}_0, t_0) = 0$ erfüllen. Die MATLAB-Funktion `decic` unterstützt die Berechnung konsistenter Anfangsbedingungen.

`[x0mod,xp0mod] = decic(odefun,t0,x0,fixed_x0,xp0,fixed_xp0)` nutzt die Ausgangswerte „x0" und „xp0" zum Zeitpunkt „t0", um konsistente Anfangswerte „x0mod" und „xp0mod" $f(x_0mod, xp_0mod, t_0) = 0$ zu berechnen. Die Funktion f ist in „odefun" definiert. Sollen bestimmte Komponenten von „x0" oder „xp0" fest vorgegeben werden, dann müssen die entsprechenden Komponenten von „fixed_x0" bzw. „fixed_xp0" gleich 1 gesetzt werden. Soll beispielsweise die i-te Komponente von x0 fest sein, dann muss `fixed_x0(i) = 1` sein. Mit `decic(...,options)` lassen sich Toleranzeinstellungen „RelTol" und „AbsTol" (vgl. `odeset`) verändern. Parameter werden wieder über „odefun" durch gereicht. Als weiterer Rückgabeparameter kann zusätzlich noch die Norm von $f(x_0mod, xp_0mod, t_0)$ berechnet werden. Der Aufruf lautet `[x0mod,xp0mod,rnrm] = decic(...)`. Weicht „rnrm" stark von 0 ab, so sollte entweder die Toleranz kleiner gewählt werden oder mit einem neuen Startwert ein besseres Ergebnis berechnet werden.

Beispiel. Betrachten wir als Beispiel

$$\dot{x}^2 - E \cdot x^2 + \alpha x - 2 = 0 \,.$$

Für $\alpha = 0$ und $E < 0$ führt die Lösung auf eine harmonische Schwingung. Die vorgegebenen Startwerte können nicht für beliebige Energien E und Störparameter α gültig sein. Mit `decic` werden konsistente Anfangswerte berechnet.

```
>> [t,x]=keplerbsp_dim1(-2,0.005);

% Funktion:
function [t,x]=keplerbsp_dim1(E,alpha)

options = odeset('RelTol',1e-8,'AbsTol',[1e-8]);
x0=[0.5]; % Anfangswert Ort
xp0=[1]; % Anfangswert Geschwindigkeit
%E=-2;
[x0,xp0,resi] = decic(@(t,x,xp) kep(t,x,xp,E,alpha),...
                  0,x0,[],xp0,[1],options);

tspan=[0 10];
[t,x] = ode15i(@(t,x,xp) kep(t,x,xp,E,alpha), ...
            tspan,x0,xp0,options);
```

```
function abw = kep(t,x,xp,E,alpha)
%alpha=0.001;
abw=[xp(1).^2 - E.*x(1).^2 + alpha*x(1)- 2];
```

11.3.7 Verzögerte Differentialgleichungssysteme

Bei vielen Problemen aus Technik und Naturwissenschaft hängt bei korrekter Modellierung das aktuelle Ergebnis zum Zeitpunkt t nicht nur von den Variablen zur Zeit t, sondern auch von deren Wert zu einem oder mehreren früheren Zeitpunkten $t - \tau_{tot}$ ab. Die MATLAB-Funktion dde23 bietet die Möglichkeit, Differentialgleichungen mit konstanten Totzeiten der Form

$$\frac{d}{dt}\vec{x} = f\left(t, \vec{x}(t), \vec{x}(t - \tau_1), \vec{x}(t - \tau_2), \cdots, \vec{x}(t - \tau_k)\right) \tag{11.10}$$

zu lösen. ddesd verallgemeinert diesen Ansatz auf variable Totzeiten und ddesnd erlaubt, verzögerte Ableitungen mit einzubeziehen.

Der Aufruf für dde23 lautet sol = dde23(ddefun,ttot,history,tspan,options). „ddefun" ist das Function Handle auf die zu lösende Differentialgleichung der Form: dydt = ddefun(t,x,Z,p1,p2,...). „t" ist die aktuelle Zeit, „x" der Lösungsvektor, „Z" ist eine Matrix, deren Spalten jeweils einen verzögerten Lösungsvektor $Z(:,j) = \vec{x}(t - \tau_j)$ enthalten. Der konstante Vektor „ttot" enthält alle Verzögerungszeiten $\tau_1, \cdots \tau_k$. Zur Lösung einer Differentialgleichung mit Totzeiten τ_i müssen die Lösungvektoren zu den Zeitpunkten $t_0 - \tau_i$ vor dem eigentlichen Integrationsbeginn t_0 bekannt sein. Diese Werte werden von „history" zur Verfügung gestellt. „history" ist entweder ein konstanter Spaltenvektor mit den Lösungen für $t < t_0$, ein Function Handle einer Funktion zur Berechnung der notwendigen Werte oder die Lösung „sol" einer Vorgängerrechnung, die durch die aktuelle Berechnung fortgesetzt wird. „tspan" ist ein zweikomponentiger Vektor t_0, t_{end}, der den Integrationszeitraum festlegt. Die Struktur „options" enthält die Einstellungen für den Lösungsalgorithmus und kann mit ddeset und ddeget bearbeitet werden. „pi" sind wieder Parameter, die an die aufrufenden Funktionen durchgereicht werden. Die Struktur „options" wie auch die Parameter „pi" sind optional. dde23 unterstützt auch Eventfunktionen.

Die Rückgabestruktur „sol" enthält die folgenden Feldelemente: „sol.solver" mit dem Namen des Lösers „dde23", „sol.history" mit Informationen zur History-Funktion und „sol.discont" die Zeitpunkte mit Unstetigkeiten. „sol.x" enthält einen Vektor mit den Integrationszeiten, „sol.y" ein Array mit Lösungen (Ortsvektoren) und „sol.yp" ein Array mit den ersten Ableitungen zu den Zeitpunkten „sol.x". „sol.stats" ist wiederum eine Struktur mit Informationen zur Zahl der Berechnungsschritte, Funktionsentwicklungen und Fehlschritte.

Beispiel. Als Beispiel betrachten wir eine Schwingungsgleichung mit Verzögerung τ. Das Ergebnis zeigt Abb. (11.2).

$$\dot{y}_1(t) = y_2(t)$$
$$\dot{y}_2(t) = -(2\pi\omega)^2 y_1(t - \tau).$$

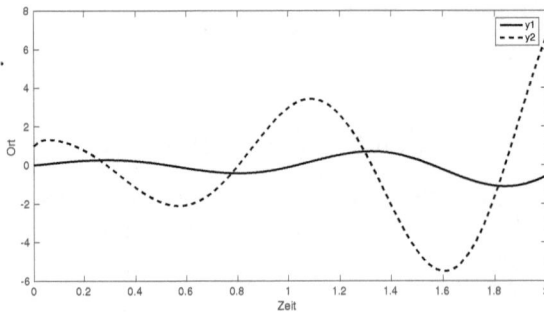

Abbildung 11.2: *Beispiel: Schwingungsgleichung mit Verzögerung*

Für $\tau = 0$ führt dies zu einer harmonischen Schwingung. Die beispielhafte Umsetzung in MATLAB ist:

1. Schritt: Function Handle ddefun, hier (@(t,x,zh) oszdgl(t,x,zh,fp)
2. Schritt: Function Handle history, hier (@(t) oszhist(t,fp)
3. Schritt: Funktion oder Skript (hier **verzosz**) schreiben, das **dde23** aufruft und die weiteren Parameter wie Totzeit, Anfangsbedingungen und gegebenenfalls Optionen festlegt.

```
>> sol=verzosz(0.05,1);
```

Mit

```
function sol = verzosz(ttot,f)
% Verzoegerte Schwingungsgleichung mit
% Totzeit ttot und
% ungestoerter Eigenfrequenz f

fp=2*pi*f;
options=ddeset('RelTol',1e-06,'AbsTol',1e-07);
% Aufruf Loeser
sol=dde23(@(t,x,zh) oszdgl(t,x,zh,fp),ttot, ...
          @(t)oszhist(t,fp),[0 2],options);
% Visualisierung
plot(sol.x,sol.y)

function dxdt = oszdgl(t,x,zh,fp)
% Differentialgleichung
if(t==0)
    x(2)=zh(2); % Anfangswert
end
dxdt = [x(2); -fp^2*zh(1)];

function z = oszhist(t,fp)
```

```
% Berechnung der verzoegerten Werte
z = [sin(fp*(t)); 1];
```

Die MATLAB-Funktion `dde23` kann nur auf Probleme mit konstanten Totzeiten angewandt werden. `ddesd` erlaubt es dagegen, beliebig verzögerte Differentialgleichungen zu lösen sofern keine Ableitungen auftreten. `dde23` greift für die Lösung auf die MATLAB-Funktion `ode23` zurück. `ddesd` basiert auf einem expliziten Runge-Kutta-Algorithmus 4. Ordnung. Die Genauigkeit wird über das Residuum kontrolliert. Integrationsschritte, die größer als die Verzögerungszeiten sind, werden dabei iterativ gelöst. Die Syntax lautet `sol = ddesd(ddefun,delay,history,tspan,options)`. Die Übergabevariablen „ddefun", „history", „tspan", „options" und „pi" sind identisch mit denen von `dde23`. Wie `dde23` unterstützt auch `ddesd` Eventfunktionen. „delay" ist entweder ein Function Handle, das auf eine Funktion mit dem folgenden Aufbau „function d = delay(t,x)" verweist, oder ein konstanter Verschiebungsvektor. Im letzten Fall liegen wie bei `dde23` konstante Totzeiten vor. Wird dagegen auf eine Funktion zugegriffen, so kann die Zeitverschiebung sowohl vom aktuellen Lösungswert „x" als auch von der Zeit „t" abhängen. Der Rückgabewert „d" der Funktion „delay" enthält zu jeder Komponente des Vektors „x" die zugehörige aktuelle Zeitverschiebung. Die Lösung „sol" von `ddesd` besteht bis auf das fehlende Feld „sol.discont" aus denselben Feldern wie bei der Funktion `dde23`.

Differentialgleichungssystem mit zusätzlich Zeitverzögerungen in den Ableitungstermen können mit Hilfe der Funktion `sol = ddensd(ddefun,delay,delayp,history,tspan, options)` gelöst werden. Der Aufbau ist ähnlich `ddesd`; gehen wir daher beispielhaft durch die prinzipielle Vorgehensweise:
1. Schritt: MATLAB-Funktion, die die Differentialgleichung beschreibt aufstellen und Function Handle „ddefun" erstellen (vgl. `dde23`).
2. Schritt: MATLAB-Funktion, die die Zeitverschiebung beschreibt erstellen und Function Handle „delay" oder Vektor erstellen (vgl. `ddesd`).
3. Schritt: „delayp" beschreibt die Zeitverschiebung in den Ableitungen. Vektor oder Funktion Handle „delayp" erstellen. „delayp" ist gegebenfalls wie „delay" eine Funktion mit dem folgenden Funktionsaufruf: `function dyp = delayp(t,y)`.
Alle anderen Übergabeparameter wurden bereits unter `dde23` beschrieben. Der Rückgabewert „sol" ist wieder eine Struktur mit denselben Feldern wie unter „ddesd" zusätzlich dem logischen Feld „IVP", das wahr ist, wenn „history" kein Function Handle war. Die Funktion `ddensd` unterstützt ebenfalls Events.

Wie `odeset` und `odeget` dienen die beiden Funktionen `ddeset` und `ddeget` der Verwaltung der Struktur „options" und werden gleich aufgerufen wie `odeget` und `odeset`. Mit `ddeset` ohne Argument erhält man eine Liste der unterstützten Eigenschaften, deren Voreinstellung in geschweiften Klammern beigefügt ist.

```
>> ddeset
      AbsTol: [ positive scalar or vector {1e-6} ]
      Events: [ function ]
 InitialStep: [ positive scalar ]
    InitialY: [ vector ]
       Jumps: [ vector ]
     MaxStep: [ positive scalar ]
 NormControl: [ on | {off} ]
```

```
OutputFcn: [ function ]
OutputSel: [ vector of integers ]
   Refine: [ positive integer {1} ]
   RelTol: [ positive scalar {1e-3} ]
    Stats: [ on | {off} ]
```

Die Bedeutung ist dieselbe wie bei den ode-Solvern. Neu hinzugekommen sind „InitialY" (Anfangswerte an den Totzeiten, Voreinstellung sind die Werte der History-Funktion) und „Jumps" (Zeitpunkte, an denen Unstetigkeiten auftreten). Das Feld „Jumps" hat nur für dde23 eine Bedeutung.

11.4 Randwertprobleme

Gewöhnliche Differentialgleichungen können als Anfangswertproblem, d.h. die Start-werte sind vorgegeben, oder als Randwertproblem, d.h. Werte an Begrenzungen sind vorgegeben, formuliert sein. Mit **bvp4c** bietet MATLAB die Möglichkeit, Randwertpro-bleme der Form

$$\frac{df(x, \vec{y}; p)}{dx} = f(x, \vec{y}; p) \quad \text{mit} \tag{11.11}$$

$$g(\vec{y}_a, \vec{y}_b; p) = 0 \tag{11.12}$$

zu untersuchen. p sind dabei zunächst noch unbekannte, konstante Parameter. Seit dem Rel. 6.5 werden auch Mehrpunkt-Randwertprobleme unterstützt, zuvor nur Zweipunkt-Ränder.

Befehlsübersicht.

Löser bvp4c, bvp5c

Schätzer bvpinit, bvpxtend

Optionen bvpget, bvpset

Löser: bvp4c und bvp5c. Der Algorithmus von **bvp4c** basiert auf einem Kolloka-tionsverfahren, die vollständige Syntax ist: `sol = bvp4c(@odefun,@bcfun,solinit, options)`. „odefun" repräsentiert die Differentialgleichung und hat die folgende Form: `function dxdt = odefun(x;y)` oder `odefun(x,y,p1,...)` oder `odefun(x,y, para,...)`, wobei „para" für unbekannte noch zu bestimmende Parameter steht. „bc-fun" berechnet das Residuum und hat die Form `function res = bcfun(ya,yb,...)`. „ya" und „yb" sind die Randwerte, der Rest der Argumente ist identisch zu „odefun". „solinit" ist eine Struktur, die eine approximative Lösung anbietet. Die Details werden unten im Rahmen der Funktion **bvpinit** diskutiert. „options" ist eine Struktur, die die entsprechenden Optionen enthält, und ist wie die Parameter „pi", die an die jeweiligen Funktionen durchgereicht werden, optional. Der Rückgabewert „sol" ist eine Struktur mit den folgenden Feldern: „sol.x" sind die Gitterpunkte, an denen die Lösung berech-net wurde, „sol.y" die Lösung der Differentialgleichung und „sol.yp" die Ableitungen an den Gitterpunkten; „sol.solver" enthält den Namen des Lösers (hier bvp4c) und – falls unbekannte Parameter vorlagen – werden deren Werte in „sol.parameters" gespeichert.

`sol = bvp5c(@odefun,@bcfun,solinit,options)` wird in genau derselben Weise aufgerufen wie `bvp4c`, und die einzelnen Parameter haben auch dieselbe Bedeutung. Während `bvp4c` auf einem Kollokationsverfahren 4. Ordnung beruht nutzt `bvp5c` ein Verfahren 5. Ordnung. Dies hat zur Folge, dass `bvp5c` effizienter bei Problemen hoher Genauigkeit arbeitet als `bvp4c`.

Schätzer: bvpinit und bvpxtend. bvpinit dient der Erzeugung der Struktur „solinit", die eine erste Schätzung anbietet, wobei der Ausdruck Schätzung nicht zu eng gesehen werden darf. Die Syntax ist `solinit = bvpinit(x,yinit,parameters)`. „x" gibt das Gitter vor, an dem die Lösung berechnet werden soll. Von `bvp4c` bzw. `bvp5c` wird dieses Gitter entsprechend den Toleranzen geeignet modifiziert. Wesentlich sind die Randpunkte, die erhalten bleiben. Vorgabe eines zu feinen Gitters führt zu einer Vergröberung und umgekehrt. Sind starke Variationen in dem Lösungvektor von vornherein bekannt, dann sollten an diese Stellen Gitterpunkte gelegt werden. „parameters" ist optional und dient im Fall unbekannter Parameter der Übergabe von Anfangswerten. Ist bereits eine Lösung des Randwertproblems bekannt und soll dies in neuen Grenzen berechnet werden, so kann auch die bisherige Lösung übergeben werden, `solinit = bvpinit(sol,[aneu bneu],parameters)`. „aneu" oder „bneu" muss außerhalb des bisherigen Intervalls liegen. In „solinit" werden die bisherigen Werte aus „sol" abgespeichert und entsprechend neue Werte durch Extrapolation dazugefügt; „parameters" ist optional. Sollen keine neuen Schätzungen für die Parameter übergeben werden, so übernimmt, sofern welche vorliegen, `bvpinit` die alten Werte und speichert sie in der Struktur „solinit" ab.

`bvpextend` dient der Extrapolation bestehender mit `bvp4c` oder `bvp5c` berechneter Lösungen. Mit `solinit = bvpxtend(sol,xnew,ynew)` wird die bestehende Lösung um die Punkte „xnew", „ynew" erweitert. „xnew" muss außerhalb des ursprünglichen Intervalls liegen. Mit `solinit = bvpxtend(sol,xnew,Extrapolation)` wird eine Extrapolation ausgeführt. „Extrapolation" kann die Werte „constant" (Voreinstellung), „linear" für eine lineare Extrapolation, oder „solution"> für eine kubische Spline-Extrapolation annehmen. Die Lösung „solinit" kann auch als neuer Startpunkt an die Berechnungsfunktionen `bvp4c` oder `bvp5c` übergeben werden. Mit `solinit = bvpextend(···,pneu)` können der Lösung neue Parameter „pneu" hinzugefügt werden. D.h. der Struktur „solinit" wird ein neues Feld `solinit.parameters = pneu` hinzugefügt bzw. ein bereits bestehendes überschrieben.

Optionen: bvpget und bvpset bvpget und bvpset werden in genau derselben Art und Weise aufgerufen und genutzt wie `odeset` und `odeget`. `bvpset` ohne Argumente liefert eine Liste der unterstützten Eigenschaften zurück, die Voreinstellungen sind wieder in geschweifter Klammer aufgelistet.

```
>> bvpset
          AbsTol: [ positive scalar or vector {1e-6} ]
          RelTol: [ positive scalar {1e-3} ]
    SingularTerm: [ matrix ]
       FJacobian: [ function_handle ]
      BCJacobian: [ function_handle ]
```

```
       Stats: [ on | {off} ]
        Nmax: [ nonnegative integer {floor(10000/n)} ]
  Vectorized: [ on | {off} ]
```

„AbsTol" und „RelTol" sind die absoluten und relativen Toleranzen der Lösung. Für singuläre Randwertprobleme

$$\frac{dy}{dx} = S \cdot \frac{y}{x} + f(x, y, p) \quad \text{mit} \quad x \in [0, b] \ \ b > 0 \tag{11.13}$$

kann die singuläre Matrix S als Wert der Eigenschaft „SingularTerm" übergeben werden. „FJacobian" erlaubt die analytische Berechnung partieller Ableitungen der Funktion „f" bezüglich „y". Übergeben werden müssen x und y sowie im Falle unbekannter Parameter p. In diesem Fall wird ebenfalls die partielle Ableitung von f bezüglich p berechnet. Die Rückgabewerte können entweder eine Matrix $[\partial f/\partial y]$ oder eine Zellvariable $\{\partial f/\partial y, \ \partial f/\partial p\}$ sein. „BCJacobian" ist das Function Handle der Funktion zur analytischen Berechnung der partiellen Ableitung der Randfunktion. Gilt die Randbedingung $bc(ya, yb) = 0$ und ist „BCJacobian" z.B. @bcj, dann werden in der Funktion die partiellen Ableitungen von bc bezüglich ya und yb berechnet und bei unbekannten Parametern „p" die partiellen Ableitungen bezüglich p. Der Funktionsaufruf lautet [dbcdya, dbcdyb, dbcdp] = bcj(ya, yb, p). „Stats" dient der Ausgabe von Parametern zur Effizienzbeurteilung, „Nmax" legt die maximale Zahl der Gitterpunkte in x fest und „Vectorized" „on" teilt bvp4c bzw. bvp5c mit, dass der Aufruf von „odefun" als Ergebnis odefun(x1,y1), odefun(x2,y2),... zurückliefert.

Beispiel: Quantenoszillator im Kasten. Der eindimensionale, harmonische Oszillator in einem symmetrischen Kasten folgt bei geeigneter Skalierung der folgenden Schrödinger-Gleichung

$$\left(-\frac{d^2}{dx^2} + V(x)\right) u(x) = E u(x) \ \ \text{mit} \ \ V(x) = \begin{cases} \frac{1}{2}x^2 & : \ -a < x < a \\ \infty & : \ x = |a| \end{cases} . \tag{11.14}$$

Aus Symmetriegründen genügt es, nur die Hälfte der Lösung für $0 \leq x < a$ zu berechnen. Für positive Parität gelten die Randbedingungen $y(0) = 1, y(a) = 0$ und $y'(0) = 0$; für negative Parität $y(0) = 0, y(a) = 0$ und $y'(0) = 1$. Da der Parameter E nicht bekannt ist, tritt er als zusätzlicher, zu bestimmender Parameter in Erscheinung. Das Ergebnis ist in Abb. (11.3) dargestellt.

```
function sol=harmoscbvp(a,ty)
% Berechnung der quantenmechanischen Loesung
% a ist die Breite des Potentials
% ty sym positive Paritaet
% asym negative Paritaet

% bvpinit
switch ty
    case 'sym'
```

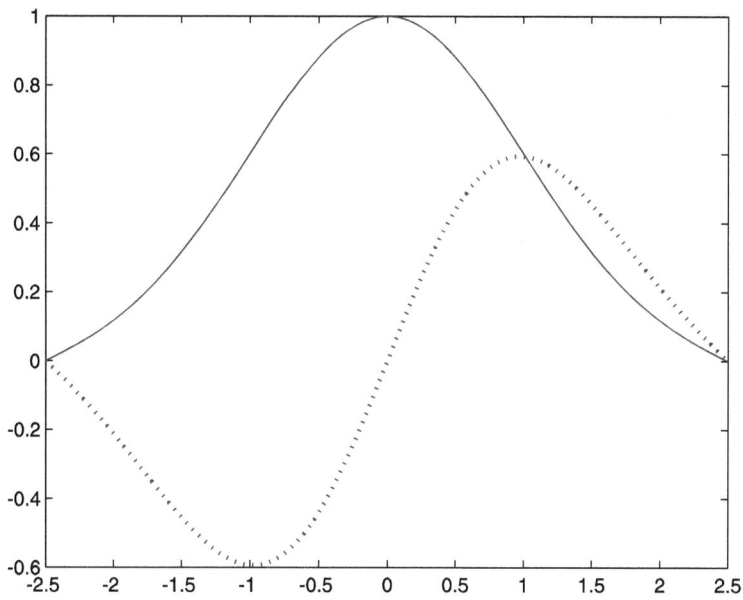

Abbildung 11.3: *Eigenfunktion harmonischer Oszillator im Kasten. Die durchgezogene Linie ist die Lösung (a=2.5) bei positiver und die gestrichelte bei negativer Parität. Dies sind der Grundzustand und der erste angeregte Zustand.*

```
            lambda = 0.5;
            symf=1;
            solinit = bvpinit(linspace(0,a,10)...
                    ,@oscinit,lambda,a,ty);
    case 'asym'
            symf=-1;
            lambda = 1.5;
            solinit = bvpinit(linspace(0,a,10)...
                    ,@oscinit,lambda,a,ty);
end

sol = bvp4c(@oscode, ...
            @(ya,yb,lambda) oscbc(ya,yb,lambda,ty),solinit);

% Ausgabe und Visualisierung
fprintf('Der Eigenwert ist %7.3f.\n',...
        sol.parameters)

xint = linspace(0,a);
Sxint = deval(sol,xint);
xtot = [-fliplr(xint(2:end)), xint];
ytot = [symf*fliplr(Sxint(1,2:end)),Sxint(1,:)];
```

```
plot(xtot,ytot)
title('Eigenfunktion harmonischer Oszillator ...
        im Kasten')

% ------------------------------------------------
function dydx = oscode(x,y,lambda,varargin)
% Schroedingergleichung
dydx = [  y(2)
          -(2*lambda - x.*x)*y(1) ];

% ------------------------------------------------
function res = oscbc(ya,yb,lambda,ty)
% Randbedingungen
switch ty
    case 'sym'
            res=[ya(1)-1
                 yb(1)
                 ya(2)];
    case 'asym'
            res=[ya(1)
                 yb(1)
                 ya(2)-1];
end

% ------------------------------------------------
function yinit = oscinit(x,a,ty)
% Schaetzer
switch ty
    case 'sym'
            yinit=[exp(-1/2*x*x)
                   -x*exp(-1/2*x*x)];
    case 'asym'
            yinit=[x*exp(-1/2*x*x)
                   -x*x*(exp(-1/2*x*x)-1)];
end
```

11.5   Differentialgleichungen: Ergänzungsfunktionen

11.5.1   Funktionsübersicht

Lösungserweiterung deval, odextend

Visualisierung odeplot, odephas2, odephas3

Ausgabefunktion odeprint

11.5.2 Differentialgleichungen: Erweiterung der Lösungen

`deval` dient der Interpolation der Lösung einer Differentialgleichung, die mit einem der ode-Solver (Anfangswertproblem), mit „dde23", mit „ddesd" oder mit „bvp4c" (Randwertproblem) berechnet worden ist. Der Aufruf ist `[sxi,spxi]=deval(sol,xin,idx)` oder, mit vertauschten Argumenten, `[sxi,spxi]=deval(xin,sol,idx)`. „spxi" und „idx" sind optional. „sol" ist die Struktur, die ursprünglich vom Löser berechnet worden ist. „xin" ist ein Vektor oder Array, an dessen Punkten die interpolierten Lösungen gewünscht werden. Extrapolationen werden nicht unterstützt, d.h., die Grenzen müssen innerhalb der ursprünglichen Grenzen liegen. Soll die Interpolation nur für bestimmte Indizes (Richtungen) der ursprünglichen Lösung ausgeführt werden, dann kann mit „idx" ein Indexvektor übergeben werden. Mit einem zweiten Rückgabeparameter „spxi" werden zusätzlich noch die ersten Ableitungen approximativ berechnet. Ein Anwendungsbeispiel zeigt die Visualisierung des obigen Beispiels.

Im Gegensatz zu `deval` dient `odeextend` nicht der Interpolation, sondern der Neuberechnung der Differentialgleichung in neuen Grenzen. Unterstützt werden alle ode-Solver. Die ursprünglich berechnete Lösungsstruktur „sol" liefert alle notwendigen Informationen. Die kürzeste Variante ist `solext = odextend(sol,[],tfinal)`. Ändert sich die das Differentialgleichungssystem repräsentierende MATLAB-Funktion nicht, so braucht sie `odextend` auch nicht übergeben werden; ändert sich dagegen das Differentialgleichungssystem, so lautet der Aufruf `solext = odextend(sol,odefun,tfinal)`. „odefun" ist das Function Handle, das die Differentialgleichung $\dot{x} = f(x,t)$ bzw. für ode15i die implizierte Differentialgleichung $f(x,\dot{x},t) = 0$ repräsentiert. Als Anfangswerte werden die in „sol" festgelegten Werte und der dort festgelegte Solver genutzt. Die neue obere Integrationsgrenze wird durch „tfinal" festgelegt.

`solext = odextend(sol, ..., tfinal, xa)` dient der Übergabe neuerAnfangswerte „xa" und `solext = odextend(sol, ..., tfinal, [xa, xpa])` neuen Anfangswerten „xa", „xpa" für ode15i. Sollen zusätzlich veränderte Optionen genutzt oder Parameter „pi" an die aufzurufende Funktion durchgereicht werden, so ist die Syntax `solext = odextend(sol,odefun,tfinal,xa,options,p1,p2...)`. Bei unveränderten Optionen wird wie immer „options" durch ein leeres Array „[]" ersetzt. Der Rückgabewert „solext" entspricht im Aufbau der Struktur „sol" des bereits besprochenen ode-Lösers.

11.5.3 Output Functions

Output Functions werden mit Hilfe der Optionen `options = odeset('OutputFcn', @odeplot)` an den Differentialgleichungslöser übergeben. Bei jedem Iterationsschritt wird die Output Function aufgerufen. Es kann sich dabei sowohl um eine selbst-definierte oder um von MATLAB bereitgestellte Funktionen handeln. Zur Visualisierung bietet MATLAB die Funktionen `odeplot`, `odephas2` und `odephas3`, und als Ausgabefunktion `odeprint` an.

Visualisierung Wird an den Solver `odeplot` als Output-Funktion übergeben, so wird zu jedem Zeitschritt, bzw. bei einer Verfeinerung mit „refine" in jedem Zwischenschritt, die Funktion `odeplot` aufgerufen. Die Vorgehensweise ist Folgende (vgl. Beispiel: Eventfunktion):

```
function [t,x]=outputbsp

x0=[0 1];        % Werte zur Integration
ti=[0 10];
omega=1;
gamma=1;
subplot(2,1,1)  % Oberes Fenster
options = odeset('OutputFcn',@odeplot);
[t,x]=ode45(@daschw,ti,x0,options,omega,gamma);
subplot(2,1,2)  % Unteres Fenster
options = odeset('OutputFcn',@odephas2);
[t,x]=ode45(@daschw,ti,x0,options,omega,gamma);
```

Das Ergebnis zeigt Abbildung (11.4). `odeplot` kann mit folgenden Argumenten `status` = `odeplot(t,y,flag,varargin)` aufgerufen werden: „y" sind die Lösungen des Solvers zum Zeitpunkt „t", „flag" hat zu Beginn den Wert „init" zur Initialisierung, während der einzelnen Schritte ist „flag" leer und am Ende „done". Dieselbe Aufrufstruktur kann auch bei eigenen Funktionen verwandt werden. Es lohnt sich daher, mit `edit odeplot` die Möglichkeiten und Programmierung anzuschauen.

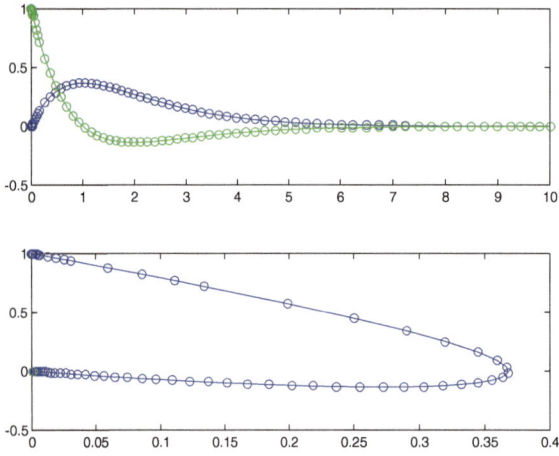

Abbildung 11.4: Oben: Beispiel zur Ausgabe der Funktion `odeplot`. *Unten:* `odephas2`.

`odephas2` und `odephas3` dienen zur Erstellung von Phasenraumplots. Die Übergabe erfolgt analog zu `odeplot`, ein Beispiel zeigt Abbildung (11.4). Bei den erstellten Abbildungen befinden wir uns wieder in der MATLAB-Fig-Umgebung, d.h. eine weitere Bearbeitung wie Achsenbeschriftung, Titelerstellung, Veränderung der Linien und Datenpunkte usf. ist möglich.

Ausgabefunktion `odeprint` wird in derselben Art und Weise wie obige Output-Funktionen aufgerufen und besteht im Wesentlichen aus einem fprintf-Kommando, liefert also in jedem Berechnungsschritt die Lösung zurück.

11.6 Partielle Differentialgleichungen

MATLAB bietet zur Lösung parabolischer oder elliptischer partieller Differentialgleichungssysteme in einer Raum- und einer Zeitkoordinate mit pdepe eine Funktion an, die
auf der Diskretisierung der Raumvariablen beruht. Das so erzeugte System gewöhnlicher
Differentialgleichungen wird mittels der Routine ode15s, die für steife DAE-Systeme geeignet ist, gelöst. Die unterstützten Randwertprobleme sind von der Form

$$c\left(x,t,u,\frac{\partial u}{\partial x}\right)\frac{\partial u}{\partial t} = x^{-m}\frac{\partial}{\partial x}\left(x^m f\left(x,t,u,\frac{\partial u}{\partial x}\right)\right) + s\left(x,t,u,\frac{\partial u}{\partial x}\right). \qquad (11.15)$$

Die Lösungsfunktion $u(x,t)$ ist auf das endliche Raumintervall $a \leq x \leq b$ und das Zeitintervall $t_0 \leq t \leq t_f$ beschränkt. m kann entsprechend der ebenen, zylindrischen oder
sphärischen Symmetrie die Werte $0, 1$ oder 2 annehmen. Für $m > 0$ muss $a \geq 0$ sein.
In Gleichung (11.15) muss c eine positiv definite Diagonalmatrix sein, die Funktion f
repräsentiert einen Flussterm und s eine Quelle. Elliptische Differentialgleichungen sind
in den partiellen Ableitungen von zweiter Ordnung. Ist ein Diagonalelement $c_{ll} > 0$, so
korrespondiert dies zu einem parabolischen Typ, für verschwindende Diagonalelemente
zu einer elliptischen, partiellen Differentialgleichung. Mindestens eine der Gleichungen
muss parabolisch sein. Unstetigkeiten in c und s, beispielsweise durch unterschiedliche Materialkoeffizienten verursacht, dürfen nur in den Gitterpunkten auftreten. Zur
Anfangszeit $t = t_0$ gilt

$$u(x,t_0) = u_0(x) \qquad (11.16)$$

mit $u_0(x)$ als Anfangswertfunktion und für alle Zeiten $t_0 \leq t \leq t_f$ gilt die Randbedingung ($x = a$ und $x = b$)

$$p(x,t,u) + q(x,t)f\left(x,t,u,\frac{\partial u}{\partial x}\right) = 0. \qquad (11.17)$$

q ist eine Diagonalmatrix, deren Elemente entweder stets identisch null sind oder nie
verschwinden. Der allgemeine Aufruf lautet: sol = pdepe(m,pdefun,anfun,rafun,
xmesh,tspan,options). „m" entspricht dem oben diskutierten Symmetrieparameter m,
„pdefun" dem zu lösenden partiellen Differentialgleichungssystem, „anfun" der in Gleichung (11.16) beschriebenen Anfangswertfunktion und „rafun" den in Gleichung (11.17)
beschriebenen Randbedingungen. Diese Argumente „··fun" können entweder als String-
Variable den Namen der zugehörigen MATLAB-Funktion oder sehr viel problemloser das
entsprechende Function Handle übergeben. Parameter werden wieder über die Function
Handle berücksichtigt. „xmesh" ist ein streng monoton ansteigender Zeilenvektor, dessen
erstes Element durch die linke und dessen letztes Element durch die rechte Ortsinter-
vallgrenze gegeben sind. Die einzelnen Elemente legen fest, für welche Orte x jeweils
eine Lösung zu allen Zeiten t bestimmt werden soll. Umgekehrt legt der streng monoton
ansteigende Zeitzeilenvektor „tspan" fest, zu welchen Zeiten alle Lösungen an den Orten
„xmesh" bestimmt werden müssen. Da die Lösungen letztlich auf Rechnungen mit dem
Solver ode15s beruhen, werden von dem optionalen Struktur-Argument „options" alle

Einstellungen unterstützt, die auch für `ode15s` unterstützt werden (vgl. `odeset` und `odeget`). An die oben erwähnten Funktionen „··fun" können zusätzlich die Argumente „pi" durchgereicht werden. Häufig empfiehlt es sich mit `varargin` zu arbeiten.

„pdefun" ist wie folgt aufgebaut: `function [c,f,s] = pdefun(x,t,u,dudx,p1,...)`. „x" und „t" sind Skalare des aktuellen Orts- bzw. Zeitvektors, „u" ist der Spaltenvektor der aktuellen Lösung, „dudx" seine partielle Ableitung nach x und „pi" sind die durchgereichten Parameter. Die Rückgabeparameter „c", „f" und „s" sind Spaltenvektoren. „c" sind die Diagonalelemente der Matrix c, „f" und „s" entsprechen den Fluss- und Quelltermen. „anfun" hat die Form `function u = anfun(x,p1,...)` und berechnet die Anfangsbedingungen nach Gleichung (11.16), „rafun" legt die Randbedingungen fest: `function [pa,qa,pb,qb] = rafun(a,ua,b,ub,t,p1,...)`. „a" und „b" sind die linken und rechten Orts-Intervallgrenzen, „ua" und „ub" die Werte der Funktion u an den jeweiligen Rändern. Die Rückgabewerte „p·" und „q·" sind die entsprechenden Werte des Vektors p und der Diagonalelemente q aus Gleichung (11.17) an den Rändern.

Der Rückgabewert „sol" von `pdepe` ist ein dreidimensionales Array „sol(i,j,k)" mit der k-ten Komponente „u(k)" und der Lösung $u(x,t)$ am Ort „xmesh(i)" zum Zeitpunkt „tspan(j)". Die MATLAB-Funktion `pdeval` erlaubt die approximative Berechnung von Lösungspunkten $u(x,t)$ und partiellen Ableitungen $\partial_x u(x,t)$ an Nicht-Gitterpunkten.

Beispiel: Drift-Diffusionsgleichung Als einfaches, nicht-triviales Beispiel betrachten wir eine Drift-Diffusionsgleichung

$$\frac{\partial c}{\partial t} = \frac{\partial}{\partial x}\left(D(x)\frac{\partial c}{\partial x}\right) \tag{11.18}$$

mit linearem Diffusionskoeffizienten

$$D(x) = D_0(1 + g(x - a)) \quad . \tag{11.19}$$

$c(x,t)$ ist die zeitabhängige Konzentrations- bzw. Teilchenverteilung, a ist die linke Intervallgrenze. Der Teilchenstrom

$$j(x,t) = -D_0 \frac{\partial c(x,t)}{\partial t} \tag{11.20}$$

soll an den Enden verschwinden. Für $g = 0$ führt diese Gleichung auf die übliche Diffusionsgleichung, deren Lösung für eine $\delta(x)$-artige Anfangsverteilung durch die bekannte Gauß-Verteilung gegeben ist. Hier im Beispiel wählen wir $D_0 = 1$, die Anfangsverteilung zu $c(x,0) \propto \delta(x)$ und eine symmetrische räumliche Ausdehnung des Diffusionsgebietes $-a \leq x \leq a$. Damit ergibt sich der Aufruf von `pdepe` zu:

```
% Beispiel Drift-Diffusionsgleichung
% symmetrisch um den Ursprung x = -a ... a
a=10;   % legt Ortsintervall fest
xmesh=linspace(-a,a,101);
dx=xmesh(2)-xmesh(1);
%tspan=linspace(0,10,25);
```

```
tspan=[0:0.1:1,1.3:0.3:3,4:1:10,12:2:20];
m=0;
g=0.05;    % Diffusionssteigung
sol = pdepe(m,...
    @(x,t,u,DuDx) pdedgl(x,t,u,DuDx,a,dx,g),...
    @(x) pdean(x,a,dx,g),...
    @pdera,xmesh,tspan);
```

Die Differentialgleichung ist in der MATLAB-Funktion „pdedgl", die Anfangswerte sind
in „pdean" und die Randbedingungen in „pdera" programmiert.

```
function [c,f,s] = pdedgl(x,t,u,DuDx,a,dx,g)

% Berechnung des linearen Diffusionskoeffizienten
Dx = 1+g.*(x-a);
f = Dx.*DuDx;
c = 1;
s = 0;
%%%%%%%%%%%%%%%%

function u0 = pdean(x,a,dx,g);

% Berechnung des Anfangswertes
% d.h. Massenverteilung
% Rechteck um Ursprung
delta=dx+eps;
u0=0.;
if(abs(x)<=delta)
    u0=0.5/delta;
end
%%%%%%%%%%%%%%%%

function [pl,ql,pr,qr] = pdera(xl,ul,xr,ur,t, ...
                              varargin)
% kein Teilchenfluss durch die Raender
pl=0;
ql=1;
pr=0;
qr=1;
```

Das folgende MATLAB-Skript dient der Visualisierung der Ergebnisse.

```
%    Visualisierung
gesol=size(sol);
for j = 1:gesol(1)
    plot(xmesh,sol(j,:));
    %axis([-10 10 0 1]);
    F(j) = getframe;
end
%    Movie abspielen
movie(F,2)
```

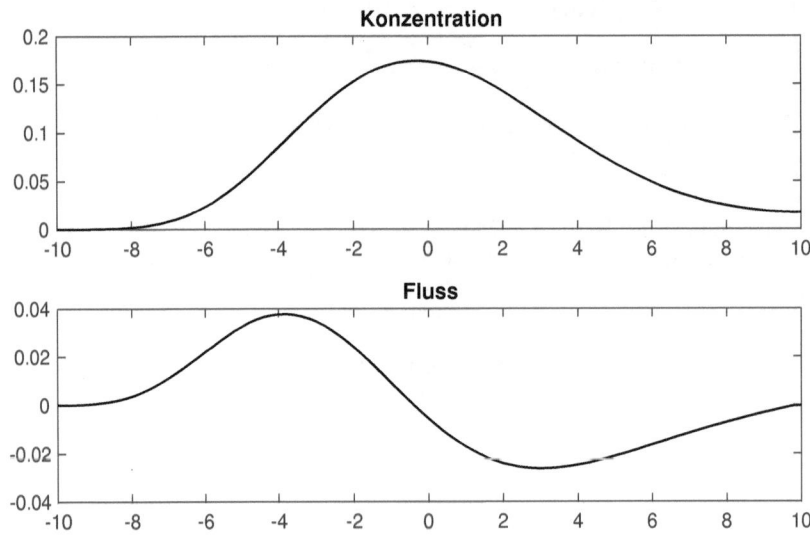

Abbildung 11.5: *Beispiel zur Berechnung der partiellen Ortsableitung mit* `pdeval`. *Konzentration ist die Ausgangslösung, Fluss deren partielle Ortsableitung.*

11.6.1 Interpolation von Lösungen: pdeval

`[uout,duoutdx] = pdeval(m,xmesh,ui,xout)` dient der Interpolation der Lösung von `pdepe` an Zwischenpunkten sowie der Berechnung deren partieller Ableitung. Der Symmetrieparameter „m" und der Ortsvektor „xmesh" entstammen dem Aufruf von `pdepe`. „ui" ist eine ausgewählte Komponente des Lösungsvektors „sol" zur festen Zeit `t(j)`: `ui = sol(j,:,i)`. „xout" gibt die Punkte vor, an denen die Rückgabewerte approximiert werden sollen. „uout" ist der approximative Lösungsvektor zu „ui" und „duoutdx", dessen partielle Ortsableitung an den Stellen „xout". Ein Beispiel basierend auf der Rechnung zum Beispiel „Drift-Diffusionsgleichung" zeigt Abbildung (11.5).

Beispiel: Approximative Berechnung der partiellen Ableitung.

```
ui=sol(25,:);
xout=xmesh;
[uout,duoutdx] = pdeval(m,xmesh,ui,xout);
```

12 Dünn besetzte Matrizen

Bei vielen Anwendungen treten Matrizen auf, bei denen die Anzahl der Elemente ungleich null signifikant kleiner ist als die Zahl der Elemente gleich null. In solchen Fällen lohnt es sich, Speicherformen und Routinen zu definieren, die explizit die hohe Zahl verschwindender Elemente berücksichtigen. Matrizen mit einer hohen Anzahl verschwindender Elemente werden als dünn besetzt oder „sparse" bezeichnet. Betrachten wir als Beispiel eine Matrix mit 10^6 Elementen und 5% davon ungleich null. Als volle Matrix abgespeichert benötigt eine solche Matrix $8 \cdot 10^6$ und als dünn besetzte Matrix (sparse) knapp $8 \cdot 10^5$ Byte. Für die absolut gleiche Zahl an Elementen benötigt ein „sparse Array" etwa den doppelten Speicherplatz, den das reine Abspeichern der Doublezahlen kosten würde.

```
>> whos
  Name      Size        Bytes  Class

  A      1000x1000     8000000  double array
  As     1000x1000      788072  double array (sparse)
```

12.1 Elementare Matrizenoperationen

12.1.1 Befehlsübersicht

Erzeugen und Wandeln sparse, full, spconvert

Matrix-Elemente nnz, nonzeros, nzmax, spones

Speicherplatz spalloc

Funktionen issparse, spfun, find

Visualisierung spy

Faktorisierung symbfact

Parameter setzen spparms

Least-Square-Analyse spaugment

https://doi.org/10.1515/9783110741780-012

12.1.2   Erzeugen und Wandeln

Dünn besetzte Matrizen lassen sich auf unterschiedliche Art und Weise erzeugen. Ist
„A" ein gewöhnliches 2-D-Array, dann wandelt As = sparse (A) „A" in eine dünn
besetzte Matrix „As". Direkt lässt sich eine dünn besetzte Matrix mit dem Aufruf
>> S = sparse(i,j,s,m,n) erzeugen. „i", „j" und „s" sind drei Vektoren gleicher Län-
ge, wobei „i" den Spalten- und „j" den Zeilenindex sowie „s" den zugehörigen Matrixwert
angibt. „m" und „n" ergeben die Dimension.

Beispiel: Direktes Erzeugen einer dünn besetzten Matrix.

```
>> A=[1 0 2
      0 0 1
      3 0 0
      4 0 5];  % As hat dieselben
                % Matrixelemente ungleich 0
>> As=sparse([1 1 2 3 4 4],[1 3 3 1 1 3],...
                       [1 2 1 3 4 5],4,3);
```

S = sparse(i,j,s,m,n,nzmax) erzeugt eine dünn besetzte Matrix wie oben beschrieben, alloziert aber zusätzlich Speicherplatz für „nzmax"-Elemente ungleich null. Ist die
Dimension der Matrix eindeutig durch die Indexvektoren „i" und „j" bestimmt, d.h.
gilt m = max(i) und n = max(j), dann kann die Angabe der Matrixgröße unterblei-
ben: >> S = sparse(i,j,s) . Mit Null = sparse(m,n) lässt sich eine dünn besetzte
m×n-Nullmatrix erzeugen. Das Gegenstück zu sparse ist Af = full(As) und erzeugt
aus einer dünn besetzten Matrix eine volle Matrix.

```
>> As                    >> Af=full(As)
As =                     Af =
   (1,1)      1             1      0      2
   (3,1)      3             0      0      1
   (4,1)      4             3      0      0
   (1,3)      2             4      0      5
   (2,3)      1
   (4,3)      5
```

S = spconvert(D) wandelt die Spalten von „D" in eine dünn besetzte Matrix. Hintergrund ist die Erzeugung dünn besetzter Matrizen aus externen Daten. Für reelle Daten
hat „D" drei und für komplexe vier Spalten [i,j,re,im]. Die erste Spalte enthält die
Zeilen-, die zweite die Spaltenindizes und die dritte und bei Bedarf (Imaginärteil) die
vierte Spalte den Wert. Die Zeile [m n 0] oder [m n 0 0] legt die Zeilen- und Spaltendimension (m,n) fest und darf an einer beliebigen Zeile von D stehen.

12.1.3   Bearbeiten der Matrixelemente

n = nnz(A) gibt die Zahl der Elemente ungleich null an. „A" kann sowohl eine volle als auch eine dünn besetzte Matrix sein. Für praktische Berechnung ist die Dichte ρ_{nnz} der nicht-verschwindenden Matrixelemente von Interesse, die sich aus $\rho_{nnz} =$
nnz(A)/prod(size(A)) berechnen lässt.

`w = nonzeros(A)` liefert die Werte aller nicht-verschwindenden Matrixelemente. Bei sehr großen Matrizen liefert ein Histogramms `histogram(nonzeros(A))` eine Übersicht über die Struktur der nicht-verschwindenden Matrixelemente. `n = nzmax(A)` ist ein Maß für den für nicht-verschwindende Matrixelemente allozierten Speicherplatz. Für volle Matrizen ist „n" die Zahl der Matrixelemente und für dünn besetzte Matrizen die Zahl der nicht-verschwindenden Matrixelemente, dies entspricht dem Ergebnis von `nnz`. Wird eine dünn besetzte Matrix aus `sparse`-Matrixoperationen erzeugt, dann wird dies durch `nzmax` berücksichtigt und das Ergebnis wird sich von `nnz` unterscheiden.

`A1 = spones(As)` ersetzt die nicht-verschwindenden Matrixelemente einer dünn besetzten Matrix „As" durch Einsen; „A1" und „As" haben dieselbe Struktur.

12.1.4 Speicherplatz, Funktionen und Visualisierung

`find` lässt sich genau wie bei vollen Matrizen auch bei dünn besetzten Matrizen anwenden. Bei logischen Argumenten lassen sich auch die nicht-abgespeicherten Null-Matrixelemente mit einbeziehen. Beispielsweise ergibt `[m,n]=find(As==0)` die Indizes aller Matrixelemente mit dem Wert null.

`ts = issparse(As)` testet, ob „As" ein sparse Array ist und liefert ein logisches Wahr, wenn „As" als dünn besetzte Matrix definiert ist, sonst eine logische Null.

`S = spalloc(m,n,nz)` alloziert den Speicherplatz für eine dünn besetzte m×n-Matrix mit nz Elementen ungleich null. Werden Matrizen beispielsweise mittels einer Schleife erzeugt, dann empfiehlt es sich, den notwendigen Speicherplatz zuvor zu allozieren – bei vollen Matrizen zum Beispiel mit `zeros(m,n)`. Für dünn besetzte Matrizen übernimmt diese Aufgabe `spalloc`.

Visualisierung. `spy(A)` dient der Visualisierung der Struktur einer Matrix A. Mit `spy(A,markersize)`, `spy(A,'LineSpec')` oder `spy(A,'LineSpec',markersize)` lässt sich zusätzlich noch die Größe der Markierungspunkte als ganze Zahl (markersize) sowie die Linieneinstellung wie in Plot-Befehlen (Farbe, Typ der Datenpunkte) in „LineSpec" festlegen, beispielsweise `spy(A,'mp-',0.8)`. Die x-Achse wird zusätzlich noch mit der Zahl der nicht-verschwindenden Matrixelemente `nnz(A)` beschriftet, s. Abb. (12.1).

Funktionen. `f = spfun(fun,As)` wendet die Funktion „fun" nur auf die nicht-verschwindenden Matrixelemente von As an und erhält so deren ursprüngliche Struktur. „fun" kann dabei ein Function Handle sein.

```
>> As
As =
    (1,1)       -2.7179
    (2,2)      -10.4652
    (3,3)        0.7875
    (4,4)        1.8075
    (5,5)       -7.2035

>> cosAs = spfun(@cos,As)
cosAs =
    (1,1)       -0.9116
```

```
     (2,2)        -0.5059
     (3,3)         0.7056
     (4,4)        -0.2345
     (5,5)         0.6056

>> full(cosAs)
ans =
    -0.9116           0           0           0           0
          0     -0.5059           0           0           0
          0           0      0.7056           0           0
          0           0           0     -0.2345           0
          0           0           0           0      0.6056
```

Dagegen ist

```
>> cos(full(cosAs))
ans =
     0.6125      1.0000      1.0000      1.0000      1.0000
     1.0000      0.8747      1.0000      1.0000      1.0000
     1.0000      1.0000      0.7612      1.0000      1.0000
     1.0000      1.0000      1.0000      0.9726      1.0000
     1.0000      1.0000      1.0000      1.0000      0.8222
```

12.1.5   Faktorisierung und Least-Square-Analyse

Least-Square-Analyse. Die Lösung eines linearen Gleichungssystems $A\vec{x} = \vec{b}$ (A dünn besetzt) mit unbekanntem Vektor $\vec{x}$ kann mit Hilfe der `qr`-Funktion mittels
`[C,R] = qr(A,b,0); x = R\C;`
berechnet werden. `S = spaugment(A,c)` erzeugt eine dünn besetzte indefinite Matrix `S = [c*I A; A' 0]`, die mit dem Least-Square-Fit-Problem $\min\{\|\,\vec{b} - A \cdot \vec{x}\,\|\}$ durch `r = b - A*x` und `S * [r/c; x] = [b; 0]` verknüpft ist und als erweitertes Least-Square Problem bezeichnet wird. „c" ist optional mit der Voreinstellung 1.

Faktorisierung. `symbfact` dient einer symbolischen Analyse der Matrixfaktorisierung. `c = symbfact(A)` und `c = symbfact(A,'sym')` sind identisch und liefern einen Vektor zurück, der die Zahl der nicht-verschwindenden Elemente jeder Zeile der Choleski-Dreiecksmatrix angibt. `c = symbfact(A,'col')` führt dieselbe Analyse für `A'*A` aus, ohne das Produkt explizit zu bilden. `[c,h,parent,post,R] = symbfact(...)` erlaubt weitere Rückgabeparameter. „c" ist wieder die Zahl nicht-verschwindender Matrixelemente in jeder Zeile, „h" die Höhe des Eliminationsbaums, „parent" der Baum selbst, „post" die Postpermutation des Baumes und „R" eine dünn besetzte Matrix, die die Struktur des Choleski-Faktors widerspiegelt ohne ihn zu berechnen.

12.1.6   Parameter zu Matrix-Routinen für
dünn besetzte Matrizen

`spparms` erlaubt das Setzen von Parametern für Matrixroutinen zu dünn besetzten Matrizen. Ohne Argumente wird eine Beschreibung der aktuellen Parameter zurück-

gegeben. `values=spparms` liefert einen Vektor, der die aktuellen Werte angibt, und
`[keys,values] = spparms` liefert neben dem Vektor der aktuellen Werte noch eine
Character-Matrix „keys" mit den Schlüsselworten. `spparms('default')` setzt alle Parameter auf ihre Voreinstellung und für diejenigen, zu denen ein „Tight-Wert" existiert,
`spparms('tight')` auf diesen Wert. In der folgenden Liste sind die wichtigsten in der
Reihenfolge des Vektors „values" geordnet. In geschweifter Klammer steht der jeweilige
Defaultwert gefolgt vom Tight-Wert und einer knappen Erläuterung.

- „spumoni" {0.0}: Ausgabe-Flag; „0" keine diagnostischen Angaben, „1" Informationen zur Wahl des Algorithmus und zur Speicherallokation, „2" detaillierte Informationen zum Matrix-Algorithmus. (Oder wie es in der Hilfe heißt: „0" keine,
  „1" einige und „2" zu viel Informationen.)

- „rreduce" {3.0; 1.0}: Für streng positive Werte führt `mmd` eine Zeilenreduktion in
  jedem „rreduce"-Schritt aus.

- „wh_frac" {0.5; 0.5}: Zeilen mit einer Dichte > wh_frac werden in `colamd` ignoriert.

- „autommd" {1.0}: ≠ 0, um `mmd`-Umordnungen bei QR-basierten Backslash-Ope-
  rationen zu nutzen. (Zu `mmd` s. UMFPACK User Guide)

- „autoamd" {1.0}: ≠ 0, um `symamd`- und `colamd`-basierte Umordnungen zum Backslash-Operator zu nutzen. (Zu beiden Befehlen s.u.)

- „piv_tol" {0.1}: Pivottoleranz für LU-basierten Backslash-Operator

- „bandden" {0.5}: Benutzte Banddichte für den LAPACK-basierten Backslash-
  Operator und gebänderte Matrizen

- „umfpack" {1.0}: Nutzt UMFPACK-basierte Solver statt LU-basierte für \-Opera-
  tor.

Mit `spparms('key',value)` wird der entsprechende Wert zu dem oben beschriebenen
Schlüsselwort „key" gesetzt und `value = spparms('key')` liefert den zugehörigen Wert
zurück.

MATLAB nutzt zur Lösung eines Gleichungssystems $A\vec{x} = \vec{b}$ mit Hilfe des Backslash-
Operators, bei dem A nicht die Permutation einer Dreiecksmatrix ist, `colamd` und
`symamd` zur Matrix-Division. (Der Slash-Operator wird durch Transponieren auf den \-
Operator abgebildet.) Dieser Automatismus lässt sich mittels >> `spparms('autommd',`
`0)` ab- und mit `spparms('autommd',1)` wieder anstellen. Die meisten weiteren Möglichkeiten von `spparms` sind eher nicht offensichtlich. Für ein detaillierteres und klareres
Verständnis empfiehlt es sich, bei Bedarf den ca. 170-seitigen UMFPACK User Guide
zu konsultieren.

12.2   Elementare dünn besetzte Matrizen

12.2.1   Befehlsübersicht

Einheitsmatrix speye

Diagonalen spdiags

Zufallsmatrizen sprand, sprandn, sprandsym

12.2.2   Einheitsmatrizen, diagonale dünn besetzte Matrizen

S = speye(n) erzeugt eine dünn besetzte Einheitsmatrix der Dimension n und S = speye(m,n) eine dünn besetzte Matrix, deren quadratische Untermatrix eine Einheitsmatrix bildet.

spdiags erzeugt eine dünn besetzte gebänderte oder diagonale Matrix oder extrahiert aus einer Matrix den Diagonalteil. [B, d] = spdiags(A) liest alle p nicht-verschwindenden Diagonalelemente aus der m×n-Matrix „A“. „B“ ist eine q×p-Matrix, wobei q durch das Minimum von (m,n) gegeben ist. d ist ein Indexvektor der Länge q, dessen Integerwerte die Position der Diagonalwerte festlegen. B = spdiags(A,d) bildet die durch „d“ festgelegten Diagonalen und Nebendiagonalen von „A“ auf „B“ ab. Gleichgültig ob „A“ und „d“ vom Typ „sparse“ sind oder nicht, der Rückgabewert ist stets vom Typ „full“.

```
>> As                                    >> d=sparse([1 0]);
As =                                     >> B=spdiags(As,d)
   (1,1)        1                        B =
   (1,2)        2                              2     1
   (2,2)        3                              1     3
   (2,3)        1                              1     1
   (3,3)        1
   (3,4)        1
```

A = spdiags(B,d,A) ersetzt die durch den ganzzahligen Vektor „d“ festgelegten Diagonalen und Nebendiagonalen der Matrix „A“ durch die korrespondierenden Spalten von „B“. Das Ergebnis ist eine dünn besetzte Matrix.

A = spdiags(B,d,m,n) erzeugt eine dünn besetzte m×n-Matrix aus den Spalten von „B“, die den durch „d“ festgelegten Diagonalen und Nebendiagonalen zugeordnet wird.

```
>> B=rand(5,3);                      (2,4)        0.8214
>> d=[0 2 4];                        (4,4)        0.4860
>> A = spdiags(B,d,5,5)              (1,5)        0.1763
A =                                  (3,5)        0.4447
   (1,1)        0.9501               (5,5)        0.8913
   (2,2)        0.2311            >> B
   (1,3)        0.0185            B =
   (3,3)        0.6068               0.9501     0.7621     0.6154
```

0.2311	0.4565	0.7919	0.4860	0.8214	0.7382
0.6068	0.0185	0.9218	0.8913	0.4447	0.1763

12.2.3 Zufallsmatrizen

Ist „S" eine dünn besetzte Matrix, dann ist `R = sprand(S)` ebenfalls eine strukturgleiche, dünn besetzte Matrix mit gleichverteilten Zufallswerten. `R = sprand(m,n,dichte)` erzeugt eine gleichverteilte m×n-Zufallsmatrix, deren Dichte durch den Wert von $0 <$ dichte < 1 bestimmt ist. Mit `R = sprand(m,n,dichte,rc)` ist zusätzlich eine approximative reziproke Konditionszahl durch rc festgelegt. Erzeugt wird R aus Rang-1-Matrizen.

```
>> R = sprand(10,10,0.2,0.1)            (3,7)      0.1292
R =                                     (5,7)      0.0477
   (5,1)         0.0338                 (9,7)      0.0595
   (7,1)         0.4642                 (4,8)      0.2783
   (9,1)         0.0421                 (2,9)      0.1000
   (4,2)         0.0454                 (6,9)      0.0441
    ...           ...                   (8,10)     0.2154
```

```
>> % Die Dichte 0.2 fuehrt zu approximativ
>> % 20 Werten
>> % rc = 0.1 zu einer Konditionszahl von
>> % der Groessenordnung 10:
>> condest(R)
ans =
   11.4304
```

`sprandn` führt zu einer normalverteilten, dünn besetzten Matrix und erlaubt exakt dieselben Argumente und Rückgabewerte wie `sprand`.

`R = sprandsym(S)` erzeugt eine symmetrische, normalverteilte dünn besetzte Matrix, die dieselbe Struktur aufweist wie die größtmögliche quadratische Untermatrix von „S". Die Zufallszahlen haben den Mittelwert 0 und die Varianz 1. Ähnlich `sprandn` und `sprand` erlaubt `sprandsym` die Übergabe weiterer Parameter. Da es sich um eine symmetrische Matrix handelt, allerdings nur einen Dimensionsparameter „n", `R = sprandsym(n, dichte,rc)`. Die Bedeutung von „dichte" und „rc" entspricht der bei `rand`, beide sind optional. Zusätzlich kann noch ein Parameter „typ", `R = sprandsym(n,density,rc, typ)`, mit Werten 1, 2 oder 3 übergeben werden. Für 1 wird „R" durch Zufalls-Jacobi-Rotationen aus einer positiv definiten Zufallsdiagonalen erzeugt, für 2 wird „R" aus einer verschobenen Summe äußerer Produkte gebildet und für 3 wird statt „n" eine Matrix übergeben. Die Dichte wird dann ignoriert, „R" hat dieselbe Struktur wie „S" und approximativ die reziproke Konditionalzahl „rc".

`sprand`, `sprandn` und `sprandsym` basieren auf denselben Zufallsgeneratoren wie `rand` oder`randn` und können daher ebenfalls mittels der `rng`-Funktion kontrolliert werden.

12.3   Umordnungsalgorithmen

12.3.1   Befehlsübersicht

Reverse Cuthill-McKee-Permutation symrcm

Dulmage-Mendelsohn-Permutation dmperm

Optimierung von Choleski-Zerlegungen amd, symamd

Optimierung von LU-Zerlegungen colamd

Spaltenpermutation und Umordnung colperm, dissect,

12.3.2   Ausgewählte Umordnungen

Reverse Cuthill-McKee-Permutation. Bandmatrizen sind Matrizen, bei denen sich die nicht-verschwindenden Matrixelemente auf der Hauptdiagonalen und einigen wenigen Nebendiagonalen befinden. Die Breite dieses Strangs wird als Bandbreite bezeichnet. Bandmatrizen findet man häufig, beispielsweise bei Finite-Elemente-Verfahren. Einer der bekanntesten Algorithmen zur Bandbreitereduktion firmiert unter dem Namen „Reverse Cuthill-McKee-Algorithmus". Der Algorithmus beruht auf einer geeigneten Nummerierung der Spalten und Zeilen, die Träger nicht-verschwindender Matrixelemente sind, zur Reduktion der Bandbreite. MATLAB bietet dazu die Funktion p = symrcm(S). „S" ist eine dünn besetzte Matrix, „p" ein Permutationsvektor, so dass S(p,p) ein möglichst schmales Band aufweist.

Dulmage-Mendelsohn-Permutation. Ein reduzierbares lineares Gleichungssystem $A \cdot \vec{x} = \vec{b}$ lässt sich, durch Reduktion der Matrix A auf eine obere Block-Dreiecksmatrix und Rücksubstitution der Blöcke lösen. Ist die Matrix „A" quadratisch und von maximalem Rang, dann liefert p = dmperm(A) eine Zeilenpermutation „p", so dass A(p,:) nicht-verschwindende Diagonalelemente hat.

```
>> A   % Nullen unguenstig verteilt
A =
          0    0.7621         0         0    0.0579
     0.2311         0    0.7919         0         0
     0.6068    0.0185         0         0         0
          0    0.8214    0.7382         0    0.0099
     0.8913         0    0.1763    0.8936         0
>> rank(A)  % Rang maximal
ans =
     5

>> p=dmperm(A) % Permutationsvektor
p =
     2    3    4    5    1
```

```
>> A(p,:) % Nullen guenstiger verteilt
ans =
     0.2311         0    0.7919         0         0
     0.6068    0.0185         0         0         0
          0    0.8214    0.7382         0    0.0099
     0.8913         0    0.1763    0.8936         0
          0    0.7621         0         0    0.0579
```

Ist die Matrix A nicht von maximalem Rang oder nicht quadratisch, so führt [p,q,r,s, cc,rr] = dmperm(A) zu Permutationsvektoren „p" und „q", so dass A(p,q) eine obere Block-Dreiecksmatrix wird. „r", „s" sind Indexvektoren der fein strukturierten Zerlegung und der k-te Block hat die Indizes (r(k):r(k+1)-1, s(k):s(k+1)-1). Ist A quadratisch und von maximalem Rang, gilt r=s. „cc" und „rr" sind 5-komponentige Vektoren, die die Grenzen der grobkörnigen Blöcke gemäß (rr(k):rr(k+1)-1, cc(k):cc(k+1)-1) festlegen.

```
>> A   % Ausgangsmatrix
A =
     0     0     0     0     0     1
     0     0     0     0     1     1
     0     1     1     0     0     0
     0     0     0     0     0     1
     0     0     1     1     1     1
     1     0     0     0     0     0
>> rank(A) % Nicht quadratisch
ans =
     5
>> [p,q,r,s] = dmperm(A)
p =
     3     5     6     2     4     1
q =
     2     3     4     1     5     6
r =
     1     3     4     5     7
s =
     1     4     5     6     7
>> A(p,q)   % Permutierte Block-Dreiecksmatrix
ans =
     1     1     0     0     0     0
     0     1     1     0     1     1
     0     0     0     1     0     0
     0     0     0     0     1     1
     0     0     0     0     0     1
     0     0     0     0     0     1
>> % r und s sind die Indexvektoren
```

12.3.3   Optimierung von Matrix-Zerlegungen

Optimierung von Choleski-Zerlegungen. Zur Optimierung von Choleski-Zerlegungen empfiehlt es sich, durch geeignete Umordnungsverfahren die dünn besetzte Matrix zu optimieren. Für symmetrische, positiv definite Matrizen „S" berechnet p = symamd(S) einen Permutationsvektor „p", so dass S(p,p) im Regelfall einen dünner besetzten Choleski-Faktor als „S" hat. Mit p = symamd(S,k) lässt sich zusätzlich ein Skalar „k" übergeben, der für n×n-Matrizen Zeilen mit mehr als n*k-Einträgen vom Umordnungsalgorithmus ausblendet. Als weiterer optionaler Rückgabeparameter dient der Vektor „stats", [p,stats] = symamd(...) mit den Elementen stats(1): Zahl der ignorierten dichten oder leeren Zeilen; stats(2): Zahl der ignorierten dichten oder leeren Spalten usw. Neben symamd bietet MATLAB die in vielen Fällen effizientere Funktion p = amd(S,optstruct) an. „S" ist wieder eine symmetrische dünn besetzte Matrix und „p" der zugehörige Permutationsvektor wie bereits oben beschrieben. Die optionale Variable „optstruct" ist eine Stukturvariable mit den beiden Feldern „dense" und „aggressive". „optstruct.dense" ist ein Skalar (Voreinstellung 10), der die Dimension einer oberen Teilmatrix von „S" festlegt, über die der Permutationsvektor bestimmt wird und entspricht dem Skalar „k" der Funktion symamd. „optstruct.aggressive" legt fest, ob „aggressive Absorption" genutzt wird. Per default bzw. wenn „optstruct.aggressive" einen positiven Wert hat wird diese Optimierung genutzt.

Optimierung von LU-Zerlegungen. Zur Optimierung der LU-Zerlegung bietet MATLAB die Funktion colamd, die gleich wie ihre Choleski-Pendants symamd aufgerufen wird.

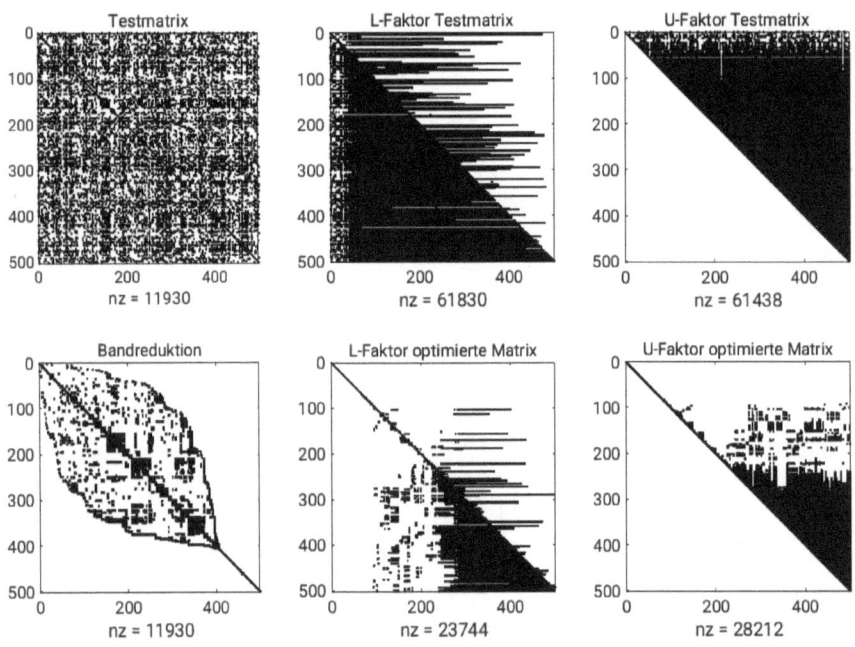

Abbildung 12.1: *Beispiel zur Optimierung mittels der Befehle* symrcm *zur Reduktion der Bandbreite und* colamd *zur LU-Zerlegung. Interessant ist hier, dass die Ausgangsmatrix nicht geändert ist. nz gibt die Zahl der nicht-verschwindenden Matrixelemente an. Die Gesamtzahl der Matrixelemente ist 250.000.*

MATLAB nutzt zur Lösung eines Gleichungssystems $A \cdot \vec{x} = \vec{b}$, bei dem „A" nicht eine permutierte Dreiecksmatrix ist, automatisch die Routinen colamd und symamd zur Lösung via x = A \ b. Mittels spparms('autommd',0) lässt sich diese Automatik ab- und mit spparms('autommd',1) wieder anschalten (vgl. o.).

Beispiel. Optimierung der Matrixstrukturen mit Hilfe der MATLAB-Befehle symrcm und colamd. Die Testmatrix wurde als Zufallsmatrix mittels sprandsym erzeugt, die Ergebnisse mit spy visualisiert.

```
% Berechnung der Testmatrix
A=sprandsym(500,0.05,0.1);
% Permutationsvektor zur Bandbreitereduktion
p=symrcm(A);
% Bandreduzierte Matrix
Ap=A(p,p);
% LU Zerlegung
[LA,UA] = lu(A);
% Optimierung der LU-Zerlegung
plu=colamd(A);
Aplu=A(plu,plu);
[LAp,UAp] = lu(Aplu);
% Visualisierung
subplot(2,3,1)
spy(A,'k',2), title('Testmatrix')
subplot(2,3,4)
spy(Ap,'k',2), title('Bandreduktion')
subplot(2,3,2)
spy(LA,'k',2), title('L-Faktor Testmatrix')
subplot(2,3,5)
spy(LAp,'k',2), title('L-Faktor optimierte Matrix')
subplot(2,3,3)
spy(UA,'k',2), title('U-Faktor Testmatrix')
subplot(2,3,6)
spy(UAp,'k',2), title('U-Faktor optimierte Matrix')
```

12.3.4 Spaltenpermutation und Umordnung

j = colperm(S) erzeugt einen Permutationsvektor „j", so dass die Spalten der dünn besetzten Matrix S(:.j) nach der Zahl der nicht-verschwindenden Elemente in dieser Spalte in ansteigender Ordnung umgruppiert werden.

p = dissect(A) liefert einen Permutationsvektor „p" zur Optimierung der Strutur der dünnbesetzten Matrix „A". Das Verfahren wird als nested dissection bezeichnet. Die umgeordnete Matrix ist A(p,p). Mittel p = dissect(A,eig,wert) werden die folgenden Eigenschafts-Werte Paare unterstützt: (Defaultwerte in geschweifter Klammer) 'Vertex-Weights' zusammen mit einem Gewichstvektor der Größe size(A,1), zum Gewichten der Matrixspalten bzw. Vertizes von Graphen. 'NumSeparators' mit einem positiven Skalar ({1}) legt die Anzahl der Partitionen fest. 'NumIterations' mit einer positiven ganzen Zahl (Default 10) bestimmt die Anzahl der Interationen. 'MaxImbalance' und ein Skalar zwischen 1.001 und 1.999 ({1.2}) legt die Schwelle für das Ungleichgewicht der Partitionen fest. Ein höherer Wert führt zu einer Verringerung der Ausführungszeit, da auch Permutationen geringerer Qualität akzeptiert werden. 'MaxDegreeThreshold' mit einer positiven ganzen Zahl ({0}). Der nested dissection Algorithmus besteht aus mehreren Schritten. In einem ersten Schritt können dicht besetzte Spalten ausgefiltert werden. Der Schwellenwert dazu wird durch die Eigenschaft 'MaxDegreeThreshold' beeinflusst und kann zu einer höheren Ausführungsgeschwindigkeit führen.

12.4 Lineare Gleichungen

In diesem Abschnitt werden iterative Methoden, die auf Krylov-Teilraumiterationen basieren, zur Lösung linearer Gleichungen mit dünn besetzter Koeffizientenmatrix vorgestellt. Bis auf lsqr erwarten alle aufgelisteten Lösungsverfahren dünn besetzte quadratische Koeffizientenmatrizen. minres und symmlq erwarten darüber hinaus symmetrische und pcg zusätzlich positiv definite Koeffizientenmatrizen.

12.4.1 Befehlsübersicht

Konjugierte Gradientenmethode bicg, bicgstab, bicgstabl, cgs, lsqr, pcg

Residuen-Verfahren gmres, minres, qmr, tfqmr

Symmetrisches LQ-Verfahren symmlq

12.4.2 Konjugierte Gradientenmethode

Das Verfahren der konjugierten Gradienten ist eines der effizientesten Iterationsverfahren zur Lösung linearer Gleichungssysteme $A\vec{x} = \vec{b}$, deren Koeffizientenmatrix hermitesch und positiv definit ist. Es ist insbesondere für sehr große numerische Probleme geeignet. Das Verfahren basiert auf der Methode des steilsten Abstiegs. Startvektor ist der Nullvektor. Verbesserungen der Effizienz lassen sich durch Wahl eines geeigneten Startvektors, durch Präkonditionierung und bikonjugierte Methoden erreichen.

x = cgs(A,b) dient der Lösung eines linearen Gleichungssystems der Form $A\vec{x} = \vec{b}$ mit einer n×n-Koeffizientenmatrix A. A sollte dabei groß und dünn besetzt sein. Statt „A" kann auch ein Function Handle zur Berechnung der Matrix A übergeben werden. Der Spaltenvektor „b" muss n-dimensional sein. Konvergiert cgs, so wird zusätzlich zur Lösung noch eine Meldung der Art „cgs converged at iteration 13 to a solution with relative residual 1.4e-16" ausgegeben, sonst eine Warnung mit der Zahl der Iterationen und dem relativen Residuum. Weitere optionale Parameter sind die Toleranz „tol" mit Voreinstellung 10^{-6}, die Zahl der maximal erlaubten Iterationen „maxit" mit dem Defaultwert min(n,20) sowie die Dimension des linearen Gleichungssystems n. Des Weiteren lassen sich Präkonditionierungsmatrizen „M" oder M1, M2 (M=M1*M2) beziehungsweise Function Handles zu deren Berechnung übergeben. In diesem Fall wird das äquivalente Problem inv(M)*A*x = ... inv(M)*b gelöst. cgs startet mit einem Nullvektor.

Alternativ besteht die Möglichkeit, einen Startvektor „x0" vorzugeben. Die vollständige Syntax lautet damit ... = cgs(A,b,tol,maxit,M1,M2,x0), wobei an Stelle der Matrizen A, M1 und M2 auch Function Handles benutzt werden können. (Zusätzliche Funktionsparameter werden dann vor Definition des Function Handles bevölkert, s. S. 205.) Als ergänzende Rückgabeparameter sind neben der Lösung „x" auch „flag", „relres", „iter" und „resvec" [x,flag,relres,iter,resvec] = cgs(A,b,...) erlaubt. Jeder dieser zusätzlichen Parameter ist optional. „flag" beschreibt die Konvergenz des Verfahrens und kann die Werte $0 \cdots 4$ annehmen, wie in Tabelle (12.1) beschrieben. „relres" gibt das relative Residuum norm(b-A*x)/norm(b) zurück, „iter" die Zahl der notwendigen Iterationen und „resvec" einen Vektor, dessen (iter+1)-Elemente zu jeder Iteration einschließlich des Startwertes gleich Residuumsnorm sind.

x = lsqr(A,b) dient der Lösung eines linearen Gleichungssystems $A\vec{x} = \vec{b}$ basierend auf einem konjugierten Gradientenverfahren. Im Gegensatz zu cgs muss die Matrix „A" nicht quadratisch sein, sollte aber ebenfalls dünn besetzt sein. Kann das Gleichungssystem nicht eineindeutig gelöst werden, wird eine Lösung basierend auf einer Least-Square-Fit-Approximation berechnet. Wie cgs erlaubt auch lsqr die Übergabe weiterer optionaler Parameter ... = lsqr(A,b,tol,maxit,M1,M2,x0). Die Bedeutung entspricht denen der Funktion cgs, für eine Erläuterung siehe daher oben. An Stelle der Matrizen „A", „M1" und „M2" können wieder Function Handles zur Berechnung der Matrizen übergeben werden. lsqr erlaubt neben den selben Parametern wie cgs noch den zusätzlichen Rückgabewert „lsvec": [x,flag,...] = lsqr(A,...). „lsvec" ist ein Vektor, der das mit der Frobeniusnorm skalierte Residuum nach jeder Iteration enthält. Bei Konvergenz sollten die Werte seiner Komponenten daher kleiner werden. Die Bedeutungen der Werte von „flag" sind in Tabelle (12.1) aufgelistet.

Tabelle 12.1: Bedeutung der Rückgabeflags zu verschiedenen iterativen Verfahren.

FLAG	BEDEUTUNG
0	Konvergenz innerhalb der vorgegebenen Toleranz und maximalen Iterationszahl.
1	Maximale Iterationszahl erreicht: Keine Konvergenz.
2	Präkonditionierer M schlecht konditioniert.
3	Zwei aufeinanderfolgende Iterationen identisch; Berechnung stagniert.
4	Skalare Zwischenwerte zu groß oder zu klein; Berechnung kann nicht fortgesetzt werden.

Konjugiertes Gradientenverfahren mit Präkonditionierung. x = pcg(A,b) dient der Lösung eines linearen Gleichungssystems $A\vec{x} = \vec{b}$, basierend auf einem konjugierten Gradientenverfahren mit Präkonditionierung. Die n×n-Koeffizientenmatrix „A" muss symmetrisch und positiv definit sein und sollte dünn besetzt sein. pcg erlaubt dieselben Parameter wie cgs: [x,flag,relres,iter,resvec] = pcg(A,b,tol,maxit,M1,M2,x0). Die Matrizen dürfen wieder durch Function Handles zur Berechnung der entsprechenden Aufgaben ersetzt werden.

Bikonjugiertes Gradientenverfahren. x = bicg(A,b) dient der Lösung eines linearen Gleichungssystems $A\vec{x} = \vec{b}$, basierend auf einem bikonjugierten Gradientenverfahren. Die n×n-Koeffizientenmatrix „A" muss quadratisch sein und sollte dünn besetzt sein. bicg erlaubt die gleichen Parameter wie die Funktion cgs: [x,flag,relres,iter, resvec] = bicg(A,b,tol,maxit,M1,M2,x0). Vergleichbare Aufgaben erfüllt auch die Funktion bicgstab. Die erlaubten Parameter entsprechen denen von cgs, das Verfahren basiert auf einem stabilisierten, bikonjugierten Gradientenverfahren: [x,flag,relres,iter,resvec]= bicgstab(A,b,tol,maxit,M1,M2,x0). Mit bigstabl wird ein weiteres auf Krylov-Räumen basierendes stabilisiertes, bikonjugiertes Gradientenverfahren unterstützt. bigstabl ist in vielen Fällen bicgstab überlegen. Der Aufruf folgt dem von bicgstab.

12.4.3   Methode der Residuen

Die Methode der Residuen ist dadurch charakterisiert, dass die Euklidische Norm des Residuums in jedem Iterationsschritt minimiert wird. x = gmres(A,b) dient der Lösung eines linearen Gleichungssystems $A\vec{x} = \vec{b}$, basierend auf der Methode der Residuen mit Neustart, dem GMRES-Verfahren. Die n×n-Koeffizientenmatrix muss quadratisch sein und sollte dünn besetzt sein. Konvergiert gmres, so wird eine Meldung der Art „gmres(10) converged at outer iteration 2 (inner iteration 9) to a solution with relative residual 3.3e-13" ausgegeben, sonst eine Warnung mit dem relativen Residuum. Neben der obigen Minimalform unterstützt gmres die folgenden Inputparameter gmres(A,b,restart,tol,maxit). „restart" gibt die maximale Zahl der Neustarts an, „tol" bestimmt die Toleranz (Voreinstellung 10^{-6}) und „maxit" die maximale Zahl der äußeren Iterationen. gmres(A,b,restart,tol,maxit, M) und gmres(..., M1,M2) mit M=M1*M2 bietet die Möglichkeit der Präkonditionierung, d.h. es wird das Gleichungssystem inv(M)*A*x = inv(M)*b für „x" gelöst. Als weitere Alternative besteht noch die Möglichkeit, einen Startwert „x0" gmres(A,b,...,M1,M2,x0) festzulegen, Voreinstellung ist ein Nullvektor. Anstelle der Matrizen können auch Function Handles gmres(afun,...,m1fun,m2fun,x0) übergeben werden. In diesem Fall werden die Funktionen afun(x) aufgerufen, die A*x bzw. Mi*x zurückgeben; bei weiteren Funktionsparametern s. S. 205. Als zusätzliche Rückgabeparameter liefert der Parameter „flag" [x,flag] = gmres(A,b,...) Informationen zur Konvergenz. „Flag" kann die Werte 0 bis 4 annehmen, die Bedeutung ist in Tabelle (12.1) aufgelistet. Weitere optionale Rückgabeparameter sind [x,flag,relres,iter,resvec] = gmres(A,b,...). „relres" liefert das relative Residuum der Lösung, „iter" die Zahl der inneren und äußeren Iterationen und „resvec" einen Vektor der Residuen-Normen nach jeder inneren Iteration.

Die Funktion minres basiert auf einem Minimum-Residuen-Verfahren und dient der Lösung des linearen Gleichungssystems $A\vec{x} = \vec{b}$ mit symmetrischer n×n-Koeffizienten-Matrix. Der Aufruf ist x = minres(A,b). minres erlaubt zusätzliche Argumente minres(A,b,tol,maxit,M1,M2,x0), deren Bedeutungen denjenigen von gmres entsprechen. Der Parameter „restart" entfällt. Wieder können an Stelle der Matrizen Funktionsaufrufe treten mit Rückgabewert A*x usf. Als Rückgabeparameter werden [x, flag, relres, iter, resvec, resveccg] = minres(A,b,...) unterstützt, die Bedeutung entspricht denjenigen von gmres. „Flag", siehe Tabelle (12.1), kann die Werte 0 bis 5 annehmen, wobei die 5 für „Matrix zur Präkonditionierung ist nicht symmetrisch positiv definit" steht. Als weiterer Parameter tritt „resveccg" hinzu, der in jedem Iterationsschritt eine Abschätzung der Residuumsnorm des Konjugierten Gradientenverfahrens liefert.

qmr bietet die Möglichkeit, das lineare Gleichungssystems $A\vec{x} = \vec{b}$ mit n×n-Koeffizientenmatrix A mittels eines quasi-minimalen Residuen-Ansatzes zu lösen. Die Koeffizientenmatrix „A" sollte groß und dünn besetzt sein. Der Aufruf lautet x = qmr(A,b) und kann wieder durch ergänzende optionale Parameter [x,flag,relres,iter,resvec] = qmr(A,b,tol,maxit,M1,M2,x0) erweitert werden. Die Bedeutung der Parameter entspricht den oben diskutierten, an Stelle der Matrizen sind wieder alternativ Funktionsaufrufe erlaubt. Die Funktion tfqmr folgt dem Aufruf von qmr und basiert auf einem quasi-minimalen Residuen-Ansatzes ohne Transponieren, ist allerdings in vielen Fällen etwas weniger effizient als qmr.

12.4.4 Symmetrisches LQ-Verfahren

Als weiteres Verfahren zur Lösung linearer Gleichungssysteme mit symmetrischer, dünn besetzter Koeffizientenmatrix bietet MATLAB ein symmetrisches LQ-Verfahren. Der Aufruf lautet x = symmlq(A,b) und kann durch die bereits oben besprochenen Parameter [x,flag,relres,iter,resvec,resveccg] = symmlq(A,b,tol,maxit,M1,M2,x0) ergänzt werden. Zusätzlich zu den in Tabelle (12.1) aufgelisteten Werten wird „flag" für den Fall eines nicht symmetrisch positiv definiten Präkonditionierers M gleich 5.

12.5 Grafische Darstellungen

MATLAB bietet mit den Befehlen treelayout, treeplot, etree und etreeplot die Möglichkeit, Bäume im Sinne der Grafentheorie zu berechnen. treelayout berechnet dazu in einem ersten Schritt die Adjazenzmatrix. Ein Baum mit einem ausgezeichneten Knoten wird als Wurzelbaum bezeichnet. In MATLAB dient als Wurzel die „0". In [x,y] = treelayout(parent,post) ist „parent" der Vektor zu den Knoten, „post" ist optional und dient der Permutation. Die Rückgabewerte (x,y) sind die Koordinaten der Punkte in einem Einheitsquadrat der Kantenlänge eins. Das Niveau eines Knotens ist sein Abstand zur Wurzel; das maximal auftretende Niveau ist die Höhe des Baumes „h". Sei „s" die Zahl der Vertizes im obersten Separator. Weitere Rückgabeparameter sind „h" und „s" [x,y,h,s] = treelayout(...). treeplot(parent,nodeSpec,edgeSpec) ruft treelayout auf und plottet den korrespondierenden Baum. „nodeSpec" und „edgeSpec" sind optionale Parameter zum Setzen von Farben, dem Stil der Knotenpunkte und dem Linienstil. Hier werden dieselben Eigenschaften wie bei Standardplots unterstützt. Ein Beispiel für einen Knotenvektor ist parent = [0 1 1 2]. Ein weiteres Beispiel folgt unten.

symbfact dient einer symbolischen Analyse der Matrixfaktorisierung und liefert einen Vektor zurück, der die Zahl der nicht-verschwindenden Elemente jeder Zeile der Choleski-Dreiecksmatrix angibt. Derselbe Vektor wird von etree zu einer Baumanalyse wie unter treelayout beschrieben genutzt. p = etree(A) und p = etree(A,'sym') sind identisch, p = etree(A, 'col') berechnet den Eliminationsbaum zu A'*A. [p,q]

= etree(...) liefert zusätzlich noch die Postpermutation. etreeplot(A,nodeSpec, edgeSpec) plottet den Eliminationsbaum und erlaubt optional wieder (s.o.) die Parameter „nodeSpec" und „edgeSpec" zur grafischen Gestaltung der Knotenpunkte und Linien des Baumes.

gplot. gplot(A,cxy,LineSpec) plottet die symmetrische n×n-Adjazenzmatrix „A" mit den 2- oder 3-dimensionalen Koordinaten gespeichert in der n×2- oder n×3-Matrix „cxy". Der optionale Parameter „LineSpec" legt den Linientyp und die verwendeten Symbole für die Datenpunkte fest und ist unter dem Plot-Kommando im Detail beschrieben.

unmesh. L,XY] = unmesh(E) bildet die Matrix der Ecken eines Graph auf die Laplace-Matrix „L" und die Koordinatenmatrix „XY" ab.

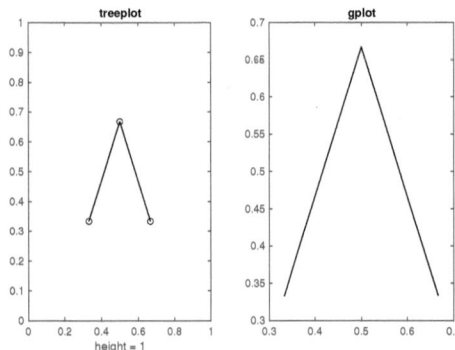

Abbildung 12.2: Beispiel zur Darstellung eines Baumes mit Hilfe von **treeplot** *und mittels der Adjazenzmatrix und* **gplot**.

Beispiel. Zusammenstellung und Vergleich einiger Befehle zur Berechnung eines Baumes mit **treeplot** und **gplot**. Das Ergebnis ist in Abbildung (12.2) dargestellt.

```
parent=[2 0 2];  % Testbaum
% Berechnung der Koordinaten
[x,y]=treelayout(parent);
cxy=[x',y'];
subplot(1,2,1)
treeplot(parent)
title('treeplot')
% Berechnung der Adjazenzmatrix
n = length(parent);
j = find(parent);
A = sparse(parent(j), j, 1, n, n);
A = A + A' + speye(n,n);
% Darstellung mit gplot
subplot(1,2,2)
gplot(A,cxy)
title('gplot')
```

13 Mathematische Funktionen

13.1 Trigonometrische Funktionen

Tabelle (13.1) listet alle verfügbaren trigonometrischen und Arcus-Funktionen auf.

Tabelle 13.1: Liste der trigonometrischen Funktionen.

acos	Arcus Kosinus	cos	Kosinus
acot	Arcus Kotangens	cot	Kotangens
acsc	Inverser Kosekans	csc	Kosekans
asec	Inverser Sekans	sec	Sekans
asin	Arcus Sinus	sin	Sinus
atan	Arcus Tangens	tan	Tangens
atan2	4-Quadranten Inverser Tangens		

Alle trigonometrischen Funktionen, mit Ausnahme von „atan2", akzeptieren als Argumente komplexe Arrays, die punktweise ausgewertet werden. Die Berechnung wird dabei in rad vorgenommen, d.h. beispielsweise

```
>> sin(pi/4)
ans =
    0.7071
```

```
>> sind(45)
ans =
    0.7071
```

Für die Berechnungen in Grad dienen die mit einem d am Ende des Namens ergänzten trigonometrischen Funktionen: `acosd`, `acotd`, `acscd`, `asecd`, `asind`, `atand`, `cosd`, `cotd`, `cscd`, `secd`, `sind` und `tand`.

Für genaue Auswertungen dienen die Funktionen `sinpi` und `cospi`. Das Funktionsargument wird mit π multipliziert, d.h. es gilt `sin(x*pi)` = `sinpi(x)` und `cos(x*pi)` = `cospi(x)`.

atan2. atan2 liefert den eingeschlossenen Winkel θ in einem (x,y)-Koordinatensystem `>> theta = atan2(y,x)`. Jede komplexe Zahl lässt sich mittels „atan2" in ihre Polarform transformieren:

$$z = x + iy \Rightarrow z = r \exp(i\theta) \tag{13.1}$$

und in MATLAB

```
>> z=x+i*y;
>> r=abs(z);
>> theta=atan2(imag(z),real(z));
```

https://doi.org/10.1515/9783110741780-013

13.2 Hyperbolische Funktionen

Tabelle (13.2) listet alle verfügbaren hyperbolischen und Area-Funktionen auf.

Tabelle 13.2: Liste der hyperbolischen Funktionen.

acosh	Areakosinus	cosh	Hyperbelkosinus
acoth	Areakotangens	coth	Kotangens
acsch	Area Kosekans Hyperbolicus	csch	Kosekans Hyperbolicus
asech	Area Sekans Hyperbolicus	sech	Sekans Hyperbolicus
asinh	Areasinus	sinh	Hyperbelsinus
atanh	Areatangens	tanh	Hyperbeltangens

Wie die trigonometrischen Funktionen werten auch die hyperbolischen und Area-Funktionen komplexe Arrays elementweise aus.

13.3 Exponential- und logarithmische Funktionen

Die folgende Tabelle listet exponentielle und logarithmische Funktionen auf. Die entsprechenden Matrixfunktionen wurden in Kap. 10.5 diskutiert.

exp	Exponentialfunktion	expm1	exp - 1
log	natürlicher Logarithmus	reallog	natürlicher Logarithmus
log10	Logarithmus zur Basis 10	log2	Logarithmus zur Basis 2
log1p	log(x+1)		

Komplexe Arrays werden elementweise ausgewertet. Der natürliche Logarithmus einer komplexen Zahl $z = x + iy$ ist durch

$$\log(z) = \log(\mathrm{abs}(z)) + \mathrm{i} \cdot \mathrm{atan2}(y, x) \tag{13.2}$$

gegeben. Im Gegensatz zu `log(z)` berechnet `reallog(X)` elementweise den natürlichen Logarithmus positiver reeller Matrizen.

Die mit Rel. 7 eingeführten Funktionen `expm1` und `log1p` dienen der Minimierung von Rundungsfehlern. Die Exponentialfunktion ist für sehr kleine Argumente „x" nahe der 1. Dies hat zur Folge, dass die direkte Berechnung von `exp(x)` `-1` wegen Rundungsfehlern ungenau wird. Mit `expm1(x)` wird dieses Problem behoben. Ähnliches gilt bei der Berechnung von `ln(x+1)`; hier zeigt `log1p(x)` eine höhere numerische Genauigkeit.

13.4 Potenzfunktionen

13.4.1 Potenzen

nextpow2. „nextpow2" steht für „next higher power of 2" und berechnet zu einer gegebenen Zahl die kleinste Potenz von 2, die gleich oder größer dem Betrag der gegebenen

Zahl ist; Syntax: `p2=nextpow2(A)`. `nextpow2(A)` wird für Arrays „A" elementweise ausgeführt.

Beispiel.

```
>> nextpow2(10)                    >> nextpow2(-16)
ans =                              ans =
   4                                  4
>> nextpow2(16)                    >> nextpow2(16*i)
ans =                              ans =
   4                                  4
```

pow2. `pow2(A)` berechnet für ein Array A zu jedem Element A_{kl} $2^{A_{kl}}$; `x = pow2(f,e)` ist gegeben durch $x = f \cdot 2^e$.

realpow. `>> Z=realpow(X,Y)` dient der elementweisen Potenzierung der Matrix X mit dem korrespondierenden Element der Matrix Y

$$Z_{i,j} = X_{i,j}^{Y_{i,j}} \quad . \tag{13.3}$$

X und Y müssen reelle Matrizen derselben Dimension sein.

13.4.2 Wurzeln

Quadratwurzel. `sqrt(A)` berechnet elementweise die Wurzel aus A. Die entsprechende Matrixfunktion „sqrtm" wird in Kap. 9 diskutiert. Achtung, `A^(1/2)` entspricht der Matrixwurzelfunktion „sqrtm" und nicht der Wurzelfunktion „sqrt".

`c = hypot(a,b)` berechnet elementweise die Summe der Betragsquadrate von „a" und „b". „a" und „b" können Arrays der gleichen Dimension der Klasse single oder double sein.

`realsqrt(X)` berechnet elementweise die Wurzel aus X, wobei X eine positive Matrix ist.

n-te Wurzel. `y = nthroot(x, n)` berechnet die n-te reelle Wurzel aus „x". Ist „x" negativ, dann muss n ungerade sein.

13.5 Rechnen mit komplexen Werten

13.5.1 Befehlsübersicht

abs, angle, complex, conj, cplxpair, imag, isreal, real, unwrap

13.5.2 Polardarstellung einer komplexen Zahl

Die Polar- oder Exponentialdarstellung einer komplexen Zahl $z = x + iy$ ist durch

$$z = r \exp(i\phi) \tag{13.4}$$

gegeben und wird in MATLAB mittels

```
>> r=abs(z);
>> phi=angle(z);
```

berechnet. Arrays werden elementweise ausgewertet. (Zu „angle" siehe auch „atan2".)

Phasenwinkel sind invariant unter Addition bzw. Subtraktion ganzzahliger Vielfacher von 2π. unwrap korrigiert in Vektoren und Arrays solche Phasensprünge durch Glättung. Dies kann insbesondere bei grafischen Darstellungen hilfreich sein.

Beispiel.

```
>> x=[0 pi 2*pi pi/4 3*pi 1.25*pi]
x =
     0   3.1416   6.2832   0.7854   9.4248   3.9270
>> unwrap(x)
ans =
     0   3.1416   6.2832   7.0686   9.4248  10.2102
```

Hier werden die Phasensprünge zum 4. und zum letzten Element beseitigt, im folgenden Beispiel die Phasensprünge zum dritten Element.

```
>> x=[0 pi 2.1*pi pi/4 0.5*pi 1.25*pi]
x =
     0   3.1416   6.5973   0.7854   1.5708   3.9270
>> unwrap(x)
ans =
     0   3.1416   0.3142   0.7854   1.5708   3.9270
```

13.5.3   Real- und Imaginärteil einer komplexen Zahl

Der Realteil einer komplexen Zahl z wird mit real(z), ihr Imaginärteil mit imag(z) berechnet. Zum Testen dient isreal(z), das für reelle Zahlen eine „1" und für komplexe Zahlen eine „0" zurückliefert. complex(x,y) erzeugt aus x und y die komplexe Zahl $x + iy$.

13.5.4   Komplexkonjugation

conj berechnet die komplex Konjugierte einer Zahl.

B = cplxpair(A,tol,dim) gruppiert das Array „A" nach komplex konjugierten Paaren. „tol" gibt die Genauigkeit an und überschreibt den Standardwert, „dim" legt die Dimension fest, nach der sortiert werden soll. Ist die Aufteilung in komplexe Paare nicht möglich, so erscheint die Fehlermeldung: Complex numbers can't be paired.

Beispiel.

```
>> AC
```

```
AC =
   16. -16.i    2. - 2.i   16. +16.i    2. + 2.i
    5. - 5.i   11. -11.i    5. + 5.i   11. +11.i
>> cplxpair(AC)
Complex numbers can't be paired.

>> cplxpair(AC')
ans =
    2. - 2.i    5. - 5.i
    2. + 2.i    5. + 5.i
   16. -16.i   11. -11.i
   16. +16.i   11. +11.i
>> cplxpair(AC,[],2)
ans =
    2. - 2.i    2. + 2.i   16. -16.i   16. +16.i
    5. - 5.i    5. + 5.i   11. -11.i   11. +11.i
```

13.6   Rund um Zahlen

13.6.1   Befehlsübersicht

ceil, fix, floor, mod, rem, round, sign

13.6.2   Runden von Zahlen

Bei komplexen Zahlen wird sowohl der Real- als auch der Imaginärteil unabhängig gerundet. Matrizen werden elementweise gerundet.

ceil	rundet gegen plus unendlich
fix	rundet gegen null
floor	rundet gegen minus unendlich
round	rundet zur nächsten ganzen Zahl

Abb. (13.1) visualisiert die unterschiedlichen Rundungsarten.

Beispiel.

```
>> x = 0.4999 + 0.8660i;
>> round(x)

ans =
        0 + 1.0000i
```

13.6.3   Modulus

$mod(x,y)$ und $rem(x,y)$ ergeben den Rest bei Division reeller Zahlen. x kann dabei

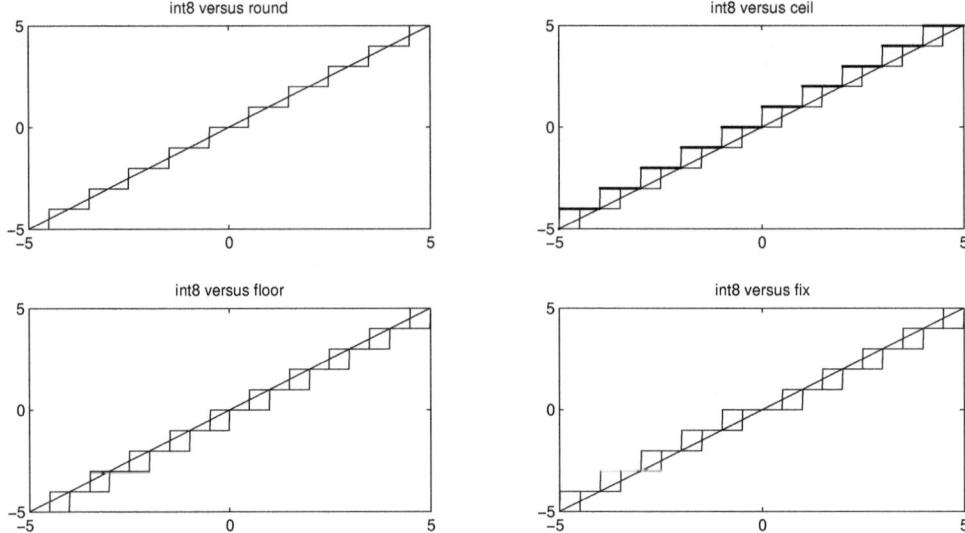

Abbildung 13.1: *In den vier Teilbildern ist jeweils eine Ursprungsgerade von* $-5 \cdots + 5$ *ge-plottet sowie* `int8(x)` *und „x" nach unterschiedlichen Verfahren gerundet dargestellt.* `round(x)` *und* `int8(x)` *führen auf exakt dasselbe Ergebnis. Die verwendeten Rundungsarten sind in den Überschriften aufgeführt. Das Ergebnis von* `ceil` *liegt stets über,* `floor` *stets unter und* `fix` *für negative Werte über und für positive Werte unter der Geraden.*

eine reelle Matrix sein. Dabei ist mod durch „x - y.*floor(x./y)" und rem durch „x - fix(x./y).*y" gegeben. Solange „x" und „y" dasselbe Vorzeichen haben, ergeben beide das gleiche Ergebnis.

```
>> mod(13,3)                        >> mod(-13,3)
ans =                               ans =
     1                                   2
>> rem(13,3)                        >> rem(-13,3)
ans =                               ans =
     1                                  -1
```

13.6.4   Vorzeichen

Das Vorzeichen eines Arrays wird mit `sign(x)` ausgegeben. Für x = 0 wird die 0 zu-rückgegeben. Für komplexe Zahlen „x" ist der Rückgabewert `x./abs(x)`.

13.7 Spezielle mathematische Funktionen

13.7.1 Befehlsübersicht

Airy-Funktionen	airy
Bessel-Funktion erster Art	besselj
Bessel-Funktion zweiter Art	bessely
Hankel-Funktion	besselh
Modifzierte Bessel-Funktion erster Art	besseli
Modifzierte Bessel-Funktion zweiter Art	besselk
Betafunktion	beta
Unvollständige Betafunktion	betainc
Inverse unvollständige Betafunktion	betaincinv
Logarithmus der Betafunktion	betaaln
Jacobi-Elliptische Funktion	ellipj
Elliptisches Integral	ellipke
Fehlerintegral	erf
Komplementäres Fehlerintegral	erfc
Inverses komplementäres Fehlerintegral	erfcinv
Skaliert komplementäres Fehlerintegral	erfcx
Inverses Fehlerintegral	erfinv
Exponentialintegral	expint
Gammafunktion	gamma
Unvollständige Gammafunktion	gammainc
Inverse unvollständige Gammafunktion	gammaincinv
Logarithmus der Gammafunktion	gammaln
Polygammafunktion	psi
Assoziiertes Legendrepolynom	legendre
Kreuz- oder Vektorprodukt	cross
Skalarprodukt	dot

[1]

13.7.2 Airy- und Bessel-Funktionen

Airy-Funktionen. Die Airy-Funktionen Ai und Bi bilden die beiden unabhängigen Lösungen der Differentialgleichung

$$\frac{d^2 w}{dz^2} - zw = 0 \quad . \tag{13.5}$$

Der Aufruf lautet w = airy(k,z). Der Parameter k entscheidet, welche Funktion ausgewertet wird:

---

[1]Eine Toolbox zu speziellen Funktionen im Komplexen findet sich auf wolfgang-schweizer.de

k=	
0	Berechnung von Ai; entspricht `airy(z)`
1	Berechnung der ersten Ableitung Ai'
2	Berechnung der Airy-Funktion zweiter Ordnung Bi
3	Berechnung der ersten Ableitung Bi'

Zwischen den Airy-Funktionen und den modifizierten Bessel-Funktionen besteht der folgende Zusammenhang:

$$Ai(z) = \frac{1}{\pi}\sqrt{z/3}K_{1/3}(\zeta) \tag{13.6}$$

$$Bi(z) = \sqrt{z/3}(I_{1/3}(\zeta) + I_{-1/3}(\zeta)) \tag{13.7}$$

mit $\zeta = 2/3z^{3/2}$.

Bessel-Funktionen. Die Besselsche Differentialgleichung lautet:

$$\left[z^2\frac{d^2}{dz^2} + z\frac{d}{dz} + (z^2 - \nu^2)\right]\phi = 0\,, \tag{13.8}$$

wobei ν eine reelle Konstante ist. Ihre Fundamentallösungen sind durch die Bessel-Funktionen $J_\nu(z)$ und $J_{-\nu}(z)$ mit

$$J_\nu(z) = \left(\frac{z}{2}\right)^\nu \sum_{k=0}^\infty \frac{\left(\frac{-z^2}{4}\right)^k}{k!\Gamma(\nu + k + 1)} \tag{13.9}$$

und $Y_\nu(z)$ mit

$$Y_\nu(z) = \frac{J_\nu(z)\cos(\nu\pi) - J_{-\nu}(z)}{\sin(\nu\pi)} \tag{13.10}$$

gegeben.

Der Aufruf der Bessel-Funktionen unter MATLAB ist für alle vom Typ `w = bessel·(ν,z)`.

`w = besselj(ν,z)` berechnet die Bessel-Funktion 1. Art $J_\nu(z)$; ν muss reell sein. (S. auch Abb. (17.2).)
`w = bessely(ν,z)` die Bessel-Funktion 2. Art $Y_\nu(z)$; hier muss ν positiv sein; für beide Funktionen darf z komplex sein.

`w = besselj(ν,z,1)` berechnet die skalierte Bessel-Funktion 1. und
`w = bessely(ν,z,1)` 2. Art. Der Skalierungsfaktor ist durch $\exp(-\frac{1}{2}|z - \overline{z}|)$ gegeben.

Die verallgemeinerte Besselsche Differentialgleichung lautet:

$$\left[z^2\frac{d^2}{dz^2} + z\frac{d}{dz} - (z^2 + \nu^2)\right]\phi = 0\,, \tag{13.11}$$

wobei ν eine reelle Konstante ist. Ihre Lösungen sind durch $I_\nu(z)$ und $I_{-\nu}(z)$ sowie die zweite unabhängige Lösung $K_\nu(z)$ für nicht-ganzzahlige ν gegeben. Die Bessel-Funktionen I und K erfüllen

$$I_\nu(z) = \left(\frac{z}{2}\right)^\nu \sum_{k=0}^\infty \frac{\left(\frac{z}{2}\right)^{2k}}{k!\Gamma(\nu+k+1)} \qquad \text{und} \tag{13.12}$$

$$K_\nu(z) = \frac{\pi}{2} \frac{I_{-\nu}(z) - I_\nu(z)}{\sin(\nu\pi)} \quad . \tag{13.13}$$

`besseli(`ν`,z)` berechnet die modifizierte oder verallgemeinerte Bessel-Funktion 1. Art $I_\nu(z)$. z darf komplex, ν muss reell sein.

`w = besseli(`ν`,z,1)` berechnet die skalierte Bessel-Funktion 1. Art

$$w = I_\nu(z) \exp(-\frac{1}{2}|z + \bar{z}|) \quad . \tag{13.14}$$

`besselk(`ν`,z)` dient der Berechnung der modifizierten Bessel-Funktion K 2. Art und erlaubt, wie „besseli" skalierte Werte via `besselk(`ν`,z,1)` zu berechnen.

Hankel-Funktionen. Die Hankel-Funktionen sind durch

$$H_\nu^{(1,2)}(z) = J_\nu(z) \pm i Y_\nu(z) \tag{13.15}$$

definiert und werden unter MATLAB mittels `w = besselh(`ν`,k,z)` berechnet, wobei für k=1 die Hankel-Funktion 1. Art $H_\nu^{(1)}(z)$ und für k=2 die Hankel-Funktion 2. Art $H_\nu^{(2)}(z)$ gewählt wird. Skaliert wird wieder durch `w = besselh(`ν`,k,z,1)`, der Skalierungsfaktor ist für k=1 durch $\exp(-iz)$ und für k=2 durch $\exp(+iz)$ gegeben.

13.7.3 Die Gamma- und die Betafunktion

Die Gammafunktion. Die Gammafunktion ist durch

$$\Gamma(y) = \int_0^\infty \exp(-x) x^{y-1} dx \tag{13.16}$$

definiert und erfüllt wie die Fakultät

$$\Gamma(y+1) = y\Gamma(y) \quad . \tag{13.17}$$

Für ganze Zahlen n gilt

$$\Gamma(n+1) = n! \quad . \tag{13.18}$$

Die Gammafunktion wird unter MATLAB mit `>> gamma(a)` aufgerufen, dabei muss „a" reell sein. Arrays werden elementweise ausgewertet.

Die unvollständige Gammafunktion. Die unvollständige Gammafunktion ist durch

$$P(x,a) = \frac{1}{\Gamma(a)} \int_0^x \exp(-t) t^{a-1} dt \tag{13.19}$$

definiert und wird in MATLAB mit `Y = gammainc(x,a)` aufgerufen. Die Argumente „x" und „a" müssen reell und von derselben Dimension sein. Seit dem Rel. 7.8 wird ein weiterer Parameter „schwanz" für positive „x" `Y = gammainc(x,a,schwanz)` unterstützt, der die Werte 'lower' (Default) und 'upper' annehmen kann. Dabei gilt `gammainc(x,a,'upper') = 1 - gamminc(x,a)`. Die Berechnung der mit dem Faktor $skal = \Gamma(a+1)\frac{\exp(x)}{x^a}$ skalierten Gammafunktion wird seit dem Rel. 7.12 via `Y = gammainc(x,a,'scaledlower')` und `Y = gammainc(x,a,'scaledupper')` unterstützt; d.h. es gilt `gammainc(x,a,'upper') = skal*gammainc(x,a,'scaledupper')` und entsprechend für 'lower'.

Die inverse unvollständige Gammafunktion wird durch `Y = gammaincinv(x,a,schwanz)` berechnet. Die Parameter entsprechen `gammainc`.

Der Logarithmus der Gammafunktion. Der natürliche Logarithmus der Gammafunktion wird mit („x" positiv und reell) `Z=gammaln(x)` berechnet.

Die Polygammafunktion. Die Polygammafunktion bezeichnet die n-te logarithmische Ableitung der Gammafunktion

$$\psi^{(n)}(z) = \frac{d^{n+1}}{dz^{n+1}} \ln \Gamma(z) \tag{13.20}$$

und wird in MATLAB mit `x = psi(k,z)` aufgerufen. `psi(z)` berechnet die Digammafunktion, also die erste logarithmische Ableitung der Gammafunktion. „k" kann auch ein ganzzahliger Vektor sein, „z" eine positiv definite Matrix.

```
>> psi(3:6,4)

ans =
    0.0449
   -0.0375
    0.0416
   -0.0573
```

Die Betafunktion. Die Betafunktion ist durch

$$B(z,w) = \int_0^1 x^{z-1}(1-x)^{w-1}dx = \frac{\Gamma(z)\Gamma(w)}{\Gamma(z+w)} \tag{13.21}$$

definiert und wird mittels `B = beta(z,w)` berechnet; dabei dürfen „z" und „w" reelle positive Matrizen derselben Dimension sein.

Die unvollständige Betafunktion. Die unvollständige Betafunktion ist durch

$$I_x(z,w) = \frac{1}{B(z,w)} \int_0^x t^{z-1}(1-t)^{w-1}dt \tag{13.22}$$

definiert und wird mittels `I = betainc(x,z,w)` berechnet. „z" und „w" können wieder positive, reelle Matrizen derselben Dimension sein, „x" muss dagegen im Intervall zwischen 0 und 1 liegen. Seit dem Rel. 7.8 wird ein weiterer Parameter „schwanz" unterstützt, `I = betainc(x,z,schwanz)`, der die Werte 'lower' (Default) und 'upper' annehmen kann. 'lower' entspricht dem obigen Fall ohne diesen Parameter, bei 'upper' wird dagegen das Integral von $1 \cdot x$ berechnet.

Mit `I = betaincinv(...)` wird die inverse unvollständige Betafunktion berechnet. Die möglichen Argumente entsprechen exakt denen von `betainc`.

Der Logarithmus der Betafunktion. `betaln(z,w)` berechnet den natürlichen Logarithmus von $B(z, w)$.

13.7.4 Elliptische Integrale

Das vollständige elliptische Integral 1. Gattung ist durch

$$K(m) = \int_0^1 \frac{1}{\sqrt{(1 - x^2)(1 - mx^2)}} dx \tag{13.23}$$

bzw. in seiner trigonometrischen Normalform durch

$$F(\frac{\pi}{2}, m) = \int_0^{\pi/2} \frac{d\phi}{\sqrt{1 - m \sin^2 \phi}} \tag{13.24}$$

definiert. Das vollständige elliptische Integral 2. Gattung ist bestimmt durch

$$\tilde{K}(m) = \int_0^1 \frac{\sqrt{(1 - mx^2)}}{\sqrt{(1 - x^2)}} dx \tag{13.25}$$

und seine trigonometrische Normalform durch

$$E(\frac{\pi}{2}, m) = \int_0^{\pi/2} \sqrt{1 - m \sin^2 \phi} d\phi. \tag{13.26}$$

`[F,E] = ellipke(m,tol)` berechnet das vollständige elliptische Integral 1. und 2. Gattung. „tol" ist ein optionaler Parameter für die Toleranz und `F = ellipke(m,tol)` das elliptische Integral 1. Gattung. Der Modul der Integrale ist beschränkt auf $0 \leq m \leq 1$.

Das unvollständige elliptische Integral 1. Gattung ist in seiner trigonometrischen Normalform durch

$$F(\alpha, m) = \int_0^\alpha \frac{d\phi}{\sqrt{1 - m \sin^2 \phi}} \tag{13.27}$$

gegeben. An Stelle dieses Integrals ist das Jacobi-elliptische Integral sn durch dessen Inverse bestimmt:

$$u(y, k) = F(\alpha, k) \tag{13.28}$$
$$y = \sin \alpha = sn(u, k) \quad . \tag{13.29}$$

Durch die folgenden Relationen sind weitere Funktionen definiert,

$$sn^2 + cn^2 = 1\,, \qquad m \cdot sn^2 + dn^2 = 1\,, \tag{13.30}$$

die sich unter MATLAB mittels [sn,cn,dn] = ellipj(u,m,tol) berechnen lassen. „tol"
ist wieder ein optionaler Parameter, der standardmäßig den Wert „eps" hat, und „m"
ist auf das Intervall $0 \cdots 1$ eingeschränkt.

13.7.5 Fehlerintegral

Das Fehlerintegral ist durch

$$\mathrm{erf}(x) = \frac{2}{\pi} \int_0^x \exp(-t^2) dt\,, \tag{13.31}$$

das komplementäre Fehlerintegral durch

$$\mathrm{erfc}(x) = \frac{2}{\pi} \int_x^\infty \exp(-t^2) dt \text{ und} \tag{13.32}$$

das skalierte komplementäre Fehlerintegral durch

$$\mathrm{erfcx}(x) = \exp(x^2) \cdot \frac{2}{\pi} \int_0^x \exp(-t^2) dt \tag{13.33}$$

definiert. Der Aufruf unter MATLAB erfolgt beispielsweise mit erf(x). In allen drei
Fällen darf „x" eine beliebige reelle Matrix sein, die elementweise ausgewertet wird.
Die beiden inversen Funktionen können ebenfalls auf Arrays angewandt werden. Der
Wertebereich ist für das inverse Fehlerintegral auf $-1 \le x \le 1$ und für das skalierte
inverse Fehlerintegral auf $0 \le x \le 2$ eingeschränkt.

13.7.6 Das Exponentialintegral

Das Exponentialintegral ist durch

$$E_1(x) = \int_x^\infty \frac{\exp(-t)}{t} dt \tag{13.34}$$

definiert und wird unter MATLAB mittels >> y=expint(x) aufgerufen. Dank analy-
tischer Fortsetzung darf „x" eine beliebige komplexe Matrix sein, die – wie üblich –
elementweise ausgewertet wird.

13.7.7 Legendre-Polynom

Die assoziierte Legendre-Funktion ist definiert durch

$$P_n^m(x) = (-1)^m (1 - x^2)^{m/2} \frac{d^m}{dx^m} P_n(x) \tag{13.35}$$

mit dem Legendre-Polynom

$$P_n(x) = \frac{1}{2^n n!} \frac{d^n}{dx^n} \left(x^2 - 1\right)^n \; . \tag{13.36}$$

y=legendre(n,x) berechnet alle assoziierten Legendre-Funktionen P_n^m mit $0 \le m \le n$. „x" darf eine reelle Matrix mit dem Wertebereich $[-1, +1]$ sein und „n" ein positiver Skalar. Die Ausgabe zeigt das folgende Beispiel:

```
>> aa=magic(4)/trace(magic(4))
aa =
    0.4706    0.0588    0.0882    0.3824
    0.1471    0.3235    0.2941    0.2353
    0.2647    0.2059    0.1765    0.3529
    0.1176    0.4118    0.4412    0.0294
>> legendre(3,aa)
ans(:,:,1) =
   -0.4453   -0.2126   -0.3507   -0.1724
   -0.1420    1.3233    0.9397    1.3865
    5.4956    2.1582    3.6924    1.7403
  -10.3043  -14.5160  -13.4514  -14.6897
ans(:,:,2) =
   -0.0877   -0.4006   -0.2870   -0.4431
    1.4715    0.6765    1.1568    0.2081
    0.8793    4.3450    2.9573    5.1292
  -14.9222  -12.7076  -14.0565  -11.3517

ans(:,:,3) =
   -0.1306   -0.3776   -0.2510   -0.4471
    1.4360    0.8136    1.2466    0.0361
    1.3132    4.0301    2.5646    5.3296
  -14.8252  -13.0964  -14.3048  -10.8412
ans(:,:,4) =
   -0.4338   -0.3204   -0.4195   -0.0441
    0.3729    1.0543    0.5293    1.4929
    4.8968    3.3340    4.6346    0.4408
  -11.8340  -13.7717  -12.2864  -14.9805
```

d.h. $ans(:,:,m+1) \rightarrow P_n^m$.

Mit y = legendre(n,x,'sch') wird die Schmidt-quasinormierte assoziierte Legendre-Funktion

$$(-1)^m \sqrt{\frac{2(n-m)!}{(n+m)!}} P_n^m(x) \tag{13.37}$$

und mittels y = legendre(n,x,'norm') die normierte assoziierte Legendre-Funktion

$$(-1)^m \sqrt{\frac{(n+\frac{1}{2})(n-m)!}{(n+m)!}} P_n^m(x) \tag{13.38}$$

berechnet.

13.7.8   Produkte mit Vektoren

>> cross(a,b) berechnet das Kreuzprodukt zweier Vektoren und >> dot(a,b) das Skalarprodukt. Während für das Skalarprodukt die Vektoren beliebige Dimension haben dürfen, müssen im Fall des Kreuzproduktes 3-dimensionale Vektoren vorliegen. Mit dem optionalen Parameter „dim", z.B. cross(a,b,dim), lässt sich für Arrays festlegen, ob das Produkt bezüglich der Zeilen- oder Spaltenvektoren ausgeführt werden soll.

13.8   Zahlentheoretische Funktionen

13.8.1   Funktionen zur Kombinatorik

>> factorial(n) berechnet die Fakultät von „n". n muss dabei eine positive ganze Zahl sein (vgl. auch prod, Kap. 8).

>> nchoosek(n,k) wertet den Binomialkoeffizient $\frac{n!}{(n-k)!k!}$ aus.

>> nchoosek(a,k) mit einem Vektor a der Länge n, berechnet eine Matrix mit $\frac{n!}{(n-k)!k!}$ Zeilen und k Spalten.

Beispiel.

```
>> a=rand(1,4);
>> n=length(a)
n =
     4

>> nchoosek(4,2)          wir erhalten folglich eine
ans =                     6x2 Matrix
     6
>> nchoosek(a,2)
ans =
     0.9797    0.2714
     0.9797    0.2523
     0.9797    0.8757
     0.2714    0.2523
     0.2714    0.8757
     0.2523    0.8757
```

>> perms(a), mit einem beliebigen Zeilenvektor a der Länge n, berechnet eine Matrix aller möglichen Permutationen dieses Vektors.

13.8.2 Primzahlen

>> factor(n) berechnet die Primzahlzerlegung der ganzen positiven Zahl n.

>> isprime(a) gibt für reelle Matrizen a eine Matrix derselben Zeilen- und Spaltenzahl zurück, wobei für Primzahlen eine „1", sonst eine „0" steht.

>> primes(x) liefert für jeden Skalar x alle Primzahlen $\leq$ x.

13.8.3 Rationale Approximationen

>> x=gcd(a,b) berechnet den größten gemeinsamen Teiler der ganzzahligen Matrizen a und b. [x,y,z]=gcd(a,b) liefert als Lösung den größten gemeinsamen Teiler x und erfüllt die Gleichung

$$a_{i,j} \cdot y_{i,j} + b_{i,j} \cdot z_{i,j} = x_{i,j} \tag{13.39}$$

für Integer Arrays x, y, z, a und b. Diese Lösungen können gewinnbringend zur Lösung von diophantischen Gleichungen und elementaren Hermite-Transformationen genutzt werden.

Beispiel: diophantische Gleichungen. Gesucht ist eine Lösung der diophantischen Gleichung

$$30x + 56y = 8 \tag{13.40}$$

```
>> [x,y,z] = gcd(30,56)
x =
     2
y =
    -13
z =
     7
>> 30*y + 56*z
ans =
     2
```

und folglich

$$30 \cdot (4y) + 56 \cdot (4z) = 4x \quad \text{mit} \quad y = -13, \; z = 7 \text{ und } x = 2 \, . \tag{13.41}$$

>> lcm(x,y) berechnet das kleinste gemeinsame Vielfache der Integer Arrays „x" und „y".

rat(x) und rats(x) berechnen eine rationale Approximation der Zahl x. Mit format rat wird das Ausgabeformat auf eine rationale Darstellung geändert. Optional kann noch zusätzlich die Toleranz vorgegeben werden.

13.9   Koordinaten-Transformationen

$[\theta,\phi,r]$ = cart2sph(X,Y,Z)   Transformation kartesischer Koordinaten
                                          auf sphärische Koordinaten

$[\theta,\rho,Z]$ = cart2pol(X,Y,Z)   Transformation kartesischer Koordinaten
                                          auf zylindrische Koordinaten

$[\theta,r]$ = cart2pol(X,Y)   Transformation kartesischer Koordinaten
                                          auf Polarkoordinaten

$[X,Y,Z]$ = sph2cart(θ,ϕ,r)   Transformation sphärischer Koordinaten
                                          auf kartesische Koordinaten

$[X,Y,Z]$ = pol2cart(θ,ρ,Z)   Transformation zylindrischer Koordinaten
                                          auf kartesische Koordinaten

$[x,y]$ = pol2cart(θ,r)   Transformation von Polarkoordinaten
                                          auf kartesische Koordinaten

14 2-D-Grafik

Die folgenden sechs Kapitel sind grafischen Anwendungen gewidmet. Die erste Frage, die sich daher stellt, ist: Wozu Daten visualisieren? Visualisierung von Daten dient der Aufdeckung von Phänomenen, dem Sichtbarmachen von Tatsachen. Einfachheit und Klarheit kommen diesem Ziel entgegen. Farbe, Licht, Schattierungen und insbesondere unterschiedliche Linienstile können hilfreich sein, aber auch mehr verdecken als aufdecken. Häufig erweist es sich als günstig, einzelne gemeinsam dargestellte Linienzüge sowohl durch den Linientyp – durchgezogen, gestrichelt usw. – als auch durch die Farbe zu unterscheiden. Eine beeindruckende Fülle von Möglichkeiten findet sich in der MATLAB Plot Gallary https://de.mathworks.com/products/matlab/plot-gallery.html Mit MATLAB betrachtet mögen sich farbige Linien deutlich voneinander unterscheiden, in einem schwarz-weiß ausgedruckten Bericht jedoch unter Umständen ununterscheidbar werden. Bedenken Sie bei der Erstellung von Grafiken auch deren vielleicht schwarzweiße, verkleinerte Zukunft.

14.1 Elementare 2-D-Grafik

Plot plot, stackedplot, yyaxis

Polardarstellungen polarplot

Logarithmische Plots loglog, semilogx, semilogy

Linieninformationen colstyle

14.1.1 Lineare 2-D-Plots: plot

>> plot(y) plottet den Vektor y gegen dessen Index. Ist y ein komplexer Vektor, so wird der Realteil horizontal und der Imaginärteil vertikal geplottet. Ist y eine Matrix, so wird die Matrix spaltenweise ausgewertet. plot(x,y) plottet den Vektor $y = [y_1, y_2, y_3, \ldots, y_n]$ (Ordinate) gegen den Vektor $x = [x_1, x_2, x_3, \ldots, x_n]$ (Abszisse). Beide Vektoren müssen dieselbe Länge haben. Benachbarte Punkte (x_1, y_1), $(x_2, y_2), \ldots$ (x_n, y_n) werden geradlinig verbunden. Mehrere Vektoren können mittels >>plot(x1,y1, x2,y2, $\cdots$) in einem Diagramm vereinigt werden. Dazu dienen auch die weiter unten diskutierten Befehle „hold" und „subplot".

Beispiel: Farbe, Datenpunkte und Linientyp. Das Plot-Kommando erlaubt zusätzlich Argumente, denen wir in den folgenden Kapiteln begegnen werden. Hier ein Beispiel wie Farben und Linientypen gewählt werden können. Die Syntax ist stets plot(x,y,'F M S'), wobei x und y die zu plottenden Datenvektoren sind, F für die

https://doi.org/10.1515/9783110741780-014

Farbe, M für den gewählten Datenmarker und S für den Linientyp stehen. Defaultwerte sind für die Farbe „blau" und für den Linienstil „durchgezogen".

```
>> x=0:0.2:2*pi;
>> y=sin(x);
>> z=sin(x+pi/6);
>> plot(x,y,'r*-',x,z,'mp:')
```

Das Ergebnis ist in Abbildung (14.1) dargestellt, eine Liste der wählbaren Farben, Linien- und Datentypen findet sich in Tabelle (14.1).

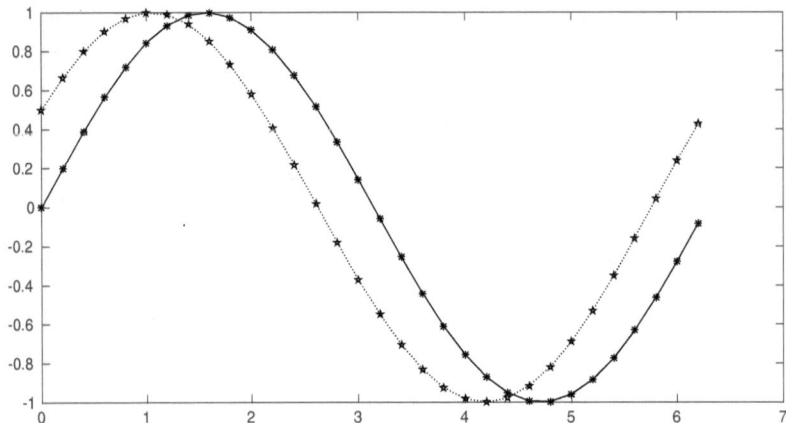

Abbildung 14.1: *Beispiel für zwei Plots in einer Abbildung mit unterschiedlichen Farben (rot und magenta), unterschiedlichen Datenpunkten (Sterne und Pentagramme) sowie unterschiedlichen Strichtypen (durchgezogen und gepunktet). Auch in einer Schwarz-Weiß-Darstellung sind beide Linienzüge deutlich voneinander unterscheidbar.*

plot: Allgemeine Syntax. Der plot-Befehl hat die allgemeine Syntax h = plot(ha, x,y, 'FMS', ⋯, 'Eigenschaft','Wert'). „ha" steht für das Achsen-Handle und legt die Achse fest in die geplottet werden soll. Dies ist zwingend notwendig für UIAxes-Objekte. „FMS" steht für die bereits oben diskutierten Eigenschaften: Farbe, Datenmarker und Linienstil. Der Rückgabewert „h" enthält das Linien-Objekt - kurz Handle - der geplotteten Linien, unter denen MATLAB deren Eigenschaften verwaltet. Wir werden auf diesen wichtigen Punkt noch im Detail in Kapitel 17 S. (414) eingehen. ⋯ steht für weitere zu plottende Wertepaare und ihre zugehörigen „FMS-Werte". „Eigenschaft" und „Wert" steht für die allen Plot-Objekten gemeinsamen Eigenschaft-Werte Paare. Es können auch mehrere Paare übergeben werden. Die am häufigsten genutzten sind: Die Linienbreite (LineWidth), die die Dicke der geplotteten Linie festlegt; MarkerEdgeColor zur Festlegung der Farbe der Berandung der verwendeten Datensymbole; MarkerFaceColor bestimmt die Oberflächenfarbe des Markers, MarkerSize dessen Größe und MarkerIndices legt fest an welchen Datenpunkten der Marker geplottet wird.

```
x=0:0.2:2*pi;
```

```
y1=sin(x);
y2=sin(x+pi/6);
plot(x,y1,'r*-', x,y2,'mp:', 'LineWidth',2,...
    'MarkerEdgeColor','y', 'MarkerFaceColor','g',...
    'MarkerSize',10, 'MarkerIndices',1:3:length(x))
```

Das Beispiel zeigt auch, dass die „MarkerFaceColor" nur bei solchen Objekten aktiv werden kann, die auch einen umgrenzten Innenhof besitzen. Eine Übersicht ausgewählter Eigenschaften ist in Tabelle (14.2) gelistet (vgl. auch Tab. (14.1)).

14.1.2   Plot mit gemeinsamer x-Achse: stackedplot

`stackedplot(x,y)` oder `stackedplot(y)` plotted maximal 25 Variablen mit einer gemeinsamen x-Achse. Dabei ist „x" ein Vektor „y" eine Matrix mit maximal 25 Spalten.

Tabelle 14.1:   *Linienfarben, Marker- und Linienstile.*

| LINIE | | DATENMARKER | |
SYMBOL	ERGEBNIS	SYMBOL	ERGEBNIS
b	blau	·	Punkte
g	grün	o	Kreise
r	rot	x	Kreuze
c	cyan	+	Plus
m	magenta	⋆	Sterne
y	gelb	s	Quadrate
k	schwarz	d	Diamant
w	weiß	v	Dreieck: ▽
−	durchgezogene Linie	∧	Dreieck: △
:	gepunktete Linie	<	Dreieck links
-.	Strich-Punkt	>	Dreieck rechts
- -	gestrichelte Linie	p	Pentagramme
		h	Hexagramme

Tabelle 14.2: *Ausgewählte Eigenschaften von Linien und Datenpunkten. (Defaultwerte in geschweiften Klammern.)*

BEZEICHNER	BEDEUTUNG	WERT
DatetimeTickFormat	Zeit, s. Kap. 23.2.3	String
DurationTickFormat	Zeitdauer, s. Kap. 23.3.3	String
LineStyle	Linienform	s. Tab. (14.1)
LineWidth	Linienbreite in Points (pt)	reelle Zahl {0.5}
Marker	Markertyp	s. Tab. (14.1)
MarkerEdgeColor	Berandungsfarbe	b, g, r, ⋯
MarkerFaceColor	Flächenfarbe	b, g, r, ⋯
MarkerSize	Größe der Datensymbole in Points (pt).	reelle Zahl {6}
MarkerIndices	Indizes der Datenpunkte mit Marker	Integer-Vektor
	weitere Eigenschaften Kap. 17, S. (414)	

Die Plots werden spaltenweise ausgeführt. `stackedplot` erlaubt dieselben Argumente wie `plot` und unterstützt auch Tabellen.

14.1.3   Plot mit zwei y-Achsen: yyaxis

Häufig tritt das Problem auf, dass zwei Grafen mit unterschiedlichen Skalierungen in einem Bild vereinigt werden sollen. MATLAB erlaubt dies mit dem Kommando `yyaxis`, dem Nachfolger von `plotyy`. Die allgemeine Syntax ist >> `yyaxis left` für die linke Achse und >> `yyaxis right` für die rechte Achse jeweils gefolgt von beliebigen Plot Kommandos. Soll ein bestehendes Achsenpaar mit Achsenhandel „ha" verwandt werden >> `yyaxis(ha, ...)`, wobei das zweite Argument entweder 'left' oder 'right' ist. Beispiel:

```
x = linspace(-pi,pi);
yl = cos(x);  yr = cosh(x);
yyaxis left
plot(x,yl)
yyaxis right
plot(x,yr,'rp-')
```

Die linke Achse und die zugehörige Plotlinie werden blau und die rechte Achse und Plotlinie per Default in einem rot-braunen Farbton dargestellt.

14.1.4   Polardarstellung: polarplot

>> `h=polarplot(alpha,r,'FMS')`
erzeugt eine Polardarstellung der Vektorenpaare (alpha,r). Wie beim plot-Kommando kann optional das Linien-Handle h zurückgegeben und Farbe, Marker- und Linienstil gesetzt werden. Das Achsen-Objekt ist jetzt ein PolarAxes Objekt. Das Ergebnis des folgenden Beispiels ist in Abb. (14.2) gezeigt.

```
>> theta=0:0.1:2*pi;
>> r=sin(theta).*sin(3*theta);
>> polarplot(theta,r,'k--')
```

>> `h=polarplot(alpha,r,'FMS',Eigenschaft,Wert)`
unterstützt dieselben Eigenschaft-Werte Paare wie `plot`.

14.1.5   Logarithmische Plots

Die allgemeine Syntax der Befehle `loglog`, `semilogx`, `semilogy` entspricht der des plot-Befehls. Wie von der Namensgebung her unschwer zu erkennen ist, dient `loglog` der doppeltlogarithmischen Darstellung und `semilogy` bzw. `semilogx` der halblogarithmischen Darstellung bezüglich der y- bzw. x-Achse. Ein Beispiel ist in Abb. (14.3) dargestellt.

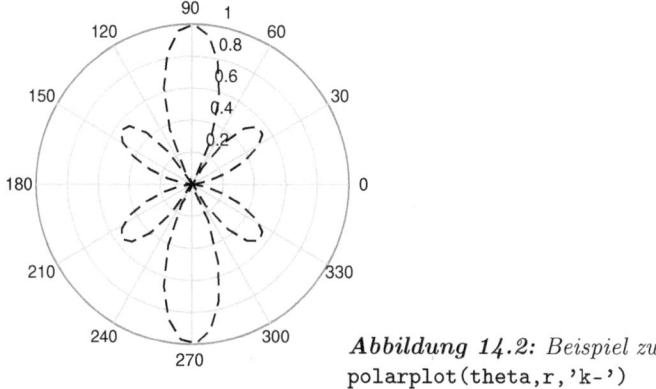

Abbildung 14.2: *Beispiel zu* `polarplot(theta,r,'k-')`

14.1.6   Linieninformationen

`[S,F,M,MSG]` = `colstyle('FMS')` bildet die Linienfestlegung (Farbe, Typ der Datenpunkte und Interpolationslinie) auf die Variablen „S", „F" und „M" ab. Bei Auftreten eines Fehlers wird die Fehlermeldung in „MSG" abgespeichert.

14.2   Achsen und Beschriftungen

14.2.1   Befehlsübersicht

Achsen erzeugen axes, polaraxes, subplot, tiledlayout, nexttile

Achsen bearbeiten axis, box, hold

Gitter grid

Größe pan, zoom

Achsen beschränken xlim, ylim, zlim, rlim, thetalim

Achsen beschriften xlabel, ylabel, zlabel

Achsen-Ticks xticks, xtickangle, xtickformat, xticklabels, ..., thetaticklabels

Legende, Titel legend, title, subtitle

Text plotedit, texlabel, text, gtext

14.2.2   Achsen-Objekte

Eine ausführliche Diskussion der Achsen-Objekte findet sich in Kapitel 17.2.1. `axes` und `polaraxes` sind Low-Level-Funktionen zur Erzeugung von Achsen-Objekten. In der Objekthierarchie stehen Achsen unter der „Figure" und sind „Parent-Objekt" zum Beispiel von Linien- und Flächenobjekten. Mit Hilfe der Eigenschaft „Position" lassen sich im Gegensatz zum MATLAB-Befehl `subplot` (s. nächster Abschnitt) überlappende Achsen erstellen. Beispielsweise erzeugt `axes('Position', [0.05 0.05 0.8 0.7])` eine Achse an der Stelle [0.05 0.05 0.8 0.7]. Dabei geben die ersten beiden Werte die Position des Koordinatenursprungs, hier (0.05, 0.05), der dritte Werte die Breite (0.8) und der letzte Wert die Höhe (0.7) des Koordinatensystems an. Die gesamte Länge und Höhe der Abbildung (Figure Window) wird dabei jeweils „1" gesetzt. Eine Beispiel ist Abb. (14.6), der zugehörige Code ist auf S. (331).

14.2.3   Mehrere Plots vereinigen: subplot

Das `subplot`-Kommando bietet eine einfache Möglichkeit, mehrere Plots in einem Fenster darzustellen. Ergänzt wird `subplot` durch TiledChartLayout-Objekte, die mit dem Befehl `tiledlayout` erzeugt werden und mit dem Befehl `nexttile` aktiviert. TiledChartLayout-Objekte werden im Detail in Abschnitt 17.2.2 besprochen.

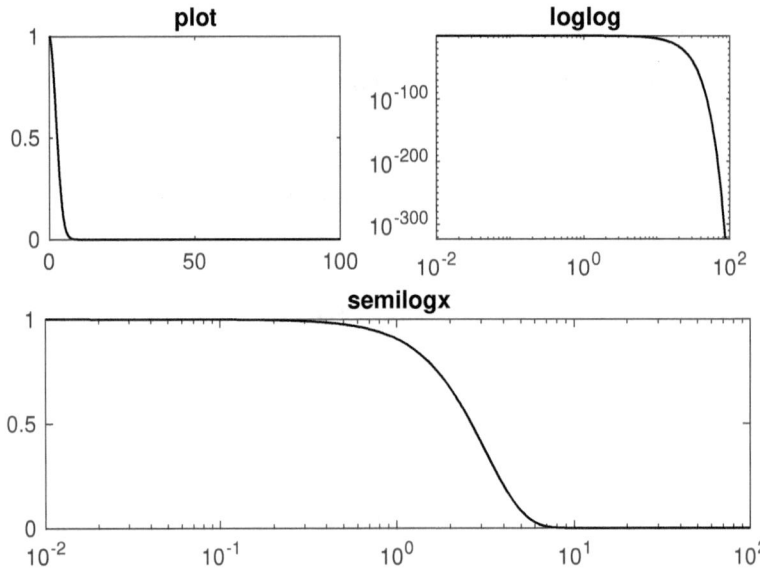

Abbildung 14.3: *Beispiel für die Kombination unterschiedlicher Darstellungen mit* `subplot`. *Die beiden oberen Bildbereiche wurden mit* `subplot(2,2,n)` *und der untere mit* `subplot('Position',[···])` *aktiviert.*

`h=subplot(···)` liefert das Axes-Objekt „h" der gerade erzeugten Achse zurück.
`subplot(m,n,o)` teilt das Fenster in eine m×n-Matrix und aktiviert den o-ten Bereich. Dabei läuft die Zählung zeilenweise von links oben nach rechts unten.
`subplot(m,n,o,'replace')` ersetzt eine bereits bestehende oder erzeugt eine Achse in der o-ten Ebene.
`subplot(m,n,o,ax)` wandelt den Plot zur Achse „ax" in eine Subplot-Achse an der Po-

sition „m,n,o".

`subplot(m,n,o,'align')` erstellt eine neue Achse, so dass die Plot-Bereiche wechselseitig ausgerichtet sind (Defaulteinstellung).

`subplot('Position',[x0 y0 breite höhe])` erzeugt eine Achse an der durch Position festgelegten Stelle. Die Syntax folgt dabei der Syntax von **axes**. Zu beachten ist allerdings, dass überlappende Achsen nicht erlaubt sind und das ältere Achsenpaar mit dem entsprechenden Plot gelöscht wird. Das folgende Beispiel zeigt die Kombination von `subplot(2,2,p)` mit `subplot('Position',[···])`. Tipp: Überlappende Achsenpaare können mit **axes** erzeugt werden. Geplottet wird stets in den gerade aktiven Achsenbereich.

```
>> x=logspace(-2,2,500);     % Plot-Daten
>> y=exp(-x.^2/10);
>> subplot(2,2,1)            % Links oben
>> plot(x,y)                 % alle plot-Befehle
>> title('plot')            %        erlaubt
>> subplot(2,2,2)            % Rechts oben
>> loglog(x,y)
>> title('loglog')          % und unten:
>> subplot('Position',[0.125 0.1 0.8 0.35])
>> semilogx(x,y)
>> title('semilogx')
```

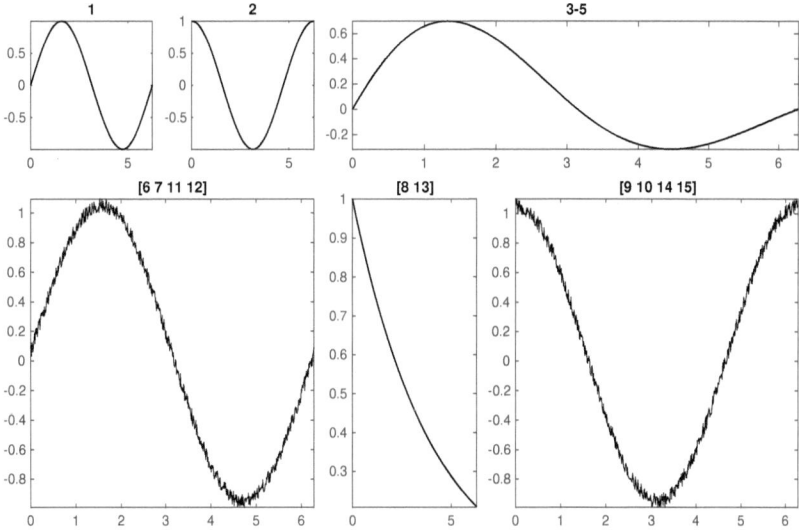

Abbildung 14.4: *Beispiel für die Kombination verschiedener zusammenhängender Teilfenster mit* **subplot**. *Die Bildbereiche wurden mit* **subplot(3,5,ti)** *erzeugt, wobei „ti" durch die Titel dargestellt ist.*

subplot erlaubt auch die Vereinigung mehrerer Teilfenster zu einem Plotbereich. Dazu werden die verschiedenen Fenster über ihre laufende Kennziffer zu einem Fenster zusammengefasst. Beispielsweise besteht subplot(3,5,q) aus fünf Spalten und drei Zeilen. Das folgende Beispiel und Abbildung (14.4) zeigt die Möglichkeiten auf:

```
>> % Erzeugen der Testdaten
>> x=0:0.01:2*pi;
>> y1=sin(x);
>> y2=cos(x);
>> y345=exp(-x/4).*sin(x);
>> y671112=rand(1,length(x))/10+sin(x);
>> y813=exp(-x/4);
>> y9101415=rand(1,length(x))/10+cos(x);
>> % Ausfuehren der Plots
>> subplot(3,5,1)            % Fenster 1
>> plot(x,y1), axis tight, title('1')
>> subplot(3,5,2)            % Fenster 2
>> plot(x,y2), axis tight, title('2')
>> subplot(3,5,3:5)          % Fensterzeile 3-5
>> plot(x,y345), title('3-5'), axis tight
>> subplot(3,5,[6 7 11 12])
>>                           % Fensterblock 6,7,11,12
>> plot(x,y671112), axis tight
>> title('[6 7 11 12]')
>> subplot(3,5,[8 13])       % Fensterspalte 8, 13
>> plot(x,y813), axis tight, title('[8 13]')
>> subplot(3,5,[9 10 14 15])
>>                           % Fensterblock 9,10,14,15
>> plot(x,y9101415), axis tight
>> title('[9 10 14 15]')
```

Mit dem Rel. 2016b wurden PolarAxes-Objekte eingeführt. subplot erstellt mittels subplot(m,n,o,polaraxes) an der Position „m,n,o" ein Polarkoordinatensystem. Kartesische Koordinaten und Polarkoordinaten können im selben Figure-Window erstellt werden.

14.2.4 Achsen bearbeiten: axis und box

Axis. Mit dem Kommando axis lassen sich Achsen skalieren und ihr Erscheinungsbild beeinflussen.

>>axis([xmin xmax ymin ymax zmin zmax cmin cmax]) beschränkt die x-, y- und im 3-D-Fall die z-Achse auf die angegebenen Werte. cmin und cmax legt bei 3-D-Objekten die Farbgrenzen fest. Für Polarkoordinaten haben die Achsengrenzen die Form [thetamin thetamax rmin rmax].

>>v = axis liefert einen 4- oder für 3-D-Abbildungen 6-dimensionalen Vektor [xmin xmax ymin ymax zmin zmax] mit den Grenzwerten der Achsen zurück.

Sind mehrere Achsen vorhanden, so kann der Befehl axis(ah,···) um das Achsen-Handle

Tabelle 14.3: *Liste der Achseneigenschaften.*

AXIS	BEDEUTUNG
auto	Automatische Erzeugung und Beschriftung aller Achsen.
'auto a'	Einschränkung auf Achse „a"
	a = x, y, z, xy, xz oder yz
manual	Manuelle Achsenwahl
tight	Achsengrenzen exakt durch Plotdaten beschränkt.
fill	Ähnlich „tight", falls die Achsenverhältnisse
	des Plotbereichs auf manuell gesetzt sind.
padded	Bei treppenförmigen Plot zusätzlicher Abstand
	zwischen Diagramm und Koordinatenberandung
ij	Koordinatenursprung links oben
xy	Koordinatenursprung links unten
equal	Achseneinheit in alle Richtungen gleich lang.
	beliebige Achsenskalierung: DataAspectRatio S. (402)
image	equal plus tight
square	Erzeugt einen quadratischen (kubischen) Plotbereich.
vis3d	Friert die Achsenverhältnisse zur 3-D-Rotation ein.
normal	Wechselt zu den Defaultwerten.
off	Blendet die Achsen aus.
on	Blendet die Achsen wieder ein.

ah ergänzt werden. Die Eigenschaft „state" ist obsolet. Der Vollständigkeit halber: die Syntax ist [mode,visibility,direction] = axis('state'). Mode gibt an, ob die Achsenwerte und -Bezeichnungen automatisch (auto) oder manuell (manual) gesetzt wurden; visibility hat die Werte „on" oder „off" und bestimmt die Sichtbarkeit, direction gibt Auskunft über die Position des Koordinatenursprungs und hat die Werte ij oder xy (vgl. Tab. (14.3)). Achseneigenschaften lassen sich mit dem Kommando axis Eigenschaft setzen, s. Tab. (14.3).

box. box on, box off schaltet einen Kasten um den Plotbereich ein oder aus. Bei mehreren Achsenobjekten kann box mit dem Achsen-Handle ergänzt werden.

14.2.5 Hold

hold schützt ein Fenster vor Überschreiben. Dabei ist hold ein so genanntes Toggle-Kommando. D.h. der erste Aufruf schaltet hold ein, der zweite wieder aus. Alternativ können auch die Formen hold on und hold off genutzt werden.

Beispiel. plot(x1,y1) plottet die Daten (x1,y1). plot(x2,y2) plottet die Daten (x2,y2) und überschreibt den ersten Plot.

```
>> plot(x1,y1)
>> hold on
>> plot(x2,y2)
>> hold off
```

Mit hold on wird der erste Plot geschützt und der zweite hinzugefügt. Das letzte hold off schaltet den Schutz wieder ab. hold all ist obsolet und entspricht jetzt hold on. Liegen mehrere Achsensysteme vor, so kann mit hold(ah, ...) auf die Achse mit dem Achsen-Objekt „ah" zugegriffen werden.

14.2.6 Gitter hinzufügen

>> grid ist ein Toggle-Kommando und schaltet beim ersten Aufruf ein Gitter ein, beim zweiten aus. Anstelle von grid kann auch grid on bzw. grid off benutzt werden. grid minor ist ebenfalls ein Toggle und erzeugt ein feines Gitter bzw. schaltet es wieder aus. Mit >> set(ah,'XGrid','on') bzw. „off" lassen sich die x-Gitterlinien an- oder abschalten und analog mit „YGrid" die y-Gitterlinien. „ah" ist das Achsen-Objekt (s. Kap. 17.2.1) (notwendig für UIAxes-Objekte). Ähnlich kann man auch bei Polarkoordinaten („ThetaGrid" und („RGrid") vorgehen. grid richtet sich nach der gewählten Achsenmarkierung. Ein Beispiel

```
x=0.01:0.002:1;
y=sin(1./x)./x;
subplot(1,2,1)
plot(x,y), grid
subplot(1,2,2)
plot(x,y), grid
xt=[0 0.05 0.1 0.2 0.4 0.6 1.];
xl={'', '', '0.1', '', '', '0.6', '1'};
set(gca,'XTick',xt,'XTickLabel',xl)
```

zeigt Abb. (14.5).

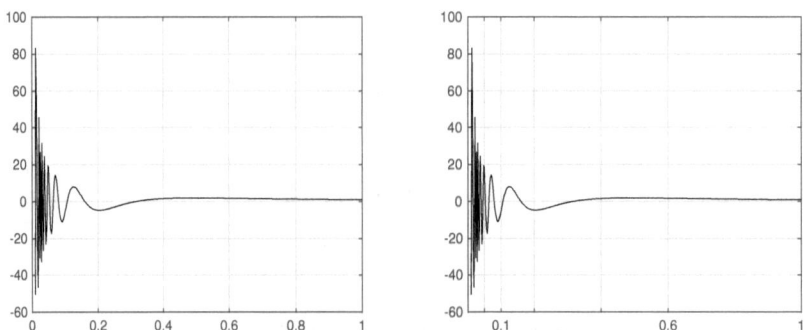

Abbildung 14.5: *Beispiel zum Plotten mit Gitterlinien.*

14.2.7 Zoomen und Scrollen

Das Kommando zoom erlaubt das ausschnittsweise Vergrößern bzw. Verkleinern von 2-D-Plots und kann als Toggle-Kommando verwendet werden. zoom on bzw. off schaltet den interaktiven Zoom an oder aus. zoom xon bzw. zoom yon schaltet den interaktiven

Zoom für die x- bzw. y-Achse an. `zoom reset` speichert den gegenwärtigen Zoomfaktor als Defaultwert. `zoom factor` verkleinert oder vergrößert das Bild um den Faktor „factor". Existieren mehrere Plotfenster, so kann mit `zoom(fh,'Bf')` auf das Figure Window „fh" zugegriffen werden. „Bf" kann jeden der oben aufgeführten Werte haben.

Mit `pan on` lassen sich Abbildungen in x- und y-Richtung verschieben, `pan xon` bzw. `pan yon` erlaubt das Verschieben in x- bzw. y-Richtung. `pan off` schaltet die Funktionalität wieder aus. `pan` allein ist ein Toggle-Kommando und `pan(fh)` greift auf die Abbildung mit dem Figure Handle „fh" zu. `pan` ist insbesondere auch in Verbindung mit `linkaxes` zum Verknüpfen mehrerer Subplots von Interesse (Kap. 17.3.10).

Die folgenden Funktionen unterstützen das Zoomen bzw. Verschieben:
`erl = isAllowAxesZoom(h,ah)` Erlaubnis zum Zoomen abfragen. „h" ist das Zoom-Mode Objekt, „ah" die Achsen-Handles, „erl" logischer Vektor derselben Größe wie „ah", der Auskunft gibt, ob Zoomen erlaubt ist oder nicht. `setAllowAxesZoom(h,ah,erl)` Setzt die Erlaubnis zum Zoomen. Die Pan-Pendants sind: `erl=isAllowAxesPan(h,ah)` und `setAllowAxesPan(h,ah,erl)`.
`mode = getAxesZoomMotion(h,ah)` Information „mode" über den Zoom-Mode 'horizontal', 'vertical' oder 'both'. `setAxesZoomMotion(h,ah,mode)` Setzen der Zoom-Art „mode". Auch hier gibt es Pan-Pendants: `mode = getAxesPanMotion(h,ah)` und `mode = setAxesPanMotion(h,ah)`.

Sowohl `pan` als auch `zoom` können interaktiv über das Figure-Window bedient werden. Außerdem liefert >> `h = zoom(...)` bzw. >> `h = pan(...)` ein Zoom- bzw. Pan-Mode Objekt „h" zurück. Auf deren Eigenschaften kann mittels `h.eigschaft = wert` zugegriffen werden, s. Tab. (14.4).

Tabelle 14.4: *Werte und Eigenschaften der Zoom-Mode und Pan-Mode Objekte.*

EIGENSCHAFT	WERT	BEDEUTUNG
Enable	'on', 'off'	Ein- oder Ausschalten
Motion	'horizontal', 'vertical',	
	'both'	entspricht xon, yon oder on
FigureHandle	Handle-Objekt	legt aktive Abbildung fest
ContextMenu	Function-Handle	s. Kap. 18
ButtonDownFilter	Function-Handle	Aktion bei Mausklick
ActionPreCallback	Function-Handle	Aktion vor Aufruf
ActionPostCallback	Function-Handle	Aktion nach Aufruf
	nur für Zoom	
Direction	'in', 'out'	Zoom-Richtung
RightClickAction		Rechtsklick mit Maus
UseLegacy		
ExplorationModes	'on'	UIFigure-Objekte verhalten sich wie Figure-Objekte

14.2.8 Achsen beschränken

`x-`, `y-`, `z-`, `theta-` und `rlim` dienen der Begrenzung der entsprechenden Achsen, ihre Syntax ist identisch. (x,y,z) beziehen sich auf kartesische Koordinaten und (theta, r) auf Polarkoordinaten. Beispielsweise werden mit `xlim` die aktuellen Intervallgrenzen der x-Achse abgefragt und mit `xlim([xmin xmax])` gesetzt. Via `xlim(ah,···)` wird die Achse mit dem Achsen-Objekt „ah" ausgewählt (notwendig für UIAxes-Objekte), mit `xlim('auto')` wird der „auto"-, mit `xlim('manual')` der „manual"-Mode gesetzt und mit `xlim('mode')` abgefragt.

14.2.9   Achsen beschriften

`xlabel`, `ylabel` und im 3-D-Fall `zlabel` dienen der Beschriftung der Koordinatenachsen. In allen drei Fällen ist die Syntax identisch, beschränken wir uns daher stellvertretend auf die x-Achse.

`xlabel('xachse')` beschriftet die x-Achse mit dem String „xachse". `xlabel(xfun)` führt die Funktion „xfun" aus und erwartet als Rückgabewert einen String zur Achsenbeschriftung. `xlabel(···,'Eigenschaft',Wert,···)` legt das Eigenschaftspaar fest. Eine Liste der Eigenschaften ist in den Tabellen (14.5) und (14.6) aufgeführt. `t=xlabel(···)` liefert das Textobjekt „t" zurück, s. Kap. 14.2.12.

14.2.10   Achsen-Ticks bearbeiten

(x,y,z) bezieht sich jeweils auf kartesische Koordinaten und (theta, r) auf Polarkoordinaten. Da die Befehle stets gleich aufgebaut sind, wird nur ein Stellvertreter besprochen. „tickangle" Befehle werden von den Achsen (x,y,z) und r unterstützt. Für UIAxes muss stets das Objekt-Handle mit übergeben werden.

`xticks`, `yticks`, `zticks`, `rticks` und `thetaticks` dienen dem Setzten und Abfragen der Achsentick-Werte. Als Beispiel betrachten wir `xticks`. `xt = xticks` liefert die numerischen Werte zurück und `xticks(xt)` setzt diese Werte. Mit `xticks('auto')` werden die Werte von MATLAB gesetzt und mit `xticks('manual')` händisch. `xticks('mode')` liefert den aktuellen Modus zurück und `... = xticks(ah,...)` spricht das Achsen-Objekt „ah" an.

`xtickangle` legt den Winkel (in Grad) der Achsenskalierungsstriche fest. Unterstützt werden `win = xtickangle(ah,angle)`.

`xtickformat` legt das Format der Achsenskalierungsstriche fest. Für numerische Werte `xtickformat(nW)` kann „nW" die folgenden Werte haben:

'eur' oder '\x20AC%,.2f' für Euro	'usd' oder '$%,.2f' für US-$
'gbp' oder '\x00A3%,.2f' für £	'jpy' oder '\x00A5%,.2f' für Yen
'degrees' oder 'g\x00B0' für °	'percentage' oder '%g%%' für %
'auto' für die Defaulteinstellung	Bsp. '%±12.5f' für Feldbreite 12,
	5 Nachkommastellen (fixed point)

An Stelle von Festpunkt Darstellungen „f" werden mit „d" ganzzahlige Darstellungen , mit „e" die Exponentialdarstellung und mit „g" eine kompakte Zahlendarstellung unterstützt. Desweiteren werden Datums- und Durationformate unterstützt, s. Kap. 23.2.3

und 23.3.3 Mit `xtf = xtickformat(ah,...)` wird das aktuelle Format „xtf" zurückgegeben und das Achsen-Objekt „ah" angesprochen.

`xticklabels` setzt oder erfragt die Beschriftung der x-Achsen Ticks. Es werden dieselben Argumente wie unter `xticks` unterstützt. Beispiel Polarkoordinaten:
`xt = {'\theta = 0'; '30'; '60'; ... ; '330'}; thetaticklabels(xt);`
beschriftet die Winkelkoordinaten mit $\theta = 0, 30, 60, \cdots, 330$.

14.2.11 Legende und Titel

`title(Argument)` legt die Überschrift einer Abbildung fest. Dabei kann „Argument" dieselben Werte annehmen wie `xlabel`. Untertitel können auch durch `title('Titel',` `'Untertitel')` erstellt werden oder durch den Befehl `subtitle`, der ebenfalls dieselben Argumente wie `xlabel` unterstützt.

`legend` erzeugt zu einer Abbildung eine Legende. Beispielsweise erstellt in einem Plot mit zwei Linien der Aufruf `legend('lin1','lin2')` eine Legende bestehend aus gewählten Linienstils und Datenpunkten gefolgt von der durch „lin1" bzw. „lin2" festgelegten Bezeichnung. Die Default-Position ist die rechte obere Bildecke zum zugehörigen Achsenpaar und kann mittels der Maus beliebig verschoben werden.
Position: Die Position wird durch `legend('lin1',...,'linn','Location',Wert)` festgelegt. „Wert" ist innerhalb des Achsensystems der Abbildung durch die Himmelsrichtungen 'north', 'south', 'east', 'west', 'northeast', 'northwest', 'southeast' und 'southwest' festgelegt sowie außerhalb durch den Zusatz '·outside' (also beispielsweise 'westoutside'). Mit 'best' und 'bestoutside' überlässt man MATLAB die Wahl und mit 'none' wird die Eigenschaft 'Position', Tab. (14.5), für die Position der Legende genutzt.
Auswahl eines Teils der Plotlinien: `legend(welche,...)` erstellt in einem Plot mit mehreren Linien nur für die ausgewählten Linien „welche" eine Legende. „welche" ist ein Vektor der zugehörigen Linien-Objekte `p1 = plot(...),... `.
Mehrspaltige Legende: `legend(...,'NumColumns',n)` mit „n" ganze Zahl legt die Anzahl der Spalten fest.
Orientierung: `legend(...,'Orientation',wert)` erlaubt die Legende entweder horizontal (wert = 'horizontal') oder vertikal (wert = 'vertical') auszurichten.
Umrandung: Mit `legend('boxon')` bzw. `legend('boxoff')` wird im aktive Achsensystem die Legendenumrandung an- bzw. abgeschaltet.
An/Aus: Mit `legend('hide')` wird die aktuelle Legende unsichtbar gemacht, mit `legend('show')` wieder sichtbar, `legend('toggle')` wandelt `legend` in ein Toggel-Kommando und `legend('off')` löscht die Legende.
Objekt-Handles: Mittels `legend(ax,...)` nutzt die Legende das durch das Achsenobjekt „ax" festgelegte Achsensystem und `[lg,hi,hp,ts] = legend(...)` liefert das Legenden-Objekt „lg", die Handles „hi" der innerhalb der Legende erstellten Objekte, die Handles „hp" der Linienobjekte sowie das Zellarray „ts" der Legenden-Beschriftung zurück. Eigenschaften der Legende lassen sich mittels `lg.Eigenschaft = Wert` setzten, Tab. (14.5) und (14.6), oder auch der Legende einen Titel mittels `title(lg,...)` beifügen.

Beispiel.
`x=0:0.01:2*pi;            % Daten`

```
y1=sin(x+pi/10);
y2=sin(x-pi/10);
h=plot(x,y1,'-',x,y2,'--')  % 1. Plot
z=abs(y1-y2);
axis('tight')
axes('Position',[0.2 0.15 0.3 0.2]) % 2. Plot
plot(x,z)
axis('tight')
title('abs(sin(1)-sin(2))')
legend(h,'sin(1)','sin(2)') % Legende zum 1. Plot
```

$x, y1$ und $y2$ sind die Daten des ersten Plots. Mit h=plot($\cdots$) wird der erste Plot ausgeführt und das zugehörige Handle zurückgegeben. axis('tight') sorgt für eine optimale Anpassung der Achsen. Mit axes($\cdots$) wird nun ein neues Achsenpaar erzeugt, das aktiv ist. Daher wird durch den nächsten Plotbefehl in dieses Achsenpaar gezeichnet. title wird ebenfalls bezüglich des aktiven letzten Achsenpaars ausgeführt. Die Legende soll aber zum ersten Plot gehören; dafür sorgt die Angabe des Plot-Handles „h". Das Ergebnis zeigt Abb. (14.6).

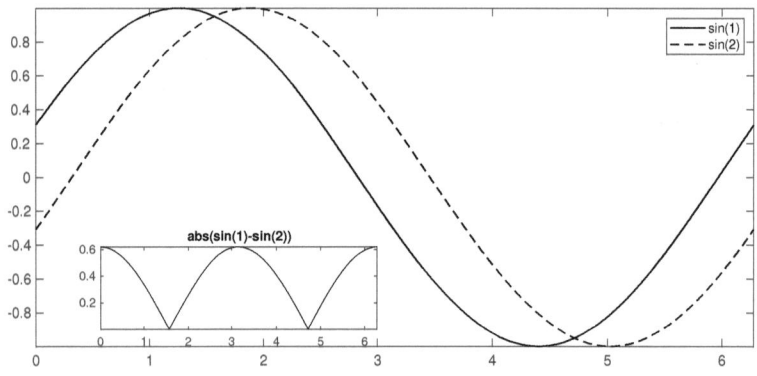

Abbildung 14.6: *Beispiel zu den Kommandos* title *und* legend.

14.2.12 Text verarbeiten

gtext. gtext('Text') öffnet das aktive Fenster mit einem zusätzlichen Fadenkreuz, das durch entsprechende Mausbewegung ausgerichtet werden kann. Drücken der rechten oder linken Maustaste druckt den String „Text" an der gewählten Position im Figure Window aus. th = gtext(...) liefert die Textobjekte „th" zurück und mittels gtext(...,eigschaft,wert) werden die in den Tabellen (14.5) und (14.6) gelisteten Eigenschaften unterstützt.

plotedit. plotedit aktiviert den „Plot Edit Mode", d.h. nach Doppelklick auf ein Grafikobjekt im Figure Window öffnet sich der Property Inspector und das entsprechende Grafikelement kann editiert werden. plotedit ist ein Toggle-Kommando. Als Eigenschaften sind „on" und „off" zum Starten und Beenden des Edit-Modes erlaubt, mit `plotedit(fh,'eigen')` lässt sich das Figure Objekt „fh" übergeben; „eigen" kann die Eigenschaften „on", „off", „showtoolsmenue" und „hidetoolsmenue" haben. Die letzten beiden Eigenschaften dienen zum Aufdecken oder Verdecken des Tool-Menüs in der Menü-Leiste des Figures.

Tabelle 14.5: *Liste der grundlegenden Texteigenschaften. Die Defaultwerte stehen in „{ }".*

BEZEICHNER	BEDEUTUNG	WERT
	TEXTEIGENSCHAFTEN	
String	Textstring	Character, String Catagoricals, Zahlen
Color	Textfarbe	[r g b]-Werte, $\cdots$
Interpreter	TeX-Interpreter an oder aus	{tex}, latex, none
	SCHRIFT	
FontAngle	Font-Winkel	{normal}, italic, oblique
FontName	Font	{Helvetica}
FontSize	Font-Größe	{10 points}
	Werte in Font-Einheiten	
FontWeight	Textdichte	light, {normal}, bold
FontSmoothing	Texterscheinung	{on}, off
	TEXTFELD	
Rotation	Textwinkel	Skalar (in Grad); {0}
EdgeColor	Berandungsfarbe	[r g b]-Werte, $\cdots$
BackgroundColor	Hintergrundfarbe	[r g b]-Werte, $\cdots$
LineStyle	Stil der Berandungslinie vgl. plot	{-}, $-$, :, -., none
LineWidth	Dicke der Berandungslinie	Skalar (points) {0.5}
Margin	Abstand: Text – Textbox (Ecke)	Skalar (Pixels) {2}
Clipping	Einschränkung auf den durch die Achsen festgelegten Bildbereich	{on}, off
	POSITION	
Position	Position	Koordinaten [x,y,z]
Extend	Text: Position und Größe (xl,yl): linke untere Ecke	[xl,yl,breite,höhe]
Units	Einheiten zu Extent und Position	pixels, normalized, inches, centimeters, points, {data}
HorizontalAlignment	Horizontale Ausrichtung	{left}, center, right
VerticalAlignment	Vertikale Ausrichtung	top, cap, {middle}, baseline, bottom

Tabelle 14.6: Liste weiterer Texteigenschaften. Die Defaultwerte stehen in „{ }".

BEZEICHNER	BEDEUTUNG	WERT
	INTERAKTIVITÄT	
Editing	Editieren erlaubt oder nicht	on, {off}
Visible	Sichtbar ja, nein	{on}, off
ContextMenu	Verknüpfung eines	Handle von
	Context Menues mit Text	„uicontextmenu"
Selected	Ausgewählter Zustand	on, {off}
SelectionHighlight	Hervorheben bei Auswahl	{on}, off
	ALLGEMEINE CALLBACKS	
ButtonDonwFcn	Callback-Routine bei	String oder
	Mausklick	Function Handle
CreateFcn	Callback-Routinen beim	String oder
	Erzeugen eines Textes	Function Handle
DelctcFcn	Callback-Routinen beim	String oder
	Löschen eines Textes	Function Handle
	AUSFÜHRUNG	
Interruptible	Legt fest, ob Callback-Rou-	{on}, off
	tine unterbrochen werden kann	
BusyAction	Behandlung von Callback-	cancel
	Routinen	{queue}
PickableParts	Fähigkeit Mausklicks	{visible}, all, none
	zu registrieren	
HitTest	Kann der Text	{on}, off
	aktives Objekt werden	
BeingDeleted	Löschstatus	on, off
	PARENT - CHILD	
Parent	Parent-Objekt z. Bsp.	Axes
Children	Child-Objekt	
HandleVisibility	Sichtbarkeit des Texthandles	{on}, off
	KENNUNG/DATEN	
Type		Text
Tag	User-bestimmtes Label	Beliebiger String
UserData	Benutzerdaten	beliebig

texlabel. `texlabel` konvergiert einen MATLAB-Ausdruck in sein entsprechendes TeX-Äquivalent. `texlabel('alpha')` entspricht \alpha, `texlabel('alpha','literal')` dagegen alpha.

text. `text(x,y,'string')` bzw. `text(x,y,z,'string')` ist eine Low-Level-Funktion zur Erzeugung von Text an der Position x,y,z. Mit `ht = text(...)` wird das zugehörige Handle erstellt. Eigenschaften, `text(...'Eig',wert,...)`, können paarweise oder mittels `ht.Eig = wert` übergeben werden. Beispielsweise schreibt

```
>> ht.Interpreter = 'LaTex';
>> ht.String = '$\int\frac{f(x)}{g(x)}dx$';
```

im Latex-MathMode $\int \frac{f(x)}{g(x)} dx$ in das Textfeld mit dem Handle „ht". Eine Übersicht aller Eigenschaften finden sich in Tab. (14.5) und (14.6).

Beispiel. In vielen Anwendungsfällen, insbesondere aus der Statistik, ist es von Vorteil, einzelne Datenpunkte mit einem Textlabel zu versehen. „dastr" enthält den Textstring, der an die einzelnen Datenpunkte mit dem Textkommando „text" angeheftet wird.

```
xd=rand(1,10)/10+0.01;
yd=rand(1,10)/10+0.015;
dastr=['10.01.'; '17.01.';'24.01.';...
       '31.01.';'07.02.';'14.02.';...
       '21.02.';'28.02.';'07.03.';'14.03.'];
plot(xd,yd,'o')
text(xd,yd,dastr,'fontsize',10,...
    'verticalalignment','bottom');
xlabel('Portfolio A');
ylabel('Portfolio B');
title('Rendite -1');
xmin=min([xd yd]);
xmax=max([xd yd]);
xp=linspace(xmin,xmax);
hold on, plot(xp,xp), hold off
```

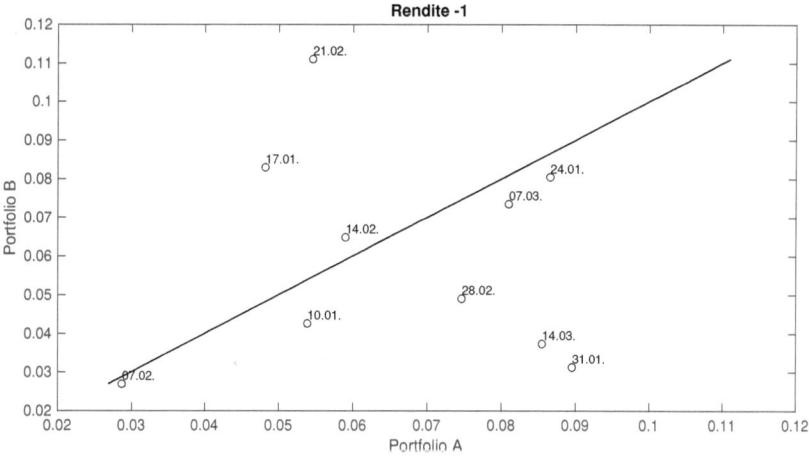

Abbildung 14.7: Anwendungsbeispiel zu **text**.

14.3   Ausdruck

print, **printopt** und **orient** dienen zum Ausdrucken von Grafiken oder Simulink-Modellen.

orient. Mit „orient" kann die Orientierung des Ausdruckes festgelegt werden. `orient` liefert die gegenwärtige Einstellung zurück. Mit `orient eig`, bzw. mit `orient(fh,eig)` kann die Orientierung festgelegt werden. „fh" ist dabei das Figure Handle oder der Name des Simulink-Modells, „eig" kann entweder „portrait", „landscape" oder „tall" sein.

print, printopt und saveas. `[pcmd,dev]=printopt` liefert das aktuelle Betriebssystem-spezifische Printkommando und den entsprechenden Device zurück, also beispielsweise auf einem Linux-Rechner

```
>> [pcmd,dev]=printopt
pcmd =            dev =
 lpr -r           -dprn
```

Im MATLAB-Pfad befindet sich unter toolbox/local/ der File printopt.m, der für die Defaulteinstellungen verantwortlich ist und gegebenenfalls editiert werden kann.

`print` druckt die aktuelle Abbildung entsprechend den Rückgabewerten von „printopt" aus. `print(fname,format,formatopt)` speichert die aktuelle Abbildung in der Datei „fname" unter dem Format „format", Tab. (14.8). „formatopt" ist optional und kann die Werte '-tiff' für eine Voransicht (nur bei eps-Dateien), '-loose' (loose Bounding Box, nur für eps- und ps-Dateien), '-cmyk' für die Verwendung von CMYK- an Stelle von RGB-Farben (nur eps- und ps-Dateien) und '-append' für das Anhängen an einen bereits bestehenden ps-File.

`[~ ,printer] = findprinters` erstellt eine Liste verfügbarer Drucker. Mit `print('-Pprinter')` und „printer" der Druckername wird ein verfügbarer Drucker ausgewählt. `print(driver)` bzw. `print('-Pprinter',driver)` legt den Drucker- bzw. den Dateityp fest, der zum Drucker geschickt werden soll. Die möglichen Werte sind in Tabelle (14.7) aufgelistet.

`print('-clipboard',cbf)` kopiert die aktuelle Abbildung in das System Clipboard unter Windows oder MAC OS. Erlaubte Werte sind für „cbf" entweder '-dmeta' (nur Windows), '-dbitmap' (Windows Bitmap) und '-dpdf' (pdf-Format). `print(..., '-rZ')` legt die Printauflösung fest. „Z" ist dabei eine ganze Zahl. Z = 0 entspricht der Bildschirmauflösung, jede andere Zahl der Punkte per Zoll (DPI). `print('renderer',...)` erlaubt, den Grafik-Renderer auszuwählen. Zur Auswahl steht „-opengl" und „-painters". Die Option `print('-noui',...)` unterdrückt beim Ausdruck grafische Benutzeroberflächen.) `print(fig,...)` speichert oder druckt die durch „fig" festgelegt Abbildung bzw. das Simulink-Modell. Mit `cdata = print('-RGBImage')` erhält man die RGB-Farbdaten der aktuellen Abbildung zurück.

Abbildung speichern. `saveas` dient zum Speichern einer Abbildung in unterschiedliche Formate. Diese Funktionalität wird auch durch das Plot Window unter dem

Tabelle 14.7: *Liste ausgewählter Druckertreiber.*

POSTSCRIPT		WINDOWS	
TREIBER	PRINTKOMMANDO	TREIBER	PRINTKOMMANDO
Schwarz/weiß	-dprn	Color	-dwinc
Farbig	-dprnc	Monochrom	-dwin

Tabelle 14.8: *Liste möglicher Formate. In Klammern die zugehörige Dateierweiterung.*

OPTION	BEDEUTUNG
'-djpeg'	JPEG 24-bit (.jpg)
'-dpng'	PNG 24-bit (.png)
'-dtiff'	TIFF 24-bit (komprimiert) (.tif)
'-dtiffn'	TIFF 24-bit (.tif)
'-dmeta'	Enhanced metafile (Windows) (.emf)
'-dbmpmono'	Windows Bitmap Monochrome (.bmp)
'-dbmp', '-dbmp16m'	BMP 24-bit (.bmp)
'-dbmp256'	BMP 8-bit (256 Farben) (.bmp)
'-dhdf'	HDF 24-bit (.hdf)
'-dpbm'	Portable Bitmap 1-bit (.pbm)
'-dpbmraw'	PBM (RAW-Format) (.pbm)
'-dpcxmono'	PCX 1-bit (.pcx)
'-dpcx24b'	PCX 24-bit (.pcx)
'-dpcx256'	PCX 8-bit (.pcx)
'-dpcx16'	PCX (16 Farben) (.pcx)
'-dpgm', '-dpgmraw'	PGM (Plain- bzw. RAW-Format) (.pgm)
'-dppm', '-dppmraw'	PPM (Plain- bzw. RAW-Format) (.ppm)
'-dpdf'	PDF (.pdf)
'-deps', '-deps2'	EPS Level 3 bzw. 2 Schwarz/Weiß (.eps)
'-depsc', '-depsc2'	EPS Level 3 bzw. 2 Farbe (.eps)
'-dmeta'	Enhanced Metafile (Windows) (.emf)
'-dsvg'	SVG (.svg)
'-dps', '-dps2	PS Level 3 bzw. 2 Schwarz/Weiß (.ps)
'-dpsc', '-dpsc2'	PS Level 3 bzw. 2 Farbe (.ps)

Menü „File → save as" unterstützt. Der Kommandozeilen-orientierte Aufruf lautet `saveas(h,'filename.ext')` oder `saveas(h,'filename','format')`. Im ersten Fall wird das Figure mit dem Handle „h" in der Datei „filename.ext" abgespeichert, das Format ist durch die Dateikennung „ext" festgelegt. Im alternativen zweiten Fall legt 'format' das Format fest. Die unterstützten Formate sind in Tabelle (14.9) aufgelistet.

`savefig(fname)` speichert die aktuelle Abbildung in eine FIG-Datei mit dem Namen „fname". `savefig(h,fname,'compact')` speichert die Abbildung mit dem Figure-Handle „h" in die Datei „fname.fig" und nutzt die Option „compact" (optional).

`copygraphics(hobj,'Resolution',600)` kopiert das graphische Objekt „hobj" mit der Auflösung von 600dpi (optional) in die Zwischenablage.

Eine ähnliche Aufgabe hat `exportgraphics(hobj,fname,'Resolution',600)`. Hier wird das graphische Objekt in den File „fname" abgespeichert. „fname" besteht aus Dateinamen.Typ, wobei die Dateierweiterung „Typ" (z. Bsp. pdf) den Dateityp festlegt.

Tabelle 14.9: *Liste der beim Speichern von Abbildungen unterstützten Formate.*
(„n SL" steht für „nicht für Simulink geeignet".)

FORMAT	KURZERLÄUTERUNG	FORMAT	KURZERLÄUTERUNG
bmp	Windows Bitmap	emf	Win. Enhanced Metafile
eps	EPS Level 3	pdf	PDF-Format
fig	MATLAB Figure (n SL)	jpg	JPEG-Format (n SL)
m	MATLAB M-file (n SL)	pbm	Portable Bitmap
pcx	24 bit Paintbrush	pgm	Portable Graymap
png	Portable Network Graphics	ppm	Portable Pixmap
tif	Kompr. TIFF-Format		

14.4   Figure Plot Tools

`showplottool` dient zum Aufdecken oder Verstecken der entsprechenden Figure Plot Tools. Die erlaubte Syntax ist `showplottool('tool')`, wobei „tool" einer der folgenden drei Strings sein kann: figurepalette, plotbrowser oder propertyeditor. Mit `showplottool('plotbrowser')` beispielsweise öffnet sich im aktuellen Figure Window das „Plot Browser"-Fenster.

Dieselbe Funktionalität bietet `showplottool('on','tool')`, das das durch „tool" festgelegte Eigenschaftsfenster öffnet, während `showplottool ('off','tool')` es wieder schließt. `showplottool('toggle','tool')` versieht „tool" mit der Toggle-Eigenschaft, das heißt, beim ersten Aufruf wird das korrespondierende Objekt geöffnet, beim zweiten geschlossen. `showplottool(fh,...)` wirkt statt auf das gegenwärtig aktive Plot-Fenster auf das durch das Figure Handle festgelegte.

15 3-D-Grafik

15.1 Elementare 3-D-Grafik

15.1.1 Befehlsübersicht

Liniengrafik plot3

Polygonplots fill3

Flächengrafik mesh, meshc, meshz, surf, surfc

Achsenverhältnisse daspect, pbaspect

Farbbalken colorbar

15.1.2 Lineare 3-D-Plots: plot3

Das Kommando `plot3` ist das 3-dimensionale Gegenstück zu `plot` und dient der Erstellung von Liniengrafiken im Dreidimensionalen. `plot3(x,y,z)` unterscheidet sich von `plot` nur durch das Auftreten der dritten Koordinate und verfügt über dieselben Argumente wie `plot`. Tatsächlich kann die Funktion `plot` auch als dreidimensionaler Plot mit senkrecht stehender z-Achse interpretiert werden, was sich leicht durch Aktivieren des Rotationsbuttons im Figure Window (unter Tools) dokumentieren lässt. Das folgende Beispiel ist in Abbildung (15.1) dargestellt.

```
>> t=0:0.01:5;
>> x=exp(-t/3).*cos(2*pi*t);
>> y=exp(-t/3).*sin(2*pi*t);
>> z = t.^2;
>> xlabel('x(t)'), ylabel('y(t)'), zlabel('t^2')
>> plot3(x,y,z)
```

15.1.3 3-D-Polygone: fill3

`fill3` erzeugt farbig ausgefüllte Polygone. Die allgemeine Syntax ist `>> h = fill3(x, y,z,C,'Eigenschaft',Wert)`, dabei ist der optionale Rückgabeparameter h ein Vektor der Patch-Objekte zu `fill3`, (x,y,z) sind die Polygonvertizes und C eine Farbmatrix (Colormap). Die erlaubten Eigenschaften entsprechen denen von Patch-Objekten und sind in Kapitel 17.3.5 aufgelistet. Das folgende Beispiel dokumentiert die Eigenschaften:

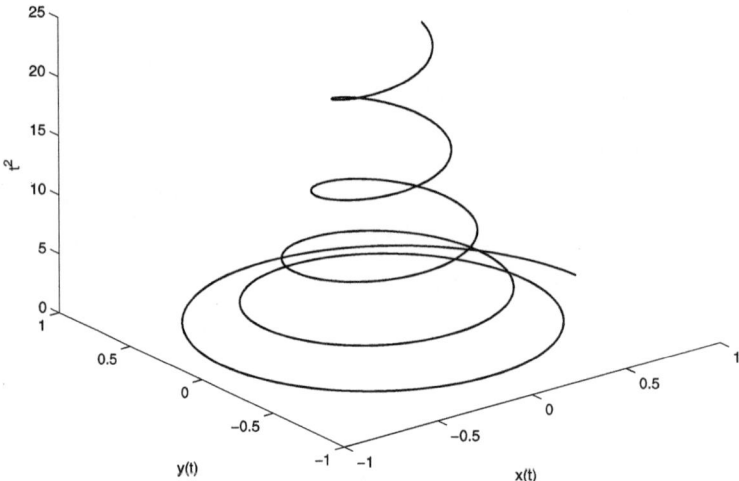

Abbildung 15.1: *Beispiel für einen dreidimensionalen Linienplot. Kommandos wie beispielsweise* xlabel *oder auch* legend *und* text *können wie im 2-D-Fall genutzt werden.*

```
>> x=rand(3,10);              >> c=rand(3,10);
>> y=rand(3,10);              >> fill3(x,y,z,c)
>> z=rand(3,10);
```

x ist eine 3×10-Zufallsmatrix und liefert jeweils 1 Ecke der 10 Polygone; ebenso y und z. Die Zufallsmatrix c dient als Farbmatrix.

15.1.4   Gitter- und Flächengrafiken

Die Mesh-Familie.   Die Befehle der mesh-Familie erzeugen eine offene Gittergrafik einer dreidimensionalen Fläche. Die allgemeine Syntax ist bei allen drei gleich: h=mesh(X,Y,Z,C,'Eigenschaft',Wert). Dabei sind der optionale Rückgabeparameter h das Surface-Objekt, X,Y und Z die Matrizen, die die Schnittlinien mit dem Gitter kennzeichnen und C eine Farbmatrix. meshc superponiert einen Konturplot und meshz einen Sockel. „Eigenschaft" und Wert entsprechen denen von Surface-Objekten und sind in Kapitel 17.3.5 aufgelistet. Das folgende Beispiel ist in Abb. (15.2) dargestellt:

```
>> x=-2.:0.1:2.;      % Gitterraster in x-Richtung
>> y=x;               % Gitterraster in y-Richtung
>> [X,Y]=meshgrid(x,y); % Gittermatrix
>> Z=X.^2 - Y.^2;     % hyperbolisches Paraboloid
>> meshc(X,Y,Z)       % 3-d Gittergrafik .
```

Die Surf-Familie. Die surf-Familie besteht aus den beiden Befehlen surf für Flächengrafiken und surfc für eine Flächengrafik mit superponiertem Kontur-Plot. Syntax und Bedeutung der Parameter h=surf(X,Y,Z,C,'Eigenschaft',Wert) entsprechen denen von mesh. Eine weitere wichtige Gestaltungsmöglichkeit bietet die Wahl von „shading", vgl. dazu Kapitel 15.2.3. Ein Beispiel zeigt Abb. (15.2).

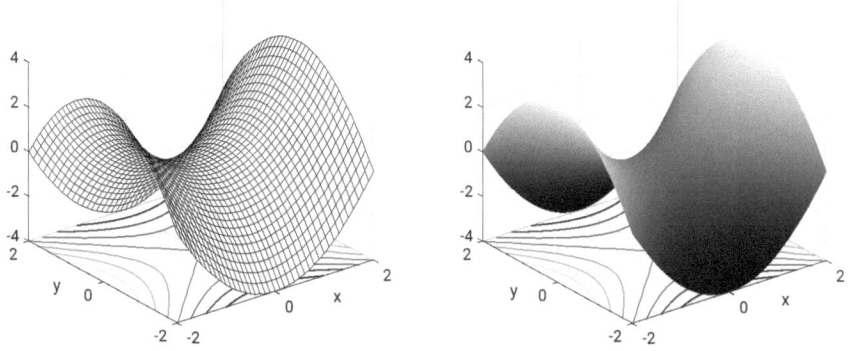

Abbildung 15.2: *Auf der linken Seite das Ergebnis von* >>`meshc(X,Y,Z)` *und rechts von* >>`surfc(X,Y,Z)` *mit* >>`shading interp`.

Der Bucheinband wurde ebenfalls mit `surfc` erstellt:

```
phi = linspace(0,2*pi,41);            % Surf-Daten
r = linspace(-1,1,21);
[P,R] = meshgrid(phi,r);
X = cos(P).*(1+R/2.*cos(P/2));        % Surf-Koordinaten
Y = sin(P).*(1+R/2.*cos(P/2));
Z = R/2.*sin(P/2);
figure, hs2= surfc(X,Y,Z,'FaceLighting','gouraud',...
        'FaceColor','interp','AmbientStrength',0.75);
light('Position',[5 0 0],'Style','local')
colormap hsv
shading interp
axis off                              % Keine Achsen
```

Die einzelnen Eigenschaften bzw. Kommandos finden sich für `FaceLighting`, `FaceColor` und `Ambientstrength` in Abschnitt (17.3.5), für `light` siehe Abschnitt (17.3.9) und `colormap` wird in Sektion (15.2.2) erläutert.

Beschriftungen, Eigenschaften der Achsen und der Koordinatenticks sind im Zwei- und Dreidimensionalen identisch und wurden bereits im Abschnitt 14.2 besprochen.

15.1.5   Achsenverhältnisse

`daspect` setzt das relative Verhältnis einer Achseneinheit zueinander. Zum Beispiel bedeutet `daspect([1 1 3])`, dass die Länge einer Einheit der x- gleich der Länge einer Einheit der y- gleich der Länge von drei Einheiten der z-Achse ist. >> `k=daspect` liefert die aktuellen Werte zurück. >> `daspect([ax ay az])` setzt die Achsenverhältnisse der aktiven Achsen. Mit Hilfe des Achsen-Objekts ah, `daspect(ah,···)`, kann man auf eine beliebige Achse zugreifen. Mit den Argumenten „auto" lässt sich der „Auto-Mode", mit „manual" der „Manual-Mode" einstellen und mit „mode" der eingestellte Mode abfragen.

pbaspect erlaubt dieselben Argumente wie daspect, wobei hier die Verhältnisse der Plotbox abgefragt bzw. gesetzt werden. Während mit daspect die relativen Einheiten der Achsen zueinander skaliert werden, werden mit pbaspect die relativen Längen der Achsen zueinander festgelegt.

15.1.6   Farbbalken: colorbar

Mit colorbar wird ein vertikaler Farbbalken (default) zur 2- oder 3-D-Grafik erzeugt. Äquivalent dazu ist colorbar('vert') bzw. colorbar('eastoutside'), während mit colorbar('horiz') bzw. colorbar('southoutside) ein horizontaler Farbbalken der Grafik hinzugefügt wird. Als weitere Positionierung innerhalb der Abbildung stehen 'north', 'west', 'east' und 'south' zur Verfügung und außerhalb dieselben „Himmelsrichtungen" mit dem Zusatz '...outside'. Die Positionierung kann auch mittels dem Eigenschafts-Werte Paar colorbar(...,'location','wert') erfolgen, wobei „wert" für die oben aufgelisteten Himmelsrichtungen steht. Die Orientierung des Farbbalkens kann mittels colorbar(...,'direction','reverse') umgekehrt werden. Die Voreinstellung ist 'normal'.

colorbar(ah) erzeugt einen Farbbalken zum (Achsen) Objekt ah und h=colorbar(···) liefert das Colorbar-Objekt „h" der aktuell erzeugten Colorbar zurück. colorbar('off') löscht alle Farbbalken des aktuellen Achsensystems, colorbar(h,'off') das Colorbar-Objekt „h" und colorbar(ah,'off') alle Farbbalken des Achsenobjekts „ah". Neben den oben bereits erwähnten Eigenschafts-Werte Paaren lassen sich mittels colorbar(...,'Eigenschaften','Wert') weitere Eigenschaften (beispielsweise TickLabels) setzen bzw. über das Colorbar-Objekt zugreifen, z. Bsp. h.FontSize = 14, um eine größere Beschriftung zu wählen. Eine vollständige Liste der Eigenschaften wird unter den Achseneigenschaften in Abschnitt 17.2.1 diskutiert.

Farbbalken mit festen Grenzen. Das MATLAB-Kommando caxis (vgl. nächster Abschnitt) erlaubt, die Colorbar mit festen Grenzen zu versehen. Ein Beispiel zeigt der folgende Programmcode, das Ergebnis ist in Abb. (15.3) dargestellt.

```
x=-1:0.1:1; y=x; [X,Y]=meshgrid(x,y);
Z=25*X.^2+Y.^2;
mesh(X,Y,Z)
set(gca,'Visible','off')
%  colorbar manuell setzen
caxis manual; caxis([0,20]);
colorbar;
```

Gemeinsamer Farbbalken. Das folgende Beispiel zeigt, wie innerhalb von MATLAB ein gemeinsamer Farbbalken eingerichtet werden kann. Mit dem Rel. 2019b wurden tiled Chart Layout Objekte, s. Kap. 17.2.2, eingeführt, die ein etwas eleganteres Vorgehen erlauben. Hier noch zwei Lösungen, einmal basierend auf subplot für ältere MATLAB-Releases und eine aktuelle Lösung.

```
%  Plots ausfuehren und handles speichern
ax(1) = subplot(3,1,1);
peaks(10);
ax(2) = subplot(3,1,2);
```

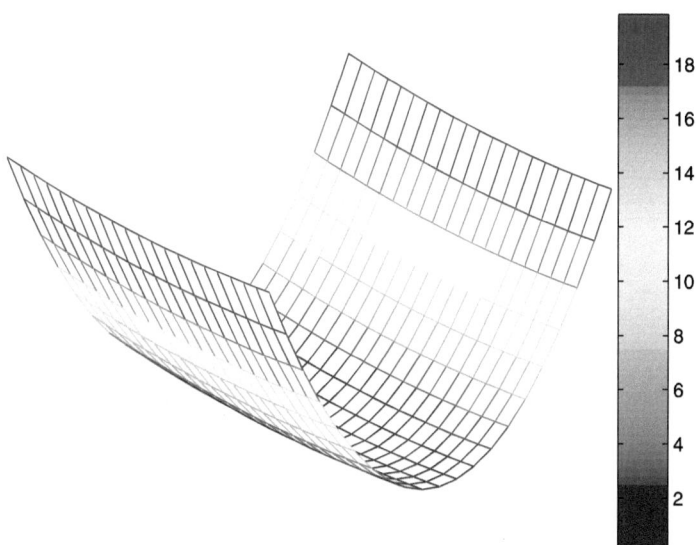

Abbildung 15.3: *Mittels* `caxis manual` *und* `caxis([0,20])` *wurde der Farbbalken auf die Grenzen 0 bis 20 eingegrenzt.* `set(gca,'Visible','off')` *blendet zusätzlich noch die Achsen aus.*

```
peaks(20);
ax(3) = subplot(3,1,3);
peaks(30);
h=colorbar;
% Colorbar ersteckt sich ueber den letzten Subplot
% Positionierung umskalieren
for k=1:3
    pos=ax(k).Position;
    ax(k).Position = [pos(1), pos(2), 0.67 pos(4)];
end
h.Position = [0.85 0.1 0.05 0.81];
```

peaks ist eine Testfunktion zu Flächendarstellungen und erlaubt auch drei Rückgabeargumente. Hier die Lösung basierend auf Tiled Chart Layout Objekten:

```
tiledlayout(3,1)           % tiled Chart Layout setzen
nexttile
peaks(10)
nexttile
peaks(20)
nexttile
peaks(30)
h = colorbar;              % colorbar Objekt
h.Layout.Tile = 'east';    % Positionieren
```

Das Ergebnis zeigt Abb. (15.4).

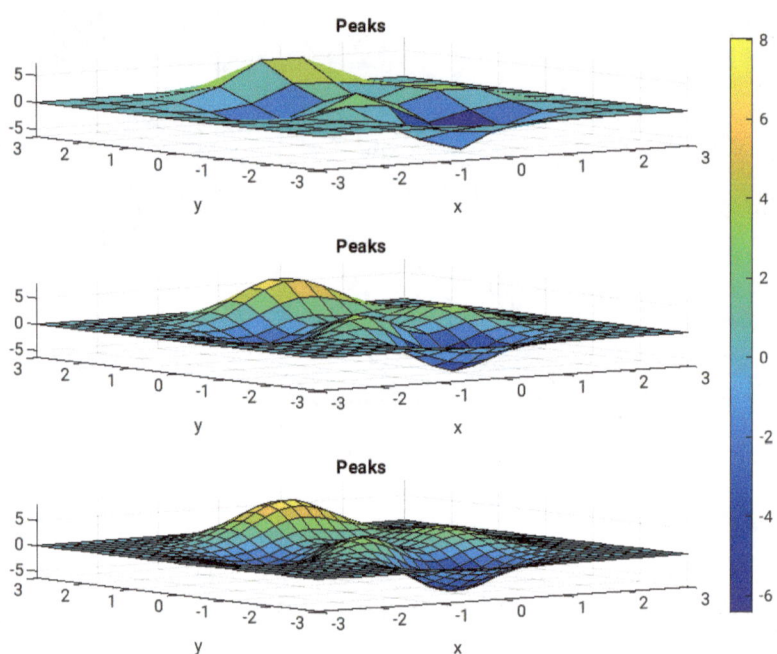

Abbildung 15.4: *Gemeinsamer Farbbalken mit TiledChart Layout Objekten realisiert.*

15.2   Farbe

15.2.1   Befehlsübersicht

Farbmatrix colormap, colormapeditor

Farbskalierung caxis

Farbhelligkeiten brighten

Hintergrundfarbe whitebg, colordef

Farbschattierung shading, hidden

15.2.2   Die Farbmatrix

In MATLAB werden bei Farbgrafiken die Farben als $m \times 3$-Matrix übergeben. Die einzelnen RGB-Werte liegen zwischen 0 und 1 und repräsentieren spaltenweise die entsprechenden R$_{ot}$-G$_{rün}$-B$_{lau}$-Werte. (Die Transformation von RGB- auf HSV-Werte wurde in Abschnitt 16.6.3 angesprochen.) Mit dem Kommando `FM = colormap` erhält man die aktuell verwendete Farbmatrix „FM" zurück. Ist FMneu eine $m\times3$-RGB-Farbmatrix, so lässt sich mittels `colormap(FMneu)` eine neue Farbmatrix übergeben bzw. mit `colormap(h,FMneu)` gezielt das Figure-Objekt bzw. Achsen-Objekt „h" ansprechen. Mit `colormap vordef` bzw. `colormap('vordef')` lassen sich in MATLAB bereits vordefinierte Farbmatrizen übergeben. Tabelle (15.1) listet die verfügbaren Farbtafeln auf.

Farbeditor. `>> colormapeditor` öffnet den Farbeditor, ein grafisches User Interface zum komfortablen Verändern der Farben einer Abbildung. Der ColorMapEditor (Rel. 2020b) hat eine Werkzeugleiste zur Auswahl der voreingestellten Farbtafeln aus Tab. (15.1). Unter „Customize Colormap" → „Specify Color" kann die aktuellen Farbskala mit verschiebbaren Reglern verändert werden. Weitere Farbregler lassen sich durch Klicken mit der rechten Maustaste über der Farbskala hinzufügen. Der aktuelle Farbwert kann als HSV- oder RGB-Wert abgelesen werden. In der Menüleiste lassen sich unter „File" Farbmatrizen importieren oder speichern und unter „Edit" beispielsweise Farbabbildungen zurücksetzen.

Farbskalierung. `caxis` dient der Farbachsenskalierung von Surface-, Patch- und Imageobjekten. Ein Anwendungsbeispiel zeigt Abb. (15.3). `caxis([cmin cmax])` setzt die Farbgrenzen auf die vorgegebenen Minimum- und Maximumwerte. `caxis auto` überlässt MATLAB die Wahl der Farbgrenzen und `caxis manual` sowie `caxis(caxis)` friert die Farbgrenzen auf die aktuell gewählten Grenzen ein. `cv = caxis` gibt die aktu-

Tabelle 15.1: Farbtafeln.

COLORMAP	VORHERRSCHENDE FARBTÖNE
default	parula
parula	default
hsv	farbgesättigt
hot	schwarz, rot, gelb und weiß
turbo	blau, grün, gelb, rot
gray	Grautöne
bone	grau-blau
copper	Kupfertöne
pink	pastell-pink
white	farblos
flag	alternierend rot, weiß, blau und schwarz
lines	farbige Linienstrukturen
colorcube	
(vga)	
jet	farbgesättigt
prism	
cool	cyan und magenta
autumn	rot und gelb
spring	magenta und gelb
winter	blau und grün
summer	gelb und grün

ellen Grenzen als zweizeiligen Vektor zurück. Mit `caxis(ah,...)` wird die Farbskalierung zum Objekt „ah" angesprochen. `caxis` verändert die „CLim"- und die „CLimMode"-Eigenschaft der Achse, die im Kapitel 17.2.1 angesprochen werden wird.

Farbhelligkeiten. `brighten(hd)` hellt $(0 < hd < 1)$ die aktuelle Colormap auf oder dunkelt $(-1 < hd < 0)$ sie ein. `brighten(hf,hd)` wirkt auf alle Kinder des Figure-Objekts „hf". Mit `FMneu = brighten(hd)` wird eine neue entsprechend modifizierte Farbmatrix „FMneu" der aktuellen Farbmatrix erzeugt und `FMneu = brighten(FM,hd)` erzeugt aus der „alten" Farbmatrix „FM" eine neue, ohne die aktuelle Abbildung zu verändern.

Hintergrundfarbe. `whitebg` wandelt die aktuelle Hintergrundfarbe in ihre komplementäre um. D.h. weiß wird zu schwarz. `colordef` legt die Voreinstellung für die Hintergrundfarbe fest. Mit `colordef hfarb` wird „hfarb" als Voreinstellung gewählt. „hfarb" kann die Werte black, white oder none haben.

15.2.3 Farbschattierung

`shading arg` legt die Schattierung einer Farbfläche fest. „arg" kann die Werte „flat", „faceted" und „interp" annehmen. Die Standardeinstellung bei `surf` ist beispielsweise „faceted". Dies führt zu einzelnen Farbvierecken mit schwarzer Umrandung. Bei „flat" entfallen die Begrenzungslinien und bei „interp" wird kontinuierlich über die Farbfläche interpoliert. Testen Sie dazu einmal

```
>> peaks(35)
>> FM=rand(25,3);
>> colormap(FM)
>> shading interp
```

Mit `shading(ah,...)` wird die Abbildung im Achsensystem „ah" angesprochen.

`hidden` dient dem Entfernen verdeckter Linien in Mesh Plots. `hidden` ist ein Toggle-Kommando, d.h. es wechselt bei jedem Aufruf von Sichtbar-Machen der verdeckten Linien zu unsichtbar und umgekehrt. Mit `hidden on` bzw. `hidden off` werden verdeckte Linien unsichtbar bzw. sichtbar.

15.3 Beleuchtung und Transparenz

15.3.1 Befehlsübersicht

Beleuchtung surfl, lighting

Reflexionen diffuse, material, specular

Flächennormale surfnorm

Transparenz alpha, alphamap, alim

15.3.2 Beleuchtung

`surfl` gehört zu der bereits beschriebenen `surf`-Familie und erlaubt ähnliche Argumente, zusätzlich werden Beleuchtungseffekte unterstützt. Der Standardaufruf ist `surfl(Z)` bzw. `surfl(X,Y,Z)` und entspricht dem von `surf`. `surfl(...,'light')` erzeugt eine glänzende, selbstleuchtende Oberfläche und `surfl(...,s)` legt die Richtung der Beleuchtungsquelle fest. „s" ist ein 2- oder 3-dimensionaler Vektor, dessen Elemente entweder durch den Elevations- und Azimuthwinkel (Voreinstellung 45° gegen den Uhrzeiger vom aktuellen Blickwinkel ausgehend) oder durch die 3-D-Koordinaten gegeben ist. In `surfl(X,Y,Z,s,k)` ist „k" ein 4-dimensionaler Vektor, der die Reflexionskonstanten festlegt. Voreinstellung ist [.55, .6, .4, 10]. `h = surfl(...)` schließlich gibt das Handle des Grafikobjekts zurück.

`lighting alg` bestimmt den Algorithmus zur Berechnung der Beleuchtungseffekte, die entweder über die Camera Toolbar oder über Insert → Light auf der Figure-Oberfläche aktiviert werden müssen. „alg" kann die Werte flat, gouraud und none annehmen. Je nach gewähltem Verfahren verändern sich die beleuchteten und beschatteten Flächen. „none" schaltet den Effekt aus.

15.3.3 Reflexionen

`R = diffuse(Nx,Ny,Nz,Q)` berechnet den diffusen Reflexionsfaktor für eine Fläche unter dem Normalenvektor $\vec{N}$. „Q" legt die Richtung der Lichtquelle fest und kann entweder ein 3-D-Vektor sein oder ein 2-D-Winkelvektor in sphärischen Koordinaten. Der diffuse Reflexionsvektor entspricht der zweiten Komponente in „k" in `surfl(X,Y,Z,s,k)` (s.o.).

Die Reflexionseigenschaft von Oberflächen wie surface- und patch-Objekten wird durch den Befehl `material wert` gesetzt. Als „wert" ist shiny (strahlend, unter Umständen werden die Schattenflächen vergrößert), dull (eher diffuse), metal (hohe Reflexion) und default erlaubt. Alternativ können relative Reflexionskoeffizienten `material([ka kd ks])`, Spiegelwerte n `material([ka kd ks, n])` und Farbreflexionen s `material([ka kd ks, n,s])` genutzt werden.

`R = specular(Nx,Ny,Nz,Q,B)` berechnet den Spiegelreflexionskoeffizienten. Wie unter `diffuse` ist $\vec{N}$ der Normalenvektor der Fläche, „Q" und „B" sind die Richtung der Lichtquelle und des Beobachters, die wieder entweder als 3-D-Vektoren oder als 2-D-Winkelvektoren in sphärischen Koordinaten übergeben werden können.

15.3.4 Flächennormale

`surfnorm(Z)` und `surfnorm(X,Y,Z)` visualisiert die Flächennormalen einer Oberfläche und `[N1,N2,N3] = surfnorm(X,Y,Z)` berechnet die Normalenvektoren. Sind „X", „Y", „Z" n×m-Matrizen, dann auch die Normalenkomponenten „Ni". Die Berechnung der Normalenvektoren basiert auf einem bikubischen Fit. `surfnorm(ah,...)` erlaubt die Übergabe eines Achsen-Handles „ah" sowie Eigenschafts-Werte Paare, `surfnorm(..., Eigenschaft, Wert)`, die im Kapitel 17.3.5 besprochen werden.

15.3.5   Transparenz

Die Funktionen `alpha`, `alphamap` und `alim` setzen oder beeinflussen die Transparenz-Eigenschaften von Surface-, Patch- oder Image-Objekten. Diese Eigenschaften werden im Kapitel 17 unter den jeweiligen Objekten gezielt besprochen werden.

`alpha` dient der Kontrolle der Transparenzeigenschaften eines grafischen Objektes. `alpha(face_alpha)` setzt die FaceAlpha-Eigenschaft, die für Patch-Objekte die Werte scalar (Voreinstellung 1), flat und interp (bikubische Interpolation) sowie allgemein „texture", „opaque" und „clear" annehmen kann. `alpha('opaque')` ist dasselbe wie `alpha(1)` und `alpha('clear')` entspricht `alpha(0)`. Die Face Alpha-Eigenschaft bestimmt die Transparenz der Flächen der einzelnen Grafikelemente (s. Kap. 17).

`alpha(alpha_data)` ist wie die Farbmatrix CData aufgebaut und gibt zu jedem Element die Transparenz wieder. Für Surface-Objekte kann „alpha_data" die Werte „x" (AlphaData-Eigenschaft wie XData), „y" (wie YData) und „z" (wie ZData) sowie „color" (wie CData) und „rand" für Zufallswerte annehmen. Für Image-Objekte sind die Werte „x", „y" und „z" zwar erlaubt, werden aber ignoriert. „color" und „rand" haben wiederum dieselbe Bedeutung. Für Patch-Objekte werden die FaceVertexAlphaData-Eigenschaften gesetzt, die wiederum die Transparenz bestimmen. Es sind dieselben Werte wie oben erlaubt. `alpha alpha_data_mapping` setzt die AlphaDataMapping-Eigenschaft. Erlaubt sind die Werte „scaled", „direct" und „none". `alpha(oh,...)` setzt die Transparenzeigenschaften nur für die Objekte mit dem Handle „oh".

Die Funktion `alphamap` dient zum Steuern der Transparenz eines grafischen Objektes und wirkt, sofern ohne Handle, auf die aktuelle Abbildung. `alphamap(alpha_map)` setzt die Alpha-Werte der aktuellen Abbildung und `alpha_map = alphamap(fh)` liest sie aus. „fh" ist optional und wirkt auf die Abbildung mit dem Figure Handle „fh", „alpha_map" ist ein m-dimensionaler Zeilenvektor. `alphamap('parameter')` erzeugt eine neue AlphaMap oder modifiziert die bestehende. In Tabelle (15.2) sind die möglichen Werte aufgelistet. `alphamap('parameter',l)` erzeugt eine neue AlphaMap der Länge „l". `alphamap('parameter', delta)` modifiziert die bestehende AlphaMap. Ist beispielsweise der Parameter „spin", dann bedeutet delta die Drehung von AlphaMap. `alphamap(fh,...)` wirkt statt auf die aktuelle Abbildung auf diejenige mit Figure Handle „fh". `alpha_map = alphamap('parameter')` erzeugt aus der aktuellen Alpha-Map eine neue basierend auf „parameter".

`alim` setzt oder erfragt die Grenzen von Alpha. Die Syntax ist `alpha_lim = alim` zum Erfragen und `alim([amin amax])` zum Festlegen der Grenzen. `alim_mode = alim('mode')` liefert und `alim('alim_mode')` gibt die Art und Weise vor, wie die Grenzen festgelegt werden. Es gibt zwei unterschiedliche Modi, „auto" und „manual". `alim(ah, ...)` wirkt auf die Achse mit dem Achsen-Handle „ah".

15.4   Veränderung des Blickwinkels

Zur Veränderung des Blickwinkels bei 3-D-Grafiken dienen Drehungen um das Abbildungszentrum – nicht um den Koordinatenursprung. Dies ist auch sinnvoll, da der Koordinatenursprung unter Umständen weit außerhalb der Bildebene liegen kann. Mit

Tabelle 15.2: *Übersicht der unterstützten Parameter in* `alphamap('parameter')`.

PARAMETER	KURZERLÄUTERUNG
default	Setzt die AlphaMap auf die voreingestellten Werte.
rampup	Erzeugt eine lineare AlphaMap mit zunehmender Opazität
rampdown	mit abnehmender Opazität.
vup	AlphaMap undurchsichtig im Zentrum; linear durchscheinend zum Rand.
vdown	AlphaMap durchsichtig im Zentrum; linear undurchsichtig zum Rand.
increase	AlphaMap wird zunehmend undurchsichtig.
decrease	AlphaMap wird zunehmend durchsichtig.
spin	Rotiert die AlphaMap.

`view(a,e)` wird eine aktive Drehung um den Azimuth-Winkel „a" (Winkel in der xy-Ebene) und um den Elevationswinkel „e" (kippt die xy-Ebene nach oben) durchgeführt. `view([x,y,z])` erfüllt dieselbe Aufgabe, (x,y,z) sind kartesische Koordinaten. `view(2)` und `view(3)` wählt die 2-D- bzw. 3-D-Voreinstellung. Neben der aktiven Drehung lässt sich die aktuelle Orientierung im Raum abfragen, `r = view`, wobei „r" entweder eine 4×4-Transformationsmatrix „T" oder die Winkel „[a,e]" sein können.

`T = viewmtx(az,el)` dient zur Berechnung der orthogonalen und `T = viewmtx(az, el,phi)` der perspektivischen 4×4-Transformationsmatrix. „phi" ist der Beobachtungs-winkel. Zusätzlich lässt sich via `T = viewmtx(az,el,phi,xc)` noch ein dreikomponen-tiger Zielpunkt innerhalb des Plotkubus vorgeben. (Bei einer orthogonalen Projektion besteht das Beobachtungsvolumen aus einem rechtwinkligen Parallelepiped, bei einer perspektivischen Projektion aus einer stumpfen Pyramide.)

Das Toggle-Kommando `rotate3d` schaltet die mausbasierte Rotation an oder aus, `rotate3d on` bzw. `rotate3d off` überspielt die Toggle-Eigenschaft. `rotate3d(fah, ...)`, mit „fah" entweder ein Figure oder ein Axes Objekt, wirkt auf das Objekt „fah". `h = rotate3d(fh)` liefert das Rotate3d-Objekt „h" des Figure-Objekts „fh" zurück. Die Eigenschaft „RotateStyle" kann die Werte 'orbit' und 'box' annehmen und legt die Ro-tationsmethode fest. Bei 'orbit' werden die Achsen rotiert und bei 'box' die Plot-Box. `rotate3d` wird noch durch die beiden Funktionen `erl = isAllowAxesRotate(h,ah)` und `setAllowAxesRotate(h,ah,erl)` unterstützt. Die Erste fragt ob Rotieren erlaubt ist, die Zweite legt diese Eigenschaft fest. Dabei ist „h" das Rotate3d-Objekt. „ah" die Achsen-Handles und „erl" ein logischer Vektor, der festlegt ob Rotieren erlaubt ist oder nicht.

15.5   Kamerakontrolle

Die Kameraeigenschaft von MATLAB bietet eine Fülle beeindruckender Visualisierungs-
möglichkeiten und wird auch durch geeignete Menüs im Plot-Fenster unterstützt.

15.5.1   Befehlsübersicht

Kameraposition campos, camtarget, camva, camup, camproj

Kamerasteuerung camorbit, campan, camdolly, camzoom, camroll, camlookat,
cameratoolbar

Beleuchtungskontrolle camlight, lightangle

15.5.2   Kameraposition und -steuerung

Kameraposition.

`campos` dient der Kontrolle der Kameraposition. Die aktuellen Werte werden ohne Eingabeargument zurückgeliefert und mit Eingabewert gesetzt. `campos([cpos])` setzt die
Position der Kamera, wobei „cpos" ein kartesischer Vektor ist. `campos('mode')` gibt den
aktuell gewählten Mode zurück und `campos('auto')` bzw. `campos('manual')` setzt ihn
auf „auto" bzw. „manual". `campos(ah,...)` wirkt auf die Grafik mit dem Achsen-Objekt
„ah".

`camtarget` setzt oder erfragt den Ort des Kameratargets. Die erlaubten Argumente
entsprechen exakt denen von `campos`. `camva` dient der Kontrolle des Kamerablickwin-
kels. Als Argument dienen die Beobachtungswinkel „bwi" in Grad, `campos(bwi)`. Ohne
Argument werden die aktuellen Werte zurückgegeben. Wie in `campos` kann der Mode
erfragt („mode") oder gesetzt („auto" und „manual") werden. `camup` legt die Richtung
fest, bezüglich der die Kamera in der Bildszene orientiert ist. Die möglichen Argumente entsprechen denen der obigen Funktionen, der zugehörige Vektor ist in kartesischen
Koordinaten.

`camproj('pj')` legt den Projektionstyp fest. Unterstützt werden orthogonale („ortho-
graphic") und perspektivische („perspective") Projektionen. Ohne Argument wird die
aktuelle Einstellung zurückgegeben. Zusätzlich kann noch ein Achsen-Handle „ah", `cam-
proj(ah,...)`, übergeben werden. Ohne Achsen-Handle wirkt `camproj` auf das aktuelle
Objekt.

Kamerasteuerung `camorbit(dtheta,dphi)` rotiert die Kamera mit „dtheta,dphi" um
das Kameraziel. „dtheta" ist der horizontale und dphi der vertikale Drehwinkel. Mit
geeigneten Schritten lässt sich mit einem kleinen Codefragment

```
membrane  % oder peaks zum Testen
dphi = 0.2; dtheta = 0.2;
>> for k=1:1800
pause(0.01), camorbit(dphi,dtheta)
end
```

eine Abbildung von allen Seiten betrachten und in Verbindung mit dem Befehl `movie`
auch ein kurzer Film zur Visualisierung drehen, s. S. (385). Zwei weitere optionale
Argumente sind „coordsys", mit dem der Rotationspunkt, und „direction", mit dem die
Rotationsachse festgelegt werden kann, `camorbit(dtheta,dphi,'coordsys','direc-
tion')`. „coordsys" kann zwei Werte haben: „data", das ist die Default-Einstellung (die
Rotationsachse wird durch das Kameratarget und „direction" (Voreinstellung positive z-
Achse) definiert) und „camera", hier ist die Rotation durch das Kameratarget definiert.
„direction" ist ein drei-komponentiger kartesischer Vektor. Soll die Kameradrehung nicht
auf die aktuelle Abbildung wirken, so muss zusätzlich noch ein Achsen-Handle „ah"
übergeben werden, `camorbit(ah,...)`. `campan` ist das Gegenstück zu `camorbit`. Hier
wird das Kameraziel um die Kamera rotiert. `campan` hat exakt dieselben Argumente
wie `camorbit`.

`camdolly(dx,dy,dz)` bewegt die Kameraposition und das Kameraziel um „(dx,dy,dz)".
Mit `camdolly(dx,dy,dz,'targetmode')` können zwei unterschiedliche Bewegungsty-
pen festgelegt werden. „movetarget" ist die Voreinstellung, d.h. sowohl Kameraposition
als auch Kameraziel werden bewegt. Bei „fixtarget" wird ausschließlich die Kamera bewegt. `camdolly(dx,dy,dz,'targetmode','coordsys')` erlaubt zusätzlich das Koordi-
natensystem festzulegen, bezüglich dessen die Werte „(dx,dy,dz)" interpretiert werden
sollen. Zur Festlegung der Achse kann auch ein Achsen-Objekt „ah", `camdolly(ah,...)`,
übergeben werden.

`camzoom(zf)` dient – wie die Namensgebung bereits verrät – dem Zoomen. Für $0 <$
$zf < 1$ wird der aktuelle Bildausschnitt verkleinert und für $zf > 1$ vergrößert. Mit
`camzoom(ah,zf)` lässt sich zusätzlich auch das Achsen-Objekt „ah" übergeben, auf das
`camzoom` wirken soll. `camroll(dtheta)` rotiert die Kamera mit dem Winkel „dtheta" um
die Beobachtungsrichtung und `camroll(ah,dtheta)` legt zusätzlich das Achsen-Handle
fest. Sind mehrere Objekte in einer Abbildung vereinigt, dann erlaubt `camlookat(oh)`,
eines der Objekte gezielt zu beobachten, Abb (15.5). „oh" ist das zugehörige Objekt-
Handle. Dies kann auch ein Achsen-Handle sein. Ohne Argument wird die aktuelle Achse
ausgewählt.

```
>> [x y z] = sphere;
>> s1 = surf(x,y,z);
>> hold on
>> s2 = surf(x+3,y,z+3);
>> s3 = surf(x,y,z+6);    % Drei Kugeln
>> camlookat(s3)          % Kugel s3 steht im
>> hold off               % Betrachtungszentrum
```

Einrichten der Kameramenüleiste. `cameratoolbar` fügt der aktuellen Figure-Umgebung die Kameramenüleiste hinzu. `cameratoolbar('NoReset')` erzeugt die Kameramenüleiste, ohne Kamera-Eigenschaften zu setzen. `cameratoolbar('SetMode', mode)`
belegt den Mode der Menüleiste vor. Unterstützte Werte für Mode sind: „orbit", „or-
bitscenelight", „pan", „dollyhv", „dollyfb", „zoom", „roll", „walk", „nomode". `camera-
toolbar('SetCoordSys',coordsys)` legt die Achse für die Kamerabewegung fest.
„coordsys" kann die Werte „x", „y", „z" und „none" haben. `cameratoolbar('Show')`
zeigt, `cameratoolbar('Hide')` versteckt die Kameramenüleiste und `cameratoolbar`
`('Toggle')` schaltet auf die Toggle-Eigenschaft um. `cameratoolbar('ResetCamera-`

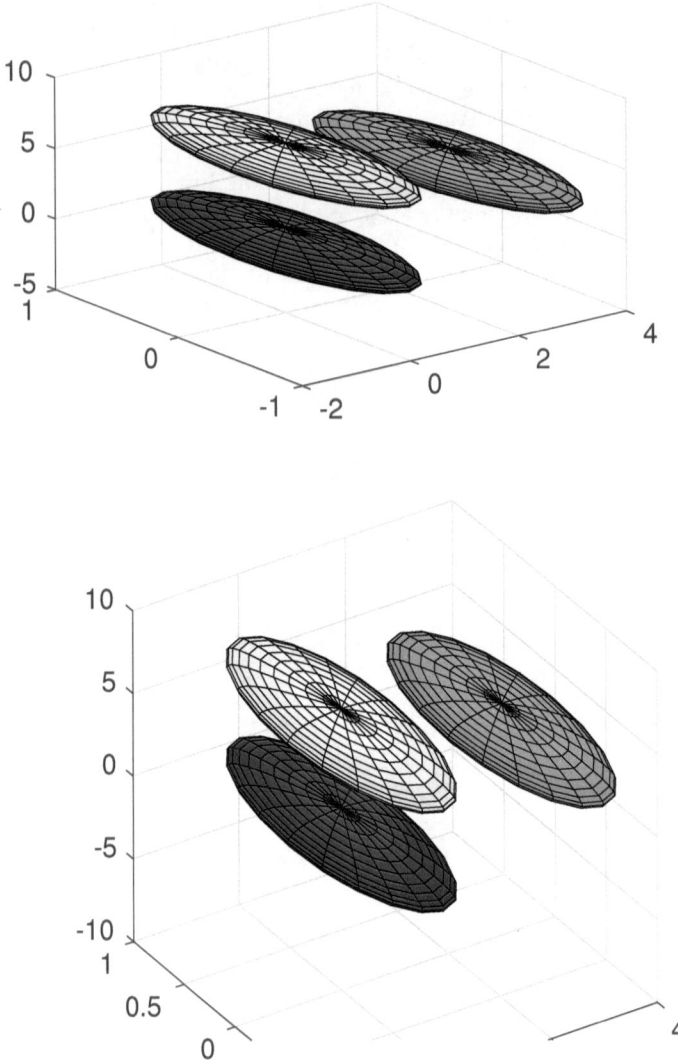

Abbildung 15.5: *Die obere Abbildung zeigt die Ausgangssituation. Wir wollen das Objekt „s3"*
ins Zentrum rücken. Mit `camlookat(s3)` *wird dies automatisch bewerkstelligt.*

AndSceneLight') setzt die aktuelle Kamera- und Szenenbeleuchtung auf die Defaultwerte; `cameratoolbar('ResetCamera')` setzt die Kamera, `cameratoolbar('Reset-`
`SceneLight')` setzt die Szenenbeleuchtung und `cameratoolbar('ResetTarget')` das
Kameraziel auf die Defaultwerte. `ret = cameratoolbar('GetMode')` liefert den aktuellen Mode und `ret = cameratoolbar('GetCoordSys')` die aktuelle Achseneinstel-
lung zurück. Mit `ret = cameratoolbar('GetVisible')` erhält man eine Eins wenn
die Kameramenüleiste eingeschaltet ist, sonst eine Null. `ch = cameratoolbar` gibt

das Handle der Kameramenüleiste zurück und schaltet sie gegebenenfalls auf sichtbar. `cameratoolbar('Close')` entfernt die Kameramenüleiste.

15.5.3 Beleuchtungskontrolle

`camlight` erzeugt oder bewegt ein Beleuchtungsobjekt bezogen auf die Kamerakoordinaten. `camlight headlight` erzeugt ein Licht an der Kameraposition: `camlight right` oder `camlight` rechts oberhalb und `camlight left` links oberhalb sowie `camlight(az,el)` an der durch den Azimuth- und Elevationswinkel festgelegten Position. Das Kameraziel dient dabei als Koordinatenursprung für die Rotation, gedreht wird bezüglich der Kameraposition. Mit `camlight(...'style')` kann eine Punktquelle ('local', default) oder eine unendlich entfernte Quelle ('infinite', parallele Lichtstrahlen) ausgewählt werden. Um mehrere Lichtquellen zu verwalten, kann deren Objekt (Light) „lh" genutzt werden `camlight(lh,...)` und mit `lh = camlight(...)` das Light-Objekt „lh" erstellt werden.

`lightangle` dient der Positionierung oder Erzeugung eines Lichtobjekts. Zum Erzeugen eines Lichtobjekts kann auch `light` (s. Kap. 17.3.9) benutzt werden. `lh = lightangle (az,el)` erzeugt ein Lichtobjekt an der durch den Azimuth- und Elevationswinkel (az,el) festgelegten Position. Der optionale Rückgabeparameter „lh" ist das zugehörige Objekt, das auch der Positionierung des zugehörigen Lichtobjekts `lightangle(lh,az,el)` dient; mit `[az el] = lightangle(lh)` wird dessen Winkelposition abgefragt (vgl. auch `view`).

16 Fortgeschrittene Grafikaufgaben

16.1 Direkte Plots mittels Function Handles

Die Aufgaben der `ez`-plot Familie (Funktionsplotter) wurden durch eine neue Familie grafischer, auf einem Function Handle basierender Befehle ersetzt. Hier eine kurze Liste: ezplot → fplot, ezcontour → fcontour, ezplot3 → fplot3, ezmesh → fmesh und ezsurf → fsurf.

16.1.1 Befehlsübersicht

2-D-Liniengrafiken ezpolar, fplot, fimplicit

Konturplots fcontour

3-D-Linienplot fplot3, fimplicit3

3-D-Grafik fmesh, fsurf

16.1.2 2-D-Liniengrafiken

`ezpolar(f)` plottet die Kurve $\rho = f(\theta)$ in Polardarstellung über den Wertebereich $0 \leq \theta \leq 2\pi$. Andere Grenzen werden mit `ezpolar(f,[a,b])` übergeben. Ein Achsen-Objekt „ah" lässt sich mittels `ezpolar(ah,...)` nutzen und `h = ezpolar(...)` gibt das Line-Objekt „h" (Kap. 17.3.2) der Kurve zurück. „f" kann ein Function Handle, ein String oder ein Charakter-Vektor sein.

`fplot(fun,gr)` plottet die Funktion „y = fun(x)" in den Grenzen „gr = [xmin, xmax]". Die Angabe des Plotintervalls „gr" ist optional mit den Defaultwerten $[-5, 5]$ und „fun" ist ein Function Handle. Der Rückgabewert des Function Handles sollte ein Zeilenvektor sein andernfalls erfolgt eine Warnung. `fplot` unterstützt mit Ausnahme von XDataMode, ..., ZDataMode und XDataSource, ..., ZDataSource dieselben Eigenschaften wie `plot`, insbesondere Linien- und Markerstil. Zusätzlich kommen die folgende Eigenschaften dazu (Defaultwerte in {}):

- Function: die zu plottende Funktion (function handle, anonymous function oder symbolischer Ausdruck). Bei parametrisierten Kurven: XFunction, YFunction und ZFunction.
- MeshDensity: Zahl der Evaluationspunkte {23}
- ShowPoles: asymptotische Darstellung von Polen [{on} | off]

https://doi.org/10.1515/9783110741780-016

- XRange: das Plotintervall „gr"; bei parametrisierten Kurven: TRange und TrangeMode.

- XRangeMode: Modus zu XRange [{auto} | manual].

Parametrisierte Kurven lassen sich via `fplot(fun1,fun2,gr)` plotten. „funi" sind wieder function handle und das Plotintervall „gr" ist optional. Abb. (16.1) zeigt ein Beispiel. `fp = fplot(...)` liefert das FunctionLine Objekt „fp" zurück.
Mit `[x,y] = fplot(fun,gr,...)` wird kein Plot ausgeführt, vielmehr die Daten in „x" und „y" abgespeichert.

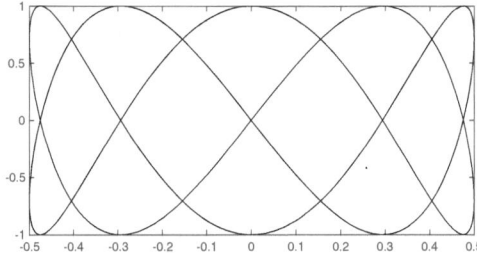

Abbildung 16.1: Parametrisierte Kurve mittels `fplot`*:*
```
f1 = @(x) sin(x) .* cos(x);
f2 = @(x) sin(5*x);
fplot(f1,f2,'k','MeshDensity',200)
```

`fimplicit(fun)` plottet die implizite Funktion fun(x,y) = 0 im Intervall $-5 < x, y < 5$. `fimplicit` unterstützt dieselben Argumente wie `fplot`

16.1.3   Konturplots

`fcontour(fun)` erzeugt Konturlinien der Funktion f(x,y) im Wertebereich $-5 < x, y < 5$. Andere Grenzen lassen sich mit dem 4-komponentigen Vektor `ber=[xmin xmax ymin ymax]` plotten: `fcontour(f,ber)`. Bei identischem x- und y-Bereich genügt ein 2-komponentiger Vektor. Wie bei `fplot` lässt sich ein Achsen-Objekt übergeben und via `fc = fcontour` ein FunctionContour-Objekt „fc" zurückgeben. Die Mehrzahl der Eigenschaften entsprechen denen von `fplot`. Ausgewählte zusätzliche Eigenschaften sind:

- LevelList: Die Konturwerte z=f(x,y) festgelegt durch einen z-Vektor.

- LevelStep: Abstand zwischen den Konturlinien (skalarer Wert).

- Fill: [{off} | on] Dient dem farbigen Auffüllen der Flächen zwischen den Konturlinien.

16.1.4   3-D-Linienplot

`fplot3(funx,funy,funz)` plottet eine parametrisierte Raumkurve im Dreidimensionalen mit Parameterbereich $t = [-5, 5]$. Die Raumkurve ist bestimmt durch $x = \text{funx}(t), y = \text{funy}(t)$ und $z = \text{funz}(t)$. „funi" sind die zugehörigen Function-Handles. Wie bei `fplot` kann ein Intervall, ti=[tmin, tmax], übergeben werden. `fh3 = fplot3(...)` ist das Objekt einer ParametrizedFunctionLine, es werden daher dieselben Eigenschaften wie im zwei-dimensionalen unterstützt.

`fimplicit3(fun)` plottet die implizite Funktion fun(x,y,z) = 0 im Intervall $-5 <$ $x, y, z < 5$ und ist das dreidimensionale Pendant zu `fimplicit`. `fimplicit3` unterstützt dieselben Argumente wie `fplot`

16.1.5   3-D-Grafik

`fmesh(fun)` erzeugt wie `mesh` eine Gittergrafik der Funktion z = fun(x,y) über den Wertebereich $[-5, 5]$. Mit `fmesh(funx,funy,funz)` wird eine parametrisierte Gittergrafik x = funx(u,v), y= funy(u,v) und z = funz(u,v) erstellt. Wie bei `fplot3` lassen sich als weiteres Argument eigene Intervalle festlegen. Mit `fs = fmesh(...)` wird ein FunctionSurface oder ein ParametrizedFunctionSurface Objekt zurückgegeben. Die Eigenschaften sind im Wesentlichen gleich denen eines Surface Objekts, vgl. Kap. 17.

Das Flächenpendant zu `fmesh` ist `fsurf`. `fsurf` unterstützt dieselben Argumente wie `fmesh`.

Beispiel. Das folgende Beispiel zeigt die Visualisierung der Funktion

$$f(x, y) = \sin(x) \cos(x) \exp\left(-\frac{y^2}{4}\right)$$

mittels `fmesh` und

$$f(x, y) = \frac{y}{1 + x^2 + y^2}$$

als Flächenplot mit `fsurf`. Das Ergebnis zeigt Abb. (16.2).

```
f1 = @(x,y) sin(x).*cos(x).*exp(-y.^2/4);   % function handle
f2 = @(x,y) y./(1 + x.^2 + y.^2);
subplot(2,1,1)
f1h=fmesh(f1);                              % Gittergrafik
title('sin(x) cos(x) exp(-y^2/4)')
f1h.EdgeColor = [0 0 0];                     % schwarze Linien
f1h.Parent.FontSize = 11;
subplot(2,1,2)
f2h=fsurf(f2,[-5,5,-2*pi,2*pi]);            % Flaechengrafik
title('y/(1 + x^2 + y^2)')
f2h.Parent.FontSize = 11;
f2h.FaceAlpha = 0.75;                        % etwas heller
xlabel('x'), ylabel('y')
colormap gray                                % schwarz/weiss
```

16.2   2-D-Grafik

Elementare 2-D-Grafik-Befehle wurden bereits in Kapitel 14 diskutiert. Spezielle Darstellungen wie Histogramme finden sich in Kapitel 8.1.5 im Rahmen der Datenanalyse

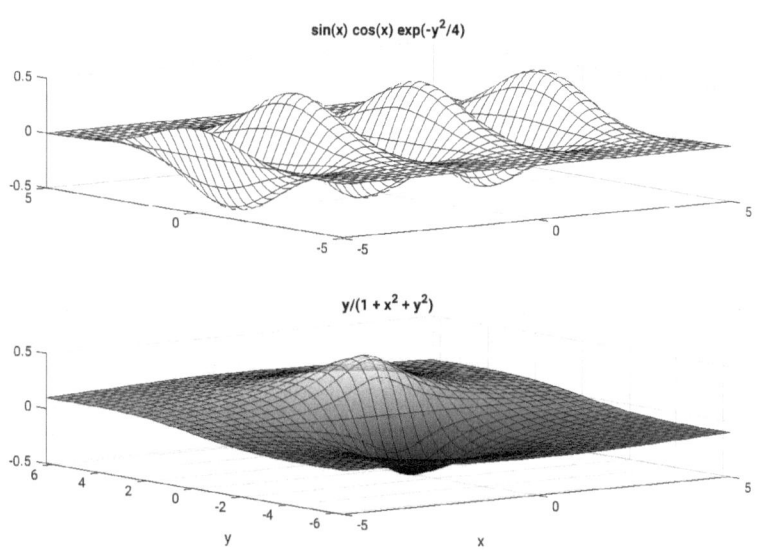

Abbildung 16.2: Beispiel zu `fmesh` *(oben) und* `fsurf` *(unten).*

und statistischen Auswertung. Hier wollen wir nun spezielle 2-D-Grafikaufgaben wieder aufgreifen, die natürlich einen Überlapp mit den bereits erwähnten Kapiteln aufweisen.

16.2.1 Befehlsübersicht

Balkendiagramme bar, barh, pareto

Kuchenplots pie

Treppenplots stairs

Diskrete Sequenzen stem

Polardiagramme polarhistogram, compass, feather

Streuplots plotmatrix, scatter

Kometenplot comet

Fehlerbalken errorbar

2-D-Gebiete und -Polygone area, fill

16.2.2 Balkendiagramme

Vertikale und horizontale Balkendiagramme lassen sich mit den Befehlen `bar` und `barh` erstellen. Beide Kommandos unterstützen dieselben Argumente, es genügt daher, nur eines zu diskutieren.

`bar(Y)` erstellt von dem Array oder Vektor „Y" ein Balkendiagramm. Arrays werden spaltenweise ausgewertet, als x-Achse dient der Zeilenindex. Mit `bar(x,Y)` kann ein monoton steigender Vektor x übergeben werden, der die Lokalisierung der Balken längs der x-Achse (bzw. für `barh(x,Y)` längs der y-Achse) festlegt. Die Zahl der Elemente von „x" muss gleich der Zeilendimension von „Y" sein. Ein Beispiel ist in Abb. (16.3) dargestellt.

Mit `bar(...,width)` lässt sich die Breite (Skalar) der einzelnen Balken festlegen. Voreinstellung ist 0.8.

`bar(...,style)` legt die Darstellungsform fest. „style" kann 'grouped', d.h. die mehrspaltigen Arrays werden in einzelnen Balken nebeneinander gesetzt, bei 'stacked' werden die Balken aufeinandergesetzt und die zugehörigen Balkenhöhen addiert, 'histc' fügt die Balken nahtlos zusammen und 'hist' wählt als Mitte die Skalierungsstriche. Besser ist es statt 'hist' und 'histc' die `histogram`-Funktion zu verwenden.

Mit `bar(...,'balfarb')` kann die Farbe der Balken festgelegt werden. Mögliche Werte sind wie bei Linienplots „r", ···, „w", Tab. (14.1). Mittels `bar(ah,...)` greift man auf das Achsen-Objekt „ah" zu und `h = bar(...)` gibt das Bar Series Objekt „h" zurück. Mittels `bar(...,Eigenschaft,Wert)` können bereits in Abschnitt. 17.3.5 und Tab. (14.2) diskutierten Eigenschafts-Werte Paare übergeben werden.

`pareto(xp)` erzeugt ähnlich `bar` einen Balkenplot, allerdings muss „xp" ein Vektor sein und die Balken werden in abfallender Ordnung angeordnet. Als x-Achse dient der Index. Zusätzlich zeigt eine Linie den jeweiligen Anteil in % der kumulativen Summe der einzelnen Beiträge auf der linken y-Achse. Ein Beispiel zeigt Abb. (16.3). Mit `pareto(xp,besch)` lässt sich die x-Achse beschriften und mit `pareto(xp,xl)` lassen sich der x-Achse Werte zuordnen. „besch" muss eine Zellvariable und „xl" ein Double-Vektor sein. Die Zahl der Elemente ist durch die Dimension des Vektors „xp" bestimmt. `pareto(ah,...)` wählt das Achsenobjekt „ah" aus und `h = pareto(...)` liefert die Linien und Bar Series Objekte zurück.

Beispiel: Bar- und Paretoplots.

```
% Daten fuer Bar-Plot
Y = rand(5,10);
% x-Achse Bar-Plot
x = [-0.7,-0.2, 0.2, 0.5, 1.0];
subplot(2,1,1)
bar(x,Y)
grid on
% Daten fuer Pareto-Plot
xp=rand(1,7);
% x-Achsen Beschriftung
besch={'Jan';'Feb';'Mar';'Apr';'Jun';'Jul';'Sommer'};
subplot(2,1,2)
pareto(xp,besch)
grid on
```

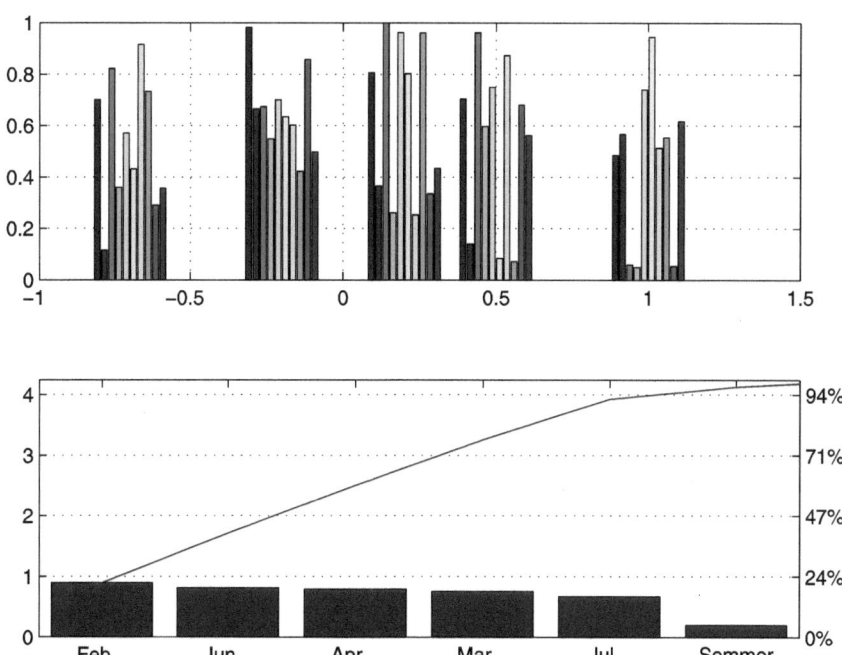

Abbildung 16.3: *Beispiel zu Barplots* `bar(xi,x)` *(oben) und Paretoplots* `pareto(xp,besch)` *(unten).*

16.2.3   Diskrete Daten

Der Auswertung einzelner Datensequenzen dienen neben Histogrammen (s. Kap. 8.1.5) Kuchendiagramme `pie`, Treppenplots `stairs` oder die Darstellung diskreter Sequenzen `stem`. Entsprechende Polardarstellungen wie beispielsweise Winkeldiagramme werden im nächsten Abschnitt diskutiert.

Kuchendiagramme.   `pie(x)` plottet ein Kuchendiagramm des Vektors „x". Mit `pie(x,explode)` lassen sich einzelne Kuchenstücke herausrücken. „explode" ist ein Vektor derselben Länge wie „x", ein Eintrag ungleich Null rückt dann das entsprechende Kuchenstück heraus. Mit `pie(...,besch)` lassen sich die einzelnen Kuchenstücke beschriften. „besch" ist eine Zellvariable aus Character-Arrays. `pie(ah,...)` erstellt das Kuchendiagramm im Achsensystem zum Objekt „ah" und `h = pie(...)` liefert die entsprechenden Objekt-Handles (Patch und Text) zurück.

Treppenplots. `stairs(y)` erzeugt einen Treppenplot der Matrix „y". „y" wird dabei spaltenweise ausgewertet, d.h. jede Spalte führt zu einem eigenen Treppenzug. Der Zeilenindex liefert die Werte für die x-Achse. Sollen die Treppenstufen einem bestimmten x-Wert zugeordnet werden, so kann mit `stairs(x,y)` dieser Wert übergeben werden. „x" muss dabei monoton und seine Dimension gleich der Zeilendimension von „y" sein. `stairs(x,y)` eignet sich auch zur Darstellung zeitaufgelöster (x-Achse) diskreter Signale. Mit `stairs(...,LineSpec)` lassen sich wie bei `plot` Farbe, Datenpunkte und Linientyp einstellen. Der Aufruf [xb,yb] = stairs(y,·) führt den Treppenplot nicht aus, sondern speichert die entsprechende Position der Stufen in den Vektoren „xb" und „yb" ab. Durch Vorgabe eines Achsen-Handles „ah" wird die Achse festgelegt, in die geplottet werden soll, stairs(ah,...), und mit h = stairs(...) wird das Stair-Objekt erstellt. Eigenschafts-Werte Paare können wieder mittels stairs(...,Eigenschaft,Wert) oder h.eigenschaft = wert übergeben werden, s. S. (414).

Diskrete Sequenzen. stem(y) bietet eine weitere Möglichkeit, diskrete Daten, beispielsweise diskrete Signale, zu visualisieren. Ist „y" ein Array, so wird „y" spaltenweise ausgewertet. stem(y) erzeugt senkrechte Striche, die am oberen Ende durch ein Markersymbol, Voreinstellung sind Kreise, begrenzt werden. Der Zeilenindex dient als x-Wert. Mit stem(x,y) lässt sich ähnlich zu den obigen Kommandos ein geeigneter x-Achsen-Wert übergeben. stem(...,'fill') füllt den Kreis an der Spitze. Mit stem(..., LineSpec) lassen sich die Linieneigenschaften (Farbe, Linien- und Markertyp) wie unter plot festlegen. Mittels stem(ah, ...) wird in das Achse-Objekt „ah" geplottet und h = stem(...) gibt das Stem-Series Objekt „h" zurück. Eigenschaften können wieder mittels stem(...,Eigenschaft,Wert) oder h.eigenschaft = Wert übergeben werden, s. S. (414).

16.2.4   Polardiagramme

Die oben diskutierten MATLAB-Kommandos fußen auf kartesischen Darstellungen. Wenden wir uns nun den Polardarstellungen zu.

Winkelhistogramme. Die Funktion polarhistogram dient der Erstellung von Winkelhistogrammen und ersetzt die Funktion rose. Abb. (16.4) zeigt einen Vergleich mit einem üblichen Histogramm. polarhistogram(theta) erstellt ein polares Histogramm über die Verteilung „theta". Mit polarhistogram(theta,nbins) wird die Anzahl der Histogramm-Intervalle festgelegt. Parent-Objekt sind PolarAxes. hp = polarhistogram(...) ist von Typ „Histogram" und unterstützt daher dieselben Eigenschaften wie histogram, S. (164).

Beispiel: Vergleich eines Winkelhistogramms mit einem kartesischen Histogramm (Abb. (16.4, oben)).

```
% Normalverteilung im Winkelraum um pi/2
winkelhauf=angle(exp(i*randn(1,10000)))+pi/2;
subplot(2,2,1)
hp=polarhistogram(winkelhauf);
hp.FaceColor = [0.7 0.7 0.7];    % Flaechenfarbe
hpa = gca; hpa.FontSize = 12;
title('polar')
subplot(2,2,2)
hk=histogram(winkelhauf);
hk.FaceColor = [0.7 0.7 0.7];    % Flaechenfarbe
hka = gca; hka.FontSize = 12;
title('kart')
```

Vektordiagramme. compass und feather eignen sich insbesondere zur Polardarstellung komplexer Zahlen. Beide MATLAB-Funktionen erlauben dieselben Argumente, es

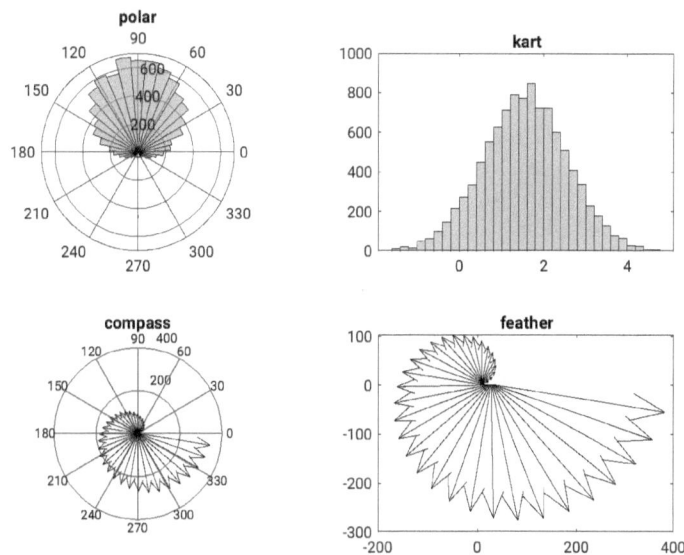

Abbildung 16.4: *Vergleich eines Winkelhistogramms mit einem kartesischen Histogramm (oben) und Vergleich der Funktion* compass *mit* feather *(unten).*

genügt daher, nur eines der Kommandos zu besprechen. Abb. (16.4, unten) zeigt einen Vergleich beider Funktionen. Dargestellt ist eine komplexe im Winkelraum äquidistant aufgelöste Spirale.

Mit compass(z) wird ein Polarplot des komplexen Arrays „z" erstellt und mit compass(x,y) eines der reellen Arrays „x", „y". Dieser Aufruf ist äquivalent zum oberen mit $z = x + iy$. Analog zu plot lassen sich Farbe, Marker- und Linientyp durch die Eigenschaft „LineSpec" via compass(...,LineSpec) setzen und in eine vorgewählte Achse compass(ah,...) „ah" plotten. Das zugehörigen Line-Objekt liefert der Aufruf h=compass(...) zurück.

Beispiel: Vergleich der Funktion compass mit feather (Abb. (16.4, unten)).

```
k=[1:10:360];           % Winkelwerte
winkdata=k*pi/180;
z=k.*exp(i*winkdata);   % komplexe Werte
subplot(2,2,3)          % compass
hc=compass(z,'k');
hca = gca; hca.FontSize = 12;
title('compass')
subplot(2,2,4)          % feather
hf=feather(z,'k');
hfa = gca; hfa.FontSize = 12;
title('feather')
```

16.2.5   Streuplots

scatter(x,y,S,C) erzeugt eine Punktewolke der Vektoren „x" und „y". „S" und „C" sind
optionale Parameter. „S" legt die Fläche der Kreise in points^2 fest und „C" ihre Farbe.
Ist „S" eine skalare Größe, dann werden alle Kreise gleich groß gewählt. Eine individuelle
Wahl ist ebenfalls möglich, dann muss „S" von derselben Dimension wie die Vektoren
„x" und „y" sein. „C" kann entweder ein Vektor der Länge von „x" und „y" sein, dann
wird über die bestehende Colormap interpoliert, oder aber eine n×3-RGB-Matrix mit
der Dimension n von „x", dann wird dem q-ten Punkt der Farbwert der q-ten Zeile von
„C" zugeordnet. Sollen die Datenpunkte nicht als Kreise dargestellt werden, dann kann
mit scatter(...,markertype) eine andere Form gewählt werden. Unterstützt werden dieselben Werte wie beim plot-Kommando. Mit scatter(..., 'filled') werden
die Datenpunkte ausgefüllt und mit scatter(...,'Eigen',wert) oder mit Hilfe des
Scatter-Series Objekts „h", h = scatter(...), lassen sich zu den unterstützten Eigenschaften geeignete Werte auswählen, s. Kap. 17. scatter(ah,...) plottet in die Figure
mit dem Achsen-Objekt „ah". Ein Beispiel zu scatter zeigt Abb. (16.5).

plotmatrix(x,y) dient einem Streuplot der Matrix „x" gegen die Matrix „y". Die beiden Matrizen werden spaltenweise in einer Subplot-Aufteilung gegeneinander geplottet.
Zwei n×3-Matrizen führen folglich zu neun Teilplots. Mit einem Argument plotma-
trix(A) werden in den Diagonalplots die Histogramme der Spalten und in den anderen
Plotfenstern die unterschiedlichen Spalten gegeneinander in einem Scatterplot dargestellt. Ein Beispiel zeigt Abb. (16.5). Mit plotmatrix(...,'LineSpec') lassen sich
wie unter plot Farbe, Linientyp und Datenpunkte festlegen. [hl,ha1,BigHa,hh,ha2]
= plotmatrix(...) liefert die Handles zu den grafischen Objekten zurück; „hl" Line-
Objekte, „ha1" Axes-Objekte, „BigHa" Achsen-Objekt zu einer unsichtbar gesetzten
Achse bezüglich der Titel, Texte etc. orientiert sind, „hh" Histogramm-Objekte und
„ha2" Axes-Objekte. Auf die Eigenschaften kann dann beispielsweise mittels hh(3).ei-
genschaft = wert zugegriffen werden. (Die aktuellen Rückgabewerte unterscheiden
sich von denen älterer Releases.)

Beispiel: Streuplots (Abb. (16.5)).

```
x=randn(10000,1);       % Erzeugen der Beispieldaten
A=[x,sin(x),cos(x)];
[h1,ha1,BigHa,hh,ha2] = plotmatrix(A);
                        % Farbe fuer Buch grau waehlen
h1(2,1).MarkerEdgeColor = [0.25 0.25 0.25];
h1(3,1).MarkerEdgeColor = [0.25 0.25 0.25];
h1(1,2).MarkerEdgeColor = [0.25 0.25 0.25];
h1(1,3).MarkerEdgeColor = [0.25 0.25 0.25];
h1(2,3).MarkerEdgeColor = [0.25 0.25 0.25];
h1(3,2).MarkerEdgeColor = [0.25 0.25 0.25];
set(hh,'FaceColor', [0.7 0.7 0.7]);
% Object-Arrays auf einmal geht nur via set
```

Die erste Spalte von A folgt einer Normalverteilung, die Scatterplots führen je nach
Spaltenpaar zu einem Sinus, Kosinus oder Kreis.

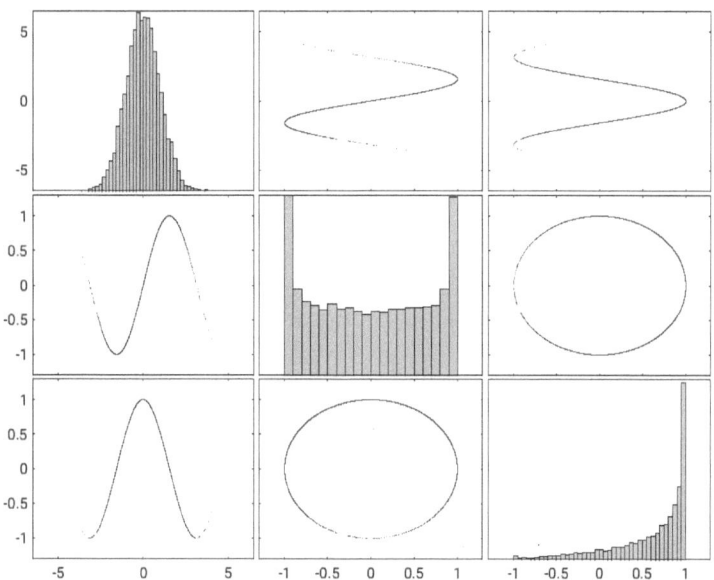

Abbildung 16.5: `plotmatrix(A)` *zeigt in den Diagonalplots ein Histogramm und beispielsweise in der ersten Zeile* `hist(A(:,1))`, `scatter(A(:,2), A(:,1))` *und* `scatter(A(:,3), A(:,1))` *und so fort.*

16.2.6 Kometenplot

Der Graf, der nach einem Kometenplot entsteht, unterscheidet sich nicht von `plot`. Bei der Erzeugung durchläuft jedoch ein kleiner Kreis mit einem „Kometenschwanz" den Graf zur Visualisierung bzw. Animation. Die Syntax ist `comet(y)` oder `comet(x,y)`. Im ersten Fall wird der Vektor „y" gegen seinen Index im zweiten Fall in Abhängigkeit vom gleichgroßen Vektor „x" animiert. In `comet(x,y,p)` bestimmt der Skalar $0 \leq p < 1$ als relativer Längenfaktor die Größe des Kometenkörpers. `comet(ah,...)` erlaubt in das bestehende Achsenpaar mit dem Handle „ah" zu plotten.

16.2.7 Fehlerbalken

Messungen sind häufig mit einem Fehler behaftet. Bei der Visualisierung erlaubt `error-bar`, diese Fehler als begleitende Balken zu plotten. Die Syntax ist `errorbar(y,E)` für die Darstellung der Messung „y" und `errorbar(x,y,E)` in Abhängigkeit von „x". „E" ist ein Vektor, der zu jedem Datenpunkt die halbe Größe des symmetrischen Fehlerbalkens angibt. Sind „x" und „y" Matrizen, dann muss auch „E" eine Matrix derselben Größe sein. Sollen die Fehlerbalken unsymmetrisch sein, dann kann mit `errorbar(x,y,u,o)` ein unterer und oberer Fehlerbalken übergeben werden. `errorbar(..., orient)` erlaubt für „orient" die Werte 'horizontal' für horizontale, 'vertical' für vertikale und 'both' für horizontale und vertikale Fehlerbalken. Wie unter dem Plot-Befehl lassen sich auch hier Farbe, Linien- und Datenpunkttyp via `errorbar(...,LineSpec)` verändern und mit `errorbar(ah,...)` das Achsen-Objekt „ah" auswählen. Mit `h = errorbar(...)` wird das ErrorBar Primitive-Chart Objekt zurückgegeben, s. Kap. 17.

16.2.8   2-D-Gebiete und -Polygone

Flächenplot. Ein Flächenplot legt eine oder mehrere Kurven fest, unter denen die Fläche ausgefüllt ist. Ein Beispiel zeigt Abb. (16.6). Die Syntax ist `area(y)` für einen durch „y" und `area(x,y)` für einen durch „y" in Abhängigkeit von „x" festgelegten Flächenplot. Die durch „x" und „y" gegebene Kurve ist dieselbe wie bei einem Plot, lediglich die Fläche zwischen 0 und dem aktuellen y-Wert ist ausgefüllt bzw. mit `area(...,hy)` zwischen der vorgegebenen Höhe „hy" und dem aktuellen y-Wert. Mit `area(ah, ...)` wird das Achsen-Objekt „ah" als Ziel ausgewählt. `h = area(...)` liefert die Area-Objekte zurück und `area(..., 'Eig',wert, ...)` oder `h.Eig = wert`, erlaubt die Eigenschaften der Area-Objekte nach Wunsch zu verändern, s Kap. 17.3. Ist „h" ein Objekt-Array müssen entweder die einzelnen Elemente getrennt aufgerufen werden (`h(i,j) = ...`) oder der set-Befehl, `set(h, 'Eig', wert)`, genutzt werden.

Polygone. `fill(x,y,c)` erzeugt ein gefülltes 2-D-Polygon aus den Daten „x" und „y". „c" ist entweder eine Farbmatrix mit der Zeilendimension von „x", ein Vektor, der in die Colormap indiziert oder eine Farbfestlegung mittels der von Plot unterstützten Abkürzungen ('r', 'y', ...). Ein Beispiel zeigt Abb. (16.6). Mehrfache Polygonzüge können mit `fill(x1,y1,c1,x2,y2,c2,...)` durchgeführt werden und weitere Eigenschaften

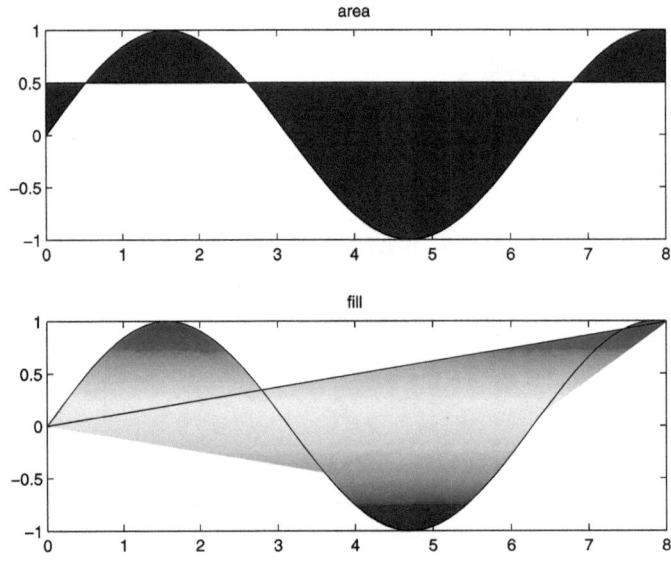

Abbildung 16.6: *Beispiel zu* `area` *und* `fill`. *Die Daten wurden mittels* x=0:0.1:8; y=sin(x); *erzeugt. Der obere Plot mit* area(x,y,0.5) *und der untere mit* fill(x,y,y). *„y" übernimmt hier zusätzlich noch die Rolle des Farbvektors.*

mit `fill(..., 'Eig',wert)` übergeben werden. `h = fill(...)` liefert das zugehörige Patch-Objekt „h", dessen Eigenschaften in Kap. 17.3.5 besprochen werden.

16.3 Höhenlinienplot

16.3.1 Befehlsübersicht

2-D-Höhenlinien contour, contourc, contourf

Beschriftung clabel

Pseudo-Farbdiagramm pcolor

3-D-Höhenlinien contour3

16.3.2 2-D-Konturplots

`contour` erzeugt einen zweidimensionalen Höhenlinienplot und `contourf` erstellt einen farbig ausgefüllten Konturplot. Die zum Plotten genutzten Höhenlinien lassen sich, explizit ohne einen Plot zu erstellen, mit `contourc` berechnen. `contour` und `contourf` unterstützten exakt dieselben Argumente und `contourc` alle diejenigen, die nicht direkt zum Plotten benötigt werden. Es genügt daher, stellvertretend ein Beispiel zu diskutieren.

`contour(Z)` plottet die Höhenlinien der Matrix Z, wobei die Werte als Höhe über der x-y-Ebene interpretiert werden. Mit `contour(Z,n)` werden n Höhenlinien geplottet und mit `contour(Z, v)` Höhenlinien zu den Vektorwerten von „v". Anstelle der Matrix „Z" können auch drei Argumente `contour(x,y,Z,...)` übergeben werden. „x" und „y" bestimmen die Achsengrenzen. Sind „x" und „y" Matrizen, so müssen sie von derselben Dimension wie „Z" sein. Mit `contour(ah,...)` wird der Contourplot im Achsenobjekt zu „ah" ausgeführt. Linien-, Datenpunkttyp und Farbe (analog zum Plot-Kommando) werden via `contour(...,LineSpec)` festgelegt. `[C,h] = contour(...)` liefert die Höhenlinienmatrix „C" sowie das Handle zum (Chart primitive) Contour-Objekt. Eigenschaften lassen sich neben `h.eig = wert` auch mittels `contour(...,eig,wert)` übergeben, s. Kap 17. Ein Beispiel zu einem Höhenlinienplot mit Beschriftung zeigt Abb. (16.7).

Beschriftung. Die Beschriftung der Höhenlinien erfolgt mit `clabel`. `clabel(C,h)` bzw. `clabel(C,h,v)` beschriften den mit `[C,h] = contour(...)` erstellten Höhenlinienplot. „v" ist der Vektor der Höhenlinienwerte. Eine Auswahl mit der Maus ermöglicht `clabel(C,h,'manual')`. Sollen die Labels zu dem aktuellen Konturplot dazugefügt werden, so kann auf das Handle „h" verzichtet werden `clabel(C,...)`. Die zugehörigen Text- und Line-Objekte „th" erhält man mit `th = clabel(...)`, sofern kein Handle zum Contour Objekt übergeben wurde. Mit `clabel(...,'Eig',wert,...)` kann auf alle Text-Eigenschaften, beispielsweise 'FontSize' zugegriffen werden, s. Kapitel 17. Der Abstand zwischen den Höhenlinien und den Beschriftungen in points (Voreinstellung 144 pt) kann mittels `clabel(...'LabelSpacing',points)` gesetzt werden.

Beispiel: Beschriftung von Höhenlinien (Abb. (16.7)).

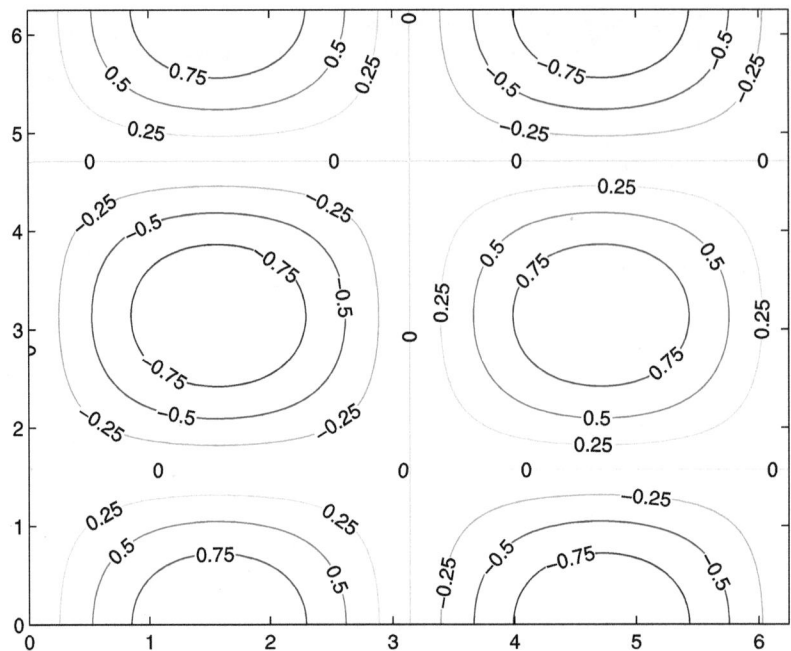

Abbildung 16.7: *Beispiel zu einem Höhenlinienplot mit Beschriftung.*

```
x=0:0.05:2*pi;          % Erzeugen der Daten
y=x;
[X,Y]=meshgrid(x,y);    % 3-D-Daten
Z=sin(X).*cos(Y);
v=-1:0.25:1;            % Hoehenlinien
[C,h]=contour(x,y,Z,v); % Ausfuehren des Plots
clabel(C,h,v)           % Beschriften der Hoehenlinien
```

16.3.3   Pseudo-Farbdiagramm

Pseudofarbplots oder Checkerboardplots (Damebrettplots) werden mit dem MATLAB-Befehl `pcolor` erzeugt. `pcolor` erzeugt eine grafische Oberfläche, bei der die ZData-Elemente (z-Richtung) zu null gesetzt werden. Das heißt, genau auf die x-y-Ebene geblickt, führt `view(0,90)` bei einem `surf`-plot auf ein ähnliches Ergebnis. `pcolor(C)` erzeugt einen Pseudoplot. Die Matrix „C" wird linear auf einen Index der aktuellen Farbmatrix abgebildet.

`pcolor(X,Y,C)` plottet einen Pseudofarbplot von „C" an der durch „X" und „Y" festgelegten Position, und `pcolor(ah,...)` plottet in ein bestehendes Achsensystem mit dem Handle „ah". `h = pcolor(...)` liefert das entsprechende Surface-Objekt zurück.

Beispiel. Eine Hadamard-Matrix hat nur die Werte -1 und $+1$ und liefert folglich geplottet ein Schachbrettmuster. Dies ist auch interessant zur Visualisierung von ansonsten strukturlosen Körpern, beispielsweise zur Drehung einer Kugel (vgl. `movie`).

```
subplot(2,1,1)
hpc=pcolor(hadamard(20))
subplot(2,1,2)
h=surf(hadamard(20))
view(0,90)
```

16.3.4   3-D-Höhenlinien

`contour3(Z, ...)` bzw. `contour3(X,Y,Z, ...)` erzeugt einen 3-D-Höhenlinienplot. Als Argumente werden exakt dieselben Argumente wie unter `contour` unterstützt, also ebenfalls die Festlegung der Zahl der Konturlinien „n", die Werte der Höhenlinien „v", Achsen-Handle „ah" und die Linieneigenschaften „LineSpec" sowie die Rückgabewerte `[C,h] = contour3(...)`.

16.4   3-D-Grafik

16.4.1   Befehlsübersicht

Balkendiagramme bar3, bar3h

Kuchenplots pie3

Diskrete Sequenzen stem3

Streuplots scatter3

Kometenplots comet3

Wasserfall-Diagramme waterfall

Gebänderte Plots ribbon

16.4.2   Diskrete 3-D-Daten

In diesem Abschnitt werden die Plotbefehle zur Darstellung diskreter Daten vorgestellt.

Balkendiagramme. 2-dimensionale Balkenplots können mit den Befehlen `bar` und `barh` erzeugt werden. Das 3-D-Pendant ist `bar3(y)` bzw. `bar3h(y)` für horizontale Balkenplots. Die unterstützten Aufrufe folgen denen des zweidimensionalen Falls in Abschnitt 16.2.2.

Kuchenplots. 3-dimensionale Kuchenplots lassen sich mit `pie3(x)` erstellen und einzelne Kuchenstücke mit `pie3(x,explode)` herausrücken. `pie3` folgt der Struktur von `pie` in Abschnitt 16.2.3.

Diskrete Sequenzen. `stem3(z)` plottet die Datensequenz „z" in der x-y-Ebene. Anstelle des Aufrufs `stem(x,y)` tritt folglich `stem3(x,y,z)`. Sieht man von dieser dreidimensionalen Erweiterung ab, so folgt `stem3` exakt den Möglichkeiten von `stem` wie sie in Abschnitt 16.2.3 diskutiert wurden.

Streudiagramme. Der zweidimensionale Streuplot `scatter(x,y)` bzw. `>> scatter (x,y,S,C)` lässt sich in drei Dimensionen via `scatter3(x,y,z)` bzw. `>> scatter3(x, y,z,S,C)` fortsetzen. `scatter3` unterstützt dieselben Argumente – sehen wir von den drei Dimensionen ab – wie `scatter` in Abschnitt 16.2.5.

16.4.3   Kometenplots

`comet3(x,y,z,p)` führt dreidimensionale Kometenplots aus und folgt, sehen wir von der zusätzlichen Dimension ab, denselben Aufrufen wie `comet` in Abschnitt 16.2.6.

16.4.4   Wasserfall-Diagramme

Die Funktion `waterfall` verhält sich ähnlich wie `meshz`, erzeugt aber keine Linien von Matrixspalten. Ein Beispiel zeigt Abb. (16.8). `waterfall(X,Y,Z)` erzeugt einen Wasserfallplot aus den Matrizen „X", „Y" und „Z". „X" und „Y" sind optional. Wird nur „Z" übergeben, dann laufen „X" und „Y" in Einserschritten von 1 bis zur Zeilendimension von „Z". Als weiterer Wert kann eine Matrix „C" zur Farbskalierung übergeben werden, `waterfall(X,Y,Z,C)`, die dieselbe Dimension wie „Z" haben muss. Mit `waterfall(ah,...)` kann in ein Achsensystem mit Handle „ah" geplottet werden und `h = waterfall(...)` liefert das aktuelle Patch Handle zurück.

16.4.5   Gebänderte Plots

`ribbon(Y)` führt einen gebänderten Plot aus. „X" läuft per default von eins bis zur Zeilendimension von „Y" in Einserschritten, kann aber für andere Werte auch übergeben werden. Die Anpassung der Breite (Voreinstellung 0.75) wird durch einen weiteren Parameter „breit" unterstützt, `ribbon(X,Y,breit)`. Mit `ribbon(ah,...)` kann in ein bereits bestehendes Achsenpaar mit Achsen-Handle „ah" geplottet werden und `h = ribbon(...)` liefert das Handle des aktuellen Surface-Objekts.

Beispiel-Code zu Wasserfall-Diagramm und gebänderten Plots (Abb. (16.8)).

```
            % Erzeugen der Beispieldaten
t=linspace(3,0,150);
s=exp(-t);
x=linspace(0,4*pi,150);
y=sin(x).^2;
xp=s'*y;
            % Ausf"uhren der Plots
figure, colormap hsv
subplot(2,1,1)
waterfall(xp)
title('waterfall'), axis tight
```

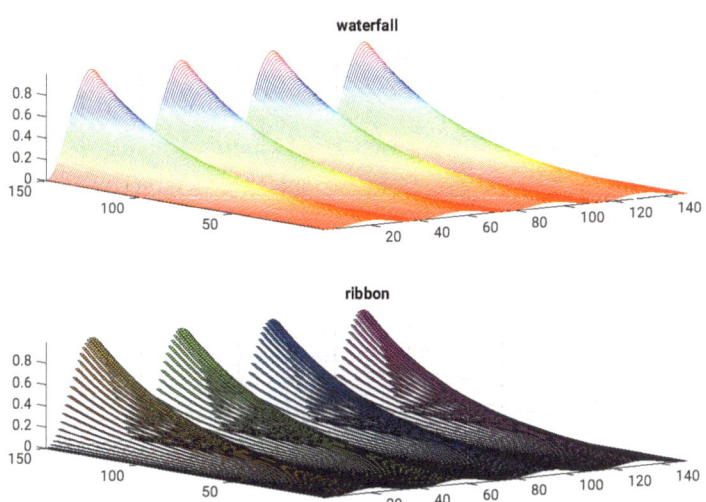

Abbildung 16.8: *Beispiel zu* `waterfall(xp)` *und* `ribbon(xp)`. *Für beide Plots wurden diesel-ben Daten verwendet.*

```
subplot(2,1,2)
hr=ribbon([1:length(xp)],xp,1.25);   % etwas breiter
set(hr, 'EdgeColor', [0.2 0.2 0.2]); % Aufhellen
axis tight, title('ribbon')
```

16.5   Visualisierung

Eine Liste der Visualisierungsbefehle erhält man mit >> `doc vissuite`. Bereits diese Liste ist eine beeindruckende Aufzählung der Möglichkeiten, die MATLAB zur Visuali-sierung bietet. Das Erzeugen von Volumenfeldern und zugehörigen Schnittebenen wird ausführlich am Beispiel der Funktion `slice` diskutiert.

16.5.1   Befehlsübersicht

Divergenz und Rotation, Berechnung curl, divergence

Datenglättung smooth3

Geschwindigkeitsplots quiver, quiver3

Schnitte contourslice, flow, slice

Isoplots isosurface, isonormals, isocaps, isocolors

Strömungsbilder, Berechnung stream2, stream3, interpstreamspeed

Strömungsbilder, Plots streamline, streamtube, streamribbon, streamslice, stream-
particles

Kegelplot coneplot

Volumenfunktionen subvolume, reducevolume, volumebounds

Images image, imagesc, gray, contrast

16.5.2   Datenaufbereitung

Berechnung der Divergenz und Rotation. Ein 3-D-Vektorfeld hat in jedem Raumpunkt eine Richtung und eine Stärke. D.h. im Gegensatz zu einer skalaren Funktion wird
ein Vektorfeld nicht durch eine ein-komponentige Größe in jedem Raumpunkt beschrieben. Im Folgenden beschreiben „X", „Y" und „Z" die Koordinaten und „U", „V" und „W"
das 3-D-Vektorfeld. „X", „Y" und „Z" müssen monoton sein und Arrays haben, wie sie
beispielsweise von `meshgrid` erzeugt werden.

`curl` dient der Berechnung der Rotation „curl·" und der Winkelgeschwindigkeit „cav" eines Vektorfeldes senkrecht zum Fluss, `>> [curlx,curly,curlz,cav] = curl(X,Y,Z,`
`U,V,W)`.

Die Koordinatenarrays „X", „Y" und „Z" sind optional, Voreinstellung ist `[X Y Z] =`
`meshgrid(1:n,1:m,1:p)` mit `[m,n,p] = size(U)`. Optional sind auch die Rückgabewerte „curlz" und „cav". Mit `[curlz,cav]= curl(X,Y,U,V)` wird die z-Komponente
der Rotation und die Winkelgeschwindigkeit senkrecht zur z-Achse berechnet. „X" und
„Y" sind wieder optional. Mit `cav = curl(...)` wird nur die Winkelgeschwindigkeit
berechnet. (MATLAB stellt mit dem Datensatz „Wind" `>> load wind` ein eindrucksvol-
les Datenbeispiel zu Volumenberechnungen und -visualisierungen zur Verfügung. Die
Daten beruhen auf Windströmungen über dem nordamerikanischen Kontinent.)

Die Divergenz eines 3-D-Vektorfeldes kann mittels `div = divergence(X,Y,Z,U,V,W)`
berechnet werden. Die Koordinatenarrays „X", „Y" und „Z" sind wieder optional und
erfüllen dieselben Bedingungen wie unter `curl`. Die Divergenz eines 2-D-Vektorfeldes
kann mit `div = divergence(X,Y,U,V)` berechnet werden. „X" und „Y" müssen wieder
monoton sein und sind optional mit Defaultwert `[X,Y] = meshgrid(1:n,1:m)` für „U"
m×n-Array.

Datenglättung. `smooth3` dient zum Glätten dreidimensionaler Vektorfelder, kann
aber auch für skalare Funktionen missbraucht werden, wie das Beispiel zeigt, vgl. Abb.
(16.9). Der allgemeinste Aufruf ist `W = smooth3(V,'filter',size,sd)`. „V" ist das 3-
D-Vektorfeld, alle anderen Inputvariablen sind optional. „filter" erlaubt zwei mögliche
Konvolutionskerne „gaussian" und die Voreinstellung „box". „size" bestimmt die Größe des Konvolutionskerns und ist ein 3-dimensionaler Zeilenvektor mit Defaultwerten
[3 3 3]. Wird ein skalarer Wert übergeben, so sind alle drei Werte gleich diesem skalaren
Wert. Für eine Gauß'sche Filterung kann zusätzlich noch die Standardabweichung „sd"
festgelegt werden, Voreinstellung ist 0.65.

Das folgende Beispiel zeigt die Glättung einer verrauschten Flächenfunktion, die dazu künstlich mit `cat(3,...)` zu einem 3-D-Feld aufgeblasen wird. Das Ergebnis ist in Abb. (16.9) dargestellt.

```
>>          % Berechnung der Testdaten
>> x=-1:0.1:1; [X,Y] = meshgrid(x,x);
>> Z=X.^2+Y.^2+rand(21)/5;
>>          % 3-D-Daten fuer smooth3 mit cat
>> ZS3=smooth3(cat(3,Z,Z));
>> ZS=ZS3(:,:,1);  % geglaettete Daten
>>                 % Plot
>> subplot(1,2,1)
>> surfc(X,Y,Z)
>> title('Original')
>> subplot(1,2,2)
>> surfc(X,Y,ZS)
>> title('Glaettung')
```

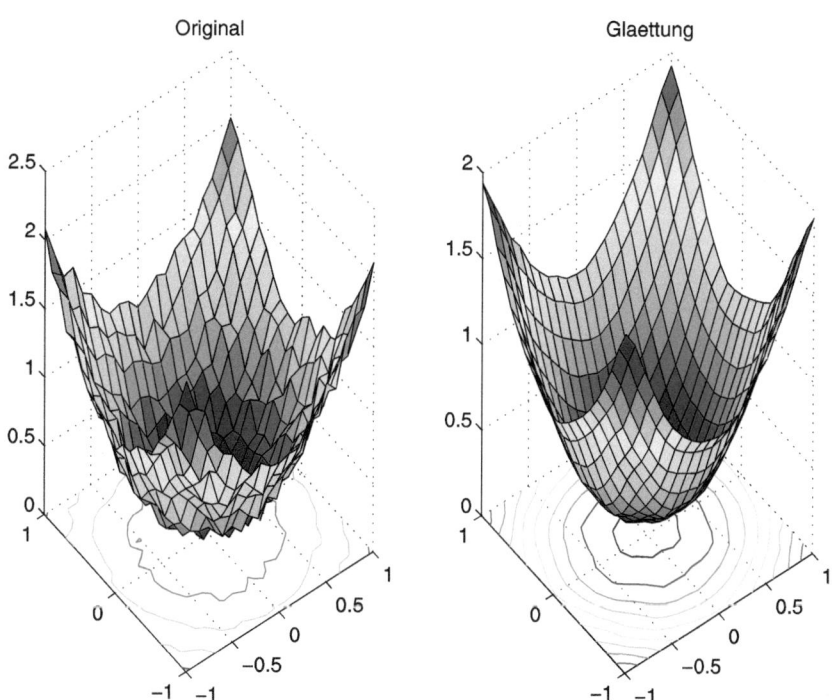

Abbildung 16.9: *Beispiel zum Glätten einer Funktion mit* `smooth3`.

16.5.3   Geschwindigkeitsabbildungen

`quiver` und `quiver3` dienen dem Erstellen von zwei- bzw. dreidimensionalen Vektorplots. Bis auf diesen Unterschied unterstützen beide Funktionen die gleichen Argumente und Eigenschaften. Es genügt also, stellvertretend `quiver3` zu diskutieren. Mit `quiver3(x,y,z,u,v,w)` werden die Vektoren (Pfeile) „u", „v" und „w" an den Positionen „x", „y" und „z" geplottet. („z" und „w" würden bei `quiver` entfallen.) Alle sechs Variablen müssen Matrizen derselben Größe sein. Beispielsweise ergibt `quiver3(1,1,1, 0.1,0.5,1)` einen Pfeil vom Aufpunkt $[1,1,1]$ zum Punkt $[1.1, 1.5, 2]$. Aus „x", „y", „z" können die Flächenormalen mit `[u,v,w] = surfnorm(x,y,z)`, s. S. (347), berechnet und der Plot mit `quiver3` ausgeführt werden. `quiver3(z,u,v,w)` plottet die Vektoren an den durch die z-Werte festgelegten gleichverteilten Flächenpositionen. In `quiver3(...,scale)` ist „scale" ein Skalierungsfaktor. Verwendung von „scale" führt zunächst dazu, dass die Vektoren so skaliert werden, dass sie nicht überlappen. Der Wert „0" schaltet die automatische Skalierung ab. Mit `quiver3(...,LineSpec)` können die auch unter `plot` unterstützten Linien-, Datentypen und Farben übergeben werden, `quiver3(...,LineSpec,'filled')` füllt die Fläche der gewählten Datenpunkte aus. Mit `quiver3(ah,...)` wird in das Achsensystem „ah" geplottet und `h = quiver3(...)` liefert das Quiver Objekt zurück, über das via `h.eig = wert` Eigenschaften gesetzt werden können.

16.5.4   Schnitte

Volumenvisualisierung dient der Visualisierung eines dreidimensionalen Objektes, in der jeder Punkt wiederum einen skalaren Wert (Stärke) oder einen Vektorwert (Stärke und Richtung) trägt. Sind Höhenlinienplots (Konturplots) oder Flächenplots zur Visualisierung nicht hinreichend, bieten geeignet gewählte Schnitte eine Alternative.

`slice(X,Y,Z,V,sx,sy,sz)` erzeugt Schnittebenen des Volumenfeldes V. „X", „Y" und „Z" sind 3-dimensionale Objekte. Sind beispielsweise die eindimensionalen Vektoren „x", „y" und „z" die zugehörigen Koordinatenbereiche, dann lassen sich die 3-D-Objekte gemäß `[X,Y,Z] = meshgrid(x,y,z)` und die Volumenfunktion aus V(X,Y,Z) erzeugen. Dies dokumentiert das folgende Beispiel:

```
x=[-2:.2:2]*pi;y=[-2:.25:2]*pi;z=-2:.2:2;
[X,Y,Z]=meshgrid(x,y,z);
%       Volumenfunktion
V=exp(-Z.^2).*sin(X).*cos(X);
whos
     Name        Size           Bytes    Class

     V         17x21x21         59976    double array
     X         17x21x21         59976    double array
     Y         17x21x21         59976    double array
     Z         17x21x21         59976    double array
     x           1x21             168    double array
     y           1x17             136    double array
     z           1x21             168    double array


figure              % Schnittbild
```

```
slice(X,Y,Z,V,[1 1 1],[0 0 0],[0 0 0])
colormap gray
xlabel('x'), ylabel('y'), zlabel('z')
cb=colorbar;
cb.Label.String='V(x,y,z)'
```

Das Schnittbild wird mittels `slice(X,Y,Z,V,[1 1 1],[0 0 0],[0 0 0])` geplottet, wobei „sx", „sy", „sz" die entsprechenden Schnittebenen festlegt, s. Abb. (16.10). Wäre beispielsweise `sy = []`, so würde in der Abbildung die Schnittebenen durch $y = 0$ entfallen, vgl. Abb. (16.12). Sind alle Komponenten der jeweiligen Vektoren „s" gleich (wie im Beispiel), dann genügt es Skalare $(1,0,0)$ zu übergeben.

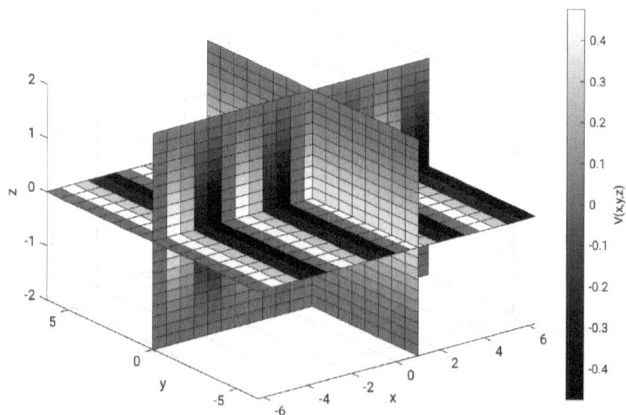

Abbildung 16.10: *Beispiel zu* slice.

Die 3-D-Arrays „X", „Y" und „Z" sind optional. Ist „V" ein m×n×p-Array, dann wird $x = 1 \cdots n$, $y = 1 \cdots m$ und $z = 1 \cdots p$ gesetzt. Soll keine Schnittebene sondern eine gekrümmte Fläche als Schnittfläche dienen, so kann dies mittels `slice(X,Y,Z,V, XI,YI,ZI)` durchgeführt werden. (XI,YI,ZI) sind die Matrizen, die die Fläche im Raum festlegen.

Beispiel.

```
>> %  Berechnung der Schnittflaeche
>> [XI,YI] = meshgrid(x,y);
>> ZI=(XI.^2+YI.^2)/35-2;
>> %   Darstellung der Schnittflaeche
>> subplot(1,2,1)
>> surf(XI,YI,ZI)
>> title('Schnittflaeche')
>> axis tight
>> %   Darstellung des Schnitts von V auf dieser
```

```
>> %    Schnittflaeche
>> subplot(1,2,2)
>> slice(X,Y,Z,V,XI,YI,ZI)
>> title('Slice')
>> axis tight
```

Das Ergebnis zeigt Abb. (16.11). Wieder sind „X", „Y" und „Z" optional.

Mit slice(...,'method') kann noch das Verfahren festgelegt werden, mit dem die
Interpolation zur Berechnung von Zwischenpunkten ausgeführt werden soll. Zur Verfügung steht „linear" für eine trilineare Interpolation (default), „cubic" für eine tri-
kubische Interpolation und „nearest" für eine Nächste-Nachbar-Interpolation. Soll in
ein bestimmtes Achsensystem mit Handle „ah" geplottet werden, so lässt sich dies via
slice(ah,...) bewerkstelligen, und h = slice(...) liefert die Surface-Objekte für
jede Schnittebene.

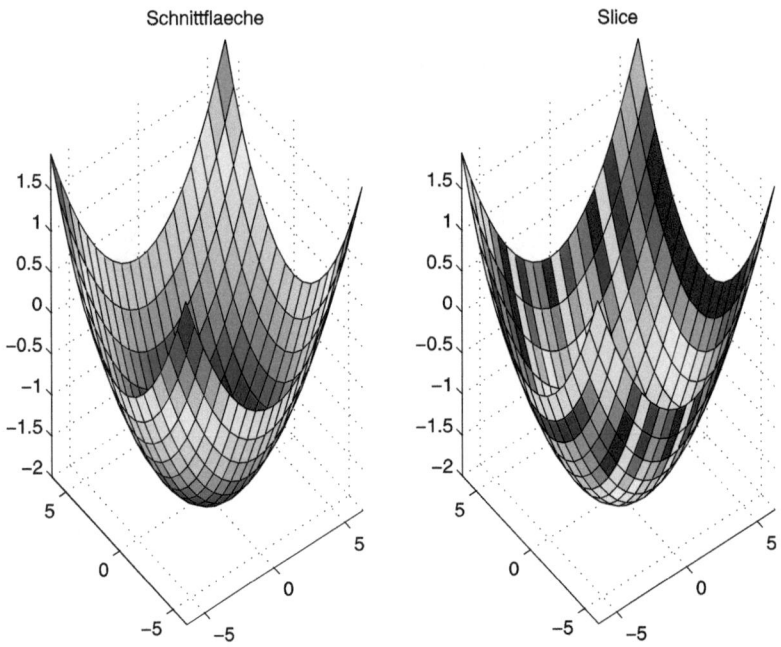

Abbildung 16.11: *Zweites Beispiel zu* slice. *Links ist die Schnittfläche dargestellt, rechts
der Schnitt durch das Volumenfeld.*

contourslice. contourslice plottet in die entsprechende Schnittfläche Höhenlinien.
Der Aufruf ist contourslice(X,Y,Z,V,Sx,Sy,Sz) bzw. contourslice(X,Y,Z,V,Xi,
Yi,Zi). Die Bedeutung der Variablen entspricht der von slice, es werden dieselben
Möglichkeiten und dieselben Interpolationsmethode unterstützt. Zusätzlich kann die
Zahl der Konturlinien „n" festgelegt werden oder ein Vektor „vl" übergeben, längs dessen
die Höhenlinien geplottet werden: contourslice(...,x) mit x=n oder x=vl. Soll in je-
der Schnittebene nur eine einzelne Höhenlinie mit Wert „cl" geplottet werden, so erlaubt

dies `contourslice(...,[cl,cl])` und `h = contourslice(...)` liefert die Handles zu den Patch-Objekten zurück.

Testdaten erzeugen. `flow` erzeugt Testdaten, um mit Funktionen zur Volumenvisualisierung wie beispielsweise `slice` oder `interp3` zu experimentieren, vgl. Abb (16.12). `v = flow` erzeugt ein $50{\times}25{\times}25$-Array und `v = flow(n)` ein $2n{\times}n{\times}n$-dimensionales Array. Mit `v = flow(x,y,z)` wird ein Geschwindigkeitsprofil an den Punkten „x,y,z" erstellt; Koordinaten und Volumendaten lassen sich mittels `[x,y,z,v] = flow(...)` für Testzwecke erzeugen.

16.5.5   Iso-Oberflächen

Neben den Schnittflächen sind Isoflächen ein weiteres Hilfsmittel zur Volumenvisualisierung. Hier werden Flächen im Raum ausgewählt, längs derer das Volumenfeld V konstant ist, s. Abb (16.12). `fv = isosurface(X,Y,Z,V,isowert)` berechnet für V=isowert die Isofläche und legt die korrespondierenden Werte in der Struktur „fv" mit den Feldern „vertices" und „faces" (Flächen) ab. „fv" kann direkt von `patch` aufgerufen werden. Ohne Rückgabewert wird der Plot ausgeführt. „X", „Y" und „Z" repräsentieren wie unter `slice` die 3-D-Koordinatenarrays und „V" das Volumenfeld. Die 3-D-Koordinatenarrays „X", „Y" und „Z" sind optional mit denselben Defaultwerten wie unter `slice`. Wird kein „isowert" übergeben, dann wird aus den Histogrammwerten ein geeigneter Wert ausgewählt. `fvc = isosurface(...,colors)` berechnet die interpolierten Farbwerte im „facevertexcdata"-Feld, das alternativ zu den CData die Farben eines Patch-Objekts festlegt. Shared Vertizes werden aus Gründen der Speichereffizienz erzeugt, kosten aber zusätzlich Rechenzeit. Soll auf diese Eigenschaft verzichtet werden, so ist dies mit `fv = isosurface(...,'noshare')` möglich. Eine Verfolgung des Berechnungsfortschritts erlaubt `fv = isosurface(...,'verbose')` und an Stelle einer Struktur mit den beiden Vertex- und Flächen-Feldern können diese Werte auch direkt in Arrays abgespeichert werden `[f,v] = isosurface(...)` bzw. `[f,v,c] = isosurface(...)` im Fall von „colors".

Isonormale. Die Vertexliste legt die Kanten eines Patch-Objekts fest, die „faces" sind die zugehörigen Flächen, die durchnummeriert werden (vgl. `patch`, Abb. (16.14)). Zur Berechnung der Isonormalen „n" dient `n = isonormals(X,Y,Z,V,vertlist)`. „X", „Y", „Z" sind die 3-D-Koordinatenarrays, „V" ist das Volumenfeld und „vertlist" die Liste der Vertizes, zu denen die Normalen über den Gradienten des Volumenfeldes berechnet werden. Alternativ dazu kann `n = isonormals(X,Y,Z,V,p)` genutzt werden, bei dem die Vertizes des Patches, identifiziert durch das Patch Handle „p", genutzt werden. Für beide Befehle sind die Koordinatenarrays „X", ... optional, die Voreinstellung entspricht der des Befehls `slice`. `n = isonormals(...,'negate')` kehrt die Richtung der Normalen um. `isonormals(V,p)` und `isonormals(X,Y,Z,V,p)` setzen die VertexNormal-Eigenschaft des Patches (vgl. Kap. 17.3.5) mit dem Handle „p" auf die berechneten Isonormalen.

`isocaps` blickt, lax gesprochen, von Flächen konstanten Wertes auf das Äußere oder Innere eines Volumenfelds. Ein Beispiel zeigt Abb. (16.12). Die Syntax lautet `fvc = isocaps(X,Y,Z,V,isowert)`. Die Bedeutung ist dieselbe wie bei `isosurface` und „X"; „Y", „Z" sind ebenfalls optional mit derselben Voreinstellung. „fvc" ist eine Struktur, die

als Felder die Vertexwerte, Flächen und Farben enthält und optional. Ohne Rückgabewert wird das Ergebnis direkt geplottet. Bei `fvc = isocaps(...,'was')` kann „was"
die Werte „above" (default) oder „below" haben und entscheidet, ob die Werte oberhalb oder unterhalb der Isofläche für die „Schlussstücke" mit betrachtet werden. `fvc =`
`isocaps(...,'webene')`: „webene" kann die Werte „all" (default), xmin, xmax, ymin,
ymax, zmin, oder zmax annehmen und entscheidet, auf welchen Ebenen die „Caps" geplottet werden sollen. `[f,v,c] = isocaps(...)` speichert die Flächen (f), Vertex (v)
und Farbe (c) in diesen drei Arrays ab statt in der Struktur fvc.

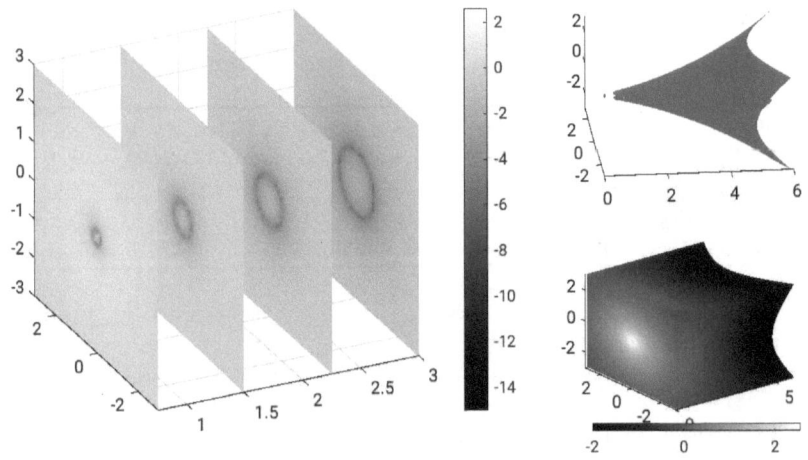

Abbildung 16.12: *Die Testdaten wurden mit flow erstellt. Links Schnitte zu verschiedenen
x-Werten. Die Colorbar zeigt den zugehörigen Wertebereich der Volumendaten. Rechts oben die
Isofläche zu v(x, y, z) = −2 und rechts unten die Darstellung innerhalb dieser Isofläche mittels*
`isocaps`.

Das folgende Beispiel verdeutlicht die oben diskutierten Befehle. Abb. (16.12) zeigt links
Schnitte (`slice`) durch mittels `flow` erzeugte Testdaten. (Dabei handelt es sich um das
Geschwindigkeitsprofil aus einer untergetauchten Düse.) Zu $v(x, y, z) = -2$ wird rechts
oben die zugehörige Isofläche (`isosurface`) geplottet und links unten (`isocaps`) die
Werte innerhalb dieser Isofläche dargestellt.

```
[x,y,z,v] = flow(50);          % Testdaten
figure('Position', [680 560 965 420])
subplot(2,3,[1 2 4 5])         % Schnitte zu konstanten x-Werten
slice(x,y,z,v,[0.75:0.75:3],[],[])
shading interp, view(-25.4,28.8)
colormap gray, colorbar        % v-Werte via Colorbar
subplot(2,3,3)
isosurface(x,y,z,v,-2)         % Isofl"ache zu v=-2
view(-5.8, 37.15)
subplot(2,3,6)
```

```
isocaps(x,y,z,v,-2)          % isocaps
view(3)batim}
% Test %
figure
surf(reshape(v(:,60,:),50,50)), shg
colorbar
x(1,58,1)    % fuer groessere x-Werte (5.8) v<-2
```

`nc = isocolors(X,Y,Z,C,vertlist)` berechnet die Farben der Isoflächen-Vertizes (vertlist) basierend auf den Farbwerten C. „C" sind Indexfarben. Mit `nc = isocolors(X,Y,Z,R,G,B,vertlist)` können alternativ RGB-Werte übergeben werden. „X", „Y", „Z" sind optional (vgl. `isosurface`). Mit `nc = isocolors(...,PatchHandle)` werden die durch das Patch Handle identifizierten Patch-Vertizes genutzt und ohne Rückgabewert die FaceVertexCData-Eigenschaft (vgl. Kap. 17.3.5) des Patches durch die berechneten Werte gesetzt.

16.5.6 Strömungsdarstellung

Ein dreidimensionales Vektorfeld hat sowohl eine Stärke als auch eine Richtung in jedem Raumpunkt. Eine natürliche Interpretation ist, mit einem Vektorfeld einen Teilchenfluss durch das Volumen zu assoziieren und zur Visualisierung zu nutzen. Dies genau ist die Aufgabe von Strömungsbildern.

Berechnung der Strömungsdaten. `stream2` und `stream3` dienen der Berechnung von zwei- und dreidimensionalen Strömungsdaten. Sehen wir von der Dimension ab, so folgen beide derselben Syntax. Es genügt daher, stellvertretend `stream3` zu betrachten. Sind „X", „Y", „Z" die 3-D-Koordinatenarrays und „U", „V", „W" das 3-D-Volumenfeld, dann lässt sich mit `XYZ = stream3(X,Y,Z,U,V,W,startx,starty,startz)` ein Zell-Array „xyz" berechnen, das die Vertex-Arrays enthält. „startx", „starty" und „startz" sind 3-D-Arrays, die die Startposition der Strömungslinien bestimmen. In `stream2` würde die jeweilig dritte Komponente entfallen. Die 3-D-Koordinatenarrays sind optional, die Voreinstellung entspricht der von `slice`. Als weitere Parameter können die Schrittweite „sw" in Einheiten einer Zelle und die maximale Zahl der Vertizes „maxvert" übergeben werden, `stream3(..., [sw,maxvert])`. Ein Beispiel, bei dem zur Berechnung eines Teilchenflusses `stream3` genutzt wurde, zeigt Abb. (16.13).

`interpstreamspeed(X,Y,Z,U,V,W,vertices)` interpoliert Strömungsvertizes, die beispielsweise mit `stream3` berechnet worden sind, basierend auf den Vektorfeldern „U", „V" und „W". Die 3-D-Koordinatenarrays „X", „Y", „Z" sind optional, vgl. dazu `slice`. Für 2-D-Felder entfallen jeweils die Z-W-Arrays. Alternativ kann `interpstreamspeed` mit einem 3-D-Array, das die Geschwindigkeit („speed") repräsentiert, aufgerufen werden, `interpstreamspeed(X,Y,Z,speed,vertices)`.

Mit `interpstreamspeed(...,sf)` wird ein Skalierungsfaktor „sf" für die Anzahl der berechneten Vertizes übergeben. Ist „sf" beispielsweise drei, so wird nur ein Drittel der Vertizes erzeugt. Mit Rückgabewert `vertsout = interpstreamspeed(...)` werden die Vertizes in der Zellvariable „vertsout" abgespeichert.

Strömungsplots. `streamline`, `streamribbon`, `streamslice` und `streamtube` erlauben alle einen Aufruf der Form `streamxxx(X,Y,Z,U,V,W,startx,starty,startz)`, die Parameter folgen exakt der Bedeutung der Parameter in `stream3`. Wieder sind die Koordinatenarrays „X", „Y", „Z" optional.

`streamline` plottet die Strömungslinien. Hier kann anstelle der 3-D-Arrays auch die beispielsweise mit `stream3` erzeugte Zellstruktur „xyz" der Vertexarrays übergeben werden, `streamline(xyz)`. Für 2-D-Systeme entfällt wiederum „Z" und „W". Mit `streamline(...,options)` kann entweder ein ein- oder zweikomponentiger Vektor „options" übergeben werden, der die Schrittweite (Voreinstellung 0.1) oder die Schrittweite und die maximale Zahl der Vertizes (default 1000) festlegt. Soll in ein bereits bestehendes Achsensystem mit Handle „ah" geplottet werden, so kann mit `streamline(ah,...)` das Achsen-Handle übergeben werden und `h = streamline(...)` gibt einen Vektor der Line Handles zurück. Die einzelnen Elemente gehören zu je einer Strömungslinie.

`streamribbon` dient dem Plotten von Strömungsbändern. Ein Beispiel zeigt Abbildung (16.13). `streamribbon(vertlist,X,Y,Z,av,speed)` erwartet eine vorberechnete Liste der Vertizes in der Zellvariable „vertlist", wie sie beispielsweise `stream3` liefert, sowie die Rotationswinkelgeschwindigkeit „av" und die Flussgeschwindigkeit „speed". „X", ..., „speed" sind 3-D-Arrays, wobei die Koordinatenarrays „X", „Y", „Z" optional sind. Mit `streamribbon(vertlist,twistangle)` kann direkt die Verdrehung der Strömungsbänder übergeben werden. Die Werte sind in rad angegeben, „twistangle" ist ein Zell-Array, die einzelnen Arrays müssen von derselben Dimension wie die korrespondierenden Vertizes sein. Mit `streamribbon(...,br)` lässt sich die Breite der Bänder setzen. `streamribbon(ah,...)` erlaubt, in ein bereits bestehendes Achsensystem mit Handle „ah" zu plotten. Mit `h = streamribbon(...)` erhält man einen Handlevektor zu den Surface-Objekten.

Wie `streamline` erlaubt auch `streamslice` 2-D-Objekte zu betrachten. Es entfällt ebenfalls die jeweils dritte Komponente. `streamslice(...,dicht)` modifiziert die automatisch gewählte Dichte an Strömungslinien. „dicht" muss größer 0 sein, 1 entspricht der Voreinstellung, 2 führt zu einer approximativ doppelten Zahl an Strömungslinien. `streamslice(...,'pfeil')` legt fest, ob Richtungspfeile geplottet werden oder nicht und hat die beiden Werte „arrows" (default) und „noarrows" für die Unterdrückung der Richtungspfeile. Mit `streamslice(...,'method')` kann das Interpolationsverfahren ausgewählt werden. Zur Verfügung stehen „linear" (default), „cubic" und „nearest" für eine Nächste-Nachbar-Interpolation. Mit `streamslice(ah,...)` wird in ein bereits bestehendes Achsensystem mit Handle „ah" geplottet und `h = streamslice(...)` liefert ein Vektor-Handle der Line-Objekte. `[vertices arrowvertices] = streamslice(...)` liefert zwei Zell-Arrays mit den Vertizes der Strömungslinien und Richtungspfeile. Beide können an jede der `stream...`-Plotfunktionen übergeben werden.

`streamtube` erzeugt Strömungsröhren, deren Breite proportional der Divergenz des Vektorfeldes ist. Neben den oben unter `streamxxx` beschriebenen Argumenten erlaubt `streamtube` auch die direkte Übergabe des Vertex-Zell-Arrays „vertlist", beispielsweise mit `stream3` erzeugt, sowie die zugehörige Divergenz `streamtube(vertices,X,Y,Z, divergence)`. Die Koordinatenarrays sind wieder optional. Mit `streamtube(vertlist,br)` kann ein optionales Zell-Array „br" zur Festlegung der Breite der Röhren übergeben werden. Die Dimension der einzelnen Vektorelemente muss dabei der Dimension der Vertizes entsprechen. Ohne „br" wird die Breite automatisch gewählt. Mit `streamtube(...,[scale n])` kann ein Skalierungsfaktor „scale" (Defaultwert 1) zur Skalierung der Breite der Strömungsröhren und die Zahl der Punkte n (default 20) entlang des Umfangs einer Röhre übergeben werden. `streamtube(ah,...)` plottet in ein bereits bestehendes Achsensystem mit Handle „ah" und `h = streamtube(...)` liefert das Vektor-Handle „h" aller Surface-Objekte zurück.

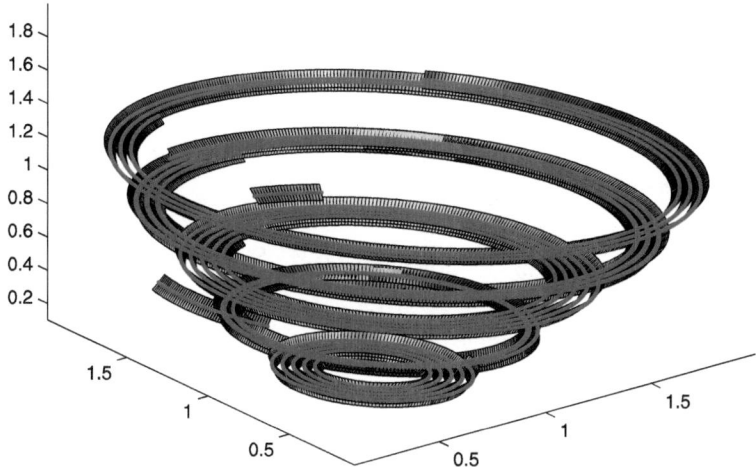

Abbildung 16.13: *Darstellung eines Rotationsfelds mittels* `streamparticles` *und* `streamribbon`.

`streamparticles` plottet Strömungsteilchen eines Vektorfelds. Die Strömungsteilchen werden wie Datenpunkte verwaltet, d.h. die Marker-Eigenschaft genutzt. Ein Beispiel zeigt Abb. (16.13). Mit `streamparticles(vertlist,n)` wird ein 2- oder 3-D-Zell-Array (vgl. `stream3`) der Vertizes übergeben. Der Parameter „n" ist optional und legt fest, wie viele Strömungsteilchen geplottet werden sollen. Eigenschaften lassen sich mittels `streamparticles( ...,'Eig',wert,...)` spezifizieren. Unterstützt wird (Defaultwerte in geschweifter Klammer):

- „Animate" {0}, positive ganze Zahl; legt die Zahl der Wiederholungen der Animation fest. 0 steht für keine Animation, inf wiederholt die Animation so lange, bis Ctrl-c gedrückt wird.
- „FrameRate", Animation-Frames pro Sekunde (positive ganze Zahl). Bei inf läuft die Animation so schnell es der Computer erlaubt.
- „ParticleAlignment": Bindet die Teilchen an die Strömungslinien, [on | {off}]. Bei „on" sitzt eine Teilchen jeweils am Beginn jeder Strömungslinie.

Strömungsteilchen sind Line-Objekte und erlauben daher beispielsweise die Eigenschaft „Markers" und damit verknüpfte Eigenschaften wie „MarkerEdgeColor" {none}, „MarkerFaceColor" {red}, „Marker" {o} und „LineStyle" {none} zu setzen.

Beispiel: Darstellung eines Rotationsfeldes (Abb. (16.13)).

```
% Stream Beispiel Rotationsfeld
% Koordinatenbereiche

figure
x=0.1:0.1:2;y=x;z=x;
% 3-D-Arrays
[X,Y,Z]=meshgrid(x,y,z);
% Abstand hoch 3
R32=(sqrt(X.^2+Y.^2+Z.^2)).^3;
U=(Y-Z)./R32;
V=(Z-X)./R32;
W=(X-Y)./R32;
[sx,sy,sz] = meshgrid(0.25, 0.5:0.5:1.9,...
                           0.5:0.5:1.9);
%    Visualisierung
xyz=stream3(X,Y,Z,U,V,W,sx,sy,sz);
%     streamline(xyz)
streamparticles(xyz,'Markers',2)
view(3), axis tight
streamribbon(X,Y,Z,U,V,W,sx,sy,sz);
```

16.5.7   Kegelabbildungen

Kegelplots, `coneplot`, repräsentieren die Daten eines Vektorfelds als einen Kegel mit Richtung und Länge proportional der Geschwindigkeit in dem jeweiligen Punkt des Vektorfelds. Neben den optionalen 3-D-Koordinatenarrays „X", „Y", „Z" dienen die Volumenfelder „U", „V" und „W" sowie die 3-D-Ortsfelder „Cx", „Cy", „Cz" zur Lokalisierung der Kegel im Vektorfeld, `coneplot(X,Y,Z,U,V,W,Cx,Cy,Cz)`. Die Voreinstellung der 3-D-Koordinatenarrays folgt der von `slice`. Weitere Eigenschaften können mittels eines Parameters „pa" übergeben werden, `coneplot(...,pa)`. Ist „pa" eine reelle Zahl, so werden die Kegel automatisch dem Graf angepasst und mit „pa" skaliert. Voreinstellung ist 1. 0 unterdrückt die automatische Skalierung. Ist „pa" ein Array derselben Größe wie die Volumenfelder „U", „V" und „W", dann werden die Werte als Farbwerte zu den Kegeln interpretiert. Mit pa=„quiver" werden anstelle von Kegeln Pfeile geplottet. „pa" kann auch genutzt werden, um das Interpolationsverfahren festzulegen. Als Wert kann „linear", „cubic" oder „nearest" übergeben werden. Die Bedeutung entspricht der von `interp3`. Mit `coneplot(X,Y,Z,U,V,W,'nointerp')` wird die Interpolation unterdrückt und die Position durch die 3-D-Koordinatenarrays und die Orientierung gemäß den Volumenfeldern festgelegt. Soll in ein bereits bestehendes Achsensystem mit Handle „ah" geplottet werden, so lässt sich dies mittels `coneplot(ah,...)` bewerkstelligen und `h=coneplot(...)` liefert das Handle der Patch-Objekte (Cones) zurück.

16.5.8   Volumenfunktionen

Teilvolumina zur Visualisierung können mit `subvolume` aus den Volumendaten „V" extrahiert werden. Mit dem MATLAB-Kommando `[Nx,Ny,Nz,Nv] = subvolume(X,Y,Z, V,teilvol)` legen wir das auszuwählende Teilvolumen fest. Die 3-D-Koordinatenarrays

„X", „Y", „Z" sind optional (vgl. `slice`) und „teilvol = [xmin, xmax, ymin, ymax, zmin, zmax]" legt die Grenzen fest. Bei den korrespondierenden Rückgabewerten sind wiederum „Nx", „Ny" und „Nz" optional.

`[nx,ny,nz,nv]` = `reducevolume(X,Y,Z,V,[Rx,Ry,Rz])` dient nicht der Auswahl von Teilvolumina, sondern der Reduzierung der Elemente in den 3-D-Arrays. „[Rx,Ry,Rz]" bestimmt, das wievielte Element jeweils beibehalten wird. Ist die Zahl in allen drei Richtungen gleich, kann statt des 3-elementigen Vektors ein Skalar übergeben werden. Die Koordinatenarrays sowohl auf der Eingabe- als auch auf der Rückgabeseite sind optional und folgen den Voreinstellungen wie unter `slice` beschrieben.

Die Aufgabe von `grenze` = `volumebounds(X,Y,Z,V)` bzw. `grenze` = `volumebounds` `(X,Y,Z,U,V,W)` ist es, die Achsengrenzen sowohl für die Koordinaten als auch die Farbwerte „[xmin xmax ymin ymax zmin zmax cmin cmax]" zu bestimmen, wobei die 3-D-Koordinatenarrays optional sind. „grenze" lässt sich direkt an die axis-Funktion (beispielsweise `axis(volumebounds(X,Y,Z,V))`) durchreichen.

16.6   Images und Farbfunktionen

16.6.1   Befehlsübersicht

Images image, imagesc, imshow, gray, contrast

Umwandlung der Farbmatrix cmpermute, cmunique, hsv2rgb, ind2rgb, rgb2ind, rgbplot, spinmap, rgb2gray, rgb2hsv

Farbdithering dither

Farbapproximationen imapprox

16.6.2   Images

Im Zuge der billigen digitalen Kameras ist heute fast jeder mit „Images" vertraut. MATLAB bietet zum Einlesen die Funktionen `imread`, zum Schreiben `imwrite` sowie für Informationen `iminfo` (s. Kap. 20.3). `image` dient dem Plotten eines Bildes und ist sowohl eine Highlevel-Funktion, deren Eigenschaften wir uns in diesem Abschnitt ansehen wollen, als auch eine Low-Level-Funktion, der wir uns in Kapitel 17.3.6 noch einmal zuwenden werden. Ergänzt wird `image` durch `imshow` zum Betrachten von Bildern (s. S. (462).

Ist „C" eine n×m-Matrix, so wird mit `image(C)` das Bild in ein n×m-Raster eingeteilt und jedes Element von „C" entspricht einem Farbwert des korrespondierenden Bildsegments. Hat beispielsweise das Element C(i,j) den Wert „w", dann wird für das (i,j)-te Pixel die w-te Zeile der zugehörigen Farbmatrix ausgewählt. Alternativ kann mit C als n×m×3-Matrix direkt ein RGB-Farbwert übergeben werden. `image(x,y,C)` erlaubt die „x"- und „y"-Achsen mit geeigneten Werten zu versehen. „x" und „y" wirken sich ausschließlich auf die Achsenbeschriftung aus. Die korrespondierende Low-Level

Variante ist `image('xData',x,'YData',y,'CData',C)`. Nutzen wir `image` als High-Level-Funktion, so können via `image(...,'eig',wert,...)` Eigenschaften übergeben werden. Als Low-Level-Funktion genutzt, lautet der Aufruf `image('eig',wert,...)` und mit `h = image(...)` erhalten wir das zugehörige Image-Objekt zurück. Die unterstützten Eigenschaften werden im Abschnitt 17.3.6 vorgestellt. Die High-Level-Variante ruft die Funktion `newplot` auf. Das folgende Beispiel dokumentiert die direkte Nutzung einer Farbmatrix.

Beispiel. Im folgenden Beispiel wird zunächst eine Farbmatrix „nc" mit den Farbwerten rot= [100], grün= [010] und blau= [001] erstellt und mit `image` ein Bild und anschließend dasselbe Ergebnis mittels eines 3-dimensionalen Farbarrays reproduziert.

```
% Farbmatrix fuer Figure
nc=[1 0 0;0 1 0;0 0 1];
figure, colormap(nc)
% Image erstellen
testm=[1 1 1;1 2 3; 2 3 1; 3 1 2;3 3 3];
image(testm)
% 3-D-Farbarray fuer image erzeugen
R=[1 1 1; 1 0 0; 0 0 1;0 1 0;0 0 0];
G=[0 0 0;0 1 0;1 0 0;0 0 1; 0 0 0];
B=[0 0 0;0 0 1;0 1 0; 1 0 0; 1 1 1];
RGB=cat(3,R,G,B);
% Image erstellen
figure, image(RGB)
```

`imagesc(x,y,C)` skaliert die Imagedaten auf die Farbwerte der aktuellen Farbmatrix um. „x" und „y" sind wieder optional und dienen der Beschriftung der Achsen. Soll der genutzte Wertebereich der Imagedaten eingeschränkt werden, so kann mit „clims", `imagesc(...,clims)`, ein zweikomponentiger Vektor übergeben werden, der die untere und obere Schranke für „C" festlegt. Die durch „clims" festgelegten Werte werden linear auf die Farbmatrix abgebildet. Werte von „C" außerhalb der festgelegten Schranke werden dem tiefsten bzw. höchsten Farbwert zugeordnet. Mit `h = imagesc(...)` wird das zugehörige Image-Objekt „h" zurückgegeben. Skalierungen werden häufig im Zusammenhang mit Grauwerten genutzt. `cg = gray(n)` erzeugt eine grau-skalierte n×3-Farbmatrix. Zur Kontrasterhöhung dient `cmap = contrast(X,m)`. „cmap" ist die Grauwerte-Farbmatrix, „X" enthält die Imagedaten, und der optionale Parameter „m" legt die Zahl der Zeilen von „cmap" fest.

`imshow` ist eine komfortable Ergänzung zu `image`, die bei älteren Releases nur über die Image Processing Toolbox zur Verfügung stand. Mit `imshow(I)` wird direkt das Bild „I" dargestellt. „I" kann ein Graustufenbild (ganze Zahlen), eine RGB n×m×3-Matrix oder eine Binärbild (0 schwarz, 1 weiß) sein. Für Graustufenbilder können zusätzlich Grenzwerte `imshow(I,[low,high])` übergeben werden. Alle Graustufenwerte kleiner als low werden schwarz und höher als high weiß dargestellt. Mit `imshow(A,cmap)` kann auch eine indizierte n×m-Abbildung „A" mit zugehöriger Farbmatrix „cmap" direkt aufgerufen werden. `imshow(fname)` erlaubt den direkten Aufruf von Bilddateien ohne den Umweg über `imread`. Die unterstützten Formate sind in Tabelle (20.10) aufgelistet. Eigenschafts-Werte Paare können wieder über `image(...,eig,wert)` übergeben werden und `hi = imshow(...)` liefert das zugehörige Image-Objekt „hi" zurück. Die Eigenschaften werden im Kapitel 17.3.6 besprochen.

16.6.3 Umwandlung der Farbmatrix

Indizierte Imagedaten, auch als Indexfarben bezeichnet, bestehen aus einer Datenmatrix „X" und einer Farbmatrix „map". „map" ist eine p×3-Matrix, die die Farben festlegt. RGB-Werte sind Farbwerte, bei denen der erste Eintrag den Rot-, der zweite den Grün- und der dritte den Blauanteil bestimmt. Die Werte liegen zwischen $0 \cdots 1$. 0 steht für „keinen Anteil", 1 für Farbsättigung. Die indizierten Imagedaten legen eine direkte Abbildung der Pixel auf die Farbmatrix fest. Die Zeilen- und Spaltenindizes von „X" bestimmen die Position, der Matrixwert die auszuwählende Zeile und damit die Farbe der Farbmatrix „map". `RGB = ind2rgb(X,map)` konvertiert die indizierten Imagedaten der m×n-Matrix „X" und p×3-Matrix „map" in ein True-Color-Format. „RGB" ist dann eine m×n×3-True-Color-Matrix oder RGB-Matrix (vgl. Beispiel oben), deren einzelne Komponenten aus Rot-, Grün- und Blauwerten bestehen. Die grafische Darstellung der Farbmatrix „map" ist mittels `rgbplot(map)` möglich, das drei Linien in den Grundfarben mit den jeweiligen RGB-Werten plottet. Die Umkehrung leistet die Funktion `rgb2ind`.

`[X, map] = rgb2ind(RGB, n)` konvertiert die True-Color-Matrix in eine indizierte Abbildung mit „n" Farben und Farbmatrix „map". `rgb2ind` unterstützt höchstens 65.536 verschiedene Farben. `X = rgb2ind(RGB, mapv)` bildet die RGB-Matrix mittels einer vorgegebenen Farbmatrix „mapv" auf „X" ab. `[X,map] = rgb2ind(RGB, tol)` konvertiert die RGB-Matrix auf eine indizierte Matrix mittels gleichförmiger Quantisierung. Der Toleranzfaktor „tol" muss zwischen 0 und 1 legen. Alle Varianten erlauben noch zusätzlich einen Parameter „modither", `[...] = rgb2ind(...,modither)` zu übergeben. Der Defaultwert ist 'dither' für Farbdithering, um bei Bedarf eine bessere Farbauflösung zu gewinnen, 'nodither' schaltet dagegen Dithering aus.

`cmap = rgb2hsv(M)` konvertiert die n×m-dimensionale RGB-Farbmatrix M auf eine hsv-Farbmatrix. Die Umkehrfunktion ist durch `hsv2rgb` gegeben. Ist M ein m×n×3-Array, so wird M als ein RGB-Image interpretiert und in ein hsv-Image konvertiert und umgekehrt.

`[X, map] = cmunique(RGB)` bildet die True-Color-Matrix „RGB" auf eine indizierte Abbildung „X" mit zugehöriger Farbmatrix „map" ab. Dabei wird versucht, jeder RGB-Farbe einen Wert in der Farbmatrix zuzuordnen. `[Y,neumap] = cmunique(X,map)` bildet das indizierte Ausgangspaar „X, map" auf ein neues Paar „Y, neumap" ab, so dass das neue Paar dasselbe Farbbild erzeugt, die neue Farbmatrix aber möglichst klein wird. Mehrfach auftretende Farben werden eliminiert und die Indizes geeignet angepasst. `[Y,neumap] = cmunique(I)` konvertiert ein Grauwertebild „I" in ein indiziertes Bild. `cmunique` unterstützt die Datentypen uint8, uint16 und doubles. Die Transformation einer True-Color-Matrix „RGB" auf eine Grauwertedarstellung „I" übernimmt `I = rgb2gray(RGB)`. Zusätzlich kann ein Farbmatrix „map" auf die äquivalente Graumatrix „gmap" abgebildet werden, `gmap = rgb2gray(map)`.

spinmap verschiebt die Farbmatrix um je einen Schritt, bis die gesamte Farbmatrix durchlaufen ist. Das heißt, die erste Zeile wird auf die zweite Zeile, die zweite auf die dritte und so fort abgebildet. Die Abbildung durchläuft dann die gesamte, durch die verwendete Farbmatrix festgelegte Skala. Mit spinmap(t,inc) können die Durchlaufgeschwindigkeit „t" und das Zeileninkrement „inc" festgelegt werden. Mit der nicht empfehlenswerten Variante spinmap('inf') wird die Farbmatrix so lange durchlaufen, bis der Prozess durch Ctrl-c abgebrochen wird.

[Y, neumap] = cmpermute(X,map) ordnet die Farbmatrix „map" zufällig um. „X" ist das Ausgangsbild, das als indizierte Farbabbildung vorliegt. „Y" ist die neue indizierte Farbabbildung, die so umgeordnet wird, dass die Darstellung bezüglich der neuen Farbabbildung „neumap" unverändert bleibt und farbtreu.
[Y, neumap] = cmpermute(X,map,index), „index" ist optionaler Indexvektor, der die Umordnung der Farbmatrix „map" festlegt.

16.6.4   Farbdithering

Farbdithering dient dazu mit wenigen Farben viele zu simulieren. dither nutzt dazu einen Floyd-Steinberg-Algorithmus. Der allgemeine Aufruf lautet X = dither(RGB, map). „RGB" ist die True-Color-Matrix und „X, map" das indizierte Matrix-Paar. Mittels X = dither(RGB, map, Qm, Qe) lassen sich zusätzlich die Zahl der Quantisierungsbits der inversen Farbmatrix und die Zahl der Quantisierungsbits der Fehlerabschätzung festlegen, also Einfluss auf die Genauigkeit der Abschätzung und die Komplexität der Berechnung nehmen. Die Voreinstellung ist Qm = 5 und Qe = 8, das für Dithering stets größer als Qm sein muss. BW = dither(I) konvertiert ein Grauwertebild in ein binäres Bild, also eine Matrix, die nur aus den Werten 0 und 1 besteht.

16.6.5   Farbapproximation

Ziel der Farbapproximation ist es, eine neue Farbmatrix mit weniger Farben zu erzeugen, die unter den vorgegebenen Einschränkungen einen möglichst ähnlichen Farbeindruck bietet. [Y,nmap] = imapprox(X,map,n) approximiert die indizierte Farbabbildung „X" mit zugehöriger Farbmatrix „map" auf ein neues indiziertes Paar „Y, nmap" mit höchstens n Farben. [Y,nmap] = imapprox(X,map,tol) führt eine Farbapproximation basierend auf einer gleichförmigen Quantisierung durch. „tol" ist ein vorgegebener Toleranzparameter zwischen 0 und 1. Y = imapprox(X,map,nmap) nähert die neue indizierte Farbabbildung basierend auf der ursprünglichen Farbmatrix „map" und der neuen „nmap". Wie rgb2ind erlaubt auch imapprox den Parameter „modither", Y = imapprox(...,modither), der wieder entscheidet, ob Dithering erlaubt ('dither') oder unterdrückt ('nodither') ist.

16.7   Animation

Mit den im Folgenden aufgelisteten Befehlen stellt MATLAB einen einfachen Weg zur dynamischen Visualisierung – zur Animation – zur Verfügung.

16.7.1   Befehlsübersicht

Animation erstellen getframe, movie

Animation rotieren rotate

Konvertierung zu Image frame2im, im2frame

16.7.2   Erstellen einer Animation

Der erste Schritt zum Erstellen einer Animation ist das Kreieren einer Bildabfolge, die mit einer Figure-Umgebung dargestellt wird. Mit F = getframe wird das aktuelle Bild in die Struktur F abgebildet, die aus den Feldern „cdata" einer m×n×3-Farbmatrix und dem Feld „colormap" besteht. Auch wenn die Abbildung nicht sichtbar sein muss, ist getframe mit sichtbaren Abbildungen effizienter. Mit F = getframe(h) wird auf das Bild mit dem Figure- oder Achsen-Handle „h" zugegriffen und F = getframe(h,rect) erlaubt, einen Bildbereich, festgelegt durch rect = [x0 y0 breite höhe], auszuwählen. „x0", „y0" sind die Koordinaten der linken unteren Ecke. Die Einheiten sind so gewählt, dass die gesamte Bildbreite und -höhe jeweils 1 ist.

movie(F,n,fps) spielt das Struktur-Array „F" n-mal und „fps" legt fest wie viele Frames pro Sekunde abgespielt werden. „n" darf auch ein Vektor sein. Beispielsweise führt movie(F,[3 2 4 1],1) dazu, dass pro Sekunde ein Frame gezeigt wird. Die Animation besteht aus den Frames 2–4–1 und wird dreimal wiederholt. „n" und „fps" sind optional mit den Voreinstellungen eine Wiederholung und 12 Frames pro Sekunde (vorausgesetzt Ihr Computer erlaubt das). Mit movie(h,...) wird zum Abspielen das Bild mit dem Figure- oder Achsen-Handle „h" genutzt und movie(h,M,n,fps,loc) nutzt zum Abspielen den durch den vierelementigen Vektor „loc" festgelegten Bereich, wobei allerdings nur die ersten beiden Einträge in Pixel zur Festlegung der linken unteren Ecke genutzt werden. Ein Beispiel für eine Video-basierte Animation ist auf S. 510.

Beispiel: Rotation einer Kugel. Die Kugel enthält keine Oberflächenmerkmale. Um die Rotation durch eine Drehmatrix sichtbar zu machen, wurde daher mittels einer Hadamard-Matrix eine Oberflächenstruktur erzeugt.

```
k = 5;
n = 2^k-1;
theta = pi*(-n:2:n)/n;
phi = (pi/2)*(-n:2:n)'/n;
X0 = cos(phi)*cos(theta);
Y0 = cos(phi)*sin(theta);
Z0 = sin(phi)*ones(size(theta));
colormap([0 0 0;1 1 1]);
C = hadamard(2^k);
kdreh=linspace(0,2*pi,72);
for kb=1:length(kdreh)
    X=X0*sin(kdreh(kb)) + Y0*cos(kdreh(kb));
    Y=Y0*sin(kdreh(kb)) - X0*cos(kdreh(kb));
    Z=Z0;
```

```
    surf(X,Y,Z,C)
    axis square
    set(gca,'Visible','off')
    F(kb)=getframe;
end
movie(F,3)
```

Eine Alternative zur direkten Rotation mit einer Drehmatrix wie im Beispiel bietet die
MATLAB-Funktion `rotate(h,achse,winkel)`. „h“ ist das zu drehende grafische Objekt,
„achse“ ein dreikomponentiger Vektor, der die Richtung festlegt und „winkel“ der Drehwinkel, um den gedreht werden soll. Im obigen Beispiel ist der Koordinatenursprung
der Punkt, um den gedreht wird. `rotate` dreht um das Zentrum der Plotbox. Mit
`rotate(...,origin)` lässt sich der Ursprung, um den gedreht werden soll, festlegen.
„origin“ ist ein dreikomponentiger Vektor in den Einheiten der aktuellen Achsen.

16.7.3   Image-Konvertierung

`[X,Map]` = `frame2im(F)` bildet ein mit `getframe` erzeugtes Movieframe „F“ auf Imagedaten „X“ und die korrespondierende Farbmatrix „Map“ ab. Die Umkehrung lautet `F =`
`im2frame(X,map)`. Ist „X“ ein m×n×3-True-Color-Image, ist „map“ bedeutungslos und
kann weggelassen werden.

16.8   Grafische Flächen

16.8.1   Befehlsübersicht

Patches patch, surf2patch

Patch-Optimierung reducepatch, shrinkfaces

Geometrische Körper cylinder, ellipsoid, sphere

16.8.2   Patches

`patch` ist eine Low-Level-Grafik-Funktion zur Erzeugung von Patches. Ihre Eigenschaften werden im Abschnitt 17.3.5 besprochen. Ein Patch-Objekt besteht aus einem oder
mehreren Polygonen, definiert durch die Vertizes. Ein Beispiel zeigt Abb. (16.14). Mit
`patch (X,Y,C)` wird ein zwei- und mit `patch(X,Y,Z,C)` ein dreidimensionales farbig
ausgefülltes Patch-Objekt der Farbe „C“ erzeugt. „X“, „Y“ und „Z“ sind die Vertex-
Koordinaten und „C“ die Farbe. `patch(FV)` erzeugt ein Patch-Objekt aus der Struktur
„FV“, die aus den beiden Feldern „Vertizes“ und „Flächen“ und optional den Flächenfarben (FaceVertexData) besteht. „X,Y,Z“ können auch kategoriale Variablen und Variablen vom Zeittyp duration oder datetime sein, s. Abb (16.15). Eigenschaften können
mit `patch(...'eigen',wert...)` bzw. `patch ('eigen',wert...)` übergeben werden
und `h = patch(...)` liefert das Patch-Objekt zurück.

Programm-Code für ein Patch-Objekt (Abb. (16.14)).

```
vertex=[-0.5 -0.5 0;   ... % Vertex 1
         0.5 -0.5 0;   ... % Vertex 2
         0.5  0.5 0;   ... % Vertex 3
        -0.5 0.5 0;    ... % Vertex 4
         0     0 -1];  ... % Vertex 5
flaechen = [1 2 3 4 ;   ... % face 1
            1 2 5 nan;  ... % face 2
            2 3 5 nan;  ... % face 3
            3 4 5 nan;  ... % face 4
            4 1 5 nan]; ... % face 5

p=patch('vertices',vertex,'faces',flaechen,...
    'FaceColor',[0.3 1 0.3])
axis([-1 1 -1 1 -1 0])
```

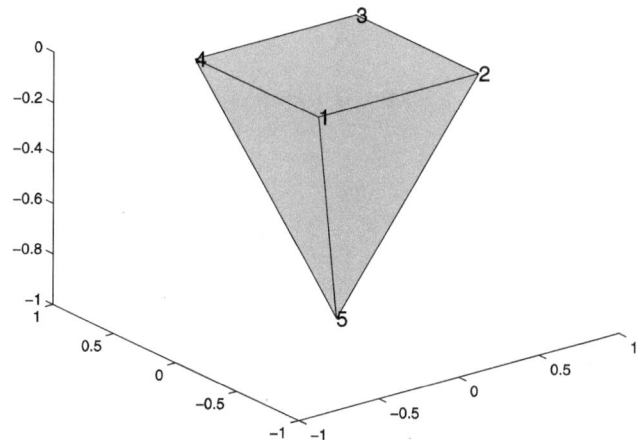

Abbildung 16.14: *Beispiel für ein Patch-Objekt, erzeugt mittels Vertizes und Flächen. Die Ziffern sind die im Beispiel-Code aufgeführten Nummern der Vertizes.*

Beispiel: Categoricals und Duration (Abb. (16.15))

```
Bus = {'Hagelloch','Unfallklinik','Parkhaus','Nonnenhaus', ...
       'Neckarbruecke','HBF','HBF','Hagelloch'};
Dauer = [0,5,9,11,13,15,0,0];
Xb = categorical(Bus);           % patches ordnet um, daher
Xb = reordercats(Xb,{'Hagelloch','Unfallklinik','Parkhaus', ...
                'Nonnenhaus','Neckarbruecke','HBF'});
Yd = minutes(Dauer);
cm = linspace(0,15,8);           % Farbvektor
ph=patch(Xb,Yd,cm), colorbar, shg
ylabel('Dauer')
title('Bus: Hagelloch - HBF')
```

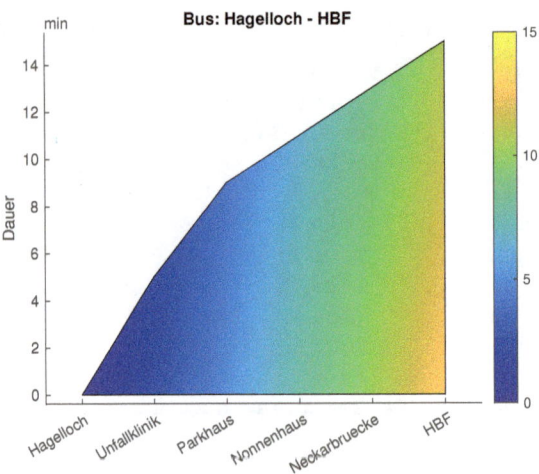

Abbildung 16.15: *Beispiel für ein Patch-Objekt erstellt mittels Variablen vom Typ categorical und duration und interpolierten Flächenfarben.*

Konvertieren von Surface-Objekten zu Patch-Objekten. `fvc = surf2patch(h)` wandelt das Surface-Objekt „h" in ein Patch-Objekt. In der Struktur „fvc" werden die Vertizes und Flächen abgespeichert. Mit `fvc = surf2patch(arg)` und arg = „Z" oder „Z,C" bzw. arg = „X,Y,Z" oder „X,Y,Z,C" werden die Surfaces „ZData" und „Cdata" bzw. „X-", „YData" in die korrespondierenden Patch-Objekte gewandelt und in der Struktur „fvc" abgespeichert. Mit `fvc = surf2patch(...,'triangles')` werden Dreiecksflächen statt der Vierecks-Oberflächen erzeugt und mit `[f,v,c] = surf2patch(...)` wird das Ergebnis statt in einer Struktur in Matrizen abgespeichert.

16.8.3   Patch-Optimierung

`reducepatch(hp,r)` reduziert die Zahl der Flächen eines Patches mit dem Handle „hp" und versucht, die Gestalt des ursprünglichen Objekts zu erhalten. „r" wird dabei auf zwei unterschiedliche Arten und Weisen interpretiert. Für r < 1 wird „r" als der Bruchteil der ursprünglichen Flächen interpretiert. Ist „r" beispielsweise 0.3, dann wird die Zahl der Flächen auf 30% des ursprünglichen Wertes gesenkt. Ist r > 1, so wird „r" als die Zahl der erwünschten Flächen interpretiert. Für r=400 wird die Zahl der Flächen sukzessive reduziert, bis nur noch 400 übrig bleiben. Mit `nfv = reducepatch(ph,r)` wird die reduzierte Menge der Flächen und Vertizes in „nfz" abgespeichert. Wird an Stelle des Handles „ph" eine Struktur mit den Vertizes und Flächen übergeben, dann wirkt `reducepatch` auf diese Struktur. Statt in einer Struktur können die Flächen und Vertizes auch getrennt übergeben werden bzw. mit „nfz=[nf, nv]" wird das Ergebnis statt in der Struktur „nfz" in den einzelnen Arrays abgespeichert. `reducepatch(...,'fast')` unterstellt, dass keine gemeinsamen Vertizes existieren, vielmehr alle eindeutig sind und `reducepatch(...,'verbose')` gibt den Fortschritt auf dem Bildschirm aus.

`shrinkfaces(ph,sf)` reduziert die Größe der Patch-Flächen mit Handle „ph". „sf" ist der Verkleinerungsfaktor. Zum Beispiel verkleinert sf=0.6 jede Fläche auf 60% ihrer ursprünglichen Größe. Gemeinsame Vertizes werden dazu zunächst in eindeutige Vertizes gewandelt. Mit einem Rückgabewert wird das Ergebnis in einer Struktur und mit zwei Rückgabewerten in zwei Arrays abgespeichert. Statt eines Handles können wie unter `reducepatch` entweder eine Struktur oder zwei Arrays mit den zugehörigen Flächen und Vertizes übergeben werden. Der Verkleinerungsfaktor „sf" ist optional mit Voreinstellung 0.3.

16.8.4 Geometrische Körper

`[X,Y,Z] = cylinder` berechnet die Koordinatenwerte eines Einheitszylinders, die mit 3-D-Grafikroutinen geplottet werden können. Soll der Radius des Zylinders variiert werden, so kann ein Radiusvektor „r" übergeben werden, `[X,Y,Z] = cylinder(r)`, und mit `[X,Y,Z] = cylinder(r,n)` die Zahl der Plotpunkte „n" längs des Umfangs festgelegt werden. Beispielsweise erzeugt

```
>> t=0:0.2:2*pi;r=sin(t);
>> figure, cylinder(r,36)
```

einen Zylinder mit einem sinusförmig modellierten Mantel. Ohne Rückgabewert `cylinder(...)` wird direkt ein Surf-Plot ausgeführt und mit `cylinder(ah,...)` in das durch das Achsen-Handle „ah" festgelegte Achsenpaar geplottet.

Mit `[X,Y,Z] = ellipsoid(xc,yc,zc,xr,yr,zr,n)` werden die Datenpunkte eines Ellipsoids berechnet. Der erste Koordinatensatz legt das Zentrum, der zweite die Halbachsen fest. Der optionale Parameter „n" (Voreinstellung 20) bestimmt die Auflösung bzw. Dimension der 3-D-Koordinatenarrays „X", „Y", „Z". Ohne Rückgabewert wird direkt ein Ellipsoid via `surf` geplottet und mit `ellipsoid(ah,...)` das Achsensystem mit Handle „ah" ausgewählt.

`sphere(n)` plottet eine Einheitskugel, wobei „n" die Auflösung bestimmt. „n" ist optional mit Defaultwert 20. Mit `[X,Y,Z] = sphere(...)` werden die Werte in den 3-D-Koordinatenarrays gespeichert. Skalierungen sind dann durch einfache Multiplikation möglich.

16.9 Grafische Daten einblenden und auslesen

Daten einblenden `datacursormode`

Daten auslesen `ginput`

Der Data Cursor Mode erlaubt das mausgesteuerte Einblenden grafischer Daten in einer Abbildung. Mit `datacursormode on` bzw. `datacursormode off` wird der Data Cursor Mode für die aktuelle Abbildung an- bzw. abgeschaltet. Ohne „on" oder „off" agiert `datacursormode` als Toggle-Kommando, d.h. es schaltet sich bei Wiederholung ab und an. Mit `datacursormode(fh,...)` wird auf das Figure Window mit dem Figure Handle „fh" zugegriffen und mit `dcmobj = datacursormode(fh)` wird ein Data-Cursor-Mode-Objekt zurückgegeben. Die Eigenschaften können mit der `set(...)`- und get(...)-Methode oder mittels `dcmobj.eig = wert` angesprochen werden. „Enable" kann entweder „on" oder „off" sein und schaltet den Data Cursor Mode an oder ab. „SnapToDataVertex" kann ebenfalls die Werte „on" oder „off" annehmen. Bei „on" wird der nächstgelegene Datenwert ausgegeben und bei „off" die Position des Mauszeigers. „DisplayStyle" entscheidet über die Darstellung der Daten. Bei „datatip" wird nahe dem Datenpunkt ein kleines Textfenster geöffnet und bei „window" ein Textfenster innerhalb der Figure-Umgebung. „UpdateFcn" kann ein Function Handle sein, um eine eigene Darstellung der Daten zu erzeugen.

Bewegt man den Mauszeiger über die Figure-Oberfläche, dann erzeugt `[x,y] = ginput(n)` ein Fadenkreuz und bei Mausklick oder Tastendruck wird der korrespondierende (x,y)-Wert in den Variablen „x", „y" abgespeichert bzw. bei einem Rückgabewert ein $n \times 2$-Array erzeugt. `ginput` unterstützt ausschließlich 2-D-Abbildungen. Mit `[x,y] = ginput` werden solange Werte in die Variablen „x" und „y" eingelesen, bis die Return-Taste gedrückt wird. `[x,y,button] = ginput(...)` liefert neben den Koordinatenwerten noch die Maus- oder Tastaturtaste, die gedrückt wurde. 1 für die linke, 2 für die mittlere, 3 für die rechte Maustaste und den entsprechenden ASCII-Code für die Tastaturtaste.

16.10   Geografische Plots

Seit dem Rel. 2018b wird das Erstellen und Plotten in geographische Karten von MATLAB unterstützt. Dazu werden verschiedene Basiskarten unterstützt. Bis auf „darkwater" benötigen alle anderen Karten zur Nutzung einen Internetzugang bzw. müssen zuvor heruntergeladen werden.

Befehlsübersicht geoaxes, geoplot, geobasemap, geoscatter, geobubble, geodensityplot, geolimits, geotickformat

Die Low-Level Funktion `geoaxes` wird in Abschnitt 17.2.1 im Rahmen der Achsenobjekte besprochen und dient dem Erstellen eines geografischen Achsenobjekts. Mittels `geoaxes('Basemap', Karte)` wird die Basiskarte „Karte" direkt dargestellt. Die Liste der unterstützten Karten findet sich unter `geobasemap`.

`geoplot(bre,la,FMS)` plottet eine Linie festgelegt durch die zweikomponentigen Vektoren „bre" (Breitengrad) und „la" (Längengrad), „FMS" steht für die optionale Linienspezifikation (Farbe, Marker, Linientyp). Es werden die gleichen Werte wie bei einem Standardplot unterstützt. Beispielsweise zeigt

```
bretue = [48 49]; latue =[8.5, 9.5];
geoplot(bretue,latue)
text(48.5,9.01,'Tuebingen')
```

einen kleinen Ausschnitt von Baden-Württemberg mit meiner Heimatstadt Tübingen im Zentrum.

`geobasemap Karte` erstellt eine Abbildung mit der geographischen Karte „Karte" und `geobasemap(gx,Karte)` die Karte im geographischen Achsenobjekt „gx". `bmap = geobasemap(gx)` liefert den Namen der Karte im Achsenobjekt „gx" zurück (optional) bzw. den Namen der aktuellen Karte. Unterstützt werden 'streets-light' (default), 'streetsdark', 'streets', 'satellite', 'topographic', 'landcover', 'colorterrain', 'grayterrain', 'blue-green', 'grayland', 'darkwater' und 'none' (leerer Hintergrund).

sh = geoscatter(bre,la,A,C) zeigt Kreise der Fläche „A" (in points^2) in der Far-be „C", „A,C" sind optional, „bre, la" sind Vektoren mit den entsprechenden Breiten-und Längengraden. geoscatter(...,'filled') erzeugt gefüllte Kreise und mittels geoscatter(..., Eig, Wert) werden die Eigenschafts-Werte Paare 'Marker' (Marker-typ), 'MarkerEdgeColor', 'MarkerFaceColor' und 'LineWidth' unterstützt (s. Kap. 17). gb = geobubble(tbl,brevar,lavar) erstellt aus der Tabelle „tbl" ein Blasendiagramm. „brevar, lavar" sind die Spaltenüberschriften (Variablen) der in der Tabelle geliste-ten Breiten- und Längenwerte, „gb" ist das GeoBubbleChart-Objekt. Mittels geo-bubble(tbl.brevar,tbl.lavar,A,C) wird wieder Fläche und Farbe festgelegt. „C" ist dabei eine kategoriale Variable. Jede Kategorie erhält eine eigene Farbe. geobubble(..., Eig,Wert) unterstützt die folgenden Eigenschafts-Werte Paare: 'Basemap', mit den un-ter geobasemap gelisteten Karten, 'ColorVariable' mit dem Namen der Tabellenspalte in der die Blasenfarben gelistet sind und 'MapLayout' mit den Werten 'normal' (Legen-de außerhalb der Karte, Default) und 'maximized' (Legende innerhalb der Karte, Title, Achsenbeschriftungen und Ticks sind unterdrückt). Beispiele (geobubbleBsp.m):

```
geobubble(HSLaender,'Breite','Laenge')  % einfaches Blasendiagramm
colordata = categorical(HSLaender.Hauptstadt);
gb = geobubble(HSLaender.Breite,HSLaender.Laenge,1,colordata);
% Hauptstaedte in Farbe
% Tabelle:
HSLaender
```

Land	Hauptstadt	Breite	Laenge
{'Baden-Wuerttemberg' }	{'Stuttgart' }	49	9
{'Bayern' }	{'Muenchen' }	48.1	12
...			

geodensityplot(br,la) erstellt ein Dichtediagramm an den Punkten der Breiten- und Längenwerte „br, la".

geolimits(brlim,lalim) begrenzt die geographische Darstellung auf die Breiten- und Längenwerte „brlim, lalim" und [brlim, lalim] = geolimits liefert die aktuellen Werte zurück. Via geolimits('auto') wählt MATLAB geeignete Grenzen und mittels geolimits('manual') bleiben bei Größenänderungen die gegenwärtigen Limits mög-lichst gleich.

geotickformat fmt legt das Format der Achsenticks fest. „fmt" kann die Werte 'dd' (Dezimalgrad plus Himmelsrichtung) 'dm' (Grad und Minuten plus Richtung), 'dms' (Default; Grad, Minuten, Sekunden plus Richtung), '-dd' (Dezimalgrad mit Vorzeichen, − für Süden und Westen), '-dm' (wie 'dm' aber mit Vorzeichen) und '-dms' (wie 'dms' aber mit Vorzeichen). Das gewählte Format kann mittels fmt = geotickformat abge-fragt werden.

17 Eigenschaften grafischer Objekte

Grafische Objekte werden in MATLAB hierarchisch verwaltet. Den prinzipiellen Aufbau zeigt Abb. (17.1). Die jeweiligen graphischen Objekte werden mittels Objekt-Handles angesprochen. (Bei älteren Releases waren die grafischen Handles numerische Verwaltungsnummern.) An der Spitze steht die Root. Die nächste Ebene bildet das Figure-Objekt an das sich das Axes- oder TiledChartLayout-Objekt, s. Abb. (17.7), anschließt. Sie bilden die Top-Level Objekte, denen wir uns in den ersten beiden Abschnitten zuwenden. Illustration Objekte sind Colorbar und Legende, Annotation Objekte beispielsweise Pfeile, UI-Objekte die User-Interface Elemente. Die hierarchischen Abhängigkeiten werden auch als Parent- und Children Eigenschaft bezeichnet. Parent-Objekt dieser drei Elemente ist das Figure-Objekt. Den Achsen untergeordnet sind grundlegenden Elemente einer Grafik wie beispielsweise Patch-, Surface-, Line- oder Textobjekte. Betrachten wir als Beispiel `pl = plot(x,y)`. „pl" ist ein Line-Objekt, d.h. gehört zur Klasse „matlab.graphics.chart.primitive.Line". Sein Parent-Objekt ist das zugehörige Axes-Objekt. Eine Übersicht der verschiedenen Objekte findet sich in Tab (17.4).

Ausgewählte grafische Objekte und Eigenschaften. Viele low-level Eigenschaften wird man über das Figure-Window direkt mit dem Property Inspector setzen und

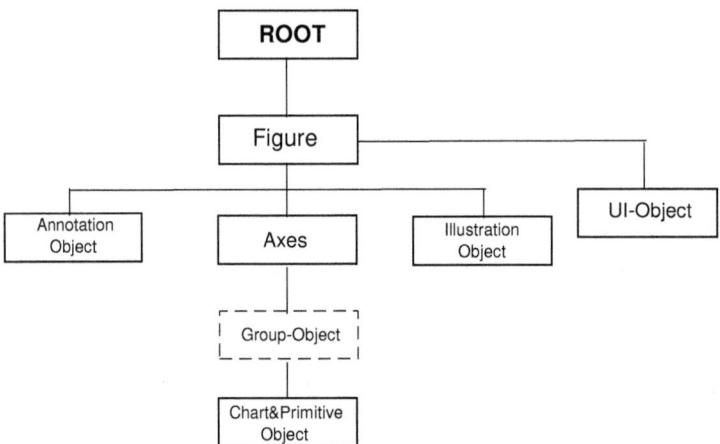

Abbildung 17.1: *Darstellung der hierarchischen Struktur der Grafikobjekte: An der Spitze stehen Root und Figure. Achsen-Objekte, Annotation Objekte (beispielsweise Arrows oder Textbox) und Illustration Objekte sind auf demselben Hierarchielevel. Dann folgen Group Objekte (optional), Chart und Primitive Objekte. UI-Objekte sind grafische User-Interface Objekte.*

https://doi.org/10.1515/9783110741780-017

Im Property Inspector sind die zugehörigen Eigenschaften nach Gruppen gelistet, vgl. Abb (17.8). Bei über 2100 Möglichkeiten sieht man gelegentlich den Wald vor lauter Bäumen nicht. Hier soll in tabellarischer Form, Tab. 1.2, aufgabenzentriert auf das entsprechende Objekt und die geeignete Eigenschaft verwiesen werden.

17.1 Die Root- und das Figure-Objekt

17.1.1 Befehlsübersicht

Root groot

Erstellen eines Figures figure, gcf, uifigure

Schließen, Erneuern und Löschen close, clf, refresh, shg

OpenGL opengl

17.1.2 Das Root-Objekt

Das grafische Root-Objekt wird mittels r = groot erstellt und hat die folgenden Eigenschaften

```
           CallbackObject: [0x0 GraphicsPlaceholder]
                 Children: [1x1 Figure]
            CurrentFigure: [1x1 Figure]
       FixedWidthFontName: 'Courier New'
         HandleVisibility: 'on'
         MonitorPositions: [1 1 1600 900]
                   Parent: [0x0 GraphicsPlaceholder]
          PointerLocation: [875 67]
              ScreenDepth: 24
      ScreenPixelsPerInch: 96
               ScreenSize: [1 1 1600 900]
        ShowHiddenHandles: 'off'
                      Tag: ''
                     Type: 'root'
                    Units: 'pixels'
                 UserData: []
```

Für alle Eigenschaften grafischer Objekte gibt es Voreinstellungen auf die MATLAB zugreift und die unter „factory…" abgelegt sind. Mit a = get(groot,'Factory'); werden diese vielen Voreinstellungen in der Struktur „a" (gegenwärtig 2127 Felder) abgelegt. Beispielsweise ist a.factoryAxesLineStyleOrder: '-', d.h. alle Linien werden mit durchgezogenem Strich geplottet. Der Aufbau ist factoryObjectTypePropertyName. Ändern würden wir diese Voreinstellung über denselben Aufbau defaultObjectType-PropertyName, sofern sie für alle grafischen Objekte übernommen werden sollen, allerdings mit dem Kennwort „default". Beispielsweise wurde mit dem Rel.2014b die

Farbvoreinstellung für die Abfolge von Plots geändert. Zuvor war sie Blau, Grün, Rot usw., nun ist sie ein Blau-Ton, Rotbraun, ... Verändern dieser Voreinstellung ist mit `set(groot,'defaultAxesColorOrder',no)` möglich, ObjectType ist „Axes", PropertyName „ColorOrder" und „no" eine Matrix der gewünschten RGB-Werte. Beispielsweise für die Einstellung vor Rel. 2014b no = [0 0 1;0 0.5 0; 1 0 0; ...]; wieder rückgängig machen können wir dies mit „remove": `set(groot, 'defaultAxes-ColorOrder', 'remove')`. Angezeigt werden alle über „default" gesetzten Werte mittels `get(groot,'Default')`. Sollen selbst gesetzte Voreinstellungen dauerhaft gültig sein, sollten sie in den File „startup.m" eingetragen werden. Neben der Root können auch Figure- und Axes-Objekte zum Setzen von Voreinstellungen mittels `default...` genutzt werden. Allerdings gelten sie dann nur für dieses grafische Objekt und ihre Children-Objekte. Soll für ein grafische Objekt „h" der über Factory definierte Werte unabhängig von den Voreinstellungen übernommen werden, so ist dies mittels `set(h,'Eigenschaft','factory')` möglich, wobei Eigenschaft beispielsweise „Color" sein könnte. Auflisten können wir Factory-Eigenschaften auch eingeschränkt auf das grafische Objekt `get(groot,'factoryObjectType')`, beispielsweise `get(groot,'factoryFigure')` oder heruntergebrochen bis auf die Eigenschaft selbst, beispielsweise: `get(groot,'factory-AxesColorOrder')`.

17.1.3   Das Figure- und das Uifigure-Objekt

Eine Figure-Umgebung wird automatisch bei Befehlen wie `plot` angelegt, kann aber auch mit `figure` erzeugt werden. Das Figure- oder Uifigure-Objekt mit dem Handle „h" wird mit `figure(h)` geöffnet und das Figure Handle „h" mittels h = figure(...) erstellt und ein Figure-Window geöffnet. h = `get(groot,'CurrentFigure')`; erstellt entweder ein leeres Figure-Handle oder sofern bereits eine Figure-Umgebung existiert, ein Handle zu diesem Objekt. >> h = gcf gibt das aktuelle Figure Handle zurück und steht für get current figure. uh = uifigure erzeugt eine Figure-Umgebung zum Erstellen eines User-Interfaces beispielsweise durch den App Designer, s. Kap. (19). Das zugehörige Handle ist nicht offen gelegt (hidden); `gcf` wirkt folglich nicht. Bei unbekannten Handle ist

```
r = groot;                  % Handle der grafischen Root
r.ShowHiddenHandles = 'on'; % Offenlegen der Hidden Handles
                            % Mausklick auf Uifigure-Oberflaeche
uh = r.CurrentFigure;       % Uifigure-Handle uh setzen
```

eine Alternative oder auch `findall`, s. 428.

Eigenschaften werden mit `figure('eigen', wert,...)` bzw. `uifigure(...)` paarweise übergeben, bevorzugt sollte allerdings h.eigen = wert genutzt werden. Alternativ können die überwiegende Mehrzahl der Eigenschaften auch interaktiv mit dem Property Inspector gesetzt werden. Die folgende Liste listet ausgewählte Eigenschaften in der Reihenfolge von „Show all properties" mit einer kurzen Erläuterung und den Voreinstellungen in geschweifter Klammer auf und die Tabelle (17.1) gruppiert die Befehle in einer knappen Übersicht. Eine vollständige Liste (`figureeigen.m`) befindet sich im zugehörigen Verzeichnis mit den Kapitelbeispielen. Mit >> web figureeigen.html kann die Liste im Web Browser dargestellt werden. (Veraltete Eigenschaften bleiben unberücksichtigt.)

Tabelle 17.1: Übersicht der zum Figure-Objekt gehörenden Eigenschaften.

EIGENSCHAFTSGRUPPE	EIGENSCHAFTEN
Figure-Erscheinung	MenuBar, ToolBar, DockControls, Color, WindowStyle, WindowState
Position	Position, Units, InnerPosition, OuterPosition, Resize
Ploteigenschaften	Colormap, Alphamap, NextPlot, Renderer, RendererMode, GraphicsSmoothing
Print und Export	Paper···, InvertHardcopy
Mauszeiger	Pointer···
Interaktivität	Visible, Current···, Selection···, ContextMenu
Allgemeine Callbacks	ButtonDownFcn, CreateFcn, DeleteFcn
Tastatur Callbacks	KeyPressFcn, KeyReleaseFcn
Window Callbacks	CloseRequestFcn, SizeChangedFcn, WindowButton···Fcn, WindowKey···Fcn, ResizeFcn
Ausführungscallbacks	Interruptible, Busyaction, HitTest, BeingDeleted
Parent-Child	Parent, Child, HandleVisibility
Kennung	Name, Number, NumberTitle, IntegerHandle, FileName, Type, Tag, Icon (uifigures)
Benutzerdaten	UserData

- Alphamap: m-dimensionaler Spaltenvektor, per default 64×1. „Alphamap" wirkt auf Surface-, Image- und Patch-Objekte und beeinflusst deren Transparenz. Details zum Erstellen des Spaltenvektors siehe Abschnitt 15.3.5. Beispiel (s. auch `figureeigen.m`):

```
fh = figure;
x = linspace(0,1,25);
[X,Y] = meshgrid(x,x);
Z = sinh(X) + cos(Y*6*pi);
surf(X,Y,Z,'FaceAlpha','flat','AlphaData',gradient(Z))
figure, plot(fh.Alphamap),title('Alphamap')
%
fh = figure;
x = linspace(0,1,25);
[X,Y] = meshgrid(x,x);
Z = sinh(X) + cos(Y*6*pi);
surf(X,Y,Z,'FaceAlpha','flat','AlphaData',gradient(Z))
alphamap(fh,'vdown')
figure(fh)
figure, plot(fh.Alphamap),title('Neue Alphamap')
```

- BusyAction: [{queue} | cancel]; die BusyAction legt fest, wie Aktionen behandelt werden, wenn die Unterbrechung eines Callbacks nicht zulässig ist. (S. auch Interruptible)

- ButtonDownFcn: String, Function Handle oder Zell-Array. Callback-Funktion, die ausgeführt wird, wenn eine Maustaste gedrückt wird, während der Mauszeiger auf das Bild weist. Der Callback muss zwei Übergabeargumente akzeptieren, wobei der zweite unbesetzt ist; s. Beispiel S. (403).

- Children: Ein Handle-Objekt, „Children" einer Figure. Dies ist die nachgeordnete Hierarchie-Ebene, also beispielsweise ein Achsenobjekt; vgl. Abb. (17.1).

- CloseRequestFcn: String, Function Handle oder Zell-Array; Callback-Funktion, die beim Schließen des Figures ausgeführt wird. Ein Anwendungsbeispiel findet sich auf S. (457).

- Color: Legt die Hintergrundfarbe fest. Dabei können sowohl die Abkürzungen wie „r" für „red" oder RGB-Werte übergeben werden.

- Colormap: m×3-Farbmatrix, {parula}, legt die Farben für Surface-, Image- und Patch-Objekte fest.

- ContextMenu: ContextMenu Objekt, das mittels `uicontextmenu` erstellt worden ist; vgl. Beispiel S. 442.

- CreateFcn: String, Function Handle oder Zell-Array. Die CreateFcn wird während der Erzeugung eines Objekts ausgeführt.

- CurrentAxes: Handle der aktuellen Achse.

- CurrentObject: Handle des gerade aktiven Objekts.

- DeleteFcn: String, Function Handle oder Zell-Array; wird beim Schließen oder Löschen des Figure-Objekts ausgeführt.

- HandleVisibility: [{on} | callback | off]; die Eigenschaft bestimmt, ob ein Handle sichtbar ist oder nicht. Ein Handle auf unsichtbar zu setzen, kann dann von Nutzen sein, wenn man verhindern möchte, dass die Eigenschaften des zugehörigen Objekts zufällig verändert werden. Für Uifigures ist die Defaulteinstellung „off" und Befehle wie `gcf` funktionieren nicht; vgl. Beispiel S. 394.

- Icon: Ersetzt das MATLAB -Symbol in der oberen linken Ecke bei uifigures. (Nützlich zur rascheren Indentifizierung bei mehreren Apps.) Bsp.:
  `uif = uifigure('Icon','IMG_0849.jpg')`
  Unterstützt werden jepg-, png und gif-Bildformate sowie m×n×3-Truecolor Arrays.

- Innerposition: 4-elementiger Vektor, der die Position und Größe des Plotbereichs festlegt. Der Aufbau ist [x0, y0, breite, höhe], wobei „x0,y0" die Position der linken unteren Ecke bestimmt und die anderen beiden Werte die Größe des Plotbereichs.

- IntegerHandle: [{on} | off] legt fest, ob als Figure-Nummer ganze Zahlen genutzt werden. Bei Uifigures ist die Defaulteinstellung „off".

- Interruptible: [{on} | off] legt fest, ob eine Figure-Callback-Funktion durch eine andere Callback-Funktion unterbrochen werden kann.

- KeyPressFcn und KeyReleaseFcn: String, Function Handle oder Zell-Array; Callback-Funktion wird bei Tastendruck bzw. beim Loslassen der Taste ausgeführt wenn das Figure-Window im Vordergrund ist.
- Name: String, Titel des Figure Windows.
- NextPlot: [new | {add} | replace | replacechildren]; diese Eigenschaft entscheidet, wie der nächste grafische Aufruf verwaltet wird. Die Voreinstellung „add" führt dazu, dass das aktuelle Fenster zur Darstellung genutzt wird. „Reset" setzt alle Eigenschaften bis auf die „Position" auf die Defaultwerte (entspricht `clf('reset')` und „replacechildren" löscht alle Child-Objekte, ohne die Figure-Eigenschaften selbst auf die Defaultwerte zu setzten, wie `clf`. „new" erzeugt stattdessen eine neue Figure-Umgebung mit den getroffenen Voreinstellungen.
- Number: (Read-Only) Figure-Nummer, ganze Zahl oder leer (Default für Uifigures).
  NumberTitle: [{on} | off] entscheidet, ob die jeweilige Figure-Nummer angezeigt wird oder nicht. Für Uifigures ist die Voreinstellung off.
- Outerposition: 4-elementiger Vektor, der den Bereich festlegt, der von den äußeren Grenzen der Figure-Umgebung (einschließlich der Ränder, Titelleiste etc.) eingeschlossen wird. Der Aufbau ist wieder [x0, y0, breite, höhe].
- PaperSize: Größe des aktuell verwendeten Papiers in PaperUnits (s.u.).
- PaperType: Die unterstützten Papierformate sind in Tabelle (17.2) aufgelistet. Zusätzlich gibt es noch den Eigenschaftswert 'custom'. In Europa ist die Voreinstellung 'a4'.
- PaperUnits: [inches | {centimeters} | normalized | points]; gewählte Maßeinheit für den Papierausdruck. Für „normalized"-Einheiten hat die linke untere Ecke die Koordinaten (0,0), die Breite und die Höhe sind gleich eins.

Tabelle 17.2: *Übersicht der unterstützten Papierformate. (1 Zoll = 25.4 mm)*

TYP	GRÖSSE	TYP	GRÖSSE
usletter	8.5 x 11 Zoll	uslegal	11 x 14 Zoll
tabloid	11 x 17 Zoll		
A0	841 x 1189 mm	A1	594 x 841 mm
A2	420 x 594 mm	A3	297 x 420 mm
A4	210 x 297 mm	A5	148 x 210 mm
B0	1029 x 1456 mm	B1	728 x 1028 mm
B2	514 x 728 mm	B3	364 x 514 mm
B4	257 x 364 mm	B5	182 x 257 mm
arch-A	9 x 12 Zoll	arch-B	12 x 18 Zoll
arch-C	18 x 24 Zoll	arch-D	24 x 36 Zoll
arch-E	36 x 48 Zoll	A	8.5 x 11 Zoll
B	11 x 17 Zoll	C	17 x 22 Zoll
D	22 x 34 Zoll	E	34 x 43 Zoll

- Parent: Handle des zugehörigen Parent-Objekts (hier Graphics Root).

- Pointer: [crosshair | fullcrosshair | {arrow} | ibeam | watch | topl | topr | botl | botr | left | top | right | bottom | circle | cross | fleur | custom];   bestimmt die Gestalt des Mauszeigers im Figure Window. Zur Erzeugung eines eigenen Symbols dient der Wert „custom" und die Eigenschaft „PointerShapeCData". Beispiel:

```
g = linspace(0,20,16);
[X,Y] = meshgrid(g);
Z = 2*sin(sqrt(X.^2 + Y.^2));
set(gcf,'Pointer','custom',...
        'PointerShapeCData',flipud((Z>0) + 1))
```

  PointerShapeCData: 16×16-Matrix bestehend aus den Werten „1" für schwarz, „2" für weiß und „NaN" für transparent. (Vgl. Beispiel unter „Pointer".)
  PointerShapeHotSpot: Ein Element der Matrix „PointerShapeCData" legt die Zeigerposition fest. PointerShapeHotSpot ist ein 2-elementiger Vektor ({[1,1]}), der den Spalten- und Zeilenindex in der Matrix „PointerShapeCData" festlegt, der die Zeigerposition bestimmt.

- Position: 4-elementiger Vektor, der die Position des Figure Windows auf dem Bildschirm bestimmt. Der Aufbau ist [x0, y0, breite, höhe], wobei „x0,y0" die Position der linken unteren Ecke bestimmt und die anderen beiden Werte die Breite und Höhe des Fensters. Auf Systemen mit mehreren Bildschirmen kann „x0,y0" auch negative Werte annehmen, die Einheiten sind durch „Units" (s.u.) bestimmt.

- Renderer: [painters | {OpenGL}]; Render-Methode zur Darstellung der Abbildung auf dem Bildschirm und der Hardcopy. Für einfache, eher kleine Bilder ist „painters" am raschesten, „zbuffer" wird nicht mehr unterstützt. „OpenGL" ist am verbreitetsten und MATLAB nutzt entweder die Software- oder Hardware-Implementation (vgl. Abschnitt 17.1.5
  RendererMode: [{auto} | manual]; automatische oder Benutzer-definierte Auswahl.

- Resize: [{on} | off]; bestimmt ob ein Figure Window mit der Maus in seiner Größe verändert werden kann. Für GUIs, die mit dem GUIDE erstellt wurden, ist die Voreinstellung „off".

- Tag: Benutzer-definierter String zur Identifikation eines Objekts.

- Type: String (read only); legt den Typ fest und ist hier stets „figure".

- UIContextMenu: Handle eines UIcontextmenu-Objekts (vgl. MATLAB-Funktion uicontextmenu). (Ab Rel. 2020a für figures nicht mehr empfohlen.)

- Units: [inches | centimeters | normalized | points | {pixels} | characters]; legt die Einheiten fest, die MATLAB nutzt. In „normalized Units" ist die linke untere Ecke durch die (0,0) bestimmt und die Breite und Höhe jeweils gleich eins.

- UserData: Array; jeder beliebige Datensatz, der mit einer Abbildung assoziiert sein soll, kann hier zugeordnet werden. „Figure" nutzt diese Daten nicht direkt.

- Visible: [{on} | off] legt fest, ob das Objekt (hier das Figure Window) sichtbar sein soll oder nicht.

- WindowButton···: Charactervektor, Function Handle oder Zell-Array; Callback-Funktion wird ausgeführt wenn sich auf der Fensteroberfläche der Mauszeiger befindet
  WindowButtonDownFcn: und eine Maustaste gedrückt wird.
  WindowButtonMotionFcn: und bewegt wird.
  WindowButtonUpFcn: und die Maustaste losgelassen wird.

- WindowKeyPressFcn: String, Function Handle oder Zell-Array; Callback-Funktion, die ausgeführt wird bei einem Tastendruck, wenn das Figure-Window oder eines der Children-Objekte im Vordergrund ist.
  WindowKeyReleaseFcn: Ausführung erfolgt beim Loslassen einer Taste.

- WindowStyle: [{normal} | modal | docked]; legt das Verhalten des Figure Windows fest. „modal" bedeutet, dass Tastatur, Maus und alle MATLAB-Fenster blockiert sind, solange das Fenster sichtbar ist. (Bei Verwendung mehrerer modaler Fenster sollten Sie sicherstellen, dass Sie sich nicht durch einen Fehler selbst von der Verwendung von MATLAB aussperren.) „docked" bedeutet, dass das Abbildungsfenster entweder am MATLAB Command Window fest verankert ist oder mit anderen Abbildungen ein gemeinsames Window bildet. Zwischen den einzelnen Abbildungen kann dann mittels Kartenreiter gewechselt werden. Die Voreinstellung „normal" erzeugt ein eigenständiges Window, ohne andere MATLAB-Anwendungen zu blockieren.

- XDisplay: Bildschirm-Identifier (nur UNIX). Legt den Ausgabebildschirm fest. Insbesondere interessant, wenn von einem Rechner auf einen anderen, auf dem MATLAB läuft, zugegriffen wird. Beispiel: Der Computer heißt Alcor:
  `>> set(gcf,'XDisplay','Alcor:0.0').`
  Ob „Alcor:0" oder „0.0" kann von der verwendeten Shell abhängen.

17.1.4 Grundlegende Operationen

`close` schließt das aktuelle und `close(h)` das Figure mit dem Handle „h"; `close all` schließt alle und `close all hidden` alle einschließlich derer mit versteckten Handles. `close all force` schließt alle Abbildungen unabhängig von deren `CloseRequestFcn`-Eigenschaft. (Dies kann die letzte Rettung sein, bei einem Fehler in der CloseRequest Callback Funktion.) Mit `status = close(...)` erhält man eine Information über Erfolg (1) oder Misserfolg (0).

`clf` steht für **cl**ear current **f**igure window und löscht alle grafischen Objekte, deren Handle nicht versteckt ist. Unabhängig davon löscht `clf('reset')` alle grafischen Objekte, `clf(fh,...)` wirkt nur auf das Figure-Objekt mit Handle „fh" und `fh = clf(...)` liefert das entsprechende Figure Handle zurück.

`refresh` wiederholt den Bildaufbau und `refresh(h)` den der Abbildung mit Figure Handle „h". `shg` bringt das aktive Figure Window in den Vordergrund.

17.1.5 Der OpenGL-Renderer

Per Voreinstellung wird OpenGL als grafischer Renderer ausgewählt. `>> opengl info` gibt Informationen zur verwendeten Version und Vendor von OpenGL. Dieselben In-

formationen liefert s = opengl('data'), aber speichert sie in der Struktur „s". Unter
Windows-Betriebssystemen wählt opengl software eine Software Version von OpenGL
aus. Sofern unterstützt nutzt opengl hardware eine Hardware-beschleunigte Version
von OpenGL, die mittels opengl hardwarebasic einige Features ausschließt, die sich
bei einigen Grafiktreibern als instabil erwiesen haben. Mit opengl('save',wunsch),
mit „wunsch" die oben erwähnten Einstellmöglichkeiten, wird die gewählte Auswahl als
Voreinstellung für die zukünftige Nutzung gespeichert.

17.2   Achsen- und TiledChartLayout-Objekte

17.2.1   Achsen-Objekte

Befehlsübersicht. axes, uiaxes, geoaxes, polaraxes, cla, gca, ishold

axes, uiaxes (grafische User-Interfaces), geoaxes und polaraxes sind Low-Level-Be-
fehle, die ein Achsen-, Geoachsen- oder Polarachsen-Objekt erstellen. Bei Aufruf von
High-Level-Grafikbefehlen wie plot wird automatisch ein Achsen-Objekt erzeugt und
falls nicht vorhanden ein Figure-Objekt als „Parent" des Achsen-Objekts. axes(h) aktiviert die Achse mit dem Handle „h" und h = axes(...), ···, liefert das Achsen-Handle
zurück. Eigenschaften können paarweise beispielsweise mit axes('eigen', wert,...)
übergeben werden, besser mittels h.eigen = wert oder auch interaktiv mit Hilfe des
Property Inspectors. Die folgende Liste gibt einen kurzen Überblick über ausgewählte Eigenschaften. Voreinstellungen stehen in geschweifter Klammer. Eine vollständige
Liste mit kurzen Erläuterungen (axeseigen.m) kann mittels >> web axeseigen.html
aus dem zugehörigen Verzeichnis mit den Beispielen aufgerufen werden. Eine Übersicht
findet sich in Tab. (17.3). Auf Eigenschaften, die bereits unter dem Figure-Objekt,
Kap. 17.1.3 hinreichend erläutert wurden, wird nicht erneut eingegangen.

- ActivePositionProperty: Seit R2020a PositionContraint
- ALim: [amin, amax]; zweielementiger Vektor, der festlegt, wie die AlphaData-
  Werte, die die Transparenz bestimmen (s. Kap. 15.3.5), auf Surface-, Patch- und
  Image-Objekte abgebildet werden. Auf „amin" wird der erste Alpha-Wert und auf
  „amax" der letzte abgebildet. Zwischenwerte werden linear interpoliert, kleinere
  und größere Werte werden fest auf den ersten bzw. letzten Wert abgebildet.
  ALimMode: [{auto} | manual] für „auto" werden die ALim-Werte so gewählt,
  dass der gesamte Alpha-Datenraum umfasst wird, bei „manual" werden die vorgegebenen ALim-Werte genutzt.
- Alphamap: s. Figure-Eigenschaften S. (395)
- AlphaScale: [{linear} | log] Skalierung der Transparenzabbildung.
- AmbientLightColor: Gleichförmige Hintergrundbeleuchtung aller Objekte der Achse. Die Farbfestlegung erfolgt via Kurzform (z. Bsp. „r"), Langform („red") oder
  mittels expliziter RGB-Werte oder hexadezimalem Farbkode. Voreinstellung ist [1
  1 1]. Entfällt bei PolarAxes und GeoAxes.
- Basemap (GeographicAxes): Kartengruppe aus der die zu plottende Karte ausgewählt wird (s. geoaxes).

Tabelle 17.3: *Eigenschaften der Achsen-, Polarachsen- und Geoachsen-Objekte.*

KENNZEICHEN	EIGENSCHAFTEN
Schrift	FontName, -Weight, -Size, -SizeMode, -Angle, -Smoothing -Units, LabelFontSizeMultiplier, Title···, Subtitle···
Ticks	(X Y Z R Theta)Tick, -TickMode, -TickLabel, -Mode, -Rotation, TickLabelInterpreter, (X···Theta)MinorTick TickDir, -DirMode, TickLength, -LabelFormat ThetaZeroLocation
Achsenkontrolle	(X Y Z R Theta)Lim (X Y Z R Theta)LimMode, (X Y Z R Theta Latitude Longitude)Axis, ThetaAxisUnits (X Y R)AxisLocation, (X Y Z)Scale, RAxisLocationMode, (X Y Z R Theta Axis)Color, -Mode, (X Y Z R Theta)Dir
Gitter	(X Y Z R Theta)Grid, Grid, GridLineStyle, GridColor, -ColorMode, -Alpha, -AlphaMode, Layer, (X Y Z R Theta)MinorGrid, MinorGridLineStyle, -Color, -ColorMode, -Alpha, -AlphaMode
Beschriftungen	Title, Subtitle, TitleHorizontalAlignment, XLabel, ···, LatitudeLabel, LongitudeLabel, Legend
Mehrere Plots	ColorOrder, -Index, LineStyleOrder, -Index, NextSeriesIndex, NextPlot, SortMethod
Farbe, Transparenz	Colormap, -Scale, Alphamap, -Scale, CLim, -Mode, ALim, -Mode
Box Eigenschaften	Color, BackgroundColor, LineWidth, Box, -Style, Clipping, -Style, AmbientLightColor
Position	Outer-, InnerPosition, Position, -Constraint, TightInset, DataAspectRatio, -Mode, PlotBoxAspectRatio, -Mode, Units, Layout
Ansicht	View, Projection, Camera···
Interaktivität	Toolbar, Interactions, Visible, CurrentPoint, ContextMenu, Selected, SelectionHighlight
Allgemeine Callbacks	ButtonDownFcn, CreateFcn, DeleteFcn
Ausführung	Interruptible, Busyaction, HitTest, PickableParts, BeingDeleted
Parent-Child	Parent, Children, HandleVisibility
Kennung/Daten	Type, Tag, UserData
Karten	Basemap, Latitude-, LongitudeLimits, MapCenter, -Mode, ZoomLevel, -Mode, Scalebar

- Box: [on | {off}] legt fest, ob ein Kasten um die Achsen gelegt wird. Boxstyle: [{back} | full] betrifft nur 3D-Abbildungen; Kastenberandung nur im Hintergrund (back) oder komplette 3D-Box (full).

- Children: Handle-Vektor der Child-Objekte, vgl. Abb. (17.1).

- CLim: [cmin, cmax]; zweielementiger Vektor, der festlegt wie die CData-Werte der Surface- und Patch-Objekte auf die Colormap der Figure abgebildet werden. Das Verhalten ist ähnlich dem von ALim.
  CLimMode: [{auto} | manual]; bei „auto" wird „cmin" das Minimum und „cmax" das Maximum von CData zugeordnet, sonst werden die Werte von CLim gewählt.

- Clipping: [{on} | off]; hat keinen direkten Effekt auf Achsen. 'on' alle Children-Objekte unterliegen ihren eigenen Clipping-Einstellungen, 'off' Clipping ist ausgeschaltet. Clipping entscheidet, ob ein Objekt an den Grenzen abgeschnitten wird ('on') oder nicht.

- ClippingStyle: [{3dbox} | rectangle]; legt die Grenzen fest, an denen abgeschnitten wird. 3dbox: Kasten bestimmt durch die Achsen, rectangle: Rechteck um den sichtbaren Bereich.

- Color: Bestimmt die Hintergrundfarbe der Plotbox. Als Wert kann einer der vordefinierten Begriffe wie „b" oder „blue" oder ein RGB-Vektor oder hexadezimaler Farbkode übergeben werden; Voreinstellung: [1 1 1].

- ColorOrder: m×3-RGB-Matrix; wird von `plot` und `plot3` genutzt, um die Farben aufeinanderfolgender Linien festzulegen; vgl. Beispiel unter LineStyleOrder. (Ab Release 2019b kann die ColorOrder auch nachträglich verändert werden.)
  ColorOrderIndex: {1}, positive ganze Zahl; legt fest welche Farbe als nächstes in „ColorOrder" genutzt werden soll.

- Colormap: m×3-RGB-Matrix, alternativ zur Funktion `colormap`.
  Colorscale: [{linear} | log] Skalierung der Farbabbildung.

- DataAspectRatio: [sx sy sz]; relative Skalierung der Daten. MATLAB optimiert die Ausnutzung des Plotbereichs durch geeignete Längenskalierung der Achsen. Dies kann aber geometrische Formen deformiert erscheinen lassen. (Vgl. auch `axis`). Beispiel:

```
phi = linspace(0,2*pi);
x = sin(phi); y = 1.2*cos(phi);
plot(x,y)                    % DataAspectRatio: [1 1.5000 1]
ah = gca;
ah.DataAspectRatio = [1 1 1];
```

  DataAspectRatioMode: [{auto} | manual]; legt fest, ob DataAspectRatio Benutzer-definiert ist oder nicht. Wird die Eigenschaft „DataAspectRatio" gesetzt, wird der Mode automatisch auf „manual" gesetzt. PolarAxes und GeoAxes haben keine DataAspectRatio Eigenschaft.

- FontAngle: [{normal} | italic]; legt die Neigung der Achsenbeschriftungen fest.
  FontName: Bestimmt die ausgewählte Schrift. (Eine Übersicht erhält man mit `uisetfont` s. S. (450).) Beispiel:

```
x = linspace(0,2*pi);
plot(x,sin(x)), axis tight
```

```
ylabel('Sinus'), xlabel('x-Werte')
ah = gca;
ah.FontAngle = 'italic'
ah.FontName = 'Bandal'
```

FontSize: Schriftgröße in FontUnits.

FontSizeMode: [{auto} | manual]; bei „auto" wird die Fontgröße bei einer Änderung der Achsen gegebenenfalls angepasst.

FontSmoothing: [{on} | off], sorgt dafür, dass der Text glatter erscheint.

FontUnits: [inches | centimeters | normalized | {points} | pixels]; legt die Einheit für FontSize fest. Für UIAxes ist „pixels" der Default.

FontWeight: [{normal} | bold]; legt die Schriftstärke fest.

- GridAlpha: Zahl zwischen $0 \cdots 1$ {0.15}; legt die Gitter-Transparenz fest.
  GridAlphaMode: [{auto} | manual], Auswahl für „GridAlpha".
  GridColor: { [0.1500 0.1500 0.1500] } RGB-Werte oder Farbstring; legt Gitterfarbe fest.
  GridColorMode: [{auto} | manual], Auswahl für „GridColor".
  GridLineStyle: [{−}| − −| : | − .| none]; Linientyp der Gitterlinien.

- HitTest: [{on} | off] legt fest, ob der ButtonDownFcn Callback des aktuellen Achsensystems bei Mausklick ausgelöst wird. Bei „off" wird gegebenenfalls die ButtonDownFcn des nächsten Parent-Objekts verwendet. Beispiel:

```
% 1. Callback Funktion            % 2. Callback Funktion
function hittest1fcn(s,~)         function hittest2fcn(s,~)

% Uncover HitTest                 % Uncover HitTest
% plot circle % ButtonDownFcn     % ButtonDown --> Figure
phi = linspace(0,2*pi);          phi = linspace(0,2*pi);
x = sin(phi);                     x = sin(phi);
y = cos(phi);                     y = cos(phi);
figure, plot(x,y)                 fhc = figure, plot(x,y)
                                  fhc.Color = 'r';


%%%%%%%%%%%  Figure und Axes mit Callback erstellen
fh = figure; ah = axes;
fh.ButtonDownFcn = @hittest2fcn;          % Rot
ah.ButtonDownFcn = @hittest1fcn;          % nur Kreis
     % auf Plotbereich mit Maus klicken
     --> Callback Achsen-Objekt wird ausgefuehrt
ah.HitTest = 'off';
     % auf Plotbereich mit Maus klicken
     --> Callback Figure-Objekt wird ausgefuehrt
```

(Vgl. auch PickableParts)

- InnerPosition: Für UIAxes-Objekte der Bereich, der den Plot, Achsenbeschriftung und Titel umfasst. Der Defaultwert ist [31.75 29.73 369.24 272.27] mit [x0 y0 breite höhe] und (x0,y0) linke untere Ecke. Für alle anderen Achsenobjekte is die InnerPosition dasselbe wie Position.

- Interactions: Festlegung von Interaktionen durch eine Array von Interaktions-objekte. Beispiel: `ah.Interactions = [regionZoomInteraction]` (ah Achsen-Handle) erlaubt direkt auf die Abbildung zu gehen und ein Zoomrechteck mit der Maus zu ziehen. Unterstützt werden

panInteraction:	Verschieben der Abbildung durch Ziehen.
rulerPanInteraction:	Verschieben einer Achse durch Ziehen.
zoomInteraction	Direktes Zoomen mit der Maus.
regionZoomInteraction:	s. Beispiel oben.
rotateInteraction:	Rotieren der Abbildung mit der Maus.
dataTipInteraction:	Anzeigen der Daten mittels Maus.

  Mit ah.Interactions werden die Interaktionsobjekte des Achsen-Objekts gelistet. Klicken auf eines der Objekte öffnet eine direkte Hilfe und zeigt die zusätzlichen erlaubten Argumente auf.

- Latitude-Eigenschaften wie LatitudeAxis siehe (X Y Z ...)Axis

- LatitudeLinmits: Breitengradgrenzen einer Karte mit dem Bereich $[-9090]$ ([süd-liche nördliche]Breite). Änderung der Grenzen mittels `geolimits`.

- Layer: [top | {bottom}]; entscheidet, ob Gitterlinien und Ticks über oder un-ter (verdeckt) den Achsen-Children-Objekten geplottet werden. (Wird nicht von GeographicAxes unterstützt.) Beispiel:

```
phi = linspace(0,2*pi);              % Beispieldaten
y = 1.2*cos(phi);
area(phi,y,'DisplayName','y'), shg   % area-plot
axis tight, shg
ah = gca;
grid, ah.GridAlpha = 0.75; shg       % Gitterlinien verdeckt
ah.Layer = 'top'; shg                % Default ist bottom
```

- Legend: Mit dem Achsen-Objekt verknüpftes Legend-Objekt.

- LineStyleOrder: [{-} | − −| : | − .| none]; legt bei mehreren Linienplots die zu benutzenden Interpolationslinien zwischen Datenpunkten und ihre Reihenfolge fest. Die vier unterstützten Typen können in beliebiger Reihenfolge beliebig oft auftreten und mit Datenmarkern kombiniert werden und auch in eine Zellvariable eingebettet werden. Die vorgegebene LineStyleOrder wird gegebenenfalls durch High-Level-Befehle überschrieben. Soll dies vermieden werden, so kann die Root-Eigenschaft „DefaultAxesLineStyleOrder", z. Bsp. `set(groot,'DefaultAxesLi-neStyleOrder','-*',':','o')`, genutzt werden. (Ab Release 2019b kann die LineStyleOrder auch nachträglich verändert werden.)

Beispiel: Für Reports oder Veröffentlichungen sollen häufig farbige Abbildungen vermieden werden. Dies kann automatisiert werden. Als Beispiel betrachten wir die Bessel-Funktion $J_\nu(x)$.

```
x = linspace(2,10);      % Plotdaten
y1 = besselj(0,x);       y2 = besselj(pi,x);
y3 = besselj(2*pi,x);    y4 = besselj(3*pi,x);
figure, ha = gca;        % Axes-Handle
plot(x,y1,x,y2,x,y3,x,y4) % plot ueberschreibt
                         % Color- und LineStyleOrder
ha.ColorOrder = [0 0 0]; % schwarze Linien
ha.LineStyleOrder = {'-'; '--'; ':'; '-.'}; % Plot-Linien
ha.LineWidth = 1;    % Liniendicke
ha.FontSize = 12;    % Fontgroesse
xlabel('x');  ylabel('J_\nu(x)'); axis tight
title('Bessel-Funktion J_\nu(x)');
legend('\nu = 0', '\nu = \pi', '\nu = 2\pi', '\nu = 3\pi')
```

Das Ergebnis zeigt Abb. (17.2).
LineStyleOrderIndex: {1}, positive ganze Zahl; legt fest welcher Eintrag als nächstes in „LineStyleOrder" genutzt werden soll. Bei 1 wird der erste Eintrag in „LineStyleOrder" genutzt.

- LineWidth: {0.5}; Dicke der Linie in Points.

- Longitude-Eigenschaften wie LongitudeAxis siehe (X Y Z ...)Axis

- LongitudeLimits: Längengradgrenzen einer Karte in der Form [westliche östliche] Grenze. Änderungen sollten mittels der MATLAB-Funktion `geolimit` durchgeführt werden.

- MapCenter (GeographicAxes): Zweikomponentiger Vektor der den Mittelpunkt der Karte in Breiten- und Längengrade angibt.
  MapCenterMode (GeographicAxes): [{auto} | manual] Benutzer oder MATLAB definierte Auswahl des Kartenmittelpunkt.

- MinorGridAlpha: Zahl zwischen 0 ⋯ 1 {0.25}; legt die Transparenz für die feinmaschigen Gitterlinien fest.
  MinorGridAlphaMode: [{auto} | manual], Auswahl für „MinorGridAlpha".
  MinorGridColor: { [0.1000 0.1000 0.1000] } RGB-Werte oder Farbstring; legt Gitterfarbe fest.
  MinorGridColorMode: [{auto} | manual], Auswahl für „MinorGridColor".
  MinorGridLineStyle: [−| − −| {:} | − .| none]; Linientyp der engmaschigen Gitterlinien. (Wird nicht von GeographicAxes unterstützt.)

- NextPlot: | replaceall | add | {replace} | replacechildren]; wie unter Figure, Kap. 17.1.3, nur dass das betrachtete Objekt jetzt die Achse an Stelle des Figure-Objekts ist. Für UIAxes ist „replacechildren" der Default. Bei „replace" wird der vorhandene Plot gelöscht und mit Ausnahme der Position und der Einheiten alle Achseneigenschaften auf ihre Defaulteinstellung gesetzt; bei „replacechildren" wird nur der vorhandene Plot gelöscht.

- OuterPosition: {[0 0 1 1]}; 4-elementiger Vektor, der das Rechteck bestimmt, das die äußeren Achsengrenzen einschließlich Beschriftungen und Ränder festlegt. Die ersten beiden Werte bestimmen die Position der linken unteren Ecke, die beiden nächsten Breite und Höhe in „normalized Units". Es sind negative Werte oder

Werte größer eins erlaubt. Beschriftungen liegen dann unter Umständen teilweise außerhalb des Figure Windows und werden abgeschnitten. Für UIAxes ist Outer-Position identisch zu Position.

- Parent: Handle Objekt des Parent Objekts (Figure, Panel Objekt, Tab Objekt, TiledChartLayout Objekt oder GridLayout Objekt), vgl. Kap. 17.1.3.

- PickableParts: [{visible} | all | none]; Fähigkeit Mausklicks zu registrieren. Mausklicks werden erfasst wenn bei „visible" die Visibility-Eigenschaft gleich 'on' ist, bei „all" werden sie stets erfasst.

- PlotBoxAspectRatio: [px py pz]; legt die relative Skalierung der Plotbox in die drei Raumrichtungen fest. Entfällt bei PolarAxes und GeoAxes.
  PlotBoxAspectRatioMode: [{auto} | manual]; Benutzer- oder MATLAB-kontrolliertes Skalierungsverhalten. Wird die Eigenschaft PlotBoxAspectRatio gesetzt, wird der Mode automatisch auf „manual" gesetzt.

- Position: [x0 y0 breite höhe]; vierelementiger Vektor, der die Achsenbox im Figure Window positioniert. Die ersten beiden Werte bestimmen die linke unter Ecke, die nächsten beiden Breite und Höhe.

- PositionContraint: [innerposition | {outerposition}] (Seit R2020a zuvor ActivePositionProperty) legt fest, ob die innere oder äußere Position bei Größenänderungen der Abbildung erhalten bleibt.

- Projection: [{orthographic} | perspective]; Projektionstyp dreidimensionaler Abbildungen. Entfällt bei PolarAxes und GeographicAxes.

- R-Eigenschaften wie RAxis etc. s. (X Y Z R Theta)Axis

- Scalebar (GeographicAxes): Scalebar-Objekt; Entfernungsmaßstab der Karte.

- Subtitle: Text-Objekt Handle für den Untertitel, vgl. Title.
  SubtitleFontWeight: [{normal} | bold]; legt die Schriftstärke des Untertitels fest.

- Tag: String, s. Kap. 17.1.3

- Theta-Eigenschaften wie ThetaAxis etc. s. (X Y Z R Theta)Axis

- ThetaZeroLocation (PolarAxes): [{right} | top | left | bottom] Position der Nulllinie.

- TickDir: [{in} | out | both]; Richtung der Achsenskalierungsstriche. Für 2-D ist die Voreinstellung „in", für 3-D „out".
  TickDirMode: [{auto} | manual]; Benutzer-definierte Richtung oder von MATLAB vorgegebene Richtung der Achsenskalierungsstriche.

- TickLabelFormat (Geographic Axes): [{dms} | dd | dm | -dd | -dm | -dms] d steht für Degrees (Grad), m für decimal minutes (Minuten) und s für decimal seconds (Sekunden). Zusätzlich wird noch die Himmelsrichtung hinzugefügt oder alternativ ein Vorzeichen (− für Süden und Westen).

- TickLabelInterpreter: [{tex} | latex | none]; Interpreter für die Achsenbeschriftung. (Wird nicht von GeographicAxes unterstützt.)

- TickLength: 2-elementiger Vektor. Das erste Element gibt die Länge der Achsenskalierungsstriche für 2-D-, das zweite für 3-D-Darstellungen an. Die Einheiten sind relativ zur längsten Achse.

- Title: Handle des Text-Objekts. Dieses Handle kann beispielsweise dazu genutzt werden, um einen bestehenden Titel zu verändern.
  Z. Bsp. Farbe setzen: `set(get(gca,'Title'),'Color','r')`
  oder Titel löschen: `set(get(gca,'Title'),'String',[])`
  TitleFontSizeMultiplier: positive Zahl {1.1000}; Skalierungsfaktor für die Fontgröße des Titels.
  TitleFontWeight: [{bold} | normal] legt für den Titel normal oder Fettdruck fest.
  TitleHorizontalAlignment: [{center} | left | right] Positionierung von Titel und Untertitel bezüglich der Plot-Box.

- Toolbar: Handle-Object der Achsen-Toolbar, die sich an der oberen rechten Ecke der Plotbox befindet und mit `h.Toolbar.Visible = off` (h Achsen-Handle) entfernt werden kann.

- Type: (Read only) Legt den Typ fest und ist hier „axes", „polaraxes" oder „geoaxes".

- Units: [inches | centimeters | {normalized} | points | pixels | characters]; legt die Einheit für die Position-Eigenschaften fest. Für UIAxes ist die Voreinstellung „pixels".

- UserData: Mit dem Achsen-Objekt verknüpfte Daten, vgl. Kap. 17.1.3

- View: Festlegung des Blickwinkels [Azimutalwinkel, Elevationswinkel] {[0, 90]} für Axes- und UIAxes-Objekte (vgl. `view` S. (349)).

- Visible: [{on} | off] legt die Sichtbarkeit der Achse fest. Insbesondere bei Image-Objekten kann es nützlich sein, das Achsenobjekt auf unsichtbar zu stellen. Der Hintergrund hat dann die Farbe des Figure Windows (Voreinstellung [0.8 0.8 0.8]).

- (X Y Z R Theta Latitude Longitude)Axis; Objekt, das die Achsenerscheinung und ihr Verhalten steuert. Beispiel: `ah = gca; ah.XAxis.Color = 'r';` `ah.XAxis.TickLength = [0.01, 0.05];` ([2d, 3d]-plot).

- XAxisLocation: [top | {bottom} | origin], YAxisLocation: [{left} | right | origin]; RAxisLocation [{80}] legt die Position der X-, Y-Achse bzw. R-Achse (Winkel) fest. Damit entscheidet sich, wo die Skalierungsstriche mit Werten stehen. Bei „origin" gehen die Achsenlinien durch den Koordinatenursprung.
  (X Y R)AxisLocationMode [{auto} | manual].

- (X Y Z R Theta)Color: Legt die Farbe der jeweiligen Achsenlinie, Skalierungsstriche und Beschriftung fest. Es können sowohl die vordefinierten Bezeichner für Farben als auch RGB-Werte und hexadezimaler Farbwert übergeben werden. Die Voreinstellung ist [0.15 0.15 0.15].
  (X Y Z R Theta)ColorMode: [{auto} | manual]; Benutzer-definierte Farbe oder von MATLAB vorgegeben.

- (X Y Z R Theta)Dir: [{normal} | reverse] und für ThetaDir [{counterclockwise} | clockwise]; Orientierung der Achse. „normal" ist von links nach rechts bzw. unten nach oben bzw. vorne nach hinten. „reverse" kehrt die Richtung um.

- (X Y Z R Theta)Grid: [on | {off}]: Ist einer der Werte „on", werden Gitterlinien senkrecht zur zugehörigen Achse gezeichnet. Die Defaulteinstellung für (R, Theta) ist „on".

- (X Y Z Latitude Longitude)Label: Handle des Text-Objekts zu den jeweiligen Achsenbezeichnern. (Vgl. Beispiele unter „Title".)

- (X Y Z R Theta)Lim: [min max]; zweikomponentiger Vektor, der die jeweiligen Achsengrenzen bestimmt. Für ThetaLim ist die Voreinstellung [0, 360]
(X Y Z R Theta)LimMode: [{auto} | manual]; legt fest, ob von MATLAB die durch die Daten vorgegebenen Grenzen oder Benutzer-definierte Grenzen gewählt werden.

- (X Y Z R Theta)MinorGrid: [on | {off}]; Ein- oder Ausschalten der feinen Gitterlinien.

- (X Y Z R Theta)MinorTick: [on | {off}]; Ein- oder Ausschalten zusätzlicher feinerer Skalierungsstriche an den Achsenlinien.

- XScale, YScale, ZScale: [{linear} | log]; Wahl einer linearen oder logarithmischen Achsenskalierung.

- (X Y Z R Theta)Tick: Datenvektor zur Positionierung der Skalierungsstriche.
(X Y Z R Theta)TickLabel: Zellvariable aus Character-Arrays, die die Bezeichner an den Skalierungsstrichen festlegen. Beispiel:

```
x=0:0.01:2*pi; y=sin(x);
plot(x,y), ah = gca;
ah.XTick =      [0    pi/2    pi    3*pi/2    2*pi];
ah.XTickLabel = {'0';'\pi/2'; '\pi'; '3\pi/2'; '2\pi'};
```

Wenn Ticklabels gesetzt werden, dann sollten stets die zugehörigen Ticks ebenfalls gesetzt werden, da sonst nach Zoomen unter Umständen Skalierungsstriche und Bezeichner nicht mehr zueinander passen.
(X Y Z R Theta)TickLabelMode: [{auto} | manual]; legt fest, ob die Bezeichner an den Skalierungsstrichen Benutzer-definiert sind oder nicht.

- (X Y Z R)TickLabelRotation: {0} Winkel für die Beschriftung der Skalierungsstriche.

- (X Y Z R Theta)TickMode: [auto | manual]; legt fest, ob die Skalierungsstriche benutzerabhängig oder durch MATLAB gesetzt werden. TickLabelMode und TickMode sollten stets entweder beide auf „auto" oder beide auf „manual" gesetzt werden, sonst passen bei Größenänderungen der Abbildung – wie sie auch beim Drucken auftritt – Skalierungsstrich und Bezeichner unter Umständen nicht mehr zusammen. Ein Beispiel zeigt Abb. (17.3).

- ZoomLevel (GeographicAxes): (Skalar) Vergrößerungsstufe der Karte in logarithmischen Einheiten zur Basis 2 mit Werten zwischen $0 \cdots 25$; d.h. eine Erhöhung des Wertes um 1 führt zu einer Verdoppelung des Kartenmaßstabs.
ZoomLevelMode: [auto | manual]; legt fest, ob die Vergrößerungsstufe benutzerabhängig oder von MATLAB bestimmt wird.

h = gca liefert das Handle des aktuellen Achsenobjekts, allerdings nicht für Uiaxes-Objekte. gca steht für get current axes. cla löscht von der aktuellen Achse alle Objekte, deren Handle nicht versteckt (not hidden) ist, und cla reset alle Objekte. hold

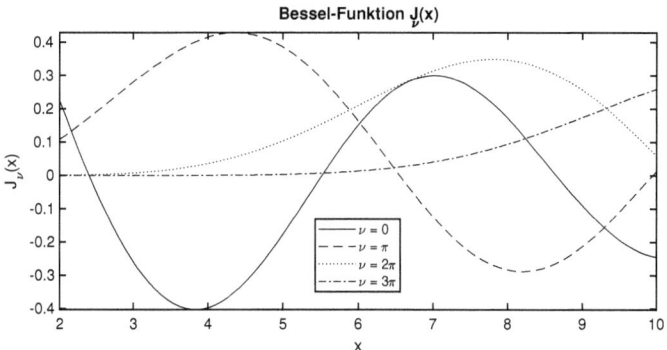

Abbildung 17.2: *Die Eigenschaften ColorOrder und LineStyleOrder wurden hier gesetzt nachdem der Plot ausgeführt worden ist. Andernfalls wäre diese Eigenschaft von* `plot` *wieder überschrieben worden.*

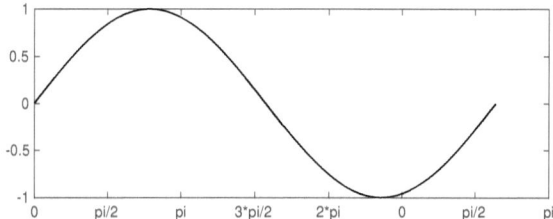

Abbildung 17.3: *Hier wurden nur die XTicklabels mit* `set(gca,'XTickLabel',...` *'0';'pi/2';'pi';'3*pi/2';'2*pi')* *gesetzt, aber XTickMode auf „auto" belassen. Bezeichner und Skalierungsstrich sind nicht mehr in Übereinstimmung. Da nicht genügend Bezeichner vorhanden sind, werden sie wiederholt.*

entscheidet, ob neue Objekte zu einer Achse hinzugefügt oder bereits bestehende überschrieben werden. Mit `k = ishold` lässt sich die Einstellung testen. Ist „k=1", werden neue Objekte hinzugefügt. Dies entspricht der Einstellung `hold on`.

Sollte das Uiaxes-Handle nicht bekannt sein kann es über Uifigure (Handle hf) ermittelt werden: `ha=findobj(hf,'Type','Axes')`.

17.2.2 TiledChartLayout Objekte

Befehlsübersicht: nexttile, tiledlayout

TiledChartLayout Objekte stellen eine Plattform zur Beherbergung mehrerer Achsenssysteme bereit und ergänzen damit den Befehl `subplot`, s. Kap. (14.2.3). TiledChartLayout Objekte wurden mit dem Rel. R2019b eingeführt. (Dies sollte man im Rahmen von Kooperationen berücksichtigen und gegebenenfalls auf `subplot` zurückgreifen, falls der Partner nicht über ein hinreichend aktuelles MATLAB-Release verfügt.) Das Erstellen komplexer Achsenstrukturen ist mit `tiledlayout` einfacher als mit `subplot`, s. S. 342.

Der Befehl `tiledlayout` erstellt ein TiledChartLayout-Objekt und `nexttile` Achsen in den jeweiligen Teilbereichen. Bevor wir auf Anwendungen eingehen hier eine Übersicht der Eigenschaften von TiledChartLayout Objekten. Die überwiegende Mehrzahl wurde bereits unter den Figure oder Axes Objekteigenschaften besprochen und werden im folgenden nur aufgelistet. Für die Eigenschaften BeingDeleted, BusyAction, Children, ContextMenu, CreateFcn, DeleteFcn, HandleVisibility, Interruptible, Tag, UserData und Visible s. Kap. 17.1.3. Die folgenden Eigenschaften entsprechen den von Axes-Objekten: InnerPosition mit Defaultwert [0.1300 0.1100 0.7750 0.8150], OuterPosition {[0 0 1 1]}, parent, Position {[0.1300 0.1100 0.7750 0.8150]}, PositionConstraint {outerposition}, Subtitle, Title, Toolbar, Units {normalized}, XLabel und Ylabel. Verbleiben noch

- GridSize: [m n], Gitterstruktur mit m Zeilen und n Spalten. „GridSize" kann nur dann verändert werden, wenn das TiledChartLayout leer ist. Die einzelnen Teilfenster werden wie bei `subplot` zeilenweise durch `nexttile` aufgerufen.

- Layout: [{empty ...} | TiledChartLayoutOptions Objekt | GridLayoutOptions Objekt]; dient dem Erstellen verschachtelter Strukturen. (Grid layouts werden bei grafischen Benutzerflächen genutzt.) Beispiel:

```
htl1 = tiledlayout(2,3);    % Gitterstruktur: 2 Zeilen 3 Spalten
%%
htl2 = tiledlayout(htl1,2,1);  % Unterstruktur: 2 Zeilen 1 Spalte
htl2.Layout.Tile = 1;        % Start im 1. Fenster
htl2.Layout.TileSpan = [2,2]  % ueber zwei Spalten
nexttile, nexttile            % Hauptstruktur
nexttile(htl2), nexttile(htl2) % Unterstruktur
```

Das Ergebnis zeigt Abb. (17.4).

- Padding: [{normal} | compact | none] bestimmt den Platz zwischen der Berandung der Figure und dem äußeren Rand des gesamten Layouts. Bei „compact" wird der Abstand geringer gewählt und bei „none" endet die Beschriftung am Rand der Abbildung.

- TileArrangement: [fixed | flow] mit `tiledlayout('flow')` wird keine starre Fensterstruktur angelegt sondern bei jedem Aufruf von `nexttile` ein weiteres Teilfenster hinzugefügt. Die Anzahl der Zeilen und Spalten wird dabei so gewählt, dass die Achsenlängen sich in etwa wie 4 : 3 verhalten.

- TileSpacing: [{normal} | compact | none] bestimmt den Platz zwischen den Teilfenster.

- Type: (read only) ist stets tiledlayout.

Mit h = `tilelayout(m,n)` wird ein TiledChartLayout Objekt mit dem Handle „h" erstellt. Eigenschaften können entweder via `h.name = wert` oder über ein Namen-Werte Paar h = `tilelayout(m,n,name,wert)` übergeben werden.

Mit `ha` = `nexttile` wird im aktuellen Teilfenster ein Achsenobjekt mit Handle „ha" erstellt. Mit `ha` = `nexttile(htl)` wird auf das TiledChartLayout Objekt mit dem Handle

„htl" zugegriffen (vgl. Beispiel oben zu Layout). Mit `nexttile(bereich)` und „bereich"
einem [z,s]-Vektor werden die nächsten freien z Zeilen und s Spalten zu einem Plotbereich zusammen gefasst. Mit `nexttile(wtf)` wird das Teilfenster mit der Nummer
„wtf" ausgewählt. Zusätzlich erlaubt `nexttile('east')` die Übergabe einer Himmelsrichtung für ein zusätzliches Plotfenster. Parentobjekt dieses Plotfensters ist ebenso das
TiledChartLayout Objekt. Beispiel:

```
htl4 = tiledlayout(2,3)
nexttile, nexttile, nexttile, nexttile % Erstellen der ersten 4 Fenster
nexttile([1,2])    % die naechsten beiden werden zusammengefasst
nexttile('east')   % ein zusaetzliches Fenster im Osten
```

Abb. (17.5) zeigt das Ergebnis.

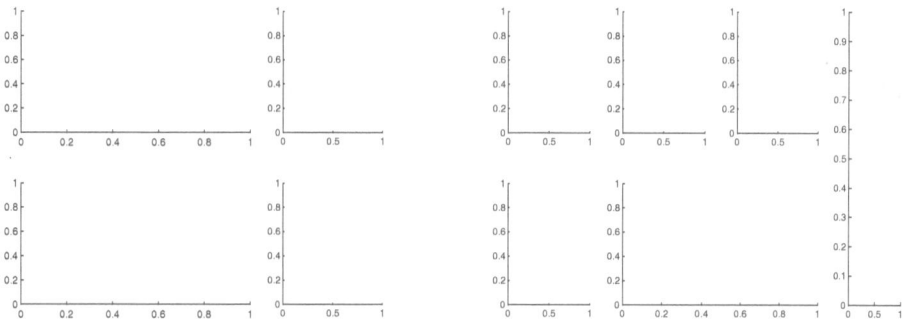

Abbildung 17.4: *Beispiel eines verschachtel-* **Abbildung 17.5:** *Zusammenfassen und Er-*
ten Layouts, s.o.. *stellen von Teilfenster mittels* `nexttile`.

Wo sind TiledChartLayout Objekte in der hierarchischen Struktur grafischer Objekte
angesiedelt?

Dazu betrachten wir als Beispiel die logistische Abbildung

$$x_{n+1} = a \cdot x_n \cdot (1 - x_n) \,. \tag{17.1}$$

Abb. (17.6) zeigt als Beispiel das Bifurkationsdiagramm der logistischen Abbildung,
sowie den Effekt der endlichen Maschinengenauigkeit bei Vertauschen der Multiplikati-
onsreihenfolge. (Denselben Effekt würde man auch beispielsweise mit FORTRAN oder
C sehen und ist unabhängig von der gewählten Programmiersprache). Die Berechnung
der Daten findet sich im MATLAB-Skript `genau.m`. Die Visualisierung basiert auf

```
figure('Position', [680 325 410 655]);
tiledlayout(5,1);
nexttile([3,1]);        % Bifurkationsdiagramm
plot(a,x(175:end,:),'pk','Markersize',0.8);
title('Logistische Abbildung');
xlabel('a')
```

```
nexttile([2,1]); % endliche Genauigkeit
semilogy(abs(y(:,1)-y(:,2)),'k'); hold on
semilogy(eps(y(:,1)),'k--');
ylabel('\Delta'), xlabel('n')
title('Effekt endlicher Maschinengenauigkeit');
legend('abs(y1 - y2)', 'eps','Location','northwest');
```

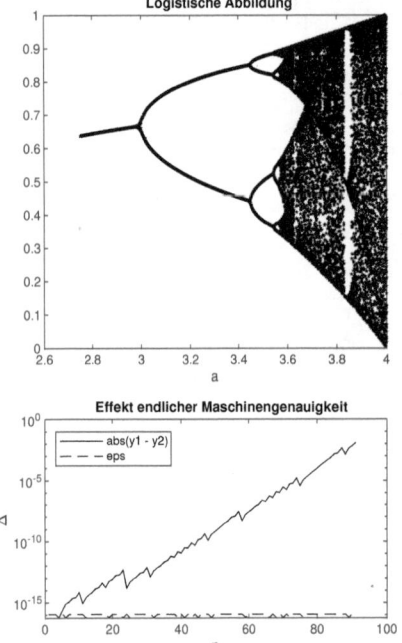

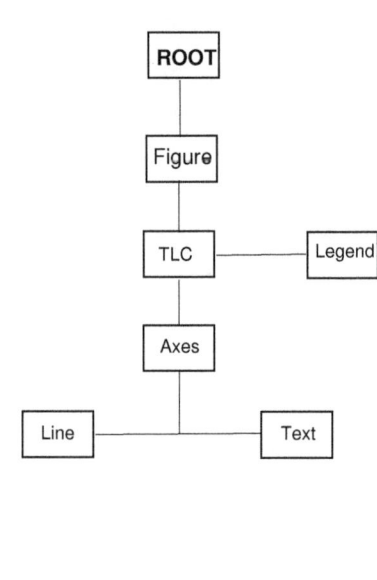

Abbildung 17.6: *Oben: das Bifurkations-diagramm der logistischen Abbildung. Horizontal ist der Parameter a aufgetragen, vertikal die Häufungspunkte der Folge x_n. Für $a = 3.7$ liegt ein chaotisches Verhalten vor, das kleine Berechnungsfehler verstärkt. Unten: die Differenz der Folge $y_1 - y_2$ für $a = 3.7$, wobei die beiden Folgen sich nur durch die Reihenfolge der Multiplikation unterscheiden. Bei exakter Rechnung wäre $y_1 = y_2$.*

Abbildung 17.7: *Hierarchische Struktur der grafischen Objekte der Abbildung links. TLC steht für das Tiled Chart; Legend ist ein Illustration-Objekt, Line und Text gehören zu den Primitive und Chart Objekten.*

Abb. (17.7) zeigt die zugehörige Objekt-Hierarchie. Parent Objekt des TiledChartLayout Objekts ist die Figure, Children Objekte sind die Achsen-Objekte und die Legende (Illustration Objekt.)

17.3 Ausgewählte Grafische Objekte

17.3.1 Befehlsübersicht

Textobjekte text s. Kap. (14.2.12)

Linienobjekte Chart Line (plot), Primitive Line (line), Stair, Stem, Errorbar, Quiver, Scatter Series

Animated Line Objekte animatedline, addpoints, clearpoints, getpoints

Rechteckobjekte rectangle

Patchobjekte patch

Flächenobjekte Primitive Surface (surface), Chart Surface (surf), Bubble Chart, Area, Contour, Bar Series

Bildobjekte image

Illustration Objekte colorbar, legend, bubblelegend

Annotation-Objekte annotation

Beleuchtungsobjekte light

Group Objekte hggroup, hgtransform

Linkeigenschaften brush, linkaxes, linkdata, linkprop

Tabelle (17.4) liefert eine Übersicht ausgewählter grafischen Objekte. Viele Eigenschaften überlappen sich dabei, es ist also nicht notwendig, alle Objekte zu besprechen. Eine vollständige Liste findet sich in der MATLAB-Dokumentation unter
`web(fullfile(docroot, 'matlab/graphics-object-properties.html'))`.

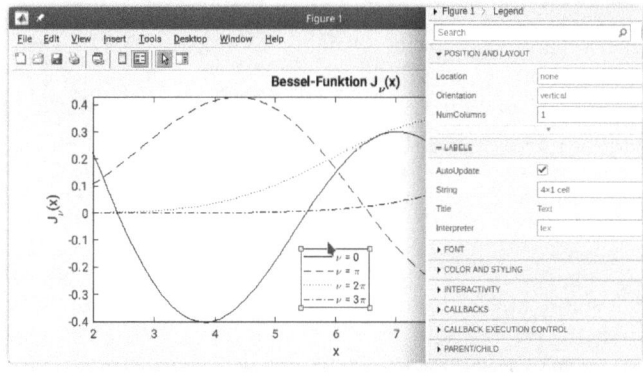

Abbildung 17.8: *Der PropertyInspector kann mit der rechten Maustaste geöffnet werden und liefert einen raschen Überblick über die Eigenschaften und Voreinstellungen des grafischen Objekts.*

Tabelle 17.4: Übersicht weiterer ausgewählter grafischen Objekte.

CHART OBJEKTE	PRIMITIVE OBJEKTE	ANNOTATION OBJECTS
Area	Animated Line	Annotation Arrow
Bar Series	Image	Annotation Double Arrow
Box Chart	Light	Annotation Ellipse
Bubble Chart	Patch	Annotation Line
Chart Line	Polygon	Annotation Rectangle
Chart Surface	Primitive Line	Annotation Text Arrow
Contour	Primitive Surface	Annotation Text Box
Errorbar Series	Rectangle	
Quiver Series	Text	GROUP OBJECTS
Scatter Series	ILLUSTRATION OBJECTS	Group
Stair Series	Colorbar	Transform
Stem Series	Legend	
	BubbleLegend	

17.3.2   Linienobjekte

`hl = line(x,y,z)` plottet die durch die Vektoren „x", „y" und im 3-D-Fall „z" festgelegten Punkte, beziehungsweise bei Polarkoordinaten die Radius- und Winkelwerte. Bei Polarkoordinaten ist das Parent Object ein Polar Axes Objekt, sonst sind es Axes oder Group und Transform Objekte. „hl" ist das zugehörige (primitive) Line Objekt Handle. Mit `hl.Eig = wert` oder `line(...,'Eig',wert,...)` lassen sich die Eigenschaften setzen. Die Mehrzahl der von `line` unterstützten Eigenschaften haben dieselben Voreinstellungen wie bereits in Tabelle (14.2) oder Kap. 17.1.3 und 17.2.1 diskutiert. Zusätzliche erwähnenswerte Eigenschaften sind

AlignVertexCenters: [{off} | on], erzeugt scharfe vertikale und horizontale Ränder und
LineJoin: Bestimmt die Form der Ecken und kann die Werte 'round' (Default, runde Ecken), 'miter' (spitze Ecken) oder 'chamfer' (kantige Ecken) annehmen

`line` unterscheidet sich von `plot` dadurch, dass bei einem weiteren Aufruf der Linienplot hinzugefügt wird, ohne die vorherige Linie zu löschen oder zu berücksichtigen.

Der Befehl `hp = plot(...)` erzeugt ein Chart Line Objekt. Im Unterschied zu primitive Line-Objekts nutzt das Chart Line Objekt Indices der Y-Werte für die x-Achse wenn keine Werte übergeben werden. Die entsprechende Eigenschaft ist „XDataMode" mit den Werten [{auto} | manual]. Eine weitere nützliche Eigenschaft ist XDataSource, ein String mit dem Variablennamen zu XData, bzw. YDataSource etc. Zusammen mit `refreshdata` erlaubt diese Eigenschaft ein update des Plots basierend auf dem übergebenen Datennamen, s. Bsp. S. 430.

Berührt der Mauszeiger einen Linienplot werden die zugehörigen Daten angezeigt. `hDT = hp.DataTipTemplate` erstellt eine DataTipTemplate Objekt Handle mit dem Eigenschaften wie die Größe der Schrift, Winkel und Schriftart veränder werden können. Beispielsweise setzt `hp.DataTipTemplate.FontSize = 12` die Schriftgröße auf 12 herauf.

Chart Line Objekte werden auch durch `loglog`, `semilogx`, `semilogy`, `plot3`, `polarplot`, `compass`, `feather`, `streamline` und `streamparticles` genutzt und unterstützen dieselben Eigenschaften wie `plot`.

`h = stairs(...)` erzeugt ein Stair Series Objekt, das bis auf „AlignVertexCenters", „ZData" und „ZDataSource" dieselben Eigenschaften unterstützt wie Chart Line Objekte.

`h = stem(...)` erzeugt ein Stem Series Objekt, das im Wesentlichen dieselben Eigenschaften wie `plot` unterstützt. Unterschiede sind: „AlignVertexCenters" wird nicht unterstützt, zusätzlich werden die Eigenschaften „BaseLine", „Basevalue" und „ShowBaseLine" unterstützt. `h.BaseLine` liefert ein Baseline-Objekt zurück, das die Eigenschaften der horizontalen Grundlinie, auf der die vertikalen Linien stehen, aufzeigt. „Basevalue" ist eine Zahl, die die Höhe dieser Grundlinie bestimmt. „ShowBaseLine" kann die Werte „on" und „off" haben und legt die Sichtbarkeit dieser Grundlinie fest.

`h = errorbar(...)` erzeugt ein Errorbar Series Objekt, das im Wesentlichen dieselben Eigenschaften wie `plot` unterstützt. Unterschiede sind: „ZData" und „ZDataSource" werden nicht unterstützt. Es treten jedoch Eigenschaften hinzu, die die Länge der Fehlerbalken festlegen: „XNegativeDelta", „XPositiveDelta", „YNegativeDelta" und „YPositiveDelta" bestimmen die horizontale und vertikale Länge der Fehlerbalken. „XNegativeDeltaSource", $\cdots$, „YPositiveDeltaSource" ordnet einen Variablennamen den korrespondierenden Fehlerbalken zu und erlaubt ähnlich `plot` ein update des Errorbar-Plots basierend auf dem übergebenen Datennamen.

`h = quiver(...)` und `h = quiver3(...)` sind Quiver Series Objekte. Alle Eigenschaften von `plot` werden unterstützt. Zusätzlich treten noch Eigenschaften, die den Plot-Pfeilen geschuldet sind auf: „ShowArrowHead" kann die Werte 'on' und 'off' haben und legt fest, ob die Pfeilspitzen sichtbar sind oder nicht. „MaxHeadSize" ist ein Skalar, der die Größe der Pfeilspitze bestimmt; Voreinstellung ist 0.2. „AutoScale" kann die Werte 'on' und 'off' haben und legt fest, ob die Länge der Pfeile automatisch skaliert werden soll; „AutoScaleFactor" ist der zugehörige skalare Skalierungsfaktor mit der Voreinstellung 0.9. Die Länge der Pfeile wird durch die Arrays „UData" (x-Richtung), „VData" (y-Richtung) und „WData" (z-Richtung, `quiver3`) festgelegt „UDataSource", „VDataSource" und „WDataSource" enthält die Namen der zugehörigen Variablen, so dass `refreshdata` ein Update erlaubt.

`h = scatter(...)` und `h = scatter3(...)` sind Scatter Series Objekte, die im Wesentlichen dieselben Eigenschaften wie `plot` unterstützen. Nicht unterstützt werden „AlignVertexCenters", „Color", „LineJoin, -Style" und „MarkerSize". Hinzu kommen Eigenschaften, die die Datenpunkte betreffen: „CData" legt die Farbe der Datenpunkte fest und kann sowohl ein RGB-Triplet, eine Farbmatrix, die die Farbe für jeden einzelnen Datenpunkt festlegt oder ein Vektor derselben Größe wie der X-Datenvektor sein. In diesem Fall wird mittels linearer Interpolation die aktuelle Farbe festgelegt; „CDataSource" legt den Namen der zugehörigen Variablen fest. „MarkerEdgeAlpha" und „MarkerFaceAlpha" sind Skalare zwischen 0 und 1, die die Transparenz der Flächen bzw. Berandungslinien bestimmen. „SizeData" ist ein Skalar oder ein Vektor, der die Größe der Datenkreise festlegt (Default 36) und „SizeDataSource" trägt den zugehörigen Variablennamen. „XJitter", „YJitter" und „ZJitter" bestimmt den Abstand der Punkte in x-, y- und z-Richtung. Die möglichen Werte sind [{none} | density | rand | randn]. Für rand und randn sind die Abstände gleich bzw. normal verteilt, für density basieren die Abstände auf einer Abschätzung der Kernel-Dichte in y-Richtung für 2d und in z-Richtung für 3d Scatter-Plots. Der maximale Offset zwischen den Punkten wird durch den Wert (positiver Skalar) zu „XJitterWidth", $\cdots$, „ZJitterWidth" bestimmt.

h = `swarmchart(...)` und h = `swarmchart3(...)` sind Scatter Series Objekte mit einem Jitter-Offset (Default density).

Mit h = `bubblechart(x,y,s)`, h = `bubblechart3(...)` und h = `polarbubblechart` wird ein Bubble-Chart Diagramm erstellt. „x,y" ist die Position der kreisförmigen Markierungen und „s" eine Vektor derselben Länge wie die Koordinatenvektoren, der die Größe der einzelnen Blasen bestimmt. Als weitere Eigenschaften kommen „SizeData" (Vektor oder Skalar), das die Größe der Blasen bestimmt sowie „SizeDataSource" hinzu, das „SizeData" mit einer Variablen verknüpft.

17.3.3   Animated Line Objekte

Linienanimationen dienen vor allem der aktualisierten Visualisierung eines Datenstroms. Mit h = `animatedline` wird ein Animated Line Series Objekt „h" erstellt, das dann durch einen Datenstrom bevölkert wird. Das prinzipielle Vorgehen zeigt das folgende Beispiel:

```
h = animatedline;                    % Objekt erstellen
axis([-1.05, 1.05, -1.05, 1.05]), shg % Achsen festlegen
t = linspace(-1,1,1000);             % Beispieldaten erstellen
x = sin(8*2*pi*t);
y = cos(5*2*pi*t);
for k = 1:length(x)                  % Visualisierung
    addpoints(h,x(k),y(k));
    drawnow
end
```

Der allgemeine Aufruf ist h = `animatedline(x,y,z,'Eig',Wert)`. Eigenschaften und ihre Werte können auch über `h.Eig = Wert` übergeben werden. Es werden die Mehrzahl der Eigenschaften von `plot` unterstützt. Nicht unterstützt werden folgende Eigenschaften: „LineJoin", „X/Y/ZData" und „X/Y/ZDataSource"; hinzu kommt „MaximumNumPoints" ein positive ganze Zahl oder „inf", die die Anzahl der Datenpunkte festlegt, die abgespeichert und dargestellt werden können; Voreinstellung ist 10^6, sowie „DisplayName", das erlaubt eine Legende zu setzen, die erst dann angezeigt wird, wenn der Befehl `legend` aufgerufen wird.

Bevölkert wird das Animated Line Objekt mittels `addpoints(h,x,y,z)`, wobei im zweidimensionalen „z" entfällt. `clearpoints(h)` löscht alle Punkte des Objekts „h" und `[x,y,z] = getpoints(h)` liefert alle Punkte des Animated Line Objekts „h" zurück. Im dreidimensionalen entfällt wieder „z".

17.3.4   Rechteckobjekte

Rectangle-Objekte sind 2-D-Objekte. Mit `hr` = `rectangle` wird ein Quadrat im positiven Quadranten mit linker unterer Ecke im Koordinatenursprung und Kantenlänge eins geplottet. „hr" ist das zugehörige Object-Handle. `rectangle('Position',[x0,y0,b,h])` positioniert das Rechteck an der Stelle (x0,y0) (linke untere Ecke) mit Breite b und Höhe h. Einheiten sind die Koordinateneinheiten. Mit `rectangle(...,'Curvature',[kx,ky])` lässt sich die Krümmung der Seitenlinien einstellen. „kx" und „ky" liegen zwischen „0" (gerade Linie) und „1" (maximale Krümmung). Beispielsweise führt

```
>> rectangle('Position',[1 1 1 1], 'Curvature',[1 1])
>> axis equal
```

zu einem Kreis und

```
>> rectangle('Position',[-2 1 1 2], 'Curvature',[1 1])
```

zu einer Ellipse. Eigenschaften werden entweder mittels `rectangle(..., 'Eig',wert)` oder via `hr.Eig = wert` übergeben. „Curvature" ist die einzige Eigenschaft die neu hinzukommt. Eine Übersicht erhält man mit `set(hr)` oder dem Property Inspector.

17.3.5 Patch- und Flächenobjekte

Patch, Primitive und Chart Surface Objekte. Zunächst eine Übersicht ausgewählter Eigenschaften von Patch- und Flächenobjekte, die beispielsweise mit den Befehlen `patch`, `surface` und `surf` erzeugt werden und noch nicht besprochen worden sind:

- AlphaDataMapping: [none | direct | {scaled}]; legt das Transparenz-Verfahren fest und wird damit wie „AlphaData" interpretiert. Bei „none" liegen die Werte zwischen 0 und 1; „direct" nutzt die direkten Werte und „scaled" skaliert die Werte so um, dass der durch die Achseneigenschaft „ALim" festgelegte Bereich überdeckt wird.

- AmbientStrength: $0 \cdots 1$; Stärke der indirekten Beleuchtung (ambient light), die die gesamte Szene ausleuchtet.

- BackFaceLighting: [unlit | lit | {reverselit}]; Beleuchtung der Flächen, wenn die Vertex-Normale von der Kamera wegweist. „unlit" keine Beleuchtung, „lit" Standardbeleuchtung und „reverselit", so als ob der Vertex auf die Kamera weisen würde.

- CData sind für Patch-Objekte die Patch- und für Surface-Objekte die Vertexfarben. CData kann sowohl als RGB-Matrix wie auch als True-Color-Matrix übergeben werden.

- CDataMapping: [direct | {scaled}]; legt fest, wie die Farbdaten für Patch-Objekte bzw. Surface-Objekte interpretiert werden. „Scaled" skaliert die Daten entsprechend der Achseneigenschaft „CLim" (vgl. `caxis`), „direct" verwendet die Daten als direkte Indizes in der Farbmatrix.

- DiffuseStrength: $0 \cdots 1$ {0.6}; Intensität der diffusen Beleuchtung.

- EdgeAlpha: [Skalar: {1} | flat | interp], oder {Alpha}; Transparenz der Berandung von Patch- bzw. Flächenobjekten (Surface-Objekten). „Skalar" ist ein Wert zwischen und 0 und 1, der die Transparenz aller Objekte bestimmt. Bei „flat" werden die AlphaDaten (Patch-Objekte: FaceVertexAlphaData, Surface-Objekte: AlphaData) direkt herangezogen, bei „interp" wird linear interpoliert.

- EdgeColor: [{ColorSpec} | none | flat | interp]; Farbe der Berandungslinien. „ColorSpec" ist ein RGB-Vektor oder eine der in MATLAB vordefinierten Farben; „none" bedeutet, es werden keine Berandungslinien gezeichnet. „flat": Die Farbe jedes Vertex kontrolliert die Farbe der darauf folgenden Berandung (Patch) bzw. die CData-Werte des ersten Vertex zu einer Fläche bestimmen die Farbe (Surface). „interp" bezeichnet die lineare Interpolation der CData bzw. FaceVertexData (nur Patch-Objekte).

- EdgeLighting; [{none} | flat | gouraud | phong]; Algorithmus für die Beleuchtung. „none": keine; „flat": gleichförmig, „gouraud": Berechnung an den Vertizes, lineare Interpolation längs der Linien; „phong": Interpolation über Vertex-Normale (meist bessere Effekte, aber sehr viel zeitaufwändiger).

- FaceAlpha: [Skalar {1} | flat | interp]; Transparenz der Patch- oder Surface-Fläche. Ein skalarer Wert $(0 \cdots 1)$ legt die Transparenz aller Objekte einheitlich fest. „Flat", AlphaData (Surface-Objekte) bzw. FaceVertexAlphaData (Patch-Objekte) bestimmen die Transparenz und bei „interp" erfolgt eine bilineare Interpolation.

- FaceColor: [{ColorSpec}| none | flat | interp]; Farbe der Flächen-Objekte (vgl. EdgeColor).

- FaceLighting: [{none} | flat | gouraud | phong]; Algorithmus für die Beleuchtung (vgl. EdgeLighting).

- FaceNormals: Ist ein m×n×3 Normalenvektor bzw. ein Array von Normalenvektoren der einzelnen m×n Flächenelemente für `patch` und ein $(m-1)\times(n-1)\times3$ dimensionaler Normalenvektor für `surface` und `surf`.

- FaceNormalsMode kann die Werte [{auto} | manual] haben. Bei 'auto' werden die Normalenvektoren automatisch berechnet.

- Marker, MarkerEdgeColor, MarkerFaceColor, MarkerSize: Die Marker-Symbole sind mit den Vertizes verknüpft, siehe Tab. (14.2) und (14.1).

- SpecularColorReflectance: $0 \cdots 1$; Farbe des Reflexionslichts. Für 0 hängt die Farbe sowohl von der Lichtquelle als auch dem Reflexionsobjekt ab; für 1 ist die Farbe durch das Beleuchtungsobjekt bestimmt und für Zwischenwerte wird zwischen diesen beiden Fällen interpoliert.

- SpecularExponent: > 1, typisch $5 \cdots 20$. Bestimmt die Größe des Spiegelpunktes bei Lichtreflexion.

- SpecularStrength: $0 \cdots 1$; Intensität des Reflexionslichts.

- VertexNormals: m×n×3 Matrix der Flächen-Normalen.

- VertexNormalsMode kann die Werte [{auto} | manual] haben. Bei 'auto' werden die Normalenvektoren automatisch berechnet.

- XData, YData, ZData: X-, Y- und Z-Daten der Patch-Vertizes bzw. Surface-Punkte.

Patchobjekte. Der Befehl `patch` wurde bereits in Kap. 16.8.2 besprochen. Die allgemeine Syntax lautet h = patch(X,Y,Z,C) bzw. patch(...'Eig', wert...), wobei „X", „Y", „Z" die Vertexkoordinaten und „C" die Farbwerte repräsentieren. „Eig" steht für die zu übergebenden Eigenschaften und „wert" für den zugehörigen Wert und sollten über das Patch-Objekt „h" via h.Eig = wert übergeben werden. Für 2-D-Systeme entfällt die z-Koordinate, für den vollständigen Befehlsumfang s. Kap. 16.8.2. Die meisten Eigenschaften sind gemeinsam mit Surface-Eigenschaften oben aufgelistet. Ein Beispiel für ein Patch-Objekt zeigt Abb. (16.14). Weitere spezifische Patch-Eigenschaften sind:

- Faces: Verknüpfungsmatrix, die festlegt, welche Vertizes miteinander verknüpft sind, vgl. Abb. (16.14).

- FaceVertexCData: legen die Farbe der Patches definiert durch Flächen- und Vertizes fest. Für indizierte Farbe kann FaceVertexCData ein Skalar sein (alle Patches haben dieselbe Farbe) oder ein n-dimensionaler Spaltenvektor mit n gleich der Zahl der Zeilen der „Faces" oder „Vertizes". Im ersten Fall wird eine Farbe pro Fläche, im zweiten pro Vertex festgelegt. Für true-Colors kann FaceVertexCData entweder ein RGB-Vektor sein (nur eine Farbe für alle) oder eine n×3-Matrix, wobei n wieder gleich der Zeilenzahl entweder der Flächen oder der Vertizes ist.

- FaceVertexAlphaData: legt die Transparenz der Vertizes fest. FaceVertexAlphaData kann ein skalarer Wert sein, der die Transparenz aller Objekte festlegt. In diesem Fall muss die FaceAlpha-Eigenschaft „flat" sein. Ist FaceVertexAlphaData ein m-dimensionaler Spaltenvektor, mit m gleich der Zahl der Flächen (gleich Zeilenzahl der Flächenmatrix), dann wird für jede Fläche gesondert die Transparenz festgelegt. Die Eigenschaft FaceAlpha muss hier ebenfalls „flat" sein. Ist m die Zeilenzahl der Vertexmatrix, dann wird die Transparenz für jedes Vertexelement einzeln festgelegt. FaceAlpha muss dann auf „interp" gesetzt sein.

- Vertices: Matrix der Vertexkoordinaten, vgl. Abb. (16.14).

Eine Beispiel zeigt Abb. (17.9), geplottet via

```
x1 = [0 1 1 0]; y1 = [0 0 1 1];  % Vertex-Koordinaten
c1 = [0.8, 0.8, 0.8];            % Farbe
hp1 = patch(x1,y1,c1)            % 1. Patch-Objekt
x2 = [0 0.5 0.75 1 0]; y2 = [0 0.3 0.5  0.75 1];
c2 = [0, 0.8, 0.4];
hp2 = patch(x2,y2,c2)            % 2. Patch-Objekt
x3 = [0.25 0.5 0.5 0]; y3 = [0.25 0.25 0.75 0.75];
c3 = [0.6, 0, 0];
hp3 = patch(x3,y3,c3)            % 3. Patch-Objekt
hp3.FaceAlpha = 0.3;            % Transparenz
hp3.Marker = 'd';              % Marker an den Ecken
hp3.MarkerFaceColor = 'r';      % Marker Flaechenfarbe
```

Flächenobjekte. `surface(Z)` ist eine Low-Level-Funktion zur Erzeugung von Flächen-Objekten und gehört zur Klasse Primitive Surface. Wird nur ein Matrix-Argument („Z") übergeben, so wird „Z" über ein gleichförmiges Gitter basierend auf dem Indexbereich von „Z" geplottet. Mit drei-Matrixargumenten `surface(X,Y,Z)` werden zusätzlich

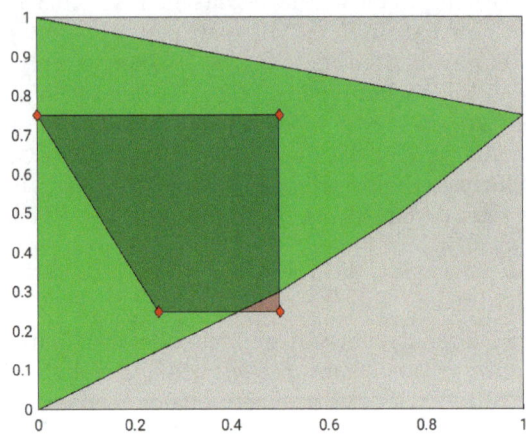

Abbildung 17.9: *Beispiel zum Erstellen von 2d-Patches.*

x- und y-Koordinaten übergeben und mit `surface(...,C)` die Farben die Farbmatrix „C" genutzt. `h = surface(...)` liefert das zugehörige Handle-Objekt zurück und
mit `surface(..., 'eig', wert,...)` bzw. `h.eig = wert` können weitere Eigenschaften übergeben werden. Neben den bereits oben erwähnten Eigenschaften unterstützt
`surface` unter anderem noch:

- AlphaData: [{1} | size(Z)] double, single oder integer Daten. Legt die Transparenz
  jedes Objekts fest.

- CDataMode [{auto} | manual] legt fest, ob die ZData-Werte zum setzen der
  Farben (auto) genutzt werden oder manuell festgelegte Werte.

- MeshStyle: [{both} | row | column]; legt die Kantenstruktur fest.

- XDataMode, YDataMode [auto | manual] legt fest, ob die Indizes der ZData-
  Werte als X- und Y-Daten verwandt werden sollen (auto).

Beispiel. Surface-Objekte können auch genutzt werden, um farbige Linienobjekte zu
erzeugen. Das Ergebnis zeigt Abb. (17.10).

```
x = 0:.02:5*pi;
y = sin(x);              % Sinus
z = zeros(1,length(x)); % z-Variable
% Farbe durch Sinus-Wert bestimmt:
c = y;
surface([x;x],[y;y],[z;z],[c;c],...
'facecolor','none',...
'edgecolor','flat',...
```

```
    'edgelighting','phong',...
'linewidth',3);
```

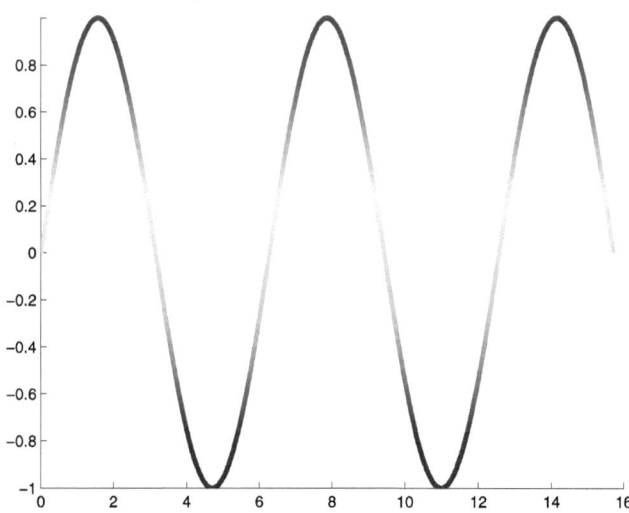

Abbildung 17.10: *Farbiges Sinusband mittels* `surface` *erzeugt.*

`h = surf(...)`,`h = surfc(...)`,`h = mesh(...)`,`h = meshc(...)`,`h = meshz(...)`, `h = ribbon(...)` und `h = streamribbon(...)` führen zu Chart Surface Objekten und `h = bar3(...)`, `h = bar3h(...)` zu Primitive Surface Objekten. Sie unterstützen ebenfalls dieselben Eigenschaften wie oben unter `surface` beschrieben.

Area, Bar Series und Contour Objekte. `h = area(...)` führt zu eine Area Objekt, `h = bar(...)`,`h = barh(...)` zu einem Bar Series, `h = pareto(...)` zu einem Objekt Array bestehend aus einem Bar Series und einem Chart Line Objekt, sowie `[C,h] = contour(...)`, `[C,h] = contour3(...)`, `[C,h] = contourf(...)`, `h = surfc(...)` und `h = meshc(...)` zu einem Contour Objekt oder zu einem Objekt Array mit Contour Objekt. Die Mehrzahl der unterstützten Eigenschaften wurden bereits im Rahmen anderer Objekte diskutiert.

Zusätzliche Eigenschaften der Bar Series und Contour Objekte sind:

Bar (Vgl. Kap. 16.2.2)

- „BarLayout" legt die Darstellungsform fest und kann die Werte 'grouped' (Default) und 'stacked' annehmen (Style).
- „BarWidth" legt die Breite der einzelnen Balken fest (Width).
- „XEndPoints"„YEndPoints" (read only) die x- und y-Koordinaten der Balkenspitzen. Anwendungsbeispiel:

```
>> y = rand(1,5);
>> textdazu = {'Anf';'b';'Mit';'c'; 'End'};
```

```
>> hb = bar(y);
>> text(hb.XEndPoints, hb.YEndPoints+0.05, textdazu)
```

Contour (Vgl. Kap. 16.3.2) [∼, hc] = contour(x,y,z,n) gibt das Contour Object-Handle hc zurück.

- „ContourMatrix" ist die die Höhenlinienmatrix, die dem ersten Rückgabewert entspricht.

- „Fill" entscheidet, ob die Zwischenräume farbig gestaltet sind mit den Werte 'off' (Voreinstellung) und 'on'.

- „LabelSpacing" Skalar, (Voreinstellung 144) Zwischenraum zwischen den Höhenlinienbeschriftungen in Points.

- „LevelList" leer, oder ein Vektor mit den Höhenwerten der einzelnen Konturlinien. „LevelListMode" Voreinstellung ist 'auto'. In diesem Fall werden die Werte basierend auf den ZData-Werten berechnet. Sollen dagegen Werte übergeben werden: 'manual'.
  „LevelStep" Skalar, der die Schrittweite zwischen den Konturlinien festlegt; Voreinstellung ist 0. „LevelStepMode" Voreinstellung ist 'auto'. In diesem Fall werden die Werte basierend auf den ZData-Werten berechnet, sonst 'manual'.

- „LineColor" legt die Farbenwahl für die einzelnen Konturlinien fest. Voreinstellung ist 'flat', d.h. jede Höhenlinien erhält ihre eigene Farbe basierend auf der Colormap. 'none': Es wird keine Linie geplottet; RGB-Triplett oder String mit dem Farbnamen: Einfarbige Konturlinien.

- „ShowText" Entscheidet, ob die Konturlinien beschriftet sein sollen und kann die Werte 'off' (Default) und 'on' haben.
  „TextList" Per Default leer, sonst Vektor reller Werte, der die Beschriftung der Konturlinien festlegt. „TextListMode" Voreinstellung ist 'auto'. In diesem Fall sind die Werte gleich den LevelList-Werten. Sollen dagegen Werte übergeben werden: 'manual'.
  „TextStep" Skalar, der die Schrittweite zwischen den beschrifteten Konturlinien festlegt; Voreinstellung ist 0.
  „TextStepMode" Voreinstellung ist 'auto'. In diesem Fall basierend auf den ZData-Werten, sonst 'manual'.

17.3.6   Bildobjekte

In Kap. 16.6.2 wurde der Befehl `image` zum Erstellen von Images vorgestellt. Auf Eigenschaften lassen sich mittels `h = image(..,'eig',wert,..)` bzw. `h = image(...)` mit `h.eig = wert` zugreifen. Noch nicht diskutierte Eigenschaften sind:

- AlphaData: {1}, Skalar oder Matrix derselben Größe wie CData (double, single oder integer Datentyp). AlphaData bestimmt die Transparenz jedes Elements der

Image-Daten. Bei einem Skalar werden alle Elemente gleich behandelt. Die Art und Weise hängt vom gewählten Verfahren ab, das durch AlphaDataMapping: [{none} | direct | scaled] bestimmt ist, s. vorigen Abschnitt.

- CData: Vektor, Matrix oder $m \times n \times 3$-Array; bestimmt die Farbe jedes Bildpixels. MATLAB bestimmt die Farbe in Abhängigkeit von CDataMapping: [{direct} | scaled]. Bei der Defaulteinstellung „direct" werden die Farbwerte von CData direkt den Bildbereichen zugeordnet, bei „scaled" entsprechend den CLim-Werten skaliert.

- Interpolation [{nearest} | bilinear]; verwendete Interpolationmethode bei Skalierung oder Rotation des Bildes.

- XData und YData sind 2-komponentige Vektoren, die die Position der Elemente von CData(1,1) und CData(m,n) festlegen, wobei CData eine $m \times n$-Matrix ist. Defaultwerte sind XData = [1, size(CData,2)] und YData = [1, size(CData,1)].

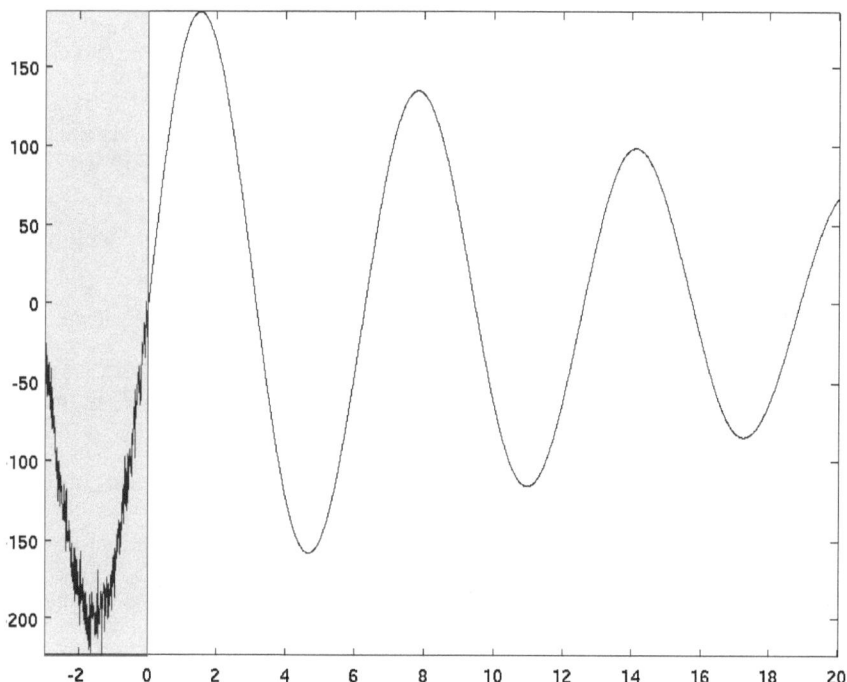

Abbildung 17.11: *Hervorheben des gestörten Einschwingbereichs mittels*
`>> annotation('rectangle',[0.13,0.11,0.775/23*3,0.815],...`
`'FaceAlpha',.2,'FaceColor','red','EdgeColor','red');`

17.3.7   Illustration Objekte

`h = colorbar(...)`, `h = legend(...)` und `h = bubblelegend(...)`gehören zu den

Illustration Objekten. Mittel `h.eig = wert` können Eigenschaften übergeben werden.

`legend` fügt einer Abbildung eine Legende bei. Die Mehrzahl der Eigenschaften sind daher bereits bei den Textobjekten (s. Tabellen (14.5), (14.6)) und anderen grafischen Objekten besprochen worden.

- „AutoUpdate" [{on} | off]; bei Änderung der Anzahl der Plotlinien wird die Legende entsprechend angepasst (on).

- „Box" entscheidet, ob die Legende umrandet ist mit den Werten 'on' (Default) und 'off'.

- „ItemHitFcn" Callback-Funktion, die beim Anklicken der Legende ausgeführt wird.

- „NumColumns" Anzahl der Spalten mit Defaultwert 1. „NumColumnsMode" Auswahlmodus {auto} oder falls manuell gesetzt manuel.

- „Orientation" legt die Anordnung der Einträge in die Legende fest. Voreinstellung ist 'vertical' für einen Stabel orientierten Eintrag, sonst 'horizontal'.

`colorbar` dient dem Errichten eines Farbbalkens und wurde in Abschnitt 15.1.6 besprochen. Farbbalken tragen sowohl Eigenschaften von Textobjekten als auch von Abbildungen. Die Mehrzahl wurden bereits besprochen. Hier einige weitere Eigenschaften:

- „Direction" legt fest, ob die Farbreihenfolge in auf- ('normal' Voreinstellung) oder absteigender ('reverse') Reihenfolge geplottet werden soll.

- „Label" `h.label` liefert ein Textobjekt zurück und besitzt dessen Eigenschaften.

- „Limits" ist ein zweikomponentiger Vektor, der die Grenzwerte des Farbbalkens setzt. „LimitsMode" hat die Werte 'auto' (Default) und 'manual' je nachdem ob die Grenzen automatisch oder manuell gesetzt werden.

- „TickDirection" hat die Werte 'in' (Default) und 'out' und legt fest, ob die Skalierungsstriche in den Farbbalken hinein oder heraus schauen.
  „TickLabels" legt die Beschriftung der Skalierungsstriche fest und ist entweder ein Zellvariable von Strings, ein numerisches Array oder ein String. „TickLabelsMode" hat die Werte 'auto' (Default) und 'manual' je nachdem ob die Beschriftung automatisch oder manuell gesetzt wird.
  „Ticks" legt die Position der Skalierungsstriche fest und ist ein monoton anwachsender Vektor numerischer Werte. „TicksMode" hat die Werte 'auto' (Default) und 'manual' je nachdem ob die Werte automatisch oder manuell gesetzt werden.

`bubblelegend` erstellt eine Legende für ein Bubble-Chart und visualisiert die Größenverhältnisse zwischen Blasendurchmesser und numerischem Wert.

- „BubbleSizeOrder" legt fest, ob die Größe in auf- oder absteigender Reihenfolge dargestellt wird.

- „LimitLabels" ist ein Zell- oder String-Array, das die Zahl der Einträge in die Legende festlegt. Dabei gehört das erste Label zum kleinsten und der letzte Eintrag zum größten kreisförmigen Marker.

- „Style" [{vertical} | horizontal | teleskopic] legt fest, ob die Kreise vertikal, horizontal oder in einander eingebettet angeordnet werden.

17.3.8 Annotation Objekte

Annotation-Objekte sind grafische Objekte, die einer Abbildung hinzugefügt werden. Mit `annotation('was',x,y)`, wird das entsprechende Objekt der Abbildung an der Position x(1), y(1) bis x(2), y(2) hinzugefügt. Dabei ist „was" entweder „line", „arrow", „doublearrow", „textarrow", „textbox", „ellipse" oder „rectangle".

Mit `annotation('was',[x,y,b,h])` („was" „textbox", „ellipse" oder „rectangle") wird das grafische Objekt „was" an der Position x,y (linke untere Ecke) mit der Breite „b" und der Höhe „h" in die Abbildung eingebunden. Mittels `annotation(ch, ...)` kann auch ein Objekt Handle „ch" eines Figure-, Uipanel- oder Uitab-Objekts als Ziel übergeben werde. Via `annotation(...,'eig','wert')` bzw. `ah = annotation(...)` und `ah.eig =wert` werden Eigenschaften und ihre zugehörige Werte dem Annotation-Objekts übergeben. Beispielsweise erzeugt

```
>> annotation('rectangle',[x1,y1,w,h],...
   'FaceAlpha',.2,'FaceColor','red','EdgeColor','red');
```

ein durchscheinendes, rotes Rechteck, das zum Hervorheben eines Teilplots verwendet werden könnte, s. Abb. (17.11).

Die Mehrzahl der Eigenschaften von Annotation Objekten wurden bereits im Rahmen andere grafischer Objekte besprochen. Zur Festlegung der Pfeile werden bei „arrow", „doublearrow" und „textarrow" die folgenden Eigenschaften unterstützt: HeadLength (Head1Length, Head2Length) bestimmt die Pfeillänge in Points (Default 10) und HeadWidth (Head1Width, Head2Width) dessen Breite (Default 10 pts). Die Form des Pfeils wird durch die Eigenschaft HeadStyle (Head1Style, Head2Style) festgelegt, deren Wert ist ein String. Voreinstellung ist 'vback2'. Es werden weitere 14 verschiedene Formen unterstützt: 'plain', 'fourstar', 'ellipse', 'rectangle', 'vback1', 'diamond', 'rose', 'vback3', 'hypocycloid', 'cback1', 'astroid', 'cback2', 'deltoid', 'cback3' und 'none'. Textpfeile und Textbox-Objekte unterstützen noch zusätzlich die Text orientierten Eigenschaften. „FitBoxToText" mit den Werten 'on' (Default) und 'off' dient der automatischen Anpassung der Textboxgröße an den Text.

17.3.9 Beleuchtungsobjekte

`hl = light('eig', wert,...)` erzeugt ein Licht-Objekt mit dem Objekt-Handle „hl". Der Rückgabewert „hl" ist optional. Licht-Objekte können nicht wie beispielsweise Axes-Objekte direkt gesehen werden, wohl aber ihr Effekt. Zusätzliche Eigenschaften (Voreinstellungen {}) sind:

- Color: Lichtfarbe, RGB-Wert, Hexadezimaler Code oder einer der von MATLAB vordefinierten Bezeichner (vgl. `plot`).

- Position: [x,y,z] in Achsen-Einheiten; legt den Ort des Licht-Objekts fest. Für „Style = local" gilt die exakte Position und für „Style=infinite" legt Position die Richtung fest, aus der das parallele Strahlenbündel kommt.

- Style: [{infinite} | local] legt fest, ob das Strahlenbündel parallel, das heißt das Lichtobjekt im Unendlichen, oder divergent (vgl. Position) ist.

17.3.10 Linkeigenschaften

`linkaxes` synchronisiert die verschiedenen Achsengrenzen in 2-D-Subplots oder Tiled-Layout Charts innerhalb einer Figure-Umgebung. Mit `linkaxes(ah)` werden die x- und y-Grenzen der Achsen mit den Handles „ah" synchronisiert. `linkaxes(ah, 'option')` erlaubt die Übergabe von Optionen. Mögliche Werte sind: „x" (wirkt nur auf x-Achsen), „y" (nur auf y-Achsen), „xy" (x- und y-Achsen) und „off" (die Synchronisation der Grenzen wird ausgesetzt).

`hlink = linkprop(ohs, {'eig1','eig2',...})` erlaubt, die Eigenschaften verschiedener grafischer Objekte, deren Handle in „ohs" gelistet ist, miteinander zu verknüpfen. Wird nur eine Eigenschaft „eig" übergeben, kann auf die geschweiften Klammern verzichtet werden. Folgende Methoden dienen dazu entweder die Link-Objekte oder die verknüpften Eigenschaften zu modifiziert.
`addtarget(hlink,ohs)` und `removetarget(hlink,ohs)`, um grafische Objekte dem Target hinzuzufügen oder zu entfernen,
`addprop(hlink,'eig')` und `removeprop(hlink,'eig')`, um Eigenschaften „eig" den Link-Eigenschaften hinzuzufügen oder zu entfernen.

Mit `linkdata` wird der geplottete Linienzug eines 2-D-Plots mit den dazu korrespondierenden Daten verknüpft. Bei Veränderung der Daten wird der Plot entsprechend neu angepasst. `linkdata` ist ein Toggle-Kommando, d.h. beim ersten Aufruf wird die Verknüpfung erstellt, beim zweiten wieder unterbrochen. Alternativ steht `linkdata on` und `linkdata off` zur Verfügung. Mit `linkdata(fh)` wirkt `linkdata` auf die Abbildung mit dem Figure Handle „fh".

Wie `linkdata` ist auch `brush` ein Toggle-Kommando, das die selben Argumente wie `linkdata` unterstützt. Mit `brush` öffnet sich an Stelle des Mauszeigers auf der Abbildung ein Fadenkreuz. Mittels der linken Maustaste lassen sich nun einzelne Punkte oder ein Plotbereich markieren. Die Defaultfarbe ist rot. Alternative Farben lassen sich mit `brush color` wählen. Klickt man mit der rechten Maustaste auf markierte Punkte, so öffnet sich ein Dialogfenster, das beispielsweise das Abspeichern dieser Plotdaten in eine MATLAB-Variable erlaubt.

17.4 Grafische Operationen

17.4.1 Befehlsübersicht

Objekteigenschaften: Setzen und Lesen get, set, reset

Finden von Objekten findobj, findfigs, findall

Informationshilfen allchild, ancestor, listfonts

Handles nutzen gcf, gca, gcbf, gcbo, gco

Objektzugriff copyobj, delete, drawnow, refreshdata

Anwendungsdaten getappdata, isappdata, rmappdata, setappdata

Ergänzende Grafikfunktionen closereq, newplot, ishandle, ishghandle, isgraphics

17.4.2 Setzen und Lesen von Eigenschaften grafischer Objekte

get dient dem Auslesen von Eigenschaften grafischer Objekte. `a=get(h)` liefert alle Eigenschaften des Objekts mit Handle „h" und `a=get(h,'eig')` den Wert der Eigenschaft „eig". „a" ist optional. Werden n Eigenschaften in einem Zell-Array abgefragt, >> `{mxn Zellarray} = get(H,{'eig' n-Zellarray})`, so wird die Antwort für n Objekte in einer m×n-Zellvariablen abgespeichert.

set dient dem Setzen grafischer Eigenschaften und wird exakt gleich wie get aufgerufen. Mit `a = set(h)` erhält man eine Liste aller Eigenschaften des Objekts mit Handle „h" und deren möglichen Werten. Die Defaulteinstellung steht in geschweifter Klammer; `set(h, 'eig', wert)` setzt die Eigenschaft „eig" auf den Wert „wert".

An Stelle von set und get kann seit Rel. 2014b auch direkt das Objekt-Handle „h" mittels `h.eig` genutzt werden. Liegt ein Objekt-Handle Array vor, dann kann allerdings nur auf jedes Element einzeln zugegriffen werden. Beispielsweise führt

```
>> hp = plot(1:10,rand(10));
>> hp.Color = 'r';
```

zu dem Fehler

```
Expected one output from a curly brace or dot
indexing expression, but there were 10 results.
```

dagegen funktioniert >> `set(hp,'Color', 'r')` problemlos.

Eigenschaften auf ihre Defaultwerte zurückzusetzen erlaubt `reset(h)`.

17.4.3   Finden von Objekten

findobj. Insbesondere bei komplexeren grafischen Anwendungen ist `findobj` ein nützlicher Helfer zum Aufspüren grafischer Objekte mit bestimmten Eigenschaften. `h=findobj` liefert das Root Handle sowie die Liste aller Familienmitglieder (anschaulich gesprochen Kinder und Enkel) der Root, s. Abb. (17.1). `h = findobj('Eig',wert,...)` liefert die Objekt-Handles „h" aller grafischen Objekte mit der Eigenschaft „Eig" und Wert „wert". Alternativen sind mittels logischer Operatoren möglich. Sollen alle grafischen Objekte gefunden werden, die zwei bestimmte Eigenschaften haben (and) oder entweder diese oder jene (or), so ist dies mit `h = findobj('Eig',wert,'-logop',` `'Eig',wert,...)` möglich. Als logischer Operator -logop wird -and, -or, -xor und -not unterstützt. Das Finden grafischer Objekte, deren Eigenschaftswert den regulären Ausdruck „regaus" enthält, erlaubt `h = findobj('-regexp','Eig','regaus',...)`. Mit `h = findobj(oh,...)` kann die Suche auf bestimmte Objekte mit Handle „oh" und deren Kinder, Enkel usf. eingeschränkt werden. `h = findobj(oh,'-depth',d,...)` beschränkt die Suche auf eine bestimmte Tiefe „d" und `h = findobj(oh,'flat','Eig',` `wert,...)` auf die Objekte mit Handle „oh".

Beispiel.

```
>> x=0:0.1:2*pi; y1=sin(x); y2=cos(x);
>> hl=plot(x,y1,'r',x,y2,'g')
hl =
  2x1 Line array:
  Line
  Line
>> hlr=findobj(gca,'Type','line','-and','Color','r')
hlr =
  Line with properties:
  Color: [1 0 0]
  ...
```

Im Beispiel werden alle grafischen Line-Objekte mit der Farbe rot gesucht, die Children des aktiven Achsenobjekts (gca) sind.

findfigs, findall. `findfigs` findet alle sichtbaren Fenster, die außerhalb des Bildschirms platziert sind und verschiebt sie in den Bildschirmbereich. `oh = findall(handle_list)` findet alle Objekte, auch solche mit hidden handles wie uifigure, die in der Hierarchie unter den Objekten mit Handle „handle_list" stehen, und liefert deren Handle „oh" zurück. Durch die Übergabe von Eigenschaften „eig" und deren Werte „wert" lässt sich die Suche entsprechend verfeinern, `oh = findall(handle_list,'eig',wert,...)`. Beispiel:

```
>> hg = groot;
>> uifigure;
>> hf = findall(hg,'Type','figure')
hf =
  Figure with properties:
      Number: []
        Name: ''
      ...
```

17.4.4 Informationshilfen

`chand = allchild(hand_list)` liefert die Handles aller Child-Objekte, einschließlich hidden-handles Objekten wie `uiaxes` oder `uifigure` zu den Objekten aus „hand_list".

`c = listfonts` liefert eine Zellvariable „c" mit der Liste der vom Betriebssystem unterstützten Fonts. In vielen Fällen ist allerdings `uisetfont` besser geeignet, s. S. (450).

In `p = ancestor(h,type)` ist „type" eine Zellvariable, die eine Liste zusammengehöriger grafischer Objekte enthält, oder eine String-Variable im Falle eines einzelnen Objekts. `ancestor` liefert das Handle „p" desjenigen Objekts, das dem Objekt mit Handle „h" hierarchisch am nächsten steht. Mit `p = ancestor(h,type,'toplevel')` wird das entsprechend hierarchisch am höchsten stehende Objekt ermittelt. Beispiel:

```
>> p = ancestor(gcf,{'figure','axes','root'})
p =
    Figure (1) with properties:
    ...

>> p = ancestor(gcf,{'figure','axes','root'},'toplevel')
p =
    Graphics Root with properties:
    ...
```

17.4.5 Handles nutzen

`hf = gcf` und `ha = gca` sind Aufrufe, die das aktive Figure- bzw. Achsen-Handle liefern. Callback-Funktionen sind insbesondere im Zusammenhang mit Graphical User Interfaces von Interesse. In vielen Fällen ist es nützlich die damit verknüpften Handles zu ermitteln. `hf = gcbf` liefert das Handle „hf" derjenigen Figure-Umgebung, auf der ein Callback ausgelöst wurde, und `[ho, hf] = gcbo` zusätzlich das Handle des Objekts „ho", das den Callback ausgelöst hat. „hf" ist hier optional. `ho = gco(hf)` ermittelt das Handle „ho" des aktiven Objekts; das Figure Handle „hf" ist optional. Die obigen Funktionen `gc·` greifen nicht auf Uifigure- und Uiaxes Objekte in ihren Standardeinstellungen zu. Gegebenenfalls wird ein neues Figure- oder Axes-Objekt angelegt oder ein leeres „GraphicsPlaceholder array" zurück gegeben.

17.4.6 Auf grafische Objekte zugreifen

`neu_h = copyobj(h,p)` kopiert das grafische Objekt mit Handle „h" in das grafische Objekt mit Handle „p". „p" muss dabei die Rolle des Parent-Objekts übernehmen. Ist beispielsweise „hl" ein Line-Objekt und „p" ein Figure-Objekt, so führt dies zu der Fehlermeldung

```
>> hn = copyobj(hl,p)
Error using copyobj
Line cannot be a child of Figure.
```

Im obigen Beispiel könnte „p" ein Axes-Objekt sein. Mittels `copyobj(...,'legacy')` werden auch die mit grafischen Objekt verknüpften Callbacks und Application-Data kopiert, sonst nicht.

`delete filen` bzw. `delete('filen')` löscht den File mit dem Namen „filen" und `delete(h)` das grafische Objekt mit Handle „h", vgl. auch `clf`, „h" kann auch ein Array von Objekt-Handles sein.

`drawnow` überspringt die vorgegebene Ausführungsreihenfolge und plottet die Grafik sofort. Dies ist insbesondere dann von Nutzen, wenn wir beispielsweise in einer For-Schleife die Entwicklung einer Grafik oder Dynamik eines Vorgangs betrachten wollen. Ohne `drawnow` würden in solchen Fällen die Schleifen abgearbeitet werden und erst das Endergebnis visualisiert.

`drawnow limitrate` beschränkt die Update-Rate auf 20 Frames pro Sekunde und `drawnow nocallbacks` verzögert die Ausführung von Callback-Funktionen auf den nächsten Aufruf. Diese beiden Einschränkungen sind auch kombinierbar. `drawnow update` unterdrückt Updates, um den grafische Renderer nicht zu unterbrechen und verzögert Callbacks um einen Schritt und `drawnow expose` verzögert nur die Callbacks.

`refreshdata` hat zu `drawnow` vergleichbare Aufgaben. Mit `refreshdata` wird nicht nur der Plot ausgeführt, sondern zusätzlich mit neuen Daten upgedatet. MATLAB-Variablen können über die DataSource-Eigenschaft (z. Bsp. „CDataSource", „XData-Source", ···) grafischen Objekten zugeordnet werden. Beispielsweise verknüpft `[c h] = contour(z,'ZDataSource','z')`; die Variable „z" mit den z-Plotwerten. Mit `refreshdata` können diese Werte upgedatet werden. `refreshdata(fh)` greift auf das Figure mit Handle „fh" zu und `refreshdata(oh)` auf das grafische Objekt mit Handle „oh". Mit `refreshdata(oh, 'workspace')` wird festgelegt, aus welchem Speicherbereich die Plotdaten upgedatet werden sollen. Als Möglichkeiten stehen „base" für den Base-Space und „caller" für den Function-Space der Funktion, aus der `refreshdata` heraus aufgerufen wurde, zur Verfügung. Beispiel:

```
>> z = peaks(20);
>> h = surf(z,'ZDataSource','z'); % plot mit peaks(20)
>> z = peaks(80);
>> refreshdata                    % updaten mit peaks(80)
```

17.4.7   Anwendungsdaten

Anwendungsdaten sind insbesondere für Graphical User Interfaces (GUI) von Interesse. Sollen beispielsweise Daten einmal berechnet, aber mehrmals genutzt werden, so können diese Daten innerhalb des GUIs entweder über die Handle-Struktur oder über Application Datas verwaltet werden. `daten = getappdata(h,name)` liefert die dem grafischen Objekt mit Handle „h" unter dem Namen „name" zugeordneten Daten und speichert sie in „daten" ab; „daten" ist vom selben Typ wie „name". Mittels `daten = getappdata(h)` werden alle Daten des Objekts „h" in der Struktur „daten" abgespeichert. Als Feldnamen dient der Name der Applikationsdaten. Mit `setappdata(h,name,wert)` werden die Daten „wert" dem grafischen Objekt mit Handle „h" unter dem Namen „name" zugeordnet. Existiert „h" nicht, so führt dies zu einer Fehlermeldung. `isappdata(h,name)` testet, ob „name" dem Objekt „h" zugeordnete Daten sind. Ist dies wahr, so ist der Rückgabewert 1, sonst 0. Dem Entfernen der Anwendungsdaten „name" innerhalb des grafischen Objekts mit Handle „h" dient `rmappdata(h,name)`.

17.4.8 Ergänzende Grafikfunktionen

`closereq` schließt die aktive Abbildung. Während `figure` eine neue Figure-Umgebung erzeugt, erzeugt `newplot` zusätzlich noch ein Achsenobjekt. Mit `ah = newplot` wird das Achsen-Handle zurückgegeben und `ah = newplot(hsave)` erzeugt Figure und Achse, ohne die durch „hsave" definierten Objekte zu löschen. `newplot` liest aus dem aktuellen Figure zunächst die durch „NextPlot" festgelegten Eigenschaften und richtet sein Verhalten danach (vgl. Kap. 17.1.3).

`ant = ishandle(h)` testet, ob die Einträge von „h" grafische Objekt- oder Java-Handles sind und liefert entweder eine 1 (wahr) oder eine 0 (falsch). `ishghandle(h)` verhält sich wie `ishandle` kann aber nur auf grafische Objekte angewandt werden. `ant = isgraphics(h)` verhält sich wie `ishghandle`, kann aber noch durch „type", `ant = isgraphics(h,type)`, ergänzt werden und liefert nur ein logisches wahr (1) zurück, wenn das grafische Objekt „h" vom Typ „type" ist.

17.5 Hierarchische Grafik-Handles verwalten

17.5.1 Befehlsübersicht

Gruppen Objekte hggroup, hgtransform, makehgtform

Laden und Speichern hgload, openfig, hgsave, savefig

Exportieren hgexport

17.5.2 Gruppen Objekte

Gruppen Objekte stehen in der Hierarchie zwischen den Achsenobjekten und deren Kinder und erlauben die gemeinsame Verwaltung mehrerer Achsen-Kinder. `hg = hggroup` erzeugt ein Group-Objekt, das alle Children eines Achsenobjekts verwalten kann. Betrachten wir das folgende Beispiel:

```
>> hg = hggroup;
>> x=1:0.1:2*pi;y=sin(x);
>> plot(x,y,'Parent',hg), hold on
>> x2 = [0.2; 0.5; 0.8];y2 = [0; 0.8; 0.4];
>> patch(x2,y2,'g','FaceAlpha',0.5,'Parent',hg)
>> hg.Children
ans =
  2x1 graphics array:
  Patch
  Line
```

Mit `hg = hggroup(...,'eig',wert,...)` bzw. `hg.eig = wert` können Eigenschafts-
paare übergeben werden und gelten für alle Mitglieder der Gruppe. Als Parent-Objekt
überstimmt dabei das Gruppen-Objekt gegebenenfalls die gesetzten Eigenschaften der
Kinder. Unterstützt wird: Annotation, BeingDeleted, BusyAction, ButtonDownFcn,
Children, ContextMenu, CreateFcn, DeleteFcn, DisplayName, HandleVisibility, HitTest,
Interruptible, Parent, PickableParts, Selected, SelectionHighlight, Tag, Type, UserData
und Visible, die bereits in Abschnitt 17.2.1 diskutierte wurden.

Betrachten wir die folgende Aufgabe: Wir haben mehrere grafische Objekte, die dasselbe
Achsen-Objekt als Parent-Objekt besitzen und wir wollen auf alle die gleichen Operationen, beispielsweise eine Rotation ausführen. Für solche Aufgaben ist `h = hgtransform`
gedacht. Die einzelnen Objekte werden über ihre gemeinsame Parent-Eigenschaft einer
Gruppe zugeordnet.Beispiel:

```
p(1)=patch([0 1 1 0], [0 0 1 1], 'y');
p(2)=patch([0 1 1 0], [1 1 2 2], 'r');
p(3)=patch([0 1 1 0], [2 2 3 3], 'k');
axis([0 1 0 3])
axis off
t = hgtransform('Parent',gca);    % gca: Aktives Achsenobjekt
set(p,'Parent',t)                 % gemeinsames Parentobjekt
```

```
>> t
t =
  Transform with properties:
    Children: [3x1 Patch]
    ...
      Matrix: [4x4 double]
```

Zusätzlich zu den unter `hggroup` gelisteten Eigenschaften, besitzt `hgtransform` noch die
Eigenschaft „Matrix", deren Veränderung zu Änderungen der räumlichen Darstellung
führt. Unterstützt werden die entsprechenden Matrixoperationen durch `makehgtform`.

`M = makehgtform` erzeugt eine 4×4-Transformationsmatrix zur Translation, Skalierung
und Rotation grafischer Objekte. Mit dem Aufruf `M = makehgtform('eig',wert)` können spezifische Aufgaben ausgeführt werden. „eig,wert" können die folgenden Werte
haben:

- 'translate',[tx,ty,tz]: führt eine Verschiebung entlang der x-Achse um tx, der y-
  Achse um ty und der z-Achse um tz aus.

- 'scale',s: Skalierung mit dem Faktor „s" entlang der z-Achse und für [sx,sy,sz]
  entlang der jeweiligen Achse um den festgelegten Faktor.

- 'xrotate',t; 'yrotate',t; 'zrotate',t: führt eine Rotation um t (in rad) um die jeweilige Achse aus.

- 'axisrotate',[ax,ay,az],t: Rotation um die [ax,ay,az]-Achse (a. = 0 oder 1) mit Winkel t (in rad).

Eine Kombination der obigen Operationen gewinnt man mittels Matrixmultiplikation. Ausgeführt wird die Transformation durch `t.Matrix = M`; Beispiel:

```
M = makehgtform('axisrotate',[0,0,1],-pi/2);
t.Matrix = M; shg                       % nichts mehr zu sehen ?
ha = gca;                               % Achsenobjekt
ha.XLimMode = 'auto';  ha.YLimMode = 'auto'; % wegen axis s.o.
% Mittels axis wurden die Achsengrenzen manuell gesetzt
```

17.5.3 Laden, Speichern, Exportieren

Laden und Speichern. Grafische Objekte werden in Fig-Files binär abgespeichert. Mittels `h = hgload('filename')` lassen sich Fig-Files neu laden. Besser ist es, `h = openfig('filename', eig)` zu verwenden. „filename" ist der Name des Fig-Files, „h" (optional) enthält die Handles und „eig" (optional) kann die folgenden Werte haben: 'new' eine Kopie wird geöffnet, 'reuse' die Abbildung wird nur dann erneut geöffnet wenn sie noch nicht offen ist; 'visible' die Abbildung wird sichtbar und 'invisible' unsichtbar geöffnet. `openfig` erlaubt auch zwei „eig"-Werte.

`hgsave('filename')` speichert das aktuelle Figure in den File „filename" mit der Defaultextension „fig". An seine Stelle ist `savefig('filename')` getreten. Ist „ha" ein Array von Figure-Handles, dann speichert `savefig(ha, 'filename')` die zugehörigen Abbildung unter „filename.fig" und `savefig(ha, 'filename','compact')` in einer binären Form, die nur ab Rel. 2014b geöffnet werden kann.

Exportieren. `hgexport(h, 'filename')` schreibt das Figure mit Handle „h" in die eps-Datei „filename" und `hgexport(h, '-clipboard')` speichert das Figure im Window Clipboard ab.

18 Grafische Benutzeroberflächen

18.1 GUI-Funktionen

Das Erstellen von Grafischen Benutzeroberflächen (Grafical User Interfaces - GUI) wird durch den App Designer unterstützt, der in Kap. 19 vorgestellt wird. Hier wenden wir uns zunächst der manuellen Programmierung zu. Abb. (17.1) zeigt einen Überblick über die grafische Objekthierarchie.

18.1.1 Befehlsübersicht

GUI-Objekte erzeugen uicontrol, uibutton, uipanel, uitable, uibuttongroup, uitab, uitabgroup, uimenu, uicontextmenu

> **UIFigure basierte GUIs** Beispiel: uibutton, uiknob, uilabel

Toolbars erzeugen uipushtool, uitoggletool, uitoolbar

Warten und Fortfahren uiresume, uiwait

Ausführungsreihenfolge uistack

Mauseingabe ginput s. S. 390, dragrect

Textanpassung textwrap

Warten auf Ereignisse waitfor, waitforbuttonpress

Rechtecke reskalieren rbbox

18.1.2 GUI-Objekte erzeugen

uicontrol, uipanel, uitable, uibuttongroup, uitab, uitabgroup, uimenu und uicontextmenu erzeugen Graphical-User-Interface-Objekte (GUI), die sich auf einer Figure-Umgebung ansiedeln lassen und damit auch mit älteren MATLAB-Releases verwenden werden können. Zum Vergleich dazu die Programmierung eines uibutton-Objekts, das eine UIFigure-Umgebung voraussetzt.

Die Mehrzahl der Eigenschaften wurden bereits in Kap. 17.1.3 besprochen, hier werden nur noch ausgewählte Eigenschaften der grafischen Objekte diskutiert.

UIcontrol-Objekte. Beispielsweise erzeugt

```
fh = figure('NumberTitle','off','Name','GUI-Bsp.');
ah = axes('Position',[0.1 0.1 0.65 0.85]);
```

https://doi.org/10.1515/9783110741780-018

```
membrane;
ph = uicontrol(fh,'Style','PushButton',...
               'Units','normalized',...
               'Position',[0.8 0.08 0.18 0.12],...
               'String','ENDE','ToolTipString',...
                   'Schliesst dieses Fenster',...
               'CallBack','close(gcbf)');
```

eine Abbildung, auf der sich das MATLAB-Logo (membrane) und ein Druckknopf (PushButton) befinden, der nach Anklicken mit der Maus das Fenster schließt (vgl. Abb. (18.1)). Beschriftet (String) ist der PushButton mit „ENDE". Bewegt sich die Maus über den Druckknopf, öffnet sich ein kleines Fenster (ToolTipString) mit der Information „Schliesst dieses Fenster". Zusätzlich befindet sich auf dem PushButton noch eine Abbildung. Siehe dazu das Beispiel unter CData in den aufgelisteten Eigenschaften. Die Syntax lautet >> uic_h = uicontrol('Eig',wert,...) zur Erzeugung eines UIcontrol-Objekts der Eigenschaft „Eig" mit dem Wert „wert". Soll zusätzlich noch das Handle des Parent-Objekts „hpa" übergeben werden, lautet der Befehl uic_h = uicontrol(hpa,...). Um einen Druckknopf (PushButton) im aktuellen Bild zu erzeugen, genügt uic_h = uicontrol. uicontrol(uic_h) aktiviert das UIcontrol-Objekt mit dem Handle uic_h.

Dieselbe Aufgabe wie „PushButton" übernimmt in einer UIFigure-Umgebung uibutton:

```
uifh = uifigure('Name','Button-Bsp.');  % uifigure und uiaxes Umgebung
uiah = uiaxes(uifh,'Units','normalized','Position',[0.1 0.1 0.65 0.85]);
Amem = membrane;                        % Surfacedaten fuer surf
surf(uiah,Amem)
uibu = uibutton(uifh,'push', ...
    'Position',[449 34.6000 100.8000 50.4000], ...
    'Text','Ende','Tooltip','Schliesst dieses Fenster',...
    'ButtonPushedFcn', @(uibu,event) close(uifh));
```

„uifh" ist das Objekt-Handle der UIFigure-Umgebung und „push" der Button-Stil. Einheiten sind stets Pixels, daher andere Zahlenwerte zu „Position". „ButtonPushedFcn" weist auf die folgende Callback-Funktion hin, die stets die Argumente „@(handle,event)" haben muss. (Handle ist hier uibu.)

Hier einige ausgewählte Eigenschaften zu UIcontrol-Objekten (Voreinstellungen in geschweifter Klammer):

- Callback: Funktion, die ausgeführt wird, wenn das UIcontrol-Objekt aktiviert wird.

- CData: Truecolor-Bild, das auf dem UIcontrol-Objekt dargestellt wird. Wollen wir im obigen Beispiel den PushButton noch mit einem Bild verzieren (Image), so können wir beispielsweise wie folgt vorgehen:

```
figure,membrane; % soll auf PushButton
F=getframe(gcf); % mxnx3 RGB-Image
```

```
%  Abfragen der Groesse des Pushbuttons in points
set(ph,'units','points')
pos=get(ph,'Position');
%  Skalierung
grf=size(F.cdata);
verh=[grf(1)/pos(3),grf(2)/pos(4)];
skalierung=ceil(max(verh));
%
rows=1:skalierung:grf(1);
X=F.cdata(rows,:,:);
cols=1:skalierung:grf(2);
pbimage=X(:,cols,:);
% Ohne Umskalierung wuerde nur ein Teil
% des Bildes auf dem PushButton erscheinen
set(ph,'Cdata',pbimage)
```

Das Ergebnis zeigt Abb. (18.1). Für `uibutton`-Objekte heißt diese Eigenschaft Icon; `uibu.Icon = pbimage;`.

- Enable: [{on} | inactive | off]; die Defaulteinstellung ist „on". Bei „inactive" ist das UIcontrol-Objekt ohne Funktion und bei „off" zusätzlich noch ausgegraut.

- Extent: vierelementiger Vektor, der das Rechteck für die Beschriftung definiert.

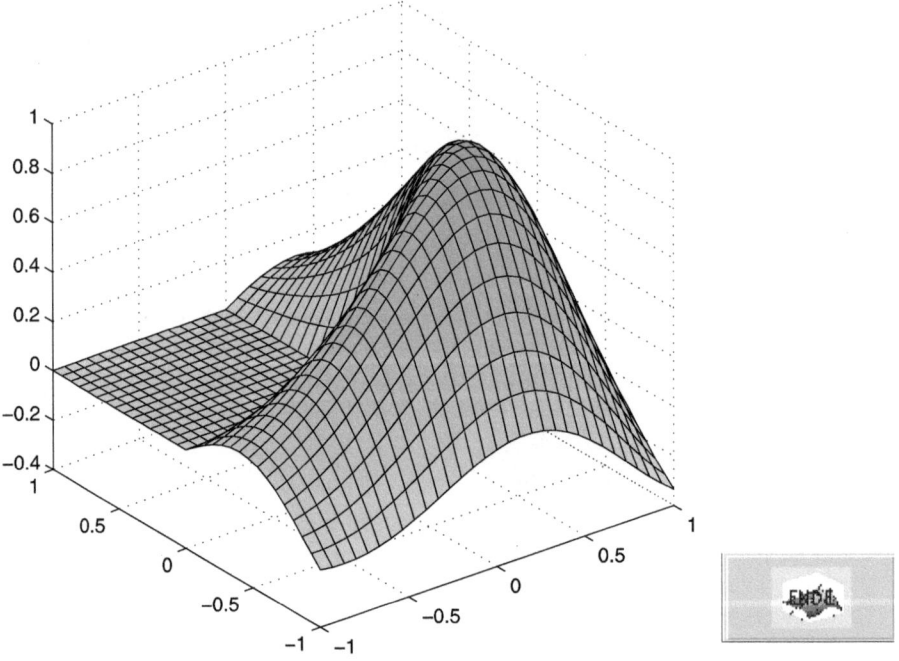

Abbildung 18.1: *Beispiel für ein grafisch gestaltetes GUI, hier PushButton.*

Der Vektor hat stets die Form [0 0 breite höhe].

- HorizontalAlignment: [left | {center} | right]; Ausrichtung der UIcontrol-Beschriftung (String).

- ListboxTop: Kann nur auf Listbox-Objekte angewandt werden. ListboxTop ist ein Skalar, der den Index desjenigen Elements festlegt, welches an oberster Stelle erscheint. Die Voreinstellung ist 1.

- Max und Min sind skalare Werte. Ihre Bedeutung hängt von dem jeweiligen UIcontrol-Objekt ab. Für Check-Boxen, Radio-Buttons und Toggle-Buttons ist Max der Rückgabewert (Value) bei angewähltem Objekt, sonst Min. Für editierbare Textfelder gilt: für $max - min > 1$ werden mehrzeilige Texteingaben akzeptiert, sonst nur einzeilige. List-Boxen akzeptieren mehrfache Auswahl für $max - min > 1$, sonst nur einfache Auswahl. Für Sliders ist Max der maximale ({1}) und Min ({0}) der minimale Wert. Alle anderen UIcontrol-Objekte haben keine Min- oder Max-Eigenschaft.

- SliderStep: 2-elementiger Vektor [min_s max_s], der die relative Schrittweite des Sliders bezogen auf dessen gesamten Wertebereich (Max–Min) angibt. min_s ist die Schrittweite bei Klicken auf die Pfeiltaste, max_s bei Klicken auf den Körper.

- String: Beschriftung des UIcontrol-Objekts für Check-Boxen, editierbare Textfelder, Push-Buttons, Radio-Buttons, statische Textfelder und Toggle-Buttons. Bei editierbaren Textfeldern wird „String" vom Benutzer eingegeben. Für List-Boxen und Pop-Up-Menüs definiert „String" die auswählbaren Elemente.

- Style legt den Typ des UIcontrol-Objekts fest. Mögliche Werte sind:

  − 'pushbutton': Druckknopf, bei Anklicken wird eine durch die Callback-Funktion definierte Aktion ausgeführt.

  − 'togglebutton': Kippschalter (Toggle Button); schaltet zwischen zwei Zuständen.

  − 'radiobutton': Radio-Buttons schalten zwischen zwei Zuständen und treten meist paarweise auf.

  − 'checkbox': Check Box schaltet zwischen zwei Zuständen.

  − 'edit': Editierbares Textfeld; dient der Benutzer-definierten Eingabe von Texten. Die Eigenschaften „Min" und „Max" entscheiden, ob nur einzeilige oder auch mehrzeilige Texte eingegeben werden können.

  − 'text': Static Textfeld; erzeugt einen nicht-editierbaren Text, der über die Eigenschaft „String" verändert werden kann (statisches Textfeld).

  − 'slider': Schieber, mit dem innerhalb eines vorgegebenen Wertebereichs („Min", „Max") Werte ausgewählt („Value") werden können. Die zugehörigen Eigenschaften stehen in Klammern. Ist die Breite größer als die Höhe, so ist der Slider horizontal orientiert, sonst vertikal. Mit der Eigenschaft „SliderStep" wird die Schrittweite festgelegt.

  − 'listbox': List Box, erzeugt eine Liste Benutzer-definierter Zeichenketten. Siehe auch ListboxTop.

  − 'popupmenu': Pop-up-Menü, Nutzer kann aus einer vorgegebenen Liste Werte auswählen.

- TooltipString: Text, der angezeigt wird, wenn der Mauszeiger auf dem entsprechenden Objekt ruht.

- Units: [{pixels} | normalized | inches | centimeters | points | characters]; Einheit der Extent- und Position-Eigenschaft. „Normalized" hat den Vorteil, dass bei Änderungen der Abbildungsgröße Elemente, deren Position und Größe durch normalized Units festgelegt sind, mit umskaliert werden, da ja „normalized" die Bildausdehnung zu eins setzt, während beispielsweise 1 cm unabhängig von der Abbildungsgröße stets 1 cm bleibt.

- Value: Aktueller Wert des UIcontrol-Objekts. Für Check-Boxen, Pop-up-Menüs, Radio Buttons und Toggle Buttons ist „Value" gleich „Max" für den aktiven Zustand, sonst gleich „Min". Für List-Boxen ist „Value" durch den Index der ausgewählten Zeichenkette gegeben und für den Slider durch die Position des Schiebers. Alle anderen UIcontrol-Objekte haben diese Eigenschaft nicht.

GUI-Objekte innerhalb von MATLAB-Funktionen. Werden GUI-Objekte innerhalb von Skripten erzeugt, liegen die Handles im MATLAB Base Space offen. Der Zugriff und die Nutzung der Handles ist kein Problem, allerdings sind sie nicht vor zufälligem Überschreiben geschützt. Dieselben Programmzeilen in einer Funktion führen dagegen bei Ausübung des GUI-Objektes zu einer Fehlermeldung „??? Undefined function or variable ... ??? Error using ==> ...". Die Handles sind nun im Speicherraum der Funktion abgelegt und daher nicht mehr über den Base Space verfügbar. Eine schlechte Lösung ist die Einführung globaler Variablen. Eine Möglichkeit sind „UserData". „UserData" sind Daten, die von einem beliebigen Objekt verwaltet werden. Das folgende Programmbeispiel zeigt das prinzipielle Vorgehen am Beispiel eines UIcontextmenu-Objekts:

```
function plot_prop %(x,y)

x=0:0.1:2*pi;
y=sin(x);
% Festlegung des Menu-Objekts
cmenu = uicontextmenu;
% Dieses Objekt soll mit einer Linie assoziiert sein
hline = plot(x,y, 'UIContextMenu', cmenu);
set(gcf,'UserData',hline);
% Festlegung der Callbacks
cb1 = ['set(get(gcf,''userdata''), ''LineStyle'', ''--'')'];
cb2 = ['set(get(gcf,''userdata''), ''LineStyle'', '':'')'];
cb3 = ['set(get(gcf,''userdata''), ''LineStyle'', ''-'')'];
% Definition der UIContextMenu-Objekte
item1 = uimenu(cmenu, 'Label', 'dashed', 'Callback', cb1);
item2 = uimenu(cmenu, 'Label', 'dotted', 'Callback', cb2);
item3 = uimenu(cmenu, 'Label', 'solid', 'Callback', cb3);
```

Das Handle „hline" wird mittels „UserData" von der aktuellen Abbildung verwaltet. Aus Callback-Funktionen kann mittels set- und get-Befehlen darauf zugegriffen werden. Dies hat zwei Vorteile: Das Handle steht stets zur Verfügung und es kann, da es im

Speicherraum der Abbildung verwaltet wird, nicht zufällig durch eine Doppelbenennung überschrieben oder gelöscht werden.

UIbuttongroup-Objekte. UIbuttongroup-Objekte stellen ein Rahmenfeld (grafischer Container) bereit, das das wechselseitige Verhalten von Radio Buttons und Toggle Buttons steuert. UIbuttongroup-Objekte können sowohl auf UIFigure- als auch auf Figure-Umgebungen siedeln. Sollte beim Aufruf von `uibuttongroup` weder Figure- noch UI-Figure-Objekt existieren wird eine Figure erstellt. Neben diesen beiden Objekten können weitere UIcontrol-Objekte, Achsen, UIpanel- und UIbuttongroup-Objekte enthalten sein. UIbuttongroup überschreibt das Callback-Verhalten der enthaltenen Radio und Toggle Buttons, vgl. SelectionChangedFcn. Die Syntax lautet `uib_h = uibuttongroup('eig1', wert1,'eig2',wert2,...)`, Eigenschaften können auch wieder via `uib_h.eig = wert` gesetzt werden. Ausgewählte Eigenschaften sind (Defaultwerte in geschweiften Klammern):

- BorderType: [none | {etchedin} | etchedout | beveledin | beveledout | line]; legt die grafische Ausgestaltung fest. Für UIFigure wird nur {line} oder none unterstützt. BorderWidth: Skalar, der die Breite bestimmt.

- Clipping: [{on} | off]; Voreinstellung ist, dass die UIbuttongroup-Objekte an den Grenzen des Rahmenfeldes abgeschnitten werden. Die Funktionalität bleibt davon unberührt.

- SelectedObject: Skalares Handle desjenigen Radio- oder Toggle-Button-Objekts, das aktuell ausgewählt wurde. Vorausgewählt ist das historisch zuerst platzierte Objekt.

- SelectionChangedFcn: String oder Function Handle zu der Callback-Routine, die ausgeführt werden soll, wenn das ausgewählte Radio- oder Toggle-Button-Objekt wechselt. Wird die Callback-Routine via Function Handle aufgerufen, dann werden zwei Argumente übergeben. Das erste Argument ist das Handle der UIbuttongroup, das zweite eine Datenstruktur mit den Feldern „EventName" (Inhalt: „SelectionChanged"), „OldValue" (Handle des ursprünglichen Objekts bzw. leeres Array, falls zuvor kein Objekt ausgewählt war) und „NewValue" (Handle des aktuell ausgewählten Objekts) „Source" Komponente, die den Callback ausführt.

- SizeChangedFcn: Callback-Funktion, die ausgeführt wenn das UIbuttongroup-Objekt zum ersten Mal sichtbar wird oder wenn seine Größe sich ändert wenn es sichtbar ist.

- ShadowColor: „Schattenfarbe", RGB-Wert oder einer der vordefinierten Farbbezeichner. Wird nur in einer Figure-Umgebung unterstützt.

- Scrollable: [{off} | on] Fähigkeit zu scrollen. Wird nur in einer UIFigure-Umgebung unterstützt.

- Title: String, der als Titel der Button Group dient und deren Position via TitlePosition gesetzt wird: [{lefttop} | centertop | righttop | leftbottom | centerbottom | rightbottom]. In einer UIFigure-Umgebung werden nur die Top-Positionen unterstützt.

UIpanel-Objekte. UIpanel-Objekte dienen der grafischen Strukturierung von GUIs mittels Feldern und werden via `uip_h = uipanel('eig1',wert1,'eig2',wert2,...)`;

kreiert und können alle anderen UI- und Achsen-Objekte enthalten. UIpanel-Objekte werden sowohl von Figure- als auch UIFigure-Objekten unterstützt.

UItabgroup- und UItab-Objekte tgh = uitabgroup erzeugt zusammen mit th = uitab einen reiterbasierten Rahmen, der mit UI- und Achsen-Objekten bevölkert werden kann. Die Eigenschaft „SelectedTab" enthält das Handle des ausgewählten Reiters und „TabLocation" legt mit den Werten [{top} | bottom | left | right] die Position der Reiter fest. Die einzelnen Reiter werden durch uitab erstellt. Es wird sowohl die Figure- als auch die UIFigure-Umgebung unterstützt.

UItable-Objekte. UItable-Objekte dienen zum Erstellen grafischer und falls gewünscht editierbarer Tabellen-Objekte. Erzeugt werden sie mittels h = uitable('eig',wert, ...) bzw. h = uitable(ph,'eig',wert,...). „ph" ist das Parent Objekt. UItable-Objekte werden sowohl von Figure-Objekten als auch UIFigure-Objekten unterstützt. „eig, wert" sind die unterstützten Eigenschaften. Hier ein Beispiel, das die prinzipielle Vorgehensweise zeigt.

```
% Daten, Spalten- und Zeilenbezeichnungen; Untertitel
unter = 'Relative Brechungszahlen';
Spalten = {'orange','gelb','blau','verfuegbar'};
Zeilen = {'Alkohol', 'Diamant', 'Flintgl.', 'Kalkspat', 'Quarz'};
Daten ={1.352,1.354,1.358,true;
        2.410,2.417,2.435,false;
        1.604,1.609,1.620,false;
        1.655,1.659,1.668,true;
        1.542,1.544,1.550,true};

f = figure('Position',[100 100 450 175]);
% Tabelle
columnformat = {'numeric', 'numeric', 'numeric', 'logical'};
columneditable = [false false false true];
t = uitable('Units','normalized','Position',...
            [0.1 0.1 0.9 0.9], 'Data', Daten,...
            'ColumnName', Spalten,...
            'ColumnFormat', columnformat,...
            'ColumnEditable', columneditable, ...
            'Rowname', Zeilen);

t.BackgroundColor = [0.95 0.95 0.; 0 1 0]; % Farbiges Gestalten
% Erstellen des Untertitels
st = uicontrol(f,'Style','text','Units','normalized',...
                'Position',[0.1 0.1 0.9 0.2],...
                'String',unter);
```

Das Ergebnis zeigt Abb. (18.2). (Das genaue Aussehen kann vom Betriebssystem abhängen.) Ausgewählte Eigenschaften sind:

- CellEditCallback: Führt eine Callback-Funktion aus, wenn ein Tabellenelement geändert wird. Übergeben werden sollte ein Function-Handle bzw. eine Zellvariable mit Function-Handle und weiteren Übergabeparametern. Erlaubt - wenn auch nicht empfohlen - ist es, den Name der Callback-Funktion als String zu übergeben.

- CellSelectionCallback: Führt eine Callback-Funktion aus, wenn ein Tabellenelement ausgewählt wird. (Vgl. CellEditCallback)

- ColumnEditable: Bei n Spalten ein logischer n-komponentiger Vektor, der festlegt ob eine Spalte editierbar (true) ist oder nicht (false).

- ColumnSortable: Bei n Spalten ein logischer n-komponentiger Vektor, der festlegt ob eine Spalte sortierbar ist (true) oder nicht (false) oder ein logischer Skalar, der festlegt dass alles oder nichts sortierbar ist.

- ColumnFormat: Legt das Format der einzelnen Spalten fest. Der zugehörige Wert wird mittels einer Zellvariablen übergeben. Mögliche Werte sind: 'char' (Übergabe einer Stringvariablen, die linksbündig dargestellt wird), 'logical' (eine Checkbox wird ausgegeben, erlaubte Werte sind „true" und „false"), 'numeric' (numerische Werte, die rechtsbündig dargestellt werden), 1×n-Zellvariable (erzeugt ein Pop-Up-Menü mit den Einträgen der Zellvariable als Auswahlmöglichkeiten), Format-String (entsprechend den in MATLAB erlaubten Formatanweisungen, Bsp. 'short' oder 'rat').

- ColumnName: Zellvariable mit den Spaltenüberschriften.

- ColumnWidth: Zellvariable mit den Spaltenbreiten in Pixel.

- Data: Tabelle, Matrix, Stringarray oder Zellarray mit den Tabellenwerten.

- RearrangeableColumn: Erlaubt die Umordnung der Spalten. Mögliche Werte sind „on" und „off" (Voreinstellung).

- RowName: Zellvariable mit den Zeilennamen.

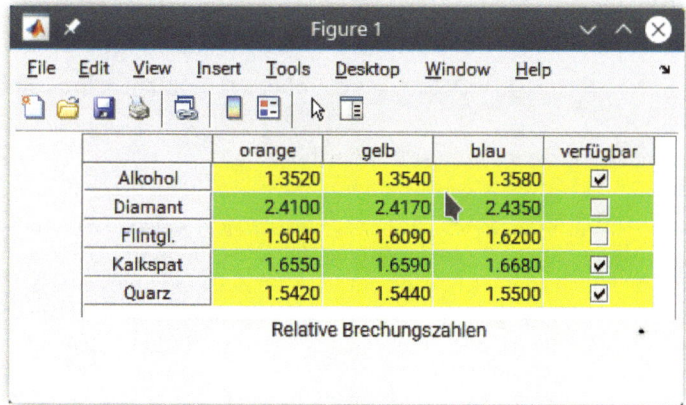

Abbildung 18.2: *Beispiel für ein grafisches Tabellen-Objekt.*

- RowStriping kann die Werte „on" (Voreinstellung) und „off" haben und wählt die Zeilenfarbe wie in „BackgroundColor" angegeben. Besteht die zu „BackgroundColor" gehörende Farbmatrix aus mehr als einer Zeile, so wird bei „on" die erste Zeile für die Farbe der ungeraden und die zweite für die geraden Zeilen verwandt.

- Style Properties: Werden nur unterstützt wenn das Table-Objekt auf einer UIFigure-Umgebung basiert. Mit s = uistyle werden die Style-Eigenschaften festgelegt. Unterstützt werden: BackgroundColor, FontColor, FontWeight, FontAngle, FontName und HorizontalAlignment. `addstyle(uit, s)` und `removestyle(uit, s)` fügt die Style-Eigenschaften dem Table-Objekt „uit" hinzu oder entfernt sie.

UImenu-Objekte. UImenu-Leisten werden durch h = uimenu('eig',wert,...) bzw. h = uimenu(ph,'eig',wert,...) erzeugt. Der Rückgabewert „h" ist das UImenu-Objekt-Handle und „ph" ist das Parent Handle. Parent Objekte können Figure-Objekte (figure und uifigure), Menu- oder ContextMenu-Objekte sein. Mittels `uimenu` können auch hierarchische Menüstrukturen erstellt werden. Beim Aufruf von `uimenu` fügt MATLAB der bestehenden Menüleiste einen neuen Menüreiter hinzu.

```
>> h=uimenu('Text','mein-Menue');
>> uimenu(h,'Text','sub1')
>> uimenu(h,'Text','sub2')
>> uimenu(h,'Text','sub3')
```

Dies erzeugt im aktuellen Figure Window das Menü „mein-Menue" mit den drei Untermenüs „sub1" bis „sub3". Ausgewählte Eigenschaften sind:

- Accelerator: Legt ein Tastaturzeichen fest, das an Stelle der Mausselektion gemeinsam mit der Strg-Taste zur Menüauswahl genutzt werden kann.

- Checked: [{off} | on]; bei „on" wird das Menü mit einer Prüfmarke versehen.

- MenuSelectedFcn: Callback-Funktion

- Position: Skalarer Wert, der die relative Position des Untermenüs angibt.

- Separator: [on | {off}]; legt fest, ob die obere Begrenzungslinie sichtbar ist oder nicht.

- Text: String zur Beschriftung des Menüs.

UIcontextmenu-Objekte. h = uicontextmenu('eig',wert,·) erzeugt beim Klicken mit der rechten Maustaste auf ein grafisches Objekt ein Menü, dessen Eigenschaften mit `uimenu` festgelegt werden. Beim direkten Aufruf ist „visible" auf „off" gesetzt und die Defaultposition ist (0,0). Für die praktische Anwendung ist es daher günstiger, das UIcontextmenu-Objekt direkt mit dem gewünschten grafischen Element zu verbinden:

```
cmenu = uicontextmenu; % definiert das Default
%              uicontextmenu-Objekt    Plot:
x=0:0.1:2*pi;y=sin(x);
hline = plot(x,y, 'UIContextMenu', cmenu);
% Callbacks fuer die Menueauswahl
```

```
cb1 = ['set(hline, ''Color'', ''r'')'];
cb2 = ['set(hline, ''Color'', ''m'')'];
% Menues definieren
item1 = uimenu(cmenu, 'Label', 'Rot', ...
            'Callback', cb1);
item2 = uimenu(cmenu, 'Label', 'Magenta', ...
            'Callback', cb2);
item3 = uimenu(cmenu, 'Label', 'Schliessen', ...
            'Callback', 'close(gcbf)');
```

Die erste Zeile definiert das UIcontextmenu-Objekt, das direkt in der dritten Zeile als Eigenschaft von „line" übergeben wird. Die „item1/2/3"-Zeilen erzeugen dann das damit verknüpfte Menü. Die Mehrzahl der Eigenschaften wurde bereits diskutiert.

- ContextMenuOpeningFcn: Callback-Funktion.
- Position ist per default (0,0) und nur für „Visible" 'on' von Bedeutung. Der erste Werte beschreibt den Abstand der linken Ecke der Abbildung von der linken Ecke des UIcontextmenu-Objekts und der Zweite den Abstand von der unteren Ecke der Abbildung zur unteren Ecke des UIcontextmenu-Objekts.

18.1.3   UIFigure basierte GUIs

Ziel dieses Abschnitts ist es, die händische Programmierung von UIFigure basierten grafischen Benutzeroberflächen zu zeigen. Als Beispiel dienen uibutton (Schaltfläche zum Anklicken), uiknob (Drehknopf zur Werteauswahl) und uilabel (statisches Textfeld). Ein direkter Vergleich von uibutton zu uicontrol(fh,'Style','PushButton', ···) findet sich auf S. 435. Als Beispiel dient ein Medianfilter realisiert mit der MATLAB-Funktion movmedian. Um zu zeigen wie man Variablen in Callbacks übergibt, habe ich auf nested Functions verzichtet (medianfilter.m). Eine optimierte Version ist zusätzlich im Beispielverzeichnis unter dem Namen medianfilter_nested.m.

```
function medianfilter(x)

% ...

if nargin == 0
    phi = linspace(0,2*pi);
    x = sin(phi);
    n = randi(length(x),[1,5]);
    x(n) = randn(1,length(n));
end

uifh = uifigure;
uiax = uiaxes(uifh, 'Position',[45,100,450,315]); % uifigure und uiaxes
uiax.NextPlot = 'add';                            % hold on
plot(uiax,x)
```

```
% discrete knob
uikn = uiknob(uifh,'discrete','Position',[120,15,60,60]);
uikn.Items = {'Aus', 'n=3', 'n=4', 'n=5', 'n=7'};
uikn.ItemsData = [1, 3, 4, 5, 7];

% uibutton gefilterte Daten im Base Space speichern
uibu = uibutton(uifh,'push','Position',[320,15,60,60]);
uibu.Text = {'gefilterte'; 'Daten';'speichern'};
uiax.UserData = 'keine gefilterten Daten vorhanden';
uibu.Tooltip = ...
    'gefilterte Daten werden im Base-Space als xfilt gespeichert';

% uilabel
uil = uilabel(uifh, 'Position',[390,15,60,60]);
uil.Text = {'Bitte';'erst';'filtern'};
uil.FontWeight = 'bold';
uil.BackgroundColor = 'r';
uil.HorizontalAlignment = 'center';
uil.Visible = 'off';

% Callbacks
uikn.ValueChangedFcn = @(uikn,event) knobcallback(uikn,event,uiax,uil,x);
uibu.ButtonPushedFcn = @(uibu,event) datenspeichern(uibu,event,uiax,uil);

function knobcallback(uikn,event,uiax,uil,x) %#ok<*INUSL>
n = uikn.Value;
xfilt = movmedian(x,n);
plot(uiax,xfilt)
uiax.UserData = xfilt;
uil.Visible = 'off';

function datenspeichern(uibu,event,uiax,uil)
xfilt = uiax.UserData;
if ~isnumeric(xfilt)
    uil.Visible = 'on';
else
    assignin('base','xfilt',xfilt);
end
```

uiknob Erstellt wird der Drehknopf durch „uiknob(uifh, Stil, ...)" mit „uifh" dem UIFigure-Handle. „Stil" ist entweder 'continous' für kontinuierliche Werte oder 'discrete' für diskrete Werte. Die diskrete Version hat die Werte „Item" und „Items-Data" für die Bezeichnung und die Werte der diskreten Einstellungen. Für den Fall 'continous' gibt es dagegen die Eigenschaft „Limits" ein zwei-elementiger Vektor mit den Grenzwerten. In beiden Fällen gibt es den Callback „ValueChangedFcn" im Falle 'continous' zusätzlich „ValueChangingFcn", die ausgeführt wird während der Drehknopf verändert wird. Alle weiteren Eigenschaften sind ähnlich den bereits besprochenen oder selbsterklärend.

uibutton Erstellt wird die Schaltfläche durch „uibutton(uifh, Stil, ...)". „Stil" ist entweder 'state', die Taste wird gedrückt und bleibt gedrückt bis wieder geklickt wird, oder 'push' die Taste kehrt nach dem Klicken wieder in ihren Ruhezustand. Für 'push' heißt der Callback „ButtonPushedFcn" und für 'state' „ValueChangedFcn". „Text" ist der Text, der auf dem Button erscheint und „Tooltip" der Text, der angezeigt wird wenn die Maus über der Schaltfläche ruht.

Label ist ein statisches Textfeld und besitzt keine Callback-Funktion. Mit „visible" wird das Textfeld sichtbar (on) oder unsichtbar (off) und mit „Text" entsprechend beschriftet.

- Callback-Funktionen werden entweder via `@(handle,event) callback_name` aufgerufen oder sollen weitere Variablen übergeben werden
`@(handle,event) callback_name(handle, event, var1, ...)`,
wobei handle das Objekt-Handle ist.

- Eine Liste aller Objekte findet sich unter `web(fullfile(docroot, 'matlab/develop-apps-using-the-uifigure-function.html'))`. Der AppDesigner, Kap. (19), liefert eine rasche Übersicht unter Design View und die Component Library.

- Mittels `matlab.ui.internal.isUIFigure(fh)` kann getestet werden, ob es sich um ein Figure- oder UIFigure-Objekt handelt. Für UIFigure-Objekte ist die Rückgabe 'wahr' (1) sonst 'falsch' (0).

- Mit fh Figure- oder UIFigure-Handle liefert `struct(fh)` auch die nicht offen gelegten Felder zurück. Hier sieht man, dass eine Figure-Objekt sich von einem UIFigure-Objekt beispielsweise im Feld JavaFrame unterscheidet (für Figure [1x1 com.mathworks.hg.peer.HG2FigurePeer).

18.1.4 Toolbars erzeugen

Die hier vorgestellten Objekte dienen dem Erstellen einer Werkzeugleiste (Toolbar). Mit `ht = uitoolbar('eig1',wert1,'eig2',wert2,...)` bzw. `ht=uitoolbar(h,...)` wird eine Toolbar erzeugt. Es wird sowohl eine Figure- als auch eine UIFigure-Umgebung unterstützt. Ohne Angabe eines Handles wird eine Figure-Umgebung genutzt oder falls nicht vorhanden erstellt. Die Figure-Eigenschaft „WindowsStyle" des Parent-Objekts darf nicht auf modal gesetzt sein.

`htt = uipushtool('eig1',wert1,'eig2',wert2,...)` bzw. `htt = uipushtool(ht, ...)` erzeugt einen Push-Button in der Toolbar (Parent-Objekt). Callback ClickedCallback: Charaktervektor, Zellvariable oder Callback-Funktion, die bei Mausklick ausgeführt wird, sofern die UIpushtool-Eigenschaft „enable" den Wert 'on' hat.

`htt = uitoggletool('eig1',wert1,'eig2',wert2,...)` bzw. `htt = uitoggletool (ht, ...)` erzeugt einen Toggle Button in der zugehörigen Toolbar. Zusätzlich zu der Callback-Funktion „ClickedCallback" gibt es noch

- OffCallback, OnCallback: Charaktervektor, Zellvariable oder Callback-Funktion, die ausgeführt wird, wenn die Eigenschaft „enable" auf „on" steht und der Kippschalter aus- bzw. eingeschaltet wird.

- State: [on | {off}]; Zustand des Kippschalters ('on' der Kippschalter ist in der gedrückten Position).

18.1.5   Warten und Fortfahren

uiresume und uiwait. `uiwait(h,timeout)` unterbricht den Programmfluss, bis entweder `uiresume(h)` ausgeführt oder das Figure mit Handle „h" geschlossen wurde oder die mit „timeout" festgelegte Zeit verstrichen ist. „timeout" ist optional.

Warten auf Ereignisse. `waitfor(h)` friert den Programmfluss ein, bis das grafische Objekt mit Handle „h" geschlossen wurde. `waitfor(h,'Eig')` unterbricht die Abarbeitung, bis die Eigenschaft „eig" des Objekts mit Handle „h" geändert wird. Dies kann nicht mehr aus der Kommandozeile erfolgen, aber beispielsweise über GUI-Callbacks oder den Property-Inspector. `waitfor(h,'Eig',wert)` unterbricht den Programmfluss so lange, bis „eig" den Wert „wert" hat. Existiert die Eigenschaft „Eig" nicht, so erfolgt eine Fehlermeldung. `waitfor` kann auch mit Strg-c beendet werden.

`k = waitforbuttonpress` unterbricht die Abarbeitung so lange, bis ein Mausklick oder ein Tastendruck detektiert wird. Bei einem Mausklick muss der Mauszeiger auf dem entsprechenden Figure Window stehen. Das Verhalten ist allerdings leicht Release abhängig. Bei einem Mausklick ist „k=0", bei einem Tastendruck „1". Unter manchen Releases wird der UIcontrol-Callback erneut ausgeführt. Wollen Sie dies unterbinden, so können Sie unmittelbar vor dem `waitforbuttonpress` die UIcontrol-Eigenschaft „enable" auf „off" setzen und nach dem `waitforbuttonpress` wieder auf „on". Sollte ein WindowButtonDownFcn-Callback für das aktive Figure-Objekt existieren, so wird dieser Callback ausgeführt bevor `k = waitforbuttonpress` einen Wert zurückliefert.

18.1.6   Ausführungsreihenfolge

`uistack(h, stackopt)` verändert die Ausführungsreihenfolge des Objekts mit Handle „h", und zwar für „stackopt" gleich „up" um einen Schritt nach oben, „down" einen Schritt nach unten, „top" an die Spitze und „bottom" an das Ende. Mit `uistack(h, 'up', n)` bzw. `uistack(h, 'down', n)` wird das Objekt mit Handle „h" in der Ausführungsreihenfolge um n Schritte verschoben. (Wird nur in einer Figure-Umgebung unterstützt.)

18.1.7   Mauseingabe

`[frect] = dragrect(irect,schrittw)` erzeugt ein oder mehrere Rechtecke, deren Größe durch den Vierervektor „irect" ([x0, y0, Breite, Höhe]) bzw. ein entsprechendes vierspaltiges Array gegeben ist. Der optionale Wert „schrittw" bewegt das Viereck mit der vorgegebenen Schrittweite. Der Rückgabewert liefert die entsprechende Position in Pixel zurück. `dragrect` wird sofort ausgeführt, wenn die Maustaste nicht aktuell gedrückt ist. Sinnvoll kann `dragrect` daher nur in Verbindung mit einer Call-

back-Funktion verwendet werden, beispielsweise `set(gcf,'WindowButtonDownFcn',`
`'k=dragrect([10 10 200 100])')` oder gemeinsam mit `waitforbuttonpress`.

18.1.8   Textanpassung

`[outstring,position] = textwrap(h,instring)` dient der Textanpassung. „h" bezeichnet das grafische Objekt und das Zell-Array „instring" den anzupassenden String.
Der Rückgabewert „outstring" ist der geeignete umformatierte String und der optionale
Wert „position" die empfohlene Position. Optional kann noch die maximale Spaltenbrei-
te „sbreit", `[...] = textwrap(...,sbreit)` übergeben werden. Dies ist insbesondere
bei der Beschriftung von statischen Textfeldern interessant, da man sich keine Vorab-
gedanken über die optimale Anordnung der einzelnen Zeilen machen muss. (Wird nur
in einer Figure-Umgebung unterstützt.)

18.1.9   Rechtecke reskalieren

`finalRect = rbbox(...)` erzeugt ein Rechteck zur Auswahl eines Bildbereichs. Beispiel:

```
>> k = waitforbuttonpress;
finalRect = rbbox;
```

erlaubt, nach einem Mausklick mit festgehaltener Maustaste einen Rechteckbereich im
aktuellen Figure Window auszuwählen, dessen aktuelle Koordinaten nach Loslassen der
Maustaste in „finalRect" abgespeichert werden. Die allgemeine Syntax ist `rbbox(initi-`
`alRect,fixedPoint,stepSize)` bzw. `finalRect = rbbox(...)`. Alle Argumente sind
optional. „initialRect" gibt die Anfangsgröße des Rechtecks als Vierervektor wieder (x,y-
Koordinaten linke untere Ecke, Breite, Höhe), „fixedPoint" friert die linke untere Ecke
des Auswahlrechtecks (rubberband box) fest und „stepsize" legt fest, wie oft das Rechteck upgedatet wird.

18.2   Dialog-Boxen

MATLAB bietet unterschiedliche, vorgezimmerte Dialog-Boxen. Ein Beispiel zeigt Abb.
(18.3). Das genaue Aussehen kann vom jeweiligen Betriebssystem abhängen.

18.2.1   Befehlsübersicht

File-Handling uigetfile, uigetdir, uiputfile

Daten-Handling uiimport (s. Kap. (2.5)), uiopen, uisave

Variablen-Handling export2wsdlg

Font-Dialog uisetfont

Print- und Export-Dialog printdlg, printpreview, exportsetupdlg

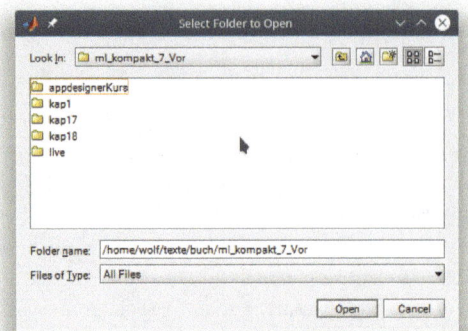

Abbildung 18.3: *Beispiel für eine Dialogbox: uigetdir.*

Töne, Farben, Bilder imageview, soundview, uisetcolor, movieview

Hilfe, Warnungen, Fehler errordlg, helpdlg, msgbox, questdlg, warndlg, uiconfirm, uialert

Dialoge dialog, inputdlg, listdlg, menu, waitbar, uiprogressdlg

18.2.2 File-Handling

`>> dir_name = uigetdir('start_pfad', 'dialog_titel')` öffnet eine Dialog-Box modal, die es erlaubt, durch die Directory-Struktur zu blättern, s. Abb. (18.3). Der ausgewählte Pfad wird in „dir_name" abgespeichert. Die Inputargumente sind optional. Mit „start_pfad" lässt sich der Ausgangspfad wählen und mit „dialog_titel" eine eigene Überschrift. „start_pfad" unterstützt unter Linux die Tilde als Abkürzung für das Home-Verzeichnis sowie relative Pfadangaben.

`uigetfile('filter','dialog_titel','DefaultName')` erlaubt das Durchstöbern einzelner Verzeichnisse nach Files. Die Inputargumente sind optional. „filter", beispielsweise `{'*.m';'*.mdl';'*.mat'}`, schränkt die Anzeige auf Files mit ausgewählter File-Kennung ein. „dialog_titel" ist eine selbstgewählte Überschrift für die Dialog-Box und „DefaultName" ein voreingestellter File- oder Directory-Name (dann zusätzlich / oder \ je nach Betriebssystem) für die Fileauswahl. `uigetfile(...,'MultiSelect',sm)` erlaubt, mehrere Files mittels Shift- und Maustaste zu selektieren. „sm" kann die Werte „on" und „off" haben. Als Rückgabewerte sind `[FileName,PathName,FilterIndex] = uigetfile(...)` erlaubt. File- und PathName sind der Filename und der zugehörige absolute Verzeichnispfad, FilterIndex gibt die Position des ausgewählten Filetyps im eingestellten Filefilter an. Im obigen Beispiel 1 für „*.m", 2 für „*.mdl" und so fort.

`uiputfile` öffnet ein Dialog-Fenster zum Speichern von Files. Sieht man von „Multi-Select" ab, das hier nicht unterstützt wird, entspricht die Parameterstruktur exakt der von `uigetfile`. Auf S. 462 ist ein Anwendungsbeispiel zu `uiget`- und `uiputfile`.

18.2.3 Daten-Handling

`uisave` öffnet ein Dialog-Fenster modal zum Speichern der Workspace-Variablen in einem mat-File mit Voreinstellung „matlab.mat". Mit `uisave(var)` werden die Variablen, die in der Zellvariablen „var" gelistet sind abgespeichert und mit `uisave(var, fname)` wählt das Dialog-Fenster als Voreinstellung den Dateinamen „fname".

`uiopen` bietet ein File-Dialog-Fenster mit voreingestellter File-Selektion zum Öffnen von Files. Mit `uiopen(type)` kann der Dateifilter auf einen bestimmten Dateityp festgelegt werden. Unterstützt werden 'matlab', 'load' (mat-Files), 'figure', 'simulink' und 'editor' (m- und mlx-Files. Mit `uiopen(kenn)` wird die Dateierweiterung festgelegt, beispielsweise `uiopen('*.mat')`. „kenn" kann auch ein vollständiger Dateiname sein. In diesem Fall dient die Dateierweiterung von „kenn" als Filter. Mit `uiopen(kenn, tf)` und „tf" wahr (1) wird die Datei „kenn" geöffnet ohne das Dialog Fenster zu öffnen.

18.2.4 Variablen-Handling

`export2wsdlg` öffnet ein Dialog-Fenster zum Ausführen einfacher Berechnung und dem Abspeichern in MATLAB-Basespace. Der allgemeine Aufruf ist `[hdialog,okpr] = export2wsdlg(Info,varName,Berechnung,titel,auswahl,helpfun,funlist)`.
Bis auf die ersten drei Übergabewerte sind alle anderen Argumente sowie die Rückgabewerte optional. „Info" enthält eine Information zu den erzeugten Variablen, „varName" ist ein Vorschlag für die Namen der im MATLAB-Basespace zu erstellenden Variablen, „Berechnung" die Berechnungsvorschrift und „„titel" der Titel der Dialog-Box. Betrachten wir dazu ein Beispiel:

```
l = 5; b = 4; h = 3.2;
Info = {'Grundflaeche abspeichern in Variable:' ...
        'Volumen abspeichern in Variable:'};
varName = {'Flaeche','Volumen'};
Berechnung = {l.*b, l.*b.*h};
export2wsdlg(Info,varName,Berechnung,...
            'Rauminformation speichern')
```

Das Ergebnis zeigt Abb. (18.4). Sollten die Variablen bereits existieren, hängt MATLAB eine Ziffer zur Unterscheidung an, bzw. warnt in einem Dialogfenster vor Überschreibung der Variablen. Die optionalen Argumente haben folgende Bedeutung: „auswahl" ist

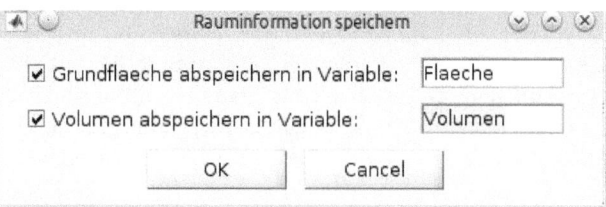

Abbildung 18.4: *Beispiel zu Variablen-Handling mit dem Befehl* `export2wsdlg`.

ein logischer Vektor derselben Länge wie „Info" und legt fest, ob die Variablen vorausgewählt (1) sind oder nicht (0), linke Check-Box. „helpfun" ist eine Callback-Funktion zu einem Hilfedialog. Mit diesem Argument wird automatisch ein Hilfebutton erstellt. „funlist" muss dieselbe Länge wie „Info" haben und ist ein Zellarray von Funktionen und optionalen Argumenten zur Berechnung der abzuspeichernden Variablen. Das Rückgabeargument „hdialog" enthält das Handle zur Dialog-Box. Mit beiden Rückgabewerten ist „hdialog" leer und „okpr" eine logische 1 nach Ausführung.

18.2.5   Font-Dialog

`uisetfont` erlaubt die interaktive Auswahl geeigneter Fonts zu Text-, Achsen- und UIcontrol-Objekten. Das Auswahlfenster bietet unterschiedliche Schriftdicken, -neigungen und -größen an. In einem Testfeld (Sample Field) wird die geplante Auswahl präsentiert. `uisetfont(h)` erlaubt den direkten Zugriff auf das grafische Objekt mit Handle „h". `uisetfont(S)` initialisiert die Font-Auswahl entsprechend der Struktur „S", mit den erlaubten Feldern FontName, FontUnits, FontSize, FontWeight und FontAngle. Zusätzlich ist noch ein Dialogtitel via R = `uisetfont(..., 'DialogTitel')` und ein Rückgabeparameter „R" erlaubt. In der Struktur „R" werden die gewählten Fonteinstellungen abgespeichert. „R" kann dann direkt an grafische Objekte als Eigenschaft übergeben werden.

Beispiel.

```
>> uifigure,ha=uiaxes;
>> S = uisetfont(ha)
S =
        FontName: 'century schoolbook l'
       FontUnits: 'points'
        FontSize: 10
      FontWeight: 'normal'
       FontAngle: 'normal'
```

Im Beispiel wurden ein Achsenobjekt (für GUIs) erzeugt und verschiedene Fonts durchgespielt. Die entsprechenden Änderungen werden direkt auf das Achsenobjekt mit Handle „ha" übertragen und letztlich in der Struktur „S" abgespeichert.

18.2.6   Print- und Export-Dialog

`printdlg` öffnet ein Print-Dialogfenster und `printdlg(fig)` erlaubt zusätzlich das direkte Drucken der Abbildung mit Figure Handle „fig". `printpreview(fig)` zeigt eine Vorabbildung des Ausdrucks auf dem Bildschirm, aus dem sich dann auch wieder das Drucker-Dialog-Fenster per Mausklick öffnen lässt. „fig" ist optional und als Voreinstellung wird das aktive Figure-Window genommen. UIFigure-Umgebungen werden nicht unterstützt.

`exportsetupdlg(fh)` öffnet das Dialogfenster zum Exportieren der Abbildung mit dem Objekt-Handle „fh". Ohne Argument wirkt `exportsetupdlg` auf das aktuelle Fenster.

18.2.7 Töne, Farben, Bilder

`imageview(fn)` zeigt eine Vorabbildung des Images aus dem Daten-File mit Namen „fn" und `imageview (X,map,titel)` die Daten „X" mit Farbmatrix „map" und dem frei gewählten Titel „titel". „map" und „titel" sind optional. `c = uisetcolor(h_or_c, 'DialogTitle')`; stellt ein Farbdialogfenster zur interaktiven Farbwahl zur Verfügung. „h_or_c" kann entweder ein Handle oder ein RGB-Tripel sein. „DialogTitle" ist der Titel des Fensters und „c" der erzeugte Farbvektor. `uisetcolor` unterstützt nur Objekte, die über Farbaspekte wie beispielsweise „Color", „ForeGroundColor" oder „BackGround-Color" verfügen.

`movieview(M,name)` zeigt eine grafische Animation, erzeugt mit `movie` und einer Wiederholtaste. `soundview(soundData,soundFreq,name)` zeigt und spielt Töne ab. Die ersten beiden Argumente bezeichnen die Sounddaten und das optionale „name" den Titel des Fensters.

18.2.8 Hilfe, Warnungen, Fehler

`errordlg` erzeugt ein Fehler-Dialogfenster, das so lange sichtbar bleibt, bis der ok-Knopf betätigt wurde. Mit `h = errordlg('fehlermeldung','dlgname','opt')` lassen sich optionale Parameter übergeben bzw. das Handle „h" zurückgeben. „fehlermeldung" steht für die auszugebende Fehlermeldung, „dlgname" ist der Name des Dialogfensters. „opts" kann die Werte 'non-modal', 'modal' oder 'replace' haben. Bei 'replace' werden die Spezifikationen eines bereits bestehendes Dialogfenster mit dem selben Titel überschrieben.

`h = warndlg('warnung','dlgname','opt')` öffnet ein Dialogfenster mit einem Warnungszeichen und als Meldung den String „warnung". Die Argumente sind optional und haben dieselbe Bedeutung wie in `errordlg`.

`h = helpdlg('hiiiilfe','dlgname')` öffnet ein Hilfe-Dialogfenster mit dem Text „hiiiilfe" und dem Titel „dlgname". Die Größe des Fensters wird an den Hilfestring angepasst, die Argumente sind optional, s. auch S. (462).

`h = msgbox(nachricht,titel,'icon')` öffnet ein Nachrichtenfenster. „nachricht" bezeichnet den Nachrichtenstring, an dessen Größe die Ausdehnung des Fensters angepasst wird. Alle anderen Parameter sind optional. Mit „titel" kann eine Fensterüberschrift erzeugt werden, „icon" legt ein farbig beigefügtes Icon fest. Mögliche Werte sind „none", „error" (dann wie bei „errordlg"), „help" (wie „helpdlg"), „warn" (wie „wrndlg") und „custom" für ein eigenes Icon, `h = msgbox(message,titel,'custom',icDa,icCmap)`. In diesem Fall müssen zur grafischen Gestaltung des Icons die Imagedaten „icDa" und zugehörige Farbmatrix „icCmap" übergeben werden. Mit `h = msgbox(...,'erzMode')` kann noch der Erzeugungsmodus festgelegt werden. „erzMode" kann die Werte „modal", „non-modal" und „replace" haben.

>> `button = questdlg('qstring')`; öffnet ein Fragefenster mit der Frage „qstring" und drei Schaltflächen: „Yes", „No" und „Cancel". Die ausgewählte Antwort wird als String in der Rückgabevariablen „button" abgespeichert. Der voreingestellte Rückgabewert bei Betätigung der Return-Taste ist „yes", kann aber als weiterer Parameter übergeben werden. Zusätzlich lassen sich mit „titel" eine eigene Fensterüberschrift und mit „str1" ... „str3" eigene Beschriftungen der Schaltflächen wählen, `button =`

`questdlg('qstring','titel','str1','str2','str3','default')`. Werden weniger Variablen übergeben, reduziert sich die Zahl der Auswahlflächen entsprechend. Der optionale Parameter „default" muss bei eigenen Beschriftungen gesetzt werden und kann als Wert nur eine der Buttonbeschriftungen haben, die den Rückgabewert bei Drücken der Returntaste festlegt.

`uiconfirm` und `uialert` sind Dialog-Boxen, die auf einer UIFigure-Umgebung basieren.

Mit `auswahl = uiconfirm(uif,nachricht,titel,eig,wert,...)` wird ein Bestätigungsdialogfeld erstellt. „uif" ist das Handle eines UIFigures, „Nachricht" die Mitteilung und „titel" der Titel des Dialogfensters. Der Rückgabewert „auswahl" (optional) ist ein Charakter-Vektor mit der Benutzerantwort. „eig,wert" sind optionale Eigenschafts-Werte Paare, beispielsweise 'Icon' mit den Werten 'question', 'info', 'success', 'warning' oder 'error' bei dem verschiedene vordefinierte Icons ausgewählt werden.

`uialert(uif,warnung,titel,eig,wert,...)` öffnet ein Dialogfenster mit einem Warnungszeichen und als Meldung den String „warnung". Die anderen Argumente entsprechen denen von `uiconfirm`.

18.2.9 Dialoge

`h = dialog('eig',wert,...)` erzeugt ein modales Figure Window mit Handle „h" mit für Dialoge optimierten Eigenschaften. Mit „eig" und „wert" können die von Figure unterstützten Eigenschaften gesetzt werden (vgl. Kap. 17.1) und UIcontrol-Objekte hinzugefügt werden.

`an = inputdlg(prompt,dlg_titel,num_lines,defAns,opts)` erzeugt eine Eingabe-Dialogbox. Bis auf „prompt" sind alle anderen Variablen optional. „prompt" steht für die Bezeichner der Eingabetextfelder und ist bei mehreren Eingabefeldern eine Zellvariable. Der Rückgabewert „an" ist ebenfalls eine Zellvariable. „dlg_titel" ist die gewählte Überschrift der Dialogbox, „num_lines" ist ein Skalar, Spaltenvektor oder eine zweispaltige Matrix, die die Größe der Zeilen für jedes Eingabefeld festlegt. Der erste Wert bestimmt dabei die Höhe des Editierfelds und der zweite seine Länge. Ist „num_lines" ein Vektor, dann legt jedes Element die Höhe des zugehörigen Eingabefelds fest. Ist der Wert größer als 1, können beliebig viele Zeilen eingegeben werden. Beispiel: `a=inputdlg({'eins'; 'zwei'; 'drei'}, 'EINGABEN', [3;2;1])` „defAns" sind vorgegebene Antwortzeilen. „opts" kann entweder eine Charaktervektor mit den Werte „on" (erlaubt horizontales Zoomen) oder „off" (Default, kein Zoomen) sein, oder eine Struktur mit den Werten: `opts.WindowStyle = 'modal'` (Default) oder ... = `'normal'` und `opts.Interpreter = 'tex'` oder ... = `'none'` (Default). Ein Anwendungsbeispiel findet sich auf S. (457).

`[wahl,ok] = listdlg('ListString',S,eig,wert)` erzeugt eine modale Listbox. „ListString" ist die Eigenschaft, die Zellvariable „S" ist die String-Variable, die die Auswahlliste enthält. Der Rückgabewert „wahl" ist ein Integervektor oder Skalar mit der Position der ausgewählten Werte in der Zellvariablen „S" und „ok" ist 1, wenn der OK-Knopf gedrückt wurde oder die Auswahl per Doppelklick erfolgte, bei „cancel" dagegen 0. Weitere unterstützte Eigenschaften sind (Voreinstellungen in geschweifter Klammer):

- SelectionMode: [single | {multiple}]; Auswahl eines oder mehrerer Einträge.
- ListSize: {[160 300]}; Größe ([Breite, Höhe]) der Listbox in Pixel.
- InitialValue: {1}; Indexvektor der vorausgewählten Einträge.
- Name: Titel der Dialog-Listbox.
- PromptString: Stringmatrix oder Zell-Array; Überschrift der Auswahlliste.
- OKString: {'OK'}; Name des OK-Buttons.
- CancelString: {'Cancel'} Name des Cancel-Buttons.
- uh: {18}; Höhe der Schaltflächen in Pixel.
- fus: {8}; Größe der Abstände zwischen den einzelnen Schaltflächen.

k = menu('titel','w1','w2',...,'wn') erzeugt ein Menüfenster mit Überschrift „titel" und n Schaltflächen mit der Bezeichnung „w1" ⋯ „wn". Der Rückgabewert „k" ist ein Skalar, der angibt die wievielte Schaltfläche von oben angeklickt wurde.

>> h = waitbar(x,'titel'); erzeugt oder aktualisiert ein Dialogfenster mit Handle „h", das einen Balken zeigt. Der Skalar „x" mit Werten zwischen 0 und 1 legt fest, bis zu welcher Länge der Balken bereits ausgefüllt ist; „titel" ist die optionale Fensterüberschrift. Mit waitbar(x,'title','CreateCancelBtn','wait_callback') kann eine zusätzliche Schaltfläche mit einer Callback-Funktion eingerichtet werden. Da „waitbar" vom Typ Figure ist, werden alle Eigenschaften eines Figure-Objekts (s. Kap. 17.1) waitbar(...,'eig',wert,...) unterstützt. waitbar(x,h,'neu_titel') verändert die Länge des Wartebalkens mit Handle „h" auf die anteilige Länge „x" und setzt eine neue Überschrift.

Beispiel: Berechnungsverlauf anzeigen.

```
>> h = waitbar(0,'Es dauert noch ...');
>> for i=1:100, % hier beginnt die Berechnung
>>      pause(0.1);
>>      waitbar(i/100)
>>      % Der Verlauf wird dokumentiert
>> end
>> waitbar(1,h,'geschafft'), pause(0.2)
>> close (h) % waitbar schliessen
```

d = uiprogressdlg(huif) ist das waitbar analog in einer UIFigure Umgebung. „huif" ist das UIFigure-Handle und „d" das ProgressDialog Objekt. Eigenschafts-Werte Paare werden via d = uiprogressdlg(huif,eig,wert) unterstützt. Eigenschaften sind

- Value: {0}; Länge des Fortschrittsbalkens, Skalar zwischen 0 und 1.
- Message: Charakter-Array, String-Array oder Zellvariable mit dem Text über dem Fortschrittsbalken.
- Title: Charakter-Vektor oder String Skalar mit dem Titel des Dialogfensters.
- Indeterminate: [{off} | on]; Ein animierter Balken läuft solange bis das Dialogfenster geschlossen wird.

- Icon: Ein vordefiniertes (question, info, success, warning, error) oder selbsterstelltes Symbol (Pfad zu einem Bild oder RGB-Bild).
  Beispiel: `A = rand(100,100,3); d = uiprogressdlg(huif,'Icon',A)`
- ShowPercentage: [{off} | on]; zeigt die Balkenlänge zusätzlich als %-Zahl an.
- Cancelable: [{off} | on]; bei „on" wird zusätzlich ein Cancel-Button angezeigt und die folgenden Eigenschaften unterstützt:
  CancelText: Charakter-Vektor oder String Skalar mit dem zugehörigen Text (Default: cancel), und
  CancelRequested: „false" bis der Cancel-Button angeklickt wird dann „true".

18.3   GUI Utilities

18.3.1   Befehlsübersicht

Button-Gruppen btngroup, btnresize, btnstate, btnpress, btndown, btnup

Clipboard-Kopieren clipboard

GUI-Hilfsfunktionen movegui, guihandles, guidata

Figure-Hilfsfunktionen remapfig, figurepalette, plotbrowser, plottools, propertyeditor

18.3.2   Button-Gruppen

`h = btngroup('eig1',wert1, 'eig2',wert2, ...)` erzeugt eine Gruppe von Button-Objekten mit Handle „h" mit den aufgelisteten Eigenschaften. Notwendige Eigenschaften sind „GroupID", ein Identifikationsstring der Button-Group, und „ButtonID", ein Character-Array zur Button-Identifikation.

`btnresize(ah)` skaliert die Button Group mit Achsen-Handles „ah" um. `zus = btnstate(fh,GroupID,ButtonID)` liefert den aktuellen Zustand des Schalters mit der vorgegebenen Button- und GroupID und Figure Handle „fh". „zus" ist für „gedrückt" 1 und für „oben" 0. Mit `btnpress(fh,GroupID,ButtonID)` lässt sich aus dem Command Window ein Tastendruck simulieren. Alle Button-Group-Objekte haben eine ButtonDown-Fcn, die `btnpress` ruft und entsprechend der Press-Type-Eigenschaft agiert und `btndown(fh,GroupID,ButtonID)` bzw. `btnup(fh,GroupID,ButtonID)` ruft, um die tatsächliche Schalter-Aufgabe auszuführen.

18.3.3   Zwischenablage nutzen

`clipboard` erlaubt das Kopieren von Daten von und zur Zwischenablage. Alternativ steht dafür auch der Import Wizard zur Verfügung. Die Syntax ist `clipboard('copy', data)` zum Kopieren der Daten „data" aus MATLAB in die Zwischenablage. Je nach Betriebssystem und Anwendung kann der Inhalt mit der mittleren Maustaste ausgegeben werden. `str = clipboard('paste')` kopiert den aktuellen Inhalt der Zwischenablage nach MATLAB und `data = clipboard('pastespecial')` greift für das Abspeichern in MATLAB auf `uiimport` zurück.

18.3.4 GUI-Hilfsfunktionen

Verschieben. `movegui(h,'position')` verschiebt das Figure mit Handle „h" an den durch „position" festgelegten Ort. Alle Argumente sind optional. „position" kann die Werte „north" (oben Mitte), „south" (unten Mitte), „east" (rechts Mitte), „west" (links Mitte), „northeast" (rechte obere Ecke), „northwest" (linke obere Ecke), „southeast" (untere rechte Ecke), „southwest" (linke untere Ecke), „center" (Bildschirmmitte) oder „onscreen" (nächste Position, bei der das Figure Window vollständig auf dem Bildschirm erscheint) haben.

GUI-Handles und -Daten. `handles = guihandles(o_handle)` gibt die Handles aller Figure-Objekte als Struktur zurück, wobei die Feldnamen durch die Tags gegeben sind. `handles = guihandles` liefert die Handle-Struktur des aktuellen Figures. `guidata(object_handle, data)` speichert die Variable „data" in den Application Data des Figures und `data = guidata(object_handle)` liefert die Daten wieder zurück. `guidata` wird hauptsächlich vom GUIDE verwendet, kann aber auch ähnlich wie „UserData" in MATLAB-Funktionen gewinnbringend eingesetzt werden. Im Gegensatz zu den „UserData" sind mit `guidata` verwaltete Daten nicht dem grafischen Objekt, sondern der Abbildung selbst zugeordnet. Das folgende Beispiel zeigt das prinzipielle Vorgehen:

```
function plot_prop2 %(x,y)

% Alternative zu UserData via guidata

x=0:0.1:2*pi;
y=sin(x);
fh=figure;
handles = guihandles(fh);
% Festlegung des Context Menu Objekts
cmenu = uicontextmenu;
% Diese Linie soll mit dem Context Menu Objekt verknuepft sein
handles.hline = plot(x,y, 'UIContextMenu', cmenu);
guidata(gca,handles)  % --> wohin werden die abgespeichert?
                      % gca ist das Achsenhandle trotzdem im Figure
                      % als Applikationsdaten verwaltet
% Definition der Callbacks
cb1 = ['set(getfield(guidata(gcbf),''hline''), ''LineStyle'', ''--'')'];
cb2 = ['set(getfield(guidata(gcbf),''hline''), ''LineStyle'', '':'')'];
cb3 = ['set(getfield(guidata(gcbf),''hline''),  ''LineStyle'', ''-'')'];
% Definition der UIcontextmenu Objekte
item1 = uimenu(cmenu, 'Label', 'dashed', 'Callback', cb1);
item2 = uimenu(cmenu, 'Label', 'dotted', 'Callback', cb2);
item3 = uimenu(cmenu, 'Label', 'solid', 'Callback', cb3);
```

18.3.5   Figure-Hilfsfunktionen

Verschiedenes. `remapfig(pos)` (undokumentiert) bildet den Inhalt des Figure Windows in einen Teilbereich ab, der durch den vierkomponentigen Positionsvektor „pos" in normalized Units festgelegt ist. Wie üblich sind die ersten beiden Argumente der x- und y-Wert der linken unteren Ecke und die beiden anderen Breite und Höhe. `remapfig(altpos,neupos, fh,oh)` wirkt nur auf das Objekt mit Handle „oh". „fh" ist das Figure Handle. Die beiden ersten Argumente sind vierkomponentige Positionsvektoren in normalized Einheiten. Ohne das Argument „oh" wirkt der Befehl auf das gesamte Figure-Objekt und ohne „fh" auf das aktuelle Figure.

Figure-Palette. `figurepalette('show')` öffnet die Figure-Palette des aktuellen Figure-Objekts, `figurepalette('hide')` versteckt sie und `figurepalette('toggle')` schaltet die Toggle-Eigenschaft ein. Das heißt, bei jedem Aufruf wechselt die Figure-Palette von „offen" nach „versteckt" nach „offen" usw. `figurepalette(fh,...)` wirkt auf das Figure Window mit Handle „fh".

Plot-Hilfsfunktionen. `plotbrowser('on')` öffnet, `plotbrowser('off')` schließt den Plot Browser. `plotbrowser('toggle')` schaltet die Toggle-Eigenschaft ein und `plotbrowser(fh,...)` wirkt auf das Figure mit Handle „fh".

`plottools('on')` bzw. `plottools` öffnet den Property Editor, die Figure-Palette sowie den Plot Browser und `plottools('off')` schließt sie wieder. `plottools(...,'tool')` wirkt nur auf das durch Tool festgelegte Werkzeug. „tool" kann die Werte „figurepalette", „plotbrowser" oder „propertyeditor" haben und `plottools(fh,...)` wirkt nur auf das Figure-Objekt mit Handle „fh".

Property Editor. `propertyeditor('on')` und `propertyeditor` öffnen den Property Editor, `propertyeditor('off')` schließt ihn wieder und `propertyeditor('toggle')` schaltet die Toggle-Eigenschaft ein. `propertyeditor(fh,...)` wirkt nur auf das Figure-Objekt mit Handle „fh".

18.4   Präferenzen

Präferenzen sind MATLAB-Eigenschaften, die systemabhängig zwischengespeichert werden und bei neuen MATLAB-Sessions als gesetzte Eigenschaft zur Verfügung stehen.

18.4.1   Befehlsübersicht

Hinzufügen, entfernen addpref, rmpref

Erhalten, setzen getpref, setpref, ispref

GUI uigetpref, uisetpref

18.4.2   Präferenzen hinzufügen und entfernen

`addpref('group','pref','wert')` erzeugt eine Präferenz, definiert durch eine Gruppenzugehörigkeit, die individuelle Präferenz „pref" und ihren Wert „wert". Jeder legale

Variablenname ist erlaubt. Mit „pref" als Zellvariable können auch mehrere Präferenzen derselben Gruppe gleichzeitig angesprochen werden. `rmpref('group','pref')` entfernt eine gesetzte Präferenz wieder.

18.4.3   Präferenzen erhalten und setzen

`wert = getpref('group','pref')` gibt den Wert der Präferenz zurück und `getpref` `('group','pref', default)` gibt entweder den aktuellen Wert zurück, oder, falls die Präferenz nicht existiert, erzeugt sie sie mit dem Wert „default". Mehrere Präferenzen derselben Gruppe können gleichzeitig via Zellvariablen angesprochen werden.

`setpref('group','pref','wert')` setzt eine Präferenz, zum gleichzeitigen Setzen mehrere Präferenzen derselben Gruppe dienen wieder Zellvariablen. `ispref ('group', 'pref')` testet, ob eine Präferenz existiert (1) oder nicht (0).

18.4.4   Präferenz-GUIs

`[wert, tf] = uigetpref('group','pref',title,quest,p_ch)` öffnet ein GUI mit einer Multiple-choice-Dialog-Box, aus der ein Wert von „p_ch" angewählt werden kann, der in „wert" abgespeichert wird. „group" und „pref" definieren die Präferenz, sollte sie noch nicht existieren, wird sie erzeugt. „title" ist die Dialog-Überschrift und „quest" ein beschreibender Text. Der optionale Rückgabewert „tf" ist wahr wenn das Dialogfenster öffnet sonst falsch. `uisetpref('addpref','group','pref','wert')` ist das entsprechende Gegenstück zu `uigetpref`. (S. auch `addpref` und `setpref`.) `a = uisetpref('clearall')` setzt die durch `uigetpref` gesetzten Werte auf 'ask'. „a" ist eine optionale und undokumentierte Struktur mit Feldern entsprechend den oben im Übergabeargument gelisteten Argumenten. Beispiel (s. Abb. 18.5):

```
figure('CloseRequestFcn','abspeichern');   % Beispiel-Figure
plot(rand(1,10))


%%%%%%%%%%%%%%

function abspeichern
fh = gcf;                              % aktuelles Figure-Handel

group ='meinefig';                     % wird von MATLAB erzeugt
pref = 'speichern_ja_nein';            % Praeferenz
title = 'Schliesse Figure';                        % Frage:
quest = {'Soll die Figure vor dem Schliessen gespeichert werden?'};
p_ch = {'Ja','Nein'};                  % Antwortmoeglichkeiten
[pval,tf] = uigetpref(group,pref,title,quest,p_ch);

if pval(1) == 'j'
    an = inputdlg('Name der Abbildung'); % Eingabedialogbox
    if isempty(an)
        an = 'untitled';
        saveas(fh,an);
```

```
    else
        an = an{1};
        saveas(fh,an);
    end
else
    delete(fh)
end
delete(fh)
```

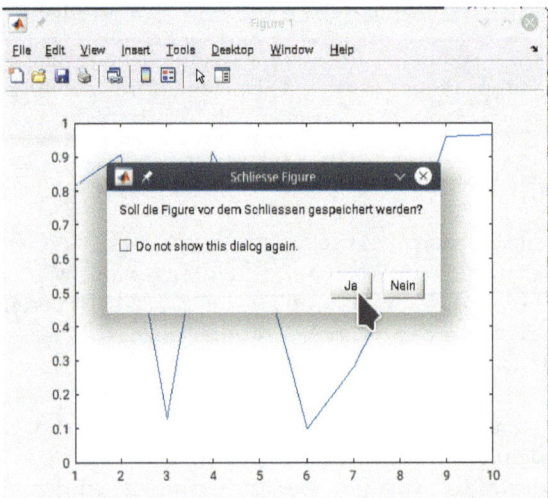

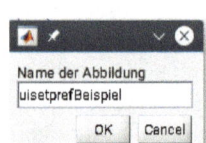

Abbildung 18.5: *Beim Schließen der Abbildung öffnet sich eine Dialogbox „Schliesse Figure". Die Antwort wird mittels* **uigetpref** *ausgelesen und führt bei „ja" zu einer Dialogbox in die der Name der Abbildung eingetragen wird.*

19 Der App Designer

Graphische Benutzer-Schnittstellen, in MATLAB auch als Apps oder GUIs bezeichnet, bieten einen komfortablen und sicheren Weg, Funktionalitäten zur Verfügung zu stellen. Bei Funktionsaufrufen werden an die Funktion Variablen übergeben. Die grafische Variablenübergabe im Rahmen einer App erlaubt, mit grafischen Elementen die notwendigen Variablen, Bereiche und so fort darzustellen und Eigenschaften für den Benutzer klarer offenzulegen als dies im Rahmen eines einfachen Funktionsaufrufs möglich wäre. Im Kap. 18 wurde die manuelle Programmierung grafischer Elemente angesprochen. Diese Kapitel zeigt das Erstellen von Apps mit dem App Designer, dem Nachfolger des Guide. (Alte GUIs lassen sich auf Apps migrieren.) Auf Grund der Fülle von Möglichkeiten wird das prinzipielle Vorgehen an einzelnen Beispielen aufgezeigt.

19.1 Die App Designer Umgebung

Der App Designer kann entweder über den Befehl appdesigner geöffnet werden oder über das Tab HOME → New → App → Blank App. Der App Designer öffnet sich im Design View, dem Zeichenmodus. Auf der linken Seite befindet sich die COMPONENT LIBRARY mit den verschiedenen grafischen Objekten, die sich mit der Maus in die Zeichenebene ziehen lassen. Das Gruppieren und Ausrichten der einzelnen Objekte wird unter dem Tab CANVAS mit verschiedenen Tools unterstützt, Abb. (19.1). Auf der rechten Seite ist der COMPONENT BROWSER der alle Objekte der App einschließlich dem App-Fenster, app.UIFigure, anzeigt. Klicken auf die einzelnen Elemente öffnet den zugehörigen Porperty Inspector mit dem sich die Eigenschaften geeignet modifizieren lassen. Klicken auf die einzelnen Objekte mit der rechten Maustaste öffnet ein Dialogfenster, das es erlaubt das Objekt umzubenennen oder zu löschen. Alternativ können die Namen auch durch Doppelklick editiert werden. Der Name der App kann entweder im Inspector oder auch beim Abspeichern (Save As ...) verändert werden. Apps werden mit der Dateierweiterung „mlapp" abgespeichert.

Im Code View, Abb. (19.2), wird links das App Layout dargestellt und in der Mitte der Code. Nicht ausgegraute Bereiche können editiert werden. Der Code selbst ist objektorientiert aufgebaut. An die Klassendefinition schließen sich die Eigenschaften (Properties) der Klasse an. Neue Eigenschaften können auf der linken Seite im CODE BROWSER unter Properties oder im Editor Tab unter Property hinzugefügt werden. Das Attribut Access kann zu public (soll auch außerhalb der App genutzt werden) oder private (nur innerhalb der App) gewählt werden. Funktionen können ebenfalls als public oder private gekennzeichnet werden und werden dann entweder unter methods (Access = public) oder methods (Access = private) gelistet. Hier sind auch die Callback Funktionen beheimatet. An diesen Bereiche schließen sich dann die mit dem Layout verknüpften Methoden an (Component initialization).

https://doi.org/10.1515/9783110741780-019

19.2   Beispiel: Callbacks

In diesem Abschnitt werden an zwei einfachen Beispielen das Schreiben von Callbacks und ihre Eigenschaften aufgezeigt. Beide Beispiele bestehen aus einer UIAxes-Umgebung in die ein Sinus geplottet wird sowie einem Slider, der die Frequenz verändert.

Funktionen, die in einer App mehrfach verwandt werden oder sehr umfangreich sind, sollten geeignet strukturiert in eigene Funktionen aufgespalten werden. Hier könnten auch Funktionen Verwendung finden, die beispielsweise in ein Private-Folder ausgelagert sind.

Starten wir mit `slider1.mlapp`:

Die Funktion `sinfun` wird erstellt durch Klicken auf Functions im Code Browser oder Editor Tab. Als Argument muss das Objekt „app" (oder falls man es umbenannt hat der neue Name) auftauchen sofern auf Eigenschaften des Objekts zugegriffen werden soll (hier app.UIAxes).

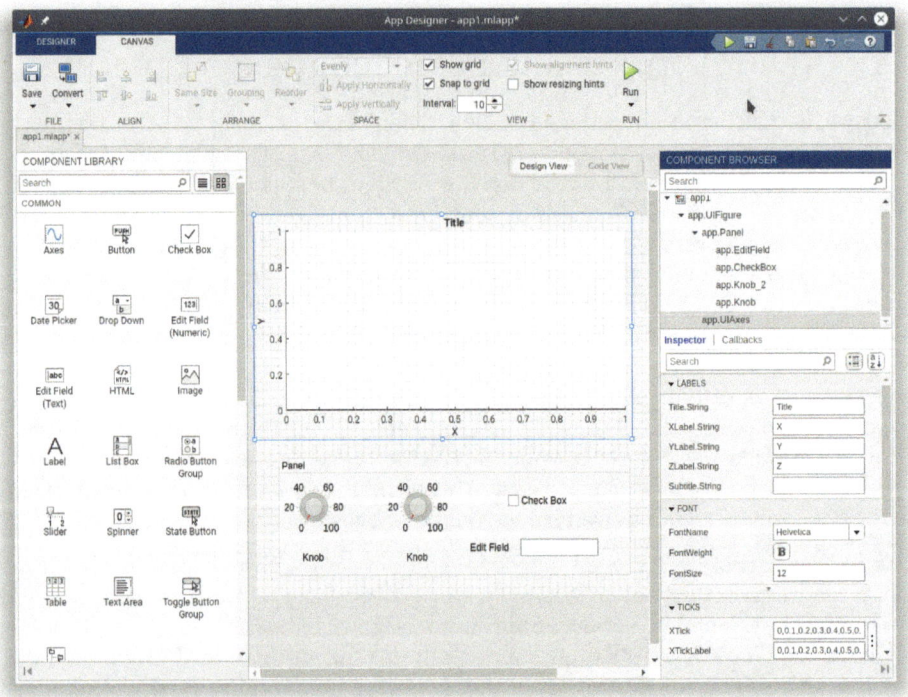

Abbildung 19.1: *Der App Designer im Design View. Hier wurde aus der Component Library, das Panel Objekt aus dem Bereich CONTAINERS gezogen und darauf verschiedene Objekte aus dem Bereich INSTRUMENTATION und COMMON platziert.*

```
methods (Access = private)
    function sinfun(app, value)
        x = linspace(0,2*pi);
        y = sin(x*value);
        plot(app.UIAxes,x,y)
    end
end
```

Zum Start soll bereits ein Sinus geplottet werden. Dies übernimmt die `startupFcn`, deren Funktionskopf über slider1 → Callback automatisch erstellt wird. Die `startupFcn` ruft die Funktion `sinfun` auf. Verändert der Slider seinen Wert wird die Sinusfunktion mit diesem neuen Wert upgedatet. Klicken auf app.Slider bietet uns zwei Callback-Funktionen an: `ValueChangedFcn` und `ValueChangingFcn`. Eine Callback Funktion hat immer mindestens zwei Argumente, „app" und „event" und kein Rückgabeargument.

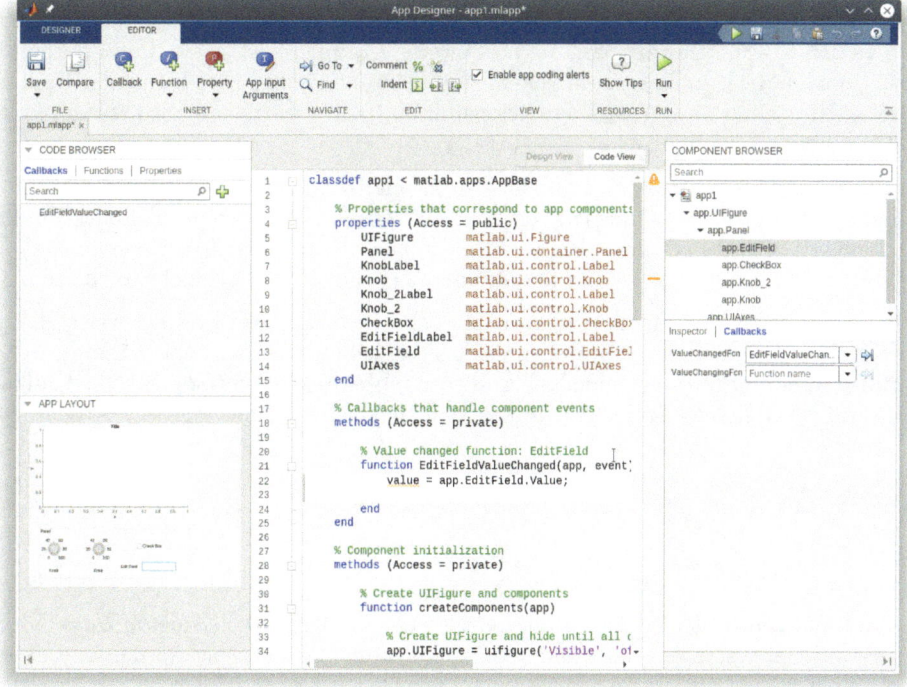

Abbildung 19.2: Der App Designer im Code View. Das Editor Tab oder Code Browser rechts ermöglichen das Hinzufügen von Eigenschaften, Funktion und Callbacks. In der Mitte wird der eigentliche Code angezeigt und editiert. Rechts können im Component Browser unter Callbacks die Callback-Funktionen hinzugefügt werden.

```
% Callbacks that handle component events
methods (Access = private)
    % Code that executes after component creation
    function startupFcn(app)
        sinfun(app,1);
    end

    % Value changed function: Slider
    function SliderValueChanged(app, event)
        value = app.Slider.Value;
        sinfun(app, value);
    end
end
```

Das erste Argument, „app" enthält die gesamten Informationen über die App. Sollen weitere Eigenschaften (Beispiel neu) hinzugefügt werden, so müssen diese unter Properties gelistet werden und werden mit `app.neu = ...` mit Werten belegt. Umgekehrt können lokale Variablen auch durch `name = app.···` erzeugt werden, hier beispielsweise `value = app.Slider.Value;`. Das zweite Argument ist „event" und enthält die Informationen, die durch die Callback-Aktion entstanden sind. Der Name der Callback-Funktion ist durch das Callback Funktionstemplate im Component Browser festgelegt, hier `SliderValueChanged`.

Der Slider verfügt über zwei Callback-Funktionen, vgl. `slider2.mlapp`. Die zweite Callback-Funktion `ValueChangingFcn` ist wie die bereits besprochene Callback-Funktion aufgebaut. Hier wird kontinuierlich der Plot an die sich ändernden Werte angepasst. Der Vergleich von `slider1` mit `slider2` dokumentiert das unterschiedliche Verhalten.

Grafische Objekte können über keine Callbacks verfügen, wie beispielsweise „Label", ein statisches Editierfeld, oder über eine Callback-Funktion wie der „Discrete Knob" oder auch über mehrere. Verschiedene grafische Objekte können über dieselbe Callback-Funktion ihre Callback-Aktion ausführen. Ein Beispiel zeigt der folgende Abschnitt.

19.3   Beispiel: Tab Group und externe Objekte nutzen

Ziel diese Abschnitts ist es schrittweise ein etwas komplexeres Beispiel aufzubauen, bei dem sowohl Dateien über Dialogfelder geladen als auch gespeichert werden und externe Figure-Umgebungen und Apps eingebunden werden. Als Beispiel wird ein externes Bild geladen, aus dem ein Bildausschnitt gewählt werden kann, die Farben verändert und Farbhistogramme erstellt werden können und das Ergebnis wieder als Image gespeichert werden kann.

Im **1. Schritt** wird der prinzipiellen Aufbau festgelegt. Hier eine Tab Group für das ursprüngliche Bild und den Bildausschnitt sowie ein Menü zum Laden und Speichern von Bildern, vgl. `ImageBspStart.mlapp` und Abb. (19.3), und eine UIAxes-Umgebung zur Darstellung des Bilds.

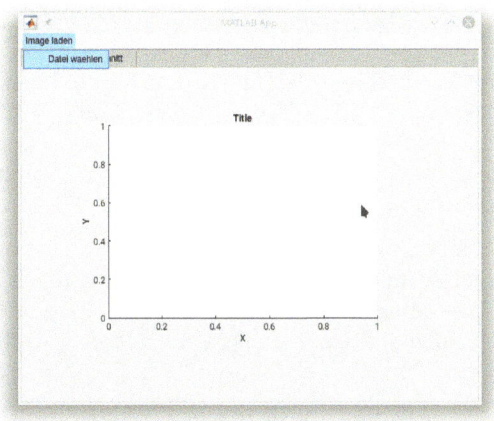

Abbildung 19.3: *Im 1. Schritt wurde die Tab Group und das Menü zum Laden des Images eingerichtet. Auf dem obersten Tab „Urbild" befindet sich ein UIAxes-Objekt auf dem das geladene Bild dargestellt wird.*

Der folgende Code-Teil zeigt die Callback-Funktion zum Einlesen und Plotten des Images.

```
% Callbacks that handle component events
methods (Access = private)

    % Menu selected function: DateiwaehlenMenu
    function DateiwaehlenMenuSelected(app, event)
        [fname,cname] = uigetfile('*.jpg;*.jpeg;*.tif;
                        *.tiff;*.png;*.bmp;*.gif','Image File einlesen');
        fn = [cname,fname];
        try
            app.Bilddat.value = imread(fn);
            image(app.UIAxes,app.Bilddat.value);
            app.UIAxes.Visible = 'off';
        catch
            disp('Bitte Bild auswaehlen')
        end
    end
end
```

„fn" ist der Pfad zu der einzulesenden Bilddatei. Die Bilddaten (Bilddat) sollen der App hinzugefügt werden, dies erfolgt über die Properties im CODE BROWSER oder dem Editor:

```
properties (Access = public)
    Bilddat % Bilddaten Bilddat.value Urbild
end
```

Über `image(app.UIAxes,app.Bilddat.value);` wird auf das UIAxes-Objekt zugegriffen und das Bild dargestellt (Beispieldatei IMG_0849.jpg).

Im **2. Schritt** (`ImageBsp2schritt.mlapp`) wurde dem Tab „Bildausschnitt" ein UIAxes-Objekt hinzugefügt. Zur Dokumentation wie man Figure-Umgebungen einbinden kann wird der Bildausschnitt in einem externen standard Figure-Objekt erstellt. Ist das Figure-Handle bekannt, kann auf alle Elemente zugegriffen werden. Daher wurden die Properties um `Figureext % Figure handle` ... ergänzt.

Weitere Objekte, die hinzugefügt wurden sind ein Label, und die CheckBox „Ja" und „Nein". Für beide Checkboxes wurde dieselbe Callback-Funktion gewählt. Zur bequemeren Unterscheidung im Code wurde unter Inspector $\to$ IDENTIFIER $\to$ Tag ein Tagname gesetzt (Jacb und Neincb). Das folgende Code-Schnipsel zeigt den Aufbau der zugehörigen Callback-Funktion.

```
% Value changed function: JaCheckBox, NeinCheckBox
function JaCheckBoxValueChanged(app, event)
    % Bildausschnitt erstellen?
    valJa = app.JaCheckBox.Value;
    valNein = app.NeinCheckBox.Value; %#ok<NASGU>
    if event.Source.Tag(1) == 'J' & valJa == 1 %#ok<AND2>
        app.Figureext = figure;
        ah=gca;
        % Darstellung auf externer Abbildung
        imshow(app.Bilddat.value, 'Parent', ah)
        h = helpdlg({'Bildausschnitt durch Scrollen mit
            der Maus ...  beliebigen Tastendruck'});
        % pause bis Tastendruck zur Auswahl des Bildausschnitts
        pause, delete(h)
        ....
        app.Bilddat.valueAus = app.Bilddat.value(...);
        image(app.UIAxes2,app.Bilddat.valueAus);
        app.UIAxes2.Visible = 'off';
        app.NeinCheckBox.Value = 0;
    else
        app.JaCheckBox.Value = 0;
    end
 end
```

Mit `event.Source.Tag(1) == 'J' & valJa == 1` wird getestet ob das Callback-Ereignis von der JaCheckBox stammt und ob die Check-Box markiert (angeklickt) oder nicht markiert wurde, `valJa = app.JaCheckBox.Value;`.

Im **3. Schritt** wurden weitere Check-Boxen hinzugefügt, s. `ImageBsp3schritt.mlapp` und Abb. (19.4), um zu entscheiden, ob die RGB-Farben bearbeitet werden sollen. Die Check-Boxen zu „Farben bearbeiten" werden dann aktiviert, wenn die Bilddatei eingelesen wurde und eine Auswahl unter „Bildausschnitt erstellen" erfolgt ist. Dies erfolgt in der obigen Callback-Funktion via

```
...
app.FarbenbearbeitenLabel.Visible = 'on';
app.UrbildCheckBox.Visible = 'on';
app.UrbildCheckBox.Enable = 'on';
...
```

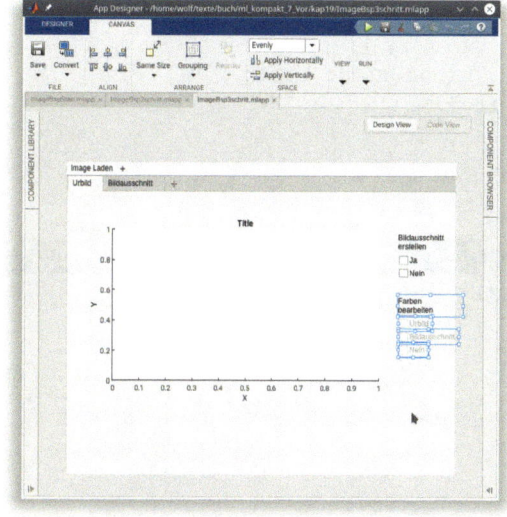

Abbildung 19.4: *Im 3. Schritt wurden weitere Check-Boxen hinzugefügt, um zu entscheiden ob die Bildfarben bearbeitet werden sollen. Die Check-Boxen sind zunächst noch ausgegraut. Dazu wurde im Inspector unter INTERACTIVITY die Checkbox Enable abgewählt (anschließend auch visible).*

Kommen wir zum **letzten Schritt**, vgl. `ImageBsp.mlapp`. Der App wurden mehrere Check-Boxen und Drehknöpfe (knob) hinzugefügt, bei denen zunächst stets im Inspector unter INTERACTIVITY Visible und Enable abgewählt wurde. Grafische Objekte nur auf unsichtbar zu setzen ist nicht hinreichend, da sie bei zufälligem Anklicken ihre Callback Funktionalität ausführen würden. Zur besseren Übersicht wurde die Aktivierung in die Funktionen `RGBURan` und `RGBBAab` ausgelagert. Das Erstellen der Histogramme erfolgt durch die App `apphist.mlapp`, die über die Callback-Funktionen „Value changed function: JaHistCheckBox" (Urbild) oder „Value changed function: JaCheckBox_3" (Bildausschnitt) aufgerufen wird. Beide Funktionen sind gleich aufgebaut. Es genügt daher ein Beispiel zu betrachten:

```
% Value changed function: JaHistCheckBox
function JaHistCheckBoxValueChanged(app, event)
   if event.Value
       apphurv = apphist('Urbild');
       app.apphur = apphurv;
       % Urbild
       histogram( ... )
   end
end
```

Mit `apphurv = apphist('Urbild');` wird die App `apphist` aufgerufen. In „apphurv"
wird das zugehörige Objekt abgespeichert, das auch den Properties hinzugefügt worden
ist. Daher sind alle Eigenschaften der App `apphist` der App `ImageBsp` ebenfalls bekannt. Der App `apphist` wird beim Aufruf eine Eingabevariable übergeben. Dazu wird
im App Designer unter Editor „App Input Arguments" angeklickt und in das zugehörige
Fenster der Variablenname eingetragen, s. Abb. (19.5). Der App Designer erstellt dann
automatisch eine StartUpFcn oder modifiziert sie falls bereits eine StartUpFcn besteht.
Beispiel:

```
% Code that executes after component creation
function startupFcn(app, titel)
    app.UIFigure.Name = titel;
end
```

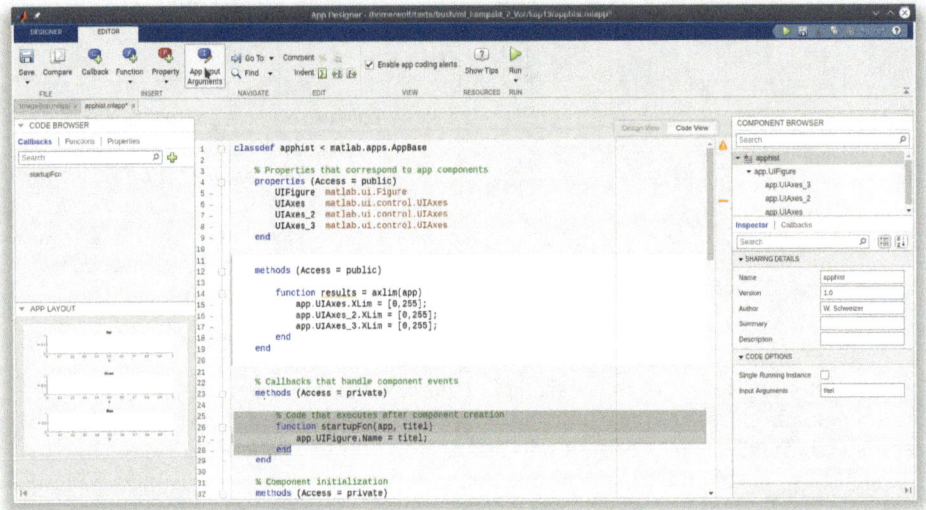

Abbildung 19.5: *Damit zwei Apps miteinander kommunizieren können müssen sie Daten
austauschen. Dazu wird die zweite App aus der ersten App aufgerufen und Objektdaten der
zweiten App in der ersten gespeichert. Die zweite App wird mit einem Übergabeargument aufgerufen, das beim Erstellen dieser zweiten App bereits im Editor über den Tab „App Input
Arguments" eingerichtet wurde.*

20 File-Handling und Datenverwaltung

20.1 Daten- und Textdateien

20.1.1 Befehlsübersicht

Files öffnen und schließen fopen, fclose

Aus- und Eingabefunktionen Themen:

> **Leseoptionen** detectImportOptions, DelimitedtextImportOptions,
> FixedWidthImportOptions, SpreadsheetImportOptions,
> XMLImportOptions, preview, getvaropts, setvaropts, setvartype
>
> **Datenfiles** readmatrix, writematrix
>
> **Textfiles** fileread, textscan
>
> **Daten importieren** importdata
>
> **Eingabe am MATLAB-Prompt** input

Lesen und Schreiben formatierter Files fgetl, fgets, fprintf, fscanf

Stringfunktionen sprintf, sscanf

Lesen und Schreiben binärer Files fread, fwrite,
multibandread, multibandwrite

20.1.2 Öffnen und Schließen von Files

`fopen` und `fclose` dienen dem Öffnen, dem Auslesen von File-Informationen und Schließen von Files.

fopen. Die Syntax zum Öffnen von Files ist `[fid,message] = fopen(filename,permission,machineformat,encoding)`, dabei sind alle Argumente bis auf „fid" und „filename" optional. „filename" bezeichnet den Dateinamen, hier kann auch der Bezeichner „all" gewählt werden. MATLAB erlaubt eine relative Pfadangabe zu der gewählten Datei. Wird die Datei nicht gefunden, durchforstet MATLAB den Suchpfad. Die Wahlmöglichkeiten zur Eigenschaft „permission" sind in Tabelle (20.1) aufgelistet und regeln die Schreib- und Leserechte. Wird das erweiternde Attribut „+" gesetzt, also z. Bsp.

https://doi.org/10.1515/9783110741780-020

Tabelle 20.1: Rechte beim Öffnen von Dateien.

r	(Default) nur Lesen.
w	Schreiben eines Files.
	Bereits bestehender Inhalt wird überschrieben.
	Existiert die Datei nicht, so wird eine neue Datei angelegt.
a	Wie „w"; Daten werden jedoch an das File-Ende angehängt.
r+	Öffnen einer Datei zum Lesen und Schreiben.
w+	Wie „w"; zusätzlich wird das Lesen der Datei erlaubt.
a+	Wie „a"; zusätzlich wird das Lesen der Datei erlaubt.
A	Anhängen von Daten (für Bandlaufwerke).
W	Schreiben von Daten (für Bandlaufwerke).
t	Zusätzliches Attribut für Textmodus.
	Beispiel „rt", „wt+"
b	Zusätzliches Attribut für Binärdateien.

„w+" (vgl. Tabelle (20.1)), so kann nicht unmittelbar nach dem Schreiben gelesen werden und umgekehrt. Zwischen den Eingabe- und Ausgabekommandos muss in diesem Fall entweder ein „fseek" oder ein „frewind" stehen (vgl. Kap. 20.6.2).

Das Attribut „machineformat" behandelt die Datei so, als ob das entsprechende Maschinenformat vorliegen würde. Dies ist insbesondere zur Unterscheidung binärer Dateien im „Big Endian" und „Little Endian"-Format nützlich. Eine Liste der Formate ist in Tabelle (20.2) aufgeführt.

Tabelle 20.2: Verzeichnis der Dateiformate „machineformat". Gegenwärtig haben alle von Matlab *unterstützten Betriebssysteme eine little-endian Byte-Ordnung.*

FORMAT	ALTERNATIV	BEDEUTUNG
ieee-be	b	Fließkomma mit big-endian Byte-Ordnung
ieee-le	l	Fließkomma mit little-endian Byte-Ordnung
ieee-be.l64	s	64-bit Fließkomma mit big-endian Byte-Ordnung
ieee-le.l64	a	64-bit Fließkomma mit little-endian Byte-Ordnung
native	n	Byte-Ordnung des genutzten Betriebssystem (default)

Das Attribut „encoding" unterstützt verschiedene Codierungen, deren Alias als String übergeben wird. Mögliche Codierungen sind beispielsweise „UTF-8", „latin1", „US-ASCII", „Shift_JIS", ISO-8859-1 und „windows-1252" sowie etwa 30 weitere.

Der Rückgabewert „fid" (*fileid*entifier) ist eine ganze Zahl und dient der Dateikennzeichnung. „fid= 1" steht für Standardausgang (Bildschirm) und „fid= 2" für den Fehlerkanal. Für Dateien ist daher „fid≥ 3". Die Datei „filename" wird beispielsweise mit `>> fid = fopen(filename)` zum Lesen geöffnet. „fid" wird dann als erstes Argument bei nachfolgenden Ein- und Ausgaberoutinen benutzt. Schlägt das Öffnen oder Anlegen eines Files fehl, hat „fid" den Wert −1. Der optionale Rückgabewert „message" enthält in diesem Fall eine Fehlermeldung und ist sonst leer. `fids = fopen('all')` gibt einen Zeilenvektor mit den Dateikennziffern aller geöffneter Dateien zurück. Mit `[filename,permission,machineformat,encoding] = fopen(fid)` lassen sich alle relevanten Dateiinformationen auslesen.

fclose. `>> status = fclose(fid)` dient dem Schließen des Files mit der Datei-Identifikationsnummer „fid" und `fclose('all')` dem Schließen aller offenen Dateien. „status" hat bei Erfolg den Wert 0, sonst −1.

20.1.3   Aus- und Eingabefunktionen

Leseoptionen `opts = detectImportOptions(filename, eig, wert)` lokalisiert Tabellen oder Listen in einer Datei und gibt die Optionen zum Einlesen der Daten zurück. „filename" ist der Dateiname, „eig,wert" sind optionale Eigenschafts-Werte Paare. „opts" ist ein DelimitedtextImportOptions-Objekt oder ein FixedWidthImportOptions-Objekt für Textdateien, ein SpreadsheetImportOptions-Objekt für Tabellenkalkulationsfiles und ein XMLImportOptions-Objekt für xml-Files. Die einzelnen Objekteigenschaften können bei Bedarf geeignet modifiziert werden, s. Beispiel unter `readmatrix` S. 471. Insbesondere die Eigenschaft `opts.SelectedVariableNames` dient dazu geeignete Teile des Datenfiles auszulesen. Mit `preview(filename,opts)` gewinnt man eine Übersicht über den Aufbau des Datenfiles. Hier einige ausgewählte Eigenschafts-Werte Paare:

'FileType' mit den Werten 'spreadsheet', 'text', 'delimitedtext' für Files mit einem Spaltenseparator, 'fixedwidth' für Dateien mit festen Spaltenbreiten und 'xml'. 'FileType' sollte nur dann genutzt werden, wenn die Dateierweiterung wie .txt, .dat, .xls usf. nicht mit übergeben wird.

'TextTyp' mit den Werten 'char' (Default) und 'string' (erstellt MATLAB String Arrays).

'DatetimeType' mit 'datetime' (Default, MATLAB Datetime Objekt), 'text' und 'exeldatenum'.

'ReadVariableNames' mit den logischen Werten true (1. Zeile dient als Variablennamen) und false.

'ReadRowNames' mit den logischen Werten false (Default) und true (1. Spalte dient als Namensspalte für die jeweilige Zeile).

'MissingRule' mit 'fill' (Default, fehlende Daten werden mit dem FillValue-Wert ersetzt. Der FillValue-Wert lässt sich durch Klicken auf VariableImportOptions in opts oder `getvaropts(opts, 'Vari')` für die i-te Spalte mit Namen 'Vari' ermitteln.), 'error' (Abbruch des Einlesevorgangs), 'omitrow' (Zeile auslassen) und 'omitvar' (Variable bzw. Spalte auslassen).

'ImportErrorRule' Umgang mit Einlesefehler. Hat dieselben Werte wie 'MissingRule'. 'NumHeaderLines' Anzahl der Kopfzeilen (positive ganze Zahl) Einige Eigenschaften treten nur bei bestimmten Filetypen auf. Eine vollständige Übersicht findet man in der Dokumentation.

`opts = DelimitedtextImportOptions(filename, eig,wert)` erstellt ein Import Options Objekt für Files mit separierten Spalten, beispielsweise Komma-separierte Listen, ASCII-Files etc. Es werden wieder dieselben Eigenschaften wie oben besprochen unterstützt. In manchen Dateien sind die Spalten durch einen Charakter getrennt. Mit der Eigenschaft 'Whitespace' und dem Charakter als zugehöriger Wert wird der Charakter beim Einlesen durch ein Leerzeichen ersetzt. Mittels `opts = DelimitedtextImport-Options(eig1,wert1,eig2,wert2,...)` kann auch direkt ein Option-Objekt erstellt werden.

`opts = FixedWidthImportOptions(filename, eig, wert)` liest die Optionen zu Dateien mit vorgegebenen Spaltenbreiten ein. Ist die Breite der ersten Spalte beispielsweise 10, der 2. 5, der 3. 21 und der 4. und letzten 2, so wird ein Vektor erstellt `bv = [10, 5, 21, 2]` und mit der Eigenschaft 'VariableWidths' übergeben. Optionen lassen sich wieder direkt via `opts = FixedWidthImportOptions(eig1, wert1, ...)` erstellen.

`opts = SpreadsheetImportOptions(filename,eig1,wert1, ...)` erstellt ein Option Objekt für Tabellenkalkulationsdateien. „filename" ist optional. Mit 'NumVariables' und einer positiven ganzen Zahl wird ein Objekt mit der vorgegebenen Anzahl an Variablen erstellt. Beispiel:

```
>> opts = spreadsheetImportOptions('numVariables',7)
opts =
  SpreadsheetImportOptions with properties:
   ...
  Variable Import Properties: Set types by name using setvartype
                VariableNames: {'Var1', 'Var2', 'Var3' ... and 4 more}
                VariableTypes: {'char', 'char', 'char' ... and 4 more}
        SelectedVariableNames: {'Var1', 'Var2', 'Var3' ... and 4 more}
               VariableOptions: Show all 7 VariableOptions
Access VariableOptions sub-properties using setvaropts/getvaropts
           VariableNamingRule: 'modify'

  Range Properties:
                    DataRange: 'A1' (Start Cell)
   ...
```

Änderungen sind beispielsweise über
`opts.VariableTypes = {'categorical','char','double','char','char','char', 'char'};` oder `opts.DataRange = 'C3';` möglich.

`opts = XMLImportOptions(filename,eig1,wert1, ...)` liefert ein Import Option Objekt für XML-Files zurück. Eine zusätzliche Eigenschaft ist 'RegisteredNamespaces' für die Präfixe des registrierten Namensraums (s. auch `xmlread` S. 501).

Die gelisteten Befehle zum Erstellen von Options-Objekten unterstützen noch weitere Eigenschaften. Eine vollständige Liste sprengt allerdings den Rahmen des Buchs. Zusätzlich werden noch die folgenden Objektfunktionen unterstützt:
`preview(filename,opts)`, um die ersten 8 Zeilen anzuschauen,
`getvaropts(opts,auswahl)`, um die Import-Werte der Eigenschaft 'auswahl' offen zu legen (s. Beispiel oben),
`opts = setvaropts(opts,auswahl,eig,wert)` um eine Eigenschaft zu setzten (auswahl optional) und
`opts = setvartype(opts,auswahl,type)` (auswahl optional) um den Datentyp der Variablen bzw. Spalte zu setzen.

Datenfiles: readmatrix, writematrix dient dem Auslesen bzw. Schreiben einer Matrix aus einer bzw. in eine Datei. Die Syntax ist A = readmatrix(filename,opts,eig, wert); „filename" ist der Name der Datei. Das Dateiformat erkennt readmatrix an der Fileerweiterung: .txt, .dat oder .csv für Dateien mit Trennsymbol und .xls, .xlsb, .xlsm, .xlsx, .xltm, .xltx und .ods für Tabellenkalkulationsdateien. Alle anderen Eingabevariablen sind optional. „opts" ist ein Import-Objekt, das beispielsweise mittels detectImportOptions erstellt wurde. „eig,wert" sind Eigenschafts-Werte Paare, hier eine Auswahl: Die Eigenschaften 'FileType' und 'NumHeaderLines' wurden bereits oben besprochen.

'ExpectedNumVariables' mit einer positiven ganzen Zahl gibt die erwartete Anzahl an Variablen (Spalten) an.

'Range' Bereich der ausgelesen werden soll. Der Wert kann den Beginn kennzeichnen, beispielsweise [z,s] ab Zeile z und Spalte s, oder den Bereich von Zeile z1 bis z2 und Spalte s1 bis s2 [s1 z1 s2 z2]. Je nach Dateityp gibt es weitere Möglichkeiten wie 'A7' etc.

'OutputType' zusammen mit dem Datentyp legt den Ausgabetyp fest. Unterstützt werden alle MATLAB Datentypen von 'uint8' bis 'double' für numerische Daten, 'char' oder 'string' für Text sowie 'datetime', 'duration' und 'categorical'.

'Delimiter' und das Trennsymbol, beispielsweise ','

'Whitespace' mit dem zugehörigen Charakter, der beim Einlesen durch ein Leerzeichen ersetzt werden soll.

'LineEnding' zusammen mit dem Charakter der das Zeilenende kennzeichnet, beispielsweise '\n'

'CommentStyle' und dem Symbol das einen Kommentar einläutet, beispielsweise '%'.

'Encoding' und ein String für die zugehörige Dateicodierung, beispielsweise 'UTF-8'.

'DateLocale' zusammen mit dem Symbol für das lokale Datumsformat, beispielsweise 'de_DE' für Deutschland.

'DecimalSeparator' zusammen mit dem Dezimalseparator, beispielsweise ',' im deutschsprachigen Raum.

'ThousandsSeparator' zusammen mit dem Symbol für die Kennzeichnung der Zahlengruppierung in tausender Schritten, beispielsweise '.' im deutschsprachigen Raum.

'ConsecutiveDelimiterRule' Vorgehensweise bei der Wiederholung von Trennsymbolen. Unterstütze Werte sind 'split' (Aufspalten in mehrere Felder), 'join' (Interpretation als ein Symbol) und 'error' (Fehlermeldung).

'UseExcel' mit den Werte 'false' (Default) und 'true' je nachdem, ob es sich um einen Windows-Excel File handelt.

Beispiel: Einlesen einer Datei

```
% textbspDatum.dat:
Temperatur Deutsches Datumsformat  Sonne   NS
-12  ;          12 Januar 2016;     0.5    12
-6   ;          13 Februar 2016;    2.7    3.5
+17  ;          1 Juni 2016;        9.8    0
%
opts = detectImportOptions('textbspDatum.dat'); % Input-Option
preview('textbspDatum.dat',opts)        % Datenstruktur anschauen
% Das Datum + ; wird in einzelne Spalten geschrieben
opts.SelectedVariableNames = [1,6:7];  % Spalten waehlen
```

```
A = readmatrix('textbspDatum.dat',opts)
% A =
%
%    -12.0000    0.5000    12.0000
%     -6.0000    2.7000     3.5000
%     17.0000    9.8000          0
```

`writematrix(A)` schreibt das Array „A" als eine Komma-separierte Liste in eine Datei mit dem Namen der Variablen und der Dateierweiterung .txt.

`writematrix(A,filename,eigen,wert)` schreibt „A" in die Datei mit dem Namen „filename". Als Dateierweiterung werden unterstützt .txt, .dat, .csv, .xls, .xlsm, .xlsx und .xlcb. Als Eigenschafts-Werte Paare werden u.a. unterstützt: 'FileType', 'DateLocale', 'Delimiter', 'Encoding', 'Range' und 'UseExcel' wie unter `readmatrix` beschrieben, sowie

'WriteMode' legt fest wie mit bereits existierenden Dateien verfahren wird. Für Textfiles 'overwrite' (Default) der bestehende Inhalt wird überschrieben und 'append' Daten werden angehängt. Für Spreadsheet Files: 'inplace' (Default) der Bereich, der von den Eingabedaten beansprucht wird wird überschrieben, 'overwritesheet' das Tabellenblatt wird gelöscht und neu angelegt, 'append' die Daten werden angehängt, 'replacefile' die gesamte datei wird neu angelegt.

'Sheet' zusammen mit dem Namen des Arbeitsblatts, in dem die Daten abgelegt werden sollen (nur für Spreadsheet-Files).

Textfiles. `C = textscan(fid, 'format')` liest aus dem mit `fopen` geöffneten File mit der File Identification Number „fid" Daten aus und speichert sie in der Zellvariablen „C" ab. An Stelle einer Datei kann auch ein String ausgelesen werden. In diesem Fall ist „fid" ein String. Mit `[C, Pos] = textscan(...)` kann zusätzlich die Dateiposition, bzw. die Position im auszulesenden String ausgegeben werden. Die unterstützten Formate sind in Tabelle (20.3) aufgeführt. Soll ein Format n-fach wiederholt werden, so kann dies bequem mittels `C = textscan(fid,'format',n)` übergeben werden. In der Formatanweisung kann beispielsweise mittels %Ns das Einlesen eines Strings (%s) auf die Feldlänge N eingeschränkt werden. Mittels %*k, Beispiel '%s %f %*f %s, wird die Spalte mit der Formatanweisung %*k übersprungen; im Beispiel die 3. Spalte. %*ns überspringt die ersten n Zeichen und bei %*nc einschließlich der Trennsymbole. Außerdem können Feldbreiten vorgegeben werden. Beispielsweise führt %8.3f zur Ausgabe von drei Nachkommastellen und maximal 8 Zeichen. Weitere Eigenschaften können als Wertepaar `C = textscan(fid,'format', eig, wert, ...)` bzw. `C=textscan(fid, 'format', n, eig, wert, ...)` übergeben werden. Die unterstützten Eigenschaften sind in Tabelle (20.4) aufgelistet.

Beispiel: Literale und Datumskonvertierung. Auszug aus dem Datenfile:

```
Messung      Parametersatz  Erg1 Erg2 Mit?
Schweizer    para7          12.1 2    ja
```

Die zweite Zeile soll eingelesen werden:

```
fid = fopen('textbsp.dat')
C = textscan(fid,'%s %s %f %d %s','headerlines',1);
fclose(fid)
```

Tabelle 20.3: *Unterstützte Formatanweisungen von* `textscan`.

FORMAT	BEDEUTUNG
%n	Einlesen einer Zahl und Konvertieren zu double.
%d	Einlesen einer Zahl und Konvertieren zu int32.
%dn	Einlesen einer Zahl und Konvertieren zu intn.
	mit n = 8, 16, 32 oder 64
%u	Einlesen einer Zahl und Konvertieren zu uint32.
%un	Einlesen einer Zahl und Konvertieren zu uintn.
	mit n = 8, 16, 32 oder 64
%x	Einlesen einer Hexadezimalen Zahl zu uint64
%xun	Einlesen einer Hexadezimalen Zahl zu uintn
	mit n = 8, 16, 32 oder 64
%xsn	Einlesen einer Hexadezimalen Zahl zu intn
	mit n = 8, 16, 32 oder 64
%b	Einlesen einer binären Zahl zu uint64
%bun	Einlesen einer binären Zahl zu uintn
	mit n = 8, 16, 32 oder 64
%bsn	Einlesen einer binären Zahl zu intn
	mit n = 8, 16, 32 oder 64
%f	Einlesen einer Zahl und Konvertieren zu double.
%f32	Einlesen einer Zahl und Konvertieren zu single.
%f64	Einlesen einer Zahl und Konvertieren zu double.
%s	Einlesen eines Strings.
%q	Einlesen eines möglicherweise in Anführungszeichen
	stehenden Strings.
%c	Einlesen eines Characters einschließlich „White Space".
%C	Einlesen eines Strings wie %q und
	Konvertieren zu einer kategorialen Variablen.
%*...	Ignoriert den durch „..." festgelegten Datentyp.
%w...	Liest die durch w festgelegte Feldbreite.
%D	Einlesen eines Strings wie %q und
	Konvertieren in ein Datumsformat.
%{tmj}D	Einlesen eines Strings wie %q und Konvertieren in ein
	durch {tmj} festgelegtes Datumsformat, vgl. Tab. (23.1).
%T	Einlesen eines Strings wie %q und
	Konvertieren in ein duration Objekt.
%{tmj}T	wie %{tmj}D, jetzt aber duration Objekt.
Literals%...	Ignoriert den durch Literal festgelegten Wert, s. Beispiel.
%[...]	Einlesen der Character, die den Klammerausdruck treffen, bis
	die erste Abweichung auftritt. Einbeziehen einer „[,: %[]...]
%[^...]	Verneinung von %[...]. %[^]...] schließt „]"aus.

```
%  >> C{2}
%  ans =
%      'para7'
```

Tabelle 20.4: Zusätzliche Eigenschaften zu `textscan`.

Eigenschaft	Wert	Default
CommentStyle	Symbole, die die Kommentarbereiche festlegen.	
CollectOutput	falls wahr (1), fortlaufende Abspeicherung bei unterschiedlichen Datentypen in einer Zelle, sonst in einem Array	0
DateLocale	String, um länderspezifische Datumsformate einzulesen, s. Beispiel.	
Delimiter	Trennsymbol	
EmptyValue	Interpretation leerer Zellen in Tabellen.	NaN
LineEnding	String, der das Zeilenende festlegt	
ExpChars	Definition des Exponenten.	'eEdD'
HeaderLines	Zahl der zu ignorierenden Kopfzeilen.	0
MultipleDelimsAsOne	Behandlung multipler Trennsymbole (0=falsch oder 1)	0
ReturnOnError	Verhalten bei Lesefehler (1=wahr oder 0).	1
TreatAsEmpty	Strings, die als leerer Wert betrachtet werden. Kann einzelner String oder Zell-Array von Strings sein.	
Whitespace	White-Space-Character	\b, \t
	\b Eine Position nach links.	
	\f Seitenvorschub	
	\n Sprung zum Beginn der folgenden Zeile.	
	\r Wagenrücklauf	
	\t Horizontaler Tabulatorschritt	
TextType	Ausgabedatentyp bei Text entweder Zellarray aus Charakters oder ein String-Array ('string')	'char'

„para" soll unterdrückt werden. Dazu lässt sich ein Literal verwenden:

```
fid = fopen('textbsp.dat')
C = textscan(fid,'%s para%s %f %d %s','headerlines',1)
fclose(fid)
%  >> C{2}
%  ans =
%      '7'
```

Länderspezifische Datumsformate lassen sich auf die folgende Art und Weise auslesen:
Der Datenfile „textbspDatum.dat" enthält
```
Deutsches Datumsformat
12 Januar 2016; 0.5
13 Februar 2016; 2.7
1 März 2016; 9.8
```
lesen wir ihn mit der Eigenschaft „DateLocale" ein, so führt dies zu

```
fid = fopen('textbspDatum.dat')
C = textscan(fid,'%{dd MMMM yyyy}D %f', 'DateLocale', 'de_DE', ...
```

```
    'Delimiter',';', 'Headerlines',1)
fclose(fid)
```

```
>> C{1}
ans =
   12 January 2016
   13 February 2016
    1 March 2016
```

Die länderspezifischen Bezeichnungen setzen sich aus einem Sprach- und Länderkürzel zusammen. Beispielsweise für Deutschland 'de_DE' und für die USA 'en_US'.

`text = fileread(filename)` liest die Datei „filename" in ein Charakter-Array „text" ein.

Daten importieren. `A = importdata('filename','delimiter')` lädt Daten von „filename" in die Variable „A". „delimiter" ist optional und legt den Spaltendelimiter fest. `importdata` entscheidet anhand der File-Kennung welche Hilfsfunktion zum Einlesen genutzt wird. `A = importdata('-pastespecial')` liest die Daten aus der Zwischenablage ein. `A = importdata(...,delimiterIn,abZeile)` liest die Daten ab der Zeile abZeile+1 ein. `importdata` unterstützt als zusätzliche Rückgabevariablen `[a,delout,headout] = ...` mit „delout" das festgestellt Trennsymbol und „headout" die erkannte Anzahl an Kopfzeilen.

Eingabe am MATLAB-Prompt. Mit `ein=input('was')` erwartet MATLAB im Command Window eine Eingabe. „was" ist der Prompt, mit dem Informationen zur gewünschten Eingabe ausgegeben werden können, „ein" ist die Variable, in die der Eingabewert abgespeichert werden wird. Handelt es sich um eine String-Variable, so erlaubt `ein = input('was','s')` die Eingabe des Strings ohne Hochkomma und `ein = input(['was','\n'])` führt einen Zeilenvorschub aus.

20.1.4   Lesen und Schreiben formatierter Files

fgetl und fgets `tline = fgetl(fid)` liest eine Zeile der Datei mit Filehandling „fid" und lässt dabei Zeilenumbrüche beim Einlesen unberücksichtigt; `tline = fgets(fid)` wie fgetl liest aber Zeilenumbrüche mit. `tline = fgets(fid,nc)` liest nc Charakters der aktuellen Zeile aus. Findet „fgetl" oder „fgets" einen End-of-File-Indikator, wird der Wert -1 zurückgegeben.

fprintf und fscanf. `fprintf` schreibt formatierte Daten in einen File und `fscanf` liest formatierte Daten aus.

fprintf: „fprintf" verhält sich ähnlich, aber nicht identisch der gleichnamigen ANSI-C-Funktion. Die Syntax ist `count = fprintf(fid,format,A,...)`.
„fid" kennzeichnet den File, „format" gibt die Formatvorschrift für die Ausgabe wieder und „A" ist die zu schreibende Matrix. Dies wird durch die folgenden beiden Beispiele verdeutlicht.

Beispiel 1.

```
>> x=0:0.2:1;
```

```
>> A=[x; exp(x)];
>> fid = fopen('exp.txt','w');
>> fprintf(fid,'%6.2f %12.8f\n',A);
>> fclose(fid)
ans =
     0
>> type exp.txt

   0.00   1.00000000
   0.20   1.22140276
   0.40   1.49182470
   0.60   1.82211880
   0.80   2.22554093
   1.00   2.71828183
```

A enthält eine Matrix mit den Werten x und exp(x). Durch **fopen** wird eine formatierte Datei zum Schreiben angelegt. **fprintf**($\cdots$)schreibt in diese Datei (fid) mit der Formatanweisung „%6.2f %12.8f\n". **type exp.txt** zeigt das entsprechende Resultat. 6 bzw. 12 geben die Feldgröße an, d.h. die gesamte zur Verfügung gestellte Breite. .2 bzw. .8 geben die Zahl der Nachkommastellen an, f besagt, dass es sich um eine Fließkommadarstellung handelt. Eine Liste aller Formatanweisungen ist in den Tabellen (20.5) und (20.6) aufgeführt. Zusätzlich kann noch ein Flag %−12.5e gesetzt werden. % legt stets den Start der Formatanweisung fest.

Tabelle 20.5: *Unterstützte Formatanweisungen.*

FORMAT	BEDEUTUNG	BEISPIEL
−	Unterdrücken des linken Randes.	%−8.5d
+	Stets Ausgabe des Vorzeichens.	%+8.5d
0	Führende Leerstellen werden mit Nullen aufgefüllt.	%+8.5d
n	Feldbreite	%8$\cdots$
.m	Zahl der Nachkommastellen	%8.3f

Beispiel 2. **fprinf** liefert eine bessere und flexiblere Darstellung des Bildschirmausdrucks als **disp**. Die File-Identifikationsnummer ist hier optional, der Bildschirm hat „fid = 1".

```
>> fprintf(1,'%12.8f\n',pi)
   3.14159265
>> fprintf(1,'%-12.8f\n',pi)
3.14159265
>> disp(pi)
     3.1416

>> % und fuer linksbuendige Tabellen
>> % Dezimalpunkt stets an derselben Stelle

>> fprintf(1,'%012.8f\n',A)
```

Tabelle 20.6: *Die wichtigsten unterstützten Formatanweisungen.*

FORMAT	BEDEUTUNG
%c	Einzelner Character
%d	Vorzeichenbehaftete Dezimalnotation
%e	Wissenschaftliche Notation (3.1415e+00)
%E	Wissenschaftliche Notation (3.1415E+00)
%f	Festpunkt-Notation
%g	%e oder %f, je nachdem, was kompakter ist
%G	wie %g, aber Großbuchstaben
%i	Vorzeichenbehaftete ganze Zahl
%o	Vorzeichenlose oktale Notation
%s	Characterstring
%u	Vorzeichenlose dezimale Notation (unsigned)
%x	Hexadezimale Notation (a–f)
%X	Hexadezimale Notation (A–F)
	Escape-Sequenzen
\b	Eine Position nach links
\f	Seitenvorschub
\n	Sprung zum Beginn der folgenden Zeile
\r	Wagenrücklauf
\t	Horizontaler Tabulatorschritt
\\	Ausgabe: \
\"	Anführungszeichen
"	Anführungszeichen
%%	Prozentzeichen

```
011.06175565
008.85848695
302.11519373
004.86847456
```

Ohne die „0" wäre der Dezimalpunkt ebenfalls stets an derselben Position, mit „−1" würden alle Leerstellen verschwinden.

fscanf. fscanf ist das Gegenstück zu fprintf und unterstützt dieselben Formatanweisungen, s. Tabelle (20.6). Die allgemeine Syntax ist [A,count] = fscanf(fid,format,size), „count" und „size" sind optional. „fid" kennzeichnet die zu lesende Datei, die zuvor mit fopen geöffnet wurde, und „A" die zu schreibende Variable. „size" legt fest, wie viele Daten ausgelesen werden, die in „count" mitgezählt werden. „size" kann die folgenden Werte haben:

- n: Es werden n Elemente in einen Spaltenvektor eingelesen.
- inf: Es werden alle Werte bis zur End-of-File-Markierung gelesen.
- [m,n]: Es werden so viele Daten eingelesen, bis eine m×n-Matrix gefüllt ist. Im Gegensatz zu „m" kann „n" inf sein.

20.1.5   Stringfunktionen

`[s, errmsg] = sprintf(format, A, ...)` schreibt formatierte Daten „A" in den
String „s". In „errmsg" werden etwaig auftauchende Fehlermeldungen gespeichert, ist
sonst aber leer. `sprintf` unterstützt dieselben Formate und hat dieselben Eigenschaften wie `fprintf`, vergleiche Tabelle (20.5) und (20.6). Das Gegenstück zu `sprintf` ist
>> `[A,count,errmsg,nextindex] = sscanf(s,format,size)`. Es dient dem Ausle-
sen von Daten aus einem String in die Variable „A" und unterstützt dieselben Formatanweisungen, vgl. Tabelle (20.6). „count", „errmsg", „nextindex" und „size" sind optional.
„count" und „size" haben exakt dieselbe Bedeutung wie in `fscanf` (s.o.). „errmsg" dient
dem Aufnehmen von Fehlermeldungen, „nextindex" gibt den nächsten einzulesenden
Indexwert an. Hat „s" 23 Elemente, die eingelesen wurden, dann hat nextindex den
Wert 24.

20.1.6   Lesen und Schreiben binärer Files

`fread` und `fwrite` dienen dem Lesen und Schreiben binärer Files, die zuvor mit `fopen`
geöffnet werden müssen. Während für formatierte, also lesbare Files das Maschinenformat bedeutungslos ist, wird dies für Binärdateien dann wichtig, wenn beispielsweise
Daten auf einem Rechnertyp wie einem PC eingelesen werden, die auf einem anderen Rechnertyp wie Workstations erzeugt worden sind. Die einfachste Syntax ist `A
= fread(fid)`. Hier werden die Daten des Files mit der File-Identifikationsnummer
„fid" in die Variable „A" eingelesen. Mit `[A, count] = fread(fid, count, genau,
skip, machineformat)` können weitere optionale Argumente übergeben werden, wobei
„count" und „skip" auch ausgelassen werden können. „count" kann die Werte n (lies n
Elemente in einen Spaltenvektor), inf (lies bis zum Fileende) oder [n,m] (lies die ersten $n \cdot m$ Elemente spaltenweise in eine n×m-Matrix) haben. Der Parameter „genau"
legt die Ein- und Ausgabegenauigkeit fest. Tabelle (20.7) listet die Möglichkeiten auf.
MATLAB erlaubt dabei sowohl die eigene Klassifizierung als auch das entsprechende C-
oder FORTRAN-Äquivalent. Um die Ausgabegenauigkeit festzulegen, nutzt „genau" ein
zweiseitiges Argument, beispielsweise „bit4=>int8" für „lies vorzeichenbehaftete 4-bit-
Integer gepackt in Bytes ein und gib 8-bit-Integer aus", oder „double=>real*4", „lies
Double (8 Byte) ein und konvertiere in Single (4 Byte)". Ist das Ein- und Ausgabeformat
gleich, dann kann als Kurzform auch ein * übergeben werden. Beispielsweise steht die
Kurzform „*double" für „double=>double". Die Voreinstellung für „genau" ist „uchar".
Die Eigenschaft „skip" legt die Anzahl der Bytes fest, die nach dem Lesen jedes Wertes
übersprungen werden sollen; „skip" ist eine ganze Zahl mit Defaultwert 0. „machinefor-
mat" unterstützt dieselben Computertypen mit denselben Bezeichnern wie `fopen`, siehe
Tabelle (20.2).

Das Gegenstück zu `fread` ist `fwrite`. Bevor in ein Binärfile geschrieben werden kann,
muss zunächst die Datei mit `fopen` geöffnet werden. `count = fwrite(fid,A,genau,
skip)` erlaubt dann, in diesen File die Variable „A" zu schreiben. Die Argumente haben
dieselbe Bedeutung wie unter `fwrite`. „skip" ist optional und dient dem Überspringen
von n Bytes (bzw. n Bits für die Formatanweisungen bit$n$ und ubit$n$) vor dem Schreiben
eines Wertes.

Beispiel zu fread und fwrite. Im folgenden Beispiel speichern wir eine Double-

Tabelle 20.7: `fread` *und* `fwrite` *unterstützen Formatanweisungen sowohl in* MATLAB-*Notation (linke Spalte) als auch das C- bzw. FORTRAN-Äquivalent (mittlere Spalte).*

MATLAB	C, FORTRAN	BEDEUTUNG
'schar'	'signed char'	Vorzeichenbehafteter 8-Bit-Character
'uchar'	'unsigned char'	Vorzeichenloser 8-Bit-Character
'int8'	'integer*1'	8-Bit-Integer
'int16'	'integer*2'	16-Bit-Integer
'int32'	'integer*4'	32-Bit-Integer
'int64'	'integer*8'	64-Bit-Integer
'uint8'		Vorzeichenlose 8-Bit-Integer
'uint16'		Vorzeichenlose 16-Bit-Integer
'uint32'		Vorzeichenlose 32-Bit-Integer
'uint64'		Vorzeichenlose 64-Bit-Integer
'float32'	'real*4'	4-Byte Reelle Zahl
'single'	'real*4'	4-Byte Reelle Zahl
'float64'	'real*8'	8-Byte Reelle Zahl
'double'	'real*8'	8-Byte Reelle Zahl
		Plattform abhängig:
'char'	'char*1'	8-Bit-Character
'short'	'short'	16-Bit-Integer
'int'	'int'	32-Bit-Integer
'long'	'long'	Integer 32 oder 64 Bits
'ushort'	'unsigned short'	Vorzeichenlose 16-Bit-Integer
'uint'	'unsigned int'	Vorzeichenlose 32-Bit-Integer
'ulong'	'unsigned long'	Vorzeichenlose Integer; 32 oder 64 Bits
'float'	'float'	4-Byte Reelle Zahl
'bitN'		Vorzeichenbehaftete Integer, $1 \leq N \leq 64$
'ubitN'		Vorzeichenlose Integer, $1 \leq N \leq 64$

Matrix „Ad" binär ab, lesen sie erneut ein und in einem weiteren Beispiel wandeln wir die Doubles in Character um.

```
>> % Binaer Abspeichern
>> Ad
Ad =
    77    97   116   108    97    98    55
   107   111   109   112    97   107   116

>> fid = fopen('test.bin','wb');
>> fwrite(fid,Ad,'double');
>> fclose(fid);
>> % Wieder Einlesen
>> fid=fopen('test.bin','rb');
>> C=fread(fid,'double')
C =
```

```
    77
   107
    97
   111
. . . . . . . .
   116
```

```
>> fclose(fid);
>> % Double Einlesen und in Character wandeln
>> fid=fopen('test.bin','rb')
>> Cc=fread(fid,'double=>char')
Cc =
M
k
a
o
. . . . . . . . .
t
```

```
>> Cc1=reshape(Cc,2,7)
Cc1 =
Matlab7
kompakt
```

Binäre gebänderte Daten. `multibandread` und `multibandwrite` dienen dem Lesen und Schreiben 3-dimensional abgelegter, binärer Daten (interleaved Data). Die ersten beiden Dimensionen sind die üblichen Zeilen und Spalten, die dritte Dimension durchblättert die einzelnen Bänder. Mit `X = multibandread(filename, size, precision, offset, interleave, byteorder)` lassen sich die Daten aus dem Binärfile „filename" auslesen und im 3-D-Array X abspeichern. „size" ist ein dreikomponentiger Vektor [nr nrtot nband], wobei nr die Zahl der Zeilen ist, nrtot die Gesamtzahl der Elemente in jeder Zeile und nband die Gesamtzahl der Bänder (dritte Dimension). „precision" kann jeden Wert haben, den auch `fread`, s. Tabelle (20.7), unterstützt. „offset" gibt die Position des ersten einzulesenden Datenelements an und beginnt bei 0. „interleave" bestimmt die Art, wie die abgelegten Daten eingelesen werden, und hat drei Möglichkeiten:

- „bsq": Band-sequentiell; jedes Band wird vollständig ausgelesen.

- „bil": Von jedem Band wird eine vollständige Zeile ausgelesen.

- „bip": Von jedem Band wird je ein Pixel (Element) ausgelesen.

Die Eigenschaft „byteorder" legt fest, ob die Daten im Little-Endian („ieee-le") oder Big-Endian Format („ieee-be") abgespeichert werden; siehe auch `fopen`.

Dem Schreiben gebänderter Daten dient `multibandwrite`. `multibandwrite(data, filename, interleave)` schreibt die Daten „data" in die Datei „filename" und legt die Daten in der mit „interleave" festgelegten Reihenfolge (s.o.) ab. `multibandwrite(data,`

filename,interleave,start,totalsize) speichert die Daten in Blöcken ab. „start"
ist ein 3-elementiger Zeilenvektor, der festlegt, ab welcher Stelle ([Zeile, Spalte, Band])
die Daten geschrieben werden, und der 3-elementige Zeilenvektor „totalsize" gibt die
Gesamtzahl der Zeilen, Spalten und Bänder an. Neben diesen Parametern können noch
weitere Eigenschaften übergeben werden, multibandwrite(...,eig,wert,...). Dabei
werden folgende Eigenschaften unterstützt:

- precision: Formatanweisung entsprechend Tabelle (20.7).

- offset: Zahl der zu überspringenden Bytes vor dem ersten Datenwert.

- machfmt: Maschinenformat ieee-le oder ieee-be, s.o.

- fillvalue: Zahl der zu ergänzenden Datenwerte im Falle fehlender Werte.

20.2   Big Data Analysen

Big Data Anwendungen nehmen in der Datenanalyse einen immer größeren Raum ein.
Unter Big Data verstehen wir insbesondere so große Datenmengen, dass sie nicht mehr in
den Hauptspeicher passen. Umfangreiche Daten, die zu komplex oder zu wenig strukturiert sind, um mit herkömmlichen Methode bearbeitet zu werden. MATLAB unterstützt solche Anwendungen insbesondere mittels datastore zur Datenverwaltung und
mapreduce zur Datenanalyse sowie memmapfile zur Daten-Abbildung. Ein typischer
Workflow ist Algorithmen zunächst an einer kleinen Datenmenge zu testen, die noch
bequem in den Hauptspeicher passt, im nächsten Schritt so zu tun als wäre der Datensatz groß und zuletzt die erprobten Verfahren auf die „Big Data" loszulassen.

20.2.1   Funktionsübersicht

Daten-Abbildung memmapfile

Datenverwaltung datastore, hasdata, imageDatastore, reset, partition, read, readall,
    readimage, spreadsheetDatastore, TabularTextDatastore, tall, write

Datenübersicht gather, head, numpartitions, preview, tail, classUnderlying, isaUn-
    derlying, istall

Big Data Analyse mapreduce, mapreducer, gcmr, add, addmulti, hasnext, getnext

20.2.2   Daten-Abbildung

Um Daten in einer Variablen abspeichern zu können, muss ein genügend großer virtueller
und zusammenhängender Speicherbereich zur Verfügung stehen. Meist liegt die maximale Größe bei ca. 800 MByte. Mit dem Befehl memmapfile kann für 64-Bit Betriebssysteme eine bis zu 256 TByte große binäre Datei auf ein Objekt abgebildet werden.
Die allgemeine Syntax lautet m = memmapfile(Datei, eig1, wert1, eig2, wert2,

...). „Datei" ist der Dateiname, „m" das Memmapfile-Objekt und „eigi", „werti" sind optionale Eigenschaften, die in Tabelle (20.8) aufgelistet sind. `memmapfile` liest und schreibt Daten rascher als `fread` und `fwrite` und bietet zusätzlich die Möglichkeit, auf denselben Speicher verschiedene Anwendungen zugreifen zu lassen. Die Eigenschaften können mit `m.Eigenschaft = neuerWert` verändert werden. Auf die zugehörige Datei kann mittels `y = m.Data;` zugegriffen werden. Da es sich um gemeinsam verwaltete Daten handelt, wird kein zusätzlicher Speicher benötigt. Mit der get-Methode `m_eig = get(m, {eig1,eig2,..})` können die Eigenschaften ausgelesene werden und die disp-Methode, `disp(m)`, listet alle Eigenschaften auf.

Auf einen großen Datenfile kann nicht in einem Schritt zugegriffen werden. Wichtige Eigenschaften sind „repeat" und „offset", wie das folgende Beispiel aufzeigt:

```
mmf = memmapfile('test.dat','format',{'double',[15000, 1], 'x'},...
              'Repeat',3)
% dies oeffnet test.dat und bildet die Datei in m ab
% mit


a1=mmf.data(1).x; % Index 1 ...3 entsprechend Repeat


% lassen sich nun die Daten auslesen.
% Ein Beispiel ist beigefuegt
% ...
mmf.Offset = 15000*8;
a2=mmf.data(1).x,15); % Auslesen des zweiten Blocks


mmf.Offset = 15000*8*999;
a1000=mmf.data(1).x,15); % Auslesen des 1000 Blocks
```

Tabelle 20.8: *Eigenschaften der Memmapfile-Objekte*

EIGENSCHAFT	WERT	BEDEUTUNG
Format	s. Tab. (20.9)	Character oder Zell-Array, legt Datenformat fest.
Offset	double	Zahl der Bytes vom Dateibeginn (0).
Repeat	double	Zahl der Formatwiederholungen
Writeable	logical	Zugriffsart, Voreinstellung false

Tabelle 20.9: *Unterstützte Formate der Memmapfile-Objekte*

FORMAT	DATENTYP	FORMAT	DATENTYP
int8	8-Bit Integer	int16	16-Bit Integer
int32	32-Bit Integer	int64	64-Bit Integer
vorzeichenlose x-Bit Integerzahlen		uintx	x=8,16,32,64
default	uint8		
single	4-Byte Zahlen	double	8-Byte Zahlen

20.2.3 Datenverwaltung

Am Beginn einer Big Data Analyse steht typischerweise das Erstellen eines „datastores". Der erste Schritt ist dann den Algorithmus an einer kleinen mit „read" gewonnen Datenmenge zu testen und der Zweite eine „tall" Variable zum Testen zu erstellen.

`datastore` dient der Verwaltung großer Datenmengen und erstellt ein Repository, das es erlaubt auf Daten zuzugreifen, ohne die kompletten Datensätze in den Speicher einzulesen. Der allgemeine Aufruf ist `ds = datastore(wdaten,Eig,Wert)`. Der Rückgabewert „ds" ist ein Datastore Objekt mit Informationen über Ort und Art der Daten. Je nach Art der Daten wird zwischen TabularTextDatastore, die aus Textdateien bestehen, ImageDatastore für Imagedaten, spreadsheetDatastore, KeyValueDatastore-Objekten für mat-Dateien und Hadoop Sequenz und TallDatastore für tall Arrays unterschieden. „wdaten" ist ein String oder eine Zellvariable mit Strings, die entweder ein Verzeichnis oder den Pfad zu einer oder mehreren Dateien enthält. Liegen die Dateien im lokalen Directory genügt deren Namen. Sollen alle Dateien beispielsweise mit der Dateierweiterung „.txt" eingelesen werden, so kann auch ein String der Form 'dir/*.txt' übergeben werden, wobei „dir" der vollständige Pfad zu den Dateien enthält. „Eig,Wert" sind optionale Eigenschaftswerte-Paare, die auch in der Form `ds.Eig = Wert` übergeben werden können und im Folgenden diskutierte werden.

'Type': Die Eigenschaft „Type" kann die folgenden Werte haben: 'tabulartext' für ASCII oder UTF-8 Dateien. In diesem Fall wird ein TabularTextDatastore Objekt erstellt. 'image' für Bilddateien wie jpeg etc. Rückgabewert ist dann ein ImageDatastore Objekt, , 'spreadsheet' für Tabellenkalkulationsblätter, , 'keyvalue' für MAT-Dateien oder mit `mapreduce` erstellt Daten (KeyValueDatastore), 'file' für FileDatastores , die ein benutzerdefiniertes Format verwenden, 'tall' für TallDatastores, 'parquet' für Parquet-Datastore (Spalten-orientierte Daten). Je Rückgabewert liegen unterschiedliche mögliche Eigenschaften vor und können unterschiedliche Objektfunktionen genutzt werden. Sollten noch weitere Toolboxen installiert sein, können auch noch weitere Datastore Objekt-Typen unterstützt werden. Wird die Eigenschaft „Type" nicht übergeben, wählt `datastore` anhand der Dateikennung ein entsprechendes Objekt aus.

TabularTextDatastore Objekte. Als Beispiel dient der File „DataStoreBsp.csv", der Werte des Beispiels „Reales Pendel" aus Kap. 1 enthält, gewürzt mit fehlenden Werten und NaNs. Der Aufruf
```
ds = datastore('DataStoreBsp.csv','NumHeaderLines',3,...
            'TreatAsMissing','-')
```
generiert ein TabularTextDatastore Objekt, alternativ dazu
```
ds = tabularTextDatastore('DataStoreBsp.csv', ...).
```
Einen Überblick über den Datensatz liefert der Befehl `daten = preview(ds)`. „ds" ist das entsprechende Datastore Objekt, in „daten" wird eine kurze Übersicht abgelegt. Insbesondere wenn bestimmte Datenspalten von besonderem Interesse sind, kann mit der Eigenschaft
`ds.SelecetedVariableNames = {...}` die Rückgabe von `preview` auf die entsprechenden Spalten eingeschränkt werden, Beispiel:
```
>> ds.SelecetedVariableNames = {'t90', 'phi90'};.
```
Unterstützte Eigenschaften sind:

- Dateieigenschaften:
  Files: Zellvariable der einzubindenden Dateien bzw. Verzeichnisse.

FileEncoding: Dateicodierung; Voreinstellung ist 'UTF-8', es werden rund 40 verschiedene Codierungen unterstützt.
ReadVariableNames: Logische Variable, die festlegt ob die erste Zeile nach dem Dateikopf als Variablennamen genutzt werden sollen; Voreinstellung true.
VariableNames: Zellvariable mit den Variablennamen.

- Grundlegende Format Eigenschaften:
  NumHeaderLines: Anzahl der Kopfzeilen, positive ganze Zahl.
  Delimiter: Spaltentrennsymbol, String oder Zellvariable mit Strings.
  RowDelimiter: Zeilentrennsymbol, String; Default: '\r\n'.
  TreatAsMissing: String oder Zellvariable von Strings, die festlegt welche Symbole ebenfalls als fehlende Werte interpretiert werden sollen.
  MissingValue: Welcher Wert soll fehlenden Werten zugeordnet werden. Entweder NaN (Default) oder ein skalarer Wert.

- Zusätzliche Format Eigenschaften:
  TextscanFormats: Formatanweisungen; unterstützt werden dieselben Formate wie unter `textscan`, Tab. (20.3).
  ExponentCharacters: String, der festlegt was als Symbol für die Exponentialdarstellung einer Zahl akzeptiert wird ('eEdD').
  CommentStyle: String oder Zellvariable von Strings, die das Symbol für Kommentare festlegt.
  Whitespace: Formatierungssymbole, String, ' ,\b\t' (Default).
  MultipleDelimitersAsOne: Logische Variable, die festlegt wie mehrfache Spaltentrennsymbole behandelt werden; Voreinstellung: false

- Eigenschaften, die die Rückgabe von `preview`, `read` und `readall` beeinflussen:
  SelectedVariableNames: Zelle mit den Namen der ausgewählten Datenspalten.
  SelectedFormats: Zellvariable mit dem zugehörigen Format, Bsp: '%f', '%f'.
  ReadSize: Maximale Anzahl der auszulesenden Zeilen (20000 Default).

Die folgenden Funktionen unterstützen die Verwaltung von Datastore Objekten:

- `preview` wurde bereits oben diskutiert.

- `wf = hasdata(ds)` liefert ein logisches wahr (1) zurück, wenn das Datastore Objekt noch über lesbare Daten verfügt, sonst eine logische 0.

- `reset`. Wurde ein Teil der Daten von „ds" bereits eingelesen oder beispielsweise mit „SelectedVariableNames" bestimmte Variablennamen ausgewählt, so setzt `reset(ds)` das Datastore Objekt wieder in seinen Anfangszustand.

- `subds = partition(ds,n,i-te)` zerteilt das Datastore-Objekt in n Partitionen und liefert die i-te zurück. `subds = partition(ds,'Files',i-te)` partitioniert das Datastore-Objekt nach den Dateien aus denen es aufgebaut ist und liefert den i-te File zurück; alternativ `subds = partition(ds,'Files',fname)` hier wird die Datei mit dem Namen „fname" zurückgegeben.

- `N = numpartitions(ds)` liefert die Zahl der Partitionen „N" des Datastore Objekts „ds".

- `[data, info] = read(ds)` liest die maximale Zeilenzahl des Datastore-Objekts „ds" aus und setzt bei wiederholtem Aufruf an der letzten Stelle fort. Der Rückgabewert „info" ist optional und enthält je nach Database-Objekt Informationen zu Dateiname, - größe, -typ, Offset und Anzahl der gelesenen Characters (Num-CharacterRead).

- `data = readall(ds)` liest alle Daten sofern möglich aus, andernfalls erfolgt eine Fehlermeldung.

ImageDatastore Objekte dienen der Verwaltung von Bildern. Zusätzlich zu den oben gelisteten Befehlen wird noch `readimage` unterstützt. `[img, info]=readimage(ds,n)` liest aus dem Datastore-Objekt „ds" das n-te Image aus. „info" ist optional und enthält Informationen zu Dateiname und -größe. Nicht unterstützt werden die oben erwähnten Eigenschaften „VariableNames", „TextScanFormats", „SelectedVariableNames" und „SelectedFormat". Dagegen treten als neue und nur von ImageDatastore Objekten unterstützte Eigenschaften hinzu: 'IncludeSubfolders' mit den logischen Werten 1 oder 0, je nachdem ob Unterordner eingeschlossen sein sollen oder nicht. 'FileExtension', als Wert dient die Dateierweiterung der Bilddatei entweder als String oder Zellvariable und 'ReadFcn' mit einem Function Handle, das auf die Funktion verweist, die zum Einlesen der Bilddaten dient.

KeyValueDatastore Objekte unterstützen dieselbe Funktionen wie TabularText-Datastore Objekte sowie die folgenden Eigenschaften: 'Files' s.o., 'FileType' mit dem Defaultwert 'mat' für mat-Dateien und 'seq' für Sequenz-Dateien, sowie 'ReadSize' (veraltet 'KeyValueLimit'), das die maximale Anzahl an Key-Value Paare (Integer mit Voreinstellung 1) bei Aufruf der `read` oder `preview` Funktion festlegt.

20.2.4 Tall Arrays

Datastore Objekte sind eine Referenz auf die Datenquelle. Tall Arrays werden typischerweise von einem Datastore-Objekt „ds" erstellt `tds = tall(ds)`. Handelt es sich bei „ds" um Tabellen-Daten dann ist „tds" eine Tall-Tabelle oder Tall-Zeittabelle, andernfalls ein Tall-Zellarray. Da das Datastore-Objekt nicht im Hauptspeicher liegt (out-of-memory data), gilt dies auch für das Tall Array „tds". Mit `tA = tall(A)` kann auch ein im Hauptspeicher gespeichertes Array (in-memory) „A" in ein Tall-Array „tA" abgebildet werden.

Der große Vorteil von Tall-Arrays ist, dass mit ihnen wie mit normalen (in-memory) Arrays gearbeitet werden kann, vorausgesetzt der MATLAB-Befehl unterstützt Tall-Arrays, was aktuell sehr viele tun. Eine Liste erhält man mit $>>$ `methods tall`.
Beispiel: Plotten eines Histogramms

```
% Erstellen eines DataStore-Objekts
ds = datastore('DataStoreBsp.csv','NumHeaderLines',3,...
               'TreatAsMissing','-');
VN = ds.VariableNames;         % VariablenNamen
dst = tall(ds);                % Tall-Array
VN4 = VN{4};
sum(gather(isnan(dst.(VN4))))   % Liegen NaNs vor? -> 52 NaNs
% entweder dst.t179 oder dst.(VN4) da VN4 ein Charakter-Vektor ist
% mit dem Variablennamen t179
% Erstellen mehrerer Histogramme
n = length(VN);
```

```
figure('Position',[522 558 1277 420])
for k = 1:n
    subplot(1,n,k)
    histogram(dst.(VN{k}))
    title(VN{k})
end
% Evaluating tall expression using the Local MATLAB Session:
% - Pass 1 of 2: Completed in 0.047 sec
% - Pass 2 of 2: Completed in 0.027 sec
% Evaluation completed in 0.25 sec
% ...
```

Da Tall-Arrays üblicherweise sehr groß sind, gewinnt man einen Überblick über die ersten 8 Zeilen mit `gather(head(tds))` bzw. von ihrem Ende mittels `gather(tail(tds))`. `head` und `tail` können auch auf Tabellen und Zeittabellen angewandt werden. Eine Alternative zu `head` ist `topkrows`. Die Datenklasse eines Tall-Arrays kann mittels `klasse = classUnderlying(tds)` abgefragt werden und mit `tf = isaUnderlying(tds,kl)`, ob das Tall-Array „tds" auf der Datenklasse „kl" aufgebaut ist. Ob mit „tds" ein Tall-Array vorliegt überprüft der logische Operator `istall`. Mittels `write(wohin,tds)` kann das Tall-Array „tds" beispielsweise binär als Mat-File in das Verzeichnis „wohin" geschrieben werden und von dort auch wieder als DataStore-Objekt ausgelesen werden. `write` unterstützt weitere Eigenschafts-Werte Paare.

20.2.5 Big Data Analyse

MapReduce ist eine Programmiertechnik, die es erlaubt, große nicht mehr in den Speicherbereich passende Daten zu analysieren. Die Funktion `mapreduce` nutzt „DataStore", um Daten in hinreichend kleiner Größe auswerten zu können. Der allgemeine Aufruf ist `outds = mapreduce(ds,mapfun,reducefun,mr)`. Der Rückgabewert „outds" ist ein KeyValueDataStore-Objekt, das auf einen .mat-File im lokalen Verzeichnis verweist. „mapfun" und „reducefun " sind zwei Funktionen, die die Abbildung auf die Daten und die Datenreduktion festlegen. Beide Funktionen müssen gewisse Standards einhalten. Die Funktion `mapfun` hat folgenden Aufbau `function mapfun(data, info, KVStore)` und enthält entweder eine Zeile `add(KVStore,key,value)` oder `addmulti(KVStore, keys,values)`. Beide Funktionen dienen dazu dem mat-File „KVStore" einen oder mehrere Key-Value Werte hinzuzufügen, dabei ist „Key" entweder ein numerischer Skalar oder String und bezeichnet beispielsweise den Namen oder Index und „Value" den zugehörigen Wert. Die Reducer-Funktion „reducefun" liest die von `mapfun` erzeugten Zwischenschritte und hat den folgenden Aufbau `function reducefun(Key,ValIter, outKVStore)`. „Key" ist der von `mapfun` genutzte Schlüsselbegriff, in praxi häufig der Spaltennamen der Datei; „ValIter" ist das mit dem aktiven Key verknüpfte ValueIterator-Objekt, das alle zum Key gehörenden Werte enthält. In `reducefun` taucht typischerweise

```
while hasnext(ValIter)
    irgendwas = ... getnext(ValIter)
    ...
end
```

auf. Die Funktion `tf = hasnext(ValIter)` liefert ein logisches wahr (1) zurück, wenn die Funktion **reducefun** weitere Werte zur Verfügung hat und die Funktion `x = get-next(ValIter)` liest die nächsten zur Verfügung stehenden Werte aus. „mr" ist ein optionales MapReducer Objekt (s.u.). Zusätzliche können noch Eigenschaftwerte-Paare `outds = mapreduce(..., Eig, Wert)` übergeben werden. Unterstützt werden: 'OutputType' mit den Werten 'Binary' (Default) für KeyValueDatastore- und 'TabularText' für TabularTextDatastore-Objekte. 'OutPutFolder' mit den Werten pwd für das lokale Verzeichnis (Voreinstellung) oder einem Dateipfad für das Zielverzeichnis. 'Display' mit den Werten 'on' (Default) und 'off' für die Ausgabe von Informationen über den Fortschritt.

Prinzipieller Ablauf. Betrachten wir als einfaches Beispiel für den prinzipiellen Ablauf die Erstellung eines Balkendiagramms aus drei großen Textdateien. Das Programm `testdat.m` erstellt drei Testdateien mit den Namen „testdat1.txt", „testdat2.txt" und „textdat3.txt" aus jeweils 200.000 Zeilen.

1. Schritt: Erstellen eines Datastore Objekts.

```
dateien = 'testdat*.txt'; % Wildcards sind erlaubt
ds = datastore(dateien,'Delimiter','\t');
```

Hier könnten auch Eigenschaften wie beispielsweise „'SelectedVariableNames', {'A','B'}" zur Auswahl der einzulesenden Datenspalten oder auch „ds.ReadSize = 5000" für die Länge der später zu nutzenden Datenpakete festgelegt werden.

2. Schritt: Erstellen der „Reducer-Funktion", die die einzelnen Datenpakete aus dem Datastore Objekt holt und der „Mapper-Funktion", die die Datenpakete auswertet:

```
function testReducer(~,ValIter,outKVStore)
% Berechnung aller Zwischenschritte

if hasnext(ValIter)
    outVal = getnext(ValIter);
else
    outval = [];
end

while hasnext(ValIter)
    outVal = outVal + getnext(ValIter);
end

add(outKVStore,'Null',outVal)

function testMapper(data,~,KVStore)
edges = 0:0.05:1;
counts = histcounts(data.A,edges); % Histogrammdaten
add(KVStore,'keins',counts);
```

Im Daten-Beispiel hat die Datenspalte den Namen „A", der als Key dient und daher „data.A".

3. Schritt: Aufruf von `mapreduce` und Auswertung der Daten:

```
%% MapReduce anwenden
```

```
fh_testMapper = @(data,info,KVStore) testMapper(data,info,KVStore);
%
result = mapreduce(ds, fh_testMapper, @testReducer)
%% Daten auslesen
ds_erg=datastore(result.Files);
erg=readall(ds_erg);
%% Daten auswerten
x = cell2mat(erg.Value);
bar(x)
```

Mapreducer Konfiguration. `mr = mapreducer` legt die Ausführungskonfiguration für die Verwendung von `mapreduce` fest und ist dann interessant wenn die MATLAB-Erweiterungen „Parallel Computing Toolbox" und „MATLAB Distributed Computing Server" installiert sind. Der Rückgabewert „mr" ist das zugehörige Objekt mit den entsprechenden Eigenschaften. `mr = gcmr` liefert die aktuell vorliegende Konfiguration zurück.

20.3   Bilddateien verwalten

20.3.1   Funktionsübersicht

Bilddateien lesen und schreiben imread, imwrite

Bildinformationen imfinfo, imformats

Konversion zu Java im2java

Die LibTiff Bibliothek Tiff

20.3.2   Bilddateien lesen und schreiben

`imread` dient dem Einlesen von Pixelgrafiken aus Bilddateien, die Visualisierung erlaubt `image`. Die Syntax hängt teilweise vom jeweiligen Bildformat ab. Die unterstützten Formate sind in Tabelle (20.10) aufgelistet. `A = imread(filename,fmt)` liest Pixelgrafiken aus der Datei „filename" mit dem Format „fmt" ein und `[X,map] = imread(filename,fmt)` ordnet die Bildwerte einer indizierten Bilddatei „X" und einer Farbtafel „map" zu.

`[...] = imread(filename)` liest aus der File-Kennung das zugehörige Format aus und `[...] = imread(URL,...)` sucht das Bild unter der Internet-URL. `[...] = imread(...,idx)` liest das idx-te Image aus einer Multi-Image-Datei. Unterstützt werden die Formate CUR, GIF, ICO und TIFF. Mit `[...] = imread(...,'PixelRegion',{zeilen, spalten})` lässt sich ein durch Zeilen und Spalten ausgewähltes Teilbild einlesen. „zeilen" und „spalten" sind jeweils zwei- oder dreikomponentige Vektoren, die den auszulesenden Bereich über den Anfangs- und Endindex festlegen. Bei drei Komponenten gibt die mittlere Komponente zusätzlich die Schrittweite an. Als Format wird hier ausschließlich TIFF unterstützt. Für GIF-Formate erlaubt [...]=imread(...,'fra-mes',idx) die Auswahl des idx-ten Frames. Allerdings müssen zunächst alle Frames eingelesen werden. Für HDF-Formate wird via [...] = imread(...,ref) das durch die Referenzzahl „ref" gekennzeichnete Image aus einer Multi-Image-HDF-Datei ein-gelesen. Die Zuordnung kann mit infinfo ermittelt werden. PNG-Formate lassen zu-sätzlich die Möglichkeit zu, Transparenzwerte auszulesen oder den korrespondierenden Pixeln mit [...] = imread(...,'BackgroundColor',bg) eine Hintergrundfarbe zu-zuordnen. Die Farbmatrix „bg" hängt von der verwendeten Farbmatrix (indiziert, RGB oder Graustufen) ab. Eine weitere Möglichkeit ist die zusätzliche Ausgabe der Trans-parenzmatrix „alpha" [A,map,alpha] = imread(...). Dies wird außer von PNG noch von den Formaten ICO und CUR unterstützt.

Tabelle 20.10: *Von* imread *unterstützte Bildformate. Mit Ausnahme von „cur" werden alle Formate auch von* imwrite *unterstützt.*

FORMAT	NAME	VARIANTE
bmp	Windows Bitmap	Dekomprimiert: 1-, 4-, 8-, 16-, 24- und 32-Bit
		RLE-Images: 4- und 8-Bit
cur	Windows Cursor Resources	Dekomprimiert 1-, 4- und 8-Bit
gif	Graphics Interchange Format	1- bis 8-Bit Images
hdf	Hierarchical Data Format	8- und 24-Bit Raster-Image-Daten
ico	Windows Icon Resources	Dekomprimiert 1-, 4- und 8-bit Images
jpg jpeg	Joint Photographic Experts Group	Alle JPEG-Formate
pbm	Portable Bitmap	1-Bit Images (binär oder ASCII)
pcx	Windows Paintbrush	1-, 8- und und 24-Bit images
pgm	Portable Graymap	ASCII kodiert beliebiger Farbtiefe binär kodiert bis 16 Bits pro Grauwert
png	Portable Network Graphics	1-, 2-, 4-, 8-, 16-Bit Grauwerte
		8- und 16-Bit indizierte Images
		24- und 48-Bit RGB-Images
pnm	Portable Anymap	PBM-, PGM- und PPM-Formate
ppm	Portable Pixmap	ASCII kodiert beliebiger Farbtiefe binär kodiert bis 16 Bits pro Farbkomponente
ras	Sun Raster	1-Bit Bitmap, 8-Bit indiziert, 24-Bit True Color und 32-Bit True Color mit Alpha-Daten
tif, tiff	Tagged Image File Format	Alle Tiff-Formate
xwd	X Windows Dump	1- und 8-Bit ZPixmaps, XYBitmaps, und 1-Bit XYPixmaps

imwrite dient dem Abspeichern von Pixelgrafiken in eine Datei „filename". Bis auf „cur" werden alle in Tabelle (20.10) aufgelisteten Formate unterstützt. Die Syntax lau-tet imwrite(A,filename,fmt) oder imwrite(X,map,filename,fmt), um das Image „A" unter dem Format „fmt" abzuspeichern. Alternativ kann auch ein indiziertes Bild

„X" mit zugehöriger Farbmatrix „map" übergeben werden. „fmt" ist optional, `imwrite`
wählt per Voreinstellung das durch die Filekennzeichnung festgelegte Format. Paarweise lassen sich weitere formatabhängige Eigenschaften `imwrite(...,Param1,wert1,`
`Param2,wert2,...)` wie Komprimierung, Bildtiefe oder Autorenname übergeben (vgl.
auch `imformats`).

20.3.3   Bildinformationen

`info = imfinfo(filename,fmt)` liefert eine Struktur „info" mit Informationen zur Pi-
xeldatei „filename". Das Format „fmt" ist optional. Die Felder der Struktur und damit
die Informationen hängen vom Bildformat ab.

`imformats` listet alle von MATLAB registrierten Pixelformate auf und damit von `im-`
`write`, `imread` und `imfinfo` unterstützte Formate. `>> formats = imformats` liefert
eine Struktur der möglichen Format-Werte. Dabei bedeutet:

- ext: Die Fileextension.
- isa: Der File, bzw. dessen Function Handle, der das Fileformat bestimmt.
- info: Der File, bzw. dessen Function Handle, der die Fileinformationen liest.
- read: Der File, bzw. dessen Function Handle, der die Bilddaten ausliest.
- write: Der File, bzw. dessen Function Handle, der die Bilddaten aus MATLAB-
  Daten erzeugt.
- alpha: 1, wenn das Format alpha-Werte unterstützt, sonst 0.
- description: Eine Beschreibung des Fileformats.

`formats=imformats('fmt')` liefert Informationen in der Struktur „formats", sofern
MATLAB das Format „fmt" unterstützt, andernfalls ist „formats" ein leeres Struktur-
Array. `formats = imformats(format_struct)` setzt die Ausgabestruktur auf die neue
Struktur „format_struct" und `formats=imformats('factory')` setzt die Ausgabestruk-
tur wieder auf die Voreinstellung zurück.

20.3.4   Konversion zu Java

Die abstrakte Java-Klasse sun.awt.image.ToolkitImage repräsentiert plattformunabhängig ein Image. Mit `im2java` kann aus der MATLAB-Darstellung eine korrespondierende Java-Instanz erzeugt werden. Die Inputdaten können dabei vom Typ double,
uint8 oder uint16 sein und bleiben bei der Konvertierung erhalten. Die Syntax lautet `jimage=im2java(I)` für Intensitätsimages „I", `jimage=im2java(X,MAP)` für indizierte Bilder „X" mit zugehöriger Colormap „X" und `jimage=im2java(RGB)` für RGB-
Grafiken.

20.3.5   Die LibTiff Bibliothek

`imread` erlaubt zwar das Einlesen einzelner Abbildung und Metadaten aus TIFF-Dateien,
TIFF-Dateien können aber auch Teilbilder enthalten. Mit der „Tiff-Klasse" werden viele
zusätzliche Eigenschaften der LibTIFF-Bibliothek unterstützt. Für das effiziente Nutzen

der TIFF-Klasse ist eine gute Kenntnis der LibTIFF-Bibliothek notwendig. (Beschreibungen dazu finden sich im Internet, s. Anhang.) Mit `metif = Tiff(fname, mode)` wird ein Tiff Objekt mit der TIFF-Datei „fname" verknüpft. „mode" legt dabei den Zugriff auf die Datei fest. Unterstützt werden folgende Zugriffsmöglichkeiten: Lesen 'r', schreiben 'w' (bestehende Inhalte werden überschrieben) und 'w8' für eine BigTiff-Datei, anfügen 'a' und 'r+' zum Lesen und Schreiben.

Bevor ein Bild oder Datensatz in einen TIFF-File geschrieben werden können, müssen die Eigenschaften (Tags) ImageWidth, ImageLength, BitsPerSample, SamplesPerPixel, Compression, PlanarConfiguration und Photometric gesetzt werden. Dies erfolgt beispielsweise über
`>>metif.setTag('eigen',Tiff.eigen.wert)`,
wobei „eigen" die Eigenschaft bezeichnet und „wert" den zugehörigen Wert. Ein Beispiel ist `metif.setTag('Compression', Tiff.Compression.JPEG)`. Die folgenden Eigenschaften müssen gesetzt werden:

- 'ImageWidth' und 'ImageLength' legen die Bildgröße fest und sind doubles. Beispiel: `metif.setTag('ImageLength',3200)`, alternativ kann auch eine Struktur mit dem Feldnamen 'imageLength' erzeugt werden und mit der Methode `setTag` übergeben werden.

- 'BitsPerSample' sind Doubles mit den erlaubten Werten 1, 8, 16, 32 und 64

- 'SamplesPerPixel' sind ebenfalls Doubles, für RGB-Daten typischereweise 3.

- 'Compression' zur Festlegung des Kompressionsverfahrens mit den Werten None, CCITTRLE, CCITTFax3, CCITTFax4, LZW, JPEG, CCITTRLEW, PackBits, SGILog, SGILog24, Deflate, AdobeDeflate.

- 'PlanarConfiguration' legt die Speicherart fest. Dabei gibt es zwei Möglichkeiten: 'chunky' (als zusammenhängender Datensatz) oder 'separate' (jede Komponente wird separat abgespeichert, also bei einem RGB-Datensatz die rote, die gelbe und die blaue Komponente unabhängig.)

- 'Photometric' legt den Farbraum fest. Unterstützt werden 'MinIsWhite', 'MinIsBlack', 'RGB', 'Palette', 'Mask', 'Separated' (CMYK), 'YCbCr', 'CIELab', 'ICCLab', 'ITULab', 'LogL', 'LogLUV', CFA', 'LinearRaw'. Gesetzt wird die Eigenschaft z. Bsp. via `metif.setTag('Photometric',Tiff.Photometric.Separated`.

Weitere Eigenschaften sind:

- 'ExtraSample': Legt die zusätzlichen Komponenten pro Pixel fest. Beispielsweise hat ein RGB-Bild üblicherweise 3 Samples per Pixel. Zusätzliche Nicht-Farbinformationen, wie die Opazität, werden hier übergeben. Die unterstützten Eigenschaften sind 'Unspecified', 'AssociatedAlpha' und 'UnassociatedAlpha', der Aufruf ist ähnlich dem obigen Beispiel.

- 'InkSet' legt den Farbraum in separaten Images fest. Werte sind 'CMYK' für **c**yan, magenty, gelb (y) und schwarz (blac**k**) sowie 'MultInk'.

- 'Orientation' zur Festlegung der Orientierung mit den Werten 'TopLeft', 'TopRight', 'BottomRight', 'BottomLeft', 'LeftTop', 'RightTop', 'RightBottom' und 'LeftBottom'.

- Auflösung: 'ResolutionUnit', 'XResolution' und 'YResolution' legt die Einheit und die Auflösung (Pixel per Einheit) in x- und y-Richtung fest. Unterstützte Einheiten sind 'Inch' und 'Centimeter'. Beispiel:

```
metif.setTag('ResolutionUnit', Tiff.ResolutionUnit.Centimeter);
metif.setTag('XResolution', 100);
mtif.setTag('YResolution', 100);
```

- 'SampleFormat' legt den Datentyp fest; mit den Werten 'Uint', 'Int', 'IEEEFP', 'Void', 'ComplexInt' und 'ComplexIEEEFP'.

- 'SGILogDataFmt' bestimmt den Datentyp bei SGILog Kompession mit den unterstützen Werten 'Float' (4 Byte) und 'Bits8' (uint8).

- 'SubFileTyp': Je nach Bildtyp kann es sich um ein Standardbild oder beispielsweise eine Miniabbildung handeln. 'SubFileTyp' legt die entsprechende Bitmaske fest. Unterstützte Werte sind: 'Default' für Einzelbilder oder das erste Bild, 'ReducedImage' für Miniabbildungen (Thumbnails), 'Page' für Einzelabbildungen oder Multi-Images, 'Mask' wenn die Abbildung als Transparenzmaske für eine andere Abbildung dient. In diesem Fall muss die Eigenschaft 'Photometric' ebenfalls auf „Mask" gesetzt sein.

- 'TagID' dient der Identifizierung der TIFF-Tags mit ihrer ID-Nummer.

- 'Thresholding': Bildet man eine Grauabbildung auf ein Schwarz-Weiß-Bild ab, dann wird über diese Eigenschaft festgelegt ab welchem Grauwert dem Bildpunkt ein schwarzes bzw. ein weißes Pixel zugeordnet wird. Die Werte sind 'BiLevel', HalfTone und 'ErrorDiffuse'.

- 'YCbCrPositioning' legt die Farbigkeit (Farbton und Farbsättigung) fest. Die Werte sind 'Centered' (kompatibel zu Industriestandards wie PostScipt 2) und 'Cosited' (entspricht verschiedenen Video-Standards).

Die TIFF-Klasse unterstützt die folgenden Methoden:

- Lesen, Schreiben und Schließen kompletter Images: 'read' dient dem Lesen und 'write' dem Schreiben vollständiger Bilder. `metif.write(BildDaten)` bzw. `metif.write(Y,Cb,Cr)` schreibt die Bilddaten bzw. die YCbCr-Komponenten in die zu „metif" gehörige Datei und `BildDaten = metif.read()` bzw. `[Y,Cb,Cr] = metif.read()` liest sie wieder aus. Mit `metif.close()` wird das Tiff-Objekt „metif" geschlossen.

- Strips: Strips sind Ansammlungen einer oder mehrerer zusammenhängender Zeilen von Bilddaten. Mit `StripIndex = metif.computeStrip(zeile,plane)` („plane" optional) wird der zur Zeile "zeile" gehörige Index ausgelesen. „zeile" ist eine ganze Zahl. `AnzStrips = metif.numberOfStrips()` liefert die Anzahl der Strips und readEncodedTile liest die zum festgelegten Strip gehörige Daten aus: `stripdaten = metif.readEncodedStrip(StripIndex)` bzw. `[Y, Cb, Cr] = ···`. „stripdaten" sind im allgemeinen 3-dimensionale Arrays. Der YCbCr-Farbraum wird nur unterstützt, wenn im Tiff-Objekt die photometrische Eigenschaft entsprechend gesetzt wurde. Das Gegenstück zum Auslesen ist das Schreiben von Strip-Daten:

> `metif.writeEncodedStrip(StripIndex,stripdaten)`, bzw. `metif.writeEnco-`
> `dedStrip(StripIndex,[Y,Cb,Cr])`.

- Tiles: Eine weitere Möglichkeit, Tiff-Daten zu organisieren bieten 'Tiles'. Während 'Strips' nur eine Länge besitzen, besitzen 'Tiles' eine Länge und eine Breite. `antwort = metif.isTiled()` liefert je nach Organisation der Tiff-Daten ein logisches 'wahr' oder 'falsch' zurück. Die folgende Methoden 'computeTile', 'numberOfTiles', 'readEncodedTile und 'writeEncodedTile' haben dieselben Aufgabe wie ihre 'Strips' Gegenstücke und folgen dem Aufruf der entsprechenden Strips-Methoden. Bei 'computeTile' tritt noch der Spaltenindex dazu: `TileIndex = metif.computeStrip([zeile,spalte],plane)`.

- Verzeichnisse: `di = metif.currentDirectory()` liefert den Index „di" des aktuellen Verzeichnisses zurück, in dem die Bilddatei abgespeichert ist. `il = metif.lastDirectory()` prüft ob das aktuelle Bildverzeichnis das letzte Bildverzeichnis im Tiff-File ist. „il" ist eine logische Variable mit den Werten 0 und 1, je nachdem ob die Aussage falsch oder wahr ist. `metif.nextDirectory()` macht das dem aktuellen Verzeichnis nachfolgende Bildverzeichnis zum aktuellen Directory. `metif.rewriteDirectory()` dient dem Hinzufügen von Metadaten zum aktuellen Bildverzeichnis. `metif.setDirectory(di)` macht das Bildverzeichnis mit dem Index „di" zum aktuellen Bildverzeichnis. Unterverzeichnisse sind durch einen binären Offset gekennzeichnet, die mittels `offset = metif.getTag('SubIFD')` bestimmt werden können. Gibt es n Unterverzeichnisse, so ist „offset" n-komponentig. Mittels `metif.setSubDirectory(offset(i))` wird das i-te Unterverzeichnis zum aktuellen Bildverzeichnis. `metif.writeDirectory` erzeugt ein neues Bildverzeichnis und macht es zum aktuellen Bildverzeichnis.

- Tags: Tags repräsentieren die Eigenschaften eines Tiff-Files, dessen Wert mittels `wert = metif.getTag(tagID)` ausgelesen wird. „tagID" kann dabei sowohl der Name als auch die korrespondierende Kennziffer sein. Beispielsweise gibt `BL = metif.getTag('ImageLength)` die Bildlänge „BL" zurück. Das Gegenstück dazu ist 'setTag'. Beispiele finden sich bereits oben. `tagn = metif.getTagNames()` listet in der Zellvariablen „tagn" die aktuellen Eigenschaftsnamen auf.

- Version: `ver = Tiff.getVersion()` liefert die aktuelle Version der verwendeten LibTiff-Bibliothek zurück. Für MATLAB 9.10 ist dies die Version 4.1.0.

20.4   Internet-Unterstützung

MATLAB bietet mit `webread` und `webwrite` die Möglichkeit, direkt auf das Internet zuzugreifen. `sendmail` erlaubt das Versenden von E-Mails und `matlab.wsdl.createWSDL-Client` das Erzeugen von MATLAB-Klassen aus WSDL-Klassen für auf SOAP-basierte Schnittstellen. Die Metasprache WSDL steht für Web Service Description Language und definiert einen plattform-, programmiersprachen- und protokollunabhängigen XML-Standard zur Beschreibung von Netzwerkdiensten. Das Netzwerkprotokoll SOAP ist die Abkürzung für Simple Object Access Protocol.

20.4.1   Internetzugriff

Mit `d = webread('url')` greift man auf die URL-Adresse zu und liest deren Inhalt in
„d" ein. „d" kann ein Skalar, ein Array, eine Struktur oder eine Tabelle sein und „url"
eine Internet-Adresse oder auch eine Datei, auf die wie üblich mit „file:///···" zugegriffen wird. Beispielsweise liest

```
wsbild = webread('https://wolfgang-schweizer.de/wp-content/uploads/
2021/02/9783030642310-675x1024.png');
```

ein Array ein, das ein Bild meiner Home-Page repräsentiert. Mit `d = webread('url',`
`'eig','wert',...)` können eine oder mehrere Parameter an die URL-Adresse übergeben werden, die vom jeweiligen Web-Dienst abhängig sind. `[d,colormap,alpha] =`
`webread(...)` erlaubt Bilddaten des entsprechenden Webdienst auszulesen. Zudem
können zusätzliche Optionen `... = webread(...,option)` wie beispielsweise 'auto'
(Default), 'text', image' und 'audio' übergeben werden. Zum Öffnen eines MATLAB Web
Browsers steht der Befehl `web` (s.u.) zur Verfügung. Während `webread` den Inhalt in eine
Variable abbildet, schreibt `ant-webwrite('url',...)` Daten in einen RESTful Web-
dienst, wie in beispielsweise Google, Twitter und Facebook anbieten. Daten von einem
RESTful Webdienst holen kann man mittels `pfname = websave(fname,url,...)`. Die
Daten werden in der Datei „fname" abgelegt und die Pfadinformationen in „pfname". Parameter des RESTful Webdienst können mittels `options = weboptions(name,wert)`
festgelegt werden. Eine (selbsterklärende) Übersicht erhält man durch `>> options =`
`weboptions`.

Web Browser. Mit Hilfe des Kommandos `web` wird der Web-Browser geöffnet. Der
allgemeine Aufruf ist `[stat,h,url] = web(url,opt)`, beispielsweise zum Öffnen der
Schulungsseite von MathWorks `web('http://www.mathworks.de/training-schedu-`
`le','-notoolbar')`. Unterstützt wird auch die Form `web url -opt`. „url" ist die Web-
Adresse oder die Pfadadresse zu einem Verzeichnis oder einer Datei. Beispielsweise können mittels `publish` erstellte HTML-Dateien[1] via `web tallBsp.html` im Web Browser
geöffnet werden. Als Optionen „opt" stehen zur Verfügung:
'-browser' öffnet den Default Internet-Browsers statt des MATLAB Web-Browsers;
'-new' öffnet den MATLAB Web-Browsers in einem neuen Fenster;
'-noaddressbox' blendet das Adressenfeld aus und
'-notoolbar' blendet das Adressenfeld und die Werkzeugleiste aus.
Das optionale Rückgabeargument „stat" gibt den Browser-Status zurück. Dabei steht
die 0 für eine erfolgreiche Ausführung, die 1 wenn der voreingestellte Web-Browser nicht
gefunden wurde und die 2 wenn er zwar gefunden aber nicht ausgeführt werden konnte.
„h" ist ein Handle auf den aktuellen MATLAB Web-Browser und „url" die verwendete
Adresse.

20.4.2   E-Mail aus MATLAB schreiben

Mit `sendmail('empf','sub','nachricht','anhang')` können an die E-Mail-Adresse
„empf" mit dem Betreff „sub" die Information „nachricht" und gegebenenfalls ein Anhang
gesandt werden. „nachricht" ist entweder ein String- oder ein Zell-Array. Zeilenumbrüche können durch eine 10 erzwungen werden und erfolgen gegebenenfalls automatisch

---

[1]Hier als Beispiel tallBsp.m

nach 75 Zeichen. „anhang" ist ein Zell-Array mit den zu versendenden Files. „nachricht" und „anhang" sind optional. Bevor eine E-Mail versandt werden kann, müssen zunächst die Präferenzen entsprechend dem vorliegenden E-Mail-System mit `setpref` gesetzt werden.

Beispiel.

```
>> setpref('Internet','SMTP_Server','smtp.xyz.com')
>> setpref('Internet','E_mail',...
>>          'my_email_adr@was_auch.de')
>> sendmail('my_email_adr@was_auch.de',...
>>          'Subject-das wars bereits','undsofort')
```

Hier stehen „smpt" für den Servernamen und „xyz" für den Hostnamen sowie „my_email_adr@was_auch.de" für die eigene E-Mail-Adresse.

20.5 FTP-Zugriff

MATLAB bietet mit dem Befehl `ftp` die Möglichkeit, direkt auf einen FTP-Server zu-zugreifen. Mit `fobj = ftp('host','username','password')` wird ein FTP-Objekt „fobj" erzeugt und die entsprechende FTP-Verbindung hergestellt. „host" ist der Pfad auf den FTP-Server, zum Beispiel ftp.mathworks.com, „username" und „password" sind optional und bei einem „anonymous"-Zugriff (wie ihn viele FTP-Server bieten) leer. Die Kommunikation erfolgt über das FTP-Objekt „fobj". Beispielsweise listet `dir(fobj)` das Verzeichnis auf dem FTP-Server auf, `cd(fobj,'newdir')` wechselt in das neue Verzeichnis „newdir", mit den FTP-Befehlen `mput` und `mget` erfolgt der Datentransfer und `close(ftp)` schließt die Server-Verbindung wieder. Eine Liste von Kommandos ist in Tabelle (20.11) aufgeführt. Aus Sicherheitsgründen bietet es sich an sftp zu verwenden, das als Download auf der MathWorks File-Exchange Seite zur Verfügung steht (SSH/SFTP/SCP For Matlab (v2)).

20.6 File-Handling

„fid" steht im Folgenden stets für die File Identification Number, den Rückgabewert von `fopen`.

20.6.1 Befehlsübersicht

File-Positionierung frewind, fseek, ftell

Filestatus feof, ferror

Temporäre Dateien tempdir, tempname

Voreinstellungen prefdir, matlabroot, mexext, toolboxdir, matlabdrive

Aufgliedern von Datei- und Funktionsnamen fileparts, filesep, fullfile, pathsep, filemarker

Tabelle 20.11: *Liste ausgewählter FTP-Befehle. „fobj" ist das FTP-Objekt.*

BEFEHL	BEDEUTUNG
ascii	FTP-Datentransfer für lesbare Dateien. Aufruf: ascii(fobj)
binary	FTP-Datentransfer für binäre Dateien. Aufruf: binary(fobj)
cd	Directory-Wechsel auf dem FTP-Server.
delete	Löschen eines Files auf dem FTP-Server.
close	Schließen der FTP-Verbindung.
ftp	Herstellen der FTP-Verbindung.
mget	Herunterladen mehrerer Files.
mkdir	Erzeugen eines neuen Verzeichnisses auf dem FTP-Server.
mput	Kopieren mehrerer Files auf den FTP-Server.
rename	Umbenennen von Files auf dem FTP-Server.
rmdir	Verzeichnis auf dem FTP-Server löschen.

Komprimierte Dateien gzip, gunzip, tar, untar, zip, unzip

CDF File Handling cdfread, cdfinfo, cdfwrite, cdfepoch, cdflib, todatenum

Network Common Data Format nccreate, ncdisp, ncinfo, ncread, ncreadatt, ncwrite, ncwriteatt, ncwriteschema, netcdf

FITS File Handling fitsdisp, fitsinfo, fitsread, fitswrite

XML File Handling xmlread, xmlwrite, xslt

20.6.2   File-Positionierung

Wurde eine Datei mit `fopen` geöffnet und in diese Datei bereits geschrieben oder herausgelesen, dann lässt sich mit `frewind(fid)` die Fileposition auf den Dateianfang zurückstellen.

`status = fseek(fid,offset,origin)` setzt die Fileposition des Files mit der File Identification Number „fid". Die Datei muss zunächst mit `fopen` geöffnet worden sein. „origin" kann die Werte „bof" (Dateianfang), „cof" (gegenwärtige Position) oder „eof" (Dateiende) haben. „offset" ist eine ganze Zahl, die für positive Werte die Fileposition um diesen Wert in Richtung Dateiende und für negative Werte Richtung Dateianfang verrückt. Betrachten wir als Beispiel einen File (fid) mit der ersten Zeile *1234567890ABCDEFGHIJKLMNOPQRSTUVWXYZabcdefghijkl.* Mit `fseek(fid,13,'bof')` würden wir an die Position 14, dies ist das *D*, rücken. War die Aktion erfolgreich, hat „status" den Wert 0, sonst −1. Mit `position = ftell(fid)` wird die entsprechende aktuelle Position, im obigen Beispiel 13, zurückgegeben. Führte `ftell` zu einem Fehler, ist der Rückgabewert −1.

20.6.3 File-Status

eofstat = feof(fid) liefert 1, wenn das Ende des Files erreicht ist, sonst 0. [message,errnum] = ferror(fid) erfragt die letzte Fehlermeldung als String in „message" und das optionale „errnum" enthält die Fehler-Statusnummer. Trat kein Fehler auf, ist „message" leer und „errnum" 0. Mit message = ferror(fid, 'clear') wird der Fehler-Indikator gelöscht. ferror wird insbesondere im Zusammenhang mit dem Einlesen oder Schreiben eingebettet in eine if-Abfrage angewandt. Funktionen wie beispielsweise fget liefern eine -1 zurück, wenn sie nicht erfolgreich waren.

20.6.4 Temporäre Dateien und Voreinstellungen

tmp_dir = tempdir liefert den Namen des temporären Verzeichnisses zurück und tmp_nam = tempname den Namen einer potentiellen temporären Datei.

d = prefdir liefert den Namen des Verzeichnisses, das die MATLAB-Präferenz-Files (u.a. matlab.prf, History.xml, shortcuts.xml, MATLABDesktop.xml und die gespeicherten MATLABLayout.xml Dateien) enthält.

rd = matlabroot liefert den absoluten Pfad des MATLAB-Installationsdirectories. ext = mexext gibt die plattformabhängige File-Kennung der MEX-Files zurück. toolboxdir('toolboxname') liefert den absoluten Pfad der Toolbox „toolboxname", der sich mit s = toolboxdir('toolboxname') bzw. s = toolboxdir 'toolboxname' in der String-Variablen „s" abspeichern lässt.

MATLAB-Drive erlaubt die Verwaltung eigener Dateien in einer MathWorks-basierten Cloud. Dazu muss zuerst der MATLAB Drive Connector installiert sein. wo = matlabdrive liefert dann den Pfad „wo" zu dem Verzeichnis in dem die Dateien abgespeichert sind.

20.6.5 Aufgliedern von Datei- und Funktionsnamen

>> [pathstr,name,ext] = fileparts('filename') gibt Auskunft über Pfad, Dateinamen und File-Kennung. MATLAB analysiert dabei den übergebenen String, kontrolliert aber nicht, ob Pfad oder Datei überhaupt existieren. Der Fileseparator, der Directory- und File-Namen voneinander trennt, lässt sich mit filesep erfragen und wird auch bei der Zerlegung mittels fileparts genutzt. Unter Windows führt dies zu >> f=filesep f = \ und unter UNIX/Linux zu f = /. c = pathsep liefert den plattformabhängigen Pfad-Separator.

>> trenn = filemarker liefert das in MATLAB verwandte Trennsymbol zwischen Dateiname und Funktionen in der Datei. Für Windows- und Linux-Betriebssysteme ist dies das >-Zeichen. Liegt beispielsweise eine Datei „myfun" vor, die eine Unterfunktion „mysub" enthält. Der erste zusammenhängende Kommentarblock dient als Hilfe beim Aufruf help myfun. Zum Zugriff auf die Unterfunktion dient filemarker. Zum Beispiel liest help(['myfun' filemarker 'mysub']) den ersten zusammenhängenden Kommentarblock der Unterfunktion „mysub" aus.

f = fullfile('dir1','dir2',...,'filename') fügt die einzelnen Pfadbestandteile und File-Namen zu einem Ganzen zusammen. Beispielsweise erhält man mit (unter MS Windows 10)

```
>> f = fullfile(matlabroot,'toolbox','matlab',...
             'winfun',computer('arch'),'mwsamp2.ocx')
f = C:\Program Files\MATLAB\R2021a\toolbox\matlab\winfun
                                       \win64\mwsamp2.ocx'
```

eine Variable „f" mit vollständigem Pfad einschließlich File-Namen. Aber auch hier
wird der Wahrheitsgehalt nicht überprüft. matlabroot und computer('arch') sind
allerdings vordefiniert. Viele Kommandos akzeptieren partielle Pfadnamen, beispielsweise which. Dabei ist ein partieller Pfadname ein Pfadname relativ zum MATLAB-
Verzeichnis. In der MATLAB-Dokumentation findet man dazu Hinweise via >> doc
partialpath.

20.6.6   Komprimierte Dateien

gzip(fnames) erzeugt aus den in „fnames" aufgelisteten Dateien ein GNU-zip-File.
„fnames" ist ein Charakter-Vektor oder eine Zellvariable oder String-Array. Mit
gzip(fnames,'zieldir') werden die gezipptenFiles in dem Verzeichnis „zieldir" abgespeichert und mit zielf = gzip(···) wird in die Variable „zielf" der relative Pfad
des GNU-zip-Archivs geschrieben. gzip erlaubt auch Wildcards. Mit gunzip(fnames)
werden die Dateien „fnames" wieder ausgepackt und mit gunzip(fnames,'zieldir')
in das Zielverzeichnis „zieldir" geschoben. Sollte „zieldir" nicht existieren, wird es erzeugt. Mit gunzip(url, ···) lässt sich auf eine Internetquelle zugreifen und mit zielf
= gunzip(···) wird wieder in der Variablen „zielf" der relative Pfad der ausgepackten
Dateien abgespeichert.

tar(tarname, fnames) erzeugt ein Tar-Archiv mit dem Namen „tarname" aus den
in „fnames" aufgelisteten Dateien; dabei werden auch Wildcards unterstützt. Im Tar-
Archiv sind die relativen Pfade der Dateien aufgelistet. Mit tar(tarname, fnames,
rootdir) lässt sich ein Rootdirectory „rootdir" übergeben, auf das sich die relativen
Pfade beziehen. eindir = tar(···) liefert eine Zellvariable „eindir" zurück, die alle
relativen Pfade der Dateien in „fnames" auflistet. untar(tarname), untar(tarname,
'zieldir'), untar(url, ···) und zielf = untar(···) folgen der Beschreibung von
gunzip für Tar-Archive.

zip('zipfname','fname') erzeugt aus der Datei „fname" eine komprimierte Version unter dem Namen „zipfname" im Zip-Format. Das Zusammenpacken eines gesamten Verzeichnisses mit dem Namen „directory" erlaubt zip('zipfname','directory')
und zip('zipfname', 'quelle', 'rootdirectory') erlaubt relative Pfadnamen bezüglich des durch „rootdirectory" definierten Verzeichnisses; „quelle" kann sowohl eine
Datei als auch ein Verzeichnis sein. eindir = zip(···) liefert eine Zellvariable „eindir"
zurück, die alle relativen Pfade der Dateien in „fname" auflistet. Zum Auspacken komprimierter Dateien dient unzip('zipfname') und zum Verschieben in das Verzeichnis
„directory" unzip('zipfname','directory'). Wie bei untar und gunzip unterstützt
auch unzip den Zugriff auf das Internet unzip(url,···) und mit zielf = unzip(···)
wird wieder in der Variablen „zielf" der relative Pfad der ausgepackten Dateien abgespeichert.

20.6.7 CDF-File-Handling

CDF-Files sind Datenfiles, die im Common Data Format (CDF) der NASA abgelegt sind. Die Daten liegen dabei unformatiert vor. MATLAB unterstützt neben den im folgenden beschriebenen High-Level Funktionen zahlreiche Low-Level Funktionen, die mehr Zugriffsmöglichkeiten auf CDF-Dateien erlauben. Mittels `doc cdflib` springt man direkt in die Dokumentation. Dort findet sich eine Detailbeschreibung der rund 90 Funktionen sowie ein Internet-Link auf die CDF Web Site. Eine Beschreibung hier würde den Rahmen des Buches sprengen. Mit dem Rel. 2020a wird die HDF-Version 3.7.0 unterstützt.

Daten einlesen. Mit `data = cdfread(file)` werden die Daten von „file" in die Zellvariable „data" eingelesen. Das Einlesen ausgewählter Records erfolgt mit `data = cdfread(file, 'records',recnums, ...)`, wobei die einzelnen Records durch den Vektor „recnums" festgelegt sind. `data = cdfread(file, 'variables', varnames, ...)` liest nur diejenigen Variablen ein, die durch die n×1-Character-Zellvariablen „varnames" festgelegt sind. `data = cdfread(file, 'slices', dimensionvalues, ...)` liest die durch die n×3-Matrix „dimensionvalues" festgelegten Records ein. Sollen weitere Informationen zum CDF-File ausgegeben werden, ist dies mit `[data, info] = cdfread(file, ...)` möglich.

Informationen auslesen. `info = cdfinfo(file)` liefert spezifische Informationen zum CDF-Datenfile „file". Zum Beispiel verwaltungsrelevante Daten wie das Datum der letzten Änderung, aber auch inhaltliche Informationen zu den Variablen und so fort.

Daten schreiben. Mit `cdfwrite(file, variablelist)` lassen sich die mit der Variablenliste „variablelist" verknüpften Daten in die CDF-Datei „file" schreiben. „variablelist" ist ein Zell-Array, in dem paarweise Variablennamen und zugehörige Werte aufgeführt sind. Mit `cdfwrite(file, variablelist, 'eig',wert)` lassen sich weitere Eigenschaften übergeben. „WriteMode" kann die Werte „overwrite" oder „append" haben, je nachdem ob die Daten angehängt werden sollen oder nicht. Mit „Format" und den Werten „multifile" oder „singlefile" wird festgelegt, ob jede Variable in einem eigenen File abgespeichert wird oder nicht. Weitere Eigenschaften sind in der MATLAB-Dokumentation beschrieben.

CDF-Datum. `E = cdfepoch(date)` erzeugt ein `cdfepoch`-Objekt, die Zahl der Millisekunden seit dem 0.1.0000. „date" ist entweder eine ganze Zahl, die das Datum repräsentiert (s. `datenum`), oder ein in MATLAB gültiger Datumsstring. Mit `n = todatenum(E)` wird ein CDF-Datum in ein MATLAB-Datum gewandelt.

20.6.8 Network Common Data Format

Network Common Data Format (NetCDF) ist eine nichtkompatible Weiterentwicklung von CDF. Wie bei CDF sind die Dateien binär. Ein Header beschreibt die Daten in Form geordneter Paare aus Schlüsseln und Attributen sowie die Struktur des Datensatzes. Die Daten selbst liegen als Arrays vor. In MATLAB wird das Erstellen der Daten durch die folgenden high-level Funktionen unterstützt:

Informationen auslesen. `ncdisp` gibt den gesamten Inhalt wie Quellverzeichnis, Format, Attribute, Dimensionen und Einzelheiten zu den gespeicherten Variablen der Net-

CDF Datei auf dem Bildschirm aus. Der allgemeine Aufruf ist `ncdisp(quelle,ort,` `mstream)`, dabei ist „quelle" der Name der Datei, das optional String-Argument „ort" der Bezeichner der Variablen bzw. Gruppe und „mstream" (optional) kann die Werte 'full' oder 'min' haben je nach Umfang der gewünschten Information.

`ncinfo` liefert ähnlich `ncdisp` Informationen, jedoch ohne die Daten offen zu legen. Der allgemeine Aufruf ist iNCDF = ncinfo(quelle,vgname). „quelle" ist wieder der Name der Datei, „vgname" optional. Ohne Zusatzargument „vgname" werden in der Struktur „iNCDF" der Dateiname, Dimensionen, Informationen zu den Variablen und Gruppen, Attribute und das Dateiformat abgespeichert. Wird als zweites Argument „vgname" ein Variablenname übergeben, werden Detailinformationen zu dieser Variablen und bei einem Gruppennamen zu der entsprechenden Gruppe in der Struktur „iNCDF" abgelegt.

Daten lesen. `ncread` dient dem Auslesen einer Variablen aus einer NetCDF Datei. Mit dem Aufruf `vdat = ncread(quelle,vname)` werden die Werte der Variablen „vname" der Datei „quelle" in der MATLAB-Variablen „vdat" abgelegt. Bestimmte Dimensionen einer Variablen auszulesen, erlaubt der folgende Aufruf: `vdat = ncread(quelle,vname,` `vdim,wieviel,zwi)`. Dabei ist „vdim" ein Vektor der die auszulesenden Arraydimensionen festlegt und „wieviel" die Anzahl der Elemente, die jeweils ausgelesen werden sollen. Mit 'inf' werden alle Elemente ausgelesen. Das optionale Argument „zwi" ist ein Vektor, der die Schrittweite in jeder Arrayrichtung festlegt. Wie in MATLAB üblich steht in „vdim" die 1 für die Zeilen-, die 2 für die Spaltendimension und so weiter. Beispielsweise liest der Aufruf >> `vdat = ncread('example.nc','peaks',[1 2],[10 12])` aus der Variablen 'peaks' der Datei 'example.nc' eine $10x12$-Matrix aus. `attv = ncreadatt(quelle,vgname,aname)` dient dem Auslesen der Attribute „aname" der Variablen oder Gruppe „vgname" der Datei „quelle".

Daten schreiben. `nccreate(fname,vname)` dient dem Erzeugen einer Variablen „vname" im NetCDF-File „fname". Sollte die Datei nicht existieren wird sie erzeugt. Mit `nccreate(fname,vname,eig,wert)` lassen sich zusätzlich Eigenschafts-Wertepaare „eig, wert" übergeben. Unter anderem werden die folgenden Eigenschaften unterstützt: 'Dimensions' mit einer Zellvariable, die die Dimensionen festlegt; 'Datatype' gefolgt von einer Stringvariablen mit dem Namen des MATLAB-Datentyps, beispielsweise 'uint16'; 'Format' gefolgt von einem Formatstring; 'FillValue' sowie ein Skalar, der den Eintrag für fehlende Datenwerte festlegt.

`ncwrite` dient dem Schreiben von Daten in einen NetCDF Datei. Der allgemeine Aufruf ist `ncwrite(nfile,vname,vdata,wieviel,zwi)`. Dabei ist „nfile" der Datei- und „vname" der Variablenname sowie „vdata" die zugehörigen Daten. „wieviel" und „zwi" sind optional und legen wie in `ncread` die Zahl der zu schreibenden Elemente und die zugehörige Schrittweite fest.

`ncwriteatt(nfile, ort, natt,vatt)` fügt in den NetCDF-File „nfile" zu der Variablen oder Gruppe „ort" das Attribute „natt" mit dem Werte „vatt" ein. Für globale Attribute ist 'ort' gleich '/'.

`ncwriteschema` erzeugt den schematischen Aufbau einer NetCDF-Datei. iNCDF = ncinfo(quelle) liefert eine Struktur „iNCDF" zurück, die alle Informationen über den schematischen Aufbau der Datei „quelle" enthält. Mit `ncwriteschema(fname,schema)` erzeugen wir eine Datei „fname" mit einem schematischen Aufbau festgelegt durch die

Struktur „schema". „schema" hat dabei denselben Aufbau wie „iNCDF".

Low-Level Funktionalitäten. Ein Low-Level Zugriff ist über MATLAB-Aufrufe der Form `netcdf.API` möglich. Ein Beispiel zum Öffnen einer netCDF Datei ist nc_id = netcdf.open(fname, mode) mit „nc_id " die File-ID, „fname" der Dateiname und „mode" die Zugriffsart. Für das Arbeiten mit den Low-Level Funktionen ist eine genaue Kenntnisse der netCDF-Bibliothek notwendig. Die MATLAB-Low-Level-Funktionen sind unter >>`doc netcdf` gelistet. Dort findet sich auch ein Link auf die Beschreibung des NetCDF C Interface Guide. Unterstützt wird die NetCDF Version 4.1.3. (Die NetCDF 4.x Versionen basieren auf dem HDF5-Format, das ebenfalls von MATLAB unterstützt wird.)

20.6.9 FITS-File-Handling

FITS steht für Flexible Image Transport System und ist ein in der Astronomie gebräuchliches Datenformat. FITS erlaubt das Speichern multidimensionaler Arrays. Mit `S = fitsinfo(filename)` werden aus „filename" Informationen wie beispielsweise Inhalt, Größe, Datum etc. ausgelesen. `data = fitsread(filename)` liest die primären Daten aus, nicht-definierte Datenwerte werden durch NaNs ersetzt. Dieselbe Aufgabe hat `data = fitsread(filename, 'raw')`, hier bleiben jedoch nichtdefinierte Datenwerte unberücksichtigt. `data = fitsread(filename, extname)` liest die durch „extname" definierten Daten-Arrays aus. „extname" kann „primary", „table" (ASCII-Daten), „bintable" (binäre Daten), „image" und „unknowns" sein. Innerhalb eines FITS-Files sind einzelne Tabellen mit den jeweiligen „Extensions" definiert. Sollte mehr als eine Tafel derselben „extname"-Kennung vorliegen, so wird zwischen ihnen durch einen Index unterschieden, `data = fitsread(filename, extname, index)`. Zum Schreiben von FITS-Daten dient `fitswrite(bilddaten, filename)`. `fitswrite` unterstützt außerdem die Eigenschaften 'WriteMode' mit den selbsterklärenden Werten 'overwrite' und 'append', 'Compression' mit den Auswahlmöglichkeiten 'none, 'gzip', 'rice', 'hcompress' und 'pilo'. Die Übergabe erfolgt durch ein ergänzendes Paar wie `fitswrite(bilddaten, filename, 'Compress', 'gzip')`. Zur Ausgabe von Bildinformationen dient `fitsdisp (filename,'eig','wert')` mit den optionalen Argumenten „eig,wert". Unterstützt wird 'Index' das über einen ganzzahligen Skalar oder Vektor die entsprechenden HDUs festlegt und 'Mode', das mit den Werten 'standard', 'min' und 'full' den Umfang der auszugebenden Informationen bestimmt.

20.6.10 XML-File-Handling

XML ist die Abkürzung von **E**xtensible **M**arkup **L**anguage und ist lose mit HTML verknüpft. Viele Dokumententypen lassen sich unter einer gemeinsamen Formatvorlage bearbeiten. Für diesen Zweck können innerhalb XML DTDs (Document Type Definitions) festgelegt werden. Eine der Möglichkeiten XML-Dateien auszuwerten basiert auf DOM (Document Object Model), das von W3C standardisiert wurde. Vorteil von DOM ist, dass alle Elemente in einer hierarchischen Struktur vorliegen. Daraus ergibt sich jedoch auch sein Nachteil, der hohe Speicherbedarf.

`DOMnode = xmlread(filename)` liest das XML-Dokument oder eine URL „filename" und speichert das Dokument in einem DOM-Objekt. `xmlwrite(filename, DOMnode)` erzeugt aus einem DOM-Objekt „DOMnode" einen XML-File „filename.xml" und `str` = `xmlwrite(DOMnode)` ein Character-Array.

XSL steht für **E**xtensible **S**tylesheet **L**anguage und dient der Erzeugung druckbarer Layouts aus XML-Dokumenten. XSLT ist für die Transformation zuständig. Mit `result` = `xslt(quelle, style, dest)` wird die XML-Quelldatei „quelle" mithilfe des XSL-Stildokuments (enthält Formatierungsanweisungen und Stilangaben) in die Datei „dest" transformiert. „quelle" kann auch ein DOM-Objekt sein und anstelle von File-Namen können auch URL-Adressen stehen. „result" ist die URL des erzeugten Dokuments. Alternativ dazu stellt der Aufruf `[result,style]` = `xslt(...)`. `xslt (...,'-web')` das Ergebnis direkt im Web Browser dar. Neben der funktionalen Form wird auch beispielsweise die Form `xlst quelle.xml style.xsl dest.html -web` unterstützt.

20.7 HDF-Bibliothek

HDF steht für **H**ierarchical **D**ata **F**ormat und ist eine Mischform von Metadaten und Rohdaten. Es wurde von der NCSA entwickelt und wird zunehmend von der NASA genutzt. MATLAB unterstützt dieses Datenformat mit vielen Low-Level-Funktionen, die alle mit `hdf...` beginnen.

20.7.1 HDF4- und HDF-EOS-Dateien

`hdf` stellt ein MEX-Interface zu HDF-Datenfiles zur Verfügung. `dat = hdfread(fname, dataset)` liest die durch „fname" festgelegte Datei und den durch „dataset" spezifizierten Datensatz ein und legt sie in der Variablen „dat" ab. Mit `dat = hdfread(hinfo)` werden alle in der Struktur festgelegten Datenmengen eingelesen. Zusätzlich lassen sich noch viele Eigenschaften mittels `data = hdfread(...,eig1,wert1,...)` übergeben, die jedoch ein tieferes Verständnis der HDF-Dateistruktur erfordern und daher hier nicht weiter diskutiert werden. Mit `[data,map] = hdfread(...)` werden Bilddateien eingelesen und in „map" die zugehörige Farbmatrix abgelegt. `S = hdfinfo(filename)` liefert in der Struktur „S" Teilinformationen zum Inhalt der HDF-Datei „filename". Mit `S = hdfinfo(filename,mode)` kann zusätzlich festgelegt werden, ob es sich um eine HDF- („hdf") oder HDF-EOS-Datei („eos") handelt.

Weitere ausgewählte MEX-basierte Hilfsfunktionen sind:

- `hdfan`: speichert, verwaltet und ruft Textinformationen ab.

- `hdfdf24`: zur Verarbeitung von Rasterbildern. Dieses Bildformat wird auch von `imread` und `imwrite` unterstützt. Ebenso `hdfdf8` zur Bearbeitung von 8-Bit Rasterbildern.

- Hilfsfunktionen zum Öffnen, zum Schließen und zur Fehlerbehandlung sind: `hdfh`, `hdfhd` und `hdfhe`.

- `hdfml` ist eine Hilfsfunktion, die das Arbeiten mit HDF-Files als Gateway-Funktion unter MATLAB unterstützt. Wie die anderen Funktionen dieser Liste liegt `hdfml` als MEX-File vor. D.h. damit verknüpfte Variablen werden mit `>> clear mex` gelöscht.

- `hdfv` zur Bearbeitung von V-Gruppen und Raster-Images.

- Der Bearbeitung multivariater Daten und deren tabellenorientierte Verwaltung dient `hdfvf`, `hdfvh` und `hdfvs`.

- Die Funktion `hdfpt` dient als Interface zur HDF-EOS-Bibliothek.

Eine umfangreiche Liste zu den Low-Level Funktionen der verschiedenen Paketen findet man in der Dokumentation unter
`matlab.io.hdfeos.gd`
`matlab.io.hdfeos.sw` und
`matlab.io.hdf4.sd`.

20.7.2 HDF5-Dateien

Wie HDF4 ist auch HDF5 eine hierarchisches Datenformat, das insbesondere zur flexiblen Speicherung und Bearbeitung großer Datenmengen geeignet ist. Mit HDF5 sind einige Einschränkungen von HDF4 überwunden worden, beide Formate sind jedoch nicht kompatibel.

Informationen auslesen. `h5disp` gibt den gesamten Inhalt wie Dateiname, Format, Attribute, Dimensionen und Einzelheiten sowie Daten zu den gespeicherten Variablen der HDF5-Datei auf dem Bildschirm aus. Der allgemeine Aufruf ist `h5disp(fname,ort, mode)`, dabei ist „fname" der Name der Datei, das optional String-Argument „ort" die vollständige Pfadinformation zu einer Stelle in der Datei und „mode" (optional) kann die Werte 'simple' oder 'min' haben je nach Umfang der gewünschten Information.

`h5info` liefert umfangreiche Informationen über eine HDF5-Datei. Der allgemeine Aufruf ist `ih5 = h5info(fname,ort)`. „fname" ist wieder der Name der Datei und „ort" (optional) die entsprechende Pfadinformation. In der Struktur „ih5" ist der Dateiname, Dimensionen, Informationen zu den Variablen und Gruppen, Attribute und das Dateiformat abgespeichert. Mit Hilfe des zweiten Arguments wird die Ausgabe auf den entsprechenden Ort im Datenfile eingeschränkt.

Daten lesen. `h5read` dient dem Auslesen eines Datensatz aus einer HDF5-Datei. Mit dem Aufruf `dsdat = h5read(fname,dsname)` werden die Werte des Datensets mit dem Namen „dsname" der Datei „fname" in der MATLAB-Variablen „dsdat" abgelegt. Die Daten des Datensets „ds" ab der n-ten Position auszulesen, erlaubt der folgende Aufruf: `vdat = h5read(fname,dsname,start,wieviel,zwi)`. Dabei gibt „start" den entsprechenden Index vor (Beginn bei 1) und „wieviel" die Anzahl der Elemente, die jeweils ausgelesen werden sollen. Das optionale Argument „zwi" legt die Schrittweite fest.

`attv = h5readatt(fname,ort,aname)` dient dem Auslesen der Attribute „aname" an der Stelle „ort" (s.o.) der Datei „fname".

Daten schreiben. `h5create(fname,dsname,size, eig, wert)` dient dem Erzeugen eines Datensets „dsname" im HDF5-File „fname". Sollte die Datei nicht existieren wird sie erzeugt; „size" ist ein Array, das die Größe des Datensets festlegt. „eig,wert" sind dabei optionale Eigenschafts-Wertepaare Unter anderem werden die folgenden Eigenschaften unterstützt: 'Datatype' gefolgt von einer Stringvariablen mit dem Namen des MATLAB-Datentyps, beispielsweise 'uint16'; 'Deflate' gefolgt von einer ganzen Zahl zwischen 0 und 9 zur Festlegung der gzip Kompressionsstufe; 'FillValue' sowie ein Skalar, der den Eintrag für fehlende Datenwerte festlegt.

`h5write` dient dem Schreiben von Daten in eine HDF5-Datei. Der allgemeine Aufruf ist `h5write(nfile,dsname,dsdata,start,wieviel,zwi)`. Dabei ist „nfile" der Datei- und „dsname" der Datasetname sowie „dsdata" die zugehörigen Daten. „start", „wieviel" und „zwi" sind optional und legen wie in `h5read` den Startindex ab dem die Daten übertragen werden sollen, die Anzahl und die zugehörige Schrittweite fest.

`h5writeatt(nfile, ort, natt,vatt)` fügt in den HFD5-File „nfile" zu der Variablen oder Gruppe „ort" das Attribute „natt" mit dem Werte „vatt" ein.

Low-Level Funktionalitäten. Ein Zugriff auf die mehr als 300 Low-Level Funktionen der HDF5 Bibliothek ist ebenfalls über direkte MATLAB-Aufrufe möglich. Dazu stehen mehrere MATLAB-Packages zur Verfügung. Eine Beschreibung würde den Rahmen des Buches sprengen und findet man via >> `doc hdf5`. Auf dieser Seite findet man auch ein Internetlink auf die HDF-Group.

20.8   Der serielle Port

Mit dem Rel. R2019b wurde der Befehl `serial` zur Erzeugung eines seriellen Port-Objekts ersetzt durch `serialport`.

`sp = serialportlist` bzw. `sp = serialportlist("all")` listet alle seriellen Ports des Systems auf und `sp = serialportlist("available")` die gegenwärtig verfüg-baren Ports. Angesprochen wird ein serieller Port mittels `s = serialport(pname, boudrate)` mit „pname" der Name des Ports als Charakter-Vektor oder String und „boudrate" die entsprechende Baudrate. Weitere Eigenschaften können über die Punkt Notation übergeben oder abgefragt werden. Zusätzliche Eigenschafts-Werte Paare kön-nen mittels `s = serialport(pname,boudrate, eig,wert)` übergeben werden. Beispiel:

```
>> sp = serialportlist("available")
sp =  "COM1"
>> sport = serialport(sp,6800)
sport = Serialport with properties:
                Port: "COM1"
            BaudRate: 6800
    NumBytesAvailable: 0
  Show all properties, functions
```

Klicken auf „properties" listet dann alle Eigenschaften, die gesetzt werden können auf; beispielsweise ByteOrder ("little-endian"), DataBits (8), StopBits (1), TimeOut (10), UserData ([]) usf. Gesetzt werden können die Eigenschaften z. Bsp. via `sp.UserData = A;`. Klicken auf „functions" listet die unterstützten Funktionen auf, beispielsweise `daten = read(sp,wieviel,typ)` und `write(sp,daten,typ)` zum Lesen und Schreiben von Daten. „sp" ist der Portname, „wieviel" die Anzahl, „typ" der Datentyp (z. Bsp "uint32") und „daten" die Daten. Weitere Eigenschaften und Funktionen sind in der Dokumenta-tion gelistet.

21 Audio- und Videoanwendungen

21.1 Audio Input/Output-Objekte und Hardware-Treiber

21.1.1 Befehlsübersicht

In- und Output-Objekte audioplayer, audiorecorder, audiodevinfo, mmfileinfo, VideoReader, VideoWriter, play

Tonausgabe sound, soundsc

21.1.2 In- und Output-Objekte

Die Audio-Befehle. y = audioplayer(x,Fs) liefert das Handle „y" zum Audio-Player-Objekt des Inputsignals „x" zurück. „x" kann ein Vektor oder ein zweidimensionales Array sein. Es werden die folgenden MATLAB-Datentypen unterstützt: single und double (-1 bis $+1$), int8 (-128 bis 128), uint8 (0 bis 255) und int16 (-32768 bis 32767). Die jeweilig erlaubten Wertebereiche sind in Klammern beigefügt. „Fs" ist die Sample Rate für das Playback und abhängig von der Audio-Hardware. Typische Werte sind $8000, 11025, 22050, 44100, 48000$ und 96000 Hz. Als weiterer optionaler Parameter mit Voreinstellung 16 kann die Bitquantisierung „nbit" für single- und double-Datentypen übergeben werden, y = audioplayer(x,Fs,nbit). Abhängig von der Hardware werden 8, 16 und 24 bit unterstützt. **audioplayer** erlaubt auch ein mit **audiorecoder** erzeugtes Audio-Player-Objekt „r" zu übergeben: y = audioplayer(r,id). Der Defaultparameter „id" legt den Audio-Device für den Output fest.

Beispiel.

```
>> x=rand(2,10000);
>> y=audioplayer(x',11025)
        BitsPerSample: 16
        CurrentSample: 1
             DeviceID: -1
          NumChannels: 2
              Running: 'off'
           SampleRate: 11025
             StartFcn: []
              StopFcn: []
                  Tag: ''
```

https://doi.org/10.1515/9783110741780-021

```
       TimerFcn: []
    TimerPeriod: 0.0500
   TotalSamples: 10000
           Type: 'audioplayer'
       UserData: []
```

>> play(y)

Dies führt zu einem kakophonischen Rauschen (sowohl unter Windows 2000 als auch
unter Linux). play dient dabei zur Wiedergabe. Die unterstützten Aufrufe sind in Tabelle (21.1) aufgelistet.

Tabelle 21.1: *Übersicht der unterstützten Audio-Player-Methoden. y ist das Audio-Player-*
Objekt.

METHODE	KURZERLÄUTERUNG
play(y) play(y,ts) play(y,[ts,te])	Playback läuft von Anfang bis Ende, von ts bis Ende, von ts bis te.
playblocking	Erlaubt die gleichen Argumente wie play, gibt aber bis zum Abschluss der Wiedergabe die Kontrolle nicht zurück.
stop(y) pause(y) resume(y)	Unterbricht die Wiedergabe. Unterbricht für Pause. Setzt die Wiedergabe fort.
isplaying(y)	Liefert eine „1" während der Wiedergabe, sonst eine Null.
disp(y) display(y) get(y)	Gibt alle Informationen zu y aus. Vgl. disp. ebenfalls wie disp.
set	Zum Setzen von Eigenschaften: set(y) allgemeine Informationen, set(y,Eigenschaft,Wert).

d=audiodevinfo liefert Informationen zur installierten Audio-Hardware. „d" ist eine
Struktur mit den Feldern „input" und „output". audiodevinfo(io) liefert für io=0 die
Zahl der Audio-Ausgänge und für io=1 die Zahl der Eingänge. Weitere Möglichkeiten bieten die folgenden Argumente: audiodevinfo(io,ID) gibt den Namen festgelegt
durch die Driver-Kennzahl aus. (Beispielsweise ID=0 und Rückgabewert „HDA Intel
PCH".) audiodevinfo(io,ID,'DriverVersion') liefert die zugehörige Version und
audiodevinfo(io,name) mit beispielsweise name=„SoundMax Digital Audio" die zugehörige Identifikationsziffer. audiodevinfo(io,rate,nb,kan) liefert die Gerätekenn-
ziffer (ID) zur ersten Audio-Hardware, die gefunden wird, und die Sample Rate „rate",
„nb" Bits und „kan" Kanäle unterstützt. Werden die angeforderten Werte nicht unterstützt, ist der Rückgabewert „-1". Bei audiodevinfo(io,ID,rate,nb,kan) entsprechen

die Argumente denen von oben. Erfüllt das Gerät mit der Kennziffer „ID" die festgelegten Spezifikationen (Rate, Zahl der Bits und Kanäle), so ist der Rückgabewert „1", sonst „0".

r=audiorecorder erzeugt ein Audio-Recorder-Objekt (handle). Die einzelnen Felder sind

```
>> r=audiorecorder
      BitsPerSample: 8
      CurrentSample: 1
           DeviceID: -1
        NumChannels: 1
            Running: 'off'
         SampleRate: 8000
           StartFcn: []
            StopFcn: []
                Tag: ''
           TimerFcn: []
        TimerPeriod: 0.0500
       TotalSamples: 0
               Type: 'audiorecorder'
           UserData: []
```

Alternativ besteht die Möglichkeit, die Sample Rate „Fs", die Zahl der Bits (nb) und Kanäle (kan) vorzugeben, y = audiorecorder(Fs,nb,kan) und auch die Audio-ID festzulegen, y = audiorecorder(Fs,nb,kan,ID). Können die Bedingungen nicht erfüllt werden, so erfolgt eine Fehlermeldung.

Multimedia-Objekte. Mit info = mmfileinfo(fname) werden Informationen zur Multimediadatei „fname" geliefert. „info" ist eine Struktur mit den Feldern „Filename" (Name der Datei) und zugehöriger Pfad „Path", „Duration" (Länge des Files in s), „Audio" (Struktur, die Informationen zum Format und der Zahl der Kanäle enthält) und „Video" (Struktur mit den Videoinformationen Format, Höhe und Breite der Video Frames).

21.1.3   Die VideoReader und -Writer Klasse

Die VideoReader und -Writer Klasse dient dem Erstellen von Videos aus MATLAB-Abbildungen und -Animationen bzw. dem Einlesen von Videodaten in MATLAB.

VideoWriter. Die VideoWriter Klasse stellt Methoden zum Öffnen, Schreiben und Schließen von Videodateien zur Verfügung. Unterstützt werden die Grafikformate AVI und Motion JPEG 2000 unter allen Betriebssystemen und zusätzlich MPEG-4 unter Windows 7 und macOS 10.7 oder höher. Ein Objekt „writeObj" der Klasse wird mittels
writeObj = VideoWriter(datname,profil)
erzeugt, dabei ist „datname" der Dateiname und das optionale Argument "profil" legt die zu verwendende Komprimierung (s.u.) fest.

Als Beispiel für das Erstellen eines AVI-Files dient das Animationsbeispiel aus Kap. 16.6:

```
reinObj = VideoWriter('Kugel.avi'); % Objekt erstellen
open(reinObj)                       % Objekt oeffnen

%%  Animation Rotation einer Kugel
% Daten vorbereiten
k = 5;
n = 2^k-1;
theta = pi*(-n:2:n)/n;
phi = (pi/2)*(-n:2:n)'/n;
X0 = cos(phi)*cos(theta);
Y0 = cos(phi)*sin(theta);
Z0 = sin(phi)*ones(size(theta));

% Renderer und Farbe setzen
figure('Renderer','zbuffer')
colormap([0 0 0;1 1 1]);

% Kugel berechnen
C = hadamard(2^k);
kdreh=linspace(0,2*pi,72);

for kb=1:length(kdreh)
    X=X0*sin(kdreh(kb)) + Y0*cos(kdreh(kb));
    Y=Y0*sin(kdreh(kb)) - X0*cos(kdreh(kb));
    Z=Z0;
    surf(X,Y,Z,C)
    axis square
    frame=getframe;          % Einzelbilder speichern
    writeVideo(reinObj,frame) % AVI File schreiben
end

close(reinObj)
```

Die Dateierweiterung von „datname" legt das Grafikformat fest. Unterstützt werden

- .avi für AVI-Files
- .mj2 für Motion JPEG 2000 Dateien und
- .mp4 oder .m4v für MPEG-4 Files.

Die folgenden Bildkompressionen, „profile", werden unterstützt:

- 'Archival' Grafikformat Motion JPEG 2000 mit verlustfreier Kompression
- 'Motion JPEG AVI' mit Motion JPEG-Codec komprimierter AVI File. Dies ist auch die Voreinstellung.
- 'Motion JPEG 2000' komprimierte Motion JPEG 2000 Datei
- 'MPEG-4' MPEG-4 Datei + H.264 Videokompression (ab Windows 7/macOS10.7)
- 'Uncompressed AVI' Nicht-komprimierter AVI-File (RGB24).

- 'Indexed AVI' Nicht-komprimierter AVI-File mit indiziertem Video
- 'Grayscale AVI' Nicht-komprimierter AVI-File mit Grauwerte Video

Die Eigenschaften der VideoWriter bzw. -Reader Objekte werden über `reinObj.eigen-schaft` ausgelesen bzw. vor dem Öffnen gesetzt, andernfalls erfolgt je nach Eigenschaft eine Fehlermeldung. Bildbeeinflussende Eigenschaften wie Kompressionsraten können nach dem Öffnen nicht mehr verändert werden. Unterstützt werden die folgenden Eigenschaften:

- ColorChannels: Gibt die Anzahl der Farbkanäle aus; für AVI und MPEG-4 Dateien sind dies 3 und für Motion JPEG 2000 1 Farbkanal für monochrome Bilder sonst ebenfalls 3.
- CompressionRatio: Kompressionsrate zwischen Ursprungs- und komprimierten Bild (Voreinstellung ist 10) für Motion JPEG 2000 Formate.
- Duration: Laufzeit in Sekunden.
- FileFormat: Dateierweiterung 'avi', 'mp4', oder 'mj2'.
- Filename: Dateiname
- FrameCount: Anzahl der Frames
- FrameRate: Playback-Rate der Video-Frames in Sekunden (Voreinstellung 30 s.)
- Height: Höhe der Video-Frames in Pixel
- LossLessCompression: Verlustfreie Kompression (logischer Wert 'true' oder 'false'); nur verfügbar für Motion JPEG 2000 Formate.
- MJ2BitDepth: Nur verfügbar für Motion JPEG 2000 Formate. Legt die minimale Bit-Tiefe der einzelnen Farbkanäle fest (1 bis 16).
- Path: Absoluter Verzeichnispfad der Datei
- Quality: Videoqualität; Ziffer zwischen 0 und 100, Voreinstellung 75.
- VideoBitsPerPixel: Zahl der Bits per Pixel pro Video-Frame.
- VideoCompressionMethod: String zur Festlegung des Kompressionsverfahrens. Unterstützt werden 'None', 'H.264', 'Motion JPEG' und 'Motion JPEG 2000'.
- VideoFormat: String zur Festlegung des Videoformats.
- Width: Breite der Frames in Pixel.

Um auf die Eigenschaften zuzugreifen, dienen die folgenden Methoden:

- close: Schließen des Datenfiles; `close(reinObj`.
- getProfiles: Listet die unterstützten Bildkompressionen und -formate auf; `>> pro = VideoWriter.getProfiles()`.
- open: Öffnen der Datei; `open(reinObj)`
- writeVideo: Beschreiben der Datei; `writeVideo(reinObj,MitWas)`.
  Dabei ist „reinObj" das VideoWriter Objekt und „MitWas" entweder ein einzelnes Frame erzeugt mit `getframe`, ein MATLAB-Movie oder ein Image.

VideoReader. Die VideoReader-Klasse ist das Gegenstück zur ViedoWriter-Klasse. .
Das folgende Beispiel zeigt das prinzipielle Vorgehen am Beispiel der oben erstellten
AVI-Datei:

```
%% wieder auslesen
KugelObj = VideoReader('Kugel.avi');
%% Movie erstellen
% Frame-Daten
nFrames = KugelObj.NumberOfFrames;
Hoehe = KugelObj.Height;
Breite = KugelObj.Width;
% gegebenfalls Preallokation
mov(1:nFrames) = struct('cdata', zeros(Hoehe,Breite,3,'uint8'), ...
                        'colormap',[]);
% Einlesen der Frames
for k = 1 : nFrames
    mov(k).cdata = read(KugelObj,k);
end
% Abbildung
hf = figure;
set(hf, 'position', [150 150 Breite Hoehe]);
% Abspielen
movie(hf, mov, 1, KugelObj.FrameRate);
```

Der allgemeine Aufruf ist `rausObj = VideoReader(datname, option, wert)`.
Der Rückgabewert „rausObj" ist ein VideoReader-Objekt, „datname" die auszulesen-
de Datei und das Eingabepaar „option, wert" optional mit den Übergabewerten

- `'CurrentTime'`, `asec` beginnt „asec" Sekunden (die Anzahl an Sekunden, z. Bsp.
  0.8) in das Video einzulesen.

- `'Tag'`, `'Wer'`, wobei die Stringvariable „wer" die Kennzeichnung des Objekts
  repräsentiert,

- `'UserData'`, `Daten` mit „Daten" beliebige mit dem Objekt gemeinsam zu ver-
  waltende Daten.

Die VideoReader-Klasse unterstützt die folgenden schreibgeschützten Eigenschaften zur
Information:

- BitsPerPixel: Zahl der Bits pro Pixel
- Name: Dateiname
- NumFrames: Zahl der Frames im Videostrom
- Type: Klassenname des VideoReader-Objekts
- Duration, Framerate, Height, Path, Videoformat, Width s. o. unter VideoWriter

und die folgenden Methoden: (v ist das VideoReader-Objekt)

- `hasFrame(v)` logische Abfrage, ob das Video-Frame gelesen werden kann.

- `vid = read(v,...)` liest die Video-Frame Daten aus (s.o.).
- `vid = readFrame(v)` liest das nächste verfügbare Video-Frame aus.
- `VideoReader.getFileFormats` listet die unterstützten Bildformate auf.

21.1.4   Tonausgabe

`sound` und `soundsc` konvertieren einen Eingangsvektor in ein Tonsignal, das als Ton aus dem Lautsprecher ausgegeben wird. Die allgemeine Syntax ist `>> sound(y,Fs,bits)`, dabei bezeichnet y den Tonvektor mit dem Wertebereich $-1 \leq y \leq +1$. Für Stereosound (sofern vom Computer unterstützt) ist y eine 2×n-Matrix. „Fs" und „bits" sind optionale Argumente. Die Sample-Frequenz „Fs" hängt von der installierten Soundkarte ab, der Defaultwert ist 8192 Hz. Bei einigen Betriebssystemen ist die Sampling-Frequenz auf 8192 Hz fixiert. „bits" legt die Bits/Sample fest. Die meisten Betriebssysteme unterstützen 8 oder 16 bits. Das folgende Beispiel gibt auf dem Lautsprecher einen 128Hz-Ton aus:

```
>> f0=128;          % Signal-Frequenz
>> Fs=8192;         % Sampling-Frequenz
>> Ts=1/Fs;
>> t=0:Ts:1;
>> y=sin(2*pi*f0*t); % Sound
>> sound(y,Fs)
```

Bei manchen Soundkarten ist es empfehlenswert, eine kurze Pause an die Tonausgabe via `pause(0.01)` anzuschließen, um eine Fehlermeldung bei aufeinander folgenden Sound-Kommandos zu vermeiden.

`soundsc(y,Fs,bits)` folgt den Aufgaben und dem Aufruf von `sound`, skaliert aber zusätzlich den Vektor oder das Array „y" auf den erlaubten Wertebereich. Als weiteres Argument kann auch der Maximal- und Minimalwert, slim = [min,max], der skalierten Tonmatrix übergeben werden, `soundsc(y,Fs,bits,slim)`.

21.2   Audio- und Videodateien

21.2.1   Befehlsübersicht

Audio-Files bearbeiten audioread, audiowrite, audioinfo

Hilfsfunktionen lin2mu, mu2lin

Tonbeispiele chirp, gong, handel, laughter, mtlb, splat, train

21.2.2   Audio-Files bearbeiten

`[y,Fs] = audioread('file')` liest die Daten der Datei „file" in einen Vektor „y" ein mit der Taktfrequenz „Fs". Optional kann ein Vektor „aus" übergeben werden, dessen

Werte zwischen [start,end] liegen, um einen Ausschnitt heraus zugreifen; also beispielsweise [y,Fs] = audioread('file',[1, 5*Fs]);. Der Datentyp kann mittels ... = audioread(..., datTyp) festgelegt werden. Zur Auswahl für „datTyp" steht 'native' und 'double'. Unterstützt werden .wav, .ogg, .flac, .au, .aiff, .aif, und .aifc sowie .mp3, .m4a und .mp4 Dateien; zusätzlich unter Linux alle Dateien, die von GStreamer unterstützt werden und ab Windows 7 die von der Windows Media Foundation unterstützten Audiodateien.

Das Gegenstück zu audioread ist audiowrite(file,y,Fs,eig,wert), um die Audiodaten „y, Fs" in die Datei „file" zu schreiben. Die Eigenschaftswerte-Paare „eig,wert" sind optional. Unterstützt werden 'BitsPerSample' mit den Werten 16 (Default), 8, 24, 32 und 64. 'BitRate' mit dem Defaultwert 128 sowie 64, 96, 160, 192, 256 und 320. 'Quality' für die Qualitäteinstellung der Kompression mit Werten zwischen $0 \cdots 100$ (Voreinstellung 75) und 'Title' , 'Artist' und 'Comment' jeweils ein String. Informationen zu der jeweiligen Datei erhält man via info = audiinfo(file).

Beispiel:

```
audiowrite('MeinTon.wav',y,Fs);      % y aus Sound-Beispiel oben
clear all
[y,Fs] = audioread('MeinTon.wav');   % auslesen
sound(y,Fs)                          % abhoeren
```

21.2.3 Hilfsfunktionen

u = lin2mu(y) und y = mu2lin(u) dienen der Konvertierung eines linearen Signals in ein mu-kodiertes 8-Bit-Audiosignal und umgekehrt. „y" muss im Wertebereich -1 bis $+1$ liegen bzw. mu zwischen 0 und 255.

21.2.4 Tonbeispiele

Im Verzeichnis matlabroot/toolbox/matlab/audiovideo (matlabroot steht für den Pfad zu MATLAB) sind mehrere Audio-Daten-Files zu Testzwecken als MAT-Files abgespeichert: Ein Pfeifton (chirp; 1.6 s, 8192 Hz), ein Gong (gong; 5.1 s, 8192 Hz), das Hallelujah aus Händels Messias (handel; 8.9 s, 8192 Hz), Gelächter (laughter; 6.4 s, 8192 Hz), MATLAB gesprochen (mtlb), ein Pfeifton mit Platschen (splat; 1.2 s, 8192 Hz) und eine Zugpfeife (train; 1.5 s, 8192 Hz). In Klammer steht jeweils der Name des MAT-Files und die Dauer des Geräuschs. (Falls Sie MATLAB-Schulungen halten sollten, geben Sie diese Liste besser nicht bekannt!) Geladen werden können diese Files entweder mit dem Import Wizard oder mit >> load name.

22 Datenklassen und Objekte

In MATLAB ist jedem Wert eine Datenklasse zugeordnet. Starten wir mit einem kurzen Überblick in dem die Datenklasse jeweils aufgeführt ist:

- Fließkomma-Zahlen: `double` (8 Byte Genauigkeit, Standard für numerische Werte), `single` (4 Byte Genauigkeit)
- Ganze Zahlen: Vorzeichen behaftet `intx`, Vorzeichenlos `uintx`
  mit x = 8, 16, 32 oder 64 entsprechend der Bit-Zahl
- Zeichen und Text: Character-Variablen (`char`) und String-Arrays (`string`); s. Kap. 6
- Logische Variablen: `logical` (true/false, 1/0)
- Zeitvariablen: `datetime`, `duration` und `calenderDuration` für Zeiten, Daten und Zeitdauern; s. Kap. 23.3
- Kategoriale Variablen: `categorical`, qualitative Zuordnung von Daten
- Tabellen und Zeittabellen: `table`, `timetable`; tabellarische Arrays mit benannten Tabellenköpfen (variables).
- Function Handle: Repräsentiert eine Funktion (@), s. S. 203.
- Zellvariable: `cell`; heterogene Daten-Arrays mit ganzzahligen Indizes
- Struktur: `structure`; heterogene Daten-Arrays mit durch Punkt getrennten Elementnamen.
- Benutzerdefinierte Klassen: Frei gewählter Klassennamen im Rahmen der Objektorientierten Programmierung

22.1 Datentypen

Die richtige Wahl des numerischen Datentyps bzw. Klasse spart sowohl Rechenzeit als auch Speicherplatz. Zur Verfügung stehen neben den Fließkommazahlen verschiedene ganzzahlige Datentypen. Hier kann die Berechnungsreihenfolge wichtig werden.

Fließkommazahlen double, single, flintmax

Ganzzahlige Werte int8, int16, int32, int64, uint8, uint16, uint32, uint64

Datentyp wandeln cast, typecast

Java javaArray, javaMethod, javaObject

https://doi.org/10.1515/9783110741780-022

22.1.1   Fließkommazahlen

`double(x)` wandelt die Variable „x" in eine Fließkommazahl mit 8-Byte (Double-Precision) Genauigkeit, dem MATLAB-Standardformat für Fließkommazahlen. Bei 8-Byte ist die ungefähre Genauigkeit `53*log10(2)`, d.h. 15 - 16 Nachkommastellen und bei 4-Byte etwa 8 Nachkommastellen.

`B = single(A)` wandelt die Elemente von „A" in 4-Byte Fließkommazahlen.

```
>> format long
>> x=pi
x =
   3.141592653589793
>> y=single(x)
y =
   3.1415927
>> z=double(y)
z =
   3.141592741012573
```

„y" ist eine 4-Byte genaue Zahl, die durch Rundung aus einer 8-Byte Zahl entstand. Beim Wandeln mit `double` werden die fehlenden Stellen zufällig aufgefüllt, vgl. auch Tab. (4.2).

`gm = flintmax` liefert die größte zusammenhängende ganze Zahl „gm" für Double-Zahlen (2^{53}), also 8-Byte Genauigkeit. `gm = flintmax(genau)` mit genau = 'single' gibt die größte zusammenhängende ganze Zahl für 4-Byte Genauigkeit und genau = 'double' für 8-Byte Zahlen zurück.

22.1.2   Ganzzahlige Werte

MATLAB unterstützt die in Tabelle (22.1) aufgelisteten Integer-Datentypen. Die den Namen ergänzenden Ziffern geben dabei jeweils die Genauigkeit in Bit an. Der Aufruf für alle in Tabelle (22.1) aufgelisteten Funktionen ist `xi = ·int·(x)`; „x" ist die in das entsprechende ganzzahlige Format zu wandelnde Variable, „xi" das Integer-Pendant, das durch Rundung zum nächstgelegenen ganzen Wert entsteht. Der führende Punkt ist entweder leer oder steht für das „u" bei unsigned Integer-Datentypen, der schließende Punkt für die Ziffer.

Tabelle 22.1: *Unterstützte Integer-Formate.*

Typ	Zahlenbereich	Typ	Zahlenbereich
int8	$-128 \cdots 127$	uint8	$0 \cdots 255$
int16	$-32.768 \cdots 32.767$	uint16	$0 \cdots 65.535$
int32	$-2.147.483.648$ $\cdots 2.147.483.647$	uint32	$0 \cdots 4.294.967.295$
int64	$-k-1 \cdots k$	uint64	$0 \cdots 2*k+1$
mit	$k = 9.223.372.036.854.775.807$		

Beispiel: Runden zu ganzen Zahlen. Wann das Runden ausgeführt wird, ist von entscheidender Bedeutung:

```
n=int8([1 2 3 4]);
ipi=int8(pi);
vorher=ipi*n   % hier Integer * Integer
nachher=n*pi   % hier Integer * Double

vorher =
    3    6    9   12


nachher =
    3    6    9   13
```

Viele MATLAB-Operationen wie das Umordnen von Matrixelementen, arithmetische, logische Operationen und dergleichen werden unterstützt, allerdings nicht alle MATLAB-Funktionen.

```
>> x=int8(45)
x =
   45
>> sin(45)
ans =
   0.85090352453412
>> z=sin(x)
Check for incorrect argument data type ...

>> Aint=int8(magic(4));
>> Aint*Aint;  % Matrixmultiplikation
... At least one operand must be scalar.
```

Integer-Stolpersteine. Die Addition (Subtraktion) von Variablen des Datentyps „Double" ist streng genommen nicht vertauschbar, da durch die endliche Bit-Darstellung die reellen Zahlen nur mit einer gewissen Körnigkeit aufgelöst werden können. Dies sollte beispielsweise bei if-Abfragen berücksichtigt werden. Für die ganzen Zahlen gilt diese Einschränkung so nicht, allerdings müssen die Grenzen beachtet werden: `int8(128)` $\Rightarrow$ 127, aber `int8(-128)` $\Rightarrow$ -128 und daher unter Umständen die Ausführungsreihenfolge:

```
>> x=uint8(8);
>> y=uint8(6);
>> -y+x
ans =
    8
>> x-y
ans =
    2
```

Die Berechnung wird von links nach rechts ausgeführt. Für nicht vorzeichenbehaftete Zahlen führt daher ein „−" unter Umständen zur unteren Schranke, und die ist null!

Ist das Argument ein Character-Array, dann werden die ASCII-Ziffern zurückgegeben:
>>erg=int8('Aha'), erg = [65 104 97]. Strukturen und Zellvariablen können in ihrer
Gesamtheit nicht zum Typ Integer gewandelt werden. Feld- bzw. elementweise ist dies
möglich.

22.1.3 Datentypen wandeln

Die Funktion B = cast(A, newclass) erlaubt das Wandeln von Variablen des einen
Datentyps in einen anderen. Die Datentypen müssen miteinander verträglich sein:

```
 >> A=[3 + 7i; pi - 2*pi*i]
A =
   3.0000 + 7.0000i
   3.1416 - 6.2832i

>> Bi = cast(A,'int8')
Bi =
    3 +    7i
    3 -    6i

>> Bchar = cast(A,'char')
Error using cast
Complex values cannot be converted to chars.
```

„newclass" kann dabei alle unterstützten MATLAB-Datentypen annehmen. Unterstützt
werden logical, char (String-Variablen), int8, uint8, int16, uint16, int32, uint32, int64,
uint64, single (4 Byte Zahlen), double (8 Byte Zahlen), cell, struct, function handles,
selbst definierte MATLAB-Klassen und Java-Klassen.
B = cast(A, 'like', nc) wandelt die Variable „A" in denselben Datentyp wie „nc"
sofern möglich, dies schließt auch dünn besetzte Matrizen (sparse) ein.

Für „x" reell und ein numerischer Skalar oder Vektor konvertiert y = typecast(x,
type) „x" in einen speicher-gleichen Datentyp der Klasse „type". Beispiel:

```
>> format hex
>> x = pi
x =
   400921fb54442d18

>> y = typecast(x,'single')
y =
  1x2 single row vector
   54442d18   400921fb

>> format short
>> x
x =
    3.1416
```

```
>> y(1)                        >> y(2)
   3.3703e+12                      2.1427
```

22.1.4   Java

javaArray('package_name.class_name',x1,...,xn) erzeugt ein leeres Java-Array
der Dimensionen x1,...,xn. „xi" ist die Argumentliste. „package_name.class_name"
(zum Beispiel 'java.lang.Double') legt die entsprechende Java-Klasse fest. Um Java-Methoden in MATLAB einzubinden, dient X = javaMethod('method_name','class_name',
x1,..,xn) für statische und X = javaMethod('method_name',J,x1,...,xn) für nicht-
statische Methoden zum Objekt „J". „method_name" ist die Methode zu „class_name".
J = javaObject('class_name',x1,...,xn) erzeugt den Java-Konstruktor zur Klasse
„class_name".

22.2   Wandeln von Datentypen

22.2.1   Befehlsübersicht

Hexadezimaldarstellung hex2num, hex2dec, dec2hex, num2hex

Binärdarstellung bin2dec, dec2bin

Darstellung: Beliebige Basis base2dec, dec2base

22.2.2   Hexadezimaldarstellung

x=hex2num(S) wandelt die hexadezimale Darstellung „S" in die korrespondierende Fließkommadarstellung vom Typ „Double". „S" wird als Character-Array übergeben, dabei
wird jede Zeile als eine Zahl interpretiert, „x" wird ein Vektor, dessen Spaltendimension
gleich der von „S" ist.

```
>> S=num2hex([12.;16.])
S =
4028000000000000
4030000000000000
>> hex2num(S)
ans =
    12
    16
```

Beim Wandeln muss beachtet werden, ob „S" eine IEEE-Floatingzahl oder eine ganzzahlige, positive Dezimalzahl repräsentiert. Mit >> x = hex2dec(S) wird „S" in die
korrespondierende Dezimaldarstellung konvertiert. Den Unterschied verdeutlicht das
folgende Beispiel:

```
>> S=dec2hex([16;12])
S =
  '10'
  '0C'
>> hex2dec(S)
ans =
    16
    12
```

```
>> hex2num(S)    % ABER
ans =
   1.0e-230 *
   0.12882297539194
   0.00000000000000
```

Die jeweiligen Umkehrungen lauten `S=dec2hex(x)` bzw. `S=num2hex(x)`. `S = dec2hex(x,n)` erzeugt eine hexadezimale Darstellung der ganzen Zahl „x" mit „n" Stellen.

22.2.3 Binärdarstellung

`x=bin2dec('s')` wandelt die binäre Darstellung einer ganzen Zahl bzw. eines Vektors in die Dezimaldarstellung um. Die Umkehrung ist `s = dec2bin(x,n)`, wobei „n" optional ist und die Stellenzahl angibt. Wird ein Character übergeben, so wird die Binärdarstellung des zugehörigen ASCII-Codes benutzt:

```
>> s=dec2bin('a')
s =
  '1100001'
>> bin2dec(s)
ans =
    97
>> double('a')
ans =
    97
```

22.2.4 Zahlendarstellung zu einer beliebigen Basis

`x = base2dec('s',bas)` konvertiert die Zahlendarstellung „s" zur Basis „bas" in ihr Dezimalkomplement. Die Umkehrung lautet `s = dec2base(x,bas,n)`, „n" ist optional und bestimmt die Zahl der Stellen.

Beispiel. $x = 11$ zur Basis 4 ist $4^2 + 3$.

```
>> x=base2dec('23',4)
x =
    11
```

Da ab der Basis 10 Buchstaben notwendig sind und das lateinische Alphabet 26 Buchstaben zur Verfügung stellt, ist die höchste in MATLAB unterstützte Basis 36.

22.3 Zellvariablen und Strukturen

Während mit numerische oder Character und String-Arrays jeweils nur ein Datentyp verwaltet werden können, bieten Zellvariablen, Strukturen, Tabellen und kategoriale Variablen die Möglichkeit unterschiedliche Datentypen in einer Variablen zu verwalten.

22.3.1 Befehlsübersicht

Zellvariablen cell, iscell, iscellstr, celldisp, cellplot, readcell, writecell

Strukturen struct, isstruct

Strukturen: Feldebene isfield, fieldnames, getfield, setfield, rmfield, orderfield

22.3.2 Zellvariablen

Zellvariablen erlauben unterschiedliche Datentypen in einer Variablen zu verwalten und werden mittels geschweiften Klammern erzeugt. $c = \texttt{cell(n)}$ erzeugt eine $n \times n$-Zellvariable bestehend aus leeren Matrizen und $c = \texttt{cell(m,n,p,...)}$ eine $m \times n \times p \cdots$ Zellvariable aus leeren Matrizen. $c = \texttt{cell(size(A))}$ erzeugt eine Zellvariable bestehend aus leeren Matrizen der Größe des Arrays „A" und $c = \texttt{cell(javaobj)}$ konvertiert ein Java-Array oder -Objekt in ein MATLAB-Zell-Array. Funktionen zum Konvertieren von Zellen in andere Variablen wie Strukturen, Tabellen etc. werden in Kap. 22.6 diskutiert.

Zugriffsmethoden. Auf Zellvariablen können wir sowohl mit geschweiften als auch mit runden Klammern zugreifen. Mit runden Klammern erhalten wir wieder eine Zellvariable und mit geschweiften Klammern einen Rückgabewert der vom selben Datentyp ist wie der Inhalt:

```
>> dmag = c{2,1}; cmag = c(2,1);
whos *mag
   Name       Size          Bytes  Class
   cmag       1x1             240  cell
   dmag       4x4             128  double
```

Mit den geschweiften Klammern greifen wir direkt auf den Inhalt zu, der tiefere Zugriff hängt dann von dem inneren Variablentyp ab. Beispiel:

```
>> A = magic(4);            % Duerer's magisches Quadrat
>> str.name = 'Schweizer';  % Eine Struktur
>> str.geb = 'ja';
>> str.wo = 'Erde';
>> str.zufall = rand(3,4);
>> Z = {A, str;'2.Reihe', randn(7)};  % Zellvariable
>> Z{1,1}                    % R"uckgabe double Array
>> Z(1,1)                    % und hier eine Zellvariable
>> x = Z{1,1}(3,4)           % Zugriff auf das Element
x =                         % 3. Zeile 4. Spalte
```

```
      12
>> Z(1,2)                        % R"uckgabe Zellvaribale
ans =                            % Inhalt Struktur
   1x1 cell array
     {1x1 struct}
>> Z{1,2}.name(1)                % Zugriff auf das Feld "name"
ans =                            % -> Character-Vektor 1. Element
     'S'
```

Logische Testfunktion. `tf = iscell(A)` gibt ein logisches „true" (1) zurück, wenn „A" eine Zellvariable ist, sonst eine Null und `tf = iscellstr(A)` ist wahr wenn „A" aus Strings oder leeren Elementen besteht.

Darstellungsfunktionen. `celldisp(C)` gibt rekursiv den gesamten Inhalt der Zelle „C" auf dem Bildschirm in der Form `C1=` ··· aus. Soll anstelle von „C" ein anderer Variablenname „name" benutzt werden, so ist dies mittels `celldisp(C,name)` möglich. Achtung, dies entspricht keiner Wertezuweisung, nur einer unterschiedlichen Darstellung der Bildschirmausgabe.

Einen raschen grafischen Überblick über die Zellvariable „c" erhält man mit `cellplot(c)`, vgl. Abb. (22.1). In einem Figure Window wird der Inhalt visualisiert, numerische Arrays in rot, dünn besetzte Matrizen in gelb, Character in orange, Strukturen in grün und alle anderen in blau. Sollte ein Element der Zelle wiederum eine Zellvariable sein, so wird sie entsprechend ihrem Inhalt aufgelöst. Leere Elemente der Zelle bleiben weiß. Mit `cellplot(c,'legend')` wird eine Farblegende zur Erläuterung der einzelnen Farben beigefügt und mit `hc = cellplot(...)` ein Handle Array bestehend zu Surface- und Textobjekten zurückgegeben auf deren Eigenschaften wie in Kap. 17 beschrieben zugegriffen werden kann.

Beispiel: Visualisierung einer Zellvariablen.

```
>> c{1,1} = 'kurz';
>> c{1,1} = 'magic(4)';
>> c{1,2} = 'Eigenwerte von magic(4)';
>> c{2,1} = magic(4);
>> c{2,2} = eig(c{2,1});
>> c{3,1} = c; % Zelle in Zelle
>> str.was = 'ein Beispiel';
>> str.wert=rand(10);
>> c{3,2} = str; % Struktur in Zelle
>> cellplot(c,'legend')
```

Lesen und Schreiben in Dateien. `C = readcell(fname` dient dem Auslesen einer Datei „fname" in die Zellvariable „C" und das entsprechende Pendant zum Schreiben in einen File ist `writecell(C, fname)`. Beide Kommandos unterstützen noch mehrere weitere Optionen.

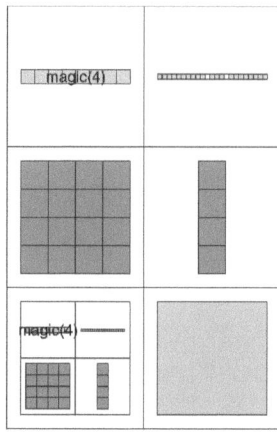 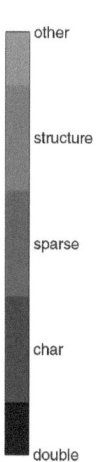

Abbildung 22.1: *Visualisierung der Zellvariablen „c".*

22.3.3   Strukturen

Zellvariablen werden als unbenannte Containervariablen bezeichnet, da die einzelnen Elemente durchgezählt werden. Strukturen[1] können ähnliche Aufgaben übernehmen. Die einzelnen Elemente der Strukturen werden nicht durch Ziffern, sondern durch Feldnamen voneinander unterschieden. `s = struct('field1',we1, 'field2',we2, ...)` erzeugt eine Struktur mit dem Namen „s" und den Feldnamen „field1", $\cdots$, die den Inhalt „we1", $\cdots$ haben. Strukturname und Feldname werden durch einen Punkt getrennt und können auch einfach durch `>> s.field1=we1,` $\cdots$ erzeugt werden. Existiert bereits eine Variable „s" vom Typ „double", so gibt MATLAB eine Fehlermeldung aus. Felder von Strukturen können auch weitere Felder oder Strukturen beherbergen.

Strukturen lassen sich auch in Arrays beliebiger Dimension bündeln. `s.f1 = a` erzeugt eine Struktur mit dem Feldnamen f1 und Inhalt „a". `s(2).f1 = b` erzeugt eine zweikomponentige Vektor-Struktur. Mittels `s(2,1).f1 = b21, s(2,2).f1 = b22` usf. erhalten wir ein Struktur-Array. Wie bei einem gewöhnliche Array werden die einzelnen Array-Elemente indiziert. Beispiel:

```
mess.temp = 23;              % 1. Messdurchgang
mess.date = '1.10.2020';
mess.erg = rand(1,7);
mess(1,2).temp = 25;         % 2. Messdurchgang
mess(1,2).date = '2.10.2020';
mess(1,2).erg = rand(1,7);

nz = 2;                      % Neuer Messzykluss
mess(nz,1).temp = 23;        % 1. Messdurchgang
mess(nz,1).date = '7.10.2020';
```

---

[1]Funktionen zum Konvertieren s. Kap. 22.6

```
mess(nz,1).erg = rand(4,7);
mess(nz,2).temp = 29;              % 2. Messdurchgang
mess(nz,2).date = '12.10.2020';
mess(nz,2).erg = rand(4,7);
% Temperaturen 1. Messzyklus
tempz1 = mess(1,:).temp;           % liefert nur einen Wert
tempz1 = {mess(1,:).temp}          % so ist's richtig
tempz1 =
   1x2 cell array
     {[23]}    {[25]}
```

Strukturen können beliebige Datentypen abspeichern. Dies gilt auch für die jeweiligen Array-Elemente. Daher muss die Rückgabevariable bei einem Struktur-Array mit mehreren Elementen (`tempz1 = {mess(1,:).temp}`) wieder verschiedene Datentypen speichern können wie beispielsweise Zellvariablen.

Feldinhalt. `f = getfield(s,'field')` bildet den Inhalt des Feldelements „field" der skalaren Strukturvariablen „s" auf „f" ab. Für Struktur-Arrays lautet die Syntax `f = getfield(s,{i,j},'field',{k})`. „f" wird das k-te Element des (i,j)-ten Strukturelements des Feldes „field" zugewiesen. Beispiel: Ist „s" ein 2×3-Struktur-Array, dann kann i die Werte 1 oder 2 und j $1 \cdots 3$ haben. „k" ist nur dann notwendig, wenn das k-te Element des ausgewählten Feldelements ausgelesen werden soll. Das heißt, der obige Aufruf ist äquivalent zu `f = s(i,j).field(k)`. Neben diesem statischen Zugriff auf die Felder ist auch ein dynamischer Zugriff (s.u.) möglich.

Während `getfield` dem Auslesen des Inhalts dient, wird `setfield` zum Setzen benutzt. Die Syntax ist analog `s=setfield(s, {i,j}, 'field', {k} ,v)`, „v" ist der entsprechende Inhalt und obiger Ausdruck äquivalent zu `s(i,j).field(k) = v`. Für skalare Strukturen entfallen die in geschweifte Klammern gesetzten Indizes.

Felder. `names = fieldnames(s)` gibt die Feldnamen einer Struktur „s" zurück und `names = fieldnames(obj)` die Eigenschaftsnamen eines Objekts. „obj" kann sowohl ein MATLAB-, Java- als auch COM-Objekt sein. `names = fieldnames(obj,'-full')` liefert ergänzende Informationen. In allen Fällen ist „names" eine Zellvariable.

`s = rmfield(s,'field')` löscht das Feld „field" des Struktur-Arrays „s". Ist „field" ein Character-Array oder eine Zellvariable aus Strings, dann werden alle damit benannten Felder gelöscht.

Feldumordnung. `s = orderfields(s1)` ordnet die Felder in alphabetischer Reihenfolge festgelegt durch den ASCII-Code. `s = orderfields(s1, s2)` ordnet die Felder der Struktur „s1" so um, dass die neue Struktur dieselbe Feldordnung aufweist wie die Struktur „s2". „s1" und „s2" müssen daher dieselben Feldnamen besitzen. Für `s = orderfields(s1, c)` basiert die Umordnung auf dem vorgegebenen Zell-Array „c" und `s = orderfields(s1, perm)` nutzt für die Umordnung einen Permutationsvektor „perm", der auch als optionaler Rückgabewert `[s, perm] = orderfields(...)` gewonnen werden kann. `orderfields` kann bei tieferen (horizontalen) Feldstrukturen nicht rekursiv genutzt werden.

Feldnamen dynamisch verwalten. Insbesondere bei Funktionsaufrufen ist die statische Feldverwaltung unbequem. MATLAB erlaubt eine dynamische Feldzuordnung, d.h.

einen Aufruf der Art s.(x). „s" ist die Struktur, „x" ein Character-Array mit dem Namen des entsprechenden Feldes.

```
>> s(1).f1=magic(4);
>> s(2).f1='magic'; s(3).f1='Dimension 4';
>> x='f1';
>> s.(x)   % alle 3 Elemente zum Feld f1
ans =

    16     2     3    13
     5    11    10     8
     9     7     6    12
     4    14    15     1
ans =
magic
ans =
Dimension 4
>> s(1).(x) % nur das erste Element
ans =
    16     2     3    13
     5    11    10     8
     9     7     6    12
     4    14    15     1
```

Logische Funktionen tf = isfield(A, 'field') ist wahr (logische 1), wenn „A" eine Struktur mit Feld „field" ist und tf = isstruct(A), wenn „A" eine Struktur ist, sonst falsch (logische 0). Sind einzelne Felder in einem Struktur-Array leer, so sind sie doch vorhanden, d.h. isfield führt auch dann zu einem logischen Wahr.

```
>> s(2)                            >> isfield(s(2),'fnur1')
ans =
                                   ans =

     f1: 'magic'
  fnur1: []                             1
```

22.4 Tabellen und Zeittabellen

22.4.1 Befehlsübersicht

Tabellen table, istable, join, innerjoin, outerjoin, height, width

Zeittabellen timetable, istimetable, join, innerjoin, outerjoin, timerange, withtol, retime, synchronize, lag, containsrange, overlapsrange, withinrange, isregular

Konvertieren table2timetable, timetable2table

Tabellen/Zeittabellen bearbeiten addvars, renamevars, movevars, splitvars, mergevars, vartype, convertvars, rows2vars, stack, unstack, addprop, rmprop

Ein- und Ausgabe writetable, readtable, writetimetable, readtimetable, summary, stackedplot, heatmap, parallelplot

Tabellen und Zeittabellen haben einige Befehle gemeinsam, die auch gemeinsam behandelt werden. Mit `head` und `tail` lassen sich die ersten bzw. letzten Zeilen anschauen, um so einen Überblick zu gewinnen. Beide Befehle wurden bereits im Rahmen von Tall Arrays besprochen.

Tabellen und Zeittabellen werden direkt durch Tasks im Live-Editor unterstützt: Join Tables, Retime TimeTables, Stack Table Variables, Unstack Table Variables und Synchronize TimeTables.

22.4.2 Tabellen

Tabellen können wie Zellvariablen aus unterschiedlichen Datentypen bestehen. Während bei Zellvariablen auf die einzelnen Elemente indexbasiert zugegriffen wird, erlauben Tabellen Spalten- und Zeilennamen. Dies entspricht auch vielen Anwendungen. So wollen wir beispielsweise Temperatur, Drehzahl und weitere Eigenschaften eines Motors oder die Kennzahlen von Planeten gemeinsam verwalten. Die Massen der Planten sind alle vom selben Datentyp „double". Für Tabellen gelten folgende Regeln:

- Innerhalb einer Spalte identischer Datentyp
- Jede Spalte hat einen eindeutigen Namen
- Jede Spalte hat die gleiche Zeilenzahl

Der allgemeine Aufruf ist `T = table(v1,...,vn, Eig,Wert)`. „v1,...,vn" werden als Variablen bezeichnet und sind die Spalteneinträge der Tabelle[2]. Die Eigenschaftswerte-Paare "Eig,Wert" sind optional, unterstützt werden u.a. 'RowNames' für die Zeilennamen und 'VariabelNames' für die Spaltennamen. „Wert" ist in beiden Fällen eine Zellvariable mit den Namen der jeweiligen Zeile bzw. Spalte. Betrachten wir als Beispiel die inneren Planeten:

```
>> inPa = table([0.3871;0.7233;1;1.5237], ...
          [0.3825;0.9488;1;0.5326], ...
          'VariableNames',{'Abstand_AE','rel_Radius'}, ...
          'RowNames', {'Merkur','Venus','Erde','Mars'})
inPa =
              Abstand_AE    rel_Radius

              ----------    ----------

    Merkur    0.3871        0.3825
    Venus     0.7233        0.9488
    Erde      1             1
    Mars      1.5237        0.5326
```

---

[2]Tabellenspalten können auch in jeder Zeile beispielsweise einen Vektor enthalten, also (scheinbar) aus mehreren Spalten bestehen, daher die Bezeichung „variables".

Auf die einzelnen Spalten können wir über die Spaltennamen und die Indizes zugreifen oder auch eine neue Spalte hinzufügen:

```
>> inPa.rel_Radius
ans =
    0.3825
    0.9488
    1.0000
    0.5326

>> inPa.rel_Radius(2)
ans =
    0.9488

>> inPa.Radius_km = inPa.rel_Radius * 6371

inPa =
                Abstand_AE     rel_Radius     Radius_km

                ----------     ----------     ---------
    Merkur      0.3871         0.3825         2436.9
    Venus       0.7233         0.9488         6044.8
    Erde        1              1              6371
    Mars        1.5237         0.5326         3393.2
```

Eine weitere Möglichkeit ist `inPa(:,'Abstand_AE')` für die gesamte Spalte oder als erste Argument die gewünschten Zeilenindizes. `tables` erlauben ganz auf Namen zu verzichten und wie, beispielsweise numerische Arrays, mit Zeilen- und Spaltenindizes zu hantieren, `inPa{4,2}`. Bisher war der Rückgabewert stets eine Tabelle. Ähnlich den Zellvariablen kann der Rückgabewert entweder eine Tabelle sein oder vom Datentyp des Inhalts. In diesem Fall greifen wir wie bei den Zellvariablen mit geschweiften Klammern auf die Tabelle zu:

```
>> inPaT = inPa(2,'rel_Radius')        >> inPaD = inPa{2,'rel_Radius'}
inPaT =                                 inPaD =
            rel_Radius                      0.9488

            ----------
    Venus   0.9488
```

Wollen wir auf mehrere Spalten des gleichen Datentyps zugreifen, so können wir die Spaltennamen als Zellvariable übergeben, z.Bsp.
```
>> ARPa = inPa{:,{'Radius_km','Abstand_AE'}};
```
Die Reihenfolge der Spalten im Rückgabewert richtet sich nach der Reihenfolge im Argument. Im Beispiel ist die erste Spalte von „ARPa" gleich den Werten von 'Radius_km' und die zweite gleich den Werten von 'Abstand_AE'.

Einzelnen Tabellenspalten lassen sich sehr einfach grafisch darstellen. Zum Beispiel plottet `>> plot(inPa.Radius_km,inPa.Abstand_AE,'o')` die Spalte „Abstand_AE" in Abhängigkeit von der Spalte „Radius_km" als Datenkreise und mittels `stackedplot` können bis zu 25 Variablen mit einer gemeinsamen x-Achse geplottet werden. Die Syntax lautet `stackedplot(T)` bzw. zum Plotten einzelner Variablen „v" einer Tabelle oder Zeittabelle `stackedplot(T,v)`. Mittels `stackedplot(...,'XVariable',vi)` kann die vi-te Tabellenspalte als x-Achse verwandt werden.

Funktionen wie `unique`, `topkrows` usf. können ebenfalls auf Tabellen und Zeittabellen angewandt werden. Mittels `sortrow(inPa,'rel_Radius')` kann beispielsweise die Tabelle „inPa" nach der Spalte „rel_Radius" in aufsteigender und mittels `sortrow(...,'descend')` in absteigender Reihenfolge umordnen.

Auf die Eigenschaften einer Tabelle „T" kann via `T.Properties` zugegriffen werden. Beispiel:

`inPa.Properties`

```
         Description: ''
            UserData: []
      DimensionNames: {'Row'  'Variables'}
       VariableNames: {'Abstand_AE'  'rel_Radius'  'Radius_km'}
VariableDescriptions: {}
       VariableUnits: {}
  VariableContinuity: []
            RowNames: {4x1 cell}
    CustomProperties: No custom properties are set.
    Use addprop and rmprop to modify CustomProperties.
```

und auf die einzelnen Eigenschaften mit Hilfe der Punkt-Notation, z. Bsp.:
`inPa.Properties.UserData = @(x) max(abs(x)).`
Mittels `inPa.Radius_km = []` können wir eine komplette Spalte löschen.

Logischer Test. `wa = istable(T)` prüft, ob „T" eine Tabelle ist und liefert eine logische 1 (wahr) zurück wenn es wahr ist, sonst eine 0.

Verknüpfen mehrerer Tabellen Tabellen können wie Arrays auch mittels `Tab = [Ta, Tb]` (gleiche Zeilen) oder `Tab = [Ta;Tb]` (identische Variablen) verkettet werden. Unterschiedliche Tabellen lassen sich mittels der `join`-Familie verknüpfen.

`[Tc,ib] = join(Ta,Tb,Eig,Wert)` bildet aus den Tabellen oder Zeittabellen „Ta, Tb" die neue Tabelle bzw. Zeittabelle „Tc". Die Eigenschaftswerte-Paare „Eig, Wert,, sowie der Rückgabewert „ib" sind optional. „ib" gibt bei notwendigem Umsortieren der Tabelle "Tb,, die ursprünglichen Zeilenindizes in der neuen Reihenfolge wieder. Betrachten wir ein Beispiel:

```
inPb = table([1;0.81499;0.10745;0.05527], ...
            'VariableNames',{'rel_Masse'}, ....
            'RowNames',{'Erde';'Venus';'Mars';'Merkur'})
```

`Tc = join(inPa,inPb)` führt zu einer Fehlermeldung, da MATLAB keine Tabellenvariable, d.h. Spalte, als Schlüsselvariable für das Zusammenfügen der beiden Tabellen findet. Beide Tabellen müssen über dieselben Schlüsselvariablen verfügen. Teilen wir MATLAB daher diese Information zusätzlich mit

`[inP, index] = join(inPa,inPb,'Keys','RowNames')`

```
inP =                                                          index =
              Abstand_AE     rel_Radius     rel_Masse             4
                                                                  2
              ----------     ----------     ---------
    Merkur    0.3871         0.3825         0.05527               1
    Venus     0.7233         0.9488         0.81499               3
    Erde           1              1               1
    Mars      1.5237         0.5326         0.10745
```

Es werden die folgenden Eigenschafts-Werte Paare unterstützt:

- 'Keys', zur Festlegung der Schlüsselvariablen. „Wert" legt die Schlüsselspalte oder -spalten fest. Dies kann entweder durch die korrespondierenden Spaltenindizes (ganze Zahlen) oder mittels deren Variablenname bzw. -namen (Zellarray) oder durch logische Indizierung (logischer Vektor) erfolgen. Des weiteren wird noch das Schlüsselwort 'Rownames' für die Spalte mit Zeilennamen unterstützt.

- 'LeftKeys','RightKeys' müssen gemeinsam verwandt werden. Der zu LeftKeys gehörende Wert legt dabei die Schlüsselvariable von „Ta" und der zu RightKey gehörende Wert die Schlüsselvariable von „Tb" fest. Es werden bis auf 'Rownames' wieder dieselben Werte wie unter 'Keys' unterstützt.

- 'LeftVariables' legt die Variablen der Tabelle „Ta" fest, die beim Verschmelzen zweier Tabellen berücksichtigt werden sollen und 'RightVariables' die der Tabelle „Tb". Es werden dieselben Werte wie unter 'LeftKeys' unterstützt.

- 'KeepOneCopy' legt diejenigen Teilvariablen der Tabelle „Ta" fest von denen eine Kopie in der Gesamttabelle enthalten sein soll. Als Wert wird der Variablenname bzw. eine Zellvariable mit den Variablennamen, die beibehalten werden sollen unterstützt.

Wie verfahren wir, wenn die beiden Tabellen oder Zeittabellen eine unterschiedliche Anzahl an Variablen enthalten?

[Tc,ia,ib] = innerjoin(Ta,Tb,Eig,Wert) verschmelzt die Tabelle/Zeittabelle „Ta" mit „Tb" so, dass nur die bei beiden Tabellen vorkommenden Variablen in der neuen Tabelle „Tc" auftauchen. innerjoin unterstützt bis auf „KeepOneCopy" dieselben Eigenschafts-Werte Paare „Eig,Wert" wie join. Betrachten wir das folgende Beispiel:

```
inPc = table([1;0.81499;0.10745], ...
             [1;0.9488;0.5326], ...
             'VariableNames',{'rel_Masse','rel_Radius'}, ....
             'RowNames',{'Erde';'Venus';'Mars'})
inPc =
          rel_Masse      rel_Radius
          ---------      ----------
Erde          1              1
Venus     0.81499        0.9488
Mars      0.10745        0.5326


[inPi, ia,ic] = innerjoin(inPa,inPc)
```

```
inPi =
     Abstand_AE       rel_Radius      rel_Masse

     _____       _____      _____

     1.5237           0.5326          0.10745
     0.7233           0.9488          0.81499
          1                1               1


ia =              ic =
     4                 3
     2                 2
     3                 1
```

Die Tabelle „inPc" enthält eine Zeile weniger als „inPa". Nur gemeinsame Zeilen tauchen in „inPi" auf. Im Vergleich dazu verwirft outerjoin keine Tabellenzeilen:

```
[inPo, ia, ic] = outerjoin(inPa,inPc)
inPo =
     Abstand_AE     rel_Radius_inPa     rel_Masse     rel_Radius_inPc

     _____     _____     _____     _____

     0.3871         0.3825                    NaN               NaN
     1.5237         0.5326                0.10745            0.5326
     0.7233         0.9488                0.81499            0.9488
          1              1                      1                 1


ia =              ic =
     1                 0
     4                 3
     2                 2
     3                 1
```

Der allgemeine Aufruf lautet [Tc,ia,ib] = outerjoin(Ta,Tb,Eig,Wert). Es werden wieder dieselben Eigenschafts-Werte Paare unterstützt wie bei innerjoin.

Größenabfragen. Mittels h = height(T) wird die Anzahl der Zeilen einer Tabelle „T" und mittels w = width die Anzahl ihrer Variablen abgefragt.

22.4.3 Zeittabellen

Zeittabellen unterliegen ähnliche Einschränkungen und werden ähnlich gebildet wie tables. Die erste Spalte dient als Zeitspalte und ist entweder vom Typ datetime Vektor oder ein duration Vektor. Die einzelnen Zeiten dienen als Zeilennamen. Die Syntax ist
TT = timetable(Zeilzeit,v1,...,vn)
oder alternativ TT = timetable(v1,...,vn,'RowTimes',Zeilzeit) mit „Zeilzeit" der Zeitwert der Zeile und „vi" die Variablen. Beispiel (timetablebsp.m):
TT = timetable(t,Aktie1,Aktie2,Aktie3,Aktie4)
TT =

```
   50x4 timetable
```

t	Aktie1	Aktie2	Aktie3	Aktie4
06-Jul-2021	1	1	1	1
07-Jul-2021	0.89906	0.99896	0.90719	1.0344
08-Jul-2021	1.099	1.0273	1.0452	0.92567
09-Jul-2021	1.0368	1.0488	1.0738	0.82559

...

Im Beispiel sind „Aktiex" die Variablen und „t" die Zeitdaten, jeweils Vektoren mit 50 Elemente. Mittels
TT = timetable(v1,...,vn,'SampleRate',Fs,'StartTime',t0) wird eine Zeittabelle erstellt, die mit der Startzeit „t0" beginnt und eine feste Abtastrate „Fs" hat. „'StartTime',t0" ist optional mit Defaultwert 0.
TT = timetable(v1,...,vn,'TimeStep',dt,'StartTime',t0) erzeugt eine Zeittabelle mit der festen Schrittweite „dt" der Zeilenzeit. „dt" ist entweder ein duration oder ein calenderDuration Skalar und „'StartTime',t0" wieder optional mit Defaultwert 0.
TT = timetable('Size',sz,'VariableTypes',varTyp,'zeile',was) dient der Prä-allokation, mit „'Size',sz" die Größe der Zeittabelle und sz = [Zeilenzahl, Spaltenzahl], „'VariableTypes',varTyp" mit varTyp entweder ein Zell-Array aus Character-Vektoren oder ein String-Array, das die Datentypen der Variablen vorgibt, sowie „zeile',was" entweder „'RowTimes',Zeilzeit" oder „'SampleRate',Fs" oder „'TimeStep',dt".

Die Eigenschaften einer Zeittabelle lassen sich wieder mit der Punkt-Notation einzeln abfragen bzw. setzen. Unterstützt werden (Beispiel)

```
>> TT.Properties
ans =
  TimetableProperties with properties:

              Description: ''
                 UserData: []
           DimensionNames: {'t'  'Variables'}
            VariableNames: {'Aktie1'  'Aktie2'  'Aktie3'  'Aktie4'}
     VariableDescriptions: {}
            VariableUnits: {}
       VariableContinuity: []
                 RowTimes: [50x1 datetime]
                StartTime: 06-Jul-2021
               SampleRate: NaN
                 TimeStep: 1d
         CustomProperties: No custom properties are set.
    Use addprop and rmprop to modify CustomProperties.
```

Wie bei den Tabellen werden auch bei Zeittabellen die logische Abfrage istimetable und die Verknüpfung von Zeittabellen mittels join, innerjoin und outerjoin unter-stützt.

Mit S = timerange(startZeit,endZeit) läßt sich ein Zeitbereich „S" erstellen mit dem die Zeilen einer Zeittabelle TT(S,:) ausgewählt werden. Die Eigenschaft „inter-

valTyp", `S = timerange(...,intervalTyp)`, legt fest wie die Grenzen des Zeitinter-
valls gehandhabt werden. „intervalTyp" kann die Werte 'open' (startZeit < Zeilenzeit
... Zeilenzeit < endZeit), 'closed' (von startZeit bis endZeit je einschließlich), 'openleft'
(startZeit < Zeilenzeit ... Zeilenzeit <= endZeit), 'openright' (startZeit <= Zeilenzeit
... Zeilenzeit < endZeit, Default), 'closedright' = 'openleft' und 'closedleft' = 'openright'.
Mit `S = timerange(startPeriod,endPeriod,Zeiteinheit)` wird ein Zeitbereich über
die vorgegebenen Perioden erstellt und die Schrittweite durch die Zeiteinheit ('years',
'quarters', 'months', 'weeks', 'days', 'hours', 'minutes' oder 'seconds') festgelegt. Ähnlich `S = timerange(zeitPeriode,Zeiteinheit)` hier wird mit „zeitPeriode" ein Zeitwert festgelegt und mit Zeiteinheit die zugehörige Periode überdeckt. Beispielsweise
`S = timerange('12-Jul-2021','weeks')` war der 12. Juli 2021 ein Montag. Die Woche beginnt in den USA am Sonntag, es wird daher der Zeitraum vom 11. Juli 2021 bis
zum 17. Juli 2021 überdeckt.

`S = withtol(zeilZeit,tol)` übernimmt eine ähnliche Aufgabe wie `timerange` „zeil-
Zeit" ist ein Datetime-, ein duration-, ein String- oder ein Zell-Array aus Character
Vektoren, das die Zeilenzeit „S" zur Auswahl der Zeilen einer Zeittabelle erstellt. „tol"
gibt dabei die Toleranz vor mit der „S" mit den Werten der Zeittafel übereinstimmen
muss.

`TTneu = retime(TT,nZeitschritt,method)` erstellt aus der Zeittabelle „TT" eine neue
Zeittabelle mit den nun vorgegebenen Zeitschritten „nZeitschritt"; „method" legt fest wie
mit den Variablen verfahren werden soll. Z. Bsp. wird mit
`TTneu = retime(TT, 'weekly', 'mean')`
eine neue Zeittabelle in Wochenschritten und mit gemittelten Variablenwerte erstellt.
Als „nZeitschritt" werden 'yearly', 'quarterly', 'monthly', 'weekly', 'daily', 'hourly', 'mi-
nutely' und 'secondly' unterstützt. Als Methode werden Nächste-Nachbar-Methoden
wie 'previuos', 'next', oder 'nearest', Interpolationsmethoden wie 'linear', 'pchip' usf.,
Aggregationsmethoden wie 'sum', 'mean', 'max', 'min' usf. und Function-Handles zu eigenen Methoden unterstützt. Wie unter `timetable` beschrieben können alternativ auch
feste Abtastraten oder Zeitschrittweiten via „'TimeStep',dt" und „'SampleRate',Fs" gewählt werden.

Zeittabellen lassen sich zu einer neuen Zeittabelle mittels `TT = synchronize(TT1,TT2)`
zusammenfassen. Bei Zeiten, die nicht übereinstimmen werden den Variablen NaN-
Werte zugeordnet. `synchronize` bietet noch eine Fülle von Methoden zur Berechnung
neuer Zeitschrittweiten etc.
`TT2 = lag(TT)` verschiebt die Variablen um einen Zeitschritt (Zeile) vorwärts und ...
`lag(TT,n)` um n Schritte sowie ... `lag(TT,dt)` um das Zeitintervall „dt".
`tf = isregular(TT,Zeitein)` testet ob die Zeittabelle „TT" bezüglich der „Zeiteinheit" regulär ist. Zeiteinheit kann die Werte 'years', 'quarters', ..., 'days' und 'time'
(Default) für datetime-Werte.

Die folgenden drei Befehle werden identisch aufgerufen,es wird daher nur stellvertretend
`containsrange` besprochen. `containsrange` prüft ob die Zeilenzeiten den festgelegten
Zeitbereich enthalten. Die allgemeine Syntax ist
`[tf,wZeilen] = containsrange(TT,S)` oder ... `containsrange(TT,eZeit)`.
Dabei ist „tf" die logische Antwort, „wZeilen" für welche Zeilen trifft dies zu, „TT" die
Zeittabelle, „STT" der Zeitbereich, der mit `timerange` erstellt wurde oder eine zweite

Zeittabelle, „eZeit" ein fester Zeitpunkt, entweder ein datetime- oder duration-Skalar. `overlapsrange` prüft ob die Zeittabelle den vorgegebenen Zeitbereich überdecken und `withinrange` ob die Zeittabelle innerhalb des vorgegebenen Zeitbereichs liegt.

22.4.4 Konvertieren: Tabellen – Zeittabellen

`T = timetable2table(TT)` bildet die Zeittabelle „TT" auf eine Tabelle „T" ab. Dabei werden die Zeilenzeiten zur ersten Tabellen-Variablen. Mittels `T = timetable2table(TT,'ConvertRowTimes',false)` werden die Zeilenzeiten verworfen und die erste Variable der Zeittabelle wird auch die erste Variable (Spalte) der Tabelle.

`TT = table2timetable(T)` konvertiert die Tabelle „T" in die Zeittabelle „TT". Die erste datetime- oder duration-Spalte der Tabelle wird zur Zeilenzeit der Zeittabelle. Die Zeittabelle hat daher eine Variable weniger als die Tabelle. Alternativ kann mittels `TT = table2timetable(T,'RowTimes',tvi)` die Tabellen-Variable „tvi" der Zeilenzeit zugeordnet werden oder mittels `TT = table2timetable(T,'RowTimes',Zeilzeit)` eine Zeilenzeit hinzugefügt werden. Wie beim Erstellen der Zeittabellen werden auch wieder „'SampleRate',Fs", „'TimeStep',dt" und „'StartTime',t0" unterstützt.

22.4.5 Tabellen/Zeittabellen bearbeiten

`T2 = addvars(T,v1,...,vn)` fügt die Variablen „v1,...,vn" nach der letzten Variablen der Tabelle oder Zeittabelle „T" ein. Mittels `T2 = addvars(T,v1,...,vn,'Before',vwo)` werden die Variablen vor der Variablen „vwo" und mittels `T2 = addvars(T,v1,...,vn,'After',vwo)` nach der Variablen „vwo" eingefügt. Sollen die neu eingefügten Variablen umbenannt werden so ist dies via `T2 = addvars(...,'NewVariableNames',neuName)` möglich. „neuName" kann ein Character-Vektor, eine Zellvariable aus Character-Vektoren oder ein String-Array sein und muss genauso viele Variablennamen enthalten wie neue Variablen hinzugefügt werden. Ein reines Umbenennen von Variablen ist via `T2 = renamevars(T,vis,neuName)` möglich und ein Umpositionieren mittels `T2 = movevars(T,vis,'Before',vwo)` bzw. `T2 = movevars(T,vis,'After',vwo)`. „vis"bezeichnet dabei die Variablen, die umbenannt bzw. verschoben werden sollen und kann ein Character-Vektor, eine Zellvariable aus Character-Vektoren, ein String-Array, ein Integer-Vektor mit den Spalten-Indizes oder ein logischer Vektor sein[3].

Besteht die Variablen einer Tabelle oder Zeittabelle aus mehreren Spalten, so können mittels `T2 = splitvars(T)` alle mehrspaltigen Variablen in einspaltige Variablen aufgespalten werden oder mittels `T2 = splitvars(T,vis)` einzelne Variablen „vis" ausgewählt werden und via `T2 = splitvars(T,vis,'NewVariableNames',neuName)` neue Variablennamen vergeben werden. Die Umkehrung ist `T2 = mergevars(T,vis)` und `T2 = mergevars(T,vis,'NewVariableName',neuName)`. Dabei werden die in „vis" gelisteten Variablen zu einer mehrspaltigen Variablen zusammengefasst. Mittels `T2 = mergevars(...,'MergeAsTable',true)` werden die Variablen „vis" in einer Untertabelle zusammengefasst. Dies ist dann notwendig wenn unterschiedliche Datentypen vereint werden sollen.

---

[3]Beispiel: s. Datei timetablebsp.m

S = `vartype(typ)` erstellt einen Variablenindex nach dem Datentyp und wird mittels
T2 = `T(:,S)` genutzt. T2 = `convertvars(T,vis,typ)` konvertiert den Datentyp der
Tabellen- oder Zeittabellen-Variablen „vis" in den Datentyp „typ". Beispielsweise die ers-
ten drei Variablen von doubles zu singels: TT4 = `convertvars(TT,[1:3],'single');`
T2 = `rows2vars(T)` wandelt die Zeilen in Variablen und die Variablennamen werden
zu den Zeilenbezeichnungen. Zusätzlich unterstützte Eigenschaften finden sich in der
Dokumentation.

T2 = `stack(T,vis)` fasst die Variablen „vis" zu einer Variablen zusammen, deren Werte
abwechselnd gelistet werden. Dazu wird eine Indikator-Spalte dazugefügt, die den Namen der ursprünglichen Variablen jeweils listet. Die Tabelle wird dadurch entsprechend
länger. Die Umkehrung bewirkt T = `unstack(T2,vis,ivar)`. „vis" sind die Variablen,
die entpackt werden sollen und „ivar" gibt an welche Variable als Indikator-Variable
dient. Beide Funktionen werden noch durch zusätzliche optionalen Eigenschaften unterstützt.

Die Tabellen-Eigenschaften `T.properties` enthalten den Punkt „CustomProperties" die
mittels T = `addprop(T,propname,proptyp)` ergänzt werden können und dann über
die Punktnotation bevölkert werden. „propname" sind die selbstgewählten Namen und
„proptyp" der zugehörige Typ. Unterstützt werden 'table', d.h. die Eigenschaft wirkt auf
die gesamte Tabelle oder Zeittabelle oder 'variable', die Eigenschaft enthält ein Array
mit einem Wert zu jeder Tabellenvariablen. Mittels T = `rmprop(T,propname)` wird die
selbst erstellte Eigenschaft wieder entfernt.

22.4.6   Tabellen: Ein- und Ausgabe

`readtimetable` und `readtable` unterstützen dieselben Datentypen und folgen derselben Syntax. Daher wird stellvertretend nur `readtable` besprochen und die Unterschiede
bezüglich der Eigenschafts-Werte Paare.
`readtable` erkennt an der Dateierweiterung automatisch den Dateityp. Unterstützt
werden Textdateien (.txt, .dat, .csv), Tabellen (.xls, .xlsb, .xlsm, .xlsx, .xltm, .xltx,
.ods) und xml-Dateien (.xml). Die Syntax ist T = `readtable(fame,opts)` mit opts
= `detectImportOptions(fname)` optional oder T = `readtable(fname, Eig, Wert)`,
mit „fname" den Dateinamen, „T" die erzeugte Tabelle und „Eig, Wert" die optionalen Eigenschafts-Werte Paare. Im folgenden eine Auswahl unterstützter Eigenschaften
(ohne Angabe für `readtimetable` (TT) und `timetable` (T)):

- 'FileType': Wert 'text' (Dateityp .txt, .dat, .csv) oder 'spreadsheet (.xls, .xlsb,
  .xlsm, .xlsx, .xltm, .xltx, .ods) für T zusätzlich 'delimitedtext' (für Files mit Spaltentrennsymbol), 'fixedwidth' (für Dateien mit festen Spaltenbreiten) und 'xml'
  für xml-Files.

- 'ReadRowNames': (T) Legt fest, ob die erste Spalte als Zeilennamen dienen soll
  mit den logischen Werten 1 (true) oder 0 (false).

- 'RowTimes': (TT) Name der Zeilenzeit Spalte oder Zeitvektor.

- 'SampleRate': (TT) Skalar, Abtastrate

- 'TimeStep' : (TT) Skalar, Zeitschrittweite

- 'StartTime': (TT) Anfangszeit der Zeilenzeit

- 'DecimalSeparator': (TT) Symbol des Dezimalseparators.

- 'ThousandsSeparator': (TT) Symbol für die Gruppierung der 1000-er Schritte.

- 'ExpectedNumVariables: (TT) positive ganze Zahl, erwartete Anzahl an Variablen.

- 'TreatAsMissing': Legt mittels Character-Vektoren, Strings oder Zellvariablen fest, welche Dateiwerte in numerischen Spalten wie leere Elemente behandelt werden sollen. In der Tabelle werden diese Werte zu NaNs gesetzt. Beispiel: `T = readtable(fname, 'TreatAsEmpty', {'-', 'NA')`. Numerische Literale wie '999' sind nicht erlaubt.

- 'TextType': 'char' (Default) oder 'string', legt fest welcher Datentyp beim Importieren von Textdaten verwandt werden soll.

- 'DatetimeType': 'datetime' (Default), 'text' oder 'exceldatenum', legt den Typ für Zeitdaten fest.

- 'VariableNamingRule': 'modify' (Default, ungültige Variablennamen werden in MATLAB-gültige gewandelt), 'preserve' (Variablennamen werden unverändert übernommen).

- 'ReadVariableNames': Legt für Text- und Tabellendateien fest, ob die erste Dateizeile als Variablennamen dienen soll mit den logischen Werten 1 (true) oder 0 (false).

- 'Delimiter': Für Textfiles Spaltentrennsymbol, Character, Zellvariable oder String

- 'NumHeaderLines', ganze Zahl: Anzahl der Zeilen, die beim Einlesen übersprungen werden soll.

- 'Format': Formatanweisung, unterstützt werden dieselben Formate wie unter `textscan`.

- 'EmptyValue': Lesewert bei Leerstellen, NaN (Default) oder Skalar.

- 'MulitpleDelimAsOne': false oder oder treu, Behandlung mehrfach auftretender Trennsymbole.

- 'CommentStyle': Welche Symbole kennzeichnen den nachfolgenden Text als zu ignorierender Kommentare.

- 'ExpChars': Default ist 'eEdD', kennzeichnet das Zeichen für die Exponentialdarstellung.

- 'LineEnding': Symbol für das Zeilenende.

- 'DateLocale': Datumsformat, unterstützt werden dieselben Formate wie unter `datetime`.

- 'Encoding': Charakter-Kodierung; unterstützt werden

'Big5'	'ISO-8859-1'	'windows-847'	'Big5-HKSCS'	'ISO-8859-2'
'CP949'	'ISO-8859-3'	'windows-1250'	'EUC-KR'	'ISO-8859-4'
'EUC-JP'	'ISO-8859-5'	'windows-1252'	'EUC-TW'	'ISO-8859-6'
'GB18030'	'ISO-8859-7'	'windows-1254'	'GB2312'	'ISO-8859-8'
'GBK'	'ISO-8859-9'	'windows-1256'	'IBM866'	'ISO-8859-11'
'KOI8-R'	'ISO-8859-13'	'windows-1258'	'KOI8-U'	'ISO-8859-15'
'US-ASCII'	'Macintosh'	'UTF-8'	'Shift_JIS'	
'windows-949'	'windows-1251'	'windows-1253'	'windows-1255'	'windows-1257'

Die Default-Einstellung ist Betriebssystem abhängig.

- 'DurationType': Datentyp für Zeitdauern ('duration' oder 'text').

- 'TrimNonNumeric': false, true, entfernen nicht-numerischer Zeichen von numerischen Daten.

- 'Sheet': Legt mittels ganzer Zahl (1 Voreinstellung) die einzulesende Tabellenseite der Tabellenkalkulationsdatei fest.

- 'Range': Auswahl des einzulesenden Bereichs einer Tabellenseite. Beispiel: T = tableread(fanme, 'Range','D2:H4').

- 'UseExcel': False (Default), Wert eine logische Variable, die festlegt, ob nur Exceldateien (.xl···) (1 true) eingelesen werden sollen. Datumswerte werden als Excel-Datum interpretiert. 'Range' wird nicht unterstützt.

`writetable(T,fname,Eig,Wert` schreibt die Tabelle „T" in die Datei „fname". Wird kein Dateiname übergeben, schreibt `writetable` die Tabelle in eine Komma separierte Datei mit dem Namen der Tabelle. „Eig, Wert" sind wieder optional. Unterstützt werden u.a. die folgenden Eigenschaften:

- 'FileType', Wert 'text' (.txt, .dat, .osv) oder 'spreadsheet' (.xls, .xlsb, xlsm, .xlsx).

- 'WriteVariableNames', Werte logische 1 (wahr) oder 0 (falsch). Legt fest, ob die Variablennamen als Spaltenüberschriften dienen soll.

- 'WriteRowNames', Werte logische 1 (wahr) oder 0 (falsch). Legt fest, ob die Zeilennamen in die erste Spalte geschrieben werden sollen.

- 'QuoteStrings' logische Variable, die festlegt, ob Strings in Anführungszeichen (") (1, true) geschrieben werden sollen.

- 'WriteMode', 'overwrite' (Default) oder 'append' je nachdem, ob Werte überschrieben oder angehängt werden sollen.

Zusätzlich werden die unter `readtable` bereits besprochenen Eigenschaften 'Delimiter', 'DateLocal', 'Sheet' und 'Range' unterstützt. Unter Linux werden keine Excelfiles erstellt. `writetimetable` folgt derselben Syntax wie `writetable` und unterstützt im Wesentlichen dieselben Eigenschaften.

`summary(T)` gibt eine Zusammenfassung der Tabelle oder Zeittabelle (und kategorialer Variablen) bestehend aus Größenangaben und statistischen Werten wie Minimum-, Maximum- und Median-Werte.

Die Funktion `heatmap` dient der Visualisierung komplexer Daten mittels Flächenkartogramme. Die Syntax lautet `heatmap(tbl, xvar, yvar)` dabei bezeichnet „tbl" den Tabellennamen, „xvar, yvar" die Namen der Tabellenvariablen (Spalten), deren Werte bezüglich der x- und y-Achse dargestellt werden sollen. Die Farbintensitäten der Flächenfüllungen skalieren mit der Häufigkeit mit der die x-y Paare vorkommen. Mittels `heatmap(tbl,xvar,yvar,'ColorVariable',cvar)` legt statt dessen die Tabellenspalte „cvar" die Farbintensitäten durch Mittelwertbildung fest. Alternative werden via `heatmap(..., 'ColorMethod', meth)` die folgenden Methoden „meth" zur Bestimmung der Farbintensität zur Verfügung gestellt: 'count', 'mean', 'median', 'sum', 'max', 'min' oder 'none'. Beispiel: Das Ergebnis zeigt Abb. (22.2).

```
Alter = 20+randi(20,100,1);      % Testdaten erstellen:
RP = 70 + randi(5,100,1);
Gew = 60 + randi(10,100,1);
testtabl = table(Alter,Gew,RP);  % Tabelle
heatmap(testtabl,'Gew','RP','ColorVariable','Alter')
```

Mit `heatmap(A)` wird ein Flächenkartogramm der Matrix „A" erstellt. Die Matrixwerte legen die Farbintensitäten fest; die Spalten- und Zeilenindizes sind die x- und y-Werte. Mittels `heatmap(x,y,A)` werden die Achsenwerte festgelegt.

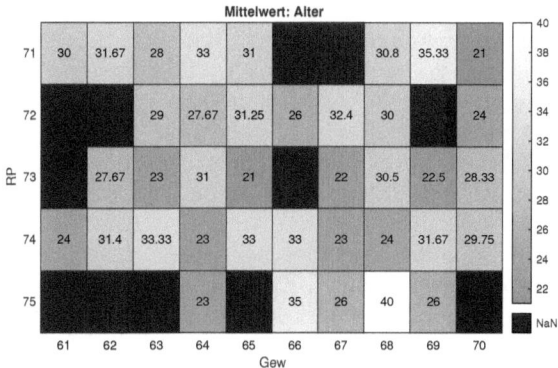

Abbildung 22.2: *Beispiel zu* `heatmap`

`parallelplot(tbl)` plottet die einzelnen Zeilen der Tabelle „tbl" spaltenweise als Geradenstücke. Beim Überstreichen mit dem Mauszeiger wird die jeweilige Zeile hervorgehoben und die Tabellenwerte eingeblendet. Eine Auswahl der zu verwendenden Spalten „cvar" erlaubt `parallelplot(tbl,'CoordinateVariables',cvar)` und eine Gruppierung mittels der Spalte „gvar" `parallelplot(...,'GroupVariable',gvar)`. An Stelle einer Tabelle kann auch eine numerische Matrix direkt übergeben werden.

22.5   Kategoriale Variablen

22.5.1   Befehlsübersicht

Kategoriale Variablen erstellen categorical

Kategoriale Variablen bearbeiten addcats, mergecats, removecats, renamecats, reordercats, setcats, countcats

Logische Abfragen und Informationen iscategorical, iscategory, isordinal, isprotected, isundefined, categories, summary

22.5.2   Kategoriale Variable erstellen

Kategoriale Arrays dienen dazu, textbasierte Daten aus einer endlichen Menge diskreter Merkmale (Möglichkeiten) zu speichern. Der Vorteil gegenüber Zellvariablen ist ein geringerer Speicherverbrauch und gegenüber Character-Arrays die Möglichkeit, die logische Identität „==" an Stelle von strcmp für Vergleiche zu verwenden. Ein weiterer Vorteil ist die Einführung ordinalskalierter Variablen, also kleiner-größer Beziehungen. Character-Arrays können dagegen nur in alphabetischer Reihenfolge sortiert werden. Der allgemeine Aufruf ist B = categorical(A, wmenge, kat, eigen, wert), wobei „A" ein beliebiges Array, meist eine Zellvariable ist. Alle anderen Argumente sind optional. „wmenge" ist ein eindeutiger Vektor, der die Kategorien festlegt und auch erlaubt mehr Kategorien dazu zufügen als durch „A" abgedeckt. „kat" (Zellarray aus Character-Vektoren oder String-Array) enthält eine Namensliste der Kategorien. „eigen, wert" sind Eigenschafts-Werte Paare. Unterstützt werden die Eigenschaften „ordinal" für ordinalskalierte und „Protected" für geschützte Variablen. In beiden Fällen sind die Werte „true (1)" und „false (0)" erlaubt. Bei einer geschützten kategorialen Variablen können nur Werte zu einer bereits existierenden Kategorie hinzugefügt werden. D.h. nur solche kategorialen Arrays können kombiniert werden, die die dieselben Kategorien haben. Beispiele

```
A = {'rot','grün','blau'};
RGB = categorical(A)
RGB =
    rot       grün        blau
```

Stellen wir uns als Beispiel ein Familie „kat" vor und die erste Spalte des Arrays AHaus repräsentiert die weibliche die zweite die männliche Linie. Die folgenden beiden kategorialen Variablen zeigen die Familienmitglieder auf, die noch zu Hause leben bzw. bereits in einem Heim.

```
kat = {'Kinder', 'Eltern', 'Großeltern', 'Urgroßeltern', '-'};
wmenge = 1:5;
AHaus = [1 2 3;1 2 5]';
ImHaus = categorical(AHaus,wmenge,kat,'Ordinal',true)
AHeim = [4 3];
ImHeim = categorical(AHeim,wmenge,kat,'Ordinal',true)
```

```
ImHaus =
    Kinder          Kinder
    Eltern          Eltern
    Großeltern        -


ImHeim =
    Urgroßeltern    Großeltern
```

Da es sich um ordinale Variablen handelt ist eine mathematische Ordnung vorgegeben: Kinder < Eltern < Großeltern < Urgroßeltern < −; Beispiel:

```
ImHeim(1,1) < ImHeim(1,2)
ans =
    0
```

Ordinale Variablen sind geschützt. Da sie beide jedoch dieselben Kategorien umfassen können sie zusammengefasst werden.

```
AlleZusammen = [ImHaus;ImHeim]
AlleZusammen =
    Kinder          Kinder
    Eltern          Eltern
    Großeltern        -
    Urgroßeltern    Großeltern
```

22.5.3 Kategoriale Variablen bearbeiten

addcats erlaubt es weitere Kategorien hinzuzufügen. Der allgemeine Aufruf ist B = addcats(A,nkat,wo,wkat). „A" ist das ursprüngliche kategoriale Array, „nkat" die hinzu zufügenden Kategorien, das Wertepaar „wo, wkat" legt fest an welcher Position die neuen Kategorien eingefügt werden sollen. „wo" kann dabei die werte 'Before' und 'After' haben und „wkat" den Namen der Kategorie vor oder nach dem die neuen Kategorien eingefügt werden sollen. Für ordinalskalierte Variablen ist „wo, wkat" eine Pflichtangabe, sonst optional. In diesem Fall werden die neuen Kategorien am Ende eingefügt.

mergecats vereinigt zwei Kategorien zu einer. Mit dem Aufruf B = mergecats(A, exkats) werden zwei oder mehr Kategorien, die in „exkats" aufgelistet sind auf den ersten Eintrag in „exkats" abgebildet und mittels B = mergecats(A, exkats, neukats) alle Kategorien in „exkats" durch „neukats" ersetzt.

```
ImHaus2 = ImHaus;
nkat = {'Tante','Onkel'};
ImHaus3=addcats(ImHaus2,nkat,'after','Urgroßeltern');
ImHaus4 = mergecats(ImHaus3,{'Onkel','Tante'}, 'Verwandte')
```

B = removecats(A) entfernt nicht genutzte Kategorien aus „A" und B = removecats(A, wkats) die in „wkats" festgelegten Kategorien.

renamecats dient der Umbenennung der Kategorien. Mit B = renamecats(A,neukat) werden alle Kategorien umbenannt. „neukat" muss für jede bisherige Kategorie einen

neuen Namen enthalten. Mit `renamecats(A,altkat,neukat)` werden nur die in „alt-
kat" aufgelisteten Kategorien umbenannt. `B = reordercats(A)` ordnet die Kategorien
in „A" in alphanumerischer Ordnung und `B = reordercats(A,nordkat)` entsprechend
der umgeordneten Liste an Kategorien in „nordkat", s. Beispiel S. (388). Für ordinale kategoriale Arrays kann sich dadurch auch die ordinale Struktur verändern. `B =`
`setcats(A,neukat)` erhält in „B" diejenigen Kategorien, die auch in „neukat" auftauchen. Alle anderen Kategorien in „A" sind „<undefined>" und alle Kategorien in „B",
die nicht in „A" existieren werden verworfen. `B = countcats(A,dim)` zählt die Häufigkeit jeder Kategorie längs der optionalen Dimension „dim". Die Rückgabe erfolgt in
alphanumerischer Ordnung. Beispiel:

```
A = categorical({'ZZ' 'ZZ' 'AA' 'AB' '1C' 'ZZ' '1C'});
B =countcats(A)
B =
     2    1    1    3 % Reihenfolge: 1C AA AB ZZ
```

22.5.4   Logische Abfragen und Informationen

`tf = iscategorical(A)` prüft, ob ein kategoriales Array vorliegt und `tf = iscate-`
`gory(A,katnam)`, ob die in „katnam" aufgelisteten Werte Kategorien von „A" sind. `tf`
`= isordinal(A)` prüft, ob ein ordinales kategoriales Array vorliegt und `tf = ispro-`
`tected(A)` ob „A" geschützt ist. `tf = isundefined(A)` prüft, ob in „A" nicht definierte
Elemente existieren und `C = categories(A)` liefert eine Zellvariable mit den Kategorien von „A " zurück. `summary(A)` listet die in „A" vorkommenden Kategorien und
ihre Häufigkeit auf. Ist „A" multidimensional dann wird die Summe der Häufigkeiten
längs der ersten Dimension ungleich 1 gebildet. Mittels `summary(A, dim)` kann auch
die Dimension längs der summiert werden soll ausgewählt werden. Beispiel:

```
Acat = categorical({'A', 'A', 'B', 'C';'A', 'B', 'Y', 'Z'})

Acat =
            A    A    B    C
            A    B    Y    Z

summary(Acat) % A kommt in der ersten Spalte 2 usw vor
      A     2    1    0    0
      B     0    1    1    0
      C     0    0    0    1
      Y     0    0    1    0
      Z     0    0    0    1

summary(Acat,2)
      A     B    C    Y    Z
      2     1    1    0    0
      1     1    0    1    1
```

22.6 Ergänzende Array-Funktionen

Array-Funktionen und Matrixumformungen wurden bereits in Abschnitt 5 diskutiert. Hier wenden wir uns ergänzenden Funktionen zu allen Arten von Arrays und Funktionen zur Umformung zu.

22.6.1 Befehlsübersicht

Erzeugung und Permutation ndgrid, permute, ipermute

Elementfunktionen arrayfun, bsxfun, cellfun, rowfun, structfun, varfun

Gruppen findgroups, groupsummary, splitapply

Ausgabe-Eingabe-Verknüpfung deal

Zellvariable und Arrays mat2cell, cell2mat, num2cell

Tabellen, Arrays und Zellen array2table, array2timetable, cell2table, table2array, table2cell

Tabellen und Strukturen struct2table, table2struct

Zell- und Strukturvariable cell2struct, struct2cell

22.6.2 Anwendungsfunktionen

Arrays für beliebig dimensionale Funktionen und zur Interpolation erzeugen.
[X1, X2, X3, ...] = ndgrid(x1, x2, x3, ...) erzeugt aus dem durch die Vektoren oder Arrays „xi" festgelegten Bereich die Arrays „Xi". Die k-te Dimension des Arrays „Xi" ist eine Kopie des k-ten Elements von „xi". Sind die Eingangsgrößen „xi" alle identisch, genügt die Übergabe von einem Vertreter.

Permutation der Array-Dimensionen. B = permute(A,indvec) führt eine Permutation der Indexreihenfolge des Arrays „A" entsprechend dem ganzzahligen Indexvektor „indvec" durch.

```
>> A=rand(3,4,5);
>> B=permute(A,[3 2 1]);
>> whos
  Name        Size         Bytes  Class

  A           3x4x5          480  double array
  B           5x4x3          480  double array
```

Die Inverse zu permute ist A = ipermute(B,indvec)

Funktionen über Arrayelemente. arrayfun erlaubt eine beliebige Funktion auf jedes einzelne Arrayelement anzuwenden. Ist „X" ein beliebig dimensionales Array und „fh" ein function handle, so wird mittels Y = arrayfun(fh,X) die zugehörige Funktion über jedes Element von „X" ausgeführt. Erwartet die durch das function handle „fh" repräsentierte Funktion mehrere Eingangswerte und hat sie mehrere Ausgangswerte, so wird die elementweise Berechnung via `[Y1, Y2, ...] = arrayfun(fh, X1, X2, ...)` durchgeführt. Alle Eingangsgrößen „Xi" müssen dieselbe Dimension haben und genau dies ist auch das Einsatzgebiet, das über das Anwenden skalarer Funktionen auf Arrays hinaus führt. Zusätzliche Optionen lassen sich via `[...] = arrayfun(fh,X,...,opt1, wert1,...)` übergeben. An Optionen werden die logische Variable „UniformOutput" und „ErrorHandler" unterstützt. Ist „UniformOutput" wahr (default), so muss die Funktion skalare Werte zurückgeben, die in Arrays verwaltet werden, sonst werden die Rückgabewerte in Zellvariablen abgelegt. „ErrorHandler" ist ein function handle, das auf eine alternative Funktion verweist falls der Funktionsaufruf „fh" fehl schlägt.

`C = bsxfun(fh,A,B)` verknüpft die einzelnen Elemente der Arrays „A" und „B" über die das function handle „fh" repräsentierende Funktion miteinander. Dabei handelt es sich entweder um eine M-Datei, die zwei Inputargumente erwartet, oder die Built-In-Funktionen plus, minus, times, rdivide, ldivide, power, max, min, rem, mod, atan2, hypot, eq, ne, lt, le, gt, ge, and, or, xor. Ein kleines Beispiel zeigt die folgende Monte-Carlo-Simulation zur Berechnung der Zahl π:

```
>> A=rand(1,1000000);
>> B=rand(1,1000000);
>> c = bsxfun(@bsxfun_bsp,A,B)
c =
    3.1404
```

mit der Funktion bsxfun_bsp gegeben durch

```
function res = bsxfun_bsp(A,B)
% Beispiel Berechnung der Zahl pi
% W. Schweizer, MATLAB kompakt

C = bsxfun(@hypot,A,B);
treffer = sum(C <= 1);
res = 4*treffer/length(A);
```

Elementfunktion: Zelle. `A = cellfun(fh,C)` führt für alle Elemente einer Zellvariablen „C" eine vorgegebene Funktion „fh" aus und speichert das Ergebnis in Array „A". `A = cellfun('fh',c1,...,cn)` führt die Funktion „fh" über die Zellvariablen „ci" jeweils zum selben Index aus. Unterstützt werden die folgenden Funktionen: isempty, islogical, isreal, length, ndims und prodofsize (Zahl der Elemente in jedem Zell-Array), size und isclass. Mit `A = cellfun('size',C,k)` lässt sich die Größe längs der Dimension „k" bestimmen und `A = cellfun('isclass',C,'classname')` testet, ob ein Element von „C" der Klasse „classname" angehört. Wie die Funktion arrayfun unterstützt auch `cellfun(..., opt, wert, ...)` die Parameter „UniformOutput" und „ErrorHandler".

Anwendungsfunktionen: Tabelle. `TB = varfun(fh,TA,Eig,Wert)`[4] führt für alle Elemente einer Tabelle oder Zeittabelle „TA" eine vorgegebene Funktion „fh" aus und speichert das Ergebnis in der Tabelle „TB" ab. „Eig, Wert" sind optional. Unterstützt

---

[4]Eine Beispiel findet sich auf S. 581.

werden die folgenden Eigenschaften:

'InputVariables' legt fest welche Variablen (Tabellenspalten) an die Funktion „fh" übergeben werden. Der Wert kann eine ganze Zahl, ein ganzzahliger Vektor, der Variablenname, eine Zellvariable mit Variablennamen oder ein logischer Vektor sein.

'GroupingVariables' kann dieselben Werte wie 'InputVariable' haben und legt die Gruppierungsvariable fest, d.h. diejenige Spalte nach denen die Tabellenzeilen gruppiert werden sollen. Die Funktion „fh" wird dann jeweils über eine Gruppe ausgeführt.

'OutputFormat' legt das Format des Rückgabewerts fest und kann die Werte 'table',
'uniform' (Vektor wird erstellt) oder 'cell' für eine Zellvariable, „fh" muss das gewählte
Format unterstützen.

'ErrorHandler' ist ein Function-Handle, das aufgerufen wird, wenn „fh" fehlt.

`TB = rowfun(fh,TA,Eig,Wert)` führt für alle Zeilen einer Tabelle oder Zeittabelle „TA"
eine vorgegebene Funktion „fh" aus und speichert das Ergebnis in der Tabelle „TB" ab.
„Eig, Wert" sind optional. Unterstützt werden die folgenden Eigenschaften:

'InputVariables', 'GroupingVariables', 'OutputFormat' und 'ErrorHandler' s. `varfun`.

'SeparateInputs' hat einen logischen Wert und legt fest, ob „fh" für jede Tabellenvariable
einen eigenen Inputwert hat (Default, true) oder nicht (false).

'ExtractCellContents' hat einen logischen Wert (Default false) und legt fest, ob Werte
von einer Zellvariablen an „fh" übergeben werden.

'OutputVariableNames', String oder Zellvariable von Strings, die die Variablennamen
der Rückgabewerte festlegt.

'NumOutputs' positive ganze Zahl, Anzahl der Rückgabewerte von „fh".

Feldfunktion Struktur. Die Funktion `structfun` ist eine Funktion, die auf jedes Feldelement einer Struktur angewandt wird. Der allgemeine Aufruf lautet `[A,B, ..,] =`
`structfun(fh,S, opt, Wert,...)`, dabei ist „fh" das Function-Handle einer Funktion,
die auf jedes Feldelement der skalaren Struktur „S" angewandt wird. Die Rückgabewerte der zu „fh" gehörenden Funktion werden in den Arrays „A", „B", ... abgespeichert.
`structfun` unterstützt dieselben Optionen „UniformOutput" und „ErrorHandler" wie
die Funktion `arrayfun`.

Gruppen erstellen und auswerten. Die Funktion `findgroups` dient dem Erstellen
einer Datengruppierung und `splitapply` deren Auswertung. Beginnen wir mit einem
einfachen Beispiel. `[G, Gwas] = findgroups(A)` teilt „A" in eine Gruppenstruktur auf
und ordnet jeder Gruppe eine fortlaufende ganze Zahl zu. „G" ist ein Vektor derselben Länge wie „A" mit der entsprechenden Gruppennummer. „Gwas" sind die Namen
der Gruppe. `y = splitapply(fh, X, G)` teilt die auszuwertenden Daten „X" entsprechend der vorgegebenen Gruppierung „G" ein und führt die Funktion „fh" (ein Function-
Handle) aus. Verdeutlichen wir dies am Beispiel einer Klassenstufe einer Schule. Der
Vektor „r" enthält das Alter jedes Schülers und der Character-Vektor „mw" dessen Ge-
schlecht:

```
[G,Gwas] = findgroups(mw); %mw = ['w';'w';'w';'m';'m';....]
       % Gwas = ['m';'w']    G = [ 2;  2 ; 2 ; 1 ; 1 ;....]
wieviel = splitapply(@histcounts,r,G); % wieviel von jedem Alter/Gruppe
alter = unique(r);         % dient dem Plotten
bar(alter,wieviel), legend(Gwas,'Location','North')
```

Das Ergebnis zeigt Abb. (22.3).

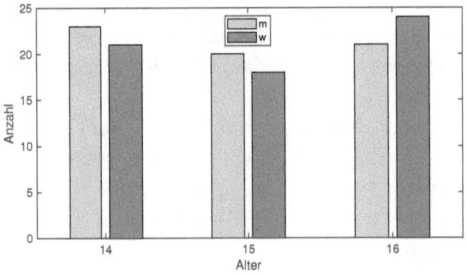

Abbildung 22.3: *Beispiel zu* `findgroups` *und* `splitapply`*: Wieviele Schüler welchen Alters und welchen Geschlechts befinden sich in der Klassenstufe 9.*

`findgroups` kann auch auf mehrere gleichgroße Arrays ... = `findgroups(A1, A2,` `..., An)` angewandt werden und erstellt einen Gruppierungsvektor basierend auf einer eindeutigen Kombination von „A1, ... An". Anstelle eines Arrays kann auch eine Tabelle „T" treten ... = `findgroups(T)`. In diesem Fall wird eine eindeutige Kombination aus aller Tabellenvariablen erstellt.

Für Funktionen mit mehreren Eingabewerten dient ... `splitapply(fh, X1, ...,` `Xn, G)`. Die Funktion „fh" wird pro Gruppenelement nur einmal aufgerufen unabhängig von der Zahl der Argumente. Für vektorwertige Funktionen kann `splitapply` auch mehrere Rückgabewerte haben.

`TG = groupsummary(T,gvar)` erstellt aus der Tabelle oder Zeittabelle „T" eine Tabelle „TG" mit der Anzahl der Elemente in jeder durch die Gruppierungsvariable festgelegten Gruppe. Mittels `TG = groupsummary(T,gvar,method)` kann auch eine Berechnungsmethode festgelegt werden. Unterstützt wird unter anderem 'sum', 'mean', 'median' und weitere statistische Funktion sowie eigene Function Handles. `groupsummary` kann auch auf Vektoren, Matrizen und Zellvariablen „A" angewandt werden: `B = groupsummary(A,` `gvar, method)`. Der Rückgabewert ist dann entweder ein Vektor oder eine Matrix. `groupsummary` unterstützt zusätzlich mehrere Eigenschafts-Werte Paare.

Ausgabe-Eingabe-Verknüpfung. `deal` ordnet Eingangsvariablen direkt den Ausgabevariablen zu. `[Y1,Y2,Y3,...] = deal(X)` erzeugt identische Kopien „Yi" der Eingangsvariablen „X" und `[Y1,Y2,Y3,...] = deal(X1,X2,X3,...)` ordnet „Xi" „Yi" zu. Notwendig ist `deal` im Zusammenhang mit vektorwertigen Funktion-Handles:

```
>> fh = @(x,y) deal(sin(x),cos(y));
>> x = linspace(0,pi);
>> [a,b] = fh(x,pi/6);
```

22.6.3   Zelle und Array konvertieren

mat2cell und cell2mat. `c = mat2cell(x,d1,d2,...,dn)` bildet das n-dimensionale Array „x" in eine mehrdimensionale Zellvariable ab. „d1" bis „dn" sind Vektoren, die die Dimensionen der Zellelemente festlegen. Beispielsweise führt `c = mat2cell(x, [10` `20 30],[25 25])` mit der 60×50-Matrix „x" zu einer Zellvariablen, deren Elemente die

Größe

$$\begin{pmatrix} 10{\times}25 & 10{\times}25 \\ 20{\times}25 & 20{\times}25 \\ 30{\times}25 & 30{\times}25 \end{pmatrix}$$

haben. Die Zahl der Zeilen und Spalten des Arrays und der Zellvariablen müssen übereinstimmen. Für multidimensionale Arrays muss für jede Dimension die zugehörige Elementzahl der Zellvariablen mit der des Arrays übereinstimmen. `c = mat2cell(x,r)` erzeugt eine einspaltige Zellvariable.

Die Umkehrung von `mat2cell` ist `x = cell2mat(c)`, das aus der mehrdimensionalen Zellvariablen „c" das mehrdimensionale Array „x" erzeugt, vorausgesetzt, die Dimensionen der einzelnen Zellelemente passen zusammen.

```
>> c{1,1}=rand(2,3);
>> c{1,2}=rand(2,3);
>> x=cell2mat(c); % Das geht
>> c{2,1}=rand(2,3);
>> c{2,2}=rand(2,2); % Dimension 2x2 !
>> x=cell2mat(c)
Error using cat
Dimensions of arrays being concatenated are not consistent. ...
```

Zellvariable aus numerischen Arrays. `c = num2cell(A)` bildet jedes Element des numerischen Arrays „A" in ein eigenes Zellelement ab. Beispielsweise entsteht aus einer n×m-Matrix eine n×m-Zelle. Mit `c = num2cell(A, dim)` wird „A" in eine Zellvariable längs der vorgegebenen Dimension „dim" erzeugt. dim=1 erzeugt aus einer n×m-Matrix eine 1×m- und dim=2 eine n×1-Zellvariable.

22.6.4 Tabellen konvertieren

`T = array2table(A,Eig,Wert)` bildet das Array „A" auf die Tabelle „T" ab. „Eig,Wert" sind optional. Es werden die folgenden Eigenschaften unterstützt: 'RowNames' mit den Namen der Tabellenzeilen und 'VariableNames' mit den Spaltennamen sowie seit R2021a 'DimensionNames' mit der Voreinstellung {'Row' 'Variables'}. Die Umkehrung ist `A = table2array(T)`, das die Tabelle „T" in das Array „A" abbildet. Dabei müssen alle Tabellenwerte so beschaffen sein, dass sie ein Array abgebildet werden können.

`TT = array2timetable(A,'RowTimes',zeilZeit)` bildet das Array „A" auf die Zeittabelle „TT" ab. „'RowTimes',zeilZeit" legt die Zeilenzeiten fest. Alternativ wird wie bei Zeittabellen „'SampleRate',Fs", „'TimeStep',dt" und „'StartTime',t0" unterstützt. Mittels `TT = array2timetable(..., Eig, Wert)` werden noch wie bei `array2table` die Eigenschafts-Werte Paare 'VariableNames' und 'DimensionNames' unterstützt.

`T = cell2table(Z,Eig,Wert)` bildet die Zellvariable „Z" auf die Tabelle „T" ab. „Eig, Wert" sind optional und es werden wieder die Eigenschaften 'RowNames', 'VariableNames' und DimensionNames unterstützt. Die Umkehrung ist `Z = table2cell(T)`, das die Tabelle „T" in „Z" abbildet. Jede Tabellenvariable wird dabei eine Spalte von Zellen in „Z".

`T = struct2table(S,Eig,Wert)` bildet die Strukturvariable „S" auf die Tabelle „T" ab. Dabei wird jeder Feldname zu einem Variablenname. „Eig,Wert" sind optional und es wird wieder die Eigenschaft 'RowNames' und 'DimensionNames' sowie 'AsArray' mit den logischen Werten „false" (Default) und „true" unterstützt. Bei „false" wird ein skalares Struktur-Array mit n Feldern und jedes Feld m Zeilen in eine n×m-Tabelle gewandelt, sonst in eine Tabelle mit einer Zeile. Die Umkehrung ist `S = table2struct(T)`, das die Tabelle „T" auf eine Struktur-Array „S" abbildet, wobei die die Feldnamen durch die Variablennamen gegeben sind und die Dimension durch die Anzahl der Zeilen. Mit `S = table2struct(T,'ToScalar',true)` wird eine skalare Struktur erstellt. Hat die Tabelle m Zeilen, dann hat jetzt jedes Feld ebenfalls m Elemente.

22.6.5   Zell- und Strukturvariablen

Zell- und Strukturvariablen sind beides Containervariablen und können daher problemlos ineinander überführt werden. Mit `s = cell2struct(c,fields,dim)` wird die Zellvariable „c" auf die Strukturvariable „s" abgebildet. Da Strukturvariablen Feldnamen tragen, werden mit dem Character-, String- oder Zell-Array „fields" die Feldnamen übergeben. „dim" legt fest, bezüglich welcher Zelldimension die Strukturvariable erzeugt wird.

Beispiel: cell2struct.

```
>> c{1,1}=1.1;  c{1,2}=1.2;  c{1,3}=1.3;
>> c{2,1}=2.1;  c{2,2}=2.2;  c{2,3}=2.3;
>> % c ist ein 2x3 Cell-Array
>> % Dimension \glqq 2\grqq{}
>> feld2={'eins','zwei','drei'};
>> s2=cell2struct(c,feld,2)
s2 =
2x1 struct array with fields:
    eins
    zwei
    drei
>> % Dimension 1
>> feld1={'eins','zwei'};
>> s1=cell2struct(c,feld1,1)
s1 =
3x1 struct array with fields:
    eins
    zwei
>> % Beispiel Inhalt
>> s2.eins        >> s1.eins
ans =             ans =
    1.1000            1.1000
ans =             ans =
    2.1000            1.2000
                  ans =
                      1.3000
```

Die Umkehrung von `cell2struct` ist `c=struct2cell(s)`. Zellvariablen sind unbenannte Containervariablen, Feldnamen sind folglich bedeutungslos. Aus einer m×n-Struktur mit p Feldern wird eine p×m×n-Zellvariable erzeugt.

22.7 Übersicht: Objektorientierte Programmierung

Bei der prozeduralen Programmierung sind die Daten von den im Programm verwendeten Funktionen getrennt. Bei der objektorientierten Programmierung stehen die Datenstrukturen im Mittelpunkt der Betrachtung und besitzen eigene Algorithmen. Das Gerüst bilden Objekte und Klassen (Objekttypen), Attribute (Variablen) und Methoden.

22.7.1 Befehlsübersicht

Objekte classdef

Klassen handle, matlab.mixin.SetGet, matlab.mixin.SetGetExactNames, dynamicprops, enumeration, matlab.mixin.Copyable

Eigenschaften properties

Methoden methods

Events addlistener, notify

Verzeichnisse @ (Klassenverzeichnisse), + (Packages)

Methoden listen methods, methodsview

Logische Abfragen isa, isobject, ismethod

22.7.2 Programm-Aufbau

Im Sinne der objektorientierten Programmierung ist das Objekt (Instanz einer Klasse) eine Gruppe von Daten verknüpft mit den zugehörigen Funktionalitäten. Das Objekt kapselt seine Daten und ist die Beschreibung eines realen Modells. Die Klasse ist - vereinfacht - die Bedienungsvorschrift wie die Objekte gebildet werden. Ein Template kann über „HOME" → „New" → „Class" erstellt werden. Der prinzipielle Aufbau besteht aus einem Block, der den Namen der Klasse definiert, einem oder mehreren Blöcken, die die Eigenschaften festlegen, Methodenblöcken und gegebenenfalls Ereignisblöcken. Den typischen Aufbau zeigt das folgende Beispiel,

```
classdef employee
    properties ...
    methods ...
end
```

das wir im Laufe der nächsten Seiten mit Leben füllen werden und deren einzelne Bestandteile wir im Folgenden genauer anschauen wollen[5].

Wohin mit den Dateien? Dem Schlüsselwort `classdef` folgt stets der Name der Klasse, der identisch mit dem Namen der Datei sein muss. Nicht alle Methoden müssen im selben File angesiedelt sein. Für umfangreiche Projekte ist dies auch nicht sinnvoll. In solchen Fällen wird ein Klassenverzeichnis angelegt. Klassenverzeichnisse werden mit dem vorangestellten Symbol @ erzeugt und tragen denselben Namen wie die Klasse. Damit diese Klasse und ihre Methoden genutzt werden können, muss das entsprechende Verzeichnis in dem der File liegt, bzw. in dem das Klassenverzeichnis angesiedelt ist - nicht das Klassenverzeichnis selbst - in den MATLAB-Suchpfad eingebunden sein. Mehrere Klassenverzeichnisse werden in Packages (Verzeichnisse mit vorangestelltem +) gebündelt.

Klassenverzeichnisse, Klassendateien und andere „Packages" können in speziellen Verzeichnissen, den „packages" gespeichert werden. Solche Verzeichnisse beginnen mit dem Symbol +, beispielsweise „+meinpack". Entsprechende Funktionen werden mit der Syntax `[y1,y2,...] = meinpack.meinpfcn(x1,x2,...)` aufgerufen. Dies setzt sich entsprechend auf Klassennamen fort. Wie Klassenverzeichnisse werden auch Package-Verzeichnisse nicht direkt in den MATLAB-Suchpfad aufgenommen, vielmehr wird das zugehörige Stammverzeichnis in den Suchpfad eingebunden. Packages erlauben eine übersichtliche Organisation eigener Toolboxen, da Dateien eines Packages nur innerhalb dieses Pakets sichtbar sind. Die Namensgebung muss nur innerhalb eines Packages eindeutig sein.

Objekte einer Klasse. Die Datei mit deren Hilfe Objekte (Instanzen) einer Klasse (im folgenden Beispiel die Klasse „employee") erzeugt werden sollen, trägt den Klassennamen. Die Datei beginnt mit dem Schlüsselwort `classdef` und endet mit `end`.

```
classdef employee
    properties
        Name = '';
        Abteilung = '';
        Status
        Eintritt
    end
    methods ...
end
```

Der Aufruf erfolgt mittels >> `ang1 = employee('Otto','IT','fest','1.Dez.2006');` und erzeugt ein Objekt der Klasse „employee". Die erste Zeile `classdef employee` legt den Namen der Klasse fest und mit „properties" die entsprechenden Eigenschaften.

22.7.3   Klassen und Klassenattribute

Mittels

```
classdef (attribute1 = value,...) Klassenname
```

---

[5]employee nutzt set-Methode, daher zunächst employee1 benutzen.

```
   ...
end
```

können Attribute übergeben und mittels

```
classdef Klassenname < Superklasse_Name
   ...
end
```

entsprechende abgeleitete Klassen (Subclasses und Superclasses) eingerichtet werden und Methoden vererbt. Eine der Aufgaben von Superklassen ist es, gleiche Methoden für mehrere Klassen zur Verfügung zu stellen und so eine unnötige und fehlerträchtige Dublizität von Code zu vermeiden. In Tabelle (22.2) sind die unterstützten Klassenattribute aufgelistet. Neben selbstdefinierten Superklassen und den build-in-Klassen wie „double" sind die folgenden abstrakten Klassen vordefiniert: „handle" und die abgeleiteten Klassen „matlab.mixin.SetGet", „matlab.mixin.SetGetExactNames", „dynamicprops" sowie „matlab.mixin.Copyable". Ein Handle-Objekt referenziert nur auf die entsprechenden Daten. D.h. wird ein Handle-Objekt kopiert, dann referenzieren beide stets auf dieselben Daten. Die Bedeutung wird am einfachsten durch ein Beispiel offen gelegt.

Beispiel: Handle-Objekt. Erzeugen wir eine Instanz unserer ursprüngliche Klasse „employee1" und kopieren diese:

```
>> ang1 = employee1('Otto','IT','fest','1.Dez.2006'); % Erzeugen
>> ang2 = ang1;  % Kopieren
>> whos % Wieviel Speicherplatz wird belegt
   Name        Size            Bytes  Class       Attributes
```

Tabelle 22.2: *Auswahl unterstützter Klassenattribute;* `classdef (Attributname = A-Wert) Klassenname`

ATTRIBUTNAME	A-WERT	BEDEUTUNG (VOREINSTELLUNG IN { })
Abstract	Logical	{false}; bei true kann keine Instanz der Klasse angelegt werden.
HandleCompatible	Logical	{false}; bei true kann die Klasse als Superklasse einer Handle-Klasse dienen.
Hidden	logical	{false}; ist `Hidden = true` so wird die Klasse durch MATLAB-Kommandos nicht offen gelegt.
InferiorClasses	Zellvariable	{leer}; legt Prioritäten fest. `classdef (InferiorClasses={?K1,?K2}) KM:` Bei einem gemeinsamen Aufruf wird die Methode der Klasse „K1" oder „K2" und nicht die von „KM" angewandt.
ConstructOnLoad	logical	{false}; true: Konstruktor wird automatisch gerufen, beim Laden des Objekts aus einem MAT-File.
Sealed	logical	{false}; für true sind keine Subclasses erlaubt.

```
ang1       1x1                 40  employee1
ang2       1x1                 40  employee1
```

```
>> ang1.Name
ans =
Otto
>> ang2.Name
ans =
Otto
>> ang2.Name='Franz'; % Name aendern
>> ang1.Name              >> ang2.Name
ans =                     ans =
Otto                      Franz
```

Ändern wir nun die Klassendefinition in `classdef employee1 < handle` und untersuchen wir das entsprechende Verhalten:

```
>> ang1 = employee1('Otto','IT','fest','1.Dez.2006');
>> ang2=ang1;
>> whos
  Name       Size             Bytes  Class        Attributes
```

```
  ang1       1x1                  8  employee1
  ang2       1x1                  8  employee1
```

```
>> ang1.Name
ans =
Otto
>> ang2.Name
ans =
Otto
>> ang2.Name='Franz';
>> ang1.Name            % Wurde nicht geaendert, ABER (!)
ans =
Franz
>> ang2.Name
ans =
Franz
```

Wir sehen das folgende: Der Speicherplatz, der mit `who` angezeigt wird, entspricht dem Speicher der von der Handle-Klasse benötigt wird und nicht mehr dem tatsächlich für die Daten benötigten Speicher. „ang1" und „ang2" referenzieren auf dieselben Werte. Änderungen in einem Objekt führen zu identischen Änderungen im anderen Objekt, da ja beide auf dieselben Daten referenzieren.

Mit `matlab.mixin.SetGet` und `matlab.mixin.SetGetExactNames` stehen weitere Handle-Klassen mit vordefinierten `set`-, `get`, `setdisp`- und `getdisp`-Methoden zur Verfügung und mit `dynamicprops` eine abstrakten Handle-Klasse, die `matlab.mixin.SetGet` durch zusätzliche dynamische Methoden ergänzt. `matlab.mixin.Copyable` ist eine abstrakte Handle-Klasse mit Copy Funktionalitäten. Eine Übersicht der unterstützten Methoden werden beispielsweise mittels `methods('dynamicprops')` oder `methodsview dynamicprops` gelistet.

22.7.4   Methods und Properties

Kehren wir nun zu unserem ursprünglichen Beispiel zurück:

```
classdef employee
   properties
      Name = '';
      Abteilung = '';
      Status
      Eintritt
   end
   methods ...
end
```

Methoden. Nehmen wir an, das Attribut (Eigenschaft) „Status" kann nur zwei Werte haben: „fest" und „zeit", je nachdem ob ein festes Anstellungsverhältnis besteht oder nicht. Dies wollen wir bereits durch den Konstruktor sicher stellen.

```
classdef employee < matlab.mixin.SetGet   % plus Set und Get Methoden
   properties
      Name = '';
      Abteilung = '';
      Status
      Eintritt
   end
   methods
      function e = employee(name,dept,status,datum) % Konstruktor
         e.Name = name;
         e.Abteilung = dept;
         e.Status=status;
         e.Eintritt=datum;
      end % employee
      function obj = set.Status(e,status)          % erlaubte Werte ???
         if ~(strcmpi(status,'fest') ||...
            strcmpi(status,'zeit'))
            error('Status hat nicht erlaubten Wert ')
         end
      e.Status = status;
      end

      function e=transfer(e,neuDep)
         e.Abteilung = neuDep;
      end % transfer
      function e=statusneu(e,neustat)
         e.Status=neustat;
```

```
        end % statusneu
    end
end
```

Die Klassendefinition `classdef employee < matlab.mixin.SetGet` liefert uns die `set`- und `get`-Methode der abstrakten Handle-Klasse „matlab.mixin.SetGet". Mit dem Schlüsselwort `methods` werden die Methoden eingeleitet und mit `end` abgeschlossen. Sollen zu den jeweiligen Methoden unterschiedliche Attribute (s. Tab. (22.3)) verwandt werden, so wird der Methodenblock mehrfach auftauchen. Der erste Block stellt den Konstruktor dar, der das Objekt erzeugt. Die zugehörige Funktion muss denselben Namen haben wie die Klasse. Im Beispiel sollen für das Attribut „Status" eines Objekts der Klasse „employee" nur die beiden Werte „fest" und „zeit" erlaubt sein. Durch die set-Methode `function obj = set.Status(e,status)` prüfen wir, ob die Forderung erfüllt ist. der Aufruf >> `ang1 = employee('Otto','IT','fest','1.Dez.2006');` funktioniert fehlerfrei, dagegen führt >> `ang2 = employee('Otto','IT','watndat','1.Dez.2006');` zu einer Fehlermeldung:

```
Error using employee/set.Status ...
Status hat nicht erlaubten Wert
...
```

Wird auf ein Klassenverzeichnis verzichtet, so müssen alle Methoden in derselben Datei aufgeführt sein. Die Methoden können aber auf externe Funktionen zugreifen. Jede Methode kann zusätzlich über Attribute (nicht zu verwechseln mit dem oben erwähnten Beispiel) verfügen. Attribute werden via

```
methods (attribute1 = wert1, attribute2 = wert2, ...)
...
end
```

übergeben. Eine Auflistung findet sich in Tabelle (22.3). Eine abstrakte Klasse stellt u.U. einen Namen für eine Methode ohne funktionalen Inhalt zur Verfügung. Solche Methoden werden als abstrakte Methode bezeichnet.

properties. Die Eigenschaften unserer Objekte werden über den Property-Block festgelegt. Attribute können ebenfalls zum Property-Block vergeben werden und falls notwendig können mehrere Property-Blöcke, die jeweils mit den Schlüsselwort `end` abgeschlossen werden, angelegt werden. Nehmen wir an, wir erzeugen eine Klasse deren Objekte die Attribute Volumen, Gewicht und Dichte enthalten.

```
classdef Materialien
    properties
        Volumen
        Gewicht
        Dichte
        ...
    end
methods ...
end
```

In diesem Fall ist die $Dichte = \frac{Gewicht}{Volumen}$ keine unabhängige Eigenschaft. Dem können wir durch folgende Festlegung Rechnung tragen:

```
classdef Materialien
    properties
        Volumen
        Gewicht
        ...
    end

    properties (Dependent = true)
    Dichte = 0;
    end

methods
    function obj = Materialien(...)
            % Kontruktor fuer alles bis auf Dichte
    end
end

methods
    function Dichte = get.Dichte(obj)
            Dichte = obj.Gewicht./obj.Volumen;
    end % function get.Dichte
end       % methods

methods ... % weitere Methoden
end       % classdef
```

Die Zuordnung eines Anfangswertes, hier „Dichte = 0" ist optional.

Tabelle 22.3: Unterstützte Methodenattribute; `methods (Attribut = Wert)`

ATTRIBUT	WERT	BEDEUTUNG
Abstract	logical	Voreinstellung: false; ist `Abstract = true` so liegt eine abstrakte Methode vor.
Access	character	Voreinstellung public; Nutzung durch: public: frei verfügbar protected: von Methoden innerhalb der Klasse oder Unterklassen private: nur von Methoden innerhalb dieser Klasse
hidden	logical	Voreinstellung: false true: Methode wird nicht via `methods` oder `methodsview` aufgelistet.
Sealed	logical	Voreinstellung false; true: Redefinition in Unterklassen nicht erlaubt.
Static	logical	Voreinstellung false; für true nicht mit Instanz einer Klasse verknüpft.

Weitere Attribute, die wir setzen können, sind in Tabelle (22.4) aufgelistet.

Subclasses. In vielen Fällen wollen wir Methoden einer Klasse in abgeleiteten Klassen nutzen (Vererbung). Betrachten wir zum Verdeutlichen ein konkretes Beispiel:

Die Polynomklasse liegt im Klassenverzeichnis „@meinpoly" und stellt mehrere Methoden zur Verfügung. Die jeweiligen Methoden können – aber müssen nicht – alle in der Datei meinpoly.m aufgelistet sein. Hier nur einen kurzen Überblick:

```
classdef meinpoly
    properties
        coef
    end
    methods
        function obj = meinpoly(c)
```

Tabelle 22.4: *Unterstützte Property-Attribute;* `properties (Attribut = Wert)`

ATTRIBUT	KLASSE	BEDEUTUNG (VOREINSTELLUNG IN { })
AbortSet	logical	{false}; ist `AbortSet = true` so handelt es sich um eine Handle-Klasse (s.o.) und es werden keine `PreSet` und `PostSet` Ereignisse getriggert.
Abstract	logical	{false}; ist `Abstract = true` so hat Property keine Implementierung. Eine Unterklasse übernimmt diese Aufgabe
Access	enumeration	{public}; Zugriff innerhalb: public: frei verfügbar protected: Klasse und abgeleiteter Klassen private: dieser Klasse
Constant	logical	{false}; true: Wert für alle Instanzen festgelegt durch die Initialisierung.
Dependent	logical	{false}; true: keinen Zugriff durch set- und get-Methode
GetAccess	enumeration	{public}, protected, private: s. Access
GetObservable	logical	{false}; true und handle class: Listeners können erzeugt werden
Hidden	logical	{false}; true: Eigenschaft wird nicht gelistet
NonCopyable	logical	{false}; legt fest, ob Porperty Wert kopiert wird, wenn Objekt kopiert wird. false nur für Handle-Klassen.
SetAccess	enumeration	{public}; wie GetAccess „+" immutable: Property kann nur im Konstruktor gesetzt werden.
SetObservable	logical	{false}; wie GetObservable
Transient	logical	{false} true: Werte werden beim Speichern des Objekts nicht mit abgespeichert

```
        ...
      end
   end
   methods ...
   end
end
```

Davon abgeleitet ist die Klasse „hermite", die Hermitesche Polynome berechnet. D.h. Methoden der Klasse „meinpoly" können - bis auf private Methoden - auch von dieser Klasse genutzt werden. Der entsprechende Klassenfile hat das folgende Aussehen:

```
classdef hermite < meinpoly
   properties
      info
   end
   methods
      function obj = hermite(n)
         % Berechnung der Hermite-Polynome
         ...
         % die Polynomdarstellung hpoly entspricht
         % dem Argument c in meinpoly
         obj = obj@meinpoly(hpoly);
         obj.info = ['Hermite-Polynom ....']

      end
   end
end
```

Mit der Zeile `classdef hermite < meinpoly` werden die Verwandtschaftsverhältnisse definiert. Mit `obj = obj@meinpoly(hpoly);` wird der Konstruktor von „meinpoly" aufgerufen. Da die Klasse „hermite" noch über das zusätzliche Attribut „info" verfügt, wird die Zeile `obj.info = ['Hermite-Polynom ....']` noch eingefügt. Die allgemeine Konstruktion erlaubt eigene Attribute „Attri" und die Klasse kann von mehreren Superklassen „Superx" abgeleitet sein:

```
classdef (Attri = Wert, ...) Klassen_Name < Super1 & Super2 & ...
...
end
```

Polymorphie. Methoden, die in der Superklasse definiert sind können von der Subklasse überschrieben werden, sofern das Methoden-Attribut nicht auf `Sealed = true` gesetzt worden ist. Soll eine Methode der Superklasse von mehreren abgeleiteten Klassen modifiziert genutzt werden, kann zur Vermeidung von Duplizitäten und den damit verknüpften Risiken, in der Superklasse ein sinnvoller Teil programmiert werden. Methoden der Superklasse werden dann in der Subklasse über

```
methodenName@superklasseName(obj, ...)
```

aufgerufen, wobei „obj" die Instanz der Subklasse bezeichnet. Soll die Methode der Superklasse nicht vom Command-Window aus zugänglich sein, dann muss das Access Attribut auf `protected` gesetzt werden. Die Möglichkeit gleichnamige Methoden zu überschreiben oder zu modifizieren wird als Polymorphie bezeichnet. Die Methoden müssen allerdings in Anzahl und Typ der Eingangsparameter - ihrer Signatur - übereinstimmen. Der prinzipielle Aufbau schaut also beispielsweise so aus:

```
classdef superklasse
...
  methods
     ...
     function raus = fun(obj)
         ... der gemeinsame Code
     end
  end
end
%%%%%%%%%%%%%%%%%%%%%%%%%%%%%%%%%%%%%%%%%%%%%%%%%%%%%%%%%
classdef subklasse < superklasse
...
  methods
     ...
     function raus = fun(obj)
         ... subklasse Berechnung (preprocessing)
         raus = fun@superklasse(obj);
         ... subklasse Berechnung (postprocessing)
     end
  end
end
```

22.7.5   Enumeration-Klasse.

Im Alltag vorkommende Aufzählungen wie Jahreszeiten, Quarks (dank CERN), Planeten oder Familienmitglieder lassen sich mit einer Enumeration Klasse einfach implementieren. Die Enumeration Klasse wird gebildet durch Hinzufügen des Enumeration Blocks zur Klassendefinition.

```
classdef Planeten
     enumeration
         Merkur, Venus, Erde, Mars, Jupiter, Saturn, Neptun, Uranus
     end
end
```

Ein Mitglied der Enumeration Klasse wird über den Klassen- und Mitgliedsnamen `Klassennamen.Mitgliedsnamen` angesprochen: `WoIchLebe = Planeten.Erde` beispielsweise. Als Voreinstellung besitzen Enumeration Klassen u.a. die folgenden Methoden:

```
>> methods(WoIchLebe)
Methods for class Planeten:
Planeten   char      eq        ne   ...
```

`char` zur Konvertierung in Characters, `eq` für Test auf Identität und `ne` auf Ungleichheit. Der Rückgabewert ist jeweils entweder ein logische 0 (falsch) oder 1 (wahr). Mit `[m,c]
= enumeration(Klassenname)` werden die Mitglieder in einem Spaltenvektor „m" aus Objekten der entsprechenden Klasse und in einer Zellvariable „c" ausgegeben.

```
>> [m,c]=enumeration('Planeten'); whos m c
```

```
Name        Size            Bytes  Class      Attributes

  c         8x1              984   cell
  m         8x1              104   Planeten
```

Enumeration-Klassen können nicht als Superklassen genutzt werden. Den einzelnen Mitgliedern können aber Werte zugeordnet werden. Diese Werte müssen numerische oder logische Datentypen wie double oder uint8 sein. Zellvariablen, Strukturen etc. werden nicht unterstützt. Enumeration-Klassen können auch eigene Methoden besitzen.

```
classdef Planeten2 < uint8
    enumeration
        Merkur    (1)
        Venus     (2)
        Erde      (3)
        ...
    end
    methods
        function tabwert = PlanetenDaten(obj)
            m1 = 5.977e24; % Erde in kg
            switch obj
                case Planeten2.Merkur
                    m1 = 0.037*m1;
                    AE = 57.8e09;
                    epsilon = 0.2056;
                case Planeten2.Venus
                    ...
                case Planeten2.Neptun
                    m1 = 17.27*m1;
                    AE = 4494.1e09;
                    epsilon = 0.0086;
            end
            PNum = uint8(obj);
            tabwert=table(obj,PNum,m1,AE,epsilon);
        end
    end
end
```

Die Syntax ist hier z. Bsp. ... = PlanetenDaten(Planeten2.Uranus) oder auch woichlebe = Planeten2.Erde;   Daten = PlanetenDaten(woichlebe).

22.7.6   Ereignisse

Die Fragestellung, die sich hinter Ereignisse verbirgt ist: Wie können wir zwei Objekte synchronisieren? Das Konzept basiert auf events, listener und callbacks.

Events. Graphische User-Interfaces basieren auf dem Umsetzen von Ereignissen. Für Handle-Klassen steht dieses Konzept ebenfalls zur Verfügung. Die unterstützten Attribute sind in Tab. (22.5) gelistet. Die prinzipielle Vorgehensweise ist:

- 1.Schritt: Das Ereignis (event) wird in einer Handle-Klasse definiert.

- 2. Schritt: Eine zweiten Klasse übernimmt die Aufgabe des Listener, `addlistener`.
- 3. Schritt: Im Listener wird ein Aktion (callback) festgelegt, die beim Auftreten des Ereignisse ausgelöst wird.
- 4. Schritt: Tritt das Ereignis auf, wird es dem Listener (`notify`) gemeldet.

Das folgende einfache Beispiel zeigt dieses Vorgehen auf. Ziel ist dabei, die Werte (beispielsweise den Kontostand) zu überwachen und den Status des Objekts bei Auftreten negativer Werte von „positiv" (für immer) auf „negativ" zu ändern.

```
classdef eventbsp < handle
    properties
        wert=0;
        status='positiv'
    end
    events
        negativer_wert
    end
    methods
        function obj=eventbsp(wieviel)
            obj.wert=wieviel;
            wertmanager.zaehl(obj);   % Verweis auf Klasse wertmanager
        end
    end       % Konstruktor
    methods
        function obj=zuzaehl(obj,was)
            wertn=obj.wert+was;
            obj.wert = wertn;
            if wertn < 0
                notify(obj,'negativer_wert')
            end
        end
    end
end
```

Auf Grund der Klassendefinition stehen die Methoden der Handle-Klasse zur Verfügung. Mit dem Schlüsselwort `events` wird das Ereignis „negativer_wert" definiert. Mit Hilfe des Konstruktors wird auf die Klasse „wertmanager" als Listener verwiesen. Wird ein Objekt der Klasse „eventbsp" erzeugt, so ist das Attribut „status" stets positiv, unabhängig vom tatsächlichen Wert. Die Methode „zuzaehl" ruft für negative Werte über

Tabelle 22.5: Unterstützte Event-Attribute; `properties (Attribut = Wert)`

ATTRIBUT	KLASSE	BEDEUTUNG (VOREINSTELLUNG IN { })
Hidden	logical	{false}; bei true wird Event nicht gelistet
ListenAccess NotifyAccess	enumeration enumeration	Von wo darf Listener für Event erstellt Event getriggert werden. {public}, protected, private vgl. Access Tab. (22.4)

den Befehl `notify` „wertmanager" auf. **Listener.**

```
classdef wertmanager
   methods (Static)
      function assignStatus(BA)
            BA.status = 'negativ';
            warndlg('Kontostand Negativ', 'Konto')
      end
      function zaehl(BA)
         % Aufruf der handle addlistener method
         % Object BA gehoert zur handle Klasse
         addlistener(BA, 'negativer_wert', ...
            @(src, evnt)wertmanager.assignStatus(src));
      end
   end
end
```

`addlistener` wendet sich über das function handle an die Funktion „assignStatus" und ändert den Status zu „negativ" und öffnet (zur Demonstration) ein Dialogfenster. (Der Status kann übrigens bei der obigen Programmierung nicht mehr auf positiv geändert werden.) Beispiel:

```
>> mo = eventbsp(3);
>> mo.status
      positiv

>> mo=zuzaehl(mo,-5)
>> mo.status
      negativ
```

addlistener und notify. Die allgemeine Syntax von `addlistener` ist `lh = addlistener(hobj,'EventName',cb)` bzw. `lh = addlistener(hobj,eigsch,'EventName',cb)`. Der Rückgabewert „lh" ist ein Objekt der Event-Listener-Klasse. „hobj" ist das Handle auf dasjenige Objekt von dem das Ereignis ausgeht, „EventName" ist der Name des Events. „cb" ist das Handle auf die auszuführende Callback-Funktion, „eigsch" ist optional und legt fest (triggert) wann das Ereignis ausgeführt wird. `notify` verständigt das „event", dass das Ereignis eingetreten ist. Die Syntax ist `notify(hobj,'EventName', data)`, mit „hobj" ein Array von Handle-Objekten, die das Ereignis triggern und „data" (optional) ein „Event.Data"-Objekt mit Informationen zum Ereignis.

22.7.7 Methoden listen und logische Abfragen

Methoden auflisten. `m = methods('cname')` bzw. `m = methods('obj')` bilden alle verfügbaren überladenen Methoden der Klasse „cname" bzw. des Objekts „obj" in der Zellvariablen „m" ab. `m = methods(·, '-full')` liefert die vollständige Liste aller verfügbaren Methoden sowie zusätzliche Eigenschaften wie Vererbung etc.

`methodsview packagename.classname` für Java-Klassen oder Klassen in Packages sowie `methodsview cname` bzw. `methodsview(object)` für MATLAB-, Java- oder COM-Objekte bzw. -Klassen öffnen ein grafisches Fenster, in dem alle verfügbaren Methoden mit ergänzenden Informationen wie Vererbung, Ausnahmen etc. aufgelistet werden.

Logische Funktionen. K = isa(obj,'cname') ist wahr (logische 1), wenn „obj"
ein Objekt der Klasse „cname" oder einer Unterklasse ist, sonst falsch (logische 0);
tf = isobject(A) ist wahr, wenn „A" ein MATLAB-Objekt ist und sonst falsch. tf
= ismethod(obj,methodName) ist wahr, wenn „methodName" eine nicht versteckte,
öffentliche (public) Methode des Objekts „obj" ist.

22.7.8   Überladene Operatoren

Die im Folgenden aufgelisteten Operatoren sind in MATLAB für Standardvariablen definiert und können mit selbstdefinierten Objekten als überladene Methoden genutzt
werden:

- minus für a−b, plus für a+b.
- times für a.*b, mtimes für a*b.
- mldivide für a\b, mrdivide für a/b.
- rdivide für a./b, ldivide für a.\b.
- power für a.ˆb, mpower für aˆb.
- uminus für −a, uplus für +a.
- horzcat für [a b], vertcat für [a;b].
- le für a≤b, lt für a<b; gt für a>b, ge für a≥b.
- eq für a==b, ne für a∼=b.
- not für ∼a.
- and für a&b, or für a|b.
- subsasgn für a(i)=b, a{i}=b und a.feld=b; subsref für a(i), a{i} und a.feld. (vgl. substruct)
- colon für a:b.
- end für a(end).
- transpose für a.', ctranspose für a'.
- subsindex für x(a).
- loadobj für laden von Objekten aus .mat-Dateien und saveobj für speichern von Objekten in .mat-Dateien.

22.8   Map-Container

Mittels Map-Objekten wird ein Datenfeld bereit gestellt, das nicht nur über ganze
Zahlen sondern wahlweise über eineindeutige Begriffe (Character-Array) oder beliebige
numerische Werte, die sogenannten „keys", indiziert werden kann. Erstellt werden sie
via container.Map.

Methode isKey, keys, length, remove, size, values

Eigenschaften Count, KeyType, ValueType

Erzeugen eines Objekts der Klasse containers.Map. Eine Map ist ein Objekt der Klasse containers.Map, die wiederum von der Superklasse handle abgeleitet ist. Zu Erzeugung eines nicht-leeren Objekts benötigen wir die „keys", die ein numerisches Array, eine Zellvariable von Character-Vektoren oder ein String-Array sein können, wobei Strings in Character-Vektoren konvertiert werden und numerischer Datentypen in Doubles konvertiert. Die „keys" (Schlüssel) dienen der Indizierung der Map. Die zugehörigen Werte werden dem Konstruktor als zweites Argument übergeben. Dabei werden alle Datentypen, auch selbst definierte Objekte unterstützt. **Beispiel:**

```
>> Schluessel = {'ledig','verheiratet','verwitwet','geschieden'};
>> Werte={[1452 ;24.6],[3502; 59.3],[674; 11.4], [281; 4.8]};
>> mapBev = containers.Map(Schluessel,Werte)

mapBev =

  containers.Map handle
  Package: containers

  Properties:
        Count: 4
      KeyType: 'char'
    ValueType: 'any'

  Methods, Events, Superclasses

>> whos
  Name          Size            Bytes  Class            Attributes

  Schluessel    1x4               518  cell
  Werte         1x4               512  cell
  mapBev        4x1               112  containers.Map
```

Die „Schlüssel" wurden im Beispiel mit „Schluessel" und die zugehörigen „Werte" mit „Werte" bezeichnet. Der allgemeine Aufruf ist M = containers.Map(schluessel,werte, 'uniformvalues',wf). „uniformvalues" ist optional und kann die Werte „wf" wahr (logische 1) oder falsch (logische 0) annehmen. Ist die Eigenschaft „uniformvalues" wahr, so müssen alle Werte vom selben Datentyp sein. Ist die Bedingung nicht erfüllt, so wird eine Fehlermeldung ausgegeben. Eine bestehende Map „mMap" lässt sich durch die Übergabe eines weiteren Schlüssel/Werte-Paares erweitern: mMap(neuKey) = neuVal. Dabei bezeichnet „neuKey" den hinzugefügten Schlüsseleintrag und „neuVal" den zugehörigen Wert. Umgekehrt kann der zu einem Schlüssel „schl" zugehörige Wert „Wschl" mittels Wschl = mMap(schl) ausgelesen werden.

Methoden. stimmts=iskey(mapBev,Schluessel) testet, ob das Argument „Schluessel" auch die Schlüssel des Map-Objekts „mapBev" korrekt beschreibt. Falls ja, wird eine logische 1 ausgegeben, sonst eine 0. Alle Schlüssel lassen sich mit der Methode keys ausgeben: Schl = keys(mapBev) oder über die Punktnotation Schl = mapBev.keys.

Die Methode wieviel = length(mapBev) gibt die Zahl der Paare aus und wiegr =

`size(mapBev)` dessen Größe. Wie der entsprechende Standardbefehl kann `size` als überladene Methode über ein zusätzliches Dimensionsargument verfügen.

Mit `remove(M, schl)` wird das zum Schlüsseleintrag „schl" gehörige Schlüssel/Werte-Paar gelöscht.

```
>> mapBev2 = mapBev;
>> remove(mapBev,'verwitwet')
```

Achtung! Map-Objekte gehören ebenfalls der handle-Klasse an, daher referenzieren mapBev und mapBev2 auf dieselben Daten.

```
>> mapBev2

ans =

    containers.Map handle
    Package: containers

    Properties:
         Count: 3
       KeyType: 'char'
     ValueType: 'any'

Methods, Events, Superclasses

>> keys(mapBev2)
ans =
    'geschieden'    'ledig'    'verheiratet'
```

Die Methode `v = values(M)` gibt alle Werte der Map „M" und `v = values(M, schl)`, den zum Schlüssel „schl" korrespondierenden Wert zurück.

Eigenschaften. Map-Objekte haben die folgenden Eigenschaften:

- count: Gibt die Zahl der Schlüssel/Werte-Paare an und ist vom Datentyp uint64.
- KeyType: String, der den Datentyp des Schlüssels angibt. Ein Schlüssel kann nur aus einem Datentyp bestehen. Unterstützt werden Character, Double, Single, 32- und 64 Bit Integer-Datentypen.
- ValueType: String, der den Datentyp der Werte ausgibt. Sind unterschiedliche Datentypen erlaubt, so gibt ValueType „any" aus. Unterschiedliche Datentypen sind nur dann erlaubt, wenn bei der Erzeugung des Map-Objekts „uniformvalues" auf logical(0) gesetzt wurde.

Alle Eigenschaften einer Map „Mmap" lassen sich mittels `was = Mmap.eigenschaft` abfragen.

23   Zeitfunktionen

23.1   Basisfunktionen

23.1.1   Befehlsübersicht

Aktuelle Zeit clock, date, now

Darstellung: Datum datenum, datestr, datevec

Datum verschieben addtodate

23.1.2   Aktuelle Zeit

>> `c = clock` gibt die aktuelle Zeit in der Form [Jahr Monat Tag Stunde Minute Sekunde] an. Bis auf Sekunden sind alle anderen Werte ganze Zahlen. `date` liefert das aktuelle Datum in der Darstellung dd-mmm-yyyy. `t = now` liefert das aktuelle Datum einschließlich der Zeit als serielles Datum. Die 1 entspricht dabei dem 1. Januar des Jahres 0. Dies ist insbesondere bei Exceldaten zu beachten. Dort ist der Bezugstag der 1. Januar 1900 (oder 1904). Mit `rem(now,1)` lässt sich die aktuelle Zeit und mit `floor(now)` das aktuelle Datum als serielle Zahl bestimmen.

23.1.3   Darstellung: Datum

`N = datenum(DT)` konvertiert das Datum „DT" oder Datumsvektoren in die serielle Darstellung. Bezugszeitpunkt ist der 1. Januar 0. Mit `N = datenum(DT, P)` lässt sich ein Bezugsjahr für „DT" übergeben. Ist DT="12-jun-12" und liegt P zwischen 1813 und 1912, dann wird das Jahr 1912 angenommen; ist P=1913, dann wird das Jahr 2012 angenommen. Üblicherweise legt man mit P das Jahrhundert fest. Mit `N = datenum(DT, F)` wird durch „F" das Datumsformat festgelegt. Zusätzlich kann auch wieder ein Bezugsjahr „P" `N = datenum(DT, F, P)` übergeben werden. Des Weiteren werden Jahr (Y), Monat (M), Tag (D) `N = datenum(Y, M, D)` und zusätzlich noch die Stunde (H), Minute (MI) und Sekunde (S) `N = datenum(Y, M, D, H, MI, S)` unterstützt. Die Umkehrung zu `datenum` ist `datestr`. `str = datestr(DT)` konvergiert das serielle Datum in eine lesbarere Datumsform. Dabei werden via `str = datestr(DT, dateform, P)` die in Tabelle (23.1) aufgelisteten Datumsformate unterstützt. Das Bezugsjahr (Pivotjahr), Variable „P", ist optional. Mit `str=datestr(..., 'local')` wird eine lokale Datumsversion genutzt. Voreinstellung ist „en_US".

`V=datevec(DT,F,P)` konvertiert ein serielles Datum oder einen Datumsstring „DT" in eine Vektordarstellung mit den Komponenten [Jahr Monat Tag Stunde Minute

https://doi.org/10.1515/9783110741780-023

Tabelle 23.1: *Unterstützte Datumsformate. Alternativ kann sowohl die Kennziffer (K) oder die String-Darstellung übergeben werden.*

K	STRING-DARSTELLUNG	BEDEUTUNG
	d	steht für Tag, Anfangsbuchstabe
	dd	zweiziffrige Tagesdarstellung
	m	steht für Monat, Anfangsbuchstabe
	mm	zweiziffrige Monatsdarstellung
	mmm	Monatsdarstellung mit 3 Buchstaben
	yy	zweiziffrige Jahresdarstellung
	yyyy	vierziffrige Jahresdarstellung
0	'dd-mmm-yyyy HH:MM:SS'	Bsp.: 01-Mar-2000 15:45:17
1	'dd-mmm-yyyy'	Bsp.: 01-Mar-2000
2	'mm/dd/yy'	Bsp.: 03/01/00
3	'mmm'	Monatsdarstellung mit drei Buchstaben, Bsp.: Mar
4	'm'	Monatsname, erster Buchstabe, Bsp.: M
5	'mm'	zweistellige Monatsdarstellung, Bsp.: 03
6	'mm/dd'	zweistellig, Monat/Tag, Bsp.: 03/01
7	'dd'	Zweistellige Tag-Darstellung, Bsp.: 01
8	'ddd'	Tag in drei Buchstaben, Bsp.: Wed
9	'd'	Tagesname, erster Buchstabe, Bsp.: W
10	'yyyy'	vierziffrige Jahresdarstellung, Bsp.: 2000
11	'yy'	zweiziffrige Jahresdarstellung, Bsp.: 00
12	'mmmyy'	Bsp.: Mar00
13	'HH:MM:SS'	Bsp.: 15:45:17
14	'HH:MM:SS PM'	PM- und AM-Zeitdarstellung, Bsp.: 3:45:17 PM
15	'HH:MM'	Bsp.: 15:45
16	'HH:MM PM'	PM- und AM-Zeitdarstellung, Bsp.: 3:45 PM
17	'QQ-YY'	Quartals-Jahresdarstellung, Bsp.: Q1-01
18	'QQ'	Quartalsdarstellung, Bsp.: Q1
19	'dd/mm'	Bsp.: 01/03
20	'dd/mm/yy'	Bsp.: 01/03/00
21	'mmm.dd.yyyy HH:MM:SS'	Bsp.: Mar.01.2000 15:45:1722
22	'mmm.dd.yyyy'	Bsp.: Mar.01.2000
23	'mm/dd/yyyy'	Bsp.: 03/01/2000
24	'dd/mm/yyyy'	01/03/2000
25	'yy/mm/dd'	Bsp.: 00/03/01
26	'yyyy/mm/dd'	Bsp.: 2000/03/01
27	'QQ-YYYY'	Quartalsdarstellung, Bsp.: Q1-2001
28	'mmmyyyy'	Bsp.: Mar2000
29	'yyyy-mm-dd'	ISO 8601, Bsp.: 2000-03-01
30	'yyyymmddTHHMMSS'	ISO 8601, Bsp.: 20000301T154517
31	'yyyy-mm-dd HH:MM:SS'	2000-03-01 15:45:17

Sekunde]. Die Formatangabe „F" und das Bezugsjahr „P" sind optional. Anstelle eines Vektors können die einzelnen Datumskomponenten auch skalaren Variablen zugeordnet werden: `[Y, M, D, H, MI, S] = datevec(DT)`.

23.1.4 Datum verschieben

`R = addtodate(D, N, F)` modifiziert das bestehende serielle Datum „D" durch hinzu addieren der ganzen Zahl „N" zu dem durch „F" festgelegten Feld. „F" kann year, month oder day sein oder auch hour, minute, second oder millisecond.

```
>> jetzt = now;
>> datestr(jetzt)

ans =
   '07-Aug-2021 16:18:58'

>> fr = addtodate(jetzt,-2,'hour');
>> datestr(fr)

ans =
   '07-Aug-2021 14:18:58'
```

23.2 Datums- und Zeitfunktionen

23.2.1 Befehlsübersicht

Kalenderfunktionen calendar, eomday, weekday

Datumsachsen plotten datetick

Zeitdifferenz etime

Zeit stoppen tic, toc, timeit

CPU-Zeit cputime

Pausefunktion pause

23.2.2 Kalenderfunktionen

`c = calendar` liefert den aktuellen Monat als 6×7-Matrix, wobei die erste Spalte die Sonntage angibt und `c = calendar(d)` den Monat zum Datum „d". „d" kann sowohl ein serielles Datum als auch Datumsstring sein. Ohne optionale Rückgabevariable „c" wird zusätzlich eine Überschrift mit Monat und Jahr und eine Kopfzeile mit den Wochentagen ausgegeben. Mit `c = calendar(y,m)` erhalten Sie die Monatsübersicht zum Jahr „y" und Monat „m".

Beispiel: Einsteins Geburtsmonat. A. Einstein ist am 14.3.1879 geboren.

```
>> calendar(1879,3)
              Mar 1879
    S     M    Tu    W    Th     F     S
    0     0     0    0     0     0     1
    2     3     4    5     6     7     8
    9    10    11   12    13    14    15
   16    17    18   19    20    21    22
   23    24    25   26    27    28    29
   30    31     0    0     0     0     0
```

E = eomday(Y,M) gibt die Zahl der Monatstage zum Monat „M" im Jahr „Y" aus. [n, s] = weekday(D, form, locale) gibt den Wochentag zum Datum „D" aus. „D" kann dabei sowohl ein serielles Datum als auch ein Datumsstring sein. Die Rückgabewerte sind die Tagesziffer „n" beginnend bei 1 mit dem Sonntag und der Tagesname „s" als String. Die Variablen „form" und „local" sind optional. „form" kann die Werte „short" (3-Buchstaben-Abkürzung für den Tagesnamen) oder „long" (Tagesname ausgeschrieben) annehmen und „local" für die lokale Namensgebung mit Voreinstellung „en_US". Beispielsweise liefert >> [TNu,TNa] = weekday('21.Feb.2016','long','local') für die Tagesziffer „TNu" 1 und den deutschen Namen >> TNa „Sonntag" zurück.

23.2.3 Datumsachsen plotten

Zum Plotten von Zeitreihen wird zunächst ein serielles Datum zum Einteilen der Achse übergeben. Mit datetick(achse) werden die seriellen Werte in einem Datumsformat ausgegeben. „achse" bezeichnet die Datumsachse und kann die Werte „x", „y" oder „z" haben. Das Datumsformat wird anhand der Achsenwerte ausgewählt. Mit datetick(achse,df) wird ein Datumsformat „df" vorgegeben. Unterstützt werden die Formate in Tabelle (23.1). Sehr häufig werden bei unterschiedlichen Datumsformaten die Achsen ungünstig umskaliert. Um dies zu vermeiden, können mit datetick(...,'keeplimits') die Achsengrenzen und mit datetick(...,'keepticks') die Achsenstriche eingefroren werden. Soll auf eine bestimmte Achse mit Handle „ah" zugegriffen werden, so ist dies mit datetick(ah,...) möglich.

23.2.4 Zeitdifferenzen, Zeit stoppen und Pause einlegen

Zeitdifferenzen e = etime(t2,t1) bestimmt die zwischen „t2" und „t1" vergangene Zeit. Die Eingangsvariablen sind sechskomponentige Vektoren der Form [Jahr Monat Tag Stunde Minute Sekunde].

Die Tic-Toc-Stoppuhr. MATLAB bietet mit tic und toc eine Stoppuhr. Mit tic wird die Uhr auf null gesetzt, toc gibt die vergangene Zeit in Sekunden mit 6 Nachkommastellen an. Mit zm1 = tic wird die Messzeit gestartet und mit t0 = toc(zm1) die seither vergangene Zeit ausgegeben. „zm1" dient dabei als Zeitmarke und ist vom Datentyp uint64 und erlaubt mehrere Zeitmarken zu setzen.

Ausführungsdauer messen. t = timeit(fh,nRaus) misst die Zeit, die eine Funktion zur Ausführung benötigt. „fh" ist dabei ein Function-Handle und das optionale Argument „nRaus" die Anzahl der Funktionsrückgaben. timeit erlaubt keine Übergabewerte an die Funktion. Die Vorgehensweise ist daher wie folgt: Nehmen wir an die Funktion „fun" habe zwei Eingabewerte „x,y". Im ersten Schritt werden die Werte festgelegt `>> x= ...; y=...;` und dann das Function-Handle erstellt: `>> fh = @() fun(x,y);`. Der Rückgabewert „t" ist dann die Ausführungszeit in Sekunden. Beispiel:

```
>> x = linspace(0,2*pi); y = sin(x);   % Koordinaten
>> fh = @() plot(x,y);                 % Function Handle
>> t = timeit(fh)                      % Ausfuehrungszeit
t =
    0.0040
```

CPU-Zeit. `t = cputime` gibt die seit MATLAB-Start vergangene und von MATLAB genutzte CPU-Zeit aus. Dieser Wert kann sich deutlich von den mit `tic` und `toc` ermittelten Werten unterscheiden, ist aber die bei einem Programmlauf tatsächlich von MATLAB genutzte Zeit.

Pausefunktion. `pause` unterbricht den Programmablauf bis zu einem beliebigen Tastendruck und `pause(n)` bis zu n Sekunden vergangen sind. Mit `pause on` können mehrere Pause-Befehle ausgeführt werden und `pause off` schaltet Pause ab.

23.3 Kalendarische Operationen

Die Funktion `datetime` erstellt Zeitvariablen zu einem festen Zeitpunkt, `duration` zu einer festen Zeitdauer und `calendarDuration` Variablen zu einer Kalender-basierten Zeitdauer. Alle drei Datentypen erlauben es, auch in der Punktnotation `x.eig = wert` auf unterstützte Eigenschaftswerte-Paare zuzugreifen und unterstützen Standardarray Operationen, wie beispielsweise logische Indizierung. Ein Beispiel findet sich am Ende dieses Kapitels. Daten der Klasse `datetime` und `duration` erlauben auch Interpolationen mittels `interp1`.

23.3.1 Befehlsübersicht

Zeitdauer duration, calendarDuration, years, days, hours, minutes, seconds, milliseconds, calyears, calquarters, calmonths, calweeks, caldays, split, time

Zeitvariablen datetime, NaT, year, quarter, month, week, day, hour, minute, second, ymd, hms, diff, caldiff, between, dateshift, timeofday, isbetween, convertTo, exceltime, juliandate, posixtime, yyyymmdd

Zeitzonen und logische Abfragen isdatetime, isduration, iscalenderduration, isnat, isdst, isweekend, leapseconds, timezones, tzoffset

23.3.2 Zeitdauer

Die Funktion `Z = duration(H,M,S,ms)` erstellt ein Zeitarray „Z" vom Datentyp „duration". „H,M,S,ms" bezeichnen dabei Stunde, Minute, Sekunde und Millisekunde (optional) und sind entweder Skalare oder Arrays gleicher Größe. Beispielsweise ergibt

```
>> Z = duration(1:2,1:2,0);
```
den Zeitvektor Z: 01:01:00   02:02:00.

`Z = duration(x)` erstellt aus dem reellen numerischen Array „x" einen Spaltenvektor „Z" von Typ Duration. Beispiel:

```
>> x = randn(4,3)            >> Zx = duration(x)
                             Zx =
x =                             4x1 duration array
    0.3501    0.9594    1.8779    00:21:59
   -1.8359   -0.3158    0.9407   -01:50:27
    1.0360    0.4286    0.7873    01:02:36
    2.4245   -1.0360   -0.8759    02:24:25
```

Die erste Zeile führt zu 21 Minuten 59 Sekunden: $60 \cdot 0.3501 = 21$ Minuten, $(0.006 + 0.9594) \cdot 60 + 1.8779 = 59$ Sekunden. Zusätzlich können noch Ausgabe-Formatanweisungen mittels `Z = duration(..., 'Format',wie)` übergeben werden. Die Voreinstellung ist 'hh:mm:ss', weitere Möglichkeiten für „wie" sind 'dd:hh:mm:ss' bis 'mm:ss', 'y' für ein exaktes Jahr (365,2425 Tage), 'd' für einen 24-Stunden Tag, 'h' für die Stunde, 'm' für Minuten und 's' für Sekunden. Beispiel:

```
>> X = duration(365*24,0,0)  >> X = duration(365*24,0,0,'Format','y')
X =                          X =
   8760:00:00                   0.99934 yrs
```

Das Erstellen von Variablen der Klasse Duration wird von folgenden Funktionen `years`, `days`, `hours`, `minutes`, `seconds` und `milliseconds` unterstützt. Auf Grund der Namensgebung ist ihre Bedeutung selbstklärend. Der prinzipielle Aufruf ist bei allen gleich. Es genügt daher, ein Beispiel zu betrachten. `H = hours(x)` liefert als Rückgabewert eine Variable der Klasse Duration, wobei „x" ein beliebiges numerisches oder logisches Array sein kann. Ist „x" dagegen vom Typ Duration, dann ist „H" ein numerisches Array.

Die Funktion `K = calendarDuration(Y,M,D,H,M,S)` ist das Kalenderpendant zu `duration`. „Y,M,D" bezeichnen Jahr, Monat, Tag und sind wieder Skalare oder Arrays gleicher Größe. Alle weiteren Argumente sind optional, es müssen aber entweder 3 oder 6 Werte übergeben werden. Zusätzlich können wieder Ausgabe-Formatanweisungen mittels `Z = calendarDuration(..., 'Format',wie)` übergeben werden. Die Voreinstellung ist 'ymdt', weitere Möglichkeiten für „wie" sind 'y' (Jahr), 'q' (Quartal), 'm' (Monat), 'w' (Wochen), 'd' (Tage) und als Zusatz 't' (Stunden-Minuten-Sekunden); Beispiel
```
>> calendarDuration(1,1:2,1:2,1,1,1,'Format','ymdt').
```

Für `K = calendarDuration(Y,M,D,Z)` und „Z" ein Duration-Array wird wird ein calenderDuration-Array erstellt verschoben um die Werte von „Z".

Das Erstellen von Variablen der Klasse calendarDuration wird von folgenden Funktionen `calyears`, `calquarters`, `calmonths`, `calweeks` und `caldays` unterstützt. Auf Grund der Namensgebung ist ihre Bedeutung selbstklärend. Der prinzipielle Aufruf ist bei allen gleich. Es genügt daher, ein Beispiel zu betrachten. `Cm = calmonths(x)` liefert als Rückgabewert eine Variable der Klasse calendarDuration, wobei „x" ein beliebiges numerisches Array sein kann. Ist „x" dagegen vom Typ calendarDuration, dann ist „Cm" ein Array vom Typ Double.

calendarDuration-Werte konvertieren. `[x1,x2,...] = split(K,einheit)` gibt die calendarDuration-Werte als numerisches Array festgelegt durch die Einheiten zurück. Unterstützt werden 'years', 'quarters', 'months','days' und 'time' mit dem Format h:min:s. `t = time(K)` konvertiert das calendarDuration-Array „K" in ein duration-Array.

23.3.3 Zeitvariablen

Zeitvariablen vom Typ „datetime" basieren auf dem proleptischen ISO-Kalender. D.h. der aktuelle Kalender lässt sich über die Zeit vor der Kalenderreform am 15. Oktober 1582 fortsetzen und enthält auch (das eigentlich nicht-existente) Jahr 0. `datetime` unterstützt verschiedene kalendarische Berechnungsverfahren, berücksichtigt Schaltsekunden und das Ausgabeformat reicht bis ns.Leere oder unbekannte Elemente in einer datetime-Variablen werden als `NaT` für Not-a-Time gekennzeichnet, dem Pendant zu `NaN`. Außerdem erlaubt das Import Tool, Datumsangaben in Files direkt als Variablen vom Typ datetime einzulesen.

`t = datetime(DateString,'InputFormat',ifor)` erstellt aus dem Datumsstring „DateString" die Datetime-Variable „t". Die Eigenschaft 'InputFormat' und ihr zugehöriger Wert „ifor" sind optional. Als Datumsformat werden nahezu beliebige Kombinationen unterstützt, beispielsweise liefert

```
>> t = datetime('24-Feb-2016','InputFormat','dd-MMM-yyyy') + caldays(5:6)
t =
    29-Feb-2016    01-Mar-2016
```

Neben DateStrings können auch Datumsvektoren oder Arrays der Form `t = datetime(Y,M,D,H,M,S,ms)` übergeben werden. Zusätzlich werden die folgenden direkten Eingaben `t = datetime('dirEin')` unterstützt:

- „yesterday" für das gestrige,
- „today" für das heutige und
- „tomorrow" für das morgige Datum, sowie
- „now" oder nur `datetime` für das aktuelle Datum mit Zeit.

Mittels `t = datetime(..., Eig,Wert)` können folgende Eigenschaftwerte übergeben werden:

- ConvertFrom: 'datenum' (serielles Datum), 'excel' (serielles Datum 1.1.1900), 'excel1904' (serielles Datum 1.1.1904), 'juliandate' (bezogen auf 24.11.4712BC), 'modifiedjuliandate' (bezogen 17.11.1858), 'posixtime' (Zahl der Sekunden seit 01.01. 1970 00:00:00), 'yyyymmdd' (Darstellung wie 20140402 für den 02.04.2014). Um beispielsweise das Datum bezogen auf ein beliebiges Datum zu ermitteln, dient 'ConvertFrom','epochtime','Epoch',datum mit datum in der Darstellung'yyyy-mm-dd'. Das erste Argument sind die seit dem vorgegebenen Datum vergangenen Sekunden. Beispiel: `T = datetime(1,'ConvertFrom','epochtime','Epoch', '2016-02-27 12:00:00')`, das erste Argument 1 sind die Anzahl der Sekunden seit der vorgegebenen Epoche; das Ergebnis folglich '2016-02-27 12:00:01'.

- Format: Bestimmt das Ausgabeformat mit den Werten: 'default' (dd-MMM-yyyy hh:mm:ss) 'defaultdate' (ohne Zeit), 'preserveinput' wie Eingabeformat oder ein String mit dem Aufbau des zu verwendenden Formats.

- InputFormat: Eingabeformat wie Format.

- Local: Für die Verwendung des lokal üblichen Datumformats als Eingabeformat. Der Wert setzt sich aus Sprach- und Landkürzel zusammen. Beispielsweise für Deutschland 'de_DE' und für die USA 'en_US'.

- PivotYear: Wert ist eine ganze Zahl (gerundet auf volle 100), auf das sich zweistelligen Jahreszahlen beziehen.

- TimeZone: ist ein String mit der jeweiligen Zeitzone, beispielsweise 'Europe/Berlin'. Die Zeitzonen können mit der Funktion `timezones` bzw. `timezones('region')` ermittelt werden.

Auf die Eigenschaften einer Datetime-Variablen „t" kann mittel `t.Eig = Wert` zugegriffen werden. Ohne Übergabewert wird der aktuelle Wert zurück gegeben. Unterstützt werden: Format, TimeZone, Year, Month, Day, Hour, Minute, Second sowie SystemTimeZone für die Zeitzone des Betriebssystems. Alle Eigenschaften sind entweder selbsterklärend oder bereits oben diskutiert worden.

Datumsberechnungen `dt = diff(t)` mit „t" einem Datetime-Array berechnet die Zeitdifferenzen aufeinander folgender Einträge und liefert eine Duration-Variable „dt" zurück und `dtc = caldiff(t)` eine Variable vom Typ calendarDuration. `caldiff` unterstützt auch die Übergabe derselben Kalenderkomponenten wie `split`, die zurückgegeben werden soll, sowie die Dimension längs der die Differenz gebildet werden soll: `dtc = caldiff(t,Komp,dim)`. „Komp" kann beispielsweise 'quarters' sein oder auch {'months','days'}.

`t2 = dateshift(t,'start',Zein)` bzw. `t2 = dateshift(t,'end',Zein)` bildet das Datum „t" auf den Beginn bzw. das Ende der durch „Zein" gegebenen Zeiteinheit ab. „Zein" kann die Werte 'year', 'quarter', 'month', 'week', 'day', 'hour', 'minute' oder 'second' haben. Z. Bsp. führt 'year' stets auf den 1. Januar bzw. den 31. Dezember des aktuellen Jahres. Mittels `t2 = dateshift(t,'dayofweek','tag')` wird das nächstgelegene nachfolgende Datum durch den durch „tag" festgelegten Wochentag ermittelt. Schließlich kann noch mittels `t2 = shiftdate(..., 'regel')` eine Regel für die Berechnung festgelegt werden. Unterstützt werden u.a. 'next' für den nachfolgenden, 'previous' für den vorhergehenden, 'nearest' für den nächsten und 'current' für das in der gewünschten Zeiteinheit liegende Datum.

`dt = between(t1,t2,comp)` berechnet die Differenz zwischen den datetime Variablen „t1,t2" und liefert eine Variable „dt" vom Typ calendarDuration zurück. „comp" ist optional und legt die Einheit des Rückgabewerts fest. Einheiten können alle Bestandteile einer calendarDuration-Variablen, wie beispielsweise 'day' sein. `dt = t1-t2` berechnet ebenfalls die Differenz zwischen „t1,t2" und liefert eine Variable vom Typ Duration zurück.

`dt = timeofday(t)` gibt die Anzahl der Stunden „dt", die seit Mitternacht vergangen sind für das datetime-Array „t" zurück. Ist die TimeZone-Eigenschaft gesetzt wird gegebenenfalls die Sommerzeit (Uhrenumstellung beispielsweise um 2:00 Uhr) berücksichtigt.

`wf = isbetween(t,tstart,tende)` prüft nach, ob das Datum „t" innerhalb der Grenzen „tstart" < „tende" liegt. Die Eingabeargumente können Arrays vom Typ datetime, duration, Character-Vektoren, Zellvariablen aus Character-Vektoren oder String-Arrays sein.

Datumskomponenten Die folgenden Funktionen lesen einzelne Datumskomponenten aus. Dabei ist „t" stets eine Variable vom Typ Datetime.

- `[y,m,d] = ymd(t)` liest Jahr, Monat und Tag und `[h,m,s] = hms(t)` Stunde, Minute und Sekunde aus.
- `y = year(t)` liest das Jahr und `q = quarter(t)` das zugehörige Quartal aus.
- `m = month(t,eig)` extrahiert den Monat. „eig" ist optional und legt das Rückgabeformat fest: 'monthofyear' für die Monatsziffer (Default), 'name' für den Monatsnamen und 'shortname' für das Monatskürzel.
- `w = week(t,eig)` bestimmt die wievielte Woche im Jahr bzw. Monat vorliegt. Optional werden 'weekofyear' (Voreinstellung) und 'weekofmonth' unterstützt.
- `d = day(t,eig)` bestimmt den Wochentag. Voreinstellung ist der wievielste Tag im Monat. Optional sind die Eigenschaften 'dayofmonth', 'dayofweek', 'dayofyear', 'name' für den Namen und 'shortname' für das Namenskürzel.
- `h = hour(t)` liefert die Stunde, `m = minute(t)` die Minute und `s = second(t, sTyp)` die Sekunde mit Nachkommastellen der datetime-Variable „t". Die optionale Eigenschaft „sTyp" kann die Werte 'secondofminute' (Voreinstellung) und 'secondofday' haben. In diesem Fall werden die seither vergangenen Sekunden des Tages zurück geliefert.

Zeitvariablen konvertieren `x = convertTo(t,datumtyp)` konvertiert die datetime-Variable „t" in eine numerische Darstellung. „datumtyp" legt den Datumstyp fest und kann u.a. die folgenden Werte haben:

- 'excel' und 'excel1904' haben; alternative die MATLAB-Funktion `exceltime`
- 'juliandate' und 'modifiedjuliandate', alternativ die Funktion `juliandate`
- 'posixtime', dieselbe Aufgabe übernimmt auch `posixtime`
- 'yyyymmdd' für Jahreszahl-Monatszahl-Monatstag oder die Funktion `yyyymmdd`
- und 'datenum' für die numerische Datumsangabe in MATLAB.

Mit `x = convertTo(t,'epochtime',Name,Wert)` wird die Zahl der Sekunden seit der festgelegten Zeitmarke zurückgegeben. Beispiel
für `x = convertTo(t,'epochtime','Epoch','2021-1-1')`
die Zahl der Sekunden seit Beginn des Jahres 2021. Voreinstellung ist der 1. Januar 0.

Plotten Ist „t" ein Datetime-Vektor und „x" ein Vektor derselben Länge, dann wird mittels `plot(t,x)` die x-Achse automatisch als Datumsachse dargestellt. Das Datumsformat kann via `plot(t,x,'DatetimeTickFormat',ds)` gesetzt werden. Dabei ist „ds" ein String mit der entsprechenden Datumsdarstellung, beispielsweise 'dd-MM'. Ist „t" vom Typ Duration so kann mittels `plot(t,x,'DurationTickFromat',ds)` das Zeitformat gesetzt werden. „ds" ist nun ein String mit der gewünschten Zeiteinheit, beispielsweise 'mm:ss'. Alternativ können auch die Funktionen `xtickformat` oder `ytickformat` genutzt werden, beispielsweise via `xtickformat('dd-MM')`. Mehr zu Achsenticks auf S. 330ff.

Das folgende **Beispiel**, s. Abb. (23.1), dokumentiert die einfache Handhabung.

```
%%
Z = datetime(2015,1,1:365); % Erstellen eines Datetime-Vektors
Wert = 100 + sin((1:length(Z))/365*pi) + randn(size(Z))/20;
plot(Z,Wert,'DatetimeTickFormat','MM.yy'),shg
xlabel('MM.JJ')
%% Schwankungen um das Maximum
Zaus = Z(Z>'15-Jun-2015' & Z <= '15-Jul-2015'); % logische Indizierung
Wertaus = Wert(Z>'15-Jun-2015' & Z <= '15-Jul-2015');
Schwank = Wertaus - mean(Wertaus);
Zeit = Zaus-Zaus(1);    % Typ Duration
axes('Position',[0.3 0.25 0.45 0.25]);
plot(Zeit,Schwank,'DurationTickFormat','d')
grid on
```

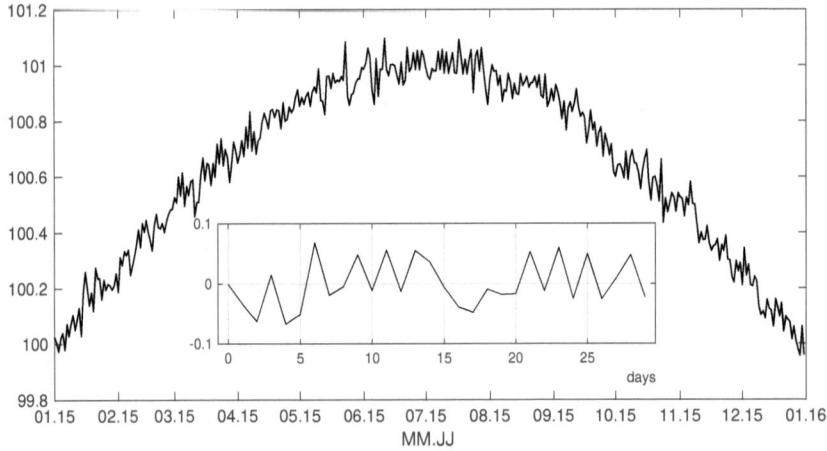

Abbildung 23.1: *Beispiel zu* datetime *und* duration.

23.3.4   Zeitzonen und logische Abfragen

Logische Abfragen. Die folgenden Funktionen liefern ein logisches Wahr zurück, wenn das Argument den korrekten Datentyp bzw. Wert hat:

- wf = isdatetime(t) für „t" datetime-Variable;
- wf = isduration(d) für „d" ein duration-Array;
- wf = iscalendarduration(dc) für „dc" vom Typ calendarDuration.
- wf = isnat(A) liefert ein logisches Array derselben Größe wie „A" zurück mit einer logischen 1 für NaT-Werte.
- wf = isdst(A) liefert ein logisches Array derselben Größe wie „A" zurück mit einer logischen 1 für Datumswerte der Sommerzeit.

- `wf = isweekend(A)` liefert ein logisches Array derselben Größe wie „A" zurück mit einer logischen 1 für Wochenend datetime-Werte.

Zeitzonen. Mittels `[T, vers] = leapseconds` werden die Schaltsekunden „T" als Zeittafel zurückgegeben. „vers" ist die von MATLAB genutzte Versionsnummer des IERS Bulletins (Rel. 2021a Vers. 61, seit 05.07.2021 ist Vers. 62 aktuell).

`T = timezones(Region)` gibt eine Tabelle der unterstützten Zeitzonen für die Region (optional), beispielsweise 'Europe' zurück.
`[dt, dst] = tzoffset(t)` liefert die Zeitzonen-Abweichung in Stunden von der Weltzeit (UTC). „t" ist eine datetime-Variable bei der die Zeitzone gesetzt sein muss, also Beispiel `t = datetime('today','TimeZone','Europe/Zurich');`. „dt" ist das zugehörige duration-Array mit der aktuellen Zeitzonen-Abweichung von der Weltzeit (UTC) und „dst" die Sommerzeitverschiebung, also 0 oder 1 Stunde für Europa je nach Jahreszeit.

23.4   Timer Support

Timer-Objekte werden durch den Befehl `timer` erzeugt, durch `timerfind` und `timerfindall` unterstützt sowie durch `start` und `startat` ausgeführt und durch `stop` beendet.

`t = timer` bzw. `t = timer('eig1',wert1,'eig2',wert2, ...)` erzeugt ein Timer-Objekt mit den Eigenschaften „eigi". Eigenschaften lassen sich mit `set` setzen und mit `get` anschauen. `delete(t)` löscht das Timer-Objekt „t" aus dem Speicherbereich und `tf = isvalid(t)` prüft, ob „t" ein gültiges Timer-Objekt ist. `timer` unterstützt die folgenden Eigenschaften (Defaultwerte in geschweifter Klammer):

- AveragePeriod: Mittlere Zeit zwischen den Ausführungen der Callback-Funktion „TimerFcn" (Read only).
- BusyMode: [{drop} | queue | error]; Aktion, die ein Timer-Objekt ausführt, wenn die Callback-Funktion „TimerFcn" aufgerufen wird, während ein anderes MATLAB-Programm aktiv ist. „drop", Timer-Funktion wird nicht ausgeführt, „error", eine Fehlermeldung wird ausgegeben und „queue", die Timer-Funktion wird bald möglichst ausgeführt.
- ErrorFcn: String, Function Handle oder Zell-Array.
  Callback-Funktion, die im Falle eines Fehlers ausgeführt werden soll.
- ExecutionMode: [{singleShot} | fixedSpacing | fixedDelay | fixedRate]; Ausführungsart der Timer-Ereignisse. singleShot: einmaliges Ausführen; fixedSpacing: die Zeit wird nach Beenden, bei fixedDelay bei Beginn der Timer Callback-Funktion „TimerFcn" gezählt und bei fixedRate wird die Zeit ab dem Moment gezählt, in dem die Timer Callback-Funktion der MATLAB-Ausführungsqueue hinzugefügt wird.
- InstantPeriod: Zeit zwischen den letzten beiden Ausführungen der „TimerFcn" (Read only).
- Name: Timer-Objekt-Name.

- ObjectVisibility: [{on} | off]; Sichtbarkeit bezüglich `timerfind` (s.u.).
- Period: Zeit zwischen den Ausführungen der „TimerFcn" in Sekunden.
- Running: Gibt Auskunft, ob das Timer-Objekt läuft (Read only).
- StartDelay: Verzögerungszeit zu Beginn in Sekunden.
- StartFcn, StopFcn: String, Function Handle oder Zell-Array; Callback-Funktion, wird beim Starten bzw. Anhalten des Timer-Objekts ausgeführt.
- Tag: Benutzer-spezifisches Label.
- TasksToExecute: Legt fest, wie oft das Timer-Objekt ausgeführt werden soll.
- TasksExecuted: Anzahl der ausgeführten TimerFcn-Callbacks (Read only).
- TimerFcn: String, Function Handle oder Zell-Array; Callback-Funktion, die vom Timer-Objekt einmal oder mehrmals ausgeführt wird. Beispiel:
  ```
  t = timer('TimerFcn',@(x,y)disp('Fertig'),'StartDelay',3); start(t)
  ```
- Type: Objekttyp, hier stets „timer".
- UserData: an das Timer-Objekt gebundene Benutzer-Daten.

`start(obj)` startet und `stop(obj)` beendet ein Timer-Objekt. Ein Timer-Objekt wird außerdem beendet, wenn die Zahl der TimerFcn-Callbacks festgelegt in TasksToExecute erreicht wurde oder ein Fehler bei der Ausführung des TimerFcn-Callback auftrat. `startat(obj,zeit)` startet ein Timer-Objekt „obj" in dem durch „zeit" festgelegten Moment. „zeit" kann ein serielles Datum oder ein Zeitstring sein. Es werden dabei die Formate $0, 1, 2, 6, 13, 14, 15, 16$ oder 23 der Tabelle (23.1) unterstützt. „zeit" kann auch als Datumsvektor bestehend aus den Elementen [Jahr Monat Tag] oder [Jahr Monat Tag Stunde Minute Sekunde] übergeben werden. Wie bei `datestr` wird auch die Angabe eines Bezugsjahres „P" `startat(obj,S,P)` unterstützt. `wait(obj)` blockiert die Kommandozeileneingabe, bis das Timer-Objekt beendet ist oder im Falle eines Arrays alle Timer-Objekte „obj" beendet sind.

`out = timerfind` liefert ein Verzeichnis aller im MATLAB-Speicher befindlichen Timer-Objekte und `out = timerfind('eig1', wert1, ...)` schränkt die Ausgabe auf diejenigen Objekte ein, die die Eigenschaften „eigi" mit „werti" besitzen. Die Eigenschaften können auch in einer Struktur, deren Feldnamen die Eigenschaftsnamen sind, übergeben werden. Mit `out = timerfind(obj,'eig1', wert1, ...)` und „obj" ein Array aus Timer-Objekten wird die Suche auf die dadurch festgelegten Objekte eingeschränkt. `timerfind` kann nur diejenigen Timer-Objekte finden, deren ObjectVisibility-Eigenschaft auf „on" steht. `out = timerfindall` findet dagegen alle Timer-Objekte unabhängig von deren ObjectVisibility-Eigenschaft und erlaubt dieselben Argumente wie `timerfind`.

24 Modultest

Testen von Programmen dient der Qualitätssicherung. Es ist eine Binsenweisheit, dass ein Fehler je später er gefunden wird, umso teurer wird. Es empfiehlt sich folglich, die Funktionalität selbsterstellter Applikationen hinreichend zu testen. Zum Testen der funktionalen Bestandteile eines Programms dient der Modul- oder Komponententest auch als Unit Test bezeichnet. Ein Test legt dabei fest unter welchen Umständen die Applikation getestet werden soll und das erwartete Verhalten. Im Test wird dann das erwartete und das tatsächliche Verhalten verglichen. Seit dem Rel. 2013b bietet MATLAB eine umfangreiche Test Suit (Unit Testing).

24.1 Skript- und Funktions-basiertes Testen

Funktionsübersicht
assert s. Kap. (9.5.3), runtests, testsuite, functiontests, testrunner,

Zentrale MATLAB-Funktion für Unit Testing ist die Funktion **runtests**. Betrachten wir ein einfaches Beispiel: Eine der Funktionalitäten, die wir prüfen wollen steckt in der Funktion „einefun.m"

```
function  y = einefun(x)
% Diese Funktion dient nur dazu, Unit Testing zu dokumentieren
y = x.^2 + 1;
% Alle Ergebisse muessen folglich positiv sein
```

Als Erstes müssen wir uns fragen was wir testen wollen. Werden Fehleingaben wie die Eingabe eines Strings erkannt? Sind bei reellen Eingaben alle Werte positiv? Beschränken wir uns auf diese beiden Fragen und schreiben eine Testfunktion:

```
1   function test = einefunTestFunction
2       test = functiontests(localfunctions);
3   end
4
5   function testPositive(testcase)
6       reingeht = linspace(-10,10);
7
8       rauskommt = einefun(reingeht);
9
10      verifyTrue(testcase,all(rauskommt > 0));
11  end
12
```

https://doi.org/10.1515/9783110741780-024

```
13 function testNumericInput(testcase)
14     verifyError(testcase,@() einefun('hello'),...
                    'MATLAB:NonnumericInput')
15 end
```

Unser Testfunktion sollte stets das Schlüsselwort „Test" enthalten. Führen wir die Funktion aus >> erg = runtests('einefunTestFunction'), so erhalten wir ein Objekt der Klasse „matlab.unittest.TestResult" zurück. Auf Grund des Aufrufs in Zeile 2 werden alle Unterfunktionen ausgeführt. Positivität wird über die Unterfunktion (local function) in Zeile 5 getestet. verifytrue (s.u.) prüft dabei, ob die Rückgabewerte alle positiv sind. Die Frage „wird die Übergabe eines Strings als Fehler in der Funktion einefun erkannt", testet die Funktion in Zeile 13 mittels verifyError (s.u.). Die Antworten unseres Modultests finden wir sowohl im Rückgabewert „erg" als auch auf der Bildschirmausgabe: Totals: 1 Passed, 1 Failed, 0 Incomplete.
0.2485 seconds testing time.
„erg" ist 1×2 Array, dessen zweite Komponente ergibt:

```
> erg(1,2)
ans =
   TestResult with properties:
          Name: 'einefunTestFunction/testNumericInput'
        Passed: 0
        Failed: 1
    Incomplete: 0
      Duration: 0.2446
```

Die Übergabe eines Characters oder Strings wird nicht wie verlangt erkannt. Der Test schlug daher fehl. Bei einem realen Projekt wäre jetzt der nächste Schritt sicherzustellen, dass die Übergabe eines Characters und anderer nicht-numerischen Variablen als Fehler erkannt wird (assert(isnumeric(x),'MATLAB:NonnumericInput','...').

runtests. Die Funktion runtests führt zum Ausführen einer Testreihe. erg = runtests testet alle Funktionen des aktuellen Verzeichnisses , die das Schlüsselwort „test" im Namen führen und speichert das Ergebnis in „erg". erg = runtests(tests,eig, wert) testet alle Funktionen, die in „tests" aufgelistet sind. "tests" kann entweder ein String oder eine Zellvariable aus Strings sein mit dem Namen einer Testfunktion, einer Testklasse, eines Test-Packages oder einer Test-Suite. (Die letzten drei Fälle werden später noch beleuchtet.) Eine ansprechendere Darstellung erhält man mittels terg = table(erg). Die Eigenschaftswerte-Paare „eig,wert" sind optional; hier eine Auswahl:

- 'IncludeSubfolders', 'IncludeSubpackages', 'IncludeReferencedProjects' mit den Werten false (Default 0) und true (1). Für 'true' (1) werden die zugehörigen Unterverzeichnisse bzw. Subpackages und referenzierte Projekte durchlaufen.

- 'UseParallel' Voreinstellung false (0); nur interessant wenn zusätzlich die Parallel Computing Toolbox installiert ist.

- 'BaseFolder' Name des verwendeten Hauptverzeichnisses.

- 'Debug' {false}, bei 'true' wird der Debug-Modus aufgerufen wenn ein Test fehlschlägt.

- 'LoggingLevel' {1}, 0, 2···4; legt die Ausführlichkeit der diagnostischen Rückmeldungen fest. 0 keine Informationen, 4 ausführliche Informationen.

- 'OutputDetail' 0···4; legt fest wie ausführlich der Testablauf beschrieben wird. 0 keine 4 ausführliche Informationen.

- 'Name', 'ParameterProperty', 'ParameterName': Im Rahmen des Objektorientierten Unit Testing können von der abstrakten Klasse TestCase eigene Klassen abgeleitet werden und in einer TestSuite Klasse zusammengefasst. 'Name' String mit dem Namen eines Suite Elements. 'ParameterProperty' String mit den Namen der Eigenschaft, die einen Parameter der Test Suite definiert. Es sind Wildcards * (alle Zeichen) und ? (ein Zeichen) erlaubt. 'ParameterName' String mit dem Namen eines Parameters, der von einem Test Suite Element genutzt wird.

- 'Superclass' Name der Superklasse zur eigenen Testklasse.

- 'Tag' Name des Tags eines Test Elements.

testsuite. Die Funktion `testsuite` erstellt aus allen m-Files mit dem Schlüsselwort „Test" eine Testsuite, die alle Testklassen, Testparameter etc. umfasst; `suite = testsuite(tests,Eig,Wert)` berücksichtigt die in „tests" gelisteten Testprogramme. Zusätzlich können noch Eigenschafts-Werte Paare 'BaseFolder', 'IncludeSubfolders', 'IncludeSubpackages', 'IncludeReferencedProjects', 'Name', 'ParameterProperty', 'ParameterName', 'ProcedureName', 'Superclass', 'Tag' wie unter `runtests` beschrieben genutzt werde.

Die Funktion `tests = functiontests(f)` erzeugt ein Testarray für die durch „f" festgelegten Lokalen Funktionen, also den Unterfunktionen der Datei in der `functiontests` aufgerufen wird. Sollen alle lokalen Unterfunktionen durchlaufen werden wird als Argument `localfunctions` genutzt. `fhsub = localfunctions` erzeugt eine Zellvariable mit den Handles „fhsub" aller Unterfunktionen derjenigen Datei, in der `localfunctions` aufgerufen wird.

Die Funktion `runner = testrunner` erstellt eine standardisierten Laufumgebung für Unit-Testing zur Verfügung. Mittels `runner = testrunner('minimal')` wird eine minimale Umgebung erstellt ohne Plugins und mittels `runner = testrunner('textoutput')` ein Runner mit Textausgabe, Beispiel:

```
ts= testsuite('einefunTestFunction');
runner = testrunner('textoutput');
erg = run(runner,ts)
Running einefunTestFunction
.
====================================
...
```

24.1.1 Testtypen

Im obigen Beispiel hatten wir `verifyTrue(testcase,all(rauskommt > 0));` aufgerufen. Neben dem Testtyp „verify" können auch andere Testarten angewandt werden. Der Aufruf ist stets identisch. Die Assume-Klasse (Assumable Class) dient vor allem

dem Testen der Vorbedingungen. Die Assert-Klasse (Assertable Class) bricht den aktuellen Test bei Fehlern ab. Der Aufruf wäre im obigen Beispiel `assertTrue(...)`. Die
fatalAssert-Klasse (fatalAssertable Class) bricht nicht nur den aktuellen Test sondern
auch alle nachfolgenden Tests ab, hier ist der Aufruf `fatalAssertTrue(...)`. Sollen
dagegen mehrere Tests ausgeführt werden, wählt man die bereits angesprochene Verify-
Klasse (Verifiable Class). Eine Liste aller Testtypen findet sich in Tabelle 24.1. Für
interaktives Ausführen der Testtypen lautet der Aufruf beispielsweise

```
testCase = matlab.unittest.TestCase.forInteractiveUse;
verifyTrue(testCase,all(randn(1,10) > 0));
```

Das würde ebenfalls für die anderen Klassen gelten.

Tabelle 24.1: *Links der rechte Teil des Funktionsnamens und rechts eine kurze Erläuterung.
Den vollständigen Namen erhält man durch Ergänzen mit verify, assume, assert oder fatalAs-
sert.*

NAME	KURZERLÄUTERUNG
...Class	Testwert entspricht vorgeschriebener Klasse
...Empty	Testwert ist leer
...Equal	Testwert ist gleich dem vorgeschriebenen Wert
...Error	Funktion führt zu vorgeschriebenen Fehler
...Fail	Test führt zu bedingungslosem Fehler
...False	Testwert ist falsch
...GreaterThan	Testwert ist größer als vorgeschriebener Wert
...GreaterThanOrEqual	Testwert ist größer/gleich vorgeschriebenem Wert
...InstanceOf	Testwert ist Objekt des vorgeschriebenen Typs
...Length	Testwert hat vorgeschriebene Länge
...LessThan	Testwert ist kleiner als vorgeschriebener Wert
...LessThanOrEqual	Testwert ist kleiner/gleich vorgeschriebenem Wert
...Matches	Teststring trifft vorgeschriebenen regulären Ausdruck
...NotEmpty	Testwert ist nicht leer
...NotEqual	Testwert ist nicht gleich
...NotSameHandle	Testwert ist kein Handle der vorgegebenen Instanz
...NumElements	Testwert hat vorgegebene Elementzahl
...ReturnsTrue	Funktion liefert bei Evaluation logisches true
...SameHandle	Zwei Werte haben Handles derselben Instanz
...Size	Testwert hat vorgegebene Größe
...Substring	Teststring enthält vorgegebenen String
...That	Testwert erfüllt vorgegebene Zwangsbedingung
...True	Testwert ist wahr
...Warning	Funktion führt zu vorgeschriebenen Warnung
...WarningFree	Funktion führt zu keiner Warnung

Die folgende Diskussion ist unabhängig von der betrachteten Klasse. Als Beispiel wird
die Verify-Klasse herangezogen. Funktionen wie `verifyEqual`, `verifyTrue` oder `ve-
rifyGreaterThan` erwarten entsprechende Werte als Input. Sei beispielsweise „x" die
zu testende Variable und „v" der vorgegebene Wert, so würde Gleichheit mittels `veri-`

fyEqual(testcase,x,v) geprüft werden. Andere Funktionen wie beispielsweise veri-fyError, verifyWarning oder verifyWarningFree erwarten ein Function-Handle als Test. Ein Aufruf mit Werteübergabe lautet in diesem Fall fh = @ () Ausdruck, also beispielsweise fh = @() rand(2); verifyWarningFree(testcase,fh).

24.1.2 Pre- und Post-Aufgaben

Im Rahmen des Funktions-basierten Testens kann man mittels „setup" und „teardown" Funktionen eine wohldefinierte Testumgebung des Systems (test fixture) erstellen und nach der Durchführung des Tests wieder in den Originalzustand zurückkehren. Dabei wird zwischen Funktionen, die einmal aufgerufen werden (setupOnce, teardownOnce) und solchen die mehrfach aufgerufen werden (setup, teardown) unterschieden. Der typische Aufbau lautet

```
function setupOnce(testCase)
testCase.TestData.origPath = pwd; % aktuelles Verzeichnis
cd('Wohin');                       % Wechsel in neues Verzeichnis
... was auch immer getan werden soll ...
end
```

Das Argument „testCase" ist zwingend. Damit stehen alle Test-Daten zur Verfügung. Über das Argument „testCase.TestData.origPath" ist das ursprüngliche Verzeichnis bekannt.

```
function teardownOnce(testCase)
... Aufgaben - Aufraeumen ....
cd(testCase.Testdata.origPath); % und zurueck
rmdir('Wohin');                 % Verzeichnis loeschen
end
```

Identisch dazu ist auch der Aufruf von function setup(testCase) und function teardown(testCase), die von den lokalen Testfunktionen aufgerufen werden, in unserem Beispiel von „testPositiv" und „testNumericInput".

24.2 Klassen-basiertes Testen

Das matlab.unittest Package stellt die folgenden Klassen und Packages zur Verfügung:

matlab.unittest.TestCase Die Superklasse für alle Testklassen, von der wir auch unsere eigenen Klassen ableiten. Diese Klasse hatten wir auch schon beim Funktions-basierten Testen genutzt.

matlab.unittest.Testsuite Klasse zum Gruppieren von Tests.

matlab.unittest.Test Festlegen einer einzelnen Testmethode.

matlab.unittest.TestRunner Klasse zum Durchführen der Tests.

matlab.unittest.TestResult Ergebnis nach Durchlaufen eines Tests.

matlab.unittest.qualifications Das Qualification-Interface, das sind die in Tabelle (24.1) aufgelisteten Funktionen.

`matlab.unittest.constraints` Das Constraints-Interface, das Nebenbedingungen enthält wie beispielsweise `matlab.unittest.contraints.IsGreaterThan`. Siehe
`>> doc matlab.unittest.constraints`
`matlab.unittest.diagnostics` Das Diagnostic-Interface, das relevante Informationen im Falle des Scheitern liefert.
`matlab.unittest.fixtures` unterstützt das Aufsetzen der Testumgebung mittels `setup`- und `teardown`-Funktionalitäten.
`matlab.unittest.parameters` Zusammenfassung der Klassen, die mit Test-Parametern verknüpft sind.
`matlab.unittest.plugins` Plugins zum Anpassen von TestRunner Objekten. Beispielsweise die Darstellung der Testergebnisse im XML-Format.
`matlab.unittest.selectors` Selector Interface zum Filtern der Elemente einer Test-Suite nach ihren Eigenschaften, beispielsweise `matlab.unittest.selectors.HasParameter`

Erster Schritt beim Entwickeln eigener Tests ist die Ableitung einer eigenen Klasse von der `matlab.unittest.Test`-Klasse. Prinzipieller Aufbau:

```
classdef myClass < matlab.unittest.Test

    properties (Access = private)
       ...
    end

    methods (Test)
       function testName(testcase) % testName
             ....
       end
       ... weitere Funktionen ... Beispiel
       function lessThan (testCase)
       ...
       verifyEqual(testCase, a, e)
       ...
       end
    end
    ...
end
```

Statt eigene Testmethoden zu schreiben, bietet die Klasse `matlab.unittest.TestCase` mehrere Methoden an: `TestClassSetup` für das Aufsetzen der Testumgebung, `TestMethodSetup` Methoden, die vor jeder Testmethode ausgeführt werden, `Test` Methoden, die die eigentlichen Tests bereitstellen, `TestMethodTeardown` Methoden, die je nach jedem einzelnen Test ausgeführt werden und `TestClassTeardown` Methoden, die einmalig am Ende der Testreihe ausgeführt werden.

Das Package `matlab.unittest.parameters` enthält die Klasse `matlab.unittest.parameters.TestParameter`, die es erlaubt, verschiedene Eingabewerte für einen Test bereit zustellen. Der Aufbau ist in diesem Fall:

```
classdef TestMeiner < matlab.unittest.TestCase

    properties (TestParameter)
        ....
    end

    methods (Test)
        ....
    end
end
```

Nachdem alle Tests implementiert worden sind, können wir die Tests mittels `erg = run(testCase, 'mname')` ausführen. „mname" ist optional und ist der Name einer gültigen Testmethode der „testCase" Instanz.

Die Klasse `matlab.unittest.TestSuite` stellt Methoden zur Verfügung, um mittels der Methode `run` mehrere kombinierte Testfälle auszuführen. Die Namensgebung ist dabei selbsterklärend:

1. Schritt: `import matlab.unittest.TestSuite;`
2. Schritt: Erstellen der Test-Suite
`fileS = TestSuite.fromFile('MeineTestDatei.m');`
`folderS = TestSuite.fromFolder(pwd);`
`packageS = TestSuite.fromPackage('mypackage.subpackage');`
`classS = TestSuite.fromClass(?mypackage.MyTestClass);`
`methodS = TestSuite.fromMethod(?SomeTestClass,'testMethod');`
Die einzelnen Test-Suite Bestandteile lassen sich dann zusammenfügen
`Suite = [fileS, folderS, packageS, classS, methodS];`
und als letzten Schritt ausführen: `erg = run(Suite)`.

Mittels der Methode `selectIf`
`nSuite = selectIf(Suite,s)` bzw. `nSuite = selectIf(suite,Eig,Wert)`
können Elemente der Suite nach bestimmten Bedingungen ausgewählt werden. „s" ist dabei ein Selektor des Packages `matlab.unittest.selector`. Als Eigenschafts-Werte Paare werden unterstützt: 'Name' mit dem Namen eines Suite-Elements, 'Parameter-Property' mit dem Namen einer Eigenschaft, die den Parameter festlegt, 'ParameterName' mit dem Namen eines Parameters, 'BaseFolder' mit dem Namen des Verzeichnisse, das die Tests beherbergt und 'Tag' mit dem Tag-Namen eines Suite-Elements.

Führen wir die **run**-Methode aus, so werden die Zwischen- und das Endergebnis auf dem Bildschirm ausgegeben. Dieses Verhalten lässt sich mit der TestRunner-Klasse beeinflussen. Soll zusätzlich noch beispielsweise ein Report für die Code-Überdeckung erstellt werden kommt die CodeCoveragePlugin-Klasse des plugins-Package ins Spiel. Das prinzipielle Vorgehen ist:
`import('matlab.unittest'.*');`
`runner = TestRunner.TRmethode;` „TRmethode" steht dabei für eine der Methoden der Klasse TestRunner, z.Bsp. withNoPlugins.
`cPlugin = plugins.CodeCoveragePlugin.CCmethode('Pfad');` „CCmethode" kann entweder forFolder oder forPackage sein. „Pfad" ist der entsprechende Verzeichnispfad.
`addPlugin(runner, cPlugin);`

```
erg = run(runner, Suite);.
```

Die Vielzahl der Möglichkeiten aufzulisten und mit Beispielen zu untermauern, würde den Rahmen dieses Buchs sprengen. Betrachten wir daher als einfaches Beispiel wieder „einefun.m". Unsere Testklasse lautet

```
classdef einefunTestCl < matlab.unittest.TestCase

    methods (Test)
        function testPositive(testCase)
            reingeht = linspace(-10,10);
            rauskommt = einefun(reingeht);
            testCase.verifyTrue(all(rauskommt) > 0);
        end

        function testNumericInput(testCase)
            testCase.verifyError(@() einefun('hello'),...
                            'MATLAB:UndefinedFunction')
        end
    end
end
```

und wird mittels

```
import('matlab.unittest.*')
suite = TestSuite.fromFile('einefunTestCl.m');
runner = TestRunner.withNoPlugins();
cPlugin = plugins.CodeCoveragePlugin.forFolder(pwd);
addPlugin(runner,cPlugin);
erg = table(run(runner,suite))
```

ausgeführt. `table` sorgt dabei für eine bessere Darstellung und `CodeCoveragePlugin` öffnet den Profiler Coverage Report mit den Informationen zur Code-Überdeckung. In `TestSuite.fromFile` hätten wir auch „einefunTestFunction.m " aufrufen können. Soll mit mehreren Parametern getestet werden muss zusätzlich ein Property-Block `properties (TestParameter)` (wie oben besprochen) eingefügt werden. Ein Beispiel zeigt `einefunTestPara`:

```
classdef einefunTestPara < matlab.unittest.TestCase

    properties (TestParameter)
        Param1 = {linspace(-10,10), rand(3,4), 'Hallo'};
        Param2 = {[-1,0,1];'Hallo'};
    end
    ...
```

Die erste Methode `function testPositive(testCase,Param1)` spielt die Parameterwerte der Zellvariable „Param1" durch, die zweite Methode die Werte von Param2. Der Aufruf erfolgt mittels `einefunTestParaco` oder auch über „Run Tests" im Editor. Die Parameterwahl zeigt auch, dass beispielsweise `verifyTrue` nicht geeignet ist falsche

Eingabetypen zu erkennen falls MATLAB den Datentyp intern wandelt (hier Character $\rightarrow$ double, ASCI-Code).

24.3 Performance Testen

Die Performance von MATLAB-Code kann mittels der Funktion `runperf` getestet werden. Dabei wird sowohl skript-, funktions- und klassenbasiertes Testen unterstützt. Performance Tests lassen sich auch mit Modultests verknüpfen. Mit `erg = runperf` werden alle Tests des aktuellen Verzeichnisses durchgeführt. Der Rückgabewert „erg" ist ein Objekt der Klasse `matlab.perftest.TimeResult`. Die Tests werden zunächst viermal ausgeführt und danach so häufig, dass eine statistisch relevante Rechenzeit ermittelt werden kann. Mit `erg = runperf(tests,eig,wert)` werden nur die in „tests" gelisteten Programme getestet und optional die Eigenschaftswerte-Paare 'BaseFolder', 'IncludeSubfolders', 'IncludeSubpackages', 'Name', 'ParameterProperty', 'ParameterName', 'ProcedureName', 'Superclass', 'Tag' unterstützt, wie unter `runtests` beschrieben.

Betrachten wir ein einfaches Beispiel. Das Skript `performancetest` vergleicht das Updaten eines Plots mit `plot` und `XData, YData, linspace` und den `:`-Operator sowie eine `for` mit einer `while`-Schleife. `erg = runperf('performancetest')` liefert in „erg" ein fünfelementiges TimeResult-Array zurück. Die Eigenschaft „Samples" enthält die jeweiligen Rechenzeiten in einer Tabelle. Mit `vertcat` werden die 5 Tabellen zu einer Tabelle zusammengefügt und mittels `varfun` die jeweiligen Mittelwerte gebildet:

```
erg = runperf('performancetest'); % Performancetest durchfuehren
tabsamples = vertcat(erg.Samples); % Ergebnis zusammenfassen
                               % Mittelwert fuer Vergleich
tabMittel = varfun(@mean,tabsamples,'InputVariables','MeasuredTime',...
                    'GroupingVariables','Name')
tabMittel =
  5x3 table
```

Name	GroupCount	mean_MeasuredTime
performancetest/test1_Plot	5	0.0095962
performancetest/test2_XYData	4	0.00578
performancetest/test3_For_linspace	4	0.01303
performancetest/test4_For__	13	0.012145
performancetest/test5_While	4	0.012365

Das Auswerteskript ist `perftestaus`. Die Ergebnisse zeigen, dass je nach Beispiel 4 bis 13 Wiederholungen notwendig waren bis ein statistisch gesichertes Ergebnis erreicht war.

Für klassenbasiertes Testen dient die Klasse `matlab.perftest.TestCase`. Das Beispiel dazu ist `perfomancetestCL` basierend auf dem Skript `performancetest`. Die Auswertung kann wieder wie unter `perftestaus` beschrieben erfolgen. Der Aufbau ist

```
classdef performancetestCL < matlab.perftest.TestCase
```

```
    methods (Test)
        function plottest(testCase) %#ok<*MANU>
            ...
        end
        ... weitere function-Bloecke
        function whilelooptest(testCase)
            ...
        end
    end
end
```

Wir interessieren uns nur für die „loop-Blöcke. Die Auswertung ist dann,

```
erg = runperf('performancetestCL','name','*loop*')
Running performancetestCL
.......... .......... ........
Done performancetestCL

----------
erg =
  1x3 TimeResult array with properties:
    Name
    Valid
    Samples
    TestActivity
...
tabsamples = vertcat(erg.Samples); % Ergebnis zusammenfassen
tabMittel = varfun(@mean,tabsamples,'InputVariables','MeasuredTime', ...
                   'GroupingVariables','Name')
tabMittel =
  3x3 table
                 Name                GroupCount    mean_MeasuredTime

    ---------------------------      ----------    -----------------
    performancetestCL/forlooplintest      4            0.0092852
    performancetestCL/forloopdo           8            0.0071538
    performancetestCL/whilelooptest       4            0.0076117
```

d.h. die Eigenschaft „name" mit dem Wert „*loop*" schränkt die Auswertung mittels der Wildcard * auf die Methoden ein, die „loop" im Namen führen. (Als kleinen Nebeneffekt sehen wir zusätzlich, dass die Berechnungen im Skript signifikant mehr Zeit benötigen.)

Vergleichsplot. Die Funktion comparisonPlot erstellt einen Vergleichsplot zweier TimeResult-Objekte. Die x-Achse wird als „Baseline" und die y-Achse als Measurement bezeichnet. Der erste Schritt ist die Erstellung der TimeResult-Objekte. Beispiel: Die Klasse performancetestCL enthält u.a. zwei Methoden mit dem Namen „forlooplintest" und „forloopdo", die wir visualisieren wollen.

```
Basel = runperf('performancetestCL','ProcedureName','forlooplintest');
Measure = runperf('performancetestCL','ProcedureName','forloopdo');
```

comparisonPlot(Basel,Measure) erstellt dann einen Vergleichsplot basierend auf den

TimeResult-Objekten „Basel, Measure". Via `comparisonPlot(Basel,Measure,stat)` lassen sich unterschiedliche statistische Auswertungen der Zeitmessungen wählen. Unterstützt werden 'min' (Default), 'max', 'mean' und 'median'. Außerdem werden noch Eigenschaftswerte-Paare `comparisonPlot(..., eig,wert)` wie beispielsweise 'Scale' (Achsenskalierung) 'log' und 'linear' unterstützt. Langsamere Werte werden als rote, schnellere blau und vergleichbare grau im Plot dargestellt. Ein Beispiel zeigt Abb. (24.1).

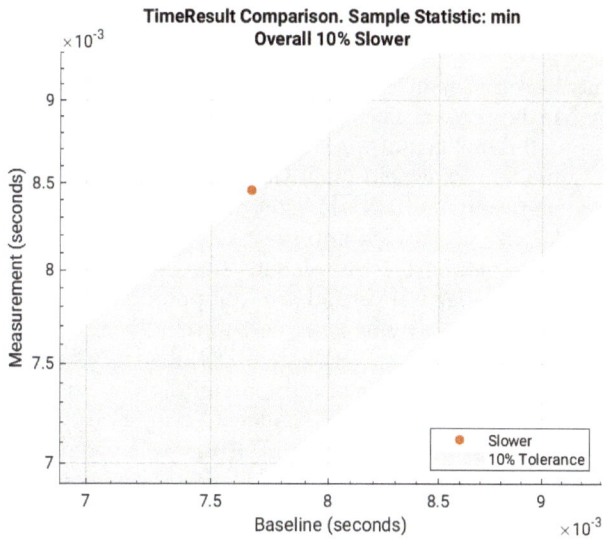

Abbildung 24.1: *Vergleichsplot zu den Berechnungszeiten der Methode 'forlooplintest' (x-Achse) und 'forloopdo' (y-Achse) der Klasse* **performancetestCL**.

25 FORTRAN und C in MATLAB einbinden

Externe Programme lassen sich in MATLAB mittels der MEX-Funktionalität einbinden. MEX steht für **M**atlab **Ex**ecutable. Direkt unterstützt werden FORTRAN, C und C++. MEX-Files werden dabei genau wie MATLAB-Funktionen aufgerufen, sind jedoch plattformabhängig. Aus dem externen Quell-Code wird mit Hilfe eines Compilers das ausführbare Programm erzeugt. Tab. (25.1) listet die Dateierweiterungen auf, eine Liste aller unterstützten Compiler findet sich unter

https://de.mathworks.com/support/requirements/supported-compilers.html

Unter MS Windows wird u.a. der frei verfügbare Compiler „MinGW64" unterstützt, der über Home → Add-Ons → Get Add-Ons installiert werden kann. Unter Linux stehen die Gnu-Compiler beispielsweise „gcc" zur Verfügung. Detaillierte Informationen zu den installierten bzw. unterstützten Compilern erhält man mit `cinfo= mex.getCompilerConfigurations('sprache','liste')`. Die optionalen Argumente „sprache" können dabei 'Any', 'C', 'C++', 'CPP' oder 'Fortran' sein und „liste" 'Selected', 'Installed' oder 'Supported', je nach gewünschter Information. Das folgende Beispiel zeigt die Abfrage nach dem ausgewählten Compiler und allen unterstützten Fortran-Compilern:

```
>> myCompiler = mex.getCompilerConfigurations() % mein Compiler
myCompiler =
 3x1 CompilerConfiguration
    Name
    Manufacturer
    Language
    Version
    Location
    ShortName
    Priority
    Details
    LinkerName
    LinkerVersion
    MexOpt

>> {myCompiler.Name}
ans =
  {'gcc'} {'g++'} {'gfortran'}

>> % Uebersicht unterstuetzter Fortran-Compiler
>> myCompiler = mex.getCompilerConfigurations('Fortran','Supported')
myCompiler =
  2x1 CompilerConfiguration array with properties:
```

https://doi.org/10.1515/9783110741780-025

```
Name

...
```

Viele nützliche Beispiele finden sich in den Unterverzeichnissen zu `fullfile(matlabroot,'extern','examples')`, deren Inhalt bei Bedarf in ein Verzeichnis mit Schreibrechten kopiert werden sollte.

Tabelle 25.1:
Die Liste der Dateierweiterungen gibt >> `liste=mexext('all')` aus.

BETRIEBSSYSTEM	DATEIERWEITERUNG	BETRIEBSSYSTEM	DATEIERWEITERUNG
Linux 64 bit	mexa64	MS Windows 32 bit	mexw32
Mac OS X	mexmaci64	MS Windows 64 bit	mexw64

25.1 Aufbau einer MEX-Datei

Gleichgültig ob C- oder FORTRAN-Quellcode eingebunden werden soll, erster Schritt ist das Schreiben einer Gateway-Routine, die zwischen MATLAB-Datenstrukturen und denen der einzubindenden Sprache vermittelt. Alle MATLAB-Daten werden im so genannten mxArray abgebildet. MATLAB stellt eine Gruppe von Funktionen, die mit mx··· beginnen, zur Verfügung, um MATLAB-Arrays zu manipulieren, sowie eine Gruppe von mex···-Funktionen, um auf der MATLAB-Umgebung zu operieren. (mxArrays werden wir weiter unten diskutieren.)

C. Das MEX-File besteht aus drei Komponenten, dem Header, der eigentlichen Gateway-Funktion und dem einzubindenden Quellcode. Der Header enthält die Include-Anweisungen. Die Gateway-Routine besteht aus der mexFunction, die zwischen Quellcode und MATLAB vermittelt. Die mexFunction ist stets gleich aufgebaut. Ihre prinzipielle Struktur zeigt das folgende Codefragment:

```
#include "mex.h"

void mexFunction(int nlhs, mxArray *plhs[], int nrhs,
                 const mxArray *prhs[])
{....
.....
}
```

Die Headerdatei besteht aus Include-Anweisungen, mex.h muss stets eingebunden werden. Hier können auch bedingte Kompilierungsdirektiven aufgeführt werden. Der Aufbau der mexFunction lässt sich am einfachsten verstehen, wenn wir eine mathematische Gleichung in MATLAB betrachten: >> `[y1,y2] = meinefunktion(x1,x2,x3)`.

Auf der rechten Seite stehen die Eingabeparameter, links die Rückgabewerte. In der mexFunction steht rhs für **r**ight **h**and **s**ide und lhs für **l**eft **h**and **s**ide. „nrhs" ist die Zahl der an die Funktion übergebenen Parameter, im Beispiel sind es 3. „nlhs" ist die Zahl der zurückgelieferten Parameter, im Beispiel 2. „prhs" ist der Zeiger auf die übergebenen Variablen. Da diese Variablen in MATLAB existieren und nicht verändert werden sollten, taucht das Schlüsselwort const auf und der Zeiger plhs auf die Rückgabewerte. (Genauer gesagt handelt es sich um Zeiger auf ein Array von mxArray-Zeigern.)

C++ Seit R2018b basiert der prinzipielle Aufbau einer C++ Mex-Funktion auf zwei Header-Files und einer Klasse „MexFunction" abgeleitet von `matlab::mex::Function`

```
#include "mex.hpp"
#include "mexAdapter.hpp"

class MexFunction : public matlab::mex::Function {
public:
    void operator()(matlab::mex::ArgumentList outputs,
                    matlab::mex::ArgumentList inputs) {
        // Funktionsberechnungen etc
        ...
    }
};
```

Ein- und Ausgaben der MEX-Funktion werden als Elemente in `matlab::mex::Argument-List` übergeben.

Beispiel: FORTRAN.

```
subroutine mexFunction(nlhs, plhs, nrhs, prhs)
integer plhs(*), prhs(*)
integer nlhs, nrhs
```

Die FORTRAN-Subroutine mexFunction ist ähnlich dem C-Gegenstück aufgebaut und muss wie in C die Zahl der Eingabeparameter „nrhs" und die Eingabearrays „prhs" sowie die Zahl der Rückgabeargumente „nlhs" und Rückgabearrays „plhs" aufweisen.

Die Fülle der mx-Array und mex-Funktionen sprengt allerdings den Rahmen des Buches. Ich werde mich daher auf einige wenige ausgesuchte Befehle und C und FORTRAN beschränken.

25.1.1   Der MEX-Befehl

Mit Hilfe des MEX-Befehls wird der externe Quell-Code kompiliert.
`mex -setup Sprache`
gibt eine Liste unterstützter Compiler aus, aus der sich ein installierter Compiler auswählen lässt. „Sprache" ist optional. Unter MS Windows beispielsweise

```
>> mex -setup
MEX configured to use 'MinGW64 Compiler (C)' for C language compilation.

To choose a different language, select one from the following:
 mex -setup C++
 mex -setup FORTRAN
```

Die vollständige Syntax zum Kompilieren des Quell-Codes lautet >> `mex optionen quellfiles libfiles`.

Die Liste der Optionen findet sich in Tab. (25.2). Unter Windows können nur entweder C- oder FORTRAN-Quellen verwandt werden, unter UNIX können beide auch gemischt werden. Der erste Dateityp entscheidet, ob ein C- oder FORTRAN-Einstiegspunkt zu wählen ist. Das MEX-Executable hat eine höhere Aufrufpriorität als M- oder P-Code von MATLAB.

Tabelle 25.2: *Liste der möglichen Optionen.*

OPTION	BEDEUTUNG
@ <txt_file>	<txt_file> wird als Kommandozeile in das MEX-Skript eingebunden.
-c	Compiliert nur einen Objekt File
-client engine	Erstellt Engine-Anwendung
-D<name> [#<def>]	Definieren eines C-Präprozessor-Makros <name>. UNIX erlaubt auch -D<name> [=<def>].
-f <file>	Nutzt <file> als Optionsdatei.
-g	Debugger-Flags einbinden.
-h	MEX-Hilfe ausgeben.
-I<pathname>	Legt Pfad des Include-Verzeichnisses fest.
-l<file>	(UNIX) Mit Bibliotheksfunktion <file> linken.
-L<pathname>	(UNIX) <pathname> in die Liste der Bibliotheksverzeichnisse aufnehmen.
<name>#<def>	Überschreiben der für die Variable <name> festgelegten Option.
<name>=<def>	UNIX-Pendant zu oben.
-O	Optimierte ausführbare Datei.
-outdir <name>	Alle erzeugten Files im Verzeichnis <name> speichern.
-output <name>	Executable hat Namen <name>.
-setup	Default Option File.
-silent	Unterdrückt Informationen
-U<name>	C-Präprozessor-Makro <name> freigeben (undefine).
-v	Alle Systemmeldungen ausgeben.

25.2 Das mxArray

Zum Erstellen eines MEX-Files sind MATLAB-Arrays – die mxArrays – unverzichtbar. Alle MATLAB-Variablen, gleichgültig ob Struktur, Zellvariable oder einfacher Skalar, werden als mxArray (prhs[0], prhs[1], ...) verwaltet. mxArray ist eine Struktur, die unter anderem die Informationen über Variablentyp, Dimension, zugeordnete Daten, ob reell oder komplex etc. enthält. Bei Strukturen und Objekten werden zusätzlich die Feldnamen abgespeichert und bei dünn besetzten Matrizen (Sparse Arrays) die zugehörigen Indizes und die nichtverschwindenden Elemente. Wie in FORTRAN werden MATLAB-Arrays prinzipiell spaltenweise abgespeichert (vgl. Kap. 5.1). Die mxArray-Klasse enthält Informationen über die Anzahl der Zeilen, Spalten, Dimensionen sowie die Zuordnung auf die reellen und imaginären Daten. MATLAB bietet mehr als 200 Funktionen, um auf mxArrays zuzugreifen und zu manipulieren. Dabei gibt es sprachspezifische Unterschiede. Unter FORTRAN werden beispielsweise keine logischen Variablen mittels `mxCreateLogical...` unterstützt. Im Folgenden wird eine Auswahl der wichtigsten mx-Routinen vorgestellt.

25.2.1   mx-Routinen zum Erstellen einfacher Variablen

mxCreateDoubleMatrix. `mxCreateDoubleMatrix` dient dem Erstellen eines zweidimensionalen mxArrays mit 8 Byte Genauigkeit und wird sowohl unter C als auch unter FORTRAN unterstützt. Eingabeparameter sind die Anzahl der Zeilen und Spalten und ein Flag, das festlegt, ob reelle oder komplexe Zahlen vorliegen (`mxReal`, `mxComplex`).

mxCreateNumericMatrix. `mxCreateNumericMatrix` erzeugt eine Matrix, in der alle Datenelemente von dem durch class festgelegten Typ sind. Die Tabelle (25.3) listet die MATLAB-Klassennamen sowie C- und FORTRAN-Datentypen auf (vgl. unten `mxCreateNumericArray`).

Tabelle 25.3: *Liste der numerischen Datentypen.*

MATLAB	C	FORTRAN
int8	mxINT8_CLASS	BYTE
int16	mxINT16_CLASS	INTEGER*2
int32	mxINT32_CLASS	INTEGER*4
int64	mxINT64_CLASS	INTEGER*8
uint*	mxUINT*_CLASS	
	*: 8, 16, 32, 64	
single	mxSINGLE_CLASS	REAL*4
double	mxDOUBLE_CLASS	REAL*8
single		COMPLEX*8
double		COMPLEX*16

mxCreateDoubleScalar. `mxCreateDoubleScalar` erzeugt einen Skalar doppelter Genauigkeit.

mxCreateNumericArray. `mxCreateNumericArray` dient zum Erzeugen eines numerischen Arrays beliebiger Dimension. In C lautet der Aufruf:

```
#include "matrix.h"
mxArray *mxCreateNumericArray(int ndim, const int *dims,
        mxClassID class, mxComplexity ComplexFlag);
```

„ndim" bezeichnet die Zahl der Dimensionen, in „dims" steht die Zahl der Elemente der jeweiligen Dimension. Für ein 3×2×4-Array ist ndim=3, dims[0]=3, dims[1]=2 und dims[2]=4. „mxClassID class" ist durch die in Tab. (25.3) aufgelisteten Möglichkeiten gegeben und das „ComplexFlag" ist entweder mxReal oder mxComplex.

In FORTRAN lautet die Funktion:

```
integer*4 function mxCreateNumericArray(ndim, dims, classid, ComplexFlag)
integer*4 ndim, dims, classid, ComplexFlag
```

Die Bedeutung entspricht der bei C. Das „ComplexFlag" ist 0 für reelle und 1 für komplexe Daten, die „classid" durch mxClassIDFromClassName(mlclass) festgelegt, wobei „mlclass" der MATLAB-Klassenname ist.

mxCreateSparse. mxCreateSparse dient dem Erzeugen dünn besetzter Matrizen und wird sowohl unter C als auch unter FORTRAN unterstützt.

Beispiel: Erzeugen einer Matrix. Das folgende Code-Fragment zeigt die prinzipielle Vorgehensweise zum Erzeugen einer reellen Matrix unter C auf. Tests auf korrekte Variablenübergabe und dergleichen wurden ausgespart.

```
#include "mex.h"

void hier_steht_meine_C_Berechnung(...)
{
    .....
}
void mexFunction(int nlhs, mxArray *plhs[], int nrhs,
                 const mxArray *prhs[])
{
  int mzeile, nspalte;


  /* Test auf korrekte Variablen etc hier */

  /* Input reeller Skalar, vgl. unten .*/
  mzeile = mxGetM(prhs[0]);
  nspalte = mxGetN(prhs[0]);

 /* Erzeugen einer rellen Matrix fuer die Ausgabe*/
  plhs[0] = mxCreateDoubleMatrix(mzeile,nspalte, mxREAL);

  /* Hier geht es weiter mit anderen Aufgaben */
}
```

Dieselbe Aufgabe (reelle m×n-Matrix) unter FORTRAN:

```
      subroutine mexFunction(nlhs, plhs, nrhs, prhs)

      integer mxGetM, mxGetN
      integer mxCreateDoubleMatrix
      integer plhs(*), prhs(*)
      integer m, n

C     Test auf korrekte Argumente etc. hier.
```

```
C     Groesse der Eingangsmatrix
      m = mxGetM(prhs(1))
      n = mxGetN(prhs(1))
      size = m*n


C     Erzeugen einer rellen Matrix fuer die Ausgabe
      plhs(1) = mxCreateDoubleMatrix(m, n, 0)

C     Fortsetzung der Aufgaben
C     Aufruf weiterer subroutines.
      call meine_subroutine(...)

      return
      end
```

Character-Arrays erzeugen. `mxCreateString` dient dem Erstellen einer einzeiligen Zeichenfolge unter C oder FORTRAN. Unter C wäre der typische Aufruf
`char *str;`
`plhs[0] = mxCreateString(str);`
und unter FORTRAN
`strmxA = mxCreateString('mein String').`

Um ein leeres n-dimensionales Character-mxArray zu erzeugen, dient `mxCreateChar Array` und für eine Character-Matrix `mxCreateCharMatrixFromStrings`.

25.2.2   mx-Routinen zum Zugriff auf einfache Variablen

Während mx-Funktionen zum Erstellen von Daten mit dem Präfix mxCreate beginnen, erfolgt der Zugriff über mxGet-Funktionen.

mxGetDoubles und mxGetComplexDoubles. `mxGetPr` und `mxGetPi` sind mit die am häufigsten genutzten Funktionen. Sie erlauben den Zugriff auf die reellen (r) und die imaginären Datenelemente eines mxArrays (C und Fortran) und liefern die Startadresse des zugehörigen mxArrays.

mxGetM und mxGetN. `mxGetM` und `mxGetN` dienen sowohl unter C als auch unter FORTRAN der Bestimmung der Zeilen- (M) und der Spaltenzahl (N).

mxGetData und mxGetImagData. `mxGetData` liefert den Pointer auf reelle Daten unter C und FORTRAN, die nicht vom Typ double (REAL*8) sind. Das „imaginäre Pendant" ist `mxGetImagData`.

mxGetScalar. Um die erste reelle Komponente eines mxArrays auszulesen, dient `mxGetScalar`.

Dünn besetzte Matrizen. Die mx-Routinen `mxGetIr`, `mxGetJc` und `mxGetNzmax` dienen als Hilfsfunktionen dem Auslesen von mxArrays dünn besetzter Matrizen. „Ir" ist die Startadresse der Zeilen-, „Jc" die der Spaltenindizes und „Nzmax" die Anzahl der nicht-verschwindenden Elemente. Im Regelfall ist Nzmax gleich der Zahl der Elemente der ganzzahligen Indexarrays „Ir" und „Jc".

25.2.3 Strukturen

Erzeugen von Strukturen. `mxCreateStructArray` und `mxCreateStructMatrix` dienen dem Erzeugen N- bzw. 2-dimensionaler, leerer mxArrays. Als Argumente dienen die Anzahl der Dimensionen, die Größe der einzelnen Dimensionen bzw. die Zahl der Zeilen und Spalten, die Zahl der Felder und die Feldnamen selbst. Die typische Vorgehensweise ist, beispielsweise mit `mxCreateStructMatrix`, ein leeres Structure mxArray zu erzeugen und mit `mxSetField` die Felder zu bevölkern. Während `mxSetField` als Argument den Feldnamen erwartet, nutzt `mxSetFieldByNumber` die Feldnummer. Mit `mxAddField` und `mxRemoveField` lassen sich dem Structure mxArray weitere Felder hinzufügen bzw. Felder entfernen.

Zugriff auf Strukturen. Strukturen bestehen aus dem Strukturnamen und den Feldern. Der Zugriff auf die Felder kann über den Feldnamen oder über eine Feldnummer erfolgen. Dazu dienen die Routinen `mxGetField` zum Auslesen der Feldwerte über den Feldnamen und via `mxGetFieldByNumber` über die Feldnummer. `mxGetFieldNameBy-Number` bestimmt den Feldnamen anhand der Feldnummer und die Umkehrung zur Bestimmung der Feldnummern bei gegebenem Feldnamen lautet `mxGetFieldNumber`. `mxGetNumberOfFields` ermittelt schließlich die Zahl der Felder eines gegebenen Structure mxArrays. Alle oben aufgelisteten Funktionen werden sowohl unter C als auch unter FORTRAN unterstützt.

25.2.4 Zellvariablen

Ähnlich den Strukturen erzeugen `mxCreateCellArray` und `mxCreateCellMatrix` leere N- bzw. 2-dimensionale Zell-mxArrays. Mit `mxGetCell` und `mxSetCell` werden die Werte eines Zell-mxArrays ausgelesen bzw. gesetzt. Der typische Aufruf wäre:

```
/* Erzeugen einer Zelle mit m Zeilen und n Spalten */
data = mxCreateCellMatrix(m,n)

/* Setzen des ersten Wertes */
mxSetCell(data,0,Wert)
```

Zell-Arrays werden sowohl unter C als auch unter FORTRAN unterstützt.

25.2.5 Abfragen

mxIs-Routinen dienen der Überprüfung des Datentyps eines gegebenen mxArrays und sind durch ihre Namensgebung selbstklärend. Der Rückgabewert ist entweder ein logisches „true" oder „false". Unter FORTRAN und C werden die folgenden Abfragen unterstützt: `mxIsCell`, `mxIsChar`, `mxIsClass`, `mxIsComplex`, `mxIsDouble`, `mxIsEmpty`, `mxIsFinite`. `mxIsFromGlobalWS` ist wahr, wenn die Variable aus dem MATLAB global Workspace stammt. `mxIsInf`, `mxIsInt8`, `mxIsInt16`, `mxIsInt32`, `mxIsLogical`, `mxIsNaN`, `mxIsNumeric`, `mxIsSingle`, `mxIsSparse`, `mxIsStruct`, `mxIsUint8`, `mxIsU-int16` und `mxIsUint32`. In C kommen noch zusätzlich `mxIsInt64`, `mxIsUint64`, `mxIsLo-gicalScalar` und `mxIsLogicalScalarTrue` dazu.

25.2.6   Allgemeine Aufgaben

`mxGetClassName` und `mxGetClassId` dienen dem Bestimmen eines mxArray-Klassennamens entweder als Zeichenfolge oder über die ganzzahlige Klassenidentifikation. `mxSetClassName` dient der Konvertierung eines mx-Structurearrays in ein mx-Objektarray.

Die Zahl der Elemente eines mxArrays kann mittels `mxGetNumberOfElements` bestimmt werden, die Zahl der Dimensionen mit `mxGetNumberOfDimensions` und der für jedes Element benötigte Speicherplatz mit `mxGetElementSize`. Die Anzahl der Zeilen und Spalten geben `mxGetM` und `mxGetN`. Informationen zur Gleitkommagenauigkeit, zum maximalen Wert und zur Repräsentation von NaNs liefern die Routinen `mxGetEps`, `mxGetInf` und `mxGetNaN`.

Mit `mxSetData` kann ein Zeiger auf die Daten eines numerischen Arrays festgelegt werden, mit `mxSetDimensions` können die Dimensionen eines mxArrays modifiziert werden und mit `mxSetM` und `mxSetN` die Zahl der Zeilen und Spalten. `mxSetDoubles` und `mxSetComplexDoubles` ändern die reellen und imaginären Daten und `mxSetIr`, `mxSetJc` sowie `mxSetNzmax` die korrespondierenden Werte eines dünn besetzten mxArrays.

Die API-Funktion (C und Fortran) `mxDuplicateArray` erstellt eine tiefe Kopie. Alternativ kann auch direkt in der jeweiligen Programmiersprache eine Kopie erstellt werden, allerdings ist `mxDuplicateArray` effizienter.

25.2.7   Speicherverwaltung

Beispiel: Variablenübergabe. Das folgende Codefragment zeigt eine MATLAB-Funktion mit drei Eingabe- und zwei Rückgabewerten:

```
function [raus1, raus2] = meinefun(rein1, rein2, rein3)

% irgendwelche Kommentare und Berechnungen

raus1 = ...
raus2 = ...
raus3 = ...


% Ende der Funktion
```

Aus dem MATLAB-Prompt wird diese Funktion via `>> [x,y] = meinefun(u,v,w)` genutzt. Beim Aufruf der Funktion wird u → rein1, v → rein2 und w → rein3 zugeordnet, beim Beenden der Funktion x ← raus1 und y ← raus2. Die MATLAB-Variablen „nargin" sind 3 und „nargout" 2. Das korrespondierende C-MEX-File hat das folgende Aussehen: „nlhs" ist 2 und „nhrs" 3. Das C-Codefragment der Funktion meinemex.c:

```
# include mex.h
void mexFunction( int nlhs, mxArray *plhs[],
                  int nrhs, const mxArray *prhs[])
{
/* Kommentare, Eingabetests etc. */
```

```
plhs[0] = mxCreate....
plhs[1] = mxCreate....

/* Eingaben basierend auf prhs[0], prhs[1], prhs[2] */
/* Berechnungen etc ...                             */
}
```

Die MEX-Funktion wird über >> mex meinemex.c kompiliert und via >> [x,y] = meinemex(u,v,w) aufgerufen. Beim Aufruf wird u → prhs[0], v → prhs[1] und w → prhs[2] zugeordnet. Der Zeiger sollte innerhalb der MEX-Funktion nicht verändert werden, da er ja Eingabevariablen aus MATLAB abbildet. Wenn „plhs[.]" mittels der mxCreate-Routinen erstellt werden, wird Speicher für die damit verknüpften Variablen reserviert und die Werte zugewiesen. Beim Beenden der Funktion wird x ← plhs[0] und y ← plhs[1] zugeordnet.

Speicherverwaltung. mxCalloc dient der Allokation von dynamischem Speicher, um einen Speicherbereich fester Größe zu reservieren und mit Nullen zu initialisieren. Dagegen alloziert mxMalloc Speicher ohne Initialisierung. mxMalloc nutzt dabei die MATLAB-Speicherverwaltung. Während mit mxCalloc allozierter Speicher nach Beendigung der MEX-Funktion automatisch freigegeben wird, sollte mit mxMalloc dynamisch allozierter Speicher mit mxFree freigegeben werden und mit mxCreate-Routinen allozierter Speicher mit mxDestroyArray. Um von der Funktion mxCalloc reservierten Speicherbereich erneut zu reservieren, dient mxRealloc. Alle oben erwähnten Funktionen werden sowohl unter FORTRAN als auch unter C unterstützt.

Beim dynamischen Allozieren von Speicher mittels Zeigern muss vor dem Löschen des Zeigers der Speicherbereich wieder freigegeben werden, andernfalls entsteht ein Speicherloch. Da die Eingabeparameter konstante Arrays sind, darf der Pointer „prhs" nicht direkt „plhs" oder einer temporären Variablen zugewiesen werden. Zur Festlegung der Daten in einem mxArray dienen unter anderem die Funktionen mxSetDoubles, mxSetComplexDoubles, mxSetData und mxSetImagData. Wird eine dieser Routinen genutzt, dann darf kein mit mxCalloc, mxMalloc oder mxRealloc reservierter Speicherbereich verwandt werden.

Weitere mx-Funktionen finden sich in der MATLAB-Dokumentation unter „C Matrix API" bzw. „FORTRAN Matrix API".

25.3 Die MEX-Funktionen

Die MEX-Funktionen sind eine Sammlung von Bibliotheksroutinen zum Informationsaustausch innerhalb der MATLAB-Umgebung. Die Funktionen mexPutVariable und mexGetVariable dienen zum Datentransfer zwischen mxArray und dem MATLAB-Arbeitsbereich. Unter FORTRAN ordnet beispielsweise die Funktion (im FORTRAN-Sinn) mexPutVariable(„base", „matvar", pm) das mxArray mit Pointer „pm" der MATLAB-Variablen „matvar" im Base-Space zu. mexGetVariable hat die umgekehrte Aufgabe.

mexCallMATLAB dient dem Aufruf einer MATLAB-Funktion oder eines weiteren MEX-Files. Bei Erfolg wird eine Null zurückgegeben. Eine vergleichbare Aufgabe hat mexCallMATLABWithTrap. Hier wird jedoch im Falle eines von MATLAB detektierten Fehlers die Kontrolle an den MEX-File zurückgegeben und die nächste Zeile ausgeführt. mexEvalString führt eine String-Evaluation unter MATLAB aus. Im Gegensatz zu mexCallMATLAB ist keine Variablenrückgabe (also linksseitiges Argument im mxArray-Sinn) möglich. Bei Erfolg wird wieder eine Null zurückgegeben; analog zu mexCallMATLAB dient mexEvalStringWithTrap zur Verbesserung der Fehlerbehandlung.

mexPrintf dient der Ausgabe einer Zeichenfolge über den MATLAB-Prompt. Sowohl unter FORTRAN(!) als auch unter C folgen die Formatangaben dem ANSI-C-Standard. Innerhalb eines MEX-Files muss mexPrintf an Stelle von „printf" genutzt werden. mexPrintf referenziert auf die in MATLAB intern bereits verlinkte C-printf-Routine und erspart damit das Einbinden der gesamten stdio-Bibliothek.

In MEX-Files sollten Typ und Zahl der Argumente getestet werden. Ein typisches Codefragment schaut wie folgt aus (Beispiel zwei Eingabewerte numerisch und String und mindestens eine Rückgabevariable):

```
# include "mex.h"
void mexFunction(int nlhs, mxArray *plhs[],
                 int nrhs, const mxArray *prhs[])
{
....
if (nlhs != 0 || nrhs != 2)
{
flag = 1;
mexErrMsgIdAndTxt("Fehler: Anzahl Argumente","2 rein >= 1 raus.");
.......

/* 1. Argument muss numerisch sein */
if( !mxIsNumeric(prhs[0]) )
    mexErrMsgTxt("Erstes Argument muss numerisch sein.");

/* 2. Eingabe ist ein String */
    if( !mxIsChar(prhs[1]) )
        mexErrMsgTxt("Zweite Eingabe muss String sein");


.......
/* Beispielsweise */
mexPrintf("Class Name : %s\n", mxGetClassName(prhs[0]));
.......


}
}
```

Das Testen der Datentypen erfolgt über die Routinen mxIs.... Fehlermeldungen mit und ohne eine Message-ID können mit mexErrMsgTxt und mexErrMsgIdAndTxt erzeugt werden. Die MEX-Funktion wird in diesem Fall beendet und kehrt zum MATLAB-Prompt zurück. Neben den Fehlerabfragen gibt es auch die Möglichkeit, Warnungen via `mexWarnMsgIdAndTxt` und `mexWarnMsgTxt` auszugeben. Alle vier Routinen werden sowohl von C als auch von FORTRAN unterstützt.

Weitere Themenfelder finden sich in der MATLAB-Dokumentation `doc mex` unter Topics am Seitenende.

25.4 Die MAT-Funktionen

MATLAB speichert Variablen in einem eigenen, binären Format ab, dem so genannten MAT-File. MAT-Files enthalten eine betriebssystemabhängige Signatur, die es erlaubt, unter MATLAB jede MAT-Datei einzulesen, gleichgültig unter welchem Betriebssystem sie erzeugt worden ist. Das Präfix „mat" kennzeichnet Routinen, die auf MAT-Files operieren. C- oder FORTRAN-Programme, die aus MAT-Files lesen oder in MAT-Files schreiben, nutzen mx-Funktionen, um auf die korrespondierenden mxArrays zuzugreifen. In C-Files muss die Include-Datei mat.h eingebunden werden, die matrix.h für die mx-Funktionsunterstützung mit beinhaltet. Unter UNIX muss der Runtime-Bibliothekspfad via

setenv LD_LIBRARY_PATH $MATLAB/bin/$ARCH

unter einer C-Shell und mittels

LD_LIBRARY_PATH=$MATLAB/bin/$ARCH:$LD_LIBRARY_PATH
export LD_LIBRARY_PATH

unter einer Bourne-Shell eingebunden werden. $MATLAB steht dabei für das MATLAB Root Directory und $ARCH für die Systemarchitektur glnxa64:$MATLAB/sys/os/glnxa64

Kompiliert wird das File via >> `mex -client engine meinmat.c`. Weitere Optionen sind in Tabelle (25.2) gelistet. Beispiele lassen sich mittels `copyfile(fullfile(matlabroot,'extern','examples', 'eng_mat', 'filename'), fullfile(meindir))` aus dem MATLAB-Beispielverzeichnis in ein Verzeichnis mit Schreibrechten „meindir" kopieren. „filename" steht dabei für die zu kopierenden Datei. Beispielsweise demonstriert `matcreat.c` folgende Funktionen: matClose, matGetVariable, matOpen, matPutVariable und matPutVariableAsGlobal.

Um auf MAT-Files aus C- oder FORTRAN-Dateien zugreifen zu können, müssen MAT-Files ähnlich den Low-Level-Routinen zunächst mit `matOpen` geöffnet werden. Unter Fortran: `mp = matOpen('file.mat', 'x')` und unter C: `mp = matOpen(file.mat, „x")`; . „file" steht für den Dateinamen. „x" kann die Werte „r" für den Lese- und „w" für den Schreibmode annehmen. Existiert der File nicht, wird er erzeugt. Für „x=u", den Update-Mode, kann ein bestehendes MAT-File zum Lesen und Schreiben geöffnet werden. Um MAT-Files der Version 4.0 zu schreiben, steht noch der Qualifier „x=w4" zur Verfügung, „wL" für Characters unter MATLAB Version 6 und „wz" zum Schreiben komprimierter Daten. Der Rückgabewert „mp" enthält einen File Pointer und bei

Misserfolg den Wert 0. Mit `status = matClose(mp)` wird das File mit Pointer „mp"
geschlossen, bei Erfolg hat „status" den Wert 0.

`matGetDir` liefert eine Liste aller mxArrays eines MAT-Files und `a = matGetVariable(`
`pm, ,,mxAname'')`; liest das mxArray unter dem Namen „mxAname" aus der Datei mit
File Pointer „pm" aus. Die Art des Aufrufs unter C und FORTRAN weist dabei nur
sprachbedingte Unterschiede auf, vgl. `matOpen`. Informationen aus dem Array Header
lassen sich mittels `matGetVariableInfo` auslesen, nicht aber die Daten. Das Gegenstück
zu `matGetVariable` ist `status = matPutVariable(pm, ,,mxAname'', a)`. Hat „status"
den Wert 0, war die Aktion erfolgreich und ein mxArray unter dem Namen „mxAname" mit Inhalt „a" ist angelegt worden. C speichert Arrays zeilenweise, MATLAB und
FORTRAN jedoch spaltenweise ab. Daher müssen beim Wiedereinlesen unter MATLAB
unter C gespeicherte Matrizen transponiert werden.

Beispiele zu FORTRAN und C-Files finden sich im MATLAB-Verzeichnis extern → ex-
amples → eng_mat; weitere MAT-Funktionen in der MATLAB-Dokumentation unter
„External Interfaces Reference" und dort unter „C Mat-File Functions" bzw. „FORT-
RAN Mat-File Functions".

25.5   Die Engine

MATLAB stellt Routinen zur direkten Kommunikation aus einem C- oder FORTRAN-
Programm mit einer MATLAB-Instanz zur Verfügung. Unter Windows wird die Kommunikation über COM-Objekte und unter Unix/Linux via Pipes realisiert. Während
die MEX-Funktionalität erlaubt, C- oder FORTRAN-Programme in MATLAB einzubinden, erlaubt die Engine-Funktionalität MATLAB mit C und FORTRAN zu verknüpfen. Engine-Routinen starten mit dem Präfix „eng". Wie unter MAT-Funktionen wird
wieder mit `mex -client engine ...` der Code compiliert. Eine Liste weiterer Option
Files findet sich in Tabelle (25.2). Wiederum muss wie unter den MAT-Funktionen der
entsprechende Pfad (Windows PATH, UNIX LD_LIBRARY_PATH) gesetzt sein. Unter Windows findet sich der Pfad mittels `>> [matlabroot '\bin\win64']`. Bindet der
FORTRAN-Compiler unter Linux MATLAB Shared Libraries ein, so muss deren Pfad
ebenfalls unter LD_LIBRARY_PATH oder äquivalenten Pfaden explizit mit eingebunden werden.

Der folgende prinzipielle Ablauf beschreibt den Aufruf der MATLAB Engine aus einem
C-File:

- C-Datei muss Header-Datei engine.h enthalten (#include "engine.h")
- Konvertieren der C-Daten in mxArray Daten
- Aufruf der MATLAB-Engine
  Öffnen der MATLAB-Engine Verbindung
  Datentransfer zur Engine
  Ausführen der MATLAB-Kommandos
  Datentransfer zurück zum C-Code
  Schließen der MATLAB-Engine Verbindung

- Konvertieren der mxArray-Daten in C-Daten
- Speicherfreigabe

Öffnen und Schließen einer MATLAB-Instanz. Mit engOpen wird eine MATLAB-Instanz für eine Serverapplikation geöffnet: Unter C und UNIX ep = engOpen(,,\ 0''), unter Windows ep = engOpen(NULL) und unter FORTRAN ep = engOpen('matlab'). „ep" ist der Pointer (Engine-ID) auf die MATLAB-Engine-Instanz. Unter C wird zusätzlich noch der Befehl engOpenSingleUse unterstützt, der es erlaubt, durch wiederholten Aufruf mehrere MATLAB-Prozesse zu starten. Unter UNIX und Linux kann als Argument auch ein Host-Name übergeben werden. In diesem Fall wird die Engine auf einem Remote Host mittels einer Remote Shell (rsh) gestartet. Die Display-Variable wird ebenfalls gesetzt, so dass die lokalen Ausgaben auf dem korrekten Computer erfolgen. Selbstverständlich müssen die Rechte für den Zugriff gesetzt sein. Der erste Schritt ist folglich, mit engOpen oder engOpenSingleUse eine MATLAB-Instanz zu öffnen. Im nächsten Schritt werden dann mit mx-Funktionen die notwendigen mxArrays für die Variablen erzeugt. Mit status = engClose(ep) unter FORTRAN bzw. engClose(ep) wird die MATLAB-Engine-Sitzung geschlossen. Bei Erfolg ist der Rückgabewert eine 0, sonst eine 1.

Variablenübergabe. d = engGetVariable(ep, ,,d''); dient dem Kopieren einer MATLAB-Variablen aus dem MATLAB Workspace. „ep" ist der Engine Pointer und „d" der Variablenname. Mit engOutputBuffer(ep, buffer, BUFSIZE); wird ein Character-Puffer für die MATLAB-Ausgabe festgelegt (s.u.). Das Gegenstück zu engGetVariable ist status = engPutVariable(ep, 'x', X) (hier die FORTRAN-Variante als Beispiel). „X" ist der Pointer des korrespondierenden mxArrays und „x" der Variablenname in der MATLAB-Engine-Instanz „ep". Bei Erfolg ist der Rückgabewert 0, sonst 1.

Befehlsübergabe. engEvalString(ep, ,,auszufuehren''); dient der String-Evaluation von „auszufuehren" unter MATLAB. Ein typisches Codefragment zum Plotten der Variablen „y" in Abhängigkeit von „x" ist (C):

```
char buf[256];
engOutputBuffer(ep, buf, 256);
engEvalString(ep, "plot(x,y);");
```

Die Variablen „x" (200-elementiger Vektor) und „y" könnten zuvor beispielsweise mit

```
X = mxCreateDoubleMatrix(1, 200, mxREAL);
engPutVariable(ep, "x", X);
engEvalString(ep, "y = sin(x);");
```

im MATLAB Base Space der Engine-Instanz erzeugt worden sein. Mit mxCreate-Routinen allozierter Speicher wird wieder mit mxDestroyArray frei gegeben.

Beispiele zu FORTRAN- und C-Files finden sich im MATLAB-Verzeichnis extern → examples → eng_mat; weitere **eng-**Funktionen in der MATLAB-Dokumentation unter „External Interfaces Reference" und dort unter „C Engine Functions" bzw. „FORTRAN Engine Functions".

25.6   Das Generic DLL-Interface

DLL steht für **D**ynamic **L**ink **L**ibrary. Eine Bibliothek stellt Funktionalitäten verschiedenen Anwendungsprogrammen zur Verfügung. DLLs bzw. SO-Dateien (Shared-Object-Dateien unter UNIX und Linux) erlauben mehreren verschiedenen Anwendungen (Ausführungsdateien) den gleichzeitigen Zugriff. (Im Folgenden steht stellvertretend DLL für DLL und SO.) In den jeweiligen Anwendungen existiert ein Verweis auf die zur Laufzeit einzubindenden DLLs, die dann gemeinsam mit der Ausführungsdatei in den Speicher geladen werden. Dies hat den Vorteil, dass im Vergleich zu statischen Bibliotheken die Ausführungsdateien (Executables) signifikant kleiner sind. Die MATLAB-Schnittstelle zu generischen DLLs ermöglicht eine direkte Einbindung der DLL und damit eine direkte Interaktion mit ihren Funktionalitäten von MATLAB aus. Voraussetzung dafür ist jedoch, dass die DLL über eine C-Schnittstelle verfügt.

Die prinzipielle Vorgehensweise zum Aufruf einer DLL in MATLAB besteht aus dem Laden der DLL, dem Auflisten der verfügbaren Funktionen der DLL, dem Aufrufen der Bibliotheksfunktionen und schließlich dem Löschen der DLL aus dem MATLAB-Arbeitsspeicher.

Das Laden von DLLs. Damit MATLAB auf die Funktionalitäten einer DLL zugreifen kann, muss die DLL zunächst mit `loadlibrary` in den Speicher von MATLAB geladen werden. Mit `loadlibrary('shrlib', 'hfile')` wird auf die DLL- (Windows) bzw. SO-Datei (Linux/Unix) „shrlib" zugegriffen und die zur Header-Datei „hfile" gehörenden Funktionen werden geladen, s. Abb. (25.1). Die dynamische Bibliothek muss in der MATLAB-Pfadvariablen aufgeführt oder im entsprechenden Verzeichnis sein. Mit `[notfound, warnings]=loadlibrary('shrlib','hfile')` werden gegebenenfalls Warnungen und Hinweise zurückgegeben. Die Library 'shrlib' darf allerdings noch nicht geladen sein, sonst muss sie mit `unloadlibrary shrlib` wieder frei gegeben werden. Mittels `loadlibrary('shrlib', @protofile)` wird ein Prototyp-M-File anstelle der Header-Datei genutzt. Beispiel:

```
>> hfile = fullfile(matlabroot,'extern','examples','shrlib',...
          'shrlibsample.h');
>> [notfound,warnings] = loadlibrary('shrlibsample',hfile,...
          'mfilename','mxproto')
Error using loadlibrary
Failed to preprocess the input file.
 Output from preprocessor is:/bin/bash: shrlibsample.i: Permission
 denied
```

Das MATLAB-Verzeichnis „shrlib" ist schreibgeschützt es kann daher dort kein m-File erstellt werden. Bei Erfolg wird eine Datei mit dem Namen mxproto.m erstellt:

```
function [methodinfo,structs,enuminfo,ThunkLibName]=mxproto
%MXPROTO Create structures to define interfaces found in 'shrlibsample'.

%This function was generated by loadlibrary.m parser version
%on Tue Sep 14 17:17:36 2021
 ...
```

Zusätzlich lassen sich via `loadlibrary('shrlib', ..., 'options')` Optionen übergeben. Alternativ kann auch die Form `loadlibrary shrlib hfile options` genutzt werden. Folgende Optionen stehen zur Verfügung: „addheader" zur Einbindung zusätzlicher Headerfiles, „alias" um den Namen der Bibliothek über einen Alias-Namen anzusprechen, „path" zur Übergabe eines Pfads für den zu nutzenden Headerfile und „mfile" zur Erzeugung eines Prototyp-M-Files im aktuellen Verzeichnis.

Anzeigen der Funktionen der geladenen Shared Library. Mit `m = libfunctions('libname')` werden die Namen aller Funktionen der geladenen Shared Library „libname" aufgelistet und mit `m = libfunctions('libname', '-full')` zusätzlich eine Beschreibung. Alternativ steht die Form `libfunctions libname -full` zur Verfügung. Eine grafische Auflistung bietet `libfunctionsview('libname')` bzw. `libfunctionsview libname`. Ein Beispiel zeigt Abb. (25.1).

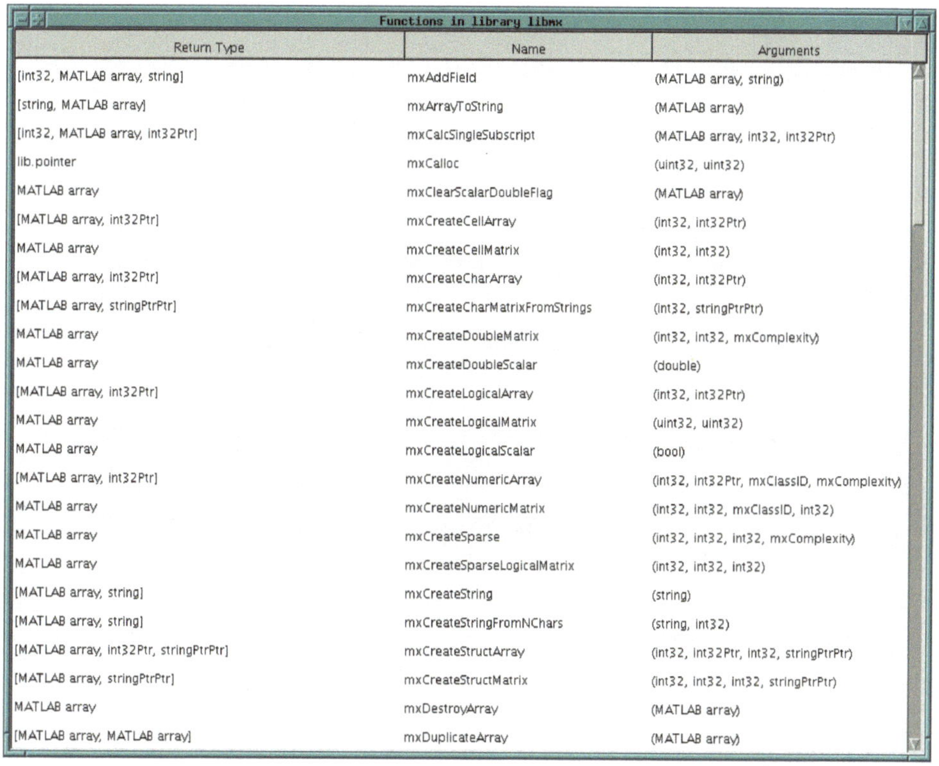

Return Type	Name	Arguments
[int32, MATLAB array, string]	mxAddField	(MATLAB array, string)
[string, MATLAB array]	mxArrayToString	(MATLAB array)
[int32, MATLAB array, int32Ptr]	mxCalcSingleSubscript	(MATLAB array, int32, int32Ptr)
lib.pointer	mxCalloc	(uint32, uint32)
MATLAB array	mxClearScalarDoubleFlag	(MATLAB array)
[MATLAB array, int32Ptr]	mxCreateCellArray	(int32, int32Ptr)
MATLAB array	mxCreateCellMatrix	(int32, int32)
[MATLAB array, int32Ptr]	mxCreateCharArray	(int32, int32Ptr)
[MATLAB array, stringPtrPtr]	mxCreateCharMatrixFromStrings	(int32, stringPtrPtr)
MATLAB array	mxCreateDoubleMatrix	(int32, int32, mxComplexity)
MATLAB array	mxCreateDoubleScalar	(double)
[MATLAB array, int32Ptr]	mxCreateLogicalArray	(int32, int32Ptr)
MATLAB array	mxCreateLogicalMatrix	(uint32, uint32)
MATLAB array	mxCreateLogicalScalar	(bool)
[MATLAB array, int32Ptr]	mxCreateNumericArray	(int32, int32Ptr, mxClassID, mxComplexity)
MATLAB array	mxCreateNumericMatrix	(int32, int32, mxClassID, int32)
MATLAB array	mxCreateSparse	(int32, int32, int32, mxComplexity)
MATLAB array	mxCreateSparseLogicalMatrix	(int32, int32, int32)
[MATLAB array, string]	mxCreateString	(string)
[MATLAB array, string]	mxCreateStringFromNChars	(string, int32)
[MATLAB array, int32Ptr, stringPtrPtr]	mxCreateStructArray	(int32, int32Ptr, int32, stringPtrPtr)
[MATLAB array, stringPtrPtr]	mxCreateStructMatrix	(int32, int32, int32, stringPtrPtr)
MATLAB array	mxDestroyArray	(MATLAB array)
[MATLAB array, MATLAB array]	mxDuplicateArray	(MATLAB array)

Abbildung 25.1: *Mit* `>> loadlibrary('libmx','matrix')` *wurde die Bibliothek „libmx" geladen. matrix.h befindet sich im* MATLAB*-Verzeichnis /extern/include. Die Abbildung zeigt* `>> libfunctionsview libmx`. *Das Beispiel wurde unter Linux erstellt.*

Aufruf von Funktionen der geladenen Shared Library. Der Aufruf einer Funktion erfolgt mit `[x1, ..., xN] = calllib('libname', 'funname', arg1,...,argN)`. Der Bibliotheksname ist „libname", „funname" der Funktionsname, und „arg" sind die übergebenen Argumente sowie „x" die Rückgabewerte.

Löschen einer Bibliothek. Mit unloadlibrary('libname') bzw. unloadlibrary libname wird die Bibliothek „libname" wieder aus dem MATLAB-Arbeitsspeicher gelöscht.

Weitere Hilfsfunktionen. libisloaded('libname') bzw. libisloaded libname testet, ob die dynamische Bibliothek „libname" geladen ist. Ist „libname" geladen, ist der Rückgabewert 1, sonst 0.

p = libpointer gibt einen leeren Zeiger zurück, p = libpointer('type') gibt einen leeren Zeiger mit Referenz auf den Datentyp „type" zurück und mit p = libpointer('type', wert) wird der Datentyp „type" mit dem Wert „wert" initialisiert.

s = libstruct('structtype') dient dem Erstellen einer Instanz der korrespondierenden C-Struktur der Bibliothek in MATLAB. Mit s = libstruct('structtype', mlstruct) wird die Struktur mit „mlstruct" initialisiert.

Das folgende Beispiel zeigt das prinzipielle Vorgehen. Die einzelnen Schritte bestehen aus dem
Hinzufügen des Pfads indem sich die Library befindet
Dem Laden der Library
Aufruf der gewünschten Bibilotheksfunktion

```
% Pfad hinzufuegen
addpath(fullfile(matlabroot,'extern','examples','shrlib'));
loadlibrary('shrlibsample')                  % Library laden
libfunctions 'shrlibsample' -full            % was gibt es
% direkt in shrlinsample reinschauen und erstes Beispiel waehlen:
% EXPORTED_FUNCTION void multDoubleArray(double *x,int size)
% {
%      /* Multiple each element of the array by 3 */
A = magic(4);
groesse = numel(A);
A3=calllib('shrlibsample','multDoubleArray',A,groesse);
A3./A == 3                                   % Testen
% ans =
%    4x4 logical array
%
%    1   1   1   1
%    1   1   1   1
%    1   1   1   1
%    1   1   1   1
```

26 Java und Python in MATLAB nutzen

Java ist eine objektorientierte Programmiersprache und seit MATLAB Version 5.3 ist Java in die MATLAB-Entwicklungsumgebung implementiert. Python ist eine interpretierte Programmiersprache und wird seit 2014 von MATLAB unterstützt.

26.1 Vorbemerkungen zu Java

Das MATLAB Java Interface erlaubt einen Zugriff auf Java. Java ist plattformunabhängig. Der Java-Quellcode wird zunächst von einem Compiler in einen plattformunabhängigen Byte Code (.class-Files) übersetzt. Erst dieser Byte Code wird dann von einem Interpreter in einen lauffähigen Maschinencode übersetzt. Die von MATLAB installierte bzw. genutzte Version kann mittels

```
>> version -java
ans =
    'Java 1.8.0_202-b08 with Oracle Corporation Java HotSpot(TM)
    64-Bit Server VM mixed mode'
```

ermittelt werden.

Im Zusammenhang mit Java-Programmen und ihrer Nutzung innerhalb MATLAB sind die folgenden Begriffsbilder von Interesse:

- **Klassen** sind Datentypen, in denen Variablen und Methoden zusammen deklariert werden können, die den Objekten dieser Klasse dann zur Verfügung stehen.

- Ein Java-**Objekt** ist eine spezifische Instanz einer Java-Klasse. Ein Objekt enthält die Werte und die mit der Klasse assoziierten Methoden operieren auf ihnen. Klassen sind Datentypen, **Instanzen** oder Objekte sind Variablen von Klassen.

- **Methoden** sind Bestandteile von Klassen und beschreiben die ausführbaren Operationen. Java-Methoden sind das Analogon zu den MATLAB-Methoden.

- Klassen sind in zusammenhängende Gruppen sortiert, die **Packages** heißen.

- **private/public** legen die Zugriffsrechte fest. Private Variablen sind lediglich in der Klasse selbst sichtbar, public Variablen dagegen auch von außen. Protected Variablen und Methoden sind in allen abgeleiteten Klassen und im zugehörigen Package sichtbar.

- **Static:** Auf statische Methoden kann zugegriffen werden, ohne dass eine Instanz existieren muss. Der Inhalt statischer Variablen kann nicht verändert werden.

https://doi.org/10.1515/9783110741780-026

26.2   Java-Klassen und -Objekte

26.2.1   Java-Klassen

Java basiert auf Klassen. Diese Klassen sind in „packages" unterteilt. Im Verzeichnis $matlabroot\toolbox\local befindet sich der File „classpath.txt", der zur Startzeit gelesen wird und MATLAB die genaue Pfadangabe zu allen Java-Klassen bzw. -Packages mitteilt. import erlaubt neue Klassen oder Packages hinzuzufügen.

>> import package-name.* bzw. >> import class-name fügt die einzelne Klasse „class-name" bzw. alle Klassen aus „package-name" der Java-Import-Liste hinzu.

>> import zeigt die gegenwärtige Importliste an und >> clear import bereinigt diese Liste.

Wenn MATLAB startet, wird aus „classpath.txt" der Java-Klassenpfad eingebunden. Beispielsweise enthält das Package java.awt Klassen zum Aufbau grafischer Oberflächen. Die Klasse „frame" enthält die Fenster und würde mit

```
>> import java.awt.*
>> javfra = Frame('Nochn Frame')

javfra =

java.awt.Frame[frame0,0,0,0x0,invalid,hidden,
   layout=java.awt.BorderLayout,title=Nochn Frame,resizable,normal]
```

eingebunden. Ohne Argument liefert >> import eine Liste der dynamisch eingebundenen Packages bzw. Klassen. Hier im Beispiel als Zellvariable „java.awt.*".

26.2.2   Java-Objekte

Java-Objekte lassen sich in der Java-Syntax durch direkten Aufruf des Klassen-Konstruktors oder in der MATLAB-Syntax J = javaObject('Klassenname',x1,...,xn) mit der Variablenliste „xi" erzeugen. Beispiel: Java-like lautet der Aufruf >> f1 = java.awt.Frame('Frame 1'); dasselbe liefert >> javaObject('java.awt.Frame', 'Frame 1'). Da das Package java.awt mit import eingebunden wurde, kann der Klassenkonstruktor auch direkt ohne Referenz auf das Package (wie oben gezeigt) aufgerufen werden. javaObject wird im Regelfall nur dann angewandt, wenn der Klassenname aus mehr als 31 aufeinander folgenden Zeichen besteht oder zur Laufzeit über eine Variable eingebunden werden soll. Die Java-Syntax stellt das bevorzugte Verfahren dar.

26.2.3   Java-Methoden

Java-Methoden sind – vereinfacht – das Analogon zu Funktionen in MATLAB und können via MATLAB- oder Java-Syntax eingebunden werden. Die MATLAB-Syntax greift auf die Java-Methode direkt zu, beispielsweise >> setTitle(javfra, 'Titel'); mehr Java-orientiert ist >> javfra.setTitle('Titel'). Als weitere Möglichkeit kann auch der

Befehl X = javaMethod('methodenname','klassenname',x1,...,xn) genutzt werden. Dies bietet sich nur dann an, wenn der Name der Methode sich aus mehr als
31 Zeichen zusammensetzt oder zur Laufzeit als Input eingebunden werden soll.

Mit

```
>> javfra.show
>> javfra.setBounds(100,100,800,550)
```

wird das oben erzeugte Fenster schließlich sichtbar gemacht.

Mit m = methods('klassenname') werden die Methoden der Klasse, mit m = me-
thods('object') die Methoden der Klasse des Objekts aufgelistet. Mit dem Qualifier
„full" m = methods(..., '-full') wird eine vollständige Beschreibung der Methode
einschließlich Vererbung ausgegeben.

```
>> methods Frame -full

Methods for class Frame:

Frame(java.lang.String) throws java.awt.HeadlessException
Frame(java.lang.String,java.awt.GraphicsConfiguration)
 plus weitere ca 100 Zeilen, die hier aus Platzgruenden ausgespart
 sind.
```

methodsview liefert die entsprechenden Informationen in einem separaten Fenster. Die
Syntax ist methodsview packagename.classname, methodsview classname oder me-
thodsview(object), beispielsweise >> methodsview java.awt.Frame.

Mit ismethod(h, 'name') lässt sich testen, ob die Methode „name" eine vom Objekt
„h" unterstützte Methode ist. Trifft dies zu, ist die Antwort eine logische 1, sonst eine 0.

26.2.4   Objekt-Eigenschaften

Java-Objekte haben in MATLAB Eigenschaften vergleichbar den Handle-Graphics-Ob-
jekten. Der Zugriff erfolgt mit der get- und set-Methode.

```
>> t = getTitle(javfra)
 t =
 Titel
>> get(t)
Bytes = [5 x 1 int8]
Class = [1 x 1 java.lang.Class]
       Empty: 0
```

26.3   Daten

Java-Klassen und -Objekte unterscheiden sich von ihren MATLAB-Gegenstücken. Daten
müssen daher geeignet konvertiert werden.

26.3.1   Austausch von Daten

Betrachten wir das folgende Beispiel:

```
>> import java.awt.*
>> javfra = Frame('Nochn Frame');
>> setTitle(javfra, 'Titel')
>> t = getTitle(javfra)
 t =
 Titel
 >> javfra.setBounds(100,100,800,550)
>> fwo = getLocation(javfra)
 fwo =
 java.awt.Point[x=100,y=100]
```

„fwo" ist vom Typ java.awt.Point, das heißt, es behält seine Java-Objekt-Eigenschaft.

```
>> zahl = java.lang.Double(pi)

zahl =

3.141592653589793

>> zahl*2
Operator '*' is not supported for operands of type 'java.lang.Double'.
```

Mit

```
>> xpi=floatValue(zahl)
xpi =
    3.1416
>> 2*xpi
ans =
    6.2832
```

kann das Java-Objekt „zahl" in ein MATLAB-Objekt vom Typ „double" konvertiert werden. Dies ist auch mit der MATLAB-Funktion double möglich. Ebenso lassen sich Strings einfach mit dem Befehl char konvertieren:

```
>> t                              >> tmat = char(t)
 t =                              tmat =
 Titel                            Titel

>> class(t)                       >> class(tmat)
ans =                             ans =
java.lang.String                 char
```

Die Lokalisierung unseres Java Frames ist in „fwo" abgespeichert. Die einzelnen Koordinatenwerte können direkt mit `get(fwo,'x')` ausgelesen werden. Der Rückgabewert ist vom MATLAB-Typ „double", kann also unmittelbar unter MATLAB weiterverarbeitet werden.

26.3.2   Java Arrays

Mehrdimensionale Java Arrays bestehen aus eindimensionalen Arrays (Vektoren), deren Elemente wiederum Arrays darstellen. `java_array` oder `javaArray` dient dem Erzeugen eines Java Arrays (s.a. Kap. 22.1). Die Syntax ist bei beiden gleich: `jarray = javaArray('package_name.class_name',x1,...,xn)`. „jarray" ist das erzeugte leere Array, „xi" sind die Dimensionen.

Beispiel: Erzeugen einer 3×4-Matrix.

```
>> jaarray=javaArray('java.lang.Double',3,4)
 jaarray =
 java.lang.Double[][]:
      []      []      []      []
      []      []      []      []
      []      []      []      []

>> for m=1:3
        for n=1:4
            jaarray(m,n) = java.lang.Double(m*n);
        end
   end

>> jaarray
 jaarray =
 java.lang.Double[][]:
      [1]     [2]     [3]     [ 4]
      [2]     [4]     [6]     [ 8]
      [3]     [6]     [9]     [12]
```

Der Aufruf mit einem Index liefert die entsprechende Zeile, mit 2 Indizes kann auf das zugehörige Element zugegriffen werden.

```
>> jaarray(2)                              [8]
 ans =
 java.lang.Double[]:          >> jaarray(2,3)
     [2]                       ans =
     [4]                       6.0
     [6]
```

Mit `double` kann das Java Array direkt nach MATLAB konvergiert werden. Im Beispiel handelt es sich zwar um ganze Zahlen, diese liegen aber unter Java als Doubles vor. Eine direkte Konvertierung nach Integer ist daher nicht möglich. Dazu sind zwei Schritte notwendig: Erstens die Abbildung nach MATLAB und anschließend auf MATLAB Integer,

>> maarray=int8(double(jaarray)). Einige MATLAB-Funktionen, wie beispielsweise size und length, können als overloaded Method direkt auf Java-Objekte angewandt werden. Die Mehrzahl führt jedoch zu einer Fehlermeldung der Art ??? Function '...' is not defined for values of class 'java....'.

26.3.3   Java-Internetanbindung

Einer der großen Vorteile, MATLAB mit Java zu verknüpfen, ist die sich dadurch bietende Möglichkeit des einfachen Internetzugriffs. Das java.net-Paket stellt Klassen zur Verbindung mit anderen Rechnern über das Internet zur Verfügung. Die Klasse InetAddress verwaltet Internet-Adressen, die Klasse URL erlaubt die Konstruktion von URL-Objekten und Socket bietet die Möglichkeit der Rechnerkommunikation via Socket-Modell.

Zur Konstruktion eines URL-Objekts muss der Konstruktor von java.net.URL aufgerufen werden: url = java.net.URL(['http://www.mathworks.de']);. Die Verbindung kann dann über klappts = openstream(url); etabliert werden. „klappts" ist ein Objekt vom Typ InputStream. Zum Testen kann natürlich auch über >> url = java.net.URL(['file:///usr/share/doc/']) zunächst auf ein eigenes Verzeichnis zugegriffen werden.

```
>> klappts = openStream(url)
klappts =
java.io.ByteArrayInputStream@143a98b
```

öffnet die eigentliche Verbindung. Mit

```
>> isr = java.io.InputStreamReader(klappts)
isr =
java.io.InputStreamReader@1c50584
```

kann ein Buffer Stream Reader eingerichtet werden und mit

```
>> br = java.io.BufferedReader(isr)
br =
java.io.BufferedReader@1bf0e5d
```

ein Buffer-Reader-Objekt. Mit lies = readLine(br); wird dann der Text Zeile für Zeile ausgelesen.

26.4   Java-Interface-Funktionen

Dieses abschließende Kapitel enthält eine Übersicht der Java-Interface-Funktionen.

- str = class(object) liefert die zugehörige Klasse eines Objekts. Die möglichen Rückgabewerte umfassen die MATLAB-Klassen logical, char, int8, int16, int32, int64, uint8, uint16, uint32, uint64, single, double, cell, struct und function handle sowie MATLAB-Objekte und Java-Klassen.

- `fieldnames(s)` liefert die Feldnamen einer Struktur, `fieldnames(obj)` die Eigenschaften eines Objekts und der Qualifier „full" `names = fieldnames(obj, '-full')` eine Zellvariable mit den Informationen Name, Typ, Attribute und Vererbung.

- `import` importiert eine Java-Klasse oder ein Java Package (s.o.).

- `inspect` öffnet den grafischen Inspector, um Eigenschaftswerte anzuzeigen und zu ändern.

- `isa` testet, ob ein Objekt einer bestimmten Klasse angehört.

- `isjava` testet, ob ein Java-Objekt vorliegt.

- `ismethod` testet, ob eine Methode in einem Objekt zur Verfügung steht (s.o.).

- `isprop(h, 'name')` testet, ob „name" eine Eigenschaft des Objekts „h" ist.

- `javaaddpath('dp')` fügt „dp" dem dynamischen Java-Klassen-Pfad hinzu.

- `javaArray` dient dem Erzeugen eines Java Arrays (s.o.).

- `javachk` dient dem Erzeugen einer Fehlermeldung. Rückgabewert ist eine leere Struktur, wenn kein Fehler vorliegt. Die Syntax hierfür lautet `fehler = javachk ('feature')`, „feature" kann beispielsweise „jvm" für „Java Virtual Machine" oder „swing" zum Testen der Swing-Komponenten sein.

- `javaclasspath` dient dem Setzen und Abfragen dynamischer Java-Klassen-Pfade.

- `javaMethod` bindet eine Java-Methode ein (s.o.).

- `javaObject` erzeugt ein Java-Objekt (s.o.).

- `javarmpath` entfernt Pfadeinträge aus dem dynamischen Java-Klassen-Pfad.

- `methods` gibt Informationen zu den Methoden einer Klasse aus (s.o.).

- `methodsview` gibt Informationen zu den Methoden einer Klasse in einem separaten Fenster aus (s.o.).

- `usejava(feature)` untersucht, ob ein Java Feature von MATLAB unterstützt wird.

26.5 Python

Python ist eine frei verfügbare, interpretierte Skriptsprache, die auch objektorientierte Programmierung unterstützt. Während Python bei Linux und Mac Betriebssystemen standardmäßig installiert ist, muss unter MS Windows Betriebssystemen Python gegebenenfalls nachinstalliert werden. Der Download findet sich unter https://www.python.org/download. Ob und welche Version installiert ist, lässt sich mittels >> `pyenv` prüfen.

Python Ausdrücke werden in MATLAB mit dem Präfix `py.`, beispielsweise
`y = py.math.sin(pi/6)`, aufgerufen. Die Python Hilfe kann mittels
`py.help('math.sin')` genutzt werden. Python Strings lassen sich mit dem MATLAB-
Befehl `char` in einen MATLAB-Character wandeln. Beispiel

```
>> yc = py.str("was ist das fuer ein Datentyp")
yc =
  Python str with no properties.
    was ist das fuer ein Datentyp


>> ycc = char(yc)
ycc =
    'was ist das fuer ein Datentyp'
>> whos
  Name      Size              Bytes  Class
  yc        1x29                  8  py.str
  ycc       1x29                 58  char
```

Listen werden in Python mit eckigen Klammern erstellt. Innerhalb von MATLAB muss
dagegen auf geschweifte Klammern zurückgegriffen werden. Dies zeigt das folgende Beispiel:

```
>> hkp=py.list(['Hunde','Katzen','Pferde'])
hkp =
  Python list with no properties.
    ['H', 'u', 'n', 'd', 'e', 'K', 'a', 't', 'z', 'e', 'n', ....]
% dagegen
>> hkp=py.list({'Hunde', 'Katzen', 'Pferde'})
hkp =
  Python list with no properties.
    ['Hunde', 'Katzen', 'Pferde']
```

„hkp" ist eine Python Liste. Sie kann direkt mit Python Befehlen weiter bearbeitet
werden, Beispiel `hkp.append('Kaninchen')`. Eine Liste aller Python Schlüsselworte
erhält man mit `py.keyword.kwlist`, und alle Methoden, die relevant für die Klasse
„list" sind mittels `py.help('list')`.

Um eigene Funktionen in Python zu nutzen, muss zunächst der Pfad bekannt sein.
Mittels `insert(py.sys.path,int32(0),'')` wird das aktuelle Verzeichnis dem Python
Suchpfad hinzugefügt. Wir erstellen als Beispiel ein eigenes Python-Modul, das aus
mehreren Funktionen bestehen kann. Im Beispiel heißt das Modul „testpy.py". Mittels
`mod = py.importlib.import_module('testpy')` und `py.reload(mod)` wird das Mo-
dul geladen (Vers.2.7). Der reload-Befehl hängt von der verwendeten Python-Version ab.
Für die Vers.3.x lautet der Befehl `py.importlib.reload(mod)`. Mittels `pver=pyenv;`
`char(pver.Version)` kann die Version abgefragt werden und gegebenenfalls in einer
MATLAB-Funktion per if-Abfrage genutzt werden. Im Beispiel enthält das Modul zwei
Funktionen:

```
def myfun(x):
    import math
    y=math.sin(x)
```

```
    return y

def myfun2():
    return('So wird ein Text zurueckgegeben')
```

Der Aufruf erfolgt dann via y=py.testpy.myfun(pi/67) bzw. py.testpy.myfun2. Bei einer Änderung werden alle geladenen Klassen mittels clear classes gelöscht und neu geladen.

Unter >> doc('MATLAB to Python Data Type Mapping') findet man eine umfangreiche Liste wie MATLAB Daten Python Datentypen zugeordnet werden. Mittel string und char lassen sich Python-Str Datentypen, py.str, in String und Characters wandeln und py.bytes mittels uint8 in vorzeichenlose Integerdaten. Python Daten vom Typ float werden von MATLAB automatisch in doubles gewandelt. Weitere Beispiele sowie nicht-unterstützte MATLAB-Datentypen finden sich ebenfalls auf der oben erwähnten Dokumentationsseite. Via >> doc('Advanced Topics') wird man zu einer Dokumentationsseite geführt auf der beispielsweise ausführlich die Python Operatoren, zugehörige Methoden und ihr MATLAB Gegenstück gelistet sind.

Python Fehler innerhalb eines MATLAB Programms können mit der von der MException-Klasse abgeleiteten Klasse matlab.exception.PyExeption erfasst werden (vgl. Abschnitt 9.5.4). Beispiel (trypybsp.m):

```
x = 'pi/7';               % Beispiel fehlerhaftes Argument
try
    y=py.testpy.myfun(x);
catch pyfehl
    pyfehl.message
    if(isa(pyfehl,'matlab.exception.PyException'))
        pyfehl.ExceptionObject
    end
end
```

```
>> trypybsp
ans =
    'Python Error: TypeError: a float is required'
ans =
  Python tuple with no properties.
    (<type 'exceptions.TypeError'>, TypeError('a float is required',),
     <traceback object at 0x7f1b018ee320>)
```

Das obige Beispiel zeigt auch ein typisches Problem. Rührt der Fehler von einem fehlerhaften Pythonprogramm her oder basiert er auf einem Fehler innerhalb des MATLAB Programms? Fehler der Art „does not support ..." oder „TypeError: ... is required" weisen häufig auf eine nicht Python konforme Zuordnung innerhalb des MATLAB-Programms hin. Im Zweifelsfall hilft nur der Test und die Hilfe innerhalb von Python.

27 MS-Windows-Integration: COM-Objekte.

Die in diesem Kapitel beschriebenen MATLAB-Funktionalitäten stehen nicht unter Linux- und UNIX-Betriebssystemen zur Verfügung. Das DDE-Interface wird seit der Version 7.5 nicht mehr weiter entwickelt und ist auch nicht mehr dokumentiert. Ebenso wird das in einem Word-Dokument integrierten Notebook nicht mehr unterstützt.

27.1 Die COM-Schnittstelle

COM steht für Component Object Model und stellt eine objektorientierte Technologie zur Integration verschiedener Windows-Applikationen dar, d.h. nach welchen Regeln verschiedene Windows-Anwendungen kommunizieren, bzw. um unter Windows Klassen aus DLL- oder OCX-Files zu exportieren. Auf COM basiert auch die gesamte ActiveX-Technologie. Dabei ist zwischen Server und Client zu unterscheiden. Server sind Anwendungen, die ihre Daten dem Client zur Verfügung stellen. D.h., der COM-Server bietet die zu exportierenden Klassen, die COM-Objekte, an. Der Client „steuert" den Server und nutzt die zur Verfügung gestellten Funktionalitäten bzw. Daten. MATLAB kann sowohl die Rolle des Clients als auch des Servers übernehmen.

Bevor COM-Objekte genutzt werden können müssen sie registriert werden. Üblicherweise erfolgt dies bereits bei der Installation. Nachträglich kann dies aber auch mit Hilfe der Windows-Routine `regsvr32 meincom.ocx` erfolgen. Für 64-Bit Anwendungen ist `regsvr32` im Verzeichnis „system32" angesiedelt und für 32-Bit Anwendungen in „SysWOW64grqq. Windows unterstützt allerdings keine 32-Bit COM-Objekte für 64-Bit Anwendungen wie beispielsweise MATLAB . Die meisten COM-Applikationen finden man in der Registry im Verzeichnis „HKEY_CLASSES_ROOT" aufgelistet.

Befehlsübersicht: `actxserver`, `actxGetRunningServer`, `methodsview`, `inspect`, `eventlisteners`, `registerevent`, `unregisterallevents`, `unregisterevent`, `iscom`, `isevent`, `isinterface`, `actxcontrollselect` und `actxcontrollist` sind beide obsolet. Um die Warnung zu unterbinden kann
`matlab.ui.internal.JavaMigrationTools.suppressedActXControllist;`
verwendet werden.

27.1.1 MATLAB als Client

Die COM-Schnittstelle besteht aus Eigenschaften, Methoden und Ereignissen. Mit `h = actxserver('progid')` wird ein COM-Server gestartet und ein COM-Objekt (ActiveX-

https://doi.org/10.1515/9783110741780-027

Objekt) zurückgegeben. Für Remote-Anwendungen erzeugt `h = actxserver('prog-id', 'systemname')` ein DCOM-Objekt. „progid" ist die entsprechende Programm-identifizierung, beispielsweise „Excel.Application" oder für das Libre Office Pendant „Calc.Application", „systemname" kennzeichnet das Remote-System, d.h. Server und Client befinden sich in einem Netzwerk. `h = actxGetRunningServer('progid')` liefert das Handle auf den aktiven Automation Server mit der Programm-Id „progid". Die verfügbaren Schnittstellen des COM-Server Objekts h werden mittels `cl = h.interfaces` bzw. `cl = interfaces(h)` aufgelistet. „cl" ist dabei eine Zellvariable. Mit `[h, info] = actxcontrolselect` wird ein grafisches Interface zur Erzeugung eines ActiveX-Objekts geöffnet. Bei beiden Aufrufen ist „h" das entsprechende COM-Objekt, vgl. Abb. (27.1). Die Zellvariable „info" ist optional und enthält Informationen wie Applikations-Name, Programm-Id und Dateiname. Eine Liste aller installierten ActiveX-Objekte liefert `liste = actxcontrollist`. Mit `h = actxcontrol('progid',position,fh,eh)` lässt sich ein ActiveX-Kontrollelement im Abbildungsfenster mit Figure Handle „fh" erzeugen. „progid" ist die Programm-Id, „position" die Position in der Abbildung, „fh" das Figure Handle und „eh" das Event Handle. Bis auf die Programm-Id sind alle anderen Eingabeargumente optional (s. Beispiel unten).

Eigenschaften. Mit `wert = get(h,'Eigenschaft')` wird der Wert einer Eigenschaft und mit `wert = get(h)` werden alle Eigenschaften und Werte der COM-Schnittstelle „h" abgerufen. Alternativ dazu ist die Form `wert = get.h` bzw. `wert = get.h('Eigenschaft')`.

Das Gegenstück zu `get` ist `h.set('Eigenschaft', wert)` bzw. `set(h, ...)`. Es können auch die Werte mehrerer Eigenschaften in einer Liste gesetzt werden. Mit `inspect(h)` wird der Property Inspector, eine grafische Oberfläche, die alle Eigenschaft-Werte-Paare anzeigt, geöffnet, vgl. Abb. (27.1). Zu Testzwecken stellt MATLAB „mwsamp" zur Verfügung, es kann natürlich auch eine MATLAB-Instanz (Matlab.Application) als Server geöffnet werden. Mit `addproperty(h,'eigname')` bzw. `h.addproperty('eigname')` wird die Benutzer-definierte Eigenschaft „eigname" dem COM-Objekt „h" hinzugefügt und mit `h.deleteproperty('eigname')` bzw. `deleteproperty(h, 'eigname')` wieder gelöscht. Eigenschaften des COM-Objekts „h" können mit `h.propedit` bzw. `propedit(h)` abgerufen werden. Dabei ist allerdings zu beachten, dass nicht alle COM-Objekte über eine integrierte Eigenschaftsliste verfügen. Fehlt diese, dann schlägt auch `propedit` fehl.

Methoden. Methoden sind die mit einem COM-Objekt verknüpften Funktionalitäten. `m = methods('klassenname')` listet alle mit „klassenname" verknüpften Methoden auf, `m = methods(h)` alle Methoden des COM-Objekts „h" und `m = methods(..., '-full')` liefert eine detaillierte Liste. `methodsview(h)` liefert eine detaillierte grafische Übersicht aller Methoden einschließlich Informationen zur Vererbung. Mit `s = h.invoke('methname',arg1,arg2,...)` bzw. tt `s = invoke(h,...)` werden die Methoden in einer Struktur aufgelistet bzw. aufgerufen. „methname" ist der Name der Methode, die optionalen Argumente „arg." dienen der Übergabe von Input-Argumenten. `ismethod(h, 'methname')` testet, ob „methname" eine Methode repräsentiert.

Ereignisse. `s = h.events` bzw. `s = events(h)` listet in einer Struktur alle unterstützten Ereignisse auf. Mit `h.registerevent(event_handler)` bzw. `registerevent (h, event_handler)` wird ein Ereignis registriert.

Beispiel: Ereignisse registrieren. Das folgende Beispiel zeigt mit dem MATLAB-COM-Beispiel „mwsamp" das Erzeugen eines ActiveX-Objekts in einer Figure-Umgebung `actxcontrol` die zur Verfügung stehenden Methoden `methodsview` sowie die `get`- und `set`-Methode und den alternativen direkten objektorientierten Zugriff. Mit `invoke` wird die Methode „redraw" ausgeführt. Als Callback-Funktion für einen Event dient die Funktion „calleventbsp". Bei jedem Klick auf den Kreis wird die Variable „zahlklick" um eins erhöht und im MATLAB Command Window ausgegeben.

```
f=figure; %  Window erzeugen
h=actxcontrol('mwsamp.mwsampCtrl.2',[90 90 180 180],f,'calleventbsp')
% obsolet alternativ:
% h = matlab.ui.internal.JavaMigrationTools.suppressedActXControl...
%      ('MWSAMP.MwsampCtrl.2', [0 0 200 200], f, 'calleventbsp')
```

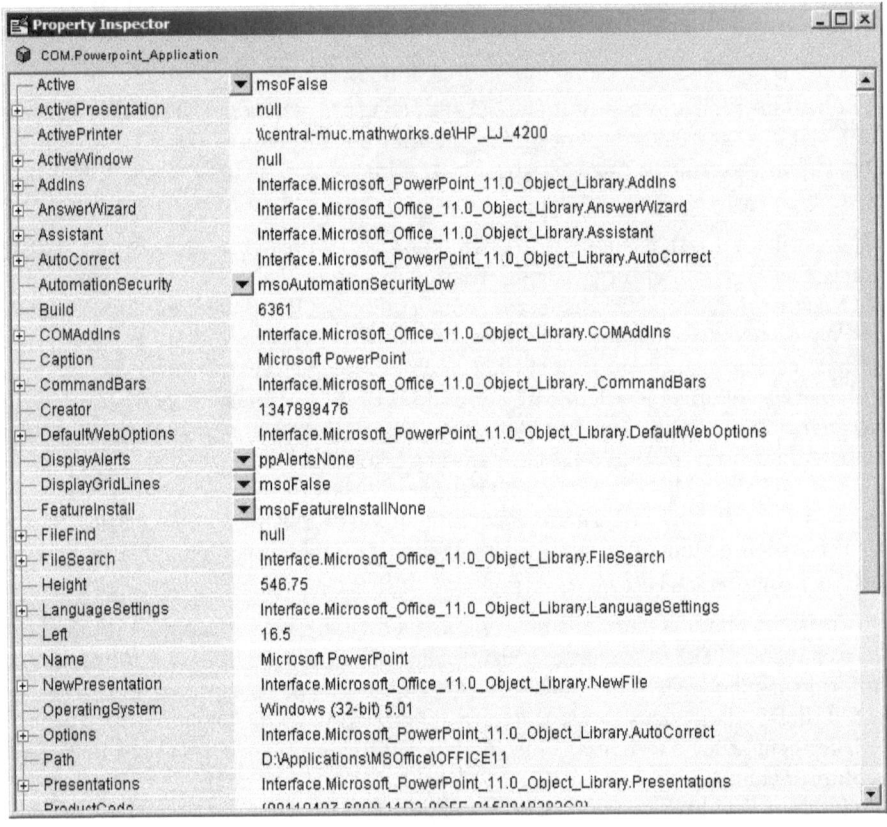

Abbildung 27.1: *Beispiel für eine Client-Anwendung. Mit* >> h = actxserver('Power-point.Application') *wird Powerpoint als Server-Anwendung gestartet,* h = COM.Power-point_Application *ist das COM-Objekt. Mit* >> inspect(h) *werden die Eigenschaft-Werte-Paare aufgelistet.*

```
% Erzeugen der Active-X Kontrolle
% im Figure Window f
%  mit Callback function
methodsview(h)              % Liste aller Methoden
set(h,'Label','Klicken')    % Label setzen
R=get(h,'Radius')           % Radius abfragen
R2=2*R;
set(h,'Radius',R2)          % Eigenschaft ändern
h.Radius=2*R2               %  Alternative
invoke(h,'Redraw')
h.Label='neu'
invoke(h,'AboutBox')        % About-Methode
delete(h)                   % Beenden


function calleventbsp(varargin)
%
persistent zahlklick

if isempty(zahlklick)
    zahlklick=0;
end
```

Events auflisten führt zu

```
>> h.events
   Click = void Click()
```

Zum Auflisten aller registrierten Ereignisse und damit verknüpften Routinen dient `C = h.eventlisteners` bzw. `C = eventlisteners(h)`. Im obigen Beispiel:

```
>> C = eventlisteners(h)
h =
    'Click'    'calleventbsp'
```

Mit `h.unregisterevent(eh)` bzw. `unregisterevent(h, eh)` wird die Registrierung von „eh" aufgehoben und mit `h.unregisterallevents` bzw. `unregisterallevents(h)` werden alle Ereignisse geschlossen.

Logische Funktionen. `c = h.iscom` bzw. `c = iscom(h)` testet, ob „h" ein COM-Objekt ist und `c = h.isinterface` bzw. `c = isinterface(h)`, ob „h" ein COM-Interface ist. `tf = h.isevent('name')` bzw. `tf = isevent(h, 'name')` prüft, ob „name" ein vom COM-Objekt „h" unterstütztes Ereignis darstellt.

Hilfsfunktionen. `C = h.interfaces` bzw. `C = interfaces(h)` listet in einer Zellvariablen existierende eigene Interfaces zum COM-Server auf.

Zur Initialisierung eines Kontrollobjekts aus einer Datei dient `h.load('filename')` bzw. `load(h, 'filename')`, „filename" ist der Dateiname. `h.save('filename')` bzw. `save(h, 'filename')` speichert das COM-Kontrollobjekt „h" in der Datei „filename".

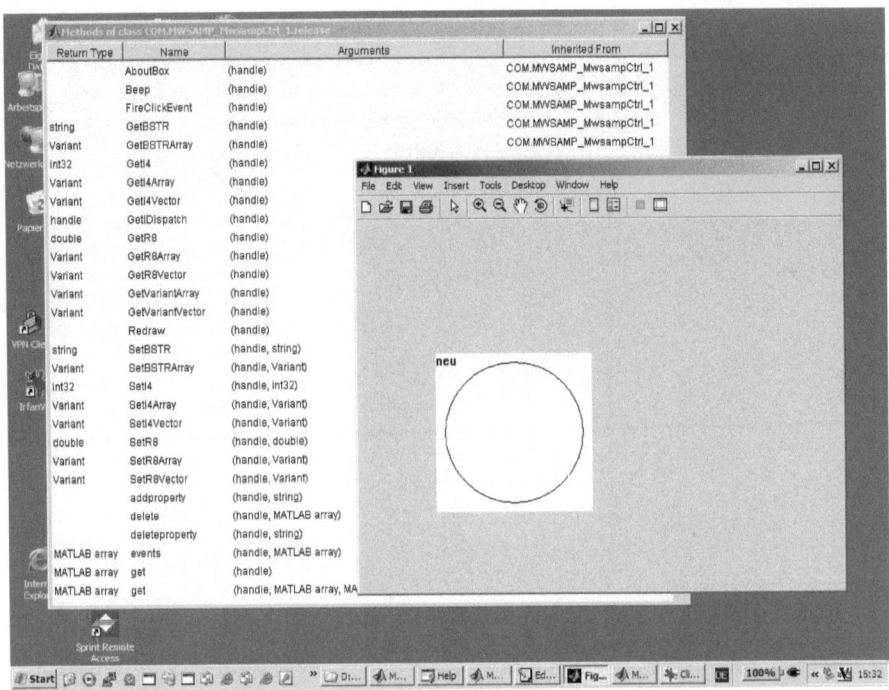

Abbildung 27.2: *Ereignisse registrieren (siehe Beispiel).*

```
f=figure; %  Window erzeugen
h=actxcontrol('mwsamp.mwsampCtrl.2',[90 90 180 180],f,'calleventbsp')
% Erzeugen der Active-X Kontrolle
% im Figure Window f
%  mit Callback function
h.save('mwstart')          % Urspruengliche Form
% Aendern von Eigenschaften
R=get(h,'Radius')          % Radius abfragen
R2=2*R;
h.Radius=2*R2
h.Label='neu'
h.save('mwaender')         % Neue Darstellung

h.load('mwstart')          % urspruengliche Laden
```

V = h.move(position) bzw. V = move(h, position) dient zum Verschieben oder
Reskalieren eines COM-Objekts im Figure Window. „position" ist ein 4-elementiger
Vektor [x,z,breite,höhe]. „x" und „y" legen die Position der linken untere Ecke fest, die
Einheiten sind Pixel.

`h.release` bzw. `release(h)` schließt das Objekt „h" ohne es zu löschen. `release` dient insbesondere dem Schließen von Interfaces.

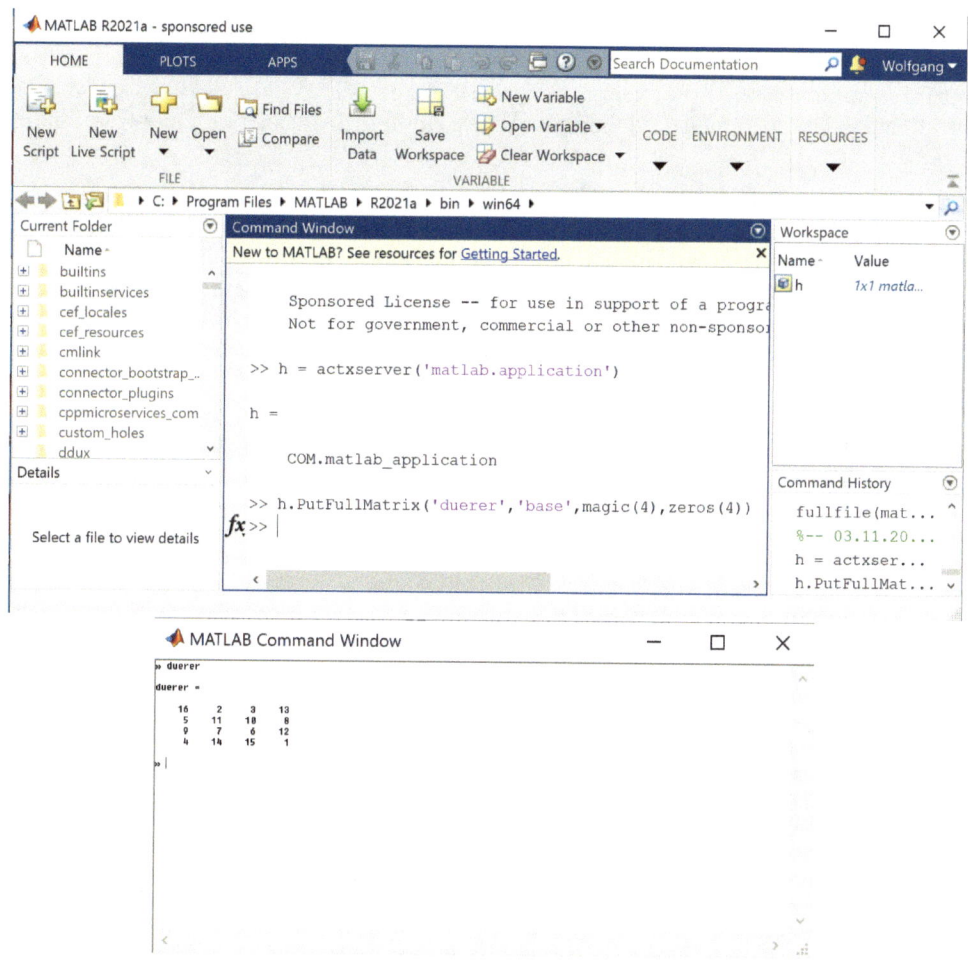

Abbildung 27.3: MATLAB *Client/Server-Verbindung:* `>> h = actxserver('matlab.appli-cation'); h = COM.matlab_application.` MATLAB *öffnet ein Command Window als Auto-mation-Server-Instanz. Auf diese Instanz wird dann vom Client aus zugegriffen.*

27.1.2 MATLAB als Server

MATLAB kann auch als Automation Server für andere Windows Clients, beispielsweise Excel, dienen. Der ActiveX-Objekt-Name ist „Matlab.Application".
`>> comserver('query')` tested welche MATLAB-Version als COM-Server registriert ist. Änderungen für den aktuellen Benutzer sind nach Starten von MATLAB mittels `comserver('register')` bzw. `comserver('unregister')` im geöffneten MATLAB mög-

lich. Bei älteren MATLAB-Versionen übernimmt diese Aufgabe `regmatlabserver`. Eine ausgewählte MATLAB-Version kann auch durch Angabe der Releasenummer als Automation Server gewählt werden, beispielsweise „Matlab.Application.9.1". Mittels
`>> enableservice('AutomationServer',true))` wird eine bereits geöffnete MATLAB-Session als Automation Server zur Verfügung gestellt und beim Starten mittels `matlab -automation`. Eine weitere Möglichkeit ist, den Windows-MATLAB-Shortcut mit Rechtsklick zu öffnen und bei den Eigenschaften das Ziel, um „-automation" zu ergänzen.

Eine interessante Anwendung ist zwei MATLAB-Instanzen durch eine ActiveX-Verbindung zu verknüpfen. MATLAB stellt für den Client die folgende ActiveX-Anwendung zur Verfügung. Der genaue Aufruf hängt vom jeweiligen Client ab. Sollen zwei MATLAB-Instanzen als Client/Server miteinander verknüpft werden, wird zunächst via
`h = actxserver('matlab.application');`
die Verbindung etabliert, Abb. (27.3). Die Beispiele beschränken sich auf diese Situation.

- Mit `rueck = h.Execute('command')` bzw. `rueck = Execute(h,'command')` wird auf dem Server das Kommando „command" ausgeführt. Im Rückgabewert „rueck" sind die entsprechenden Ergebnisse abgespeichert, gegebenenfalls auch Warnungen und Fehlermeldungen.

- `result = h.Feval('fnname', numout, arg1, arg2, ...)` oder
  `result = Feval( h, 'fnname', numout, arg1, arg2, ...)` führt eine MATLAB-Funktion „fnname" im MATLAB-Server aus. „numout" legt die Zahl der skalaren Rückgabewerte fest, „arg." sind die Input-Argumente und die Zellvariable „result" ist das Ergebnis.

- `string = h.GetCharArray('varname','workspace')` bzw. `string = GetCharArray(h,'varname','workspace')` liest aus dem Server-Speicherbereich „workspace" die Variable „varname" und ordnet sie der Charactervariablen „string" des Client zu. „workspace" kann „base" oder „global" sein. Das Gegenstück ist `h.PutCharArray('varname','workspace','string')` bzw. `PutCharArray(h, 'varname','workspace','string')`. Hier wird die Client-Variable „string" der MATLAB-Server-Variablen „varname" im Speicherbereich „workspace" zugeordnet, s. Abb. (27.3).

- `[xreal ximag] = h.GetFullMatrix('varname','workspace',zreal,zimag)` bzw. `[xreal ximag] = GetFullMatrix(h, ···)` holt die Matrix „varname" des Server-Speicherbereichs „workspace" („base" oder „global") und ordnet den Realteil „xreal" und den Imaginärteil „ximag" zu. „zreal" und „zimag" sind Matrizen der Größe von „xreal" und „ximag", typischerweise Nullmatrizen. Die Imaginärvariablen werden nur benötigt, wenn die Matrix „varname" komplex ist. Das Gegenstück heißt `h.PutFullMatrix('varname', 'workspace', xreal, ximag)` bzw. `PutFullMatrix(h, 'varname', 'workspace', xreal, ximag)` und speichert die Übergabewerte „x···" in „varname".

- `xc = h.GetWorkspaceData('varname','workspace')` bzw. `xc = GetWorkspaceData(h,'varname','workspace')` bildet die Variable „varname" des Speicherbereichs „workspace" („base" oder „global") des Servers h auf die Client-Variable „xc" ab. Die Umkehrung lautet: h.PutWorkspaceData('varname','workspace',xc) bzw. PutWorkspaceData(h, ···). Mit Ausname von Function Handles und Sparse Arrays kann die Methode PutWorkspaceData auf alle Variablentypen angewandt werden.

- xc = GetVariable(h, 'varname','workspace') bildet die Variable „varname" des Speicherbereichs „workspace" des Automation Servers „h" auf „xc" ab. GetVariable kann nicht für dünn besetzte Matrizen (sparse), Strukturen oder Function Handles genutzt werden.

- Alle Server-Com-Befehle können auch via invoke, beispielsweise invoke(h,'PutWorkspaceData','varname','workspace',xc), abgesetzt werden. Die Syntax ist hier stets invoke(h,'Kommando',...), die Punkte stehen für den befehlsabhängigen Teil und folgen exakt der jeweiligen Befehlssyntax.

- h.MaximizeCommandWindow bzw. MaximizeCommandWindow(h) holt das Server-Fenster in den Vordergrund und h.MinimizeCommandWindow bzw. MinimizeCommandWindow(h) minimiert das Server-Fenster und macht es inaktiv.

- Die Server-Applikation kann mit h.Quit oder alternativ mit Quit(h) oder invoke(h, 'Quit') geschlossen werden.

28 Literaturhinweise und Internetlinks

Unter https://de.mathworks.com findet sich auf den Support-Seiten verschiedene Links zur Unterstützung, beispielsweise unter „Weitere Ressourcen" eine ausführliche Literaturliste und unter Community mehrere Seiten auf denen sich MATLAB-Nutzer austauschen können.

Die folgende Informationsliste enthält nur einige wenige Hinweise und ist weit von einem vollständigen Überblick entfernt.

Informationen – nicht nur zu MATLAB – findet man in:

- A. Angermann, M. Beuschel, M. Rau und U. Wohlfarth, MATLAB – SIMULINK – STATEFLOW, De Gruyter Studium 2021

- P. Brandimarte, NUMERICAL METHODS IN FINANCE, John Wiley & Sons 2002

- S. C. Chapra, APPLIED NUMERICAL METHODS WITH MATLAB FOR ENGINEERS AND SCIENTISTS, Mc Graw Hill 2012

- M. Günther und A. Jüngel, FINANZDERIVATE MIT MATLAB, Vieweg Verlag 2003

- R. Hagl, INFORMATIK FÜR INGENIEURE: EINE EINFÜHRUNG MIT MATLAB, SIMULINK UND STATEFLOW, Carl Hanser Verlag 2017

- R. K. Johnson, THE ELEMENTS OF MATLAB STYLE, Cambridge University Press 2011

- H. Lutz und W. Wendt, TASCHENBUCH DER REGELUNGSTECHNIK MIT MATLAB UND SIMULINK, Verlag Harri Deutsch 2012

- A. Quateroni, R. Sacco und F. Saleri, NUMERISCHE MATHEMATIK 2, Springer-Verlag 2001

- W. Schweizer, SPECIAL FUNCTIONS IN PHYSICS WITH MATLAB , Springer Verlag 2021 (Toolbox zum Download: www.wolfgang-schweizer.de)

Informationen zu den FFTW-Algorithmen in Kapitel 8 findet man unter:

- http://www.fftw.org.

https://doi.org/10.1515/9783110741780-028

Zu den ode-Solvern:

- L.F. Shampine and M.W. Reichelt, THE MATLAB ODE SUITE, SIAM Journal on Scientific Computing **18** 1997, pp 1–22.

Zu verzögerten Differentialgleichungen:

- L.F. Shampine and S. Thompson, SOLVING DDEs IN MATLAB, Applied Numerical Mathematics **37** 2001, pp. 441–458.
- L.F. Shampine, SOLVING ODEs AND DDEs WITH RESIDUAL CONTROL, Applied Numerical Mathematics **52** 2005, pp. 113–127.

Informationen zu UMFPACK (Kapitel 12) und Links findet man unter:

- https://people.engr.tamu.edu/davis/suitesparse.html
  oder https://de.wikipedia.org/wiki/UMFPACK

Informationen zu Kodierungen (Kapitel 6 und 20) findet man unter:

- http://www.iana.org/assignments/character-sets

Informationen zur LibTIFF-Bibliothek (Kapitel 20):

- http://www.libtiff.org

Informationen zu LAPACK, BLAS und Arpack:

- http://www.netlib.org/lapack

- http://www.netlib.org/blas

- Beide Bibliotheken bieten viele lineare Algebra-Routinen, die auch teilweise in MATLAB umgesetzt sind. Eingebunden werden können sie via:
  ```
  mex -v myFortranMexFile.F ...
  <matlab>/extern/lib/win32/digital/df60/libdflapack.lib unter Windows
  ```
  und
  ```
  mex -v myFortranMexFile.F unter UNIX und Linux.
  ```

- https://www.caam.rice.edu/software/arpack

  Aus ARPACK stammen Arnoldi- und Lanczos-Routinen, die im Zusammenhang dünn besetzter Matrizen unter MATLAB genutzt werden.

Last but not least: Die Deutsche MATLAB-Usergruppe GoMATLAB unter https://www.gomatlab.de

Index